각종 대형 재난사례로 본

위기관리론

행정 · 위기 · 안전 · 재난관리 필독서

각종 대형 재난사례로 본

위기관리론

오현문 지음

한국학술정보

¤ 머리말

최근 전 세계적으로 기상이변 현상이 빈번해지고, 집중호우 · 쓰나미 · 지진 · 태풍 등 자연재난으로 인한 인적 · 물적 피해가 증가되고 있으며, 또한 현대사회에 접어들면서 폭발 · 화재 · 환경오염 · 선박 · 교통 · 산업 현장사고 등도 지속적으로 증가되고 대규모로 발생하고 있는 추세이다.

우리나라의 재난관리업무를 담당하는 조직의 변천사를 들여다보면, 1948.11.4.부터 1961.10.1.까지 내무부 건설국 이수과에서 재난업무를 담당하였으며, 1961.10.2.부터 1962.6.28.까지 경제기획원 산하 국토건설청 수자원국 이수과에서 재난업무를 담당하였다. 그 후, 1962.6.29.부터 1991.4.22.까지 건설부 수자원국 방재과에서 업무를 담당하였고, 1991.4.23.부터 1998.2.27.까지 내무부 민방위본부 민방위국 방재계획관 방재과에서 업무를 담당하였다. 1995.10.19. 민방위국이 민방위재난통재본부 방재국과 재난관리국으로 개편하여 2개국으로 신설되었다.

그리고, 1998.2.28.부터 2004.5.31.까지 행정자치부 민방위재난관리국과 방재국에서 자연재난 · 사회적 재난 · 인적재난을 담당하였다가 2004.6.1.자로 행정자치부에서는 사회적 재난을 담당하게 되고, 자연 · 인적재난을 담당하는 소방방재청이 신설되었으나, 2014.4.16. 세월호 선박사고를 계기로 2014.11.19. 국무총리실 산하 국민안전처가 신설되어 해경, 소방, 사회재난, 자연재난을 담당하는 총괄부처가 탄생되었다.

그 후, 2017.7.26. 국민안전처의 해경과 소방 기능을 제외하고, 국무회의의 서무, 법령 및 조약의 공포, 정부조직과 정원, 상훈, 정부혁신, 행정능률, 전자정부, 개인정보보호, 정부청사의 관리, 지방자치제도, 지방자치단체의 사무지원 · 재정 · 세제, 낙후지역 등 지원, 지방자치단체간 분쟁조정, 선거 · 국민투표의 지원업무를 담당하는 행정자치부로 안전 및 재난에 관한 정책의 수립 · 총괄 · 조정, 비상대비, 민방위 및 방재에 관한 사무가 이관되면서 행정안전부로 통합되었다.

이렇게 위기관리, 재난관리 및 안전관리 등 정부조직이 변천하면서 관련 담당자들의 해당 법령 정비와 법령 신설 등 재난에 강한 대한민국을 만들기 위한 다양한 투자와 노력을 통해 새로운 제도들이 정착되어 가고 있다.

또한, 전 세계적으로 위기, 방재, 재난, 소방, 안전 등 관련 학과가 증설되고, 관련 업무 종사자들이 지속적으로 증가하고 있어 우리나라도 이에 대한 교육 자료 확보와 교과목 신설 및 전문가 육성 등이 지속적으로 필요하게 되었다.

이에 따라, 각종 논문, 서적 등과 미국의 재난관리교육원, 우리나라 국가인재개발원의 재난관리 일반 등 위기관련 업무시 습득한 각종 자료를 기초로 활용하여 본 고를 작성하였다.

前 중앙대, 한양대 대학원 겸임교수, 광주대 강사, 現 서울대 대학원(EPM) 특강교수

행정안전부

공학박사 오 헌 문

¤ 목차

제1편 위기 개념 및 법 제도

제2편 위기의 유형 및 종류

PART 2-2. 대형 재난의 종류 ······ 184

제3편 위기관리 매뉴얼

제4편 위기관리자 역할과 책무

제5편 결론

부록

제1편

위기 개념 및 법 제도

PART 1-1.

위기관리의 개념

1. 위기관리의 역사

1.1. 위기 유형 및 종류

고대 위기관리는 인류 역사와 함께 시작되었으며 추위와 배고픔 외부의 적이나 맹수의 위협으로부터 자신과 가족 공동체를 보호하기 위한 노력으로, 인류문명 시작부터 홍수나 가뭄과 같은 자연재난이나 외적의 침입과 같은 사회적 위기로부터 공동체 사회가 애써 일구어 놓은 번영을 지키기 위한 노력의 산물로 인류 4대 문명[1]에서도 공통점이 보여진다.

첫째, 큰 강과 비옥한 토지에서 발생하였으며, 발원지는 기후가 따뜻하므로 사람들이 살기에 적합하였으나 홍수가 나면 비옥한 토지의 경작물들이 모두 떠내려가기 때문에 관개수로

1 ① 티그리스 · 유프라테스강 유역에서 전개된 메소포타미아 문명, ② 나일강 유역의 이집트 문명, ③ 황하문명, ④ 인더스 · 갠지스강 유역의 인더스 문명이다. 잉여 생산물이 발생하고, 사적 소유가 생겨나면서 사회 구성원 간의 평등한 관계는 무너졌다. 금속기의 사용이 여기에 결정적인 계기가 되었다. 사적 소유는 동산에서 부동산으로 확대되었고 농업의 발전과 함께 여러 계급이 출현했다. 정치적 지배자가 등장하고 이들에 의해 주도된 전쟁은 더 큰 정치집단을 탄생시켰으며 마침내 국가가 성립했다. 이렇게 해서 원시사회의 해체와 고대사회의 성립이 이루어졌다.
① 메소포타미아 문명은 기원전 7000년부터 약 1000년간 번성한 인류 역사상 가장 오래된 문명이다. 보통 티그리스강과 유프라테스강을 중심으로 형성된 바빌로니아, 아시리아 문명을 일컬으며, 넓게는 서남아시아 전체 문명을 아우른다. 다른 지역과는 달리 개방된 지리 조건으로 인해 이민족의 침입이 잦았으며, 왕국의 교체 또한 빈번했다. 대표적인 유물로는 지구라트와 함무라비 법전, 쐐기문자 등이 있다.
② 황허 문명은 기원전 5000년경, 중국 쿤룬산맥에서 발원한 황허강 중하류 지역에서 발생했다. 황허강 유역의 황토는 땅이 비옥하여 농경문화가 발달하기에 적합했다. 문화적으로는 양사오 문화와 룽산 문화가 발달했으며, 하(夏)나라와 은(殷)나라가 건국되기도 했다. 유적으로는 은나라의 갑골문자가 전해지고 있다. 최근에는 양쯔강 유역에서도 신석기 유적이 발굴되면서 황허 · 양쯔강 문명 혹은 중국 문명으로 일컬어지기도 한다.
③ 이집트 문명은 기원전 3200년부터 약 3000년 동안 나일강 중심의 비옥한 토지를 토대로 번영한 문명. 폐쇄적인 지리 조건으로 인해 4대 문명 중 가장 오랫동안 통일 왕국을 유지할 수 있었다. 태양신 '라'를 주신으로 섬기는 다신교를 믿었으며, 내세적 종교 관념이 전해지고 있었다. 문화적으로는 상형문자, 천문학, 태양력, 10진법 등이 발달했다.
④ 인더스 문명은 기원전 3000년 중엽부터 약 1000년 동안 인더스강 유역을 중심으로 번성했다. 인도 북부에서 발원한 인더스강은 파키스탄을 거쳐 인도양으로 흘러 들어가는데, 강 유역을 따라 유적이 발견되면서 최초의 문명으로 밝혀지게 되었다. 파키스탄 하라파(Harappa) 지방에서 발견된 유적 및 유물로 인해 '하라파 문명'으로 불리기도 한다. 이밖에 인더스 문명 최대의 도시 유적 모헨조다로(Mohenjo–Daro)가 파키스탄 남부 지역에 남아있다.

정비 등 재난 예방을 위한 위기관리 사업의 기반 위에서 4대 문명이 발전하였다.

둘째, 강력한 지도자의 등장과 대량의 노동력을 통한 관개사업 확장으로 풍부한 식량 공급이 보장되었으며 거주지와 인구가 더욱 확대되어 도시 문명의 체계적인 발달로 인하여 외부의 침략 위기나 전쟁을 막기 위한 공동체의 노력이 필수적이었다.

현대 위기관리는 제1 · 2차 세계대전에서 시작되었으며, 제1차 세계대전 이후 전통적으로 왕조를 중심으로 해 온 유럽의 지배 세력이 퇴조하기 시작하였으며, 세계 경제 대공황에서 벗어나기 위한 노력의 과정에서 민족주의[2] 대신에 민주주의[3]와 전체주의[4]의 대립이 나타나기 시작하였다.

제1차 세계대전 이후 미국이 세계 경제의 중심 국가로 떠올랐지만, 경제 대공황이 발생하게 되면서 각국에서는 각자의 방법으로 대응하였다. 그중의 하나가 식민지 확보를 통한 대외 팽창 정책이었고, 이를 추구하는 전체주의가 대두하면서 이탈리아에서는 파시즘(Fascism)[5]이, 독일에서는 나치즘(Nazism)[6]이 두각을 나타내기 시작하였다.

제1차 세계대전 후 전반적인 위기 단계에 돌입하게 된 자본주의 세계는 경제 대공황을 통해 불균등한 국제 대립이 가속화되고, 이 과정에서 나타난 열강들 사이의 블록화[7]와 폐쇄 경제적인 경향은 자본주의 기초가 약한 독일, 이탈리아, 일본 등에 심각한 타격을 주었으며, 제2차 세계대전은 미국, 영국, 프랑스, 소련으로 대표되는 연합국과 독일, 이탈리아, 일본으로 대표되는 전체주의 간의 군사적 무력 충돌로 확대되었다.

우리나라는 BC. 2333년경에 설립된 단군 조선에 그 기원을 둔 유구한 역사가 있지만, 당시

---

2 민족주의(民族主義): 민족의 통일과 독립, 발전을 최고의 이념적 가치로 여기고 중시하는 주의.

3 민주주의(民主主義): 주권이 국민에게 있으며 국민에 의해 정치를 행하는 주의. 데모크라시. ↔ 전제주의.

4 전체주의(全體主義): 개인의 모든 활동은 전체, 즉 민족 · 국가의 존립 · 발전을 위해 바쳐져야 한다는 이념 아래 국민의 자유를 억압하는 사상《파시즘 · 나치즘 따위》.↔개인주의.

5 파시즘(fascism): 독재적인 전체주의《제1차 세계 대전 후 이탈리아의 무솔리니 정권에서 비롯됨》.

6 나치즘(Nazism): 나치스의 정치사상 및 지배 체제.

7 1990년대 초부터 국제사회에서 특징적으로 나타나는 현상. 지역적 인접국 간에 정치 · 경제 및 노동 · 자본을 포함한 사회 전반적인 부분의 자유로운 이동을 목적으로 조직된 국가 간의 연합이나 통합체, 즉 초국가적 실체들을 말한다. · EEA: 대유럽 연합 · EFTA: 유럽 자유무역 연합 · EU: 유럽 연합 · AFTA: 동남아 국가연합 경제 공동체

에는 합리적인 사상에 기반하여 재난관리를 했다기보다는 재난을 하늘의 뜻으로 받아들이고 오히려 이에 적응하려는 소극적인 행태의 재난관리 행정을 보였다.

재난에 대한 구체적인 기록이 있는 삼국시대부터 살펴보면 재난은 하늘의 뜻을 담은 계시나 징조로 해석하기 일쑤였고, 그 파장은 하늘의 아들이라 불리던 국왕과 연계하여 그 책임을 물어 교체되거나 살해되기도 하였다(소방방재청, 2004).

삼국시대 이래 고려를 거쳐 조선시대까지 내려온 '부역' 제도는 '요역'이라 부르기도 하는데, 남자가 16세가 되면 '정'이라 하여 국가 부역의 의무를 지고 60세가 되면, 그 임무를 면제받도록 한 것으로 이들은 주로 관청 부역을 위하여 노역을 제공하는 한편, 나라를 방비하기 위한 축성 공사와 재난을 방비하기 위한 제방축조 또는 재난의 뒤처리를 위한 자원으로 활용되었다(행정자치부, 2002a).

조선시대의 '향약'(鄕約)은 지방주민의 상부상조와 미풍양속의 배양을 위하여 만든 규약으로, 주자학의 전래와 더불어 우리나라에 소개되었으며, 이 태조가 1398년에 친히 그의 향리인 풍패향[8]에 대한 '향헌 41조'를 신설하고 이를 다시 증보하여 향읍에 공포 · 실시한 때부터 비롯된 것이다.

이후로는 중종 때 조광조 등의 진언에 따라 '여씨향약(呂氏鄕約)[9]'이 전국 각지에 공포되어 보급되었는데 여씨향약의 내용은 덕업상권(德業相勸), 과실상규(過失相規), 예속상교(禮俗相交), 환난상휼(患難相恤)의 4가지를 실천 덕목으로 삼았다.

이외에도 이황의 예안향약과 이이의 해주향약 등이 우리나라의 실정에 맞도록 조정 · 보완되었는데 이러한 향약 중 '환난상휼'의 정신은 재난 수습을 위하여 주민 모두가 힘을 모아 재

8 '풍남문'이란 이름은 중국을 통일한 한 고조 유방의 고향인 풍패(豊沛)에 빗대어 태조 이성계의 본관인 전주를 풍패향이라 부른 것에 기인한다. 전주 부성 가운데 남쪽 성문을 풍패향 전주의 남문이란 뜻으로 풍남문이라 하였다. 풍남문은 1층은 앞면 3칸, 옆면 3칸이며, 2층은 앞면 3칸, 옆면 1칸으로 문루의 1층에 앞뒤로 4개씩 세워진 높은 기둥이 그대로 위로 이어져 2층의 변두리기둥이 되도록 하였다. 이런 기둥 배치는 우리나라 문루 건축에서는 예가 많지 않아, 풍남문은 건축적인 가치도 높은 것으로 평가된다.

9 11세기 초의 중국 북송(北宋) 때 향촌(鄕村)을 교화 선도하기 위해 만들었던 자치적인 규약, 산시성[陝西省] 란텐현[藍田縣] 여씨 문중에서 도학(道學)으로 이름 높던 대충(大忠) · 대방(大防) · 대균(大鈞) · 대림(大臨) 4형제가 문중과 향리를 위해 만든 것이다. ① 좋은 일을 서로 권장한다[德業相勸]. ② 잘못을 서로 고쳐준다[過失相規]. ③ 서로 사귐에 있어 예의를 지킨다[禮俗相交]. ④ 환난을 겪으면 서로 구제한다[患難相恤]'로 되어 있다.

난에 대처하는 주민 협동 정신이었다.

또한, '화재'에 대한 삼국사기 기록을 보면 신라시대(262)에는 금성 서문 화재로 민가 100여 호가 연소하였다는 기록이 있으며, 고려 헌종 12년(1021)에는 인수문 외 2,000여 호가 소실되었다고 한다. 조선 태종 17년(1417)에는 금화법이 시행되었으며, 세종 8년(1426)에는 금화도감을 설치하고, 3년 후에는 금화군이 조직되었으며, 그 이후 광무 9년(1905)에 내무경찰국이 설치되어 전국 소방을 관장하면서부터 점차 근대적 의미에서의 소방 제도의 모습을 갖추게 되었다.

해방 이후 국가는 민방위기본법(1975.7.25. 제정)에 의거 전국 또는 일부 지방의 안녕질서를 위태롭게 할 재난으로부터 주민의 생명과 재산을 보호하기 위하여 응급방재 · 구조 · 복구 · 노력 지원 등 민방위 대원의 자위적 활동으로 인명구조와 피해확산 방지에 노력해 오고 있다.

왈츠(Kenneth N. Waltz)[10]는 냉전체제가 종식되었어도 세계는 여전히 끊임없는 전쟁, 분쟁, 자연 및 사회재난 등 수많은 위협에 직면하고 있으며, 이러한 위협들에 대하여 세계 각국은 대안을 모색하고 대응 태세를 갖추어 가고 있다고 분석하고, 국가 간 정치적 이데올로기[11]의 구분은 퇴색해지면서 집단 안전보장의 가능성이 커지고 있다고 주장하였다.

하스(Richard N. Haass)[12]는 현대사회에서는 기존의 위기와는 다른 새로운 형태의 위기가

---

10 케네스 왈츠(Kenneth Neal Waltz, 1924.06.08.~2013.05.12.)는 국제정치학의 기초를 마련한 미국의 정치학자이며 예비역 미국 육군 중위 출신이다. 캘리포니아 대학교 버클리와 컬럼비아 대학교에서 교수로 재직했으며, 제2차 세계대전과 6 · 25전쟁에 참전하기도 했다. 왈츠는 국제관계 이론에 막대한 영향을 미쳤으며, 신현실주의(또는 구조적 현실주의)의 창시자이다. 왈츠는 국제정치학 이론의 여러 기본개념을 창안하였으며, 사실상 현대 국제정치학은 왈츠 이전과 이후로 나눠진다고 평가될 정도이다. 영국 국제정치학회(BISA) 회장이었던 켄 부스는 왈츠에 대해 "국제관계학의 다윈"이라 평가하기도 했다. 왈츠는 국제정치이론가였지만 현실정치에 관해서도 많은 연구를 했다. 1981년 왈츠는 논문에서 핵 확산이 군사적 균형으로 이어져 오히려 국제 평화의 가능성을 높일 수도 있다고 주장하기도 했다. 주요 저서로는 《인간, 국가, 전쟁 (Man, the State, and War)》(1959), 《외교 정책과 민주정치 (Foreign Policy and Democratic Politics)》(1967), 《국제정치이론 (Theory of International Politics)》(1979) 등이 있다.

11 이데올로기(Ideologie) : 인간 · 자연 · 사회에 대해 품는 현실적이며 이념적인 의식의 제 형태. '관념형태' 또는 '의식 형태'로 번역되기도 하나 원어 그대로 사용되는 경우가 많다. 일반적으로 사상이나 관념형태의 내용을 순수하게 내면적으로 이해하는 방법을 이데아적 견해라 한다. 이에 대하여 관념형태를 본인의 사회적 기반과 관련시켜 그 이해를 반영하는 것으로 생각하는 방법을 이데올로기적 견해라 한다.
이데아적 견해는 자칫하면 인간의 의식 형태를 현실 생활에서 분리하여 관념론으로 흐르게 하기 쉬운 것이었으나, 중세의 봉건사회가 변혁되어 F.베이컨이나 T.홉스에 의하여 이데아의 신비성이 부정된 결과 이데올로기적 견해가 유력해졌다.

12 리처드 네이선 하스(Richard Nathan Haass)는 미국의 외교관으로 2003년 7월부터 외교관계위원회 위원장(CFR)을 역임했으

계속 발생하면서 국가의 안보와 국민의 생명을 위협하는 것으로 분석하였다. 최근에는 세계 안보에 가장 큰 위험은 러시아나 중국, 기후변화나 전염병도 아닌 미국이라고 미국 외교 전문가가 지적했다.

또한, 하스회장은 지난 '23.6.1. 뉴욕타임스(NYT)와 한 퇴임 인터뷰에서 밤에 가장 잠을 설치게 하는 위협이 무엇이냐는 질문에 "우리다"라고 말했다. 하스 회장이 이런 생각을 하게 된 것은 미국의 정치 시스템의 혼란을 지켜보면서 미국의 내부의 위협이 외부 위협보다 크다고 평가하게 했다고 NYT는 설명했다.

또한, 다양한 유형의 위기는 미래로 갈수록 변화되어 가고 있다. ① 첨단 바이오 기술, ② 소부장(소재, 부품, 장비) 기술, ③ AI 반도체 기술, ④ 6G 이동통신, ⑤ 이차전지, ⑥ 우주탐사 기술, ⑦ 나노와 디지털을 넘어 양자 정보기술(QIT, Quantum Information Technology),[13] ⑧ 지능형 로봇 기술, ⑨ 메타버스(Metaverse),[14] ⑩ 블록체인(Blockchain),[15] ⑪ 유리 감옥 감

며, 그전에는 미 국무부 정책기획국장이자 조지 W. 부시 행정부의 콜린 파월 국무장관의 측근으로, 2023년 6월에 위원장을 그만두었다.

13 원자나 분자 등을 1개씩 조작하여 반도체 재료 등을 나노 수준에서 제어하는 기술이다. 중첩과 얽힘, 관측의 영향에 따라 정보 내용이 바뀌어버리는 현상 등을 이용하여 통신이나 정보처리, 암호화 등에 사용될 수 있다. 전자나 원자, 빛의 입자인 광자를 나노기술로 1개씩 제어할 수 있는 극미소(極微小) 세계에서는 거시 세계에서는 이해하기 어려운 신기한 현상이 일어난다. 입자로서 성질 외에 파동으로서 성질이 현저하게 나타나는 것인데, 이 세계는 양자역학으로만 설명할 수 있다. 양자역학에는 다음과 같은 3가지 기본 성질이 있다. 이 성질들을 통신이나 정보처리에 이용하는 움직임이 활발하게 추진되고 있는데, 이를 위한 기술이 양자 정보기술이다.

첫째, 중첩(superposition) : 현재 정보통신에서는 정보의 기본단위인 비트가 1이나 0 어느 하나를 취하는 데 대하여, 양자 정보통신에서는 정보의 기본단위가 되는 양자비트가 1과 0의 양쪽 값을 동시에 취할 수가 있다. 이 성질을 중첩이라고 한다. 1양자 비트는 중첩 상태가 2개, 2양자 비트에서는 4개, 3양자 비트에서는 8개의 중첩 상태가 존재한다. 양자비트의 수가 n개가 되면 현재의 컴퓨터에 비해서 계산속도가 2의 n제곱 배나 빨라진다.

둘째, 얽힘(entanglement) : 2개 이상의 전자나 광자 사이에 존재하는 신기한 상관관계로, 한쪽 양자의 성질이 결정되면 다른 한쪽의 상태도 순간적으로 정해져 버리는 현상이다. 이 현상을 이용하면 대량의 정보를 순식간에 원격지로 보낼 수 있는 원격 이동(teleportation)이 실현된다. 풀러렌(C60)이라고 불리는 탄소 재료를 사용한 실험에서 이것이 실현 가능하다는 것이 이미 확인되어 있다.

셋째, 관측의 영향 : 양자의 중첩 상태를 외부에서 1번이라도 관찰하면 동시에 1과 0의 양쪽 값을 취하고 있던 상태가 1이나 0, 어느 한쪽으로 정해져 버리는 성질이다. 이 성질을 암호화 기술에 이용하면 제3자가 암호를 훔쳐보는 순간에 양자상태가 변화하여 정보의 내용도 변경되어버린다. 그러므로 이 기술을 암호화에 응용하면 절대로 해독할 수 없는 안전한 암호를 만들 수 있다.

14 메타버스는 '가상', '초월' 등을 뜻하는 영어 단어 '메타'(Meta)와 우주를 뜻하는 '유니버스'(Universe)의 합성어로, 현실 세계와 같은 사회 · 경제 · 문화 활동이 이뤄지는 3차원의 가상 세계를 가리킨다.

15 블록에 데이터를 담아 체인 형태로 연결, 수많은 컴퓨터에 동시에 이를 복제해 저장하는 분산형 데이터 저장 기술이다. 공공 거래 장부라고도 부른다. 중앙 집중형 서버에 거래 기록을 보관하지 않고 거래에 참여하는 모든 사용자에게 거래 내역을 보내주

시 기술, ⑫ 도심 항공 모빌리티(Urban air mobility),[16] ⑬ 완전 자율주행, ⑭ 초고령 사회, ⑮ 인구 절벽 시대, ⑯ 다문화사회, ⑰ 하이브리드 전쟁(Hybrid Warfare),[17] ⑱ 디지털 화폐, ⑲ 맞춤형 이동 서비스, ⑳ 식량안보 기술 등 과학기술의 발전은 앞으로 다가올 현실이자 당장에 우리가 준비해야 할 위기관리이다.

이럴 때일수록 신기술의 발전에 따라 사전에 탐지 · 분석하는 조기 예 · 경보 능력으로 예방할 수 있고 정보화와 세계화 추세가 급격하게 확장되는 현대사회에서 세계 각국의 안보 상황은 과거의 어느 때보다 신속하고 효과적인 국가 위기관리 체계 구축을 요구하고 있다.

한국도 포괄안보의 개념 아래 지난 2004년 대통령 훈령으로 국가 위기관리 기본지침을 제정하여 몇 차례의 개정을 거쳐 현재의 체계를 갖추고 중앙부처에서부터 기초자치단체까지 다양한 형태의 위기 상황에 대비하도록 하고 있다. 또한, 사전에 예상되는 위기를 예방하고, 위기 상황 발생 시에는 피해의 정도를 최소화하기 위해 기존의 정책을 계속 수정 보완하거나 새로운 정책을 마련하고 있다.

며, 거래 때마다 모든 거래 참여자가 정보를 공유하고 이를 대조해 데이터 위조나 변조를 할 수 없게 돼 있다. 또한 누구나 열람할 수 있는 장부에 거래 내역을 투명하게 기록하고, 여러 대의 컴퓨터에 이를 복제해 저장하는 분산형 데이터 저장 기술이다. 여러 대의 컴퓨터가 기록을 검증하여 해킹을 막는다.

16 도심에서 30～50km의 거리를 플라잉카 · 항공택시라고 부르는 전동 수직 이착륙기(eVTOL)로 이동하는 도심 교통 시스템으로, 기체를 비롯해 운항 · 서비스 등을 총칭하는 개념이다.

17 군사적 수단과 비(非)군사적 수단을 혼합해 전쟁 상대국의 혼란과 불안을 야기하는 것을 말한다. 즉, 기존 재래전은 물론 가짜뉴스, 사이버 공격, 정치공작 등의 수단을 총동원해 상대국에 공포와 혼란을 일으키는 전쟁을 가리킨다. 군사적 수단을 활용한 기존 전쟁에 비(非)군사적 수단까지 동원해 전쟁 상대국의 혼란과 불안을 야기하는 것을 말한다.
즉, 기존 재래전을 비롯해 ▷가짜뉴스와 정치공작 등의 심리전 ▷해킹 등의 사이버 공격 ▷이질적 문화를 지닌 난민 유입 등을 총동원해 상대국에 공포와 혼란을 일으키는 전쟁을 말한다. 이처럼 모든 수단을 총동원한다는 특징 때문에 하이브리드 전쟁은 '복합전쟁', '비(非)대칭 전쟁'으로도 불린다. 기존의 전쟁이 무력 충돌이 반드시 수반되는 데 반해 하이브리드 전쟁은 군사력 사용을 줄여 공격 주체 및 의도를 잘 드러내지 않으며, 이에 피해자 입장에서는 신속한 방어가 어렵다. 여기에 모든 수단을 동원해 내부 분열, 여론 악화, 사회 혼란을 일으키기 때문에 투입된 비용이나 노력보다 더 큰 타격을 상대에게 가할 수 있다. 이에 하이브리드 전쟁은 군사력 · 경제력에서 뒤져도 상대를 압박할 수 있는 효과적인 수단으로 여겨지고 있다.
하이브리드 전쟁의 최강국으로는 러시아가 꼽히는데, 미국 등 서방에서는 2014년 러시아의 크림반도 강제 병합을 하이브리드 전쟁의 첫 사례로 거론한다. 러시아는 또 우크라이나를 향한 하이브리드 전쟁을 지속해서 전개하고 있는데, 실제로 우크라이나는 2015년과 2016년 러시아의 소행으로 추정되는 사이버 공격으로 서부와 수도 키이우에서 대규모 정전 사태를 겪은 바 있다. 또 2022년 1월 13일 밤부터 14일 새벽 사이에는 우크라이나 내각과 외교부 · 에너지부 · 재무부 등 7개 부처와 국가 응급 서비스 등의 웹사이트가 사이버 공격을 받고 다운되는 일이 벌어졌다. 우크라이나는 2022년 1월 16일 성명을 통해 사이버 공격의 배후로 러시아를 지목했으며, 러시아가 사이버 공격을 포함한 '하이브리드 전쟁'을 지속해서 수행해 오고 있다고 비난했다. 아울러 2021년 9월부터 11월까지 폴란드와 벨라루스 국경에서 일어났던 난민 월경 사태도 러시아가 배후에 있는 하이브리드 전쟁이라는 의혹이 제기된 바 있다.

포괄적 안보 개념에서 볼 때, 위기관리를 위한 폭넓은 기술혁신과 개발이 필요하고, 과학기술의 발전은 더욱 낮은 비용으로 안보 유지와 위기관리를 가능하게 하여야 한다.

냉전체제의 영향으로 1970년대 이전까지는 지정학적(地政學, Geopolitical) 패권 경쟁으로 세계 각국의 위기관리는 군사와 안보를 영토 확보 중심으로 이루어졌으나, 1970년대 이후에는 기정학적(技政學, Technopolitical) 패권 미래 전략과 기후변화에 따른 재난위주의로 위기관리 비중이 점차 확대되기 시작했다.

문명이 발달할수록 세계 각국은 도시화 및 산업화의 영향으로 사회적 재난의 발생이 증가하고 지진 · 태풍 · 홍수 등 자연재난으로 인한 인명 및 재산의 피해에 대비해야 하는 필요성도 점차 커지고 있다.

냉전체제가 와해하기 시작하는 1980년대 말에는 상대적으로 위기관리에 강한 선진국들은 전통적 안보 분야인 군사적 위기관리보다는 재난 위기관리와 과학기술의 발전으로 다가올 신기술 패권주의가 전쟁 위주로 위기관리를 더욱 강화하기 시작하였다.

특히 9 · 11테러는 새로운 형태의 위협과 위기에 대비하기 위하여 평상시에 적용하여 오던 재난 위주의 국가 위기관리 체계를 전반적으로 재검토하게 하였다. 이에 따라 전통적인 안보 위협인 군사 위협 이외에도 재난, 테러, 신기술 전쟁 등 현대사회의 다양한 형태의 위협에 대응하는 사회 안전 보호를 위기관리 대상에 포함하여 '포괄적 위기관리' 개념을 정의하였다.

이처럼 위기의 개념이 비군사 분야도 대상으로 하여 포괄적으로 바뀌고 이에 따라 위기관리의 중요성이 강조되는 것은 각 국가가 국민의 생명과 재산 보호를 안보의 목적으로 하였으나 이제는 복지국가를 지향하면서 경제발전과 안보 역할에서 개인과 사회의 복지증진, 인권향상, 환경 보존 등에서도 역할과 책임의 범위가 확대되고 있기 때문이다.

위기관리 선진국은 전통적 안보 위주에서 포괄적 위기관리로 개념을 확대하였다. 전통적 안보 위기는 냉전 종식으로 인하여 크게 감소한 반면, 자연재난과 사회재난이 대형 복잡화됨에 따라 전통적 안보 외에도 인권, 평등, 복지 등 인간의 보편적 가치를 보호하고자 하는 안보 개념의 변화, 위기관리 정책의 효과를 극대화하여 국민의 생명과 재산을 보호하고자 하는 안보의 관점이 다양한 관점으로 변화되어 가는 것에서 비롯된 것이라 할 수 있다.

미국, 일본 등 위기관리 선진국에서는 군사 위주의 전통적 안보 분야는 더 이상 고려하지 않는다. 이러한 선진국들은 자주국방 과제를 이미 이루었으며, 정보주도권을 바탕으로 국가의 권위 유지와 경제적 이익을 위하고 전쟁을 피할 수 없는 상황일 경우 이를 국내에서 수행하지 않는다는 전제하에서 국가안보 이외의 다른 분야의 위기관리에 관하여 관심을 두고 있다.

하지만 한국을 포함한 중진국과 개발도상국들은 국가의 역량이 집중되는 국가안보의 개념이 우선적으로 요구되면서 국가의 보존과 국민의 안녕에 직결되는 외부로부터의 군사적 위협에 대처하는 것을 재난관리에 포함하는 포괄적 국가 위기관리에 관심을 집중하고 있다. 위기관리 기구가 다양해지고 복잡해지면서 관리의 효율성이 저하되고, 새로운 위협에 대한 국가의 통합적인 대비를 위해서 기존의 조직을 효율적으로 운영하려고 노력하는 것이다.

현대사회는 발전할수록 내재된 위험과 구조적 위험이 더욱 커지는 위험 사회로 볼 수 있다. 사회의 발전이 진행되고 고도화 · 네트워크화 · 정보화 되어가면서 사회의 위험도 점차 증가하고 있다.

1990년대 이후, 시민의식의 증대에 따라 우리나라도 복지국가를 지향하면서 경제발전과 안보 역할에만 그치는 것이 아니라 사회복지와 환경, 국민의 생명과 재산 보호, 인권 등까지 역할과 책임을 확대하고 있다. 특히 2023 새만금 세계 잼버리대회, 코로나-19, 미 · 중 간 무역분쟁, 우크라이나와 러시아 전쟁, 중국의 6G 우주 항공기 발사, 이태원 참사, 오송 지하차도 침수 등 다양한 위협에 노출된 국민을 그 위험과 위협으로부터 보호하는 것이 국가의 중요한 책무라고 인식하고, 국가적인 차원에서도 적극적인 대응을 시작했기 때문이다.

특히, 우크라이나와 러시아 전쟁, 9 · 11 테러 등 국가안보는 일반적으로 국가 안전보장으로 이해할 수 있다. 국가가 정치적 실체로서 형성되기 시작하면서, 이러한 국가안보는 지속해서 제기되어 오는 문제로서 다각적인 접근이 필요하다. 또한 국가의 안보 정책기능은 국가의 존립 가치를 증진하거나 보호하는 데 관련된 국가의 정책이기도 하다.

위와 같이 1970년대 이전까지 세계의 위기관리는 냉전체제의 영향으로 군사와 안보를 중심으로 위기관리가 이루어졌으나, 1970년대 이후에는 전통적인 안보 중심에서 재난대비 중심으로 점차 이동하기 시작하였다. 1980년대 말 냉전체제가 와해하자, 세계의 위기관리 선진국들은 재난대비 중심의 위기관리 기능을 강화하기 시작하였다. 그리고 9 · 11테러 이후에는 새로운 위협에 대비하기 위하여 평시 재난 위주의 위기관리 체계를 전반적으로 재검토하게 되었다.

전통적인 안보 위협뿐만 아니라 테러와 재난 등 현대의 다양한 위협에 대응하는 사회 안전 보호에도 중점을 둔 포괄적인 위기관리 개념을 정립하였다. 위기관리의 커다란 흐름은 국민 방위의 개념에서 국민 보호의 개념으로 중심이 이동하고 있다는 것이다. 이는 위기관리가 안보 중심에서 재난 중심으로 전환되는 것을 의미한다.

9 · 11테러 이후 지금까지 미국을 비롯한 서구 선진국들은 무한경쟁 사회에서의 안보 개념을 전통적 안보 개념으로부터 포괄적 안보 개념으로 전환하였다. 즉 선진국들은 테러는 물론이고, 국민, 영토, 주권 등을 위협하고 마비시킬 수 있는 재난, 감염병, 실업, 파산 등 각종 사회 위협 요소, 국가 사회의 안녕질서를 위협하는 요소까지도 국가 위기관리 차원에서 다루고 있다.

그리고 위기의 개념이 변화되고, 위기관리의 중요성이 주목받는 것은 복지국가의 출현과도 관계가 있다. 지난 19세기와 20세기 초에는 민족국가들이 국민의 생명과 재산 보호에 목적을 두었으나, 복지국가를 지향하면서 관심의 영역을 안보 역할과 경제발전에만 국한하는 것이 아니라 인권, 사회복지, 환경 등을 포함하여 책임과 역할의 범위를 확대하고 있기 때문이다.

위기관리 기구가 다양하고 복잡하여 효율성이 떨어지기에 새로운 위협에 통합적인 대비를 위해 분산되어 있던 조직을 효율적으로 활용하기 위한 통합도 시도되고 있다. 포괄적 안보 개념이 본격적으로 형성되고 국가 위기관리의 기본개념으로 다시 대두된 것은 9 · 11테러 이후 미국 부시 행정부가 테러와 같은 다양한 국가적 위협에 대한 새로운 국가안보 전략을 수립하면서부터이다.

이러한 포괄적 안보 개념 안에서 국가 위기의 개념도 과거와 달리 새로운 안보 환경 변화에 부합하여 변하게 되었다. 즉, 과거의 국가 위기 개념은 전통적 안보 위기에 국한되어 주로 전쟁과 무력 충돌을 가정하였지만, 현대에는 전통적인 안보 위기뿐만 아니라 재난 위기, 국가 핵심 기반 위기 그리고 신기술의 패권 전쟁 등의 신종 위기를 포괄한다.

포괄적 안보의 의미는 특정한 적에 대한 군사적 방어의 필요성을 뛰어넘는 것으로써, 국가의 안정, 즉 식량, 에너지, 환경, 커뮤니케이션, 사회적 안전보장 등에 필수적인 요소들을 고려해야 할 필요성이 강조되었다.

제4 · 5차 산업혁명 시대에서 국가 위기 상황 시 효율적이고 효과적인 위기관리를 위해 국가 위기관리 체계에 영향을 주는 요인을 재조명하는 것이 반드시 필요하다.

○ 1차 산업 : 자연 자원을 이용하는 산업으로 주로 토지나 바다가 중심(기업 내 제작 수단 없음)
○ 2차 산업 : 1차 산업에서 생산한 원재료를 가공하는 산업으로 기계가 중심(기업 내 제작 수단 있음)
○ 3차 산업 : 상업·금융·보험·수송 등 주로 인간이 중심이 되는 서비스업
○ 4차 산업 : 정보·의료·교육 서비스산업 등 지식집약형 산업 소프트웨어산업, 정보통신산업, 매스컴, 예능 등. 기술개발 등으로 물질이나 에너지 등을 대량 소비하지 않는 산업. 주로 지식조직으로 정부 기관, 문화단체, ICT, 교육조직, 도서관 등이 이에 속함
○ 5차 산업 : 취미·오락·패션산업 1차에서 4차 산업 형태를 융합 또는 분화하여 새롭게 창출하는 기존에 없었던 일종의 부정형 산업. 주로 NPO 단체, 미디어, 예술, 문화, 고등교육, 헬스케어, 과학기술, 정부 등이 이에 속함

2. 위기관리의 정의

2.1. 위기 · 위험 · 재난의 정의

위기는 "어떤 중대한 사안에 대해 최종적인 결정을 내려야 할 상태"를 의미하며, 위태롭다는 말(Danger)과 기회라는 말(Chance)이 포함되어 있다.

실제로 위기라는 단어는 태풍 · 폭설 · 홍수 등의 자연재해, 폭발 · 교통사고 · 붕괴 등 인적 · 기술적 재난, 테러리스트들의 공격, 각종 정책의 실패, 기업 · 가계 · 국가의 경제적 어려움, 범죄, 질병의 확산, 각종 스캔들 등 다양한 상황에서 포괄적인 위험 상황을 의미한다.

다양한 용어 중에서도 주로 사용되고 있는 위험, 위기, 재난 등과 함께 이를 관리하는 위험관리, 위기관리, 그리고 재난관리 등의 정의와 범위를 더욱 구체적으로 살펴보는 것이 중요하다.

이러한 용어들에 대하여 다양한 기관과 학자들이 수많은 정의를 하고 있으며, 이 중 특히 많이 인용되는 몇 가지 정의들을 살펴보면 다음과 같다.

첫째로 위기(Crisis)는 급박함, 전환점(갈림길), 위협, 짧은 시간의 극한 위험, 중대한 비상사태의 함의를 가진 것을 알 수 있다. 이는 상황이 발생하고 있는 바로 그 시점이며, 이때 조직의 활동 수준은 극심한 혼란 상황을 겪곤 한다.

둘째로 위험(Risk)은 어떠한 결과(재난의 결과로써의 피해)를 불러일으킬 가능성(재난 발생의 확률)에 중심을 두고 있는 것을 알 수 있다. 즉, 위험은 어떤 바람직하지 않은 현상의 발생 가능성과 그에 따른 피해를 나타내곤 한다. 공학적으로 정량화를 시도할 때 "위험도 = (발생 가능성) × (발생 시 예측되는 결과)"로 나타내는 것이 일반적이다.

따라서 위험의 개념은 일반적으로 어떠한 상황의 발생 전에 예방적인 목적을 두고 사용되는 경우가 많다. 셋째로 재난(Disaster)은 실질적인 피해라는 함의를 가진 것을 알 수 있으며,

결과로써 상당한 정도의 피해를 보았을 때만 재난이라는 단어를 사용하는 것이 일반적이다.

이러한 정의를 실제 사고 상황을 예로 들어 설명하면 더욱 쉬울 것이다. 항공기 사고의 경우, 정상 상태에서 운항하고는 있지만, 테러범에 의한 공중 납치의 가능성이 있다는 것을 인지하였을 경우, 우리는 일반적으로 항공기 공중 납치의 위험에 대비하여야 한다고 이야기한다. 만일 이러한 위험이 실제로 발현되어, 항공기가 공중 납치되었다면, 이 상황은 위기의 상황이며, 극도의 혼란을 동반하게 된다.

이때, 관계 당국의 효과적인 대응으로 인질과 비행기가 모두 안전하게 되고, 테러범이 검거된다면, 우리는 슬기롭게 위기를 극복한 것이고, 이러한 상황은 일반적으로 재난으로 불리지는 않는다. 그러나 만일 서투른 대응으로 비행기가 추락하여 엄청난 인적 · 물적 피해가 발생했다면, 이러한 상황은 재난으로 명명되곤 한다. 또한 위험, 위기, 재난은 개념적으로 차이가 있으며, 일부 학자들의 개념적 설명에 이의가 있는 것이 사실이다.

〈표 1.1〉 위해 · 위험 · 위기 · 재난의 정의

용어	정의
위해 (Hazard)	취약 지역에 재난을 일으킬 수 있는 위험한 자연 및 인위 현상(D&E Reference Center, 1998)
	인명 및 재산 피해, 기반 시설의 파괴, 농업의 손실, 환경 피해, 사업의 중단 등을 유발할 가능성이 있는 사건 혹은 상황(FEMA, 1997)
	재난 상황을 유발할 정도로 인류의 생명과 재산, 각종 활동에 부정적 영향을 주는 자연 혹은 인위 현상(WHO, 2002)
	주어진 시간과 장소에 피해를 줄 가능성이 있는 위협 요인(U.N., 1992)
위험 (Risk)	어떤 목적에 영향을 줄 수 있는 일이 발생할 가능성. 결과와 발생 가능성으로 측정한다(Aus/NZ Standard)
	바람직하지 않은 결과가 발생할 확률 또는 이 확률을 높일 수 있는 요소 (WHO World Health Report, 2002)
	행동이나 사건이 긍정적 기회가 될지 부정적 위협이 될지 결과가 불확실한 상황. 이것은 발생 가능성과 결과의 결합이며, 지각된 중요성도 포함한다(UK Government Handling Risk Report)
	주어진 환경에서, 일반적으로 부정적인 어떤 결과가 발생할 확률(US Presidential/Congressional Commission)
	자연 혹은 인위적 위해(hazard)와 취약성의 상호작용 결과로 발생하는 부정적 결과나, 사망 · 부상 · 생계 · 경제활동 혹은 환경에 대한 예상되는 손실(UN Living with Risk Report)

용어	정의
위기 (crisis)	짧은 시간의 극한 위험, 중대한 비상사태(D&E Reference Center, 1998)
	어떤 일이 극적으로 (보통 부정적인 방향으로) 변화하는 결정적인 순간 혹은 전환점 (Websterís New World Dictionary)
	어떤 집단의 위기는 다음의 세 가지 조건이 결합할 때 나타난다(Quarantelli, 1998) (1) 조직의 가치를 포함한, 어떤 종류의 위협 (2) 예상치 못한 사건의 갑작스러운 발생 (3) 집단으로 대응할 필요성, 그렇지 않으면 결과는 더욱 부정적으로 보일 수 있다
재난 (Disaster)	커다란 피해를 줄 수 있는 사건. 심각한 혹은 갑작스러운 불행 · 참사(Calamity) 재난은 재산과 인명 손실을 유발하는 거대하고 갑작스러운 불행(Websterís New World Dictionary)
	공동체에 재산의 손실 혹은 인명피해를 불러일으키는 사고(FEMA)
	피해를 당한 공동체 스스로의 힘으로는 극복할 수 없는 광범위한 인명, 재산 혹은 환경 피해를 불러일으키는 심각한 사회 기능의 붕괴(Disruption) (UN Glossary, 1992)
	재난은 위기 상황에 대한 대처 시 대응 수요(Demand for action)가 능력을 초과할 때 발생한다(Quarantelli, 1985)
	(1)외부의 작용, (2) 사회적 취약성, 혹은 (3) 불확실성의 결과(Gilbert, 1991)

출처 : 정지범, 2009.8. 한국방재학회논문집

2.2. 위기관리, 위험관리, 재난관리의 정의

위험의 개념은 가능성의 의미를 지니는 위기의 배아(胚芽) 상태로서, 위험은 지금까지 위기로 현실화된 상태가 아니기 때문에 조직의 활동 수준은 평상시 상태가 유지되며, 이때 조직의 활동은 위험을 관리하는 예방적 활동(Prevention)으로 정의할 수 있다.

이러한 위험 상황은 외부의 어떤 요인(Hazards)과 조직이 가지고 있는 취약성(Vulnerability)에 의하여 위기로 진화하게 되며, 이때의 위기는 위험 요인이 현실화된 혼란의 상황으로 정의할 수 있다. 이 상태에서 조직은 혼란을 겪게 되며, 만일 이 위기의 상황을 슬기롭게 극복하면 조직의 활동 수준은 정상을 찾을 수가 있게 된다.

그러나 만일 이 위기를 극복하지 못하면 조직의 활동 수준은 급격하게 저하하게 되고 결국 재난으로 진화하게 된다. 이러한 위기 발발 전에 위기의 대응을 위한 사전 운영 능력을 개발하는 활동을 대비(Preparedness)라고 일컬으며, 위기가 실제로 발생한 경우 조직의 활동을 대응(Response)으로 볼 수 있다. 위기가 재난으로 발전한 후에는 조직의 활동 수준은 급격히 하강하게 되며, 이를 회복시키고자 하는 노력을 복구(Recovery)로 볼 수 있다.

위기, 위험, 재난과 위기관리, 위험관리, 재난관리는 어떠한 상황에서 슬기롭게 극복할 수 있다는 것은 조직의 안전과 가정 또는 사회 안전을 가져올 수 있다고 본다.

즉, 모든 위기관리는 예방(Prevention), 대비(Preparedness), 대응(Response), 복구(Recovery) 단계로 구분하고 있으며, 위기관리를 재난관리 중심으로 볼 때 위기관리의 영역은 재난이라는 위기 상황의 발생을 중심으로 상황 발생 이전의 관리와 이후의 관리로 구분된다.

통상적인 재난으로서의 위기관리 4단계는 재난 발생을 예방(Prevention)하며, 위기 상황 발생에 대한 평상시 대비(Preparation) 체제를 구축하고, 재난 발생 시 대비하고 있는 시나리오에 맞추어 적절하게 긴급한 대응(Response)을 통하여 재난이 초래하는 피해를 최소화하고, 상황종료 후 피해를 복구(Recovery)하는 모든 과정을 포함하고 있다.

〈그림 1.1〉 위험관리, 위기관리, 재난관리의 과정적 정의

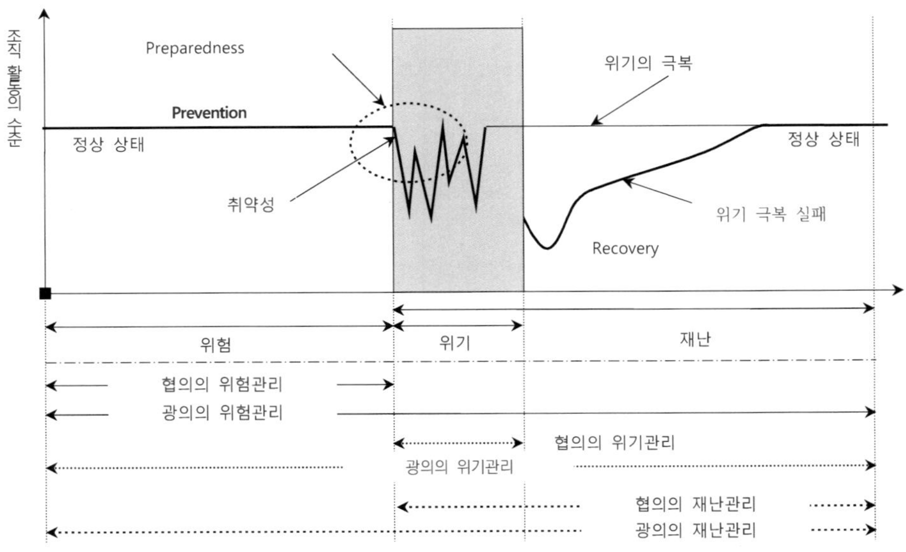

출처 : 정지범, 2009.8. 한국방재학회논문집, 임현우, 2019, 재난관리론

또한 통상적인 위기관리의 4단계의 모든 과정을 2P 2R이라고도 할 수 있다. 위험관리, 위기관리, 재난관리 프로세스를 위험이 위기로, 위기가 재난으로 발전하는 단계에 따른 조직 활동의 수준과 함께 비교하면 그림 1.1과 같이 정리될 수 있다.

재난이나 위기와 같은 용어들의 혼란과 마찬가지로 위기관리(Crisis Management)도 여러 가지 의미가 있는 경우가 많으며, 유사 용어로서 비상관리, 안전관리, 보안관리, 위험관리, 재난관리 등 다양한 용어들이 각각의 대상과 실무 현장에서 약간씩 다른 함의를 가지고 사용되고 있다.

비상관리(Emergency Management)란 "기존의 일반 행정조직이나 인적, 물적 조건으로는 외부적 또는 내부 문제를 해결할 수 없을 때나 비능률적인 상황에 신속하게 적응하여 문제를 해결하기 위하여 특별한 담당 인력을 조직하여 대응하는 일련의 노력 및 과정"을 의미한다.

이러한 의미에서 우리나라의 행정안전부 재난안전관리본부나 미국의 FEMA[18]는 일반 행정조직이 담당할 수 없는 각종 비상사태에 대응한다는 의미에서 Emergency Management라는 용어를 조직의 이름으로 사용하고 있다.

보안관리(Security Management)는 안보, 보안, 경호의 개념이 포함되어 있으므로, 일반적으로 외교나 국방 분야에서 많이 사용되며, 또한 정보보호의 의미를 지니기 때문에 정보통신 분야에서도 많이 사용되고 있다.

위험관리(Risk Management)는 실제 상황(위기나 재난)의 발생 전, 혹은 선택의 상황이라는 개념이 포함되어 있다.

따라서 불확실성과 확률에 대한 대응이 필수적인 보험이나 투자와 같은 금융 분야에서(Financial risk management 등) 많이 사용되며, 행정학을 제외한 사회학, 자연과학, 공학 분야 등에서도 폭넓게 사용된다.

---

18 FEMA : 미국연방재난관리청(美國聯邦災難管理廳, Federal Emergency Management Agency, FEMA)은 미국 국토안보부의 기관으로, 1978년 만들어졌다. 지방정부나 주 정부만으로는 처리하기 힘든 재난에 대응하는 것이 주목적이다. 푸에르토리코와 같은 미국의 해외영토에 대해서도 서비스를 제공한다. 주지사의 비상사태 선언이 있어야만 개입하나, 1995년의 오클라호마 폭탄 테러나 2003년의 컬럼비아 우주왕복선 공중분해 사고와 같은 연방 재산이나 자산에 대한 응급 상황이나 재난에도 대응하고 있다. 재난복구를 위한 현장 지원이 주 역할이지만, 주 정부와 지방정부에 전문가를 지원하고, 복구와 구호를 위한 자금을 모금하기도 한다.

위험관리는 일반적으로 위험 요소 식별, 위험분석, 위험대처의 과정과 이를 사후 평가하고 피드백하는 일련의 절차로 구성된다.

안전관리(Safety Management)의 용어는 주로 산업 현장에서 많이 사용되며, 사업의 운영에 수반되는 산업재해의 근절을 위하여 경영자가 행하는 합리적이고 조직적인 계획, 조직, 시행, 협조, 통제 및 조정하는 일련의 과정을 의미한다.

방재안전(Disaster Prevention)이란 재난(Disaster) + 예방(Prevention)이다. 또한 재난 및 안전관리 기본법 제3조 제4호에서는 안전관리를 "시설 및 물질 등으로부터 또는 재난이나 그 밖의 각종 사고로부터 사람의 생명 · 신체 및 재산의 안전을 확보하기 위하여 행하는 모든 활동"이라고 정의하고 있다.

재난관리(Disaster Management)는 재난을 감소시키기 위한 계획과 활동, 그리고 대응하고 복구하기 위한 모든 절차를 의미한다.

협의의 재난관리는 "재난 발생 시 피해를 최소화하기 위해 혼돈된 상황에 질서를 부여하는 과정으로 일상적 비상 대응 기관들의 자원을 관리하고, 조직 간의 의사소통을 원활히 하며 체계적인 사고 지휘체계를 구성함으로써 인적, 물적 피해를 최소화하기 위한 일련의 과정"으로, 그리고 광의의 재난관리는 사전에 재난을 예방하고 대비하며, 재난 발생 후 그로 인한 인적, 물적 피해를 최소화하고 본래의 상태로 복구하기 위한 모든 측면을 포함하는 용어로 정의하고 있다.

재난 및 안전관리 기본법 제3조 제3호에서는 재난관리를 "재난의 예방 · 대비 · 대응 및 복구를 위하여 행하는 모든 활동"이라고 정의하여 광의의 재난관리 정의를 따르고 있다.

위기관리(Crisis Management)는 위의 다양한 용어 중에서 일반적으로 가장 폭넓게 사용되는 것으로 보이며, 특히 행정학 분야에서는 광의의 재난관리라는 함의를 가지고 위기관리를 사용하는 경우가 많다.

제임스 리(James Lee) 교수는 위기관리를 바람직하지 않은 사건의 통제에 대한 좀 더 넓은 접근 방법을 의미하는 것으로 인식한다면, 민간 부문에서 위기관리의 목적은 순수 손실의 최소화를 의미하는 것이며, 공공부문에서의 위기관리는 사회에 악영향을 줄 수 있는 자연적, 인위적 사건의 위험을 인지하고 통제하는 것이라고 주장하였다.

또한 국가적 차원에서 보았을 때, 위기관리는 재난관리에서 관리의 대상인 자연재난과 인위적 재난 같은 재난 위험뿐만 아니라, 전쟁이나 테러 등 안보의 위협도 고려해야 하는 폭넓은 개념으로 인식된다.

우리나라의 국가 위기관리 기본지침 대통령 훈령 제124호[19]에서는 국가 위기관리를 "국가 위기를 예방하고 발생에 대비하며 위기 발생 시에는 효과적인 대응 및 복구를 통하여 그 피해와 영향을 최소화함으로써 조기에 위기 이전 상태로 복귀시키그자 하는 제반 활동"으로 정의하고 있다.

〈표 1.2〉 위기관리의 대상적 구분

용 어	주요 대상	주요 산업 및 학문 분야
비상관리 (Emergency)	평상시 상황이 아닌 비정상 상황의 관리	위기, 방재, 소방
보안관리 (Security)	안보, 보안, 경호 등 보호	외교, 국방, 정보통신
위험관리 (Risk)	미래의 불확실성에 대한 대응	금융, 보험, 과학기술
안전관리 (Safety)	산업, 노동, 생활 등에서의 인명, 재산의 안전	산업, 노동
재난관리 (Disaster)	자연재난관리, 사회재난 관리	소방, 방재
방재안전 (Disaster Prevention)	위기, 자연재난관리, 사회재난 관리	위기, 소방, 방재

19 국가 위기관리 지침은 대외비로 일반인에게는 공개되지 않고 있으며, 국가안전보장회의(NSC)는 국가안보 · 통일 · 외교와 관련된 최고 의결기구로 통일국방외교는 NSC에서, 재난은 행정안전부에서, 국가 핵심 기반 시설은 국정 현안 정책 조정 회의에서 결정하며 최고의 의사 결정한다.

3. 위기관리 범위와 개념

3.1. 위기관리의 범위

일반적으로 위험관리, 위기관리, 재난관리 용어의 사용에 혼란이 많은 것은 그 대상 영역에 있어 미묘한 차이가 있기 때문이기도 하지만, 그보다 더욱 큰 원인은 각각의 용어 사용에 있어 협의의 정의와 광의의 정의가 혼동되기 때문이다.

위험관리의 경우 사태의 발생 전에 즉 가능성에 중점을 두고 있고, 평상시의 예방이 중점이 되지만, 학자에 따라서는 이를 광의로 정의하고 예방 · 대비 · 대응 · 복구의 전 과정을 포괄하기도 한다. 또한, 위기관리도 마찬가지여서, 엄밀하게 협의로 정의하면 위기의 발생으로 인하여 조직 활동에 혼란이 있는 바로 그 시기를 의미하지만, 역시 광의로 정의하면 예방 · 대비 · 대응 · 복구의 전 과정을 포괄한다.

재난관리의 경우에는 협의로 정의할 경우, 위기의 발생과 이에 대한 대응, 그리고 이후 복구의 과정을 포괄하는 대비 → 대응 → 복구의 과정을 포함하지만, 이 역시 광의로 정의하면 예방 과정까지 포함하는 예방 · 대비 · 대응 · 복구의 전 과정을 의미하게 되며, 이는 재난 및 안전관리 기본법에서 정의하는 범위를 이루게 된다.

따라서 광의로 정의하면 위험관리, 위기관리, 그리고 재난관리는 관리의 과정 측면에서 거의 같은 의미로 사용된다고 보면 될 것이다.

위기관리는 그 적용 범위에 따라 그 초점이 달라진다. 대표적인 것이 안보(Security) 중심의 위기관리 시각과 재난(Disaster) 중심의 위기관리 시각이다.

우선, 안보 중심의 위기관리 시각은 탈냉전 시대 이후 군사적 위협의 감소와 함께 전통적인 군사적이고 대외적인 안보의 개념에 위기관리를 포함하고자 하는 접근이다. 이 시각에서는 자연재난이나 기술적 재난뿐 아니라 테러 등 외부의 침략 요인에 의한 시민의 보호를 위하여 국가가 적극적으로 활동하는 것을 요구하고 있으며, 특히 군대와 같은 강제 조직의 역할을 중요시하고 있다. 이러한 안보 중심의 위기관리는 국가 차원의 위기관리라고도 한다.

미국에서 국토안보부를 창설하여 국내 안보와 방재를 통합하여 관리하고자 하는 시각이 안보 중심의 위기관리가 구현된 대표적인 예이다. 안보 중심의 위기관리는 다양한 재난이 초래하는 국가비상사태에서 국가가 적극적으로 개입해야 하는데, 이러한 맥락에서는 재난 중심의 위기관리를 부분적으로 포함하고 있다.

따라서 위기와 위기관리의 개념도 포괄적인 국가안보(National Security)의 개념에서 접근하게 된다. 한편, 재난 중심의 위기관리는 국가 위기를 초래하는 '재난'을 중심으로 위기관리를 보는 시각이다. 이렇게 재난 중심으로 위기관리를 보면 위기관리의 영역은 고도의 정치적 영역이라고 할 수 있는 군사적 영역을 제외하고 비군사적 영역이라도 우리나라의 경우처럼 대북 관계와 관련된 위기의 영역 또한 배제된다. 이들의 영역은 비록 '극심한 혼란 상황'이지만 국가가 관리적 맥락에서 예방 및 통제하거나 대응이 어렵고 전통적인 안보 중심의 위기관리에 해당하기 때문이다.

따라서 재난으로서의 위기관리는 '결과론적 함의를 가진 것으로, 그 결말이 부정적인 위기'라고 할 수 있다. 우리나라에서는 여전히 재난으로써의 위기와 국가의 안전을 위협하는 전쟁의 위기가 분명하게 구분되고 있고, 관련 법 체계 또한 재난 및 안전관리 기본법을 통하여 재난과 관련된 위기관리의 영역이 대외적이고 국가 안보적인 비상 관리의 영역과 구분되어 있기 때문이다.

이러한 개념을 바탕으로 위기관리의 범위를 관리 프로세스의 측면과 관리 대상의 측면으로 정리하면 아래의 표와 같다.

〈표 1.3〉 위기관리의 범위

구 분	주요 대상
관리 프로세스	소방, 응급, 광의의 위기관리, 예방 · 대비 · 대응 · 복구의 전 차원
관리대상	외교, 국방, 정보통신 재난(Disaster)으로서의 위기, 군사적 · 대외적 요소를 배제한 재난 및 안전관리 기본법에서 다루고 있는 자연재난, 사회재난을 대상으로 한정

국가 위기는 국가의 주권 또는 국가를 구성하는 정치 · 경제 · 사회 · 문화 체계 등 국가의 핵심 요소나 가치에 중대한 위해가 가해질 가능성이 있거나 가해지고 있는 상태로 정의할 수 있다(국가위기관리기본지침, 2004). 국가 위기의 정의를 보다 확대하면, 기존의 실무적 관리 차원의 개념 정의로부터 벗어나 확대된 개념을 재정립함으로써 국가 사회에서 요구되는 위기관리 수요를 충족시키는 한편, 위기관리 주관기관, 유관기관, 실무기관이 현장에서 다루고 있거나 다루어야 하는 각종 위기의 관리에 대한 법적 책임성과 대응성을 확보해야 한다.

따라서 국가 위기의 정의가 지니는 의미는

첫째, 국가 위기가 발생하기 이전에 사전 예방이나 대비 노력을 통하여 국가 위기의 발생을 예방하거나 적시적인 대응 및 복구가 가능하다는 것을 전제로 한다.

둘째, 국가의 주권 또는 국가를 구성하는 정치 · 경제 · 사회 · 문화 체계뿐만 아니라 일반 국민의 생명 · 재산에 대한 보호에 있어서 국가의 책임이 있음을 전제로 한다. 국가의 개념에는 중앙정부 및 지방자치단체, 각종 공공기관과 지방행정기관을 포함한다.

셋째, 국가 위기는 국가 사회의 경제 · 사회적 생명력과 일체성에 대해 영향을 미치는 요소에 대한 것도 포함한다.

넷째, 국가 위기와 관련해서는 사건뿐만 아니라 상황도 국가 위기의 실체로 파악한다. 마지막으로 국가 위기가 영향을 미치는 환경의 범위는 정치 · 경제 · 사회 · 문화 등 일반 환경 전반에 포괄적으로 미친다.

3.2. 위기관리의 개념

조직의 위기에 대처해 조직에 바람직하지 못한 결과를 최소화하고 그에 따른 신속한 조치를 하는 일련의 행위, 위험 요소 확인, 측정, 통제를 통해 최소한의 비용으로 불이익을 극소화하는 활동 전반을 의미한다.

위기관리는 조직 구조의 재편성과 위기관리팀 선정 및 교육 개발, 위기 가능성 평가, 비상계획 마련, 위기관리 실행의 순으로 이루어진다(매일경제).

'위기'에 관한 연구가 본격적으로 시작된 그것은 1960년대 이후로, 초기 개인 중심의 연구에서 집단, 조직, 사회, 국가, 세계에 관한 위기로 범위가 확대되었다.

한국의 위기관리는 위기의 발생 빈도 증가와 결과, 영향의 심각성에 대한 인식 증대, 위기관리 체계 확립의 필요성과 시급성이 대두되면서 1990년대 중반 이후 본격적인 연구가 시작되었다.

'위기(Crisis)'는 분리를 의미하는 그리스어 'Krinein'에서 유래하였으며, 의학 용어로 '회복되느냐 또는 죽느냐?' 하는 병상의 변화를 의미하나, 국제정치학에서는 위기를 어떤 상황이 계속되느냐, 궤도를 수정하느냐, 또는 종착점에 도달하느냐가 결정되는 시점과 관계된다는 것을 의미한다.

현대에 와서 '위기'라는 용어는 정치 · 경제 · 군사 · 사회 · 문화 등 여러 다양한 분야에서 사용되고 있다. 특히 1962년 쿠바 위기 사태 이후 개인에서 국제관계에 이르기까지 다양하고 다층적 영역에서 다의적인 용어로 거부감없이 일상화되어 통상적 용어로 무분별하게 사용됨으로써, 위기에 대한 본질적 의미가 변질되었고 실체적 위협에 대한 인식의 정도가 약화되는 측면도 있으며, 국제정치학에서는 위기를 국가적 위기 상황으로서 전쟁으로의 전환점으로 파악하고, 국가 간 상충된 이해관계가 충돌하여 갈등이 극도로 고조된 전쟁 발발 직전의 급박한 상황을 의미하였다.

위기에 대한 여러 연구자의 정의는 아래의 표와 같다.

〈표 1.4〉 위기에 관한 다양한 정의

구 분	위기의 정의
Murray, James A., Het. Al.	어떤 사건의 과정에서 결정적인 시기 또는 상황의 전환점, 불안, 갑작스러운 변화, 저항의 긴장 상태
C. F. Hermann.	의사결정 단위의 최우선 목표가 위협을 받으며, 반응을 취하는 시간이 제한되어, 정책결정권자들이 전혀 예기치 못한 상황
G. H. Snyder and Diesing P.	냉전적 갈등 현상이 극대화되어 비록 전쟁의 발발은 아니더라도 상황과 같은 긴장 국면이 급격하게 전개되는 것
이재은	극심한 위협, 알 수 없는 결과, 불확실성. 긴급함을 가져오는 사건과 절차들을 포함하며, 급박한 환경의 변화와 삶과 죽음에 직면한 조직의 재난. 테러와 같은 다양한 형태로 오는 것
박우순	위기란 심히 난관에 봉착하여 즉각적인 대처 행동이 요구로서, 어떤 사태의 전개 과정에서 악화로 인해 파국이나 종언 결정적인 국면 전환의 고비를 말한다.
이동훈	국가적 위기 상황을 평화와 전쟁의 전환점으로 파악하고 국가 간 이해관계가 표출되어 갈등이 극도로 고조된 전쟁 발발 직전의 상황
허태회 · 이상훈 · 길병옥	국가안보 및 이익에 중대한 위협 상황의 발생을 의미하며, 군사적 개념 협의의 위기와 경제 · 사회 및 재난을 포함하는 광의의 위기로 구분하고, 근래에는 사이버 안보 위기까지 국가 위기 영역으로 포함됨을 강조

정치학자인 윌리엄스(Phil Williams)는 위기의 본질은 국가 간 적대적 대결이 짧은 기간의 상황에서 급속하게 전개되는, 즉 전쟁 발발 가능성의 고조 상태로 보았다. 정치 · 사회학적 측면에서는 위기를 좀 더 보편적으로 일반화하여 위기 상황을 위험하고 불안정한 상황인 동시에 변동의 분기점 또는 선택의 상황이므로, 결정을 통하여 불확실성을 줄이고 이해관계를 조정하는 등 정치적 결단이 요구되는 시점으로 정의한다.

또한, "위기관리는 위기 상황이 전쟁으로 확대되지 않도록 통제하고 조절하는 과정임과 동시에 다른 한편으로는 위기가 당사국에 유리하게 해결돼 해당 국가의 중요한 이익(Critical Interest)이 보호되고 유지될 수 있도록 하는 모든 노력"이라고 설명했다(김진항, 위기관리, 서울 파이낸스).

한국의 합동참모본부에서는 '대한민국과 그 영토, 국민과 군대, 소유권 또는 이익에 위협을 주는 사건 또는 상황을 말하며, 국가 목표를 달성하기 위하여 외교적, 정치적, 경제적, 군사적으로 중요한 조건이 조성되어 군대 및 자원의 투입이 요구되는 사건이나 상황'이라고 정의한다.

위기관리 연구 관점에서는 위기의 정의를 조직생존, 의사결정, 위기 결과 및 영향, 정책집행 등의 차원으로 구분하여 정의하고 있다.

맥 코믹(James M. McCormick)이 단일적 위기의 정의를 구하는 것은 불가능하다고 했듯이, 사회과학뿐만 아니라 자연과학 등과도 연계된 위기관리를 다학제적 연구 대상으로 포괄할 수 있는 것으로 단일한 개념의 정립은 제한된다. 위기의 정의는 시대 상황이 변화되면 그에 따라 변할 수 있어 유동적이라 할 수 있다.

위기의 정의가 포괄적 안보 개념의 적용 시대에 와서 많은 변화를 일으킨 것처럼 위기관리의 정의 또한 여러 가지의 새로운 형상으로 나타나고 있으므로 깊이 생각하고 연구할 필요가 있다.

국가와 사회가 형성되면서 국가의 안위와 국민의 생명 및 재산을 보호하기 위한 국가 위기관리의 역사가 시작되었다. 하지만 쿠바 미사일 위기 이후부터로 보는 것이 통설이다. 일반적으로 위기관리는 위기 발생 전 · 후를 통해서 위기를 사전에 예방하거나 사후에도 그 위기를 최소화하기 위한 활동을 의미하며 다른 국가의 이익과 경쟁하고 협상하는 외교 형태로 볼 수 있다.

이러한 의미의 위기관리는 갈등, 증폭, 전쟁 발발 등으로 악화하는 것을 방지하기 위한 목적이 있는 것으로 두 가지 시각이 있다.

먼저, 전쟁을 회피하는 방안을 정책결정권자가 선택하도록 한다는 것으로 이는 '대결의 평화적 해결'을 의미하며, 다른 하나는 전쟁은 국가가 선택할 여러 가지 전략들 가운데 오직 하나에 지나지 않으며 위기 시 승리가 목적이고, 위기를 좋은 기회로 삼는다는 것이다. 하지만 위기관리는 대결과 협력의 요소를 동시에 내포하고 있으므로 더욱 포괄적 정의가 내려질 수밖에 없다.

이와 관련하여 주한 미국대사를 지낸 스나이더(Glenn H. Snyder)는 위기관리를 '위기 시

정치적 수완의 문제는 자신의 전략에서 어떻게 강압과 유화를 최적으로 배합을 이루는가? 즉 배합은 전쟁 회피와 자신의 이익 극대화 또는 손해의 최소화를 의미한다.'라고 외교관 출신답게 위기관리를 국제정치적 역량 발휘 측면에서 정의하였다.

한국의 위기관리 역시 다른 나라들과 마찬가지로 전쟁과 자연재난, 사회재난을 포함하는 포괄적인 것으로 전환되었으며, 국가 위기관리 기본지침에서는 국가 위기관리를 '국가 위기를 사전에 예방하고 발생에 대비하며 위기 발생 시에는 효과적인 대응과 복구를 통하여 피해와 영향을 최소화함으로써 조기에 발생 이전 상태로 전환하고자 하는 제반 노력'이라고 정의하고 있다.

이런 맥락에서 탈냉전기[20] 위기관리는 '국가 주권에 대한 위기나 정치, 경제, 사회, 문화 등 국가의 가치나 핵심 요소에 대한 위협으로부터 국가와 국민을 보호하기 위한 총체적이고 종합적인 대응과 보완을 체계적으로 강구하는 것'으로 정의하기도 한다.

이와 관련하여 이재은(충북대 행정학과)은 위기관리를 '위기로부터 국민의 생명과 재산을 보호해 주고 위험을 극복하기 위한 사업계획을 집행하는 일상화된 과정'이며, '모든 위기로부터 국민의 생명과 재산 및 국가의 주권과 경제적 사회적 생명력 및 일체성을 보호하기 위한 정책과 계획을 집행하는 과정'으로 정의하고 있다.

이신화(고려대 정치외교학과)는 '사전적인 관리기법과 사후적인 적극적 대처방안을 개발하여 우리 사회에 잠재되어 있는 우발적인 충격이나 위기의 발생확률을 줄이고 발생 시 피해를 극소화하는 것'으로 정의했으며, 이정일(광운대 대학원)은 위기의 발생을 예방하고 위협을 최소화하여 국민의 생명과 재산을 보호하고 위험을 극복해 나가는 위기관리계획 집행의

---

20 탈냉전 시대(Post–Cold War era)는 세계사에서 소련이 붕괴한 1991년부터 2017년까지를 말한다. 2018년 미 · 중 간의 패권 경쟁이 본격화된 이후 2차 냉전 시대로 이어졌다. 일부에서는 베이징 올림픽이 개최되고 남오세티야 전쟁이 일어난 2008년을 탈냉전의 종식 시기로 보기도 하며 유럽 쪽에서는 우크라이나의 정치적 위기가 발발한 2014년을 탈냉전의 종식 시기로 보기도 한다. 탈냉전 시대를 규정짓는 특징은 세계화이며, 일견 역설적이지만 민족주의 역시 발호하고 있다.
이런 거시결과는 인터넷과 휴대전화라는 신문물에 의해 가능해졌다. 모더니즘의 절대진보 이념에 대한 반작용인 포스트모더니즘과 문화 상대주의가 발생하기도 했다. 탈냉전 시대를 주름잡는 패권국은 미국이다. 한편 중화인민공화국이 약한 제3세계 국가에서 새로운 초강대국으로 부상하면서 탈냉전의 시대는 종말을 맞이했다. 유럽 대륙의 경제적 통합 역시 가시적인 변화이다. 환경주의도 탈냉전 시대 이후에야 진지하게 논해지기 시작했다. 1988년 폭염으로 옐로스톤 국립공원의 40%가 불에 탄 이후 지구 온난화가 대중 담론의 무대에 등장했고, 재활용이 거의 모든 국가 거의 모든 지역에서 보편화 되었다.

일상적 과정으로 정의하였다.

한국의 합동참모본부에서는 '국내 또는 국제적 위기 발생을 예방하거나 중대한 위해가 가해질 가능성이 있거나 발생하였을 경우, 위기 상황을 효율적으로 통제하면서 발생할 수 있는 피해를 최소화하고, 전쟁으로의 전환을 방지하며 합법적 · 합리적으로 문제를 해결하기 위해서 구축해 놓은 제도적 장치 및 절차'라고 정의한다.

오늘날 국가 안위를 위협하는 위기에는 전쟁 외에도 다양한 자연재난 및 사회재난, 사회질서 파괴, 경제위기 등도 포함된다. 위기관리란 '전 · 평시를 막론하고 안보 환경의 변화에 따라 국내 · 외적으로 발생할 것으로 예측되는 군사적 또는 비군사적 유형의 국가안보 및 국가적 위기 상황에 대처하여, 국가와 국민을 보호하기 위한 종합적이고 총체적인 대응책과 보완책을 체계적으로 강구하는 것'으로서, '국가 간 갈등에 기인한 전통적 의미의 위기관리, 전시의 국가동원과 평시의 자연 · 사회재난을 포함한 사회 · 경제적 위기, 군사 · 비군사 분야 활동을 포괄'하는 의미를 모두 함축하고 있다.

이처럼 위기관리는 어려운 판단이나 결정이 요구되는 두 가지 상반된 목표를 어떻게 조화롭게 추구하는가의 문제이기 때문에 위기로 인한 갈등이 폭발하지 않도록 절제된 범위 내에서 이루어지도록 하는 것이 위기관리 정책의 핵심임과 동시에 딜레마라 할 수 있다.

전통적 위기관리의 개념은 전통적 안보 개념 하의 위기 상황에서 국가의 이익과 안보를 보호하기 위한 일련의 활동들로 이해할 수 있다. 위기관리의 정의는 전통적 안보의 개념 속에서 시도된 산물들이다. 따라서 탈냉전기에는 전통적 안보와 비전통적 안보를 포괄하는 위기관리 개념의 확대가 필요하다.

탈냉전기 위기관리의 개념은 안보 · 경제 · 사회 등 다양한 분야에서의 위기 상황을 예측하고 효과적으로 대응하여 위기 상황을 해결하는 일련의 과정과 체계를 의미한다. 이는 탈냉전기에 발생하고 있는 테러, 경제위기, 환경 재난 등과 같은 비전통적 위협까지 위기관리의 대상에 포함하고 있기 때문이다.

따라서, 현대사회는 과거보다 위기의 변수가 상상할 수 없을 정도로 다양하게 존재하고 위기 범주의 확장으로 위협의 불확실성이 증대된 위기의 상시화 시대이다. 그리고 국가 위기관리란 정치 · 경제 · 사회 · 안보 등 각 분야에서 국가 제반 요소를 대상으로 관리체제의 내실을 다지는 총체적 국가 운영 능력을 높여 국내 · 외적인 국가 위기 상황에 효과적으로 대응하는 것을 의미하는 것으로 볼 수 있다

탈냉전 이후 러시아가 우크라이나를 침공한 사태도 발발했지만, 전면전의 위협은 현저하게 감소하였으나, 다양한 요인에 의한 갈등으로 소규모 분쟁이 점차 증가하고, 테러, 지진, 감염병 등 새롭게 등장한 초국가적 위협에 대처해야 하는 급격한 안보 환경의 변화를 반영하여, 현대국가의 안보 영역은 군사적 위기와 비군사적 위기를 포괄하여 국가 위기관리의 개념을 재정립하고 국가 위기관리시스템을 혁신적으로 개편하여 탄력적으로 대응하는 추세에 있다.

세계 각국은 급속히 변화된 안보 환경에 적극적으로 대처하고 각종 위기 사태가 발생할 경우에 국가적 차원의 통합적 대응을 통해 효율적인 국가 안정성 유지와 경제적 손실을 최소화하기 위해 국가 위기관리와 관련된 법률과 조직의 통합 등 획기적이고 대폭적인 정비를 통해 자국의 안보 환경에 부합되는 최적의 국가 위기관리 체계를 구축하여 대응하고 있다.

그러나 세계 각국의 많은 노력과 적극적인 대응에도 불구하고, 2005년 미국의 루이지애나주 뉴올리언스를 강타한 초대형 허리케인 '카트리나'와 2011년 동일본 지역의 대지진에서 보듯이, 국가 위기관리 체계가 잘 갖추어져 있다고 세계가 인정하는 국가들조차도 상상을 초월한 예측 불가능한 위기 사태가 발생할 때는 실질적 대응조치를 하는 전 과정, 특히 실행적 대응 과정에서 많은 문제가 노출되었다.

위기관리를 영역의 분류 기준에 따라 구분하면 국가방위 위기, 국가 보전 영역의 위기, 국민 보호영역의 위기로 나눌 수 있다. 국가방위 영역 위기 조성의 주체는 우리나라의 경우, 북한 정권과, 국외 적대세력 국내 · 외 무장 테러 세력 등이며 위기의 양상은 무장 공비의 침투, 국지도발, 무장 테러, 대량파괴 무기 전력화 등으로 나타난다.

국가 보전 영역의 위기는 국가의 기반 시설이나 시스템을 무력화 또는 파괴함으로써 국가운영의 기능체계가 물리적으로 정지되는 위기를 말하며 자연재난, 고의적이거나 비고의적 또는 인위적 재난, 테러, 사이버 공간에 대한 도발 등과 같은 복합적 양상으로 실제화된다. 국민보호영역의 위기는 일반 국민의 생명, 신체, 재산이 대량 손상 또는 멸실되는 사태를 말하며 자연재난, 사회재난, 광역화 질병 등이 주된 원인이다.

국가적 위기 사태를 체계적으로 관리하기 위해서는 위기의 가능성을 정확히 예측하여, 사전에 치밀한 준비와 예방 활동이 이루어지고, 위기 사태가 발생할 경우에는 평시 통합하여 운영하는 국가 위기관리 전 조직이 신속한 대응을 통해 피해를 최소화하고, 조기에 국가 제반 기능의 안정성을 회복하기 위한 복원력을 갖춘 위기관리가 필요하다.

합리적으로 정립된 위기관리 유형 분류 이론은 성공 가능성을 제고하는데 기여할 수 있다. 위기는 그 유형 별로 유사한 양상을 나타내면서 발생하고 전개되는 특징을 가지고 있으므로 위기관리 방식 또한 위기의 유형에 따라 종전의 위기관리 사례를 응용할 수 있다. 특히 위기의 유형별로 합당한 관리방식의 유형이 정립되어 있다면 위기의 징후가 포착된 시점 또는 초기대응 단계에서 유용하게 활용될 수 있다.

위기의 유형은 분류의 기준에 따라 매우 다양하게 구분될 수 있다.

안전보장의 개념 구분에 따라 분류하면 전통적 안보 위기와 포괄적 안보 위기로 나누어지는데 전자는 포괄적 안보 개념 도입 이전 위기의 총칭이며 후자는 안보 개념이 포괄화되면서 확장된 영역의 재난과 테러 등의 위협이 전통적 위기와 합쳐진 개념이라고 할 수 있다.

군사력 사용 여부에 따라 분류하면 군사적 위기와 비군사적 위기로 구분할 수 있으며 비군사적 위기는 정치, 사회, 경제, 문화, 환경 그리고 각종 재난 등 군사적 원인 이외의 문제로 인해 발생하는 위기의 총칭이다.

정치적 차원에서의 국가 위기관리는 정치 안보, 군사 안보 개념에 기초한 국가 위기관리를 의미한다. 정치 안보는 국가의 정체성에 대한 내적 위협으로부터 안전보장을 말한다. 따라서 여기에는 국가를 통제 관리하는 정치체제를 위협하는 폭동, 쿠데타, 테러, 과격한 시위 등을 말한다.

이러한 정치적 차원의 국가 위기관리는 전통적 안보의 영역으로서 국가 간 또는 국내 정치집단 간 위기 상황을 대통령이 군사적 · 외교적 수단을 통하여 직접 통제하고 관리하는 위기관리를 지칭하며, 이 영역에서 위기관리는 국가의 존립 또는 정체성과 직접 관련이 있으며 그 위기의 정도가 심각한 수준이고 상황에 따라 국가의 존망과도 직결된다.

행정적 차원에서의 국가 위기관리는 탈냉전기 시기에 새롭게 등장한 환경적 안보, 사회적 안보 등 비전통적 안보 위협에 대처하는 국가 위기관리로 환경오염, 대형사고, 감염병 등을 원인으로 하는 위기에 대한 비전통적 위협으로 대두된 위기들도 국가의 정체성이나 국가 존망의 문제에 당장은 직접적으로 관련이 되어 있지는 않지만, 관리가 미흡하여 규모가 커질 경우 국가적 차원에서 위기관리가 필요한 분야이다.

위기관리란 인간의 존엄성을 존중하고 구현하기 위해 노력하는 과정에서 발생하는 수많은 사건의 관리 과정이라 정의할 수 있으며 위기관리에서는 인간은 태어난 그 자체로서 존중받아 마땅하다는 것이 학문적 논의의 출발점이다.

위기관리의 학문적 지표는 인간 존엄성(Human Dignity)의 구현이며, 개인, 조직, 사회, 국가의 존재 이유는 궁극적으로 인간의 존엄성과 인간 생명에 대한 존중을 통해 인류가 추구하는 보편적 가치를 추구하는 것이며 인간으로서의 기본적인 권리가 보장된 상태에서 미래에 대한 꿈과 희망을 만들고 달성하기 위해 노력하는 기반이 바로 위기관리이다.

또한, 포괄적 안보 개념에서의 국가 위기 개념에 근거하여 국가 위기는 국민의 생명과 재산 및 건강, 국가의 주권과 영토, 그리고 국가를 구성하는 정치 · 경제 · 사회 · 문화 체계 등 국가의 핵심 요소나 가치에 중대한 위해가 가해질 가능성이 있거나 가해지고 있는 상태로 정의할 수 있다.

위기의 정의는 국가 위기관리 기본지침(2004)의 국가 위기 개념을 국민 생활 안보 차원까지 확대한 것으로서 여기에서 국가 위기는 국민 생활 위기, 재난 위기, 전통적 안보 위기, 국가 핵심 기반 위기 등을 포함하며, 국가 위기관리는 이들 국가 위기의 유형을 관리하는 것으로 이해할 수 있다.

여기서는 국가위기란 국가위기를 사전에 예방하고 발생에 대비하며 위기 발생 시에는 효과적인 대응 및 복구를 통하여 그 피해와 영향을 최소화함으로써 조기에 위기 이전 상태로 복귀시키고자 하는 제반 활동이라는 정의와는 달리, 관리적 관점에서 '국가 위기를 효율적으로 예방 · 대비하고 발생할 때는 효과적으로 대응 · 복구하기 위하여 국가가 가용 자원을 기획 · 조정 · 통제하는 과정'이라고 정의하고 이러한 정의에는 다음 요소들이 포함되어 있다.

첫째, 위기관리의 주체는 국가로서 중앙행정기관은 물론 각급 지방자치단체 등의 위기관리

주관기관, 유관기관, 실무기관 등이 모두 포함되며, 위기관리에 있어서 국가는 민간 부문의 기업과 시민사회단체와의 거버넌스 구축을 통해 협력적 연계 활동을 전개해야 한다.

둘째, 위기가 사전에 발생하지 않도록 발생하지 않도록 예방하고 대비하며 위기 발생 시 신속하고 효율적으로 대응하고 복구함으로써 피해를 최소화 또는 복구시키는 것을 목표로 설정해야 한다.

셋째, 국가 위기관리의 자원은 인적자원과 물적자원, 그리고 정보자원 · 문화자원 등 국가 내 · 외부에서 동원이 가능한 무형 자원들을 모두 동원할 수 있어야 한다.

넷째, 국가 위기관리를 위해 국가는 각급 조직이 수준별, 기능별, 지역별 특성에 맞는 계획을 수립해야 한다.

다섯째, 국가 위기관리의 조직화는 국가 위기관리의 집행계획을 구체적으로 추진하기 위하여 권위 배분과 작업 분할을 통해 업무수행이 잘 조정되도록 공식 기구를 설치 · 조정 · 개편을 해야 한다.

여섯째, 국가 위기관리의 효율성 확보를 위해 국가는 각급 기관 및 조직의 성과를 측정하고 평가함으로써 통제해야 한다.

3.3. 위기관리의 가치

위기관리시스템이 효율적으로 가동되기 위해서는 무엇보다도 먼저 위기관리시스템의 이념적 가치와 목표 체계가 정립되는 것이 필요하다.

첫째, 위기관리시스템은 그 이념적 가치로서 생명의 존중(Respect for the Life)을 지녀야 한다.

둘째, 인간의 존엄성(Human Dignity)은 어떤 상황에서도 인간으로 존재한다는 사실 하나만으로도 인간의 기본적인 권리들이 보장되어야 한다는 적극적인 의미로 생각해 볼 수 있다.

셋째, 위기관리시스템은 사회적 형평성(Social Equity)을 이념적 가치로 지녀야 한다.

넷째, 국가 위기관리는 국가가 존립하는 데 필수적인 국가의 주권과 영토를 보존하는 데 필요한 제반 노력을 기울여야 한다.

3.4. 위기관리의 성격

위기관리가 지니는 보편적이고 일반적인 성격은 다음과 같다.

첫째, 위기관리는 책임에 있어 보편성과 일반성을 지니고 있으며, 헌법은 모든 국민이 인간으로서의 존엄과 가치를 지니며 행복을 추구할 권리를 가지고 있음을 규정하고 있다.

둘째, 위기관리는 공공 관리적 성격을 지니고 있으며, 위기가 발생하게 된 원인과 책임의 소재와 관계없이 위기가 미치는 영향은 지역사회나 국가, 나아가 국제사회에까지 확산할 수 있으므로 위기관리의 공공적 성격이 강조되어야 한다.

셋째, 현대사회에서는 위기관리의 일상화가 요구됨에 따라 현대사회는 기능의 복잡성과 전문성으로 인해 사회 일부의 기능 마비가 곧 사회 전체적인 기능 마비를 초래하게 되어 결국 사회에 심각한 결과를 야기하게 된다. 위기관리에 대한 일상적이고도 지속적인 관심과 주의를 기울이는 것이 필요하고, 그렇지 않을 경우에는 대형 인명사고가 언제든지 발생할 수 있으므로 위기관리는 우리의 일상생활과 더불어 존재해야 하는 것이다.

넷째, 위기관리는 인간 생명의 존엄성에 대한 존중을 전제 가치로 삼고 있으며, 예를 들어 인간을 둘러싸고 있는 모든 일을 운명 결정론적인 종교적 관점에서 보는지 혹은 주체적 인간관으로서의 진화론적 관점에서 보는지에 따라 위기가 발생하기 이전의 예방관리를 중요시하느냐 아니면 위기가 발생한 이후의 대응이나 복구관리를 중요시하느냐가 결정될 수 있다.

하지만 인간 생명 존중의 가치를 소중히 여기는 국가나 조직은 위기 발생 전후 관리 모두를 소홀히 하면 안 된다.

4. 위기관리의 정책적 · 학문적 의의

4.1. 위기관리의 지향점

대한민국 헌법 제1조 제2항에 따라 "대한민국의 주권은 국민에게 있고, 모든 권력은 국민으로부터 나온다."라는 것처럼 위기관리가 지향하는 사상은 국민 보호를 목적으로 하고 있다.

또한 재난 및 안전관리 기본법의 기본이념은 '재난을 예방하고 재난이 발생한 경우 그 피해를 최소화하는 것이 국가와 지방자치단체의 기본적 의무임을 확인하고, 각종 재난으로부터 국민의 생명 · 신체 및 재산을 보호하기 위하여 재해 및 재난 등으로 다원화되어 있는 재난관련 법령의 주요 내용을 통합함으로써 국가 및 지방단체의 재난에 대한 대응관리체계를 확립하고, 각 부처에 분산되어 있는 안전관리업무에 대한 총괄조정 기능을 보강하는 등 현행 제도의 문제점을 개선 · 보완하여 재난의 예방 · 수습 · 복구 및 긴급구조 등에 관하여 필요한 사항을 규정하고 국민의 생명 및 신체의 안전과 재산 보호를 이념으로 하고 있다.

위기 발생 이후의 위기관리는 비효율적이고 비생산적이므로 위기 발생 이후보다는 위기 발생 이전에 예방과 대비를 통해 위기 발생 자체를 막고, 피할 수 없는 경우에는 피해를 최소화하는 방안을 모색하는 것이 요구된다.

이를 위해서는 위기 발생 이전의 예방과 대비에 대한 사회 각 부문의 적극적인 투자와 위기 발생 이후의 대응, 복구의 상호 연계 및 적정 투자를 통해 국가 위기관리시스템의 효율화를 추구하는 것이 요구되고 있다.

4.2. 위기관리의 정책적 의의

국가이익 구현을 위한 정책 체계상 국가 위기관리의 정책적 위치는 그 가치와 의의가 매우 높은 것으로 볼 수 있다.

'국가이익'이란 용어는 카사(G.D.Casa)가 최초로 사용한 이래 비어드(A. Beard)가 경제적 이익개념을 확대 해석하여 국가의 유지와 부강을 구현하기 위한 기준과 방식이라고 정의하였으며, 오늘날에도 이 개념은 일반적으로 통용되고 있다.

오스굿(Rober E. Osgood)은 국가이익을 좀 더 포괄적으로 해석하여 국가의 최고 정책 결정 과정을 통하여 표현되는 국민의 정치 · 경제 · 사회 · 문화 · 군사적 욕구의 갈망이라고 정의하였다.

허츠(F. Hertz)는 국가이익의 3대 요소를 국가 안전보장, 국가 복지 번영 보장, 국가 권위 보장으로 정리하였다. 한국도 국가이익에 관해 국민의 안전보장과 영토의 보존, 주권 수호를 통한 국가 존립 유지, 국가의 경제발전과 복지증진, 자유민주주의와 인권신장, 조국의 평화적 통일 달성, 세계평화와 인류 공영에 기여 등 6개 항으로 밝힌 바 있다.

국가이익은 존망의 이익, 결정적 이익, 중요한 이익, 지엽적 이익으로 분류되며 국가안전보장은 존망의 이익에 해당한다. 위기 관리체제 구축은 국가가 평시부터 효율적 위기관리 역량을 갖추기 위해 구현해야 할 과업이다.

국가안전보장회의는 국가이익에 포함되는 세부 항목을 선정하면서 국민 안전, 영토보전, 주권 수호를 통해 한국이 독립 국가로서 생존을 보장하는 것을 가장 중요한 항목으로 규정한 바 있다.

이러한 국가 목표의 구현은 정책결정권자와 국가 위기관리 체계로부터 영향을 받게 될 것이다. 따라서 위기관리가 갖는 정책적 의의와 이념적 가치는 국가 단위의 관점에서 볼 때, 그 중요성의 우선순위가 매우 높다고 할 수 있겠다(최원상, 2021).

위기관리 절차는 위기의 징후 또는 실제 상황을 인식한 시간으로부터 대응 및 종결, 복구를 완료할 때까지 위기를 관리해 나가는 일련의 논리적 순서와 과정으로 위기관리 기구들이 정책목표 달성을 위해 실행하는 체계적 행위의 집합체라고 할 수 있다.

일정한 형태로 정형화된 절차는 가용한 정보의 종합적 분석이 가능하게 하고, 합리적 정책

결정을 유도하며 집행 과정의 효율성을 제고할 뿐 아니라, 위기 상황이 재발하여도 일관성 있는 대응을 가능하게 한다.

'위기관리 정책'용어는 학자마다 다양하게 정의되고 있다. 우선 외국 학자의 경우를 살펴보면, Dror(1986), Perry(1985), Richardson(1988) 등은 위기관리 정책을 위기관리에 관한 의사결정으로 정하고 있다.

Drabek(1990)은 재난정책, Mushkatel & Weschler(1985)와 Gods chalk(1991)는 위기관리 정책 등으로 파악하고 있다. 국내 학자의 경우, 박광욱(1997)은 재난관리 정책, 이상팔(1995)은 위험정책 등의 용어를 사용하고 있다(이재은, 2000a.).

미국의 위기관리를 총괄하는 연방재난관리청(FEMA : Federal Emergency Management Agency)은 위기 발생 시점이나 위기관리 시기를 기준으로 하여 예방 · 대비 · 대응 · 복구의 4단계를 적용하고 있다. 이는 상호 유기적으로 순환적인 관계를 맺는다. 단계별 주요 확인 및 조치 사항은 아래와 같다.

〈표 1.5〉 위기관리 단계별 주요 확인 조치사항

단 계	주요 확인 및 조치 사항
예방 (Prevention)	위기 관리체제 구축, 위기 예방 대책 수립 · 시행 각종 점검 및 안전 문화운동, 징후감시, 위험지구관리, 피해 저감 제도개선 및 연구 개발, 취약 시설 점검 · 정비, 정보시스템개선, 시설물 비상계획 등
대비 (Preparation)	위기 정보 · 상황관리 체계 확립, 자원 동원계획 및 위기 대응훈련 계획 수립 · 시행, 위기관리 정보시스템 구축, 관계기관과의 긴급 지원체계 구축, 위기 대비 대국민 홍보 및 교육훈련, 행동 매뉴얼 정비 또는 국민 행동 요령 홍보, 지자체 및 관련 행정기관의 대비 대책 조정 및 지원, 응급 대응체계 및 비상 연락 근무 체계 정비, 위기 예 · 경보체계 구축 등
대응 (Response)	위기 상황 보고 체계 구축, 초기 대응 체제 확립, 관계기관 협조 · 지원 체제구축, 긴급구조, 이재민 · 전재민 대책 및 대책본부 구성 · 운영, 위기 예 · 경보 신속 전파, 민 · 관 협력체계 구축, 비상단계 근무 계획, 사고수습 기구운영 방안, 2차 위기 방지 대책, 긴급 수송 대책, 구조구급 의료대책, 청소 · 방역 대책, 시설물 응급 복구계획, 이재민 · 전재민 수용 및 구호물자 공급, 비상 급수 및 생필품 보급, 지자체 또는 관계행정기관의 대응 대책 조정 및 지원 등
복구 (Recovery)	합동조사단 구성 운영, 피해배상(보상) 항구적 복구 및 재발 방지 대책, 피해조사, 복구 비용 지원 대책(대상, 기준, 비용산정, 지원절차), 자원봉사단 활용 등

※ 출처 : 제4차 국가 안전 관리 기본계획:2020~2024년(중앙안전관리위원회, 2019)

이러한 집행 단계는 상호 순환적인 성격을 갖고 있으며, 각 과정은 시간적 활동 순서이며, 최종의 복구 활동의 결과와 경험은 최초의 예방 단계 정책에 환류되어 장기적인 위기관리 정책에 영향을 주게 된다. 현재 한국 등 많은 국가에서 재난관리를 위해 이처럼 단계를 구분하여 적용하고 있다. 재난 및 안전관리 기본법에서는 재난관리 단계를 예방 · 대비 · 대응 · 복구 4단계로 정의하고 있는데 이 역시 페탁(William L Petak)의 재난관리 모형에 따른 것으로 이 과정들이 상호작용의 필요성이 있음을 강조한 것이다.

에드워즈(George C. Edwards III)는 집행에 영향을 미치는 요인으로 커뮤니케이션, 자원, 성향, 관료제의 구조, 요인 간 상호관계 등 집행 담당 조직의 내부구조와 관련된 요인을 들고 있다.

스미스(Thomas B. Smith)는 정책을 사회 내의 긴장 유발력으로 보고 정책집행으로 정책집행자나 대상 집단이 긴장과 갈등을 경험한다고 보고 있다. 이에 관한 정책집행 영향 요인으로 이상화된 정책, 정책 대상 집단, 집행 조직, 환경적 요인 등을 들고 있다.

정책 실패 요인 관점에서 라슨(James S. Lars)은 정책집행에 영향을 미치는 요인으로 모호하거나 비현실적인 목표, 집행 절차의 결함, 정부 활동의 복잡성, 경제적 여건 등을 들고 있다.

밴 미터와 밴 혼(Van Meter & Van Horn)은 행태적 관점에서 정책집행의 영향 요인을 정책 기준 및 목표, 정책자원, 집행 조직 간 커뮤니케이션 및 추진 활동, 집행기관의 성격, 정치 · 경제 · 사회적 여건, 집행자의 성향 등을 제시하였다.

국가가 행하는 모든 책무와 기능은 국가이익과 국가 목표의 구현을 위한 정책과 전략의 틀 안에서 이루어져야 하며, 국가의 행위는 국가목적 달성에 부합되어야 한다. 따라서, 국가정책은 국가 목표를 달성하기 위하여 국가가 취해야 할 총체적 과업과 지침이라고 볼 수 있으며 한 국가의 정책들이 수립되는 기반은 그 나라의 독특한 이념, 역사적 전통, 정치체제, 경제적 욕구, 민족의 가치체계와 지리적 환경 등에 있다.

또한, 국가전략은 국가정책의 실현을 위하여 전 · 평시를 막론하고 국가의 정치 · 외교 · 경제 · 사회 · 과학기술 및 군사 분야의 모든 역량을 통합시켜 효과적으로 운용하는 술(術)[21]과

21 術꾀 술, 마을 이름 수, 재주 술, 취락 이름 수

과학이라고 정의되고 있다.

국가목표를 달성하기 위하여 국가가 무엇을 할 것인가? 목표적인(3개월내 10kg 감량 하기) 성격이 국가정책이며 어떻게 할 것인가는 방법론적 방침이(하루에 30분씩 운동하고, 균형 잡힌 식사를 한다) 국가전략이다. 국가전략은 국가이익을 실현하기 위하여 국가정책의 구현과 달성을 보장하는 사명이 있다. 따라서 국가가 추구하는 정책과 전략은 목표와 방법의 상호관계를 맺는다.

일반적으로 국가이익 중 우리나라와 같이 독립 국가로서 생존 및 유지에 관한 국가 목표는 안전보장이며, 이는 국가방위, 국가 보전, 국민 보호 등 작은 목표를 통합하여 하나의 독립적 목표를 이룬다고 볼 수 있다.

또한 국가의 안전을 보장하기 위하여 무엇을 해야 할 것인가는 국가정책에 해당하며 국가정책을 어떻게 구현할 것인가 하는 문제가 곧 국가전략에 해당한다고 볼 수 있으므로, 정책과 전략의 관계론을 중심으로 보면 국가전략은 국가 목표 달성을 위하여 국가정책을 실천하기 위한 기술과 과학의 기능을 수행한다고 볼 수 있다.

국가전략이 자기 기능을 완수하기 위해 사용할 수 있는 수단은 국력이며 국력은 다시 정치력, 외교력, 경제력, 군사력, 사회 및 과학적 역량 등으로 구성되고, 이러한 구성은 국력의 일부분을 관장하는 정부 부처들은 국가전략 일부로서 정치 외교 전략, 경제 전략, 군사전략 등 기능별 전략을 수립하여 집행한다.

위기관리 전략은 국가 안전보장에 손상을 입힐 수 있는 위협의 징후가 있을 때 위기의 도래를 차단하거나 제한된 범위의 위해가 발생하였을 때 이를 최소화하면서 추가적인 사태 진전을 차단하기 위해 국가의 가용 역량을 효과적으로 통합하여 운용하기 위한 종합계획을 말한다.

따라서 국가전략을 수립할 시에는 상위 요소로서 국가이익과 국가 목표를 먼저 전제하고, 고려 요소로서는 미래 전망 및 전략 환경 평가를 기술하며, 개념 요소로서 전략목표와 방향을 제시한 후 기능별 분야별 전략과 국가자원의 배분 및 활용계획을 포함하는 것이 필요하다.

4.3. 위기관리의 학문적 특징

국가 위기관리의 학문적 체계는 다음과 같은 몇 가지 특징을 지니고 있다.

첫째, 국가 위기관리의 학문적 체계화는 실천적 학문의 성격을 지니고 있다.

둘째, 현실 문제를 해결하는 데 역점을 두는 국가 위기관리 연구는 주로 제 학문적 접근법(Interdisciplinary Approach)[22] 또는 다 학문적 접근법(Multi-Disciplinary Approach)[23]에 의존하고 있다.

셋째, 국가 위기관리 연구는 모든 분야의 개별 위기관리 정책 과정에 적용될 수 있는 보편타당한 이론이나 모형을 정립하는 데 그 특징이 있다.

넷째, 국가 위기관리 연구는 연계성에 역점을 두고 있으며, 여기에서 논의되는 연계성은 시차적 · 체계적 · 정책적 관점에서의 긴밀한 관계를 의미하고 있다.

(1) 위기관리의 다양한 이론

(가) 하인리히 법칙(H. Heinrich, 1931)

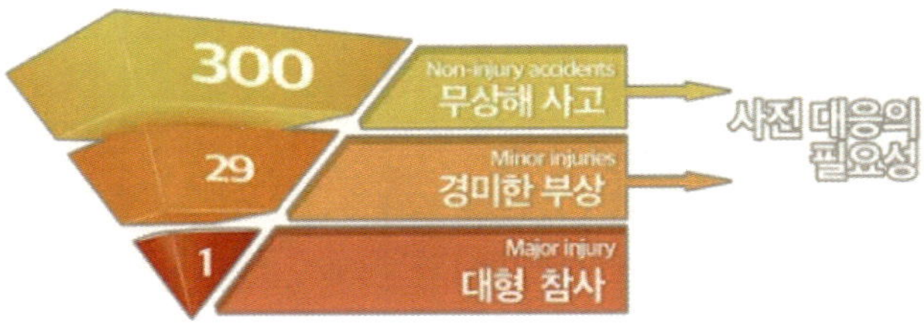

1 : 29 : 300법칙으로 사소한 위기 징후를 방치한 결과가 대형 재난의 원인으로 발생한다. 우리나라의 대표적인 삼풍백화점 붕괴사고(1995)로 1,445명 사상자 발생, 사고 전 부터 천장 균열하고 옥상 바닥손상 등 작은 이상 징후들이 존재하였다.

22 다 학문영역 간 접근(연구) 혹은 종합적 연구라고도 불린다. 오늘날 기존의 개별학문 영역만의 접근으로서는 복잡한 연구 대상이 가진 성격과 속성을 충분히 해명할 수 없고 나아가서 정책적 대응에도 지장을 초래하는 상황이 많이 발견되고 있다. 학제적 연구는 바로 이러한 곤란을 극복하기 위하여 여러 학문 분야의 이론과 기법을 동원하여 문제를 다면적 혹은 체계적으로 파악하려고 하는 것이다. 환경문제를 비롯해 각종의 사회경제개발계획 등에서 그 전형을 볼 수 있다.

23 다 학문적 접근은 다양한 교과를 따로따로 배워와서 학습자가 스스로 통합하는 것.

이후 산업화에 따라 1969년 프랭크 버드와 로버트 로프터스가 하인리히 법칙을 새롭게 해석하였다. 1976년 이를 정리하여 발간한 논문《손실 통제 관리(Loss Control Management)》를 통해 '버드의 빙산(Bird's Iceberg)' 혹은 '버드-로프터스의법칙'이라 불리는 법칙으로 버드의 법칙에서는 사고가 날 '뻔'한 '아차사고'까지 삽입하여 1(사망): 10(경상): 30(물적피해): 600(아차사고)까지 포함하였다.

큰 실수는 굵은 밧줄처럼 여러 겹의 섬유로 만들어진다. "Les fortes sottisessontsouvent-faites, commeles grosses cordes, d'unemultitude de brins." Les (레) fortes (포르트) sottises (소티스) sont (소) souvent (수뤄) faites (파이) comme (콤) les (레) grosses (그로스) cordes (코르드) d'une (드유) multitude (멀티튜드) de (드) brins (브린)

위 이야기는 빅토르 위고,《레미제라블》은 1862년에 발표한 소설로 프랑스 혁명전후 19세기의 프랑스 왕국~7월 왕정 기간의 시대적 배경을 가지고 있으며, 사랑, 용기, 희생, 인간 본성 등 다양한 주제를 다룬 대하소설로 빅토르 위고의 대표작이자 프랑스를 대표하는 문학작품, 서양 문학사의 가장 위대한 소설 중 하나로 평가받는다. 원래는 경찰관 자베르가 저지른 '사소한 실수'들이 죄수 장발장을 놓치는 '큰 실수'가 되었다는 것을 설명하기 위한 문장이다. 하지만 수많은 경미한 사고와 징후를 무시하여 대형 사고가 발생한다는 점에서는 하인리히 법칙에도 적용 가능한 문장이라 볼 수 있다.

경찰관 자베르는 엄격한 원칙주의자이며, 작품 전체에서 주인공 장발장과 대립한다. 죽기 전 최종 계급은 경감이였다. 장 발장과 마찬가지로 빅토르 위고의 절친 비도크를 모델로 창작된 캐릭터이다. 정확히는 '안티테제'에 가깝다. 자베르와는 달리 실제 비도크는 정반대로 상당히 호탕하고 밝은 성격에다 범죄자들을 유연하게 대하는 인물이었다.

(나) 정상사고론(C. Perrow, 1984)

미국의 예일대 교수였던 찰스 페로(1925~2019)는 '정상 사고(Normal Accident)'라는 개념을 현대사회의 재난은 비정상적 징후나 큰 실수가 있는 경우에만 발생하는 것이 아니라, 결정적 잘못이 없더라도 사소한 실수가 겹쳐 발생하는 경우가 많다는 주장하였다. 1979년 3월 펜실베이니아 스리마일섬의 원전 유출 사고를 계기로 이 이론을 정립했다. 당시 섬에 있는 원전 2기 중 1기의 냉각장치가 파열되고, 노심 융용이 일어나면서 핵연료가 외부로 유출된 사건이 있다.

조사결과, ⓐ 기술적 결함(냉각 시스템의 설계 결함과 안전장치의 불능), ⓑ 인적 오류(원자력 발전소의 운영자들이 상황을 잘못 판단하고, 비상상황에 대한 훈련이 부족), ⓒ 정보 부족(발전소 내부의 시스템에 대한 정보가 부족, 운영자들이 상황을 정확히 이해하지 못했던 것이 사고를 악화)가 원인이였다. 사고내용으로는 우선 원자로 냉각수 필터에 불순물이 끼면서 냉각수 공급이 중단되었다 이런 일은 종종 발생하는데, 보통 비상 냉각수 펌프가 작동해 큰 문제가 되지 않는다. 그런데 하필 사고 이틀 전 보수 작업이 있었고, 이때 펌프 밸브를 잠가 뒀다. 밸브가 잠긴 걸 몰랐던 데도 이유가 있었는데 똑 부러지게 누구의 잘못이라고 말하기 어려운 셈으로 발견된 것이다.

혹시 사소한 실수가 만들어낸 '나비효과'였다는 결론이 나오는 건 아닐까. 설사 그렇다 해도 '어쩔 수 없었다'고만여길 수는 없다. 감당해야 할 후폭풍이 너무 큰 탓이다. 값비싼 수업료를 낸 만큼 실패에서 철저히 배워야 한다. 모든 사고를 예방할 수는 없지만, 최소한 사고의 재발은 막을 수 있다. 또다시 같은 이유로 세상이 마비되는 일은 없어야 한다. 그건 진짜 비정상 사고다.

정상사고론의 기본 개념은 예측하거나 통제할 수 없는 복잡한 기술 간 상호작용으로 발생하는 피할 수 없는 사고이다. 이러한 사고는 꽉 짜여진 체계에서 발생하며, 예측하거나 통제할 수 없는 상호작용의 결과로 발생한다.

위험의 본질은 정상사고론에서 위험이 시스템 자체의 속성이라고 정의한다. 이는 공학적 기술적 문제뿐만 아니라 경영체계나 조직 문화와도 밀접하게 연관되어 있으며, 제도적 장치 등에 결부되어 있다.

정상사고론의 전제 중 인간은 실수를 하며, 이러한 실수가 대형 사고나 재난의 원인이 될 수 있다. 작은 실수와 큰 사고는 작은 실수가 큰 사고로 확대될 수 있으며, 이러한 사고는 시스템의 예측하지 못한 행동으로 나타난다. 기술적으로 완벽한 시스템에서도 사고가 발생할 수 있으며, 이는 기술을 다루는 인간의 실수 때문이다.

정상사고론의 중요성은 위험 인식의 새로운 시각에서 시작하며 위험을 조직과 체계의 특성으로 바라봄으로써 과학기술에 국한한 좁은 시각을 극복할 수 있다. 이는 하위 시스템이 동시에 작동할 때 발생할 수 있는 예측하지 못한 위험 가능성을 시사한다. 또한, 사회 조직과의 체계 재조직에서 발생되며 안전한 사회를 이룩하기 위해서 기술에만 의존할 것이 아닌, 사회 조직과의 체계를 안전을 중심으로 재조직할 것을 제시하고 있다.

정상사고론의 비판은 조직이 합리적인 이성적 행위자가 아니라는 점을 강조하며, 실제 현상을 연구하라고 주장하고 체계 실패는 대형 기술 시스템 내부에서 발생하는 복잡한 상호작용과 긴밀한 결합의 문제를 "체계 실패"로 정의한다.

정상사고론은 현대 기술 시스템의 안전성에 대한 새로운 시각을 제공하며, 위험을 예측하거나 통제할 수 없는 복잡한 상호작용의 결과로 발생하는 피할 수 없는 사고로 정의하고 이론은 위험의 본질을 시스템 자체의 속성으로 보며, 인간의 실수와 기술적 완벽함의 한계를 강조하고 있다.

(다) 위험사회(U. Beck, 1999)

"과학기술의 발전이 새로운 위험을 초래하며 이런 위험은 선진국에서, 그리고 일상적으로 출현함" 위험사회(危險社會, risk society)는 독일 사회학자 울리히벡이 1986년 자신의 저서인 기존 위험과 위험 사회를 가리켜 자연적 재난과는 다르게 성공적인 근대화의 과정에서 초래된 정치적, 경제적, 사회적, 기술적 변화의 산물을 의미하며 즉 과학기술은 문제의 원인이자 해결책으로써 작동한다고 보았으며, 위험의 지구화 경향과 보편성을 띤다고 보고 이처럼 급속한 과학기술의 혁신에 기인하여 20세기 말에 형성하기 시작한 위험 사회를 울리히벡은 사회는 과학기술의 발달로 좋은 것뿐만 아니라 나쁜 것도 획득할 수 밖에 없게 된다는 사실을 반증을 주장하였으며. 즉 서구를 중심으로 추구해온 산업화와 근대화 과정이 실제로는 가공스러운 '위험사회'를 낳는다고 주장하였다.

위험사회론의 주요 내용은 위험을 두 가지 개념으로 구분하였다. 하나는 객관적으로 실재하는 위험 (Gefahr, 독일어, 위험, 재해 발생 가능성), 다른 하나는 사회적으로 인식된 위험 (Risiko: 독일어, 위험성)분류하고 ① 위험의 증대는 산업화가 진행될수록 위험과 그로 인한 불안이 증대된다는 점을 강조하고 이는 기술문명이 발전할수록 물질적인 풍요는 늘어났지만,

삶은 불안하고 위태로워지는 상황이 전개된다. ② 위험의 사회적 생산은 위험을 체계적으로 생산하는 사회로, 이는 기술적 문제뿐만 아니라 조직 문화와도 밀접하게 연관되어 있다. 벡은 세 가지 주요 요인을 제시하였다.

ⓐ 과학적 정의와 오염인자의 분배은 과학적 방법으로 위험을 정의하고, 오염인자들이 불평등하게 분배되는 현상을 지적하였다.

ⓑ 새로운 공동체의 생산은 위험사회의 가능성에 대해 새로운 공동체가 생산되고, 다양한 계급, 정당, 직업집단과 연령집단의 성원들이 시민운동을 조직하게 된다

ⓒ 국경의 침식은 위험사회의 정치적 주체에 대해, 계급사회에서는 평등의 이상이 중요하지만, 위험사회의 유토피아는 소극적이고 방어적인 성격을 띄며, 최악의 사태를 예방하고자 한다.

위험사회론의 함은 위험 인식의 새로운 시각으로보는것이고 위험사회론은 위험을 조직과 체계의 특성으로 바라봄으로써 과학기술에 국한한 좁은 시각을 극복할 수 있다. 이는 하위 시스템이 동시에 작동할 때 발생할 수 있는 예측하지 못한 위험 가능성을 시사한다.

또한, 사회 조직과의 체계 재조직은 위험사회론에서 안전한 사회를 이룩하기 위해서 기술에만 의존할 것이 아닌, 사회 조직과의 체계를 안전을 중심으로 재조직할 것을 제시하고 있다.

그리고 현대 사회에서의 위험사회론은 코로나19 사태 이후, 대면 접촉과 사회적 교류가 위험 대상이 되고, 사이버 범죄와 해킹의 문제가 증가했다. 이러한 현상은 위험 패러다임의 전환이 이루어졌음을 보여주는 현상이다.

다시말하자면 위험관리의 중요성은 위험관리 체계의 확립은 필연적이며, 소통과 신뢰, 협력이 위험관리의 성공을 결정하는 요소이며 이는 민주화된 선진 사회일수록 대형 사고 등의 위험관리 실패 사례가 덜 관찰되는 경향이 있음을 강조하고 현대 사회를 이해하는 데 중요한

역할을 하며, 위험에 대한 새로운 시각을 제공하고 있다. 이는 사회가 위험을 체계적으로 생산하고, 이를 관리하기 위한 새로운 접근 방식이 필요함을 강조하고 있다.

(라) 스위스 치즈 이론(James T Reason, 1990)

"재난은 재난이 일어날 수 있는 모든 조건들이 우연하게 한날 한시에 겹치면서 발생한다" 위험과 사고 사이에 많은 방어 계층이 있지만 각 계층에는 정렬되면 사고가 발생할 수 있는 결함이 있음을 보여준다. 이 다이어그램에서는 세 개의 위험 벡터가 방어에 의해 저지되지만 하나는 "구멍"이 늘어선 곳을 통과한다. "누적 행위 효과"(cumulative act effect)라고도 한다. 응용 부문에는 항공 안전, 엔지니어링, 의료, 응급 서비스 조직이 포함되며 컴퓨터보안 및 심층방어에 사용되는 계층형 보안의 기본 원리도 포함되어 스위스 치즈 모델은 개념을 연관시키는 유용한 방법으로 존중되고 간주되지만, 너무 광범위하게 사용되고 다른 모델이나 지원이 충분하지 않다는 비판을 받은 경우도 있다.

스위스 치즈 이론(Swiss Cheese Model)은 영국의 심리학자 제임스 T. 리즌(James T. Reason)가 1990년에 제안한 이론으로, 사고와 재해의 원인을 설명하는 데 사용되었다. 이 이론은 여러 단계의 방어벽이 존재하더라도 작은 결함들이 일치하면 사고가 발생할 수 있다는 개념을 담고 있다

스위스 치즈 이론의 주요 개념은 세가지로 첫 번째로는 다층 방어(Defense in Depth)이다 사고를 방지하기 위해 하나의 보호 장치만 의존하지 않고 여러 단계의 방어벽을 두는 것이 중요하다.

두 번째로는 결함(구멍)의 존재막는 것이며 각 방어층에는 완벽하지 않은 부분이 존재하며, 작은 문제들이 누적될 경우 사고로 이어질 수 있다.

세번째로는 다중 실패 시나리오이다 사고는 단일 요인보다는 여러 요인이 겹쳐서 발생하며, 이를 예방하려면 조직의 구조적 결함과 인적 오류를 모두 관리해야 한다

스위스 치즈 이론의 적용 사례를 보면은 ① 항공 안전으로 조종사의 실수, 항공기 결함, 관제사의 실수 등 여러 요소가 동시에 작용할 때 항공 사고가 발생할 가능성이 높아진다

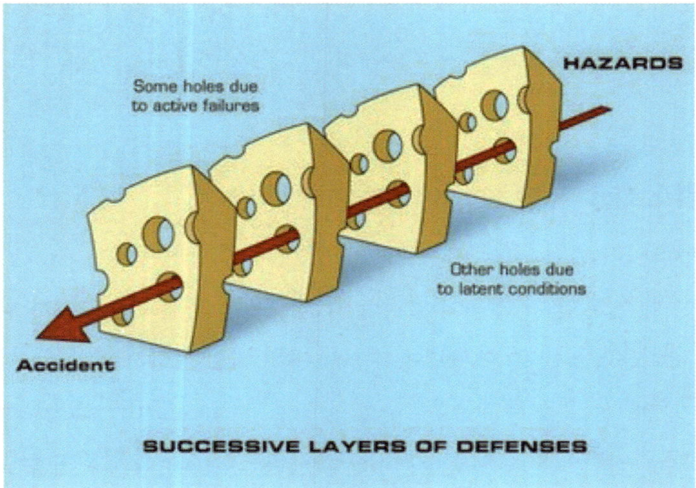

② 산업 현장 안전은 플랜트 및 건설 현장에서 사고가 발생하는 경우 안전 절차 미준수, 장비 고장, 작업자의 부주의 등이 결합되어 사고로 이어질 수 있다.

③ 의료 분야는 수술 중 실수, 잘못된 투약, 환자 정보 오류 등이 겹쳐지면 심각한 의료 사고로 이어질 수 있다.

스위스 치즈 이론을 활용한 사고 예방 전략으로는 ① 방어벽 강화이다 모든 방어 시스템이 완벽할 수는 없지만, 가능한 한 많은 보호 장치를 마련해야 합니다. 예를 들어, 산업 현장에서 안전 교육, 장비 점검, 경고 시스템 등을 병행하여 운영하여한다

② 인적 오류 최소화하여야 한다. 사고의 주요 원인 중 하나는 인간의 실수이므로, 이를 줄이기 위한 시스템 개선이 필요하다 예를 들어, 반복적인 훈련, 자동화 시스템 도입, 작업자 피로 관리가 중요한 요소이다.

③ 조직 문화 개선은 안전 사고를 보고하는 문화를 정착시키고, 작업자들이 적극적으로 위험 요소를 공유하도록 유도해야 한다. 예를 들어, 위험 보고 시스템 도입, 작업자 피드백 반영을 지속적으로 실시하여야 한다.

④ 지속적인 점검과 개선은 기존의 방어 체계가 제대로 작동하는지 정기적으로 점검하고, 새로운 위험 요소가 생기면 즉시 개선해야 한다. 예를 들어, 정기적인 리스크 평가, 사고 분석

을 통한 피드백 적용해야 한다.

결론적으로 말하자면 스위스 치즈 모델은 단일 보호 장치에 의존하는 것이 아니라, 여러 단계의 방어 체계를 운영하여 사고를 예방해야 한다는 점을 강조하고 있으며 이 모델을 활용하면 조직 전체의 시스템을 개선하고 다층 방어 전략을 통해 사고 발생 가능성을 줄일 수 있다.

(마) "거미줄 접근법(Spider Web Approach to Crisis Management)"

1. 거미줄 접근법의 기본 개념

거미줄은 중심(핵심조직)과 사방으로 연결된 다수의 실선(네트워크)로 구성되어 있다. 이는 위기관리에서 다음과 같은 구조적 특징을 비유합니다.

여기서 거미줄 중심은 위기관리의 컨트롤 타워인 중앙정부, 지자체, 재난안전본부 등 말하고, 방사형 실선은 정보 흐름, 지휘 명령, 경보체계, 현장지원체계 등 말하며, 원형 연결선은 기관 간 협력, 지역사회 · 민간 · 언론 등과의 연계망 나타내며, 거미줄의 탄성(유연성)은 변화하는 위기상황에 대한 적응력, 복원력(Resilience)을 말한다 즉, 거미줄처럼 모든 노드(기관, 부서, 조직)가 상호 의존적이며, 한 지점의 손상이 전체 대응체계에 영향을 주는 복합 연결망 구조로 보는 접근법입니다.

2. 핵심 철학은 "하나의 위기, 전체의 반응"

거미줄 접근법은 "한 곳의 진동이 전체에 전파 된다"는 원리를 기반으로 한다. 이는 곧 위기관리에서 다음의 교훈으로 얻을수 있다. 즉 재난은 특정 부서나 지역에 국한되지 않으며, 초기 감지(감지망의 한 실선)가 전체 대응을 촉발해야 하고, 모든 관련 주체가 실시간 정보 공유와 협업 체계를 가져야 한다. 그리고 구조적 취약점을 미리 보강하지 않으면 전체 붕괴로 이어진다.

3. 위기관리 단계별 적용

첫 번째 예방(Prevention)단계에서는 각 기관이 실선처럼 연결되어 위험 정보를 공유하고 취약 지점을 보강해야 하고 두 번째로는 대비(Preparedness)단계로 네트워크 훈련, 정보 전달 체계 점검, 매뉴얼 연계 훈련을 실시 해야하며, 세 번째로 대응(Response)단계에서는 중심-말단 간 실시간 소통, 다기관 통합상황실 운영이 필수이며, 네 번째로는 복구(Recovery)단계로 손상된 연결망(조직 · 인력 · 인프라)을 재건하고 경험을 공유해야 한다.

4. 장점과 시사점

가. 통합성 : 부처 간 칸막이를 제거하고, 유기적 협력 구조 형성

나. 유연성 : 상황 변화에 따라 신속히 대응 가능

다. 확장성 : 지역 · 중앙 · 국제기구 등 다양한 수준으로 확장 가능

라. 예방성 : 작은 진동(사소한 징후)도 감지 가능

5. 결론

본 저자가 주장하는 표지 모델은 거미줄 접근법은 위기관리의 본질을 "연결과 감지, 그리고 복원력"으로 정의하는 모델이다. 단일 기관의 대응이 아닌, 전체 시스템이 하나의 생명체처럼 반응하는 위기관리 체계를 지향한다.

(2) 학문적 연구 동향

연구와 학술적 발전의 연계가 어려웠던 본질적 속성은 첫째, 국가 위기의 실체가 시간 경과에 따라 변화되고 둘째, 국가 위기관리에 있어서 학술적 연구자들이 관리와 통제의 의미를 정하는 데 어려움 있으며 셋째, 국가 활동의 어느 부분이 국가 위기관리와 관련되는지를 결정하기가 어렵고 넷째, 국가가 국가 위기에 대응하여 무엇을 언제 할 수 있는가와 다섯째, 위기관리 관련 실무자나 학계, 연구 · 개발 등 관련분야 인력이 적고, 국민의 관심도가 낮은 편으

로 학술적으로 발전 장애요인으로 볼 수 있다.

학문영역별로 국가 위기관리에 관한 연구 동향을 살펴보면 크게 심리학적 관점, 사회학적 관점, 정치학적 관점, 그리고 행정학적 관점으로 4가지로 구분하는 것이 가능하다.

첫째, 국가 위기관리에 대한 심리학적 관점의 연구들은 개인에 대해 초점을 두고 있으며 위기관리와 관련하여 개인의 의사결정이 어떻게 이루어지는지 또는 위기에 대해 개인이 어떻게 대응하는지를 연구 대상으로 하고 있다. 심리학적 관점에서의 위기관리 연구는 다시 인지적 관점, 심리 분석적 관점, 외상 후 스트레스 관점에서의 연구로 구분하여 살펴볼 수 있다.

둘째, 국가 위기관리에 대한 사회학적 관점에서의 연구들은 여러 가지 위기 중 특히, 우리나라 실정상 여름철 태풍, 겨울철 폭설, 봄철 산불 등 자연 및 사회재난에 대응하는 지역사회와 집단들에 대해 초점을 두고 있다. 재난의 영향에 대한 조직화된 집단의 대응을 기술하고 분석하는 경향을 보이고 즉, 지역사회나 집단 외부의 위기에 대한 사회적 대응이 네 가지 상이한 수준에서 분석하면 개인 수준, 조직 수준, 지역공동체 수준, 사회 수준의 네 가지 수준에서 위기관리를 분석할 수 있다고 보면서, 이 중 주로 지역공동체 수준과 조직 수준의 연구를 대상으로 하고 있다.

셋째, 국가 위기관리에 대한 정치학점에서 연구는 크게 두부분으로 나누는데 초기에 주로 국제정치적 관점 (International Political Perspective)으로 국가 간 국제관계에서 발생하는 위기를 중심으로 진행되었고 외교적 갈등, 군사적 대립, 국제전쟁과 같은 국가 간 위기 상황을 분석하며, 국가들이 이러한 위기에 어떻게 대응하는지를 연구했다. 국제적 위기관리 전략, 외교적 협상, 전쟁 방지 메커니즘 등이 바로 주요 연구 주제이다.

또 다른 부분은 국내정치적 관점 (Domestic Political Perspective) 연구에서는 국내 차원의 위기관리에 대한 연구가 발전했다.

자연재해, 경제위기, 팬데믹, 테러리즘 등과 같은 국내적 위기 상황에서 정부의 대응 방식과 정책적 결정 과정을 분석하고 정부의 위기 대응 역량, 정책 조정, 국민의 신뢰, 정치적 리더십 등이 주요 연구 주제이다 .

즉, 국가 위기관리는 국제정치적 관점과 국내정치적 관점으로 구분되며, 각각 국가 간 관계에서의 위기 대응과 국가 내부에서 발생하는 위기 대응을 연구하는 방향으로 발전해 왔다. 초기 연구는 주로 국가 간의 국제관계에서 반복적으로 나타나고 있는 위기에 대한 관찰에서 시작되었다.

넷째, 국가 위기관리에 대한 행정학적 관점에서의 연구는 시기적으로 다소 늦게 수행되었다. 1980년대 들어서 위기 발생의 빈도가 증가하고 위기 결과와 영향의 심각성에 대한 인식이 증대됨으로써 행정학에서의 연구도 증가 추세이다.

위기관리는 정부 기관과 민간 부문 모두가 중심적인 역할을 해야 한다는 주장이 제기되고 있다.

그동안 과거에는 위기관리가 주로 법 집행 기관, 소방, 공중보건, 민방위 조직 등 특정 공공기관의 역할로만 인식되었지만, 최근에는 다양한 기술공학이나 행정학, 재정학 등에서도 주체들이 핵심적인 역할을 해야 한다는 인식이 확대되고 있다.

중앙정부, 광역자치단체 (Metropolitan/Provincial Governments), 기초자치단체 (Municipal Governments)의 국가 차원의 위기 대응 전략 수립 및 조정을 하고 긴급 지원 자원 배분 및 법적 · 제도적 기반 마련을 해야 한다

또한 정부 간 협력 (Intergovernmental Cooperation)으로는 중앙정부와 지방정부 간 협력을 통한 효과적인 위기 대응 등 국제기구 및 국가 간 협력 확대해야 한다.

아울러 경찰, 소방, 공공보건 기관 등이 긴급 대응 역할 수행하는 공공기관 (Emergency Services, Military, Health Agencies)과 필수 인프라(전력, 통신, 식품 공급망) 유지 및 위기 대비하는 기관은 기술 및 엔지니어링 역량을 활용한 대응책 민간 기업 및 산업 부문에서도 마련해야 하며, 구호 활동 및 피해 복구 지원, 지역사회 기반 위기 대응 및 교육 등 비정부기구 (NGO) 및 시민사회에서도 강력한 지원제도가 필요하며 일반 시민 및 지역사회 등에서도 자발적 대비 및 대응 활동 참여와 위기 상황에서의 협력 및 공동체 지원을 해야 한다

즉, 위기관리는 특정 기관에 국한되지 않고, 정부(중앙, 광역, 지방), 공공기관, 민간 부문, 시민사회 등이 협력하여 중심적인 역할을 강력히 수행해야 한다.

(3) 학문적 발전의 필요성

위기관리의 학문적 발전은 실무적 차원에서의 국가 위기관리를 다루는 것만으로는 더 이상의 국가 위기관리 발전이 어렵다는 판단으로부터 나오고 이는 실무 전담 공무원과 정부 중심의 논의만으로는 새로운 위기 영역의 예측이나 예상, 다가오는 피해 및 결과의 규모에 대한 이해 등이 어려운 동시에 거시적 차원의 정책 시스템 변화 등의 논의가 나오기 어렵기 때문이라고 인식한다.

국가 위기관리의 학문적 발전은 많은 연구자와 실무자, 일반 국민, 각종 NGO 등이 함께 참여할 수 있는 장을 만들어 주고, 학계와 학계, 학계와 실무계, 실므계와 실무계, 일반 국민과 학계 · 실무계 등 모든 정책 참여자가 함께 담론의 장을 만들 때 가능한 것으로 판단된다.

이러한 맥락에서 볼 때 국가 위기관리의 학문적 발전은 다름 아니라 '국가 사회의 구성원들이 안전한 사회를 만들기 위해 국가 위기관리와 관련하여 학술적 차원에서 연구 · 교육 · 봉사할 수 있는 담론의 장을 만드는 것'이라고 정의할 수 있으며, 아래와 같은 이유로 학문적 발전이 필요하다고 할 수 있다.

첫째, 국가 위기관리에 대한 학술적 발전은 선진화된 국가 위기관리의 필수조건이며,

둘째, 선진화된 위기관리는 국민소득 3만 불 이상의 선진국으로의 도약을 위한 필수 요소이다.

셋째, 위기관리 선진국의 핵심은 일상적인 국가기능과 비상적인 국가기능의 균형과 조화가 이루어져야 하며,

넷째, 선진화된 위기관리는 타 국가에 대한 전략적 수단으로서의 활용적 가치가 높다.

다섯째, 첨단 위기관리 능력을 선진사회형 시민 봉사 기구로서 유형화 · 특성화하여 위기 발생으로부터 고통을 받는 국가에 대해 인도주의적인 정신을 가지고 제공함으로써 우리나라의 국제적 위상을 높이거나 국가 간 관계 증진에 전략적으로 활용할 필요성이 있다.

5. 위기관리 종류 및 체계

5.1. 위기 유형 및 종류

위기의 종류는 국민 생활에 밀접한 국민의 일상생활에서 안전을 위협하거나 위험 가능성과 자연재난이나 사회재난, 안보, 공공시설 위기, 민간 시설의 위기 등 다양한 유형 및 종류가 있다.

〈그림 1.2〉 위기관리의 유형 및 종류

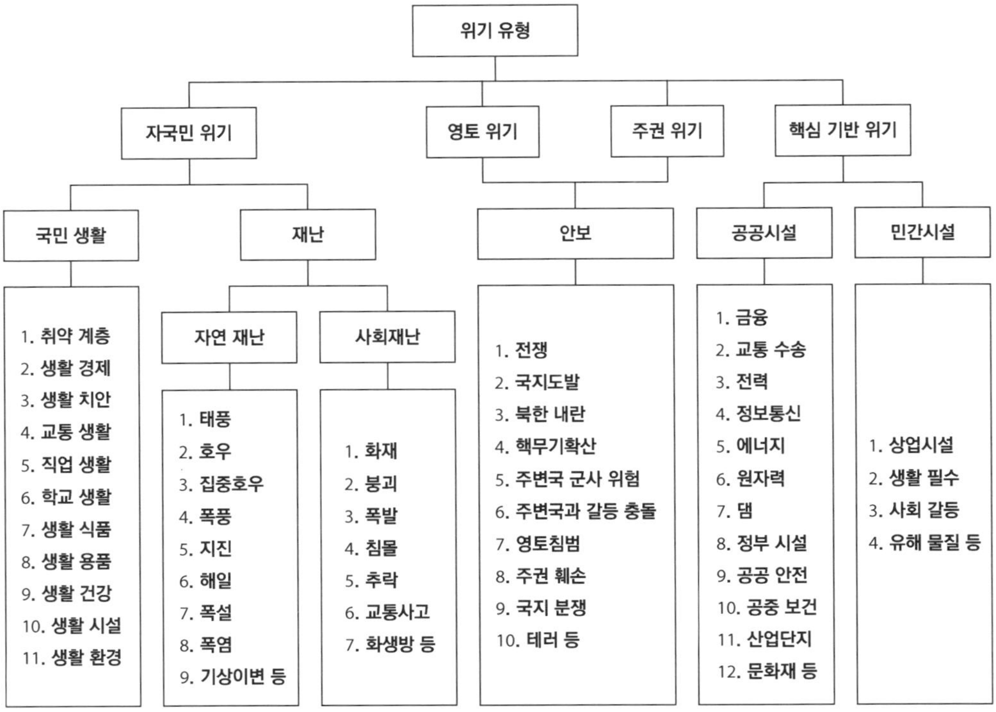

5.2. 국가 위기관리 체계와 특성

(1) 국가 위기관리의 특성과 대응체계

21세기의 위기관리는 위기 자체의 복잡성, 다양성 그리고 대형화로 인해 과거의 정부 중심의 위기관리 대응으로는 감당하지 못하며, 정부와 민간이 함께 연계하여 대응해야 한다. 그러나 우리의 위기 관리체계의 현실과 평가는 여전히 중앙정부 중심 위기관리시스템의 운영, 지방자치단체의 재정 능력 미약 및 경험 부족 등으로 민관의 통합적 공조 체계는 미흡한 실정이며, 피해조사 분야부터 시작해서 구호물자 전달에 이르기까지 세부적인 사항에서 민관 간의 역할은 새롭게 정립돼야 하고 과감한 민간 이양을 통해 민간기관을 충분히 활용할 수 있는 통합적인 전달 체계를 구축해야 할 것이다. 이와 함께 민간 이양 부분을 지도, 감독, 감사 등을 통하여 제도적 장치를 마련하고 점검할 수 있도록 해야 무분별한 민간 이양의 단점을 보완할 수 있을 것이다.

역사적으로, 재난관리는 주요한 재해의 경우 공공 보건이나 시민 방위조직들의 협조 아래 경찰이나 소방의 일부 기능으로만 여겨진 것이 사실이다. 그래서 종종 재난관리는 오로지 재난 후의 대응(Response)에 초점을 맞추었으며, 다른 적절한 재난관리의 필수 요소들(위험 억제, 재난 준비, 재난복구)을 고려하는 데는 소홀하였다.

21세기의 재난 유형과 관리 특성을 보면, 재난 발생지역의 초기 현장 대응능력이 결정적인 정책 결정의 과제이며, 이를 위해 지역의 자율적인 협력 거버넌스[24]의 필요성이 꾸준히 제

24 Governance(거버넌스)는 사회 내 다양한 기관이 자율성을 지니면서 함께 국정운영에 참여하는 변화 통치 방식을 말하며, 다양한 행위자가 통치에 참여 · 협력하는 점을 강조해 '협치(協治)'라고도 한다. 오늘날의 행정이 시장화, 분권화, 네트워크화, 기업화, 국제화를 지향하고 있어서 기존의 행정 이외에 민간 부문과 시민사회를 포함하는 다양한 구성원 사이의 소통과 네트워크를 강조한다는 점에서 생겨난 용어다.

Governance는 steer(키를 잡다, 조종한다)를 뜻하는 그리스어 kubernáo에서 나온 말로, 이를 비유적 의미로 최초로 사용한 이는 고대 그리스 철학자 플라톤(Platon, B.C.427~B.C.347)이다. 오늘날과 비슷한 의미로 이 단어를 영어에서 최초로 사용한 것은 1885년 영국 역사가 찰스 플러머(Charles Plummer, 1851~1927)가 쓴 영국의 거버넌스(The Governance of England)지만, 본격적으로 유행하게 된 것은 1990년대에 UN, IMF, 세계은행(World Bank) 등과 같은 국제기구들에 의해서였다.

Governance는 Global Governance, Regulatory Governance, Corporate Governance, Project Governance, Participatory Governance, Non–profit Governance 등 다양한 분야에서 다양한 의미로 쓰이고 있다. Meta Governance는 Governance에 관한 Governance, 즉 Governance의 모든 과정에 적용되는 원칙과 규범을 세우는 걸 말한다.

이렇듯 다양성이 두드러져, 분야별 의미가 조금씩 다르다. governance의 터줏대감이라 할 행정학 분야의 정의를 살펴보자. 행

〈그림 1.3〉 우리나라의 위기관리 체계

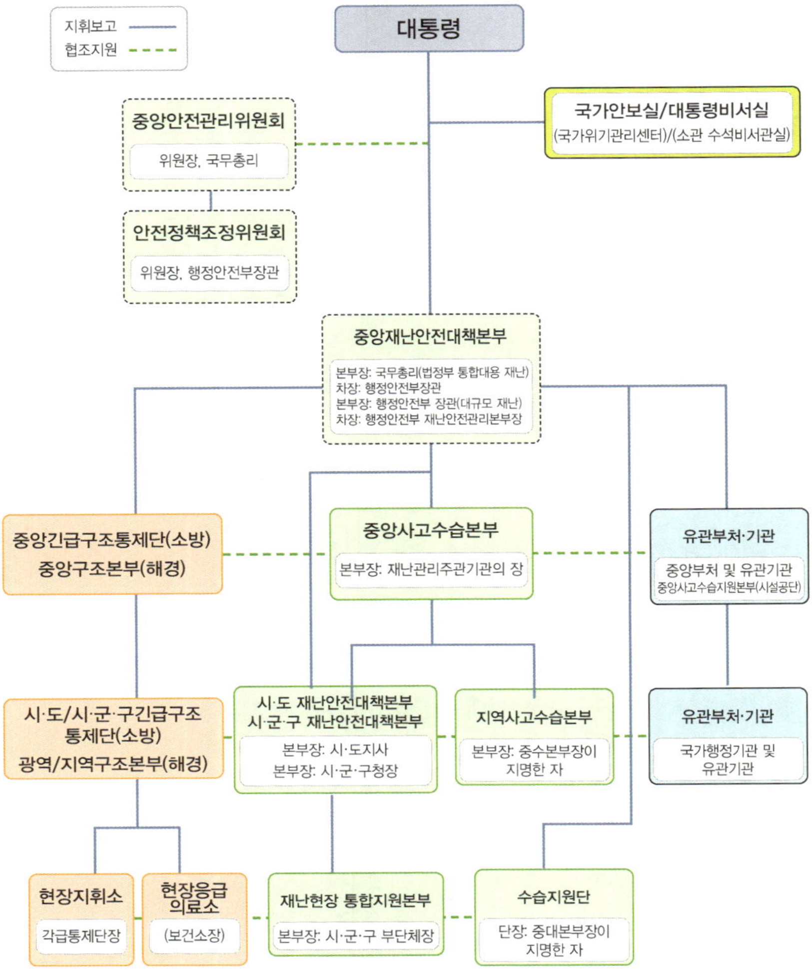

〈표 1.6〉 위기발생 시 우리나라의 의사결정 체계

구 분	기구	근거
전통적 안보	국가안전보장회의	헌법 제91조
재난	중앙안전 관리위원회	재난 및 안전관리 기본법
테러	국가 테러 대책 회의	국가대테러활동지침(대통령 훈령 제292호)
사이버	국가 사이버안전 전략회의	국가 사이버 안전관리 규정(대통령 훈령 제291호)

기되어 왔다. 재난 발생 시 대응 위주의 소극적 참여에서 적극적 · 전략적 거버넌스 역할까지 확대되고 있다. 일반적으로 위기관리에는 공공부문, 특히 정부의 역할이 중요하고 지속적인 관심과 노력이 위기관리의 성공에 중요한 요소임에 의심의 여지가 없다. 이러한 재난관리에서의 정부 역할이 증가하고 있는 것은 일반 국민으로부터의 안전에 대한 요구의 증대에서 기인한다고 볼 수 있다.

실제로 미국의 연방재난관리청(NEMA)은 각 주(State) 정부가 지역 실정에 맞는 재난관리 종합계획을 수립하고 지속해서 업데이트하도록 하고 있으며, 이에 따라 지방정부는 주 정부의 재난관리 종합계획의 지침과 제안을 바탕으로 지방정부 실정에 맞는 재난관리 종합계획을 수립하여 시행하고 있다.

이를 재난관리(위기관리)의 단계별(4단계)로 살펴보면 다음과 같다.

첫째, 예방 단계는 미래 재난 손실을 줄이기 위한 재정지원과 계획을 포함하는 것으로 대응 단계나 복구 단계에서도 시행될 수 있는 것이다. 건물의 안전진단, 토지이용 규제, 홍수 예상 지역의 축대 건설 및 거주민 이주, 위험 지도 및 안전 코드 작성 등이 이러한 단계에 포함될 수 있다. 연방재난관리청(FEMA)은 위험 완화보조금(Hazard Mitigation Grants)[25]을 제공

정학 용어사전은 "'국가경영' 또는 '공공 경영'이라고도 번역되며, 최근에는 행정을 '거버넌스'의 개념으로 보는 견해가 확산해 가고 있다. 거버넌스의 개념은 신공공관리론(新公共管理論)에서 중요시되는 개념으로서 국가 · 정부의 통치 기구 등의 조직체를 가리키는 'Government'와 구별된다"라며 다음과 같이 말한다.

"즉, 'Governance'는 지역사회에서부터 국제사회에 이르기까지 여러 공공조직에 의한 행정서비스 공급 체계의 복합적 기능에 중점을 두는 포괄적인 개념으로 파악될 수 있으며, 통치 · 지배라는 의미보다는 경영의 뉘앙스가 강하다. 거버넌스는 정부 · 준정부를 비롯하여 반관반민(半官半民) · 비영리 · 자원봉사 등의 조직이 수행하는 공공 활동, 즉 공공서비스의 공급 체계를 구성하는 다원적 조직체계 내지 조직 네트워크의 상호작용 패턴으로서 인간의 집단적 활동으로 파악할 수 있다."

각국 정부의 투명성 · 효율성 제고 등을 연구 · 조언하는 '유엔 거버넌스 센터'가 2006년 9월 서울에 개설되었다. 초대 유엔 거버넌스 센터 원장으로 내정된 김호영은 "거버넌스 센터는 우리나라에 설립된 최초의 유엔본부 산하 기구"라면서 "거버넌스 센터는 정부혁신과 지방분권, 시민사회와의 협력으로 유엔 회원국의 역량을 개발하고 세계인의 '삶의 질'을 향상하게 시키는 데 이바지하는 것이 목표"라고 설명했다.

이후 거버넌스는 전국적으로 유행어가 되었다. 예컨대, 2007년 11월부터 본격적으로 가동한 전북지역 농업 관련 5개 기관 협의체의 이름은 '전북 농정 거버넌스'이며, 또 전북에선 새만금 사업에 사회 구성원들의 다양한 참여와 합의를 끌어내기 위한 '새만금 거버넌스'가 활발하게 거론되었다. 2013년 6월 서울시 도봉구청은 '지역맞춤형 안전마을 사업'과 관련, 각 동 생활안전 거버넌스와 협약식을 하고 생활안전 거버넌스 교육을 시행한다고 밝혔으며, 2014년 11월 전북 전주시는 민 · 관 · 산 · 학 거버넌스 행정을 강화하는 차원에서 '전주 전통 문화관광 다울마당' 발대식을 하고 관련 분야 교수와 기관 · 단체 전문가, 연구원, 업체 전문가 등 50여 명의 문화 · 관광 전문가를 운영위원으로 위촉했다.

25 Section 404 – Hazard Mitigation Grant Program(우리나라의 경우 재해위험지구개선사업, 우수유출저류시설사업 등 예

해서 미래 지진, 허리케인, 홍수, 여타 자연재해들의 피해를 견딜 수 있는 시설을 건설하도록 지방정부를 도와줄 수 있다.[26]

둘째 대비 단계는 수립한 위기관리계획을 추진하거나 훈련의 시행 등으로 실제 위험의 발생을 예방하거나 피해를 최소화할 수 있는 기본계획이나 예방 활동을 의미한다. 위기관리센터의 운영, 자원관리계획 수립, 위기관리 훈련이나 연습 등이 이 단계에 해당한다고 볼 수 있다.

셋째, 재난이 일단 발생하면 대응 단계가 시작된다. 이러한 대응 단계에서는 실제 지방정부의 위기관리계획 매뉴얼에 따라 필요한 서비스와 재원을 동원하여 대응하는 단계이다. 만약 지방정부 내에서 대응할 수 없는 규모의 재난이 발생한 경우, 지방정부의 장은 즉시 주나 인근 지방정부에 도움을 요청하여 재난에 대응하도록 하고 있다. 특히 이러한 지방정부 간 협력관계의 커뮤니케이션이나 협력체계의 미비로, 허리케인 카트리나 경우에서와 같이 상당히 큰 피해를 보았으며 이에 대한 반성이 그동안 많이 논의되었다.

마지막인 넷째로는 응급 대응 시기가 지나가고 나면 지방정부나 주 정부가 수행하는 장기 복구계획 시행을 원조하는 것이다. 복구에는 건물이나 사회간접자본의 수리, 쓰레기 제거, 임시숙소의 제공 등이 포함될 것이다. 다양한 무상원조 프로그램들이 개인들이나 사업체들에 제공될 것이고 공공기관들에서는 장기 복구계획을 시행하여야 한다.

앞에서의 네 단계는 서로 겹쳐 있고 개별 단계의 시작과 끝이 동시에 일어날 수도 있고, 혼합해서 일어날 수도 있다.

방투자 사업에 국비 50%임) 및 Section 406 – Public Assistance Program(우리나라의 경우 응급 복구비, 개선복구비 등임)
404 자금은 시설의 손상되지 않은 부분을 보호하거나 미래의 재난으로 인한 피해를 예방하거나 줄이는 데 사용 목적이고, 주는 선언된 재해 피해 금액(20%)의 총 연방 몫의 일정 비율을 받으며, 선언된 재해가 발생한 위치 또는 재해 유형과 관계없이 주 전역에서 프로젝트 자금을 조달하여 예방 사업에 사용
406 보조금은 스태퍼드법에 규정된 자금으로 주에서 관리합니다. 재해 피해 시설 수리와 관련된 완화 조치 자금을 조달할 수 있는 재량 권한을 제공하므로 선언된 카운티 및 적격 피해 시설로 제한되고, 406은 재해로 피해를 본 시설 부분에 적용되며 완화 조치는 적격 시설에 대한 미래의 유사한 재해 피해 가능성을 직접적으로 개선복구로 피해를 감소시킴.

26 (https://www.fema.gov/press-release/20210318/fema-hazard-mitigation-grants-404-and-406)

(2) 위기관리에서 협력적 거버넌스 필요성

과거의 위기관리 대응 방식은 명령 · 통제 위주의 접근방식으로, 재난 발생 시 대응 위주의 위기 관리체계를 운영하였던 것이 사실이다. 그러나 이러한 접근은 재난 현장에서의 신속하지만, 유연한 결정에 장애로 작용하였으며, 21세기의 복잡하고 다양한 재난의 대응에는 한계를 노출하여 더욱 전략적 · 협력적 위기관리 거버넌스 구축이 요구되었다. 특히 정부 부문의 위기관리 정책 수립 및 집행 시 불가피하게 민간 부문과 비정부 부문의 노력과 자원을 활용하여야 하는데, 이에 대한 적극적이고 전략적인 노력이 필요하다.

이러한 노력은 다양한 재난의 유형과 이에 대한 준비 및 위험 환경관리를 통해 유연한 전략을 개발하는 데 그 초점이 있다. 비록 정부 부문에서 위기관리의 중요성을 인식하고 있더라도, 위기관리 조직이나 프로그램들이 정치적인 지원이나 재정적인 지원을 받지 못한 것이 사실이다. 이와 같은 이유로 위기관리는 일반적으로 정치적으로나 행정적으로 낮은 순위에 자리매김되어 있고, 또한 위기관리 프로그램은 정치적으로 충분한 이해집단의 주목을 받지 못하고 있다. 그리고 비록 그것이 주로 중앙정부와 지방정부의 책임으로 놓여 있다고 할지라도 위기관리 대응은 광범위한 경제적, 정치적, 사회 심리적인 자원이 필요하다.

또한, 마지막으로 위기관리 운영체계는 전체 정부 기관 간의 지원에서도 재정적 지원을 거의 받지 못하고 있다. 지방정부에서는 많은 위기관리 프로그램에 일부 단체장 및 부단체장의 관심도가 높아 적극적으로 추진하는 곳도 있지만 일부 지방자치단체에서는 적은 예산과 파트타임(시간제, 기간 임기제 등) 인력으로 운영되고 있는 것이 현 실정이다.

이러한 실정은 미국의 사례에서도 예외는 아니다. 대부분의 주 정부에서도, 위기관리 부서는 주 재정지원의 우선순위에서 낮은 부서로 인식되고 있다.

비록 연방재난관리청이 연방의 재난예산인 위험 완화보조금을 주 정부나 지방정부에 배분하고 있지만, 이마저도 주로 반테러 활동 지원이나 프로그램에 지원하여 일반 재난관리 예산은 턱없이 부족한 실정이다.

또한 종래에는 위기관리에 인적자원 개발과 강화 노력을 포함한 위기관리 조직의 역량 강화에 소홀하였다. 위기관리는 기본적으로 하향식이 아닌 자발적 상향식 역량 강화에 기본적인 위기관리 역량을 극대화할 수 있어야 한다. 이웃이나 지역사회에 기초한 위기관리 프로그램들을 기반으로 위기관리 역량을 강화하고 자체 역량은 물론 주변의 지역에도 협력할 수 있는 컨센서스[27] 구축 역시 필요하다.

그러나 현재의 지역 위기관리시스템은 이러한 역량 강화를 위해 설계되어 있지 않음은 매우 안타까운 현실이다. 이러한 사례로, 미국 지방정부의 위기관리 조사연구에서 공공조직의 78%는 지방정부의 위기관리 정책의 영향력 정도를 아주 높게 평가한 반면, 오로지 55%의 비정부 부문 종사자들은 아주 조금 영향을 미치고 있다고 스스로 평가하고 있다.

이러한 결과는 대부분의 연구 결과에서 비정부 부문의 위기관리에 미치는 영향을 아주 중요하게 평가하고 있는 것에 비교한다면, 비정부 부문의 위기관리 역할에 대한 새로운 접근과 평가가 이루어져야 할 필요성을 강조하는 것으로 해석할 수 있다.

또한 비정부 부문은 물론 민간 부문의 참여와 협력은 위기관리 목표의 달성과 지역사회 역량 강화를 위한 컨센서스 구축에 아주 중요한 시금석이 될 수 있다.

더 나아가 이러한 사실은 재정적 지원과 기술적 지원을 통하여 재난 발생 시 인적 및 물적 자산의 손실을 극소화하고 위기관리시스템을 더욱 효과적으로 운영할 수 있기 때문이다. 그리고 정부 간 조정의 실패로 인한 재난관리의 피해가 커지는 사례 등 정부 및 지방자치단체 간 협력을 고려할 필요가 있다.

미국에서도 연방 · 주 및 지방정부는 기본적으로 위기관리의 책임을 공유하게 되어 있다. 이상적으로 이러한 책임의 공유는 재난이 언제, 어디서, 어떻게 발생하더라도 잘 통합되고 조정된 위기관리시스템은 어떠한 재난이라도 효과적으로 대응 관리해 나갈 수 있다는 것을 전제로 한다.

그러나 실제는 이러한 조정 과정이 실패로 끝나거나 애초 계획한 조정 과정으로 진행되지 못하고 있다. 전반적으로, 미국의 위기관리시스템은 잘 정리되지 못한, 잘 연계되지 못한, 잘 조정되지 못한, 제대로 재정적 지원을 받지 못한, 그리고 제대로 신뢰할 수 없는 시스템으로 평가되고 있다.

---

27 Consensus : 공동체 구성원들의 의견에 대한 합의 동의, 합의 방식, 실적추정치 등으로 표현

이러한 원인은 첫째, 각기 정부 수준(연방, 주, 지방정부)의 서로 다른 접근이나 관점에서 기인한다고 할 수 있다. 즉, 각각의 정부는 위기관리 과정이나 접근을 전체적인 관점에서보다는 그들 자신의 관점에서 이해하는 경향이 있기 때문이다.

구체적인 예로, 주 정부나 지방정부 공무원들은 그들의 책임은 위기관리의 대응이나 복구를 연방정부에 보고하거나 기본적인 대응으로 다 한 것으로 이해하는 경향이 있다. 다시 말하면, 재난관리의 4단계 즉 예방, 대비, 대응, 복구 등 전단계에 걸쳐 이해하기보다는 발생한 재난의 초기 단기 처방으로 그들의 임무를 마친 것으로 이해하는 경향이 있어서 장기적이고 근원적인 접근을 하지 못하는 실수를 범하곤 한다. 이와 같은 다른 인식이나 관점은 정부 간 관계나 조정의 과정을 어렵게 하는 요인으로 작용한다.

즉, 위기관리에 참여하는 모든 기관이나 구성원이 같은 목표나 관점을 공유할 때, 전체적인 위기관리 대응이나 과정이 더 효과적이고 체계적일 수 있기 때문이다. 실제로 참여 기관이나 구성원의 재난관리에 관한 인식의 차이는 위기관리 과정을 더 복잡하게 만들거나 혼란스럽게 하며, 심지어 그 과정을 단절시키기도 한다.

그 구체적인 예로, 첫째 지방정부의 위기관리시스템은 참여하는 기관이나 구성원이 각자의 역할이나 책임을 전체 시스템 내에서 정확하게 이해하고 인식할 때 더욱 효과적으로 운영되는 사실을 실증적으로 보여주고 있다.

둘째, 위기관리 공무원들은 다른 기관소속의 공무원이나 민간인들을 직접적으로 통제하거나 그들의 행동을 제재할 수 없는 한계가 있다. 그래서 지방정부의 위기관리 공무원들은 이러한 재난관리의 모든 활동을 조정하는 데 상당한 어려움을 겪거나 조정에 실패하곤 한다.

셋째, 위기관리 운영체계가 전반적인 정부 시스템에서 거의 신뢰를 얻지 못해서, 위기관리 분야에서 일하는 공무원의 경우 일반적으로 그들의 임무를 수행하는데 제대로 준비가 되어 있지 않거나 훈련을 받지 못한 인상을 받고 있으며 한직에 근무하는 것으로 느끼고 있다는 것이다.

이러한 인식과 일반적 평가가 위기관리시스템이 비효과적이고 성숙하지 못한 것으로 인식되는 원인으로 볼 수 있다. 위에서 검토된 바와 같이, 현재의 위기관리시스템의 문제는 크게 정부 간 조정의 실패와 정부 및 민간 부문의 위기관리 서비스에 대한 전략적인 협력적 체계를 이루지 못한 데에서 기인한다고 할 수 있다. 이러한 협력적 거버넌스 구축은 현재의 위기관리시스템의 문제점과 도전을 다룰 수 있는 새로운 전략적 관리시스템의 하나로 고려되어야 할 시기이다.

즉, 결과보다도 과정의 중요성을 강조하며, 수동적 의미의 고객이 아닌, 시민이 공공서비스의 주체가 되는 적극적인 참여를 강조한다. 이러한 새로운 거버넌스 지향은 다양한 행위자들 간의 네트워크와 협력이 필요하며, 이에 다양한 이해관계자들 간의 네트워크와 이해관계자들의 상호작용에 있어, 신뢰, 투명성, 정직성, 공정성, 그리고 다양성과 같은 가치가 큰 비중을 차지하게 된다.

이러한 공공 거버넌스의 위기관리에 있어, 행위자를 통제하는 규칙은 기존의 명령 · 통제의 방식이 아닌 행위자들 간의 합의 과정(Consensual Process)이다.

재난관리에 있어서 협력적 네트워크 개념은 재난 대처와 관련된 행위자들이 문화적으로 다양하며, 상호 갈등이 불가피하다고 본다. 이러한 점에서 효과적인 협력은 문화적 민감도와 공통의 언어를 요구하며, 재난에 대한 대처와 자원을 사전에 준비할 필요가 있을 것이다. 이처럼 위기관리에서 협력적 거버넌스로의 이행은 기본적으로 다양한 조직들과 참여자들로 구성된 협력체계가 요구되기 때문에, 주어진 위기관리 상황에 맞는 목표와 수단이 명확하게 정의되고 조직화하여야 한다.

그리고 이를 바탕으로 전체 위기관리 조직의 목적과 임무를 수행할 수 있도록 전략들이 선택되어야 한다. 그러한 과정에서 중요한 것은 각기 참여조직과 구성원의 위기관리 환경에 대한 적응의 강조이다. 왜냐하면, 조직 및 구성원의 위기관리 환경에 대한 적응은 조직의 행태적 관점에서의 아주 능동적인 상호작용을 위기관리 현장에서는 필요로 하기 때문이다. 다시 말하면, 조직 문화, 영향력, 및 조직 리더십에 대한 참여조직 및 구성원의 상당한 이해와 협력이 요구된다고 볼 수 있다.

이러한 조직 역량을 위한 위기관리의 노력은 위기관리 참여조직 및 구성원들의 관리역량, 영향력 구조 및 리더십에 상당히 좌우된다. 간단히 정리하면, 협력적 거버넌스를 구축하기 위해 정부부문에서는 먼저보다 강력하고 효과적인 위기관리 과정과 위기관리계획 팀을 구성해야 할 것이다. 그리고 협력적 거버넌스 구축을 위한 위기관리계획을 구성하는 데에 있어 상당한 유연성을 유지할 의지가 있어야 한다.

또한 위기관리계획 및 정책 수립 과정에 상당히 다른 관점과 의견이 존재함을 인식하고 이를 고려할 수 있는 의지가 있어야 한다. 더 나아가 협력적 거버넌스의 구축을 위해서는 종래의 명령 · 통제 위주의 중앙집권적 의사결정 체계에서 분권화된 의사결정 구조로 변화되어야 한다.

그런데도, 때때로 이러한 협력적 거버넌스 구축의 합의를 이루는 과정에 어려움이 존재할 수 있는데, 이러한 과정에서도 공공부문은 대외 환경의 복잡성과 불확실성을 극복할 수 있는 적절한 수단을 마련해야 할 의무가 있다.

(3) 협력적 거버넌스 요소와 특성

국가 위기관리 체계의 협력적 거버넌스의 핵심 요소를 구조적 측면과 운영적 · 과정적 측면에서 살펴볼 필요가 있다. 협력적 거버넌스에서 구조적 측면이란 실제 협력적 거버넌스에 참여하는 조직 및 구성원들과 그들의 상호작용의 패턴을 의미한다. 구체적으로 살펴보면, 위기관리 현장에 참여하는 조직들과 구성원은 누구이며, 그들이 위기 관리기능을 수행하기 위해 어떠한 구조로(예를 들면, 집권화된 조직 구조 또는 분권화된 조직 구조) 운영되고 있는지에 관한 것이다.

반면에, 협력적 거버넌스의 과정적 · 운영적 측면이란, 실제 협력적 거버넌스의 수행 과정을 살펴보면서 어떠한 운영 원칙과 과정을 통하여 실제 위기 관리기능을 수행하는지를 살펴보는 것이다. 예를 들면, 실제 재난의 발생 시 어떠한 운영 원칙들이(통일성 또는 유연성 등) 세워졌으며, 어떠한 요인들이 이러한 과정에 중요하게 작용하고 있는가에 대한 측면을 살펴보는 것이다.

이렇게 협력적 거버넌스를 구조적 측면과 운영적 · 과정적 측면으로 구분해서 살펴보는 이유는, 협력적 거버넌스의 핵심 요소를 협력과 네트워크로 집약해서 의미할 때, 네트워크의 구조적 측면과 협력 과정을 구분해서 살펴보는 그것이 더욱 현실적으로 위기관리의 협력적 거버넌스를 제시하는 데 유용하다는 판단에 기인한다.

(가) 구조적 측면

협력적 거버넌스의 구조적 측면은 단지 위기관리 과정에 참여하는 조직과 구성원을 정의하고 파악하는 데 그치지 않고, 범정부 차원의 총괄 위기관리 조직 및 부서, 재난 유형별 위기관리 주관 부서(Leading Agency)와 지원 부서(Support Agency)를 지정함과 동시에 재난 발생 시기별 위기관리 부서를 더욱 세밀하게 지정하여 운영할 필요가 있다. 더 나아가 중앙정부와 지방정부 간의 협력체계도 중앙정부가 운영하는 협력 거버넌스의 틀에서 지방정부 자체의 운영계획을 수립하도록 권고하고 제안하여야 할 것이다.

특히, 무엇보다도 중요한 것은 실제 위기관리 운영계획은 세워놓았다고 하더라도, 실제 재난 발생 시 위기관리 운영계획에 따라 작동되지 않는 사례가 너무나 많아서 지속해서 중앙정부와 지방정부 모두 위기관리 운영계획을 점검하고 업데이트를 하여야 한다. 그 이유는 실제 재난관리 시 민간 부문과 시민들의 자발적인 참여와 협조가 절대적인데, 이러한 민간 부문과 시민들의 위기관리 운영계획에 대한 인식 및 이해는 주기적으로 점검하지 않고서는 제대로 운영계획에 반영할 수 없기 때문이다.

① 정부 간 관계(Intergovernmental Relations)

우리나라 정부부문의 위기 관리체계의 근간은 2004년 재난 및 안전관리 기본법 제정과 함께 인적재난분야인 중앙안전대책위원회와 자연재난과 관련한 재해대책위원회가 통합되어 출범한 중앙안전관리위원회로 볼 수 있다. 중앙재난안전대책본부 본부장은 행정안전부 장관이 되며 재난 예방, 대비, 대응 및 복구 활동을 총괄적으로 관리하게 되었다.

지역재난안전대책본부의 경우 시 · 도지사는 시도 재난안전대책본부장이 되며 시장 · 군수 · 구청장은 시 · 군 · 구 재난안전대책본부장이 된다. 중앙과 지방 간의 위기관리 업무의 협력관계는 위기관리 업무수행 과정에서 다양한 형태로 나타난다. 재난관리 예산이나 긴급구호 활동에 중앙정부와 지방정부 간 밀접한 협력관계를 유지하여야 한다.

예를 들어, 지역단위에서 대처할 수 있는 재난의 경우, 우선으로 지역의 재난안전대책본부에서 일차적인 대응을 한 후, 지역단위에서 대응하기 힘들거나 협조가 필요한 경우 중앙안전대책위원회와 인근 지역의 지역안전대책본부의 협조를 구하는 협력적 거버넌스 체계를 구축하여야 한다.

이처럼, 긴밀한 협력관계의 유지가 중요한 이유는 재난관리 과정에서 중앙의 지방에 대한 지지, 전달을 효과적으로 할 수 있고, 전체적인 위기관리 성과에도 이바지할 수 있기 때문이다. 중앙과 지방 간의 결합 관계는 중앙정부의 지방자치단체에 대한 적극적인 지원과 함께 지방행정조직의 자율성 정도도 함께 고려되어야 할 것이다. 왜냐하면 지역사회의 위기관리 자체 역량 강화를 위한 지역단위 위기관리의 자율성이 확보되어 있어야 하기 때문이다.

재난 유형별(자연 · 사회재난) 위기관리 협력 거버넌스 구축을 위하여 더욱 세분된 역할을 정의하고 총괄, 주관, 지원기관 또는 부서를 지정할 필요가 있다. 이와 함께, 재난 발생 시기별(재난 전과 재난 후) 중점 점검 사항과 대응 과제 등을 사전에 위기관리계획 및 대응 매뉴얼에 명시하여 보다 명료한 위기관리 거버넌스 구축을 위한 토대를 마련할 필요가 있다. 이렇게 중앙정부와 지방정부 간의 협력관계가 위기관리 거버넌스 구축에 기본적인 요소임은 틀림없지만, 정부 부문 이외에 비정부 부문과 민간 부문의 자발적인 참여와 협조를 구하기 위한 유인책도 동시에 고려할 필요가 있다.

21세기의 위기관리 거버넌스는 정부 부문, 비정부 부문, 민간 부문의 자발적이고 능동적인 참여와 협력 없이는 성공적인 위기관리 거버넌스를 구축하기 어렵게 때문에 이에 대한 보다 적극적인 참여 유인책과 동시에 참여시 비정부 부문과 민간 부문의 역량을 강화하고 역할을 극대화할 수 있는 마스터플랜(Master Plan)을 중앙정부와 지방정부는 고려하여야만 한다.

② 섹터 간 관계: 정부-시민사회-시장 관계

정부 부문의 위기관리 조직과 함께 위기관리 협력적 거버넌스에서 비정부 부문과 민간 부문의 중요성은 점점 더 증가하고 있다. 우리나라의 경우 정부 부문은 경찰, 소방서, 군, 구급대, 정부 부처 등이고, 그 임무나 역할이 비교적 명확하게 명시되어 있으나, 민간 부문 및 비정부 부문은 자원봉사 단체, 기독교청년회, 구세군, 건설회사 등이고, 재난관리계획에 부분적으로는 포함되어 있기는 하지만 아직은 그 임무나 역할에 관하여 재난관리계획에 거의 명시되어 있지 않다.

따라서 이들 민간 부문 조직과 비정부 부문 조직의 공식적 참여를 유도할 수 있도록 제도적 정비와 동시에 재난관리를 위한 계획에 명확히 하여 공식적인 관련 기관들과 협조체계를 구축하고, 교육 · 훈련하도록 하는 것이 필요하다. 또한, 이를 위해 이들 조직의 동원 가능한 장비와 참여 인력 수준 등을 파악하는 작업이 먼저 선행되어야 할 것이다.

또한 위에서 언급하였듯이 이들 민간 조직의 참여를 활성화할 수 있는 유인책은 무엇이 있을 수 있으며, 이들의 참여가 위기관리 협력 거버넌스에 주는 긍정적인 측면과 부정적인 측면을 동시에 고려하는 유연한 접근이 필요할 것이다. 허리케인 '카트리나'(사례 612p~619p)에서 보듯이 정비되지 않고 제대로 교육 훈련되지 않은 자발적 참여조직이나 구성원들은 오히려 위기 관리업무 수행에 방해를 초래할 수 있다는 교훈을 고려할 필요가 있기 때문이다.

(나) 과정 · 운영적 측면

협력적 거버넌스의 과정적 · 운영적 측면을 고찰하기 위해서는 협력적 거버넌스의 운영에 필요한 기본원칙을 먼저 살펴보는 것이 중요하다.

첫째, 협력적 거버넌스는 유연성(Flexibility)의 원칙을 유지하여야 한다. 실제로 미국의 국가위기관리체계(NIMS: National Incident Management System)에서도 어떤 위기 상황에도 적용이 가능한 유연성(Flexibility)을 강조하고 있다. 따라서 특정 지방에서 일어난 위기 상황에서부터 중앙정부 차원의 일치된 협력이 요구되는 대규모 위기 상황까지 모든 위기 상황에 적용되어야 한다.

둘째, 표준화의 원칙(Standardization)이다. 모든 종류의 위기관리에 대한 유연성(Flexibility)은 위기관리 · 대응요원과 기관들 사이에 조정(Coordination)과 표준화(Standardization)가 요구된다. 국가위기관리체계(NIMS)는 관련 행정기관들의 통합과 결합을 증진하기 위해서 표준화된 운영체제를 구성하고 있다. 이는 국가위기관리체계의 일반체제를 적용하고 있는 요원들과 기구들에서는 협동해서 일할 수 있고 위기 상황의 모든 측면에 참여하는 다양한 조직들 사이의 일체성(Cohesion)을 증진할 수 있다. 국가위기관리체계는 또한 공통 용어(Common Terminology)를 규정하여 위기 상황에 대응하는 행정기관과 단체들 사이의 효율적 의사소통을 증진한다.

셋째, 의사소통과 정보관리이다. 위기관리와 위기 대응 행위는 현장에서의 공통 운영 방식을 제공하는 의사소통과 정보관리에 달려있다. 국가위기관리체계(NIMS)는 의사소통에서의 표준화된 틀에 관한 필요한 요구조건에 관해 기술하고 있으며, 의사소통과 정보관리 체계의 공통 운용계획, 상호이용 가능성(Interoperability), 신뢰성(Reliability), 측정성(Scalability), 휴대성(Portability), 내구성과 여유성(Resiliency and Redundancy)을 강조하고 있다.

공통 운영계획은 모든 레벨의 케이스 매니저(Case Manager)가 효과적으로, 일관해서, 시기적절한 결정을 하는 것을 허락한다. 상호이용 가능성의 원칙(Interoperability)은 데이터 기준의 발달을 촉진하고 필요한 때에 안전한 통신을 확보하기 위해서 연방 재난관리센터의 책임을 강조한다.

넷째, 자원 관리(Resource Management)로서, 인적자원과 장비와 물자 등은 위기관리의 결정적 목적을 지원하는 데 필요하다. 자원의 공급은 위기 사태의 요구에 따라 흐르고 적응 가능해야 한다. 국가위기관리체계(NIMS)는 표준화된 메커니즘을 규정하고 자원 관리를 규정하고 있다.

다섯째, 적극적 협력체계의 원칙(Engaged partnership)은 위기관리 지휘체계의 모든 관리자는 공동목표를 설정하고 능력을 조정해서 위기 발생 시에 혼란 상태에 빠지지 않도록 협력해야 한다는 것이다. 각기 차원의 계층적 상호 지원 능력은 평상시에는 계획을 함께 세우고, 필요시에는 효과적으로 함께 대응하게 하여야 한다. 적극적 협력체계의 원칙은 대비(Preparedness)를 위해서 꼭 필요한 것이다.

여섯째, 계층적 대응의 원칙(Tiered Response)은 위기는 가능한 가장 최저 계층의 관할권에서 관리되어야 하고 필요한 경우에는 추가적 지원이 이루어져야 한다는 것이다. 위기 사태는 지방에서 시작해서 지방에서 끝나고 지방 차원에서 대부분 관리되기 때문이다. 많은 위기 사태는 지방행정청, 시민단체, 민간인 사이의 일치된 대응(Unified Response)을 요구하고 몇몇 경우에만 이웃 지방자치단체나 주 정부의 지원이 요구된다. 더 많은 재원이 필요하거나 대응과 복구를 추진하기 위해 추가적이거나 계층적 수준의 지원이 요구되는 경우를 대비해서 중앙정부의 지원 범위와 조건도 규정하고 있다.

일곱째, 즉시 실행성의 원칙(Readiness to Act)으로, 효과적인 대응은 즉시 실행의 원칙과 위험의 인지 사이에서 균형을 이루는 것을 의미한다. 크기, 범위, 복잡성 등이 신속히 확대될 수 있는 잠재력을 가진 위기 사태와 사전 예고되지 않은 모든 위기 사태에 대해서 적극적 대응 자세가 필요하다. 인명을 구제하고 재산과 환경을 보호하기 위해서는 현장 대응요원들의 단호한 행동이 현장에서 필요하다. 비록 몇몇 위험은 피할 수 없지만, 최초의 현장 대응요원들이 훈련과 계획을 통해서 위험을 효과적으로 예상하고 관리할 수 있다.

마지막으로, 여덟 번째 책임성의 원칙이다. 위기관리에 참여하는 조직이나 구성원은 국민의 안전은 물론 대응 활동에 참여하는 긴급구호자와 대응요원의 안전성에 우선 원칙을 확립할 책임이 있고 현장에서 적정한 건강과 안전대책을 확인할 필요가 있다. 현장 위기관리자는 각각의 위기 사태에 지정된 안전요원을 두고, 위험하고 불안정한 상황들을 찾아내서 효과적인 안전 계획을 집행하고 평가하도록 해야 한다.

신속하고 효율적인 행동은 명확하고 집중된 의사소통과 이를 지원하는 지원체계를 요구한다. 효과적인 의사소통이 없는 경우에는 행동에 대한 편견이 생기거나 때로는 위험해질 가능성마저 있다. 효과적인 국가적 대응 행위는 위기 사태의 원인, 크기, 현 상황에 관한 정확하고 접근이 가능한 정보를 국민과 위기 관리자들 그리고 다른 사람들에게 적시에 제공할 수 있는 잘 훈련된 과정, 절차, 체계에 의존한다.

PART 1-2.

위기관리 법령 및 제도

1. 국가 위기 관리지침(재난분야)

1.1. 제정 목적

2003년 2월 18일 9시 53분 대구 도시철도 1호선 중앙로역에서 방화로 일어난 대구 지하철 화재 참사를 계기로 정부는 종합적이고 체계적인 국가 위기관리시스템을 구축 정비하기 위하여 국가안전보장회의 사무처 내에 2003년 3월 22일 위기관리센터를 설치하였다. 참여정부 출범 1주일 전 발생한 대구 지하철 화재 사고는 국가 위기관리시스템의 정비를 가속한 계기로 작용했다. 정부의 위기 대응은 임기응변식의 단편적이고 개별적인 방식으로 이뤄진 것으로 대부분의 대응이 사후 처리에 급급한 방식이고 부처 간 유기적 협력도 이뤄지지 않았다.

다양한 논의 과정을 거쳐 정부 전체의 능력을 통합 · 연계하는 데 필요한 기본 규범을 먼저 만들기로 한 결과 '국가 위기관리 기본지침(대통령 훈령)'을 제정하여 우리나라의 모든 위기 상황을 관리하는 기본적인 방향과 기준을 정하게 되었다. 국민의 생명과 국민 생활의 안녕을 도모하기 위하여 위기관리 활동에 대한 기준과 방향을 정하고, 정부 각 부처 · 기관이 효율적이고 통합적으로 위기관리 업무를 수행할 수 있도록 하는 데 필요한 기본적인 사항을 정하는 것으로 제정 목적을 두고 있다.

전통적 안보는 물론 자연 · 사회재난 및 사이버 침해 등 다양한 분야에서의 위협으로부터 안전한 사회를 건설하고 통합적인 국가 위기관리 체계를 구축하며 정부의 위기관리 역량을 제고하기 위하여 국가 위기관리의 기준과 방향을 제시하였다.

국가안보실과 대통령비서실은 국가 위기관리의 컨트롤 타워로서 통합적 위기 관리체계를 견고히 구축하고 각급 부처 또는 기관의 장은 대통령 훈령에서 정하는 바에 따라 소관 분야의 업무를 충실히 이행하고 구체적으로 발전시켜 제반 위기로부터 국민의 안전을 보장하고 국가기능이 안정적으로 유지되도록 노력하여야 한다.

국가 위기란 국가 주권 또는 정치 · 경제 · 사회 · 문화 체계 등 국가의 핵심 요소나 가치에 중대한 위해가 가해질 가능성이 있거나, 가해지고 있는 상태를 말하며, 국가 위기관리란 국가 위기를 효과적으로 예방 · 대비하고 대응 · 복구하기 위해 국가가 자원을 기획 · 조직 · 집행 · 조정 · 통제하는 제반 활동을 말한다. 재난이란 국민의 생명 · 신체 · 재산과 국가에 피해를 주거나 줄 수 있는 것으로 크게 자연재난과 사회재난으로 구분된다.

〈표 1.7〉「재난 및 안전관리 기본법」에 의한 재난 유형

구 분	기구
자연재난	태풍, 홍수, 호우(豪雨), 강풍, 풍랑, 해일(海溢), 대설, 낙뢰, 가뭄, 지진, 황사(黃砂), 조류(藻類) 대발생, 조수(潮水), 화산 활동, 소행성 · 유성체 등 자연 우주물체의 추락 · 충돌, 그 밖에 이에 따르는 자연현상으로 인하여 발생하는 재해
사회재난	화재 · 붕괴 · 폭발 · 교통사고(항공사고 및 해상사고 포함) · 화생방사고 · 환경오염 사고 등으로 인해 발생하는 대통령령으로 정하는 규모 이상의 피해 에너지 · 통신 · 교통 · 금융 · 의료 · 수도 등 국가기반체계의 마비, 감염병의 예방 및 관리에 관한 법률에 따른 감염병 및 가축전염병 예방법에 따른 가축전염병의 확산 등으로 인한 피해

1.2. 제정 등 연역

최초의 제정은 2004.9.20. 국가 위기관리 기본지침 제정(대통령 훈령)을 제124호로 시작하여 2008.2.13. 대통령 훈령 제210호로 일부개정 하였으며, 2008.5.28. 국가 기반 분야 매뉴얼을 대통령실에서 행정안전부로 이관하였으며, 2008.10.8. 대통령 훈령 제229호와 2011.6.10. 대통령 훈령 제285호, 2013.8.30. 대통령 훈령 제318호, 2015.5.7. 대통령 훈령 제342호, 2016.12.1. 대통령 훈령 제361호, 2018.9.3. 대통령 훈령 제388호 등 일부개정을 통하여 보완하였다.

국가 재난관리의 핵심이 되는 위기관리 매뉴얼은 각종 재난으로부터 국민의 안전을 보장하고 국가기능을 안정적으로 유지하기 위하여, 재난 발생 시 기관의 임무와 역할을 부여하고, 관계기관의 유기적 협력을 도모하는 재난 대응 방식의 기관 간의 약속이다.

2013.8.6. 재난 및 안전관리 기본법에 재난분야 위기관리 매뉴얼 작성 의무 규정을 개정하였고, 2015년도에는 위기관리 매뉴얼 체계 개선을 통한 "기관별 재난 대응수칙" 마련하였으

며, 2016년에는 위기관리 매뉴얼 중 현장 조치 행동 매뉴얼을 개선하고 2018년과 2019년에도 위기관리 매뉴얼을 전면 개정하였다.

재난 발생 시 효과적인 대응을 위해서는 매뉴얼을 적극적으로 활용하여 상황 보고부터 수습 · 복구에 이르기까지 기관의 임무와 역할에 맞게 대응체계가 작동되어야 하고, 이를 위해서는 재난 유형별 · 지역별 특성도 고려한 맞춤형 매뉴얼이 제대로 정비되어 있어야 한다.

그간 제도적 개선을 통해 위기관리 매뉴얼 수준이 많이 높아졌지만, 아직도 많은 기관에서는 매뉴얼 담당자의 잦은 인사이동 등으로 매뉴얼 업무의 이해도와 전문성이 낮아 매뉴얼 작성에 어려움을 겪고 있다. 이러한 문제를 해결하고자 2020년 10월 처음으로 재난분야 위기관리 매뉴얼 업무편람을 제작 · 보급하게 되었다.

1.3. 재난분야 위기관리 매뉴얼 개념

위기관리 매뉴얼은 재난관리책임기관(중앙부처, 공공기관, 지방자치단체 등)에서 재난을 효율적으로 관리하기 위해 작성 · 운용해야 하며, 재난 대응 과정 시 발생했던 절차, 체계 등의 문제점을 분석하여 매뉴얼을 개선하고, 이를 교육 · 훈련하여 효과적인 재난관리 체계가 정착될 수 있도록 한다.

> 재난분야 위기관리 매뉴얼이란?
> 재난 대응 업무에 대한 활동기준, 행동 절차(Procedure), 방법(How), 부서/담당자(Who)의 임무 및 역할을 구체적으로 제시한 문서로, 재난 발생 시 신속한 대응을 하려는 방법과 절차를 기술한 행동 지침서

(1) 매뉴얼의 개념

일반적으로 매뉴얼은 업무절차와 방법을 설명하는 책자나 물건의 사용 방법을 안내하는 문서를 의미한다. 이러한 매뉴얼은 업무담당자의 갑작스러운 부재나 신규자가 업무를 맡은 상황에서 업무의 공백을 방지하고, 업무수행 과정을 표준화하여 다양한 사람들에게 같은 수준의 결과를 얻기 위해 작성된다.

"재난분야 위기관리 매뉴얼"은 재난 발생 시 중앙부처나 자치단체 등 재난관리책임기관이 적용할 세부 대응 절차 및 제반 조치 사항을 규정한 문서이며, 각종 국가 위기의 효율적 관리를 위해 위기관리에 대한 기준과 방향을 정하고 정부 각 부처 · 기관의 위기관리 업무수행에 필요한 사항을 규정하고 있다.

이러한 매뉴얼 이외에도 행동 요령, 운영 지침, 기준, 편람 등 다양한 책자들이 있으나 전체적인 재난 대응 과정을 포함하는 재난분야 위기관리 매뉴얼과는 차이점을 보인다.

(2) 재난분야 위기관리 매뉴얼의 필요성

2009년 US 에어웨이 1549편이 JFK 공항을 이륙하자마자 뉴욕의 허드슨강에 불시착하는 사고가 발생하였다. 기장의 신속한 상황판단과 구조요청으로 인명피해 없이 전원 구조되어 '허드슨강의 기적'이라 불린다. 현장 대응요원들은 인터뷰에서 "매뉴얼에 따라 훈련한 대로 시행한 것뿐이다"라고 말했다. 또한, 2016.7.16. 강원도 속초 유람선 표류사고 당시 매뉴얼에 따라 승객을 신속하게 구조하였으며, 자칫 대형 인명피해로 이어질 뻔한 사고에서 전원 구조의 원동력은 "위기관리 매뉴얼에 따른 관계기관의 공조 덕분"이라고 알려졌다.

〈그림 1.4〉 재난사례(2009 뉴욕허드슨강)

(2016 속초유람선 표류)

2. 국가재난관리 관련 법체계

국가재난관리를 위해 헌법 제34조에 "국가는 재해를 예방하고 그 위험으로부터 국민을 보호하기 위하여 노력하여야 한다"라고 규정하고 있고 정부조직법으로 재난관리 업무를 관장하는 정부 기관을 규정하여 재난 및 안전관리 기본법, 자연재해대책법, 시설물의 안전관리에 관한 법률, 건설기술관리법, 건설산업기본법, 산업안전보건법, 교통안전법 등 재난관리 관련 기본법령을 토대로 분야별 세부적인 재난관리 체계는 개별법에 근거를 두고 국가 재난관리를 하고 있다.

2.1. 헌법(제10조, 제34조)

모든 국민은 인간다운 생활을 할 권리가 있고, 국가는 사회보장 · 사회복지의 증진을 위해 노력할 의무가 있으며, 재해를 예방하고 그 위험으로부터 국민을 보호하기 위하여 노력해야 하는 의무가 있음을 명시하고 있다.

이렇듯 대한민국에서 재난 및 사고로부터의 안전하게 살아갈 권리는 일반 국민이나 공인 모두가 받아야 할 절대적이고도 객관적인 보편적 가치에 속한다.

제10조 모든 국민은 인간으로서의 존엄과 가치를 가지며, 행복을 추구할 권리를 가진다. 국가는 개인이 가지는 불가침의 기본적 인권을 확인하고 이를 보장할 의무를 진다.
제34조 ⑥ 국가는 재해를 예방하고 그 위험으로부터 국민을 보호하기 위하여 노력하여야 한다.

2.2. 정부조직법(제34조, '13.3.23 전부개정)

행정안전부 장관은 안전 및 재난에 관한 정책의 수립 · 총괄 · 조정, 비상 대비 · 민방위 제도에 관한 업무를 담당한다.

> 제34조(행정안전부) ① 행정안전부 장관은 국무회의의 서무, 법령 및 조약의 공포, 정부 조직과 정원, 상훈, 정부혁신, 행정능률, 전자정부, 개인정보보호, 정부 청사의 관리, 지방자치제도, 지방자치단체의 사무지원·재정·세제, 낙후 지역 등 지원, 지방자치단체 간 분쟁조정, 선거·국민투표의 지원, 안전 및 재난에 관한 정책의 수립·총괄·조정, 비상 대비, 민방위 및 방재에 관한 사무를 관장한다.

2.3. 재난관리 관계 법령

재난관리를 위한 기본법 성격의 자연재난 및 사회재난에 관한 통합적 관리체계를 담고 있다.

① 재난 및 안전관리 기본법

② 자연재해 방재 대책 위주의 자연재해대책법

③ 시설물의 안전관리에 관한 법률, 건설기술관리법, 건설산업기본법

④ 산업안전에 관한 산업안전보건법

⑤ 교통안전법 등은 기본적이고 공통적인 사항을 규정하고 있고 그 밖에 개별적인 특성은 하천법, 도로법 등 개별법에 두고 있다.

우리나라의 국가 재난관리 관계 법령체계는 다음과 같다.

〈그림 1.5〉 국가 재난관리 법령 체계

재난 및 안전관리 기본법

재난 유형	자연 재난	사회재난				
재해 유형	풍수해 (행정안전부)	시설물 붕괴 (국토교통부)	산업재해 (고용노동부)	교통안전 (국토교통부)	화재 · 폭발 사고 (소방청)	국가 기반 체제마비 (행정안전부)
기본법 (공통)	• 자연재해대책법	• 시설물의 안전관리에 관한 법률 • 건설기술관리법 • 건설산업기본법	• 산업안전보건법	• 교통안전법	• 재난 및 안전관리 기본법	• 재난 및 안전관리 기본법
개별법 (예방)	• 소하천정비법 • 하천법 • 산림법 • 방조제 관리법 • 항만법 • 하수도법 • 환경 · 교통 · 재해 등에 관한 영향평가법 • 풍수해보험법 • 지진 재해대책법 • 급경사지 재해예방에 관한 법률 • 재해위험개선사업 및 이주대책에 관한 특별법 • 저수지 댐 안전관리 및 재해예방에 관한 법률	• 도로법 • 철도사업법 • 도시철도법 • 학교시설사업 촉진법 • 국유재산법 • 건축법 • 주택법 • 농어촌도로 정비법 • 댐 건설 및 주변지역 지원 등에 관한 법률 • 저수지 · 댐 안전관리 및 재해예방에 관한 법률 • 하천법 • 소하천정비법 • 항만법 • 지진 재해대책법 • 지방재정법 • 유통산업발전법 • 관광진흥법 • 공중위생법 • 공연법 • 삭도 · 궤도법 • 체육시설의 설치 및 이용에 관한 법률 • 철도건설법 • 철도안전법 • 철도산업발전기본법	• 석유사업법 • 유해화학물질 관리법 • 도시가스사업법 • 고압가스 안전관리 법 • 건설기술관리법 • 수질환경보전법 • 액화석유가스의 안전관리 및 사업법 • 대기환경보전법 • 공업배치 및 공장설립에 관한 법률 • 산업표준화법 • 승강기제조 및 관리에 관한 법률 • 기업활동 규제완화에 관한 특별조치법 • 건설기계관리법 • 건축법 • 도시 및 주거환경정비법 • 재해경감을 위한 기업의 자율활동 지원에 관한 법률	• 도로교통법 • 자동차관리법 • 도시철도법 • 철도사업법 • 항공법 • 해상교통안전법 • 선박안전법 • 어선법 • 해양오염방지법 • 유선 및 도선 사업법 • 수상레저안전법 • 항공안전 및 보안에 관한 법률 • 대도시 광역교통관리에 관한 특별법 • 철도건설법 • 철도안전법 • 철도산업발전기본법 • 항공 · 철도 사고조사에 관한 법률	• 소방기본법 • 소방시설공사업법 • 소방시설 설치유지 및 안전관리에 관한 법률 • 위험물안전관리법 • 다중이용업소 안전관리에 관한 특별법 • 소방산업의 진흥에 관한 법률 • 총포 · 도검 · 화약류 단속법 • 산림법 • 전기사업법 • 전기공사업법 • 화재로 인한 재해보상과 보험 가입에 관한 법률 • 전기통신사업법 • 전기용품안전관리법 • 원자력법 • 한국원자력안전기술원법 • 광산보안법 • 진폐의 예방과 진폐근로자의 보호에 관한 법률	• 국가 위기관리지침 (대통령 훈령)

구조 구급		
	구조	• 소방기본법, 수난구호법, 경찰관 직무집행법, 재난 및 안전관리 기본법, 119 구조 구급에 관한 법률
	구호	• 재해구호법, 해외긴급구호에 관한 법률
	의료	• 소방기본법, 응급의료에 관한 법률

2.4. 재난관리법 제정

재난관리법은 1995.7.6. 차관회의 의결, 1995.7.7. 국무회의 심의 의결, 1995.7.10. 법률안 국회 제출, 1995.7.14. 내무위원회 심의, 1995.7.15. 법사위원회 및 본회의 심의를 거쳐 1995.7.18. 법률안이 공포되어 시행(법률 제4950호)되었고, 총칙 등 8장 45조 부칙으로 구성되어 있다.

재난관리법의 도입 배경은 "국가는 재해를 예방하고 그 위험으로부터 국민을 보호하기 위하여 노력하여야 한다"라는 헌법 제34조 제6항의 취지에 따라 국민 생활의 안전을 도모하기 위하여, 국민의 생명과 재산에 큰 피해를 줄 수 있는 대형사고 등 재난의 예방과 수습에 필요한 국가 및 지방자치단체의 재난관리 체제의 구축과 재난 발생 시 긴급구조 · 구난 체계에 대한 법적 근거를 마련하기 위한 것이다.

1975년에 제정한 민방위기본법은 적의 침공이나 전국 또는 일부 지방의 안녕질서를 위태롭게 할 재난으로부터 주민의 생명과 재산을 보호하기 위하여 민방위에 관한 기본적인 사항과 민방위대의 설치 · 조직 · 편성과 동원에 관한 사항을 정하고 함께 국가 안전을 더욱 튼튼히 보장하자는 입법 취지로 제정하였다.

민방위대 임무는 교육, 훈련 각종 재난 대비 예방 활동과 주민 신고망을 운영하여 재난으로부터 막대한 인명과 재산상의 피해 예방 및 최소화 그리고 신속한 구호 · 복구를 통하여 경제적인 손실을 최소화하고 성장 발전을 통한 국가 안전의 보장 능력을 배양하기 위한 조직적이고도 단결된 주민의 힘을 집중하는 데 역점을 두었다.

이후 1993년 7월 "재해의 예방 · 수습에 관한 총리 훈령"을 제정하였으나 각 개별 법령에 의한 재난 예방과 관련된 시설물의 안전규격과 사전 허가 절차, 정기 및 수시 안전 점검 등에 관한 규정으로 재난의 수습 · 복구, 긴급구조 · 구급 체계에 대한 법적 정부 조직체계가 미흡하였다.

1994년 10월 성수대교 붕괴 사고, 1995년 4월 대구 지하철 공사장 도시가스 폭발 사고에 이어 1995. 6월 502명의 사상자를 낸 서울 삼풍백화점 붕괴 사고로 대형 사고의 수습 및 구조 · 구급을 위한 정부 재난관리 체제의 도입 필요성이 요구되었다.

(1) 법률의 제정 이유 및 주요 내용

재난관리법의 제정 이유는 국민 생활의 안전을 도모하기 위하여 국민의 생명과 재산에 큰 피해를 줄 수 있는 대형사고 등 재난의 예방과 수습에 필요한 국가 및 지방자치단체의 재난관리 체제의 구축과 재난 발생 시의 긴급구조 · 구난 체계의 확립을 위한 법적 근거를 마련하는데 있다. 이러한 재난관리법의 주요 내용은 다음과 같다.

이 법의 적용 대상이 되는 재난을 화재 · 폭발 · 붕괴 등의 사고로서 자연재해를 제외한 모든 사고로 정의하였고, 국가 및 지방자치단체 등의 재난관리에 관한 책무를 규정하고 하였다. 정부의 재난관리 총괄 기구로서 국무총리가 위원장이 되는 중앙안전관리위원회를 설치하도록 하였으며, 지역별 재난관리 총괄 기구로서 각 지방자치단체에 지역안전관리위원회를 설치하도록 하였다.

재난 예방을 위한 제도적 장치로서 재난 위험 분야별로 안전 관리체계의 구축 및 안전관리 규정의 제정 · 정비 등을 의무화하고, 재난위험시설 및 지역을 따로 지정하여 관리하도록 하고, 재난이 발생한 경우 그 효율적인 수습을 위하여 당해 지방자치단체에 지역사고대책본부를 설치 · 운영하도록 하였으며, 대규모 재난이 발생한 경우에는 당해 재난을 수습할 책임이 있는 주무 부처에 중앙사고대책본부를 설치하도록 하였다.

긴급구조 구난 체계의 구축 및 긴급구조 구난 능력의 제고를 위하여 행정안전부 또는 소방청, 지방자치 단체에 긴급구조구난본부를 설치 · 운영 하도록 하고, 각급 긴급구조구난본부에 상황실을 설치하여 24시간 상황을 유지 · 관리하도록 하였다.

재난이 발생한 경우 원칙적으로 긴급구조구난본부의 통제관이 재난 현장에서 지휘하도록 하여 현장 지휘체계를 확립할 수 있도록 하고, 재난의 발생으로 국가의 안녕질서에 중대한 영향을 미치는 경우 등에는 당해 재난지역을 특별재난지역으로 선포하여 특별지원을 할 수 있도록 하였다.

재난이 발생하거나 발생할 우려가 있는 경우에는 시장 · 군수 · 구청장의 책임하에 긴급 예방 수습 조치를 하도록 하고, 이러한 응급조치에 필요한 대피 명령권 · 경계구역 설정권 및 응급조치 종사 명령권 등을 시장 · 군수 · 구청장에게 부여하였다.

그 이후 재난관리법의 1차 개정은 1996. 8월부터 9월까지 관계 부처 협의 및 입법예고를 하고, 1996년 10월부터 11월까지 차관 · 국무회의 심의를 하였으며, 1996.11.11. 개정 법률안을 국회에 제출하여, 1997.8.30. 제1차 개정 공표(제5404호)되었다. 개정 사유는 1995.7.18. 재난관리법 제정 이후 시행 과정에서 나타난 재난 발생 시의 피해복구 절차와 긴급구조 또는 응급조치 종사자 사망 · 부상자에 대한 보상제도 등 일부 미비점을 보완하고, 재난관리조직, 재난 예방, 응급조치 및 수습 등 재난관리 단계별로 시행 기준을 구체적으로 규정하여 재난 예방 태세를 강화하고 재난 수습 업무를 더욱 효율적으로 추진할 수 있도록 하려는 것이었다.

주요 개정 내용은 다음과 같다.

중앙안전대책위원회의 당연직 위원에 교육부 · 농림부 · 해양수산부 장관을 추가하고 지역안전대책위원회의 기능을 이 법에 명시하였으며, 내무부 장관은 지역 재난관리 업무에 관련하여 필요한 지원과 지도를 할 수 있도록 하고, 관계 부처에 협조 요청할 수 있도록 하였다. 국가 및 지방자치단체가 수립하여야 하는 재난관리계획의 수립 절차를 보완하고, 내무부 장관은 관계 부처와 국가재난관리계획을 사전에 협의하고, 지역재난관리계획의 수립을 지도하도록 하였다.

내무부와 시 · 도와 시 · 군 · 구를 연계하는 종합상황실을 설치하여 각종 재난 상황을 종합관리하고 상황 전파 · 초동단계 수습 업무를 수행하도록 하였으며, 재난위험시설의 지정과 정비 계획 등의 수립 · 시행 절차를 보완하고, 지방자치단체와 각급 재난관리책임기관은 대통령령으로 정하는 시설 및 지역에 대해 점검하고 정비 · 사용 제한 명령을 할 수 있도록 하였다.

재난 발생 시 지역사고대책본부를 중심으로 관계 재난관리책임기관이 피해조사 및 복구계획을 수립 · 시행하도록 하고, 『특별재해 지역』을 재난관리법의 법률 용어에 적합하도록 『특별재난지역』으로 조정하였으며, 재난이 발생하거나 발생할 우려가 있는 경우 시장 · 군수 · 구청장이 경계구역을 설정하여 대피 또는 퇴거명령을 할 수 있도록 하고, 이에 불응하는 경우에 강제집행을 할 수 있도록 하는 근거를 신설하였다.

긴급구조 활동에 참여한 민간 긴급구조단체나 긴급조치 종사 명령을 받은 전문기술자 등이 사망하거나 부상 또는 장애를 입은 경우에 유족 및 장애인에 대한 보상과 부상자에 대한 치료를 할 수 있는 근거를 마련하였고, 지방자치단체에서 재난관리에 소요되는 비용에 충당할 수 있도록 매년 지방세 중 보통세의 수입 결산액의 1천 분의 2를 재난관리기금으로 적립 ·

운용하도록 하였다.

또한, 재난관리법의 2차 개정은 1998년 7월~8월 관계 부처 협의 및 입법 예고하고 1998.11.5. 차관 · 국무회의 심의하였으며, 남북 교류가 활성화됨에 따라 남북 교류와 관련하여 발생하는 재난을 효율적으로 처리하기 위하여 중앙부처 장관 중 통일부 장관을 중앙안전대책위원회의 위원으로 추가, 1998.11. 국무회의 심의, 1998.11.16. 국회 제출, 1999.1.29. 제2차 법률 개정 공포(제5707호)하였다.

개정 이유는 국가재난관리계획을 수립하면서 해외재난에 관한 관리업무를 포함하고, 해외재난에 대한 체계적인 대응체계를 마련하여 해외재난에 효율적으르 대비하도록 하며, 각급 재난관리책임기관의 장은 필요할 때는 합동으로 안전 점검을 시행할 수 있도록 하는 등 재난으로부터 국민의 생명과 재산을 보호하는 데 만전을 기하려는 것이었다.

경제발전으로 기업체 및 국민의 해외 진출이 증가하였으며 1997년 발생한 KAL기 괌 추락사고를 계기로 해외 재난관리에 대한 입법 필요성이 대두되었다. 1997년 기준으로 해외 체류 국민은 360천 명, 해외여행객은 4,542천 명이었다.

해외 재난관리에 대한 보완책으로 "해외 재난관리에 관한 규정"(국무총리 훈령)을 1998.1.6.부터 제정 · 시행 중에 있었으나 행정 내부적 효력을 갖는 국무총리 훈령으로는 효과적으로 해외재난에 대처하기에는 어려움이 남아있었고, 각급 재난관리 책임기관의 장이 재난위험시설 등을 지정할 때는 그 지정 상황을 지방자치단체장에게 통보하도록 하는 등 재난관리 업무추진 과정에서 나타난 미비점 보완할 필요가 있었다.

또한 1997.2.28. 정부조직법 개정으로 정부 조직이 개편됨에 따라 재난관리법상의 중앙행정기관 · 부령 명칭 개정이 필요하였다.

대한민국의 영역 밖에서 대한민국 국민의 생명과 재산에 피해를 주거나 줄 수 있는 재난으로서 정부 차원의 대처가 필요한 재난을 해외재난으로 하고, 이에 대응할 수 있도록 중앙안전대책위원회의 위원에 외교통상부 장관을 추가하였다(제2호 및 제7호 제2항).

재외공관의 장은 해외재난이 발생할 때는 즉시 그 상황을 외교통상부 장관에게 보고하도록 하고, 보고를 받은 외교통상부 장관은 이를 주무 부처의 장에게 통보하도록 하였다(제16

조의2). 각급 재난관리책임기관의 장은 필요할 때는 관계 재난관리책임기관의 장과 협의하여 합동으로 안전 점검을 실시할 수 있도록 하였다(제22호 제2항).

재난관리책임기관의 장은 안전조치 명령을 이행하여야 할 자가 그 명령을 이행하지 아니하거나 이행할 수 없는 상태에 있고, 재난의 예방을 위하여 긴급하다고 판단되는 때는 그 명령을 받아 이를 이행하여야 할 자에 갈음하여 필요한 안전조치를 할 수 있도록 하였다. 해외 재난이 발생하여 당해 재난을 수습할 주무 부처가 불분명한 경우에는 외교통상부 장관 소속하에 중앙사고대책본부를 설치하도록 하였다(제45호 제1항 단서).

3차 개정 주요내용은 정부조직법 개정 사항을 반영하여 중앙안전대책위원회 위원에 기획예산처 장관 추가(법 제7조 제2항), 기획예산처를 중앙사고대책본부 구성 시 포함(법 제45조)하는 것이었다.

4차 개정 사유도 정부조직법 개정 시 재난관리법 관련 조항을 부칙으로 개정하였기 때문이고, 주요 개정 내용은 중앙안전 대책위원회 위원 중 교육부 장관을 교육인적자원부 장관으로 명칭 변경과 동시 부처 순서 정리(법 제7조 제2항)였다,

2.5. 재난 및 안전관리 기본법(2004. 03. 11 법률 제7188호, 시행 2004.6.1.)

(1) 제정 목적

재난관리법 제정 이전까지 우리나라의 재난관리는 사실상 사고 당사자 간의 문제로 다루어 오다가 1993.7.19. 제정된 『재해의 예방 및 수습에 관한 총리 훈령』에 따라 재난의 예방, 수습, 응급조치, 협조 지원 사항 등 업무를 처리하였으나 이때는 주로 사고 수습 대책에 관하여 적용하였다.

그러나 성수대교 붕괴, 대구 지하철 공사장 폭발, 삼풍백화점 붕괴 등 각종 대형 사고가 빈발하여 막대한 인명 및 재산 피해를 초래하여 국민 생활안전에 대한 불안감이 증대되고, 아울러 경제발전에 의한 절대빈곤 해결 등 생활 수준이 향상됨에 따라 안전하고 쾌적한 삶을 추구하려는 욕구 증대와 맞물려 더 이상의 재난사고를 방치할 수 없다는 국민적 공감대가 형성되었다.

이에 당시 주무 부처였던 내무부에서 선진외국의 재난관리 법령 등을 참고하여 1995. 5. 24. 재난관리법을 마련 동년 7월 18일 공포하여 시행하였다.

기존의 건축법, 소방법 등 60여 개의 안전관리에 관한 개별 법령이 각 분야에 대한 사고의 예방과 사전 허가 절차, 안전 점검 활동 등에 관한 규정만을 다루어 대형 복합재난의 경우 수급상에 많은 혼선이 있었으나, 재난관리법이 제정되어 국가재난관리에 대한 조직상의 체계 및 재난의 예방과 수습 처리, 긴급구조 · 구난에 대한 종합적이고 체계적인 운영의 기틀을 마련하게 되었다.

(2) 제정 이유 및 의의

기존의 재난 관련 법령은 위에서 제시했듯이 사회적 재난, 자연재난, 인적 재난 등으로 3원화 되어 효율적 재난관리가 어려워 재해 및 재난 관련 법령의 통합이라든지, 각 법률 간의 연계성을 제고하여야 한다는 지적이 많았었다(정기성, 20아:139-140; 권건주, 2003:125-127).

이러한 문제점을 개선하기 위하여 재난관리법을 폐지하고 자연재해대책법 일부와 재해 및 재난 등으로 다원화되어 있는 재난관련 법령의 주요 내용을 통합하여 재난 및 안전관리기본법을 이루게 된 것이다. 재난 및 안전관리 기본법을 제정한 이유는 각종 재난으로부터 국민의 생명과 재산을 보호하기 위하여 재난의 개념에 에너지, 통신, 교통 등 국가 기반 피해를 포함하고, 재해 · 재난 · 민방위 등으로 다원화되어 있는 안전 관련 법령의 주요 기능을 통합하여 국가 및 지방자치단체의 대응관리 체제를 확립하며 각 부처에서 분산 관리되고 있는 안전 관리업무에 대한 총괄조정 등 현행제도의 문제점 등을 개선 · 보완하여 재난의 예방 · 수습 · 복구 및 긴급구조에 관한 사항과 위기 상황에 대처하기 위하여 필요한 사항을 규정하고자 하려는 것이다.

재난 및 안전관리 기본법의 의의는 재난 및 안전관리 기본법은 각종 재난으로부터 국토를 보전하고 국민의 생명 · 신체 및 재산을 보호하기 위하여 국가 및 지방자치단체의 재난 및 안전 관리체제를 확립하고, 재난의 예방 · 대비 · 대응 · 복구와 그 밖에 재난 및 안전관리에 관하여 필요한 사항을 규정함을 목적으로 하고 있다(재난 및 안전관리 기본법 제1조). 또한, 재난 및 안전관리에 관한 법률을 제정하거나 개정할 때는 이 법의 목적과 기본이념에 부합되도록 하여야 한다. (동 법 제8조제1항).

이와 같이 재난 및 안전관리 기본법은 기존의 다원화된 재해 및 재난 관련 법체계를 통합하고, 기존의 다원화된 법령들의 상위법이자 모법이 된다는 측면에서 법률 간의 연계성을 시도하고 있다는 것 등에서는 더욱 바람직하다고 할 수 있다.

재난 및 안전관리 기본법은 기존의 재해 및 재난 관련 법들에서는 찾아볼 수 없는 재난의 단계별, 즉 예방 · 대비 · 대응 · 복구의 단계별로 규정하고 있는데, 이것 또한 재해 및 재난에 관해서 체계적으로 접근을 시도하였다고 할 수 있다.

(3) 주요 내용

재난 및 안전관리 기본법은 총 10장, 본문 81조 부칙 11개 조로 구성되어 있다. 구체적으로는 제1장 총칙, 제2장 안전관리 기구 및 기능, 제3장 안전관리계획, 제4장 재난의 예방, 제5장 응급대책, 제6장 긴급구조, 제7장 특별재난지역의 선포 및 복구, 제8장 재정 및 보상 등, 제9장 보칙, 제10장 벌칙, 그리고 부칙으로 구성되어 있다.

개정 당시 국회 심사 과정에서 주요 논의 사항

- ▶ 화재·붕괴·폭발 등 인적 재난의 정의를 보다 구체화하기 위해 '대통령령이 정하는 규모 이상의 피해'로 수정(안 제3조 제1호다 목)
- ▶ 중앙안전관리위원회의 효율적인 운영을 위해 분과위원회를 둘 수 있도록 하고, 국무조정실장이 지원하도록 한 규정은 삭제(안 제9조 제3항·제6항)
- ▶ 중앙 및 지역재난안전대책본부에서 재난의 예방·대비·대응·복구 등에 관한 사항을 총괄·조정하고, 필요한 조치를 하는 것으로 업무영역의 범위를 명확히 함(안 제14조 제1항 및 제16조 제1항)
- ▶ 국가 안전관리계획의 수립에 있어 국무총리는 국가 안전관리 기본계획의 수립 지침에 따라 관계중앙행정기관장이 작성·제출한 안전 관리업무에 관한 기본계획을 종합하여 국가 안전관리 기본계획으로 작성하며, 중앙위원회의 심의·확정 절차를 거쳐 관계 중앙행정기관장에게 시달하고, 중앙행정기관의 장은 소관 사항을 관계 재난관리책임기관의 장에게 시달하며, 국가 안전관리 기본계획의 구성을 대통령령에 위임하도록 하는 등 그 절차를 명확히 함(안 제22조)
- ▶ 재난관리책임기관과 긴급구조기관, 긴급구조지원기관이 재난관리 정보·통신체계의 정비를 위해 재난의 예방·대비·대응·복구 등의 재난관리 업무를 효율적으로 추진하기 위한 정보 ·통신체계를 구축할 수 있도록 함(안 제74조 제2항)

재난 및 안전관리 기본법의 주요 내용은 아래와 같으며 이전의 법 내용에 비해 진일보했음을 알 수 있다.

첫째, 재난의 개념에 기존의 자연재해와 인적 재난 및 에너지, 통신, 교통, 금융, 의료, 수도 등 국가기반체계 마비와 전염병 확산으로 인한 피해를 포함하여 정의하고 있다(동 법 제3조제1항).

둘째, 현행 중앙안전대책위원회와 재해대책위원회를 통합하여 국무총리 소속으로 국무총리를 위원장으로 하는 중앙안전관리위원회로 통합하는 등 국가안전관리기구를 일원화하여 안전관리에 관한 중요정책의 심의 및 총판 · 조정 등을 하도록 하고 있다(동 법 제9조 및 제10조).

셋째, 대규모 재난의 예방 · 대응 · 복구 등에 관한 사항의 총괄 · 조정 업무를 수행하기 위하여, 종전 주무 부처에 설치되던 중앙사고대책본부를 중앙재난안전대책본부로 명칭을 변경하여 행정자치부에 설치하도록 하고, 주무 부처에는 중앙사고수습본부를 설치하도록 하는 등 국가 재난 관리체계를 개편하고자 하고 있다(동 법 제14조).

넷째, 국무총리는 중앙행정기관의 장이 제출한 안전 관리업무에 관한 기본계획을 종합하여 국가 안전관리 기본계획을 수립하고, 중앙행정기관의 장은 소관 사항에 관한 집행계획을 수립하며, 시 · 도지사 및 시장 · 군수 · 구청장은 해당 시 · 도 및 시 · 군 · 구의 안전 관리업무에 관한 계획을 수립하도록 하고 있다(동 법 제22조 내지 제25조).

다섯째, 소방방재청과 행정기관인 재난관리책임기관의 장은 재난 발생이 우려되는 등의 사유가 있는 때는 소속 공무원으로 하여금 긴급 안전 점검을 실시하게 할 수 있도록 하고 있다(동 법 제30조).

여섯째, 대통령은 재난의 발생으로 국가의 안녕 및 사회질서 유지에 증대한 영향을 미치거나 재난으로 인한 피해의 수습 · 복구를 위하여 특별한 조치가 필요한 지역을 특별재난지역으로 선포할 수 있도록 하고, 국가 및 지방자치단체는 특별재난지역으로 선포된 지역에 대하여 행정 · 재정 · 금융 의료상의 특별지원을 할 수 있도록 하고 있다(동 법 제59조 내지 제61조).

일곱째, 시 · 도지사, 시장 · 군수 · 구청장 및 긴급구조기관의 장은 담당 구역 안의 유지기관과 합동으로 정기 또는 수시로 재난 대비훈련을 하도록 하고 있다(동 법 제73조).

여덟째, 국가는 국민과 지방자치단체가 자기의 책임과 노력으로 재난에 대비할 수 있도록 재난 관련 보험 또는 공제를 개발 및 보급하기 위하여 노력하도록 하고 있다(동 법 제76조).

(4) 문제점 및 향후 개선 사항

2004.6.1. 시행 당시 재난 및 안전관리 기본법은 여러 가지 문제점 및 개선 사항이 도출되어 학계, 협회 등에서 지속적으로 개정요구를 제기하여 왔고 행정안전부는 24.1월까지 56차에 걸쳐 지금도 개정 보완을 하고 있다.

재정 당시의 문제점을 살펴보면

첫째, 재난 및 안전관리 기본법과 관련 제반 법률 간의 연계성 문제이다. 원래 법률이란 상위법이자 모법인 기본법이 존재하고 난 후에 세부적인 관련 법률 등이 구성되게 되어 있다. 그러나 재난 및 안전관리 기본법의 경우에는 기존의 관련 법의 난립 등으로 체계적인 통합 법령의 필요로 인하여 만들어진 법률이기 때문에 세부적인 관련 법률과의 연계성이 부족하다고 할 수 있다.

즉, 재난 및 안전관리 기본법의 적용을 받는 기타 하위 및 제반 법률 간의 구성 체계라든지 구성요소 등이 상이하므로 이들 법률 간의 연계성의 검토가 시급히 필요하였다.

둘째, 재난 및 안전관리 기본법의 하위 세부 지침 등의 규정에 관한 문제이다. 재난 및 안전관리 기본법은 기본법의 성질을 띠고 있으므로 재해 및 재난 발생 시 어떤 방향성을 제시할 수 있겠으나 세부적인 지침 등을 제공하지는 못하고 있었다.

따라서 기존의 관련 법령 등을 참고할 수밖에 없는 현실적 문제가 발생하게 되고, 그러한 경우에는 재난 및 안전관리 기본법과 기존의 관련 법체계가 상이하므로 이중적 법령이 존재하는 경우가 발생하게 된다.

이러한 것을 해소하기 위해서는 재난 및 안전관리 기본법의 하위 세부 법령이라든지 세부

지침에 대한 명확한 규정이 하루빨리 정립되어야 한다는 지적도 있었다.

셋째, 법 해석과 법적 용상의 재량권 문제이다. 재난 및 안전관리 기본법은 기본법적 성질이 강하므로 각종 재해 및 재난이 발생할 경우 해당 공무원의 법률해석과 법 집행상 재량권 남용으로 법률의 잘못된 해석이나 집행의 문제가 생길 수 있으므로 이에 대한 대비책 또한 시급히 필요했다.

그래서 행정안전부는 2004.6.1. 시행일로부터 2024.1.18.까지 56회에 걸쳐 보안과 수정 등을 통해 개정을 헤왔다. 주요 개정사항을 살펴보면 다음과 같다.

제7차 개정(법률 제9299호,'08.12.31. 일부개정,'09.07.01. 시행) 시에는 당시 새로운 기상재난의 중심에 있었던 '낙뢰'[28]에 대한 국가적 위기관리 능력을 고취할 필요성이 절실한 상

---

28 낙뢰(落雷) 또는 벼락은 번개와 천둥을 동반하는 급격한 방전현상이다. 일반적으로 강한 소나기를 내리며, 우박을 동반하는 경우도 있다. 낙뢰는 주로 적란운 안에서 발생한다. 낙뢰는 뇌전 현상의 일부로 구름으로부터 지면으로 방전현상이 일어나는 것을 의미한다. 번개(lightning)는 발달한 구름대에서 발생하는 전기적 현상으로 구름 내부나 구름과 구름 사이로 혹은 구름에서 주변 대기나 지면으로 이동하는 섬광을 말한다.

이 중 구름에서 지면으로 연결되는 번개 불빛을 낙뢰(cloud-to-ground lightning)라고 부른다. 또한, 번개의 섬광이 통과하는 경로의 공기는 순간적으로 최대 온도 3만℃에 이르는 급격한 가열이 일어나면서 대기가 폭발적으로 팽창하게 된다. 이 과정에서 발생하는 충격파로 인한 폭음은 천둥(thunder)이라 부른다. 천둥과 번개 현상을 합쳐 뇌전 현상이라고 부른다. 낙뢰의 발생 횟수는 해마다 다르게 나타나는데, 2017년 관측된 낙뢰 발생 총횟수는 316,679회로, 최근 10년간 평균값인 144,949회보다 많이 발생한 것으로 관측되었다.

연도	2008	2009	2010	2011	2012	2013	2014	2015	2016	2017	평균
횟수	96.083	63.870	164.193	130.495	105.196	198.256	64.698	130.766	179.256	316.679	144.949

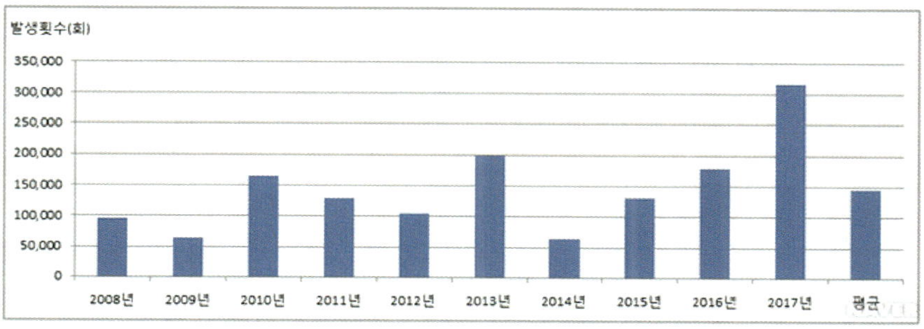

낙뢰 종류는 열뢰, 계뢰, 전도뢰가 있다.

열뢰(熱雷)는 지표면이 강한 햇빛으로 데워져 대기 하층의 기온 감률(減率)이 100m에 대해 순씨 25°~40° 이상 커지며, 격렬한 상승기류를 생기게 하는 낙뢰이다. 여름철 오후에 육지, 특히 산간에서 가장 많이 발생하는데, 이 경우 상공에 차가운 공기가 들어오면 대기 상태가 한층 불안정해지며 강한 열뢰가 된다.

계뢰(界雷)는 한랭전선이 발달한 곳에서 적란운이 발생하여 일어나는 낙뢰다. 드물게 온난전선의 전선면을 따라 상승해 가는 더

황을 고려하여 급격한 기상환경의 변화에 능동적으로 대처하기 위해 낙뢰를 자연재해의 범위에 포함했다.

▶ 낙뢰는 태풍·홍수·지진 등 다른 유형의 재해에 비하여 피해 규모가 제한적이고, 기술적 한계로 인하여 사전에 발생 지점 및 피해 규모 등을 정확히 예측하기 어려운 그것에 대한 고려가 필요
▶ 기상청(2007년 낙뢰 연보)에 따르면 2007년 낙뢰 발생 횟수는 약 160만 회로 최근 6년 동안 낙뢰 발생 빈도가 가장 높았다.
▶ 사상자는 2004년 7명에서 2006년 16명 2007년 23명으로 매년 증가하기에 새로운 기상 재난의 중심에 있는 낙뢰에 대한 국가적 위기관리 능력을 고취할 필요 증대

제8차 개정(법률 제9847호로'09.12.29. 타법 개정,'10.12.30. 시행) 시에는 감염병의 예방 및 관리를 효율적으로 수행하기 위하여 기생충질환 예방법과 전염병 예방법을 통합하여 법 제명을 감염병의 예방 및 관리에 관한 법률로 바꾸고, 전염병이라는 용어를 사람들 사이에 전파되지 않는 질환을 포괄할 수 있는 감염병이라는 용어로 정비하며, 국제 보건 환경의 변화에 따라 세계보건기구가 마련한 국제 보건 규칙의 관리 대상 질환에 신종 감염병 등이 포함됨에 따라 세계보건기구 감시 대상 감염병을 국가적으로 관리하도록 하고, 감염병의 예방 · 관리에 관한 주요 사항을 심의하기 위하여 감염병관리위원회를 설치하도록 하였다.

감염병의 대유행이 우려되면 예방 · 치료 의약품 및 장비 등을 미리 비축하거나 구매를 위한 계약을 할 수 있도록 함으로써 신종 감염병 및 생물테러감염병 등에 효율적으로 대응할 수 있도록 하려는 것이며, 강제처분의 대상이 되는 감염병의 확대(법 제42조) 방안으로 종전에는 전염병 예방법에 따른 제1군 전염병 등을 강제 치료 · 입원 등 강제처분 대상으로 함에 따라 전파 속도가 빠른 결핵, 세계보건기구 감시 대상 감염병 등이 제외되어 있어 국민건강을 위협할 수 있으므로, 이러한 감염병을 강제처분 대상에 포함하여 관리할 필요가 있었으며, 강

운 공기가 불안정해질 때 계뢰가 발생하는 경우도 있다. 일반적으로 전선 가까이에서 발생하는 낙뢰를 말하는데 이런 경우 지표면의 가열이 있으면 대기의 상태가 한층 불안정해져서 대규모 낙뢰가 발생한다. 이를 열계뢰라고 한다.
전도뢰(顚倒雷, 불안정 낙뢰)는 단순히 강한 더운 공기가 흘러들어 대기의 상태가 불안정해져서 일어나는 낙뢰다.

제처분 대상이던 제1군 감염병을 포함하여 제2군 감염병 중 디프테리아(급성 호흡기질환, 소아 급성 전염병)[29] · 홍역[30] · 폴리오(소아마비),[31] 제3군 감염병 중 성홍열[32] · 수막구균성수막

---

29 열이 나고 목이 아프며 음식을 잘 삼킬 수 없고 호흡기관의 점막이 상하며 갑상샘이 부어 호흡곤란을 일으키고, 후유증으로 신경 마비나 심장 · 콩팥의 장애가 따르는 급성 법정 전염병. 주로 어린이가 많이 걸린다. 디프테리아가 발병하면 목이 굵고 짧은 자라목처럼 된다.
디프테리아(diphtheria)는 디프테리아균의 외독소에 의한 전염력이 강한 급성 감염 질환으로, 현재 법정 전염병 제1급에 속한다. 감염 2~5일 후부터 외독소 배출에 따라 증상이 발생하며, 주로 인후통과 열로 증상이 시작한다. 증상은 경미한 수준에서 치명적인 수준까지 다양한데, 심각한 경우 목에 흰색 판이 형성되어 크룹(급성폐쇄성후두염)이 발생한다. 림프절의 비대증으로 인해 목이 붓는다. 피부, 생식기 등에도 디프테리아가 발생할 수 있다. 심근염, 신경염, 단백뇨 등의 합병증이 발생할 수 있고, 출혈로 인한 혈소판 감소증 역시 나타나기도 한다. 심근염은 부정맥을, 신경염은 마비를 일으킬 수 있다. 사망률은 5~10%이다. 주로 사람끼리 공기를 통해 전염되나, 오염된 물체에 닿음으로써 전염될 수도 있다. 증상이 나타나지 않는 경우에도 전염이 발생한다. 디프테리아균은 총 세 종류가 있는데, 각 종류에 따라 위험성에 차이가 있다. 목의 증상을 통해 진료하며 미생물 배양을 통해 확실하게 검증할 수 있다. 이전에 감염된 적이 있다 하더라도 재발할 수 있다.
디프테리아 백신을 통해 예방할 수 있다. 파상풍 백신, 백일해 백신 등과 함께 접종할 것과, 십 년마다 재접종할 것이 권장된다. 혈중의 항독소 농도를 측정함으로써 제대로 방어력이 생겼는지 검증할 수 있다. 병원균에 노출된 경우 에리트로마이신, 벤질페니실린 등의 항생제를 통해 발병을 막을 수 있으며, 심각한 증상이 나타난 경우 기관절개술을 수행할 수도 있다.
1980년에는 전 세계적으로 10만 명의 환자가 나타나던 것에 비해, 2015년에는 4천5백 명으로 그 수가 크게 감소했다. 1980년 전에는 매년 백만 명의 환자가 발생했던 것으로 여겨진다. 사하라 이남 아프리카, 인도, 인도네시아에서 가장 흔하게 발생한다. 1990년에는 8천 명의 사망자가 발생한 것에 비해, 2015년에는 2천1백 명으로 크게 감소했다. 어린이가 주로 감염된다. 선진국에서는 예방접종의 발달로 인해 발병률이 많이 감소했으나, 예방접종 비율이 감소할 때는 종종 나타나기도 한다. 미국에서는 1980년에서 2004년 사이에 57건만 보고되었다. 히포크라테스에 의해 처음으로 기록되었으며 세균은 1882년 에드윈 클레프서(Edwin Klebs)가 처음 동정하였다.

30 홍역(紅疫, 영어: measles)은 파라 믹소바이러스(paramixovirus) 과에 속하는 홍역 바이러스가 일으키는, 전염성이 매우 높은 질환이다. 한방에서는 홍진(紅疹)으로 부른다. 면역률이 높아 한번 감염되거나 백신을 맞으면 다시 감염될 확률이 희박하므로 주로 면역되지 않은 학령기 이전 소아에 잘 발생한다. 비말(침방울) 등을 통해 호흡기로 감염되는데, 동물 전파 매개체가 없고, 오직 사람끼리만 감염된다.
선진국에서는 18개월 무렵에 어린이 대부분이 3단계 MMR 백신(홍역, 이하선염, 풍진)을 백신 접종을 한다. 예방접종은 보통 모유에 포함된 항체로 인해 18개월 전에는 하지 않는다. 두 번째 접종은 보통 아이들이 4~5세가 되면, 면역력 강화를 위해 이루어진다. 홍역 접종으로 병이 비교적 나타나기 힘들 정도로 백신 접종률이 높다. 홍역은 뚜렷한 치료 방법이 없고, 증상을 완화하고 합병증을 피하는 여러 대증적인 치료를 한다. 약독화된 생백신으로 돌 전후와 6세경에 각각 1차와 2차로 나누어 예방접종을 할 수 있다.

31 폴리오(소아마비) 바이러스는 환자의 분변(대변)이 경구로 전파되어 감염될 수 있고, 1950년대 폴리오 백신이 소개된 이래 예방접종이 보편화된 지역에서는 마비성 폴리오 환자는 급격하게 감소하여 거의 볼 수 없게 되었다. 1988년 세계보건기구(WHO)에서는 2000년까지 폴리오를 퇴치하겠다는 목표를 세우고 개발도상국에서의 폴리오 예방접종 사업에 대한 지원을 강화한 바 있습니다. 그 결과 폴리오 환자는 현저히 감소하여 1988년에는 35,000명의 환자 보고가 있었으나 2000년에는 3,500명 미만으로 줄어 99%가 감소하였습니다. 이후 2008년에는 1,655명, 2010년 1,000명 미만, 그리고 2013년 416건으로 더욱 발생이 감소하였습니다. 그러나 환자가 발생하지 않았던 소말리아에서 194건, 시리아, 카메룬 등에서도 새로 발생하는 등 예상치 않았던 국가에서의 발생 사례가 증가함에 따라 2014년 5월 세계보건기구에서는 '소아마비 응급상황에 대한 대응'을 선언하고 '폴리오 바이러스의 국제적 확산 방지를 위한 국제보건규칙긴급위원회'를 개최하였으며,
우리나라는 1983년 5명의 환자가 보고된 이후 2015년 12월 현재까지 새로운 환자 발생 보고는 없고, 1998년부터 백신 관련 마비성 폴리오 보고 체계를 도입하였는데 백신 관련 마비성 폴리오로 의심되는 환자는 현재까지 1명만 보고되었다. 세계보건기구

염[33] · 결핵, 제4군 감염병 중 일부 감염병, 세계보건기구 감시 대상 감염병 및 생물테러 감염병을 강제처분 대상에 포함하여 전파 속도가 빠른 감염병을 효과적으로 관리할 수 있게 되어 국민 보건 향상에 이바지할 것으로 기대하였다.

그리고, 제13차 개정(법률 제10467호,'11.3.29. 일부개정,'11.6.30. 시행) 시에는 '가축전염병'을 재난의 범위에 명시적으로 규정하고, 감염병 및 가축전염병의 확산 방지를 위한 긴급대응 및 응급 복구에도 재난관리기금을 사용할 수 있도록 하여 감염병 및 가축전염병 발생으로 인한 피해에 신속하고 효과적인 대응이 가능하게 하는 한편, 재난 및 안전관리 연구 개발사업에 대한 출연금의 지급 근거를 마련하는 등 현행제도의 운용상 나타난 일부 미비점을 개선 · 보완하려 했다.

개정 당시 국회 심사 과정에서 주요 논의 사항

▶ 재난관리기금의 확보율이 지방자치단체별로 차이를 보이고, 법정 적립금의 30%를 금융기관에 의무적으로 예치하고 있어 실제 사용이 가능한 기금의 규모는 크지 않다고 판단되는바, 개정하는 실효성을 담보하기 위해서는 기금 확보 노력과 함께 가용 기금의 확대를 위한 조치가 필요

▶ 연구개발사업이 정부 출연금으로 추진되는 사업임을 고려할 때, 기술료의 사용에 관한 모든 사항을 대통령령에 위임하고 있으나, 기술료의 징수나 사용은 국민의 재정적 부담에서 비롯되는 만큼, 기술료의 사용 용도와 같은 중요사항은 법률에서 규정하는 것이 필요

의 폴리오 박멸 인준을 위한 지역위원회에서는 2000년 10월 29일 우리나라가 포함된 서태평양 지역이 토착(endemic) 폴리오 발생이 없는 지역이라 선언하였다. 이는 아메리카 지역을 1994년(미국의 마지막 환자보고는 1979년임) 처음 토착 폴리오 발생이 없는 지역으로 인정된 이후 두 번째이다. 세계보건기구에서 야생 폴리오 바이러스 감염의 소멸이 확인된 지역에는 경구용 생백신 사용을 중단하도록 권고하고 있음에 따라, 우리나라는 2004년부터 주사용 사백신을 사용하고 있습니다.

32 성홍열(猩紅熱)은 몇몇 연쇄상구균 종류에 의한 급성 감염병이다. 2일에서 6, 7일간의 잠복기를 거친 후 발열과 인후통, 두통 등의 증상과 구토도 나타난다. 이어 입 주위가 창백하게 되고 얼굴은 붉어진다. 또 입천장에는 붉은 반점이 돋는다. 이후 혀가 회백색 물질로 덮이고 끝에 염증이 생기는데, 좀 더 지나면 덮인 것은 사라지나 혀가 붓고 유두가 뚜렷해지는 증세가 나타난다. 발열과 발진이 오래갈 경우 1주일 이상이 되기도 하며, 피부껍질이 벗겨지는 것도 허다하다. 목의 임파선도 잘 붓는데 이 경우 만지면 통증을 느낀다. 흔히 부비동에 합병증이 찾아온다.

33 2급 감염병, 수막구균(Neisseria menigitidis)의 감염에 의한 급성 감염 질환, 감염원인 병원체는 Neisseria menigitidis, 전파경로는 비말감염 또는 환자나 병원체보유자의 호흡기 분비물에 직접 접촉, 증상은 잠복기 : 1~10일, 대부분 4일 미만, 초기에 인두염, 발열, 근육통, 전신 쇠약 등이 나타나며, 피부에 출혈 소견이 동반되기도 함, 수막염이 가장 흔하며 뇌막염의 증상(두통, 구토, 고열, 의식 저하)이나 뇌막 자극 징후를 보임, 수막염 없이 패혈증이 발생할 수 있으며, 패혈증 시 저혈압, 범발성 혈관 내 응고증, 산증, 부신 출혈, 신부전, 심부전, 혼수 등을 특징으로 하는 패혈성 쇼크로 급속히 진행할 수 있음

또한, 제14차 개정(법률 제11346호,'12.2.22. 일부개정,'13.1.1. 시행) 시에는 신속하고 정확한 재난정보 전달 체계를 구축하기 위하여 재난정보의 전달 매체를 인터넷이나 신문까지 확대하고, 재난정보가 휴대전화 등 수신기 사용자에게 전달될 수 있도록 화면표시 의무 규정을 두며, 재난 및 안전관리에 관한 주민들의 알권리를 충족시키고 지방자치단체의 재난 예방 노력을 유도하기 위하여 재난관리 공시제도를 도입하고, 또한 재난 및 안전관리에 관한 과학기술의 진흥을 위하여 5년마다 '재난 및 안전관리 기술개발 종합계획'을 수립하는 한편, 안전조치 명령을 받은 소유자 등에 대하여 안전조치 이행계획서를 제출하도록 하여 자발적인 안전조치 이행을 유도하고, 행정안전부 또는 소방방재청 등 재난관리책임기관이 재난관리 정보통신 체계를 체계적으로 구축 · 운영하도록 하는 등 현행제도의 운용상 나타난 일부 미비점을 개선 · 보완 개정하였다.

주요 개정 내용을 살펴보면,

재난 및 안전관리 기본법과 자연재해대책법상의 자연재해 범위를 일치시키기 위하여 조수(潮水)를 자연재해에 포함(안 제3조 제1호 가목)하고 중앙안전관리위원회 위원장(국무총리) 궐위[34] 시 직무대행을 재난 · 안전을 총괄하는 주무 부처 장관인 행정안전부 장관이 수행하도록 하고, 간사는 소방방재청장이 대행(안 제9조의2 신설)하며, 해외에서 발생한 재난에 대해서는 중앙재난안전대책본부장의 권한을 외교통상부 장관이 행사하도록(안 제14조 제2항 단서 신설) 규정하고 국가 안전관리 기본계획을 수립하는 경우 조정위원회 사전 조정을 거치고, 관계 중앙행정기관의 장이 개별 법령에 따라 각종 재난 및 안전과 관련된 계획을 수립하는 때는 국가 안전관리 기본계획 및 집행계획과 연계하여 작성(안 제22조 제4항, 안 제23조의2 신설)하되, 시장 · 군수 · 구청장은 전년도 재난의 발생 및 수습 현황, 재난 예방 조치 실적, 재난관리기금의 적립 현황 등을 매년 1회 이상 관할 지역주민에게 공시(안 제29조의2 신설)하고 안전조치 명령을 받은 자는 안전조치 이행계획서를 재난관리책임기관의 장에게 제출하고, 소방방재청장과 재난관리책임기관의 장이 안전조치를 하는 경우로서 긴급한 경우에는 말로 알리거나 선 안전조치를 한 후 그 결과를 통보할 수(안 제31조) 있도록 하였다.

---

34 궐위(闕位) 어떤 직위나 관직 따위가 빔. 또는 그 자리.

중앙본부장과 지역본부장은 재난의 예보 · 경보 · 통지를 위하여 전기통신사업자에게 문자나 음성 송신뿐 아니라 인터넷 홈페이지 게시도 요청할 수 있고, 신문사업자와 인터넷 신문사업자에게도 관련 정보의 게재를 요청할 수 있으며, 전기통신사업자, 방송 사업자, 휴대전화 또는 네비게이션 제조업자로 하여금 재난정보가 휴대전화 등 수신기 화면에 반드시 표시될 수 있도록 소프트웨어나 기계적 장치를 갖추도록 하였다(안 제38조).

또한, 재난 피해 방지를 위한 대피 명령 대상에 사람 이외에 선박, 자동차 등을 추가하고, 시장 · 군수 · 구청장 또는 지역통제단장(소방서장)이 지역주민 등을 강제로 대피 또는 퇴거시키는 데 필요한 경우에는 담당 경찰관서의장에게 지원을 요청할 수(안 제40조 및 제42조) 있으며 행정안전부 장관이 재난 및 안전관리에 관한 과학기술의 진흥을 위하여 5년마다 관계 중앙행정기관의 재난 및 안전관리 기술개발에 관한 계획을 종합한 '재난 및 안전관리 기술개발 종합계획'을 수립하도록(안 제기 조의 2 신설) 하였다. 재난관리 업무를 효율적으로 추진하기 위하여 행정안전부 장관, 소방방재청장과 재난관리책임기관 등은 재난관리 정보통신체계를 구축 · 운영할 수 있고, 행정안전부 장관은 재난관리 정보통신체계의 연계 운영 및 표준화를 위해 종합적인 정보통신체계를 구축 · 운영할 수 있다(안 제74조).

재난관리책임기관 등이 보유하고 있는 재난관리 정보를 다른 재난관리책임기관 등과 공동으로 이용할 수 있고, 직무상 알게 된 재난관리 정보를 누설하거나 권한 없이 다른 사람이 이용하도록 제공하는 행위를 금지하며 이를 위반한 자에게 200만 원 이하의 벌금을 부과할 수(안 제74조의2 신설, 안 제80조 제2호) 있으며 행정안전부 장관 등이 재난관리 업무를 수행하면서 지시 위반 또는 부과된 임무를 게을리한 공무원 등에게 문책을 요구하는 경우 사실을 입증하는 자료를 함께 통보하도록 하고, 행정안전부 장관 등은 사실 입증을 위한 조사를 할 수 있다(안 제77조).

개정 당시 국회 심사 과정에서 주요 논의 사항

▶ 국가 안전관리 기본계획의 위상 및 실효성을 제고하기 위해서는 기본계획과 「국가재정법」에 따른 국가재정 운용계획을 연계가 필요

▶ 재난의 예보·경보·통지 재난정보의 전달은 재난으로부터 신속한 대처를 가능하게 하여 생명과 재산의 피해를 최소화하는 데 그 목적이 있는바, 신문이나 인터넷 홈페이지 등은 신속성 측면에서 그 실효성이 크지 않다고 봄

▶ 재난관리 공시제도는 지방자치단체에 대한 중앙정부의 통제 수단으로 남용될 소지도 있으므로, 제도 운용 과정에서 지방자치단체의 자율성과 국가재난 예방 투자사업의 효율성을 동시에 고려하는 균형적 시각이 필요

▶ 재난관리 정보통신체계 구축 및 정보 공동이용 관련, 현재 국가재난 관리 정보시스템(NDMS) 등 각종 재난정보관리 시스템이 구축·운영되고 있고, 「전자정부법」에 따라 행정기관 간 정보 공동이용에 대하여 이미 규정하고 있으나, 정보의 공동이용 및 활용이 원활하지 못한 점 등을 고려

제18차 개정(법률 제11994호,'13.8.6. 일부 개정'14.2.7.,'14.8.7. 시행)시에는 각종 재난 및 사고로부터 국민의 안전이 확보될 수 있도록 국가와 지방자치단체의 재난 및 안전관리 체계를 정비하고, 국민의 안전에 대한 가치와 인식을 높여 안전이 생활화될 수 있도록 안전 문화를 진흥시키기 위한 기반을 마련하는 한편, 그 밖에 현행제도의 운용상 나타난 일부 미비점을 개선 · 보완하려는 것이며, 재난 발생 시 신속하고 체계적인 대응이 이루어질 수 있도록 재난관리책임기관의 장은 기능별 재난 대응 활동계획과 재난 유형별 위기관리 매뉴얼을 작성하여 활용하도록(안 제34조의4, 안 제34조의5 신설) 하였다.

제22차 개정(법률 제13440호,'15.7.24 타법 개정,'16.1.25. 시행) 시에는 수난구호법 일부개정에 따라 세월호 침몰 참사 이후 조난사고로부터 국민의 생명과 신체 및 재산을 보호하기 위하여 사고의 재발 방지를 위한 안전관리의 강화, 사고 발생 시 신속한 구호 조치 시행, 사고에 대응하기 위한 시스템 개선 등 대책 마련의 필요성이 강조되고 있음에 따라, 구조본부의 장으로 하여금 "풍랑[35]"으로 조난사고가 우려되는 경우에도 이동 및 대피 명령을 명할 수 있

35 wind wave, 風浪 해상에서 바람에 의해 일어나는 파도이다. 바람이 없이 멀리서 전해오는 것을 너울이라 하는데, 너울과 비교하면 풍랑의 마루가 뾰족하고 파장과 주기가 비교적 짧다. 바람에 따라 미세한 파도가 나타나다가 풍속이 1~2m/s 이상이 되면 보통 풍랑이라고 하는 파도가 된다. 이에 비해서 그 장소에 바람이 없어도 멀리서 전해오는 것은 너울이라 한다. 이 둘을 비교하면 풍랑은 파의 마루가 뾰족하고 파장과 주기는 비교적 짧지만, 너울은 파의 마루가 완만하게 보이고 파장은 수십m, 길 때는 100m에 달하고, 주기도 풍랑의 짧은 것이 2초 정도인 데 비해서 너울은 가장 짧은 것이 5~6초이다.

도록 하면서 그 대상을 어선에서 모든 선박으로 확대하고, 구난작업을 실시하기 위해 신고된 내용이 구난작업을 실시하는 데 미흡하다고 인정되는 경우 필요한 사항을 보완한 후 다시 신고하게 할 수 있도록 하며, 구난작업 현장의 안전관리와 환경오염 방지를 위하여 필요한 경우 안전관리 조치를 명할 수 있도록 하고, 민간해양구조대원이 국민안전처의 조난사고 예방 · 대응 활동을 지원할 수 있도록 하여 조난사고의 재발 방지를 위한 안전관리를 강화하였다.

또한, 구조본부의 장에게 인력의 파견 외에 장비의 지원을 요청할 수 있는 권한을 부여하고, 중앙구조본부가 매년 수난구호협력기관 및 수난구호 민간 단체 등과 공동으로 수난 대비 기본 훈련을 시행한 후 그 결과를 국회 소관상임위원회에 보고하도록 하며, 여객선 비상 수색구조계획서에 구명설비 배치도를 기재하도록 하고, 조난 현장에서의 수난구호 활동의 지휘에 관한 사항으로 수난구호 요원의 안전 확보를 위한 조치와 조난 현장의 질서유지를 위하여 필요한 사항을 추가하였다.

조난된 선박의 선장 및 승무원에 대한 구조 의무를 명시하고, 국민안전처 장관으로 하여금 수상에서 조난된 사람을 구조하기 위한 전문적인 능력을 갖추었다고 인정되는 사람에게 수상구조사 자격을 부여할 수 있도록 하며, 심해에서의 잠수 및 수난구호를 전문으로 하는 심해잠수사의 양성 및 관리를 위하여 심해잠수구조훈련센터를 설치할 수 있도록 하였다.

해파의 종류

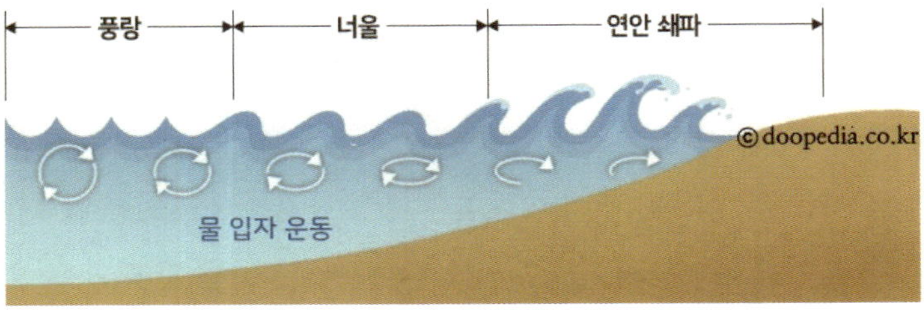

풍랑은 풍속의 크기에 따라서 여러 종류의 것을 들 수 있다. 풍속이 23.2cm/s 이하일 때는 고기비늘 모양 등의 세파(細波)가 나타나는데 이것이 표면장력파이다. 풍속이 이 이상이 되면 풍랑이 점차로 발달하기 시작해서 1m/s 정도의 풍속이 되어 파장 5~6cm의 비교적 규칙적인 세파가 나타난다.
풍속이 1~2m/s 이상이 되면 세파는 보통 풍랑이라고 하는 중력파(重力波)로 변하고, 파의 마루가 점차로 뾰족해진다. 풍속이 3~5m/s가 되면 마루가 깨져서 백파(白波)가 된다. 풍속이 10m/s 이상이 되면 비교적 큰 파는 깨지고 해면에 거품 조각이 나타나고 거품에 줄이 생긴다. 또한 풍속이 매초 20m 이상이 되면 조그만 산과 같은 파의 마루로부터 찢긴 물안개가 일면에 펼쳐진다. 풍속 W(m/s)와 풍랑의 파고 H(m) 사이에는 H=0.174W의 실험식이 성립된다.

또한 조난 사실을 신고하지 아니하거나 구조에 필요한 조치를 하지 아니하여 인명피해를 유발한 경우에 가중처벌을 할 수 있는 근거를 마련함으로써 사고 발생 시 신속하고 효율적인 구호 조치를 할 수 있도록 하였다.

아울러, 수난구호협력기관의 정의에 「재난 및 안전관리 기본법」 제3조 제8호에 따른 긴급구조지원기관을 명시하여 관계기관과 체계적인 협력관계를 구축할 수 있도록 함으로써 사고에 대응하기 위한 시스템을 개선하고 그 밖에, 법률의 제명을 「수상에서의 수색 · 구조 등에 관한 법률」로 변경하고 선박관리인, 선박임차인 또는 선장을 대신하여 그 직무를 수행하는 사람에게도 이 법 또는 이 법에 따른 명령이 적용되도록 명시하여 법률의 목적과 내용을 명확하게 하는 등 현행제도의 운용상 나타난 해수면과 내수면을 포함하는 용어로 "수상"에 대한 정의를 신설하고, 선박 등과 관련 없는 사람의 익수[36] · 추락 · 고립 · 표류 등의 사고도 조난사고의 정의에 포함하는 한편, 유관기관과의 체계적인 협력체계가 구축될 수 있도록 수난구호협력기관의 정의에 「재난 및 안전관리 기본법」 제3조 제8호에 따른 긴급구조지원기관을 명시(제2조)하는 등 일부 미비점을 개선 · 보완하였다.

---

36 익사는 물이나 다른 액체에 침수하여 질식사하는 것을 말한다. 익수는 물에 빠진 후 일시적이라도 환자가 생존한 경우를 말한다. 이차성 익사는 물에 빠진 후 그에 따른 합병증으로 수분에서 수일 내에 사망한 것을 말한다. 익수 사고는 모든 연령대에서 발생하는데, 주로 수영을 처음 배우는 사람이나 어린이에게서 발생한다. 익수로 인한 사망률은 남성이 여성보다 5배 많게 나타난다. 2세 이하나 10~19세에 익수의 위험도가 가장 크며, 욕조(4세 이전), 수영장(학령 전기), 강, 웅덩이, 수영장(청소년기) 등에서 주로 발생한다. 익수를 유발하는 가장 일반적인 요인은 알코올 중독, 간질이나 부정맥 등의 질병, 피로, 자살, 외상, 마약 남용 등이다.
익수는 대개 어린이들이 수영장이나 목욕탕에서 물놀이하다가 일어난다. 어린이들은 물의 위험성을 잘 알지 못하며, 익사 사고는 숨을 잘 쉬지 못해 소리가 없으므로 각별한 주의가 필요하다. 보트, 다이빙, 서핑, 수중 스키 등과 같은 물놀이를 할 때 안전수칙을 따르지 않는 것도 사고를 일으키는 주된 요소이다. 잠수를 하기 전에 물속에 더 오래 있기 위해 초과 호흡(숨을 참기 전 깊게 들이마셨다 깊게 내쉬는 방법)을 과다하게 하면 탄산가스가 과량 배출된다. 그렇게 되면 몸속의 산소량이 다 떨어질 때까지 숨을 참고 있어도 탄산가스양에 의한 자극이 오지 않아 호흡 충동을 느끼지 않으므로 물속에서 기절할 수 있다. 익수환자를 발견했을 때 의식이 없고 호흡 및 순환의 증거가 보이지 않으면 즉시 심폐소생술을 시작해야 한다. 이때 목, 머리, 척추에 손상을 입었는지 주의 깊게 살펴보고, 목은 가능한 한 움직이지 않도록 고정해야 한다.
환자의 의식이 있는 경우, 저체온증 진행을 예방하며 병원으로 신속히 이송해야 한다. 병원에서는 산소를 지속해서 투여하여 저산소 혈증과 저체온증을 치료해야 한다. 또한 합병증을 예방하기 위한 치료를 시행해야 하며, 의식이 저하된 환자는 비위관을 삽입하여 흡인을 방지하고, 심전도와 산소포화도를 모니터해야 한다. 동맥혈 가스 검사상 산소분압이 50mmHg 이하이거나 이산화탄소 분압(여러 기체가 섞여 있을 때 각각의 성분 기체가 나타내는 압력)이 50mmHg 이상인 경우 기관 삽관을 시행하여 기계적 환기를 해야 한다.
스테로이드와 예방적인 항생제의 사용은 생존율을 증가시키지 못합니다. 따라서 패혈증과 감염의 증거가 있거나, 육안으로 오염된 물을 흡인한 환자에게만 항생제 치료를 합니다. 이차 감염이나 간질 발작이 일어나지 않도록 합니다. 이차 뇌 손상과 같은 기관 손상을 최소화 하도록 합니다.

제30차 개정(법률 제15764호, '18.9.18. 일부 개정 · 시행) 당시, 기록적인 '폭염[37]'의 발생으로 많은 피해자가 발생하였음에도 불구하고 그동안 자연재난에 포함되지 않아 피해자 지원 등이 이루어지지 못하던 '폭염'을 자연재난에 추가하고, 2018년 7월 1일 이후 발생한 폭염 등 자연재난에 의한 피해자에 대해서도 보상할 수 있도록 소급 적용하도록 하고, '한파' 역시 자연재난에 해당함을 명시적으로 규정하여 자연재난으로서 관리될 수 있도록 하였다.

또한 코로나19 사태가 범세계적 규모로 확산하면서 현행법상 국가 및 지방자치단체는 재난으로 피해를 본 주민의 생계 안정을 위하여 금융지원의 방법을 다양하게 할 필요가 있고 재난 피해가 주민뿐만 아니라 기업에까지 확산하고 있는 만큼 금융지원의 대상과 방법을 확대할 필요성이 제기되어 제34차 개정(시행 '20.12.10. 법률 제17479호, '20.8.8. 일부 개정)을 하였다.

신속한 금융지원을 통해 피해를 최소화해야 하나 관계 공무원, 공공기관과 금융기관 임직원들의 적극적인 업무 처리에 대한 징계 및 제재의 우려로 금융지원이 지연되고 있어 이에 금융지원의 대상과 방법을 다양하게 하고, 금융지원 업무를 포함한 재난지원 업무를 담당하는 관계 공무원, 공공기관과 금융기관 임직원의 적극적 업무 처리 결과에 대하여 면책할 수 있도록 하여 재난지원 업무가 신속하게 이루어지도록 하였다.

기능 연속성 계획(COOP)[38]은 공공기관이 직면할 수 있는 광범위한 위기 상황에서 기관

---

37 폭염의 원인에 대한 의견은 지구 온난화라고 보는 쪽과 대기 흐름으로 인한 자연스러운 일반적인 현상이라고 보는 쪽 두 가지가 있다. 폭염(暴炎, 영어: heat wave)은 단순한 더위가 아닌 매우 심한 더위를 말한다.
폭염은 인체에 심각한 악영향을 미칠 수 있으므로 몇몇 국가에서는 폭염에 대한 특보를 내리는데, 대한민국 기상청을 기준으로 폭염주의보는 일 최고 기온이 33℃ 이상인 상태가 2일 이상 지속될 것으로 예상될 때 내려지는 폭염특보이며, 폭염경보는 일 최고 기온이 35℃ 이상인 상태가 2일 이상 지속될 것으로 예상될 때 내려지는 폭염특보이다. 2018년, 대한민국 정부는 입장을 바꿔 폭염 또한 '자연재해'라는 결론을 내렸다.
2018년 8월 1일, 대한민국 관측 역사상 최악의 폭염을 기록하였다. 오후 3시 36분 서울은 39.6도를 기록하였고, 오후 4시 강원도 홍천은 41.0도를 기록했는데, 이는 부산 · 인천 1904년, 서울 1907년 등 국내에서 기상 관측이 시작된 이래 전국적으로 역대 가장 높은 기온이다. 이는 종전 최고 기록인 1994년 7월 24일의 38.4도를 넘어선 것으로, 이날 기온은 1907년 서울에서 근대 기상 관측이 시작된 이래 111년 만에 가장 높은 역대 최고 기온 기록이다. 대한민국뿐만 아니라 지구촌 전체가 심각한 폭염에 시달리고 있다. 일본은 7월 18일 낮 최고 기온이 5년 만에 40℃를 넘겼다. 미국의 경우에도 로스앤젤레스 시내 최고 기온은 42.2℃였는데, 이는 2017년 동기까지의 최고 기록이었던 36.6℃에 비해 5℃ 이상 높았다. 또한 대한민국보다 위도가 높은 북유럽 스웨덴에서는 고온 건조한 날씨로 인해 전국에서 동시다발적으로 산불이 일어났다. 이런 가운데 유엔 산하 '지속 가능에너지기구'(Sustainable Energy for All · SE4ALL)는 냉방장치가 없어 위험에 처한 인구가 11억 명에 이른다고 발표했다.

38 기능 연속성 계획(COOP, Continuity Of Operation Plan)이란 자연재난, 화재, 테러 등 기능 중단을 초래하는 요인을 모두 포함

의 핵심 기능을 중단하지 않고 지속할 수 있도록 수립 · 운영하는 계획을 제38차 개정(시행'22.4.5., 법률 제18684호,'22.1.4., 일부개정)하여, 재난관리책임기관은 의무적으로 기능 연속성 계획을 수립하도록 지난 2017년 1월, 행정안전부가 법적 근거를 마련하였다.

그러나 법이 시행된 지 3년 8개월이 지난 시점에서 기능 연속성 계획 수립 의무기관인 행정안전부를 포함한 48개 중앙부처, 245개 지자체, 89개 공공기관 등 총 382개 기관 모두가 이 계획을 수립하지 않은 것으로 나타났으며, 헌법기관인 국회, 법원, 헌법재판소 및 중앙선거관리위원회는 재난관리책임기관에 포함되어 있지 않아 기능 연속성 계획 수립 의무 규정도 없는 상황이다.

또한 코로나19 사태가 확산함에 따라 물류센터, 은행, 통신 등의 국민 생활과 직결되는 영역의 업무가 마비, 지연되고 있어 민간업체도 기능 연속성 계획 수립이 필수적으로 이뤄져야 한다는 의견이 제기되고 있으나, 민간기관 및 단체에 기능 연속성 계획 수립 의무화를 강제할 수 없어 법률로 상향할 필요성이 있어 이에 따라 국회, 법원, 헌법재판소 및 중앙선거관리위원회를 재난관리책임기관에 포함시키고 각 기관 규칙 및 대통령령으로 근거를 마련하도록 하며, 재난관리책임기관 이외에도 재난 상황에서 해당 기관 · 단체의 핵심 기능을 유지하는 것이 특별히 필요하다고 인정하여 고시하는 기관 · 단체(민간 단체를 포함함) 및 민간업체도

하는 광범위한 위기 시 국가, 공공기관, 지방자치단체에서 제공하는 필수기능의 지속적인 운영을 보장하기 위한 계획을 의미하며, 기존의 국가적 재난관리 제도와 다르게 재난관리 사이클(예방, 대비, 대응, 복구)에 연속성이 추가된 개념이다.

미국은 공공기관이 재난으로 인해 피해를 보더라도 기관이 수행해야 하는 핵심 기능을 중단하지 않고 연속적으로 수행할 수 있도록 클린턴 행정부 당시 모든 위험에 대한 정부의 연속성 개념을 확립하고 이를 기능 연속성으로 명명, 2001년 부시 행정부에서 국가안보 대통령 훈령 제51조를 통해 정책적으로 실현하였다. 기능 연속성 계획 관련 표준에서 재해경감 활동 관리체계 구축과 관련하여 요구하는 사항을 종합하여 기능으로 분류한 결과, 운영관리 · 리스크평가 및 업무 영향분석 · 필수기능 · 승계순서 · 연속성 시설 · 필수 기록관리 · 인적 자원 등 총 7개로 대분류가 구성되었다. 일본은 2005년 수도 중추 기관 및 지방기관의 업무 연속성 확보를 위하여 중앙 방재 회의에서 중앙부처 및 지방정부에 대한 기능 연속성 계획 수립을 의무화하였다. 해외에는 공공기관이나 다양한 산업 분야에 업무 연속성 또는 기능 연속성을 지원할 수 있는 소프트웨어가 널리 보급되어 있으며 감독기관 및 고객사/고객기관의 요구환경 변화에 맞춰 다양한 기능이 지속해서 개발되고 있다. 해외 BCMS S/W 시장에서 가장 많은 적용을 받는 S/W는 COOP System사의 myCOOP, SUNGARD사의 Availability services, INONI사의 INONI BCM 등이 있다.

국내에서는 기능 연속성 계획의 필요성을 인지하고 2017년 1월 17일 '재난 및 안전관리 기본법' 25조의 2의 5항에 신설되어 2018년 1월에 시행되고 있다. 기능 연속성 계획에 포함되어야 할 사항은 재난관리책임기관의 핵심 기능의 선정과 우선순위에 관한 사항, 재난 상황에서 핵심 기능을 유지하기 위한 의사 결정권자 지정 및 그 권한의 대행에 관한 사항, 핵심 기능의 유지를 위한 대체 시설, 장비 등의 확보에 관한 사항, 재난 상황에서의 소속 직원의 활동 계획 등 기능 연속성 계획의 구체적인 시행 절차에 관한 사항, 소속 직원 등에 대한 기능 연속성 계획의 교육 · 훈련에 관한 사항, 그 밖에 재난관리책임기관의 장이 재난 상황에서 해당 기관의 핵심 기능을 유지하는 데 필요하다고 인정하는 사항 등 6가지이다.

기능 연속성 계획 수립을 의무화하도록 법적 근거를 마련하여 국가의 핵심 기능이 멈추지 않고 지속될 수 있도록 하려는 것이었다.

3. 위기 관련 행정변천사

〈표 1.8〉 시기별 담당 기관

시기	담당 기관	기타
1948.11.4. ~ 1961.10.1	내무부 건설국(토목국) 이수과	건설국이 토목국으로 개편('55. 2. 17)
1961.10.2. ~ 1962.6.28	경제기획원 산하 국토건설청 수자원국 이수과	내무부 토목국이 국토건설청으로 흡수 ('61. 10. 2)
1962.6.29. ~ 1991.4.22	건설부 수자원국 방재과	국토건설청을 건설부로 확대 개편 ('62. 6. 18)
1991.4.23. ~ 1998.2.27	내무부 민방위본부 민방위국 방재계획관 방재과	건설부 방재과를 내무부로 이관 ('91. 4. 23)
	내무부 민방위 재난통제본부 방재국 · 재난관리국	방재국 재난관리국 신설 ('95. 10. 19)
1998.2.28. ~ 2004.5.31	행정자치부 민방위재난관리국 방재국	민방위 국을 민방위재난관리국으로 통합 ('98. 2. 28)
2004.6.1. ~ 2008.2.28	사회적 재난 행정자치부 자연 · 인적 재난 소방방재청	재난관리 전담 기관으로 소방방재청 출범 ('04. 06. 01)
2008.2.29. ~ 2013.3.22	사회적 재난 행정안전부 자연 · 인적 재난 소방방재청	행정안전부 정책, 소방방재청 집행 정부조직법 개정 ('08. 02. 29)
2013.3.23. ~ 2014.2.6	안전행정부 안전관리본부 안전정책국 · 재난관리국 · 비상대비기획국	안전관리본부 신설, 재난 안전 기능강화 정부조직법 개정 ('13. 3. 23)
2014.2.7. ~ 2014.11.18	사회재난 안전행정부, 자연재난 소방방재청	인적 · 사회적 재난을 사회재난으로 통합관리('14. 2. 7)
2014.11.19~2017.7.25.	행정자치부/국민안전처	재난을 해경포함 통합
2017.7.26.(시행)~현재	행정안전부	재난을 통합하고, 해경분리

3.1. 내무부 건설국(1948.11.4.~1961.10.1.)

1948년 8월 15일 대한민국 정부 수립 이후, 재난관리 업무는 내무부 건설국에서 담당하였다. 이 시기의 재난관리는 비록 지방행정을 관장하는 내무부에서 담당하긴 했지만, 실제 내무부 소속의 건설 부서에서 이를 담당함으로써 건설 행정의 일환으로 시행되었다고 할 수 있다. 재난관리가 건설 행정의 일환으로 추진되었던 이유는 재난관리의 중심이 태풍 등 자연재난 발생 후 원활한 복구 사업 추진을 위한 것이었기 때문이었다.

이 당시에는 재난관리에 관한 관계 법령이 전혀 없는 상태에서 재해 발생 후 사안별로 국무회의의 의결을 거쳐 범부처적으로 지원하거나 선례에 따라 각 부처에서 개별적으로 지원하는 등 제도적으로도 매우 혼란스러운 시기였다.

3.2. 경제기획원 산하 국토건설청(1961.10.21~1962.6.28)

1961년 5.16 군사 정변으로 정부 조직이 개편되면서 국민경제 부흥이라는 목적으로 1961년 7월 22일 경제기획원이 신설되고 경제기획원장 산하에 국토건설청이 신설되었다.

하지만, 아직 전반적인 재해대책 업무는 내무부의 토목국(건설국이 1955년 2월 17일 자로 토목국으로 개편)에서 담당하고 있었으며, 1961년 10월 2일 정부조직법의 개정으로 내무부 토목국이 국토건설청으로 흡수되면서 국토건설청 수자원국이 재해대책 업무를 담당하게 되었다.

이 당시 1961년 12월 30일에 「하천법」이 제정 · 공포되고 1962년 제1차 경제개발 5개년 계획의 착수와 더불어 다목적댐 건설, 농업 기반 개발사업, 하천 개수 사업 등 대규모 치수 사업의 계획 · 조사 · 시공 등이 본격적으로 진행되었다.

3.3. 건설부 수자원국(1962.6.29.~1991.4.22.)

1962년 6월 18일에는 국토건설청을 건설부로 확대 개편되고 1963년 7월 10일에는 건설부 수자원국에 방재과가 신설되면서, 최초로 정부 부처에 재난관리를 전담하는 부서가 운영되게 되었다. 1974년 7월 4일에는 한강홍수통제소가 개소되었으며, 이후 낙동강, 금강, 섬진강, 영산강에 차례로 홍수통제소를 신설하였다.

한편, 1975년 인도지나반도가 공산화되는 사태를 겪으면서, 우리 정부는 북한의 남침위협에 대비하여 국민 총력전 태세를 확립하여야 한다는 이유로 민방위 제도를 시행하기로 하였다. 이후 1975년 7월 23일 정부조직법을 개정하고 같은 해 7월 25일 민방위기본법을 제정하여 같은 해 8월 26일 내무부에 민방위본부를 설치하였다. 민방위는 북한의 남침이라는 국가안보에 초점을 맞춘 개념이었지만 "재난으로부터 민의 생명과 재산"을 보호하는 임무도 주요 기능 중의 하나였다. 하지만, 신설된 민방위본부 산하에는 민방위국과 소방국만 있을 뿐 내무부에서 재난관리 업무를 추진할만한 실질적 조직은 없었다.

다만, 민방위대를 통해 내무부가 민관협력에 따른 재난관리 행정업무의 주도권을 가지게 되면서 이 시기부터 재난관리 업무는 내무부와 건설부로 이원화되어 운영되기 시작했다고 볼 수 있다.

이후 건설부의 재난관리조직은 재해 발생 규모와 그 부침을 같이하게 되었다. 먼저, 1977년에 방재 기본계획의 수립 및 조사연구를 전담하는 방재계획관이 신설되고 84년 한강 대홍수, 1987년 태풍 '셀마(Thelma)' 및 중부지방 대홍수 이후 1987년 12월 15일에는 방재과가 방재계획과와 방재시설과로 확대되었다가 이후 2년간 재해가 소강상태를 보이자 1990년 3월 26일에는 이를 다시 방재과로 통합 · 축소하게 된다.

하지만, 이 와중에 1990년에는 9월 9~12일에 중부지역에 대규모 호우가 발생하고 한강 하류의 일산 제방이 붕괴하면서 257명이 사망 · 실종하는 대규모 피해가 발생하게 된다. 이를 계기로 재해대책 업무가 건설부에서 내무부로 이관되는데, 이는 건설부 위주의 재난관리 정책이 지방조직 및 시민사회와의 협력관계를 끌어내는 데 한계를 나타냄에 따라 이루어진 조치였다.

즉, 지방조직, 시민사회뿐만 아니라 중앙조직까지 협력 및 조정기능을 갖춘 내무부를 통해 중앙재해대책본부의 기능을 보강하여 재난에 대한 종합관리의 기능을 강화하고 재해예방과 응급 복구의 효율적인 수행을 하는 조치였다.

이 기간에는 재난관리와 관련된 많은 정책이 도입되었는데, 1962년 3월 20일에는 재해 발생 때 이재민 보호를 위해 당시 보건사회부 소관으로 재해구호법이 제정되었고, 1962년 6월 16일에는 풍수해대책위원회 규정이 공포되어 범부처적인 재해대책 추진의 발판이 만들어졌다. 실제 1963년 6월 22일에는 건설부에서 처음으로 풍수해대책위원회를 개최하여 당시 제4호 태풍 '셜리(Shirley)'에 대한 인명피해 107명, 재산 피해 23억 원의 복구계획을 심의하였다.

1967년 2월 28일에는 우리 재난관리 역사상 최초의 재난관리 법률이라고 할 수 있는 자연재해대책법이 제정되는데, 그 주요 내용은 국토건설종합계획과의 조정하에 방재 기본계획을 수립하도록 하고, 재해 발생 시 재해 응급대책을 총괄 · 조정하고 필요한 조치를 하기 위해 국무총리 소속으로 중앙 재해대책본부를 두도록 하는 것이다. 이에 따라, 1968. 2. 28 일에는 범정부적인 방재 기본계획이 수립되어 향후 방재 정책의 기본 틀이 마련된다. 1970년대에는 제3, 4, 5, 6차 경제사회발전 5개년 계획의 목적으로 다목적댐을 건설하고, 하천의 개 · 보수사업을 시행하면서 재해 발생해 올 근원적으로 막기 위한 예방적 차원의 치수 사업도 꾸준히 시행하였다.

3.4. 내무부 민방위국(1991.3.23.~1998.2.27.)

1990년 9월 9~12일 중부지방에 내린 호우로 발생한 한강 하류 일산 제방 붕괴가 결정적 계기가 되어 1991년 4월 23일 재난관리 업무가 건설부에서 내무부로 이관되면서 우리의 재난관리 행정은 과거 건설 행정 중심에서 지방행정 중심으로 획기적인 변화를 하게 된다. 당시 건설부에서 방재업무를 담당하던 수자원국의 방재과와 방재계획관을 폐지하고 건설부의 정원 19명(3급 1, 5급 2, 7급 7, 7급 5, 기능직 4)을 내무부 민방위본부로 편입시키면서 민방위국에 방재과와 방재계획관을 편제하였다. 하지만, 이때 건설부에는 여전히 하천관리과를 신설하고 홍수 통제 등의 기능을 잔류시키는데, 이에 따라 재난관리 분야의 치수와 방재가 서로 분리되는 계기가 된다. 이후 1994년 12월 23일에는 방재계획관을 방재국으로 확대 · 개편하고 산하에 방재계획과, 방재대책과 및 재해복구과를 신설함으로써 최초로 방재업무를 담당하는 국 단위 조직이 탄생하였다.

또한, 1990년대의 재난관리 역사 중 중요한 부분은 인적 재난에 대한 범정부적 재난 관리 조직의 신설이라고 할 수 있다. 그간 국가 재난관리는 주로 자연재해 대책에 국한되었고 인적 재난에 대한 중앙조직은 소관 부처별로 계단 위의 조직에서 담당했다. 하지만 1994년 성수대교 붕괴, 1995년 대구 지하철 공사장 폭발 및 삼풍백화점 붕괴 등 각종 대형 인적 재난 사고가 빈발하게 됨에 따라 더 이상 이를 방치할 수 없다는 국민적인 공감대에 따라 1995년 7월 18일 인적 재난에 관한 「재난관리법」을 제정하고, 10월 19일 정부조직법을 개정하여 관련 조직을 보강하였다.

그 주요 내용을 살펴보면 국무총리실에 국가 재난관리 업무를 총괄 · 조정하는 안전관리 심의관실 설치, 내무부 민방위본부를 민방위재난통제본부로 개편한 후 재난관리국 신설, 통상산업부에는 가스안전관리 업무를 수행하기 위해 가스 안전심의관실 설치, 건설교통부에는 건축물, 교량 등 시설물의 안전관리를 위하여 '건설안전심의관실'을 설치하는 것 등이다.

또한, 시 · 도에는 민방위국을 민방위재난관리국으로 확대 개편하였고 '재난관리과'를 신설하였으며, 시 · 군 · 구에는 민방위과를 '민방위재난관리과'를 확대 개편하고 '재난관리계'와 '안전지도계'를 신설하였으며, 모든 시 · 도에 효율적인 가능성 있는 안전 점검을 위하여 '안전 점검기동반'을 설치하였다.

또한, 이때 자연재난의 예방, 방재 정책의 연구 및 방재기술의 개발을 위해 '국립방재연구소'를 신설하였고 긴급 구조업무를 체계적으로 수행하기 위하여 중앙소방학교에 두었던 중앙 119구조대를 별도의 소속기관으로 개편하였다.

정책 측면에서는 1995년 1월 5일에는 기존 하천법의 적용 또는 준용을 받지 않는 비법정 하천인 소하천의 체계적인 정비를 위한 제도적 장치 마련을 위해 소하천법이 제정되었으며, 1995년 1월 17일 일본 고베에서 규모 7.2의 지진으로 대규모 피해가 발생하자 그해 1월 범정부적 제1차 지진 방재 종합대책을 마련하고 지진 방재 대책을 법제화하기 위해 그해 12월 6일 기존의 풍수해대책법을 폐지하고 자연재해대책법을 제정하였다.

또한, 1995년 7월 18일 제정된 재난관리법에서는 인적 재난관리에 대한 총괄 기구로 국무총리가 위원장이 되는 중앙안전대책위원회를, 대형 재난에 관해서는 주무 부처에 중앙사고대책본부를 설치하도록 하는 등 인적 재난의 예방과 수습에 필요한 재난관리 체제의 구축과 재난 발생 시 긴급구조 구난 체계의 확립을 위한 법적 근거를 마련하였다.

3.5. 행정자치부(1998.2.28.~2004.5.31.)

1997년 말 불어닥친 경제난으로 인하여 IMF 체제에 돌입하였고 이후 집권한 김대중 정부는 정부 조직의 구조조정에 착수하여 1998년 2월 28일 총무처와 내무부를 행정자치부로 통합되고 내무부에서 관장하던 국가 재난관리 기능은 행정자치부로 흡수 통합되었다. 이 과정에서 재난관리부서가 축소 · 조정되었고 더욱이 1998년 이후 대형 재난이 발생하지 않자 재난분야의 관심이 더욱 소홀해지는 현상이 발생하였다.

행정자치부로 출범한 1998년 2월 민방위국과 재난관리국을 통합하면서 재난관리국의 재난총괄과를 폐지하고 민방위재난관리국에 두었으며, 다음 해인 1999년 5월에는 민방위 재난관리국과 방재국이 민방위방재국으로 통합하면서 방재국을 없애는 대신 민방위방재국 안의 방재관으로 대체하고 기존 민방위재난관리국의 안전지도과를 폐지하여 1995년 인적 재난에 대한 국가 재난관리 업무를 수행하기 위해 신설되었던 국 단위 조직이 4년이라는 짧은 기간에 결국 1개 과 단위 조직으로 축소 · 개편되게 되었다.

이후 1999년 7월 31일~8월 2일 기간에 경기 및 강원 북부 등 일부 지역에서 국지성 집중호우가 발생하여 막대한 인명과 재산 피해가 발생하자 당시 김대중 대통령의 지시에 따라 대통령비서실 직속으로 수해방지대책기획단을 설치, 그간의 수해 대책을 분석 · 평가하고 각계의 의견을 수렴하여 향후 10년간에 걸쳐 추진할 종합대책을 마련하였다.

그 후속 조치로 2000년 6월 7일에는 자연재해 업무의 추진체계를 개편하기 위하여 민방위방재국장 밑에 두던 방재관을 민방위재난통제본부장 직속으로 이동시켜 자연재해 업무를 분리하여 관장하였으며, 이에 따라 민방위방재국의 명칭을 민방위재난관리국으로 변경하였다.

이후 2002년 8월 30일~9월 1일의 기간에는 태풍 '루사(Rusa)'가 발생하여 인명피해 246

명, 재산 피해 5조 1,479억 원 등 막대한 피해가 초래되었다. 이뿐만 아니라 2003년 2월 18일에 발생한 대구 지하철 방화 사고는 사망 192명, 부상 148명의 엄청난 인명피해를 초래하여 국가 재난관리의 총체적인 부실 문제가 제기되었다. 이에 따라 당시 노무현 대통령은 참여정부가 집권하고 난 후 첫 번째로 열린 2003년 3월 4일 국무회의에서 국가재난관리 전담 기구 신설을 주문하게 되었다.

하지만 국가재난관리 전담 기구의 신설은 이해당사자 간 충돌로 인해 많은 한계성을 드러냈다. 재난관리 전담 기구 설치와 관련하여 소방관계자들은 적극적으로 환영하였으나 방재분야 관계자들은 "방재업무는 부처 총괄 · 조정기능을 수행하고 자치단체에 대한 지휘 · 감독, 지원기능을 수행하는 관계로 차관급 기관으로는 효율적인 재난관리가 곤란하다"라며 '청' 단위 기관 신설에 대해 부정적 태도를 내놓았으며,

여기에 민방위 분야 관계자들도 민방위는 국가 안보적 성격이 강한 업무로서 국방부와 비상기획위원회와의 관계를 고려할 때, '부' 단위에서 처리하는 것이 바람직하다는 의견을 제기하였다. 또한, 전담 기관의 명칭, 청장 직위에 대한 소방공무원 포함 여부 등 행정자치부 내에 일반직과 소방직 간의 갈등이 정치권의 갈등과 연계됨에 따라 그 갈등 관계는 악화하는 상황에 치닫게 되었다.

이 과정에서 2004년 3월 11일 과거 재난관리법을 완전히 대체하고 자연재해대책법의 일부 내용을 포함하는 한편, 재난의 범위에 에너지, 통신 등 국가기반체계의 마비 등으로 인한 피해를 포함하는 등을 주요 내용으로 재난 및 안전관리 기본법을 제정 · 공포하게 되었다.

이와 함께 기존 자연재난과 인적 재난으로 분리 · 운영되던 분야별 최고 의사결정 기구 및 비상 대책기구의 통합도 이루어졌는데, 기존 자연재난분야의 중앙재해대책위원회 및 중앙재해대책본부와 인적 재난분야의 중앙안전대책위원회 및 중앙사고대책본부를 각각 국무총리가 위원장인 중앙안전관리위원회와 행정자치부 장관 본부장인 중앙재난안전대책본부로 일원화되고 주무 부처에는 중앙사고수습본부를 두며, 소방방재청장이 단장인 중앙긴급구조통제단을 설치할 수 있도록 하였다.

3.6. 행정자치부와 소방방재청(2004.6.1.~2008.2.28.)

많은 한계와 갈등에도 불구하고 2004년 6월 1일 행정자치부 내의 기존 민방위재난통제본부를 소방방재청으로 승격시키는 정도의 매우 제한적인 조직개편이 이루어졌다. 기존 행정자치부 민방위재난통제본부 시절과 비교해 볼 때, 공통부서를 담당하는 인원을 제외하고는 거의 증원이 이루어지지 않았다.

또한, 각종 법령제출권이 각 부처의 장에 있음을 고려하여 각종 제도 기능은 행정자치부에 존속시키고 일반 집행적 기능만을 소방방재청에 이관하는 수준의 불안전한 재난관리 전담 기관으로 탄생하였다. 특히 전력, 통신 등 사회적 재난의 총괄 · 조정기능과 관련하여 행정안전부가 그 업무를 맡게 됨에 따라 국가의 재난관리 체계는 이원화될 수밖에 없었다.

이 기간에 많은 갈등과 좌절이 경쟁과 기회의 싹을 틔우면서 재난관리 행정의 많은 발전도 이루어졌다. 특히, 소방방재청 방재관리본부장인 방기성 국장의 노력으로 법률의 제 · 개정이 많이 이루어졌는데, 전부개정 또는 제정된 법률만을 중심으로 살펴보면 다음과 같다.

- ▶ 기존 자연재해대책법의 재해 대비·대응 관련 조항의 많은 부분이 새로 제정된 재난 및 안전관리 기본법에 흡수·통합됨에 따라 재해유형별로 근원적인 재해예방·체계적 복구 그 밖의 대책에 관한 제도적 장치를 강화하기 위해 자연재해대책법 전부개정(2005년 1월 27일)
- ▶ 자연재해로 인하여 생활 터전을 잃은 국민의 생존권을 보장하기 위하여 시행되는 기존 피해지원 제도가 국가재정 운영의 부담 가중, 지원 규모 및 대상의 지속적인 확대 요구 등 문제점을 초래함에 따라, 이를 보완·대체하기 위한 풍수해보험 제도 도입을 위해 풍수해보험법 제정(2006년 3월 3일)
- ▶ 1962년 3월 20일에 제정되어 보건복지부에서 관장하던 재해구호법 등 재해구호에 관한 업무가 소방방재청으로 이관됨에 따라 주요 내용을 재정리하고 의연금품 모집을 위한 허가 절차 규정, 의연금품의 공평하고 적절한 배분을 위하여 배분위원회 구성·운영 등 이재민 구호와 생활 안정에 필요한 사항을 정하기 위해 재해구호법 전부개정(2007년 1월 26일)
- ▶ 민간 기업이 자연재난으로부터 안정적인 기업 활동을 유지할 수 있도록 우리 실정에 맞는 기업 재난관리 제도를 도입하기 위해 재해경감을 위한 기업의 자율활동 지원에 관한 법률 제정(2007년 7월 19일)
- ▶ 급경사지에 대한 안전 점검, 붕괴위험지역의 지정·관리, 붕괴위험지역 정비 중기계획 등의 수립·시행, 급경사지에 관한 정보 체제의 구축 등에 관한 사항을 정하여 급경사지 붕괴 등의 위험으로부터 국민의 생명과 재산을 보호하기 위해 급경사지 재해예방에 관한 법률 제정(2007년 7월 27일)

▶ 지구 온난화 등에 따라 태풍·집중호우 등이 빈발하고 급격한 도시화·산업화로 인하여 그 피해 규모가 대형화되고 있어 재해의 근원적 예방과 항구적 복구 등을 위하여 재해 위험 지구의 개선에 필요한 재해방지 대책 등에 관한 사항을 규정하기 위해 재해위험 개선사업 및 이주대책에 관한 특별법 제정(2007년 8월 3일)

▶ 지진과 지진해일의 관측·예방 및 대비, 내진 대책, 지진에 관한 대응 및 지진 재해경감을 위한 연구·기술개발 등에 관한 사항을 규정하여 지진 등의 위험으로부터 국민의 생명과 재산을 보호하려는 목적으로 지진재해대책법 제정(2008년 3월 28일)

▶ 전국에 있는 저수지·댐이 용도별로 관리주체가 분산되어 정부의 총괄·조정 역할 기능과 표준화된 안전기준 등 제도적 장치가 미비하여 체계적인 안전관리를 도모하고 재해예방에 효율적으로 대처하기 위해 저수지·댐 안전관리 및 재해예방에 관한 법률 제정(2008년 6월 5일)

이 시기에 또 하나 주목해야 할 사항은 국가안전보장회의(National Security Council : NSC)가 국가 재난관리에서 맡은 부분적 제어탑의 역할인데, 국가안전보장회의 내에 설치된 위기관리센터가 안보 분야뿐 아니라 재난분야를 포괄하는 총괄조정 기능을 수행했다는 것이다(정치범, 2012).

위기관리센터는 첨단화된 전자적 시스템을 구비하고 관련 기관의 상황정보 네트워크와 연결하여 위기 상황에 대해 실시간으로 대응할 수 있도록 만들어졌다. 이를 통해 수집 · 종합한 징후와 상황에 대해서는 관련 기관과 공동으로 평가하고 필요한 경우 해당 경보(관심, 주의, 경계. 심각)를 발령할 수 있는 권한을 가지게 되었다.

관계 부처가 협조하여 자연 및 인적 재난을 포함하여 국가 차원에서 관리해야 할 위기 유형 33개를 선정하여 유형별로 표준화된 조치가 가능하게끔 하였으며 이를 유형별 안내서에 반영하였다.

또한, 재난 및 안전관리 기본법이 제정됨에 따라 많은 제도적 변화가 이루어졌는데, 1977년부터 수립되어 온 자연재난분야의 '방재 기본계획'과 1996년부터 수립되어 온 인적 재난분야의 '국가재난관리계획'이 5년 주기의 '국가 안전관리 기본계획'으로 통합되어 중앙부처의 집행계획, 시 · 도 및 시 · 군 · 구의 안전관리계획, 재난관리책임기관의 '세부 집행계획'으로 수립하여 추진하게 되었고, 제1차 '국가 안전관리 기본계획(2005~2009)'이 2004년 11월 24일 중앙안전관리위원회에서 심의 · 의결되었다.

3.7. 행정안전부와 소방방재청(2008.2.29.~2013.3.22.)

2008년 2월 25일 출범한 이명박 정부는 효율성과 통합성을 강조하는 '대부처주의'를 표방하고 통합적 재난 · 안전관리 체계 구축'을 국정과제로 확정하면서 재난관리 체계의 통합을 추진하였다. 이 시기에 주목할 만한 것은 행정안전부의 재난관리 권한 강화라고, 종전까지는 행정안전부에서 사회적 재난에 국한하여 총괄 · 조정기능을 갖던 것에서 벗어나 차관급의 비상기획위원회가 수행하던 비상대비 업무 기능을 흡수하여 국장급인 안전정책관실을 실장급의 재난안전실로 확대 개편하였다.

이뿐만 아니라 행정안전부는 승강기 안전에 관한 업무를 당시 지식경제부에서 이관받고 각종 안전 문화 기능도 강화하였으며 재난관리 총괄 기능으로서 중앙안전관리위원회의 간사 역할을 이전 소방방재청장에서 행정안전부 장관이 수행하게 되었다.

이를 통해 행정안전부는 재난 및 안전, 민방위, 비상대비 업무 분야의 정부 업무 전반에 대한 총괄 및 통합지원 기능을 전담하게 된다. 이는 군사적 성격의 민방위, 비상대비 기능을 재난 · 안전 기능과 통합하려는 시도로써 미국의 국토안보부 설립 등과 같이 위기관리 분야의 통합조직을 만드는 전 세계적 흐름과 일치한다고 볼 수 있다. 하지만, 이를 통해 2004년 6월 1일 국가재난관리 전담 기관으로 출범한 소방방재청의 역할은 상대적으로 축소되었다(정지범, 2012).

이외에도 이명박 정부는 출범하자마자 국가안전보장회의의 사무처를 폐지하고 과거 그 소속의 위기관리센터에서 수행하던 각종 위기 상황에 대한 매뉴얼 관리, 경보발령 등 기능을 행정안전부로 이관하게 된다. 이를 통해 노무현 정부에서 부분적 재난관리 컨트롤 타워 역할을 하던 국가안전보장회의 사무처 내의 위기관리센터의 재난관리 기능이 없어지면서 이는 2014년 4월 16일 300여 명의 생명을 앗아간 세월호 참사 시 청와대의 재난관리 컨트롤 타워 기능 부재에 대한 논란을 야기하게 되었다.

이 기간 동안 국가재난 안전관리의 기본계획으로 목표연도 2010~2014년의 제2차 '국가안전관리 기본계획'이 2009년 12월 15일 '중앙안전관리위원회'에서 심의 · 의결되었다.

3.8. 안전행정부와 소방방재청(2013.3.23.~2014.11.18.)

박근혜 정부는 5대 국정 목표의 4번째로 "안전과 통합의 사회"를 세우고 국정전략으로 "재난 · 재해 예방 및 체계적 관리"를 세웠을 정도로 안전을 강조하였다.

그간 그 어떤 정부도 안전을 국정 목표에 넣은 적이 없는 것을 고려할 때, 당시 재난 안전 분야에서는 획기적인 조치로 평가되었다. 이를 위해 기존 행정안전부의 명칭을 안전행정부로 변경하였으며, 국민 안전대책뿐만 아니라 범부처적인 안전정책실무회의를 정기적으로 개최할 정도로 국민 안전의 중요성을 강조하였다.

하지만, 안전행정부는 그 출범 취지에 비해 여러 가지 한계성을 나타내었다. 먼저, 재난 안전 업무의 강화를 내세우면서도 해당 업무를 전문성이 부족한 기존인력들이 그대로 담당하면서 전문성 부족의 문제가 발생하였다.

사실 2004년 소방방재청이 당시 행정자치부에서 분리되면서 재난 안전 인력은 이미 소방방재청으로 거의 대부분 이체된 상태였다. 이뿐만 아니라 역설적으로 안전행정부의 기능 강화는 이명박 정부와 마찬가지로 국가재난관리 전담 기관으로 출범한 소방방재청의 기능 약화를 초래하게 되었고 범정부적으로 볼 때 소방방재청의 전문인력은 활용되지 못한 채로 비효율적으로 운영되었다.

이러한 안전행정부의 운영상 문제점은 2014년 4월 16일 304명의 사망 · 실종자를 낸 세월호 사고 이후 재난안전관리 컨트롤 타워로서 역량을 비판을 받게 되었고, 결국 2014년 11월 19일 출범한 국민안전처에 재난 안전 총괄 기능을 이양하고 지방자치행정 중심의 행정자치부로 다시 환원하게 되는 계기가 되었다.

3.9. 국민안전처(2014.11.19.~2017.7.25.)

우리나라 재난관리 발전 과정 중 가장 획기적인 변화이면서 재난관리 전담 기관으로서의 완성된 형태는 2014년 11월 19일에 단행된 정부조직법 개정에 따른 국민안전처의 출범이다.

2014년 4월 16일 인천에서 출발해 제주로 가던 여객선 세월호가 진도 앞바다에서 침몰하는 사고가 발생하였는데 승객 476명 중 무려 304명이 사망 · 실종하는 대형 사고가 발생하였다.

대검찰청 수사 결과에 따르면, 사고의 직접적인 원인은 '선사의 무리한 증축과 과적으로 복원성이 악화된 상태에서 조타 미숙으로 배가 변침 됐고, 제대로 고정되지 않은 화물이 한쪽으로 쏠리면서 복원성을 잃고 침몰한 것'이었는데, 당시 한국 사회는 직접적인 원인 외에 국가재난 안전관리 시스템을 근본적으로 살피게 된다.

참고로, 불법 과적 등 이미 안전에 많은 문제가 예견되었는데도 불구하고, 감독을 책임지는 누구도 이를 바로잡지 못하였고, 최후까지 승객의 안전을 책임져야 하는 선장 등 승무원은 승객을 버리고 도망을 치는 무책임한 행동들이 나타났다.

당시 박근혜 대통령은 사회적으로 형성된 국민적 공감대에 따라 국가재난 안전관리 시스템에 대한 전면적인 개선책을 마련하라고 지시하였고, 2014년 5월 19일 대국민 담화에서 '국가안전처'를 신설, '각 부처에 분산된 안전관리 조직을 통합하고 지휘체계를 일원화하여 육상과 해상에서 일어나는 모든 유형의 재난에 대해 현장 중심으로 대응할 수 있는 체계를 만들겠다'라고 발표하였다.

국가안전처(가칭) 창설을 골자로 정부조직법 개정을 추진하면서 국회 내에서 여야 간의 의견대립으로 국민안전부(가칭)를 신설하여야 하고 그 외청으로 소방직의 국가직화를 전제로 소방청과 기존 해양경찰청을 두는 것으로 그 의견을 달리하게 된다(새정치민주연합, 2014).

특히, 정부는 해경에 대해 수사 · 정보기능을 경찰청에 이관하겠다는 방침이었지만 야당에서는 이의 존치를 주장하였으며, 국가 재난관리 컨트롤 타워에 대해서도 정부는 신설될 국가안전처가 그 역할을 맡도록 하겠다는 방침이었지만 야당에서는 과거 노무현 정부 때를 인용하면서 국가안전보장회의(NSC)의 재난관리 분야 컨트롤 타워로서의 역할을 확대 주장하였다.

이후 국회에서는 여야 간의 합의로 기존 소방방재청과 해양경찰청을 해체하고 안전행정부의 재난 안전 기능을 통합하여 국무총리 직속으로 처장이 장관인 국민안전처를 신설하되, 그 소속으로 차관급의 중앙소방본부와 해양경비안전본부를 두는 것을 합의하게 되고 2014년 11

월 19일 정부조직법이 개정 · 공포되게 된다.

이때, 야당의 의견을 받아들여 개정된 정부조직법에 부대의견으로 중앙소방본부와 해양경비안전본부는 장관의 지휘하에 인사와 예산의 독자성을 갖도록 규정하였다. 또한, 개정된 정부조직법과는 별도로 대통령비서실에는 재난안전비서관을 신설하여 재난 안전 분야에 대한 대통령 보좌 기능도 강화하였다.

2014년 11월 19일에 공식적으로 출범한 국민안전처는 1차관, 2본부, 4실, 19국(관), 76과(담당관), 12개 소속기관과 총 10,039명(본부 1,031명, 소속 9,008명)으로 구성되었다. 주요 기능과 조직을 살펴보면 안전행정부의 안전관리 기능과 소방방재청의 재난관리 기능은 각각 '안전정책실'과 '재난관리실'로 개편되었고, 항공 · 에너지 · 화학 등 분야별 특수 재난에 대응하기 위해 '특수재난실'이 신설되었다.

특히, 대통령이 대국민 담화에서 신설을 약속한 특수기동대는 전국 어디서나 육상은 30분, 해상은 1시간 이내에 재난 현장에 도착할 수 있도록 육상은 중앙119구조본부'에 수도권, 영남권, 충청 · 강원권, 호남권 등 4개의 119특수구조대를 두고, 해상은 '중앙해양특수구조단' 외에 동해, 남해 등 2개 해양특수구조대를 추가로 두도록 하였다.

당초 정부 조직개편 과정에서 논의 되었던 해경 사건의 수사와 정보에 대한 기능 일체를 경찰청으로 이관하는 대신에 해상에서 발생하는 사건에 한해서는 해양경비안전본부에 존치토록 하였으며, 해양수산부의 항만 해상교통관제센터(VTS)도 국민안전처로 이관하여 분리 운영되던 항만과 연안의 VTS 기능을 일원화하였다.

3.10. 행정안전부(2017.7.26.~현재)

2017년 5월 문재인 정부가 출범한 후 재난관리 조직은 또 한 번의 변화를 경험하였다. 2017년 7월 26일 정부조직법 개정에서 역사상 최초의 장관급 재난관리 전담 부처인 국민안전처는 2년 8개월 만에 다시 폐지되고 행정안전부의 차관급인 재난안전관리본부로 다시 환원되고 본부장을 차관급으로 하였다.

사유는 '국가재난에 대한 대응 역량을 강화하고 안전에 대한 국가와 지방자치단체 간 유기적 연계가 가능'토록 하기 위한 목적이라고 밝히고 있으나 재난관리 전담 부처의 운영이라는 역사적 맥락 속에서는 아쉬운 조치였다.

국민안전처는 세월호 참사 직후 해양경찰청의 해체와 함께 창설된 조직이었다. 최초의 재난 안전을 전담하는 장관급 기구라는 의미가 있었지만, 치밀한 준비 없이 출범하는 바람에 제대로 된 기능과 역할을 할 만한 토대가 마련되지 못했다.

재난 안전의 총괄조정 부처의 위상에 걸맞은 법률적 권한과 조직, 재정적 뒷받침 등이 이루어지지 못했고 지방자치단체와의 연계를 위한 제도적 장치도 구비되지 못했다. 이에 반해 국민과 언론이 거는 기대는 높았다.

이 개편에서 기존 국민안전처에 중앙소방본부와 해양경비안전본부로 운영되고 있던 소방과 해경 조직은 행정안전부 외청의 소방청과 해양수산부 외청 해양경찰청으로 독립하게 된다. 외청으로서 소방청의 독립은 역사상 최초의 독립부처로서의 승격을 의미한다.

다만, 해양경찰청의 독립은 세월호 참사 이후 해체된 후 복원이 되었으며, 해양 산업에 대한 진흥 업무를 하는 해양수산부로의 복귀가 해양 안전을 위한 규제 업무를 담당하는 해양경찰청의 성격과 상충할 수 있어서 소속 부처를 행정안전부로 변경해야 한다는 의견도 첨예하게 제기되었다.

그러나 현재 행정안전부의 재난관리, 위기관리, 코로나 대응을 볼 때 재난 안전 분야의 노력은 상당히 높게 평가할 수 있으며, 안전분야 관련 법 제정 · 개정 등도 여전히 진행형임을 알 수 있다.

제2편

위기의 유형 및 종류

PART 2-1.
위기의 유형

1. 재난 위기

재난 위기는 전쟁이나 외침의 우려가 없는 대내적 위기이지만 국민의 생명과 재산 및 건강을 심각하게 손상시키거나 파괴할 수 있다는 점에서 전통적인 군사적 위기 못지않게 위험한 국가 위기이므로, 재난관리는 국가 위기관리 차원의 접근이 필요하다.

재난분야의 국가 위기는 재난 및 안전관리 기본법에서 크게 자연재난과 사회재난으로 구분하고 있다.

1.1. 자연재난

재난 및 안전관리 기본법 제3조 제1항 제1호에 따라 자연재난은 태풍, 홍수, 호우(豪雨), 강풍, 풍랑, 해일(海溢), 대설, 한파, 낙뢰, 가뭄, 폭염, 지진, 황사(黃砂), 조류(藻類) 대발생, 조수(潮水), 화산 활동, 소행성 · 유성체 등「우주개발 진흥법」에 따른 자연우주물체의 추락 · 충돌, 그 밖에 이에 준하는 자연현상으로 인하여 발생하는 재해를 말한다.

자연재해대책법 제1장 2조 1항에서는 '재해란 태풍, 홍수, 호우, 폭풍, 해일, 폭설, 가뭄, 지진 또는 기타 이에 준하는 자연현상으로 인하여 발생하는 피해를 말한다'라고 정의하고 있다. 한편 과거 내부부(중앙재해대책본부)에서 1995년 발간한「재해극복 30년사」에서는 다음과 같이 정의하고 있다. '일반적으로 인간의 사회적 생활과 인명, 재산이 이상 자연현상 등과 같은 외력에 의해 피해를 보았을 경우 이를 재해라고 하며, 재해를 유발하게 시키는 원인을 재난이라고 한다.'

다시 말하면 인간의 생존과 재산의 보존이 불가능할 정도로 생활 질서를 위협받는 상태를 초래시키는 사고 또는 현상을 재난이라고 하며, 이로 인한 피해를 재해라고 한다. 즉, 재난과 재해는 원인과 결과의 관계라고 볼 수 있다.

최근 지구 온난화로 전 지구 평균기온이 지속해서 증가하고 있으며, 이상기후 현상이 빈번히 발생함에 따라 매해 재산 및 인명피해가 증가하고 있다. 세계기상기구(WMO) 발표(2021.1.14.)에 의하면, 2020년은 냉각 효과를 갖는 라니냐 현상이 있었음에도 불구하고 이례적으로 따뜻한 해였으며, 전 지구 평균기온은 14.9℃였으며, 산업화 이전(1850~1900년) 대비 1.2(±0.1)℃ 높아 2016년과 동일한 상위 1위를 기록하였고, 지난 6년(2015~2020년)은 가장 따뜻했었던 해였다고 한다.

2020년 전 지구 평균기온 증가로 인한 이상기후 현상으로 발생한 자연재해 몇 가지를 예를 들어본다.

① 2020년 2월 4일 밤 튀르키예(한국어로 터키) 동부 반 주(州)에서 일어난 눈사태로 5명이 숨지고 2명 실종되었다. 실종된 2명을 수색하던중 5일 정오께 2차 눈사태가 발생하여 수색중이던 구조요원을 휩쓸어 수십명이 눈더미에 묻히면서 6일 발견된 시신 3구를 포함하여 목숨을 잃은 사망자의 수는 41명에 달했다. 이는 1992년 남동부 쉬으르낙 주(州)에서 눈사태로 151명이 사망한 이후 최악의 인명피해다.

〈그림 2.2〉 대설 : 터키 눈사태('20.2.6.)

② 2020년 5월 26일 인도 동부 벵골만에서 형성된 대형 사이클론 '야아스'가 이날 오전 동부 오디샤주에 시간당 최대 풍속 150㎞의 강풍을 몰고 상륙했다고 기상 당국은 밝혔다. 마마타 바네르지 웨스트벵골 주 총리는 "150만 명 이상이 대피했고 흙집과 임시 대피 시설 등 2만여 채가 파손됐다"라며 "134곳의 제방이 무너지고, 1천만 명이 피해를 본 것으로 추산된다"라고 말했다. 특히 서부 뭄바이 인근 해상 유전 지역에서는 바지선이 침몰하면서 70명이 시신으로 발견됐다. 침몰 바지선에는 261명이 타고 있었으며 186명이 구조됐다.

〈그림 2.3〉 태풍 : 인도 태풍피해('20.5.26.)

③ 2020년 7월 14일 러시아 모스크바 일부 지역의 기온이 34도까지 올라가면서 1936년에 세워진 이 날짜 최고 기온 기록(32.4도)을 깼다. 기상 당국은 바람이 없는 33~34도의 이상 고온 현상이 오는 18일까지 한동안 더 이어질 것으로 내다봤다. 모스크바의 7월 최고 기온 기록은 지난 2010년 7월 29일에 세워진 38.2도다. 모스크바에선 지난달에도 최고 기온이 34.8도까지 올라가 142년의 기상 관측 사상 가장 더운 6월로 기록됐다.

〈그림 2.4〉 폭염 : 러시아 고온 현상('20.7.14.)

④ 2020년 12월 4일 중남미의 과테말라에서는 올해도 어김없이 가뭄이 이어지던 가운데 11월 들어 초강력 허리케인 에타와 요타가 며칠 간격을 두고 연달아 중미를 강타했다. 멕시코 남부에서 파나마까지 중미 태평양 연안의 '건조 회랑'(dry corridor) 지역은 엘니뇨-남방진동(ENSO)으로 불리는 기후 현상 탓에 심한 가뭄에 시달려 왔다. 계속되는 가뭄은 식량난과 농민의 생계난으로 이어지며, 중미 이민자들의 미국이나 캐나다행을 부추기기도 했다. 에타와 요타로 인한 홍수와 산사태로 과테말라, 온두라스, 니카라과, 엘살바도르 등 중미 전역

〈그림 2.5〉 허리케인 : 과테말라 허리케인 피해('20.12.4.)

에서 200명 넘게 숨지고, 50만 명 이상의 이재민이 발생했다고 로이터는 전했다. 허리케인이 닥치기 전에도 이미 가뭄으로 과테말라에선 인구의 5분의 1인 370만 명, 온두라스에선 165만 명이 극심한 식량 위기에 시달리던 상황이었다.

이러한 재해는 발생원인에 따라 자연재해와 인위적 재난으로 나뉜다. 이 중 자연재해는 자연현상에 기인한 것을 말하며, 그 원인과 결과의 다양성으로 인하여 여러 가지로 나눌 수 있다. 자연재해를 크게 분류하면 기상 요인에 의해 발생하는 기상재해와 지반의 운동으로 발생하는 지진 및 화산 활동으로 인한 지질재해로 나눌 수 있다.

지질재해는 직접적인 피해를 발생시키기도 하면서 간접적으로 기상이변을 초래하여 기상재해도 발생시킨다. 자연재해는 인위적으로 완전히 근절시킬 수 없는 불가항력적인 요소를 지닌다. 그러나 자연재해를 초래하는 어느 정도의 외력을 고려한 시설물의 설계 및 시공, 방어 시설물의 구축, 재해 발생의 사전 예측에 따른 예방 조치, 재해 발생 시의 신속한 복구 대책 수립 등으로 재해를 막거나 최소화할 수 있다.

자연재해는 크게 기상재해와 지질재해로 나뉜다. 기상재해에는 풍해, 수해, 설해, 해일, 뇌해, 한해, 냉해, 상해, 병충해, 더위 · 안개해 등이 있으며, 지질재해에는 지진과 화산이 있다. 한반도에서 발생하는 대부분의 자연재해는 이상 기상현상이 원인이 되어서 발생하는 기상재해에 해당한다. 재해방지 대책이라는 측면에서 인위적 재난은 근본적으로 발생 자체를 줄이는 대책이 가능하지만, 자연재해는 발생 자체를 줄이기에는 현재의 과학기술 수준으로도 어렵기 때문에 이에 따라 발생하는 피해를 최대한 경감시키는 방향으로 대책이 마련되어야 한다.

우리나라는 매년 여름철에 심한 호우로 인한 수위 상승으로 저지대가 범람하여 인명과 재산에 막대한 피해를 보고 있다. 이와 같은 수해는 거의 매년 지역적으로 발생하여 몇 년에 한 번은 극심한 홍수를 일으키는데 그 원인으로는 장마전선과 태풍 등이 있다.

실제로 우리나라에서 수해와 풍해가 개별적으로 나타나는 경우는 드물고 보통 호우가 내릴 때 강한 바람을 동반하기 마련이다. 또한 강한 태풍은 폭풍해일 현상을 일으키기도 하고 심한 파도를 일으켜 조업 중이거나 항해 중인 선박을 파손 및 침몰시키는 등 육지뿐만 아니라 해상에도 막대한 피해를 일으킨다.

한해(旱害)는 가뭄으로 비가 오지 않아 심한 물 부족으로 일어나는 재해이며, 수해와 함께 가장 두려운 재해 중의 하나라고 할 수 있다. 비가 오지 않게 되면 곡물을 심을 수가 없고 따라서 식량 공급에 차질을 빚게 된다. 예를 들어 1899~1901년 사이에 인도 서부 지역에서는 주민의 15%가 가뭄으로 인한 기근으로 사망하였다.

가뭄은 장기간 즉, 보통 한 계절 또는 그 이상에 걸친 강우의 부족으로부터 기인한다. 이러한 강우의 부족은 일부 사회활동, 생명체 또는 환경 분야에 있어 물의 결핍을 초래한다. 가뭄은 특정한 지역에 대해 강우와 증발산 사이의 균형에 있어 장기간 평균 상태와 관계하여 고려되어야 한다. 또한 가뭄은 시기 즉, 주요 발생 계절, 강우 철 시작의 지연, 주요 작물의 성장단계와 관련한 강우의 발생 등과 강우의 효율 즉, 강우강도, 강우의 횟수와 관계가 있다.

우리나라는 연 강수량으로 보면 벼농사에 부족함이 없다. 그러나 시기별로 볼 때 농작물의 성장 시기인 봄에서 여름까지 해에 따라 많은 차이가 있다. 심한 가뭄 현상 같은 강우 불안정은 5, 6월의 이앙기와 7, 8월의 성장기 작물에 심한 피해를 준다. 기상 조건에 의한 한해 외에도 농업적인 면에서도 토양 수분의 결핍에 의한 한해가 있는데, 이 경우의 한해는 장기간에 걸치며 지역적으로도 피해 면적이 상당히 넓다.

근대 관측이 시작되기 이전의 역사시대부터 우리나라 고문헌에는 가뭄에 대한 기록이 많다. 삼국사기에 의하면 빈번한 가뭄이 있어 330년(흘해왕 21)에 최초의 관개용 저수지인 벽골제(碧骨堤)가 축조되었다. 이와 더불어 제천의 의림지, 밀양의 수산제 등이 신라의 3대 저수지였다. 고려 및 조선시대에는 가뭄에 대한 기록을 더욱 자세히 알 수 있다. 고려 말의 가뭄은 상당히 심해서 1360년(공민왕 9)에는 전라도에 한발(한발(旱魃)은 중국 신화에 등장하는 가뭄의 여신이다. 한발이라는 말 자체가 가뭄을 뜻하는 한자어다.)이 들어 굶어 죽은 사람이 절반에 이르렀으며 길가에 버려진 아이가 헤아릴 수 없을 정도로 많았다고 전한다.

조선시대에도 한발이 매우 빈번하였다. 특히 1650년대인 효종 때는 매년 한발과 기근이 발생하여 기근으로 유랑하는 기민들을 구제하기 위한 구황식(救荒食)을 시혜하는 진휼소도 곳곳에 있었다. 관측 시대에 들어와 관개시설의 발달로 한해는 어느 정도 극복되었으나 오늘날에도 1년 농사의 풍흉을 결정짓는 중요한 원인이다. 우리나라의 한해 상황을 보면 대부분이 기상 조건에 의하여 일어났으며, 전국적인 발생은 비교적 드문 편이나 지역적인 규모로는 상당히 잦다. 한해가 많이 발생한 지역은 주로 내륙분지이다.

기온이 비정상적으로 하강하면 한해(寒害)라고 하여 겨울엔 동해(凍害)를 입고 여름에는 냉해를 입는다. 또 서리가 너무 일찍 내리거나 봄철 늦게까지 내리는 경우에 농작물에 큰 피해를 준다. 때로는 우박이 쏟아져 농작물을 상하게 한다. 기록에는 우박의 크기가 계란만 한 것도 있었고, 고려 시대에도 탄환만 한 우박이 내려 피해를 주었다는 내용이 있다.

산사태는 중력이나 지진, 집중호우 등에 의하여 산 사면의 토석층이 붕괴하는 현상으로 우리나라는 지진의 발생이 적으므로 주로 집중호우나 태풍 내습 시의 폭우에 의하여 발생한다. 산사태를 유발하는 집중호우의 강수량은 최저 85㎜에서 최대 496㎜에 달한다. 우리나라에 있어서 산사태에 의한 재해는 주로 여름에 집중된다. 『자연재해의 이해』(이재수, 구미서관, 2008)에 따르면 우리나라 산사태의 총 발생 건수 중 약 46%가 도시 지역에서 일어나고 있으며 산사태로 인한 인명피해의 비율은 도시 지역이 67%를 차지한다. 이것은 대도시의 인구 과밀화로 산사태 가능성이 높은 산지 급사면에 밀집 주택지가 형성되었기 때문이다.

활화산 지대에서는 화산분출로 인한 피해를 본다. 1883년 크라카토아섬의 화산폭발로 섬 면적의 3분의 2 이상이 날아가 버리고 높이 15m의 해일이 엄습하여 3만 6,000여 명의 사망자가 발생하였다. 한반도는 비교적 안정된 지괴로서 현재 활화산은 없고 역사시대에 활동한 기록을 가지는 휴화산만 있어 현재 직접적인 화산 재해는 없다. 그러나 세계 다른 지역에서 발생한 화산분출의 영향을 받을 때가 있다. 예를 들면 1980년 세인트헬렌스 화산 분출 시 화산재는 16일 만에 우리나라와 중국, 일본 상공에 도달하여 그해 우리나라는 여름이 없는 해가 되었다.

지진은 갑자기 발생하여 막대한 피해를 줄 수 있는 재해이다. 대규모의 인명 및 재산 피해를 가져올 강한 지진이 발생할 확률은 높지 않지만 이에 대한 준비가 철저하지 못할 경우 엄청난 피해를 볼 수 있다. 우리나라는 주변국에 비해 지진 활동이 상대적으로 활발하지는 않으며, 아날로그 방식으로 측정하던 시기('78~'98)에는 연평균 19.2회 정도의 미진이 발생하는 정도이다. 하지만 디지털 방식('99~'22): 평균 70.9회로 경제성장 및 산업발달로 도시가 대형화되고 이에 따라 구조물도 대형화 및 고층화하여 지진이 대도시에 발생하게 되면 엄청난 비극을 초래할 수 있다. 특히 원자력발전소, 대단위 아파트 단지, 대규모 공업단지, 큰 저수지 등과 같은 구조물이 대형인 경우 등 지진발생 가능성을 염두해 두고 내진성능 확보를 위한 대책을 마련하여 추진하고 있다.

지진에 의해 해저가 융기하거나 침강하여 해수위의 변화가 생기면 큰 물결이 발생하여 사방으로 퍼지게 되고 해안에 높은 물결로 도달하는 것을 지진해일(Seismic sea wave, Tsunami)이라고 한다. 화산분출이나 지진에 동반하는 해안의 암석 붕괴에 따라 해일이 발생하는 경우도 있으며, 태풍이나 큰바람에 의해 발생하는 큰 물결을 폭풍해일이라 부른다.

1958년 알래스카 리트야만에서 산사태로 높이 251m의 해일이 발생한 적이 있으며, 1963년 이탈리아의 베인 댐에서 대규모 산사태가 발생해 댐의 마루 위로 100m 이상 높이의 파도가 생겨 3,000여 명이 사망하기도 하였다. 1986년 6월에는 일본 해구에서 발생한 해일이 혼슈우의 동쪽 해변을 강타하여 해안에서의 파도는 해수면 위 25~35m에 달했으며, 2만 6,000여 명이 사망하기도 하였다.

2011년 3월 일본 미야기현 앞바다에서 발생한 지진으로 발생한 해일은 약 10만 명의 피난민, 1만 5,000여 명의 사망자와 함께 막대한 재산의 손실을 가져왔다. 한국에서 발생하는 해일은 주로 폭풍해일이지만 드물게 지진해일이 나타나기도 한다.

우리나라의 자연재해는 유사 이래로 끊임없이 발생하고 있으며, 이로 인한 피해의 발생도 오늘날까지 되풀이되고 있다. 삼국시대부터 재난이 계속되어 이에 대처한 노력의 기록을 후세에 남기고 있는데 유사 이래의 재난을 살펴보면 인위적 재난에 대한 기록보다 자연재해에 대한 기록이 비교적 상세하게 기록되고 있다.

삼국사기에 따르면 삼국시대 자연재해의 대표적인 재해 원인은 한해(旱害), 수해, 풍해, 냉해, 지진, 낙뢰, 우박, 상해(霜害), 설해 등이 기록되고 있다. 삼국시대의 자연재해를 기상재해와 지진재해 및 동물재해 등으로 원인별 재해 빈도를 살펴보면, 한해, 수해, 풍해, 낙뢰, 우박, 상해, 설해 등의 기상재해가 전체 재해의 47%를 차지하며, 지진재해가 17%, 동물재해가 10% 등이다. 따라서 삼국시대의 재해 가운데 자연재해로 인한 재난이 전체 재해의 74%를 차지하고 있어 우리나라에서 발생하는 자연재해의 비중을 짐작게 한다.

근래에 와서는 국지적인 집중호우, 태풍, 해일 등 이상기후 현상에 의한 자연재해가 대종을 이루고 있는 것은 마찬가지나 해가 갈수록 그 양상이 다양화되고 있다. 또한 급격한 도시 팽창 및 각종 산업시설의 단지화와 유수지 등의 상대적 감소는 유출량의 증가를 가져와 피해가 점차 대형화되어 가는 추세에 있다.

〈표 2.1〉 2020년 자연재해 복구비 총괄

(단위 : 천 원)

원인별	총복구비	지원복구			자체 복구
		소계	국비	지방비	
총계	4,161,547,537	3,628,797,348	2,889,867,529	738,929,818	532,750,189
태풍	609,020,864	518,867,386	363,032,727	155,834,658	90,153,478
호우	3,552,279,860	3,109,929,962	2,526,834,801	583,095,160	442,349,898
풍랑, 강풍	106,732				106,732
한파	48,081				48,081
폭염	92,000				92,000

〈표 2.2〉 최근 10년간 자연재해 원인별-시설별 피해 현황 복구비 총괄

가. 최근 10년간 자연재난 피해액 및 복구비 현황

단위 : 백만 원

구분	2014	2015	2016	2017	2018	2019	2020	2021	2022	2023	합계	평균
피해액	180,019	31,862	288,862	187,302	141,284	216,226	1,318,177	66,053	592,656	958,221	3,980,662	398,066.2
복구비	507,065	38,122	590,607	499,672	443,270	1,348,759	4,161,548	297,322	1,663,681	2,064,990	11,615,036	1,161,503.6

※ 각 당해연도 가격 기준

나. 최근 10년간 자연재난 원인별 피해액 현황

단위 : 백만 원

구분	2014	2015	2016	2017	2018	2019	2020	2021	2022	2023	합계	평균
태풍	5,291	13,400	214,965	–	64,200	212,728	222,541	21,086	244,046	55,778	1,054,089	105,408.9
호우	142,212	1,123	35,887	101,592	53,800	1,651	1,095,172	40,646	332,559	774,578	2,579,310	257,931.0
대설	32,421	13,021	18,689	83	14,032	671	–	3,528	15,439	2,873	100,757	1,075.7
봄풍	–	333	–	–	2,823	–	–	–	–		3,156	315.6
강풍	95	3,891	–	–	6	8	–	445	26		4,471	447.1
풍랑 · 강풍	–	–	8,302	605		474	319	–	586	2,293	12,579	1,257.9
태풍 · 호우	–	–	–	–	6,416	–	–	–	–		6,416	641.6
낙뢰	–	–	–	–	–	26	–	52	–		78	7.8

구분	2014	2015	2016	2017	2018	2019	2020	2021	2022	2023	합계	평균
한파	–	–	–	–	–	–	145	280	–	–	425	42.5
지진	–	–	11,019	85,022	–	–	–	–	–	9,966	106,007	10,600.7
우박	–	–	–	–	–	–	–	16	–	2,293	2,309	230.9
기타	미산정				7	618	–	–	–	110,440	111,065	11,106.5
합계	180,019	31,862	288,862	187,302	141,284	216,226	1,318,177	66,053	592,656	958,221	3,980,662	398,066.2

※ 각 항목별로 가격 기준

다. 최근 10년간 시설별 피해액 현황

단위 : 백만 원

구분	2014	2015	2016	2017	2018	2019	2020	2021	2022	2023	합계	평균
건물	3,666	254	8,950	64,637	6,375	10,223	37,414	3,869	72,660	26,336	234,384	23,438.4
선박	125	305	1,307	73	300	293	1,220	58	395	632	4,708	470.8
농경지	3,044	10	7,146	13,365	5,233	9,628	56,243	5,300	24,258	49,575	173,802	17,380.2
농작물	미산정									229,068	229,068	22,906.8
공공시설	142,999	13,132	211,592	103,674	102,048	156,259	1,174,674	51,278	470,561	585,417	3,011,634	301,163.4
사유시설	30,185	18,161	59,867	5,553	27,328	39,823	48,626	5,548	24,782	67,193	327,066	32,706.6
합계	180,019	31,862	288,862	187,302	141,284	216,226	1,318,177	66,053	592,656	958,221	3,980,662	398,066.2

※ 각 당해연도 가격 기준

1.2. 사회재난

재난 및 안전관리 기본법 제3조제1항제2호에 따라 사회재난은 화재 · 붕괴 · 폭발 · 교통사고(항공사고 및 해상사고를 포함) · 화생방사고 · 환경오염 사고 · 다중운집인파사고 등으로 인하여 발생하는 대통령령으로 정하는 규모 이상의 피해와 국가핵심기반의 마비, 「감염병의 예방 및 관리에 관한 법률」에 에너지 · 통신 · 교통 · 금융 · 의료 · 상수도 등 국가기반체계(이하 "국가기반체계"라 한다)의 「가축전염병예방법」에 감염병의 예방 및 관리에 관한 법률에 따른 감염병 또는 가축전염병 예방법에 따른 가축전염병의 확산, 미세먼지 저감 및 관리에 관한 특별법에 따른 미세먼지 등으로 인한 확산, 「미세먼지 저감 및 관리에 관한 특별법」에 미세먼지, 「우주개발진흥법」에 따른 인공우주물체의 추락 · 충돌 등으로 인한 피해를 말한다.

한국에서 법적으로 '재난'의 의미가 정해진 것은 2004년 재난안전법이 제정되면서부터이다.

이전까지는 자연재해대책법상의 자연재해와 재난관리법상의 인적 재난으로 구분하였다. 재난안전법에서는 재난을 자연재해, 인적 재난, 사회적 재난의 세 가지로 구분했다. 2013년 정부조직법이 개정되면서 재난안전법상 재난 분류가 자연재난과 사회재난의 두 가지로 변경되었다.

사회재난이 발생한 뒤, 지방자치단체의 능력으로 수습이 곤란할 때는 해당 지역을 특별재난지역으로 선포할 수 있다. 특별재난지역은 재난으로 대규모 피해를 본 지역의 신속한 구호와 복구를 위해 대통령이 선포하는 지역이다.

중앙대책본부장은 대규모의 재난이 발생하여 특별한 조치가 필요하다고 판단된다면 해당 지역을 특별재난지역으로 선포할 것을 대통령에게 건의할 수 있다. 특별재난지역으로 선포되면 재난구호와 복구에 필요한 행정, 재정, 금융, 의료상의 특별지원이 추가될 수 있다.

〈그림 2.6〉 사회재난 사례

2. 기후변화 위기

2.1. 개요

2021년 IPCC[39] 평가보고서(제6차)에서는 기후변화가 인간이 초래했다는 점이 "매우 명백하다"(unequivocal)라고 말했다. 지구 온난화처럼 지구의 평균기온이 점진적으로 상승하면서 전 지구적 기후 패턴이 급격하게 변화하는 현상 또는 이러한 변화로 인한 위험의 증가를 통틀어 일컫는다. 현대 이전에도 기후변화가 있었지만, 현대의 기후변화는 급격하며 자연스럽게 점진적으로 발생하는 과거의 기후변화와는 다르다.

현재의 급격한 기후변화는 산업화 등 인간활동에 의해 인간이 이산화탄소(CO_2)와 메탄(Ch_4)과 같은 온실 기체를 방출해 일어난 현상이다. 인간이 방출한 온실 기체의 절대다수는 에너지를 사용하기 위해 화석 연료를 태워서 만들어진 것이다. 그 외에도 농업, 제강, 시멘트 생산, 산림 손실로 온실 기체가 방출되고 있다.

온실 기체는 햇빛을 투과하므로 햇빛이 지구 표면을 가열한다. 하지만 지구가 적외선 복사로 열을 우주로 방출할 때 온실 기체가 복사열을 흡수하여 지상에 열을 가둔다. 가둬진 열로 지구가 점점 뜨거워지면서 태양 빛을 반사하는 반사율이 높은 만년설 표면이 사라지는 등 지상에 여러 변화를 일으켜 지구 온난화를 가속 시킨다.

육지의 기온은 지구 전체 평균보다 기온이 약 2배 빠르게 상승하고 있다. 사막은 점점 넓어지고 있으며 폭염과 산불 횟수도 점점 늘어나고 있다. 북극은 심화하는 온난화로 영구동토층이 녹고 있으며 빙하와 해빙이 점차 사라지고 있다. 기온이 증가하며 더 강력한 폭풍이 만들어지며 기상이변도 불러일으키고 있다. 산호초, 산, 북극 등 세계 곳곳에서는 급격한 환경 변

39 IPCC(기후변화에 관한 정부 간 협의체, International Panel on Climate Change)

화로 수많은 종이 강제로 이주 당하거나 멸종하고 있다.

기후변화는 식량과 물 부족, 홍수 증가, 극심한 폭염, 질병의 만연화, 경제적 손실 등 다양한 상황으로 인간을 위협한다. 또한 기후변화 그 자체로 난민을 만들기도 한다. 세계 보건 기구(WHO)는 기후변화를 21세기 세계 보건에 끼칠 가장 큰 위협이라고 전망했다. 미래에 온난화를 최소화하려는 노력이 성공하더라도 수 세기 동안 지구는 다양한 영향을 받을 것이다. 대표적인 예로 지구 평균기온 상승과 더불어 해수면 상승, 해양 산성화, 생태계 다양성의 훼손 등이 있다.

기후변화가 주는 다양한 영향은 현재 수준의 기온 상승인 약 1.2°C 상승 시점에서도 이미 나타나고 있다. 기후변화에 관한 정부 간 협의체(IPCC)는 온난화로 1.5°C 이상 상승할 때 지구에 돌이킬 수 없는 더 큰 영향을 미칠 것이라 경고하고 있다.

지구 평균기온 상승으로 인한 온난화가 계속될 때 그린란드 빙상의 융해처럼 급변점(Tipping Points)[40]에 닿을 상황에 부닥칠 위기로 몰아넣는다. 이런 변화에 대응하는 방법으로는 온난화 수준을 제한시키는 행동을 취하거나, 이런 변화에 적응하는 방법이 있다. 앞으로 지속될 온난화는 온실 기체 배출량을 줄이고 대기의 온실 기체를 제거해서 증가 수준을 줄일 수 있다. 온실 기체 배출량을 줄이는 데에는 풍력이나 태양 에너지 등 지속 가능 에너지의 사용을 늘리고 석탄 사용량을 점차 줄이며, 사용하는 에너지의 효율성을 높여 절약하는 방법이 있다.

기존의 화석 연료로 작동하는 차량을 전기 차량으로 대체하고 가정과 건물에 열펌프를 사용하면 배출량이 더욱 감소할 것이다. 산림 벌채를 막고 숲을 늘리면 대기 중의 이산화탄소를 흡수하는 데 도움을 줄 수 있다. 하지만 이런 적응책만으로는 심각하고 광범위하며 영구적인 기후변화의 위협으로 나타날 피해를 피할 수 없다.

2015년 채택된 파리 협정으로 전 세계 각국은 기후변화 완화를 노력하여 "최대 2°C 상승" 이하를 유지하기로 합의하였다. 하지만 협정을 완전히 준수하더라도 21세기 말까지 지구 평균기온은 약 2.7°C 상승할 것이다.

---

40 티핑 포인트(작은 변화들이 어느 정도 기간을 두고 쌓여, 이제 작은 변화가 하나만 더 일어나도 갑자기 큰 영향을 초래할 수 있는 상태가 된 단계)

온난화 수준을 1.5°C 이하로 제한하기 위해서는 2030년까지 온실 기체 배출량을 절반으로 줄여야 하고, 2050년까지 온실 기체 순 배출량을 0(net-zero)으로 만들어야 한다.

〈그림 2.7〉 온난화에 따른 지구 온도변화

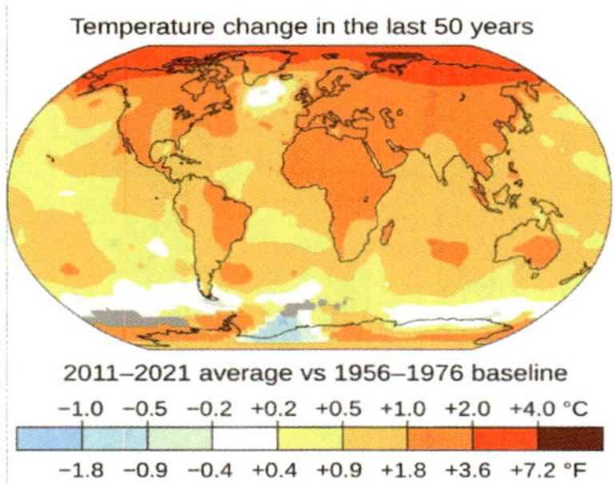

1956~1976년 평균 대비 2011~2021년 10년 사이 평균 지상 기온 차이를 그린 지도. 전체적으로 평균 0.5도에서 1도 상승하였다.

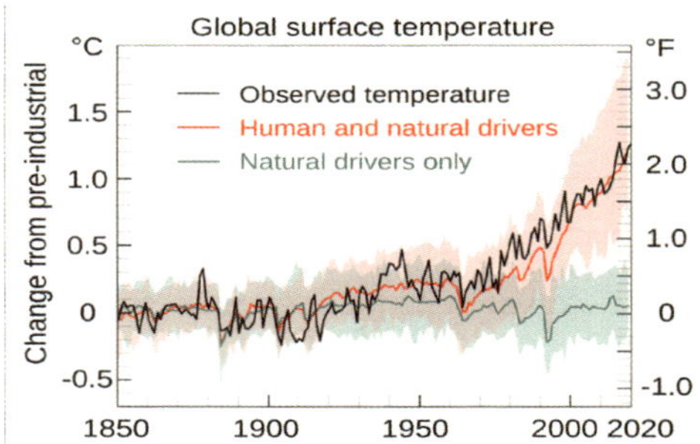

산업혁명 이후 지구 표면 기온의 변화와 그 동인을 그린 그래프이다. 인간의 활동이 기온 상승을 일으켰고, 자연의 동인은 매우 미미하다.

2.2. 기후 위기 용어

기후변화와 기후 위기라는 용어는 1980년대 이전까지는 온실 기체의 증가로 인한 온난화가 에어로졸[41]로 인한 냉각 효과를 뛰어넘을지 불분명했다. 이후 과학자들은 인간이 기후에 주는 영향을 종종 "의도치 않은 기후 조절"(Inadvertent climate modification)이라고 말했다. 1980년대부터는 "지구 온난화"(Global warming)와 "기후변화"(Climate change)라는 단어가

41 에어로졸은 공기 중에 떠 있는 고체 또는 액체 상태의 입자로 보통 0.001~100㎛ 정도의 크기를 갖고 있으며 황사, 화산재, 해염 같은 자연적 요인과 도시 · 산업시설 배출, 소각, 자동차 등의 인위적 요인에 의해 발생합니다. 대기 중에 부유하여 지표면으로 들어오는 태양 복사에너지를 차단 또는 흡수하거나, 구름 형성과 물리특성을 변화시키면서 기후변화에 영향을 미치고 있습니다.
직접적인 영향(direct effect): 에어로졸이 들어오는 태양 복사를 산란시키고 흡수하는 것을 의미한다. 이에 따라 표면의 냉각 또는 온난화를 초래하여 지구 기후변화에 영향을 준다.
간접적인 영향(indirect effect): 에어로졸이 태양 복사에너지와 직접적으로 상호 작용하는 형성을 방해하는 것을 의미한다. 예를 들어, 에어로졸이 대기권의 구름 입자 크기를 변화시켜 구름이 빛을 반사 및 흡수하는 것을 변화시켜 결과적으로 지구의 에너지 수지를 변화시키는 것을 의미한다.
인체에 미치는 영향: 에어로졸이 오염 물질을 흡수할 때, 물의 표면뿐만 아니라 지표면에 존재하는 오염 물질에 쉽게 침적된다. 이는 환경과 인체 건강에 해를 끼칠 수 있다. 에어로졸 유효 직경이 10μm보다 작은 입자들은 기관지에 유입될 수 있지만, 유효 직경이 2.5 μm보다 작은 입자는 폐에서 공기를 교환하는 영역까지 유입될 수 있으며, 이는 인체 건강에 해로울 수 있다.

대중화되기 시작했다. 전자인 "지구 온난화"는 지상의 온도 증가만 언급하는 단어이고 후자인 "기후변화"는 온실 기체가 기후에 미치는 전반적인 영향을 뜻하는 단어였다. "지구 온난화"라는 단어는 1988년 NASA의 기후과학자인 제임스 핸슨이 미국 상원 증언석에서 처음 사용하면서 전반적으로 널리 쓰이기 시작했다. 2000년대에는 "기후변화"라는 단어가 대중적으로 쓰이기 시작했다.

"지구 온난화"는 보통 인간이 일으킨 지구의 온난화 현상을, "기후변화"는 자연적인, 혹은 인위적인 경우를 모두 통틀어 말했다. 또한 두 용어가 서로 혼동되거나 뜻이 뒤바뀌어 사용되기도 하였다. 다양한 과학자, 정치인, 언론계 인사들은 기후변화에 관해 이야기할 때 기후 위기(Climate crisis)나 기후 비상사태(Climate emergency)라는 용어를, "지구 온난화" 대신 "지구 가열"(Global heating)이라는 용어를 사용하기 시작했다.

영국의 가디언지 편집장은 이런 용어 사용 정책을 "과학적으로 엄밀하게 이야기함을 밝힘과 동시에, 매우 중요한 이 문제를 독자와 명확하게 소통할 수 있게끔 하기 위해" 편집 지침에 추가했다고 밝히기도 했다. 2019년에는 옥스퍼드 대학교 출판부의 "옥스퍼드 랭귀지"(Oxford Languages)가 올해의 단어로 "기후 비상사태"(Climate emergency)를 선정하면서 이를 "기후변화를 줄이거나 멈추고 그로 인한 잠재적으로 돌이킬 수 없는 생태학적 피해를 막기 위해 긴급한 대책이 필요한 상황"이라고 정의하였다.

〈그림 2.8〉 지구 온난화 현상

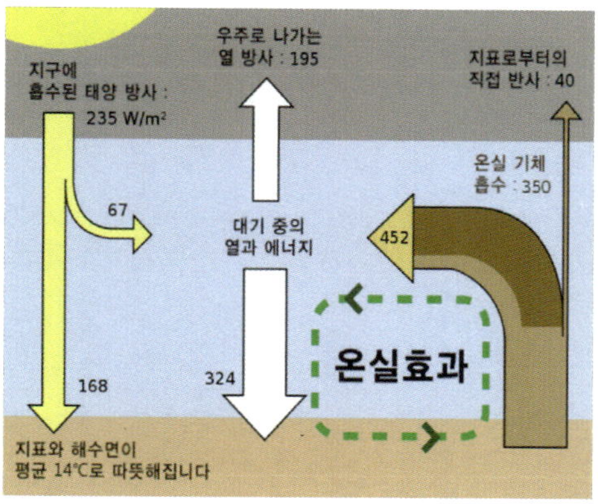

기후변화는 대기 중에 있는 온실 기체 농도가 상승하며 가속된다. 온실 기체는 지구의 기후계에 열을 가둬버리는 온실 효과를 강화시킨다.

2.3. 기후 위기 원인과 문제점

기후계는 수십 년 혹은 수 세기를 주기로 하는, 엘리뇨-남방진동과 같은 다양한 기후 변동을 가지고 있다. 그 외의 변화는 기후계 '외부'의 에너지 불균형으로 인해 발생하지만, 기후계의 외부가 꼭 지구 외부를 의미하는 것은 아니다. 기후계의 외부 영향으로는 온실 기체의 농도 변화, 태양 광도의 변화, 화산폭발, 태양 주위를 도는 지구 궤도의 여러 변화 등이 있다.

기후변화에 있어 인간이 얼마나 많은 영향을 끼쳤는지 분석하기 위해서는 알려진 기후계 내부 변동이나 자연적인 외력은 배제해야 한다. 여기서 사용하는 접근법은 모든 잠재 원인에 대한 일종의 '지문'을 지정한 다음 이 지문을 관측된 기후변화 패턴과 비교하는 것이다.

예를 들어 태양 궤도 변동을 주요 원인으로 배제한다. 이 지문은 대기 전체를 따듯하게 만들 것이다. 하지만 이 지문을 빼더라도 하층부 대기만 따듯해지는데 이는 온실 기체의 효과로 인해 발생하는 것이다. 현대 기후변화의 원인은 전적으로(100%) 점차 증가한 온실 기체 때문이며 에어로졸이 여기에 약간의 감쇠 효과가 있다.

〈그림 2.9〉 기후변화 요인의 온도변화 영향력

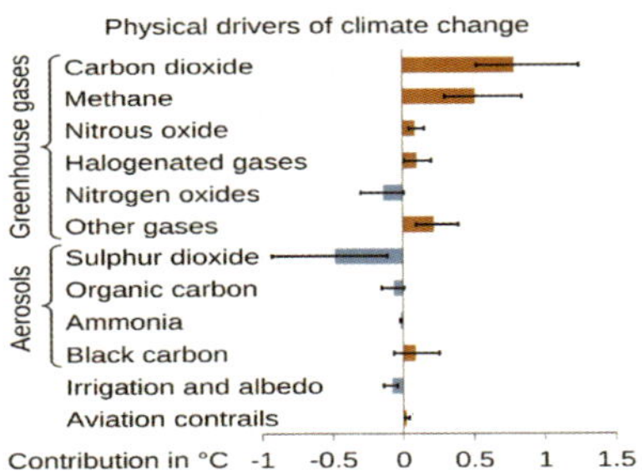

1850~1900년에서 2010~2019년 사이 기후변화를 일으킨 주요 요인의 온도변화 영향력을 그린 그래프. 자연적인 내부 변동이나 태양, 화산 활동으로 인한 유의미한 영향은 없다.

2024년도 자연재해 발생통계를 벨기에 루뱅대학 재난역학연구센터(CRED)에 따르면 24년도는 매우 뜨겁고 폭풍이 친해라고 말하고 있으며 보고된 전세계에서 재난 발생건수는 393건, 사망자 수는 16,753명, 피해 영향을 받은 인구 수는 1억 6,720만 명, 경제적 피해액은 미화 2,420억 달러(342조 1,154억원)규모이다

2024년의 특징은 아시아 전역의 극심한 고온 현상으로 수천 명의 사망 초래했고, 아프리카의 심각한 가뭄, 2,500만 명 이상 영향을 받았으며 미국의 열대 폭풍으로 총 피해액 1,000억 달러(141조 4,800억) 이상 발생하였다.

2024년의 16,753명 사망자는 2004~2023년 연평균 사망자 수인 65,566명보다 낮았다. 이는 대형 재난(예: 대지진, 쓰나미, 폭풍, 혹서 등)의 부재 덕분이다. 그러나 아시아에서 발생한 여러 건의 고온 관련 재난은 2024년 치명적인 재해 10건에 포함되었다.

주요 사례로는 사우디아라비아에서 하지 기간 중 50도 초과 폭염으로 1,300명 이상 사망하고 인도 폭염으로 733명 사망, 파키스탄 폭염으로 568명 사망, 방글라데시 폭염으로 3,300만 명의 아동에게 영향, 미국의 피닉스와 라스베이거스만 포함된 추정 사망자 1,006명, 유럽(이탈리아, 그리스 등): 고온 관련 초과 사망자 발생 (최종 수치 미확정) 하였다.

2024년 기타 대규모 재난으로 아프가니스탄은 혹한, 폭설, 산사태, 홍수로 약 1,200명 사망, 파푸아뉴기니는 5월 24일, 잉가주에서 발생한 대규모 산사태로 약 670명 사망, 일본은 1월 1일 대지진으로 551명 사망, 피해액 150억 달러(21조 2,475억원)에 달했다.

2024년 홍수 피해는 아프리카 중앙에 있는 차드(Chad)에서 7~9월에 576명 사망하고, 니제르(Niger)에서는 6~10월에 396명 사망했으며 인도에서는 몬순(우기)성 폭우(열대성 폭우)로 800만 명 피해 입었는데 4월부터 6월까지는 인도가 계절성 폭우인 몬순으로 기온이 대폭 하강하기 직전으로 폭염이 예고된 기간이다. 그러나 지난 10년간 몬순 이전에 예상보다 더 높은 기온이 기록되고 있다. 과학자들은 기후 변화로 인해 인도를 포함한 남아시아의 기온이 산업화 이전보다 2도 이상 높아졌다고 밝혔다. 기후변화를 연구하는 다국적 단체인 세계기상특성(WWA)는 남아시아의 이례적 폭염이 일어날 가능성이 기후 변화로 인해 이전보다 30배 높아졌다고 전했다.

또한, 방글라데시에서는 6~7월에 510만 명 피해를 입었고 8월에는 580만 명 피해 입었다. 그리고 스페인(발렌시아)에서는 10~11월에 피해액 110억 달러(15조 4,858억원)를 입었고 브라질(남부)에서는 5월 홍수 · 산사태 · 진흙사태로 피해액 70억 달러 규모의 피해를 입었다.

2024년 중심 부근의 최대 풍속이 초속 17~24미터인 열대성 저기압 즉 북태평양 서남부에서 발생하며, 많은 비를 동반하는 .열대성 폭풍으로 미안마에서는 태풍 야기(Yagi)로 460명 사망하고, 베트남에서는 같은 태풍으로 345명 사망하고, 동남아시아 전체에서는 태풍 가에미(Gaemi), 프라피룬(Prapiroon), 트라미(Trami) 등으로 2,900만 명 피해를 입었고 방글라데시에서는 사이클론 레말(Remal)로 460만 명 피해입었으며 미국에서는 허리케인 헬렌, 밀턴, 베릴 등 발생, 대규모 피해 유발하였다.

2024년 가뭄피해로는 잠비아에서 980만 명과 짐바브웨에서는 760만 명, 말라위에서는 610만 명 피해를 입었고 브라질(아마존 지역)에서는 수세기 이래 최악의 가뭄, 피해액 60억 달러와 미국의 남부, 동부, 북서부 지역에서 가뭄 발생, 손실 54억 달러 규모의 피해를 입었다.

후로 인한 자연재해는 지속해서 증가하고 있으며 피해액 사망자 수도 기하급수적으로 증가하고 있다.

〈그림 2.10〉 2023년도 주요 자연재해에 따른 사망자 수

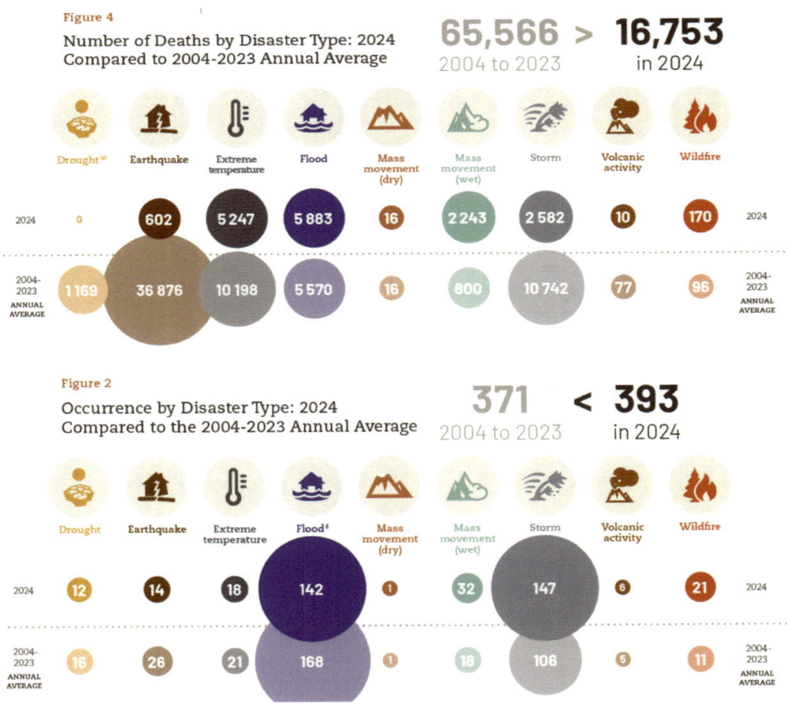

(1) 기온 상승

여러 독립적인 측정 데이터세트에서는 현 지구의 기후가 온난화되고 있음을 보여주고 있다. 2011년에서 2020년 사이 10년간은 산업화 이전 기준선인 1850년~1900년 사이 평균기온보다 평균 1.09°C(오차 고려 0.95-1.20°C) 상승하였다. 지상 기온은 10년마다 평균 0.2°C 상승하고 있으며, 2020년 기준 산업화 이전보다 1.2°C 더 상승한 상태이다. 1950년대 이후부터 전 세계적으로 추운 날의 수가 더 줄어들고 있으며, 따뜻한 날의 수가 더 늘어나고 있다.

18세기에서 19세기 중반 사이에는 순 온난화 현상이 거의 없었다. 이 시기의 기후 정보는 나무의 나이테나 아이스 코어 같은 간접 관측 기록을 이용해 추정한다. 이런 자료를 통해 자연적인 변화 수치가 산업혁명 초기의 영향을 상쇄시켰다는 것을 알아냈다. 온도계를 통한 직접적인 기온 관측 기록은 1850년대 경부터 전 세계에 나오기 시작했다. 그 이전 중세 온난기나 소빙기 같은 역사적인 온난화 및 한랭화는 전 세계 다른 지역에서 동시다발적으로 발생하진 않았다.

특정한 한정된 지역에서는 기온이 잠깐 20세기 후반 수준으로 상승했을 수도 있었다. 선사시대에도 팔레오세-에오세 극열(極熱)기[42](PETM : Paleocene-Eocene Thermal Maximum) 최대 온난기 같은 전지구적 온난화 현상이 있었긴 했다. 하지만 현대에 관측되고 있는 기온 상승과 이산화탄소 농도의 상승은 매우 빠르며 지구 역사상 일어났었던 그 어떤 지구물리학적 기후 급변 사건보다도 그 속도가 빠르다.

측정한 기온으로 보이는 온난화의 증거는 광범위한 기타 다른 자료로도 보강된다. 일례로 폭우의 빈도와 그 강도가 더 강해지고 많아졌으며, 육지의 얼음과 눈이 녹았으며 대기의 평균 습도도 상승했다. 또한 동식물군에서는 일례로 꽃이 점점 더 이른 봄에 피어나는 현상과 같이,

---

42 팔레오세 후반에서 에오세 초반 사이에 있었던 온난기로 약 5,580만 년 전부터 대략 17만 년 동안 계속된 기후변화 사건. 이 사건은 지구과학 연구에 있어서 주요한 연구 문제로 자리를 잡았는데 그 이유는 오늘날 인류가 처한 지구 온난화 문제의 중요한 열쇠가 될 수 있기 때문이다. 이 사건의 연구는 지구 온난화의 양상과 해양 산성화같이 대기와 해양으로 대거 유입된 탄소가 이들 환경에 미치는 영향을 이해하는 데 있어서 매우 중요하다고 판단된다. 이 사건의 발단은 지구의 온도가 5°C 정도 오르고 탄소의 순환에 극심한 변화가 있었기 때문이라고 생각된다.
화석기록에서도 이 사건의 영향에 대해 확인할 수 있는데, 팔레오세-에오세 최고 온도(Paleocene-Eocene thermal maximum, PETM)이 시작될 때, 바다에서는 유공충이 대량으로 멸종했고 아열대 쌍편모조류가 대량으로 증식했다. 육지에서는 영장류를 포함한 오늘날 존재하는 포유류의 많은 목(目)이 갑자기 출현하게 되었다.

온난화와 일치하는 경향으로 생태가 변화하고 있다. 또 다른 핵심적인 온난화 지표에는 대기 상층부의 한랭화 현상인데, 온실 기체가 지구 표면 근처에 열을 가둬버려 우주로 열이 방사되는 것을 막아 높은 고도에서의 기온이 시간이 지날수록 점차 낮아지고 있다.

전 세계의 여러 지역마다 온난화의 진행 속도는 서로 다르다. 온난화 진행 속도 차이는 온실 기체가 방출되는 정도의 차이와 관계가 있는 것은 아니다. 온실 기체의 효과가 지구 전체에 골고루 퍼질 정도로 충분히 오래 유지되기 때문이다. 산업화 이전부터 육지의 평균기온은 지구 전체의 평균기온보다 거의 2배 빠르게 상승하였다.

그 이유로는 바다가 육지보다 열용량이 더 크고 바다에서는 물의 증발로 더 많은 열을 잃기 쉽기 때문이다. 지구 내 기후계의 열에너지는 1970년대 일시적인 답보 상태 이후로는 꾸준히 늘어났으며, 늘어난 여분의 열에너지 중 약 90% 이상이 바다에 저장되었다. 나머지 열에너지는 대기를 데우고 얼음을 녹이며 육지를 덥히는 역할을 하였다.

북반구와 북극은 남반구와 남극보다 더 빨리 따뜻해졌다. 북반구의 육지 면적이 훨씬 더 넓은 뿐 아니라, 계절의 변화에 따라 덮이는 눈과 해빙도 더 많다. 훨씬 더 많은 빛을 반사하는 표면이 있는 얼음이 녹아 더 어두운 흙이 노출되면 반사율이 낮아 더 많은 열을 흡수하기 시작한다. 눈과 얼음에 쌓이는 검은 탄소도 북극 온난화의 원인이 된다. 북극의 기온은 세계에서 가장 빠르게 증가하고 있으며 지구의 다른 지역보다 두 배 이상 빠르게 증가하고 있다. 북극의 빙하와 빙상이 녹으면 멕시코 만류의 순환을 약화시키는 등 전 지구적인 해양 순환을 방

〈그림 2.11〉 2,000년간의 세계 온도변화 추이

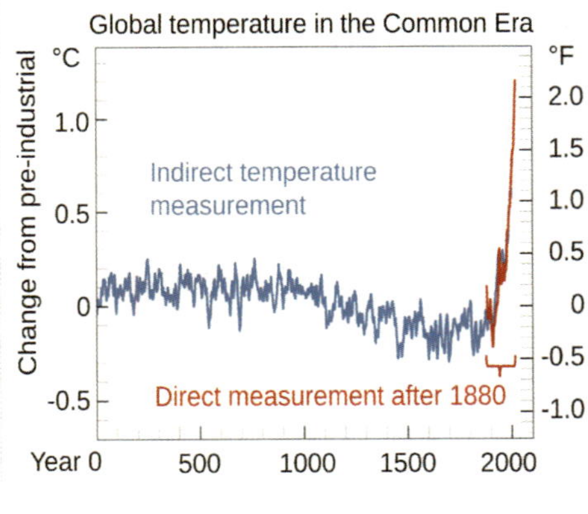

과거 2,000년간의 온도 기록을 재구성한 그래프. 파랑 선은 나이테, 산호초, 북극 아이스 코어 등 간접적인 데이터를 이용해서 추정한 온도 기록이다. 빨강 선은 온도계를 통해 직접적으로 관측한 온도 기록이다.

해시켜 기후를 더욱 변화시킨다. 이러한 기온 상승은 온실가스 수치와 함께 상승하는 추세는 기후 모델로 예측되었다.

(2) 온실 기체

지구는 태양에서 내려온 햇빛을 흡수하고 이를 복사열의 형태로 다시 방출한다. 대기 중의 온실 기체는 적외선을 흡수한 후 다시 방출하여 복사열이 대기를 통과해 우주로 방출하는 속도를 지연시킨다. 산업혁명 이전에는 자연적으로 발생하는 온실 기체 때문에 지표면 근처의 기온은 온실 기체가 하나도 없었을 때보다 약 33°C 더 높았다.

온실 효과에 가장 큰 영향을 주는 요인은 수증기(~50%)와 구름(~25%)이지만 이 둘은 기온에 영향을 받아 증가하는 관계가 있는 기후계 내부 요소에 해당하며 온도에 따라 두 요인의 크기가 계속해서 피드백된다. 반면 이산화탄소(~20%), 지상의 오존, 염화 플루오린화탄소(CFC), 아산화질소 등의 기체 농도는 온도에 영향을 받지 않는 기후계 외부 압력에 속한다.

〈그림 2.12〉 이산화탄소 농도 및 배출증가량

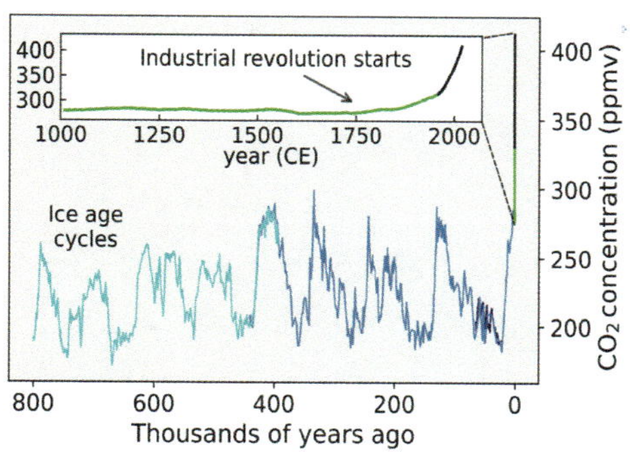

아이스 코어(파랑/녹색)를 통한 추정 기온 기록과 직접 측정한 기온 기록(검정)을 통해 복원한 지난 80만 년간의 이산화탄소 농도 그래프.

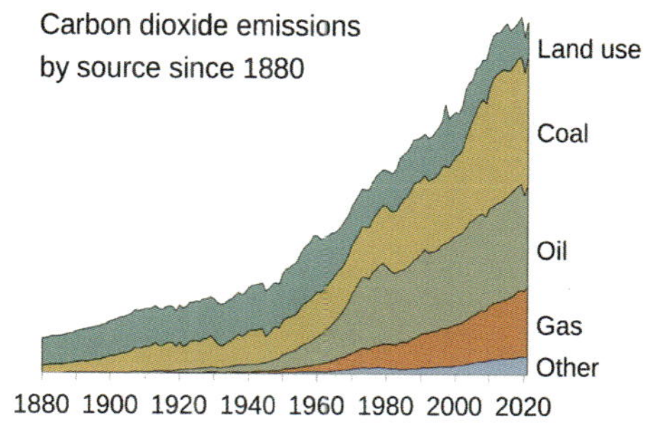

세계 탄소 프로젝트가 추정한 1880년 이후 각 요인별 이산화탄소 배출증가량을 그린 그래프.

2019년 기준 전 세계의 인위적인 온실 기체 방출량은 이산화탄소 약 590억 톤과 맞먹는다. 총 온실 기체 방출량 중 이산화탄소가 75%, 메테인이 18%, 아산화질소가 4%, 플루오린화 기체가 2%였다. 이 중 이산화탄소의 배출은 주로 교통, 제조업, 난방, 전기를 위한 에너지를 쓰기 위해 화석 연료를 태우며 발생하였다. 그 외에도 산림 벌채와 산업 공정에서도 이산화탄소가 배출되었는데 주로 강철, 알루미늄, 비료를 제조하기 위해 사용하는 화학반응으로 이산화탄소가 배출되었다. 메테인은 주로 가축 목축, 천연 거름 이용, 쌀 재배, 매립지, 폐수, 석탄 및 석유, 천연가스 채굴 과정에서 배출되었다. 아산화질소는 주로 비료의 미생물 분해 과정에서 배출되었다.

온실 기체 방출에 산림 벌채가 큰 요인을 차지하고 있지만 그럼에도 지구의 육지 표면, 특히 숲이 가장 큰 탄소 흡수원 역할을 하고 있다. 토양의 생물학적 탄소 고정이나 광합성과 같은 지표면의 탄소 흡수 작용으로 연간 전 세계 이산화탄소 배출량의 29%가 다시 흡수된다. 바다도 두 단계 과정을 통해 중요한 이산화탄소 흡수원 역할을 한다.

먼저 표층수에 이산화탄소가 용해되고 나면 바다의 열염순환 과정에서 이산화탄소가 흡수된 바닷물이 해양 심층으로 깊숙이 골고루 가라앉고 시간이 지나면 탄소의 순환 과정으로 바다 심해에 축적된다. 지난 20년간 전 세계의 바다가 그동안 배출한 이산화탄소의 20~30%를 흡수하였다.

(3) 에어로졸과 구름

연무질(에어로졸[43] : 헤어스프레이, 모기향 등) 형태의 대기 오염은 인간의 건강에도 큰 영향을 끼칠 뿐 아니라 기후에도 큰 영향을 미친다. 1961년부터 1990년까지 지구 표면에 도달하는 햇빛의 양이 점차 감소하는 현상이 관측되었는데 이를 대중들은 지구 음암화라고 불렀으며 그 원인은 바이오 연료와 화석 연료의 연소 과정에서 발생한 에어로졸이 지구 대기에 영향을 줘서 발생했던 것으로 알려져 있다. 전 세계적으로 에어로졸의 농도는 1990년 이후

43 밀폐된 용기에 액화 가스와 함께 봉입한 액체나 미세한 가루 약품을 가스의 압력으로 뿜어내어 사용하는 방식. 또는 그 약품. 모기향, 스프레이, 페인트 제거제, 헤어스프레이 등

부터 꾸준히 감소하였으며 이는 에어로졸이 더 이상 온실 기체의 온난화 효과를 저지하지 못한다는 뜻이다.

에어로졸은 지구 대기 중에서 산란시키고 태양 복사를 흡수한다. 또한 지구의 복사열 수지에도 영향을 미친다. 황산 에어로졸은 구름 응집핵 역할을 하여 더 작고 더 많은 물방울을 지닌 구름으로 변화한다. 이런 에어로졸 구름은 더 크고 더 적은 물방울을 지닌 구름보다 태양 복사의 반사율이 더 높다.

또한 구름에 들어오는 햇빛을 더 많이 반사되게 만드는 빗방울의 성장도 감소시킨다. 에어로졸의 간접적인 영향은 각각의 요소가 서로 다른 영향을 주기 때문에 복사 강제력에 있어 가장 큰 불확실성을 만든다.

에어로졸은 보통 햇빛을 반사하여 지구 온난화의 영향을 제한시키지만, 눈이나 얼음 위에 떨어지는 그을음과 같은 블랙 카본은 지구 온난화에 영향을 준다. 블랙 카본은 땅의 햇빛 흡수량을 늘리고 눈과 얼음을 녹여 해수면 상승을 이끈다. 북극에 새롭게 쌓인 블랙 카본 퇴적물[44]을 제한하면 2050년까지 기온 상승을 0.2°C 낮출 수 있다.

(4) 토지이용 개발

(가) 토지 개발

우리나라에서는 오랜 시간에 걸쳐 다양한 토지이용의 변화가 있었다. 큰 강과 분지 지역을 중심으로 도시가 건설되었으며, 인구 증가와 함께 도시는 점차 확장되었다. 도시와 도시를 잇는 도로와 철도가 건설되었고 이 지역들을 중심으로 새로운 도시가 건설되고 확장되었다. 식량 생산을 위한 농경지와 가축을 기르기 위한 초지도 점진적으로 증가하였다. 야산이 개간되어 밭이 되었고, 밭은 수리 시설이 발달하면서 논으로 변하였다. 최근에는 수익성 때문에 논을 밭으로 변화시키기도 한다. 해안에서는 새로운 토지를 만들기 위해 바다가 매립되었다.

44 블랙 카본은 주로 화석 연료나 석유, 석탄뿐만 아니라 산불 등으로 불완전 연소하여 된 검은 탄소들을 말함. 또한 그린카본은 열대 우림이나 타이가 지대에서 넓게 분포하는 산림생태계와 같은 육상 생태계가 흡수 및 저장하는 탄소를 말하고, 블루카본은 주로 연안에서 서식하는 식물과 퇴적물을 통해 해양 생태계가 흡수하고 저장하는 탄소를 의미함

하지만 토지이용 변화는 다양한 환경문제를 일으킬 수 있다. 도시와 농경지가 확장되면서 상대적으로 산림은 감소하였고, 산림 감소는 지구 온난화 원인 물질의 증가와 홍수 위험의 증가를 야기하였다. 도시, 도로, 철도 등의 건설로 인해 산림이 황폐화되었고, 이는 동 · 식물이 살아가는 환경을 위협하였다. 대도시 주변에서는 쓰레기 매립장으로 인해 악취와 침출수 등의 환경문제가 발생하였다. 간척으로 '바다의 밭'이라고도 불리는 갯벌이 감소하였다. 갯벌이 사라지면서 생물 다양성이 저하되고 연안의 재해 위험은 증가하였다.

우리나라는 이와 같은 환경문제를 최소화하고, 지속 가능한 토지이용을 달성하기 위하여 다양한 노력을 기울이고 있다. 토지피복지도 또는 토지이용도를 제작하여 지표면의 상태를 파악하거나 사람들이 땅을 어떤 방식으로 이용하는지를 확인하고 있다. 연안 지역에서는 공유 수면 매립으로 파괴되었던 해양 생물 서식지를 복원하기 위해 기초 조사를 시행하고 지속해서 그 상태를 관찰하고 있다. 대도시 주변의 쓰레기 매립장은 공원으로 조성하여 악취와 침출수를 최소화하기 위해 노력하고 있다. 나아가 국토 환경성 평가 지도를 만들어 국토의 난개발을 방지하고, 토지이용 규제 정보를 일반에 제공함으로써 친환경적 토지이용을 위해 노력하고 있다.

남한과 북한은 토지이용 측면에서 큰 차이를 보인다. 남한의 면적은 약 10만km^2이고, 북한은 약 12만km^2이다. 환경부의 2000년대 말(2008~2010년) 대분류 토지피복지도에 의하면 남한의 시가화 · 건조 지역 면적은 북한에 비해 약 2배 넓다. 남한에서는 총면적의 4%인 약 3,700km^2가, 북한에서는 총면적의 2%인 약 1,900km^2가 시가화 · 건조 지역으로 이용되고 있으며, 해당 지역은 큰 하천 주변의 분지 또는, 하구 지역에서 나타나는 경향이 있다. 이에 비해 농업 지역은 북한이 남한에 비해 넓다.

남한에서는 총면적의 20%인 약 20,000km^2가 농업 지역으로 이용되고 있으며 북한에서는 총면적의 24%인 약 30,000km^2가 농업 지역으로 이용되고 있다. 남 · 북한 모두 총면적의 약 70%가 산림 지역이다. 한반도에서는 높은 산이 동쪽과 북쪽에 치우쳐 있고 서쪽은 상대적으로 고도가 낮고 경사가 완만한 지형들이 나타난다. 이와 같은 지형적 특성으로 인해 농업 지역은 서쪽에 주로 분포하고, 산림 지역은 동쪽에 분포한다.

예를 들어 울산은 1970년대 중화학 공업 단지가 조성되면서 성장한 한국의 대표적인 공업

도시이다. 대규모 중화학 공장과 석유 화학 공장들이 들어서면서 많은 사람이 울산으로 모여들었고, 거주지가 개발되기 시작하였다. 1990년대에는 인구가 100만 명을 넘어섰으며, 이 시기에 시가화 지역이 급격하게 증가하였다.

하지만 단기간의 급속한 발전과 성장은 환경오염을 발생시켰고, 이는 심각한 사회 문제로 주목받았다. 2000년대부터 생태계 보전과 복원을 위한 많은 정책이 추진되었으며 이후 긍정적인 결과들이 나타났다. 그 예로 과거 태화강에서는 수질오염이 심각하고 어류의 집단 폐사가 수차례 발생하였지만, 최근에는 연어가 회귀할 정도의 맑은 수질로 개선되었다.

또한, 대한민국은 지난 반세기 동안 급속한 개발 위주의 경제성장으로 한정된 연안 공간에 대한 집중적인 개발이 지속되었다. 특히, 지난 수십 년간 지속된 공유 수면 매립으로 해양 생물 서식지를 완전히 파괴하는 결과를 초래하였고, 연안에 산업단지를 조성함으로써 각종 오염 물질이 배출되면서 해양 생태계의 건강성이 악화하고 다양성이 훼손되었다.

연안 복원과 관련된 국내 기술은 아직 미약한 수준이다. 2006년 이후 보호 대상 해양 생물종의 복원 및 보전을 위한 연구가 시작되었으나 현재까지도 모니터링 중심의 기초 조사 수준에 머무르고 있다. 연안 해양 생태계의 가치는 육상 생태계의 2배 정도로 크고 그중 갯벌, 하구역, 해조류, 산호초 등은 연안 생태계의 가치에서 큰 비중을 차지하고 있다.

국토해양부는 2009년 지자체 소요 파악, 설문 조사 등을 통해 17개 시 · 군 · 구의 81개소를 복원 대상지로 조사하였다. 이 중 보호 지역 인접 여부, 지역별, 복원 유형별로 안배된 17개소를 우선 복원 대상지로 선정하였다. 그중 우선 시범 사업 대상지로 전라북도 고창군과 전라남도 순천시, 경상남도 사천시가 선정되었다. 고창군과 사천시의 대상지는 복원 사업이 완료되었고, 순천시는 사업 전 물리 환경 및 생태계에 대한 모니터링을 시행하고 있다.

2019년 2일부터 스위스 제네바에서 제50차 총회를 개최한 기후변화에 관한 정부 간 협의체(IPCC, 의장 이회성)는 8일 이번 총회 결과를 담은 '기후변화와 토지 특별보고서'에서 "집약농업은 70억이 넘는 세계 인구를 먹여 살리고 있지만, 토양 침식과 유기물 감소를 초래했다"라고 언급했다.

특별보고서는 토지는 식량과 물을 공급하는 중요한 기반이며, 토지이용은 인간 활동에 의한 온실가스 배출량의 23%를 차지할 정도로 기후변화 측면에서 중요하다는 점을 강조했다.

토양은 무생물 자원으로 여겨왔지만, 실제로는 다양한 생물들의 서식공간이자 유기 탄소의 저장 공간인 만큼 대기 중 온실가스 농도를 줄이는 데도 주요한 역할을 할 수 있다는 게 보고서의 지적이다. 단일경작과 바이오에너지에 대한 수요 증가는 토양을 황폐화했고, 토양의 온실가스 흡수 능력을 떨어뜨렸다는 점도 보고서는 지적했다. 이에 따라 다양한 작물을 함께 재배할 것과 농업 부분에서 화석 연료 사용을 자제할 것 등을 권고했다.

토지이용 변화는 기후변화에 중대한 역할을 한다. 기후변화에서 인간 활동에 의한 인위적 요인은 토지피복, 삼림파괴 및 대기 중 온실가스와 에어로졸 증가 등이며 이러한 제 요인들이 지구 온난화를 지속시켜 나가고 있다.

그리고 각 국가별로 난개발(亂開發, Urban Sprawl)은 재건축, 재개발, 뉴타운 등 종합적인 도시계획 없이 되는 대로 개발하는 것을 말한다. 이 과정에서 기존의 산, 삼림 같은 자연 자원 및 도시 구조가 무분별하게 망가지며 경우에 따라 스프롤 현상[45]을 동반하기도 하므로 도시계획에서 최우선으로 피하고자 하는 행위다.

대개 대지의 용적률이 낮은데 건폐율만 높으면 이런 문제가 발생한다. 물론 용적률이 높아져도 건폐율이 안 떨어지면 그만큼 일조, 통풍, 채광 등에서 불리하고 이는 거주 측면에서 단점으로 작용해 주택가격에도 부정적인 영향을 끼친다.

재개발 등을 통해 교통, 도로 재계획, 적절한 비율의 용적률과 건폐율 조정, 쾌적한 기초 인프라 재구축, 녹지 추가조성 등으로 해결이 가능하다.

또한 우리나라의 경우에도 행정안전부에서는 미군 부대 반환에 따른 부산 하야리아 지구

---

45 스프롤 현상(Urban Sprawl)은 난개발의 한 종류로, 도시발전 초기에 일어나며 교외(suburb) 지대가 무계획적이고 비효율적으로 팽창하는 현상을 말한다. 스프롤 현상에 대한 명확한 정의는 없지만 공동주택 등 고층 건물 위주의 계획적인 도시팽창보다는 농지나 나대지(한국의 경우 심지어 산지도)에 저층 건물이나 단독주택이 비효율적으로 땅을 뒤덮어 수평 확장이 일어나는 현상에 더 중점을 둔 뉘앙스가 강하다. 스프롤 현상이 심화하면 이후 도시개발을 체계적으로 하기 어렵기 때문에 도시 공학인들은 이 용어에 대해 불쾌한 느낌을 갖는다.
도시 불량 팽창의 원인은 수도 없이 많다. 도심의 부동산 가격이 비싸짐에 따라 교외지 역으로 주거와 산업이 밀려나거나 교외에 계속 단독주택 단지가 뒤죽박죽으로 생기는 경우, 도시 지구들의 흥망성쇠에 따라 땅만 차지한 낙후 지대가 무한정 불어나는 경우 녹지라는 개념을 없애 버리는 경우 등 무계획적으로 도시가 수평 팽창하는 것은 전부 스프롤로 취급된다.

에 토양오염 정화시설 등 공원과 도로 개발하는데 2,700억을 투입하여 조성을 완료하였다. 앞으로도 전국 26개 미군 반환 지구에 1조 3,870억 원을 투입하여 트양오염 정화 등 개발을 목표로 추진하고 있다.

(나) 산림 파괴

전 세계의 숲, 녹지 영역의 손실률은 2001년 이후 약 2배로 증가했으며, 매년 우리나라 국토의 3배 면적인 30만km^2에 해당하는 숲이 사라지고 있다.

인간은 보통 더 많은 농경지를 확보하기 위해 지구 토지를 변화시킨다. 현재 지구 토지 영역의 34%가 농경지이며 26%는 숲이며 30%는 사람이 살 수 없는 빙하나 사막 같은 지형이다. 산림의 넓이는 계속 줄어들고 있는데 이 과정에서 일어나는 토지이용 변화로 지구 온난화가 가속화되고 있다.

탈 산림화로 나무가 벌채될 때 나무 안에 있던 이산화탄소가 방출되고 그 나무가 미래에 더 많은 이산화탄소를 흡수할 수 있는 기회를 빼앗는다. 산림 벌채가 일어나는 주요 원인으로는 고기 및 팜유와 같은 작물 생산을 위한 농지로의 영구 토지이용 변화가 27%, 임업, 수산업 가공품 생산을 위한 벌목이 26%, 화전농업과 같은 단기간 이동경작이 24%, 산불이 23%이다.

토지이용 변화는 온실 기체 배출에만 영향을 주는 것이 아니다. 그 지역의 식생 유형이 지역의 평균기온에도 영향을 준다. 즉 식생 유형은 얼마나 많은 햇빛이 다시 우주로 반사되는지(반사율), 얼마나 많은 열이 증발로 손실되는지에 영향을 미친다. 예를 들어, 어두운 숲이 초원으로 변하면 표면이 더 밝아져 반사율이 증가해 햇빛이 더 많이 반사된다.

또한 탈 산림화는 구름에 영향을 미치는 화학적인 화합물 방출 조성을 변형하고 바람 패턴을 변화시켜 기온에 영향을 줄 수 있다. 열대 지방과 온대 지방에서는 모든 요소를 합친 순효과가 온난화를 가속하는 반면, 극지방에 가까운 고위도에서는 숲이 눈밭으로 바뀌면 반사율이 증가해 냉각 효과가 발생한다. 전 세계적으로 총 영향은 지구 표면 반사율의 증가로 아주 미약한 냉각 효과가 발생한 것으로 추정된다.

〈그림 2.13〉 전 세계의 숲, 녹지 손실률

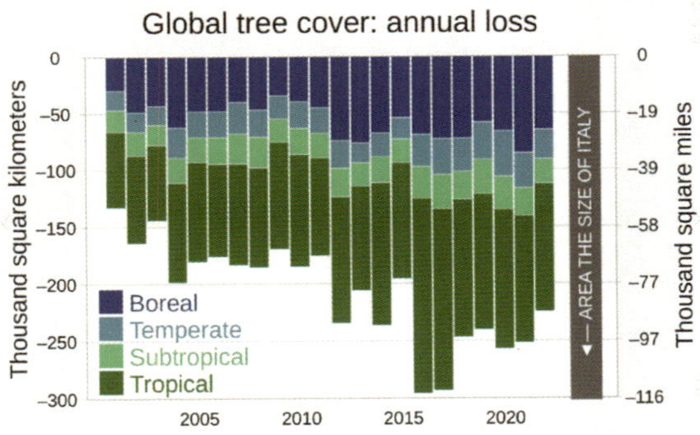

전 세계의 숲, 녹지 영역의 손실률은 2001년 이후 약 2배로 증가했으며, 매년 이탈리아의 전 국토 면적(한국의 3배)에 해당하는 숲이 사라지고 있다.

산림을 조성할 경우에는 메탄 배출이 급히 정지하게 되고, 동시에 더욱 삼림이 잘 육성되어 탄소 축적이 발생한다. 삼림과 초지는 기후효과에 더하여, 침식방지, 물의 정화, 물 유동 규제, 생물 서식지, 생태관광, 휴양 및 문화유산 가치 등의 생태계 서비스를 제공한다. 이러한 모든 것은 중요한 서비스이며, 토지이용 결정은 오로지 기후효과에 국한되지 말고, 시스템에 미치는 긍정적 및 부정적인 영향을 고려해야 한다.

기후변화와 삼림파괴는 최악의 조합이다. 기후변화로 인해 일부 열대 우림에 심각한 가뭄이 더욱 빈번하게 일어날 수 있으며, 이에 따라 숲은 화재에 더욱 취약해지기 때문이다. 여기에 벌목 등의 산림 파괴가 더해지면 불이 난 곳에 기름을 붓는 격이다. 산림 파괴는 남아있는 산림을 해체하고, 화재에 더욱더 취약하게 만든다.

최근 몇 년 동안 기후변화와 삼림화재는 인도네시아와 아마존 우림을 크게 위협해 왔다. 아마존뿐 아니라, 러시아에서는 2010년 폭염으로 인해 수백만 헥타르에 달하는 한대성 삼림이 화재로 소실되기도 했다. 세계은행에 따르면 우리가 기후변화를 막지 못할 경우, 이상기후 현상과 전 세계 삼림이 겪게 될 엄청난 재난이 '뉴노멀(New normal, 시대 변화에 따라 새롭게 떠오르는 기준 또는 표준, 당연시되는 현상)'이 될 수 있다.

세계 곳곳에서 역대급 산불이 발생하고 있으며 우리나라 22년도에 울진에서 발생한 산불이 역대 최장 213시간 동안 총 2만 943헥타르(ha)의 산림을 태웠다. 또한 비슷한 시기에 강원 강릉과 동해에서 발생한 산불 피해까지 합하면 총 2만 4,943헥타르(ha)로 이는 서울시 면적의 41.2%에 해당하는 역대 최대 규모의 산불 피해이다.

최근 산불은 한 번 발생하면 대형 화재로 확산하는 사례가 늘고 있으며, 발생 빈도 또한 잦아지는 추세로 특히 국내뿐만 아니라 전 세계 최악의 산불 기록 또한 매년 갱신되고 있다. 국내 통계를 살펴보면 2011년부터 10년간 평균 산불 발생 건수는 473.3건으로 2011년 277건에서 2020년 620건으로 2배가 넘는다. 특히 피해 면적은 2011년 1,090헥타르(ha)에서 2020년 2,920ha로 3배 가까이 되며, 피해 금액은 2011년 290억 6,300만 원에서 2020년 1,581억 4,100만 원으로 5배가 넘는다.

호주에서는 지난 2019년 9월부터 2020년 2월까지 6개월 동안 지속된 역대 최악의 산불로 인해 전체 산림의 14%에 해당하는 면적이 불에 타서 없어졌다. 이에 따라 인명피해는 물론 막대한 경제적 손실을 입었으며, 코알라를 비롯해 수억 마리의 야생동물 등이 희생됐다.

또한, 거의 매년 산불이 발생하고 있는 미국 캘리포니아에서는 2021년 7월 '딕시'라는 별칭으로 불린 대형 산불이 발생했으며, 3개월간 지속되며 큰 피해를 보았다. 러시아 시베리아에서 가뭄 등으로 역대급 산불이 확산하고 있지만 러시아-우크라이나 사태로 인해 많은 장비와 병력이 이동했기 때문에 진화 작업이 제대로 이루어지지 않아 피해가 커지고 있다. 이에 따라 러시아의 14개 지역이 특별 화재 체제를 선포했고, 특히 시베리아와 극동 지역은 심각한 상황인 것으로 알려졌다.

'지구의 허파'가 사라지고 있다. 지구의 허파 브라질 아마존 우림은 최근 4년 동안 빠른 속도로 잘려 나가고 있다. 남아메리카의 아마존 우림은 남미 페루, 콜롬비아, 베네수엘라, 에콰도르, 볼리비아, 가이아나, 수리남, 프랑스령 기아나 등의 국가에 걸쳐 있으며 약 60%의 면적은 브라질에 속해 있다. 아마존은 전 세계 열대우림지 중 절반 이상을 차지하며 지구 산소의 20% 이상을 생산하고 있으므로 지구의 허파라고도 불리게 됐다. 아마존 우림에는 지구상 동식물 중 10% 이상의 개체가 서식하며, 약 1만 6000종의 나무, 총 3,900억 그루가 자라고 있는 것으로 알려졌다.

〈그림 2.14〉 아마존 화재 사진

출처 : 빅터모리야마 / 그린피스

하지만 안타깝게도 매년 아마존 열대 우림 파괴는 최악을 기록하고 있다. 지난 2019년에는 브라질 아마존 산불로 인해 약 4만km² 규모의 숲이 잿더미가 됐다. 브라질 국립우주연구협회는 위성 자료를 근거로 2019년 화재로 피해를 본 면적이 역대 최대 수치라는 조사 결과를 내놓기도 했다. 상파울루 대학의 아마존 연구 과학자인 카를로스 노브레 박사는 "아마존 산림의 20%가 파괴되면, 긴 가뭄과 고온 현상이 나타날 것"이라고 분석했다. 그뿐만 아니라 전 세계 많은 환경전문가와 언론들이 "아마존은 이제는 더 이상 지구의 허파가 아닐 정도로 훼손이 심각하다"라고 지적하고 있다.

브라질 당국은 2021년 아마존의 판타나우 습지 산불로 1,700만 마리의 동물들과 '작은 뱀' 종의 약 55%가 목숨을 잃었다고 밝혔다. 브라질 국립우주연구소(INPE)에 따르면 2022년 5월 한 달 동안에만 아마존 열대 우림에서 화재가 2,287건 발생했다. 이는 최근 18년 동안에 가장 많은 발생 건수다. AP는 지난해 8월 브라질 국립우주연구소의 위성 센서에 3만 3,116건의 크고 작은 화재가 감지됐다고 보도했다.

(5) 태양과 화산 활동

(가) 태양 활동

물리적 기후 모델에서는 태양 활동과 화산 활동의 변화만으로는 최근 수십 년간 관측된 급격한 온난화를 재연할 수 없다. 태양은 지구에 들어오는 에너지원이기 때문에 지구로 내리쬐는 햇빛의 변화는 기후계에 직접적인 영향을 가져온다. 인공위성을 통해 태양의 복사조도 수치를 측정하고 있으며, 간접 관측 기록까지 합치면 1,600년도부터 현재까지 태양 활동의 변화를 추적할 수 있다.

지구로 들어오는 총 태양 에너지는 증가 추세가 없다. 지구 온난화를 일으키는 것이 온실기체라는 또 다른 강력한 증거로는 대기 하부(대류권)는 기온이 점점 증가하지만 대기 상부(성층권)는 기온이 점점 하강하고 있다는 관측 결과이다. 만약 태양 활동 때문에 지구 온난화가 발생한 것이라면 대기 상부와 하부 모두 기온이 증가해야 한다.

그럼에도 불구하고 기상청 관측 기반국 기상연구관 김지영의 칼럼을 보면 기후변화 연구를 통해 얻은 결론을 바탕으로 유엔이 이끄는 기후변화 협약(UNFCCC)이 진행되고 있고, 세계 각국은 온실가스 배출량 감축을 위해 다양한 노력을 하고 있다는 것을 알 수 있다.

하지만 여러 분야의 과학자들은 여전히 매우 복잡한 기후변화의 난제를 풀기 위해 과학적인 관측과 실험, 새로운 이론의 개발, 슈퍼컴퓨터를 이용한 수치 시뮬레이션을 통한 기후 모델링 연구 등을 지속해서 수행하고 있다. 태양으로부터 방출되어 지구를 향해 들어오는 에너지(irradiance)는 지구의 가장 중요한 에너지 원천이며 대기의 운동을 가능하게 하는 근본적인 요소이다. 지구의 기후에 영향을 주는 자연적인 요소 가운데 빼놓을 수 없는 것이 태양이고, 태양 활동의 변화 또한 중요한 요소 중 하나가 된다. 태양 에너지 다음으로는 지구 내부에 존재하는 방사성 물질의 자연붕괴에 의해 생성되는 에너지가 있는데, 그 양은 태양으로부터 오는 에너지의 1/10,000 정도이므로 양적인 측면에서 이들을 비교해 보면 태양으로부터 지구를 향해 들어오는 에너지의 양이 얼마나 절대적이고 큰 것인지 알 수 있다.

그렇다면 태양 활동은 기후변화 문제와 어떤 연관성을 가지고 있으며, 얼마나 중요한 것일까? 지구의 대기로 들어오는 TSI(모든 파장 범위에 걸쳐 지구의 대기 상층에 도달하는 태양 복사에너지의 총량)의 변화는 지구 복사 수지의 불균형을 일으키는 원인으로 작용함으로써 지표 부근의 기온변화를 유발할 수 있는 것으로 생각되고 있다. 보다 근본적으로는 지구의 기온은 태양으로부터 받는 단파의 복사에너지와 지구에서 우주로 방출되는 열복사 에너지 사이의 균형에 의해 조절되고 있는데, 복사법칙에 따르면 지구의 기온이 상승할 경우 지구가 우주로 내보내는 열에너지 또한 증가하게 된다.

지구는 이러한 복사 과정을 통해 태양으로부터 흡수되는 에너지를 적절하게 방출함으로써 온도를 조절하게 된다. 이것은 지구가 열적 평형상태를 유지할 수 있는 핵심적인 메커니즘이다. 만일 TSI가 증가하거나 감소하면 어떤 일들이 일어날까? 즉, 태양이 좀 더 밝아지거나 아니면 어두워져서 지구로 들어오는 총에너지의 변화가 일어난다면 그에 따른 지구의 기온 또한 증가 또는 감소하게 될 것이다.

짧은 기간 동안의 태양 활동 변화는 크게 우려할 만한 수준은 아닌 것으로 밝혀지고 있다. 예를 들어 TSI는 태양의 흑점 활동에 따라 비례하여 11년 주기로 변하는데(즉 태양 흑점 수가 많아질 때 지구로 입사하는 태양 에너지도 많아지게 됨), 그 변화의 폭이 작으므로 기온에 미치는 효과도 그리 크지 않은 것으로 탐지되고 있다.

지난 2007년에 발간된 IPCC 제4차 보고서에 따르면 산업혁명이 시작된 기점인 1750년 이후에 태양으로부터 방출된 에너지의 변화로 인한 직접 복사 강제력은 약 0.12W/m2(범위는 0.06 ~ 0.30) 정도로 추정된 바 있다.

과거로부터 관측되어 온 기후변화와 태양 활동과의 관련성에 대한 조사와 이해의 심화를 위해서는 우선으로 태양 자기장의 변화, 즉 태양 활동의 물리적 과정(Solar physics를 이해하는 것이 중요하다.

태양 활동이 활발해질수록(흑점 수가 증가할수록) 지구에 도달하는 우주선 복사는 감소하게 된다. 지구에 도달하는 우주선 양의 변화는 기후변화에 잠재적으로 영향을 줄 수 있다. 우주선이 지구 대기를 통과하게 되면 그 통과된 경로를 따라 이온화된 궤적을 남기게 되는데, 그에 따라 구름의 양에 영향을 주는 응결핵의 농도와 에어로졸 핵화율 등 구름 생성 작용을 일으키는 환경이 변하게 되는 것이다.

잘 알려진 바와 같이 전 지구적인 운량의 변화는 태양 복사에 대한 지구 반사도에 영향을 미치기 때문에 지구대기의 복사 수지와 기후의 변화에 큰 영향을 주게 된다.

지구의 대기와 태양 에너지 사이에서 일어나는 직접적인 상호작용도 중요하지만, 이 밖에도 다양한 형태의 간접적 효과도 일어나는데, 이들 모두가 기후변화의 문제를 이해하는 데 중요하다. 기후시스템 간에 일어나는 복잡한 퍼즐을 맞추기 위해서는 자연적으로 존재하는 온실가스와 인간 활동에 따라 배출된 온실가스, 구름과 에어로졸 작용, 대기와 해양의 순환 등을 종합적으로 고려해야만 한다.

중요한 사실 중 하나는 태양 복사가 이들 요소에 직접 영향을 주기도 하지만, 이들 요소 간에 일어나는 복잡한 상호작용에도 영향을 미치고 있다는 것이다. 인간이 기후에 어떤 영향을 주고 있는가를 명확하게 밝히기 위해서는 기후에 미치는 자연적 요소를 반드시 고려해야 할 필요가 있다.

왜냐하면 실제 관측과 과거의 기록을 통해 나타난 기후의 변화는 자연적인 과정에 의한 변화와 함께 인간 활용에 의한 요소가 더해진 결과이기 때문이다. 그러한 과정에 있어 태양에 의한 영향은 결코 빼놓을 수 없는 중요한 요소 가운데 하나이다.

〈그림 2.15〉 태양의 표면

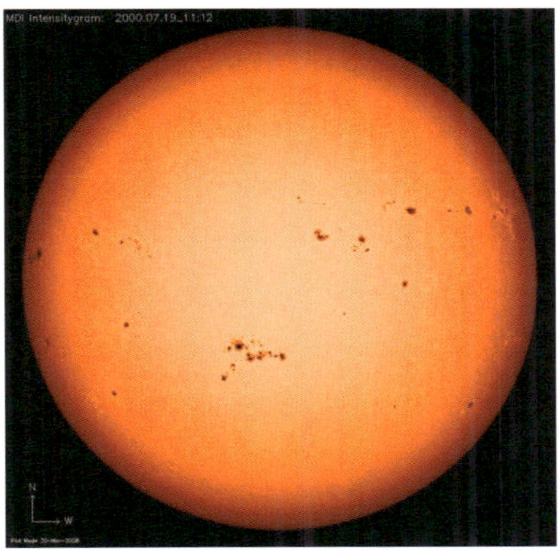

※ [NASA 제공] 태양의 표면에 나타나는 여러 현상들. 특히 흑점 수의 장기적 변화는 지구기후와의 관련성이 높다.

경북대학교 천문대기과학과 조일현, 장헌영 두교수 등 태양 활동 긴 주기와 기후변화의 연관성 분석연구를 통해 태양 활동 프록시(Proxies)와 지구 연평균 기온 아노말리 시계열을 이용하여 기후변화에서 태양 활동 신호를 찾아보았다.

이를 위해 Lomb & Scargle의 피어리드그램(Periodgram)을 이용하여 태양 활동 프록시와 기온 아노말리 시계열을 주기 분석하였다. 또한 EMD(Empirical Mode Decomposition)와 MODWR MRA(Maxial Overlap Discrete Wavelet Transform Multi Resolution Analysis)를 적용하여 두 시계열을 성분 분해하고 이들 중 비슷한 주기의 특성을 보이는 성분을 비교하였다.

태양 활동 프록시는 짧은 주기의 파워가 긴 주기의 파워에 비해서 큰 반면 기온 아노말리는 긴 주기에서 더 큰 파워를 보였다. EMD에 의한 성분분해 결과는 약 40년보다 긴 주기성을 갖는 성분을 분해해 낼 수 없었지만 잔차 성분은 비교할 수 있었다.

MRA(Moving Range Analysis, 시계열 데이터를 분석하여 다양한 주기를 가진 성분들을 분해하는 데 사용되는 통계적 방법) 시계열에서 태양 활동의 변화에 의한 신호를 찾아냈다. 1960년부터 2007년까지 기온 상승에 대한 태양의 기여도는 39%로 계산되었다고 분석하였다.

(나) 화산 활동

거대한 화산 분화는 산업화 이전까지 가장 거대했던 자연적인 기후 변동 요인이다. 분화가 매우 강해서 대기 성층권에 이산화황이 흩뿌려진다면 수년간 에어로졸이 햇빛을 차단할 수 있다. 온도는 약 두 배 정도 영향을 받는다. 산업화 이후 화산 활동은 지구 기온의 향방에 거의 무시할 수 있을 정도로 영향을 주지 못한다. 현재의 화산성 이산화탄소 배출량은 인간이 배출하는 이산화탄소 배출량의 1% 미만이다.

화산 분출 시 함께 나오는 이산화황이 산화하여 황산 에어로졸이 되면 햇빛을 차단하여 기온을 낮추는 효과가 있다. 19세기 초 인도네시아 탐보라 화산폭발 당시 이산화황이 44킬로미터 상공까지 치솟아 성층권에 두루 퍼지면서 전 지구 연평균 기온이 섭씨 5도 내려갔는데 그로 인해 미국에서는 폭설이, 유럽 각지에서는 대기근이 발생했다.

또한, 1991년 필리핀 피나투보 화산폭발 이후 2년간 전 지구 평균기온이 섭씨 0.6도가량 낮아졌는데 태양광 차폐효과가 전부가 아니었다. 화산재는 빠른 속도로 풍화하면서 칼슘, 마그네슘 등 미네랄이 되어 강으로 바다로 흘러 들어가므로 장기적으로는 탄소를 해저에 격리하는 효과까지 냈다.

이렇게 보면 화산은 지구를 온난화시킨다기보다는 역으로 온도를 낮추는 효과를 낸다고 볼 수 있는데 사실은 그것도 정도 나름이다. 엄청나게 많은 화산폭발이 연이어 발생한 결과 심각한 온난화 효과를 낸 경우가 이미 예전에 있었다.

유의할 점은 빙하가 녹으면 그만큼 지각을 누르는 힘이 가벼워지면서 화산 활동이 활발해진다는 사실이다. 참고로, 빙하와 화산이 함께 부존하는 지점은 우리나라로부터 그리 멀지 않은 캄차카반도, 알래스카에 있다.

그리고 화산 폭발의 기후 변화 사례로는 1991년 필리핀 피나투보 화산 폭발로 인해 전 세계적으로 평균 기온이 0.5℃ 감소하는 등 뚜렷한 냉각 효과를 보였다.

또한 1815년 인도네시아 탐보라 화산 폭발은 역사상 가장 강력한 화산 폭발 중 하나로 이듬해 전 세계적으로 '여름이 없는 해'라는 기상 이변을 야기했다.

(6) 기후변화의 피드백

초기 위에서 나열한 여러 강제력으로 입력을 준 기후계의 반응은 피드백을 통해 조정된다. 피드백으로는 자기 강화 피드백, 즉 양성 피드백으로 반응이 더 커지고 반대로 음성 피드백으로는 반응이 약해진다.

기후계의 주요 양성 피드백에는 수증기 피드백, 얼음 · 반사율 피드백, 구름의 순효과 반응이 속한다. 지구의 일차적인 음성 피드백으로는 복사냉각 반응으로 지구의 표면 온도가 상승하면 그에 따라 더 많은 복사열을 우주로 방출한다. 온도 피드백 외에도 식물 생장에 대한 이산화탄소의 비료 효과와 같이 탄소 순환과 같은 피드백도 있다. 기후 모델마다 주어진 온실 기체 입력값에 따라 서로 다른 규모의 온난화를 예측하는 이유도 바로 이 피드백의 불확실성 때문이다.

〈그림 2.16〉 녹고 있는 북극의 해빙

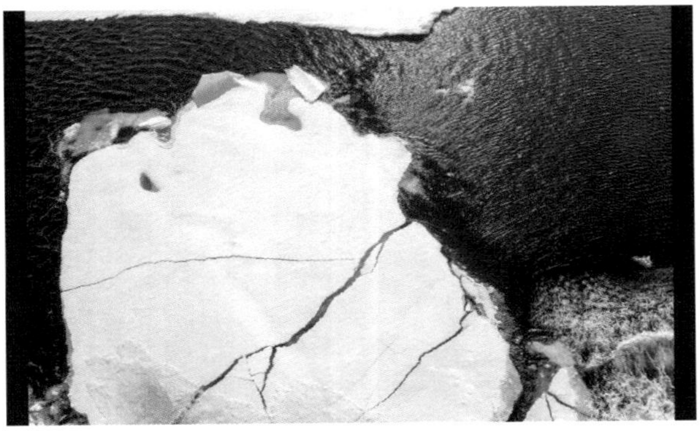

해빙은 내리쬐는 일사량의 50~70%를 다시 반사하는 반면 그보다 어두운 색깔의 바다는 6%만 반사하므로 해빙이 녹는 것은 자기 강화 피드백(양성 피드백)에 속한다.

공기가 온실 기체 때문에 따뜻해져 기온이 상승하면 더 많은 수분을 함유할 수 있다. 수증기는 매우 강력한 온실 기체이므로 대기를 더 많이 가열한다. 여기서 구름으로 덮인 땅의 면적이 증가한다면 더 많은 햇빛이 우주로 반사되어 지구가 냉각될 것이다. 만약 구름이 더 높은 높이에 생기고 더 얇아진다면 구름이 단열재 역할을 하여 지표면에서 반사한 열을 다시 지표면으로 구름이 반사하는 역할을 하여 지구 안에 열이 갇히고 지구가 더워질 것이다. 구름의 영향은 피드백의 불확실성에 있어 가장 큰 요인으로 작용한다.

또 다른 기후계의 주요 피드백으로는 북극의 눈으로 덮인 지역과 해빙의 감소 반응으로 이 둘이 일어나면 지구의 반사율이 감소한다. 더 많은 태양 에너지가 반사율이 낮아진 지역에서 흡수되면서 북극의 온도변화가 증폭된다.

북극의 증폭 현상으로 영구동토층도 빠르게 녹아 메테인과 이산화탄소를 대기 중으로 방출한다. 기후변화는 습지, 해수계, 담수계의 메테인 방출도 증폭시킬 수 있다. 이 효과 때문에 기후계의 전체적인 반응은 점점 양성 피드백이 강화되는 방향으로 흘러갈 것이다.

인간이 배출한 총이산화탄소의 약 절반은 육지의 식물과 바다가 흡수했다. 육지에서는 이산화탄소 농도의 증가와 생장기의 확대가 식물의 성장을 자극했다. 하지만 기후변화는 식물의 성장을 방해하는 가뭄과 폭염을 강화하므로 식물의 탄소 흡수구가 계속 증폭될지는 미지수이다. 토양도 많은 양의 탄소를 함유하고 있으며 가열되면 일부 탄소가 방출될 수 있다.

더 많은 이산화탄소와 열이 바다에 흡수되면 바다가 산성화되어 해양 순환이 변하고 식물성 플랑크톤이 더 적은 탄소를 흡수해 바다가 대기 중의 탄소를 흡수하는 속도가 느려진다. 전반적으로 이산화탄소의 농도가 높아진다면 더 적은 배출량만 자연이 흡수하게 된다.

추가로 설명하자면 이들 중 일부는 음성 피드백 (negative feedback)작용을 하여 기후의 변화를 억제하지만 이들 중 일부는 양성 피드백(positive feedback) 작용을 하여 기후의 변화를 촉진시킨다.

지구 기후변화 시스템에서 작동하는 양성 피드백에는 여러 가지가 있다. 첫째로 바다에는 상당량의 이산화탄소가 녹아 있는데, 대기의 온도가 높아지면 수온도 높아지고, 그러면 이산화탄소의 용해도가 낮아져 녹아있던 이산화탄소가 방출된다. 둘째로 한대지방의 영구 동토층 등에 썩지 않은 채로 묻혀있는 막대한 양의 유기물이 분해되면서 이산화탄소나 메탄 등의 온실기체가 방출된다. 셋째로 기온이 높아지면 흰색으로서 높은 반사율을 가진 빙하와 빙산이 사라지는데, 그럼으로 인해 지구 평균 반사율이 감소하는 것이다(즉 흡수율이 높아진다).

반대로 음성 피드백 효과를 일으키는 요인도 있다. 평균 온도가 상승하면 증발량이 많아지며, 그로 인해 대기 중 구름의 양이 많아진다. 구름은 대체로 흰색이어서 반사율이 높기 때문에, 그만큼 태양열의 흡수를 차단하여 평균온도를 낮추는 효과가 있다.

이 같은 음성 피드백과 양성 피드백 요인들 가운데 어느 편이 더 클까?

지금까지의 연구결과로는 양의 피드백 효과가 더 크며 이로 인해 지구 기후변화가 예상보다 급속도로 온난화될 가능성이 우려되고 있다.

지구 온난화로 인해 어떤 결과가 초래될까?

일단 빙하가 녹아 바다로 유입되면 바닷물의 양이 많아진다. 아울러 바닷물의 수온이 상승하므로 이로 인해 부피가 커진다(온도가 높아져 팽창하는 현상을 '열팽창'이라고 부른다). 해수량의 증가 및 열팽창으로 인하여 해수면이 높아지면, 저지대가 침수될 뿐만 아니라 해안 평야지대의 지하수에 바닷물이 침투하여 농작물이 소금 피해를 입게 된다. 이뿐 만이 아니다. 산소를 포함한 대부분의 기체는 수온이 높아질수록 용해도가 낮아진다.

따라서 바닷물의 수온이 높아짐으로 인해 용존산소가 줄어들 것이다. 전문가들은 향후 장기적으로 해양 생태계에 치명적인 영향을 줄 것으로 우려하고 있다. 이처럼 지구온난화의 여러 결과를 피드백 작용과 연관시켜 정확하게 이해하고 있어야 한다.

(7) 이산화탄소 영향

기후 모델이란 기후계에 영향을 미치는 다양한 물리적, 화학적, 생물학적 과정을 압축해 묘사한 것이다. 모델에서는 기후 피드백의 강도를 고려하여 향후 추가적인 온실 기체 방출이 야기할 온난화 수준을 계산하는 데 사용한다. 또한 기후 모델에서는 지구 공전, 자전 궤도의 변화, 역사적인 태양 활동의 변화, 화산 활동과 같은 여러 자연현상을 고려해 계산한다. 기후 모델은 미래의 기온을 추정하는 것 외에도 바다의 대순환, 계절의 연간 주기, 육지 표면과 대기 사이 탄소의 흐름을 재연하고 예측한다.

기후 모델의 물리적인 현실성은 현시기와 과거의 기후를 시뮬레이션하여 실제와 비교하는 과정으로 확인할 수 있다. 옛 구형 모델은 북극 해빙의 감소와 강수 비율의 증가를 과소평가했다. 또한 옛 모델에서는 1990년 이후 해수면 상승도 과소평가하는 문제가 있었지만, 최근의 모델에서는 실제 관측한 해수면 상승률과 거의 비슷하게 예측한다. 2017년 미국에서 발표된 미국 기후 평가(National Climate Assessment)에서는 "기후 모델이 여전히 기후변화 관련 피드백 과정을 과소평가하거나 누락했을 가능성이 있다"라고 말했다.

기후 모델의 일부는 단순한 물리적 기후 모델에 인문 사회적 요소를 더하기도 한다. 이런 모델에서는 인구 변화, 경제성장, 인간의 에너지 사용이 물리적인 기후계에 미치는 영향과 서로 상호작용하는 방식도 시뮬레이션한다. 이 정보를 통해 미래의 온실 기체 배출에 관한 시나리오를 만들 수 있다. 이런 인문 사회적 기후 모델 시나리오는 미래에 대기 중 온실 기체 농도가 어떻게 변할지 예측하는 데 물리적 기후 모델과 탄소 순환 모델의 입력값으로 사용된다. 사회경제적 시나리오와 완화 시나리오에 따라 모델에서는 대기 중 이산화탄소 농도를 380 ~ 1,400ppm 사이로 예측한다.

IPCC[46] 제6차 평가 보고서[47]에 따르면 매우 낮은 온실 기체 배출 시나리오에서 21세기 말 지구의 온난화 정도는 1.0°C에서 1.8°C에 이를 것이라고 발표했다. 중간 단계 배출 시나리오에서는 2.1°C에서 3.5°C로, 매우 많은 배출 시나리오에서는 3.3°C에서 5.7°C 더 상승할 것으로 예측하였다. 이런 예측은 기후 모델을 기반으로 하여 다양한 관측값을 합쳐 결정한다.

잔존 탄소 수지는 탄소 순환과 온실 기체의 기후 민감도를 모델링하여 결정한다. IPCC에서는 2018년 이후 이산화탄소 배출량이 420~570기가톤(Gt)을 넘지 않는다면 2/3 확률로 온난화 수준을 1.5°C 이하로 유지할 수 있다고 예측했다. 이는 현재 배출량 수준을 그대로 유지할 때 10~13년분에 해당한다. 탄소 수지의 경우 그 오차 범위가 더 넓다.

예를 들어 영구동토층과 습지에서 방출하는 메테인으로 이산화탄소 배출량이 약 100기가톤 정도는 더 적어질 수 있다. 하지만 화석 연료 자원이 풍부하므로 이 정도로 21세기의 탄소 배출량을 제한하기에는 부족하다.

---

46 기후변화에 관한 정부 간 협의체(氣候 變化에 關한 政府間 協議體, Intergovernmental Panel on Climate Change, 약칭 IPCC)은 국제연합의 전문기관인 세계 기상 기구(WMO)와 국제 연합 환경 계획(UNEP)에 의해 1988년 설립된 조직으로, 인간 활동에 대한 기후변화의 위험을 평가하는 것이 임무이다. IPCC는 연구를 수행하거나 기상 관측을 하는 조직은 아니다. 기후변화에 관한 국제연합 기본 협약(UNFCCC)의 실행에 관한 보고서를 발행하는 것이 주 임무이다.
IPCC는 독자적인 연구를 추진하지 않으며 기후변화를 감시하거나 관련 현상으로 야기되는 문제 자체에 대해서는 발표하지 않는다. IPCC의 주된 활동은 UNFCCC에 관련된 의제의 실행 여부에 대한 주제 보고서를 작성하고 출판하는 데 있다. UNFCCC는 중대한 기후변화가 일으킬 가능성에 대한 인정하는 내용을 담은 국제협약이며 그 구체화가 교토의정서이다. IPCC는 저작물에 대한 검증을 관련 분야종사자에게 맡기고 있으며 과학적인 근거를 확인한다. 가입국은 WMO와 UNEP 회원국에 한정한다.
실제로 IPCC가 발표하는 보고서는 기후변화 논쟁 및 공식 토론에서도 널리 쓰이고 있다. 각국 및 국제사회의 기후변화에 대한 관심도가 높아짐에 따라 전반적으로 국제연합의 기후협력패널에 대해서는 상당히 설득력이 있는 것으로 받아들여지고 있기도 하다. 부의장이었던 이회성이 2015년 10월에 의장으로 당선됨으로써 첫 한국인 의장이 되었다. IPCC 운영에 대한 원칙은 관련 WMO 위원회와 UNEP 위원회의 규약과 결정에 따르며 유엔기후변화협약사무국의 지지를 받아 만들어진 것이다.
2007년 12월 IPCC는 노벨평화상을 수상했다. 이유는 인간이 야기한 기후변화에 대한 상당한 지적 연구를 증진했으며 상호협력해야 할 필요성이 있는 사안에 관해 조치할 수 있는 기틀을 마련했다는 것이었다. 전 미국 부통령인 앨 고어가 공동으로 수상했다. 노벨위원회는 기후변화가 인간의 활동에 의한 것이며 앞으로 심각한 문제를 야기할 것임을 강조하면서 "1980년대 지구 온난화는 단순히 흥미 있는 가설이었으나 90년대에는 IPCC의 활동 등에 힘입어 더 확실한 증거를 얻었고, 최근 수년 동안 온난화가 인간의 활동에 의한 것이라는 사실이 더욱 확실해졌다"라고 밝혔다. 수상 선정에 대해 당시 노벨위원회 선정위원장이던 올레 단볼트 비에스는 "앨 고어 전 부통령은 기후변화 문제의 심각성을 전 세계에 확산시키고 대책을 마련하는 초석을 다졌습니다."라 평했다.

47 1990년 처음으로 발간된 IPCC 평가 보고서는 2년 뒤에 보완됐으며 두 번째 보고서(SAR)는 1995년에, 이어 2001, 2007년까지 4번의 보완을 거쳤다. 각 평가 보고서는 세 권으로 구성돼 있으며 실무대책반(Working Group) I, II, II로 구성돼 있다. 특정한 견해를 담지 않은 I 부분에는 기후변화에 대한 기초적인 상식을 다루었다.

〈그림 2.17〉 지구 표면 온도의 변화

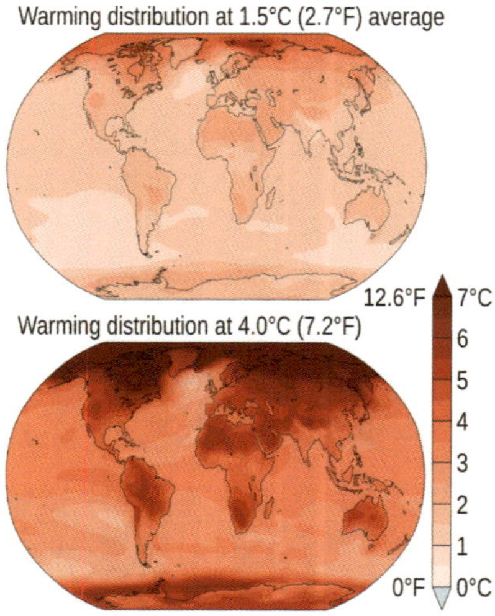

CMIP6 다중 모델의 평균 변화 값을 기반으로 하여 1850~1900년 대비 특정 기온만큼 평균기온이 상승할 경우 모델로 예측되는 전 지구상의 표면 온도의 변화 지도.

이산화탄소 농도가 증가하면 온실효과가 강화되어 지구 평균 기온이 상승하게 되며, 이는 기후변화를 일으킨다. 기후변화는 극단적인 날씨 변화, 해수면 상승, 빙하의 녹음 등 다양한 환경적 영향을 미치고 이산화탄소와 같은 온실가스의 농도가 증가하면 지구가 더 따뜻해지며 기후 패턴이 변하게 되어 기후변화가 가속화된다.

(8) 환경의 영향

기후변화는 바다, 얼음, 날씨 등등 환경 전반에 광범위하고 지대한 영향을 끼친다. 환경에 나타나는 변화는 점진적 혹은 급격하게 나타날 수 있다. 환경에 미치는 영향에 관한 연구는 과거의 기후변화 연구, 기후 모델, 현대 기후 관측 등으로 찾을 수 있다.

1950년대 이후부터는 가뭄과 폭염이 동시에 나타나고 있으며 그 빈도 또한 증가하고 있다. 인도와 동아시아에서는 몬순 기간 극단적으로 습하거나 건조한 날씨가 발생하고 있다. 강수 빈도와 태풍, 허리케인의 강도도 점차 증가하고 있다. 열대 저기압의 발생 빈도는 기후변화로 늘어나지 않았다. 하지만 2021년 네이처 지오사이언스 지에 실린 연구 논문에 따르면 기후변화로 해들리 세포가 영향을 받아 열대 저기압의 영향을 받는 지역이 극 방향으로 확대될 것이라고 분석하였다.

지구의 해수면은 빙하의 융해, 그린란드와 남극의 빙산 융해, 열팽창 등으로 계속해서 높아지고 있다. 1993년부터 2020년까지 지구 해수면은 연간 3.3±0.3mm 상승했으며 시간이 지나면서 상승률이 더 빨라지고 있다. 21세기 말까지 IPCC의 예측에 다르면 지구의 해수면이 총 61~110cm 상승할 수 있다고 전망하고 있다.

해수 온도도 증가하면서 남극 끄트머리의 빙하가 갈라지고 위협받고 있으며 이 때문에 빙상도 대규모로 녹을 위험이 존재하며 높은 온실 기체 배출량 시나리오에서는 2100년까지 해수면이 약 2m까지 상승할 수 있다.

기후변화로 수십 년간 북극해 해빙은 얇아지고 후퇴하고 있다. 1.5°C 온난화 수준에서는 여름에 북극에 얼음이 아예 없는 경우는 거의 없다고 보고 있지만, 2°C 온난화가 이뤄질 경우 약 3년에서 10년에 한 번꼴로 여름에 북극엔 얼음이 아예 없을 수도 있다고 전망하고 있

〈그림 2.18〉 기후변화에 따른 토양수분량 및 해수면 높이 변화

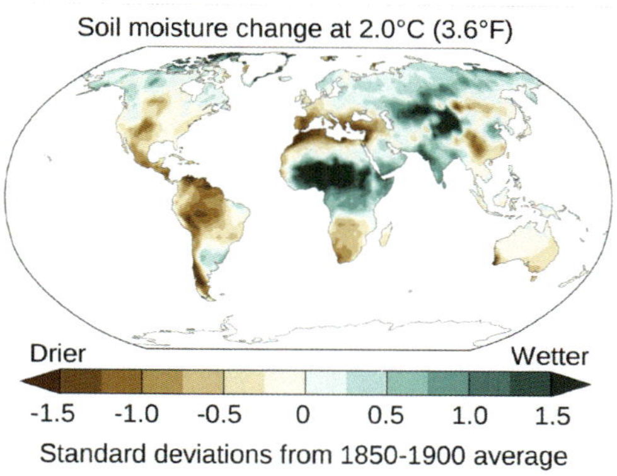

제6차 IPCC 평가 보고서에서 발간한, 농업과 생태계를 교란시킬 수 있는 토양 내 수분량 변화 예측 자료. 토양 내 수분량이 표준편차 1.0 단위로 감소한다는 말은 해당 지역의 평균 토양수분량이 1850~1900년 사이에 9번째로 가장 건조했던 해의 수분량과 비슷하다는 의미이다.

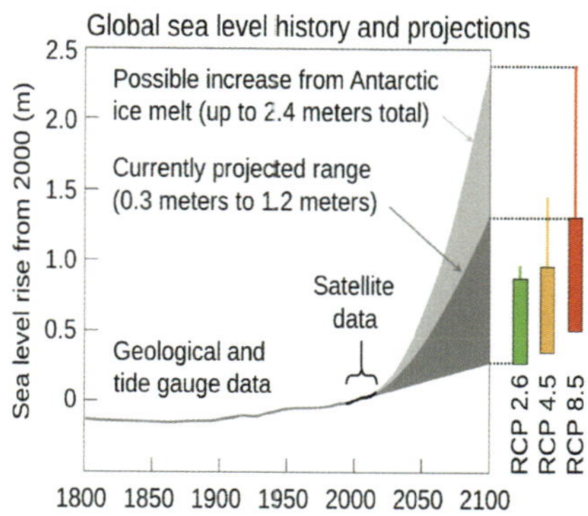

미국의 전지구적 변화 연구 프로그램에서 2017년에 발표한 2100년까지의 역사적인 해수면 높이 재구성과 그 예측값

다. 대기 중 이산화탄소 농도도 증가하면서 해양화학에도 변화가 생기고 있다. 바다에 용해된 이산화탄소가 증가하면서 바다는 점점 산성화되고 있다. 또한 바다가 따뜻해질수록 산소가 덜 용해되면서 바다의 산소 농도가 점점 줄어들고 있다. 바다에서 산소가 거의 없는 지역인 죽음의 지대도 늘어나고 있다.

(9) 티핑 포인트와 장기적인 영향

기후 티핑 포인트(Climate Tipping Point)는 안정한 상태의 기후 상태에서 급격한 변화를 통해 또 다른 안정된 상태로 바뀌게 되는 임계점을 말한다. 일반적으로, 기후시스템이 외부 강제력에 대해 점진적으로 반응하다가 어느 순간 작은 강제력에도 급격하게 변화하는데 이 지점을 기후 티핑 포인트로 정의한다.

지구 온난화 수준이 더 늘어나면 이후 온도가 다시 낮아지더라도 특정 영향을 더 이상 피할 수 없는 한계치인 티핑 포인트를 넘어설 위험이 점점 늘어난다. 예를 들어 서남극과 그린란드 빙상의 붕괴는 1.5~2°C 기온 상승으로 녹아내리며 일어날 수 있지만 얼마나 빨리 녹아내릴지는 불확실하며 미래의 온난화 수준이 어느 정도냐에 따라 차이가 생긴다. 또한 대서양 자오면 순환(AMOC)과 같은 지구상의 특정 해류가 아예 정지하는 등 짧은 시간 안에 대규모 변화가 발생할 수도 있다. 또한 티핑 포인트를 돌파하면 아마존 우림이나 산호초 같은 생태계에 되돌릴 수 없는 영구적인 피해를 남길 수도 있다.

기후변화가 가져다주는 장기적인 영향에는 추가적인 빙상 융해, 해양 온난화, 해수면 상승, 해양 산성화 등이 있다. 수 세기에서 수천 년의 시간 척도에서는 기후변화의 규모가 인위적인 이산화탄소 배출량에 따라 달라질 것이다. 이는 이산화탄소의 대기 중 수명이 매우 길기 때문이다. 바다의 이산화탄소 흡수도는 매우 느리므로 해양 산성화도 수백 년에서 수천 년간 점진적으로 일어날 것이다. 현재까지의 이산화탄소 배출은 간빙기를 최소 10만 년 이상 더 연장시킨 것으로 추정된다. 해수면 상승도 수 세기 동안 계속 진행될 것이며 2000년 이후에는 섭씨 1도 상승당 2.3m의 속도로 해수면이 상승하는 것으로 추정된다.

티핑 포인트 위험 요소로 Lenton et al.(2008)은 현재 지구 시스템의 여러 요소에서 티핑 포인트의 발생 가능성이 있다고 경고하고 있다. 특히 캐나다 일대의 아한대 산림(Boreal forest) 황폐화, 아마존 열대 우림 황폐화, 북극, 남극, 그린란드의 해빙과 육빙 소멸, 대서양 열 염분 순환의 변화, 메탄가스 배출과 관련된 영구동토층의 손실 등을 말하고 있다.

또한 티핑 포인트(어떤 일이 처음에는 아주 미미하게 진행되다가 어느 순간에 전체적인 균형이 깨지면서 예기치 못한 거대한 일이 한순간에 폭발적으로 일어나는 바로 그 시점)와 북극 주변의 영구동토층에는 수천 년간 쌓인 메탄가스가 다량 매장되어 있다. 메탄이 대기 중에서 일으키는 온실 효과는 대표적인 온실가스인 이산화탄소보다 30배나 크다. 지구 온난화가 진행되는 동안, 영구동토층이 녹기 시작하면서 메탄가스 배출이 시작되었다. 메탄가스 배출이 온난화 효과를 더 증폭시키고, 다시 추가적인 메탄가스를 배출시키므로 급격한 기후변화의 가능성이 커진다. 일부 과학자들은 이러한 메탄가스 배출과 지구 온난화가 기후변화 티핑 포인트를 야기할 수 있는 주요 인자로 경고하고 있다. 그러나, 현재 제시되고 있는 기후변화 시나리오(IPCC 보고서 등)에서는 이러한 효과를 고려하지 않거나 과소평가하고 있다.

지금으로부터 5천5백만 년 전 지구의 온도가 지금보다 8도 높았을 때, Palaeo-Eocene Thermal Maximum(PETM)이라고 불리는 이벤트가 발생하였다. 이 기간 동안 다량의 이산화탄소가 방출되었으며 지구의 온도는 5~8도 정도 급격하게 증가하였다.

12,800년 전부터 11,500년 전까지 소빙하기로 불리는 영거 드라이아스(Younger Dryas) 시기가 있었다. 이 시기는 최후 빙하기 이후 지구가 점진적으로 따뜻해지는 시기였다. 그런데, 영거 드라이아스 초기에 북반구 지역에서 급격한 온도 하강이 관측되었는데, 수십 년 동안 2~6도 기온의 감소가 나타났다. 이 시기에 유럽의 많은 지역에서는 뚜렷한 생태계 변화가 관측되었다. 그 원인은 북대서양에서 따뜻한 물을 수송하는 해류가 갑자기 약화하였거나, 역전된 것이 원인으로 추정하고 있다. 이 소빙하기가 끝나는 과정에서도 수십 년 사이에 지구의 온도가 10도 이상 증가하는 급격한 기후변화를 겪었다.

또한 최근 빙하기 동안 급격한 기후변화가 25번 발생했는데, 이를 단스가드 오슈가 이벤트(Dansgaard-Oeschger events(D-O events))[48]라고 부른다. 일부 과학자는 이 이벤트가 약

48 고생물학자인 Willi Dansgaard와 Hans Oeschger의 이름을 따서 명명된 Dansgaard–Oeschger 사건(종종 D–O 사건으로 축약됨)은 마지막 빙하기 동안 25번 발생한 급격한 기후 변동입니다. 일부 과학자들은 사건이 1,470년의 배수로 반복되는 준주기

1,470년의 주기로 발생했다고 주장하기도 한다. 이 이벤트 동안, 북반구에서는 수십 년 동안 급격한 온난화가 진행되었으며, 온도 하강은 상대적으로 느리게 진행되었다. 예를 들면 11,500년 전쯤에 그린란드의 온도가 40년 동안 8도 정도 상승하기도 하였다. 반대로, 남반구에서는 온도 변동이 북반구에 비해서 작게 나타나는 것으로 보고되었다(Lenton, M. T. et al., 2008 : Tipping elements in the Earth's climate system. Pro. Nat. Acad. Sci. 105, 1786-1793.).

(10) 자연과 생태계 영향

현대의 온난화로 수많은 육상 및 민물 종들을 극지방이나, 더 높은 고도를 향해 몰아갔다. 대기 중 이산화탄소 농도가 높아지고 성장 시기가 길어지며 전 지구적인 녹화가 진행되고 있다. 하지만 폭염과 가뭄으로 일부 지역의 생태계는 생산성이 저하하였다. 이렇게 서로 반대되는 효과가 합쳐져 미래에 어떻게 될지는 불확실하다. 기후변화는 아열대 지역의 사막화 확대와 같이 더 건조한 기후를 가진 지역이 확대되는 역할을 하였다. 지구 온난화의 규모와 그 속도는 생태계의 급격한 변화 가능성을 높이고 있다. 총체적으로 기후변화는 수많은 종을 멸종시킬 것으로 추정된다.

바다는 육지보다 더 느리게 가열되지만, 해양의 동식물은 육지의 종들보다도 더 빨리 추운 극지방으로 이동하였다. 육지에서와 마찬가지로 기후변화로 인해 바다의 폭염도 더 자주 발생해 산호초, 다시마목, 바닷새 등 다양한 해양 생물에 피해가 온다. 해양 산성화로 홍합, 따개비, 산호초와 같은 유기체가 조개껍데기나 골격을 스스로 생산하기 어렵게 만들고 있으며, 바다 폭염으로 산호 백화 현상도 일어나고 있다.

적으로 발생한다고 말하지만, 이것은 논쟁의 여지가 있습니다. 홀로 세 (Holocene) 동안의 비교가 가능한 기후주기는 본드 사건(Bond events)이라고 합니다.

〈그림 2.19〉 기후변화에 따른 생태계 변화

그레이트배리어리프의 산호가 백화 현상으로 손상되었고 전 세계적으로 산호에 위협을 주고 있다. 지난 20년 동안 산호초의 91%가 백화되었다고 그린피스가 주장하고 있다.

기상이변. 가뭄과 고온이 2019~2020년 오스트레일리아 밀림 산불을 심각하게 악화시켰다.

북극의 영구동토 해빙은 기반 시설을 파괴하고 온실 기체인 메테인을 방출한다. 서식지 파괴. 수많은 북극 동물은 점점 따듯해지면서 사라지고 있다

해충의 전파. 겨울이 온화해지면서 더 많은 소나무 좀 벌레들이 살아남아 숲을 말려 죽인다.

기후변화와 부영양화로 유해조류가 급격하게 생장하면 바다 내의 산소 수준이 급감하여 먹이 그물이 파괴되고 해양 생물이 큰 손실을 본다. 해양 생태계는 큰 스트레스를 받고 있다. 기후변화와 기타 인간의 영향으로 세계 습지의 거의 절반이 아예 사라졌다.

3. 국가 핵심 기반 위기

국가 핵심 기반은 '국가 사회의 운영 및 유지를 위해 필수적인 정치 · 경제 · 사회 · 문화 체계의 핵심 요소 및 가치'라고 정의하고, 이러한 핵심 요소로는 시설, 시스템, 기능, 가치 등으로 구성되어 있으며, 사회 변화 및 사회 발전의 고도화에 따라 새로운 요소들이 포함하고 있다.

국가 핵심 기반 보호 조치?

▶ 첫째, 국가 핵심 기반의 각 분야별 시설, 시스템, 기능의 보호 및 유지를 위해서는 최소한의 국가 핵심 기능 유지에 필요한 인력, 물자, 장비 등의 대체 자원 마련 등 제반 대책을 강구해야 한다.

▶ 둘째, 국가 핵심 기반의 효율적이고 효과적인 보호 및 유지를 위해 필요한 관련 정보의 공유 및 경보체계를 구축하고 운영해야 한다.

▶ 셋째, 국가 핵심 기반의 중요성에 대한 국민의 인식과 공감대를 제고시켜 국가 핵심 기반의 파괴 및 마비 위협이 있는 경우에 정부의 국가 핵심 기반 보호 및 유지 기능 조치에 대한 국민의 신뢰를 확보해야 한다.

현재 국가 핵심 기반 보호를 위한 위기관리 체계상의 문제점?

▶ 첫째, 파업이나 폭력 등의 극심한 사회적 갈등으로 인한 금융, 교통·수송, 주요 산업시설 등에서의 국가 핵심 기반 위기 상황에 대한 대응능력이 미흡

▶ 둘째, 국가 위기 유형이 전통적 안보, 재난 위기, 국가 핵심 기반 위기, 사이버안전 위기 등 유형별 관리로 인해 통합 국가 위기관리시스템에 의한 총괄 대응에 한계

▶ 셋째, 국가 핵심 기반 보호와 관련하여 중앙정부와 지방자치단체, 지방자치단체와 지방자치 단체, 정부부문과 민간 부문, 정부부문 상호 간의 위기관리시스템이 유기적으로 연계되지 못하고 통합 조정 능력 부족

▶ 넷째, 현행 국가 핵심 기반 보호를 위한 독자적인 법령이 없는 실정으로 점차 국가 유지와 국민 생활에 있어 핵심 기반의 중요성이 심화하는 가운데 관련된 핵심 기반을 위협하는 요인도 재난뿐만 아니라 원인불명의 기술적 오류와 장애, 테러, 고의 등과 같은 인위적인 장애 및 부주의 등 다양

국가 핵심 기반 위기는 테러, 대규모 시위 · 파업, 폭동, 재난 등의 원인에 의해 국민의 안위, 국가 경제 · 사회의 생명력과 일체성 및 정부의 핵심 기능에 중대한 영향을 미칠 수 있는 인적 · 물적 · 기능적 체계가 마비되는 상황을 의미하고 있다. 국민의 안위와 국가 경제의 안정성 및 정부 기능을 보장하기 위해서는 테러, 대규모 불법시위, 파업, 폭동, 재난 등 다양한 위협 및 위기로부터 국가 핵심 기반을 보호해야 한다.

3.1. 국가 핵심 기반 위기 유형 구분

(1) 시설 및 시스템 대상 국가 핵심 기반 위기

국가 핵심 기반 시설 및 시스템을 대상으로 한 국가 핵심 기반 위기란 테러나 폭력적 파업 등의 사회 위기로 인해 금융, 교통 · 수송, 전력, 정보통신, 주요 산업단지, 에너지, 원자력, 댐 등의 시설 및 시스템에 마비를 가져와 경제적 · 사회적 피해가 증대되어 국가 사회의 운영 및 유지에 혼란을 초래하는 위기를 말할 수 있다.

(2) 국가정체성 대상 국가 핵심 기반 위기

국가정체성을 대상으로 한 국가 핵심 기반 위기로는 국가적 유물 · 유적 · 상징물 위기와 사회 갈등 위기 등이 이에 해당한다.

(3) 일반 국민 대상 국가 핵심 기반 위기

일반 국민을 대상으로 한 국가 핵심 기반 위기는 대형 민간 상업 기반, 생활필수품, 생활 필수서비스, 화학산업, 유해 독성 물질, 심리적 공황 등 일반 국민이 직접적으로 피해 대상이 되는 복합적인 위기 유형이 있다.

(4) 정부 서비스 대상 국가 핵심 기반 위기

정부 서비스 대상 국가 핵심 기반 위기에는 각종 전염병, 수질오염 등 의료 및 공중보건 위기나 공공 안전 및 보호 위기, 정부 시설 위기, 안보 관련 위기 등 다양한 사회 전반 걸쳐 공공 서비스 마비 등이 있다.

3.2. 국가 핵심기반 위기관리

(1) 국가 위기관리

국가의 주권 · 영토와 국민의 생명 · 재산 등 국가의 핵심 요소와 가치에 중대한 위해가 가해지고 있거나 가해질 가능성이 있는 상태를 말하며 안보 분야 위기와 재난분야 위기로 구분하며, 국가 위기를 효과적으로 예방 · 대비하고 대응 · 복구하기 위하여 국가가 자원을 기획 · 조직 · 집행 · 조정 · 통제하는 제반 활동 사항을 말한다.

〈그림 2.20〉 국가 위기관리 주요 과정

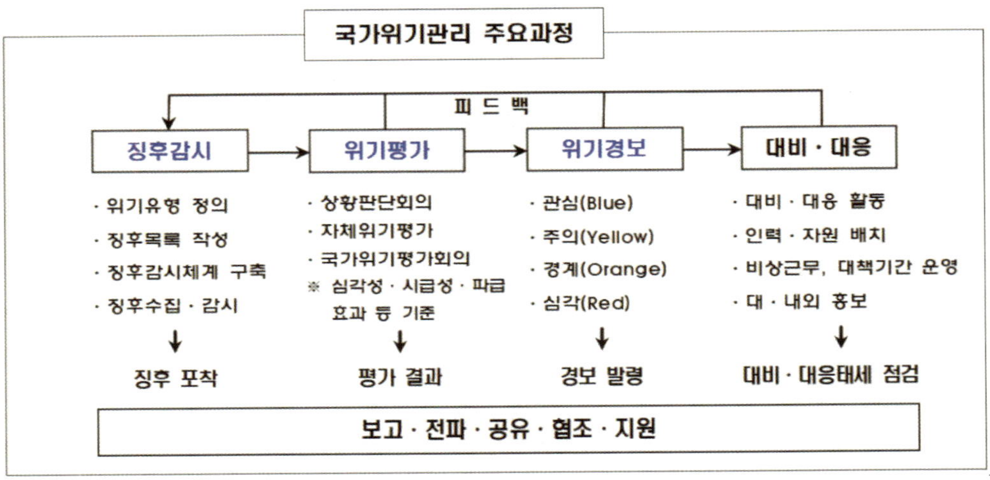

(2) 위기 징후감시

국가 위기관리 기본지침 제20조(징후감시 체계 운용)에 따라 주관 · 유관 · 실무기관은 위기 징후의 활동 상태를 지속해서 감시하여야 하며, 이를 위해 감시체계를 구축하고, 위기 징후 포착 시는 위기 징후와 관련된 정보수집 활동을 강화해야 한다. 또한, 포착된 위기 징후정보를 관련 기관에 제공하여 기관별 위기분석 및 평가가 이루어지도록 하며, 위기 징후분석 결과와 조치 사항 등 관리현황을 안보 분야는 국가안보실에 재난분야는 국가안보실 및 행정안전부에 제공해야 한다.

〈그림 2.21〉 위기 징후감시 체계

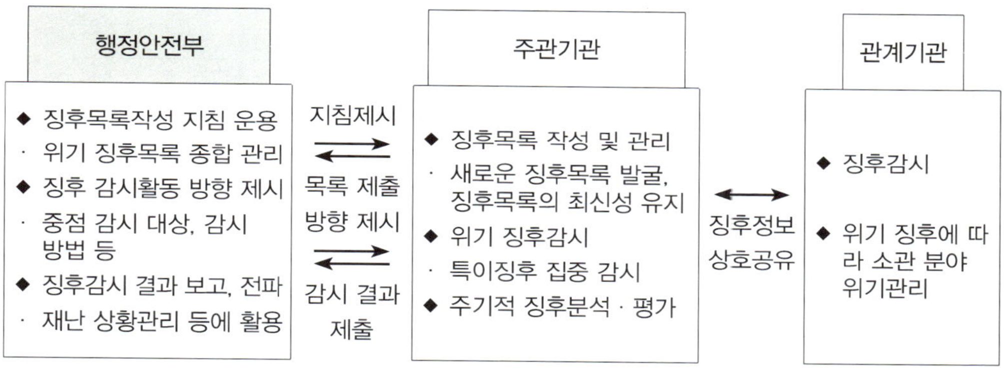

(3) 위기 평가

국가 위기관리 기본지침 제21조(위기 평가)에 따라 주관기관은 소관 분야 위기 징후 포착 또는 위기 발생 예상 시, 그 위협 또는 위험 수준 평가를 위한「위기 평가회의」를 운영하여야 한다. 또한 위기 상황의 심각성 · 시급성 · 확대 가능성 · 전개 속도 · 지속시간 · 파급효과 · 국내외 여론 · 정부 대응능력 등 위기 평가 기준을 종합고려 평가하여야 한다.

(4) 위기 경보

국가 위기관리 기본지침 제18조(위기 경보), 제19조(위기 경보탈령)에 따라 위기 징후 식별 및 위기 예상 시 위험 수준과 발생 가능성 등을 판단, 그에 대응할 수 있도록 정보를 제공하고 경고하는 것으로 4단계(관심 - 주의 - 경계 - 심각)로 구분하여 대응하게 되어 있다.

또한, 주관기관은 경보발령 기준 · 절차 · 조치 사항을 수립, 관련 기관과 협조체계를 구축 · 운용, 경보발령 시 국가안보실, 행정안전부 및 관련 기관에 전파하고 심각 경보발령 · 해제 시, 국가안보실 및 행정안전부와 사전 협의, 위급상황 시 先 조치 후, 최단 시간 내 협의하여야 한다.

〈표 2.4〉 위기 경보 4단계와 주요 활동

구분	판단기준	주요 활동
관심 (Blue)	위기 징후 관련 현상이 나타나고 있으나 수준이 낮아 위기 발전 가능성이 적은 상태	징후 활동 감시
주의 (Yellow)	위기 징후 활동이 비교적 활발, 위기로 발전할 수 있는 경향이 나타나는 상태	협조체제 가동
경계 (Orange)	위기 징후 활동이 활발, 위기 발전 가능성이 농후한 상태	대응 태세 강화
심각 (Red)	위기 징후 활동이 매우 활발, 위기 발생이 확실시되는 상태	총력 대응

※ 국가 위기관리 기본지침상 위기 경보는 기본적으로 위기 발생 이전에 발령

〈그림 2.22〉 위기 징후감시와 평가, 경보 과정

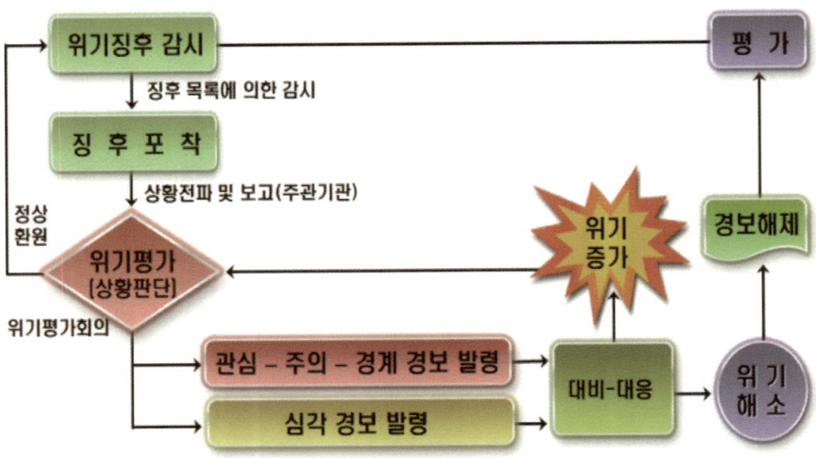

※ 심각경보 발령전 · 후 행정안전부 및 국가안보실과 사전 협의

(5) 위기 단계

국가 위기관리 기본지침 제24조(예방), 제28조(대비), 제33조(대응), 제38조(복구) 단계로 구성 운영하고 있다.

"예방"이란 위기 요인을 사전에 제거하거나 감소시킴으로써 위기 발생 자체를 억제하거나 방지하기 위한 일련의 활동을 말하며, 제도개선 및 정책적 · 기술적 대안 강구, 취약점의 보완 · 관리 등으로 이루어진다.

"대비"란 위기 상황에서 수행해야 할 제반 사항을 사전에 계획 · 준비 · 교육 · 훈련함으로써 위기 대응능력을 제고하고 위기 발생 시 즉각적으로 대응할 수 있도록 태세를 강화해 나가는 일련의 활동을 말하며, 매뉴얼 작성 · 보완 등 위기 대응책 수립 및 점검, 위기 대응 투입 자원 확보 · 관리, 위기 대응조치 절차의 교육 및 연습 · 훈련, 위기 징후감시 · 경계 활동 운용 등으로 이루어진다.

"대응"이란 위기 발생 시 국가의 자원과 역량을 효율적으로 활용하고 신속하게 대처함으로써 피해를 최소화하고 추가적인 위기 발생 또는 위기의 확대 가능성을 감소시키는 일련의 활동을 말하며, 초기 대응조직 및 비상 대책기구의 가동, 응급 대응 및 공조 체제 유지 등으로 이루어진다.

"복구"란 위기로 인해 발생한 피해를 위기 이전의 상태로 회복시키고, 평가 등에 의한 제도개선과 운영체계 보완을 통해 재발을 방지하며 위기관리 능력을 강화하는 일련의 활동을 말하며, 복구 자원의 투입 및 원상회복, 위기관리 활동의 평가 및 개선책의 강구 등으로 이루어진다.

3.3. 국가 핵심 기반 시설 지정

재난 및 안전관리 기본법 제26조에 의거 관계 중앙행정기관의 장은 소관분야의 국가 핵심 기반에 대해 다른 국가 핵심 기반 등에 미치는 연쇄효과, 둘 이상의 중앙행정기관의 공동 대응 필요성 재난이 발생하는 경우 국가안전보장과 경제 · 사회에 미치는 피해 규모 및 범위, 재난의 발생 가능성 또는 그 복구의 용이성에 대한 기준에 적합하게 미리 행정안전부 장관과 협의를 거쳐 조정위원회의 심의를 요청하여 국가 핵심기반 지정을 할 수 있다.

또한 관계 중앙행정기관의 장은 지정 여부를 결정하는 데 필요한 자료의 제출을 소관 재난관리 책임기관의 장에게 요청할 수 있으며, 관계 중앙행정기관의 장은 소관 재난관리 책임기관이 해당 업무를 폐지 · 정지 또는 변경할 때는 조정위원회의 심의를 거쳐 국가 핵심 기반의 지정을 취소할 수 있다. 그리고 국가 핵심 기반의 지정 및 지정취소 등에 필요한 사항은 대통령령으로 정한다.

재난 및 안전관리 기본법 시행령 제30조(국가 핵심 기반의 지정 등)에 따라 관계 중앙행정기관의 장은 소관 재난관리 책임기관의 장이나 해당 시설 관리자의 의견을 들어 법 제26조 별표 2의 기준에 적합하게 국가 핵심 기반을 지정하여야 한다.

관계 중앙행정기관의 장은 법 제26조에 따라 국가 핵심 기반을 지정하거나 취소할 때는 국가 핵심 기반의 명칭, 국가 핵심 기반의 관리기관 또는 업체 및 그 장의 명칭, 국가 핵심 기반의 지정 또는 취소 사유를 관보에 공고하여야 한다. 다만, 관계 중앙행정기관의 장이 국가의 안전보장을 위하여 필요하다고 인정하는 경우에는 공고를 생략할 수 있다.

행정안전부 장관은 국가 핵심 기반으로 지정하여 관리할 필요가 있다고 인정되는 시설, 정보기술시스템 및 자산 등을 관계 중앙행정기관의 장에게 국가 핵심 기반으로 지정하도록 권고할 수 있으며, 국가 핵심 기반의 지정 등에 필요한 세부 사항은 행정안전부 장관이 정한다.

같은 법 시행령 제30조의2에 따라 행정안전부 장관은 법 제26조에 규정에 의거 국가 핵심 기반의 관리 등을 위한 국가 핵심 기반 보호 계획의 수립을 위한 지침을 작성하여 관계 중앙행정기관의 장에게 통보하여야 하며, 국가 핵심 기반의 보호 및 관리 실태를 확인 · 점검할 때는 국가 핵심 기반을 관리하는 기관 · 단체 등의 장에게 미리 관리 실태점검 계획을 통보하여야 한다. 다만, 긴급한 사유가 있는 경우에는 관리 실태점검 계획의 통보를 생략할 수 있다.

또한, 관계 중앙행정기관의 장은 관리 실태점검을 한 경우에는 그 결과를 행정안전부 장관에게 통보하여야 하며, 행정안전부 장관 또는 관계 중앙행정기관의 장은 관리 실태점검 결과 시정 등이 필요한 사항에 대하여 해당 관리기관의 장에게 시정 등을 권고할 수 있다.

〈표 2.5〉 분야별 국가 핵심 기반의 지정 기준

분야별	지정 기준
에너지	전력 · 석유 · 가스공급에 필요한 생산 · 공급 시설과 비축시설
정보통신	교환기 등 주요 통신장비가 집중된 시설 및 정보통신 서비스의 전국 상황 감시시설, 국가행정을 운영 · 관리하는 데에 필요한 기간망과 주요 전산시스템
교통수송	인력 수송과 물류 기능을 담당하는 체계와 실제 운용하는 데에 필요한 교통 · 운송시설 및 이를 통제하는 시설
금융	은행 및 투자매매업 · 투자중개업을 운영하는 데에 필요한 시설이나 체계
보건의료	응급의료서비스를 제공하는 시설과 이를 지원하는 혈액 관리 업무를 담당하는 시설
원자력	원자력시설의 안정적 운영에 필요한 주제어장치(主制御裝置)가 집중된 시설과 방사성폐기물을 영구 처분하기 위한 시설
환경	폐기물관리법에 따른 생활폐기물 처리를 위한 수집부터 소각 · 매립까지의 계통상의 시설
정부 중요시설	중앙행정기관이 입주하고 있는 주요 시설
식용수	식용수 공급을 위한 담수(湛水)부터 정수(淨水)까지 계통상의 시설
문화재	문화재보호법 제2조 제3항 제1호에 따른 국가지정문화재로서 문화재청장이 특별히 관리할 필요가 있다고 인정하는 문화재
공동구	국토의 계획 및 이용에 관한 법률 제2조 제9호에 따른 공동구로서 행정안전부 장관 또는 국토교통부 장관이 특별히 관리할 필요가 있다고 인정하는 공동구

4. 감염병 위기

4.1. 법정 감염병 분류 기준

감염병의 예방 및 관리에 관한 법률 제2조에 따라 "감염병"이란 제1급 감염병, 제2급 감염병, 제3급 감염병, 제4급 감염병, 기생충 감염병, 세계보건기구 감시 대상 감염병, 생물테러감염병, 성매개감염병, 인수(人獸)공통감염병 및 의료 관련 감염병을 말한다.

〈표 2.6〉 감염병의 분류

구분	제1급 감염병	제2급 감염병	제3급 감염병	제4급 감염병
	생물테러감염병 또는 치명률이 높거나 집단 발생의 우려가 커서 발생 또는 유행 즉시 신고하여야 하고, 음압 격리와 같은 높은 수준의 격리가 필요한 감염병(17종)	전파 가능성을 고려하여 발생 또는 유행 시 24시간 이내에 신고하여야 하고, 격리가 필요한 감염병(21종)	발생을 계속 감시할 필요가 있어 발생 또는 유행 시 24시간 이내에 신고하여야 하는 감염병(26종)	유행 여부를 조사하기 위하여 표본감시 활동이 필요한 감염병(23종)
	가. 에볼라바이러스병 나. 마버그열 다. 라싸열 라. 크리미안콩고출혈열 마. 남아메리카출혈열 바. 리프트밸리열 사. 두창 아. 페스트 자. 탄저 차. 보툴리눔독소증 카. 야토병 타. 신종감염병증후군 파. 중증급성호흡기증후군(SARS) 하. 중동호흡기증후군(MERS)	가. 결핵(結核) 나. 수두(水痘) 다. 홍역(紅疫) 라. 콜레라 마. 장티푸스 바. 파라티푸스 사. 세균성이질 아. 장출혈성대장균 감염증 자. A형간염 차. 백일해(百日咳) 카. 유행성이하선염(流行性耳下腺炎) 타. 풍진(風疹) 파. 폴리오 하. 수막구균 감염증	가. 파상풍(破傷風) 나. B형간염 다. 일본뇌염 라. C형간염 마. 말라리아 바. 레지오넬라증 사. 비브리오패혈증 아. 발진티푸스 자. 발진열(發疹熱) 차. 쯔쯔가무시증 카. 렙토스피라증 타. 브루셀라증 파. 공수병(恐水病) 하. 신증후군출혈열(腎症侯群出血熱)	가. 인플루엔자 나. 매독(梅毒) 다. 회충증 라. 편충증 마. 요충증 바. 간흡충증 사. 폐흡충증 아. 장흡충증 자. 수족구병 차. 임질 카. 클라미디아감염증 타. 연성하감 파. 성기단순포진 하. 첨규콘딜롬

구분	제1급 감염병	제2급 감염병	제3급 감염병	제4급 감염병
	거. 동물인플루엔자 인체 감염증 너. 신종인플루엔자 더. 디프테리아	거. b형헤모필루스 인플루엔자 너. 폐렴구균 감염증 더. 한센병 러. 성홍열 머. 반코마이신내성 황색포도알균 (VRSA) 감염증 버. 카바페넴내성장내 세균속균종 (CRE) 감염증 서. E형 간염	거. 후천성면역결핍증 (AIDS) 너. 크로이츠펠트-야콥병 (CJD) 및 변종크로이츠펠트-야콥병 (vCJD) 더. 황열 러. 뎅기열 머. 큐열(Q熱) 버. 웨스트나일열 서. 라임병 어. 진드기매개뇌염 저. 유비저(類鼻疽) 처. 치쿤구니야열 커. 중증열성혈소판 감소증후군(SFTS) 터. 지카바이러스 감염증	거. 반코마이신내성장 알균 (VRE)감염증 너. 메티실린내성 황색포도알균(MRSA) 감염증 더. 다제내성녹농균 (MRPA) 감염증 러. 다제내성아시네토박터바우마니균 (MRAB) 감염증 머. 장관감염증 버. 급성호흡기감염증 서. 해외유입기생충감염증 어. 엔테로바이러스감염증 저. 사람유두종바이러스 감염증
	전수 감시[49]	전수 감시	전수 감시	표본감시[50]
	즉시	24시간 이내	24시간 이내	7일 이내
	즉시	24시간 이내	24시간 이내	7일 이내

출처 : 감염병의 예방 및 관리에 관한 법률(2022. 05. 29일 기준)

〈표 2.7〉 기타 감염병의 분류

구분	정의	대상 감염병		근거
기생충 감염병	기생충에 감염되어 발생하는 감염병	가. 회충증 다. 요충증 마. 폐흡충증 사. 해외유입기생충감염증	나. 편충증 라. 간흡충증 바. 장흡충증	감염병 예방법 제2조 6호

49 감염병예방법 제11조에 따라 모든 의사, 치과의사, 한의사, 의료기관의 장, 부대장(군의관) 감염병 병원체 확인 기관의 장의 신고 의무를 갖는 감시체계임.

50 감염병예방법 제16조 및 제11조 5항에 의하여 표본감시기관을 지정하고 지정된 기관에 한하여 신고받아 운영하는 감시체계임

구분	정의	대상 감염병	근거
세계보건기구 감시 대상 감염병	세계보건기구가 국제공중보건의 비상사태에 대비하기 위하여 감시 대상으로 정한	가. 두창 나. 폴리오 다. 신종인플루엔자 라. 중증급성호흡기증후군(SARS) 마. 콜레라 바. 폐렴형 페스트 사. 황열 아. 바이러스성 출혈열 자. 웨스트나일열	감염병 예방법 제2조 8호
생물 테러 감염병	고의 또는 테러 등을 목적으로 이용된 병원체에 의하여 발생한 감염병	가. 탄저 나. 보툴리눔독소증 다. 페스트 라. 마버그열 마. 에볼라열 바. 라싸열 사. 두창 아. 야토병	감염병 예방법 제2조 9호
성매개 감염병	성 접촉을 통하여 전파되는 감염병	가. 매독 나. 임질 다. 클라미디아 라. 연성하감 마. 성기단순포진 바. 첨규콘딜롬 사. 사람유두종바이러스 감염증	감염병 예방법 제2조 10호
인수 공통 감염병	동물과 사람 간에 서로 전파되는 병원체에 의하여 발생하는 감염병	가. 장출혈성대장균감염증 나. 일본뇌염 다. 브루셀라증 라. 탄저 마. 공수병 바. 동물인플루엔자 인체감염증 사. 중증급성호흡기증후군(SARS) 아. 변종크로이츠펠트-야콥병(vCJD) 자. 큐열 차. 결핵 카. 중증열성혈소판감소증후군(SFTS)	감염병 예방법 제2조 11호
의료 관련 감염병	환자나 임산부 등이 의료행위를 적용받는 과정에서 발생한 감염병	가. 반코마이신내성황색포도알균(VRSA) 감염증 나. 반코마이신내성장알균(VRE) 감염증 다. 메티실린내성황색포도알균(MRSA) 감염증 라. 다제내성녹농균(MRPA) 감염증 마. 다제내성아시네토박터바우마니균(MRAB) 감염증 바. 카바페넴내성장내세균속균종(CRE) 감염증	감염병 예방법 제2조 12호
입원 치료를 받아야 하는 감염병	감염병 관리기관, 감염병 전문병원 및 감염병 관리시설을 갖춘 의료기관에서 입원 치료를 받아야 하는 감염병	가. 결핵 나. 홍역 다. 콜레라 라. 장티푸스 마. 파라티푸스 바. 세균성 이질 사. 장출혈성대장균감염증 아. A형간염 자. 폴리오 차. 수막구균 감염증 카. 성홍열 타. 코로나바이러스감염증-19	감염병 예방법 제41조 제1항

출처 : 감염병의 예방 및 관리에 관한 법률(2022. 05. 29일 기준)

4.2. 감염병 국가 위기 경보 수준별 대응 방향

중앙부처 및 각 지방자치단체의 위기관리 매뉴얼에 따른 경보 수준 조치 사항은 아래와 같다.

(1) 관심(Blue) : 해외 바이러스병 국지적 발생

질병관리청에서는 에볼라 바이러스병 대책반 선제적 구성 운영하고 주간 상황점검 및 주간 동향 보고를 하여야 하며, 해외 질병 발생 상황 및 최신 연구 동향 등 관련 정보 수집 및 분석, 국내 유입 차단을 위한 검역 활동, 국내 환자 조기 발견을 위한 감시체계 가동하여야 한다.

또한, 의심 환자 조기진단을 위한 실험실 검사 구축 및 병원체 확보, 국가 방역 인프라 가동 준비 태세 점검(격리병원, 개인보호장비 등), 대국민 홍보 실시(감염 예방주의 안내, 보도자료 배포 등), 유관기관 및 관련 전문가 협력네트워크 점검, 전문가 자문회의 개최하여 대응하여야 한다

(2) 주의(Yellow) : 해외 바이러스병 유행

보건복지부에서는 중앙사고수습본부 설치 보건복지부 차관이 운영하고 국내 감염병 발생 일일 상황점검 및 일일 동향 보고하여야 한다.

그리고 질병관리청에서는 중앙방역대책본부 운영하고 해외 질병 발생 상황 및 최신 연구 동향 등 관련 정보수집 및 분석, 검역 활동 강화(주기장 게이트 검역 실시(입국자 개별 체온 측정, 건강 상태질문서 징구)), 의료기관 대상 감시체계 및 치료 대응체계 강화, 실험실 검사 강화하여야 한다.

또한, 국가 지정 입원 치료 병상 가동 및 개인보호장비, 진단 시약 배포, 대국민 홍보 지속 및 언론 브리핑 실시, 전문가 자문회의 및 감염병 위기관리대책전문위원회 개최하고 대응하여야 한다.

(3) 경계(Orange) : 바이러스병 국내 유입

보건복지부에서는 중앙사고수습본부 운영을 강화 하여야 한다

질병관리청에서는 중앙방역대책본부 운영강화하고 범정부적 협조체계 구축(필요시 관련 협조 기관 업무지원), 국가 방역 체계 활동 강화(전국 방역 요원 24시간 비상 방역체제 등) 국가 방역 · 검역 인력 보강, 실험실 검사강화 및 변이 여부 감시 강화, 국가 비축물자(개인보호장비 등) 수급 체계 적극 가동, 대국민 홍보 지속 및 언론브리핑 지속적으로 전파하여 대비할 수 있도록 하여야 한다.

또한, 경계 단계에서는 주의 단계로 위기관리 수준 변경은 42일 동안 에볼라 바이러스병 국내 감염 환자 발생이 없을 경우, 위기관리 평가 회의를 통하여 결정하여야 한다.

(4) 심각(Red) : 국내 2차 환자 발생

보건복지부에서는 중앙사고수습본부 운영을 더욱더 강화하고 국가 모든 가용 자원 파악 및 동원 방안 마련(필요시 협조 기관 업무지원) 하여 운영하야 한다.

질병관리청에서는 중앙방역대책본부 운영을 더욱더 강화하고 범정부적 대응체계 구축 · 운영강화 지속하야야 하며 국가 모든 가용 자원 파악 및 동원 방안 마련, 대국민 홍보 지속 및 언론브리핑 대국민 담화을 해야 하며 필요시 행정안전부 중앙재난안전대책본부 운영 요청하여야 한다.

5. 국민 생활안전 위기

국민 생활안전 위기는 국가를 구성하는 국민의 일상생활 안전을 위협하거나 위협할 가능성이 있는 상태를 의미하며, 일반 모든 국민이 수많은 위험 요소로부터 안전이 위협받을 가능성이 있는 경우에는 이를 포괄적으로 관리하는 방안을 마련하기가 쉽지 않다.

이에 정부에서도 식품, 의약품, 시설, 교통, 학교, 직업, 취약 소비자 영역 등 국민 생활의 안전을 위협하는 위기나 안전사고가 발생할 때마다 다양한 대책을 내놓고는 있지만, 아직도 국민의 신뢰를 얻지 못하는 실정이다. 이들 대책이 근본적이고 종합적이지 못하다는 비판이 제기되는 이유는 첫째, 사후 대응중심의 관리체계, 둘째, 국민 생활 안전관리 분야의 행정 체계 및 법체계 분산, 셋째, 국민 생활안전 위기를 관리하기 위한 기초적인 분류 기준이나 유형화, 종류, 영역 등이 제대로 정립되어 있지 못하기 때문이다.

국민 생활의 안전 문제는 자연재난이나 사회재난 등에 비해 사고를 경험하고 위험에 노출되는 대상이 모든 국민으로 그 범위가 매우 광범위할 뿐만 아니라 사고 발생 원인이 되는 위해 요소 또한 생활 전반에 걸쳐 분포 안전은 상대적인 개념으로서 일반 성인에게는 위험으로 인지되지 않은 요인들이 아동이나 노인, 장애인, 저소득층 같은 취약 계층에는 심각한 위험을 초래하고 있다.

국민 생활안전은 아래와 같은 유형으로 분류할 수 있다.

첫째는 취약계층 생활안전이다. 신체적으로 안전에 취약한 사람들은 다른 누구보다 더 자신의 안전에 우선순위를 둔다. 예를 들면, 아동, 노인, 장애인, 임산부, 여성들은 안전을 위협하는 요소에 대해 스스로 조심하고, 안전 취약계층으로서 각자가 일상생활에서 자신의 안전을 확보하기 위해 노력한다.

둘째는 경제 생활안전이다. 국민 한 사람 한 사람은 생산과 소비의 주체로서 자신의 경제 활동을 수행하는 과정에서 실업, 파산, 신용불량 등을 마주치게 된다. 경제행위 주체로서의 개인은 실업이나 파산 등으로 인해 실질적인 활동이 중단되고 마비되는 생활안전 위기에 봉착한다.

셋째, 치안 생활안전이다. 평화롭고 행복한 삶을 살고 싶은 것은 모든 사람의 소망이다. 그렇지만 일상생활에서는 유인, 납치, 상해, 강도, 살인, 폭행, 절도와 같은 범죄뿐만 아니라 사이버 해킹, 보이스 피싱과 같은 신종 범죄가 국민의 생명, 건강, 재산을 위협한다.

넷째, 교통 생활안전이다. 시민들은 일상생활 속에서 걷거나 자전거를 타거나 버스, 지하철, 기차와 같은 대중교통을 이용하고 비법정 도로나 지하도를 이용하기도 한다. 일상적인 활동이 이루어지는 교통생활을 영위하는 가운데 우리는 보행, 자전거, 자동차, 지하철, 고속전철,

선박, 항공기에서의 안전을 위협하는 위해요소를 마주치게 된다.

다섯째, 직업 생활안전이다. 경제행위 주체로서 국민은 모두 직업을 갖고 경제활동을 수행한다. 이들은 사무실, 공장, 건설 현장 등에서 다양한 직업 활동을 수행한다. 이 과정에서 발생하는 각종 산업재해와 안전사고로 인해 많은 사람이 생명과 건강을 위협받는다.

여섯째, 학교 생활안전이다. 취학연령에 있는 아동 및 청소년뿐만 아니라 성인 역시 학교 시설, 설비, 환경, 급식과 같은 학교 교육과정에서 신체적, 정신적 안전을 위협하는 위기와 마주치게 된다. 특히, 학교 생활안전 영역에는 학교급식 안전사고와 스쿨 존(school zone) 안전사고, 학교 시설 · 설비 · 환경에 의한 사고 등도 있다.

일곱째, 생활식품 안전이다. 생활식품 안전 영역에는 영 · 유아 및 어린이 식품, 축산물 · 가공식품, 수입식품 등의 위해요소가 있다. 특히, 인체에 유해한 물질이 있거나 안전성이 검증되지 않은 물질이 첨가된 식품 또는 전염병에 감염된 가축, 조리 제품의 유통으로 인해 국민의 생명과 건강을 위협하는 생활안전 위기가 있다.

여덟째, 생활용품 안전이다. 생활용품 안전 영역은 일상생활에서 사용하는 공산품으로 인해 발생하는 안전사고를 포함한다. 사회 구성원이 일상생활에서 사용하는 모든 공산품의 제조 및 유통, 사용 과정에서 발생하는 안전사고로 인한 위기를 포함한다.

아홉째, 생활건강 안전이다. 생활건강과 관련된 내용으로는 건강 기능 식품이나 의 · 약품의 무허가 제조와 불법 수입 · 유통, 마약 및 향정신성 의 · 약품의 유통 등으로 인한 안전 위협요인이 있다. 평상시에 국민의 건강을 지켜주기 위한 생활보건 안전과 의약품 안전을 확보하기 위한 정책적 노력이 필요하다.

열 번째, 생활시설 안전이다. 생활시설 안전을 위한 위기관리 영역에는 각종 놀이시설, 다중이용시설, 공공시설의 안전과 관련된 내용이 포함된다. 특히, 시민들이 즐기는 운동이나 경기, 쇼핑, 공연, 상영, 관람 등 국민의 일상생활을 영위하는 다양한 민간 및 공공 시설에서 발생하는 사고와 관련된 위기를 관리하는 것이 필요하다.

열한 번째, 생활환경 안전이다. 생활환경 안전을 위협하는 위기로는 유해 화학물질, 유독가스, 환경 공해, 환경 호르몬, 식수 오염 물질 등이 있다. 국민의 일상생활을 둘러싼 자연환경의 오염이나 산업 및 경제 활동의 결과로 인해 발생한 유해 물질로 인하 환경이 오염되어 국민의 쾌적하고 안전한 정상 생활을 위협하는 위기를 관리하는 정책이 필요하다.

열두 번째, 생활기반 안전이다. 공기나 물처럼 우리의 생존에 절대적으로 중요하지만 평소에는 그 중요성을 잊어버리고 사는 경우가 있다. 금융, 전력, 공중보건, 상 · 하수도, 에너지 등과 같이 국민이 살아가는 일상생활의 기반과 관련된 위기관리 영역이다. 생활기반 안전을 확보하기 위해서는 금융시스템 붕괴 사고, 전력 두절 사고, 공중보건 기능의 마비, 에너지 부족 등을 예방하기 위한 노력이 필요하다.

안전사고의 60%는 가정에서 발생하고, 아이들이 가장 많이 다치는 곳이다. 위험한 도로나 사람이 많은 놀이공원이 아니다. 안전사고가 가장 많이 일어나는 장소는 바로 가장 안전하다고 믿는 집이다. 한국소비자원에 따르면 약 60%가량의 안전사고가 가정에서 발생하고 있고, 그중에서도 67.9%가 3세 이하 영유아에게서 발생한다고 한다. 시간 대부분을 집 안에서 보내는 나이고, 또 걷기 시작하면서 이것저것에 손을 뻗는 시기이기 때문이다. 또한 어른들에게는 안전하다 해도 아이들에게는 커다란 위협일 수 있는 위험 요소가 생각보다 많은 것도 큰 이유다.

아이의 안전을 위해서는 아이의 시선에서 집 안 구조를 점검해 볼 필요가 있다. 하지만 아이보다 키가 큰 어른들은 아이에게 어떤 물건이 위험할지 예측하기 힘들다. 일단 아이의 키

높이에 맞춰 무릎을 꿇거나 앉은 상태에서 집 안을 둘러보며 전선이나 콘센트 등을 정리한다.

또한 아이에게 자칫 상해를 가할 수 있는 무거운 물건, 예를 들어 액자나 거울, 시계 등을 떼도록 한다. 꼭 필요할 경우에는 손이 닿지 않는 곳에 걸고, 안전하게 걸려 있는지 수시로 확인한다. 창문 주위에 의자나 침대가 있지 않은지, 밟고 올라갈 만한 가구와 수납장에 위험한 물건은 없는지도 항상 확인해야 한다.

휴대전화를 충전하고 난 뒤, 그대로 꼽아두는 습관도 버리자. 전선에 발이 걸려 넘어질 수 있는 것은 물론 긴 줄 등은 아이가 좋아하는 물건이기 때문에 반드시 손을 대기 마련이다. 묵주나 수직 끈 등도 아이의 손이 닿지 않게 잘 관리해야 한다.

6. 안보 위기

전통적 안보에 관한 국가 위기는 통일, 외교, 군사 분야에서 북한으로부터의 위기와 주변국 등 외부로부터의 위기와 하이브리드 전쟁, 기후변화에 따른 식량안보 문제 등으로 구분하고 있다.

외부로부터의 국가 위기에는 우리나라와 주변국 및 기타 국가로부터의 군사적 위협이나 도발, 국가 영토의 침범, 갈등 · 충돌, 테러, 주변국 간 충돌 · 전쟁으로 인한 위협 등이 있으며, 북한으로부터의 국가 위기에는 군사력 사용의 위협, 국지도발, 비군사적 위협, 북한 내부의 급변 사태, 대량살상 무기의 개발 및 확산, 기타 국가 위기로 발전할 수 있는 각종 사건이나 상황 등이 있다.

〈그림 2.23〉 북한으로부터의 국가 위기

PART 2-2.

대형 재난의 종류

1. 화산 분화

분화(噴火, 영어: volcanic eruption)란 화산으로부터 마그마 등의 고형물이 분출된 것을 말한다. 화산 활동의 하나인 마그마의 성질에 따라 규모와 분화 양식이 결정된다. 분화로 일어난 화산재와 가스는 이상기온과 대기 오염을 일으킨다. 일본 기상청에서는 분화구로부터 고형물이 수평 혹은 수직선 상으로 100m~300m 범위를 넘어서면 분화라고 기록한다.

(1) 분출물의 성분에 따른 영향

화산의 분화 양식은 분출하는 마그마의 유동성과 휘발성 성분의 양에 의해 크게 영향을 받는다. 휘발성 성분의 양은 마그마의 분출력이 좌우하며, 휘발성 성분이 많을수록 화산재와 용암은 높게 분출하며 화산은 크게 폭발하는데 그 유형은 다음과 같다.

첫 번째로 유동성이 높고 휘발성 성분이 적은 경우는 하와이섬의 화산의 분화와 같이 조용히 용암이 흐르고, 둘째로 유동성이 높고 휘발성 성분이 많은 경우에는 1986년 이즈 제도의 미하라산 분화의 초기와 같이 용암이 높고 넓게 분출된다.

셋째로는 유동성이 낮고 휘발성 성분이 적은 경우에는 쇼와신산의 분화와 같이 큰 폭발과 용암의 유출 없이 용암 돔이 형성되고, 넷째로는 유동성이 낮고 휘발성 성분이 많은 경우에는 아사마산과 사쿠라지마섬과같이 폭발적인 분화를 한다.

덧붙여 한 번의 분화로 단시간 내에 끝나는 경우도 있지만, 수개월에 걸쳐 분화를 계속하는 경우도 있다. 장기간의 분화에서는 시간의 경과와 함께 분화의 양식도 바뀌게 된다.

예를 들어 처음에는 휘발성 성분이 많아 용암과 화산재가 높게 분출되었지만, 도중 휘발성 성분이 격감해 화산재가 분출되지 않고, 가스와 용암 파편의 혼합물이 분화구로부터 사면을 따라 흐르게 된다. 후반부에는 휘발성 성분이 빠진 용암이 흘러나오고 분화는 끝난다. 아사마산의 덴메이 대분화가 한 예다.

(2) 분출물 양에 따른 영향

성분의 영향 이외에도 분출물의 양과 분출 속도에 따라 분화 양식과 피해 정도에 많은 차이가 있다. 단적인 예는 다음과 같다. 라키산의 분화를 보면 위의 2번째 조건에 해당하는 분화이다. 1783년 아이슬란드의 라키산에서 일어난 분화로 분화구로부터 25km에 이르는 곳에까지 용암을 분출했지만, 마을과 멀리 떨어져 있던 관계로 용암에 따른 피해는 경미했다.

그러나, 유독한 화산 가스가 대량 방출되어, 아이슬란드의 가축 50%와 인구의 20%가 줄어들었다. 또, 성층권까지 상승한 화산 가스가 원인이 되어 일사량이 줄어들었고, 세계의 기온이 낮아졌다.

일본에서는 같은 해에 발생한 아사마산의 대분화 영향도 겹쳐, 도호쿠 지방에서는 작황이 안 좋아 아사자(餓死者)가 속출했다. 이를 일본에서는 덴메이 대기근이라고 한다. 덧붙여 발해 멸망의 한 원인은 백두산의 분화였다.

(3) 분화 양식

(가) 홍수 현무암

홍수 현무암은 수천만 년에 1번 정도로 발생한다. 지표면이 대규모의 균열로 대량의 용암이 단기간에 지표로 공급된다. 예를 들면 인도의 데칸고원의 현무암 면적은 한반도의 약 3배에 해당한다. 발생 원인에 관해서는 플룸 구조론으로 의론되고 있다.

(나) 하와이식 분화

하와이섬의 킬라우에아산, 마우나케아산 등의 화산에서 볼 수 있는 분화 양식이다. 유동성이 높고, 휘발성 성분이 적은 마그마가 분화된다. 폭발은 일어나지 않고, 대량의 용암이 빠른

〈그림 2.24〉 하와이식 분화

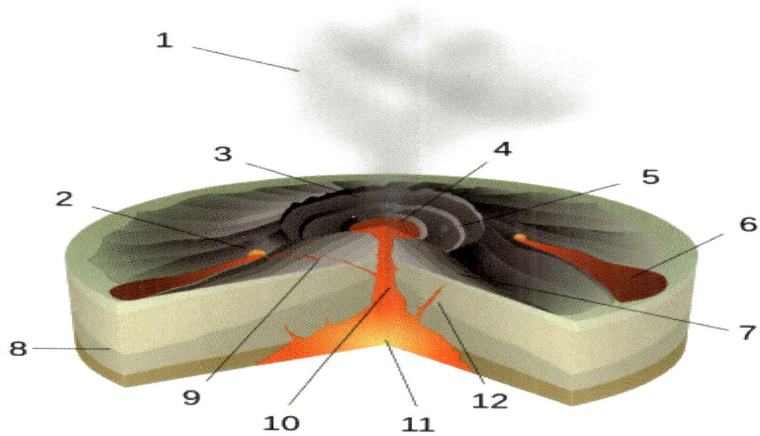

하와이식 분화의 모식도.
1. 분연주 2. 용암분천 3. 화구 4. 용암호 5. 분기공 6. 용암류
7. 용암과 화산재의 퇴적층 8. 지층 9. 암상 10. 마그마통로 11. 마그마굄 12. 암맥

속도로 유출된다.

(다) 스트롬볼리식 분화

스트롬볼리식 분화는 현무암질 또는 안산암질로 된 유동성이 풍부한 마그마가 수십 초에서 수십 분 간격으로 작은 폭발을 일으키면서 화구에서 분출하는 분화이다.

(라) 불카노식 분화

스트롬볼리식 분화의 경우보다 점성이 큰 안산암질 마그마가 분출할 때 용암의 파편(화산재, 화산 자갈, 화산암괴)이나 화산탄 등이 검은 연기가 되어 폭발적으로 분출한다. 지중해의 섬 불카노 화산의 활동에서 명명된 것인데, 현재는 분화를 하지 않는다.

(마) 플리니식 분화

플리니식 분화는 안산암질 또는 유문암질 마그마가 스코리아(암석 부스러기)나 경석(輕石), 화산재로 격렬한 폭발을 수반하여 분출하는 형태이다. 분출물은 버섯 모양의 연기가 되어 하늘 높이까지 올라가 바람에 의해 밑으로 떨어진다. 산 중턱에 떨어진 화산류는 경사면을 따라 흘러 내려오는 경우도 있다.

〈그림 2.25〉 플리니식 분화

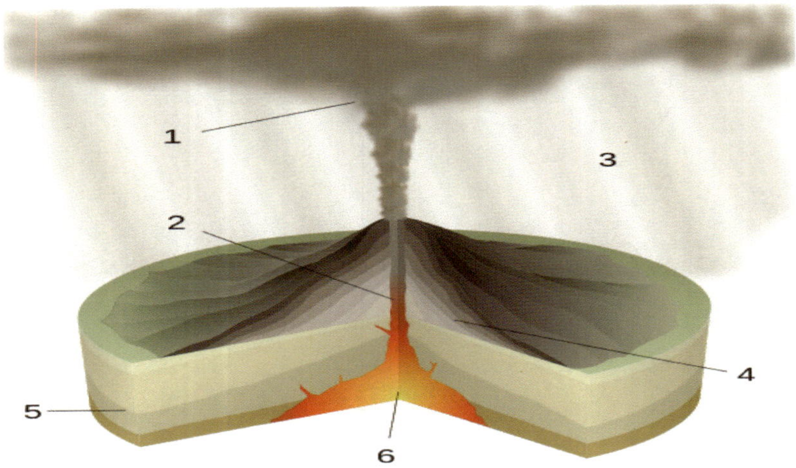

플리니식 분화의 모식도.
1. 분연주 2. 마그마통로 3. 화산재 4. 용암과 화산재의 퇴적층 5. 지층 6. 마그마굄

(3) 심해저에서의 분화

해양저에서는 대량의 현무암질 마그마가 분출하고 있을 것으로 추측된다. 수중 카메라 등의 기록에 의하면 분출한 마그마의 대부분은 공 또는 타원형 덩어리의 집합체로 굳어진 듯하다. 이것을 침상(枕狀) 용암이라고 하며, 옛날 지질 시대의 해성층(海成層) 안에 들어 있는 상태로 지상에 노출된 것도 있다. 또한 용암의 일부는 바닷물에 의해 급격히 냉각되어 잘게 부스러져 유리질 파편의 집합체가 된다.

2. 지진

2.1. 개관

지진(地震) 또는 어스퀘이크(영어: earthquake)는 자연적인 원인으로 인해 지구의 표면이 흔들리는 현상으로, 흔히 자연적 원인 중 단층 면에서 순간적으로 발생하는 변동 자체를 지진이라고 한다. 현상적(現象的)인 정의로는, 지각 내에 저장되어 있던 변형력이 탄성 진동(彈性振動)에너지로 바뀌어 급격히 방출되는 현상으로 설명할 수 있다.

지진은 지각 또는 맨틀 내 암석의 파괴로 인하여 일어나는 것으로 보인다. 이 파괴가 일어난 이러한 지진은 구조 지진이라고 한다. 지질학자들은 탄성 반발 이론으로 지진의 원인을 설명하기도 한다. 또한 지진은 화산 활동과 관련하여 일어날 수 있다. 지하 마그마의 움직임은 지진을 유발할 수 있으며, 이런 지진을 관측함으로써 화산 활동을 감시하고 분화를 예측할 수 있다.

일반적으로 변환단층에서 일어나는 지진들의 진원은 수십 km 정도이나, 진원의 깊이가 깊은 곳에서는 수백 km에 달하기도 한다. 대부분의 지진이 수렴형 경계와 발산형 경계와 보존형 경계 같은 판의 경계에서 일어나는데 그 외에도 단층산맥과 같은 단층 지대에서도 일어나며 습곡산맥에서도 활발히 일어난다. 또한 판의 내부에서 일어나는 지진도 종종 보고되고 있다. 이러한 지진을 판내부 지진이라고 한다.

천발지진(淺發地震, shallow-focus earthquakes)이란 지하 70km 이내에서 지층이나 지각 간의 마찰, 충돌, 운동으로 인하여 발생하는 지진을 뜻한다. 가장 흔한 지진 중 하나로 지구상에 일어난 지진 중 95% 이상이 천발지진이다. 중발지진과 심발지진에 비해 일어나는 진원지가 얕아서 피해가 훨씬 크다.

중발지진(中發地震, mid-focus earthquake, intermediate-depth earthquakes), 얕은 심발지진(일본어: 稍深発地震)은 지하 70~300km 사이에서 지각 간의 운동과 충돌로 인하여 발생하는 지진이다. 천발지진에 비해서는 피해가 적으나, 심발지진에 비해서는 피해가 큰 게 특징이다.

심발지진(深發地震, Deep-focus earthquake)이란 지하 300km 이하 깊은 곳의 지각 간의 운동과 충돌로 인하여 발생하는 지진이다. 보통 심발지진은 침강하는 해양판 암석권과의 수렴 경계 지역에서 일어난다. 이는 베니오프대라고도 알려진 섭입대 아래에 있는 암석권 지역이다.

2.2. 세계의 지진 활동

(1) 세계의 지진 활동

1931년부터 1980년까지의 약 50년 동안 전 세계에서 발생한 리히터 규모 7.0 이상의 천발지진은 490차례이고, 이 가운데 리히터 규모 8.0 이상의 지진은 무려 18회나 된다.

북아메리카의 경우는 주로 태평양판이 북아메리카판 밑으로 섭입함으로써 일어난다. 알류산열도를 포함하는 알래스카주의 태평양 해안은 호상 열도형의 지진 활동이 활발하여 20세기에도 8~9급의 대지진이 5차례 일어났다. 중앙아메리카의 경우는 멕시코, 과테말라에서 코스타리카에 걸쳐서는 호상 열도형의 대지진이 일어난다.

남아메리카의 경우는 남아메리카 대륙의 태평양해안은 코코스 판이 남아메리카 판 밑으로 섭입함으로써 대지진이 발생한다. 1960년 칠레 대지진(9.5)은 지진 관측 이래 세계 최대의 지진으로, 진원역의 길이는 1000km 가까이에 달했고 발생한 해일은 태평양 전체에 파급되었다는데, 태평양을 건너 필리핀까지 쓰나미가 도달했다. 이어서 2010년 칠레에서 8.8 규모의 강진이 발생해 수많은 부상자와 사망자가 속출했다.

일본은 태평양판, 유라시아판(중국판), 필리핀판, 북아메리카판이 관계하고 있는 불안정한 땅 위에 자리 잡은 국가여서 지진이 자주 일어나는 국가로 유명하다. 그중 간토 대지진이나 한신 · 아와지 대지진이나 2011년 도호쿠 지방 태평양 앞바다 지진은 유명한 지진이다. 간토 대지진으로 인해 한국인이 불을 질렀다는 유언비어가 난무, 한국인이나 타 지역 사람들을 죽이던 사건도 함께 일어났다. 특히, 1990년대에는 지진대가 도쿄 이남, 즉 관서(오사카부, 교토부 등) 지방과 주부 지방 남부에 집중되어 있었으나, 2000년대 들어서는 지진대가 도호쿠 지방, 주부 지방 북부(니가타현, 나가노현)에 집중되어 있어 피해가 심각하다.

동남아시아에서는 유라시아판과 호주판이 만나는 경계 부분에 있어, 인도네시아와 말레이시아에서 지진이 자주 일어난다.

인도와 중화인민공화국의 주변 국가는 알프스산맥에서 시작하여 히말라야산맥을 끼고 인도판과 유라시아판 사이에 있는 알프스-히말라야 지진대에 놓여 있으므로 양 판의 충돌에 따른 지진이 일어나는데, 1897년에 일어난 아삼 대지진(8.7) 같은 대지진도 일어난다.

중동의 이란, 터키는 아라비아판과 유라시아판의 경계에 해당하여 일본과 필리핀 등의 국가와 같이 지진재해가 많은 나라이다.

지중해 주변의 그리스와 알바니아 등이 있는 발칸반도와 이탈리아, 알제리, 모로코 등지에는 대재해를 수반하는 지진이 일어난다. 모두가 아프리카판과 유라시아판 양 판의 상호작용에 의한 것이지만, 양 판의 경계선이 반드시 명료하지는 않다.

(2) 세계 대지진의 사례

1999년 8월 17일 터키 북서부 이즈미트 지방에 리히터 7.8의 강진이 발생해 15,000여 명이 숨지고 25,000여 명이 부상했다. 터키에서는 역사적으로 이러한 지각운동이 북부 아나톨리아 단층과 동부 아나톨리아 단층 사이에서 끊임없이 발생해 왔다.

1998년 리히터 규모 6.8의 지진으로 144명이 숨졌던 아다나도 동부 아나톨리아 단층대에 있었고 지진의 진원지인 이즈미트는 북부 아나톨리아 단층에 자리 잡고 있다. 또 1999년 11월 12일에는 이즈미트에서 그리 멀지 않은 볼루주(州) 두즈체 마을에서 또다시 리히터 규모 7.2의 강진이 발생해 수백 명이 목숨을 잃었다.

1999년 9월 21일 대만 중북부 난터우 현에서 리히터 규모 7.3의 강진이 발생해 실종자 200여 명, 매몰된 사람 2,500여 명, 부상자 3,900여 명을 기록했다.

이 대규모 지진이 일어난 뒤에도 9월 26일까지 여진이 일어났다. 진원이 있었던 곳인 난터우현과 옆에 있던 타이중현 등 중북부 전역을 강타했으며 지진으로 송전탑 등이 부서져 대만의 절반을 넘는 650만 가구 이상에 전력공급이 끊겼고 산사태와 교량붕괴로 상당수 지역이 외부와 단절됐다. 이 지진은 20세기 대만에서 일어난 가장 큰 강도의 지진으로 921 대지진, 지지 대지진, 대만 대지진이라고도 한다.

2008년 5월 12일 중화인민공화국 티베트 지역에서 리히터 규모 8.0의 강력한 지진이 발생해 약 7만 명이 사망하고 수많은 사람이 중상을 입고 실종되었다. 이에 중국 정부는 지진 발생 후 군 병력을 포함해 10만여 명의 구조대원과 의료진, 자원봉사자들을 현지로 파견해 구호 활동을 진행하고 있으며, 세계 각국에서도 지원금과 구호 인력을 파견한 바 있다.

1923년 9월 1일 일본 도쿄도 등을 포함한 미나미칸토 지역을 중심으로 지진이 발생하였다. 지진의 진동은 본진이 시작될 때부터 완전히 멈출 때까지 4분에서 최대 10분까지 걸린 거대 지진으로, 가나가와현 및 도쿄부(현 도쿄도)를 중심으로 인접한 이바라키현과 지바현, 시즈오카현 동부 등 간토 지방 내륙 및 연안 넓은 지역에 큰 피해를 보았다.

2004년 9월 일본의 건설회사인 가지마 고보리의 보고서에서는 지진으로 인한 총사망자를 105,385명으로 추정하였다. 건물 피해의 경우 완전 붕괴 109,000채, 전소 212,000채이다. 도쿄 내에서 일어난 화재 피해가 가장 심했던 것으로 알려져 있으나, 실제로 대부분의 피해는 보통 진원 단층이 있는 가나가와현 내에서 진동으로 인한 건축물 붕괴나 액상화현상으로 인한 지반 침하, 절벽 붕괴가 중심이었으며 연안부에서는 쓰나미로 인한 피해도 보았다.

1995년 1월 17일 일본 효고현 아와지섬 북부(혹은 고베시 다루미구) 앞바다인 아카시 해협을 진앙으로, 깊이 14km 지점에서 일본 기상청 규모 Mj7.3의 대지진인 효고현 남부 지진이 일어났다. 특히 진원과 가까웠던 고베시의 시가지인 히가시나다구, 나다구, 주오구(산노미야, 모토마치, 포트아일랜드), 효고구, 나가타구, 스마구의 피해가 막대해 근대 도시의 재해로 일본 내뿐 아니라 전 세계에 큰 영향을 주었다.

사망자는 6,434명으로 제2차 세계 대전 이후 발생한 지진재해로는 2011년 발생한 동일본 대진재에 이어 두 번째로 큰 규모이다. 태평양 전쟁 이후 일본 내에서 발생한 모든 자연재해를 따져도 동일본 대진재가 일어나기 전까지 사망자가 가장 많은 자연재해였다. 같은 해 7월

25일에는 극심 재해에 대처하기 위한 특별재정원조 등에 관한 법률에 따라 격심재해(激甚災害)로 지정되었다.

2.3. 지진에 따르는 여러 현상

대지진은 대재해를 가져오지만, 지학적으로도 몇 가지 특수 현상을 수반하는 일이 많다. 지진 전후에 샘물의 탁한 정도와 샘물의 양이 변했다거나, 주변의 풍경이 흔들려 보이거나 온천물이 나오는 모양이 변했다고 하는 따위는 흔히 있는 일이다. 그러나 가장 현저한 현상은 지각(地殼)변동이다.

지진에 수반하여 생긴 단층(斷層)을 지진단층이라 하며, 지진단층 중에서 그 상하 · 수평 방향으로 어긋난 것을 보아서 쉽게 확인할 수 있는 예가 흔히 있다. 또한 이와 같이 목격할 수 있는 지각변동 이외에, 수준 측량(水準測量)이라고 하여 토지의 높이를 결정하는 측량을 되풀이함으로써 비로소 판명되는 근소한 변화도 있다. 그뿐만 아니라 토지는 수평 방향으로도 변화한다.

오랫동안의 연구에 따라 이들 지각의 이상 변화는 실은 대지진에 앞서서도 일어나고 있음이 밝혀졌으며, 이는 지진을 예측하는 데 하나의 유력한 방법이 되어 있다.

그리고 해저에 지진이 있어서 급격한 토지 변동이 일어나면 그 영향은 해일(海溢)이라는 아주 파장이 긴 파도가 되어서 해안에 밀려오고, 해안에 가까워지면 파고(波高)가 증대하여 특히 만(灣) 안쪽에서는 고조(高潮)가 되어 육지를 휩쓸고 큰 피해를 준다.

그러나 해일은 지진이 일어난 뒤 30분~1시간가량 있다가 밀어닥치기 때문에, 주의만 하면 충분한 대책을 강구하여 피난할 수 있다. 또한 지진에 따라 지자기(地磁氣)가 변한다는 설이 예부터 있다. 그와 같은 예가 보고 되어 있기는 하나, 반드시 언제나 지진에 따라 지자기에 변화가 생긴다고 말할 수는 없는 것 같다.

예를 들어 지진 전조 현상은 지진 발생 전에 나타나는 현상을 말하는데 땅이 갑작스럽게 솟아오르거나 우물물의 수위가 갑자기 낮아지고, 지하수의 화학 성분 또는 암석의 전기적 성질이 변하고, 작은 지진 활동이 이어지거나 특정한 전파가 나오는 현상이기도 합니다.

특히 특정 지역을 지나는 지진파의 속력, 즉 P파와 S파의 속력이 변화하는 것을 보고 지진 발생을 예측할 수 있다. P파의 속력은 보통 S파의 속력보다 1.75배 정도 더 크다. 하지만 지진 발생이 예측되는 지역을 통과할 때는 P파의 속력이 S파 속력의 약 1.5배까지 감소한다. 이 현상은 얼마간 지속되다가 다시 정상으로 돌아오는데, 그 직후에 지진이 일어난다고 해요. 실제 미국에서는 이 현상을 바탕으로 지진을 예보하는 데 성공하기도 했다.

또한 1975년, 중국에서는 규모 7.3의 강진이 일어났다. 규모 7.3의 강진은 웬만한 건물을 무너뜨릴 정도이다. 그런데 중국에서는 이 지진으로 단 한 명의 부상자조차 발생하지 않았다. 어떻게 이런 일이 일어날 수 있었을까? 놀랍게도 중국에서는 지진에 대비하여 비상 연락망을 구축하였으며, 지진 발생의 전조 현상(지진이 일어나기 전에 나타나는 현상)을 미리 파악함으로써, 지진이 발생하기 전에 주민들을 미리 대피시켰다.

그렇다면 그들이 파악한 전조 현상이란 어떤 것이었을까? 놀랍게도 그중 한 가지는 지진 발생을 미리 감지한 곤충들이 이동하는 모습이었다고 한다. 그렇다면 곤충들은 어떻게 지진 발생을 예견할 수 있었을까? 이것은 지금도 미스터리로 남아있다. 중국 사람들은 그냥 예로부터 이런 일(곤충들이 이동하는 일)이 생기면 지진이 일어난다는 정도의 지식만 가지고 있었을 뿐이다.

실제로 2004년 인도네시아에 거대한 지진해일이 일어났을 때도 이를 감지한 곤충들의 움직임이 관찰되었다고 한다. 하지만 1975년 지진 예측에 성공한 중국은 바로 다음 해인 1976년 당산 대지진은 예보하지 못하여 24만 명이 목숨을 잃었으며, 그 이후에도 지진 예보에 성공하지 못했다.

2.4. 지진으로 인한 피해와 대책

지진 재해는 지진 그 자체에 기인하는 1차 재해와 부수적으로 발생하는 2차 재해로 나뉜다. 오늘날의 지진재해 대책의 특징은 1차 재해의 경감 및 2차 재해의 억지에 그 역점을 두고 있다.

대지진이 발생하면 가옥이 파괴 · 손상되고, 지면에는 균열이 생기며, 또한 분사(噴砂)현상 등이 일어난다. 또한 산사태 등도 발생하여 큰 피해를 가져온다. 지진대와 화산대는 거의 일치해 지진으로 인한 충격으로 화산이 폭발하면 화산재 구름이 하늘을 덮치는 등 피해가 속출한다. 특히 위험한 것은 지진에 따라 일어나는 화재로서 지진 그 자체에 의한 피해보다 불에 의한 피해가 훨씬 크다.

건축물 또는 토목구조물의 피해에 관해서는 지진공학(地震工學)이란 특별한 공학 부분과 재난분야와 위기관리 분야에서도 그 대책을 연구하고 있으며, 내진(耐震) 건축법이 고안되고 있다. 지진학이나 지진공학의 지식을 이용하여 지진재해를 경감시키는 것을 진재(震災) 대책이라고 한다.

1차 재해는 강한 지진동에 의한 지표나 지하 구조물의 파괴, 지반의 붕괴, 해일로 인한 가옥이나 선박의 유실 · 파괴 등이다.

2차 재해는 화재, 수도, 전기, 가스, 통신망의 파괴, 생활물자 유통망의 파괴로 인한 생활의 혼란 등을 말한다. 도시의 경우 2차 재해, 특히 석유 화학 공장, 자동차의 연료, 건물의 연료 화재에 의한 비중이 커진다. 이 경우의 대책은 주로 도시 내에 있는 발화원을 줄이고 건물 밀집 지역의 방재작업이 원활하게끔 하고, 도시계획 수립 시부터 방재도시로 설계하고 위기관리 대책을 수립하는 것 타당하다.

2.5. 우리나라 지진

(1) 우리나라 지진의 역사

삼국사기, 고려사, 조선왕조실록 등 역사서 기록에 의하면 서기 2년부터 1904년까지 한반도에서 약 1,800회의 유감지진이 발생하였고, 인명과 재산의 피해가 발생한 지진도 40회 이상 발생한 것으로 기록되었다.

지진계를 최초로 설치한 1905년 이전까지의 지진을 역사 지진이라고 말한다. 역사 지진 기록은 삼국사기, 고려사, 조선왕조실록, 일성록, 동국문헌비고 등의 문헌에서 확인할 수 있다.

삼국사기에는 서기 27년 백제 온조왕 때 "겨울 10월에 지진이 일어나 집이 기울어지고 무너졌다."라고 기록되어 있으며, 이 기록이 최초의 지진 피해 기록이다. 또한 서기 779년 통일신라 시대 혜공왕 15년 당시, 경주에서 발생한 지진으로 백여 명의 백성이 사망했다는 기록이 있다.

고려사에는 경주지역에서 발생한 대표적인 역사 지진이 기록되어 있다. 현종 4년(서기 1013년)과 정종 2년(서기 1036년)에 발생한 지진으로, 당시 현종은 "짐의 허물과 잘못으로 변이가 잇달았다. 재앙이 수그러들게 하는 방안을 강구하여 아뢰도록 하라"라고 말할 정도로 당시 상황이 심각했음을 알려주는 대목이다. 정종 2년에 발생한 지진 기록은 상대적으로 견고하게 지어졌을 기와집과 일반 백성들의 집을 가릴 것 없이 큰 피해가 있었음을 언급하고 있다.

특히 3일 동안 지진이 계속되었다는 언급은 여진 활동이 지속되었음을 말해준다.

근래 한반도에서 계측한 지진은 아날로그 관측 시대(78년~98년)에는 연평균 19.2회, 디지털 관측 시대(99년~2023년)에는 연평균 72.2회로 분석되었다.

우리나라는 유라시아판 내부에 있으므로 판 경계와 달리 지진 발생 빈도가 낮고, 재발주기가 길다. 다만, 지리적인 특성으로 중국과 일본에서 발생한 큰 규모의 지진이 국내의 지진 발생에 영향을 줄 가능성이 있다. 2016년 9월 12일 경주에서 발생한 지진(규모 5.8)도 동일본 대지진(규모 9.0)과 일본 구마모토 지진(규모 7.3)의 영향으로 발생한 것이라는 의견이 있다.

(2) 우리나라 지진 관측

우리나라는 동쪽으로 태평양판(Pacific plate), 남동쪽으로 필리핀판(Philippine plate), 북동쪽으로 북아메리카판(North American plate)과 마주하고 있는 유라시아판(Eurasian plate) 내부에 있다.

판 내부에 있으므로 판 경계부에 있는 나라와 달리 지진 발생 빈도가 낮고, 재발 주기가 길다. 우리나라에서 발생하는 지진은 지하 50km 이하에서 발생하는데 인도 대륙의 유라시아 지판과의 충돌, 태평양판과 필리핀판 삽입의 영향을 받는다.

지질 구조상 지각이 약한 단층 구조가 많은 편인 우리나라는 최근 들어 지진의 발생 빈도가 급증하고 있는데 중국과 일본에서 발생한 지진의 영향을 받는다. 통계적으로 중국(북동부 탄

루단층 지역)과 일본(서남부지역)에서 규모 7.0 이상의 지진 발생 후 약 2년 뒤 한반도에 규모 5.0 정도의 지진이 발생할 가능성이 있는 것으로 분석한 사례도 있다.

지진계를 설치한 1905년 이후 발생한 지진을 계기 지진이라고 말한다.

1905년 인천측후소에 기계식 지진계가 최초로 설치되었고, 1945년 광복을 맞이하기 전까지의 40여 년간 일제 조선총독부 기상측후소에서 지진계가 추가로 설치되어 인천, 서울, 평양, 대구, 부산, 추풍령 등의 7개소에서 지진을 관측하기 시작하였다.

이후 20여 년간 공백기가 이어지다가 1963년, 서울에 세계적인 지진관측망 사업으로 지진계가 설치되며 지진 관측 활동이 재개되었다.

현재 기상청은 25.1.1.일 기준으로 지진관측소 431개소(기상청 327, 유관기관 104)를 이용하고 있으며, 앞으로도 계속해서 확충할 계획이다. 국내 지진관측망에 기록된 지진은 아날로그 방식으로 관측했던 1978~1998년까지 평균 19.1회 발생하였으며, 디지털 방식으로 관측했던 1999년~2023년에는 평균 72.2회가 발생하였다

이러한 기록에 따르면 국내 지진관측망 확충이 이루어지기 시작한 1990년대 중반 이후 증가추세가 이어지고 있는데, 이러한 추세는 지진 관측과 분석기술의 발달이 이루어지며 과거 지진 관측보다 더욱 정밀한 감지가 가능해졌기 때문이라고 해석할 수 있다. 그 이유는 사람이 직접 감지할 수 있는 규모 3.0 이상 지진의 발생 추세는 거의 일정한 추세를 보이고 있기 때문이다.

〈표 2.8〉 국내 지진 발생 목록

구분	발생 기록
고려 시기 이전 (~1392)	(고구려 졸본(2 · M?), 위례성 인근(13 · M?), 위례성 인근(27 · M6.3), 광주(89 · M6.3), 경주(100 · M6.3), 경주(123 · M6.3), 경주(304 · M6.3), 평양(502 · M6.3), 경주(510 · M6.3), 경주(664 · M6.3), 경주(779 · M6.7), 경주(780 · M6.3), 개성(1036 · M5.7), 개성(1385 · M6.3)

구분	발생 기록
조선 시기 (1392~1905)	순천(1455 · M6.4), 한성(1518 · M6.7), 백천 해역(1518 · M6.7), 경산(1553 · M6.3), 백두산 인근(1597 · M8〈), 수원(1613 · M6.3), 합천(1643 · M6.4~6.7), 울산 해역(1643 · M6.7), 황해 해역(1649 · M6.5), 순창(1664 · M6.3), 황해도 청단(1668 · M6.4), 김제 해역(1670 · M6.3), 양양 해역(1681 · M7.5), 홍성 (1700 · M6.5), 개성(1714 · M6.7), 함흥(1727 · M5.7), 부령(1810 · M?), 대한제국 중부(1899 · M6.4)
근대적 관측 시기 (1905~1977년)	경성 (1906 · M6.0), 한국–중국 국경 지역(1917 · M6.1), 포항 해역(1936 · M5.0), 지리산 지역(1936 · M5.1), 포항(1943 · M6.0), 한국–중국 국경 지역(1944 · M6.6), 평양–강서 지역(1952 · M6.3), 평양 지역(1960 · M5.1), 보은 지역(1970 · M4.9)
정밀 관측 시기 (1978년~현재)	속리산 지역(1978 · M5.2), 충청남도 홍성(1978 · M5.0), 의주–삭주–귀성(1980 · M5.3), 울진 해역(1982 · M4.7), 신안 해역(1993 · M4.5), 신안 해역(1994 · M4.9), 강원도 영월(1996 · M4.5), 경상북도 경주(1997 · M4.2), 신안 해역 (2003 · M4.9), 백령도 해역 (2003 · M5.0), 울진 해역 (2004 · M5.2), 오대산 지역 (2007 · M4.8), 경상북도 안동 (2009 · M4.0), 신안 해역 (2013 · M4.9), 백령도 해역 (2013 · M4.9), 서격렬비도 해역 (2014 · M5.1), 울산 해역 (2016 · M5.0), 경상북도 경주 (2016 · M5.8), 경상북도 포항 (2017 · M5.4), 경상북도 포항 (2018 · M4.6), 강원도 동해 해역 (2019 · M4.3), 해남 군발 지진 (2020 · M3.1), 서귀포 해역 (2021 · M5.3), 충북 괴산(2022 · M4.1), 강원도 동해 해역 (2023 · M4.5), 경북 경주(2023 · M4.0)

〈그림 2.26〉 한반도의 지진학적 환경

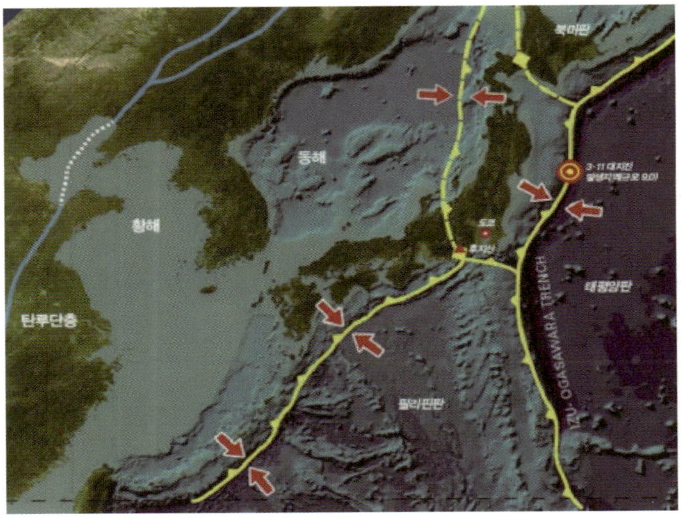

한반도의 지진학적 환경

유라시아판 안에 잇는 한반도의 지진학적 환경

〈그림 2.27〉 지진 발생유형

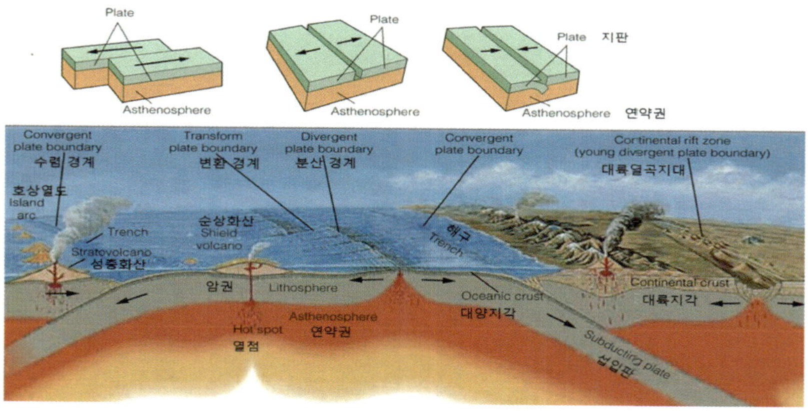

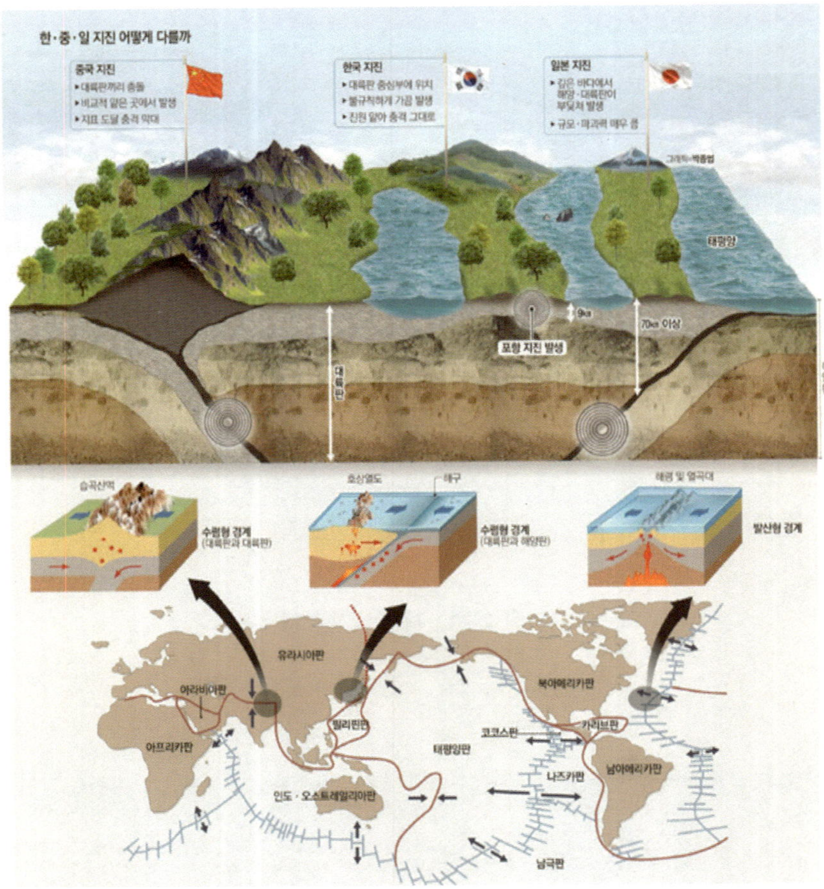

〈표 2.9〉 한국의 지진 피해

구분	규모	피해현황
쌍계사 지진 (1936.7.4)	5.1	건물 피해 : 113동(전파 3, 반파 10 등) 문화재 피해 : 쌍계사 건물 등 문화재 파손
니이가타 지진해일 1964.6.16)	7.5	재산 피해 : 없음, 지진해일 : 부산 32cm, 울산 39cm 일본의 경우는 473명 사상자 발생, 가옥 및 선박 피해 발생

속리산 지진 (1978.9.16)	5.2	우리나라 전역에서 고른 진동 감지 (재산 피해 : 없음)
홍성 지진 (1978.10.7)	5.0	재산 피해 : 3억 1백만 원 건물 피해 : 홍성군청을 중심으로 건물파손 100여 동, 건물 균열 1,000여 동, (성곽 붕괴) 사적 231호 홍주 성곽 붕괴, 도로 파손 : 홍성읍 오관리 6구 도로(8m 폭) 약 20m가 너비 1cm 균열 유리창 파손 : 홍성군청 등 12개 공공기관의 유리창 500여 장 기타 : 일시정전, 전화불통
동해 중부 지진에 의한 지진해일 (1983.5.26)	7.7	재산 피해 : 3억 7천여만 원(원덕항 2억 4천3백만 원, 삼척항 9천3백만 원, 울릉도 2천1백만 원, 울진 6백만 원), 건물 피해 : 44동(전파 1동, 소파 22동, 침수 21동) 선박 피해 : 81척(전파 47척, 반파 34척) 등
북해도 남서 외해 지진에 의한 지진해일 (1993.7.12)	7.8	재산피해 : 3억 9천만 원, 선박 피해 : 35척, 기타 피해 : 어망 3,000여 통
영월 지진 (1996.12.13)	4.5	건물 피해 : 영월군과 정선군 일대 10여 개 구조물에서 균열 발생, 도로변 낙석 발생, 한반도 전역에서 진동 감지
울진 앞바다 지진 (2004.5.29)	5.2	재산 피해 : 없음. 진 지역(진도Ⅴ)에서 건물이 심하게 흔들림 속리산 지진 이후 가장 큰 규모의 지진
후쿠오카 지진 (2005.3.20)	7.0	부산에서 엘리베이터가 일시 가동 중지, 부산항 하역 작업 30분간 중단
오대산 지진 (2007.1.20)	4.8	건물 피해 : 일부 노후 조적조 건물의 벽체에 균열 발생
경주 지진 (2016.9.12.)	5.8	인명피해 6명, 재산 피해 4,996건 등 약 35억의 피해 공공시설 182건으로 약 58억의 피해 사유재산 주택전파 5건, 반파 24건, 기와파손 및 벽체 균열 등 주택 소파 4,967건 문화재 59건으로 약 50억의 피해
포항지진 (2017.11.15.)	5.4	인명피해: 92명 부상, 이재민 1,787명 발생 재산피해 672억원 포항일대의 고사장이 파손되는 등 지진으로 인해 대학수학능력시험의 정상적인 진행이 어려울 것으로 판단되어 수능일을 연기

(3) 지진의 규모

규모(Magnitude)는 발생한 지진에너지의 크기를 나타내는 단위로서 특정 장소와 관계없는 절대적인 개념이기 때문에 하나의 지진에 대한 규모는 동일 수치이며, 표현 시 소수 첫째 자리까지 나타낸다. (예시: M 5.8)

지진 그 자체 덩어리의 크기를 정하는 기준으로서 '매그니튜드(magnitude)'라는 양을 정의하고 있다. 이것은 진앙(震央)에서 100km 떨어진 곳에 놓인 표준 지진계의 기록지 위의 지진동 최대 진폭을 마이크론 단위로 읽고 그 실용 대수(實用對體)를 얻는 순서로 구한다. 매그니튜드는 진도(震度)와는 다른 개념으로서, 매그니튜드가 큰 지진일지라도 그것이 깊고 또 멀면 진도는 작다. 지진의 매그니튜드와 에너지의 관계는 log E = 1.5 M + 11.8이다.

진도(Intensity)는 지진의 세기에 따라 사람의 느낌이나 주변의 물체 또는 구조물의 흔들림 정도를 수치로 표현한 상대적인 개념이며 지진의 진앙거리, 진원 깊이에 따라 달라질 수 있다. 우리나라의 진도표기는 수정 메르켈리 진도(MMI)를 사용하고 있으며, 표현 시 로마 숫자를 사용하여 나타낸다. (예시: 진도 V)

지진동의 세기를 신체의 감각 및 주위 상황으로 판단하여, 몇 단계로 구분하는 수가 있다. 진도계(震度階)는 얼핏 생각하기에 비과학적으로 지진동의 세기를 표시하는 방법같이 보이지만, 실은 이 표에 의해서, 지진계가 없었던 옛날의 지진 기록을 통하여 그 지진의 규모도 추정할 수 있을뿐더러, 정확한 지진계의 기록을 해석하기 전에 발생한 지진에 관한 정보를 재빠르게 알아볼 수 있다는 등의 이점이 있다.

1949년 미국의 캘리포니아 공과대학의 구텐베르크(B. Gutenberg)와 찰스 리히터(C.F.Richter)는 《지구의 지진 활동도》라는 책을 저술하여, 그 속에서 지진의 발생은 매그니튜드가 큰 지진일수록 일정한 비율로 그 발생 빈도가 적다는 관계가 세계 각지에서 성립됨을 밝혔다.

지진의 빈도는 지진의 크고 작음에 따라 다르며, 최대 진폭이 큰 지진일수록 그 수가 적다는 것이 그 후 증명되었다. 지진의 빈도의 법칙은, 잡다하게 일어나는 많은 지진도 실은 일정한 법칙에 따라 일어남을 나타내는 중요한 법칙이다. 리히터 규모는 1.0 증가할 때마다 에너지가 30배 증가한다.

〈표 2.10〉 메르칼리와 리히터 규모

구분	규모	피해현황	리히터 규모
I	기계만 느낌	지진계나 민감한 동물이 느낀다.	~3.5
II	아주 약함	가만히 있는 민감한 사람이 느낀다.	3.5
III	약함	트럭이 지나가는 것과 같은 진동을 느낀다.	4.2
IV	중간 정도	실내에서 진동을 느끼고 정지한 자동차를 흔든다.	4.5
V	약간 강함	일반적으로 진동을 느껴 자는 사람을 깨운다.	4.8
VI	강함	나무가 흔들리고, 의자가 넘어진다. 일반적인 피해를 초래한다.	5.4
VII	보다 강함	대부분의 건물이 무너진다.	6.1
VIII	파괴적임	특수 내진 설계한 건물에 피해가 생긴다.	6.5
IX	보다 파괴적임	극소수의 일부 건물을 제외한, 거의 모든 건물이 무너진다.	6.9
X	재난에 가까움	땅에 균열이 가게 된다.	7.3
XI	상당한 재난	(재난에 가까움과 같은 현상이 나타남)	8.1
XII	천재지변	지표면에 있는 물건이 튀어 오르게 된다.	8.1~

2.6. 우리나라 지진대책법

지진과 지진해일의 관측 · 예방 및 대비, 내진 대책, 지진에 대한 대응 및 지진재해경감을 위한 연구 · 기술개발 등에 관한 사항을 규정하여 지진 등의 위험으로부터 국민의 생명과 재산을 보호하려고 「지진 · 화산 재해대책법(약칭: 지진대책법)」(법률 제9001호)을 2008. 3. 28. 제정, 2009. 3. 25.부터 시행하였다.

(1) 지진재해경감을 위한 국가 및 재난관리책임기관의 책무 근거 마련(법 제3조)

지진재해는 풍수해와 관측, 예방 및 대비, 내진 대책, 대응 별로 각기 특성이 다름에도 이러한 점이 반영된 대책수립 등이 미흡한 실정으로 지진재해에 대하여 국가 및 재난관리기관의 책무를 명시하고, 지진재해경감을 위하여 재난관리책임기관이 필요한 조치를 하도록 하고, 국가 및 재난관리책임기관이 지진재해의 특성을 고려하여 대책을 수립함으로써 지진재해에 효과적으로 대응할 수 있도록 근거 책무를 만들었다.

(2) 지진 및 지진해일 관측시설의 설치 등(법 제5조)

지진관측시설이 확충되고 있으나, 국가적인 종합계획 및 시설기준이 없어서 지진관측망은 기상청이 계획을 수립하여 추진하고, 지진해일 관측망은 기상청과 국토해양부가 공동으로 계획을 수립하여 추진하며, 다른 지진관측기관에서 관측시설을 설치할 경우 기상청과 미리 협의하여 기상청이 정하는 기준에 맞게 설치하도록 하고, 국가 전체적으로 체계적인 지진관측망을 구성할 수 있도록 함으로써 중복투자 등 재정적인 낭비를 최소화할 수 있도록 제정하였다.

(3) 기존 시설물에 대한 내진보강기본계획 수립 등(법 제15조 내지 제17조)

내진설계 기준 제정 이전에 설치된 공공 시설물 중 내진 보강 사업이 필요한 공공 시설물에 대한 보강 사업 추진 근거가 없어 내진설계 기준 제정 이전에 설치된 공공 시설물에 대해 내진성능 향상을 위해 5년마다 내진 보강 기본계획을 수립하고, 내진 보강이 필요한 공공 시설물에 대해 내진 보강 사업을 추진하도록 하여 지진발생 시 기존 공공 시설물의 안전성을 확보할 수 있도록 하였다.

(4) 지진재해 대응체계의 구축(법 제18조)

지진발생 후 현장 수습 시에는 필요한 재해정보가 부족한 상황이고, 지진에 대한 대응이 지연될 경우 사회 전체적인 혼란이 야기되어 효과적인 초기 대응 활동이 어렵게 되는 문제점이 있어 중앙본부장 및 지역 본부장은 지진의 특성을 고려하여 신속한 지진정보 수집 · 분석을 통해 피해 지역과 피해 정도를 예측하고, 응급구조 및 구호 등 초기 대응이 가능하도록 지진재해 대응체계를 구축 · 운영하도록 하여 지진발생 시 신속한 대응으로 초기 혼란을 미연에 방지할 수 있도록 하였다.

(5) 국내외 지진피해 지역에 대한 조사 및 위험도 평가 실시(법 제20조 및 제21조)

지진발생지역에 대한 피해 현상 및 원인을 조사하고, 완전히 붕괴하지 않은 시설물에 대해 사용 여부를 판단할 수 있는 시설물 안전도 판정을 하기 위한 근거가 없어 지진재해에 대한 전문적인 조사 · 분석 및 평가를 위해 중앙본부장과 지역 본부장이 지진피해조사단을 구성 · 운영하고, 피해시설물에 대한 사용 가능 여부 등 위험도 평가를 위하여 지역 본부장이 피해 시설물 위험도 평가단을 구성 · 운영하도록 하여 국내외 지진발생 후 피해원인을 조사함으로써 향후 발전된 지진방재종합대책을 수립 · 추진할 수 있고, 피해시설물에 대한 위험도를 평가함으로써 2차 피해를 방지할 수 있도록 하였다.

2.7. 구조물에 대한 설계

설계를 통해 구조물의 지진에 의한 피해를 최소화하려는 방법에는 크게 5가지가 있는데 모두 건축물과 토목구조물의 내진력(耐震力)을 증가시켜 건축물과 토목구조물의 지진에 의한 피해를 줄이는 것이다.

내진은 취약한 구조물을 보강하고 유연하게 설계하여 지진에 의해 손상이 가도 건물이 붕괴하지 않도록 하여 인명피해를 최소화로 줄이는 방법이다. 그러나 내부 기물은 상당히 파손되기 때문에 그러한 것을 방지하기 위해서 고층 빌딩에는 안전성을 기하기 위하여 면진, 제진 설계와같이 병행하여 사용한다. 대부분의 건축물에서 가장 많이 사용하는 방법이다.

면진은 건물과 지반 사이에서 또는 토목구조물에서 지진의 피해를 줄여주는 것이다. 건물 지하와 지반 사이에 적층 고무와 댐퍼, 베어링 등을 이용하여 지진 발생 시 충격을 어느 정도 줄여 실제 건물에는 진동수가 줄어들어 내부에 손상이 적다. 제진은 건물 내부에 건물 총중량의 1% 정도 되는 추나 댐퍼를 설치하여 지진 발생 시 건물의 진동 반대 방향으로 이동시켜서 진동을 상쇄시킨다. 타이페이 101 빌딩 등 100층이 넘는 초고층 빌딩들에 사용 중이다.

차진은 지진에 의한 피해를 방지하기 위한 궁극적인 방법으로 공기 베어링, 자기력, 부력 등을 이용하여 지반과 건물 사이를 완전히 분리해서 지진의 영향을 전혀 받지 않도록 하는 구조이다. 현재 연구 중이며 실제 상용화된 적은 없다.

기타 지질조사를 통하여 되도록이면 건축물을 암반 위에 설치하도록 한다. 퇴적물 등의 지반 위에 건축할 경우에는 같은 진도, 규모의 지진이 발생해도 암반 위에 건축한 경우보다 붕괴 가능성이 높다. 또한 건축자재도 정품을 사용하여야 한다.

3. 태풍

3.1. 개관

태풍은 중심 부근 최대 풍속이 17m/sec 이상의 강한 폭풍우를 동반하는 열대성저기압을 이른다. 태풍은 발생지역에 따라 다른 이름으로 불리는데 북서 태평양에서 발생하는 것은 태풍(Typhoon), 북중미에서 발생하는 것은 허리케인(Hurricane), 인도양에서 발생하는 것은 사이클론(Cyclone), 남태평양에서 발생하는 것은 윌리윌리(Willy-Willy)라고 한다.

〈그림 2.28〉 태풍의 형상

출처: 게티이미지 코리아, 태풍의 모습, 가운데에 '태풍의 눈'

한편, 태풍은 해수면 온도가 27℃ 이상인 열대 해역에서 일반적으로 발생하며, 수명은 발생부터 소멸까지 보통 1주일에서 10일 정도이다. 태풍은 일반적으로 발생 초기에는 서북서진(西北西進)하지만, 점차 북상하여 편서풍을 타고 북동진(北東進)하는 경로를 밟는다.

(1) 태풍 발생의 원인

태풍은 적도 부근이 극지방보다 태양열을 더 많이 받기 때문에 생기는 열적 불균형을 없애기 위해, 저위도 지방의 따뜻한 공기가 바다로부터 수증기를 공급받으면서 강한 바람과 많은 비를 동반하며 고위도로 이동하는 기상현상 중의 하나이다.

적도 인근 해상의 공기는 고온다습하고 불안정하다. 이에 따라 기압이 주변보다 약한 곳이 생기면 인근의 공기가 몰려들어 상승하면서 자그마한 소용돌이를 이루며 적란운을 만든다. 때에 따라 적란운이 비를 뿌리는 스콜이 발생한다. 이 같은 소용돌이가 북동무역풍의 영향으로 한곳에 모여 세력이 커지면 태풍의 씨앗이 된다.

일단 태풍의 씨앗이 생기면 상승기류로 발생한 적란운이 비를 내리면서 많은 열을 방출하고 이 열은 상승기류를 다시 강화하는 역할을 한다. 이 같은 과정이 여러 번 반복되면서 세력이 강해지고 마침내 태풍이 된다.

태풍, 허리케인, 사이클론은 연간 총 80개 정도가 발생하는데 이 중 태풍은 연평균 27개가 생겨난다. 우리나라에 영향을 미치는 태풍은 7~10월 사이에 많이 발생하며, 주로 동경 130도~145도, 북위 5~20도 사이에서 생성된다.

태풍 등 열대 저기압의 특징은 등압선이 원형이고, 전선을 동반하지 않으며, 에너지가 주로 수증기의 숨은 열이기 때문에 열대의 해양에서 발생, 발달하고, 중심부에 태풍의 눈이 있으며, 중심 부근에서는 특히 바람이 세다. 태풍 중심 근처의 풍속은 초당 17m를 넘고 때에 따라 초당 33m를 넘는 경우도 있다.

태풍의 역할은 강한 바람과 많은 비를 포함하므로 엄청난 피해를 준다. 그러나 태풍은 중요한 수자원의 공급원으로 물 부족 현상을 해소하기도 하며, 저위도 지방에서 축적된 대기 중의 에너지를 고위도 지방으로 운반하여 지구상 남북의 온도 균형을 유지해 주고, 해수를 뒤섞어 순환시킴으로써 플랑크톤을 용승 분해하여 바다 생태계를 활성화하는 역할도 한다.

〈그림 2.28〉 세계의 태풍

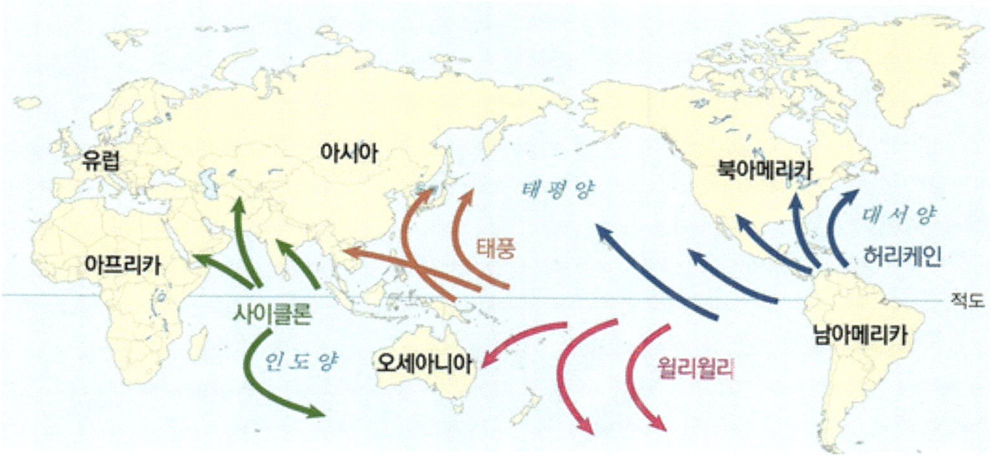

(2) 태풍의 기준

세계기상기구(WMO)는 열대 저기압 중에서 중심 부근의 최대 풍속이 33m/s 이상인 것을 태풍(TY), 25~32m/s인 것을 강한 열대 폭풍(STS), 17~24m/s인 것을 열대 폭풍(TS), 그리고 17m/s 미만인 것을 열대저압부(TD)로 구분한다. 우리나라와 일본에서도 태풍을 이와 같이 구분하지만, 일반적으로 최대 풍속이 17m/s 이상인 열대 저기압 모두를 태풍이라고 부른다.

〈표 2.11〉 태풍 강도에 의한 분류

구분	중심 부근의 최대 풍속 (10분 평균)	태풍 크기의 분류
약	17m/s(34 knots) 이상~25m/s(48 knots) 미만	
중	25m/s(48 knots) 이상~33m/s(64 knots) 미만	
강	33m/s(64 knots) 이상~44m/s(85 knots) 미만	
매우 강	44m/s(85 knots) 이상	
※ 중심으로부터 15㎧의 바람이 부는 곳까지의 거리('강풍반경')를 기준		

(3) 태풍의 구조 및 특징

태풍은 중심 부근에 강한 비바람을 동반한다. 강한 폭풍우의 범위는 태풍 중심에서 200~500km 정도이며, 중심으로 갈수록 기압은 하강하고 풍속은 증가하나 중심 부근에는 바람과 구름이 없는 지역인 '태풍의 눈'이 존재한다.

〈그림 2.29〉 태풍의 구조

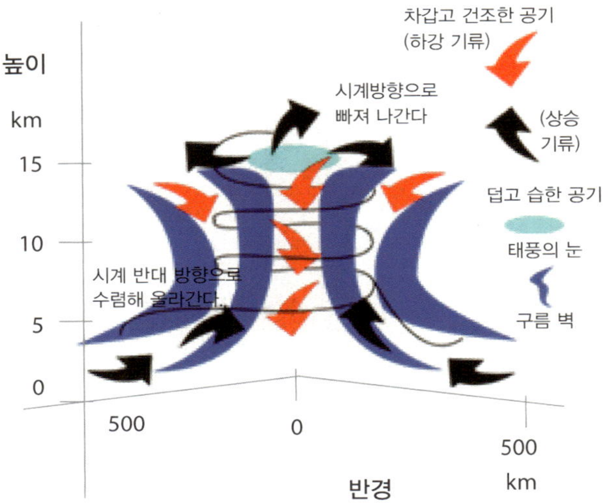

지름이 5~20km인 태풍의 눈에서는 바람이 약하고 구름이 거의 없다. 눈을 벗어나면 바람이 외곽에서 중심을 향해 반시계 방향으로 강하게 분다. 즉, 태풍 자체가 시계 반대 방향으로 태풍 중심을 향해 불고 있는 강한 비바람 덩어리이다. 이것이 태풍의 진행 방향 오른쪽이 태풍의 영향을 더욱 강하게 받는 원인이다.

태풍의 진행 방향 오른쪽에서는 앞쪽에서 맞부딪치는 바람과 태풍의 시계 반대 방향으로 부는 바람이 서로 정면으로 맞부딪쳐 강한 소용돌이를 일으킨다. 기상 전문가들은 이러한 태풍의 특성에 따라 태풍 진행 방향의 오른쪽을 '위험반원', 태풍의 왼쪽을 '가항반원'으로 부른다.

한편, 태풍이 접근해 오면 기압은 하강하고, 점차 바람이 불기 시작한다. 구름은 처음에 높은 구름인 권운, 권층운, 다음은 중층운인 고층운, 고적운, 그리고 거대한 적운 순으로 나타난다.

3.2. 역대 태풍 기록

태풍은 매년 평균 30개가량 발생하지만, 우리나라에 간접적으로라도 영향을 미쳐 비를 뿌리는 것은 연평균 3.1개꼴이다. 1976년의 경우에는 6개의 태풍이 우리나라를 강타하기도 했지만, 1989년이나 2001년에는 태풍의 영향을 전혀 받지 않기도 했다.

태풍 전체의 91%가량이 7~9월 사이에 우리나라에 영향을 미쳤으며, 아주 드물지만, 6월이나 10월에 내습하는 경우도 있다. 가장 빨리 찾아온 태풍은 1961년 5월 28~29일의 '베티'이며, 1906년에는 10월 23~24일 태풍의 영향권에 들어 가장 늦은 태풍으로 기록됐다.

그동안 우리나라에 가장 많은 인명피해나 재산피해를 냈던 태풍들은 7월 하순부터 9월 말 사이 영향을 미쳤다. 이들 태풍의 진로를 보면 7월에 찾아온 태풍은 대부분 서해안을 따라 북상해 중북부 지방을 통과했으며, 8월에는 7월 때보다 남쪽인 군산-청주-강릉지방을 연결하는 중부지방을 대각선 방향으로 지나갔다. 그리고 9월에 발생한 태풍은 주로 남해안 지방을 통과했다.

역대 한반도에서 발생한 태풍 중 가장 많은 인명피해를 일으킨 태풍은 1936년 8월 발생한 '태풍 3693호'(당시에는 태풍 명칭이 없었음)로 당시 1,232명의 사망 · 실종자와 1,646명의 부상자가 발생했다. 이어 1923년 발생한 태풍 2353호가 1,157명의 사망 · 실종자를 발생시켜 역대 인명피해 태풍 2위를 기록하고 있다.

이름이 기록된 태풍 중에서는 1959년 9월의 '사라(Sarah)'가 849명의 사망자를 발생시키고 2,533명의 부상자를 기록해 이름이 있는 태풍 중에서는 역대 최고의 인명피해 태풍으로 기록돼 있다. 태풍은 기압이 낮을수록 위력적인데 당시 사라의 기압은 951.5 hpa로 역대 태풍 중 제일 낮았다. 이어 1972년 8월의 베티가 550명의 사망 · 실종자를 발생시켜 역대 4위의 인명피해를 일으킨 태풍으로 기록돼 있다.

가장 많은 재산 피해를 발생시킨 태풍은 2002년 8월 총 5조 1,470억 원의 재산적 피해를 준 태풍 '루사'이며, 2위는 2003년 9월 발생해 4조 2,225억 원의 재산 피해를 일으킨 태풍 '매미'다. 이어 1999년 7~8월 발생해 1조 490억 원의 재산 피해를 준 태풍 '올가', 2012년 8월 발생해 6,365억 원의 재산 피해를 일으킨 '볼라벤'과 '덴빈'이 있다.

한편, 가장 많은 비를 뿌린 태풍은 2002년 8월 31일 단 하루 동안 강릉에 871mm에 달하는 집중호우를 뿌린 '루사(Rusa)'이다. 또 태풍의 바람으로 가장 큰 인명피해를 준 태풍은 1987년 7월의 '셀마(Thelma)'로, 셀마는 당시 345명의 사망 실종자를 냈다. 이후 2003년 9월 한반도를 강타한 '매미(Maemi)'는 최저기압 950hPa, 최대 순간 풍속도 초속 60m로 종전의 최고 기록을 경신했다.

태풍이 큰 피해를 끼친 경우 앞으로 유사한 피해가 일어나지 않기를 바라는 의미에서 해당하는 태풍의 이름은 폐기하고, 다른 이름으로 변경한다. 이에 따라 우리나라에 최악의 피해를 안겼던 2002년의 태풍 '루사'와 2003년의 '매미'는 퇴출당해 현재는 사용되지 않고 있다.

이 밖에 우리나라에서 제출한 태풍 '나비(Nabi)'의 경우 2005년 일본을 강타해 20여 명의 인명피해 등을 일으키면서 퇴출당해 '독수리'라는 이름으로 대체되었다.

3.3. 태풍에 수반되는 현상

태풍에 수반되는 현상은 풍랑, 너울, 고조, 용오름 등 대표적으로 4가지다

풍랑(風浪, wind wave, Windwelle)은 해상에서 바람에 의해 일어나는 파도를 말한다. 보통 풍속이 1~2m/s 이상이 되면 발생한다. 대한민국 기상청에서는 풍랑주의보는 풍속 14m/s 이상이 3시간 이상 지속되거나 유의 파고가 3m 이상이 예상될 때, 풍랑경보는 풍속 21m/s 이상이 3시간 이상 지속되거나 유의 파고가 5m 이상이 예상될 때 발령한다. 태풍에 의해 강한 바람이 불기 시작하면 약 12시간 후에 최고 파고에 가까워진다. 대체로 파고의 높이는 풍속의 제곱에 비례하지만 바람이 불어오는 거리에 따라 달라진다.

너울(Swell)은 해상에서 전달되어 온 파도를 말한다. 풍랑이 발생지역을 떠나 해안에 온 경우, 바람이 그친 후 남은 파도 등이 이에 해당한다. 너울은 감쇠해 가는 파도로 진행함에 따라

파고가 낮아진다. 너울의 진행 속도는 태풍 진행 속도의 2~4배이며, 연안 지방에 여러 가지 태풍 전조 현상을 일으킨다. 태풍의 중심 부근에서는 다른 방향에서 전해오는 파도가 모여들고, 간섭에 의해 물결의 꼭대기가 극단적으로 뾰족해지는 삼각파(三角波, pyramidal wave)가 생겨 항해하는 선박은 전복의 위험이 커진다. 진행함에 따라 파장과 주기가 길어져 먼바다까지 전달되기 때문에 풍랑을 예보하는 것보다 어렵다.

고조(高潮, storm surge, storm tide)는 폭풍해일이라고도 하며, 해안의 수위가 비정상적으로 상승하는 현상이다. 태풍의 낮은 기압으로 인해 수면이 들어 올려지고, 여기에 강풍에 의해 해수가 밀려와 발생한다. 특히 태풍 진로 우측 200km 이내에 발생하며, 만조 때와 겹치거나 수심이 낮고, V 자형의 만(灣, bay)일수록 위험이 커진다. 일반적으로 해수면의 상승은 풍속의 제곱에 비례하고, 기압이 1hPa 낮아지면 해수면은 1cm 높아진다.

용오름(Spout)은 회오리바람을 동반하는 기둥 모양 또는 깔때기 모양의 공기 소용돌이를 말한다. 적란운 또는 적운형 구름에서 지면 또는 해수면까지 거의 수직으로 닿아있으며, 지상의 파편이나 모래 먼지, 바다의 물방울, 해양 생물 등을 말아 올린다. 태풍이 접근할 때 대기가 급격히 불안정해지면 발생하는데 크기는 직경 수m~수십m 정도이며, 최대 풍속은 70m/s 미만이다. 미국에서 발생하는 토네이도와 같은 현상이지만 규모는 작다. 또한 토네이도는 육지에서 발생하지만, 대한민국에서 용오름은 주로 해상, 특히 동해안에서 발생한다. 겉보기로 보면 토네이도와 비슷해 토네이도로 착각하는 경우도 많다.

4. 철도 사고

4.1. 우리나라의 철도 사고

철도 사고(鐵道事故)는 철도차량의 운행 중에 발생하는 사고를 말한다. 보통 철도 사고라고 하는 경우 차량의 탈선이나 충돌, 손상, 화재 등 인명피해를 동반할 수 있는 사고를 가리킨다.

철도는 사람이나 물자를 대량으로 운송하고, 또한 질량이 크고 속도가 빠르므로, 철도 사고가 일어나면 철도 운영자와 이용자뿐 아니라 주변까지 큰 피해를 주는 경우가 많다.

국토교통부가 고시한 '철도 사고 등의 보고에 관한 지침'(국토교통부 지침 2019-57호, 2019. 1. 28, 일부개정)에 의하면 철도운영기관 및 철도시설관리기관은 철도 사고 및 운행장애가 발생하면 내용과 원인 등에 대한 조사를 수행하고 국토교통부 장관에게 보고하고, 종결보고는 한국교통안전공단에서 운영하는 철도안전정보 종합관리시스템(www.railsfaety.or.kr)을 통하여 보고하게끔 되어 있다.

이는 국토교통부뿐만 아니라 국내 모든 철도 운영기관이 운영상의 정기적인 철도 사고 위험도 동향을 살피고 모니터링을 함으로써 철도 사고를 미연에 방지하여 대국민 안전에 기여하기 위함이며 한국교통안전공단에서는 위험도에 대한 정확한 동향 분석 및 모니터링이 가능하게끔 하기 위하여 2012년 국내 최초로 ASPR(Annual Safety Performance Report, 연례안전성능보고서)을 발간하기 시작하였다.

(1) 철도 사고 현황

2019년부터 2023년까지 5년간 철도 사고는 총 181건(연평균36.2건) 사망자는 48명(연평균9.6명)부상은122명(연평균24.4명) 발생하였다.

〈표 2.12〉 5년간 철도교통사고 현황

(단위 : 건, 명)

구 분			2019	2020	2021	2022	2023	합계	평균	구성비	증감률
철도교통사고	합 계		35	26	32	49	39	181	36.2	100%	△2%
	열차사고	열차충돌	0	1	5	2	5	13	2.6	7.2%	–
		열차탈선	6	3	12	18	26	65	13	35.9%	△34%
		열차화재	0	0	0	0	0	0	0	0.0%	–
		소계	6	4	17	20	31	78	15.6	43.1%	△39%
	건널목사고		13	7	5	13	2	40	8	22.1%	▽–31%
	철도교통사상사고	여객	6	4	2	2	0	14	2.8	7.7%	▽–100%
		공중	8	7	6	6	4	31	6.2	17.1%	▽–13%
		직원	2	4	2	8	2	18	3.6	9.9%	△0%
		소계	16	15	10	16	6	63	12.6	34.8%	▽–18%

5년간 철도사고 피해 현황

(단위 : 건, 명)

연 도 구 분		2019	2020	2021	2022	2023	합계	평균	증감률
인명피해(명)	사망	11	12	8	13	4	48	9.6	▽–18%
	부상	24	27	19	37	15	122	24.4	▽–9%
	소계	35	39	27	50	19	170	34	▽–12%
재산피해(백만원)		531.1	9,485.3	533.5	3,045.5	796.3	14,391.7	2,878.34	△8%

5. 해양 사고

5.1. 우리나라 해양 사고 개요

대한민국은 삼면이 바다로 둘러싸여 있으며, 매년 크고 작은 해양 사고가 발생하고 있다.

대한민국의 선박은 초기에는 규모가 영세하고, 나무로 만든 배가 대부분이었다. 선박은 강과 바다에서 운용되었는데, 발생한 선박사고는 특히 명절을 앞두고 승객과 짐을 지나치게 실어 전복된 경우 피해가 컸다.

영세한 선박들은 1970년대를 거치면서 점차 대형화되었고, 대형 선박에 의한 원양어업이 활성화되면서 먼바다에서 발생하는 사고가 증가하였다. 사고의 규모 또한 점차 대형화되었다. 1960년대 후반 이후로는 과적이나 자연재해 외에 남북 간 갈등에 의한 사고, 유조선 기름 유출 사고와 같은 새로운 유형의 해양 사고가 등장하였다.

해양수산부와 한국해양연구소에 의하면, 1983년부터 1999년까지 대한민국의 연근해에서 총 1,290척의 선박이 침몰하였다. 그 대부분은 중소형 어선이며, 유조선과 화학선을 포함한 16척의 대형 선박이 포함되어 유류나 화학물질의 유출로 인한 환경오염이 우려되었다.

5.2. 우리나라 10대 인명사고와 오염 사고

(1) 10대 인명사고

인명사고는 집계된 사망자와 실종자 수를 기준으로 하였다. 일제 강점기를 포함하면, 69명이 사망하고 355명이 실종된 것으로 보도된 영일만 대참사가 가장 피해가 크다.

조선과 일본의 어선들이 영일만 부근에서 조업하다가 바람이 불기 시작하여 며칠 사이에

〈표 2.13〉 10대 인명사고

순위	발생 연도	선호	크기	사고지점	승선 인원	사망/실종	사고 원인	특이 사항
1	1928.11.01.	어선 50척		진남포 덕도 부근	300여 명	300여 명 실종	폭풍우	시신 6구 발견
2	2014.04.16.	세월호	6,835톤 (20년)	진도군 병풍도 부근	476명	299명/5명	선장 과실 복원력 상실	209일간 수색 최대 인명사고
3	1993.10.10.	서해훼리호	110톤 (3년)	부안 위도 부근	362명	292명 사망	과적	수십 초 내 전복 · 침몰
4	1953.01.09.	창경호	147톤 (20년)	거북섬 부근 여수 ↔ 부산	300여 명	269명/40여 명	파도 과적	
5	1974.02.22.	해군 YTL 30정	120톤	충무 앞바다	316명	158명/1명	과적 운항 부주의	소형 항만 예인정
6	1963.01.18.	연호명	34.5톤 (21년)	전남 영암 부근	141명	140명 사망	과적 돌풍	5분 내 침몰
7	1923.04.12.	어선 110 척		영일만		69명/355명	돌풍 파도	항구 피신 중 침몰
8	1976.10.29.	어선 17척		대화퇴 해상	327명	34명/293명	4일간 풍랑	최대 어선 해난 사고
9	1931.08.19.	어선 52척		전남 무안 부근		10명/289명	폭우	전국적으로 피해
10	1970.12.15.	남영호	362톤 (2년)	거문도 동쪽	338명	9명/317명	과적	일본 배에 8명 구조

바람이 더욱 세어졌고, 잠시 개었다가 일기가 악화하여 60여 조 5백 척에 가까운 배 중에서 영일만에 360여 척이, 나머지는 구룡포로 대피하였다.

1923년 4월 12일 22시부터 경상북도 일대에 갑자기 큰 폭풍이 불었다. 큰 물결은 언덕에까지 닿았고, 정박한 발동기선과 어선들은 물결 속으로 휩쓸리거나 언덕이나 바위, 다른 배에 부딪혀 부서졌다. 승선한 어부들은 배와 함께 희생되었다. 구룡포에서는 6척의 배가 파손되고 15명이 행방불명되었다. 지역 경찰서와 소방대가 출동하여 어둠 속에서 구호하였고, 4월 13일에는 지역주민 전원이 구호에 참여하였다. 바람은 13일에도 줄어들지 않았다. 경상북도 경찰부는 진해요항부에 도움을 요청하였고, 군함 두 척이 파견되었다. 군함들은 4척의 배를 건지고 4월 16일 오후에 귀환하였다.

사고 당시 영일만에는 1,500명 정도의 어부들이 있었던 것으로 추정되었다. 4월 18일까지 69명의 사망자와 140명의 부상자, 355명의 행방불명자가 집계되었다. 희생자는 한국인의 비율이 높았다고 보도되었다. 희생자의 대부분은 일본인에 고용된 한국인 선원들이었고, 구조에 한국인과 일본인의 차별이 없었는지에 대한 의문이 제기되기도 하였다.

(2) 3대 해양오염사고

〈표 2.14〉 3대 해양오염사고

순위	발생 연도	선호	크기	사고지점	승선인원	사망/실종	사고 원인	특이 사항
1	2007.12.07.	허베이 스피릿	147,000톤	태안 만리포 서북쪽 8km 해상			충돌	12,500여 톤 원유 유출
2	1995.07.23.	씨프린스호	144,567톤	여수 앞바다	20명	1명 실종	좌초	원유와 벙커C유 5천여 톤 유출
3	1995.09.21.	제1유일호	1,591톤	부산 앞바다			좌초	유조선. 벙커C유 450여 톤 유출

(3) 최근 해양 사고

해양수산부 중앙해양안전심판원에 따르면 최근 5년간(20~24년) 해양사고는 15,086건 발생하였고, 해양사고로 인한 사망 · 실종자는 603명으로 집계됐다. 전체 해양사고 중 9,826건(65.1%)가 어선에서 발생하였고, 수상레저기구에서 2,922건(19.4%), 비어선에서 2,338건(15.5%) 발생하였다.

해양사고로 인한 사망 · 실종자는 어선에서 467명이 발생하여 전체 해양사고 인명피해의 77.4%를 차지하고 있으며, 비어선 사망 · 실종자는 113명으로 전체의 18.7%, 수상레저기구는 23명으로 3.8%를 차지하고 있다. 인명피해 중에는 안전사고가 362명(60.0%)로 가장 많이 차지하였다. 그 다음으로 전복사고 121명(20.1%), 충돌사고 53명(8.8%), 침몰 30명(5.0%), 화재 · 폭발 사고 19명(3.2%) 순으로 인명피해가 발생하였다.

최근 5년간 선박용도별 발생척수를 살펴보면 어선이 10,819척(64.7%), 수상레저기구가 3,115척(18.6%), 비어선이 2,797척(16.7%)를 차지하고 있다. 어선 중에는 연 · 근해 어선이 9,193척(85.0%), 낚시어선이 1,563척(14.4%), 원양어선이 63척(0.6%)를 차지하고 있다. 비어선 중에는 화물선 636척(22.7%)으로 가장 많은 비중을 차지하고 있으며, 그 다음은 예인선 588척(21.0%), 유조선 422척(15.1%), 여객선 272척(9.7%) 순으로 사고가 많이 발생한 것으로 나타났다.

2024년 해양사고 발생건수는 3,255건(어선 2,175건, 비어선 473건, 수상레저기구 607건)으로 전년대비 163건(5.3%) 증가하였으며, 해양사고로 인한 사망 · 실종자는 164명(어선 118명, 비어선 40명, 수상레저기구 6명)으로 전년대비 70명(74.5%) 증가하였다. 이 중 실족 · 파도 등으로 인한 해상추락, 어구 · 줄 등의 신체가격, 선내추락 등 안전사고가 84명(51.2%)으로 가장 높은 비율을 차지하는 것으로 나타났다. 그 다음으로 전복사고 40명(24.4%), 침몰 18명(11.0%), 충돌 17명(10.4%) 좌초 2명(1.2%), 접촉1명(0.6%) 순으로 인명피해가 발생하였다.

2024년 선박용도별 발생척수를 살펴보면 어선 2,352척(66.1%), 비어선 570척(16.0%),수상레저기구 637척(17.9%)을 차지하고 있다. 어선 중에는 연 · 근해 어선이 1,983척(84.3%), 낚시어선이 359척(15.3%), 원양어선이 10척(0.4%)를 차지하고 있다. 비어선 중에는 화물선이 116척(20.4%)으로 가장 많은 비중을 차지하였으며, 그 다음은 예인선 106척(18.6%), 유조선 95척(16.7%), 여객선 61척(10.7%) 순으로 사고가 많이 발생한 것으로 나타났다

6. 화재 사고

6.1. 화재 개요

화재(火災)는 불에 의한 재난을 말한다. 인간의 의도에 반하여 혹은 방화에 의해 발생 또는 확대된 연소 현상으로 소화설비를 이용하여 소화할 필요가 있는 연소 현상, 화학적 폭발을 의미한다.

(1) 화재 역사

불과 같이 살아온 인류 역사에서 아득한 옛날부터 있어 왔다. 로마를 깡그리 다 태웠다는 로마 대화재를 비롯하여 많은 나라들에 흔했던 재해다. 조선시대에도 세종 8년인 1426년, 한양 대화재로 무려 1,780채가 넘는 집이나 가게들이 불탄 바 있다. 당시 한양 인구 1/5이 죽거나 피해에 휘말려 피해를 보았다고 한 정도로 엄청난 사고였기에 세종대왕은 급수부(소방서)를 더 확장하고 집집마다 담을 쌓아 화재가 옆집으로 옮겨붙는 것을 방지하게끔 집을 짓게 하라고 했다.

(2) 화재 원인

화재의 발생 원인으로는 크게 실화와 방화로 나뉜다. 실화의 경우는 사람의 부주의나 실수 또는 관리 소홀로 말미암아 발생하는 화재를 말하고, 고의성이 전혀 없는 상태에서 발생하는 화재를 말한다. 반면에 방화의 경우는 사람이 고의로 불을 질러 건조물이나 기타 물건을 소훼하는 행위 또는 그 자체의 화재를 말한다.

2024년도 화재 현황

화재건수	화재 건수	사망	부상	인명피해 계	부동산피해 (천원)	동산피해 (천원)	재산피해 (천원)
합계	37,614	308	2,094	2,402	299,024,126	484,923,304	783,947,430
건축,구조물	24,385	247	1,755	2,002	292,370,451	418,740,982	711,111,433
선박,항공기	100	5	21	26	0	2,789,131	2,789,131
위험물,가스제조소등	29	2	10	12	1,111,443	4,149,175	5,260,618
임야	976	6	26	32	31,885	1,336,441	1,368,326
자동차,철도차량	4,831	36	173	209	3,478,171	50,350,316	53,828,487
기타(쓰레기 화재등)	7,293	12	109	121	2,032,176	7,557,259	9,589,435

학계에서 현대에 들어서서 화재가 더욱 많이 발생하는 주요 원인을 말하자면, 기본적으로 소화 활동이 힘들거나 많은 일률을 요하는 고층 건물, 지하 시설의 발달, 대형 건축물의 증가를 우선으로 뽑는다. 그리고 현대에는 새롭고 다양한 재질의 건축자재를 사용하므로 가연물의 종류가 다양해지고 소화 방법 또한 다양해져야 하므로 그 특성에 적합한 소화약제나 소화 방법이 필요하게 된다. 특히 가볍고 불에 타기 쉬운 플라스틱 같은 고분자 가연물이 큰 원인 중 하나이다.

또 다른 주요 원인으로는 자동화시스템이 발달하면서 전력이나 통신의 고장이 발생하거나, 방화 같은 사회의 불만이나 정신이상 등으로 고려되지 않는 무작위적 요인에 의한 화재로 피해가 증가하고 있다.

사례를 보면 합선, 누전, 단락, 과부하, 스파크, 과열, 정전기, 용접 등으로 인한 전기화재와 휘발유, 등유, 경유 등 위험물 및 가연성 액체 취급 부주의로 인한 유류 화재, 액화 석유가스(LPG), 액화 천연가스(LNG), 도시가스, 아세틸렌가스, 부탄가스 등 가연성 가스의 취급 부주의로 인한 가스 화재, 담뱃불, 촛불, 연탄불, 난로, 보일러, 가스버너 등 화기 취급 부주의로 인한 화재, 볼록렌즈와 같은 역할을 하는 물체에 의해 태양광이 모이고 그 열에 의해 발생하는 수렴 화재, 활성탄, 목탄, 광석 등의 광물을 채취하는 탄광에서 온도상승에 의한 자연발화, 불이 나거나 번지는 것을 막는다는 의미로 쓰이는데, 예를 들어 화재가 났을 때 불이 번지는 것을 차단하기 위한 벽을 방화벽이라고 부른다.

또는 불에 타지 않는 성질을 의미하기도 하는데, 다른 뜻의 방화와 혼동되는 것을 방지하기 위해 '내화성(耐火性)'이나 '불연성(不燃性)', '난연성(難燃性)' 같은 표현을 사용하여 구분한다.

6.2. 화재 종류

6종류 중 A형인 일반화재를 제외하고는 불을 끄겠답시고 어정쩡하게 물을 뿌리면 진화는커녕 상황만 악화시킬 뿐이다. B형 유류 화재는 물과 기름이 용해되지 않아서, C형 전기화재는 도체인 물을 타고 전기가 더 퍼져서, D형 금속 화재는 알칼리 금속과 토금속이 물과 격렬하게 반응해서 K급 주방 화재는 식용유도 기름이라는 점에서 B형 유류 화재와 비슷하기 때문이다. 소방차 수준으로 대량의 물을 퍼부을 것이 아니라면 119에 빨리 신고하고 비치된 소화기를 뿌리고 다만 소화기도 A, B, C형, 다 되는 게 있고 안 되는 게 있으니 평소 비치된 소화기에 쓰인 문구를 잘 읽어 두어야 한다. 보통 가정에서 일어나는 화재의 대부분은 A형이니 소화기가 안 보이거나 없으면 물을 부어도 꼭 나쁘지만은 않다. 그렇다고 눈에 뻔히 보이는 K형 화재인 주방 화재에 물 붓지는 말자. 또 가장 중요한 사실은, 이건 너무 크다 싶으면 주저하지 말고 대피부터 해야 한다는 것이다.

소화기는 꼭 하나 이상 사서 눈에 잘 띄는 곳에 비치해 두고, 화재는 초반 3분이 골든 타임이며, 이 시간 안에는 아파트나 각 가정마다 비치된 소화기 한 통으로 진압이 가능하다.

〈표 2.15〉 화재 유형에 따른 소화기 분류

화재 유형		소화기 표시색	소화 방법	특징	가연물
A급	일반화재	백색	냉각소화 (주수 소화)	백색 연기, 화재 후 재가 남음	목재, 종이, 섬유류, 합성수지, 특수가연물 등
B급	유류화재 (제4류 위험물)	황색	질식소화	흑색 연기, 화재 후 재가 없음	제4류 위험물 (등유, 휘발유 등)
C급	전기화재	청색	질식소화	전기시설물의 누전 등에 인한 화재	통전 중인 전기시설물이나 장비

화재 유형		소화기 표시색	소화 방법	특징	가연물
D급	금속화재	무색	건조사피복 (마른 모래)	–	나트륨, 칼륨, 알루미늄, 마그네슘, 알킬알루미늄, 무기과산화물 등
E급	가스화재	황색	질식소화	화재 후 재가 없음	LNG, LPG 등
K급	주방화재	–	질식소화	식용유, 동물성 지방에 의한 화재	동/식물유

(1) 일반화재 A형

나무, 종이 등 일반적인 가연성 물체에 불이 붙어 화재가 난 상태. 도끼 등으로 타고 있는 물질을 아직 타지 않은 부분과 격리하거나 물을 뿌려 온도를 낮추거나 산소를 차단하는 방법 모두 사용할 수 있다. 일반적으로 경험할 수 있는 화재가 이 A형에 해당하며, 가장 확실한 진화 수단은 물을 뿌리는 것이다. A형 화재 이외의 화재들은 물을 뿌리면 안 되는 걸 고려하면 물을 뿌려도 괜찮은 화재라고 표현해도 될 듯하다.

(2) 유류 화재 B형

주유소 화재, 탱크 전복 사고 등으로 기름에 불이 붙은 상태를 B형 화재로 분류한다. 가정에서는 튀김 요리 등 기름을 쓰는 요리를 하다가 과열된 식용유 혹은 후드의 찌든 기름때 등에 불이 붙는 경우가 이에 해당한다. 기름은 물 위에 뜨기 때문에 물로 진화를 시도할 경우 불이 꺼지기는커녕 오히려 폭발적으로 확산한다. 따라서 유류 화재에선 물을 진화에 사용하면 안 된다. 이렇게 된다. 튀김 요리를 할 때 물이 조금만 들어가도 기름이 갑자기 끓어오르는 것을 자주 보았을 것이다. 마찬가지로 유류 화재 시에 물을 뿌리면 기름의 아래쪽으로 가라앉은 물이 끓어오르면서 부피가 1,000배 이상 팽창하며 기름과 함께 폭발하듯 튀어 오르는데, 당연히 이 튀어 오르는 기름에도 불이 붙어 있다. 이때 기름이 벽지 등 가연성 소재에 붙기라도 하면 폭발적으로 화재가 확산하는, 말 그대로 불 폭탄이나 다름없다.

가연성 물질을 차단할 수 있다면 밸브를 잠그는 등의 행위를 먼저 시도하고 산소를 차단하는 폼이나 이산화탄소 등으로 진화해야 한다. 효과적인 진화 방법은 모래를 뿌려 기름을 흡수하는 것 그리고 소화기 등의 화학 약재로 산소를 차단하는 것이다. 튀김 요리하다가 불이 붙는 정도(K급 화재)는 그냥 뚜껑을 덮거나 배춧잎을 찢어 넣는 정도로도 충분히 진화가 가능하다.

예외가 있다면, 물과 잘 섞이는 수용성 유기용매의 화재, 혹은 물보다 무거운 인화성 액체로 인한 화재는 물로 끌 수 있다. 대표적인 예시로, 알코올 같은 경우는 유기용매이긴 하지만 물과 아주 잘 섞이고, 이황화탄소의 경우는 물보다 비중이 더 무거운 액체이기 때문에 물로 진화하는 것이 가능하다. 전자는 물에 의해 섞여서 희석 소화가 되고 후자는 물이 위쪽으로 떠올라 표면에 막을 형성해 산소를 차단하는 효과가 나오기 때문. 식용유 등과 같은 일반적인 기름의 경우는 물과 잘 섞이지 않을뿐더러 물보다 가벼우므로 물로 끌 수 없는 것이다.

언급한 대로 유류 화재 시 물로 진화는 엄금이지만 계면활성제를 녹인 물로는 진압이 가능하다. 계면활성제의 역할이 기름을 수용성으로 바꿔주는 역할인 만큼, 계면활성제를 녹인 물로 진압할 경우 계면활성제가 기름을 수용성으로 바꿔줘 희석 소화가 가능해지기 때문에 진압이 가능하다.

공항 소방대는 물이 아니라 폼(Foam) 형태의 화학 약품을 뿌리는데 이는 항공기 사고 시 항공유가 인화하여 B형 화재가 발생하기 때문이다. 활주로상에서 A형 화재가 일어날 일은 거의 없다. 소방차에도 폼 용액이 일정량 들어 있어 유류 화재일 경우 폼 용액을 물과 섞어 사용하며, 아예 화학소방차도 따로 있다.

(3) 전기화재 C형

누전, 합선 등으로 피복재 등에 불이 붙은 경우 전기화재로 분류한다. 전기화재 역시 물을 써서는 안 된다. 만약 전기가 흐르는 상태에서 물로 전기화재를 진압하려고 한다면 전기가 물을 따라 흐르면서 감전 사고가 발생하거나, 예기치 못한 곳에서 아크 스파크가 튀며 화재가 확산할 수 있으므로 매우 위험하다.

가장 먼저 해야 하는 것은 전기 공급을 차단하는 것이고 이후 A형 혹은 B형 화재와 같은 방법으로 불을 진화한다. 전기화재는 전기 공급이 차단된 시점부터는 더 이상 전기화재로 분류되지 않는다. 전기 공급을 차단하면 특별할 것이 없어지기 때문에 주변 화재에 적합한 방법으로 진화를 하면 된다. 다만 기기 내 잔류 전력이 있을 수 있으므로 확실하게 전기를 차단하기 위해서는 물리적으로 전원을 차단해야 한다. 물리적 전원 차단이 어렵다면 차단기로 전기 공급을 끊는 식으로 전기 공급을 우선으로, 그리고 확실하게 차단해야 한다.

전기 공급이 차단됐는지 확신할 수 없는 경우 소화기 등 산소를 차단하는 화학 약품을 뿌려 불을 진화한다. 물론 피복재 등이 타는 것만 진화가 가능하고 아크 방전에 의한 화재는 전원을 차단하기 전까지 손쓸 도리가 없다. 예를 들어서, 차량이 전봇대를 들이받아 전기 스파크가 파직 파직 거리면서 튀는 상태라면 소방차가 온다고 해서 어떻게 건드릴 수 있는 것이 아니다. 화재 원인을 알 수 없는 경우 대부분 이걸로 분류되는 경향이 있다.

(4) 금속 화재 D형

리튬, 나트륨, 칼륨, 세슘, 마그네슘과 같은 반응성이 높은 알칼리 금속 혹은 알칼리 토금속으로 인한 화재. D형 화재는 2010년대까지만 해도 연구 시설이나 화학 공장 등에서나 걱정할 문제였지 일반인들은 거의 겪을 일이 없는 화재였으나, 리튬 배터리를 사용한 전기차 등이 폭발적으로 보급되면서 이제는 남의 일이 아니게 되었다.

금속 화재 역시 물로 진화하면 큰일나지만, 휴대폰 배터리로 인한 화재는 예외적으로 물로 끌 수 있다. 그 이유는 휴대폰 배터리 역시 물이 닿으면 발열 반응이 일어나기는 하나, 소형이기 때문에 방출되는 열의 양이 적은 데다가 반응도 금방 끝나므로 조금 기다렸다가 A형 화재 진화하듯이 진화하면 되고, 전동 카트나 전기 자전거 정도의 대용량인 경우에는 소방서에 연락하고 모래를 끼얹거나, 그것이 불가능하다면 소화기를 이용하여 불이 주변으로 번지지 않게 유지하면서 119를 기다려야 한다.

휴대폰 배터리쯤이야 물 부어도 불꽃 조금 튀는 거 빼곤 큰일은 안 생기나, 오토바이 배터리 이상 크기를 가진 대용량 리튬 배터리에 화재가 발생한 경우 물을 부어버리면 B형 화재에 물 부은 것처럼 펑 터지고 폭발적으로 불이 번진다. 급격한 반응으로 금속제 배터리 케이싱이 파열되면서 비산하는 파편은 덤이다.

진화한답시고 섣불리 물을 끼얹으면 화학반응으로 수소가 생성되어 수소 폭발이 일어날 수 있다. 고온의 강염기가 이리저리 튀는 것은 덤이다. 마그네슘 화재에 물을 뿌릴 경우, 1998년 포항시에서 집중호우에 의해 저장 중이던 금속 칼슘이 침수되어 폭발한 사례가 있다. 더욱 무서운 점은 시판되는 분말 소화기마저 이런 부류의 화재에는 통하지 않는다는 것이다. 금속 화재를 진화하기 위해서는 마른 모래를 뿌려서 덮어야 한다. 실제로 소방서에서는 공장에서 금속이 크게 터질 경우 시청에 연락해서 근처 굴착기를 동원하여 모래를 왕창 뿌려 덮어버린다.

(5) 가스 화재 E급

가스 화재란, 가연성 액체 또는 고체의 표면에서 발생하는 석유 화재나 건물화재를 비롯해 도시가스 배관이나 저장소에서 가스가 누출되어 타는 것을 말한다. 가스 화재는 가연성 가스가 파손된 구멍에서 누설된 상태의 미소한 점화원에 의해 착화할 때 일어나며, 각종 공업이나 연료가스를 소비하는 장소에 있어서 종종 큰 위험을 일으킨다. 전형적인 확산연소이므로 그 연소구조는 방출된 가연성 가스의 기류가 공기를 전달하면서 주위의 공기를 혼입하여 혼합되면서 지속해서 연소하는 현상이다. 그 거동은 방출 가스의 흐름 상태에 따라 층류연소와 난류 연소로 구별되는데 큰 규모의 화재는 대부분이 난류 연소이다

(6) 가스 화재 K급

주방에서 동/식물유를 취급하는 조리 기구에서 발생하는 화재로 유류 화재와 유사한 연소의 특성을 가지는 화재이다. B급 화재 문단에서도 언급했듯이 이 경우는 ABC형 소화기를 쓰면 안 되며, K형 소화기를 쓰거나 마요네즈, 배춧잎, 뚜껑 등으로 산소를 차단해서 꺼야 한다.

(7) 특수 화재

(가) 유정 화재

석유를 채굴하는 유정(油井)에서 불이 난 경우 불길이 너무 강하므로 물로 끄는 것은 불가능하며 탈 물질을 제거하는 것도 불가능하다. 그렇다고 일반 소화 약재도 뿌리자니 유정 화

재 자체가 매우 격렬하고 불기둥이 거대하기에 역으로 밀려나서 별 효과를 못 본다. 그야말로 손도 발도 못 내밀 재해인데, 이런 화재를 진압하는 데에는 폭탄이 사용된다. 다이너마이트 등을 드럼통에 잔뜩 채워 넣고 크레인 등으로 유정에 밀어 넣어 폭파하는 것이다. 폭탄이 폭발하면서 발생한 순간적인 진공과 폭발로 산소를 급격히 소모시켜서 유정 화재를 진화한다.

다른 방법으로는 또 다른 굉장히 무식한 방법을 쓰는데, 걸프전 당시 이라크군이 쿠웨이트의 유전에 불을 질렀을 때, 구소련의 T-34 전차 차체와 MIG-21의 엔진을 개조한 것을 결합해서 최대 초당 220갤런, 즉 800리터 이상을 초 단위로 들이부어서 꺼버렸다. 영화에서도 나온 딥워터 호라이즌 폭발 사고가 이에 해당한다.

(나) 화학 화재

화학 약품 두 종류 이상이 사고로 인해 섞이면서 발생하는 화재. 한쪽 약품이 산화제이고 다른 쪽 약품이 환원제인 경우 격렬한 반응에 따라 화재가 발생한다. 이런 화재는 산소 공급을 차단하는 게 불가능하므로(타고 있는 물질 자체가 산소를 공급하거나, 또는 애초에 산소가 필요 없는 반응이다) 모래를 뿌려 반응 속도를 늦추거나 다량의 중화제를 사용해 반응을 억제하는 방법으로 진화한다. 물을 뿌리는 것도 위험한데 보통 이런 사고는 두 종류의 액체가 섞여 일어나기 때문. 한마디로 물은 화재를 키울 수 있다. 반응을 억제해 온도를 낮춰 진화하는 게 핵심이다. 이걸 간과해서 피해를 키운 화재가 톈진 항구 폭발 사고이다.

(다) 초대형 화재

정유 플랜트 화재, 발전소 화재 등 불이 너무 뜨거워 물로 진화가 불가능한 화재도 있다. 극단적인 경우 물이 열 분해돼 수소 폭발을 일으키는 수도 있다. 이런 화재는 소다회 등 분해될 때 이산화탄소가 발생하는 약재를 소방헬기 등으로 살포해서 진화한다. 체르노빌 원자력 발전소 사고에서는 뜨겁게 달아오른 원자로 제어봉에 물을 뿌릴 수 없었다고 한다.

참고로 원자력사고는 화학반응으로 인한 사고가 아니기 때문에 엄밀히 말하면 화재가 아니다. 설령 불이 나더라도 그건 부수적이다.

(라) 선박 화재

2005년부터 2009년 사이 5년간의 통계에 따르면, 해상에서 발생한 3,084건의 사고 가운데 화재 및 폭발 사고가 208건으로 6.8%를 차지한 것으로 조사되었다. 화재 및 폭발 사고가 발생한 선박 유형 중 어선이 202척으로 가장 많았고 화물선 11척, 유조선과 예선이 각각 9척, 여객선 3척, 기타 5척 순으로 나타났다. 화재 및 폭발에 의한 인명피해는 사망 23명, 실종 24명, 부상 43명으로 90명의 사상자가 발생하였고 사고의 주요 원인으로는 화기 취급 불량, 전선 노후화, 합선 등이 전체의 79%를 차지하였고 기관설비 취급 불량과 당직자의 근무 태만, 자연 기상 등 불가항력적인 요인들이 일부 차지한 것으로 나타났다. 선박 화재는 외부로 피난할 장소가 없고 공공의 소방대에 도움을 요청하기가 어려워 소화에 실패할 경우 선박의 승객이나 승무원이 큰 위험에 빠지게 된다는 특징이 있어 별도의 화재로 구분한다.

7. 원전 사고

7.1. 개요

원자력사고는 원자력발전소, 원자력 잠수함, 원자력연구원(원자력 연구소) 등 원자력 관련 시설에서 사고가 난 것을 말한다. 이러한 원자력사고는 소규모의 사고라도 국가안보에도 직결된 문제이기에, 외부로의 공개가 잘 안되기로 유명하다.

최근 5년간 원잔사고를 보면 첫번째로 설비 결함 및 비정상 자동 정지이다 한빛 1호기, 한빛 3 · 4호기 등 주요 설비에서의 부품 위조 등 문제로 2012~13년 부품 위조 이슈 이후, 최근에도 서류 사고로 인한 가짜 인증 부품 사용 사례가 보고되고, 일부 원자로 정지로 이어졌다. 고리, 월성, 영광 발전소 등에서 수차례 비정상 자동정지 발생하였으며 예을 들어 고리의 3 · 4호기, 울진 "typhoon shutdown" 사례가 있었으며 특히 2020년 태풍 마이삭 · 하이선 영향으로 원자로 6기(5.3 GW)가 비상자동정지된 사실도 있다

두 번째로는 누수 사고이다 경주 월성 4호기 사용후핵연료 저장조 누수(2024년 6월 22일)로 저장조에서 2.3톤의 물이 해수 배출관을 통해 바다로 유출. 다행히 방사성 물질은 포함되지 않았으며, 정부가 즉각 대응한 바도 있다.

세 번째로는 인급 이상 이벤트 (INES 등급)다 한빛 1호기 저출력 시험 중 일시 과출력(2019년 5월 10일)현상이 발생하였다. 제어봉 오작동으로 5% 이하 유지 조건이었으나 18%까지 상승. INES 등급 2로 분류된 사실이 있다.

네 번째로는 자연재해 연계 중단사건이다 2020년 태풍(마이삭 · 하이선)으로 6기 원전이 비상 디젤 발전기로 전환하며, 오프사이트 전원이 차단되는 등 운영 중단 발생하였다

다섯번째로는 고장 빈도 및 정지 통계이다 지난 10년간 약 89회 이상 비정상 정지 보고되

고 있으며 특히 고리(Uljin) 39회, 영광 25회, 고리(또 다른 지역) 14회, 월성 11회 등으로 나타났으며, 2024년 기준 여전히 소규모 고장이 빈발하고 있으나 우리나라는 .네 번째 가장 안전한 운영률을 자랑하고 있다. 한국 원전은 비계획 정전율 0.13건/기대(단위), 미국(0.8) 대비 매우 낮으며, 희생선량도 10년간 연간 30 mSv를 초과한 사례 없다.

최근 5년간 사고 현황

구간	사고 유형	발생 건수 / 규모	주요 지역 / 기관
2019	저출력 이상(한빛 1호기)	1건, INES 2	한빛
2020	태풍 영향 자동 정지	약 6기 / 5.3 GW	고리 · 신고리 · 월성
2024	저장조 누수 사고	2.3톤, 방사선 없음	월성 4호기
2019~2024	비정상 정지	연평균 17건(10년간 89건)	고리 · 영광 · 월성 등
2019~2024	누적 안전성 지표	매우 낮음	전 국가 규모

최근 5년간 사고 건수 및 구성비

계	고장계통			고장원인					
	1차	2차	기타	인적	기계	전기	계측	외부	기타
108건	21	27	6	6	9	18	4	15	2
100%	19.4	25.0	5.6	5.6	8.3	16.7	3.7	13.9	1.9

7.2. 사고 레벨

국제원자력기구(IAEA)에서 설정한 국제원자력사고등급(International Nuclear and radiological Event Scale, INES)은 0에서 7까지 8등급이며 이에 따라 한국 원자력 관계 법령에서도 원자력 이용 시설을 운영하거나 방사성 물질의 취급 중에 발생하는 사고/고장을 8단계로 분류하고 있다.

참고로 한국원자력안전기술원의 원자력안전정보공개센터에서 국내외 원자력사고의 등급 평가 및 사건 개요를 공개 및 제공하고 있으며 한국의 경우 정보가 공개된 1993년 이후 340

회의 원자력 사건이 있었으며 대부분 0등급이지만 1등급 고장이 15회, 2등급 고장이 3회 있었다. 다행히도 3등급 이상의 사고는 없다. 1984년 고장까지 고려하면 2등급 고장이 4회, 그중 두 번이 월성 1호기 중수 누출 사고다.

원전 안전 운영 정보시스템에 따르면 1993년부터 2019년까지 총 383건의 사고가 있었고 이 중 0등급이 371건, 1등급이 26건, 2등급이 4건, 3등급이 0건이다. 원전 사고 고장현황을 보면 1978년부터 2017년까지 총 725건이 발생했고, 가동 호기 x 연수는 537로[51] 1년에 평균 1.35건이 발생하는 것으로 나온다.

7.3. 원자력발전소 사고의 위험성

많은 이들이 "왜 원자력발전소 사고가 핵폭탄 폭발보다 더 위험한가?", "핵폭탄의 직격을 받은 히로시마와 나가사키는 현재 많은 사람이 살고 있는 대도시인데 핵발전소가 폭발한 체르노빌은 왜 지금도 무인지대인가?", "과거 수백 차례 지상 핵실험을 한 나라들이 왜 원전 사고가 한 번이라도 나면 벌벌 떠나?" 등의 의문을 품는다. 일반인이 이런 의문을 품는 것은 매우 당연한데, 대량살상 무기로 제작된 핵폭탄이 민간 산업시설인 핵발전소보다 덜 위험하다는 것은 납득하기 어렵기 때문이다. 그러나 이는 핵폭탄, 핵폭발과 원전, 원전 폭발의 차이를 알면 간단히 이해할 수 있다.

핵폭탄은 핵분열(보통 원자폭탄)이나 핵융합(수소폭탄)에서 순간적으로 발생하는 막대한 에너지를 이용해 주변을 파괴하는 무기로, 폭발 순간 감마선을 비롯한 고준위 방사선이 대량 분출된다. 폭심에 가까운 사람은 핵폭발의 에너지(열, 충격파)에 피해를 보아 대개 사망하며, 폭심에서 좀 멀리 떨어져 있는 사람은 방사선에 피폭되어 피해를 본다.

반면 원전의 노심에 들어있는 핵연료는 순도가 너무 낮아 연쇄반응을 통해 핵폭발을 일으킬 수 없다. 그 때문에 원전이 폭발하더라도 그 폭발은 핵분열도 핵융합도 아니며, 고압의 증

51 가동호기 *연수는537로 : 가동된 원자로 수 × 그 원자로들이 가동된 연수의 총합이 537년이라는 뜻이다. 예를 들어, 10개의 원자로가 1년간 가동되면 → 10 × 1 = 10기 · 연, 5개의 원자로가 5년간 가동되면 → 5 × 5 = 25기 · 연, 이런 식으로 모든 원전의 가동 연수를 더한 총량이 537기 · 연이라는 의미이다.

기가 폭발하는 증기 폭발(보일러가 폭발하는 것과 같은 원리), 또는 핵반응 때문에 생겨난 수소 기체가 인화되며 발생하는 수소 폭발(주유소나 유류저장소의 유증기 폭발과 같은 원리)로 인해 발생한다. 그 때문에 원전 폭발은 이온화 방사선이 분출되지 않으며, 그 주변을 폭발 방사선에 피폭시키거나 폭발의 열, 충격파로 초토화시키지 않는다. 원전 사고 시 문제가 되는 것은 방사선(radiation, X선, 감마선 같은 고에너지선)이 아니라 방사성 물질(세슘137, 방사성 요드 등)의 산포이다. 물론 원자폭발에서도 이런 방사성 물질이 만들어져 산포되지만, 그 양은 별로 많지 않은 데 비해, 원전 폭발의 경우에는 많은 양의 방사성 물질이 누출된다.

핵무기에 들어있는 핵물질의 양은 별로 많지 않다. 대개 50~100킬로그램 정도. 게다가 핵폭탄은 정말 순식간에(밀리초 단위) 연쇄반응을 일으키며 산산조각나기 때문에, 이 중에서 실제로 핵분열을 일으키는 핵물질의 양은 1킬로그램 미만이다. 이러한 핵분열을 통해 생성되는 이차 핵물질은 매우 위험하지만, 그 반감기가 짧아 의외로 금방 사라진다.

반면 원자력발전소의 노심에는 대개 백 개가 넘는 핵연료봉이 장전되어 있으며, 각각의 연료봉은 100킬로그램이 넘는 핵물질을 함유하고 있다. 즉 애당초 핵물질의 양부터가 핵무기의 수백 배에 이른다. 게다가 원자로에는 연료봉만 있는 게 아니라 수명이 다 된 핵폐기물(그중에는 핵연료보다 더 지독한 것도 있다. 예를 들어 무기급 플루토늄 등), 오랜 기간에 걸쳐 고준위 방사선에 피폭되어 방사선을 내뿜는 원자로 내 부품들, 1차 냉각수 등 대량의 방사성 물질이 존재한다. 노심 폭발 시 이런 물질들이 모두 외부에 노출될 수 있으며 이는 핵연료 노출에 못지않게 위험한 상황을 야기한다.

핵폭탄이 폭발하면 방사성 물질이 순식간에 넓은 지역으로 흩어지며, 그 낙진은 당장은 위험하지만 대개 반감기가 짧아 단기적 위기 상황을 넘기고 나면 장기적으로는 의외로 큰 해가 없다. 반면 핵발전소가 폭발하면 노심이 어디론가 사라지는 게 아니라 그냥 그 자리에 계속 남아서 고준위의 방사선을 내뿜는다. 멜트 다운인 경우 노심이 원자로 바닥을 녹이고 땅속으로 들어가 버릴 수도 있으며, 이 경우 노심이 지하수와 만나면서 넓은 지역의 수원을 고준위 방사성 물질로 오염시켜 버릴 수도 있다. 이 지하수 오염이야말로 원자력사고 최악의 사태로 반드시 막아야 하는 시나리오다.

원전의 연쇄반응 성질이 핵폭탄과 다른 것은 틀림없는 사실이며 원전의 노심이 연쇄 반응해 핵폭발을 일으킬 수 없다는 것 역시 사실이다. 다만 방사성 물질의 양이 핵무기에 비해 월등하게 많으며, 핵폭발하는 것이 아니라 오랜 시간에 걸쳐 방사성 물질을 흩뿌린다는 점이 위험한 것이다.

사상 최악의 원전 사고로 손꼽히는 체르노빌 원자력 발전소 사고 및 후쿠시마 원자력발전소 사고에서처럼 원전도 분명히 폭발할 수 있다. 그러나 위에서 살펴보았듯 이는 원자폭탄의 폭발 같은 핵분열 폭발이 아니며, 핵폭발과 원전 사고는 위험한 부분이 서로 다르다. 그 때문에 원자력발전소의 위험성에 대해서는 항상 경각심을 가지고 제대로 운영되도록 감시할 필요가 있으나, 반대로 원전을 예비 원폭 취급하며 공포의 대상으로 치부하는 것은 비이성적이며 도움이 되지 않는다.

7.4. 사고 원인

지금까지 벌어진 원자력사고는 불행하게도 대부분 인재였다.

(1) 설계결함

기계 자체의 설계가 잘못된 경우이다. 이런 경우에는 관련 장비를 폐기하는 편이 나으며, 원자력 산업 초창기에는 이런 사고가 많이 발생했다.

소련의 알파급 잠수함은 액체금속 냉각 원자로를 채용했는데, 원자로 자체가 결함품이었기에 신뢰성이 바닥이었으며 지속적인 개량에도 불구하고 문제점이 해결되지 않았다. 결국 소련은 알파급을 포기하고 해체해 버렸으며, 이후의 원자력 잠수함 중 액체금속 냉각 원자로를 채용한 경우는 없다.

(2) 조작 실수

기계를 다루는 사람이 멍청해서 사고가 나는 경우이다. 체르노빌 원자력발전소 폭발 사고의 경우 원자로에 설계결함이 있었던 것은 사실이지만, 똑같은 설계로 만들어진 다른 원전은 이렇게 대폭발하지 않았다.

원자로 실험 과정에서 실수를 저질러서 원자로가 폭발했고, 수습 과정에서 삽질을 반복하면서 피해가 기하급수적으로 커진 사례이다.

(3) 대처 능력 부실

작은 사고를 관리할 능력이 부실해 큰 사고로 키운 경우이다.

후쿠시마 원자력발전소 사고의 경우 사고의 발단은 자연재해였지만, 기술적으로는 피해가 확대되기 전에 수습할 능력이 있었음에도 관료제의 병폐를 제대로 보여주면서 이를 제대로 수습하지 못했다. 특히 도쿄 전력의 고위 간부인 다케쿠로 이치로가 "바닷물로 식히면 원자로가 망가지니까 안 된다. 담수를 써라"라고 현장에 압력을 넣은 탓에 냉각수 주입이 중지되는 등의 난항을 겪다가 원자로 건물 4개가 모두 폭발하면서 엄청난 피해가 발생했다.

(4) 무지

원자력 관련 시설 · 장비를 보고도 그게 뭔지 몰라서 함부로 다루다가 사고를 치는 경우이다. 브라질에서 발생한 고이아니아 방사능 유출 사고가 대표적인 예이다. 이 사고의 피해자들은 세슘137[52]에 대해 잘 모르고 함부로 손을 댔다가 변을 당했다.

---

52 세슘–137(영어: cesium–137, Cs–137)은 핵분열 시 발생하는 주요 방사성 동위 원소(放射性 同位元素) 중 하나이다. 반감기는 30년이다. 습도계, 밀도계, 유량계 따위의 공업용 기계, X선 등의 의료 분야에도 쓰인다. 137Cs는 베타 붕괴를 통해 1.176 MeV의 에너지를 방출하면서 137Ba로 바뀌며 그 반감기는 30.17년이다.
20세기 중후반 핵무기를 개발하기 위한 세계 국가들의 핵실험으로 인해 대량의 세슘–137이 환경 중에 방출되었다. 방출된 방사성 세슘은 먹이사슬을 따라 쌀, 채소, 쇠고기, 생선 등의 동식물에 들어오고, 인체로 자연스럽게 전달된다. 세슘–137이 공기 중에 떠다니는 수증기를 통해 인체에 들어간다는 낭설이 있으나, 사실 세슘은 공기는 물론 물보다 무거우므로 방출된 세슘은 공기 중에 떠다니지 않고 땅으로 금세 떨어지며 물로 떨어져 녹은 세슘은 물이 증발할 때 같이 증발하지 않는다. 그렇게 공기 중 흡입이 아닌 방사성 세슘에 오염된 음식을 섭취하는 것이 신체 흡수의 주 경로로 판단되고 있다. 음식물을 통한 인체 방사성 세슘이 상당히 많이 축적될 경우 불임증, 전신마비, 골수암, 폐암, 갑상선 암, 유방암 등을 유발할 수 있다.
반감기가 8일인 아이오딘에 비해 세슘의 반감기는 30년으로 인체에 오래 남아 위험도가 상대적으로 높다고는 하지만, 정상적 대사 과정으로 방출되고 몸에 남는 양은 극히 적어 실제 생물학적 반감기는 100일~150일 정도인 것으로 알려져 있다.
사고로 세슘을 섭취했을 경우 치료제로는 프러시안 블루가 이용된다. 프러시안 블루는 세슘과 화학적으로 결합해 체외 배출량을 촉진함으로써 생물학적 반감기를 30일 정도로 단축시킨다. 한편 세슘–137은 강력한 감마선을 방출하므로 암치료에도 쓰인다.

2022년 러시아의 우크라이나 침공에서 러시아군이 일으킨 원자력 사고들도 이런 사례다.

자연 상태에는 미량의 세슘-134와 세슘-137가 존재하는데, 우라늄과 토륨의 자발 핵분열로 인해 미량 존재하고 있다. 자발 핵분열로 인해 생성된 세슘-137은 워낙 극미량이라 자연계에 전혀 해가 되지 않는다. 하지만 상당수는 1940년대부터 1960년대 사이의 핵실험 및 핵사고로부터 방출된 것이다. 가장 많은 양이 방출된 사건으로는 구소련의 체르노빌 원자력 발전소 사고(Chernobyl disaster)와 브라질의 고이아니아 사고(Goiânia accident)가 있다. 최근 후쿠시마 제1 원전 핵발전소 사고로 다량이 유출되고 있다.

다음으로 많이 방출되고 있는 곳은 깊이 3,500m 이상의 바닷속이다. 과거에는 깊은 바다에 핵폐기물을 버리는 것이 허용되었었고 지금도 암암리에 허용되고 있다. 10만 드럼 이상의 고 방사성 핵폐기물이 버려졌고 깊은 심해저에서는 철제 콘크리트 드럼통이 부식되어 방사성 물질들이 새고 있다. 태평양, 대서양 등 일부 지역에서는 기준치의 200배가 넘는 방사성 물질을 함유한 해산물이 발견되고 있으며, 곳에 따라 1000배가 넘는 방사성 물질을 함유한 해산물이 발견되고 있다. 동해에서도 수심 3,000m가 넘는 지역에 핵폐기물이 버려졌었다. 이처럼 수심이 깊은 바다에 핵폐기물을 많이 버려 여기서 방출된 방사성 세슘도 같이 누출되고 있다. 만약에 이 드럼통이 지진이나 지질 활동으로 모두 새어 나온다면 핵발전소 수십 개가 큰 사고가 난 만큼의 많은 양의 세슘-137도 함께 누출될 것이다.

세슘-137은 체르노빌 원전(Chernobyl nuclear power plant) 주변의 소개 지역(zone of alienation)의 소개 주요 원인 물질 가운데 하나이고 다른 주요 물질로는 세슘-134, 아이오딘-131, 스트론튬-90 등이 있다. 체르노빌 원전 사고 후, 독일의 평균 세슘-137 오염정도는 2,000에서 4,000 Bq/m2였다. 이것은 1mg/km^{2}와 같고 총 약 500그램이 독일 전역에 퍼져있다. [출처 필요] 스칸디나비아지역에서는 체르노빌 원전 사고 26년 후, 일부 순록과 양으로부터 노르웨이의 법정 최고치(3,000Bq/kg)를 넘어선 방사능이 검출되었다.

2011년 3월 11일 이후에 더 많은 양의 세슘-137이 일본의 후쿠시마 제1원자력 발전소 사고로 누출되었으며 동년 7월 후쿠시마현에서 도쿄로 운반된 소 11마리로부터 1,520에서 3,200Bq/kg의 세슘-137이 검출되었다. 이는 당시 일본의 법정 최고치인 500Bq/kg를 넘는 양이었다. 2013년 3월, 사고 원전을 소유한 도쿄 전력은 발전소 인근에서 잡은 물고기로부터 74만 Bq/kg의 방사성 세슘을 검출했다고 밝혔다. 이는 정부에서 정한 인간이 먹었을 때 해를 입지 않는 방사능의 최고치의 7400배에 해당하는 양이다.

세슘-137은 후쿠시마에서 건강에 가장 위협적인 물질인 것으로 보고되었다. 일본 정부는 11만 명의 이주민이 다시 돌아올 수 있도록 되도록이면 빨리 후쿠시마로부터 방사능을 제거하도록 압력을 받고 있다. 이를 위해 많은 기술이 동원되고 있는데 (hydrothermal blasting 같은), 흙 속의 유기물질을 파괴하지 않으면서 대략 80에서 95퍼센트의 세슘을 오염된 흙이나 다른 물질로부터 효과적으로 제거하는 것이 가능하다고 한다. 정부는 오염된 지역의 연간 노출량을 1밀리시버트(mSv)까지 낮추는 것을 목표로 하고 있다. 세슘-137은 수용성(水溶性)의 유독물질이다. 몸에 들어온 세슘은 근육 따위에 모여, 유해한 감마선(γ線)을 낸다. 몸 안에서의 생물학적 반감기(半減期)는 110일 이하이다.

사고 이력으로는 1986년 4월 26일 발생한 체르노빌 원자력 발전소 사고에서 아이오딘-131 1,760,000 TBq, 세슘-137 79,500 TBq, 제논-133 6,500,000 TBq, 스트론튬-90 80,000 TBq, 플루토늄 6,100 TBq, 그밖에 10여 가지 방사능물질이 유출되었다. 핵분열 시 발생하는 다른 방사성 동위원소들과는 달리, 세슘의 경우 반감기가 30년, 스트론튬은 29년으로 한번 누출되면 오랜 기간 자연에 잔존하며 환경에 나쁜 영향을 미치게 된다.

체르노빌 원자력발전소 사고에서 직접 사망한 사람은 30여 명이나, 그 후에 수천 명이 사망하고, 40여만 명이 암이나 기형아 출산 등 각종 후유증을 앓고 있다. [6] 방사능으로 오염된 공기와 물, 음식 섭취가 직접 몸에 쪼이는 것보다 더 문제인데, 방사선량이 몸에 방사선을 직접 쪼이는 것의 수십만 배에서 최고 1조 배까지 클 수 있다. 방사능의 독성은 배설이나 목욕 등으로 없어지지 않으며, 방사능 피폭으로 죽은 사람을 화장해도 방사능은 재 속에 그대로 남는다.

후쿠시마 제1원자력 발전소 사고와 관련, 2011년 3월 16일, 현지의 재해대책본부가 수돗물 간이 검사를 했다. 물 1kg에서 아이오딘-131이 177베크렐, 세슘-137이 58베크렐 검출됐다. 일본 원자력안전위원회가 정한 섭취 기준은 물 1kg당 아이오딘이 300베크렐, 세슘이 200베크렐이다. 심지어 브라질에서는 1987년 고이아스주의 고이아니아에서도 방사능 유출 사고가 일어났고, 이는 10만 명 중 250명이 방사능 피폭 판정을 받았다. 이는 1988년 국제 원자력 기구의 보고서에서는 249명이 피폭되었고, 4명이 사망했다는 결과가 나오기도 했다. 1988년 3월에 제거 작업이 완전히 종료되었다.

2월 25일에는 체르노빌 원자력발전소의 방사능폐기물 저장소에 포격을 감행해서 감마선 수치를 급상승시켰고, 3월 4일에는 자포리자 원자력 발전소를 포격하는 바람에 화재가 발생했으며, 3월 6일 23시 15분에도 하르키우 핵 연구시설을 포격했다.

이 외에도 체르노빌을 병력 재집결지로 선택해서 주둔하는가 하면, 화생방보호의도 입지 않고 붉은 숲에 참호를 팠다. 결국 다수의 병사가 피폭되어 벨라루스의 병원으로 이송되었으나, 러시아군의 차량이 붉은 숲에 들어가면서 대량의 방사능 흙먼지에 오염되었고, 이 흙먼지들이 도로 주변에 뿌려지면서 벨라루스인들을 공포에 떨게 했다. 어처구니없게도 러시아군의 병사와 장교들은 자기들이 체르노빌에 와 있는 줄 몰랐고, 원전 직원들이 위험하다고 뜯어말렸는데도 멋대로 돌아다녔다고 한다.

결국 2022년 4월 5일, 붉은 숲에서 피폭된 병사 중 한 명이 사망했으며, 피폭된 병사 상당수가 사망할 것으로 보인다. 4월 9일, 뉴욕타임스의 보도에 따르면 맨손으로 코발트-60을 만진 병사도 있었다고 한다.

(5) 부실한 관리

원자력 관련 시설에 대한 정기 점검을 게을리하거나, 고장난 부분이 있어도 귀찮다며 대충 넘어갈 경우 사고로 이어질 수 있다.

키시팀 사고[53]의 경우, 1956년에 방사성폐기물 저장용 탱크의 냉각장치가 고장났지만 아무도 그걸 모르고 지나쳤다. 이에 따라 방사성폐기물이 만들어낸 붕괴열이 탱크 내부를 가

---

53 1957년 9월 29일에 소련의 오조르스크 시의 마야크 핵연료 재처리 공장에서 일어난 레벨 6급의 원자력사고. 여기는 예나 지금이나 비밀도시인지라[6] 지도에 표시되지 않았고 그곳에서 가장 가까운 도시인 키시팀(Кыштым) 시의 이름을 빌렸다. 현재 러시아 첼랴빈스크주에 있다. 1957년 9월 29일 일요일 현지 시각 16시 22분 냉각시스템의 고장으로 인해 S–3 단지의 14번 탱크가 폭발했다. 폭발이 상당히 강력했기 때문에 당시 인근 마을에서 폭발을 목격한 주민들은 핵전쟁이 발생했다고 착각했을 정도라고 했다. 이 탱크는 300m³ 용량이었으며 고준위 방사성 폐기물이 80톤가량 저장되어 있었다.
TNT 수십 톤 규모에 해당하는 폭발로 8.2m 깊이의 콘크리트 시설에 위치해 있던 스테인리스 스틸 탱크가 완전히 파괴되었으며 무게 160톤, 두께 1m인 콘크리트 뚜껑이 25m 옆으로 던져졌고 인접한 시설들에서도 파손이 발생했다. 방사성 물질의 일부는 1~2km의 높이로 솟구쳤으며 액체 및 고체 에어로졸로 구성된 구름을 형성했다. 10~12시간 이내에 방사성 물질은 폭발 장소에서 바람 방향인 북동 방향으로 300~350km 이상 떨어진 지역까지 이동했다.
오후 22시 또는 9월 30일 00:00 방사성 구름은 튜멘 지역에 도달했으며 하늘에 이상한 빛이 나타났다. 이 빛의 주요 색상은 분홍색과 하늘색이었으며 처음에는 빛이 하늘의 남서쪽과 북동쪽 표면의 상당 부분을 뒤덮었고 북서 방향으로 관찰될 수 있었다.

열시켰고, 1957년에 한계를 넘어선 탱크가 폭발하면서 대량의 방사성폐기물이 유출되었다.

도카이 촌 방사능 누출 사고[54]도 이런 경우이다. 위험한 핵물질을 다루는 공장인데도 안전 규정을 무시하고 멋대로 간략화된 작업 공정을 만든 데다가, 작업자들이 그걸 더 축소하는 바람에 임계사고가 일어났다.

미국에서 언론과 국회 감사원팀이 밝혀낸 사실에 의하면 미국 원자력발전소의 4분의 3이 노후 등으로 삼중수소가 포함된 방사능 오염 냉각수를 흘려보낸 것으로 여겨지고 있다고 한다. 거기에 폭우로 미주리강이 범람해 강 옆에 있는 포트 칼훈 원자력발전소와 쿠퍼 원자력발전소가 침수되면서 미국 국민들의 불안감이 높아지고 있다.

(6) 고의

고의로 원자력사고를 일으키는 경우이다. 명백한 범죄 행위이며, 방사성 물질이 무차별적으로 확산될 경우 대단히 위험하다. 방사능 홍차 사건 당시에 암살자들은 폴로늄을 사용했는데, 이 폴로늄이 암살자가 지나간 자리에 뿌려지면서 무고한 피해자를 양산했다.

54 도카이 촌 방사능 누출 사고는 1999년 9월 30일 오전 10시 35분에 일본 이바라키현 나카군 도카이 촌에서 발생한 레벨 4 원자력사고다. 핵연료 재처리 회사 JCO의 안전불감증과 기업 범죄로 인해 일어난 명백한 산업재해이다. 한국에서는 이 사고가 발생한 지역의 이름인 도카이 촌(東海村)을 일본식으로 읽은 도카이무라 방사능 사고라고 많이들 일컫는다
사고는 핵연료 재처리 회사인 JCO가 도카이 촌에 세운 핵연료 가공시설에서 일어났다. 이 사고로 인해 현장에서 작업 중이었던 오우치 히사시(大内 久, 1964～1999, 당시 35세)가 18그레이, 시노하라 마사토(篠原理人, 1959～2000, 당시 39세)가 10그레이, 이 둘을 지휘하던 상사 요코카와 유타카(横川豊, 당시 54세)가 1～4그레이가량 피폭됐다. 1그레이/시버트는 과거의 렘/라드 단위의 100배로, 6그레이 이상 피폭되고서 살아남은 사람은 고이아니아 방사능 유출 사고의 피폭자 데바이르 페헤이라를 제외하면 없다. 오우치는 83일 만에, 시노하라는 211일 만에 사망했다. 사망자를 포함한 총피폭자 수는 667명에 달한다. 사망자가 2명에 그친 것이 그나마 다행이었다.

8. 산불 사고

8.1. 개요

산불(forest fire, mountain fire)은 산에서 나는 불을 통칭해서 이르는 말이다. 그것이 방화로 일어난 것이건 아니면 자연적 현상에 의해 일어난 것이건 간에, 일단 한 번 일어나게 되면 수많은 목초지와 자연경관이 소실된다. 산불 발생 위험성은 지역에 따라 다르지만, 강수량, 습도와 반비례하며 대체로 대륙 동안에서는 추울 때, 반대로 대륙 서안에서는 더울 때 일어나기 쉽다.

산불은 진압하기가 매우 어렵다. 숲을 이루는 수많은 나무와 식물은 불에 너무나도 취약해서 쉽게 불이 붙고, 불붙기 쉬운 땔감들이 널려 있으니 한번 불이 붙으면 삽시간에 퍼져 나가며, 화재 면적도 집 한두 채와는 비교도 안 될 정도로 넓고, 산악이라는 지형 특성상 소방차 진입도 불가능한 데다, 소방관들이 활동하기도 어렵기 때문. 소방 헬리콥터 정도나 제대로 진입할 수 있으나 이마저도 휴대할 수 있는 물의 양이 제한되어 있고 연료가 고갈되기 전에 돌아와야 한다.

8.2. 산불의 종류

(1) 수관화재

수관화재(樹冠火災, Crown Fire)는 나무의 가지와 잎을 태운다. 나무의 윗부분(수관)에 불이 붙어 연속해서 번지는 것이다. 한국에서 발생하는 대부분의 산불이 수관화재이며 산불 중에서 가장 큰 피해를 준다. 일반적으로 산 정상을 향해 바람을 타고 올라가며 바람이 부는 방향으로 V자 패턴을 그린다. 일반적으로 활엽수보다 침엽수림에서 발생한다.

(2) 수간화

수간화(樹幹火, Stem Fire)는 나무의 줄기(수간)가 연소, 불이 강해져서 다시 지표화재나 수관화를 일으킬 수 있다. 나무줄기 부분의 높이에 있는 나무 덤불, 잘린 간벌 나무 등에서 발생하는 화재로서 나무 아래에서 상부로 확산시키는 사다리 화재도 포함된다. 줄기가 마치 관처럼 둘러싸인 공동을 형성하면 굴뚝효과가 발생하여 화재의 성장과 전파가 더 빠르다.

(3) 지표화재

지표화재(地表火災, Surface Fire)는 지표면에 축적된 초본, 관목, 낙엽, 낙지, 고사목 등의 연료를 태우며 확산하는 산불로, 주로 화염 연소반응을 일으키는 화재이다. 초기 단계의 불로 가장 흔하게 일어나며 지표화가 유령림 내에 발생하게 되면 반드시 수관화를 유발시켜 전멸하나, 장령림이나 노령림은 잘 고사하지 않는다. 화재가 발생하면 원형으로 전파되어 나간다. 하지만 바람이 불면 바람이 부는 방향으로 편향적인 타원 형태로 전파되어 나간다.

(4) 비산화

비산화(飛散火)는 불붙은 연료의 일부가 상승기류를 타고 올라가서 산불이 확산하고 있는 지역 밖으로 날아가 떨어지는 현상이다. 이 현상은 화염으로부터 발산되는 열에너지의 파장과 밀접한 관련이 있다. 주로 산불이 개별 입목을 태우며 위로 솟아오를 때나, 혹은 낙엽이나 잔가지 등의 퇴적물을 태울 때 발생하기 쉽다. 비산화에 의해 방화선을 무력화시킬 정도로 먼 지역까지 화재가 확대되고, 이에 따라 소방관이나 진화팀이 위험에 빠질 수 있다. 소방학계에서는 보통 불씨는 50~70m까지 날아갈 수 있다고 본다.

(5) 지중화

지중화(地中火, Ground Fire)는 지표화로부터 시작되어 주로 낙엽층 아래의 부식층에 축적된 유기물들을 태우며 확산하는 산불이다. 훈소 연소반응에 따라 확산하므로 확산 속도가 느리지만, 화염이나 연기가 적어서 눈에 잘 띄지 않기 때문에 진화하기가 매우 어려운 산불 형태이다. 지하의 미탄질이나 유기 퇴적물이 연소하는 불로 한번 불이 붙으면 장시간 연소한다. 나무뿌리가 피해를 보면 나무 전체가 말라 죽으며 대면적에서 발생한다. 주로 우리나라에서는 자연발생으로 인한 지중화보다는 진화 이후 잔불이 지중화로 발달해 재불의 원인이 된다. 바람에 의한 확산은 없지만 화열과 연소가 오래 지속되므로 주의하여야 한다.

8.3. 대한민국 산불

산림보호법 제2조(정의)

"산불"이란 산림이나 산림에 잇닿은 지역의 나무·풀·낙엽 등이 인위적으로나 자연적으로 발생한 불에 타는 것을 말한다.

대한민국의 경우 몬순기후 특성상 시베리아 기단이 남하하는 11월부터 산불 위험성이 높아지는데 대기가 극도로 건조해지기 때문이다. 가장 위험한 시기는 양쯔강 기단의 영향으로 고온 건조한 봄(3~4월)[55]이다. 반면 강수가 습도가 증가하는 5월부터 줄기 시작해 우기인 한여름(6~8월)에는 산불 확률이 아예 없다. 춥거나 서늘할 때 산불 확률이 집중되는 특성상 자연발화 가능성도 아예 없다. 대한민국의 산불은 대부분 방화든, 실화든 인위적 요소가 개입한 것이다.

봄철이 되면 전국의 어느 산이든 산불에 취약하지만, 그중에서도 강원도 동해안 지역은 유독 산불이 잘 나는 산불 취약 지역이기도 하다. 이는 지형적 영향도 무시할 수 없는데 한반도 남쪽에 고기압이 배치되고 북쪽에 저기압이 배치될 때 생기는 편서풍, 소위 말해 푄 현상

55 1996년 고성군 산불, 2000년 동해안 산불, 2005년 양양군 일대 산불로 인한 낙산사 전소 사고, 2019년 고성–속초–강릉–동해 산불 등 대형 재난에 해당하는 산불이 모두 봄(4월)에 일어났다.

이라 불리는 기상현상이 산불 확산의 결정적 영향을 미치기 때문이다. 서쪽에서 불어온 바람이 태백산맥을 타고 넘어올 때 고온 건조한 공기를 몰고 오는데 강풍이 불면 화재에는 속수무책이다. 이러한 연유로 국내에서 엄청난 피해를 주었던 산불은 대부분 강원도 동해안 지역에서 일어났다.

건기인 매년 11월 ~ 다음 해 5월이 산불 특별대책기간이며 행정기관도 산불 경계근무에 들어간다. 이 기간에는 입산통제구역이 설정되고 사전 허가 없이 출입 시에는 벌금을 물게 된다. 입산 통제 자체는 12월 16일~2월 14일까지는 해제되며, 11월 1일~12월 15일, 2월 15일~5월 15일까지의 기간은 입산 통제 기간이다.

국내에서의 산불에 대한 대책에는 여러 가지 오점이 많다. 일단 지휘체계가 일관화되어 있지 않다. 산불 진화는 산림청이나 지방산림청에서 관리하고, 경방 활동 사무는 시, 군, 구청에서 관리한다. 그리고 대국민 홍보나 산림자원의 중요성에 대한 인식도 부족, 감시체계가 주민신고나 산림 순찰 등 인력에만 의존하는 감시체계도 문제가 있다.

앞서 말했듯이 산불 진화는 산림청 소속이다. 대형 산불이 나면 산림청 대원들이 진화 작업을 하다가 제어가 안 되면 소방청에 지원요청을 한다.

8.4. 산불의 위험성

불을 끄는 데 시간이 오래 걸리는 이유는, 산불이 번지는 속도가 보통 쓰레기를 태우는 불의 속도와 차원이 완전히 다르기 때문이다. 바람이 불면 짧게는 몇백 미터, 길게는 몇 킬로미터 이상 불씨가 흩날리면서 번지게 된다. 특히 눈이나 비가 한동안 안 오고 습도가 낮은 날씨에 바람까지 부는 상황에서 불이 난다면 산의 대부분이 탄다고 보면 된다.

그리고 산이라는 것이 땅 판다고 바로 흙이 나오는 것이 아니라 장시간 쌓인 낙엽 등의 퇴적층이 있으므로, 보통 산불이 발생하면 이런 지면 아랫부분까지 타버린다. 이런 보이지 않는 곳에도 불씨가 조금이라도 남아있다면 산불이 다시 날 수도 있으므로, 감시를 게을리할 수도 없다. 이런 경우에는 비가 내려도 잘 꺼지지 않는 경우가 많다.

8.5. 처벌 등

한국에 용암지대나 산불을 유발하는 기타 자연 요인 같은 것이 있는 것은 아니니 한국에서는 번개라도 내려치지 않는 이상 산불이 자연발화로 일어나는 경우는 거의 없고 실화나 방화가 주원인인데 산불 특별대책기간인 11월~5월 사이에는 산과 산에 연접한 100m 이내의 땅에서 불을 피우는 것은 불법이며 벌금 처분, 경우에 따라서는 검찰에 송치될 수도 있다.

특히 실무를 맡는 시 · 군 · 구 산불 담당자 및 산림청 국유림관리소 직원들은 특별사법경찰관리로서 수사 권한까지 가지고 있으므로 해당 기간에 이유 여하를 불문하고 불을 피우다가 걸리면 최소한 벌금을 내게 되며 만약 산불로 번졌다가는 그대로 경찰의 집중적인 추궁과 조사를 받게 될 것이다.

시골의 경우에는 나이 많은 노인들이 쓰레기를 태우거나 논밭의 마른 풀을 정리하려고 불을 피웠다가 산불로 번지는 경우가 아주 많으며, 특히 산골짜기에 있는 마을은 더더욱 심하다. 늘 그래왔기 때문에 아무리 읍 · 면 · 동사무소에서 하지 말라고 안내방송하고 경고해도 말을 듣지 않을 정도다.

산림보호법 제53조(벌칙)

① 산림보호구역 또는 보호수에 불을 지른 자는 7년 이상 15년 이하의 징역에 처한다. 〈개정 2016. 12. 27.〉
② 타인 소유의 산림에 불을 지른 자는 5년 이상 15년 이하의 징역에 처한다. 〈신설 2016. 12. 27.〉
③ 자기 소유의 산림에 불을 지른 자는 1년 이상 10년 이하의 징역에 처한다. 〈개정 2016. 12. 27.〉
④ 제3항의 경우 불이 타인의 산림에까지 번져 피해를 입혔을 때는 2년 이상 10년 이하의 징역에 처한다. 〈개정 2016. 12. 27.〉
⑤ 과실로 인하여 타인의 산림을 태운 자나 과실로 인하여 자기 산림을 불에 태워 공공을 위험에 빠뜨린 자는 3년 이하의 징역 또는 3천만 원 이하의 벌금에 처한다. 〈개정 2016. 12. 27.〉
⑥ 제1항부터 제3항까지의 미수범은 처벌한다. 〈개정 2016. 12. 27.〉

제57조(과태료)

① 보호수를 절취하거나 산림보호구역에서 그 산물을 절취한 자는 1년 이상 10년 이하의 징역에 처한다.

② 다음 각호의 어느 하나에 해당하는 자는 5년 이하의 징역 또는 5천만 원 이하의 벌금에 처한다. 〈개정 2011. 7. 14., 2014. 6. 3., 2016. 12. 27., 2019. 1. 8.〉

1. 제9조 제1항을 위반하여 입목·죽의 벌채, 임산물의 굴취·채취, 입목·죽 또는 임산물을 손상하거나 말라 죽게 하는 행위, 가축의 방목, 그 밖에 대통령령으로 정하는 토지의 형질을 변경하는 행위를 한 자
2. 제9조 제2항 제1호에 따른 허가 없이 입목·죽의 벌채, 임산물의 굴취·채취, 가축의 방목, 그 밖에 대통령령으로 정하는 토지의 형질을 변경하는 행위를 한 자
3. 제18조의3 제1항 또는 제2항을 위반하여 보호종을 벌채·굴취·채취·손상 또는 말라 죽게 하거나 그 자생지를 훼손한 자
4. 제45조의10을 위반하여 산사태취약지역에서 사방시설을 훼손하거나 사방시설을 설치·관리하는 것을 거부 또는 방해한 자

③ 제13조의3 제1항을 위반하여 보호수의 전부 또는 일부를 훼손한 자는 3년 이하의 징역 또는 3천만 원 이하의 벌금에 처한다. 〈신설 2019. 1. 8.〉

④ 제24조 제3항 제2호에 따른 명령을 위반한 자는 1천만 원 이하의 벌금에 처한다. 〈개정 2012. 2. 22., 2019. 1. 8.〉

⑤ 다음 각호의 어느 하나에 해당하는 자는 500만 원 이하의 벌금에 처한다. 〈개정 2016. 12. 27., 2019. 1. 8.〉

1. 제21조의4 제1항 및 제3항에 따른 나무 의사 등의 자격취득을 하지 아니하고 수목 진료를 한 자
2. 제21조의4 제4항을 위반하여 동시에 두 개 이상의 나무병원에 취업한 나무 의사 등
3. 제21조의4 제5항을 위반하여 나무 의사 등의 명칭이나 이와 유사한 명칭을 사용한 자,4. 삭제 〈2020. 3. 24.〉
5. 제21조의6 제6항에 따른 자격정지 기간에 수목 진료를 한 나무 의사 등
6. 제21조의9 제4항을 위반하여 나무병원을 등록하지 아니하고 수목 진료를 한 자
7. 제21조의9 제5항을 위반하여 나무병원의 등록증을 다른 자에게 빌려준 자
8. 제24조 제3항 제1호·제3호·제4호에 따른 명령을 위반한 자
9. 제26조 제3항을 위반하여 설계하거나 감리한 자

⑥ 제2항을 위반한 자로서 그 피해 가격이 산지 가격으로 10만 원 미만인 경우에는 그 정상(情狀)에 따라 구류(拘留) 또는 과료(科料)에 처할 수 있다. 〈개정 2019. 1. 8.〉

⑦ 상습적으로 제2항의 죄를 지은 자는 10년 이하의 징역에 처한다. 〈개정 2019. 1. 8.〉

⑧ 제1항의 미수범은 처벌한다. 〈개정 2019. 1. 8.〉

'산불로 번져서 사법경찰관 조사 시'

▶ 검찰에 송치 당하면 벌금은 대부분 자식이나 손자 손녀들이 내게 된다는 낭설이 널리 알려져 있는데, 형사소송법 제478조에 의해 상속자에 대한 벌금과 추징금의 환수 범위가 법에서 정해져 있다.

※ 제478조(상속재산에 대한 집행) 몰수 또는 조세, 전매 기타 공과에 관한 법령에 의하여 재판한 벌금 또는 추징은 그 재판을 받은 자가 재판 확정 후 사망한 경우에는 그 상속재산에 대하여 집행할 수 있다.

▶ 즉 상속분보다 벌금이 크면 상속을 포기하거나 한정 승인하면 그만이다. 이뿐만 아니라 애초에 벌금의 일신 전속적 특성상 '상속이 되지 않는다'가 다수설을 차지하고 있다.

▶ 그런데 자식들이나 다른 가족들이 부담한다는 게 꼭 잘못된 말은 아니다. 시골에 사는 사람들은 대부분의 재산이 부동산이라 현금이 거의 없는 경우가 많아서 부동산만 처분하면 쉽게 벌금을 낼 수 있지만, 처분하는데 시간이 꽤 걸리고 절차도 복잡하기에 그냥 자녀들이 부담하는 것이 일반적인 사례일 뿐이다.

8.6. 산불이 일어나는 원인

자연적인 원인과 인간이 낸 불 두 종류로 볼 수 있다. 다만, 한국의 경우는 자연적인 원인을 굳이 기재해야 하나 싶을 정도로, 사실상 한국에서 크다 싶은 산불들은 전부 까보면 인간 탓인 경우가 절대다수다.

(1) 자연적 원인

자연적 요소들로는 불이 일어나지 않을 듯 보이지만, 자연적인 요인으로도 산불은 상당히 많이 일어난다. 당장 건조한 숲에 낙뢰가 떨어지는 거만 봐도 알 수 있는데, 나무에 떨어진 낙뢰가 불로 번지는 경우가 대부분이다. 한번 나무에 떨어지면 순식간에 나무를 구워버리는 게 번개이기 때문. 하지만 이런 일은 캘리포니아처럼 지중해성 기후를 띠는 곳에서나 일어나며, 상기했듯 추운 계절 및 건조한 계절 등에 산불이 집중되는 대한민국에서는 일어날 일이 거의 없다.

그 외에도 돌덩이들이 구르거나 건조한 기후로 인해 생긴 정전기도 주원인이며, 의외로 나무들이 바람에 의해 마찰한 현상 등도 원인이 되는 경우가 가끔 있다. 나무들이 바람 등에 의해 서로 흔들리면서 비벼져 마찰하는 것만으로 불이 붙느냐, 하고 의심을 가지는 사람들도 있는데,

물론 틀린 말은 아닌 게 그냥 순전히 나무들이 마찰만 해서 불꽃이 난다면 시간이 오래 걸린다.

하지만 앞서 말한 나무들이 마찰해서 불이 나는 경우는 단순히 마찰열뿐 아니라 건조한 기후에 정전기 등도 같이 일어났기에 불이 붙고, 이럴 때 강풍까지 불어 불이 더 커진 거라고 할 수 있다. 말 그대로 마찰열이 생기는 와중에 정전기가 생겨 불씨를 잡아당겨 버린 꼴이 되는 데다, 강풍까지 동반해서 불난 데 부채질하듯 엄청나게 커져 버리는 것이다.

산불을 유도하는 식물(파이로파이트, Pyrophite, 반대 패시브 파이로피테스)도 곳곳에서 서식한다. 이런 식물은 산불이 나야만 제대로 번식할 수 있는 종류로, 불이 잘 붙는 정유를 자연적으로 생산하고 일부러 불을 낸 뒤 씨앗만 남기거나, 식물체 자체가 블에 강해서 잡목들을 불태우고 혼자 살아남곤 한다. 이런 숲들은 생태계 자체가 산불에 특화되어 산불 일어나는 것을 막을 수가 없고, 인위적으로 막으면 연료가 축적되어 나중에는 건잡을 수 없는 수준이 되므로 자연적으로 내버려두거나 관리인이나 원주민들이 일부러 불을 놓기도 한다.

그리고 의외로 야생동물에 의해 산불이 일어나는 경우도 있다. 야생동물이 전선이나 산에 설치된 전자기구 등을 건드리거나, 캠핑객의 전기 도구나 발화 도구를 건드려 안전사고가 나면서 일어나는 경우가 대표적. 실제로 2015년 6월 11일에 뱀을 사냥한 매가 날아가다 전선에 뱀이 걸리면서 감전사하여 몸에 붙은 불씨가 산불을 일으킨 사건이 외신에 보도되었다.

심지어 어떤 올빼미 등 맹금류들은 의도적으로 산불을 일으키기도 한다고 한다. 호주 조류학자들의 연구 결과, 몇몇 맹금류가 작은 불씨가 붙은 나뭇가지들을 물어 나르다가 다른 덤불에 던져 의도적으로 산불을 일으키는 사례들이 목격되었다고 한다. 불을 피해 덤불에서 뛰쳐나오는 도마뱀이나 작은 동물들을 잡아먹기 위해서라고 한다. 호주 원주긴 설화에는 이런 불을 나르는 새 이야기가 종종 등장한다고 한다.

2019년 고성산불처럼 누전이나 합선 등으로 일어나는 전기적 화재로 인하여 대형 산불이 발생할 수도 있다. 단, 이 경우는 엄밀히 따지면 천재지변이 아니라 인재에 해당하는 사항이다.

(2) 인간의 방화

인간이 낸 경우는 실수로 낸 경우와 고의로 불을 낸 경우 두 가지로 본다.

고의로 방화 범죄를 저지른 경우는 사회적 또는 복합적인 여러 이유로 무시 못 할 불만과 원한이 있다거나 산에서 상대방과 갈등이 심화하였다거나 등의 여러 원인이 있다. 이렇게 불을 낸 경우, 도망부터 가는 경우가 많다. 물론 이 중에서는 놀라거나 죄책감 때문에 행정안전부나 소방청, 지자체 등에 신고하여 책임은 져보려는 인간들도 적게나마 있긴 하다.

확률만 본다면 고의보단 실수로 불을 낸 경우인 실화가 더 많다. 이런 경우로는 취사 중에 안전사고가 나거나 캠핑 도구 등의 안전사고로 불이 날 경우, 산에서 폭죽 시험을 할 경우 등의 일상적인 안전사고가 많다. 이런 일상적 실수 중에서 이슈가 되는 큰 원인이 있으니 바로 담배. 이런 경우는 누가 불의 원인이 되었는지 모를 경우도 많은지라 대부분의 산불은 피의자 미상으로 수사 종결되는 경우가 많다. 심지어 고속도로 위를 달리던 운전자가 담배꽁초를 휙 던져버리는데 그게 산불이 나는 경우가 있다. 이런 경우의 대부분이 담배로 인한 화재이다. 꺼진 불도 다시 보자. 그 외에도 무속행위로 불이 나는 경우도 있다. 무당이나 일반인이 산에서 굿하거나 향을 피웠는데 그게 대형 산불로 번지기도 한다. 물론 이런 무속인들은 산림관리원이나 소방관에게 알리지도 않고 그냥 튀는 무책임한 경우가 많은데 이러한 행동으로 인해 문화재나 삼림 손실이 막대하다.

또한, 화목 보일러나 가마솥 아궁이 불로 인한 산불도 많다. 농 · 산촌에서는 화목 보일러나 가마솥 아궁이로 난방하는 가정이 아직도 꽤 있는데, 불씨 관리를 잘하지 못해 큰 화재로 번지는 사례가 많다. 따라서 화목 보일러나 가마솥 아궁이를 쓰는 가정에서는 불씨 관리를 철저히 해야 한다. 불씨 관리를 잘 못 하면 자신의 집을 태워 막대한 재산 피해가 나는 것은 물론 큰 산불로 번져 검 · 경과 형사 재판 그리고 민사소송까지 가는 무간지옥에 빠질 수 있으니 말이다.

산에서 조난 당해서 산불을 내서 자신의 위치를 알리는 경우가 종종 있다. 일부러 그런 건 아니고 흡연자라 들고 있는 라이터로 구조신호용 연기만 좀 내려다가 죽기 직전이라 정신이 어지러워 초가삼간 다 태워 먹은 경우인데 초대형 어그로를 끌어 확실히 구조는 되겠지만 경찰 측은 긴급탈출로 인한 방화를 인정하면 한국의 산이 남아나질 않는다는 입장이라 정상참작은 되겠지만 실형을 피하긴 어렵다.

봄철 논두렁과 밭두렁을 태우다가 산불로 번지는 경우도 매우 많다. 해서 3월부터 지자체 소방서에서는 제발 논두렁 태우지 말라고 수십 년째 캠페인을 벌이는 중이다. 한창 건조할 때 태우는 일이라 논두렁에 불 땅겼다가 갑자기 바람이라도 불어, 불씨가 건조한 산에 안착이라도 하는 순간 동네 뒷산이 민둥산 되는 건 순식간이다. 게다가 논두렁과 밭두렁을 태운다고 해서 해충이 100% 박멸될 거라는 보장도 없으며 오히려 해충의 천적까지 같이 박멸되는 바람에 나중에 외부에서 유입된 해충들이 더욱 기승을 부릴 가능성도 있다.

하지만 농민들은 이에 굴하지 않고 꿋꿋하게 전통을 고수했고 이에 포기한 각 지자체에서는 신고제로 바꾸었다. 관할 시군구청에 신고를 하면 담당자 입회하에 불을 낸다. 허락 없이 불을 댕겼다 동네 뒷산이라도 날려 먹으면 1년 농사 수익을 벌금으로 다 헌납하고 민사소송까지 벌어져 막대한 피해보상금을 물어내야 하는 대참사가 발생할 수 있다. 그 외에도 야산에 있던 집에 화재 사고가 일어나 그 불이 산불로 번지기도 한다.

8.7. 산불에 대한 대처

(1) 산불 예측

옛날에도 산불이 위험하다는 것은 알고 있었다. 산불이라고 해서 산만 홀랑 태워 먹고 끝내는 것도 아니고, 당연히 사람도 태워버릴 수 있었기 때문. 습도와 산불은 밀접한 관련이 있었기에 물을 잘 빨아들이는 이끼 따위를 저울에 달아서, 매일 습도를 측정하곤 했다. 이러한 방식은 훗날 여러 국가에서 연료의 종류, 풍향 등의 다른 조건을 추가해 여러 가지 산불 관련 지수로 발전하게 된다. 소련의 지수는 온도와 마지막 강우 이후 경과일수, 스웨덴은 상대습도와 기온, 프랑스는 토양의 함수량과 풍속, 증발산량 등 다양한 변수를 쓰는 지수들을 사용했다.

한국의 경우에는 방대한 산불 관련 데이터를 분석하며 발달한 캐나다식 Fire Weather Index(FWI)를 많이 참조한 KFFDRI(Korean Forest Fire Danger Rating Index)를 썼으나, 연료의 종류나 실효습도의 사용 여부에 있어 차이가 있다. 이 지수를 참조해 장차 발생할 수 있을 산불에 대한 대응을 준비한다. 돗자리 깐 무당처럼 정확히 언제 어디서 산불이 난다고는 말할 수 없지만, 이 지수가 산불에 대응하는 데 있어 도움이 된다는 것은 부정할 수 없을 것이다.

(2) 산불의 감지 및 대처

산불도 정보싸움이나 다름없다. 아무리 좋은 진화 장비를 갖춰놓더라도 산불이 산들을 다 불태울 동안 산불이 났는지도 안 났는지도 모르고 있으면 전혀 쓸모가 없다. 산불 감시원들을 도처에 배치하는 게 괜한 게 아니다. 산불이 나게 되면 해당 지자체에 산림과 외 읍 · 면 · 동사무소를 기준으로 인근의 소방서가 출동하며, 국유림 관리사무소가 인근에 있거나 국유림이 대부분일 경우에는 국유림 관리 사무소 직원 또한 출동하며, 야간 산불이나 산불이 대형화되는 등의 경우와 소규모 불에도 읍 · 면 · 동사무소 등 타 비관련 부서의 공무원들도 불 끄러 출동한다.

또한 헬기도 각 지자체에 규모가 작을 경우에 불이 난 해당 지자체 소속의 산불 헬기나 해당 목적으로 임차한 임차 헬기가 가나, 불이 커질 경우에는 소방서소속 소방헬기 산림청 소속에 산불 진화 헬기가 추가로 온다. 이 헬기들이 한 번에 쏟아붓는 물의 양도 장난이 아니다. 사람이 접근하기 힘든 지역뿐만 아니라 산불 진화 자체는 이 헬기 없으면 불가능할 정도. 하지만 그렇다고 해도 소방헬기는 만능이 아니다. 소방헬기는 직접 진화가 아닌 방화선을 구축하는 역할을 하므로 세세한 처리 및 뒷불 감시에는 여전히 인력이 투입되어야 한다. 가끔 근처의 군부대가 있다면 출동하여 방화선 구축 작업에 협조하기도 하며, 이를 위해 해당 지역의 기관들과 군부대가 매년 산불방지 기간 이전에 대책 회의를 진행한다.

맞불도 산불이 났을 때 진화하는 방법의 하나이다. 다만 이 경우는 함부로 하지 않는다. 사실 이건 최후의 방법이라고 할 수 있다. 바람의 방향이 바뀌거나 방향을 잘못 계산하는 등 조금의 실수라도 생긴다면 오히려 불의 규모가 더 커질 위험이 있기 때문이다. 만약 정말로, 방법이 이것밖에 없을 경우에는 모든 가능성을 염두에 두고, 소방 병력의 배치 후 전문가와의 협조 후 실행한다.

과거에는 산불 발생 시 이유 불문하고 해당 기관의 담당자들을 문책하는 방법으로 사전 예방을 자발적으로 하도록 하였지만 현재는 예방 활동에 과실이 없다고 판단하면 발생 자체를 가지고 문책을 하지는 않는다. 하지만 뒷불 감시 소홀로 인한 재발화 및 그에 의한 피해에 대해서는 엄중히 책임을 묻는다.

산불의 예방법으로 지나치게 많이 자란 나무들을 적절히 간벌하고 풀을 제거하는 방법도 있다. 미국에서는 이 풀을 제거하기 위해 재미있는 방법도 동원하고 있다. 바로 가축인 양과 염소 등을 풀어두는 것. 이게 의외로 효과적이어서 소방서에서 자체적으로 가축들을 키우기도 하고, 필요에 따라 가축들을 임대해 주는 임대업이나 펀드도 등장했다.

(3) 소화 방법

방화선 구축, 연소 물질 제거, 잔불 진화로는 등짐펌프, 빗자루, 가래 등을 사용해 낙엽 아래까지 뒤집어가며 잔불을 정리한다.

기본적으로 인근 호수나 강 등지에서 담수 작업을 통해 직접 취수해 산불을 진화하며 대형 산불이나 특정 지역의 추가적인 확산 방지를 위해서 Class A foam[56] 소화약제를 사용한다. 다른 소화약제 첨가제로는 증점제, 침투제, 적색 안료가 있다.

증점제[57]는 소화 헬리콥터에서 낙하 시 물 입자가 흩어지는 것을 방지하고 나뭇가지나 나무에 잘 부착될 수 있도록 돕는 첨가제다. 침투제는 제1 인산암모늄을 고무풀과 3종 분말로 반응하여 소화 활동을 돕는 첨가제이다. 적색 안료는 색을 입혀서 약제를 균일하게 뿌리기 위한 것이며 산불화재 시 붉은색 액체를 뿌려 소화하는 것을 볼 수 있는데 이 첨가제를 넣은 것이다.

워터 슬러리(water slurry)라는 소화약제는 Fire Break라고도 불리는 특수 소화약제로 산불화재 전용 약제라고 할 만큼 탁월한 소화능력을 가지고 있다. 물과 모래를 혼합하여 화점에 뿌리는 것으로 뿌린 후에 남은 고체가 공기 차단 효과를 발휘하며, 물에 의한 냉각소화와 질

56 클래스 A 폼은 소방용 물을 더욱 효과적으로 만들기 위해 특별히 제조되었습니다. 클래스 A 폼의 계면활성제는 물의 표면 장력을 크게 감소시키며, 공기와 혼합되면 두꺼운 물 층으로 연료를 둘러싸는 우수한 폼 블랭킷을 생성합니다. 이는 연료와 불 사이에 장벽을 만들어 물만 사용하는 것보다 더 빨리 불을 진압하고 소방관이 적용 영역을 볼 수 있게 해줍니다. 물을 더욱 효율적으로 만들면 화재를 진압하는 데 필요한 물의 양이 줄어들고, 물로 인한 피해가 줄어들며, 더 빠른 분해와 청소/정비 요구 사항 감소를 통해 소방관의 안전이 향상됩니다.

57 소방 헬리콥터는 한 번에 쏟아붓는 물의 양은 4톤에서 9톤까지다. 소방헬기는 직접 진화가 아닌 방화선을 구축하는 역할을 주로 한다. 소방헬기는 실제로 물을 불에다가 직접 뿌리지 않는다. 이미 타버린 곳에다가 물을 뿌리는 것은 효용도 적을뿐더러 오히려 위에서 내리붓는 물에 의해 불씨를 튀게 하여 더욱 불을 번지게 할 수도 있기 때문이다. 소화 방법으로는 기본적으로 Class A foam 소화약제를 사용한다. 첨가제로는 증점제, 침투제, 적색 안료가 있다. ▶증점제는 소화 헬리콥터에서 낙하 시 물 입자가 흩어지는 것을 방지하고 나뭇가지나 나무에 잘 부착될 수 있도록 돕는 첨가제다. ▶침투제는 제1 인산암모늄을 고무풀과 3종 분말로 반응하여 소화 활동을 돕는 첨가제다. ▶적색 안료는 색을 입혀서 약제를 균일하게 뿌리기 위한 것이다. 산불화재 시 붉은색 액체를 뿌려 소화하는 것을 볼 수 있는데 이 첨가제를 넣은 것이다. ▶물과 모래를 혼합한 특수 소화약제 '워터 슬러리(water slurry)'라는 것도 있다. 화점에 뿌리는 것으로 뿌린 후에 남은 고체가 공기 차단 효과를 발휘해 물에 의한 냉각소화와 질식소화를 동시에 발휘한다.

식소화를 동시 발휘한다.

8.8. 환경에 끼치는 영향

숲이 광범위하게 파괴됨은 물론, 특히 냉대림에서 산불이 자주 일어나면 이깔나무만 자라는 황무지로 변한다. 또한 국내의 우점종을 차지하고 있는 소나무가 특히 산불에 상당히 취약한 탓에, 다시 복원되는 것도 힘들다. 송진이나 재가 섞인 토양은 일반 토양보다 물에 휩쓸리기 쉬운데, 이 때문에 장마가 정기적으로 찾아오는 한국의 경우 토사 문제도 생기며 산사태에도 취약하다. 한국의 소나무 가운데서는 종족이 번식하는데 꼭 산불이 필요한 방크스 소나무만이 산불 직후에 싹을 틔울 수 있다. 이것도 외래종이다.

대신 참나무류의 활엽수는 산불을 견디는 능력이 강하여 일종의 방화수림 역할을 하지만, 국내에서는 죽자 살자, 소나무만 심어대는 탓에 산불을 막는 것이 어려워졌다.

호주도 산불이 자주 나는 것으로 유명하다. 특히 산불이 너무 자주 일어나 생태계 자체가 산불에 특화된 숲도 있는데 사실 숲이라기보다는 덤불에 가깝다. 이들 숲은 산불에 견디기 위해 줄기에는 방화 기능이, 반대로 잎은 휘발성 물질을 포함하여 순식간에 홀랑 타버려서 눈(芽)부분에는 손상이 가지 않게끔 되어 있다. 특히 이곳 식물들은 산불이 나야만 번식을 할 수 있고, 또한 이곳의 관리인이나 원주민들은 낙엽이 쌓이게 되면 산불이 통제 불능이 된다는 것을 알고 있으므로 수시로 산불을 놓는다.

남아프리카 공화국의 핀보스 식물대도 산불에 잘 적응해 있는데, 특히 건조에 강한 다육식물이 침범하지 못하는 데 산불의 영향은 필수적이다. 이 지역은 너무 척박해 산불이 나도 규모가 매우 작은 편이라서, 도로가 핀보스 식물대를 막아 산불이 못 번지는 것이 도리어 생태계에 더 문제가 된다.

열대 우림에는 아주 치명적이다. 표토층이 거의 없고 대부분의 무기영양이 생물체에 저장되어 있으며 토양이 척박한 열대 우림이 산불로 파괴되면 황량한 덤불이 되거나 심하면 흙이 비바람에 쓸려 내려가면서 사막화 현상을 일으키기 때문이다.

광범위한 대형 산불이 장기간 발생하게 되면 대기질에 악영향을 끼치기도 한다. 산불이 발생하는 지역의 인근 도시들은 연기와 재로 인해 공기 중 일산화탄소 농도가 심해지고 심할 경우 하늘이 붉게 변하는 경우도 있다. 먼 지역도 뿌연 연무가 생기고 대기질이 나빠지는데 미국 서부의 큰 산불이 바람을 타고 수천km 떨어진 뉴욕 맨해튼에 영향을 줄 정도이다.

탄소 배출로 인해 지구 온난화를 가속할 수도 있다는 주장도 나왔다. 예로 들자면 각국에서 폭염과 가뭄이 발생했던 2021년 7월에 남유럽, 러시아, 남미, 미국, 캐나다 등지에서 대형 산불이 발생하면서 생긴 탄소 배출량이 3억 4천만 톤이 넘는다고 추산하여 관측을 시작한 2003년 이후 가장 많은 양이며 한국 전체가 6개월 동안 내뿜는 탄소 배출량과 맞먹는다. 전문가들은 매년 잦아지는 산불로 소실된 산림이 회복되는 데 엄청난 시간이 걸리는 사이 탄소 배출 때문에 생긴 기상이변(이상 고온)이 산불을 부채질하고, 이 산불이 다시 엄청난 양의 탄소를 배출하는 악순환을 만들게 되어 지구 온난화를 더욱 가속할 것을 우려하고 있다.

때로는 산불이 뜨거운 열과 공기가 상승하여 화재적란운(Pyrocumulonimbus)을 생성하기도 한다. 비교적 최근에 신종 구름으로 명명된 것이며 한 번 불이 나면 대규모로 넓게 번지기 쉬운 미국, 호주 등의 평야가 많은 곳에서 드물게 나타나며, 규모가 크면 번개를 동반하거나 토네이도를 일으키며, 항공기 추락사고를 유발하기도 한다. 이 경우 사망자가 기하급수적으로 늘어나고 더 큰 화재를 유발할 수 있다. 단순히 화재 지역의 수분 증발로만 만들어지는 것이 아니라 탄화수소의 연소반응에서 발생한 수분 등이 더해진다. 그렇다고 비가 전혀 오지 않고 번개만 치는 구름도 있어 2019 ~2020년 호주 산불처럼 다른 지역에도 화재를 일으켜 대응하기 어려운 상황을 만들 수도 있다.

8.9. 기타 이모저모

해양성 기후라 여름철에 산불이 집중되는 서양권에서는 30의 법칙이라 하여 온도 30도 이상, 습도 30% 이하, 풍속 30km/h 이상일 경우 산불 위험 확률이 매우 높아진다고 본다. 온도가 낮을수록 산불이 일어나기 쉬운 한국, 중국과 정반대인 셈이다. 일본도 한국처럼 4~5월에 산불 위험이 커지는 것은 동일하나, 니가타현 등 동해에 면한 지역들은 지중해성 기후와 유사한 강수 패턴 때문에 8월에도 산불이 일어난다.

조선왕조실록에서 산불로 검색하면 관련 기록이 꽤 많이 나오며 인명피해와 재산 피해도 상당히 발생했다. 건기에 산불 때문에 고생하기는 예나 지금이나 마찬가지. 문경새재에는 영 · 정조 시절에 세워진 "산불 됴심" 표석이 남아있을 만큼 산불 조심이란 구호는 예로부터 내려온 것이다.

〈그림 2.30〉 문경새재 표석

9. 폭발 사고

폭발(爆發)은 에너지의 부피가 극적으로 갑작스럽게 증가하면서 방출하는 것을 말하며 주로 높은 온도를 일으키며 기체를 발생시킨다. 이러한 폭발은 충격파를 만들어낸다. 폭발에 대한 더 정확한 정의는 가연성 기체 또는 액체 열의 발생 속도가 일상 속도를 상회하는 현상이라 할 수 있다. 폭발의 속도는 보통 0.3m/s에서 2m/s 내외이다.

화학적 변화가 매우 빠르게 일어나면서 큰 에너지와 많은 양의 기체, 열, 빛이 동시에 나오는 반응으로, 폭발음, 화염 및 파괴 작용을 일으킨다.

폭발 사고의 종류에는 자연, 화학, 핵, 전기, 수증기, 천문, 기계, 분진 등 다양한 종류가 있다.

폭발은 자연에서 흔히 일어나지는 않는다. 지구 아래에서 대부분의 자연 폭발이 화산으로부터 다양한 과정을 거치며 일어난다.

가장 일반적인 인공 폭발은 화학적인 폭발물을 말하며 보통 많은 양의 뜨거운 기체를 만들어내는 빠르고 격렬한 산화 · 환원 반응을 수반한다.

핵무기는 폭발물의 일종으로 핵분열 반응이나 핵융합으로부터 파괴력을 가져온다. 그 결과 조그마한 핵무기일지라도 현존하는 최대 규모의 재래식 폭발물보다도 상당히 강력하며 핵무기 하나가 도시 하나를 완전하게 파괴할 만큼의 위력을 가진다.

고압의 전류가 금속 물질과 닿으면 전기 폭발을 일으킬 수 있다. 빠르게 금속 물질과 절연물질을 증발시키는 높은 에너지의 신호로부터 만들어진다.

유류 및 가스 화재에서 보통 수증기 BLEVE(Boiling liquid expanding vapour explosions)는 폭발의 일종으로 부피가 빠르게 증가하면서 액체를 증발시킨다. 또한 기계 폭발의 일종이라고 할 수 있지만 용기의 내용물에 따라 결과가 극적으로 중대하게 될 수 있다.

천문 폭발의 경우 태양 플레어는 태양의 일반적인 폭발의 예이며 다른 대부분의 별도 이러한 폭발을 겪는 것으로 여겨진다. 이 태양 플레어의 에너지 원천은 태양의 유도 플라스마의 회전에서 유래한 자기장의 혼란에서 비롯된다.

분진은 탈 수 있는 물질이 작은 입자로 공기 중에 일정한 밀도 이상이 되어 있을 때, 정전기나 복사열, 빛 등으로 인해 발화해 폭발한다.

제3편

위기관리 매뉴얼

1. 위기관리 매뉴얼의 의의

1.1. 개념

일반적으로 매뉴얼은 업무절차와 방법을 설명하는 책자나 물건의 사용 방법을 안내하는 문서를 의미하며, 업무 담당자의 갑작스러운 부재나 신규자가 업무를 맡은 상황에서 업무의 공백을 방지하고, 다양한 사람들의 업무수행 과정을 표준화하여 같은 수준의 결과를 얻기 위해 작성된다.

여기서 위기관리 매뉴얼이란 재난의 발생으로 국가적 위기 상황에 직면할 경우 이를 효율적으로 관리하기 위하여 특정한 유형의 재난 관리주체가 어떻게 대응해야 하는지를 정리해 놓은 것이라고 할 수 있다.

또한 재난분야 위기관리 매뉴얼은 재난 대응 업무에 대한 활동기준, 행동 절차(Procedure), 방법(How), 부서/담당자(Who)의 임무 및 역할을 구체적으로 제시한 문서로써 재난 발생 시 신속한 대응을 위한 방법과 절차를 기술한 행동 지침서이다.

1.2. 운영 근거 및 유형

1995년 삼풍백화점 붕괴(사망 502명, 부상 937명), 1997년 IMF 사태, 2002년 태풍 루사(사망 124명, 실종 60명), 2003년 대구 지하철 참사(사망 192명, 부상 148명)와 2001년 미국의 9 · 11테러, 2004년 인도네시아 쓰나미 등을 겪고 국가 위기를 체계적으로 관리할 필요성이 대두됨에 따라 국가 위기관리 매뉴얼을 작성하게 된 것이다.

운영 근거로는 2004년 대통령 훈령 제124호로 국가안보실을 통해 제정된 국가위기관리기본지침을 들 수 있다.

또한 2018년 9월 개정된 7차 재난 및 안전관리기본법 제24조의5(재난분야 위기관리 매뉴얼의 작성 · 운용)에 법적인 근거를 두게 되었다.

재난관리 위기 유형을 살펴보면, 국가위기관리기본지침에는 위기 유형을 '3개 분야 38개 유형(재난 15, 국가 기반 10, 안보 14)'으로 분류하고, 각 유형별 표준 – 실무 – 행동 매뉴얼 체계로 구성하고 있으며 안보 분야를 제외한 재난과 국가 기반을 행정안전부에서 관리하고 있다.

2. 매뉴얼 현황

2.1. 매뉴얼 제 · 개정 연혁

위기관리 매뉴얼은 처음 청와대 NSC(국가위기관리센터)에서 기획되어 관리하고 있었다가 2008년 5월 28일 행정안전부로 재난분야 및 국가 핵심 기반 시설의 위기관리 매뉴얼(총 21종)이 이관되어 현재에 이르고 있다.

매뉴얼은 애초 국가위기관리기본지침(대통령 훈령)에만 근거를 두고 있었으나 재난관리에 대한 필요성이 커짐에 따라 재난 및 안전관리 기본법 제34조의5에 매뉴얼 작성 · 운용에 관한 근거를 마련하여 현재까지 관리하고 있다.

〈표 3.1〉 위기관리 매뉴얼 소관부처

NSC ('04년)	⇨	행안부 ('08. 9. ~ '14. 11. 18.)	⇨	국민안전처 ('14. 11. 19. ~ '17. 7. 25.)	⇨	행안부 ('17. 7. 26. ~ 현재)
2,622개 (표준 21, 실무 202, 행동 2,399)		2,622개 (표준 21, 실무 202, 행동 2,399)		5,301개 (표준 30, 실무 254, 행동 5,017)		10,029개 (표준 82, 실무 487, 행동 9,308)

국가위기관리기본지침은 정부 수립 이후 최초로 정부 위기관리 활동의 방향과 기준을 정하기 위해 제정된 국가 위기관리 분야의 기본 규범으로, 국가안보 등 중요사항을 포함하고 있어 대외비로 분류되어 국가법령정보센터(www.law.go.kr)에서 조회가 불가능하다. 다만 청와대 위기관리센터에서 재난분야 실무기관의 업무 이해를 돕기 위해 '18년 9월 4일 "국가위기관리기본지침 개정 후속 조치 안내" 재난분야에 관한 내용만 별도로 정리하여 재난관리책임

기관에 책자와 파일을 배포한 상태이다.

2004년 7월부터 시행에 들어간 국가위기관리기본지침은 전통적 안보, 재난, 국가 핵심 기반 등 국가 위기 전 분야에 대한 위기관리 활동에 적용할 수 있는 내용으로 총 5장 14절로 구성되었다. 대통령 훈령으로 제정된 기본지침은 먼저 포괄적 안보 개념을 '통일 · 외교 · 군사의 전통적 안보뿐만 아니라 정치 · 경제 · 사회 · 환경 등 다양한 분야에 대해 국가 및 국민의 총체적 안위를 확보하려는 확대된 안보 개념'이라고 설명했다.

또한 국가 위기를 "국가 주권 또는 정치 · 경제 · 사회 · 문화 체계 등 국가의 핵심 요소나 가치에 중대한 위해가 가해질 가능성이 있거나, 가해지고 있는 상태"라고 정의했다. 나아가 국가 위기관리란 "국가 위기를 효율적으로 예방 · 대비하고 대응 · 복구하기 위해 국가가 자원을 기획 · 조직 · 집행 · 조정 · 통제하는 제반 활동"이라고 규정했다.

박근혜 정부 시절에는 재난 상황 발생 시 신속한 대응과 위기관리 매뉴얼의 현장 작동을 위하여 요약본 성격인 「기관별 재난대응 수칙」 작성 지침을 마련하여 각 기관에 통보하였으며, 이후 행동 매뉴얼에 대응 프로세스(징후 감지, 초기대응, 비상 대응, 수습 복구) 위주로 작성되도록 재난 유형별 행동 매뉴얼 작성 기준을 마련하고 일제 정비를 하였다.

또한 문재인 정부 출범 이후 강화된 재난관리 체계(BH 컨트롤 타워 역할)와 선제적 재난관리를 위한 위기 징후 · 경보 제도개선 및 안전 취약계층 보호 방안, 외국인 사상사 통보 절차 마련 등 국민 눈높이에 맞는 재난관리 제도개선 사항을 반영하여 매뉴얼을 전면 개정하였다.

한편, 새로운 유형의 재난 발생으로 2011년 9월 '인접 국가 방사능 누출', 2012년 9월 '대형 화산폭발', 동년 11월 'GPS 전파 · 혼신' 및 2013년 2월 '우주전파 재난' 매뉴얼을 신규로 작성하였다.

2.2. 매뉴얼 체계 및 현황

매뉴얼은 위기관리 표준 매뉴얼, 위기 대응 실무 매뉴얼, 그리고 현장 조치 행동 매뉴얼로 구분하여 재난관리책임기관의 장이 해당 매뉴얼을 작성 · 운용한다.

재난관리책임기관이란 재난관리 업무를 하는 기관으로 중앙행정기관, 지방자치단체, 지방행정기관 · 공공기관 · 공공단체(공공기관 및 공공단체의 지부 등 지방조직을 포함한다) 및 재난관리의 대상이 되는 중요시설의 관리기관 등으로서 대통령령으로 정하는 기관이다(법 제3조 5호).

재난 및 안전관리 기본법 위기관리 매뉴얼과 관련된 조항은 제9조에서 제13조, 제34조의5로 구성되어 있고, 세부 내용은 아래와 같다.

〈표 3.2〉 위기관리 매뉴얼 관련 조항

조 항	내 용	비 고
제9조 (국가 위기관리 매뉴얼 작성 · 운용)	① 위기 유형에 따라 위기관리 매뉴얼을 작성 · 운용	주관기관의 장
	② 안보 분야 위기관리 매뉴얼 작성운용 기준 수립 · 통보	국가안보실장→주관기관의 장
	③ 재난분야 위기관리 매뉴얼 작성 · 운용 기준 수립(국가안보실 사전협의)	행안부 장관→주관기관의 장
	④ 매뉴얼 정기 점검 및 지속 보완 · 발전	주관기관의 장
제10조 (위기관리 표준 매뉴얼)	① 범정부 차원의 관리가 필요한 국가 위기 대응 지침, 부처 · 기관별 위기 대응 실무 매뉴얼 작성 기준이 됨	
	② 위기 유형 징후관리와 경보, 예방 · 대비 · 대응 · 복구 활동 방향, 위기관리 업무수행 체계, 부처 · 기관별 임무와 역할, 협조 관계 포함	
	③ 주관기관의 장이 작성, 안보 분야는 국가안보실장, 재난분야는 행안부 장관의 승인을 받아 확정(행안부 승인 전 국가안보실 사전협의)	
제11조 (위기 대응 실무 매뉴얼)	① 위기 발생 시 실제 적용하고 시행하는 조치 사항과 절차를 수록한 문서	
	② 위기 상황을 상정하고 이에 따른 상황인지 및 보고 · 전파, 상황분석 · 평가 · 판단, 조치 사항 등 위기 대응을 위한 절차 · 기준 · 요령과 각종 양식, 보도자료 또는 담화문 예문 등 포함	
	③ 소관 분야 주관기관의 장과 유관기관의 장이 작성 · 운용, 주관기관의 장은 소관 분야 실무 매뉴얼을 조정 · 승인하고 지도 · 관리해야 함	
	④ 필요할 경우 표준 매뉴얼에 통합하여 작성할 수 있음	
	⑤ 소관 분야 실무 매뉴얼 제정 및 개정 시 안보 분야는 국가안보실장, 재난분야는 행안부 장관에 통보해야 함	

조 항	내 용	비 고
제11조 (위기 대응 실무 매뉴얼)	⑥ 재난관리 주관 및 유관기관의 장은 소관 분야 관련된 다중이용시설의 위기 상황 매뉴얼 작성 · 관리 지도	
제12조 (현장 조치 행동 매뉴얼)	① 위기 발생 시 위기 현장에서 임무를 직접 수행하는 기관의 행동 조치 절차를 구체적으로 수록한 문서	
	② 위기 발생 시 현장 임무 수행기관의 구체적인 임무와 행동 절차 · 안전 수칙 · 장비 보유 현황 및 관련기관 연락처 등 포함	
	③ 실무 매뉴얼 작성 기관의 장이 지정한 기관의 장이 작성 · 운용, 주관기관의 장은 소관 분야 행동 매뉴얼을 조정 · 승인 및 지도 · 관리해야 함	
	④ 주관기관의 장과 유관기관의 장은 필요시 행동 매뉴얼을 실무 매뉴얼에 통합하여 작성할 수 있음	
제13조 (주요 상황 대응매뉴얼)	① 국가 차원 위기는 아니지만 범정부적 대응 필요한 사안의 대응 방향과 절차, 관련 부처의 조치 사항 등을 수록한 문서	
	② 상황 대응 체계, 상황 전파 · 협조 · 대응 활동 · 사후관리 등의 세부 활동 내용, 관련 기관의 임무와 역할 등이 사항을 규정함	
	③ 대응매뉴얼 작성 기관의 장은 매뉴얼 제 · 개정 시 주관기관의 장의 승인을 얻어야 하며, 국가안보실 또는 대통령비서실 및 유관기관 등에 통보해야 함	
제34조의5 (재난분야 위기관리 매뉴얼 작성 · 운용)	① 위기관리 매뉴얼 작성 · 운용 1. 위기관리 표준 매뉴얼 2. 위기 대응 실무 매뉴얼 3. 현장 조치 행동 매뉴얼	재난관리책임기관장 재난관리주관기관장 재난관리주관기관 · 관계기관장 실무 매뉴얼 작성 기관이 지정한 기관의 장
	② 매뉴얼 작성 및 운용 기준 통보	행정안전부 장관
	③ 표준 매뉴얼 승인 및 실무 매뉴얼 연계 운용	재난관리주관기관장
	④ 표준 매뉴얼 및 실무 매뉴얼 정기 점검	재난관리주관기관장
	⑤ 매뉴얼의 표준화 및 실효성 제고를 위해 위기관리 매뉴얼 협의회 구성 · 운영할 수 있음	행정안전부 장관
	⑥ 소관 분야 실무 및 행동 매뉴얼을 조정 · 승인하고 지도 · 관리 해야 하며, 소관 분야 매뉴얼의 제 · 개정 시 행안부 장관에게 통보해야 함	재난관리주관기관장

조 항	내 용	비 고
제34조의5 (재난분야 위기관리 매뉴얼 작성 · 운용)	⑦ 시군구에서 작성한 행동 매뉴얼은 시도의 승인을 받아야 함, 시도에서는 행동 매뉴얼 승인 시 재난관리주관기관에서 작성한 실무 매뉴얼과 연계되도록 해야 함, 승인 결과는 재난관리 주관기관 및 행정안전부에 보고하여야 함	시도지사
	⑧ 매뉴얼의 체계적인 운용을 위해 관리시스템을 구축 · 운영 할 수 있음	행정안전부 장관
	⑨ 매뉴얼 표준안을 연구 · 개발하여 보급할 수 있음 1. 재난 유형별 국민 행동 요령 표준화 2. 재난 유형별 예방 · 대비 · 대응 · 복구 단계별 조치 사항 3. 재난 현장 대응과 협력절차 4. 안전 취약 계층 특성 5. 그밖에 매뉴얼 개선 · 보완 필요 사항	행정안전부 장관
	⑩ 위기관리 매뉴얼 작성 · 운용 실태를 정기 점검해야 함, 필요시 이를 시정 · 보완하기 위해 매뉴얼 작성 · 운용기관에 권고, 권고받은 기관은 특별한 사유 없으면 따라야 함	행정안전부 장관

(1) 위기관리 표준 매뉴얼

국가적 차원에서 관리가 필요한 재난에 대하여 재난관리 체계와 관련 기관의 임무와 역할을 규정한 문서이다. 이 표준 매뉴얼은 위기 대응 실무 매뉴얼의 작성 기준이 된다. 작성 주체는 재난관리주관기관의 장이다.

재난관리주관기관이란 재난이나 그 밖에 각종 사고에 대하여 그 유형별로 예방 · 대비 · 대응 · 복구 등의 업무를 주관하여 수행하도록 대통령령으로 정하는 관계 중앙행정기관을 말한다(법 제3조 5의2).

표준 매뉴얼은 위기관리 매뉴얼 중 최상위 문서로서, 해당 재난 유형에 대하여 용어의 정의 등 일반적인 사항과 재난관리 체계, 관계기관의 임무와 역할, 중대본 가동 체계 등을 규정하고 있다.

표준 매뉴얼에서는 어떤 재난에 대해서 누가 매뉴얼을 사용하고 위기는 어떻게 판별하는지 등 기본 사항을 규정하고 있다. 구체적으로 설명하면, 매뉴얼이 다루는 재난과 매뉴얼의 적용을 받는 기관의 범위를 정하고 관련 용어를 명확히 정의하며 재난이 야기하는 위기의 유형과 위기의 발생을 알릴 수 있도록 위기 경보 체계를 규정한다.

표준 매뉴얼은 해당 재난 유형에 대해 어떻게 관리할 것인지 기본 방향과 위기관리 체계를 규정하고 있으며, 예방 · 대비 · 대응 · 복구의 단계로 구분하여 위기관리 활동을 수록하고 있다. 각각 단계에 대해서 조치해야 할 세부 활동 내용이 포함되고, 관련된 기관들이 무엇을 해야 하는지 임무 및 역할을 부여하고 있다. 중앙재난안전대책본부(이하 중대본) 가동에 대비하여 중대본 즉시 가동을 위한 준비 사항을 기재하고 중대본이 가동됐을 때의 본부장 역할에 관해서도 기술하고 있다.

〈표 3.3〉 재난 유형별 위기관리 매뉴얼 수('25.5.8. 기준)

재난 유형	종류 / 주관기관	총 계	표준	실무	행동
합 계		10,598	82	487	10,029
자연재난(소계)		4,070	15	167	3,888
1.풍수해	행안부	751	1	26	724
2.지진	행안부	949	1	24	924
3.화산	행안부	329	1	16	312
4.조류대발생(적조)	해수부	77	1	1	75
5.가뭄	행안부	359	1	5	353
6.조수	해수부	65	1	11	53
7.우주전파 재난	과기정통부,우주항공청	8	1	6	1
8.조류대발생(녹조)	환경부	74	1	1	72
9.산사태	산림청	383	1	15	367
10.낙뢰	행안부	288	1	15	272
11.한파	행안부	333	1	18	314
12.폭염	행안부	371	1	17	353
13.자연우주물체의 추락 · 충돌	과기정통부,우주항공청	55	1	9	45
14.황사	환경부	26	1	2	23
15.해파리 대량발생	해수부	2	1	1	0
사회재난(소계)		6,528	67	320	6,141
1.산불 재난	산림청	285	1	9	275
2.화학사고 재난	환경부	296	1	12	283
3.환경오염 재난	환경부	263	1	6	256

재난 유형	종류 주관기관	총 계	표준	실무	행동
4.해양오염 재난	해수부,해경청	117	1	5	111
5.공동구 재난	국토부 등	77	1	10	66
6.댐 재난	산업부,환경부	213	1	6	206
7.철도 재난	국토부	248	1	10	237
8.소방대상물 화재 재난	행안부,소방청	365	1	12	352
9.인접국가 방사능 재난	원안회	35	1	11	23
10.해양 재난	해수부	163	1	11	151
11.사업장 재난	고용부	293	1	5	287
12.건축물 붕괴 재난	국토부	308	1	11	296
13.법무시설 재난	법무부	271	1	10	261
14.가축전염병 재난	농식품부	220	1	11	208
15.감염병 재난	복지부,질병청	292	1	17	274
16.방송통신 재난	과기정통부	175	1	9	165
17.방사능 재난	원안위	95	1	16	78
18.전기 재난	산업부	551	1	7	543
19.에너지 수급 재난	산업부	9	1	7	1
20.수도 · 먹는 물 재난	환경부	211	1	5	205
21.GPS 전파 혼신 재난	과기정통부	10	1	6	3
22.체육시설 재난	문체부	6	1	1	4
23.공연장 재난	문체부	161	1	7	153
24.미세먼지 재난	환경부	262	1	9	252
25.정부청사 재난	행안부 등	28	1	23	4
26.도로 재난	국토부	200	1	1	198
27.항공기 재난	국토부	166	1	0	165
28.가스 재난	산업부	207	1	0	206
29.유 · 도선 재난	행안부	77	1	6	70
30.위험물 재난	행안부,소방청	35	1	0	34
31.저수지 재난	농식품부	296	1	1	294
32.국가유산 재난	국가유산청	1	1	0	0
33.교육시설 재난	교육부	1	1	0	0
34.국방 · 군사시설 재난	국방부	1	1	0	0
35.인공우주물체 재난	과기정통부, 우주항공청	1	1	0	0
36.어린이집 재난	교육부	1	1	0	0
37.연구실 재난	과기정통부	1	1	0	0

재난 유형	종류	총 계	표준	실무	행동
	주관기관				
38.승강기 재난	행안부	1	1	0	0
39.행정정보시스템 재난	행안부 등	30	1	29	0
40.다중운집인파 재난	행안부, 경찰청	1	1	0	0
41.야영장 재난	문체부	1	1	0	0
42.테마파크시설 재난	문체부	1	1	0	0
43.농축산물시설 재난	농식품부	1	1	0	0
44.석유시설 재난	산업부	1	1	0	0
45.대규모점포 재난	산업부	1	1	0	0
46.제품 재난	산업부	1	1	0	0
47.사회복지시설 재난	복지부	2	1	1	0
48.의료기관 재난	복지부	2	1	0	1
49.생활화학제품 · 살생물제 재난	환경부	1	1	0	0
50.공항 재난	국토부	4	1	3	0
51.물류시설 재난	국토부	1	1	0	0
52.수산물시설 재난	해수부	1	1	0	0
53.항만 재난	해수부	1	1	0	0
54.해수욕장 재난	해수부	1	1	0	0
55.전통시장 재난	중기부	1	1	0	0
56.청소년복지시설 재난	여가부	1	1	0	0
57.청소년수련시설 재난	여가부	1	1	0	0
58.금융기관 재난	금융위	1	1	0	0
59.사방시설 재난	산림청	1	1	0	0
60.국가핵심기반의 마비 (에너지 분야)	산업부	2	1	1	0
61.국가핵심기반 마비 (교통수송 육상□항공 분야)	국토부,해수부	243	1	13	229
62.국가핵심기반 마비 (교통수송 항만 분야)	해수부	1	1	0	0
63.국가핵심기반 마비(금융 분야)	금융위	5	1	4	0
64.국가핵심기반의 마비 (공공금융 분야)	기재부	1	1	0	0
65.국가핵심기반 마비 (보건의료 분야)	복지부	258	1	7	250
66.국가핵심기반 마비 (환경 분야)	환경부	1	1	0	0

재난 유형	종류 주관기관	총 계	표준	실무	행동
67.국가핵심기반 마비 (먹는 물 및 수도 분야)	환경부	1	1	0	0
사회재난분야 공통기능		19		19	

(2) 위기 대응 실무 매뉴얼

위기관리 표준 매뉴얼에서 규정하는 기능과 역할에 따라 실제 재난 대응에 필요한 조치 사항 및 절차를 규정한 문서로 재난관리기관의 장과 관계기관이 장이 작성한다. 표준 매뉴얼 24개 외에 표준 매뉴얼에는 없으나 실무 매뉴얼로 작성 · 관리하는 매뉴얼로서 주요 상황 대응 매뉴얼이 있다.

이는 국가위기관리지침에 의하면 국가 차원의 위기로 취급해야 할 사안은 아니나, 범정부적 대응이 필요한 사안에 대해 대응 방향과 절차, 관련 부처의 조치 사항 등을 수록한 문서이다. 주요 상황 대응 매뉴얼은 상황 대응 체계, 상황 전파 · 협조 · 대응 활동 · 사후관리 등의 세부 활동 내용, 관련 기관의 임무와 역할 등에 관한 사항을 규정한다.

(3) 현장 조치 행동 매뉴얼

재난 현장에서 임무를 직접 수행하는 기관의 행동 조치를 구체적으로 수록한 문서이다. 실무 매뉴얼은 위기 대응 실무 매뉴얼을 작성한 기관의 장이 지정한 기관의 장이 작성한다. 다만, 시장 · 군수 · 구청장은 재난 유형별 현장 조치 행동 매뉴얼을 통합하여 작성할 수 있다.

이는 기초지방자치단체는 수많은 재난 유형에 대하여 행동 매뉴얼을 갖고 있어야 하는데 이를 한 데 묶어서 작성 · 관리하는 것이 더욱 효과적이기 때문에 이러한 규정을 둔 것이다.

3. 매뉴얼 관리와 작성

3.1. 매뉴얼의 관리

위기관리 매뉴얼을 작성 · 운용하기 위해서는 매뉴얼과 관련된 전반적인 업무 파악이 필요하며, 매뉴얼 업무는 크게 다섯 분야로 매뉴얼의 작성, 승인, 점검, 관리, 활용으로 구분할 수 있다. 위기관리 매뉴얼의 업무체계와 절차는 아래 그림과 같다.

〈그림 3.1〉 위기관리 매뉴얼 업무체계도

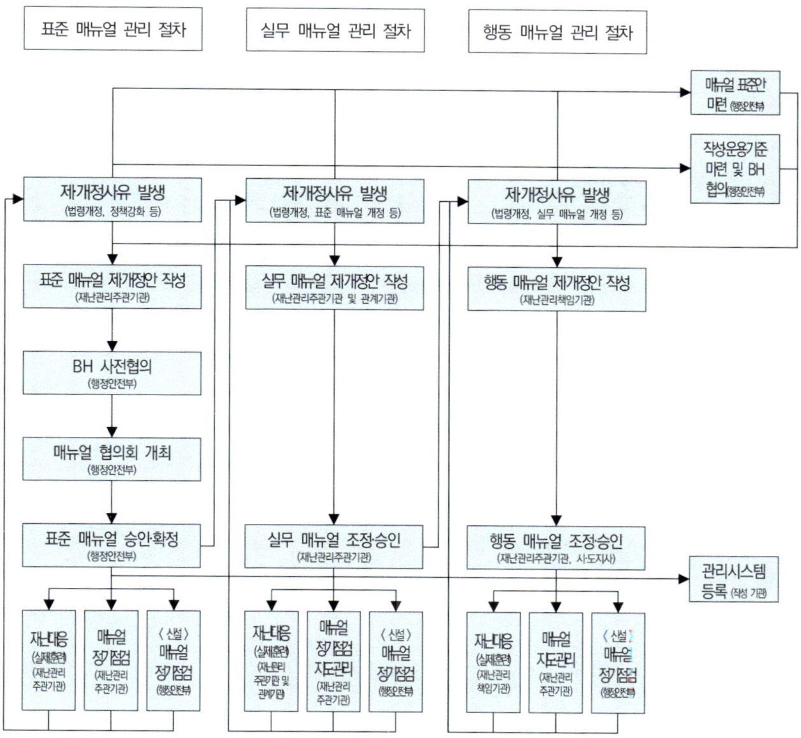

3.2. 기관별 업무

우선 기관별 역할을 소개하면 행정안전부 재난대응정책과에서는 재난분야 위기관리 매뉴얼에 관한 정책을 총괄한다. 따라서 매뉴얼 작성 기준 표준안 배포, 매뉴얼 점검계획 수립, 매뉴얼 담당자 교육 실시, 매뉴얼협의회 개최 등을 수행한다.

행정안전부의 승인부서(자연재난, 지진 방재, 기후재난, 사회재난, 산업교통, 보건, 환경 등 해당 부서)에서는 82개 재난 유형의 표준 매뉴얼에 대한 승인을 담당하고 있으며 이를 위해 청와대 국가안보실과 매뉴얼협의회에 표준 매뉴얼 제 · 개정(안) 검토를 요청하고 최종 승인을 통보하는 역할을 담당한다.

각 부처에서는 재난 및 안전관리 기본법 시행령 별표 1의 3(재난 및 사고유형별 재난관리 주관기관)에 명시되어 있는 소관 재난 매뉴얼의 점검계획 수립, 매뉴얼 통계 취합 · 작성, 실무 · 행동 매뉴얼 승인을 담당하고 있다.

지자체의 경우 시 · 도에서는 시 · 군 · 구 매뉴얼의 작성, 통계 현황, 승인, 점검 등을 담당하고 있으며, 총괄 업무를 담당하는 부서와 소관 재난 유형을 담당하는 부서가 구분되어 있다.

3.3. 매뉴얼 작성

매뉴얼의 작성과 관련해서 행정안전부에서는 매뉴얼 작성 기준 표준안을 표준 · 실무 · 행동 매뉴얼별로 작성하여 해당 기관에 배포하였으며, 매뉴얼 작성 기준에 맞게 작성되었는지는 매뉴얼 정기 점검 및 중앙 합동점검을 통해 확인하고 있다.

매뉴얼의 제정 및 개정은 우선 표준매뉴얼이 제 · 개정되면, 이를 활용하여 실무 매뉴얼 작성 기관으로 지정된 관계기관에서 실무 매뉴얼을 작성한다.

실무 매뉴얼은 표준 매뉴얼 제 · 개정을 통보받고 10일 이내에 작성하여 표준 매뉴얼 작성 기관에 승인요청을 하고, 승인 이후에는 행동 매뉴얼 작성 기관에 실무 매뉴얼 제 · 개정을 통보해야 한다. 행동 매뉴얼은 지자체와 공공기관, 중앙부처 산하기관 및 소속기관에서 작성하고 있으며, 실제 재난 현장에서의 대응과 협업 지원을 위해 작성한다.

3.4. 매뉴얼 승인

매뉴얼의 승인은 매뉴얼이 각 기관에서 실정에 맞게 작성되어 활용이 가능한지 사전에 검토하고 중앙부처의 매뉴얼 변경 사항이 재난 현장을 담당하는 지자체까지 잘 전달이 되어 있는지 확인하는 절차이다. 매뉴얼의 승인요청 및 승인은 공문으로 처리하고 있으며, 매뉴얼 승인이 완료된 경우 NDMS 매뉴얼 시스템에 파일을 업로드하여 관리하여야 한다.

3.5. 매뉴얼 점검

매뉴얼의 점검은 연간 2회(6월, 12월) 실시하며, 이 기간 동안 재난관리주관기관 및 지자체, 공공기관에서 작성 · 보유하고 있는 소관 매뉴얼 점검을 한 뒤 행정안전부로 자체 점검 결과를 보고한다. 매뉴얼의 작성 및 관리 실태를 조사하기 위해 행정안전부에서는 중앙부처, 지자체, 민간 전문가와 함께 매뉴얼 중앙 합동점검을 실시한다.

3.6. 매뉴얼 관리

모든 재난관리 매뉴얼 작성 기관에서는 매뉴얼을 상시 현행화(비상 연락망, 부서 개편 등 반영)하여 비상 상황 시 매뉴얼 활용에 문제가 없도록 사전에 대비해야 한다. 이를 위해 관계부서 및 유관기관과 사전 업무협조를 통해 기관별 임무와 역할을 공유하고 매뉴얼에 이를 반영하는 관리가 필요하다. 행정안전부에서는 정기적으로 매뉴얼 워크숍을 통해 우수사례를 발굴하고 매뉴얼 우수기관 및 담당자에게 포상을 수여하여 담당자의 적극적인 참여를 지원하고 있다.

3.7. 매뉴얼 활용

매뉴얼의 활용은 실제 재난 대응에 비상 기구 편제, 협업 기관 비상 연락 등 재난 대응조직을 긴급히 설치하고 운영하는 데 활용할 수 있으며, 행동 매뉴얼은 구체적인 현장 업무 처리 절차를, 매뉴얼을 통해 대처하도록 하고 있다.

매뉴얼 적용의 기본원칙을 준수해야 하지만 재난 상황은 때와 장소, 재난 유형 등 수많은 변수가 있으므로 탄력적으로 재난에 대비하되 적극적으로 대응한다.

가급적 재난이 발생하면 위기 경보 수준의 심각 단계로 대응하되 이후 상황에 따라 경계, 주의 등 위기경보 수준을 적절히 조절하여 대응한다.

4. 매뉴얼의 정비 및 훈련

4.1. 매뉴얼의 정비

매뉴얼은 재난 상황에 탄력적으로 대응하기 위하여 재난 환경의 변화, 조직 구조의 재설계 등을 수시로 반영하여 현실에 맞는 완성도 높은 매뉴얼로 정비되어야 하며, 이에 아래와 같이 매뉴얼 정비의 기본 원칙을 따라야 한다.

첫째, 표준 · 실무 · 행동 매뉴얼 간 연계성(수직적, 수평적)을 고려하여 작성한다. 표준 매뉴얼의 정비가 이뤄지면 이에 따라 실무 매뉴얼도 정비하고 필요한 경우 행동 매뉴얼의 내용을 보완하거나 새롭게 작성할 수도 있다.

둘째, 변화되는 재난 유형과 현장에 맞도록 매뉴얼을 작성 관리한다. 조직의 변화나 상위 매뉴얼의 변화를 반영하여 매뉴얼 개선과 추가가 이뤄진다.

셋째, 상위 매뉴얼에 규정하지 않은 사항이나 유관기관 임무 역할 등을 규정할 때는 반드시 사전협의 절차를 준수하여야 한다.

넷째, 모호(다수, 대규모, 심각한 등)하거나 형식적, 포괄적 표현을 지양하고 구체적이고 명확한 표현을 사용하고 매뉴얼 간 용어를 통일한다.

4.2. 매뉴얼 숙달 훈련

매뉴얼 숙달 훈련은 현행 매뉴얼을 전체적으로 조망하여 생생한 현실성 점검과 표준 · 실무 · 행동 매뉴얼의 적정성 및 연계성을 점검하여 훈련 실효성을 제고하려는 방법이다. 훈련 체계는 행정안전부, 주관기관, 유관기관의 합동 훈련 체계로서 아래와 같이 진행한다.

〈그림 3.2〉 매뉴얼 숙달 훈련 흐름도

사전점검회의 (1차)	⇨ 사전점검회의 (2차)	⇨ 사전점검회의 (3차)	⇨ 훈련 실시	⇨ 피드백
목적, 방향 등 기본 사항 제시	훈련기관의 계획 등 발표 및 토론	구체적 훈련 방안 토론	토론 및 개선 방안 제시	매뉴얼 개정
훈련 20일 전	훈련 10일 전	훈련 5일 전	D-Day	훈련 후 15일 이내

※ 3차 사전 점검회의로 준비 실태가 부실한 경우, 필요시 추가 점검회의 실시

이러한 훈련은 관계기관이 모두 참여하여 매뉴얼에서 기관별로 규정한 임무와 역할을 숙지하고 토론을 통해 매뉴얼을 보다 현장감 있게 개선하는 것이다.

5. 위기관리 매뉴얼

재난분야 위기관리 매뉴얼 재난 상황의 때와 장소, 재난 유형 등 수많은 변수가 있으므로 탄력적으로 재난에 대비하되, 재난이 발생하면 위기 경보단계를 가급적이면 심각 수준으로 대응하고 이후 상황에 따라 경계, 주의 등 위기경보 수준을 적절히 조절하여 대응하여야 한다고 앞서 언급하였다.

이를 위하여 매뉴얼은 다음과 같은 6가지 원칙을 바탕으로 작성되어야 한다.

① 보편성 : 누구라도 바로 실행할 수 있어야 한다.

② 평이성 : 읽어서 금방 이해할 수 있어야 한다.

③ 타당성 : 누구나 동의할 수 있고 이해할 수 있어야 한다.

④ 명확성 : MUST와 MUST NOT을 명확하게 나타낼 수 있어야 한다.

⑤ 실체성 : 구체적인 사례 연구를 넣어 이해를 도울 수 있어야 한다.

⑥ 친근성 : 간결한 표현, 보기 쉬운 레이아웃으로 편집한다.

이를 위한 주의 사항은 다음과 같다.

첫째, 표준 · 실무 · 행동 매뉴얼 간의 연계 체계를 확보한다. 수직적(상 · 하위 매뉴얼 간), 수평적(부처별 실무 또는 행동 매뉴얼 간) 연계 체계를 확보(용어 통일, 보고 · 전파 등 초기 대응, 임무 및 역할, 현장 조치 등)하고, 실무 매뉴얼의 중요사항, 연락처는 표준 매뉴얼과 서로 연계하여 작성한다.

둘째, 여건 변화를 반영하여 매뉴얼 작성 · 관리한다. 재난 및 안전관리 기본법, 국가위기관리기본지침(대통령 훈령 제388호)」 등 법 및 지침에 규정된 용어와 정의(임무) 등 우선 적용하고, 재난관리 보고 및 상황 전파체계를 명확화한 종합 체계도를 작성한다. 위기 경보 수준은 대비 및 대응 단계에 사용하고 기관별 임무와 역할을 작성한다. 위기 경보 발령은 상황의 전개 속도, 파급효과 등을 고려하여 상황판단 회의(자체 위기평가회의)를 통해 결정하고, 주관기관은 위기 단계 임무와 역할의 규정에도 불구하고 상황판단 회의를 통해 중수본 운영을 탄력적으로 할 수 있다.

셋째, 표준 매뉴얼의 추가 사항을 반영한다. 재난 및 안전관리 기본법 개정 사항을 반영하여 안전 취약계층(어린이, 노인, 장애인 등)별 특성을 고려하여 기관별 임무 · 역할을 작성하고, 행정안전부에 사고수습지원본부 설치 근거 마련하고, 중대본 운영 전에 행정안전부 장관이 수습지원단을 파견하는 내용을 추가한다.

매뉴얼은 모든 상황에 정확히 들어맞게 정해져 있는 것은 아니다. 상황과 여건에 따라 다양하게 응용하여 적용하는 것이다. 따라서 모든 재난관리 담당자는 매뉴얼에 대한 충분한 이해와 숙지를 바탕으로 재난관리를 함에 있어 탄력적으로 대응하여야 한다.

다시 한번 정리하면 2004년 대통령 훈령으로 제정된 국가위기관리기본지침에 근거하여 운용되던 위기관리 매뉴얼은 2018.9.3. 7차 개정(훈령 제388호)으로 재난 및 안전관리 기본법 개정안이 공포됨에 따라 법적인 근거를 갖게 되었다. 매뉴얼은 위기관리 표준 매뉴얼, 위기 대응 실무 매뉴얼, 그리고 현장 조치 행동 매뉴얼로 구분하여 재난관리책임기관의 장이 해당 매뉴얼을 작성하고 운용하고 있다.

매뉴얼은 현실에 맞게 완성도를 높여야 하므로 재난 상황에 탄력적으로 대응하기 위하여 재난 환경의 변화, 조직 구조의 재설계 등을 수시로 반영해야 한다. 또한 매뉴얼 숙달 훈련은 현행 매뉴얼을 전체적으로 조망하여 생생한 현실성 점검과 표준 · 실무 · 행동 매뉴얼의 적정성 및 연계성을 점검하여 훈련 실효성을 제고하려는 방법이다.

5.1. 위기관리 표준 매뉴얼 작성

'국가 위기관리 표준 매뉴얼'은 국가적 차원에서 관리가 필요한 유형별 위기관리 체계 및 관계기관의 임무와 역할을 정립한 문서로서 부처 · 기관별 위기 대응 실무 매뉴얼 작성의 기준이 된다.

국가위기관리기본지침 및 국가 위기관리 매뉴얼인 '표준 매뉴얼', '실무 매뉴얼', '행동 매뉴얼'은 국가 위기를 효율적으로 관리하기 위해 분야별 · 기관별 위기관리 활동의 방향과 기준을 제시하는 위기관리 기본문서이다.

참고로 '국가 위기 대응 실무 매뉴얼'은 위기 발생 시 관련된 주관 · 관계 · 실무기관이 위기관리 표준 매뉴얼에 규정된 기능과 역할에 따라 실제 적용하고 시행해야 할 조치 사항 및 절차를 수록한 문서이며 '현장 조치 행동 매뉴얼'은 위기 발생 시 위기 현장에서 임무를 수행하는 기관의 행동 조치 절차를 구체적으로 수록한 문서이다.

국가 차원의 관리가 필요한 위기에 대해 관계기관의 임무 등을 수록, 주관기관 및 관계기관 등의 위기 대응 실무 매뉴얼의 작성 기준이 되며 위기 유형에 대한 예방 · 대비 · 대응 · 복구 활동의 방향, 범정부 차원의 종합 관리체계 등을 포함하고 있으며 표준 매뉴얼은 지속적인 연습 및 훈련을 통해 수정, 보완 및 개선이 필요하다.

(1) 표준 매뉴얼 작성 기본원칙

① 위기 유형별로 위기관리 주관기관에 작성 책임이 있다.

② 주관기관이 먼저 표준 매뉴얼을 작성하고 이를 기준으로 관계기관이 실무 매뉴얼을 작성한다.

③ 주관기관은 표준 매뉴얼 작성 시 관계기관과 반드시 협의토록 한다.

④ 주관기관은 위기별로 발생할 수 있는 다양한 형태의 상황을 도출한다.

⑤ 조치 사항 및 절차는 현실적이고 실제적으로 상세히 작성한다.

⑥ 작성 과정 중 조정이 필요한 사항은 행정안전부와 협의 · 조정한다.

⑦ 문서의 동질성 유지를 위해 편집 용지, 제목 서체, 내용 서체, 줄 간격, 문단 간격 등을 통일한다.

(2) 표준 매뉴얼 작성 지침

① 표준 · 실무 · 행동 매뉴얼의 연계 체계를 확보한다.

② 용어 통일, 보고 · 전파 등 초기대응, 임무와 역할, 현장 조치 등 수직적(상 · 하위 매뉴얼 간), 수평적(부처별 실무 또는 행동 매뉴얼 간) 연계 체계를 확보한다.

② 실무 매뉴얼의 중요사항, 연락처는 표준 매뉴얼과 서로 병행하여 작성한다.

③ 변화되는 재난 유형에 맞도록 매뉴얼을 작성하고 관리한다. 최근 재난 형태가 기상이변, 사회구조의 복잡화 등으로 점점 다양화되고 있어 재난 유형에 상응한 대응이 점점 중요하게 되었다. 변화된 재난 환경에 신속하게 대응하기 위해 인접 국가 방사능 누출, 대형 화산폭발, GPS 전파 혼신, 우주전파 재난 등 새로운 재난 유형에 대한 실무, 행동 매뉴얼 작성을 확대해 나가야 한다.

④ 매뉴얼 적용의 기본원칙을 준수한다.

5.2. 위기관리 표준 매뉴얼 구성

위기관리 표준 매뉴얼의 구성은 아래 표와 같다.

〈표 3.6〉 위기관리 표준 매뉴얼 구성

<table>
<tr><th>구성</th><th colspan="2">주요 내용</th></tr>
<tr><td>Ⅰ. 일반 사항</td><td>1. 목적
2. 적용범위</td><td>3. 관련 법규
4. 용어 정의</td></tr>
<tr><td>Ⅱ. 재난 유형과 관리 체계</td><td>1. 재난 유형
2. 전개 양상</td><td>3. 위기관리 체계
가. 종합체계도
나. 위기관리 기구의 임무와 역할
다. 중앙사고수습본부(또는 중대본)</td></tr>
<tr><td>Ⅲ. 위기관리 기본 방향</td><td>1. 목 표
2. 방 침
3. 위기 징후 감시
가. 위기 징후 목록
나. 위기 징후 감시체계와 운용</td><td>4. 위기 평가
5. 위기 경보와 경보발령
가. 위기 경보 수준
나. 위기 경보 절차
6. 비상근무 체계</td></tr>
<tr><td rowspan="4">Ⅳ. 위기관리 단계별 위기관리 활동</td><td>1. 예방(위기 발생 이전)</td><td>가. 중점 추진 사항
나. 세부 활동 내용
다. 기관별 임무와 역할
라. 기관별 관리 대상 지역 · 시설 목록</td></tr>
<tr><td>2. 대비(위기 임박 단계)</td><td>가. 중점 추진 사항
나. 세부 활동 내용
다. 위기 경보 수준별 기관별 임무와 역할
(돌발형: 관심–주의–경계 / 완만형: 관심–주의)</td></tr>
<tr><td>3. 대응(위기 발생 및 지속 단계)</td><td>가. 중점 추진 사항
나. 세부 활동 내용
다. 위기 경보 수준별 기관별 임무와 역할
(돌발형: 심각 / 완만형: 경계–심각)
라. 협업 기능별 활동 내용
마. 재난 현장 대응 · 수습 표준체계</td></tr>
<tr><td>4. 복구(위기 발생 이후 단계)</td><td>가. 중점 추진 사항
나. 세부 활동 내용
다. 기관별 임무와 역할</td></tr>
<tr><td colspan="3">Ⅴ. 중앙사고수습본부(또는 중대본) 즉시 가동 준비 사항 및 본부장 역할</td></tr>
<tr><td colspan="3">Ⅵ. 기관 대응 수칙</td></tr>
</table>

구성	주요 내용
Ⅶ. 부록	1. 사 례 2. 재난방송 관련 위기 상황 전파체계 3. 영상회의 시스템 4. 언론홍보 위기관리 커뮤니케이션 매뉴얼 5. 외국인 사상자 관련 주한 공관 상황 전달 체계 6. 중앙수습지원단의 표준편제와 임무 7. 위기 대응 실무 매뉴얼 작성 기관 8. 유관기관 등 비상 연락망 9. 국민행동요령(안전 취약계층 포함)

6. 위기관리 실무 매뉴얼

실무 매뉴얼은 표준 매뉴얼의 하위문서로서 관련 기관들이 표준 매뉴얼에 명시한 책임과 역할을 하는 데 필요한 조치와 절차 등이 구체적으로 작성되어 있다.

또한, 표준 매뉴얼의 대비 단계와 대응 단계에 초점이 맞춰져 있으며, 재난이 발생하기 전에 위기를 판별하고 적절한 조치를 하기 위해 위기 경보 수준별로 기관의 조치 사항을 기술하고 있다.

위기의 징후를 판별할 수 있도록 주의, 경계 등 위기 경보 수준에 따라 일어날 상황에 대해 가상의 시나리오가 구성되고, 위기 징후 식별(상황접수)부터 보고 및 전파, 위기 수준 평가, 위기 경보발령, 조치까지 시간대별 조치 사항이 기술되어 있으며, 조치 사항에 대해서는 부서별로 임무와 역할을 부여하여 신속히 작동할 수 있도록 하고 있다

재난이 발생한 후, 대응 단계에서는 위기 경보가 아닌 위기 형태에 대해서 기관이 즉시 적용해야 할 조치 사항이 수록되어 있다. 실무 매뉴얼은 해당 위기를 판별할 수 있도록 상황을 예시로 들고 이에 대한 조치 사항 및 부서별 임무를 기술하는데, 조치 사항은 위기 상황접수 및 보고, 초동 – 대응 – 후속 조치로 구분하여 기재하는 것이 특징이다.

6.1. 위기관리 실무 매뉴얼 작성

국가 위기 대응 실무 매뉴얼은 대통령 훈령 제318호인 국가 위기관리 기본지침에 근거한다.

국가적인 위기를 발생시킬 수 있는 징후가 포착되거나 국가 위기가 발생했을 때를 상정한 대응 위주의 매뉴얼이다. 위기 상황 발생 시 각급 정부 기관이 즉각적으로 적용할 수 있도록

조치 사항과 절차가 수록된 매뉴얼이다. 이 또한 연습 및 훈련을 통해 수시 수정, 보완 및 개선이 필요하다.

실무 매뉴얼 작성 기본원칙은 다음과 같다.

첫째, 위기 유형별로 위기관리 주관기관에 작성 책임이 있다.

둘째, 표준 매뉴얼을 기준으로 실무 매뉴얼을 작성한다.

셋째, 실무 매뉴얼 작성 시 관계기관과 반드시 협의토록 한다.

넷째, 위기별로 발생할 수 있는 다양한 형태의 상황을 도출한다.

다섯째, 조치 사항 및 절차는 현실적이고 실제적으로 상세히 작성한다.

여섯째, 작성 과정 중 조정이 필요한 사항은 주관기관 및 행정안전부와 협의 · 조정한다.

일곱째, 문서의 동질성 유지를 위해 편집 용지, 제목 서체, 내용 서체, 줄 · 문단 간격 등을 통일한다.

〈표 3.7〉 위기관리 실무 매뉴얼 구성

구 성	주요 내용	
표지 등	1. 표지 2. 위기 대응 실무 매뉴얼의 목적 & 적용 기본원칙	3. 제 · 개정 이력 4. 목차
Ⅰ. 일반 사항	1. 목적 2. 적용 범위	3. 관련 법규 4. 용어 정의
Ⅱ. 위기 형태와 관리 체계	1. 위기 형태 2. 전개 양상	3. 위기관리 체계
Ⅲ. 위기관리 기본 방향	1. 목표 2. 방침 3. 위기 대응 지침 및 판단 고려 요소 4. 위기 징후 감시	5. 위기 평가 6. 위기 경보와 경보발령 7. 비상근무 체계
Ⅳ. 위기 경보 수준별 조치 사항	1. 관심 2. 주의	3. 경계 4. 심각

Ⅴ. 재난 상황별 조치 내용 및 절차	1. 발생 상황(Ⅰ)	2. 발생 상황(Ⅱ)
Ⅵ. 기관 대응 수칙	1. 재난관리 체계도 및 절차도 2. 우리기관 ○○재난 대응 프로세스 3. 우리기관 부서별 협업기능	4. 관계기관 주요 임무 5. 비상 연락망
Ⅶ. 부록	현장 조치 행동 매뉴얼 작성 기관 등	

7. 현장 조치 행동 매뉴얼

현장 조치 행동 매뉴얼은 위기 대응 실무 매뉴얼의 하부문서로 위기관리 문서체계의 최하위 문서이며 위기 현장에서 임무를 직접 수행하는 기관의 행동 조치 절차를 구체적으로 수록한 행동 절차서이며 예상치 못한 유사 위기 상황 발생 시에도 준용할 수 있는 매뉴얼이다.

'징후 감지'부터 '수습 · 복구'까지 일련의 과정에 대한 핵심 업무를 알고리즘 형태로 기재하여 재난 대응 절차도를 작성하고 이에 따라 지휘부와 대응 부서의 임무와 역할이 기술되어 있으며, 살아있는 문서로서 평소 교육, 연습 · 훈련, 평가를 통해 수시 수정 · 보완과 개선이 필요하다.

7.1. 현장 조치 행동 매뉴얼 작성

현장 조치 행동 매뉴얼은 재난이 발생했을 때 현장에 투입되는 부서가 수행해야 할 조치 목록과 조치 내용, 부서의 임무와 역할 등이 작성한다. 재난 현장에서 직접 임무를 수행하는 지방자치단체, 지방행정기관, 공공기관, 공공단체(공공기관 및 공공단체의 지부 등 지방조직 포함)가 작성한다.

행동 매뉴얼에서 가장 중요한 것은 재난 현장에서 원활히 작동하는 것으로 중점을 둔 것은 크게 두 가지로, 첫 번째는 일련의 재난 대응 단계(징후감지-초기 대응-비상 대응-수습 · 복구)에 대하여 지휘부와 대응 부서 임무 · 역할을 명확히 기재하는 것이며 두 번째는 13가지 협업 기능에 따라 책임 부서를 지정하고, 유관기관의 협업업무를 구체적으로 기재하여 협업체계를 작성한다.

현장 조치 행동 매뉴얼 작성 기본원칙은 다음과 같다.

첫째, 유형별로 위기 대응 실무 매뉴얼에 임무와 역할이 부여된 모든 실무기관[58]이 작성한다.

둘째, 상위 기관의 위기 대응 실무 매뉴얼에 부응하도록 작성하며 위기 발생 시 즉각 적용될 수 있도록 임무와 행동 절차 · 안전 수칙 · 장비 보유 현황 및 관련기관 연락처 등을 구체적으로 기술한다.

셋째, 유형별 주관 · 관계기관은 산하 실무기관의 매뉴얼 작성을 지도하고 매뉴얼 작성 과정에서 조정이 필요한 사항은 주관기관 및 행정안전부와 협의한다.

넷째, 문서의 동질성 유지를 위해 편집 용지, 제목 서체, 내용 서체, 줄 간격, 문단 간격 등을 통일한다.

〈표 3.8〉 현장 조치 행동 매뉴얼 구성(지자체)

구 성	주요 내용	
Ⅰ. 일반 사항	1. 목적 2. 적용 범위	3. 관련 법규 4. 용어 정의
Ⅱ. 위기 형태와 관리 체계	1. 위기 형태 2. 전개 양상 3. 위기관리 체계	4. 비상 연락망 5. 위기 경보수준
Ⅲ. 재난 대응 절차 및 프로세스	1. 재난 대응 절차도 2. 재난 대응 단계	3. 재난 대응 프로세스
Ⅳ. 재난 대응 단계별 행동 요령	1. 징후감지 2. 초기 대응	3. 비상 대응 4. 수습복구
Ⅴ. ○○시 협업체계	1. 부서별 협업 기능	2. 재난 대응 단계별 협업 활동
Ⅶ. 부록		

58 위기관리의 대상이 되는 기능 · 시설을 직접 관리하거나 그 지역을 관할하는 지방자치단체 그리고 각 공공기관 및 단체

제4편

위기관리자 역할과 책무

1. 위기관리자의 역할(나 어떻게 해)

위기관리자는 위기 상황에서 조직을 보호하는 PR[59] 전문가다. 위기관리자의 업무는 위기 징후를 감지하는 데서 시작한다. 위기 대응 메시지를 만들고, 악성루머에 대응하는 일은 위기관리자의 핵심 업무다. 또한 위기 상황이 종결된 이후에 위기에 따른 피해를 벗어나는 회복 프로그램을 가동시키는 것을 잊어서는 안 된다. 위기관리자의 업무 자질로는 정보 수집, 분석과 판단 능력 그리고 균형감 등이 중요하다. 인성 면에서 인내심, 진정성, 회복 탄력성 등을 갖춰야 한다.

기업이나 정부, 공공기관, 병원, 학교, 군 등 우리 사회에 존재하는 조직에 위기가 닥쳤을 때 가장 필요로 하는 직업이 위기관리자다. 왜냐하면 위기 상황을 신속히 해결하여 위기로 인한 피해 상황을 최소화해야 하기 때문이다. 위기로 인한 피해는 인명, 재산과 같은 유형적인 것과 평판, 이미지 등을 훼손하는 무형적인 것이 있다.

위기 상황에서 탈출하여 새로운 기회로 전환해야 한다. 위기를 넘어서지 못하면 위기 속에 파묻혀 조직의 존재가 사라지기 때문이다. 실체가 위기를 불러오지만, 위기를 바라보는 공중의 인식에 따라 위기가 커질 수도 있고 작아질 수도 있다. 즉, 위기의 심각성과 위기가 미치는 파장은 위기를 바라보는 사람들의 생각과 태도에 따라서 달라질 수 있다는 것이다. PR 전문가로서 위기관리자의 역할이 중요한 이유가 여기에 있다.

오늘날 위기로부터 자유로울 수 있는 조직은 없다. 현실적으로 위기에 직면하여 심각한 유

59 PR는 개인과 개인, 개인과 조직, 조직과 조직, 국가와 국가 등 이해 주체 간 소통을 가능하게 한다. 오늘날 PR 분야는 각종 이해관계가 복잡해지고, 돌발적인 위기 상황이 일어날 가능성이 커지면서 인기 있는 직업군으로 부상했다. 자신의 메시지를 효과적으로 전달하고, 위기를 대외적으로 통제하고, 이해관계자와 메시지를 주고받는 과정을 통해 상대에게 자신의 입장을 알려 설득하거나 자신의 이미지를 높이는 것이 PR인의 역할이다. PR은 언론 관계 전문가, 위기관리자, 마케팅 PR인, 온라인 · SNS PR인, 정책 홍보인 등 작업이다.

무형의 손실을 초래하고 있는 조직이 쉼 없이 나오고 있으므로 위기를 어떻게 관리하느냐는 조직 운영의 성패와 직결된다.

위기는 다양한 모습으로 나타난다. 2013년 포스코에너지의 한 임원이 항공기 내에서 라면 서비스와 관련하여 승무원에게 비인격적 언행을 표출해 기업 전체가 비판받는 평판 위기가 촉발되었다. 또한 갑을관계의 관행이란 이름으로 잘못된 업무 방식이 쌓여 남양유업 사태로 폭발되면서 관계사가 사회적 비난을 받았다. 아시아나 항공기가 미국 샌프란시스코 공항에 착륙하는 과정에서 인명피해를 동반한 큰 사고를 일으키면서 이 항공사는 안전 비행에 의문을 제기 받았다. 위기관리자는 이러한 위기상황에서 조직을 보호하는 역할을 한다.

아시아나항공 샌프란시스코 사고 사례를 통한 위기관리자의 역할 (나 어떻게 해?)

1. 서론

현대 사회에서 항공산업은 국가 간 인적·물적 교류의 핵심 수단으로 자리 잡고 있으며, 이에 따라 항공안전에 대한 사회적 관심은 점차 고조되고 있다. 특히 항공사고는 다수의 인명피해와 직결되며, 동시에 항공사의 신뢰와 생존을 위협하는 위기 상황으로 비화될 수 있다. 이에 따라 조직 내 위기관리자의 전문성과 대응 능력은 기업의 위기 극복 여부를 결정짓는 핵심 변수로 작용한다. 2013년 미국 샌프란시스코에서 발생한 아시아나항공 214편 착륙 사고를 사례로 하여, 위기 발생 시 위기관리자의 역할과 책임을 다시한번 검토하고자 한다.

2. 아시아나항공 214편 사고 개요

2013년 7월 6일, 인천국제공항을 출발한 아시아나항공 214편(보잉 777-200ER)은 미국 샌프란시스코국제공항에 착륙 도중 활주로 진입각 및 속도 부족으로 인해 활주로 앞 방파제에 충돌하였다. 이 사고로 탑승자 307명 중 3명이 사망하고 약 180여 명이 부상을 입는 등 심각한 인명피해가 발생하였다. 미국 국가교통안전위원회(NTSB)의 조사 결과, 이 사고는 조종사의 착오, 자동 속도제어장치(Auto Throttle) 운용 미숙, 그리고 불충분한 훈련 체계 등 복합적 요인이 작용한 것으로 분석되었다. 해당 사고는 기술적 요인을 넘어 조직의 안전문화, 위기대응 능력, 대외 커뮤니케이션 전략 등 전반적인 위기관리 시스템에 대한 신뢰성 문제를 제기하였으며, 아시아나항공은 안전 중심 경영에 대한 외부의 비판에 직면하게 되었다.

3. 위기관리자의 역할

3.1. 위기 초기 대응

위기관리자는 사고 발생 직후 가장 먼저 상황을 총괄하는 지휘자로서의 역할을 수행한다. 우선 사고 사실 확인과 동시에 조직의 위기관리 매뉴얼을 가동하고, 긴급대응팀을 조직하여 구조, 의료, 정보, 커뮤니케이션 등을 분담시켜야 한다. 아시아나항공 사고 당시에는 미국 내 현장 대응과 함께 본사 차원의 위기관리 대응 체계 가동이 병행되어야 했다. 승객 및 승무원의 구조, 부상자 의료 이송, 유가족 통보 및 보호 등이 시급한 과제로 제기되었으며, 위기관리자는 이 모든 과정을 실시간으로 조율해야 한다.

3.2. 대내외 커뮤니케이션 조정

위기 상황에서 정보의 정확성과 투명성은 조직의 신뢰 회복을 위한 핵심 요소이다. 위기관리자는 언론, 정부기관, 피해자 및 유가족, 일반 국민 등 다양한 이해관계자에게 일관되고 책임 있는 메시지를 전달해야 한다. 아시아나항공의 경우, 사고 초기 언론 대응이 미흡했다는 평가를 받았으며, 사고 경위와 구조 진행 상황에 대한 설명 부족은 비판 여론을 증폭시키는 요인이 되었다. 따라서 위기관리자는 정확한 사실 기반의 공식 브리핑과 지속적인 언론 소통을 통해 불확실성을 최소화하고, 루머 확산을 차단해야 한다.

3.3. 조직 회복 및 사후관리

위기의 종료는 단지 물리적 사고의 정리만을 의미하지 않는다. 위기관리자는 조직의 평판과 시스템 회복을 위한 후속 조치를 기획하고 추진해야 한다. 구체적으로는, 원인 규명에 대한 철저한 조사 협조, 피해자에 대한 합리적 보상과 사과, 재발방지를 위한 시스템 개선과 교육 강화가 포함된다. 특히 항공사와 같은 고위험 조직에서는 조종사 훈련 체계, 비상 대응 훈련, 장비 점검 프로토콜 등 운영 전반에 대한 진단이 병행되어야 하며, 위기관리자는 이 모든 개혁의 실행력을 확보해야 한다.

4. 결론

아시아나항공 샌프란시스코 사고는 단일 항공사고를 넘어 기업의 위기대응 체계 전반을 시험한 사건이었다. 위기관리자는 단순한 사고대응자가 아닌, 조직의 생존을 설계하는 전략적 리더로 기능해야 한다. 사고 발생 직후의 혼란을 최소화하고, 대외 신뢰를 회복하며, 장기적 조직개혁까지 주도하는 일련의 과정은 모두 위기관리자의 판단력과 리더십에 의해 좌우된다. 따라서 모든 고위험 조직은 평상시 위기관리 체계를 정비하고, 위기관리자의 전문성을 지속적으로 강화해야 한다. 이러한 준비와 역량이 조직을 위기에서 구하고, 사회적 책임을 다하는 기반이 될 것이다.

위기는 조직의 일상 업무를 뒤흔들어 정상적으로 처리할 수 없게 만드는 특징이 있다. 또한 기업과 같은 조직이 주요 공중인 소비자, 투자자, 언론 등과 기존에 맺어 왔던 우호적인 관계를 훼손시킬 수도 있다. 미래 경영 활동에 지장을 초래하는 것은 물론이다. 이처럼 위기는 조직의 이미지에 부정적 영향을 주어 경영상 손실을 초래하고 이해관계자들과 일상적 관계 유지를 방해해 조직의 활동 반경과 역량을 현저히 약화시킨다.

위기가 발생했을 때는 전문가의 도움으로 위기 상황을 진화하는 것이 필수다. 앞에서 언급한 위기상황의 하나인 샌프란시스코 공항에서 아시아나 항공기 착륙 사고에 대해 미국 월스트리트저널은 이러한 위기관리 전문가의 역할을 강조했다.

> "대형 미국 항공사들은 위기 대응 계획과 전임 위기관리팀이 있으며 직원들을 항상 준비시키기 위해 훈련을 한다. 대형 공항 또한 훈련을 실시하고 항공사도 참여한다.
> 항공사들은 직원들에게 위기 지원과 상담 훈련을 제공하고 외부 위기 PR 전문가를 고용해 사건, 사고가 일어났을 때 커뮤니케이션 지원을 받는다"(WSJ, 2013. 7. 10)

특히, 재난관리에 있어 공무원을 특정하여 무엇을 어떻게 하라는 규정은 없다. 다만 간접적으로 전체 공무원에 대하여 헌법 제7조 1항에서는 "공무원은 국민 전체에 대한 봉사자이며, 국민에 대하여 책임을 진다."라고 규정하고 있다. 재난에 있어서도 마찬가지로 공무원은 국민에 대한 봉사와 책임을 진다. 국민의 생명과 재산의 보호가 공직자의 일차적 사명이다. 한편 재난 및 안전관리 기본법에서도 제4조에서 국가와 지방자치단체의 책무를 통해 간접적으로 이 기관을 구성하는 공무원에 대하여 재난관리 책임을 제시하고 있다.

우선, 재난이나 그 밖의 각종 사고로부터 국민의 생명 · 신체 및 재산을 보호할 책무를 진다. 또한 재난이나 그 밖의 각종 사고를 예방하고 피해를 줄이기 위하여 노력하여야 한다. 그리고 발생한 피해를 신속히 대응 · 복구하기 위한 계획을 수립 · 시행하여야 한다.

또한 재난관리책임기관의 장의 업무를 특정하여 그 책임의 내용을 제시하고 있는데 "소관 업무와 관련된 안전관리에 관한 계획을 수립하고 시행하여야 하며, 그 소재지를 관할하는 특별시 · 광역시 · 특별자치시 · 도 · 특별자치도와 시 · 군 · 구의 재난 및 안전관리 업무에 협조하여야 한다."라고 하여 재난발생에 대비하고 있다.

이같이 법적으로 직 · 간접적으로 정해진 책임 외에 재난에 대비하여 기본적으로 공무원은 국민에 대한 봉사자로서의 소양을 갖고 아울러 재난관리 능력을 함양시키려는 노력을 기울여야 한다.

청주 오송 궁평2 지하차도 사고로 본
위기관리자의 역할 (나 어떻게 해?)

1. 서론

2023년 7월 15일 충청북도 청주시 오송읍의 궁평 2지하차도에서 폭우로 인해 침수되어 14명이 사망하고 차량 17대가 고립됐고 그 중에는 승객과 운전자를 합쳐 9명이 탑승하고 있었으며 시내버스도 1대 포함되는 등 최소 23명이 사고를 당했다. 다수의 인명 피해를 야기하며 대한민국 사회에 큰 충격을 주었으며 이 사고는 단순한 자연재해가 아닌, 재난 관리 시스템의 총체적인 부실을 보여주는 대표적인 사례로 평가받고 있다. 특히, 사고 발생 전 인근 미호강 제방 붕괴 위험에 대한 경고가 있었음에도 불구하고 적절한 조치가 이루어지지 않았다는 점, 유관기관 간의 정보 공유 및 협력 체계가 미비했다는 점 등은 위기관리자의 역할과 책임에 대한 심각한 의문을 제기했다. 위기관리자가 재난 상황에서 어떠한 역할을 수행해야 하는지, 그리고 현재의 위기관리 시스템이 지니는 문제점을 파악하고자 한다.

2. 위기관리의 개념 및 단계

위기관리(Crisis Management)는 예측 불가능하거나 예상치 못한 위협적인 사건이 발생했을 때, 조직 또는 사회가 입을 수 있는 피해를 최소화하고, 신속하게 회복하며, 위기를 통해 교훈을 얻는 일련의 과정이다. 위기관리는 일반적으로 다음과 같은 세 가지 단계로 구분된다.

2.1. 위기 전 단계 (Pre-crisis Phase): 위기 발생 가능성을 예측하고 예방하기 위한 단계이다. 위험 평가, 위기 시나리오 개발, 위기관리 계획 수립, 비상 훈련 실시, 정보 시스템 구축 등이 포함된다. 이 단계에서는 잠재적 위험 요소를 식별하고, 이를 완화하기 위한 선제적인 조치가 매우 중요하다.

2.2. 위기 중 단계 (Crisis Response Phase): 위기가 실제로 발생했을 때 피해를 최소화하고 상황을 통제하기 위한 단계이다. 신속한 상황 파악, 의사결정, 정보 공유, 자원 동원, 긴급 구조 및 복구 작업 등이 이루어진다. 이 단계에서는 정확하고 신속한 정보 전달과 유관기관 간의 긴밀한 협력이 필수적이다.

2.3. 위기 후 단계 (Post-crisis Phase): 위기가 진정된 후 피해를 복구하고 재발 방지를 위한 개선책을 마련하는 단계이다. 피해 조사 및 분석, 복구 및 재건, 심리 지원, 위기관리 계획 평가 및 수정, 정책 개선 등이 포함된다. 이 단계에서는 위기로부터 교훈을 얻어 시스템을 개선하는 학습 과정이 중요하다.

3. 청주 오송 궁평2 지하차도 사례 분석: 위기관리 각 단계별 실패 요인

3.1. 위기 전 단계의 실패: 예방 및 대비의 미흡

3.1.1. 위험 예측 및 경고 무시: 사고 발생 전 미호강의 수위 상승과 제방 붕괴 위험에 대한 경고가 여러 차례 있었음에도 불구하고, 관련 기관들은 이를 심각하게 받아들이지 않았거나 적절한 조치를 취하지 않았다. 특히, 제방 붕괴 위험에도 불구하고 통제되지 않은 지하차도는 명백한 관리 부실을 보여준다.

3.1.2. 위기관리 계획 및 훈련 부족: 지하차도와 같이 침수 위험이 상존하는 시설에 대한 구체적인 비상 대피 계획이나 침수 예방 조치, 그리고 이에 대한 실제적인 훈련이 미비했던 것으로 파악된다.

3.1.3. 책임 주체 불명확성: 하천 관리 주체와 도로 관리 주체 간의 책임 범위가 명확하지 않아, 위험 상황 발생 시 즉각적인 협업 및 조치에 혼선이 발생했다.

3.2. 위기 중 단계의 실패: 초기 대응 및 협력 부재

3.2.1. 신속한 상황 파악 및 전파 실패: 미호강 제방 붕괴 이후 지하차도 침수까지 시간이 있었음에도 불구하고, 해당 지역의 위험 상황이 신속하게 파악되어 전파되지 못했다. 이는 골든타임을 놓치게 되는 결정적인 원인이 되었다.

3.2.2. 유관기관 간 소통 및 협력 부재: 충청북도, 청주시, 흥덕구청, 금강유역환경청, 경찰, 소방 등 다양한 유관기관들이 각자의 정보를 독립적으로 관리하고 공유하지 않아, 통합적인 상황 인식이 불가능했다. 특히, 교통 통제 필요성에 대한 정보 공유 및 즉각적인 조치가 이루어지지 않았다.

3.2.3. 의사결정 지연 및 혼선: 책임 소재를 미루거나 적절한 의사결정이 지연되면서, 침수 직전까지도 지하차도에 대한 교통 통제가 이루어지지 않는 상황이 발생했다.

3.3. 위기 후 단계의 실패: 책임 공방 및 시스템 개선 미흡

3.3.1. 책임 공방 및 진상 규명 지연: 사고 발생 이후 기관 간 책임 공방이 이어지면서 명확한 진상 규명과 책임자 처벌이 지연되었다. 이는 국민들의 불신을 심화시켰다.

3.3.2. 실효성 있는 재발 방지 대책 미흡: 사고 원인에 대한 분석을 바탕으로 한 근본적인 시스템 개선보다는 단편적인 대책 마련에 그치는 경향이 있었다.

4. 청주 오송 궁평2 지하차도 사례를 통해 본 위기관리자의 핵심 역할

4.1. 선제적 위험 예측 및 예방

4.1.1. 위험 요소 상시 모니터링 및 평가: 기후변화로 인한 극한 강우 등 잠재적 위험 요소를 상시적으로 모니터링하고 평가하여, 특정 시설이나 지역의 취약성을 사전에 파악해야 한다.

4.1.2. 비상 계획 및 매뉴얼의 구체화 및 실효성 확보: 예상 가능한 모든 시나리오에 대비한 구체적인 비상 계획을 수립하고, 정기적인 훈련을 통해 실효성을 확보해야 한다. 특히, 유관기관별 역할과 책임, 협력 방안을 명확히 제시해야 한다.

4.1.3. 책임 주체의 명확화 및 협업 시스템 구축: 유사 재난 발생 시 혼선을 줄이기 위해 하천, 도로, 방재 등 관련 기관 간의 명확한 역할 분담과 상시적인 협력 체계를 구축해야 한다.

4.2. 신속하고 정확한 상황 판단 및 초기 대응

4.2.1. 실시간 정보 공유 시스템 구축: CCTV, IoT 센서 등을 활용하여 위험 지역의 상황을 실시간으로 감지하고, 이를 유관기관 간 즉시 공유할 수 있는 통합 정보 시스템을 구축해야 한다.

4.2.2. 신속한 의사결정 및 전파: 위험 상황 발생 시 책임자가 신속하게 상황을 판단하고, 즉각적인 통제 및 대피 명령을 내릴 수 있는 권한과 시스템을 갖춰야 한다. 동시에, 이 정보가 관련 기관 및 시민에게 신속하게 전파될 수 있어야 한다.

4.2.3. 골든타임 내 현장 통제 및 대피 유도: 재난 발생 시 골든타임을 놓치지 않고 현장을 통제하고, 인명 피해를 최소화하기 위한 신속한 대피 유도 및 구조 작업이 이루어져야 한다.

4.3. 통합적이고 체계적인 위기 커뮤니케이션

4.3.1. 유관기관 간 통합 지휘 체계 구축: 여러 기관이 관련된 복합 재난 상황에서 단일 지휘 체계를 구축하여 혼선을 방지하고 효율적인 대응을 가능하게 해야 한다.

4.3.2. 대국민 정보 제공 및 소통 강화: 재난 상황 발생 시 정확하고 신뢰성 있는 정보를 투명하게 공개하고, 오보나 불안감을 해소하기 위한 적극적인 소통 노력이 필요하다.

4.3.3. 책임 있는 사후 관리 및 투명한 진상 규명: 사고 발생 이후에는 책임 회피가 아닌, 투명하고 객관적인 진상 규명을 통해 책임 소재를 명확히 하고, 이를 바탕으로 실효성 있는 재발 방지 대책을 마련해야 한다.

5. 결론

청주 오송 궁평2 지하차도 침수 사고는 위기관리의 중요성과 함께 우리 사회의 재난 관리 시스템이 지닌 취약점을 극명하게 보여주었다. 이 사고를 통해 우리는 단순히 재난 발생 후의 수습뿐만 아니라, 재난 발생 전의 선제적 예방 및 대비, 그리고 재난 발생 시의 신속하고 통합적인 초기 대응이 얼마나 중요한지를 다시 한번 깨달아야 한다.

본 사례는 오송 지하차도 사례를 중심으로 위기관리자가 수행해야 할 핵심적인 역할을 선제적 위험 예측 및 예방, 신속하고 정확한 상황 판단 및 초기 대응, 그리고 통합적이고 체계적인 위기 커뮤니케이션으로 제시하였다.

향후 유사 재난을 방지하고 국민의 안전을 확보하기 위해서는 위기관리자는 다음과 같이 해야 한다.

첫째, 재난 위험 지역에 대한 상시적인 정밀 진단 및 관리 시스템을 강화해야 한다. 특히, 기후변화에 따른 극한 강우에 대비하여 지하차도, 하천 제방 등 취약 시설에 대한 점검과 보강을 주기적으로 실시해야 한다.

둘째, 유관기관 간의 칸막이를 없애고 실시간 정보 공유 및 통합 지휘 체계를 구축해야 한다. 재난 정보는 특정 기관의 소유물이 아닌, 모든 국민의 안전을 위한 공공재라는 인식하에 적극적으로 공유되어야 하며, 이를 바탕으로 한 단일 지휘 체계가 확립되어야 한다.

셋째, 위기관리자의 전문성 강화 및 책임 의식을 고취해야 한다. 위기관리 역량을 향상시키기 위한 지속적인 교육과 훈련을 실시하고, 재난 발생 시에는 국민의 생명과 안전을 최우선으로 하는 책임 있는 자세로 임해야 한다.

넷째, 시민들의 재난 대비 역량을 강화하고, 위기 시 행동 요령에 대한 교육 및 홍보를 확대해야 한다. 재난은 언제든 발생할 수 있다는 인식하에 시민 스스로 자신의 안전을 지킬 수 있는 역량을 키우는 것이 중요하다.

오송 지하차도 참사는 우리에게 값비싼 교훈을 주었다. 이 교훈을 바탕으로 더욱 안전하고 강한 찐자 대한민국을 만들어나가기 위해 위기관리 시스템 전반에 대한 깊이 있는 성찰과 혁신적인 개선 노력이 지속적으로 이루어져야 할 것이다.

또한 오송 지하차도 참사는 예견된 위험에 대한 경고 무시, 유관기관 간의 소통 부재, 신속한 초기 대응 실패 등 복합적인 위기관리 시스템의 문제점을 드러냈다. 오송 지하차도 사례를 통해 위기관리자가 재난 발생 전, 중, 후에 수행해야 할 핵심적인 역할을 다시한번 확인하고, 이를 바탕으로 통합적이고 선제적인 위기관리 시스템 구축해야 한다.

공공 메가 프로젝트의 성공적 완수를 위한 위기관리자의 역할 (나 어떻게 해?)

1. 서론

공공 메가 프로젝트는 국가 경제 발전과 사회 인프라 확충에 지대한 영향을 미치는 대규모 사업으로, 막대한 공적 자원과 인력이 투입되며 장기간에 걸쳐 진행된다. 고속철도, 공항, 대규모 발전소, 신도시 개발 등이 1조이상 수조원이 투입되는 사업이 대표적인 예이다. 이러한 프로젝트는 성공 시 사회 전체에 긍정적인 파급 효과를 가져오지만, 실패 시에는 막대한 경제적 손실과 사회적 혼란을 초래할 수 있다.

공공 메가 프로젝트는 본질적으로 높은 수준의 불확실성과 복잡성을 내포한다. 초기 계획 단계에서의 불충분한 정보, 기술적 난이도, 다양한 이해관계자들의 상충되는 요구, 예기치 않은 환경 변화, 그리고 정치·사회적 변동성 등은 프로젝트 전반에 걸쳐 다양한 위기 요인으로 작용한다. 이러한 위기 요인들은 예산 초과, 공기 지연, 품질 저하, 심지어는 프로젝트 중단으로 이어질 수 있으며, 이는 곧 국민 세금 낭비와 사회적 신뢰 저하로 직결된다.

따라서 공공 메가 프로젝트의 성공적인 완수를 위해서는 사업 전 주기에 걸쳐 체계적이고 선제적인 위기관리 노력이 필수적이다. 본 연구는 이러한 맥락에서 위기관리자가 프로젝트의 시작부터 끝까지 어떠한 역할을 수행해야 하는지에 집중한다. 프로젝트의 각 단계별로 위기관리자가 직면할 수 있는 잠재적 위협을 식별하고, 이를 효과적으로 관리하며, 궁극적으로 프로젝트의 목표를 달성하는 데 기여할 수 있는 구체적인 역할과 역량을 제시함으로써 공공 메가 프로젝트의 성공 가능성을 높이는 데 기여하고자 한다.

2. 공공 메가 프로젝트의 특성 및 위기관리

공공 메가 프로젝트의 위기관리를 이해하기 위해서는 먼저 그 특성을 파악하는 것이 중요하다.

2.1. 공공 메가 프로젝트의 특성

2.1.1. 대규모 투자: 수조 원에서 수십조 원에 이르는 막대한 공적 자본이 투입된다.

2.1.2. 장기적인 사업 기간: 수년에서 수십 년에 걸쳐 사업이 진행되며, 이로 인해 예측 불가능한 변수 발생 가능성이 높다.

2.1.3. 복잡한 이해관계자: 정부 부처, 지방자치단체, 지역 주민, 시민단체, 시공사, 금융기관 등 다양한 이해관계자가 얽혀 있어 의견 조율이 어렵다.

2.1.4. 높은 불확실성: 기술적 난이도, 환경 변화, 사회적 수용성, 정치적 변동성 등으로 인해 초기 계획대로 진행되기 어렵다.

2.1.5. 높은 사회적 파급력: 경제적 효과뿐만 아니라 환경, 사회, 문화 등 다방면에 걸쳐 광범위한 영향을 미친다.

2.2. 위기관리의 정의 및 단계

위기관리는 조직이나 시스템이 직면할 수 있는 잠재적 위협을 예측하고, 위협 발생 시 피해를 최소화하며, 위기 이후 빠른 회복을 통해 정상 상태로 복귀하는 일련의 과정이다. 일반적으로 위기관리 단계는 다음과 같이 구분된다.

2.2.1. 사전 예방 및 대비 단계: 잠재적 위협 요소를 식별하고, 위험 평가를 통해 시나리오를 개발하며, 위기관리 계획을 수립하고 훈련을 실시한다.

2.2.2. 위기 대응 단계: 위기 발생 시 신속한 상황 파악, 의사결정, 자원 동원, 긴급 조치 및 소통을 통해 피해를 최소화한다.

2.2.3. 위기 복구 및 학습 단계: 위기 진정 후 피해를 복구하고, 원인을 분석하여 재발 방지 대책을 마련하며, 위기관리 시스템을 개선한다.

공공 메가 프로젝트의 특성을 고려할 때, 위기관리자는 이러한 일반적인 위기관리 단계를 프로젝트의 특성에 맞춰 심층적으로 적용하고 선제적으로 대응해야 한다.

3. 공공 메가 프로젝트 사업 전 주기에 걸친 위기관리자의 역할

공공 메가 프로젝트의 성공적인 완수를 위해서는 위기관리자가 프로젝트의 각 단계별로 다음과 같은 핵심적인 역할을 수행해야 한다.

3.1. 기획 및 타당성 조사 단계: 위협 식별 및 예방 체계 구축

이 단계는 프로젝트의 첫 단추를 꿰는 중요한 시점으로, 위기관리자는 잠재적 위험 요소를 철저히 식별하고 선제적인 예방 체계를 구축해야 한다.

3.1.1. 종합적인 위험 평가 및 분석: 기술적, 경제적, 환경적, 사회적, 정치적 위험 요소를 다각도로 평가하고, 발생 가능성과 파급 효과를 분석하여 우선순위를 설정한다. 특히, 사업 특유의 위험 요인(예: 대심도 터널 공사의 지질 위험, 대규모 매립 사업의 환경 영향 등)을 깊이 있게 분석해야 한다.

3.1.2. 위기관리 계획 및 시나리오 개발: 식별된 위험 요인별로 구체적인 위기관리 계획을 수립하고, 다양한 위기 시나리오(예: 예산 초과, 공기 지연, 주민 반대, 기술적 결함, 자연재해 등)를 설정하여 대응 방안을 마련한다.

3.1.3. 이해관계자 분석 및 참여 유도: 프로젝트에 영향을 받거나 영향을 미칠 수 있는 모든 이해관계자를 식별하고, 그들의 요구사항과 우려사항을 초기 단계부터 파악하여 위기 발생 가능성을 줄인다. 이해관계자 참여를 위한 협의 채널을 구축한다.

3.1.4. 초기 리스크 예비비 산정: 불확실성에 대비하여 초기 단계부터 충분한 리스크 예비비를 예산에 반영하도록 제안하고 그 근거를 마련한다.

3.2. 설계 및 계약 단계: 위험 완화 방안 구체화 및 법적 대비

설계 단계에서는 기획 단계에서 식별된 위험을 최소화할 수 있는 설계 방안을 모색하고, 계약 단계에서는 발생 가능한 위기에 대비한 법적, 제도적 장치를 마련한다.

3.2.1. 위험 완화를 위한 설계 반영: 안전성, 환경 영향, 시공 가능성 등을 고려하여 위험 요소를 최소화할 수 있는 설계를 유도한다. 재난에 취약한 구조물의 경우, 내재적 안전성을 높이는 방안을 설계에 반영하도록 요구한다.

3.2.2. 계약 조건 및 법적 검토: 계약서에 위기 상황 발생 시 책임 소재, 분쟁 해결 절차, 손해 배상 조항 등 위기관리 관련 조항을 명확히 명시하도록 검토한다. 보험 가입을 통해 잠재적 손실을 최소화하는 방안을 모색한다.

3.2.3. 비상 연락망 및 정보 공유 시스템 구축: 프로젝트 참여 기관 및 외부 유관기관 간의 상시적인 비상 연락망을 구축하고, 위기 상황 발생 시 신속하게 정보를 공유할 수 있는 통합 시스템을 마련한다.

3.2.4. 비상 사태 발생 시 인력 및 자원 확보 계획 수립: 긴급 상황에 대비하여 필요한 인력, 장비, 물자 등의 자원을 사전에 확보하거나 확보 계획을 수립한다.

3.3. 시공 단계: 실시간 모니터링 및 즉각적 대응

시공 단계는 실제적인 위기가 발생할 가능성이 가장 높은 단계로, 위기관리자는 실시간 모니터링과 함께 즉각적인 대응 능력을 발휘해야 한다.

3.3.1. 상시적 위험 모니터링 및 재평가: 공사 현장의 안전, 환경, 품질, 공정 진행 상황 등을 실시간으로 모니터링하고, 예측하지 못한 새로운 위험 요인이 발생할 경우 즉시 재평가하여 대응 방안을 업데이트한다.

3.3.2. 신속한 의사결정 및 현장 지휘: 위기 발생 시 현장 책임자와 긴밀히 협력하여 신속하고 정확한 의사결정을 내리고, 필요한 조치를 즉각적으로 지시할 수 있는 권한과 시스템을 갖춰야 한다.

3.3.3. 효과적인 위기 커뮤니케이션: 내부 관계자(시공사, 감리단 등)뿐만 아니라 외부 이해관계자(지역 주민, 언론, 정부 기관 등)에게 투명하고 정확한 정보를 신속하게 제공하여 불필요한 오해나 확산을 방지한다. 언론 대응 매뉴얼을 수립하고 대변인 역할을 수행한다.

3.3.4. 비상 훈련 및 시뮬레이션: 위기관리 계획의 실효성을 검증하고 현장 인력의 대응 능력을 향상시키기 위해 정기적인 비상 훈련 및 시뮬레이션을 실시한다.

3.4. 운영 및 유지보수 단계: 장기적 위험 관리 및 시스템 개선

프로젝트 완공 후 운영 단계에서도 예측하지 못한 위기가 발생할 수 있으므로, 위기관리자는 장기적인 관점에서 위험을 관리하고 시스템 개선에 기여해야 한다.

3.4.1. 운영상의 위험 요소 관리: 시설물 노후화, 유지보수 부족, 시스템 오류 등 운영 단계에서 발생할 수 있는 잠재적 위험 요소를 파악하고, 이를 예방하기 위한 정기적인 점검 및 보수 계획을 수립한다.

3.4.2. 사고 발생 시 복구 및 재발 방지: 만약 사고가 발생할 경우 신속한 복구를 지휘하고, 사고 원인을 철저히 분석하여 재발 방지를 위한 개선책을 마련한다. 이는 운영 매뉴얼 수정, 기술 개선 등으로 이어진다.

3.4.3. 위기관리 시스템 평가 및 개선: 프로젝트 전 주기에 걸쳐 수행된 위기관리 활동을 평가하고, 미흡했던 점을 분석하여 다음 프로젝트에 적용할 수 있는 교훈을 도출한다. 위기관리 매뉴얼과 시스템을 지속적으로 업데이트한다.

3.4.4. 지식 관리 및 데이터 축적: 프로젝트를 통해 얻은 위기관리 경험과 데이터를 체계적으로 축적하고, 이를 향후 유사 프로젝트에 활용할 수 있도록 지식 관리 시스템을 구축한다.

4. 공공 메가 프로젝트 성공을 위한 위기관리자의 핵심 역량 및 제언

위기관리자가 성공적으로 역할을 수행하기 위해서는 다음과 같은 핵심 역량을 갖추고, 이를 지원하는 제도적 기반이 마련되어야 한다.

4.1. 위기관리자의 핵심 역량

4.1.1. 전문성 및 경험: 프로젝트 관리, 안전, 환경, 법률, 커뮤니케이션 등 다방면에 걸친 전문 지식과 실질적인 위기관리 경험을 보유해야 한다.

4.1.2. 리더십 및 의사결정 능력: 불확실하고 긴급한 상황에서 침착하게 판단하고, 신속하고 정확한 의사결정을 내릴 수 있는 강력한 리더십이 요구된다.

4.1.3. 소통 및 협업 능력: 다양한 이해관계자들과 효과적으로 소통하고 협력하여 위기를 해결해 나갈 수 있는 역량이 필수적이다.

4.1.4. 문제 해결 능력 및 유연성: 예측 불가능한 상황에 직면했을 때 창의적이고 유연한 사고로 문제 해결 방안을 모색할 수 있어야 한다.

4.1.5. 윤리 의식 및 책임감: 공공 프로젝트의 특성상 높은 윤리 의식과 국민의 안전을 최우선으로 하는 책임감이 중요하다.

4.2. 성공적 완수를 위한 제언

4.2.1. 독립적인 위기관리 조직 및 전담 인력 확보: 프로젝트 조직 내부에 독립적인 위기관리 부서를 설치하고, 전문성을 갖춘 전담 인력을 배치하여 위기관리의 중요성을 제고해야 한다.

4.2.2. 위기관리자에 대한 권한 및 책임 부여: 위기 발생 시 신속한 대응을 위해 위기관리자에게 충분한 권한을 부여하고, 그에 따른 책임을 명확히 한다.

4.2.3. 정기적인 위기관리 교육 및 훈련 의무화: 프로젝트 참여 인력 전체에 대한 정기적인 위기관리 교육과 실전과 같은 훈련을 의무화하여 실제 위기 상황에서의 대응 능력을 향상시킨다.

4.2.4. 위기관리 성과 평가 및 피드백 시스템 구축: 프로젝트 종료 후 위기관리 활동에 대한 성과를 객관적으로 평가하고, 이를 통해 얻은 교훈을 다음 프로젝트에 반영하는 체계적인 피드백 시스템을 구축해야 한다.

4.2.5. 투명한 정보 공개 및 시민 참여 확대: 공공 프로젝트의 특성상 위기관리 과정과 결과에 대한 투명한 정보 공개를 원칙으로 하고, 시민 사회의 참여를 확대하여 사회적 수용성을 높인다.

5. 결론

공공 메가 프로젝트는 국가의 미래를 결정하는 중요한 사업이지만, 그 본질적인 복잡성과 불확실성으로 인해 다양한 위기 요인에 노출되어 있다. 이러한 위기 요인들은 프로젝트의 성공을 위협하고 막대한 사회적 비용을 초래할 수 있다.

그래사 공공 메가 프로젝트의 성공적인 완수를 위해 위기관리자가 사업 전 주기에 걸쳐 수행해야 할 핵심적인 역할을 기획, 설계, 시공, 운영 단계별로 구체적으로 제시하여야 한다, 즉, 사전 예방 및 대비, 신속하고 정확한 초기 대응, 그리고 장기적인 위험 관리와 시스템 개선이라는 위기관리의 세 가지 축을 프로젝트의 특성과 단계에 맞춰 적용하는 것이 위기관리자의 가장 중요한 역할이다.

궁극적으로, 공공 메가 프로젝트의 성공은 단순히 기술적 완수나 예산 준수를 넘어, 사회적 가치를 실현하고 국민의 신뢰를 얻는 데 있다. 이를 위해서는 위기관리자가 선제적이고 통합적인 시각으로 잠재적 위험을 관리하고, 모든 이해관계자와의 투명하고 효과적인 소통을 통해 위기를 극복해 나가야 한다. 여기서 제시된 위기관리자의 역할과 제언들이 향후 공공 메가 프로젝트의 계획 및 실행에 실질적인 지침이 되어, 더욱 안전하고 효율적인 사업 추진에 기여하기를 기대한다.
또한 공공 메가 프로젝트(Public Mega Project)가 갖는 복잡성, 불확실성, 그리고 막대한 파급력을 고려할 때, 사업 전 주기에 걸쳐 위기관리자의 역할이 프로젝트의 성공적 완수에 결정적인 영향을 미친다는 전제하에 그 핵심 기능을 관리하여야 한다. 공공 메가 프로젝트는 계획, 설계, 시공, 운영 단계에 이르기까지 다양한 이해관계자의 갈등, 예산 초과, 공기 지연, 환경 문제, 사회적 수용성 등의 내외부적 위협에 직면한다. 이에 공공 메가 프로젝트의 각 단계별로 위기관리자가 수행해야 할 구체적인 역할과 역량을 제시하고, 이들을 유기적으로 통합하여 프로젝트의 성공을 이끄는 방안을 만들고 궁극적으로 위기관리자의 선제적이고 통합적인 노력이 공공 메가 프로젝트의 효율성, 투명성, 그리고 사회적 가치 실현에 기여할 수 있다.

부산 가덕도 신공항 건설 중 진도 9.1 지진 및 쓰나미 발생 시 위기관리자의 역할 (나 어떻게 해?)

1. 서론

부산 가덕도 신공항은 동남권 물류 및 여객 허브 구축을 목표로 하는 국가적 메가 프로젝트이다. 해상 매립을 통해 건설되는 이 공항은 국내 최초의 해상공항이자 그 규모 면에서 전례 없는 도전 과제를 안고 있다. 이러한 대규모 공공 프로젝트는 필연적으로 다양한 내외부적 위험에 노출되며, 특히 지리적 위치상 지진 및 쓰나미와 같은 자연재해의 위협에서 자유롭지 않다. 2011년 일본 동일본 대지진(진도 9.1)과 뒤이은 대규모 쓰나미는 인프라 시설에 막대한 피해를 입히며 재난 대응 시스템의 중요성을 일깨웠다. 만약 가덕도 신공항 건설 중에 이와 유사한 규모의 지진과 쓰나미가 발생한다면, 이는 단순한 프로젝트 지연을 넘어 국가적 재앙으로 이어질 수 있다.
따라서 가상 시나리오인 진도 9.1 지진 및 쓰나미 발생 시 가덕도 신공항 건설 프로젝트의 위기관리자가 어떠한 역할을 수행해야 사업을 성공적으로 마무리하고, 장기적인 회복력을 확보할 수 있을지에 대한 심층적인 분석을 목적으로 한다. 이는 재난 상황에서 프로젝트의 안정성과 연속성을 유지하기 위한 구체적인 지침을 제공하고, 향후 유사한 해상 인프라 건설 프로젝트의 위기관리 전략 수립해야 한다.

위치: 부산광역시 강서구 가덕도 일원
면적: 약 666만 9천㎡ (육상부 약 275만㎡, 해상부 약 391만㎡)
사업 기간: 2023년 ~ 2030년 (2029년 12월 개항 목표로 추진)
총사업비: 총합 약 15조 6천억 원 이상이 투입
- 공항 부문: 약 13조 4,913억 원
- 도로 부문: 약 5,209억 원
- 철도 부문: 약 1조 2,748억 원
사업 시행자:
- 공항 부문: 가덕도신공항건설공단
- 도로 부문: 부산지방국토관리청
- 철도 부문: 국가철도공단
공항 수요 전망 (2065년 기준): 국제선 여객 2,326만 명, 국제선 화물 33.5만 톤
- 활주로: 3,500m x 45m, 1본 (CAT-III 등급 적용 예정)
- 유도로: 평행유도로 2본 (3,500m x 23m, 1,400m x 23m), 고속탈출유도로 6개, 직각유도로 4개

2. 가덕도 신공항의 특성 및 극한 재난 시나리오 분석

가덕도 신공항은 그 특성상 극한 재난에 더욱 취약할 수 있으며, 이에 대한 심층적인 이해가 필요하다.

2.1. 가덕도 신공항 프로젝트의 특성

2.1.1. 해상 매립 기반: 연약 지반 위에 대규모 매립이 이루어져 지진 발생 시 액상화 및 지반 침하 위험이 높다.

2.1.2. 지진/쓰나미 취약 지역: 한반도는 상대적으로 지진 안전지대로 인식되어 왔으나, 최근 지진 발생 빈도가 증가하고 있으며, 동해안은 쓰나미 발생 가능성이 존재한다. 특히, 환태평양 조산대와 인접하여 일본에서 발생한 지진의 영향권에 들 가능성을 배제할 수 없다.

2.1.3. 대규모 인력 및 장비 투입: 건설 현장에 수많은 인력과 고가의 장비가 집중되어 있어 인명 및 재산 피해 위험이 크다.

2.1.4. 장기적인 건설 기간: 장기간에 걸쳐 진행되는 사업의 특성상 예측 불가능한 재난 발생 위험이 상시 존재한다.

2.2. 진도 9.1 지진 및 쓰나미 시나리오의 파급 효과 (가상)

2.2.1. 광범위한 구조물 손상: 공항 활주로, 터미널, 관제탑 등 주요 구조물 및 임시 시설물의 심각한 손상 또는 붕괴.

2.2.2. 매립지 액상화 및 침하: 지반의 액상화로 인한 광범위한 침하 및 균열 발생, 매립지 유실.

2.2.3. 인명 피해 및 부상: 건설 인력 및 인근 주민의 대규모 인명 피해 및 부상.

2.2.4. 장비 및 자재 손실: 건설 현장의 중장비, 자재, 운반 선박 등의 파손 및 유실.
2.2.5. 에너지 및 통신 시스템 마비: 전력, 통신, 상하수도 등 핵심 인프라 마비로 인한 현장 통제 및 복구의 어려움.
2.2.6. 사회경제적 혼란: 프로젝트 중단으로 인한 막대한 경제적 손실, 지역 사회의 파닉, 국가적 신뢰도 하락.

3. 극한 재난 시나리오에 대비한 위기관리자의 역할: 사업 전 주기에 걸쳐

가덕도 신공항 건설 중 진도 9.1 지진 및 쓰나미 발생이라는 극한 시나리오에 대비하여 위기관리자는 사업의 시작부터 끝까지 다음과 같은 역할을 수행해야 한다.

3.1. 재난 발생 전 단계: 선제적 예방 및 대비의 극대화

이 단계는 재난 발생 가능성을 최소화하고 피해를 경감하기 위한 가장 중요한 시기이다.

3.1.1. 극한 재난 시뮬레이션 및 위험 평가
- 초정밀 지진 및 쓰나미 시뮬레이션 가덕도 지반 특성 및 해양 환경을 고려하여 진도 9.1 지진 및 동반 쓰나미의 파급 효과를 예측하고, 이를 바탕으로 구조물별, 시설물별 취약점을 정밀 분석한다.
- 최악의 시나리오 기반 계획 수립 단순한 '위험 관리'를 넘어 '재앙 관리' 수준으로 접근하여, 최악의 시나리오를 상정하고 이에 대한 구체적이고 실행 가능한 대응 계획을 수립한다.
- 위험 지도(Hazard Map) 제작 공항 부지 내 위험 구역(예: 액상화 고위험 지역, 침수 예상 지역)을 명확히 표시한 지도를 제작하고, 이를 현장 전 인력에게 숙지시킨다.

3.1.2. 내진 및 내해일 설계 강화
- 설계 기준 상향 조정: 기존 건축 및 토목 설계 기준을 뛰어넘는 최고 수준의 내진(최소 진도 9.0 이상 견딜 수 있는) 및 내해일(예상 최대 쓰나미 높이 + 여유고) 설계를 적용하도록 강력히 요구하고 검증한다.
- 지반 개량 및 구조적 안정성 확보: 매립 지반의 액상화 방지 및 지진 저항성 강화를 위한 최첨단 지반 개량 공법을 적용하고, 이를 정밀하게 관리한다.
- 핵심 시설물 분산 및 보호: 관제탑, 전력 공급 시설, 통신 허브 등 공항 운영의 필수 시설물은 분산 배치하고, 지상으로부터 일정 높이 이상에 설치하며, 극한 재해에도 견딜 수 있는 특수 보호 시설을 구축한다.

3.1.3. 비상 대응 시스템 및 자원 확보
- 재난 대비 특수 자원 비축: 지진 발생 시 필요한 중장비(굴착기, 크레인 등), 응급 의료 장비, 구호 물품, 이동식 발전기, 통신 장비 등을 현장 내 안전한 장소에 충분히 비축한다.
- 독립적 비상 전력 및 통신망 구축: 외부 전력 및 통신망 마비 시에도 자체적으로 운영 가능한 독립적인 비상 전력 시스템과 위성 통신망을 구축하여, 재난 발생 후에도 현장 지휘 및 외부 소통이 가능하도록 한다.
- 신속 대피 및 재난 대응 훈련: 현장 전 인력을 대상으로 지진 및 쓰나미 발생 시 대피 경로, 행동 요령, 초기 구조 활동에 대한 반복적이고 실질적인 훈련을 실시한다. 특히, 고립된 상황에서의 생존 및 구조 역량 강화에 중점을 둔다.

3.1.4. 유관기관 협력 및 정보 공유 체계 구축

- 통합 재난대응 매뉴얼 수립: 부산시, 소방, 경찰, 군, 보건 당국 등 유관기관과 함께 재난 유형별 통합 재난대응 매뉴얼을 수립하고, 기관별 역할을 명확히 한다.
- 상호 협력 및 정보 공유 플랫폼 구축: 평상시에도 정기적인 협의체를 운영하고, 재난 발생 시 실시간으로 정보를 공유하고 의사결정 할 수 있는 전용 통신 및 정보 공유 플랫폼을 구축한다.

3.2. 재난 발생 중 단계: 신속하고 체계적인 초기 대응

재난이 실제로 발생했을 때, 위기관리자는 피해를 최소화하고 효과적인 복구를 위한 기반을 마련해야 한다.

3.2.1. 비상 경보 발령 및 신속한 현장 통제

- 자동 경보 시스템 가동: 지진 및 쓰나미 경보를 자동으로 감지하고 현장 전체에 즉시 경보를 발령하는 시스템을 가동하여 인력 대피를 유도한다.
- 현장 긴급 통제 및 안전 확보: 지진 종료 직후, 현장 위험 구역에 대한 접근을 통제하고, 추가 붕괴 위험이 있는 시설물에 대한 긴급 안전 조치를 취하여 2차 피해를 방지한다.

3.2.2. 인명 구조 및 응급 의료 지원

- 생존자 수색 및 구조 활동 지휘: 사전 훈련된 현장 구조팀을 즉시 투입하여 매몰된 인력 및 부상자 수색 및 구조 활동을 지휘하고, 외부 구조대와의 협력을 조율한다.
- 응급 의료 시스템 가동: 현장에 비치된 응급 의료 장비와 인력을 활용하여 부상자에 대한 응급 처치를 실시하고, 중상자 이송을 위한 외부 의료기관 및 헬기 착륙장과의 연계를 신속히 추진한다.

3.2.3. 상황 파악 및 정보 전파

- 피해 상황 실시간 파악: 드론, 위성 통신, 무선 장비 등을 활용하여 공항 부지 전체의 피해 상황(구조물 손상, 지반 변형, 침수 범위 등)을 실시간으로 파악하고 기록한다.
- 통합 지휘본부 운영: 재난 발생 즉시 통합 지휘본부를 설치하고, 모든 유관기관의 대표자들이 상주하여 신속하고 일관된 의사결정을 내릴 수 있도록 한다.
- 투명하고 신속한 대외 소통: 언론 및 대중에게 정확한 피해 상황과 대응 노력을 투명하고 신속하게 공유하여 불필요한 혼란이나 오보를 방지한다. 생존자 가족 및 관계자들을 위한 정보 제공 채널을 운영한다.

3.2.4. 비상 물자 및 장비 동원

- 비축 물자 즉시 활용: 사전에 비축해 둔 비상 물자 및 장비를 즉시 활용하여 인명 구조 및 현장 응급 조치에 투입한다.
- 외부 자원 요청 및 조달: 필요한 경우 외부 기관(군, 소방청, 민간 구조 단체)에 자원 지원을 요청하고, 신속한 조달 시스템을 가동한다.

3.3. 재난 발생 후 단계: 체계적인 복구, 학습 및 사업 연속성 확보

재난 이후의 복구 단계는 단순히 원상 복구를 넘어, 프로젝트의 회복력을 높이고 미래 재난에 대비하는 학습의 기회로 삼아야 한다.

3.3.1. 피해 조사 및 안전성 정밀 진단

- 전문가 합동 정밀 진단: 지질, 구조, 토목 등 각 분야 전문가로 구성된 합동 조사단을 꾸려 공항 전체 시설물과 지반에 대한 정밀 안전 진단을 실시하고, 복구 우선순위를 설정한다.

- 잔여 위험 요소 제거: 추가 붕괴 위험이 있는 구조물은 즉시 해체하거나 안전 조치를 취하여 2차 피해를 완전히 제거한다.

3.3.2. 복구 계획 수립 및 실행

- 사업 연속성 계획(BCP) 활성화: 사전에 수립된 BCP를 활성화하여, 최단 시간 내에 핵심 기능을 복구하고 사업을 재개할 수 있는 계획을 수립 및 실행한다. 이는 인력 재배치, 자재 조달 경로 확보, 임시 시설 구축 등을 포함한다.
- 복구 자원 확보 및 조달: 복구에 필요한 막대한 자원(예산, 인력, 장비, 자재)을 신속하게 확보하고, 효율적인 조달 시스템을 구축한다. 정부, 국제 기구, 민간 기업과의 협력을 모색한다.
- 복구 과정의 투명성 확보: 복구 진행 상황과 예산 사용 내역을 투명하게 공개하여 국민의 신뢰를 얻고, 불필요한 논란을 방지한다.

3.3.3. 위기관리 시스템 평가 및 개선

- 재난 대응 평가 및 원인 분석: 이번 재난 대응 과정의 성공 요인과 실패 요인을 철저히 분석하고, 발생한 피해의 원인을 과학적으로 규명한다.
- 위기관리 매뉴얼 및 시스템 개선: 평가 결과를 바탕으로 기존 위기관리 매뉴얼 및 시스템을 보완하고, 향후 재난 발생 시 더욱 효과적으로 대응할 수 있도록 개선 방안을 마련한다.
- 지식 관리 및 데이터 축적: 재난 대응 과정에서 얻은 모든 경험과 데이터를 체계적으로 축적하여 '지진 및 쓰나미 대응 백서' 등을 발간하고, 이를 다른 대규모 프로젝트 및 국가 재난 관리 시스템에 공유한다.

3.3.4. 심리적 지원 및 사회적 회복

- 피해 인력 및 가족 심리 지원: 재난을 경험한 현장 인력 및 그 가족들에 대한 심리적 상담 및 지원 프로그램을 운영하여 트라우마를 극복하고 일상으로 복귀할 수 있도록 돕는다.
- 지역 사회와의 소통 및 상생: 재난으로 피해를 입은 지역 주민들과 지속적으로 소통하고, 공항 건설이 지역 사회의 회복과 발전에 기여할 수 있는 방안을 모색한다.

4. 결론

부산 가덕도 신공항 건설 중 진도 9.1 지진 및 쓰나미 발생이라는 가상 시나리오는 우리에게 극한 재난에 대비한 위기관리의 중요성을 극명하게 보여준다. 위기관리자는 단순한 피해 복구를 넘어, 프로젝트의 회복력(Resilience)을 극대화하고 장기적인 관점에서 사업의 연속성을 확보하는 데 핵심적인 역할을 수행해야 한다. 재난 발생 전의 선제적 예방 및 대비, 재난 발생 중의 신속하고 체계적인 초기 대응, 그리고 재난 발생 후의 철저한 복구 및 학습 활동을 위기관리자의 핵심 역할을 하여야 한다. 이러한 역할들을 유기적으로 수행함으로써 가덕도 신공항은 예상치 못한 극한 재난 속에서도 그 건설 목표를 달성하고, 국가적 기반시설로서의 안정성을 확보할 수 있을 것이다.

향후 가덕도 신공항 건설 프로젝트의 성공적인 완수와 국가의 재난 대응 역량 강화를 위해 다음과 같은 5가지를 충실히 해야 한다.

첫째, 상상력의 한계를 넘어서는 극한 재난 시나리오를 바탕으로 위기관리 계획을 수립해야 한다. '설마' 하는 안일한 인식을 버리고, 최악의 상황을 가정하여 대비하는 것이야말로 진정한 위기관리의 시작이다.

둘째, 기술적, 공학적 안전성을 최우선 가치로 두어야 한다. 경제성이나 공기 단축 논리에 앞서 최고 수준의 내진 및 내해일 설계와 시공을 통해 공항의 구조적 안정성을 확보해야 한다.

셋째, 모든 이해관계자가 참여하는 통합적 재난대응 시스템을 구축해야 한다. 정부 부처, 지자체, 시공사, 지역 주민, 그리고 국제 협력 기관에 이르기까지 모든 관계자들이 유기적으로 협력하고 정보를 공유할 수 있는 거버넌스 체계를 마련해야 한다.

넷째, 위기관리자의 전문성과 독립성을 보장하고 충분한 권한을 부여해야 한다. 재난 상황에서 신속하고 효과적인 의사결정을 위해 위기관리자는 형식적인 존재가 아닌, 실질적인 리더십과 권한을 가진 핵심 주체가 되어야 한다.

다섯째, 재난 대응 훈련을 실전처럼 반복하고, 지속적인 학습과 시스템 개선에 힘써야 한다. 이론적인 매뉴얼을 넘어 실제 상황에서 작동하는 훈련을 통해 대응 역량을 강화하고, 경험을 통해 배우고 발전하는 자세가 필요하다.

가덕도 신공항은 대한민국이 직면할 미래의 도전 과제를 상징한다. 이 프로젝트가 성공적으로 완수되기 위해서는 단순히 공항을 짓는 것을 넘어, 어떠한 극한의 위기 속에서도 흔들리지 않는 안전과 회복력을 기반으로 건설되어야 한다. 위기관리자의 헌신적이고 선제적인 역할이 바로 그 핵심이 될 것이다.

또한, 일본 동일본 대지진과 유사한 규모의 진도 9.1 강진 및 쓰나미가 발생한다는 가상 시나리오를 상정하고, 이러한 극한 재난 상황에서 위기관리자가 사업의 연속성을 확보하고 성공적으로 완수하기 위해 수행해야 할 핵심적인 역할을 철저히 분석하여 대비하여야 한다. 가덕도 신공항은 해상 매립을 기반으로 하는 특성과 지진 및 쓰나미 위험에 노출된 환태평양 조산대에 위치한 지리적 특성상, 극단적인 자연재해에 대한 철저한 위기관리 전략이 필수적이다. 이에 재난 발생 전, 중, 후의 사업 전 주기에 걸쳐 위기관리자가 취해야 할 선제적 예방, 신속한 대응, 그리고 체계적인 복구 및 학습 활동을 해야 한다, 가상의 시나리오 지만 이를 통해 공항 건설 프로젝트의 회복력(Resilience)을 극대화하고 국가 기반시설로서의 안정성을 확보하는 방안을 마련해야 한다.

2. 위기관리자의 업무

2.1. 위기관리자의 업무

위기관리자는 어떤 업무를 수행할까?

위기관리자는 우선 위기 징후 감지를 게을리하지 않는다. 위기는 어느 날 갑자기 다가오기보다는 위기의 작은 씨앗이 한 번 두 번 반복되다가 커다란 사고로 나타날 때가 많다. 대형 사고가 발생하기 전에 그와 관련된 수많은 경미한 사고와 징후들이 반드시 존재한다는 것을 밝힌 유명한 하인리히 법칙이 위기관리에 적용된다.

그래서 위기관리 전문가는 조직의 유무형 자산을 침해하는 요인이 어디에 있는지를 모니터링하는 게 첫째 업무다. 모니터링으로 이상 징후가 발견되면 이 징후가 언제, 어디서, 어떻게, 왜 만들어졌는지 그리고 어떻게 발전해 갈 것인지 예측하여 대응 계획을 수립한다.

위기관리자의 모니터링 업무는 신속하지 않으면 의미가 없다. 페이스북, 트위터 등과 같이 SNS로 개인이 무장한 상황에서 모니터링 업무는 실시간 그 자체다.

2013년 6월 초 아침 출근길 직장인이 지하철 이촌역 난간에서 안전 장비 없이 아슬아슬하게 청소하는 환경미화원 사진을 SNS에 올렸다. 그러자 수많은 사람이 염려와 대책 마련을 촉구했다. 이에 코레일과 서울시가 향후 재발 방지를 약속하는 메시지로 신속히 대응하여 논란은 더 이상 번지지 않았다. 이처럼 위기관리자의 모니터링 업무는 24시간 깨어 있는 것을 전제로 한다.

위기관리자의 다음 업무는 정보 분석과 판단이다. 위기 상황에서 위기관리자가 얻은 정보를 분석하고 판단하는 일은 매우 중요하다. 이 판단이 위기의 성격을 규정하는 것은 물론 향후 위기에 대한 대응 방향을 제시해 주기 때문이다. 위기 상황에서 평정심을 유지하며 위기의 속성을 들여다보면서 위기를 돌파해 내는 방향성을 제시하는 것은 위기관리자에게 가장 어려운 일 중 하나다. 위기관리의 성공은 위기 관련 정보 분석과 판단의 성공이라 할 수 있다.

이는 국가 경영에도 필수인데, 미국 대통령 선거 직전인 2012년 10월 29일 허리케인 샌디가 미국 동부지역 22개 주를 강타하여 168명의 사망 · 실종자가 나오고 660억 달러 규모의 재산 피해를 준 상황에 대해 위기관리 전문가 등의 조언을 받은 오바마 대통령이 취한 조치는 참고할 만하다. 오바마 대통령은 허리케인 샌디에 대응하기 위해 대선 유세를 중단하고 국가적 총력 대응을 주장했다. 정치 노선을 떠나 연방정부 차원에서 피해복구에 적극 나서겠다고 하는 등의 노력으로 허리케인 샌디가 집권 대통령인 오바마에게 선거 악재가 될 것이란 예측과는 달리 경합 주들(Swing states)에서 오히려 경쟁자 롬니를 여유 있게 따돌린 선거 결과를 가져왔다. 이는 허리케인 샌디라는 위기에 대한 정보를 종합적으로 분석하여 위기를 기회로 만든 위기 경영의 승리라고 할 수 있다.

위기 대응 메시지를 만드는 일은 위기관리자의 또 다른 주요 업무다. 메시지의 설계와 전파는 PR 업무의 핵심으로서 위기 상황에서는 필요성과 중요성이 더 절박해진다. 두 가지 측면에서다. 하나는 위기 상황에서 메시지 공백을 막는 일이다. 다른 하나는 위기를 진화할 수 있는 적절한 메시지를 전파하는 일이다. 우선 위기 상황에서 메시지 공백이 일어나면 각종 부정적 루머가 퍼트려지면서 위기 상황을 더욱 어렵게 만든다. 특히 언론은 위기가 발생하면 독자와 시청자들이 궁금해하는 사항에 대해 취재 경쟁을 벌이게 되는데 이러한 상황에서 적절한 메시지가 제공되지 않으면 추측 기사가 발생하는 것을 막을 수 없다.

둘째는 위기 원인과 책임성에 적합한 메시지를 설계하는 일이다. 예를 들어 위기의 책임이 자신의 기업에 있는데, 오히려 시민들의 질서 의식이 없어서 위기가 발생한 것처럼 메시지를 구사한다면 이러한 메시지 구사는 호응은커녕 불신을 증폭하는 결과를 가져오게 된다.

이웃 나라 일본의 아소 다로 부총리 겸 재무상이 2013년 7월 말경 일본 개헌 문제를 언급하면서 "바이마르헌법이 나치 헌법으로 변해…그 수법 배우면 어떤가?"라는 망언을 구사했는데, 한국, 중국을 비롯한 세계적인 반발로 3일 만에 메시지를 철회하였다. 이는 어려울수록 신중한 메시지를 구사하는 위기관리자로서 일본이 아니라 위기촉발자의 모습을 드러냈다는 점에서 세계인들에게 일본 불신을 더 하는 계기로 작용할 것으로 보인다.

악성루머 대응은 위기관리자의 업무다. 조직 경영에 해로운 악성루머가 발생했을 때, 대응 수위와 방식을 결정하는 것은 쉬운 일이 아니다. 예를 들어 루머가 소규모 집단에서 막 퍼지기 시작했을 때, 공개적으로 반박하면 자칫 루머를 전국적으로 확대시키는 계기가 될 수 있기 때문이다. 또한 루머가 사실이 아니라는 점을 말할 때 '힘주어서' 아니라고만 말할 게 아니라 사실이 아님을 '근거로' 제시하는 것이 더 설득적이기 때문이다.

SK텔레콤의 2009년 기업 광고 '비비디 바비디 부' 편을 둘러싼 루머 대응은 교훈을 준다. 광고 속에 나오는 '메치카둘라 살라카둘라…'의 노랫말이 있었다. 광고 집행 20여 일이 지난 시점이었다. 고대 히브리어로 된 이 노랫말 뜻이 '어린이를 불태우면 소원이 이뤄진다'라는 악성루머가 인터넷 카페에 등장했다.

SK텔레콤은 즉시 미국에서 고대 히브리어를 공부하고 있는 목사와 이 노랫말 제작사인 디즈니에 의견 조회를 보냈다. 악성루머와 전혀 관련 없다는 회신을 받아 해당 인터넷 사이트에 제시하여 이 루머를 조기에 소멸시켰다. 위기관리자는 회사의 불필요한 노출을 줄이는 대신 제3자인 전문가를 통해 정확한 메시지를 제공하는 전략을 실행에 옮겼다.

위기관리자의 업무는 위기 상황이 종결되었다고 해서 끝나는 것이 아니다. 위기관리자의 마지막 업무는 회복 프로그램을 가동하는 것이다. 위기로 인해 피해를 본 사람들, 위기를 이겨내는 데 도움을 준 관련 기관들, 위기 상황과 직간접으로 관련 있는 내부 조직 구성원들에게 위로와 감사 그리고 위기의 교훈을 공유하는 일이 회복 프로그램의 주요 내용이다. 특히 위기 때문에 침체된 조직 내부 구성원들의 사기를 진작시키고 보다 개방적이고 소통 지향적 조직 문화를 만들어 회복 탄력성을 높이는 일이 중요하다.

2.2. 위기관리자의 주요 업무(재난분야)

재난관리에 있어서 실무자의 책임 부분은 주로 재난 및 안전관리기본법 상의 주요 재난관리 활동에 대한 관련자의 역할을 투영시켜 파악한 결과, 실무자는 각종 재난으로부터 국토를 보전하고 국민의 생명 · 신체 및 재산을 보호하기 위하여 국가와 지방자치단체의 재난 및 안전관리 체제를 확립하고, 재난의 예방 · 대비 · 대응 · 복구와 안전 문화 활동, 그 밖에 재난 및 안전관리에 필요한 사항을 실천하여야 한다.

재난을 예방하고 재난이 발생한 경우 그 피해를 최소화하는 것이 기본적 의무임을 확인하고, 모든 공무원이 국민의 생명 및 신체의 안전과 재산보호에 관련된 행위를 할 때는 안전을 우선으로 고려함으로써 국민이 재난으로부터 안전한 사회에서 생활할 수 있도록 하여야 한다.

(1) 안전관리 기구 구성 및 운영

재난 담당 공무원은 재난 및 안전관리에 관한 중앙과 지방의 여러 가지 기구를 구성하고 참여할 의무가 있다.

(가) 중앙안전관리위원회 등 위원회 및 협의회

재난 및 안전관리에 관한 중요 정책과 계획, 재난 사태 등의 선포에 관한 사항 등을 심의하기 위하여 국무총리 소속으로 중앙안전관리위원회를 두고 중앙위원회에 상정될 안건을 사전에 검토하고 재난 및 안전 정책에 관한 중요 사항 및 부처 간 정책 협의 등을 위하여 중앙위원회에 안전정책조정위원회를 둔다.

한편 지역별 재난 및 안전관리에 관한 사항을 심의 · 조정하기 위하여 시 · 도지사 소속으로 시 · 도 안전관리위원회를 두고, 시장 · 군수 · 구청장 소속으로 시 · 군 · 구 안전관리위원회를 둔다.

또한 재난 및 안전관리에 관한 민관 협력관계를 원활히 하기 위하여 중앙안전관리민관협력위원회와 지역민관협력위원회를 구성 · 운영할 수 있다.

(나) 중앙재난안전대책본부 등

행정안전부 중앙재난안전대책본부에서는 대규모 재난의 예방 · 대비 · 대응 · 복구 등에 관한 사항을 총괄 · 조정하고 필요한 조치를 한다. 재난관리주관기관의 장은 재난이 발생하거나 발생할 우려가 있는 경우에는 재난상황을 효율적으로 관리하고 재난을 수습하기 위한 중앙사고수습본부를 설치 · 운영하여야 한다.

해당 관할 구역에서 재난 및 안전관리에 관한 사항을 총괄 · 조정하고 필요한 조치를 하기 위하여 시 · 도지사는 시 · 도 재난안전대책본부를 둘 수 있고, 시장 · 군수 · 구청장은 시 · 군 · 구 재난안전대책본부를 둘 수 있다.

시 · 군 · 구 대책본부의 장은 재난 및 사고 현장의 총괄 · 지휘 및 조정을 위하여 재난 현장 통합지휘소를 설치 · 운영할 수 있다. 통합지휘소의 장은 관할 시 · 군 · 구의 부단체장이 되며, 통합지휘소에는 현장지휘관을 두고, 현장지휘관은 해당 시 · 군 · 구에서 재난 및 안전관리 업무를 담당하는 공무원 중에서 통합지휘소의 장이 임명한다.

(다) 재난안전상황실 등

행정안전부 장관, 시 · 도지사 및 시장 · 군수 · 구청장은 재난정보의 수집 · 전파, 상황관리, 재난발생 시 초동 조치 및 지휘 등의 업무를 수행하기 위하여 행정안전부 장관은 중앙재난안전상황실을, 시 · 도지사 및 시장 · 군수 · 구청장은 시 · 도별 및 시 · 군 · 구별 재난안전상황실을 설치 · 운영하여야 한다.

행정안전부 장관은 「소방기본법」 제4조 제1항에 따라 설치 · 운영하는 종합상황실과 별도로 자연재난에 관한 정보의 수집 · 전파, 상황관리, 재난발생 시 초동 조치 및 지휘 등의 업무를 수행하기 위한 재난안전상황실을 설치 · 운영할 수 있다. 중앙행정기관의 장은 소관 업무분야의 재난상황을 관리하기 위하여 재난안전상황실을 설치 · 운영하거나 재난상황을 관리할 수 있는 체계를 갖추어야 한다.

(2) 재난 신고 및 보고 등

누구든지 재난의 발생이나 재난이 발생할 징후를 발견하였을 때는 즉시 그 사실을 시장 · 군수 · 구청장 · 긴급구조기관, 그 밖의 관계 행정기관에 신고하고 신고를 받은 시장 · 군수 · 구청장과 그 밖의 관계 행정기관의 장은 관할 긴급구조기관의 장에게, 긴급구조기관의 장은 그 소재지 관할 시장 · 군수 · 구청장 및 재난관리주관기관의 장에게 통보하여 응급대처방안을 마련할 수 있도록 조치하여야 한다.

시장 · 군수 · 구청장은 그 관할 구역에서 재난이 발생하거나 발생할 우려가 있으면 재난 상황에 대해서는 즉시, 응급조치 및 수습 현황에 대해서는 지체 없이 각각 행정안전부 장관, 재난관리주관기관의 장 및 시 · 도지사에게 보고하여야 한다. 이 경우 자연재난과 사회재난에 대해서는 재난관리주관기관의 장이 각각 보고받은 내용을 종합하여 행정안전부 장관에게 통보하여야 한다.

시장 · 군수 · 구청장이나 소방서장은 재난이 발생한 경우 또는 재난 발생을 신고받거나 통보받은 경우에는 즉시 관계 재난관리책임기관의 장에게 통보하여야 한다.

재외공관의 장은 관할 구역에서 해외재난이 발생하거나 발생할 우려가 있으면 즉시 그 상황을 외교부 장관에게 보고하여야 하며, 보고를 받은 외교부 장관은 지체 없이 해외재난 발생 또는 발생 우려 지역에 거주하거나 체류하는 대한민국 국민의 생사 확인 등 안전 여부를 확인하고, 행정안전부 장관 및 관계 중앙행정기관의 장과 협의하여 해외재난으로부터 국민을 보호하기 위한 방안을 마련하여 시행하여야 한다.

(3) 안전관리계획

국무총리는 국가의 재난 및 안전관리 업무에 관한 기본계획인 국가 안전관리 기본계획의 수립 지침을 작성하여 관계 중앙행정기관의 장에게 시달하여야 한다. 관계 중앙행정기관의 장은 수립 지침에 따라 그 소관에 속하는 재난 및 안전관리 업무에 관한 기본계획을 작성한 후 국무총리에게 제출하여야 한다.

중앙행정기관의 장은 확정된 국가 안전관리 기본계획 중 그 소관 사항을 관계 재난관리책임기관의 장에게 시달하여야 한다. 행정안전부 장관은 국가 안전관리 기본계획과 집행계획에 따라 시 · 도의 재난 및 안전관리 업무에 관한 계획인 "시 · 도안전관리계획"의 수립 지침을 작성하여 이를 시 · 도지사에게 시달하여야 한다.

시 · 도지사는 확정된 시 · 도안전관리계획을 행정안전부 장관에게 보고하고, 재난관리책임기관의 장에게 통보하여야 한다. 시 · 도지사는 제24조 제3항에 따라 확정된 시 · 도안전관리계획에 따라 시 · 군 · 구의 재난 및 안전관리 업무에 관한 계획인 "시 · 군 · 구안전관리계획"의 수립 지침을 작성하여 시장 · 군수 · 구청장에게 시달하여야 한다.

시장 · 군수 · 구청장은 확정된 시 · 군 · 구안전관리계획을 시 · 도지사에게 보고하고, 제2항에 따른 재난관리책임기관의 장에게 통보하여야 한다.

3. 위기 및 재난관리 활동별 책임

3.1. 재난예방

재난관리책임기관의 장은 소관 관리 대상 업무의 분야에서 재난 발생을 사전에 방지하기 위한 조치를 하여야 한다. 관계 중앙행정기관의 장은 소관 분야의 기반 시설 중 국가기반체계를 보호하기 위하여 계속 관리할 필요가 있다고 인정되는 시설인 "국가 기반 시설"을 지정할 수 있다.

재난관리책임기관의 장은 재난이 발생할 위험이 크거나 재난예방을 위하여 계속 관리할 필요가 있다고 인정되는 시설 및 지역(특정 관리 대상 시설 등)을 지정하고, 관리 · 정비하여야 한다.

재난관리책임기관의 장은 관계 법령 또는 안전관리계획에서 정하는 바에 따라 재난방지시설을 점검 · 관리하여야 한다.

재난관리책임기관에서 재난 및 안전관리 업무를 담당하는 공무원이나 직원은 행정안전부 장관이 실시하는 전문교육을 받아야 한다.

행정안전부 장관 또는 재난관리책임기관의 장은 특정 시설 및 지역에 재난이 발생할 우려가 있는 등 긴급한 사유가 있으면 소속 공무원으로 하여금 긴급 안전 점검을 하게 하고, 행정안전부 장관은 다른 재난관리책임기관의 장에게 긴급 안전 점검을 하도록 요구할 수 있다.

행정안전부 장관 또는 재난관리책임기관의 장은 긴급 안전 점검 결과 재난 발생의 위험이 크다고 인정되는 시설 또는 지역에 대하여는 그 소유자 · 관리자 또는 점유자에게 정밀안전진단, 보수 · 보강 및 위험 요인의 제거 등의 안전조치를 할 것을 명할 수 있다.

국무총리 또는 행정안전부 장관은 재난관리책임기관의 재난 및 안전관리 실태를 점검하기 위하여 정부합동안전 점검단을 편성하여 안전 점검을 할 수 있다.

행정안전부 장관은 재난 예방을 효율적으로 추진하기 위하여 안전관리 전문기관에 안전 점검 결과, 주요 시설물의 설계도서 등 안전관리에 필요한 자료를 요구할 수 있다. 행정안전부 장관은 재난의 발생에 대비한 재난 활동에 대한 사항을 정기적으로 평가할 수 있다.

시장 · 군수 · 구청장은 재난관리 실태를 매년 1회 이상 관할 지역 주민에게 공시하여야 한다.

3.2. 재난대비

재난관리책임기관의 장은 재난의 수습 활동에 필요한 대통령령으로 정하는 장비, 물자 및 자재(재난관리 자원)를 비축 · 관리하여야 한다.

행정안전부 장관은 재난관리를 효율적으로 수행하기 위하여 재난분야 용어정의 및 표준체계 정립, 국가재난 대응체계에 대한 원칙 및 재난경감 · 상황관리 · 자원관리 · 유지관리 등에 관한 일반적 기준 등 국가재난관리기준을 제정하여 운용하여야 한다.

재난관리책임기관의 장은 재난관리가 효율적으로 이루어질 수 있도록 기능별 재난 대응 활동 계획을 작성하여 활용하여야 한다.

재난관리책임기관의 장은 재난을 효율적으로 관리하기 위하여 재난 유형에 따라 위기관리 표준 매뉴얼, 위기 대응 실무 매뉴얼 및 현장 조치 행동 매뉴얼 등 위기관리 매뉴얼을 작성 · 운용하여야 한다.

행정안전부 장관은 안전기준을 체계적으로 관리 · 운용하기 위하여 안전기준을 통합적으로 관리할 수 있는 체계를 갖추어야 한다.

행정안전부 장관, 시 · 도지사, 시장 · 군수 · 구청장 및 긴급구조기관 등 훈련주관기관의 장은 정기적으로 또는 수시로 재난관리책임기관, 긴급구조지원기관 및 군부대 등 관계기관 등 훈련 참여기관과 합동으로 재난대비훈련을 실시할 수 있다.

3.3. 재난 대응

(1) 응급조치

시 · 도긴급구조통제단 및 시 · 군 · 구긴급구조통제단의 단장과 시장 · 군수 · 구청장은 재난이 발생할 우려가 있거나 재난이 발생하였을 때는 즉시 관계 법령이나 재난대비활동계획 및 위기관리매뉴얼에서 정하는 바에 따라 수방(水防) · 진화 · 구조 및 구난(救難), 그 밖에 재난 발생을 예방하거나 피해를 줄이기 위하여 필요한 응급조치를 하여야 한다.

중앙대책본부장, 수습본부장, 시 · 도지사 또는 시장 · 군수 · 구청장은 재난으로 인하여 사람의 생명 · 신체 및 재산에 대한 피해가 예상되면 그 피해를 예방하거나 줄이기 위하여 재난에 관한 예보 또는 경보를 발령할 수 있다.

시장 · 군수 · 구청장은 위험구역 및 자연재해위험개선지구 등 재난으로 인하여 사람의 생명 · 신체 및 재산에 대한 피해가 예상되는 지역에 대하여 그 피해를 예방하기 위하여 시 · 군 · 구 재난 예보 · 경보체계 구축 종합계획을 5년 단위로 수립하여 시 · 도지사에게 제출하여야 한다. 시 · 도지사는 시 · 군 · 구 종합계획을 기초로 시 · 도 재난 예보 · 경보체계 구축 종합계획을 수립하여 행정안전부 장관에게 제출하여야 하며, 행정안전부 장관은 필요한 경우 시 · 도지사에게 시 · 도 종합계획의 보완을 요청할 수 있다.

중앙대책본부장과 시장 · 군수 · 구청장은 재난이 발생하거나 발생할 우려가 있다고 인정하면 민방위대의 동원, 응급조치를 위하여 재난관리책임기관의 장에 대한 관계 직원의 출동 또는 재난관리 자원 및 지정된 장비 · 인력의 동원 등 필요한 조치의 요청, 그리고 동원이 가능한 장비와 인력 등이 부족한 경우에는 국방부 장관에 대한 군부대의 지원 요청을 할 수 있다.

시장 · 군수 · 구청장과 지역통제단장은 재난이 발생하거나 발생할 우려가 있는 경우에 사람의 생명 또는 신체에 대한 위해 방지나 질서의 유지를 위하여 필요하면 위험구역을 설정하고, 응급조치에 종사하지 아니하는 사람에게 위험구역에 출입하는 행위나 그 밖의 행위의 금지 또는 제한, 위험구역에서의 퇴거 또는 대피 등의 조치를 명할 수 있다.

또한, 시장 · 군수 · 구청장과 지역통제단장은 응급조치에 필요한 물자를 긴급히 수송하거나 진화 · 구조 등을 하기 위하여 필요하면 경찰관서의 장에게 도로의 구간을 지정하여 해당 긴급 수송 등을 하는 차량 외의 차량의 통행을 금지하거나 제한하도록 요청할 수 있다.

시장 · 군수 · 구청장은 응급조치를 하기 위하여 필요하면 다른 시 · 군 · 구나 관할 구역에 있는 군부대 및 관계 행정기관의 장, 그 밖의 민간기관 · 단체의 장에게 인력 · 장비 · 자재 등 필요한 응원(應援)을 요청할 수 있다. 이 경우 응원을 요청받은 군부대의 장과 관계 행정기관의 장은 특별한 사유가 없으면 요청에 따라야 한다.

시장 · 군수 · 구청장과 지역통제단장은 그 관할 구역에서 재난이 발생하거나 발생할 우려가 있어서 응급조치하여야 할 급박한 사정이 있으면 해당 재난 현장에 있는 사람이나 인근에 거주하는 사람에게 응급조치에 종사하게 하거나 다른 사람의 토지 · 건축물 · 인공구조물, 그 밖의 소유물을 일시 사용할 수 있으며, 장애물을 변경하거나 제거할 수 있다.

(2) 긴급구조

중앙긴급구조통제단과 지역긴급구조통제단은 아래와 같은 긴급구조에 관한 업무를 총괄한다. 재난 현장에서는 시 · 군 · 구긴급구조통제단장이 긴급 구조활동을 지휘한다.

- ○ 재난 현장에서 인명의 탐색·구조
- ○ 긴급구조기관 및 긴급구조지원기관의 인력·장비의 배치와 운용
- ○ 추가 재난의 방지를 위한 응급조치
- ○ 긴급구조지원기관 및 자원봉사자 등에 대한 임무의 부여
- ○ 사상자의 응급처치 및 의료기관으로의 이송
- ○ 긴급구조에 필요한 물자의 관리하는 기존에 없었던 일종의 부정형 산업. 주로 NPO 단체, 미디어, 예술, 문화, 고등교육, 헬스 케어, 과학기술, 정부 등이 이에 속함
- ○ 현장 접근 통제, 현장 주변의 교통 정리, 그 밖에 긴급 구조활동을 효율적으로 하기 위하여 필요한 사항

해양경찰청장은 해상에서 선박이나 항공기 등의 조난사고가 발생하면 「수난구호법」 등 관계 법령에 따라 긴급 구조활동을 하여야 한다. 행정안전부 장관은 항공기 조난사고가 발생한 경우 항공기 수색과 인명구조를 위하여 항공기 수색 · 구조계획을 수립 · 시행하여야 한다.

3.4. 재난복구

(1) 피해조사 및 복구계획

재난관리책임기관의 장은 재난으로 인하여 발생한 피해 상황을 신속하게 조사한 후 그 결과를 중앙대책본부장에게 통보하여야 한다. 재난관리책임기관의 장은 피해조사를 마치면 지체 없이 자체 복구계획을 수립 · 시행하여야 한다.

(2) 특별재난지역 선포

중앙대책본부장은 대통령령으로 정하는 규모의 재난이 발생하여 국가의 안녕 및 사회질서의 유지에 중대한 영향을 미치거나 피해를 효과적으로 수습하기 위하여 특별한 조치가 필요하다고 인정하거나 지역대책본부장의 요청이 타당하다고 인정하는 경우에는 중앙위원회의 심의를 거쳐 해당 지역을 특별재난지역으로 선포할 것을 대통령에게 건의할 수 있다.

특별재난지역의 선포를 건의받은 대통령은 해당 지역을 특별재난지역으로 선포할 수 있다. 지역대책본부장은 중앙대책본부장에게 특별재난지역의 선포 건의를 요청할 수 있다. 국가나 지방자치단체는 특별재난지역으로 선포된 지역에 대하여는 응급대책 및 재난구호와 복구에 필요한 행정상 · 재정상 · 금융상 · 의료상의 특별지원을 할 수 있다.

(3) 재정 및 보상 등

재난관리에 필요한 비용은 그 시행의 책임이 있는 자가 부담한다. 다만, 시 · 도지사나 시장 · 군수 · 구청장이 다른 재난관리책임기관이 시행할 재난의 응급조치를 시행한 경우 그 비용은 그 응급조치를 시행할 책임이 있는 재난관리책임기관이 부담한다.

4. 위기 및 재난업무 종사자의 자세

4.1. 선진화를 위한 노력

재난업무 담당자는 궁극적 소명인 국민의 생명과 재산을 보호하기 위하여 조직에 이익에 기여하고 끊임없이 현재의 재난관리시스템을 점검하고 더욱 효율적으로 운영하고 더욱 바람직한 체계가 있다면 이를 효과적으로 운용할 수 있도록 연구하여야 한다.

우리나라의 재난관리 체계는 재난 유형별로 매뉴얼을 작성하여 관리하는 방식이라고 할 수 있다. 자연재난과 사회재난으로 크게 분류하고 그 속에 여러 가지 유형별 재난을 구분하여 관리하고 있다. 이러한 분류 방식으로 인해 중앙재난안전대책본부의 운영과 관련하여 자연재난과 사회재난을 행정안전부가 맡게 된다는 점이다.

물론 국가기관의 관련 본부장은 행정안전부 장관이 된다. 이러한 유형별 재난관리 방식에는 여러 가지 문제점이 있을 수 있다. 특히 새로운 유형의 재난이 발생하면 이에 대해 신속한 대처가 곤란하다는 것이다. 유형에 맞게 특화된 기관별 기능과 역할이 규정되지 않은 재난이 발생하면 어려움을 겪게 될 것이라는 견해다. 또한 최근 들어 재난이 복합화 양상을 보인다는 점이다.

일본의 2011년 3월 11일에 발생한 후쿠시마 원전 사태는 쓰나미라는 자연재해와 더불어 원전 안전이 결합하여 최악의 재난 사태가 빚어졌다. 이러한 복합재난은 기존의 유형별로 대응하는 방식과는 다른 차원의 접근이 필요한 것이다. 새로운 대응 방식의 하나로 고려할 수 있는 것이 재난 대응 필수기능에 따른 재난관리 협업행정체제이다.

재난관리를 위한 필수적 기능을 13개로 분해하여 각각의 기능에 재난관리 책임기관의 역할과 자원지원의 내용을 파악해 보는 것이다.

재난관리를 위한 13개 필수기능

① 상황관리 총괄	② 긴급 생활안정지원	③ 재난 현장 환경정비	④ 긴급 통신지원
⑤ 시설 응급 복구	⑥ 에너지 기능 복구	⑦ 재난수습 홍보	⑧ 물자관리 및 지원
⑨ 교통 대책	⑩ 의료·방역	⑪ 자원봉사 관리	⑫ 사회질서 유지
⑬ 수색, 구조·구급 등			

이러한 기능별 재난관리 체계가 현행 매뉴얼에 따른 재난관리 체계를 보완하여 재난에 대응하게 될 때 더욱 효과적으로 선진화된 재난관리 체계를 구축하게 될 것이다.

4.2. 적극적인 관리 자세

재난이 발생했을 경우 해당 재난이 과연 자신의 업무인가를 따져보는 것이 일반적인 재난 담당자의 행태이다. 만일 조금이라도 다른 부처에 해당한다고 판단될 경우 일을 미루는 경향을 보인다. 그래서 재난관리 전반에 걸쳐 초기에 조금만 신속하게 처리하면 될 일들이 눈덩이처럼 사태가 커지곤 한다.

중앙정부나 지자체 등 각급 재난관리책임기관의 상황보고 · 전파 누락 또는 지연 등으로 인해 초동 조치가 미흡할 경우 피해확산이 우려된다. 효과적인 대응을 위해서는 특히 재난 현장과 가까운 시 · 군 · 구의 역할이 중요하다. 이는 신속한 보고(전파) 및 초동대응 체계를 확립하는 것으로 다음과 같은 조치를 해야 한다.

첫째, 최초 사고 신고 접수 후 계통에 따른 신속한 보고와 지역단위 관계기관 전파를 한다. 최초 신고접수 기관에서 최소 20개 기관에 동시에 보고, 전파하고 통보받은 기관 역시 2차로 최소 20개 기관 보고, 전파할 수 있도록 사전 비상 연락망을 정비하고 보고 목록을 준비하며 적절한 훈련이 되어 있어야 한다.

둘째, 피해 최소화를 위한 적극적 초동 조치를 해야 한다. 시 · 군 · 구는 현장통합지휘소장(부단체장) 중심으로 지역 소방서 및 관계기관과 협력하여 매뉴얼에 따른 신속한 초동대응 체계를 구축하여야 한다. 재난법(제18조)에서는 상황실에 초동 조치 및 지휘 권한을 부여하고 있다. 또한 초기 상황 전파 이후 진행 상황 정보 공유 및 기관 간 긴밀한 협조 유지, 심각 단계 진행 시 중앙 및 지역 재난안전대책본부를 가동해야 한다.

이러한 조치에 있어서도 가급적 적극적으로 재난 대응이 이뤄지도록 조기에 상황판단을 하여야 한다. 지자체는 수시로 단체장을 중심으로 재난안전관련부서 및 관계기관 합동으로 상황관리 및 대응체계를 점검하여야 한다.

4.3. 예방적 · 선제적 재난관리

그동안의 재난관리 체계는 주로 사태 발생 시 대응에 초점을 두어왔다. 그러나 앞으로의 재난은 안전 중심으로 그 관리 중점이 옮겨져야 할 것으로 보인다. 지금까지 보인 재난의 대부분이 조그만 실수와 안전불감증에 기인한 것이다.

성수대교 붕괴 사고 후 재시공 과정에서 보여준 외국감리단의 경우 38만 개의 볼트를 일일이 2차례에 걸쳐 점검하는 사례에서 보듯 매사 예방이 가장 중요하다. 안전 수칙의 기본적이고 작은 부분의 문제가 대형 참사로 이어진다.

기본적인 안전시설 정비, 작은 사고에 대한 신속하고 적절한 대처, 매뉴얼 개발 및 사전 모의 훈련의 철저한 실시가 요구되는 부분이다.

예방 활동의 중심에는 사전 점검이 필수적이다. 상시로 하는 계절적인 안전 지도와 점검이 필요하다. 봄철 해빙기, 여름철 강우기, 가을 추석 등 행락철 안전, 겨울철 설날 등 시기별로 안전 점검을 하여 대형 재난을 미연에 방지하는 것이다. 중점 점검 사항으로 제 규정 이행 상태 및 업무 담당자 관리현황, 사고대비 체계 유지상태, 장비 · 물자 보관 및 즉시 동원 태세, 안전관리 및 서비스 대책, 시설 유지관리 및 통신 운용 상태 등을 예시로 열거할 수 있다.

또한 수시로 안전 점검을 하고 훈련도 병행하여야 한다. 이러한 안전 점검과 훈련을 통해 안전 문화 의식이 고착되도록 노력하여야 한다. 후진국형 안전사고, 교통사고의 대부분이 기본적인 규정만 지키면 사고는 대폭 감소할 것이다. 또한 대형 재난을 대비하여 모든 재난관리 책임기관은 사전 자체 점검회의를 실시하여 재난대비 태세를 마련하여야 한다.

재난관리책임기관의 실무자에서부터 장관에 이르기까지 재난발생 시 수행하여야 할 핵심 기능을 정비하고, 대비 체계를 확고히 하여야 한다. 구체적인 목록은 아래와 같다.

비상 대응체계 및 취약 요소 점검

○ 발생 가능한 비상 상황(자연·사회재난, 전시 등)
○ 비상상황 시 간부의 임무와 역할
○ 비상상황 시 대응체계(기관 및 부서별 임무와 역할)
○ 비상상황 대응을 위한 매뉴얼 정비·계획 등
○ 비상상황 시 기관별 핵심 기능 연속성(COOP : continuity of operation) 확보를 위한 계획
○ 비상상황 대응을 위한 관계기관·직원 비상 연락망 정비
○ 비상상황을 발생시키는 취약 요소
○ 방재자원의 기능적 연계 활용 방안의 적정성
○ 비상상황 시 신고, 보고 체계 및 경보발령 체계의 적정성
○ 실무, 행동 매뉴얼 작성 기관 지정의 적정성

초기대응 체계

○ 비상상황 시 수방, 진화, 피난, 방역, 피난처 등 응급 복구계획
○ 비상상황 시 예보, 경보 등을 위한 통신 및 시설 우선 사용 체계
○ 비상상황 시 민방위대 동원, 물자 및 장비, 군부대 동원 체계
○ 비상상황 시 강제 대피, 통행 제한 조치 등을 위한 협력체계
○ 경보발령 시 1차 전파기관 및 2차 전파기관 적정성

4.4. 관리자의 전문성 함양

관리자의 능력이 실제 재난관리에 있어서 가장 중요한 변수가 된다. 상황이 발생했을 때 충분한 사전 지식과 훈련이 되어 있고 전문적인 능력이 개발되어 있을 때 가장 효과적으로 재난에 대응할 수 있는 것이다.

이를 위해서는

첫째, 자체 매뉴얼을 숙지하여야 한다. 자기 소관 매뉴얼을 정확히 숙지하고 해당 상황 발

생 시 능숙하게 처리할 수 있는 역량을 함양시켜야 한다. 부서장 주재, 수시로 시간을 정해서 매뉴얼 검토를 한다. 발표, 질의응답, 개선 방안 제시 등 완전히 내용을 숙달할 때까지 반복 검토회의를 실시한다. 특히, 매뉴얼 관련 관계기관과 합동으로 토론하면 훨씬 효과적이다.

둘째, 재난 및 안전관리 기본법 해당 업무의 안전 관련 법규는 숙지하고 있어야 한다. 특히, 중앙재난안전대책본부 및 중앙사고수습본부, 지역의 경우 지역재난안전대책본부의 운영과 초기(초동) 대응 사항은 확실히 숙지하여야 한다. 이 경우도 수시로 부서장 주재 재난 관련 규정 설명회를 갖고 내용을 이해하도록 한다. 직원 중 아무나 선발하여 발표하게 하고 질의응답 시간을 갖는다.

셋째, 재난업무 관리 역량 강화로서 재난 네트워크를 관리한다. 재난 관련 세미나, 학회 행사 등 개최 시 적극 참여하고 전문가들과 접촉, 인적 네트워크를 구축한다. 또한 본인이 관리하는 매뉴얼 및 업무 관련 기사 등을 스크랩하여 업무에 대한 지식을 함양한다.

넷째, 본인 소관 업무지식의 축적과 전달이다. 자신이 작성한 문서, 스크랩 등을 주기적으로 인쇄, 제본하여 업무 내용을 정리하고 후임자에게도 전달한다. 담당자마다 업무에 대한 열정과 소양의 차이로 업무의 양과 질의 차이가 있을 수 있지만 문서를 조금이나마 정리, 축적, 전달할 때 재난담당자의 재난관리 역량이 그만큼 발전할 것이다.

다섯째, 주기적인 교육 및 훈련에의 참여다. 행정안전부 및 중앙부처와 시도 공무원교육원에서 실시하는 재난안전교육에 참여하여 전문성을 함양하는 것이다.

그리고 선진화를 위한 노력으로 공무원의 궁극적 소명인 국민의 생명과 재산을 보호하기 위하여 끊임없이 현재의 재난관리시스템을 점검하고 더욱 효율적으로 운영하고 더욱 바람직한 체계가 있다면 이를 효과적으로 운용할 수 있도록 연구하여야 한다. 재난을 통한 국가 위기에 직면하여 이에 효율적으로 대응하고 국민의 생명과 재산의 피해를 최소화할 수 있도록 최선을 다할 책임이 공무원에게 주어져 있다.

5. 위기관리 커뮤니케이션

의사소통(意思疏通) 혹은 휴먼 커뮤니케이션(Human communication, anthroposemiotics)은 사람의 의사나 감정의 소통으로 '가지고 있는 생각이나 뜻이 서로 통함'이라는 의미를 지니고 있으며, 인간이 사회생활을 하기 위해서 가장 필수적으로 가지고 있어야 하는 능력이다. 상호 간 소통을 위해 사용되는 매체로는 구어(口語)와 문어(文語)는 물론 몸짓, 자세, 표정, 억양, 노래, 춤 등과 같은 비언어적 요소들까지 포함된다.

위와 같은 행동으로 의사소통이 불가능한 사람들을 위해 많은 도구와 치료법이 개발되어 있으며 일반적인 소통을 하는 데에는 거의 문제가 없다. 언어적 능력이 발달하지 않은 동물들의 경우 호르몬이나 변뇨의 냄새 또는 울음소리로 의사소통한다.

현대의 경우 인터넷의 발달로 직접적인 소통 외에도 네이버 · 다음 · 네이트와 같은 포털사이트, 페이스북 · 트위터와 같은 소셜 네트워크 서비스로도 불특정 다수와의 의사소통을 이룰 수 있다.

의사소통에는 다음과 같은 영역이 있는 것으로 이해된다.

○ 자신과의 '내재적 의사소통'
○ 다른 사람과의 '인적 교류'
○ 그룹 내에서의 '단체 행동'
○ 조직 내에서의 '조직 내 교류'
○ 문화를 초월한 '문화 간 교류'

정보를 매개체로 하는 발신자와 수신자 간의 의사소통에서 신호(Signal)는 수신자의 행동 변화를 목적으로 하는 수신 가능한 데이터이자 발신자의 의도를 내포한다. 그러나 신호는 의도하지 않은 정보 또는 제3의 다른 개체의 반응을 통해 비용과 이익 사이의 균형을 부과하는 특성으로 정의되는 큐(Que) 정보의 성질을 동시에 갖게 된다.

신호는 형태와 무관하게 행동, 형태, 소리, 색깔 등 다양하게 만들어져 전달될 수 있다. 의사소통의 필요 상황으로는 '비용과 이익의 효율적인 조정'이라는 주요 원리 하에서 집단형성, 충돌해결, 환경 신호등의 상황이 있다.

5.1. 커뮤니케이션의 의의

위기관리를 위기 상황에 대응하고 위기에 의해 야기되는 실제 피해를 줄이는 광범위한 활동으로, 조직 차원의 문화 및 구조 등과 연결된 장기적이고 일관성 있는 활동이라고 정의한 Coombs(1999)는 위기관리가 예방(Prevention), 대비(Preparation), 실행(Performance), 학습(Learning)으로 구성되어 있다고 하였다.

이 정의는 사전 예방 차원의 위기관리와 실행 및 학습에 관련된 사후 의기관리로 명확히 구분하고 있어 위기관리를 더욱 분석적으로 이해하는 데 도움이 된다.

위기관리는 위기로 인한 부정적인 결과를 예방하거나 최소화함으로써 위기의 피해로부터 조직 및 조직과 관련된 스테이크홀더 그리고 산업계 전체의 보호를 목표로 한다(Coombs, 1999; 이현우, 2003).

그렇기 때문에 장기적인 공중관계를 중심으로 PR 차원의 위기관리가 이루어져야 하며, 위기관리는 공중의 의견과 입장이 더욱 존중되는 쌍방향 커뮤니케이션(communication)의 지향이 더욱 중요한 의미가 있다. 위기 상황에서의 커뮤니케이션은 스테이 크홀더의 지각 형성에 영향을 주며, 위기의 특성도 커뮤니케이션 전략을 선택하는 데 많은 영향을 미친다(Benoit, 1995). 이러한 전략은 조직이 위기에 대응하기 위하여 사용하는 실제적인 행동을 말한다(이현우, 2001).

가장 흔히 발견되는 것은 '자기방어를 위한 사과문(apologia)'으로, 공중의 공격으로부터 조직의 평판을 방어하기 위한 커뮤니케이션이다(Ware & Linkugel, 1973).

위기는 대개 개인이나 조직의 평판을 위협하는 특성이 있으므로 이를 방어하기 위해 사과 전략을 사용하는 것이다.

또 하나는 '이유 달기(accounts)'로, 사람들이 타인으로부터 공격을 받을 때 자기 행동을 설명하기 위해 사용하는 메시지를 말하며, 조직의 평판을 보호하는 역할을 한다(이현우, 2001).

5.2. 위기관리 커뮤니케이션의 원칙

위기관리 커뮤니케이션은 위기관리 계획의 실행에 해당한다(김영욱, 2002). 따라서 계획 단계에서 원칙을 정하는 것이 중요하며, 이 원칙에 따라 적정한 대변인을 선정하고, 조직은 '일관된 목소리 원칙(one-voice, one-mouth policy)'을 내는 것이 필요하다.

김영욱(2002)에 의하면, 위기 상황에서 외부와 커뮤니케이션 할 때는 세 가지 원칙을 지켜야 하는데, 첫째, 개방적이고 명확한 커뮤니케이션이 필수이다. 이는 공중과 좋은 관계를 쌓기 위한 것이며, 특히 균형 잡힌 쌍방향 커뮤니케이션은 가장 우수한 공중관계를 이룰 수 있다고 하였다(Grunig & Grunig, 1992, 김영욱, 2001 재인용). 개방적이고 명확한 커뮤니케이션을 위해서는 위기 상황과 관련한 사실들을 최대한 취합하여 가지고 있어야 한다.

둘째, 모든 커뮤니케이션 활동은 비상사태를 해결하고 인명피해를 최소화하는 데 모아져야 한다. 이것은 신뢰의 요건인 진실성과 전문성 중 진실성과 밀접한 관련이 있으며, 조직이 직접적인 피해를 본 사람에 대해 진실한 감정(Compassion)을 보여주지 않는다면 아무리 전문성과 관련하여 사태를 장악하고 있는 모습(Control)을 보여주어도 소용이 없다. 이 둘은 양면의 칼날과 같아서, 어느 하나가 지켜지지 않는다면 조직의 신뢰도에 큰 타격을 입히게 된다.

마지막으로 비판적인 집단에 대해서도 공평하게 커뮤니케이션 활동을 펼쳐야 한다. 만약 우호적인 미디어나 주변 공중에게만 정보를 제공하고, 비판 세력을 무시한다면 위기가 악화할수록 오히려 반작용을 극대화하게 된다. 이러한 개방된 커뮤니케이션은 가장 균형적이고 윤리적인 공중관계를 가능하게 한다.

5.3. 위기관리에서 미디어 관리의 중요성

모든 언론과의 접촉, 인터뷰는 기회다! 기회는 긍정적인 메시지 전달, 가장 효율적인 의사 전달 방법, 부정확한 정보에 대한 정정, 공격과 비판에 대한 대응이다. 그럼에도 불구하고 여전히 많은 사람이 언론과의 접촉에 대한 두려움을 가지고 있거나 꺼린다. 대부분의 기자들은 취재원의 대답을 듣기 전에 이미 나름의 기준과 성향이 있으며, 기사의 시각과 취재 방향을 구상하고 있다.

우리도 똑같은 과정을 거쳐야만 한다. 목적이 무엇인가, 전하고자 하는 바가 무엇인가(Key messages), 일반적으로 기자가 기대하는 목적과는 차이가 있다. 그러나 주요 메시지 전달의 궁극적인 대상은 독자나 시청자이지 기자가 아니라는 점을 명심해야 하며, 우리의 목적과 기자의 목적은 상반될 수 있으므로, 기자와 같은 인터뷰 접근법이 필요하다.

기자의 요구를 이해하고 간략하게 응답할 것. 원하는 메시지로 전환하고, 조사와 연습이 필요한데, 기자의 배경과 그가 예상하는 바는 무엇인가? 인터뷰에서 당신의 역할은 무엇인가? 인터뷰를 통해 기자가 원하는 것은 무엇인가? 곤란한 질문의 예측, 준비와 연습, 핵심 메시지 개발, 간결하고 인용 가치가 있는 메시지, 관련성이 있고 중요한 메시지, 독자의 요구에 맞춘 메시지가 그것이다.

기자의 함정에 빠지지 않도록 한다. "그 문제 때문에 얼마나 심려가 크십니까?"와 같은 질문으로 과장된 진술을 유도하거나, "얼마나 실망스러웠을까요?"라는 질문으로 비난을 유도하거나, 진술 번복 유도하거나 "그래서 당신이 전하고자 하는 바는?", "문제, 실패, 재앙" 등과 같은 부정적인 단어나 문구를 사용하도록 유도하는 것 등이다.

언론을 통한 재난상황의 빈발과 그 피해의 확대는 현대 조직 환경을 대표하는 특징 중 하나이다. 즉, 커뮤니케이션 기술 발전, 경쟁의 심화 등이 총체적으로 작용하는 구조적 현상으로 본질적으로 평이하지 않고 감춰진 것들을 선호하는 언론의 특성상 재난은 그 자체가 매력적인 취재 대상이고, 그래서 뉴스를 제공하는 주요 공급원이 된다.

미디어 산업이 발전할수록 조직의 재난은 언론에 의해 더 많이 '생산'되는 구조를 가지는데, 보도되지 않는 재난이 점점 사라지고 있고, 심지어 존재하지 않는 루머나 재난을 만들어

내기도 한다. 전국을 흔들고 국제뉴스까지 됐던 '쓰레기만두 사건'이 오보였다는 사실이나, '2003년 대구 지하철 참사 보도'에 정확한 사실 전달보다 선정적 어휘가 남용된 점을 밝혀낸 보고서는 그 단면을 여실히 보여준다.

미디어는 재난으로 인한 피해의 본질을 인명이나 금전적인 부분에서 또 다른 영역으로 전이시키는데, 경영의 관점에서 심각한 문제는 언론보도로 인해 비롯되는 사건이 명성에 부정적 영향을 미치고, 이는 경제적 손실보다 훨씬 피해가 심각할 뿐 아니라 회복이 어렵다는 데에 있다.

또 명성의 훼손은 경제적 타격이 되어 다시 조직에 되돌아오고, 재난상황의 압박 속에서 범하는 커뮤니케이션 실수가 미디어를 통해 즉각적으로 증폭, 재생산되는 경우가 많은데, 이는 공중의 거센 반감을 사게 되어 치명적인 결과를 낳기도 한다.

그러므로 조직은 유언비어를 방지하기 위해 미디어와의 즉각적인 커뮤니케이션을 시도하고, 조직과 공중 간의 매개 역할을 담당하는 언론과 원활한 관계를 유지하며, 미디어 관리를 위해서 PR 실무자, 특히 위기관리 담당자는 언론인과 상호신뢰, 상호이익의 관계를 맺는 것이 필요하다.

커뮤니케이션에서 미디어 관리는 왜 중요한가?

▶ 언론에서 볼 때 조직의 위기는 매우 흥미거리
▶ 조직의 위기는 언론을 통해 쉽게 알려지고, 다양한 공중들에게 빠르게, 그리고 확산 전개되는 경향
▶ 조직은 당장 책임의 소재를 밝히거나 법에 치중하거나 이미지의 추락을 걱정하여 현실에서 도피하는 태도를 보이기 십상
▶ 조직이 이러한 태도를 취하면 상황은 분명 미디어를 통해 확산되며, 애초 발생했던 위기보다 터 큰 피해를 볼 수 있음

위기관리 커뮤니케이션의 기본방침

▶ (Transparency) 개방적이고 명료한 커뮤니케이션을 지향한다
▶ (Consistency) 회사이미지를 전할 때 회사의 방침과 이익에 부합하여 일관성을 갖고 커뮤니케이션하며 동일한 위기 사안에 대해서는 One-Voice, One-Mouth 원칙을 지켜 나간다.
▶ (Harmory) 비판의 목소리에도 귀를 기울여 합리적이고 조화를 이룬 커뮤니케이션 활동을 전개한다.

위기관리 커뮤니케이션의 원칙은

▶ 첫째, 투명성의 원칙, 개방적이고 명료한 커뮤니케이션을 지향해야 하고,

▶ 둘째 일관성의 원칙, 조직의 방침과 이익에 부합하여 일관성 있는 커뮤니케이션 수행해야 하며, 동일한 위기 사안에 대해 일관된 목소리 원칙을 지켜 나가야 합니다.

▶ 셋째 균형성의 원칙은, 비판적인 목소리에도 귀를 기울여, 합리적이며 조화를 이룬 커뮤니케이션 활동 전개해야 합니다. 책임성에 따른 국가 위기관리 대응 커뮤니케이션 전략에서 가장 책임성이 높은 위기 상황은 조직의 비행이며 책임성이 높은 경우에는 수용적인 전략인 시정조치나 사과 등을 사용할 수 있습니다. 책임성이 가장 낮은 위기는 루머로 구분할 수 있으며, 이처럼 조직의 책임성이 낮은 경우 방어적인 '공격자 공격'이나 '부정'이 바람직합니다.

5.4. 위기관리 커뮤니케이션 통제 가이드 라인

빈번한 침묵(No comment)은 공중과의 커뮤니케이션을 진공상태로 만들 수 있다. 따라서 다음과 같은 3가지로 분류하여, 상황에 따라 아래의 가이드를 준수하여 빠르게 대응하도록 한다.

첫 번째, 항상 발표 가능한 정보, 조직에 관련된 일반적인 정보로 조직의 웹사이트에 소개하는 내용, 기업정보 및 제품정보, 연구개발 및 생산에 관한 일반적인 정보, 지역사회와의 관계를 포함하는 활동

두 번째, 협의를 거쳐 다루어질 정보, 사업에 대한 구체적인 내용들, 조직의 이미지에 영향을 주는 이슈들, 정보기술 같은 전문 정보들, 시장개발, 제품 안전, 전략 등과 같이 민감한 부분들

세 번째, 대변인만 언급이 가능한 정보, 대변인을 제외하고 누구도 논의해서는 안 되는 이슈, 사업적으로 주의를 요하는 정보, 협상 과정에 있는 사안, 합병폐쇄 구조조정 및 사업계약 등에 있는 사안들

5.5. 위기관리 커뮤니케이션의 수행 과정

조직을 둘러싼 위기 상황을 모두 추출해야 한다. 홍수나 지진 등 천재지변이 일어나거나 화재 등 안전사고가 일어난 경우, 조직의 관리자에 의한 경우 등 사례는 헤아릴 수 없을 정도이다.

가능하면 내부 리서치를 통해 많은 경우를 추출해 보는 것이 필요하다. 그리고 이러한 위기 유형 추출을 할 때 조직의 내부 직원뿐만 아니라 해당 조직을 잘 아는 외부 사람들의 조언이 중요하다. 이들은 조직 구성원들과는 다른 시각으로 볼 수 있으므로 조직에서 예측하지 못한 위기까지 포착 가능하다.

위기분류 작업을 하고 나면 각각의 위기 유형화 작업에 따른 대응 전략을 모색해야 한다. 먼저 각 유형별로 위기의 특성이나 대응 준비 등을 점검하고, 조직의 내부 팀들이 위기 유형과 단계에 따른 대응 논리와 관련 공중, 대응 부서, 관련 자료 등을 검토한다.

이를 매뉴얼로 구성하고 교육 훈련하면 전문능력을 배양할 수 있다. 결과적으로 위기에 대한 조직 구성원들이 위기 인식 수준을 높이고 위기가 발생하기 전에 위기 대응능력을 높이는 데 중요한 역할을 한다고 할 수 있다.

위기관리 커뮤니케이션을 수행하는 것은 위기관리 과정에서 매우 중요한 위치를 차지하고 있다. 아무리 좋은 위기관리 계획을 수립했다 하더라도 위기관리 커뮤니케이션을 위기 상황에서 적절하게 수행하지 못한다면 그 의미는 발휘되지 못하기 때문이다.

따라서 위기관리 커뮤니케이션 업무 수행에 필요한 홍보, 공공정보, 설득과 수락, 협상과 중재 등 필요한 위기관리 커뮤니케이션 기술을 습득하는 것은 위기관리 커뮤니케이션의 유능성을 확보할 수 있는 관건이다.

5.6. 책임성에 따른 위기관리 대응 커뮤니케이션 전략

책임성 이론에 의하면 Coombs(1999)는 가장 책임성이 높은 위기 상황은 조직의 비행이며, 다음으로 사고(기술적인 문제, 현장에서의 범죄 등), 악의적인 모함, 자연재해이고, 책임성이 가장 낮은 위기는 루머라고 구분하였다.

또한 책임성의 강도에 따라, 조직의 책임성이 낮은 경우 방어적인 '공격자 공격'이나 '부정'이 바람직하며, 책임성이 높은 경우에는 수용적인 전략인 시정조치나 사과 등을 사용할 수 있다고 하였다.

〈그림 4.1〉 Coombs의 재난 유형에 따른 재난 커뮤니케이션 전략

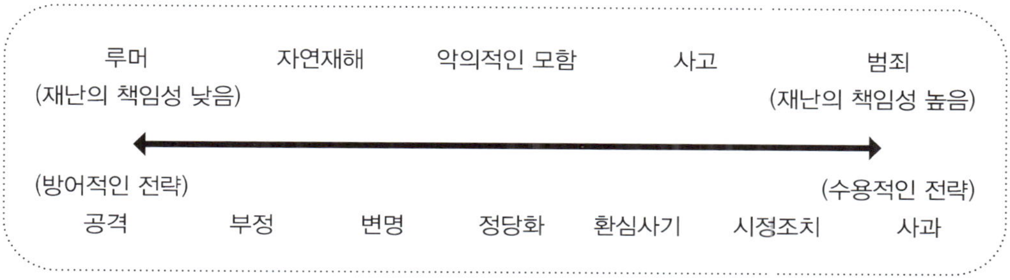

6. 커뮤니케이션 실무

6.1. 언론발표문 실무

언론발표문 작성 시 다음 7가지를 생각하고 작성한다.

- ▶ 전달할 내용의 핵심을 부각시킨다.
- ▶ 정확하게 표현한다.
- ▶ 복문보다는 단문 위주의 짧은 문장으로 작성한다.
- ▶ 전문용어의 사용을 자제하여 중학교 2학년 정도의 독자도 알 수 있도록 하는 것이 바람직하다.
- ▶ 보도 가능한 내용만을 바탕으로 작성한다. 추측, 추정, 잘 모르는 내용은 포함시키지 않는다.
- ▶ 사진이나 그래픽 자료, 영상자료를 함께 제공한다.
- ▶ 추가 문의에 응할 담당자의 연락처를 기재한다.

사고 원인에 관한 질문 답변 시에는

"사고 원인을 이야기하기에는 아직 너무 이릅니다. 사고의 재발 방지를 위해 그 원인이 밝혀질 때까지 몇 주 또는 몇 달이 걸릴 수도 있습니다. 현재는 0000에서 조사가 실시되고 있으므로 우리는 여기에 적극 협조할 것입니다. 우리는 사고 원인에 대해 추측하지도 않을 겁니다."

부상 발생 시 위로 표현은

"저희 0000의 모든 구성원은 이번 0000 사고로 인하여 부상을 하신 분들의 모든 가족, 친지분들께 깊은 위로에 뜻을 전합니다. 저희는 부상자들이 하루빨리 완치되기를 기원합니다. 0000는 이러한 사고가 다시는 발생하지 않도록 관계기관의 조사에 적극 협조하고 있습니다."

6.2. 온라인 대응

- ▶ 긍정적이고 정확한 인식을 제시하고 유지한다.
- ▶ 시기적절하고 정확한 최신의 정보를 제공한다.
- ▶ 언론과 다른 공공기관과 접촉이 가능해야 한다.
- ▶ 잘못된 정보가 제공되는 것을 초기에 알아내서 바로잡기 위해 위기와 관련된 언론에 유포된 정보들을 모으고 모니터한다.
- ▶ 투자자, 구성원, 국민과 정부 및 지역사회의 지지를 유지한다.
- ▶ 조직이 위기 상황을 맞이했을 때 이에 관련된 공중(스테이크홀더)들은 가장 최신의 정보를 얻기 위해 매스미디어의 정보제공에만 의지하지 않고 뉴스방송사의 사이트, 해당 기업의 사이트로 수도 없이 몰려든다.
- ▶ 위기 발생 이후 기업의 위기나 현 상황을 직시하고 대책을 논의하는 사이트가 있겠지만, 반대로 비난하거나 왜곡하는 사이트나 커뮤니티가 개설될 것이다.
- ▶ 위기관리 계획 단계에서 이에 대한 최상의 준비는 그런 사이트들이 만들어지는 것에 대해 미리 예측을 하는 것이다.
- ▶ 예측을 통해서 얻은 결과에 따라 쟁점화되지 않도록 미리 조치하며 예측 외적인 부분에 대해서는 그런 페이지를 만든 사람과 직접 커뮤니케이션을 시도하여 되도록이면 적이 아닌 아군을 만들 수 있도록 회유한다.

위기는 국가의 주권 또는 국가를 구성하는 정치 · 경제 · 사회 · 문화 체계 등 국가의 핵심요소나 가치에 중대한 위해가 가해질 가능성이 있거나 가해지고 있는 상태로 정의할 수 있으며, 국가 위기관리의 개념은 국가 위기를 사전에 예방하고 발생에 대비하여, 위기 발생 시에는 효과적인 대응 및 복구를 통하여, 그 피해와 영향을 최소화함으로써 조기에 위기 이전 상태로 복귀시키고자 하는 제반 활동이다.

국가 위기관리 커뮤니케이션을 위한 언론발표문 원칙은 전달할 내용의 핵심을 부각하고, 정확하게 표현하며, 단문 위주의 짧은 문장으로 작성한다. 특히 전문용어의 사용을 자제하고, 보도 가능한 내용만을 바탕으로 작성하도록 한다. 또한, 인터넷에, 조직에 대한 안티사이트를 개설한 경우, 그 사이트의 파급효과가 크다고 판단될 때, 그 사이트를 개설한 사람에게 이메일을 보내고 대화를 유도하는 것이 바람직하다.

일반적인 재난의 개념은 홍수, 지진과 같은 대규모의 자연재난을 지칭하는 것이었으나, 산업화 · 도시화 등에 따른 과학기술의 발달로 현대사회에 들어와서는 대규모의 사회재난의 결과가 자연재난을 능가함에 따라 자연재난뿐만 아니라 사회재난을 포괄하는 개념으로 변화하였다.

미디어에 의해 재난으로 인한 피해의 본질을 인명이나 금전적인 피해로부터 또 다른 영역으로 전이될 수 있다. 즉, 경영의 관점에서 심각한 문제 발생 시 언론보도로 인해 비롯되는 사건이 명성에 부정적 영향을 미칠 수 있는데, 이는 경제적 손실보다 훨씬 피해가 심각할 뿐 아니라 회복이 어려울 수 있다.

미디어에 대하는 기본적 자세는 '모든 언론과의 접촉, 인터뷰는 기회다!'라는 것이다. 기회는 긍정적인 메시지 전달, 가장 효율적인 의사전달 방법, 부정확한 정보에 대한 정정, 공격/비판에 대한 대응인 것이며, 또 우리의 목적과 기자의 목적은 상반될 수 있으므로, 기자와 같은 인터뷰 접근법이 필요하다.

7. 위기관리 성공 및 실패 사례

7.1. 성공 사례

삶에는 기쁨도 있지만 누구나 크고 작은 위기에 직면할 때가 있다. 기업도 마찬가지로, 언제나 도전하고 새로운 시도를 해야 하는 기업 입장에서는 한 번의 실수로도 큰 위기를 맞기도 하지만 이를 어떻게 대처하느냐에 따라 위기는 또 다른 도약의 기회가 될 수도 있다.

본 고에서는 위기를 성공적으로 극복한 세 기업의 사례를 소개하고자 한다.

(1) 위기 대응은 투명하고 신속하게 : 스타벅스

세계적으로 유명한 커피 전문점인 스타벅스는 미국 필라델피아에 있는 한 매장에서 흑인을 상대로 한 인종차별 사건으로 위기를 맞이한 바 있다. 당시 음료를 따로 주문하지 않고 잠시 매장에 앉아 있었던 흑인 고객을 매장 직원이 무단 침입으로 경찰에 신고한 사건으로, 음료를 시키기 전에 잠시 자리를 잡고 기다리고 있었던 무고한 시민이 경찰에 이유 없이 붙잡히게 된 것이다.

고객은 즉시 풀려나긴 했지만, 사건이 알려지게 되면서 많은 사람들이 스타벅스의 인종차별 논란에 대해 분노했고, 급기야 불매운동으로까지 번지게 되었다.

이에 스타벅스는 신속하게 대응했다. 스타벅스 CEO 케빈 존슨은 아침 시간대에 가장 많은 시청률을 자랑하는 프로그램 '굿모닝 아메리카'에 나와 이 사건을 투명하게 공개하고 사과했으며, 이와 더불어 피해자들을 만나고 보상할 수 있는 기회를 달라고 요청했다.

스타벅스의 이러한 투명하고 신속한 대응은 '인종차별'이라는 미국 사회의 예민한 문제를 잠재우게 하는 데 도움이 되었고, 미국의 많은 매체에서는 이들의 발 빠른 판단을 올바른 위기 대응 사례로 선보이며 소개하기도 했다.

(2) Back to Basic : 레고

덴마크어로 '재미있게 놀다'라는 뜻에서 이름이 유래한 장난감 회사 레고는 한차례 큰 경영위기에 직면한 적이 있다. 세계적인 아동용 완구 브랜드로 고속 성장 중이던 레고는 브랜드의 가치를 높이기 위해서 더 많은 사업(캐릭터를 접목한 비디오 게임이나 피규어 사업 등)으로 확장을 시도했는데, 곧 수백억 원대의 경영 손실을 안으며 참담한 실패를 경험했다.

이에 많은 전문가들은 브랜드의 정체성을 정확하게 파악하지 않은 데 그 원인이 있다고 설명했다. 레고는 위기를 회복하기 위해 이들이 존재할 수 있었던 이유에서 해답을 찾았다. 끈기 있게 브릭을 쌓고 만들어야 하는 레고만의 기본으로 돌아가, 브랜드만의 정체성을 지키도록 한 것이다.

새로운 사업을 확장하기보다 정체성을 바탕으로, 어떻게 하면 어린이들에게 영감을 줄 수 있는지에 초점을 맞추어 재정비한 결과, 레고는 재기에 성공할 수 있었다.

(3) 여론을 존중한다 : 펩시콜라

펩시콜라는 미국의 유명한 모델, 켄달 제너가 등장하는 광고 영상으로 인해 큰 비난을 받은 바 있다. 해당 영상은 켄달 제너가 긴장된 분위기가 감도는 성소수자를 위한 시위 현장에서 시위대에게 펩시콜라를 건네고 환하게 웃으며 마무리하는데, 바로 그 장면이 문제가 된 것이다. 광고를 본 많은 사람은 펩시콜라가 광고를 통해 시위 현장을 가볍고 재미있는 소재로 활용한 것에 대해 분노했다. 사회에 대한 문제의식을 표현하는 시위 현장을, 펩시콜라를 주고 해결한다는 내용을 비판한 것이다.

따라서 펩시콜라는 광고가 게재된 지 단 하루 만에 광고를 중단하기로 했다. 광고 제작비용에 큰 손실을 부담해야 했지만, 이러한 결정은 여론의 민심을 진정시키는 데 도움이 되었다. 펩시콜라는 과감하게 광고를 중단한 뒤, 미국의 많은 매체를 통해 이러한 사과 메시지를 함께 남기기도 했다. “펩시는 광고를 통해 통합, 평화, 이해라는 세계적 메시지를 담고자 했습니다. 하지만 이 영상은 우리의 목적을 놓쳤고, 우리는 결코 어떤 심각한 문제도 가볍게 여길 생각은 없었습니다. 따라서 우리는 해당 내용이 담긴 광고 영상을 바로 중단시켰고, 모델로 기용되었던 켄달 제너를 이런 자리에 앉힌 것에 대해서도 사과합니다.”

이와 같이, 유명한 글로벌 기업에게도 위기는 찾아올 수 있다. 어떤 위기는 수습되지 못하고 큰 실수로 남기도 하고, 또 어떤 위기는 현명하게 대처하여 전화위복의 계기가 되기도 한다. 실무자로서, 리더로서 기업에 닥친 위기를 해결하는 것은 아주 힘든 일일 수 있다.

7.2. 실패 사례

(1) 구제역 대응 실패

최선의 위기관리는 위기 발생을 미연에 방지하는 것이며, 차선책은 위기로 인한 피해를 최소화하는 것이다. 최악의 경우는 위기를 한 번 겪었는데도 비슷한 위기에 또다시 맞닥뜨려 막대한 피해를 보는 것이다.

구제역은 소, 돼지, 사슴 등 발굽이 두 개 달린 가축에 발생하는 질병이다. 바이러스성 급성 전염병인 이 병에 걸린 가축은 48시간 안에 입과 발굽 등에 수포 염증이 생긴다. 치사율이 높아 ‘가축의 에이즈’라고 부른다. 우리 기억에도 생생한 대규모 구제역 파문이 근래 두 차례 있었다.

이명박 정부 시절인 2010년 11월 29일. 당시 농림수산식품부는 경북 안동시 와룡면 돼지 축산 농가 2곳에서 구제역이 발생했다고 발표했다. 농림수산식품부 식품산업정책실장은 “안동의 돼지 농장에서 젖먹이 돼지 400여 마리가 11월 26일부터 폐사하고 있다는 신고가 경상북도 가축위생시험소를 거쳐 11월 28일 접수됐다. 국립수의과학검역원에서 정밀검사를 실시한 결과 구제역으로 판명됐다”라고 발표했다. 이 발표 당시만 해도 안동발 구제역이 사상 최악의 국가재난으로 발전할 것이라고는 그 누구도 예상하지 못했다.

안동발 구제역은 빠르게 확산하였다. 보름 만인 12월 14일, 7개 시군으로 퍼졌다. 매몰 대상 가축 수는 14만 6000여 마리로 급증했다. 사태가 악화하자 언론은 초기 검사와 진단 과정에서 정부의 무책임을 꼬집었다. 안동 구제역의 신고 및 확진 과정이 애초 농림식품부의 발표와도 다르다고 보도했다. 최초 구제역 신고 시점이 11월 26일이 아니라 11월 23일이었으며, 경상북도의 검사 결과를 믿지 못한 농장주가 11월 28일 국립수의과학연구원에 직접 신고한 뒤에야 구제역 확진이 이루어졌다는 것이다.

12월 15일, 구제역은 수도권으로 확대되었다. 경기도 양주와 연천군의 돼지 농가에서 구제역이 발생한 것이다. 위기의식을 느낀 정부는 위기 경보 수준을 '주의'에서 '경계'로 격상했다. 구제역 발생 한 달이 되어 가면서 피해 지역은 5개 시도, 29개 시군구로 대폭 늘어났다. 안동발 구제역은 안동 지역 주변뿐만 아니라 수도권 지역까지 축산업을 초토화했다.

구제역 발생 기간이 길어지고 범위가 확대되면서 방제 및 매몰 인력 부족 문제가 심각해졌다. 구제역 발생 이후 한 달간 투입된 인력이 연 15만 명에 달했다. 한겨울 혹한기라는 계절적 요인도 구제역 방역의 어려움을 가중시켰다. 12월 29일, 정부는 가축 질병의 위기 경보를 3단계 가운데 최고 수준인 '심각' 단계로 높였고, 범정부 차원의 통합 대응 기구인 중앙재난안전대책본부를 행정안전부에 구성했다.

정부가 총력 대응에 나섰지만, 구제역 확산은 멈추지 않았다. 이명박 대통령은 12월 30일 청와대에서 열린 장차관 종합토론회에서 구제역이 전국적으로 확산하고 있는 데 대해 깊은 우려와 안타까움을 표명했다. 2011년 1월 3일, 살처분된 가축은 78만 마리에 달했다. 살처분 보상금, 백신 구입비, 생계 안정 자금 등을 포함하면 1조 원 가까이 들었다고 언론은 추정했다. 여기에 각 지방자치단체가 새해맞이 등으로 준비한 행사를 줄줄이 취소하면서 지역 경제에 미친 악영향도 막대했다.

1월 7일에는 구제역에 따른 도살 처분 규모가 100만 마리를 넘어섰다. 1월 25일에는 피해가 곱절 이상 늘어나 매몰 처분된 가축만 262만 마리로 늘어났다. 피해액도 보상비 1조 8000억 원, 방역 초소 운영 및 소독약 등 지방자치단체가 지출한 비용까지 합하면 3조 원이 넘을 것으로 언론은 추산했다. 구제역 발생 71일째인 2월 6일, 발생 지역은 8개 시도, 68개 시군구로 확대됐고, 310만 마리가 넘는 가축이 살처분됐다.

안동발 구제역이 국가적 재난 위기로 발전하면서 언론과 정치권은 정부를 강하게 성토하고 나섰다. 거의 모든 언론이 초동단계 대응 실패, 판단 미스, 방역 시스템의 문제 등을 지적했다. 여야 정치권도 가만히 있지 않았다. 정부의 대처가 안일했다며 비판했다.

2010년 안동발 구제역의 피해가 워낙 막대해 우리의 뇌리에 강하게 각인되어 있지만, 이보다 10년 전인 2000년에 파주발 구제역도 전 국민을 공포의 도가니로 몰아넣은 대형 위기 사건이었다. 2000년 파주 구제역이 발발하기 전까지만 해도 우리 국민 대다수는 구제역이 어떤 질병인지 잘 몰랐다. 일제 치하 시절인 1934년 이래 66년 동안 국내에서 구제역 발병 신고가 전무했기 때문이다. 이런 이유로 당시 정부나 국민은 별다른 준비가 되어 있지 않은 상황에서 2000년에 파주 구제역 사태를 맞았다.

2000년 3월 20일. 경기도 파주시 파평면 금파리 일대의 젖소가 수포성 가축 질병 증세를 보였다. 김모 씨가 기르는 젖소 15마리 중 세 마리가 식욕부진과 침 흘림, 물집 증상을 보였다. 김 씨는 3월 24일 '의사 광견병'으로 파주시에 신고했다. 신고를 접수한 파주시는 수포성 질병의 확산을 막기 위해 이튿날 젖소 25마리를 죽여 매립했다.

당시 농림부는 차관을 본부장으로 하고 국립수의과학검역원장, 축산농민단체대표 등이 참여하는 '젖소수포성질병비상대책본부'를 설치해 종합적인 방역과 축산물 수급 안정 대책을 추진하겠다는 방침을 3월 28일 발표했다. 그다음 날부터는 수포성 질병에 걸린 농장을 중심으로 반경 10km 이내에 있는 농장의 가축에 대해 일제히 구제역 백신을 투여했다. 구제역이 확산하면서 국민 불안감이 증폭되었다. 돼지고깃값은 폭락했다. 구제역이 초유의 일이다 보니 일부 언론이 인체 감염 가능설까지 제기하면서 논란이 일었다.

4월 2일, 농림부는 '구제역 오염 경계 지역 행동 요령'을 발표했다. 구제역이 발생한 지점으로부터 반경 20km 이내에서는 방역 기관의 허락 없이 가축을 반출할 수 없고, 가축 분뇨는 반드시 매립 처리토록 했다. 그러나 정부의 적극적인 확산 방지 노력에도 구제역 감염 지역은 늘어갔다. 정부는 파주시의 구제역 발병 지역 반경 10km 이내의 가축 9만여 마리를 도축 수매하고, 반경 20km 이내에 있는 35만 마리는 농민이 원할 경우 전량 수매키로 했다. 충청남도는 4월 2일 국내 최대 우시장인 광천읍과 홍성읍 우시장을 잠정 폐쇄하는 조치까지 단행했다.

4월 3일, 정부는 더욱 강력한 구제역 대책팀 구성과 축산업 안정 대책을 발표했다. 박태준 당시 국무총리를 위원장으로 하는 중앙정부 차원의 '구제역방역대책위원회'를 구성했다. 방역 지원 대책비도 애초 3,000억 원에서 5,000억 원으로 늘려 구제역 발생 지역 반경 20km 이

내의 소는 물론, 돼지 등 다른 가축들도 산지 가격으로 전량 수매키로 했다. 한편 총리 주재로 각 시도지사가 참여한 가축비상대책위원회를 열고 각 시군에도 '가축비상대책본부'를 설치했다. 이후 구제역 확산이 멈추면서 농림부는 4월 19일부터 이동 제한을 해제 또는 완화하는 조치를 했다. 이어서 단계별, 지역별로 방역 규제가 해제되었다.

안동발과 파주발 구제역은 동일한 성격의 국가 위기이지만 위기관리 측면에서 보면 여러 면에서 비교되고 많은 시사점을 제공해 준다. 한마디로 규정한다면 안동발 구제역은 실패한 위기관리, 파주 구제역은 성공한 위기관리의 전형적인 사례라고 할 수 있다.

구제역이 뭔지도 잘 몰라서 배워 가면서 대처했던 2000년 파주발 구제역에서 교훈을 얻은 정부가 10년 후에 왜 또다시 사상 최악의 구제역 위기를 맞았을까?

(가) 초기 대응 실패

정부는 호미로 막을 일을 가래로 막는 우를 범했다. 안동에서 구제역이 최초로 신고된 것은 2010년 11월 23일이었지만 방역 당국은 11월 29일에야 확인했다. 최초 의심 신고가 들어온 뒤, 지방자치단체는 약식 검사 장비인 '간이 항체 키트' 검사 결과(음성)만 믿고 시간을 허비했다. 지역 방역 담당자는 키트 검사가 음성이라도 검역원에 정밀검사를 의뢰하도록 되어 있는 신고 의무를 지키지 않았다. 바이러스(항원) 침투 후 항체가 형성되는 데 통상 14일이 걸리는데 정부는 생기지도 않은 항체를 검사하는 장비만 믿고 손을 놓고 있었다는 것이다.

더욱이 안동에서 구제역이 발생한 초기에 이 지역을 찾은 검역원 역학조사팀이 '경기도 파주의 축산 분뇨 건조 기계업체 차량이 다녀갔다'라는 주민들의 말을 듣고도 해당 업체에 소독과 이동 자제만 당부하는 소극적 조치를 했다. 해당 차량이 경기도 일대를 오가며 바이러스 덩어리를 퍼뜨리기 전에 확실하고 강력하게 이동을 통제하고 방역 조치를 했더라면 구제역의 전국 확산이라는 최악의 위기를 겪지 않았을 것이다.

(나) 범정부 차원의 컨트롤 타워(control tower) 구성과 운영 문제

2000년 파주 구제역이 초기 일부 혼선이 있었지만, 피해를 최소화하면서 수습된 것은 범정부적 협력이 있었기 때문이다. 반면에 2010년 안동발 구제역 발생 40일이 지난 다음에야 대통령이 '긴급' 장관회의를 연 것은 문제라고 하지 않을 수 없다. '긴급'이란 말을 붙인다는 것이 무색했으니 말이다. 대통령이나 국무총리가 구제역의 폭발력을 인식해 보다 신속하고 적극적으로 챙겼더라면 상황은 크게 달라졌을지도 모른다.

(다) 위기 매뉴얼 관리와 사전 훈련의 문제

파주 구제역 이후 농림부는 구제역 매뉴얼을 만들었으나 정작 안동발 구제역이 발생했을 때 일선 공무원들은 그때야 매뉴얼을 펼쳐 들었다는 것이 당시 언론의 지적이다. 이 보도가 사실이라면 정부가 말로만 위기관리가 중요하다고 외쳤을 뿐 실제 위기 대비는 형식적이었음을 보여주는 것이다. 아무리 정교한 위기관리 계획을 만들어 놓는다 한들 이를 평소에 철저하게 숙지해 몸에 배도록 하지 않으면 실전에서 소용이 없음을 안동발 구제역은 가르쳐 준다.

8. 위기를 기회로 바꾸는 전략

8.1. 위기를 성장의 기회로

위기 상황을 기업이나 조직, 또는 개인의 새로운 성장의 기회로 삼기 위해서 기업이나 조직, 또는 개인은 위기 상황 때문에 생긴 부정적인 이미지와 명성을 다시 원래의 긍정적인 이미지와 명성으로 바꿔야 한다. 이를 위해서는 전략적인 커뮤니케이션을 실행할 필요가 있다. 위기를 성장의 기회로 삼기 위한 첫째 커뮤니케이션 전략은 위기 상황이 발생하자마자 즉각적으로 위기 상황과 관련된 기업이나 조직, 또는 개인의 입장과 발표문(메시지)을 만들어 모든 기업과 조직 구성원들에게 공유하도록 하는 것이다.

그리고 위기 상황이 발생했을 때, 기업이나 조직은 주주와 소비자, 협력업체, 원자재 공급회사 등 기업과 조직의 이해관계자들을 대상으로 어떻게 커뮤니케이션할 것인지에 대한 계획을 수립하고, 이에 대한 커뮤니케이션 가이드라인을 만들어 모든 기업과 조직 구성원들에게 전달해야 한다. 이를 통해 위기 상황에서 일선 직원들이 기업이나 조직의 이해관계자들을 대상으로 잘못된 커뮤니케이션을 펼침으로써 기업이나 조직의 이미지나 명성을 추락시키는 실수를 저지르지 않도록 해야 할 것이다.

위기를 성장의 기회로 삼기 위한 둘째 커뮤니케이션 전략은 기업이나 조직, 또는 개인에게 위기 상황이 발생하면, 위기 상황을 효과적으로 관리하기 위한 컨트롤 타워를 만들어 위기관리가 종합적으로 그리고 체계적으로 이루어질 수 있도록 하는 것이다.

나아가 위기관리를 위한 컨트롤 타워 안에 위기 상황 해결을 위한 커뮤니케이션 전략을 총괄하는 커뮤니케이션 전담 부서를 만들고, 커뮤니케이션 전담 부서에 기업이나 조직의 이해관계자별, 부문별, 이슈별 대변인 체계를 수립해, 분야와 이슈별로 전문화된 커뮤니케이션 인력들이 위기관리 커뮤니케이션을 수행할 수 있도록 해야 할 것이다. 분야와 이슈별 대변인들이 위기 상황이 발생했을 때 즉각적이고 효율적으로 대응할 수 있게끔 하기 위해 기업이나 조직은 이들에게 전문적인 대변인 훈련을 받을 수 있는 교육의 기회를 제공해야 한다.

그리고 위기를 성장의 기회로 삼기 위한 셋째 커뮤니케이션 전략은 위기 상황에서 기업이나 조직, 또는 개인이 위기관리 커뮤니케이션 활동을 진행한 후, 그에 대한 자체 평가와 분석을 통해 현재 위기관리 커뮤니케이션 전략이 가지고 있는 장단점을 찾아내고, 이를 바탕으로 위기관리 커뮤니케이션 전략과 방안을 업데이트하는 것이다.

위기 상황 해결을 위해 실행했던 위기관리 커뮤니케이션 전략에 대한 자체 분석과 평가 결과는 모든 기업과 조직의 구성원들이 공유해 부서별 위기관리 커뮤니케이션 전략을 개선하는 데 활용될 수 있도록 해야 한다. 기업이나 조직, 또는 개인이 위기 상황 해결을 위해 실행했던 위기관리 커뮤니케이션 전략에 대해 자체 평가와 분석을 하는 것은 매우 중요하다. 기업이나 조직, 또는 개인이 위기 상황에 처했을 때 어느 부분에 취약하거나 문제점을 보이는지를 인식하는 기회가 될 수 있기 때문이다.

결국, 이미 실행된 위기관리 커뮤니케이션 전략에 대한 자체 평가와 분석은 미래에 발생이 가능한 예기치 않은 위기 상황에 대해 더 효율적으로 대응할 수 있는 능력을 갖출 수 있도록 도와준다. 이에 더해 위기를 미리 예방할 수 있는 기회를 제공해 주어 기업이나 조직, 또는 개인의 위기관리 능력을 향상시키는 계기가 될 수 있다.

8.2. 위기관리를 위한 교육 · 훈련 방법

그렇다면, 평상시 기업이나 조직의 구성원들을 대상으로 한 위기관리 교육이나 훈련은 어떻게 실시할 수 있을까? 기업이나 조직 구성원들을 대상으로 하여야 한다.

첫째 위기관리 교육 · 훈련 방법은 기업이나 조직 구성원들을 소그룹으로 나누어 그룹별 토의를 통해 발생이 가능한 위기 요소들을 찾아내게 하고, 찾아낸 위기 요소들에 대한 예방 대책이나 해결 방안 등을 논의하게 하는 것이다. 그리고 그룹별로 논의된 내용을 바탕으로 그룹별 위기관리 교안을 만들어 전체 구성원이 모인 자리에서 발표하는 위기 공감 워크숍을 진행한다.

둘째 교육 · 훈련 방법은 위기관리를 주제로 외부 전문가를 초청해 효율적인 위기관리 방안에 대해 모든 조직 구성원을 대상으로 특강을 진행하는 것이다.

셋째 교육 · 훈련 방법은 기업이나 조직 내 부서별로 현재 해당 부서가 가지고 있는 위기 요소들에 어떤 것들이 있는지 토의하도록 한 후, 해당 부서의 위기 요소들을 예방하고 해결하기 위해 부서에서 자체적으로 실천할 방안들을 토의해 도출하도록 하는 것이다.

나아가 토의에서 부서별로 도출한 실천 방안들을 목록으로 작성해 부서별 '우리의 약속'으로 정하고 부서원들의 실천을 유도하는 것이다. 부서별로 진행된 토의 과정과 논의의 결과물은 기업이나 조직의 전자게시판에 게시해 모든 조직원이 공유할 수 있도록 한다. 이를 통해 조직이나 기업의 위기 요소들과 해결 방안을 모든 조직 구성원이 인지할 수 있도록 해야 할 것이다. 또한 부서별로 발견하고 토의한 위기 요소들과 대응 방안들을 종합적으로 검토해 전체 조직 차원에서 위기관리 계획과 대응 방안을 만들어낼 수도 있다.

이러한 활동을 통해 기업이나 조직은 위기 상황에 대한 사전 대비부터 사후 대응까지 위기 상황의 단계별 대응 방안을 수립할 수 있는 기회를 가질 수 있게 될 것이다.

현대사회에서 기업이나 조직이 효율적으로 위기 상황을 극복할 수 있는 능력은 평상시 기업이 가지고 있는 기업 경쟁력만큼이나 중요하다. 왜냐하면, 외부의 요인에 의해 발생한 위기든 조직 내부의 원인에 의해 발생한 위기든, 기업이나 조직이 그 위기 상황을 이겨내고 다시 원래 기업과 조직이 가지고 있었던 이미지와 명성을 회복할 수 있는 역량을 가지고 있다면, 그 기업이나 조직은 미래가 보장될 수 있기 때문이다. 역으로 만약 기업이나 조직이 위기 상황을 이겨낼 역량이 없어 원래의 이미지와 명성을 회복할 수 없다면, 그 기업이나 조직은 미래가 보장될 수 없다.

따라서 기업이나 조직의 모든 구성원은 위기 상황에 대한 철저한 대비와 준비, 그리고 대응 전략 수립에 주도적으로 참여하고 위기 상황의 예방과 해결자로 적극적으로 나서, 위기 상황으로 인한 부정적 이미지와 명성을 회복하고 새로운 성장의 기회를 확보하는 도구로 위기 상황을 활용해야 할 것이다.

8.3. 위기관리를 위한 최고경영자의 역할

위기 상황은 기업이나 조직, 또는 개인의 비즈니스 영역에서 언제든지 발생이 가능한 것으로, 기업이나 조직, 또는 개인은 평상시에 위기 상황에 대한 대비와 준비를 해야 하는 시대가 되었다. 따라서 위기가 더 이상 한시적이거나 특별한 현상이 아니라 언제든지 발생이 가능한 현상이라는 사실을 기업이나 조직, 또는 개인은 인식해야 할 것이다.

특히 인터넷과 소셜 미디어, 그리고 모바일 커뮤니케이션 기술의 발달로 위기 상황에 대한 전파 속도가 급속도로 증가했고, 기업이나 조직, 또는 개인의 비즈니스가 점점 복잡해지고 다양해지면서 위기 상황의 발생 빈도 역시 점차 증가하고 있다.

이처럼 위기 상황의 발생 빈도가 증가하고, 위기 상황에 대한 전파 속도가 급속도로 빨라지면서 예전과 같이 각개전투식으로 위기를 관리하는 방식은 한계가 있는 시대가 되었다. 현대사회에서 위기를 효율적으로 관리하기 위해서는 기업이나 조직의 모든 부서와 구성원들이 유기적으로 협력하는 위기관리시스템이 도입되어야 하고, 위기관리 조직 역시 상시로 운영할 필요가 있다.

기업이나 조직의 모든 부서와 구성원들이 유기적으로 협력하는 위기관리시스템이 제대로 운영되기 위해서는 무엇보다 기업이나 조직의 최고경영자(CEO)가 기업과 조직의 위기관리 시스템을 전폭적으로 지지하고, 지속적인 관심을 보여야 한다. 이와 함께 위기관리 업무의 구심점 역할을 하는 전담 조직이나 체계가 필수로 운영되어야 한다. 부서별로 분산되어 있는 위기관리 업무들을 기업과 조직 차원으로 통합해 운영함으로써 위기 상황 발생 시, 즉각적이고 효율적으로 대응할 수 있는 체계를 수립해야 한다는 것이다.

이러한 통합 위기관리시스템의 효율적인 운영을 위해서는 기업이나 조직 내 위기관리 업무를 전체적으로 조율하고 관리할 수 있는 통합 부서를 만들어, 위기관리 코디네이터 역할을 맡도록 해야 한다. 나아가 기업이나 조직의 모든 구성원이 평상시 위기관리를 위한 교육이나 훈련에 지속해서 참여할 수 있도록 해 위기관리를 위한 훈련이나 교육이 단발성 또는 이벤트성으로 끝나지 않도록 해야 할 것이다.

제5편

결론

1. 결론

전규찬 교수는 영국에서 지난 11년 동안 시스템 안전(Systems safety)이라는 주제로 여러 전공(심리학, 사회학, 공학, 디자인)의 동료 교수들과 같이 연구하고 학생들을 가르쳐 오면서 배우고 느낀 것들을 아래와 같이 정리하였다.

1.1. 희생양 찾기(Blame culture)

어떤 사고가 발생했을 때 의례 우리는 누구의 잘못인지를 먼저 따지려고 한다. 세월호 사고에서도 선장의 잘못인지, 회사의 잘못인지, 해경의 잘못인지, 정부의 잘못인지를 집약적으로 파고들고, 따지고, 거기에 우리의 분노, 실망, 답답함을 표출하는 것은 어쩌면 우리의 자연스러운 반응이다. 하지만 누구의 잘못인지를 따지는 데만 급급하면 사고로부터 무엇을 배울 수 있는지를 놓치기가 쉽다.

특히 많은 경우에 사고의 원인은 개개인의 실수, 태만 뒤에 있는 훨씬 더 큰 사회 시스템 요소들(조직 문화, 회사의 전략, 경영 스타일, 업무 보상 체계, 정책, 법규, 사회 전체 시스템과 문화)과 관련되어 있는 경우가 많다. 개인적으로는 어쩌면 우리가 모두 그 사회 시스템의 문화를 구성하고 만들어낸 일원으로서 그 시스템의 희생자들에 대한 책임이 있다.

영국 의료 시스템의 문화도 오랫동안 희생양 찾기(Blame culture)나 숨기기(Hiding culture)였다. 사고가 발생했을 때 가능하면 동료들끼리 서로 숨기고 쉬쉬하거나, 그렇지 못할 경우는 희생양을 찾아서 모든 책임을 전가하는 것이다. 그러다 보니 사고가 발생하는 순간에만 비난의 화살을 몇몇 개인과 조직에 퍼 붓다가 시간이 지나고 나면 잊어버리고, 비슷한 사고들이 계속해서 발생하는 것을 알게 되었다.

희생양을 찾는 문화(Blame culture)에서는 개선의 여지가 없다는 것을 알게 되고, 전체 시스템 관점에서 사고 원인을 분석하고 개선할 수 있는 문화의 중요성을 강조하게 되었다.

이 분야의 석학인 호주의 시드니 데커(Sidney Dekker) 그리피스대 교수는 'Just culture'라는 책에서 "정직한 실수(Honest mistake)"를 한 사람이 과도하게 처벌받게 된다면 안전 관련자들에게 더 주의하려는 마음보다는 조금이라도 잘못될 것에 대한 두려움과 어떠한 사고든 숨기고 싶은 마음을 갖게 하는 문화를 만들게 된다고 경고했다.

물론 사고와 직접 관련된 개인과 조직이 책임이 없다는 것은 아니다. 영국 의료 시스템에서는 책임을 져야 할 개인들에게 "정당한 책임(Fair blame)"을 묻고, 전체 시스템에서 관한 분석, 고찰과 개선 노력도 같이 균형 있게 진행하는 방향으로 전개되고 있다.

1.2. 학습하는 조직(Learning organisation)

시스템 개선을 위한 가장 중요한 것 중의 하나가 실패와 실수로부터 배울 수 있는 조직으로 만드는 것이다. 하지만 희생양 찾기 문화가 전체 시스템적인 교훈을 배우는 것을 방해한다는 것을 깨닫고, 배우는 조직을 어떻게 만들 수 있는지에 대해서 고민해야 한다.

영국 의료 시스템의 안전을 개선하고자 2000년에 영국 정부가 발행한 보고서의 제목이 '기억력 있는 조직'(Organisation with a memory)이다. 이 보고서에서는 현업에 있는 분들이 모두 잘못된 경우(크고 작은 사고뿐만 아니라 사고 직전의 상황[near miss])들을 지속해서 보고, 수집, 분석하여 학습할 수 있는 문화와 메커니즘의 필요성을 강조했다.

그리고 어떻게 매일 매일 하는 업무 속에 실패로부터 배우는 것을 정착시켜야 하는지에 대한 방법을 제안했다. 그 이후로 영국 정부가 국립 환자 안전국(National Patient Safety Agency: The National Patient Safety Agency (NPSA) was a special health authority of the National Health Service (NHS) in England.)이라는 조직을 만들고, 전국적으로 의료 사고 및 사고 직전의 위기일발 상황(near miss)에 대해서도 의료진이 쉽게 보고(Reporting)할 수 있는 시스템을 만들고 어떻게 전국, 지역, 조직 및 개인 차원에서 사고, 실수, 실패로부터 배우는 문화와 메커니즘을 만들어 가고 있다.

이러한 보고와 학습 시스템을 통해 새롭게 발생하는 위험 요소에 대해 신속하게 파악하여 대응할 수 있고, 장기적으로는 새로운 시스템, 정책 개발하는 곳에 활용되고 있다.

1.3. 안전 규정 무시하기(Non-compliance)

사람들이 계속 안전 규정들을 무시한다는 것을 알게 되면서, 근본적으로 왜 그러는지에 대해 최근 연구가 많이 진행되었다. 이 분야의 또 다른 세계적 석학인 덴마크의 에릭 호나겔(Erick Hollnagel) 교수는 많은 경우에 사람들이 안전 규정을 지키지 않는 이유는 시스템을 더 효율적으로 돌아가게 해주고, 심지어는 역설적으로 더 안전하게 만들게 하기 위해서라고 했다.

한 예로 노동쟁의의 한 방법으로 노동자들이 안전 규정을 정확히 지켜 전제 시스템의 효율성을 용납하기 힘든 정도로 안 좋게 하는 방법도 있다. 그러다가 가끔 어떨 때는 안전 규정을 지키지 않는 똑같은 행위가 공교롭게도 사고로 이어진다고 한다. 특별히 의료 시스템에서는 너무 많은 안전 규정이 존재하여 무시하지 않고는 일을 할 수가 없다.

이렇듯 안전 규정을 지키고, 지키지 않는 것이 그렇게 간단하게 생각할 일은 아니다. 우리 스스로가 하는 일 중에서 안전 규정을 철저히 지키고 하는 일들이 얼마나 있는지 생각해 보면 자기 스스로 이해가 충분히 될 것이다.

1.4. 위험사회에서 안전한 사회의 첫걸음

안전이라는 것이 이렇듯 매우 복잡한 현상이다. 단순하게 안전을 생각하면 사고가 발생했을 때 그냥 누구의 잘못인지를 따지는 데만 집중하게 되는데, 사실 안전사고는 매우 복잡한 요인들이 복잡한 상호작용을 거쳐 발생한 부산물이다. 특별히 안전에 관련한 연구는 인간, 사회, 기술에 대한 이해가 같이 되어야 하므로 공학, 디자인, 사회학, 심리학을 연구하시는 분들이 같이 모여서 반드시 융합적으로 연구해야 하는 분야이다. 하지만 안전에 관하여 연구하거나, 현업에서 안전 관련 업무를 하는 것은 많은 어려움이 있다.

예를 들면 안전 관련 종사자들이 위기관리를 잘하고 있다는 것은 사고가 나지 않는다는 것이다. 특별히 단기적인 실적이 최우선시되는 사회에서는 금전적인 실적을 내기보다 손실이 없게 유지한다는 일에 대해 사람들의 인정받기가 힘든 경우가 많이 있다. 사고가 발생하지 않으면 우리는 당연하게 여기거나, 뭐가 좋아졌는지 모르고 지나가는 경우가 많다.

이런 어려움, 복잡함이 있기에 안전이라는 문제는 비전, 인내, 헌신이 없이는 지속해서 추구하기가 어렵다. 그렇기에 많은 경우에 사고 희생자의 가족과 친지들이 사명감을 가지고 안전 관련 캠페인을 지속해서 추진하는 사례들이 있다.

▶ 첫째로는 영국에 있는 7년 된 자선 캠페인단체, Clinical Human Factors Group(CHFG)이다. 2005년 비행기 기장이던 마틴 브롬리는 아내 일레인을 의료 사고로 잃게 되었다. 그 당시 작성된 사고 조사 보고서를 본 브롬리는 그의 아내의 죽음은, 비록 경험 많은 의료진들이 있었지만, 그날 의료진들은 기본적인 절차를 지키지 않았고, 의료기구를 제대로 제때 사용하지 못했고, 상황에 관한 오판을 했고, 적절한 결정을 내리지도 못했고, 예상치 못한 비상사태에 제대로 대응하지 못한 것을 알게 되었다.
결국은 많은 사고가 그렇듯이 이 사고도 단순한 기술적인 문제가 아니라, 한 개인의 실수가 아니라, 전체 시스템의 문제였다. 마틴은 남겨진 어린 두 아이를 키우기도 바빴지만, 항공기 기장으로서 그리고 인간공학 전문가로서 와이프를 앗아간 의료 사고가 교훈이 되어서 의료 시스템이 개선되는 계기가 되기를 바랐다. 그런데 그런 비슷한 의료 사고들이 비일비재하다는 것을 알게 되면서, 의료 시스템에서 일하고 있는 사람들에게 인간과 전체 시스템에 대한 이해를 바탕으로 시스템 개선(Human Factors approach)을 해야 하는 중요성을 설득하려고 했다.
2년 동안 의료인들을 설득하다가, 2007년에 본인이 나서서 하지 않으면 아무런 변화가 없을 거라는 것을 깨닫고 자선 캠페인단체를 만들었다. 그로부터 7년이 지난 지금 이 단체는 관련 분야 전문가 그룹을 구성하여 대형 병원을 돌아다니며 정기적으로 오픈 세미나를 하고, 의료인들의 교육과정을 바꾸기 위한 캠페인을 하고, 교육자료를 만들어 배포하고, 최근에는 영국 의료기관장들로부터 Human Factors approach를 제대로 적용하겠다는 협약을 맺고, 이것을 책임지고 추진하는 수장을 임명하게 되었다.

▶ 1989년에 영국 중부 셰필드라는 도시에 있는 힐스버러 축구장 사고입니다. FA컵 준결승 시에 발생한 압사로 96명(78명이 십대와 이십 대)의 생명을 잃은 것으로 알려져 있는데, 그 이후 영국 축구장 안전 문화는 그 가족들과 친구들이 중심이 되어 많은 변화를 일으켰다. 가족들과 친구들이 Hillsborough Family Support Group (HFSG), Hillsborough justice Campaign (HJC)을 구성하여, 사고 후 경찰과 뉴스로부터 왜곡되어 묘사된 희생자들의 오명을 회복하는 것이 주목적이었지만, 대중들이 사고를 기억하게 하고 안전을 향상시키는 데도 많은 기여를 했다. 25년이 지났지만, 지금도 4월 중순이 되면 프리미어리그 모든 경기전에 1분간 힐스버러 희생자들을 위해 묵념하는 시간이 있다. 올 4월에 기성용 선수가 있는 선더랜드 축구장에서 경기를 관람할 기회가 우연히 있었는데 마침 힐스버러를 기억하는 1분 묵념하는 시간을 축구 경기 전에 가졌다. 사고 10년이 지난 후에야 매년 1분 묵념하는 요청이 받아진 것처럼 희생자의 가족이나 친구들이 비전을 가지고 헌신적으로 지속해서 하나씩 변화시켜 오고 있다.

제한된 자원과 서로 상충하는 목적과 이해관계가 있는 사회에서 세계 어느 곳에도 완벽하게 안전한 사회를 만들 수 없다는 것은 우리가 인정해야 하는 현실이다. 여러 제약에도 불구하고 한국 사회에서도 많은 분들이 안전을 위해서 희생을 무릅쓰고 열심히 역할하고 있다. 이러한 변화의 물결을 바른 방향으로 잡아가는 것이 위기관리자나 안전관련자로서 우리의 역할이다.

우리가 안전을 중시하는 문화로 바꿀 경우에는 어쩌면 우리에게 많은 불편함이 올 수 있다. 데이비드 캐머런 총리가 고민하는 것처럼 우리 사회의 단기적인 시장 경쟁력에 안 좋은 영향을 줄 수 있다. 그럼에도 불구하고 우리 사회 구성원들이 이런 불행한 사고들이 발생하는 것을 방지하는 것이 더 중요한 가치가 있다고 공감하고, 더 안전한 사회를 만드는 것으로부터 오는 또 다른 희생을 용납하는 사회가 될 때 진정한 변화의 시작이 될 수 있지 않을까 생각된다. 참고로 어쩌면 사고 발생이 줄어든다고 하더라도, 우리는 뭐가 좋아졌는지 알기 힘들 수도 있다.

사회의 모든 변화가 그렇듯이 많은 시간과 인내가 필요하다. 뉴스 속의 아이들의 영정 사진을 보면서 미어지는 가슴이 한순간의 감정이 아니라 큰 사회 변화의 계기가 될 수 있도록 많은 사람의 오랫동안 기억되기를 바라고, 지속적이고 구체적인 변화가 시작되어야 발전할 수 있다. 그러기 위하여 정부에서는 꾸준한 노력을 하고 있으며 국민들도 위기관리, 안전관리 등에 폭넓은 시야를 두고 관심을 가져야 한다.

1.5. 위험을 미리 예견한 사회학자 울리히 벡의 '위험사회'

현재 우리는 울리히 벡이 35년 전 '위험사회'에서 언급한 제2의 현대성을 온몸으로 경험하고 있다. 벡은 체르노빌 사건으로 과학기술 위협과 생태 오염의 심각성을 경험한 뒤 '위험사회'를 저술했다. 하지만 그때까지만 해도 그의 분석은 상당 부분 '예언적'이었으며, '가능성'에 관한 문제였다.

울리히 벡은 사회가 발전할수록 위험사회가 될 것이라며, '안전'의 가치가 '평등'의 가치보다 중요해질 것이라고 내다봤다. 위험은 지역과 계층에 관계없이 평준화가 될 거라고 했다. 그의 유명한 이 명제는 자주 인용된다. "부(富)에는 차별이 있지만 스모그에는 차별이 없다."

이렇게 번역되기도 한다. "빈곤은 위계적이지만 스모그는 민주적이다."

그는 21세기의 위험은 'Danger'가 아니라 'Risk'라 했다. 자연재해나 전쟁 같은 불가항력적 재난이 아니라, 정치 경제 사회적인 환경과 결합 돼 나타나는 재난이라고 본 것이다. 그래서 사람에 의해 만들어지는 '생산된 위험(Manufactured risk)', '생산된 불확실성(Manufactured uncertainty)'이라고 불렀다. 과학과 기술 발전, 환경훼손, 경제사회 발전에 따른 의도되지 않은 부작용이거나, 별 위험이 아니지만 그 대처 과정에서 잘못된 판단이나 행동이 개입해 재앙이 되고 마는, 인위적 위험이라는 것이다.

무엇이 연상될까. 대규모 개인정보 유출, 해킹, 미세먼지, 지구 온난화, 플라스틱 폐기물, 남미와 아프리카의 자연 파괴, 테러, 미국과 이슬람 국가들과의 전쟁, 두 차례의 세계 금융위기, 일본 후쿠시마 원전 사고, 우리의 세월호 비극, 서식지를 잃은 야생동물 바이러스의 인간 전이, 중국의 잘못된 초기 대응 등이 생각났다. 지난 코로나 사태를 살펴보면 그가 말한 위험이 무엇인지 명확히 이해된다.

그가 말하길 "디지털 시대, 초연결사회인 21세기 위험의 전염성은 빠르다. 특정 지역이나 계급과 상관없이 어디서든 발생할 수 있다. 과학 발전에 비례해 위험 인식도가 높아진다. '안전'의 가치가 가장 중요해진다. 안전은 물이나 전기처럼 공적 소비재가 된다."

울리히 벡은 어떤 학파에 속한 학자가 아니라 다양한 사상들을 절충해 자기만의 색깔을 입힌 사회이론가다. 그의 이론은 하버마스[60]의 담론이론, 루만[61]의 제도주의, 데리다의 포스

---

60 위르겐 하버마스(독일어: Jürgen Habermas, 1929년 6월 18일~)는 독일의 철학자이자 사회학자, 심리학자이며 언론인이다. 비판이론과 실증주의, 북미 실용주의 분야를 연구한 사회학자로 유명하다. 소통 행위의 이론에서 공공 영역의 개념으로 잘 알려져 있다. 사회 이론의 기초와 인식론을 중심으로 연구하였으며, 진보된 자본주의 사회와 민주주의, 비판적 사회 진화적 맥락, 현대 정치학(특히 독일의)에 영향을 미쳤다.
현대사회 제도 안에서, 또한 이성적인 관심사를 쫓고 그것에 대해 토론할 수 있는 인간의 수용 능력 안에서 이루어질 수 있는 이성적이고 비평적인 커뮤니케이션의 잠재력과 이성, 정치적 해방에 대해 밝혀내는 것이 하버마스의 이론적 체계이다. 그는 파시즘은 좌우에 상관없이 나타날 수 있다고 주장하여 화제가 되기도 했다. 뮌스터 대학교의 송두율 교수의 박사학위 논문 지도교수로도 알려져 있다.

61 신뢰 논의를 최초로 이론적으로 전개한 사회학자는 니클라스 루만이다. 1960년대 말 루만은 체계이론의 시각에서 사회적 복잡성의 한 해소 기제로 신뢰문제를 다루기 시작하면서 이 문제에 대한 사회과학적 논의의 가능성이 크게 열리게 되었다.
신뢰(信賴)는 타인의 미래 행동이 자신에게 호의적이거나 또는 최소한 악의적이지는 않을 가능성에 대한 기대와 믿음을 말한다. 즉 신뢰는 상대가 어떻게 행동할 것이라는 믿음 하에 상대방의 협조를 기대하는 것이라고 볼 수 있다. 보통 불확실성이 제도화함에 따라 순응의 발생이 확실해지는 상황에 신뢰가 형성된다. 신뢰에 대한 다양한 정의들을 정리하면, 신뢰란 '한 행위자가 위

트 모던 이론[62]의 중간 어디에 위치 할 수 있겠지만 뚜렷이 어떤 하나의 전통을 따르고 있다고 말하기 어렵다.

그의 목표는 과거로의 회귀가 아니라 "새로운 근대성"을 제시하는 것이다. 그는 위험사회를 성찰적 근대성의 시대로 규정하면서 미래에 대해 낙관적인 모습을 보인다. 성찰적 사회는 "더 이상 자연을 이용하거나 인류를 전통적 제약들에서 해방시키는 데에만 관심을 기울일 것이 아니라, 기술 · 경제적 발전 자체에서 발생하는 문제들"에도 관심을 두는 사회이고, 과학과 진보에 대한 믿음보다 반성과 회의에 기초한 사회인 것이다.

위험사회론의 핵심은 위험사회를 근대 산업사회의 성공이 낳은(비의도적인) 결과로 인식하는 것이며, 그는 위험사회의 위험을 지진이나 폭풍우 같은 자연적인 재난이나 위해와 구분하면서 새로운 위험의 성격을 크게 세 가지로 설명하였다.

험에도 불구하고 다른 행위자가 자신의 기대 혹은 이해에 맞도록 행동할 것이라는 주관적 기대'이다.
이러한 신뢰는 사회적 관계를 전제로 하며, 그 관계 속에서 존재하며, 신뢰가 있음으로 해서 관련 행위자들은 협동할 수 있고, 감시와 통제 비용을 줄일 수 있다는 점에서 사회적 자본의 전형적인 경우이다. 또한 신뢰는 사회적 자본으로서 공공재의 성격이 있다. 이는 다시 말해 신뢰 또한 공중재로서의 딜레마를 갖고 있다는 것을 의미한다. 즉, 사회적 관계 내에서 합리적 개인이라면 자신은 신뢰를 주지 않으면서 타인들은 자신에게 신뢰를 주거나 혹은 자신과 관련된 사람들 간에 사회적 신뢰가 형성되기를 바랄 것이다.

62 탈근대주의의 철학적 기반인 자크 데리다의 탈구축(해체주의) 사상은 "탈중심적", 즉 다원적(多元的)이고 탈이성적인 사고가 가장 큰 특징으로, 데리다를 비롯하여 장 프랑수아 리오타르, 보드리야르 등이 대표적인 탈근대주의 철학자이다.
포스트모더니즘(postmodernism) 또는 탈근대주의(脫近代主義)는 일반적으로 모더니즘(근대주의)에서 벗어나고자 하는 서양의 사회, 문화, 예술의 총체적 운동을 일컫는다. 특히 근대주의의 핵심인 이성(理性) 중심주의에 대한 근본적인 회의를 내포하고 있는 사상적 경향의 총칭이다. 제2차 세계대전 및 여성운동, 학생운동, 흑인민권운동과 구조주의 이후 발생한 해체 사상의 영향을 받아 60~70년대 프랑스를 중심으로 일어났다.
탈근대주의는 용어 자체가 역사학적 구분에서의 근현대에 스쳐 간 수많은 것들을 포함하므로 학자, 지식인, 역사가 사이에서 그 정의를 두고 극한 논쟁이 일고 있는 개념이기도 하다. 그럼에도, 탈근대적 생각이 철학, 예술, 비판이론, 문학, 건축, 디자인, 마케팅 · 비즈니스, 역사해석, 문화 등 다방면에 걸쳐 영향을 끼쳤다는 사실에는 대부분 동의한다. 탈근대성(postmodernity)과 탈근대주의는 구분되는 용어로 사용되며, 탈근대주의는 발생한 시기의 사회 · 문화의 접변 현상만을 가리킨다.

▶ 첫째, 울리히 벡에게 위험은 자연적 재난과 대비되는 것으로 성공적인 근대화 과정에서 "인위적으로 만들어진 것"이며 근대화 과정의 급진화로 인해 초래된 정치, 경제, 사회, 기술적 변화의 산물이다. 화산재로 인한 자연재해가 전근대사회에서의 자연적인 대기 오염을 보여준다면 공장 굴뚝과 자동차에서 만들어지는 매연은 부의 생산과 편리를 위해 근대화(산업화) 과정이 만들어낸 대기 오염을 보여준다. 즉 위험사회에서 위험은 과학기술과 산업의 발전 과정에서 비의도적으로 파생된 위험이자 경제적 유용성을 목적으로 한 의도적인 "기술적·경제적 결정"의 산물이다. 여기서 그가 말하는 위험사회가 접하는 위험은 근대가 실패했기 때문이 아니라 성공적이었기 때문에 발생한 것으로 개념화한다는 점을 기억할 필요가 있다. 일례로 위험사회의 대표적인 위험사례인 원자력발전소 사고는 원자력을 이해하고 이를 이용하려는 과학자들의 성공적인 연구와 이를 발전소의 형태로 가시화한 엔지니어들의 성취가 아니면 생각할 수 없는 위험이다. 즉 위험사회의 위험은 과학기술과 산업화가 고도로 발전해 산업적·경제적 목적을 달성했기 때문에 만들어진 것이고, 따라서 역설적으로 위험사회는 근대의 실패가 아니라 근대의 급진화가 낳은 결과이다.

▶ 둘째, 위험사회의 위험은 인간의 즉각적인 인식능력을 벗어나고 따라서 과학지식의 영역에 자리 잡고 있다. 태풍과 같은 전근대사회의 재난이나 도시오물과 같은 산업사회의 위해는 사람들의 감각기관으로 분명히 감지된다. 그러나 방사능이나 식품에 첨가된 오염 물질은 감각기관으로 잘 감지되지도 않을뿐더러 그 효과도 즉각적이지 않다. 체르노빌 원전 사고로 인한 방사능 낙진이 북유럽의 대기와 토양을 오염시킬 때 그것을 감지하는 것은 사람들의 감각기관이 아니라 전문가들의 과학지식과 측정 도구라는 것이다.

한편, 이처럼 위험사회의 위험이 감각기관에 의해 즉각적으로 인지되지 않는다는 것은 위험이 사회적으로 구성될 여지가 많다는 것을 의미한다. 위험문제를 사회적 공론의 장으로 불러오는 언론은 물론, 위험의 유무와 허용 기준을 정하는 과학기술자와 법 전문가는 위험사회에서 핵심적인 사회-정치적 집단이 된다. 특히 과학기술은 위험의 생산자이자 그 위험을 정의하는 지식정치의 핵심적인 권력기관이다. 대표적인 예는 환경운동에서 찾아볼 수 있다. 서로 상충하는 전문적인 위험평가 결과는 현대 환경운동의 선행 조건이다. 과학기술의 개입을 통해 환경운동은 석유 유출 사고나 산업 폐기물로 인한 하수 오염처럼 가시적이고 가해자가 분명한 위협뿐 아니라 기후변화나 유전자변형식품처럼 일반 대중이 직접 인지할 수 없고 때때로 그 위협에 영향을 받는 개인들에게 평생 아무런 해를 미치지 않고 후손들에게만 영향을 줄 수 있는 위협을 사회적 쟁점으로 부각시킬 수 있다.

▶ 셋째, 위험사회의 위험은 전지구화의 경향을 보이며 보편성을 띤다. 체르노빌 폭발 사고로 초래된 방사능 낙진은 우크라이나를 넘어 북유럽 지역을 강타하고 피폭당한 피해자뿐 아니라 후세대에까지 영향을 미치며, 가난한 이들뿐 아니라 부유한 권력자들 포함한 모든 이들에게 영향을 준다. 이 역시 전 지구를 실험장화한 성공적인 과학기술과 산업화의 결과이기도 하다. 한편으로 그 역시 산업단지 주위의 값싼 지역에 사는 가난한 주민들이 다양한 오염 물질에 노출될 가능성이 크다는 것을 인정한다. 그러나 위험사회론에서 그가 강조하는 위험은 산성비로 인한 황폐화한 숲이나, 방사능 낙진, 아직 우리가 잘 알지 못하는 식품의 유해 물질 같은 것들로 인류에게 보편적으로 영향을 미치는 기술 환경위험들이고, 이러한 예를 통해 그는 위험분배의 유형과 논리가 부의 분배와는 체계적으로 다르다고 강조한다. "빈곤은 위계적이지만 스모그는 민주적"이라는 은유는 위험의 보편적 성격에 대한 그의 견해가 잘 드러난다.

1.6. 위기관리와 관료주의 발전

"FM대로 하라" 할 때의 FM은 군대 용어 Field Manual(야전 교범)의 약자다. 이 말의 원조격은 로마군이다. 공화정 후기까지 시민군 체제를 유지한 로마는 매년 바뀌는 군인들을 통솔하기 위해 정교한 교범을 마련했다. 전쟁에 졌다고 처벌하진 않았지만, 매뉴얼에 따르지 않는 행동은 철저하게 처벌했다. 건국 초기 양치기들의 무리에 불과했던 로마인들이 강력한 주변 민족들을 정복할 수 있었던 원동력이다.

현존하는 대표적 매뉴얼 사회는 일본이다. 대규모 지진 등 자연재해에 대비한 대처 방안을 충실하게 구축했다. 기업에 접목된 매뉴얼 풍토는 고도 경제성장을 이끈 일등 공신으로 꼽힌다. 반면 맹신에 따른 관료주의의 폐해도 적지 않다. 지난 동일본 대지진 때 세계 각국으로부터 구호물자들이 들어왔지만 어떻게 처리해야 할지 매뉴얼이 없는 탓에 신속히 전달되지 못했다. 바닷물을 끌어다 원자로를 냉각시키는 것도 매뉴얼에 없어 미루다가 화를 키웠다.

매뉴얼 집착은 인간을 기계로 오판하게 한다. 전석순의 소설 철수사용설명서는 하나의 전자제품 매뉴얼과 같이 예시되는 철수의 인생을 풍자한다. 선풍기 · 냉장고처럼 취급되는 인간에게 창조적 삶이 가능할 리 없다.

- ▶ 동일본 대지진 때 도쿄 디즈니 아르바이트생들은 임기응변으로 아이들을 위로한 '수호천사' 대응으로 화제가 됐다. 이틀에 한 번꼴로 재해방지 교육을 받았던 이들이 동시에 새겼던 말은 "매뉴얼에 집착하지 말라"였다.
- ▶ 2011. 9. 15. 정전 대란을 부른 전력거래소의 비상조치를 두고 갑론을박이다. '선조치 후보고'가 매뉴얼을 무시한 과잉 조치였는지, 구식 매뉴얼에 대응한 불가피한 선택이었는지다. 매뉴얼이 기계 교본이 아닌 바에야 현장에서 재량을 발휘할 수 있다. 다만 매년 갱신했다는 매뉴얼이 왜 아직 구식인 건지, 매뉴얼 상에 방송이나 인터넷·소셜네트워크서비스(SNS) 등을 통한 대국민 통보는 어느 단계에 포함돼 있는지 궁금하다.
- ▶ 23개 발전소가 가동 중단된 것을 국민이 알 리 없는데 절전하지 않았다고 눈치 주는 것도 어이없다. 차라리 늦더위에 에어컨 켜도 되는지를 '애정남'(KBS2 '개그콘서트'의 코너 '애매한 것을 정해주는 남자')에게 물어보는 게 속 편할지 모르겠다. "추석 지나면 섭씨 30도 넘어도 켜는 거 아닙니다잉~ 안 지킨다고 쇠고랑 차진 않지만, 우리끼리 정한 겁니다잉~."이런 유도 있었다.

1.7. 위기관리는 사치가 아니라 필수다.

이제 우리 사회에서 위기관리가 조직에서 중요하다는 점에 대해서는 이견이 없을 정도가 되었다. 어느 조직에 위기가 발생해 사회적으로 이슈가 되면 위기관리 매뉴얼을 이야기하고, 위기 컨트롤 타워의 작동 여부를 살펴보는 것이 일반화되었다.

그럼에도 우리나라의 정부 조직을 비롯해 유수의 대기업조차 위기에 직면해서 물 흐르듯이 효율적으로 관리해 나가는 모습을 보여주는 경우가 많지 않다. 위기가 발생하면 허둥대며 실수를 연발해 오히려 위기를 악화시키는 모습을 많이 접한다. 그 근본 이유는 어디에 있을까? 보는 이에 따라 다양한 분석과 진단이 있겠지만, 핵심은 위기와 위기관리 등 '기본'에 대한 인식이 미흡한 데서 찾을 수 있다고 본다.

그간 위기관리에 관한 저술이 국내외에서 많이 출간되었다. 관련 논문도 수없이 많다. 그러나 위기관리를 전문으로 연구하는 학자나 전문가 집단이 아닌 한 이를 일일이 찾아보면서 위기관리에 대한 전문성을 높인다는 것은 어려운 일이다. 더욱이 위기관리에 관한 이론과 모델은 대부분 서구 사회에서 개발된 것이 주종을 이루기 때문에 이를 그대로 한국 사회에 적용한다고 해서 동일한 효과를 발휘할 것으로 기대하기도 어렵다. 사회문화적 특성을 추가로 고려해야 하기 때문이다.

이러한 점을 십분 고려하여, 위기관리에 관심이 있는 조직이라면 CEO부터 일반 구성원들이 몇 시간만 투자하면 위기관리의 기본 개념부터 전략, 전술, 프로그램, 메시지에 대해 일목요연하게 이해할 수 있도록 집약 정리해 제시하고자 했다. 아울러 위기관리 커뮤니케이션에 관심이 있는 학도들에게 위기관리의 핵심 개념과 이론, 사례 연구를 통해 종합적인 밑그림을 그리는데 도움이 되었으면 하는 바람도 담았다.

이러한 목적을 고려해 이 책은 서구에서 개발된 이론과 모델을 단순히 소개하는 데 그치지 않고 위기관리를 업으로 하는 현장 전문가들과 오랜 기간 머리를 맞대고 토론한 결과도 함께 담고자 했다. 이를 통해 이 책에 담긴 내용을 학습하는 조직이나 개인은 직면하는 여러 위기에 대해 실질적인 활용도를 높일 수 있을 것이다.

위기관리에 관해서는 다양한 이론과 모델이 있고 서로 엇갈리는 주장도 많다. 이러한 주장들을 그대로 나열하는 것은 큰 의미가 없어서 여기서 제시하는 이론들은 다수의 석학이 많은 조사와 실험 등을 통해 별다른 이견 없이 검증된 것으로 받아들이는 내용을 중심으로 압축 정리했다.

이 책은 위기관리 매뉴얼이 아니며 관련 규정집을 해석한 것도 아니다. 위기관리 매뉴얼은 각 조직의 특성과 개별 위기의 특성 등을 종합적으로 고려해야 제대로 된 의미를 갖기 때문이다. 대신 이 작은 책자는 위기와 위기관리를 바라보는 독자만의 '관점'과 '문제의식'을 갖도록 하는 데 초점을 맞췄다. 위기관리에 대한 각론 못지않게 기본에 대한 인식 부족이 효과적인 위기관리를 방해하는 경우를 너무나 많이 보아 왔기 때문이다.

이를 위해 위기관리를 이해하고 학습하는 데 빠뜨릴 수 없는 열 가지의 키워드를 추려서 이 책에 담았다. ① 위기의 개념 및 법과 제도, ② 위기 유형, ③ 위기 매뉴얼, ④ 위기관리자의 역할과 책무(나 어떻게 해), ⑤ 결론, ⑥ 부록으로 위기별 사례나 대형재난발생 사례를 만들었다.

여기에서 우리가 간과하지 말아야 할 것이 하나 있다. 위기와 위기관리의 개념에 대한 정확한 이해가 중요하다고 해서 이를 머릿속에 담고 있는 것만으로는 부족하다는 점이다. 실천이 뒤따르지 않으면 공허해진다. 이 책을 통해 위기의 개념과 위기관리 방법에 대한 1차적인 이해가 되었다면 다음 단계는 조직의 특성에 맞는 위기관리 계획을 세우고 실천해야 한다. 크고 작은 위기가 일상화되어 있는 우리 사회에서 위기 대비와 훈련의 중요성은 아무리 강조해도 지나치지 않다.

독자들은 언제 일어날지 모르는 위기에 대비해 훈련 비용을 지불하는 것은 아까운 돈을 낭비하는 것으로 생각할지도 모른다. 이러한 생각이 드는 조직이라면 최근 10년간 발생한 각종 위기로 조직이 지불한 인적, 물적 손실과 이미지 훼손 비용을 한번 추산해 보고, 이를 위기 대비 준비나 훈련 비용과 비교해 보기 바란다. 적은 위기 대비 투자로 그간 반복되어 온 손실을 줄일 수 있다면 이러한 비용 지출은 결코 낭비가 아니라 더 큰 이득을 가져오는 생산적 투자라는 점을 명심할 일이다.

다양한 위기는 미래로 갈수록 변화되어 가고 있다. ① 첨단 바이오 기술, ② 소부장(소재, 부품, 장비) 기술, ③ AI 반도체 기술, ④ 6G 이동통신, ⑤ 이차전지, ⑥ 우주탐사 기술, 와 디지털을 넘어 양자 정보기술(QIT, Quantum Information Technology), ⑧ 지능형 로봇 기술, ⑨ 메타버스(Metaverse), ⑩ 블록체인(Blockchain), ⑪ 유리 감옥 감시 기술, ⑫ 도심 항공 모빌리티(Urban air mobility), ⑬ 완전 자율주행, ⑭ 초고령 사회, ⑮ 인구 절벽시대, ⑯ 다문화 사회, ⑰ 하이브리드 전쟁(Hybrid Warfare) 반드시 준비하여야 한다.

위기관리는 사치가 아니라 필수다 (Crisis management is a necessity, not a luxury.). 다가올 미래의 기정학적인 전쟁을 위한 위기에 대한 준비와 대비를 하고 골든타임을 놓치지 말아야 한다. ⑱ 디지털 화폐, ⑲ 맞춤형 이동 서비스, ⑳ 식량안보 기술 등 과학기술의 발전은, 앞으로 다가올 현실이자 당장에 우리가 준비해야 할 위기관리이며 기후변화 위기에 대해서도 반드시 준비하여야 한다.

2. 위기관리자가 되자!!

그러면, 위기관리자에게는 어떤 자질이 필요할까?

업무적 자질과 인성적 자질로 구분하여 몇가지를 제시하고자 한다.

업무적 자질의 첫째는 정보 수집 능력이다.

위기가 발생하면 다양한 정보가 생성되는데, 위기의 제1보를 신속히 입수하는 것이 중요하다. 정보 수집 능력은 평상시 위기에 대비한 조직 내부 시스템을 원활히 가동하는 데서 나온다. 또한 조직의 외부 네트워크를 통해 시장 및 언론계 동향, 정부 정책 방향, 협회나 학회의 세미나 내용 등을 챙기는 활동이 필요하다.

둘째 자질은 분석과 판단 능력이다.

입수한 정보를 객관적이고 합리적으로 구별할 수 있어야 한다. 서로 다른 상황에서 채집된 조각 정보들을 바탕으로 종합적인 지침과 기준을 만들 수 있는 지혜가 필요하다. 위기관리자는 징후에 대한 정보를 보고 이것이 태풍처럼 큰 위기로 갈 것인지 찻잔 속 미풍으로 끝날 해프닝이 될 것인지를 가늠할 수 있는 판단 능력이 있어야 한다.

셋째 자질은 균형 감각이다.

위기관리자는 위기 상황에서 조직의 안과 밖을 연결하는 통로다. 위기관리자는 조직 내부 의견과 외부 여론 중 어느 한쪽으로 치우치지 않고 이 둘을 조화시킬 줄 알아야 한다. 그리고 양자를 조화시키거나 둘 중 우선순위를 결정할 수 있어야 한다.

위기관리자의 인성적 자질 또한 중요하다. 먼저 위기관리자는 인내심이 있어야 한다. 위기관리자뿐만 아니라 모든 PR 직업에서 필요로 하는 것이 인내심이다. 서로 다른 관점과 의견을 가진 사람들과 어떻게 하면 상생적 관계를 맺을 것인가를 고민하고 실천하는 PR 직업에서 인내심은 필수다. 더구나 급박하고 민감하며 때로는 여론의 질타를 받는 상황에서 일해야 하는 위기관리자는 인내심을 요구하는 상황이 더 많을 수밖에 없기 때문이다. 위기관리자의 둘째 인성적 자질은 진정성이다. 위기는 진정성으로 관리된다. 진정성은 말과 행동이 일치하는 단계에서 시작하여 나와 남이 공생 발전하는 단계, 그리고 나를 사회적 또는 공익적 가치에 헌신하는 단계가 있다. 위기관리자는 이러한 진정성을 가슴에 담을 수 있어야 한다.

끝으로 위기관리자의 인성적 자질로 위기는 반드시 극복될 수 있다는 긍정성을 꼽고 싶다.

위기는 조직에 시련을 주지만 이는 헤쳐 나가지 못할 난관이 아니다. 오히려 위기를 극복하여 위대한 기업이나 사랑받는 공공기관으로 거듭난 사례들을 우리는 많이 볼 수 있다. 위기의 고통은 아프지만 이 고통은 능히 넘어설 수 있다는 긍정적 마인드는 위기관리자에게 꼭 필요한 자질이다.

부록

위기 유형별 주요 사례

부록 1
위기 사례

1. 재난 위기

1.1. 성수대교 붕괴 사고

(1) 사고 개요

성수대교 붕괴 사고는 1994년 10월 21일 서울특별시의 한강에 있는 성수대교의 상부 트러스가 무너져 내린 사고로 17명이 다치고 32명이 사망하여 총 49명의 사상자를 낸 대한민국 역사상 최악의 참사 가운데 하나이다.

1994년 10월 21일 오전 7시 38분경에 제10 · 11번 교각 사이 상부 트러스 약 50m가 붕괴해 무너지는 사고가 발생하였다. 사고 부분을 달리던 승합차 1대와 승용차 2대는 현수 트러스와 함께 한강으로 추락했고, 붕괴한 지점에 걸쳐 있던 승용차 2대는 물속으로 빠졌다. 지나가던 한성운수 소속 16번 시내버스는 통과 도중 뒷바퀴가 붕괴 지점에 걸쳐 있다가 차체가 뒤집혀 추락한 후, 떨어진 상판에 박혀 찌그러지는 바람에 등굣길의 학성들을 비롯한 승객들이 졸지에 참변을 당하였다. 버스 추락으로 사망한 사람은 29명이다.

사고 차량 중 승합차엔, 제49주년 경찰의 날을 맞아 우수 중대로 선정되어 표창받기 위해 본 데로 가던 의경들이 타고 있었는데, 이들은 사고 발생 후 전원 무사하여 헌신적으로 요구조자들을 구조했다.

(2) 성수대교 붕괴 원인

(가) 점검 부실과 다리 내부 부식

성수대교는 건설될 당시, 트러스식 다리로 건설되었다. 하지만 트러스식 공법은 이음새가 잘못되면 무너지기 쉬운 공법이었다. 그뿐만 아니라 안정 시공인 이음새 핀 등의 세부 요소들을 주기적으로 점검해야 하는데, 이러한 안전 점검 조치를 소홀히 하였다.

또한, 성수대교 사고 원인은 교량 상판을 떠받치는 트러스의 연결 이음새의 용접 불량과 유지관리 소홀이 주원인이다. 건설 당시 다리 밑 부분을 이루고 있는 트러스가 제대로 연결되지 않았으며, 연결 부분도 심하게 녹슬었을 뿐만 아니라 다리 위에 가해지는 압력을 분산시키는 이음새에도 결함이 있었다. 공사 도중 볼트 삽입 과정에도 문제가 있었으며, 특히 볼트를 무리하게 삽입함으로 인해 구멍의 모양이 변형되어 볼트의 강도가 약해졌다.

(나) 과적차량의 통과

과적 차량의 통과가 문제였다. 붕괴 전의 성수대교 설계 하중은 DB -18(총중량 32.1t)이었지만, 이를 초과하는 과적 차량이 자주 통과하였다. 이로써 성수대교는 40t이 넘는 차량의 압력을 받았기에 붕괴는 예견되어 있었다. 특히, 붕괴하기 1년 전인 1993년 서울 동부간선도로(성수대교~의정부 구간)가 개통되면서 교통량은 더욱 폭증했으나, 서울시에서는 이렇다 할 대책을 내놓지 않았다.

(3) 성수대교 붕괴사고 피해사항

성수대교 붕괴사고는 32명(남 16명, 여 16명)이 숨지고, 17명이 부상을 하여 총 49명의 사상자를 낸 사고였다. 이 사고는 해외에도 크게 보도되어 건설업계에 큰 타격을 입혔을 뿐만 아니라 국가 이미지도 크게 훼손되었다. 사망자 중에 무학여자고등학교 학생 8명과 무학여자중학교 학생 1명, 서울교육대학교 대학생 1명, 필리핀인 아델 아이다 등으로 이 중 외국인 1명이 포함되어 있었다.

(4) 사고 이후 조치사항

사고 발생 직후 서울특별시는 대책본부를 설치한 후 서울특별시장을 본부장으로 8개 반을 편성 후 활동을 시작하였다. 경찰에 의해 교통이 통제되고, 소방대와 119구조대는 구급차를 출동해 사상자를 구조하였다. 해난구조대는 잠수 요원을 출동해 시신을 인양하고, 15개의 병원에 사망자를 안치, 6개의 병원에 부상자를 후송하였다. 성수대교 붕괴 이후 교통량 분산을 검토한 후 우회도로 안내판을 설치하여 영동대교, 동호대교로 교통량을 분산하고, 교통신호 주기를 조정하였고, 성수대교를 통과하던 시내버스 노선도 변경되었다.

사고 당일 오후 7시에 사고의 책임을 물어 이원종 서울특별시장이 경질되었고, 우명규 시장을 거쳐 11월 3일 최병렬이 시장으로 부임했다.

붕괴 이후 토목학계는 무너지지 않은 부분을 그대로 수리해서 사용할 수 있다는 의견을 냈으나, 시민들의 정서를 고려해 새로 건설하는 방향으로 결정되어 1995년 4월 26일부터 현대건설이 새로 건설하기 시작해, 1997년 7월 3일에 직선 차선만 완성되었으며 이후 확장공사가 예정되어 있으므로 램프를 건설하지 못하였다. 확장공사는 1998년 12월 31일 폭과 길이 확장공사 진입 램프 신설을 하고 2004년 9월 최종 완성하여 오늘에 이르고 있다.

한편, 성수대교 붕괴 사고 여파로 인해 같은 트러스식 공법으로 시공된 당산철교도 안전 점검 후폭풍이 일게 되어 1997년 1월 1일부터 철거 및 재건설에 들어갔고, 1999년 11월 22일에 다시 개통되어 오늘에 이르고 있다.

1.2. 삼풍백화점 붕괴 사고

(1) 붕괴 사고 개요

삼풍백화점 붕괴 사고는 1995년 6월 29일 오후 5시 57분경 대한민국 서울특별시 서초구 서초동에 있던 삼풍백화점이 붕괴한 사건으로 세계 건물 붕괴 참사 중 사망자 11위를 기록한 대규모 사고로 지목된다. 건물이 무너지면서 1,445명의 종업원과 고객들이 다치거나 죽었으며, 인근 삼풍아파트, 서울고등법원, 우면로 등으로 파편이 튀어 주변을 지나던 행인 중에 부상자가 속출해 수많은 재산상, 인명 상 손해를 끼쳤다.

사망자는 502명, 부상자는 937명이며 6명은 실종되었다. 피해액은 약 2,700여억 원으로 추정된다. 생존자 중 최명석(1975~)은 11일, 유지환(1977~)은 13일, 박승현(1976~)은 17일 동안 갇혀 있다가 구조되었다.

붕괴 사고 이후 대한민국의 경제 호황 시기였던 1980년대와 1990년대 초에 지어진 건물들에 대한 공포와 회의적 시각이 확산하였다. 이에 따라 대한민국 정부는 전국의 모든 건물에 대한 안전 평가를 했고 그 결과는 다음과 같았다. 전체 고층 건물의 1/7(14.3%)은 개축이 필요한 상태이고 전체 건물의 80%는 크게 수리할 부분이 있었다. 또한 전체 건물의 2%만이 안전한 상태였다.

(2) 삼풍백화점 붕괴 원인

(가) 부지 불법 용도 변경

이 부분은 붕괴와는 관련이 없지만, 건설 과정에서 비리가 매우 심각했음을 보여준다. 1989년, 삼풍아파트가 완공된 후, 삼풍건설은 그 앞에 남은 어마어마한 넓이의 땅에 상가나 다른 건물을 짓고자 공사를 시작했지만, 무허가 공사를 이유로 제재를 받아 중단했다. 이유는 그 땅은 백화점 따위를 지을 수 없는 아파트용 부지였기 때문이다. 결국 삼풍 그룹은 서초구청 공무원들에게 뇌물을 준 뒤 불법적으로 용도를 변경하였다.

(나) 내부 구조 임의 변경

1987년 설계 당시 삼풍백화점은 '삼풍랜드'라는 이름으로 서초동 삼풍아파트 대단지의 종합상가로 설계되어 있었다. 그러나 거의 다 지어졌을 무렵, 당시 삼풍 건설산업(주)의 회장 이준(1922~2003)은 당시 시공사인 우성건설에서 백화점으로 변경해 달라고 요구했다.

하지만 백화점으로 바꾸게 될 경우, 건물의 구조가 상당히 바뀌기 때문에, 건물 붕괴를 우려한 우성건설 측이 이를 거부하자, 이준 회장은 계약을 파기하고 당시 삼풍 건설산업에 변경을 지시했다. 그리고 법률상 건물의 사용 용도에 의해 구조를 변경할 시 반드시 구조 전문가의 검토를 받아야 하는데 삼풍백화점 설계 당시에는 이를 무시하여 설계, 공사가 강행되었다.

또한 삼풍백화점은 준공검사도 무시하고 가사용 승인만으로 개점하였다. 이후 9개월이 지나서야 겨우 준공승인을 받았으며, 1994년 10월에는 기초 부분인 지하 1층에 구조변경 공사를 했고, 1994년 11월에는 위반 건축물로 판정을 받았다.

(다) 부실시공

삼풍백화점은 애초에 무량판 공법(플랫 슬래브 구조)의 건물로 설계해서 완공한 백화점 건물이었고 초기의 건물은 문제가 없었지만, 용도가 바뀐 뒤 모든 것이 바뀌고 말았다.

23년도에 최대 이슈인 건축물 붕괴 사고인 순살 아파트, 순살 자이 등 무량판 구조에 대해서 알아보자.
단 신도시, LH, 광주 붕괴 사고 등이 있다.

▶ 아파트 지하 주차장 붕괴 사고 원인이 '무량판 구조' 때문이라는 추측이 제기되고 있다. 무량판 구조는 '내력벽'이나 수평 기둥인 '보' 없이 하중을 지탱하는 구조로 수평 하중에 취약하다는 설명이다.

▶ 2022년 1월 붕괴한 광주 화정 아이파크도 무량판 구조가 적용된 것으로 알려지면서 블안이 커지고 있다.

▶ 그러나 건설업계에서는 무량판 구조 공법 자체에는 문제가 없다고 설명한다. 이미 이 구조로 지어진 건축물도 다수 있고 외국에서도 인정받은 안전한 공법이라는 것이다. 다만 정확한 설계·시공을 했는지를 따져봐야 한다는 지적이 나온다.

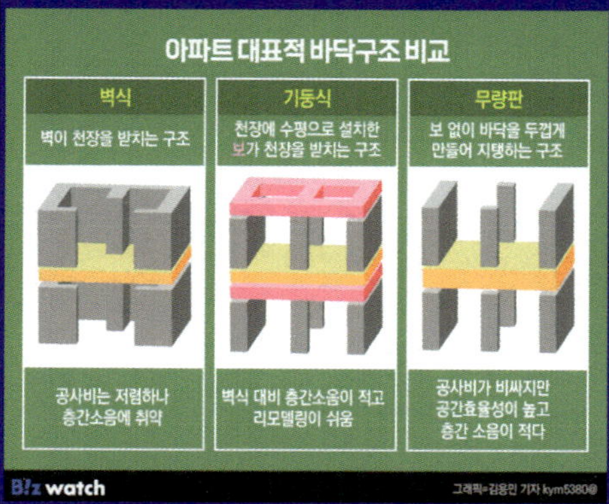

철골콘크리트 아파트에 적용되는 3가지 구조 방식의 특징

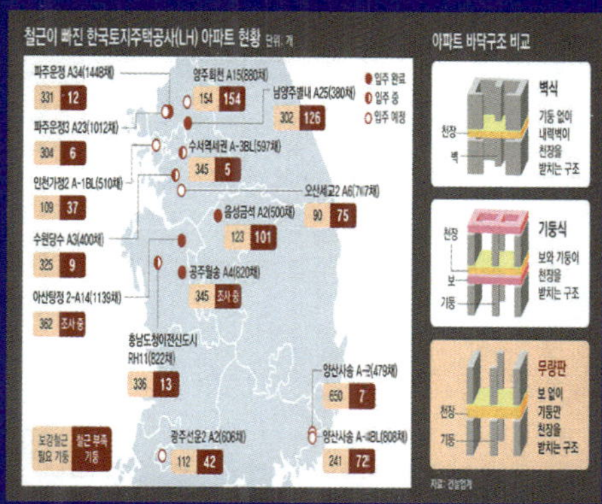

오른쪽은 LH가 무량판 구조로 지은 전국 아파트 지하주차장 91곳을 조사한 결과, 기둥과 슬라브 연결 부위에 추가됐어야 할 보강철근(전단보강근)이 제대로 시공되지 않은 15곳을 표시한 지도이다.

"검단 지하 주차장 붕괴, '무량판 구조'가 원인?"

▶ 지난달 29일 인천 검단지구 AA 13-1, 2블록에서 건설 중인 아파트 단지에서 지하 주차장 지붕 층 슬래브 일부가 붕괴했다. 당시 인명사고는 발생하지 않았지만, 붕괴 면적은 총 970m^{2}에 달했다. 이 단지는 한국토지주택공사(LH)가 발주하고 GS건설이 시공한 공공분양 아파트다. (관련 기사: 원희룡 장관 "검단 사고, LH·GS건설 무거운 책임 각오해야")

▶ 아직 사고 원인이 정확히 밝혀지진 않았다. 그러나 일각에서는 붕괴부 대부분이 무량판 구조 부위였다는 점을 들어 '무량판 구조'의 취약성을 원인으로 꼽는다. 무량판 구조에는 내력벽과 보가 없어 수평 하중에 취약하다는 것이다.

▶ 그러나 무량판 구조는 공식적으로 인정받은 안전한 건축 공법이라는 설명이 나온다. 아파트 건축 공법에는 △벽식 구조 △기둥식 구조 △무량판 구조로 대략 3가지가 있다.

▶ 앞서 지난해 1월 붕괴한 광주 화정 아이파크와 삼풍백화점에도 무량판 구조가 적용됐다는 사실이 알려지면서 '무량판 구조'에 대한 불안감이 확산하고 있다.

▶ 80년대에 지어진 대부분의 아파트는 '벽식 구조'로 돼 있다. 벽식 구조는 기둥이 없이 내력벽으로 천장을 받치는 구조다. 벽이 하중을 지탱하므로 건설 후 구조를 바꾸기 어려운 단점이 있다. 아울러 아파트 층간 바닥을 구성하는 콘크리트 층인 '슬라브'가 얇아 층간소음에도 취약하다.

이 구조의 아파트는 '내력벽 철거' 없이 수직 증축이 불가능해 리모델링도 어렵다. 리모델링 추진 노후 단지들이 '내력벽 철거 허가'를 요구하는 이유다.

▶ '기둥식 구조'는 90년대 이후 주상복합아파트에 주로 적용됐다. 수평 기둥인 '보'가 천장을 받치고 하중을 지탱하는 구조다. 벽이 하중을 지탱하지 않아 벽을 부수고 인테리어를 자유롭게 변경할 수 있는 등 융통성 있게 공간을 활용할 수 있다.

▶ '무량판 구조'는 내력벽이나 보가 아닌 기둥이 슬라브를 지탱하는 구조다. 보를 사용하지 않아 내부 공간 이용의 효율성이 높고 벽식 구조에 비해 슬라브를 두껍게 구성해 층간소음에 유리하다.

▶ 특히 무량판 골조가 탄성 범위에서 설계할 경우 지진에 대해서도 안전하며 우리나라와 지역적 조건이 비슷한 미국의 동부지역에서 아파트, 병원, 사무소 등 다양한 건물에 적용되고 있다.

▶ GS건설 관계자는 "붕괴 사고가 난 지하 주차장에 무량판 구조가 사용된 것이 맞다"라면서도 "무량판 공법 자체의 문제보다는 설계나 시공 과정에서의 문제로 보고 원인을 조사하고 있다"라고 설명했다.

"안전한 공법…정확한 설계·시공이 더 중요"

▶ 무량판 구조는 내구성이 뛰어나지만 기존 벽식 구조보다 시공 기간이 길고 비용이 많이 들어간다. 이에 과거에는 백화점이나 고층 상업용 시설에 주로 사용됐다.

▶ 그러나 층간소음 등의 문제를 해결하기 위해 2000년대 이후 무량판 구조를 활용한 아파트들이 등장했다. 대표적으로 서울 강남구 삼성동 아이파크 삼성(2004년 입주)가 있다.

▶ 실제로 지난 2013년 삼성동 헬기 추락사고 당시 헬기가 아이파크 삼성 25층에 부딪히면서 외벽이 일부 무너졌지만, 건물 구조에는 손상이 없었다.

▶ 다만 보가 없는 만큼 수평 하중에는 취약하다는 설명이 나온다. 설계나 시공상의 문제가 있으면 붕괴에 취약하다는 것이다.

▶ 원희룡 국토교통부 장관은 지난 23.5.2일 검단 지하 주차장 붕괴 현장을 찾아 "무량판이 수평 하중에 취약하다는 단점이 있지만 모든 조건에서 문제가 있다고 볼 상황은 아니다"라며 "원인이 여러 가지일 가능성을 열어두고 설계·감리·현장 감독 등이 제대로 이뤄졌는지 철저히 복기할 것"이라고 말했다.

▶ 한 건설사 관계자도 "무량판 구조는 외국에서도 사용되고 있으며 안정성을 충분히 검증받아 건축에서 이미 많이 적용된 기법"이라면서 "정확한 설계대로 시공했는지가 더욱 중요하다"라고 말했다.

일단 삼풍은 넓은 매장공간을 확보하기 위해 상가건물의 벽을 없앴다. 본래 벽과 기둥이 같이 있었기 때문에 이 둘이 하중을 같이 버텨 줬지만, 그 벽이 사라지는 바람에, 기둥에만 무게가 분산되는 일이 일어났다.

그리고 에스컬레이터를 만들기 위해 각층에 구멍을 뚫었는데, 이때 사라진 구멍만큼 콘크리트가 사라지면서, 옆에 있는 기둥이 버텨야 하는 무게는 더 커졌다.

또한 이 기둥조차도 줄였다. 애초 구조계산서에는 건물 4층과 5층의 20개 기둥 가운데 8개는 지름이 800mm로 그 안에 고장력 철근 16개를 설치하게 되어 있었으나, 이 8개의 기둥이 설계 과정을 거치면서 지름은 600mm로 가늘어지고 철근 숫자도 8개로 줄였다. 이런 식으로 기둥이 줄어들면서 철근도 줄어들 수밖에 없었고, 더욱이 에스컬레이터에 방화벽을 설치하기 위해 기둥의 4분의 1을 아예 잘라버렸다.

① 철근

바닥과 기둥을 연결하고, 기둥이 옥상을 뚫고 나오는 일이 없기 위해서는 L자형 철근을 사용해야 했는데, 삼풍은 비용 부담이 크다는 이유로 ㅡ자형 철근을 사용한 것이다. 그 결과 바닥과 기둥을 연결할 수 없게 되었고, 이 때문에 기둥이 바닥을 뚫고 나오는 일이 일어난 것이다. 건물이 붕괴할 때 아무런 제동장치 없이 순식간에 무너진 것도 이 때문이었다.

② 무리한 건축

본래 4층까지만 설계를 했던 삼풍백화점은 우성건설과의 계약 파기 이후 무리하게 5층으로 확장공사를 시행했다. 정부 기관의 허가 없이 불법행위를 저질렀다. 이 과정에서 바닥과 기둥이 추가로 생겼으며, 이에 따라 기둥이 버텨야 할 무게는 더 커졌다. 그런데 그것도 모자라 한술 더 떠 5층의 용도까지 바꾼 것이다. 처음에 5층을 만들었을 때는 키즈랜드로 계획했지만, 백화점 용도에 맞지 않다는 이유로 식당가로 불법 변경하였다. 그 결과 5층 바닥에 배수로가 설치되고 콘크리트도 추가되면서 건물에 무리가 갔다.

더욱이 그 식당가도 한식당이라 바닥에 온돌을 깔기로 하였는데, 온돌의 효과를 주기 위해서 엄청난 양의 콘크리트가 추가된 것이다. 거기에 한술 더 떠서, 5층에는 설계에 없던 벽돌벽과 무거운 돌 정원, 대형 냉장고 등 무거운 사업제품을 설치했다. 이러한 불법 용도변경으로 인해 하중이 3~4배 이상 증가하였다. 더군다나 4층에서는 매장 확장을 이유로 기둥을 없애는 만행을 저질렀다. 이런 있어서는 안 되는 일들이 건물 붕괴의 원인으로 작용하였다. 식당가의 무게는 1t 트럭이 1,200대 이상이 있었던 거나 마찬가지일 정도로 무거웠다 10초 만에 아홉 층이 무너졌다.

본래 옥상의 슬래브는 6cm 두께로 계획되어 있었으나, 방수 처리를 하면서 9cm를 더 두껍게 했다. 또한 문제가 되었던 냉각탑 3개도 본래 지하에 설치하고자 했지만, 지하공간 확보를 이유로 옥상에 설치했는데 구조 계산도 하지 않은 채 설치했으며 결국 제곱미터 당 610kg/㎡의 하중이 추가되었다. 그래서 해당 냉각탑 건물 전체에 진동이 울리기 시작했다. 개장 초기부터 건물 전체가 미세한 진동이 울렸던 것도 그 때문이었다.

(라) 안전무시

본래 삼풍백화점의 에어컨 냉각탑을 북관 동쪽 삼풍아파트 7동 방향에 설치되어 있었다. 그런데 삼풍백화점은 삼풍아파트와 불과 30m도 떨어져 있지 않았으며, 이로 인한 소음으로 삼풍아파트와 삼호가든에서 주민들의 불만이 제기되었다.

그러자 경영진들은 1993년 8월, 냉각탑을 북관 서쪽 우면로(牛面路) 방향으로 옮기기로 했다. 그런데 그 이동 방법이 문제였다. 당시 삼풍백화점은 남, 북관 옥상에 삼각형 모양의 채광창을 옥상 가운데에 설치했는데, 원래 크레인으로 들어서 옮기는 게 당연하지만, 아파트 주민들의 민원 제기와 비용 절감이라는 이유로 냉각탑을 옮길 때 크레인을 사용하지 않고, 굴림대에 싣고 반대쪽으로 ㄷ자 모양으로 밀고 가는 최악의 실수를 일으켰다.

그 결과 건물 전체에 균열이 가기 시작했고, 널찍한 매장공간 확보를 이유로 기둥을 없애고, 무단 증축하는 등 잘못된 시공으로 약해진 건물은 결국 이 과정에서 바닥이 깨졌고, 옥상 바닥이 버틸 수 있는 한계는 이미 초과한 상태였다. 물론 붕괴가 어느 한 순간부터 일어난 것은 아니었다. 개장 초기에도 미세한 진동이 울리고, 물이 이유도 없이 새는 등의 징조가 계속 나타났지만, 아무도 신경을 쓰지 않았다. 그러나 냉각탑을 잘못 옮김으로써, 본격적인 붕괴는 이때부터 시작되었다.

(마) 붕괴 조짐

건물 붕괴는 사실상 예견됐었다. 붕괴 전부터 건물 전반에서 위험한 조짐이 발견되었기 때문이었다. 삼풍백화점이 건축되던 80년대 후반엔, 분당과 일산 등 1기 신도시 건설에 따른 자재난 파동이 있었다. 중국산 저질 시멘트 사용을 비롯한, 콘크리트 배합, 철근 배합을 제대로 하지 않은 부실시공의 징후는 건물이 붕괴하면서 성냥개비처럼 맥없이 꺾이고만 콘크리트 기둥에서 쉽게 찾아볼 수 있었다.

1993년에는 삼풍백화점 옆의 레포츠센터 2층에 있었던 금융 동(당시의 한미, 조흥은행 등)을 1층으로 옮기고 내부공사 후 삼풍 문고라는 이름의 서점으로 1994년 1월 5일부터 영업을 시작했다. 하지만 이 어마어마한 서적들 때문에 레포츠센터와 중앙홀 지역에서도 균열이 1995년 사고 때까지 1년 동안 셀 수도 없이 늘었다.

결국, 삼풍백화점 총관리부는 1995년 3월 2일 서점을 철수했다. 하지만 이미 생긴 균열은 점점 늘어났고, 중앙홀과 B관(스포츠센터)의 건물에 균열과 뼈대 구부러짐 현상이 일어나자, 백화점 건물 전체가 서서히 기울어지기 시작했으며 붕괴일인 6월 29일경에 최고정점에 이르렀다.

1995년 4월에는 5층 북관 식당가 천장에 균열이 생기기 시작했다. 5월부터는 이 균열에서 모래가 떨어지기 시작했고, 5층 바닥은 서서히 내려앉기 시작했다. 건축 전문가 일각에선, 부실시공과 함께 구조물의 역학 관계를 정확히 고려한 설계상의 문제점을 지적하고 있지만, 매장 면적을 넓히기 위해 기둥을 적게 세웠을 가능성을 배제할 수 없는 상황에도 불구하고, 사건 당일 오전에 목격자들의 증언을 살펴보면, 당시 붕괴 원인으로 인한 사태의 심각성을 짐작할 수 있다.

(바) 붕괴 경고

[진동]

이한상 삼풍백화점 대표이사를 비롯한 경영진들이 이에 대한 '대책'이라도 짜려고 했던 때는 사고 당일인 6월 29일이었다. 그들은 이날 5층에 있었던 일을 보고 비상임을 느끼게 되었다. 사고 당일 오전 9시 때 삼풍백화점 5층 식당 〈춘원〉 주인 김서정에게 긴급 전화가 걸려 오게 되는데, 그 내용은 '춘원 전주비빔밥 전문집에 바닥이 돌출 부분이 2m가 생겼고 천장이 조금 내려왔다. 빨리 와서 보라'는 소리였고, 그는 곧바로 현장으로 출동했다.

그가 직접 보니, 5층 기둥이 20cm가량 금이 가 있고 천장이 뒤틀려 내려앉아 있는 것이었다. 〈춘원〉과 맞붙은 우동집 〈현지〉에서는 천장에서 물이 쏟아져 나왔고 냉면집 〈미전〉의 천장도 가라앉고 있었다.

오전 10시에 출근한 A동(북관) 4층 상품 의류부 직원(당시 31세)도 건물 4~5층에서 들려오는 '뚝뚝, 드르륵' 소리와 함께 약 3분간 무거운 진동을 느꼈다고 전해진다.

이한상 사장은 오전 11시쯤 이영길 시설 이사 및 건축과 이완수 차장과 함께 5층 현장을 직접 눈으로 확인했다. 1시간쯤 뒤 우동집과 냉면집의 천장에서 물이 쏟아지고 바닥이 내려앉기 시작하게 되었고, 결국 5층의 식당가 영업이 전면 중지되고 출입이 통제되었다.

삼풍백화점 측은 낮 12시 무렵 건물 설계 감리 회사인 우원건축에 연락하는 한편, 옥상의 에어컨 가동과 5층 입주업소에 대한 가스공급을 중지시켰다. 에어컨의 전원을 차단한 상태였고, 당일은 유난히 찜통더위가 기승을 부렸었다. 그래서 당일 쇼핑을 온 쇼핑객들은 백화점에 들어서면서 숨이 콱 막히는 느낌을 받았다고 한다. 그날 옥상에 펀칭 현상이 일어났었다.

[대책회의]

오후 3시, 우원건축에서 임형재 소장과 이학수 구조기술자가 삼풍백화점에 도착했다. 한 시간 뒤인 4시에는(붕괴 약 2시간 전) 임원회의실(당시 삼풍백화점 남관 3층)에서 이준 회장 주재로 2차로 긴급대책회의가 열렸다. 이 자리에서 임 소장은 칠판에 건물 구조도를 그려가며 "점검 결과 건물의 안전에 중대한 이상이 발견됐으니 빨리 긴급보수를 해야 한다"라고 말했고, "백화점 영업을 중지하고 고객들을 대피시키라."라고 경영진들에게 권하였다.

그러나 여기서마저도 매장 폐쇄 여부가 관건이었고, 이를 가지고 토론을 했다. 이 회의에서 이학수 구조기술사가 "신공법으로 보수하면 위기를 넘길 수 있다, 진행되던 침하는 현재 멈췄다."라고 경영진에 보고했고, 이준 회장도 사고 직후 검찰에서 "기술자들이 지지대를 받치고 보수를 하면 더 이상의 위험은 없다고 했고, 영업 중지를 건의한 중역들도 없었다."라고 진술했다. 결국, 붕괴하기 불과 2시간 전, 이 회장은 "큰 위험은 없으니, 영업을 계속하면서 보수공사를 하자"라는 최종 결정을 내렸다. 이처럼 징조는 있었으나 영업을 강행했다. 회의 이후 1시간이 넘게 구체적인 보수 계획에 대한 논의가 되는 한편, 임 소장은 설계 도면을 찾으러 서초동에 있던 사무실로 돌아갔다. 이후 삼풍 측은 중앙홀 2층의 행사 전을 모두 스포츠센터 1층으로 옮기고 2층은 통행을 금지했다.

오후 5시 40분쯤 임원실 회의장으로 다급한 전화가 걸려 왔다. 이영철 시설부장의 전화였다. "현재 붕괴가 진행되고 있는 것 같다"라는 보고였고, 이 회장 등 경영진들은 회의를 중단하고 일제히 건물 밖으로 긴급하게 대피했다고 흔히 알려졌으나 이는 사실이 아니다. 이 회장 등 경영진들은 백화점이 무너질 때도 계속 보수 계획에 대해서 논의하고 있었다. 붕괴의 시점에서도 이들은 건물 보수에 필요한 자재와 인력을 수급하느라 여념이 없었다. 붕괴를 전혀 예상하지 못하고 있었다는 방증이다.

그러나 임원진들의 회의장은 무너진 A동이 아닌 B동에 있었기에 목숨을 건질 수 있었다. 그런데도 당시 정부와 언론 모두 경영진들이 붕괴 사실을 알고 미리 빠져나갔다고 이야기하며 삼풍백화점 경영진에 대한 비난을 가중시켰다. KBS 아카이브 프로젝트 〈시대 유감, 삼풍〉(2020년)은 이에 대해 25년이 지난 지금까지도 사건에 관해 제대로 된 취재가 이뤄지지 않은 나머지 이러한 보도 행태 계속 이어지고 있다고 비판한다.

그 후에, 중앙 홀의 침하 현상은 좀 멈춘다 싶었지만, 붕괴 16분 전인 5시 41분 백화점 침하에 가속도가 붙기 시작하면서 동시에 중앙 홀도 가속도가 붙기 시작했다. 중앙 홀과 백화점 2층에 있다가 이상함을 느낀 직원 및 손님들은 일부 대피하였으나, 나머지 고객은 모른 채 쇼핑 중이었다. 상태가 심각해지자 삼풍 측은 중앙 홀 1층의 통행과 영업을 중지하고 2층도 영업을 중지했으나, 이윤을 위해 백화점 1, 2층은 영업을 강행했다. 당시 삼풍 측은 침하를 막기 위해 백화점 4각 구간에 뼈대를 세워서 가까스로 침하 현상은 막았으나 1층이 침하 현상이 멎자 5층의 천장이 무너져 내리기 시작했고 결국 1, 5층과 지하 1층에 막대한 균열이 생겼다.

[매몰과 붕괴]

그들이 대피하는 동안 백화점 매장에서는 1천여 명이 훨씬 넘는 고객과 종업원들이 아무것도 모른 채 쇼핑과 영업에 열중하고 있었다. 5시 50분부터는 경영진들에 의해서가 아닌, 삼풍백화점 직원들의 고함이 5층에서 터져 나오기 시작했다. "모두 긴급히 대피하라"라는 소리였고, 건물이 우르릉하면서 우는 소리도 들렸다. 몇몇 고객들은 영문도 모른 채 대피한 경우도 존재했으나, 지하에 있던 사람 중 상당수는 듣지 못했다.

결국, 오후 5시 57분, 5층 바닥의 가장 약한 기둥 2개가 무너지며, 그 기둥이 옥상까지 끌어당기면서 건물 붕괴는 시작되었다. 곧바로 삼풍백화점의 가장 얇았던 5층 바닥과 천장이 동시에 무너지기 시작했다. 이때 백화점 5층의 잔해와 콘크리트가 무너져 내리며 아래층을 차례대로 무너뜨리기 시작했고, 약 20초 만에 건물은 지상 5층에서부터 지하 4층까지 완전하게 매몰되었으며, 안에 있던 1,500여 명의 사람들은 잔해 속에 묻히게 되었다.

순식간에 건물 주변이 뿌연 먼지와 회오리바람으로 가득 찼고, 백화점 앞 우면로와 서울고등법원 청사에는 건물 파편들이 날아왔다. 붕괴 직후 태풍 같은 바람이 10여 초간 휘몰아쳤다. 이후 먼지, 바람들이 가까운 다른 지역으로까지 날아갔다. 사고 직후 남아있는 건물 잔해 사이에선 손수건을 흔들며 구조를 요청하는 사람들도 보였고, 살려 달라는 간곡한 비명과 신음과 애원 소리, 주변에는 백화점 진열 상품들이 나뒹굴었고 피투성이가 된 채 잔해를 헤치고 나오는 사람들이 속속 목격됐다. 붕괴 후 매우 혼란해서 흩어진 백화점의 물건을 훔치는 사람들도 목격됐다.

(3) 사고 관련 보도

MBC 뉴스데스크와 KBS 뉴스 9의 보도내용에서는 삼풍백화점의 붕괴 후 전 삼풍 건설산업 회장 이준이 서초경찰서에서 조사를 받는 기사를 보도했는데, 여기서 조사를 받는 이준이 떳떳하게 기자를 보고 "이보쇼, 기자 양반! 백화점이 무너졌다는 것은 다시 말해서 손님들에게도 피해가 가는 것이지만 우리 회사의 재산도 망가지는 거야!"라는 발언을 하여 국민의 분노를 샀다.

하지만 당시의 뉴스 취재 원본을 살펴보면 이준 회장은 이 말 이후에 "그런데 내가 어떻게 붕괴 사실을 알고도 모른 척할 수 있었겠냐?"라는 취지의 말을 이어갔다. 하지만 이는 뉴스 보도에서 편집되었다. 시청자들의 분노를 삼풍백화점 측에 집중시키려는 다분히 의도적인 편집이었다.

(4) 최종 판결

1996년 8월 23일 대법원에서 삼풍백화점 붕괴 참사 관련 피고인들에 대한 판결이 확정되었다. 전 삼풍 건설산업 회장 이준에게는 업무상과실치사상죄를 적용하여 징역 7년 6개월이 선고되었다.

삼풍백화점 측으로부터 뇌물을 받고 설계변경 등을 승인해 준 서울 전 서초구청장 이충우, 황철민에게는 뇌물수수죄를 적용하여 각각 징역 10개월에 추징금 3백만 원과 징역 10개월에 추징금 2백만 원이 확정되었다.

정상기 전 서울시 상정계장, 김수익 우성건설 형틀반장, 김재근 전 서초구청 주택과장 등 피고인 10명도 징역 2년에 집행유예 3년과 추징금 3백만 원에서 선고유예 및 추징금 1백만 원의 원심 형량이 확정되었다. 2심에서 징역 7년 형을 받은 이한상 전 삼풍백화점 대표이사 사장 등 12명은 상고를 포기하여 실형이 선고되었다.

삼풍백화점 붕괴 사고와 관련하여, 업무상과실치사 · 업무상과실치상 · 특정경제범죄가중처벌 등에 관한 법률 위반(업무상횡령) · 특정범죄가중처벌 등에 관한 법률 위반(뇌물) · 뇌물수수 · 뇌물공여 · 부정처사후수뢰 · 수뢰후부정처사 · 허위공문서작성 · 허위작성공문서행사의 혐의로 기소된 피고인은 총 25명이다.

1.3. 인현동 화재 참사

인현동 호프집 화재 참사는 1999년 10월 30일 인천광역시 중구 인현동 상가건물에서 화재가 발생하여 건물 안에 있던 중 · 고등학생을 비롯한 56명이 사망하고 78명이 부상한 사고이다.

(1) 사건 개요

1999년 10월 30일 저녁 7시경 인천광역시 중구 인현동에 있는 4층 상가건물에서 발생한 화재로 건물 2층 라이브 II 생맥줏집과 3층 그린당구장에 있던 10대 청소년 등 52명이 불에 타거나 연기에 질식해 숨졌다. 또 71명이 연기에 질식하거나 화상을 입고 인천 길병원, 인천의료원, 인하대병원 등 인천지역 8개 종합병원에서 치료받았다.

사고가 난 생맥줏집 건물 지하 노래방의 내부 수리 공사장에서 처음 발생하여 계단을 타고 2층과 3층 사이 번졌다. 화재 발생 당일 인천 시내 10여 개 고등학교에서 가을 축제가 있었고, 가을 축제가 끝난 후에, 뒤풀이하던 많은 청소년이 있지도 않은 비상구와 비상계단을 찾아 갈팡질팡 헤매다가, 유독가스에 질식되어 의식을 잃고 쓰러졌다.

불은 출동한 소방차 15대와 구급차 19대, 소방관 180명과 경찰관 160명이 진화에 참여하여 35분 만에 진화되었다. 학생 사망자 수를 학교별로 보면, 인천여상 8명을 비롯한, 경인여상(현 인천 보건고등학교) 4명, 인천 광성고 4명, 계산여고 3명, 정석항공과학고 3명 등 모두

52명으로 최종 집계되었다.

(2) 사고 원인

(가) 내부 구조의 문제

50여 평 규모의 생맥줏집은 이날 120명이 북적였고, 내부 구조는 탁자와 의자들로 빽빽이 가득 차 있어, 통로 공간이 겨우 한 사람이 다닐 수 있을 만큼 비좁게 만들어졌다. 이 때문에 화재 사고 당시 미처 대피할 공간을 찾지 못한 채 서로 뒤엉켜 인명피해가 더 커졌다. 내부 구조물이 사고 당일 화재 시 인화성, 유독성 물질들이어서 연기가 순식간에 확산하였고 매캐한 유독가스로 인한 질식한 사상자가 상당수였다.

또한 출입구가 하나뿐이어서 일단 출입구가 막히면 실내에 있던 사람들은 탈출할 방법이 없었다. 창문이 있기는 했으나 구조변경을 할 때 통유리로 바꿔 달았으며, 베니어판을 덧붙여 비상시에 쓸 수 있었던 탈출구를 막아버렸다.

(나) 정부의 관리 · 단속 및 화재 예방 소홀 등

많은 청소년이 희생된 호프집은 문제업소로 경찰에 적발되어 업소 폐쇄 명령을 받은 상황에서 미성년자들에게 술을 파는 등 불법 영업을 계속하다가 대형 참사를 빚었다. 특히 화재가 일어난 문제의 상가건물은 지하 1층, 지상 5층으로 건축법상 소규모 건물로 구분돼 별도의 비상계단을 설치하지 않았으며, 유일한 출입 통로인 계단의 폭이 1.2m 남짓으로 비좁았기 때문에 신속하게 대피하지 못한 것도 문제점으로 지적되었다.

무책임한 생맥줏집 주인이 불이 난 이 건물 지하 노래방 천정에 설치되었던 '확산 소화기'가 화재 당시 공사에 방해된다는 이유로 허가 없이 모두 제거돼 있어 초기진화에 실패하였다. 관리 당국의 소홀로 인해 평소 화재 발생 시 대량 인명피해로 이어질 요인들이 있었다.

경찰과의 유착관계를 증명할 수 있는 내용으로 학생들이 화재로 대피하려 하자 돈을 내라며 소리치다가 화재가 난 것을 알자, 자신만 아는 비상구를 통해 학생들을 버리고 탈출했다. 해당 호프집은 상시 미성년자 손님을 받아왔다. 그러다 보니 해당 경찰서에 신고도 자주 있었지만, 경찰의 초동 대처는 없었다. 당시 호프집 주인은 경찰과 상당히 친했으며 자주 상납도 했다고 한다.

(다) 기타

SAT의 노래 〈이게 나에요〉의 뮤직비디오는 이 사건을 바탕으로 하였다. 인근의 인천광역시학생교육문화회관 앞에 추모석과 위령비가 2004년 세워졌다.

정부의 엉터리 화재 원인 규명에 분노했던 유족 중에는 1988 서울 올림픽 여자 하키 은메달리스트 출신으로 대통령 훈장까지 받은 학부모 김순덕이 있었다. 김순덕 씨가 분노해 체육훈장을 반납하겠다고 나서자, 그제야 김종필 총리와의 1:1 면담 자리를 가지게 되었고, 김 총리는 그 자리에서 재수사를 약속했다. 그러나 재수사는 결국 없었다.

심지어 김대중 대통령은 이러한 정부 방침에 대해 단 한마디도 하지 않았다. 그리고 후술하겠지만 결국 김순덕은 거듭되는 대형 참사 속에도 달라지지 않는 시랜드 청소년수련원 화재[63]로 자식을 잃은 고통 때문에, 4개월 만에 이 사건이 발생하자 자신의 모든 메달과 훈장들을 반납한 뒤 대한민국 국적을 버리고 뉴질랜드로 영구이민을 떠났다.

1.4. 정부중앙청사 화재

정부중앙청사 화재 사건은 2012년 10월 14일 13시 25분쯤 60대 한 남성이 서울의 정부중앙청사에 들어와 불을 낸 사건이다. 이 사건은 사용 중지된 과거의 신분증과 비슷한 양식이었으나 무궁화 표시와 소속 부처명이 누락된 명백한 위조 신분증을 이용하여 정문을 무사히 통

63 시랜드 청소년수련원 화재 사고(青少年修練院 火災事故, Sea land Youth Training Center fire)는 1999년 6월 30일 0시 30분경, 경기도 화성군 서신면 백미리 궁평항 인근의 '시랜드 청소년 수련의 집'이라는 청소년수련원에서 일어난 대형 화재 사고다. 화재 사건 당시, 시랜드에는 서울 송파구 문정동 소망유치원 원생 42명, 안양 예그린유치원 원생 65명, 서울 공릉 미술원 원생 132명, 부천 열린 유치원 원생 99명 및 이월드 영어학원 원생 74명, 화성 마도초등학교 학생 42명 등 497명의 어린이와 인솔 교사 47명 등 모두 544명이 있었으며 유치원생 19명, 인솔 교사 1명, 레크리에이션 강사 3명까지 총 23명이 사망하는 대형 참사를 낳았다. 이 사건이 발생하고 정확히 4달 뒤인 10월 30일 인천 인현동 호프집 화재 참사가 일어나 많은 중고생이 피해를 보면서 사람들에게 충격을 주었다.

과하여 정부청사의 관리체계가 허술하다는 비판을 받았다.

거기다가 정문으로 들어온 이후 아무런 제지도 받지 않고 18층까지 올라가 교육과학기술부 사무실에 불을 질렀다. 이 남성은 시너와 휘발유 등의 인화성 물질을 가방에 넣어와 미리 계획된 범행이라는 인상을 주었으며 불을 붙이는데, 근처에 있던 서류를 사용하여 불을 지른 것으로 알려져 중요한 국가문서가 훼손될 뻔하기도 했다. 직원들에게는 불이 났다고 대피시킨 후에 화분을 던져 창문을 깬 후 그대로 투신하였고 병원으로 이송되었으나 목숨을 구하지는 못했다.

1.5. 이천 물류센터 공사장 화재

(1) 사건 개요

2020년 4월 29일 오후 1시 32분 이천시 모가면 소고기 640-1 한익스프레스 남이천 물류센터 냉동 및 냉장 물류창고 신축 현장 지하 2층에서 화재가 발생하여, 오후 6시 42분에 불을 진화하였다. 이 화재로 38명이 사망하고 10명이 부상했다.

4월 30일, 경기 이천시 재난안전대책본부 등에 따르면 한국산업안전보건공단은 물류창고 공사 업체 측이 제출한 유해 위험방지 계획서를 심사 · 확인한 결과 화재 위험성이 있다고 판단, 여러 차례 개선을 요구한 것으로 나타났다.

산업안전보건공단은 서류심사 2차례, 현장 확인 4차례에 걸쳐 유해 위험방지계획서의 문제점을 지적했다. 화재가 난 물류창고는 2019년 4월 23일 착공, 2020년 6월 30일 완공 예정이었으며, 공정률 85% 상태였다. 사고가 난 직후 시공사인 주식회사 건우의 이상섭 대표가 오후 2시쯤 '피해 가족 휴게실'이 마련된 모가 실내 체육관을 찾아 단상에서 무릎을 꿇은 뒤 "죄송하다"라고 말했다. 이 대표는 단상에 오른 지 5분 만에 회사 관계자의 부축을 받고 밖으로 나왔는데, 갑자기 실신해 대기 중이던 119구급차에 실려 병원으로 옮겨졌다.

1.6. 광주 화정 아이파크 외벽 붕괴

광주 화정 아이파크 외벽 붕괴 사고는 2022년 1월 11일 대한민국 광주광역시 서구에서 공사 중인 아파트 2동 건물이 붕괴한 사고이다. 사망 6 부상 1. 재산피해는 집계 중이다.

2022년 1월 14일 기준으로 아파트 붕괴 사고로 인근 주상복합 건물 109가구, 136명 주민은 현재까지 집에 가지 못하고 있다. 2022년 1월 14일 실종자 1명(남성 60세)을 구조했지만 안타깝게 사망하였다. 경찰은 서구청을 압수수색을 하였다. 서울시는 재개발 철거 현장 붕괴 참사와 관련해 현대산업개발을 향해 고발하였다. 현대산업개발 정몽규 회장이 책임을 지고 사퇴하였다.

1월 20일 내부 영상 모습이 공개되었다. 2021년 1월 21일부터 정밀 수색의 분수령인 타워크레인 해체가 시작되었다. 타워크레인을 중심으로 동쪽 화정 아이파크 1단지 입구, 기존에 대피령이 내려졌던 서편 주상복합아파트, 인근 문구 도매 상가, 다른 아파트 신축용 공터, 광주종합버스터미널 주차장 일부도 통제 위험구역에 포함되었다.

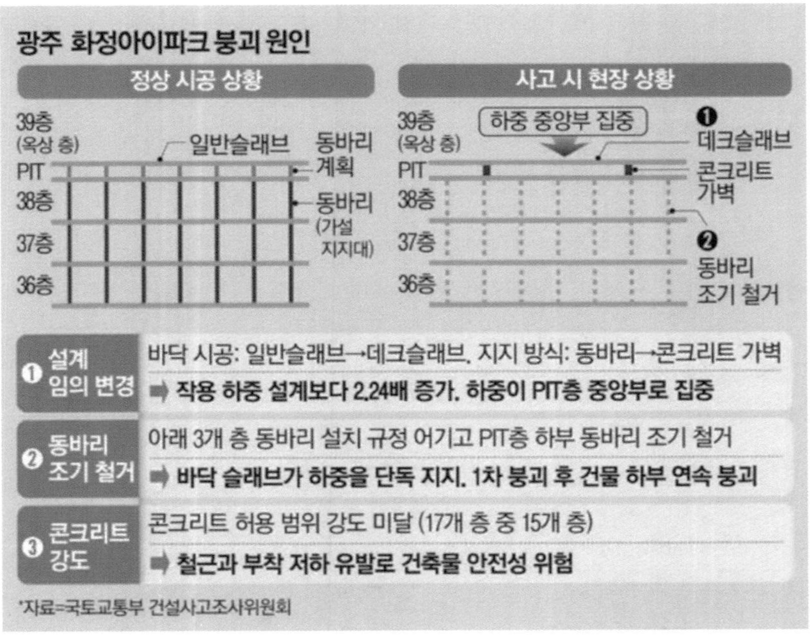

2021년 1월 22일 현대산업개발이 안양 재건축 사업지에서 '여행 로비'를 했다는 의혹이 제기되었다. 2021년 1월 24일 경찰은 현대산업개발 현장소장 등 관계자 41명을 조사하고 이 중 10명을 입건했다. 현대산업개발 본사 등 총 29곳에 대한 압수수색을 진행해 확보한 자료를 토대로 조사에 들어갔다.

2022년 1월 25일 추가 실종자를 발견하였다. 2022년 1월 27일 28층에서 실종자 추가 발견되었다. 2022년 1월 31일 광주 붕괴 현장 28층 매몰자는 구조되었지만, 숨진 상태로 발견되었다. 2022년 2월 4일 광주 붕괴 사고 5번째 매몰자 위치가 추가 확인되었다. 실종자는 2명으로 파악되었다. HDC 현대산업개발은 사고 발생 다음달인 2022년 2월말 희생자 유가족분들에 대한 보상절차를 마치고 같은해 10월 입주예정자들과 협의해 이들에 대한 보상안을 마련했다. 사고 원인에 대해서는 재판절차가 진행 중이다.

1.7. 경주 마우나오션리조트 체육관 붕괴

경주 마우나오션리조트 체육관 붕괴 사고는 2014년 2월 17일 대한민국 경상북도 경주시 마우나오션리조트에서 발생한 사고이다. 이 사고로 체육관에서 신입생 환영회 행사를 진행 중이던 부산외국어대학교 학생 9명과 이벤트업체 직원 1명 총 10명이 사망하였다. 부상자는 124명으로 집계되었다.

2014년 2월 17일 경주 마우나오션리조트에서는 부산외국어대학교에서 신입생 환영회 행사를 하고 있었다. 오후 8시 10분, 폭설로 인해 천장에 15t의 눈이 쌓여 무대 앞부분 천장부터 붕괴가 시작되었다. 당시에는 체육관 내 500여 명이 있었다.

마우나오션리조트의 체육관은 철제 구조에 샌드위치 패널로 마감하는 PEB 공법으로 신축되었다. 그 외에 하중을 지탱하는 부분이 부실하게 지어졌다는 논란이 있다. 건축법상 경주시 지역에는 50kg/m^2의 적설 하중에 견디게 되어 있다. 적설 하중 기준 자체가 낮았던 것과 눈을 치우지 않은 것이 이후 굳어져 무게를 버티지 못한 것이 사고의 한 원인이었다.

또한 설계도와 다르게 지붕이 건설된 부분이 발견되었다. 특히 연결부위 볼트 결합을 하지 않는 등 상당한 문제가 지적되었다. 전문가 또한 설계도대로 지었다면 폭설을 버텼을 가능성이 컸다고 볼 수 있다고 밝혔다. 경찰은 이 부분에 대해 수사에 들어갔다.

대구지방검찰청 수사 대책본부는 4월 18일 마우나오션리조트 임직원과 감리/설계/시공 관련 담당자 4명을 업무상 과실 치사 혐의로 구속기소하고 4월 22일 수사 결과를 발표하였다.

2. 기후변화 위기

2.1. 우리인간에 영향을 미치는 사례

기후변화가 인간에 끼치는 영향은 전 세계에서 관측되고 있다. 대부분은 온난화와 강수량의 변화로 일어나고 있다. 기후변화의 영향은 전 대륙과 전 해상에서 관측할 수 있으며, 위도가 낮고 개발도상국에서 가장 큰 위협에 직면해 있다. 지속적인 온난화는 인간과 생태계에 "심각하고 만연하며 돌이킬 수 없는" 큰 영향을 끼친다. 영향을 끼치는 위협은 불균형하게 분포하고 있으며 특히 개발도상국과 선진국의 저소득층에 더 큰 위협을 끼친다.

(1) 식량과 보건 안보위기

세계 보건 기구(WHO)는 기후변화를 21세기 세계 보건에 가장 큰 위협 요소라고 분류했다. 기상이변은 인간의 부상과 인명 손실로 이어지며, 작황의 흉작은 영양실조 인구의 증가로 이어진다. 뎅기열[64]이나 말라리아[65] 같은 감염병은 더 따뜻한 기후에서 쉽고 빠르게 전염

---

64 뎅기열[dengue fever] 모기에 의해 전파되는 급성 열성 바이러스 질환. 뎅기열은 뎅기 바이러스가 사람에게 감염되어 생기는 병으로 고열을 동반하는 급성 열성 질환이다. 뎅기 바이러스를 가지고 있는 모기가 사람을 무는 과정에서 전파된다. 이 모기는 아시아, 남태평양 지역, 아프리카, 아메리카 대륙의 열대 지방과 아열대 지방에 분포한다. 우리나라에는 없는 병이지만, 최근에는 유행 지역에 다녀온 후 발병하는 경우가 매년 30여 명씩 보고되고 있다. 뎅기 바이러스를 전파하는 모기는 집 주위에 서식하는 모기이며, 보통 비가 고인 폐타이어나 물웅덩이에 서식하고, 주로 낮에 활동한다.
치료법은 뎅기 바이러스를 죽이거나 억제하는 특이적인 치료는 없으나, 병의 경과 중 환자가 느끼는 증상은 심할 수 있으므로 증상 완화를 위한 치료가 필요하다. 혈소판 감소가 심하게 오는 경우에는 몸에서 출혈 현상이 있을 수 있다. 뎅기 출혈열은 몸에서의 출혈 현상뿐만 아니라 혈압이 떨어지고 다른 장기들의 기능이 저하되는 현상이 생겨 환자가 사망에 이를 수 있으므로 적극적인 중환자 치료가 필요하다.

65 말라리아[malaria] 말라리아 원충에 감염되어 발생하는 급성 열성 전염병. 말라리아를 일으키는 말라리아 원충은 얼룩 날개 모기류(Anopheles species)에 속하는 암컷 모기에 의해서 전파되는데, 우리나라에서는 중국 얼룩 날개 모기(Anopheles sinensis) 암컷이 말라리아 원충을 전파한다. 말라리아 원충에 감염된 모기에게 물린 후 인체에서 감염 증상이 나타날 때까지는 2주~수

된다. 어린이는 식량 부족에 가장 취약하다. 또한 어린이와 노인은 극심한 폭염에 더욱 취약하다. 세계 보건 기구는 2030년에서 2050년 사이 기후변화로 인해 매년 약 25만 명이 추가로 더 사망할 것으로 전망했다. 사망자들은 노인의 극심한 폭염으로 인한 열사병 등으로 인한 사망, 설사, 말라리아, 뎅기열 감염자의 증가, 해안 침수, 어린이의 영양 부족 등으로 일어난다고 보았다. 가용 식량의 양과 질의 저하로 2050년까지 매년 성인 50만 명 이상이 사망할 것으로 추정된다.

기후변화는 전 세계의 식량안보에도 영향을 주고 있다. 1981년에서 2010년 사이 전 세계 옥수수, 밀, 콩의 수확량이 감소하였다. 미래의 온난화는 주요 작물의 전 세계적 수확량을 더욱 감소시킬 수 있다. 저위도 국가에서는 농작물 생산량이 부정적인 영향을 받는 반면, 더욱 북쪽 고위도 국가에서는 긍정적이거나 부정적인 영향을 받을 것으로 추정된다.

특히 저소득층이 이러한 작물 생산량 감소로 기아 위협에 처해 있다. 기후변화는 어류 개체수에도 영향을 미친다. 전 세계적으로 어업 가능 인구가 계속해서 감소하고 있다. 빙하수 의존 지역, 이미 건조한 지역, 작은 섬 지역 등은 기후변화로 물 부족 위협이 더욱 증가한다.

(가) 식량안보

개발도상국 지원을 위해 1965년 창립된 UN 개발계획의 창립 이후 우루과이 라운드를 맞은 1994년 "인간 개발 보고 1994"의 공표에 의해 생겨난 비전통적 안보 개념, 즉 인간 안보(Human Security) 개념의 파생 개념으로, 좁은 뜻으로는 국가가 인구 증가, 전쟁, 자연재해 등 유사시를 대비해 식량의 생산, 수입, 비축 등을 통해 일정한 식량의 양을 준비하는 것을 말한다. 식량자급률과 밀접한 관계가 있다.

인간 안보는 "국가나 사회 전체만"을 안보의 대상으로 보며 군사적이거나 정치적인 개념

개월의 시간이 소요된다. 오한, 발열, 발한의 전형적인 감염 증상이 나타나는데 원인 병원체의 종류에 따라 증상 및 특징이 다르다. 우리나라의 토착 말라리아는 3일열 원충(Plasmodium vivax)으로 1970년대에 사라졌다가 1993년 이후 다시 유행하기 시작하였다.

예방 방법은 말라리아에 대한 백신은 없다. 가능한 한 모기에 물리지 않도록 하는 것이 가장 중요하며, 필요한 경우 의사와 상담하여 말라리아 예방약을 복용한다. 동남아시아, 중동, 중부 아프리카, 중남미 등 말라리아 위험 지역을 여행할 때는 항말라리아제를 복용하는 것이 권장된다.

에만 치중하던 전통 안보 개념을 극복하여, 인간 그 자체의 안전을 보장의 대상으로 삼는 비전통적 안보이다.

이 항목의 식량안보가 대표적이고, 이 외에도 경제 안보, 건강 안보, 환경 안보, 정치 안보, 공동체 안보, 여러 집단적 범죄에 대한 개인 안보(대집단으로는 전쟁과 인종학살부터 인권탄압 및 고문까지 소집단으로는 가정 내 아동학대나 젠더 차별 폭력 등 개인 상대의 모든 집단범죄를 포함한다) 등 수많은 개념이 인간 개발 보고서에 명기된 인간 안보에 포함된다. 한국에서는 2022년 러시아-우크라이나 전쟁을 통해 일반인들에게 식량안보와 에너지 안보 개념이 많이 알려졌다.

식량안보는 넓은 뜻으로는 자국민에게 충분한 양과 양질의 식량을 필요한 시기와 장소에 따라 적절하게 공급할 수 있는 상태를 말한다.

세계 식량안보에 관한 로마 선언[Rome Declaration on World Food Security] 기아 문제와 식량 문제를 해결하기 위한 발걸음(세계를 바꾼 연설과 선언, 2006.1.15., 이종훈과 김희남)을 보면 1064년~1072년 이집트에서는 7년간의 나일강 홍수 때문에 대기근이 발생하였다. 또한 1837년~1838년에는 아일랜드에서 감자잎마름병으로 인한 흉작으로 200여만 명이 사망하였으며, 1876년~1879년에는 중국 북부 지방에서 가뭄으로 인한 식량 생산 격감으로 1,000만 명가량이 죽고, 1934년~1944년에는 인도의 벵갈 지방에서 홍수 때문에 200~400만 명이 사망하였다. 그리고 1969년~1970년에는 아프리카의 비아프라에서 수십만 명이 기근으로 굶어 죽었다. 기아 현상은 지금도 세계 전역에서 일어나고 있다.

세계 인구가 증가하는 추이와 천연자원을 남용하는 상황을 고려해 볼 때, 긴급하고도 단호하면서 일치된 조처가 내려지지 않을 경우, 기아와 식량 불안의 문제는 세계적 차원으로 확대되면서 지속될 것이고, 심지어 특정 지역에서는 심각한 사태로 악화해 갈 것이다.

빈곤은 식량 불안의 주요 원인이고, 식량을 이용할 수 있는 권리를 강화하기 위해 빈곤을 퇴치하는 과정에서 지속 가능한 발전이 반드시 이루어져야 한다. 또한 분쟁과 폭력 사태와 부정부패와 환경 파괴로 인해 식량 불안은 심각하게 악화한다. 주요 식량을 포함하여 식량 생산이 확대되도록 노력해야 한다. 환경을 파괴하지 않고 지속해서 천연자원을 이용할 수 있는 관리 체제를 유지하고, 특히 선진국에서 지속 가능한 발전을 가로막는 소비 방식과 생산방식을 제거하고, 세계 인구를 조기에 안정시키는 조건 속에서 이러한 노력이 기울여져야 한다.

① 세계 식량안보에 관한 로마 선언

세계 식량안보에 관한 로마 선언(Rome Declaration on World Food Security)은 1996년 이탈리아의 로마에서 개최되었던 세계 식량 정상 회의에서 채택된 것으로, 전 세계 기아 문제에 대한 대응과 미래의 식량안보 문제를 주된 내용으로 한다.

전 세계 185개 국가와 유럽 연합의 대표들이 참석한 가운데 열린 이 회의에서 기아와 식량안보 문제를 세계적 차원에서 해결해야 할 중요한 문제로 인식하였다. 그래서 긴급하고도 단호하면서 일치된 행동 계획이 마련되어야 한다는 공통된 의견에 기초하여 구체적 행동 방침을 채택하였다.

인류를 위한 식량안보 달성과 2015년까지 영양 부족으로 시달리는 인구를 반감시킨다는 목표에 대한 정치적 의지를 표명하면서, 빈곤 퇴치를 위한 제반 환경 조성, 빈곤과 불평등 해소와 식량 이용 조건 개선, 식량 공급을 위한 지속 농업과 농촌 개발, 식량안보의 개선을 위한 무역 정책, 자연재해와 긴급 사태에 대한 대응조치, 인력 개발과 농업 개발을 촉진하기 위한 자원 배분, 세계 식량 정상 회의의 행동 방침 이행과 후속 조치 등 7가지 항목의 공약을 내걸고 각국에 이행을 촉구하고 있다.

② 한국의 식량안보 평가(카이스트 미래 전략 2023)

한국농촌경제연구원의 우리나라 식량안보 평가와 식량안보 지수(해외 곡물 시장 동향 제12권 제2호)는 농업관계자 및 일반인이 해외 곡물 시장을 이해하고 정부가 농업정책을 수립하는 데 도움을 주고자 한국농촌경제연구원이 세계 곡물 시장 동향과 관련 정보, 주요 지표를 정리 · 분석하여 발간하는 자료에 따르면, 세계 곡물 시장 동향, 세계 곡물 수급 동향 및 전망, 국제금융시장 동향 및 환율 전망, 곡물 해상운임 동향과 전망, 곡물 시장의 선물가격 동향 및 전망에 대해 살펴볼 수 있다.

연구진이 개발한 식량안보 지수는 우리 사회의 식량안보에 대한 우려를 반영하여야 한다는 측면에서 식량안보 영역별 중요도를 가중치로 사용하고 있습니다. 즉, 식량의 해외 의존도가 높은 상황에서 공급망 위기, 수출제한 등으로 인한 우리 사회의 우려를 영역별 중요도로 반영하고 있다.

식량안보 지수는 국가 간 및 연도별 비교가 가능하도록 G20 국가를 대상으로 2020년 기준 1위 국가(호주) 수준을 100으로 하여 상대적 수준이 계산될 수 있도록 했다.

식량안보 지수 산출 결과 2022년 기준으로 우리나라는 비교 대상 국가(19개 국가) 평균과 비슷한 수준인 67.6점으로 10위로 평가되었다. 식량 수출국이면서 소득 수준이 높은 국가(호주, 캐나다, 미국 등)들이 상위 그룹에 속하며 식량 수입국이면서 소득 수준이 높지 않은 국가들(터키, 인도네시아, 멕시코 등)이 하위그룹으로 평가되었다.

중국은 곡물 자급률 및 재고율이 높아 우리나라보다 높은 70.8점으로 계산되었으며 우리나라와 상황이 비슷한 일본은 68.4점으로 계산되었다.

〈부록 표 1.1〉 식량안보 지수

국가명	2012	2015	2016	2017	2018	2019	2020	2021	2022
호주	96.6	109.0	119.9	104.2	97.9	90.2	100.0	97.7	91.2
캐나다	86.1	103.3	106.8	99.9	95.8	90.1	93.5	85.5	83.7
미국	78.0	97.7	101.5	92.7	90.8	84.5	86.0	81.4	76.8
프랑스	79.7	97.5	98.5	92.2	87.9	80.8	83.1	80.1	75.7
독일	77.9	96.6	99.2	91.8	86.9	79.9	82.6	79.3	74.2
영국	74.3	93.7	96.0	87.0	84.1	78.6	80.9	78.0	72.8
브라질	72.7	88.1	94.1	85.7	82.1	72.9	76.1	73.4	71.4
중국	64.9	88.5	92.7	86.5	82.7	77.6	79.7	74.6	70.8
이탈리아	70.7	88.5	91.3	84.0	81.2	73.5	77.2	75.4	70.2
한국	**68.6**	**87.5**	**89.8**	**82.0**	**78.5**	**74.3**	**77.0**	**72.8**	**69.2**
일본	67.9	80.7	83.4	77.1	82.7	77.7	76.9	72.9	68.4
사우디아라비아	66.5	92.4	90.0	78.7	75.4	70.9	72.3	69.6	66.2
러시아	63.4	77.1	83.4	77.8	75.0	69.5	73.5	67.5	62.3
아르헨티나	69.1	84.7	91.1	81.3	77.3	67.3	70.6	65.0	61.3
남아프리카	59.1	75.9	81.8	81.0	65.4	61.1	67.2	63.3	58.5
멕시코	58.4	78.6	80.7	72.3	69.2	61.9	65.2	61.6	57.0
인도	59.0	80.4	75.5	69.1	66.7	59.4	64.4	60.8	55.9

국가명	2012	2015	2016	2017	2018	2019	2020	2021	2022
인도네시아	52.6	71.0	73.1	66.9	64.9	55.0	59.8	56.5	50.5
터키	62.4	79.5	81.5	73.2	68.8	61.3	63.7	57.8	49.3

한국은 1인당 고소득 수준 국가로서 국내외 시장에서 식품 구매력이 양호하므로 접근성은 비교적 높게 나타났다. 그러나 수입 식품에 대한 상대적 고관세가 개별 소비자의 국제시장 접근을 어렵게 한다고 보았다. 가용성과 관련해서는 가용성 제고를 위한 정부의 정책 의지가 약하다고 평가했다. 안전성과 관련해서는 식단의 다양성 부족을 지적했는데, 이는 여전히 쌀 중심의 식품 소비 패턴을 반영한 것으로 여겨진다.

가장 취약한 것은 '회복성' 부문이었다. 자연 자원의 제약, 그 가운데 특히 물 문제가 심각했고, 전반적인 회복력의 취약성이 부각되었다. 이처럼 객관적 지표로 본 한국의 식량안보 상황은 그리 낙관적이지 않다.

③ 각국의 식량안보 확보 전략

세계인의 '식탁'이 위협받고 있다. 22년 우크라이나 전쟁 장기화와 22년 인도 밀 수출 금지,[66]

66 2022년 식량 위기 시기 중 5월 13일부터 시작된 인도의 곡물 수출 금지 정책에 관련된 문서. 인도는 세계 2위의 밀 생산국, 세계 1위의 설탕 생산국이기 때문에 인도의 밀 수출 금지와 설탕 수출제한은 많은 국가를 경악하게 했다. 이 정책은 예정대로 진행된다면 밀은 2022년 12월 31일까지 설탕은 2022년 10월 31일까지 지속될 것이다. 쌀은 예정이 나와 있지 않다. 인도 대외무역총국은 121년 만에 찾아온 남아시아의 지속되는 봄철 폭염에 따라 자국의 밀 수확량이 줄어들 것을 우려하였고, 인도와 이웃 국가, 기타 취약국 등의 식량안보가 위험하다는 판단하에 5월 13일 밀 수출 규제 카드를 꺼내 들었다. 인도가 수출을 금지하였어도 국제 물가에서는 별 상관이 없었다. 왜냐하면 인도는 생산량 대부분을 내수로 소비하기 때문이다. 그래서 비교적 인구가 적지만 밀 생산량이 많은 러시아가 밀 수출량으로 세계 1위를 달성하였었고 미국이 2위, 캐나다가 3위이며 우크라이나는 세계 6위이다. 설탕은 세계 물가가 오르면서 자국 안보를 위해 제한시켰다.
하지만 북아메리카의 심각한 가뭄으로 밀 수확량이 줄어들고 2022년 러시아의 우크라이나 침공으로 러시아, 우크라이나의 밀 수출이 중단되면서 대체지로 찾은 인도마저 상황이 악화한 것이다. 2022년 5월 13일, 인도 대외무역총국(DGFT)은 밀 수출 전면 금지를 발표했다. 세계 각국은 인도의 밀 수출 금지가 자국에 미칠 영향을 예의주시하고 있다. 5월 14일, 주요 7개국 정상회담(G7)에서는 "최근 역사상 가장 심각한 식량과 에너지 위기가 초래되고 있으며, 이는 현재 전 세계에서 가장 취약한 사람들을 위협하고 있다"라는 공동 성명을 발표했다. 특히, 젬 외즈데미르 독일 농업 장관은 "만약 모두가 수출 규제를 하거나 시장을 닫기 시작하면 위기를 더 악화시킬 것"이라며 인도를 향해 G20 회원국으로서 책임 있는 행동을 촉구했다. 이에 인도 정부는 "수출 금지는 영구적이지 않다"라는 입장으로 대응했다. 국민일보 이란에서는 인도의 밀 수출 금지 결정 이후 빵값이 더 올라 이란 시민들이 빵 가격을 내리라고 시위를 벌였다. 여담이지만 아랍에미리트에서는 인도가 밀 수출 금지를 내리기 전 '취소 불능 개 기후 위기의 만연, 에너지 가격과 비룟값 등 연일 치솟는 물가, 미 · 중 패권 전략경쟁, 중동전쟁 등으로 인한 공급망 분절 등 중층 복합 위기에 빠졌다.

100%가 넘는 식량자급률을 자랑하던 유럽 주요국들조차 폭등하는 빵값에 살충제 사용을 줄이는 친환경 정책을 보류할 정도로 상황은 급박해졌다. 중국은 녹지를 경작지로 갈아엎기 시작했고, 일본은 주식 반열에 든 밀 생산을 서둘러 늘리겠다는 태세다. 한국인의 '밥상'에도 위기는 닥쳤을 것이다. 식량안보를 지키기 위한 지구촌의 총성 없는 식량 전쟁이 시작되었다.

카이스트 미래 전략 2023에 따르면 완전한 식량안보 전략은 두말할 필요 없이 100% 자급하는 것이지만 그럴 만한 농식품 생산 · 공급 여건을 가진 국가는 찾기 힘들다.

차선책으로 비축 제도가 식량안보 확보와 직결될 수 있다. 그러나 비용이 많이 발생하므로 전략 품목에 국한해 극히 제한적 보조 수단으로만 활용된다. 그 밖에 세계 주요 국가로부터 파악할 수 있는 유의미한 식량안보 전략을 보면 다음 몇 가지 형태가 있다.

㉠ 미국형 : 평상시 취약 가계 지원

미국처럼 상대적으로 농식품 생산 · 공급 여건이 좋은 고소득 국가에서 활용하는 전략이다. 즉, 이들 국가는 국가적 차원의 식량안보 전략보다는 소득 취약 가계에 대한 선별적 식량 · 식품 · 영양 지원 정책을 시행한다. 주기적으로 설문 형태를 통해 식량 · 식품 · 영양 취약 가계를 파악한 다음 일정한 절차를 통해 식량 · 식품 · 영양 지원을 수행한다.

이와 같은 선별적 가계 지원 형태는 한국과 같은 나라가 생각하는 국가적 차원의 식량안보 전략과는 개념에서 차이를 보인다. 우리의 국가적 차원의 식량안보 전략은 '비상시' 국가 차원의 식량 부족을 대비하는 전략이지만 선별적 가계 지원은 '평상시' 취약 가계를 위한 지원

설장'을 개설해서 계속 수입하고 있다. 5월 15일, 세계 밀값이 급등하고 있었고, 시카고상품거래소에서 조사 결과 밀값이 대략 6% 급등하여 최고가를 기록한 사례가 보도되었다. 5월 16일 오전 10시경, 밀값이 5.6% 이상까지 올랐다. 오후 2시경부터 대한제당(우량주) 등 밀과 밀가루 관련 식품 등을 생산하는 기업에서 밀 거래 가격이 평균 15% 정도 비싼 값으로 거래하였다. 한국 대형마트에서 밀가루 제품이 금방 재고가 떨어지는 일이 있었다. 아무래도 이번 사태로 인한 심리적 불안감이 크게 형성된 모양이다. 국제적인 상황으로는 먼저 세계 최대의 밀 수입국인 이집트에 대해서는 예외 조항을 적용해 50만 톤을 수출하기로 합의를 보았다고 발표한 것이 있다.

전략이기 때문이다. 미국처럼 농식품의 생산 · 공급 여건이 좋은 고소득 국가는 이처럼 일부 가계에 대한 평상시 기아 예방 대책에 중점을 두고 있다.

㉡ 중국형 : 해외 농업 개발 및 투자

중국이 적극적으로 활용하는 전략으로 농지에서부터 농자재, 농식품 가공 기업에 이르기까지 광범위한 농식품 자산에 투자하고 인수 · 합병을 진행하는 방식이다. 식량안보는 중국 정부의 지속적 과제다.

2006년 중국 정부는 농업의 해외 투자 확대 전략을 발표한 이후 연이어 일정한 조건을 갖춘 기업의 해외 투자를 지원하는 정책을 내놓았다. 농업의 대외 진출 확대는 특히 2013년 일대일로(일대: 실크로드 경제벨트, 일로: 해상 실크로드) 전략 발표로 속도가 붙고 있다. 농업 분야에서 반드시 추진해야 할 주요 사업으로는 농산물 무역과 농업 투자, 농업 과학 기술 협력과 같은 농업의 해외 진출을 명시했다.

2014년에는 〈중앙 1호 문건〉을 통해 식량, 면화, 유지 작물 등의 품목에 대해 국제 경쟁력을 갖춘 대형 기업 육성과 농업의 해외 투자 지원을 위한 금융 상품과 금융 방식을 혁신하도록 요구했다. 또 2017년에는 국가발전개혁위원회, 상무부, 인민은행, 외교부가 공동으로 〈해외 투자 방향의 진일보를 유도하고 규범화하기 위한 지도 의견에 관한 통지〉를 발표했는데, 여기에 인민은행을 통한 국가적 금융 지원을 포함했다.

이처럼 중국의 해외 농업 개발은 정부의 정책적 목적과 강하게 연계해 추진하고 있으며, 그 결과 중국의 해외 농업 개발 형태는 지역, 품목, 가공단계 등 모든 측면에서 전방위적이다.

특히 2014년 〈중앙 1호 문건〉에서 주문한 '국제 경쟁력 있는 대형 기업 육성'과 2019년 중국공산당 중앙위원회 · 국무원의 의견에서 주문한 '다국적 농업 기업 육성'은 주로 기존의 글로벌 다국적기업을 인수 · 합병하는 방식으로 구체화 되었다.

인수 · 합병에 필요한 거대 자금은 2017년 국가발전개혁위원회, 상무부, 인민은행, 외교부의 공동 발표를 고려하면 인민은행의 개입을 하게 되었다. 이렇게 인수 · 합병에 의존하는 중국의 해외농업 개발은 농지에서부터 다국적기업에 이르기까지 농식품 관련 자산을 모두 인

수 · 합병 대상으로 포함하는 형태다.

아울러 대상 품목과 지역 역시 매우 광범위하다. '중국의 정부 정책과 연계된 매우 공격적인 해외 농업 개발과 투자는 호주, 미국 등 투자 대상국으로부터 빈번한 분쟁을 불러왔다.

ⓒ 일본형 : 국제 곡물 조달 시스템 구축

일본은 통상 환경이 안정적인 미국과 남미 지역의 주요 곡물 유통 · 물류 · 무역 사업에 직접 참여하는 전략을 펼치고 있는데, 일본의 최대 사료 곡물 실수요자인 일본 전농(全農), 즉 농협중앙회가 이를 주도해 왔다.

일본 전농이 1979년 미국에 설립한 수출 회사 ZGC(Zen-Noh Grain Corporation)는 미국 남부 최대 수출 항구인 뉴올리언스 항에 수송, 보관, 수출 기능을 하는 수출용 곡물 엘리베이터를 소유하고, 1988년에는 미국 국내 산지 매집 및 운송 전문 회사인 CGB(Consolidate Grain & Barge)를 인수했다.

CGB가 농가로부터 확보한 곡물을, 미시시피강을 이용해 ZGC로 판매 · 수송하고, ZGC는 뉴올리언스 항에서 이를 선적해 일본으로 반입한다. 이렇게 일본 전농은 미국 내에서 곡물 수집부터 수출 선적에 이르기까지 완전한 곡물 조달시스템을 구축했다.

일본 전농은 2021년에도 세계적 곡물 업체 벙기(Bunge)[67]로부터 미시시피 수계의 강변 엘리베이터 35개를 추가 인수하며 지속적인 곡물 유통 사업 확장을 추구하고 있다. 이런 동향을 보면 미국 최대 곡물 지대인 미시시피 수계 지역 곡물 사업에 총역량을 집중하는 것으로 판단된다.

1970년대부터 시작한 일본 전농의 이러한 곡물 사업은 다른 민간 회사에도 파급되어 일본은 다수의 민간 국제 곡물 메이저를 보유하고 있다. 미쓰비시, 미쓰이, 마루베니, 이토추 등이 대표적인 일본 민간 글로벌 곡물 메이저들이다. 이렇게 일본은 현지 생산 · 가공단계에 진입하는 해외 농업 개발보다는 국제 곡물 유통 · 물류 · 무역 부문에 진출하는 국제 곡물 조달시

67 Bunge. 미국의 곡물 메이저 기업. 아처 대니얼스 미들랜드(Archer Daniels Midland, ADM)와 카길(Cargill), 루이 드레퓌스 컴퍼니(Louis Dreyfus Company)와 더불어 세계 4대 곡물 메이저 기업이기도 하다. 이들의 앞 글자를 따서 ABCD 기업이라 부르기도 한다. 본사는 미국 미주리주 세인트루이스에 소재하고 있다.

스템 구축 전략을 오랫동안 유지하고 있다.

㉣ 네덜란드형 : 국제무역 활용

농식품 산업 부문에서 국제 경쟁력이 높은 네덜란드가 대표적으로 활용하는 전략인데, 자국 농식품 시장을 과감히 개방함으로써 농식품 생산 · 가공 · 무역의 국제 거점으로 기능하도록 하는 것이다. 이럴 때 자국 농식품 시장은 국제 농식품의 가공 · 유통 · 물류 허브가 되어 평상시에는 상업적으로 혜택을 누리고 비상시에는 풍부한 농식품에 대한 접근성을 확보할 수 있다.

실제로 농업 생산 · 수입 · 수출 구조를 보면 네덜란드는 자국 생산의 2배 이상(237%) 규모를 수입해 자국 생산의 3배 이상(345%) 규모를 수출하는 구조를 보인다. 과감한 시장 개방 규모와 가공 혹은 중개 무역 등을 통한 부가가치 제고 능력을 간접적으로 파악할 수 있다.

이에 반해 우리나라는 90%를 수입해서 22% 정도만 수출하는 구조여서 국제시장 활용도가 매우 열악하고 미래에 대한 위기관리 전략이 절실히 필요하다.

㉤ 아랍에미리트 형 : 사막을 활용 벼 생산

한국보다 열악한 사정에도 식량안보 강화에 성공한 나라도 많다. 사막에 있는 걸프 지역 국가들이 대표적이다. 아랍에미리트(UAE)를 비롯한 걸프 국가들은 전체 면적의 2%만 경작하고 식량의 85%를 수입한다. 아라비아반도에서도 가장 건조한 지역이라 기온이 높고 강수량이 부족해 대규모 농업에 적합하지 않은 조건이다. 미국 CNN 방송은 "걸프 국가들은 이런 악조건 속에서도 식량안보를 확보할 전략을 세우고 수십 년간 자원을 투입했다"라며 "이를 통해 우크라이나 전쟁 발생 이후 벌어진 국제적인 식량 위기를 잘 견디고 있다"라고 평가했다.

걸프 국가들은 지난 2008년 세계 금융위기 당시 식량안보의 중요성을 체감했다. 수입 물가가 치솟고 일부 식량 수출국이 자국 식량 확보를 위해 수출을 금지해 위기를 겪었다. 이후 이 국가들은 에너지 효율성을 높인 담수화 시설, 물을 절약하는 농법, 수경 재배를 적극적으로 도입해 식량 자급을 위해 다양한 정책을 시행했다.

UAE는 2018년 발표한 국가식량안보전략에 따라 식량안보를 전담하는 정부 부처를 두고 있으며 염분 저항성을 높인 '슈퍼 푸드'를 사막에서 재배했다. 하루 400t의 우유와 요구르트를 사우디 국경을 통해 들여왔던 카타르도 지난 2017년 사우디가 주도한 단교 사태로 주변국으로부터 수입을 봉쇄당하자, 우유를 자체 생산하려고 사막에 낙농업을 육성하고 있다. 지난해 GFSI 순위가 41위인 사우디아라비아는 수단 · 케냐 · 에티오피아 등지에 농지를 구매해 해외 경작지를 늘리는 방법으로 안정적인 식량 확보에 노력하고 있다.

ⓗ 싱가포르 형 : 170개국서 식량공수

도시국가 싱가포르도 식량 위기에 잘 대비하는 사례로 꼽힌다. 경작지가 전체 국토의 1% 불과하고 소비하는 식량의 90%를 수입에 의존한 상황에서도 지난해 GFSI 28위에 올랐다.

식량안보를 강화하기 위해 싱가포르 식품청(SFA)은 3가지 대책을 실행했다. 먼저 수입처의 다양화다. SFA는 싱가포르의 식량 수입처를 170개국으로 늘렸다. 식량 수입 의존국으로서 단일 공급 국가에 의존하지 않고 대체 공급원을 마련해 식량 수급 상황을 안정시키기 위해서다. 그러면서도 2030년까지 국내 식량 생산 비중을 30%까지 높인다는 '30 by 30' 정책을 세웠다. 이를 위해 건물의 공간을 농지로 활용하는 도시농업 등에 집중 투자 중이다. 또한 국내 재배를 할 수 없는 농작물은 해외 경작지에서 직접 재배해 확보하려 노력하고 있다.

걸프만 국가나 싱가포르의 정책을 경제 규모와 환경이 다른 우리나라에 곧바로 접목하긴 어렵다. UAE와 싱가포르는 자국의 뛰어난 구매력을 식량안보에 최대한 활용하기 위해서 곡물 수입과 관련 규제를 거의 하지 않는데, 국내 농가 보호를 위한 정책과 규제 필요성이 존재하는 한국과는 상황이 다르기 때문이다. 그럼에도 전문가들은 식량 수입 대안으로 이들 국가를 참조할 필요가 있다고 했다. 임정빈 서울대 농경제사회학부 교수는 "식량안보는 국내 생산만으론 한계가 있어 해외 조달 능력이 함께 이뤄져야 안정될 수 있다"라며 "UAE와 싱가포르 사례 등을 살펴 식량 수입 방안을 다양화해야 한다"라고 말했다.

④ 식량안보를 위한 우리의 미래 전략

한국은 1968년 정부가 주도해 남미를 중심으로 농지를 매입하고, 농업 이민을 통한 대규모 해외 농장 개발 사업을 처음 시도했다. 1968~1981년 정부가 주도해 아르헨티나, 칠레, 파라과이 등 남미를 중심으로 총 2만 5,304ha의 농지를 매입하고 농업 이민을 통해 5개의 대규모 농장 개발에 착수한 바 있다. 산페드로 농장(파라과이), 루한 농장(아르헨티나), 야타마우카 농장(아르헨티나), 테노농장(칠레), 산하비에르 농장(아르헨티나) 등이 그 사례다.

그러나 불리한 자연 여건, 부적합한 이민자 선발 등으로 현지 이탈 문제가 발생해 사업이 실패로 돌아갔다. 개인과 민간단체의 해외농업 개발 사업 참여도 이어졌지만, 초기의 정부 주도 그리고 일부 민간의 시도는 실패에 그치고 말았다.

1990년대에 들어서 정부의 해외 투자 제한 조치 완화와 농산물 수입 자유화가 확대되자 일부 민간 기업 중심으로 해외 농업 개발이 다시 활기를 띠는 듯했지만, 뚜렷한 성과를 내지는 못했다.

그러던 중 2008~2011년 세계적 곡물 가격 파동을 계기로 해외 농업 개발 사업을 정부 차원에서 다시 추진하기 시작했다. 2011년 '해외농업 · 산림자원 개발협력법'을 제정해 해외 농업 개발에 따른 환경 조사 지원과 융자 사업을 도입했다. 이러한 사업이 뒷받침되어 2021년까지 206개 기업이 해외 농업 개발 신고를 하고 32개 국가에서 여러 형태의 농업 개발 사업을 진행 중이다."

신고 기업은 206개지만 실제로 사업을 수행하는 기업은 86개 정도로 조사됐다(해외농업자원개발협회 조사 자료). 그러나 영세한 규모와 경제성 문제로 생산물의 국내 반입 실적 등 식량안보 목적 달성과는 여전히 거리가 멀다.

한편 생산 농장 개발을 중심으로 하는 해외 농업 개발 사업과는 별도로 2011년 한국농식품유통공사와 민간 기업이 컨소시엄을 형성해 미국에서 일본형 유통 · 물류 · 무역 사업 중심의 곡물 조달시스템 구축을 시도하기도 했다.

그러나 예산, 전문인력, 진입 시기 등의 여러 문제와 난관에 부딪혀 중도에 포기하고 말았다. 결국, 식량안보를 위한 우리의 국가적 차원 전략은 환경 조사 지원과 융자 사업에 머물고 있고, 절대적인 예산 부족과 관련 기업의 영세성 등으로 아직 뚜렷한 실적을 거두지 못하고 있다. 앞에서 논의한 사항을 바탕으로 식량안보를 확보하기 위한 몇 가지 전략 방향을 짚어본다.

우선, 식량안보를 둘러싼 정책의 일관성 유지가 중요하다. 정책이 일관적이지 않으면 식량 안보에 대한 국민의 경각심이 약해진다. 해외 농업 개발 정책을 시행하면서 대규모 간척지를 비농업 용도로 전환해 국내 농업 생산 기반 확충에 소홀했던 것도 정책의 일관성 결여 사례다.

그 밖에 주곡인 쌀의 생산 조정까지 고려하면서도 뚜렷한 수입 곡물 대체 전략을 강력히 추진하지 못한 사례가 아래와 같이 있다.

세계무역기구(WTO) 농업협정과 자유무역협정(FTA)에 따른 관세 할당(TRQ, tariff-rate quota) 수입 정책과 관련해 식량안보와 국내 농업 보호라는 상충하는 목표 사이에서 명확한 정책적 입장을 제시하지 못한 사례도 있다. 딜레마 상황에서 칼로 무 자르는 것 같은 입장 정립은 어렵다. 하지만 적어도 식량안보 목적을 국민이 인식할 수 있도록 일관적이고 적정한 수준의 정책을 정립해야 한다.

둘째, 비상시 국가 차원의 식량안보뿐만 아니라 상시 관리가 필요한 평상시 취약 가계 식량안보도 중시해야 한다. 가계소득의 양극화, 불황의 지속 등이 예견되는 상황에서 비상시 국가 차원의 식량안보 대책과 평상시 가계 식량안보 대책을 분리해 접근할 필요가 있다. 국민소득이 일정 수준 이상에 오른 나라의 경우 국가 평균 엥겔계수가 낮으므로 국가 차원에서의 식량안보보다 오히려 취약계층을 목표로 하는 가계 식량안보에 정책의 초점을 맞춘다. 정기적으로 가계 식량안보 실태를 파악해 식량 불안에 노출된 가계에 대한 지원 시스템의 마련이 필요하다.

셋째, 국내 농업 자원 부존은 이정환 〈축산업은 우리에게 무엇인가?〉《시선 집중 GSnJ》 29호, 2007에 따르면 1970~2004년 농축산물 소비 증가로 모든 농산물을 자급하기 위한 경지 소요량이 391만ha(1970년)에서 715만ha(2004년)로 늘어났지만, 경작 면적은 326만ha에서 194만ha로 오히려 감소해 해외 의존율이 17%에서 73%로 높아졌다고 하였다.

우리나라의 경우는 농식품의 해외 조달은 불가피한 사정이다, 현물시장(cash market) 위주의 접근은 이제 탈피해야 한다. 현재 한국은 해외농업 사업을 생산 단계 혹은 유통 단계에서 진출하는 두 가지 현물시장 접근에 치중한다. 생산 단계 진출은 해외 농장을 인수하거나 농장 개발에 참여해 직접 곡물을 생산 · 확보하는 사업이며, 유통 단계 진출은 해외 산지로부터 국내까지 유통 · 물류 · 무역 망을 확보해 수집된 곡물을 국내에 공급하는 사업이다.

〈부록 그림 1.3〉 기후변화에 따른 농업지역의 변화

생태학적 난민의 증가. 강우량이 적어지면 농업 활동이 불가능해지고 더 이상 사람이 살 수 없는 사막화로 이어진다. 사진은 2008년 사막이 되어버린 말리의 텔라.

농업의 변화. 가뭄, 기온 상승, 기상이변은 농업에 부정적인 영향을 미친다. 사진은 작물이 말라버린 2013년 미국 텍사스주의 모습.

이러한 현물시장 접근은 기반 구축에 긴 시간을 요구하고 고비용을 수반한다. 따라서 이를 중단기적으로 보완할 수 있는 금융시장 접근을 병행해야 한다. 국제 금융시장은 선물거래[68]를 통해 일정 물량을 해외에 비축해 둔다는 의미가 있으며, 동시에 헤징(Hedging)[69]이나 옵션

68 선물(futures)거래란 장래 일정 시점에 미리 정한 가격으로 매매할 것을 현재 시점에서 약정하는 거래로, 미래의 가치를 사고파는 것이다. 선물(futures)거래란 장래 일정 시점에 미리 정한 가격으로 매매할 것을 현재 시점에서 약정하는 거래로, 미래의 가치를 사고파는 것이다. 선물의 가치가 현물시장에서 운영되는 기초자산(채권, 외환, 주식 등)의 가격 변동에 따라 파생적으로 결정되는 파생상품(derivatives) 거래의 일종이다. 미리 정한 가격으로 매매를 약속한 것이기 때문에 가격 변동 위험의 회피가 가능하다는 특징이 있다. 위험회피를 목적으로 출발하였으나, 고도의 첨단금융기법을 이용, 위험을 능동적으로 받아들임으로써 오히려 고수익 · 고위험 투자상품으로 발전했다. 우리나라도 1996년 5월 주가지수 선물시장을 개설한 데 이어 1999년 4월 23일 선물거래소가 부산에서 개장되었다.
1848년에 미국의 시카고에서 82명의 회원으로 시작된 세계 최초의 선물거래소인 시카고상품거래소(CBOT; Chicago Board of Trade)가 설립되어, 콩, 밀, 옥수수 등의 주요 농산물에 대해 선물계약을 거래하기 시작했다. 이때 거래된 농산물은 당시 세계 농산물 선물거래의 80%를 차지할 정도였다. 60년대 이후 세계 경제 환경이 급변하면서 금융변수들에 대한 효율적인 관리 수단의 필요성이 제기되어 70년대 금융선물이 등장했다. 72년 미국의 시카고상업거래소(CME; Chicago Mercantile Exchange)에서 밀턴 프리드만 등 경제학자들의 자문을 통해 통화선물이 도입되었다. 그 후 73년에 개별주식옵션, 76년에 채권선물 등 각종 선물 관련 금융 상품이 개발되기 시작했다.

69 현물가격의 변동에 따라 발생할 수 있는 손실을 최대한 줄이기 위해, 선물이나 옵션 등 파생상품을 이용하여 시장에서 현물과 반대되는 포지션을 설정하는 것이다. 현물가격의 변동에 따라 발생할 수 있는 손실을 최대한 줄이기 위해, 선물이나 옵션 등 파생상품을 이용하여 시장에서 현물과 반대되는 포지션을 설정하는 것이다.
헤징을 하면 현물(주가 · 환율 · 금리 · 금)의 가격이 오르거나 내리더라도 파생상품 포지션에서 정반대의 손익이 나타나므로 어느 한쪽의 손익이 다른 쪽의 이익으로 서로 상쇄된다. 따라서 가격변동에 대한 위험을 최소화할 수 있다. 헤징은 매입헤지(long hedge)와 매도헤지(short hedge)로 구분된다. 매입헤지는 가격상승 위험을 없애기 위해 선물을 매입하여 가격변동 위험을 줄이는 것이며, 반대로 매도헤지는 가격하락 위험을 피하기 위해 선물을 매도하는 것이다. 예를 들어, 한 기업이 특정일에 자사 제

거래(Option Trading)[70] 등을 통해 위기관리를 수행하는 의미도 있다.

22년 8월 우크라이나 전쟁과 가뭄 탓에 멕시코인 주식 '토르티야' 가격도 껑충 멕시코 밥상 물가의 기준인 토르티야 가격이 고공행진하고 있다. 토르티야는 밀가루나 옥수숫가루로 만든 얇은 빵으로 멕시코인들의 주식이다. 우크라이나 전쟁과 가뭄으로 원재료 가격이 치솟은 데다 범죄 조직에 지불해야 하는 통행세마저 상승했다는 분석이다. 22일(현지 시각) 멕시코 국가시장정보통합시스템(SNIIM)에 따르면 이날 토르티야 전국 평균 가격은 1㎏당 21.11페소(약 1400원)로 1년 전 18.44페소(약 1230원)보다 15%가량 올랐다. 올 초만 해도 토르티야 전국 평균 가격은 18.72페소(약 1250원) 수준이었다.

지역별로 토르티야 가격은 제각각이다. 이날 멕시코 남부 도시 푸에블라시에서 판매된 토르티야 평균가는 14.15페소(약 945원)로 집계됐다. 하지만 멕시코 북서부 도시 에르모시요시에서는 28.33페소(약 1890원)에 달했고 일부 지역에선 30페소(약 2000원)까지 상승한 것으로 전해졌다.

이 같은 상승세는 토르티야를 주식으로 삼는 멕시코인들에게 심각한 부담이 된다. 토르티야는 고기, 채소 등 다양한 재료를 넣고 반으로 접어 먹는 타코, 갖가지 재료를 돌돌 말아서 먹는 부리또 등의 기본 재료다. 멕시코인들의 최저임금은 한 달에 5250페소(약 35만 원)가량이다. 일반적으로 멕시코 4~5인 가족이 하루에 1㎏에 달하는 토르티야를 소비한다는 점을 고려하면 최저임금의 11%에 달하는 600페소(약 4만 원)가량을 토르티야 식비로 써야 한다는 의미다.

작년보다 토르티야 가격이 급등한 것은 우크라이나 전쟁 이후 토르티야 원재료인 밀과 옥수수 가격이 뛰어올랐기 때문이다. 세계 곡창지대인 우크라이나의 곡물 수출이 차질을 빚으면서 밀과 옥수수 가격은 1년 전에 비해 각각 8%, 20% 상승했다. 미국의 기록적인 가뭄으로

품을 수출하고 3개월 후에 5만 달러를 받기로 했다면 3개월 후의 달러선물을 택해 5만 달러를 원화로 파는 계약을 체결할 수 있다. 이 같은 형태를 매도헤지라 한다. 헤징은 옵션을 이용해서도 가능하다. 현물가격의 하락위험을 방지하기 위해 풋옵션을 매입(protective put)하거나 콜옵션을 매도(covered call)해 위험을 헤지할 수 있다. 이외에도 스왑이나 구조화 상품 등 다양한 파생상품을 이용하여 현물가격의 변동 위험을 줄일 수 있는데 이런 모든 방법을 헤징이라 한다.

70 특정 상품의 특정 수량을 특정 가격으로 특정 일 혹은 특정 기간 내에 매수나 양도할 수 있는 권리부 매매 거래를 말한다. 특히 옵션의 매도인만이 목적물의 매매를 이행할 의무를 갖는다.

밀과 옥수수 수확량이 줄어든 것도 가격 상승세를 부추겼다. 멕시코 밀가루 업체들은 원가 상승분을 제품 가격에 반영시켰고 토르티야 가격 상승으로 이어졌다.

소비자 가격 안정을 위한 주곡의 수입 가격 위기관리 필요성을 인식하고, 2010년부터 시카고 상품거래소에서 콜옵션(시장 가격과 관계없이 특정 상품을 특정 시점, 특정 가격에 매입할 수 있는 권리)을 매수하기 시작했다. 이를 통해 멕시코는 곡물 시장 불안정기에 대처하고 있다.

또한 우크라이나를 침공한 러시아의 블라디미르 푸틴 대통령이 식량 전쟁을 벌일 것이라는 전망했다. 예일대 티머시 스나이더 역사학과 교수는 "세계 주요 곡물 수출국인 우크라이나의 해상을 러시아가 봉쇄하면 아프리카 등에서 수천만 명이 기아 상태에 빠질 것"이라고 주장했다. 수단, 에티오피아, 예멘 등이 직접적인 피해국이다. 레바논과 시리아도 밀의 70% 이상을 우크라이나에서 가져온다. 우크라이나 곡물 수입 의존도가 높은 아프리카와 중동 지역에 식량 위기를 초래해 유럽을 자극하겠다는 푸틴의 전략이다.

유엔식량계획(WFP)은 우크라이나 전쟁으로 극심한 식량 불안정을 겪을 인구를 5,000만 명 정도 예상하고 있다. 문제는 우크라이나 사태로 식량 위기가 장기화할 수 있다는 우려다. 식량 문제가 시급하지 않은 국가들도 전쟁 장기화에 따른 식량 위기를 예상해 사재기에 나설 수 있다. 중국은 이미 전쟁 전후로 미국과 우크라이나에서 예년보다 훨씬 많은 곡물을 수입했다.

지구에서 생산되는 곡물은 전체 인구를 먹여 살릴 수 있다. 생산된 식량의 총칼로리는 인구 1명당 3,000칼로리가 넘는다. 그럼에도 지구 인구의 10~15%가 기아를 겪고 있고 그중 일부가 굶주림으로 죽어간다.

프랜시스 무어 라페는 저서 '세계의 기아 : 12가지 신화'에서 식량 문제의 원인을 인구 과잉이나 자연재해가 아닌 불공정한 분배에서 찾고 있다. 생산량 부족이 원인이 아니라 잘못된 분배로 특정 국가나 사회 집단에 편중되기 때문이라고 설명하기도 하였다. 식량 무기화는 위험한 발상이다. 무기화로 목적을 달성하기도 어렵다. 미국도 소련-아프가니스탄 전쟁 당시 소련에 판매되는 식량을 막았지만, 수출로가 막힌 식량 가격이 급락하면서 결국 미국 정부의 손실로 돌아왔다.

푸틴은 글로벌 식량 위기를 서방의 제재 탓으로 돌리고 있다. 지난달 30일 푸틴은 "서방 국가들의 러시아 제재가 해제되면 농산물을 수출하겠다."라며 비난의 강도를 높였다. 푸틴은 에너지에 이어 식량을 볼모로 힘든 싸움이 이어가고 있다. 문제는 푸틴의 식량 무기화가 서방을 겨냥하고 있지만 식량 부족의 피해는 아프리카와 중동의 가난한 국가들로 돌아간다는 사실이다. 식량은 생명과 인권의 문제다. 식량을 무기로 한 저급한 방식의 전쟁은 승패와 상관없이 도덕성에 치명상을 가져온다. 프랜시스 무어 라페는 '굶주림에 책임지지 않으려는 사람이 권력을 쥐고 있을 때 기아가 생긴다'라고 말한다. 국민의 연민 없는 권력은 항상 위험하다.

넷째, 국내외 현장 및 물류 비축을 포함하는 통합 비축 시스템을 구축해야 한다. 해외 조달 물량과 국내 비축 물량 간의 적정 구성률을 정하고, 실제 비축은 해외 산지 곡물 창고→바지선 →수출항 곡물 창고→해상 운송 선박→수입항 곡물 창고 등으로 연결되는 물류 흐름을 활용해 물량 비축 효과까지 포괄할 수 있는 통합 비축 시스템을 구축해야 한다.

향후 기후변화가 심화하고 전쟁 이슈가 장기화하여 국제적인 식량 수급이 더욱 불안해진다면, 당장 우리 밥상에 악영향이 끼칠 수 있다. 극단적이긴 하지만 최악의 경우 밥상 물가가 오르는 것뿐만 아니라 식량 부족에 직면할 수 있다. 이런 상황을 대비할 방법은 일정 수준의 국내 생산 기반을 확충하는 것이다. 이를 위해서는 농업 용지의 용도 전용을 위기 상황 발생 때 즉각 농업 생산으로 전환할 수 있도록 제한적으로 관리해야 한다. 또 자연재해나 전쟁 등으로 인해 곡물 조달이 일시적으로 어려울 때를 대비해서 국제 곡물 조달시스템 구축이 필요하다.

아울러 순환적인 가격 불안정 상황에 대처하기 위해서는 국제 금융시장을 활용해 위험을 관리해야 한다. 이처럼 곡물 수급에 미치는 상황은 다양하며, 모든 상황을 동시에 대비하기는 어려운 일이다.

첫 번째로는 농업기술 확보를 위한 자동화와 효율적인 농업기술개발과 농산물 품질향상이며, 인력 양성, 자원관리 · 보전, 국제적 네트워크 구축 등의 측면에서 종합적으로 접근하는 안목과 전략이 필요하고, 농업의 경제성을 높이는 것이다. 2020년 우리나라 농가의 평균 경지면적은 1헥타르 남짓으로 규모가 영세하다. 농업 소득이 연간 천만 원 미만인 농가 비중이 70% 이상이며, 도시 가구 대비 농가의 소득은 65% 수준이다. 도시 가구가 한 달에 100만 원을 벌면 농가는 65만 원을 번다는 것이다.

농업 인구 중 65세 이상 고령층 비중은 절반을 넘었고, 그나마 젊은 농부들은 시설 원예나 과수 생산 중심 농업에 종사하고 있다. 식량자급률을 높이기 위한 농업 인구 확대가 현실적으로 어려운 상황이다. 또한 식량안보를 위해서는 자동화와 효율적인 농업관리 기술이 필요하다. 예를 들어 AI 로봇과 센서를 활용한 최첨단화한 무인 농작업 시스템을 도입하여 인력을 감소하고 생산성을 높이고 또한, 농작의 정확성과 일관성을 확보하여 더 많은 식량을 안정적으로 생산해야 한다.

아울러 농산물의 품질의 향상이 필요하다. 안전하고 영양가가 높은 제품을 소비자에게 제공하는 데 중요한 역할을 한다. 그래서 적절한 농업기술과 효과적인 관리를 통해 농산물의 품질을 높이고, 저장 유통시스템을 구축하여 농산물의 신선도를 유지해야 한다.

두 번째로 농지확보로 효율적인 농지 이용일 필요하다. 우리나라는 전체 국토 중 65%가 산림으로 자연적으로 농경지가 차지하는 비중이 크지 않습니다. 그마저도 1980년대 이후 농경지는 기존 230만 헥타르에서 160만 헥타르로 감소했다. 산간 농지는 인구감소로 숲이 되었고, 도시개발로 기존의 농경지가 다른 목적으로 전용되었기 때문이다. 농지면적과 형태를 고려하여 적절한 농작을 수행하여 식량 생산량을 늘려야 한다.

또한 농지보전하고 보호하여야 한다. 친환경농업을 도입하고 화학농약을 적절히 사용과 토양의 올바른 관리 및 토양오염을 시키는 것에 대해 최대한 노력해야 한다.

세 번째로 해외협력과 적절한 식량 수급이 필요하다. 국제무역과 협력으로 안정적인 식량 공급처에 필요한 수량을 지원해 줄 수 있는 식량 수급의 다변화가 필요하다.

우리나라의 곡물 수입은 흔히 ABCD라고 불리는 글로벌 4대 곡물 대기업(아처 대니얼스 미들랜드, 벙기, 카길, 루이스 드레퓌스)에 의존하고 있다.

〈부록 표 1.2〉 우리나라 주요 곡물 수입국

곡물	수입국가	비중
밀	미국, 호주, 우크라이나	80%
콩	미국, 브라질	93.1%
옥수수	미국, 브라질, 아르헨티나	82.5%

밀은 80% 이상을 미국 · 호주 · 우크라이나 3개국에서, 콩은 90% 이상을 미국 · 브라질에서, 옥수수는 80% 이상을 미국 · 브라질 · 아르헨티나에서 수입하고 이처럼 한정된 국가에 식량 수입을 의존하면 지정학적 리스크에 취약하다. 최근 인도의 사례처럼 어느 한 나라가 자국 식량안보를 앞세워 수출을 막으면 당장이라도 식량 부족 사태가 벌어질 수밖에 없다. 식량자급률이 10%밖에 안 되는 싱가포르는 170개국에서 식품을 수입하여 전략적으로 수입처를 다변화했다. 우리나라도 식량 수입국을 다양화해 리스크를 최대한 분산시켜야 한다.

현재 포스코인터내셔널은 인도네시아에서 팜 농장을 운영하고, 미얀마에서 벼 도정 공장, 우크라이나에서는 곡물 엘리베이터를 확보하여 직접적으로 식량 수입에 참여한다. 이 같은 해외 직접 생산을 확대하면 공급 리스크에 어느 정도 대응이 가능하고, 개발도상국 해외농업 정부개발원조(ODA)를 늘리는 것이 있다. 개발도상국의 농업 생산성 향상을 위한 인프라 투자와 농업기술 지원을 통해 해외농업에 대한 정보 수집과 분석 역량이 늘어날 수 있다.

마지막으로 정보력이 높아질수록, 글로벌 식량 공급망 파악 및 리스크 대비가 더욱 용이할 것이다.

(나) 보건 안보

전염병 감염병 및 생물 테러의 대응을 위한 세계보건기구(WHO)의 국제보건규약(IHR · International Health Regulations)과 같은 국제적으로 합의된 핵심 역량을 각 국가의 보건 안보 시스템 내에 갖추도록 상호 협력, 지원하는 체계를 말한다. 이는 사스(SARS), 조류독감, 신종플루, 에볼라 등 신종 감염병의 유행, 항생제 내성균 및 생물 테러 등이 각국의 사회 안전, 안보 문제와 직결된다는 인식에서 출발했다. 2014년 2월 13일 미국 주도로 28개 국가 및 WHO, 국제연합식량농업기구(FAO), 국제수역사무국(OIE) 등 보건 관련 국제기구가 참여하는 강력한 국제 공조 체계를 구축해 출범했다.

2014년부터 GHSA 고위급 회의를 열고 있으며, 첫 번째 회의는 2014년 5월 핀란드 헬싱키에서 개최됐다. 그리고 2015년 회의는 9월 7일~9일 전 세계 46개국 정부 고위급 인사와 국경 없는 의사회 등 비정부기구, 국제기구 대표자들이 참가한 가운데 우리나라 서울에서 열렸다.

코로나19 대유행을 경험하며, 한국의 위기관리 대응체계는 국제사회의 신뢰를 얻었고, 「GHS 조정사무소」는 한국의 역할 확대에 대한 국제적인 지지를 받아 개소하였다. 「GHS 조정사무소」는 글로벌 보건안보구상(GHSA) 활동을 지원하고, 보건 위협으로부터 인류를 보호하는 데 필요한 모든 활동을 하는 곳이다.

연초 중국에서 코로나바이러스가 확산하자 유럽 매체들은 "Made in China(슈피겔)", "황색경보(르 꾸리에 피카르)"와 같은 인종차별적 제목으로 이를 대서특필하고 아시아인들이 걸리는 병이라며 남의 일 취급했었다. 그러나 불과 두어 달이 지나지 않아 유럽이 코로나19 바이러스에 빠르게 잠식당했다. 공중보건 및 의료 수준이 높은 유럽에서마저 코로나19 신규 확진자 수가 연일 기록적인 속도로 늘어나자, 국제사회는 충격에 휩싸였다. 3월 11일에는 보수적인 입장을 고수해 오던 세계보건기구(WHO)도 코로나19의 "세계적 대유행(pandemic)"을 선언하였다.

유럽에서의 급격한 코로나19 확산으로 유럽인들의 위기의식이 급격히 고조된 것은 특히 이탈리아에서의 급속한 확산과 높은 사망률 때문이다. 이탈리아의 경우 2월 21일 첫 확진자가 발생하였는데 3월 11일에는 누적 확진자 수가 1만 2천 명을 돌파하고 사망자가 827명에 이르는 등 코로나19가 무서울 정도로 빠르게 확산하였다. 이탈리아의 코로나19 치사율은 6.6%로 세계보건기구(WHO)가 발표한 세계 평균 3.4%나 한국의 0.77%보다 월등히 높다. 급격히 늘어나는 감염자들로 인해 의료시설 부족이 예상되므로 사망자는 더욱 증가할 전망이다.

이탈리아에서 유독 코로나19 확산이 심각한 이유는 복합적이다. 이탈리아는 전체 인구의 23%가 65세 이상이고 중위 연령(median age)이 47.3세인 대표적인 고령 인구 국가로 감염병에 취약할 수밖에 없다. 볼을 대는 근접 인사법과 마스크 착용에 대한 부정적인 인식 등 문화적 요인들도 급속한 확산에 영향을 미친 것으로 보인다.

코로나19 확진자가 롬바르디아 등 북부 산업지역에 집중된 이유로는 중국인 노동자들의 패션산업 유입이 거론되고 있다. 가죽과 염료를 다루는 3D 직종에 고용된 중국인 노동자들은 이탈리아 패션산업의 필수 불가결한 요소가 된 지 오래다. 불법 체류자들까지 포함하면 약 10만 명의 중국인이 이탈리아에 체류하고 있는 것으로 추산된다. 2월부터 확진자 수가 급격히 늘어난 것은 춘절을 지낸 중국인 노동자들의 귀환 때문일 가능성이 적지 않다. 이들은 비행기보다 기차나 버스로 이동하는 경향이 있어서 출입국 시스템을 통한 확인이 어려웠다.

또, 집단생활을 하므로 감염병의 확산에 취약하였다. 급속한 코로나19 확산의 더욱 근본적 이유로는 중앙 및 지방정부의 허술한 방역 관리 시스템을 꼽아야 할 것이다. 이탈리아의 강한 지방분권 전통으로 인해 중앙정부가 주도하는 의료 및 방역체계가 가동되기까지 오랜 시간이 걸렸다. 더욱이 한국의 질병관리본부와 같은 조직이 부재해 일사불란한 통제를 기대할 수 없었다.

코로나19가 크게 확산하자 이탈리아 정부는 3월 8일 롬바르디아주 등 15개 지역에 대한 출입제한 조치를 했으며 10일에는 이동제한령을 전국으로 확대 발효하였다. 이에 따라 4월 3일까지 이탈리아 전역의 문화 · 공공시설이 폐쇄되고, 학교는 휴교하고, 인파가 몰리는 스포츠 경기 및 행사도 금지된다. 바, 음식점, 상점의 저녁 6시 이후 영업은 금지되며, 영업 시에는 사람 간 거리를 최소 1m 이상 두어야 한다고 발표하고 관리에 들어갔다.

스페인과 프랑스에서도 단 사흘 만에 확진자 수가 세 배 가까이 폭발적으로 늘면서 11일에는 각각 2,026명과 1,784명의 누적 확진자가 보고되었다. 코로나 청정지역으로 분류되었던 북유럽에서도 확진자가 빠르게 늘어나면서 유럽 내 확진자 수가 곧 2만 명에 육박할 것으로 전망되고 있다.

이에 따라 유럽 각국은 주요 관광시설과 국경을 잠정 폐쇄하거나 주민들의 이동을 최소화하는 등 대응책 마련에 나서고 있다. 또, 대규모 행사에 이어 소규모 행사도 금지하고, 전면 휴교령을 내리는 한편, 생필품과 보건 의약품의 공급 및 보급 관리를 강화하고, 경제적 타격을 입은 소상공인들을 위한 별도의 추가예산 마련에 나서고 있다.

다만 영국은 코로나19의 확산이 불가피할 것으로 전망하면서도 스포츠 행사 등 예정된 대규모 행사를 그대로 진행하는 등 소극적인 대응으로 일관하고 있다. 3월 9일 보리스 존슨 총리 주재로 열린 코브라 회의(긴급안보회의)에서 영국 정부는 코로나19 대응 단계를 1단계 '억제'에서 2단계 '지연'으로 상향 조정하는 문제를 논의하였다.

지연 단계에 진입하면 재택근무 확대 및 대규모 행사제한과 같은 사회적 거리 두기가 시행되고 주요 감염국들을 오가는 항공편의 중단과 같은 추가적인 조치도 취해졌다.

초국경적 보건 안보 협력을 위해 유럽연합 27개국 정상들은 코로나19 공동 대응 방안을 논의하기 위해 긴급화상회의를 열었다. 이 회의에서 정상들은 효과적인 방역과 치료 및 경제위기 대처를 위해 25억 유로(약 34조 원) 규모의 EU 기금을 조성하기로 하였다.

또, 폰데어라이엔 EU 집행위원장은 집행위가 마스크를 비롯한 개인위생 및 방역용품이 EU 역내에 원활히 공급되도록 조율할 것이라고 밝혔다. 이에 앞선 20년 3월 2일, 유럽질병예방통제센터(ECDC)는 코로나19 위험 수준을'보통'에서 '높음'으로 상향 조정하였다. ECDC는 코로나19 대응팀을 조직하여 확진자 수, 확진자 동선 안내 등의 정보를 제공하는 한편, 예방과 치료를 위한 의료지원, 사회경제적 파급 효과 최소화를 위한 공동 대응 방안 모색 등의 활동을 전개하고 있다.

또, 유럽의약처(EMA) 및 유럽항공안전처(EASA) 등과 위기 극복 방안을 조율하는 한편, WTO, 국제보건안보이니셔티브(GHSI), 국제보건안보아젠다(GHSA) 등 국제 보건 안보 네트워크와 연대하여 감염병 대응 활동을 초국경적으로 전개했다.

EU는 일찍이 '감염병'을 중요한 안보 위협의 하나로 인식하여 1984년부터 30여 년간 "Framework Programme"을 통해 관련 연구를 진행해 왔다. 역내 감염병 발생 시 EU가 회원국들의 국가정책을 보완하여 보건 위협 요인의 퇴치에 앞장설 수 있도록 법적 · 제도적 기반을 조성해 오고 있기도 하다.

대표적인 예로, 역내 공중보건위협에 신속히 대응하기 위해 1995년부터 조기경보 · 대응시스템(EWRS)과 역학정보시스템(EPIS)을 운영하고 있다. 또, 2005년 유럽질병통제관리본부(ECDC)를 설립하는 등 감염병 예방과 보건 위협 대응을 위한 초국경적 협력의 실효성을 지속해서 높여 왔다.

ECDC는 코로나19 확산에 대응하는 과정에서 보건 안보를 위한 집단 인텔리전스의 중요성을 여실히 보여주었다. 전염성 질환의 보건 안보적 위협을 신속하고 정확하게 평가함으로써 회원국들과 유럽 공동체에 유용한 정책 옵션을 제시하고 있으며, 유럽 시민들에게도 적시에 위험에 대처할 수 있는 행동 요령을, 홈페이지를 통해 제공하고 있다. 또한, 학계, 산업계, 정책집단 간 소통 창구 역할을 통해 백신 개발, 보건 의약품 생산 및 적재적소 배치를 돕고 있다.

이와 같은 초국경적 협력에도 불구하고, 유럽연합 차원의 대응책들이 코로나19의 급격한 확산 과정에서 효과적으로 작동하고 있는지에 대한 의문이 제기되기도 한다. 가령, 코로나19 확산으로 유럽 내의 마스크, 장갑 등 보호장비 및 위생용품이 부족하게 되자 독일과 체코는 의료장비의 수출을 금지하여 논란을 빚었다. 이는 위기 앞에서 개별 국가들이 공동체의 원칙을 등지고 자국의 이익을 앞세울 수 있다는 것을 잘 보여주는 사례이다.

코로나19 통제를 위한 공동 노력 과정에서 국가 이기주의적 행태가 발견되기도 하지만 유럽은 위기를 통해 다시금 협력을 학습하였다. 이에 반해 한 · 중 · 일을 비롯한 동아시아 국가들은 코로나19 확산이라는 위기를 맞아 분열하는 모습을 보여주고 있다. 유럽 국가들이 정보를 공유하고 기금을 조성하는 등 초국경적 협력을 도모하고 있는 반면에 동아시아 국가들은 자국 산업 보호나 올림픽 개최와 같은 당장의 국익을 앞세워 정보를 은폐하고 서로를 의심하면서 협력의 기회를 스스로 축소시키고 있다.

그럼에도 초국경적 위협에는 초국경적 대응이 필요하다는 점에는 의심의 여지가 없다. 개인만의 노력으로 일상의 안전이 보장되지 않듯이, 일국의 대응만으로 감염병과 같은 초국경적 위협에 맞서는 것은 무리이다.

코로나19의 확산은 보건 안보 차원에서의 초국경적 협력을 위한 집단체제구축이 선택이 아니라 필수인 시대가 도래하였음을 일깨워주었다. 감염병과 같은 보건 안보 위협에 효과적으로 맞서기 위해서는 공동으로 상황을 평가하고 위기관리를 위한 협력방안을 논의할 동아시아 지역 차원의 제도 마련이 시급하다. 유럽연합의 EWRS와 같은 감염병 조기경보 · 대응시스템 구축이 반드시 필요하다.

(다) 생태계 파괴와 거주지 변화

기후변화로 심각한 경제적 피해를 볼 수 있고 이는 재앙적인 결과를 가져올 수 있다. 기후변화는 이미 세계적 경제 불평등을 가져왔을 것으로 보이며 이 추세는 앞으로도 지속될 것으로 추정된다. 대부분의 피해는 지역주민 대부분이 자연과 농업 자원에만 의존하는 사하라 이남 아프리카와 동남아시아일 것으로 예상된다. 세계은행은 기후변화로 2030년까지 1억 2천만 명 이상의 사람들이 빈곤층으로 떨어질 수 있다고 경고했다.

현재의 부와 사회적 지위에 따른 불평등은 기후변화로 더욱 악화하였다. 기후변화의 충격을 완화하고 적응, 복구하는 데 있어 자원에 대한 통제력이 떨어지는 빈곤하고 소외된 사람들에게 더욱 큰 어려움이 닥친다. 특히 자기가 살아가고 있는 땅과 생태계에 의존해 연명하는 원주민들은 기후변화로 건강과 생활 양식이 매우 큰 위협에 처해 있다. 또한 전문가들은 무력 분쟁에서 기후변화가 차지하는 비율은 사회경제적 불평등이나 국가 역량의 요인보다는 적은 것으로 밝혀졌다.

〈부록 그림 1.4〉 기후변화의 유형

조수 홍수의 발생. 해수면이 상승하면 저지대 해안지역의 홍수 위협이 증가한다. 사진은 2004년 조수 홍수로 침수된 이탈리아 베네치아의 모습.

열대 저기압의 맹렬화. 2007년 사이클론 시드르가 덮친 방글라데시는 강수량 증가로 일어난 재앙적인 규모의 홍수를 보여주는 예시이다.

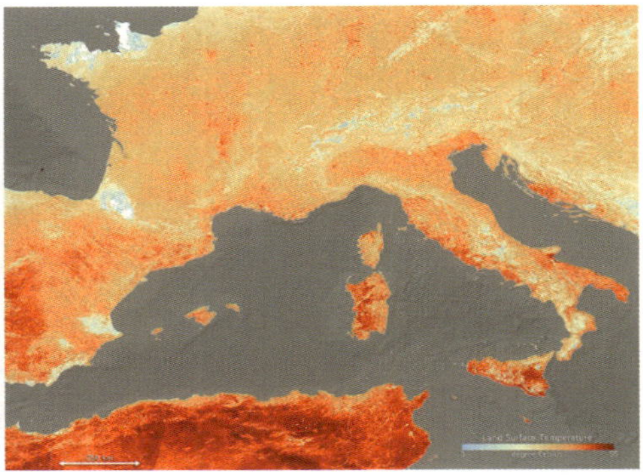

폭염의 빈번화. 2019년 유럽 폭염과 같은 극도로 강한 규모의 폭염이 점점 빈번해지고 있다.

저지대 섬과 해안 마을은 해수면 상승으로 큰 위협을 받고 있으며 이 때문에 홍수도 더욱 빈번하게 발생한다. 이러다 간혹 땅이 바닷속으로 완전히 사라지는 경우도 있다. 이렇게 땅이 물에 잠겨버리면 몰디브나 투발루 같은 작은 섬나라에 사는 국민들은 무국적 상태에 빠질 수도 있다. 꼭 땅이 완전히 사라지지 않더라도 온도나 습도가 지나치게 상승해서 인간이 적응할 수 없는 상태의 땅이 되어버릴 수도 있다.

최악의 기후변화를 가정한 컴퓨터 모델 연구에서는 미래에 인류의 3분의 1 이상이 현재의 사하라 사막과 같이 매우 덥고 사람이 살 수 없는 기후의 환경으로 바뀐다고 예측하고 있다.

이런 기후변화는 국가 내 혹은 국가 간을 이동하는 생태학적 난민을 만들 수 있다. 해수면 상승, 기상이변, 여기에 남은 천연자원을 두고 벌이는 갈등 증가로 더 많은 사람이 난민으로 떠돌아다닐 것으로 예측된다. 또한 기후변화는 인간의 취약한 점이 더욱 강화되어 자원 부족으로 이주가 불가능한 "갇혀버린 사람들"도 늘어나게 할 것이다.

(가) 생태계 파괴

산업혁명 이후 인구가 3배 이상 늘었고, 에너지와 자원 사용량이 급격히 증가하였다. 그에 따라 온실가스 배출도 늘어났고 지난 100년간 지구의 평균 온도가 1도 정도 올랐다. 해양은 산성화되었고 남극 빙상과 북극의 해양빙은 감소하면서 평균 해수면이 상승하였다. 또한 폭염이나 호우 빈도가 증가하였다. 앞으로 지구 온도가 2℃만 올라가도 돌이킬 수 없는 지경에 이를 것이라고 전문가들은 말한다. 우리가 당면한 기후 위기는 인류의 생존 그 자체에 대한 위협이다.

기후변화가 자연생태계의 변화를 초래했다. 전세계적으로 산불 등으로 인해 무수한 동물들이 죽어 나갔고 코알라 등도 멸종위기에 처했다. 자연생태계의 변화는 우리나라에도 감지되고 있다. 환경부 산하 국립공원공단은 북방산개구리의 산란 시기를 조사한 결과 지난해보다 27일 이른 1월 23일 첫 산란을 관찰했다고 밝혔다. 일찍 산란한 개구리알은 곧 있을 영하의 날씨에 모두 죽을 수 있어 개구리의 개체수가 줄 수 있다. 개구리 개체수의 감소는 생태계의 고리를 파괴하게 된다. 남아프리카의 바오밥 나무도 돌연사하고 있다고 한다.

지구 여기저기서 생태계의 파괴가 나타나는 이상 더 이상 연구만 하고 지켜만 볼 때가 아니라고 본다. 기후변화에 따른 재앙을 인간에게 주는 경고등이라는 시각으로 보아야 한다. 심각성에 대해 전 세계가 고민하고 해결책을 마련해야 한다. 기후 위기만큼이나 중요하지만 상대적으로 경시되어 온 또 하나의 '생태 위기' 이슈가 있다. 바로 생태계 파괴, 곧 '생물 다양성 상실' 문제다. 이는 기후 위기와 함께 오늘날 지구촌이 직면한 가공할 생태 위기의 두 축 가운데 하나임에도 기후 위기와 비교할 때 충분히 공론화가 이뤄지지 못하고 있다.

지구는 "수많은 생명이 함께 짓는 거대한 그물망"이라고 한다. 인류는 이 그물망 중 가장 강력한 종이지만, 동시에 숱한 생물과 공존해 지속해서 존속할 수 있다는 게 그동안 과학이 밝혀낸 진실이다. 이런 맥락에서 유엔은 1982년 총회에서 제정한 세계자연헌장(World Charter for Nature)에서 "모든 형태의 생명은 유일하며, 인간에게 유용함의 여부와 상관없이 존중돼야 한다"라고 선언한 바 있다. 기실 생태계 파괴는 1992년 유엔 지속 가능발전정상회의(리우+20)에서 합의한 핵심 의제 중 하나로 일찍부터 제기됐다.

이 회의가 마련한 '3대 협약' 중 하나가 생물다양성 협약이었고 나머지 두 협약은 기후변화협약과 사막화방지협약이었다. 150개 정부가 서명한 이 협약(한국은 1994년 공식 가입)에서 세계 정상들은 당시 생물다양성의 손실은 인류의 문화와 복지, 나아가 인류 생존을 위협하는 요인으로 간주하고 이를 해결하자는 데 합의했다.

2020년 세계자연기금(WWF)이 펴낸 '지구 생명 보고서 2020'은 그 실상을 구체적으로 보여준다. 야생생물 개체군 2만 1천 개를 분석한 결과, 1970년부터 2016년까지 관찰된 포유류 · 양서류 · 파충류 · 어류의 개체군 크기가 평균 68% 줄어든 것으로 나타났다. 1700년 이래 전 세계 습지 가운데 약 90%가 사라졌다. 특히 기후변화로 뜨거워진 바다에는 산호초 폐사, 생물종의 지역 이탈 등 여러 악영향이 발생했다. 농경지, 산림, 담수, 목초지, 관목지, 사바나, 산악지대, 해양, 연안 지대, 도시 지역 할 것 없이 지구촌 곳곳에서 생태계가 중병을 앓고 있다는 게 보고서의 요지다. 이 보고서가 전하는 핵심 메시지를 압축한다면 두 가지다.

하나는 인간의 건강과 자연의 건강이 긴밀히 연계됐다는 것이며, 다른 하나는 인간의 생명을 지탱하는 시스템인 자연이 심각하게 빠른 속도로 나빠져 결국 인간의 건강과 생존이 심각하게 위협받는 상황이란 것이다. 물론 이를 불러온 원인은 성장과 이익을 위해선 생태계 파괴를 아랑곳하지 않은 인류의 무분별한 활동과 생활방식 때문이라고 보고서는 꼬집는다. 기후변화와 생물다양성 상실은 본질적으로 탄소라는 공통 요소로 굳게 잇대어 있다.

〈탄소 사회의 종말〉의 저자인 조효제 성공회대 교수는 "기후 위기는 생물 서식지를 파괴하고 생태계를 교란하는데, 생태계가 (이렇게) 훼손되면 탄소를 흡수할 수 없어 기후 위기가 악화한다"라며 두 위기는 "동전의 양면"이라고 말했다. 그는 특히 "많은 이들이 탄소를 제거하는 일이 극히 중요하다는 점에 동의하고 있지만, 전 지구적 생태계를 보전하는 과제가 이와 함께 이뤄져야 한다는 시각은 많이 부족해 보인다"라고 지적했다.

기후 위기와 생태계 파괴라는 두 위기를 '생태 위기'란 틀에서 종합적으로 바라보고 대응하는 관점이 매우 절실하다는 뜻이다. 조 교수는 "기후 위기나 탄소중립이란 좁은 렌즈로 보기보다 생태계 파괴로 논의를 확장해야 인류가 진정한 생태 위기를 극복할 수 있다"라고 강조한다. 그렇게 해야 탄소중립이나 에너지 전환이란 응급처방을 넘어 생태계 파괴라는 만성 질환을 치료할 수 있다는 것이다.

지구촌과 우리 사회는 이렇듯 심화하는 불평등과 저성장 등 복지국가를 뒤흔드는 여러 도전이 겹쳐 기후 위기와 생태계 파괴라는 이중의 생태 위기를 더해 거대한 '복합 위기'에 직면한 유례없는 시기를 지나고 있다.

〈부록 표 1.3〉 기후변화에 따른 생태계 변화 현상

식물 재배 지역의 이동	남부지방에서 재배되던 과일이나 채소가 지구 온난화로 중부지역으로 재배 지역이 옮겨져 지역별로 분포하는 식물의 종류가 달라지고 있다.
식물의 질소 섭취량 감소	지구 온난화로 식물의 생장 기간이 길어지면서 미생물이 분해할 식물의 잎의 양은 적어지고 생장에 필요한 식물이 필요로 하는 질소의 양이 증가한다.
식물의 꽃 피는 시기가 빨라짐	식물의 꽃 피는 시기가 앞당겨지면서 여러 가지 문제가 일어나고 있다. 식물의 꽃 피는 시기가 달라지면 꽃가루를 옮기는 곤충들의 활동 주기와 맞지 않아 수분이 잘 이루어지지 않는다.
극지방 동물들	지구 온난화에 가장 취약한 생물들로 북극이나 남극의 얼음이 녹으면 이곳에 사는 동물들은 삶의 터전을 잃는다
철새들의 서식처 위기	철새와 같이 장거리 이동을 하는 동물은 먹이를 구하고 번식과 휴식을 위해 다양한 서식지가 필요한데, 기후변화로 인한 서식지 환경의 변화는 큰 위협이 된다.
해양 생물 위기	해수 온도상승으로 플랑크톤 감소, 해양 산성화, 백화 현상 등이 발생하여 해양 생물의 생존에 위협을 가한다.

〈부록 표 1.4〉 기후변화와 생물들의 위기

종류	기후변화에 의한 생물들의 위기
	지구 온난화로 우리나라도 점점 기온이 올라가고 있다. 대구에서는 사과 대신 바나나를 재배하고 있다. 하지만 전세계적으로 바나나는 멸종위기이다. 기후변화로 바나나 병이라고 불리는 Black Sigatoka 곰팡이에 바나나가 노출되고 있다. 과학자들은 바나나가 10~15년 안에 전염병으로 씨가 마를 거로 추정한다.
	큰코영양이 떼죽음을 당했다. 온도가 뜨거워지고 공기가 축축해지면서 원래 위협적이지 않던 박테리아에 대한 면역이 약해진 것이 원인으로 추정된다.
	한반도 아열대화로 바퀴벌레 급증. 기후변화로 해충 활동 시기가 늘어나고 번식 속도도 빨라졌기 때문이다. 번식이 비교적 느린 천적이 없어지면 바퀴벌레는 더 번성하게 될 것이다. 반면 꿀벌과 나비, 쇠똥구리같이 동물의 배설물을 없애는 멋진 종들은 사라질 것이다.
	인도네시아의 기후변화로 강우량이 폭증하고 있다. 이에 따라 홍수, 산사태, 산불의 위험이 커지고 있다. 강우량 증가는 오랑우탄의 서식지에 부정적 영향을 끼친다. 또, 오랑우탄이 선호하는 식물의 성장 속도와 번식 주기에도 영향을 준다. 오랑우탄의 먹이가 감소하면서 암컷의 생식능력에도 변화가 예상된다.
	기후변화로 인한 해수면 상승으로 벵갈호랑이의 습지인 방글라데시와 인도의 습지가 물에 자길 위험에 처했다. 2070년이 되면 벵갈호랑이가 살 수 있는 습지가 모두 물에 잠겨 완전히 멸종할 것이라고 경고했다.
	기후변화로 영국 스코틀랜드 히타 섬의 야생 소이양의 몸집이 줄어 들었다. 진화론대로라면 큰 양이 살아남을 확률이 높고 강한 새끼를 낳는다. 야생 상태에서는 양들은 더 크 강해져야 한다. 그러나 지구 온난화로 풀을 뜯어 먹는 기간이 연장되면서 작은 양들도 겨울에 살아남을 확률이 커졌다.
	활엽수와 침엽수의 열매와 씨앗을 먹는다. 이런 혼합림이 있는 아고산 지대의 기온이 가파르게 상승해 침엽수가 가뭄으로 죽어가고 있다. 특히 오리나무와 자작나무의 길고 가느다란 꽃차례 열매를 먹는 하늘다람쥐의 먹을거리가 없어져 멸종위기가 됐다.
	기후변화로 인한 수온 상승과 바닷물 산성화로 산호 백화 현상이 일어나고 있다. 수온 상승으로 스트레스를 받은 산호가 공생하는 황록공생조류를 밖으로 내보내 백화 현상이 일어난다. 산호에게 먹이를 공급해 주는 황록공생조류가 산호의 세포조직으로 다시 들어가지 못하면 산호는 죽게 된다.
	새꼬막은 주로 남해안에서 생산했다. 충남 서해안의 갯벌은 모래가 섞여 있어 바지락을 양식해 왔다. 기후변화와 바다 환경의 변화로 서해안에 뻘이 많은 갯벌이 증가하면서 새꼬막이 서식하는 환경으로 바뀌어 가고 있다.
	대기 중 이산화탄소 농도가 상승해 바닷물이 산성화되고 있다. 이에 따라 대왕고래의 먹이인 크릴새우가 적어져 개체수가 감소하고 있다.

종류	기후변화에 의한 생물들의 위기
	새끼 거북의 성별은 부화 온도에 따라 달라진다. 바닷가 모래사장의 온도가 높으면 암컷이 상대적으로 많이 태어난다. 온도가 조금만 올라가도 성비가 심각하게 깨지면서 번식률에 영향을 준다. 그뿐만 아니라 해면 상승으로 산란지가 침식될 위험도 있다.
	우리나라 최남단 제주 해역에 자리 잡은 아열대 서식 해조류인 큰갈파래
	제주 해역에서 서식하던 자리돔 떼가 남해안으로 이동해 서식
	독도에 오징어는 사라지고 해마가 나타났다. 수온의 상승으로 독도의 해양 생태계가 변화
	새로 태어난 붉은가슴도요 새끼는 북극의 동토대가 녹는 시기에 폭발적으로 번식하는 곤충을 주식으로 먹는다. 기후변화로 눈이 빨리 녹고 곤충의 번식 시기가 앞당겨지면서 막 부화한 붉은가슴도요가 굶어 죽고 있다.
	까막딱따구리는 해발 1,200m 내외의 아고산과 그 이상의 고산지대에서 서식한다. 고산지대의 기온이 가파르게 상승하고 있어 침엽수가 가뭄으로 죽어가고 있다. 침엽수가 사라지면 까막딱따구리, 까막딱따구리가 만든 둥지에 들어갈 동물도 모두 서식지를 잃고 사라질 수 있다.
	중대백로는 여름 철새이다. 여름 철새는 봄여름에 알을 낳고 새끼를 길러서 가을이 되면 남쪽 나라로 이동해 겨울을 나고 이듬해 봄에 다시 돌아오는 새다. 겨울철에도 우리나라 기온이 따뜻하고 습지가 얼지 않아 먹이를 구할 수 있어 먼바다를 힘들게 건너지 않고 남는 개체가 많아지고 있다.
	우리나라 중부 이북 지방에서 주로 서식하고 있다. 우리나라는 2030년까지 일교차가 커지다가 2050년부터 일교차가 줄어들 것으로 예측된다. 일교차의 영향을 많이 받는 큰주홍부전나비가 2080년 멸종될 위험에 처했다.

(나) 해수면 상승

해수면 상승(海水面 上昇)이란, 바닷물의 수위가 높아지는 것을 말한다. 자연적으로 해수면이 상승하거나 기타 지구의 역사를 설명할 때 쓰이기도 하지만, 일반적으로 기후변화에 따른 지구 온난화로 최종적으로 바닷물 수위가 상승하는 현상을 가리킨다.

이미 물에 떠 있는 빙산이나 유빙이 녹는 것은 해수면 상승에 거의 기여하지 않는다. 부력의 원리에 의해 이미 물에 잠겨 있는 부분이 해수면 높이에 기여하고 있기 때문이다. 즉, 빙하에서 빙산이 떨어져 물에 뜨는 순간 그 얼음덩어리의 기여는 끝난 것이라고 볼 수 있다. 믿기지 않으면 집에서 얼음을 넣은 컵에 물을 가득 부어놓고 지켜보자. 얼음이 녹아도 컵에서 물이 넘쳐 흐르지 않는지 간단한 실험을 해보면 알 수 있는 사실이다.

육상에 올라와 있는 빙하와 러시아나 캐나다의 영구동토층[71] 등이 녹아서 바다로 흘러드는 것이 전체 해수량을 늘려 해수면 상승에 기여하고, 수온 상승으로 인해 바닷물의 밀도가 낮아져 부피가 증가하는 열팽창으로 수면이 높아지게 된다. 물의 열팽창은 매우 낮지만, 전체 해수량이 매우 많기에 이에 따른 부피 증가가 무시 못 할 수치가 되어, 해수면 상승을 일으키는 것이다.

스웨이츠 빙하는 남극 서남쪽에 있는 면적 19만 1659㎢ 크기의 빙하로, 한반도 크기(약 22만㎢)보다 살짝 작다. 스웨이츠의 이름은 빙하지형학자 프레드릭 스웨이츠(Fredrik T. Thwaites)에서 따왔다. 스웨이츠 빙하는 현재도 매년 약 500억 톤의 얼음을 바다로 유입시키며 해수면 상승의 4%를 유발하고 있다. 그런데 이 빙하가 해수면 상승에 중요한 이유는 따로 있다. 바로 스웨이츠 빙하가 남극 빙하 붕괴의 최후 보루 역할을 하고 있기 때문이다.

스웨이츠 빙하는 위에서 내려오려는 빙상들을 스웨이츠 빙붕이라는 얼음덩어리가 막고 버티고 있는 형국이다. 이러한 특징 때문에 스웨이츠 빙붕은 붕괴하는 남극 빙상이 바다로 유입되어 해수면을 상승시키는 것을 막는 댐 수문 같은 역할을 하고 있다. 따라서 이 빙붕이 무너지는 순간 댐 수문이 열리는 효과를 주어 해수면 상승이 급격히 빨라지게 된다.

만약 스웨이츠 빙하가 모두 녹는다면 해수면은 약 65cm(26인치) 상승할 것으로 전망된다. 그런데 여기서 끝이 아니다. 스웨이츠 빙하가 녹으면 주변 빙하들까지 연쇄적으로 반응해 같이 녹아내릴 것으로 전망되기 때문에, 주변 빙하들까지 합하면 지구 평균 해수면은 1~3미터가량 상승할 것으로 전망된다. 해수면이 1m 상승하면 대한민국에서는 서울의 1.6배 면적이 침수되고, 1.3m 상승하면 베네치아와 뉴올리언스처럼 고도가 낮은 도시가 침수될 것으로 전망되는바, 해안 도시들은 조수간만의 차와 폭풍해일로 인한 큰 피해를 볼 수밖에 없다. 또한 평균 해발고도 1.5m에 최대 해발고도가 2.3m인 몰디브, 평균 해발고도 2m에 최대 해발고도

71 러시아 본토 북쪽, 캐나다 북쪽을 구글 지도로 보면 땅에 구멍들이 보이는데 이게 전부 영구동토층이 녹은 흔적이다.

가 4m인 투발루는 그야말로 국가가 소멸하는 피해를 볼 것이다.

그런데 현재 지구 온난화로 스웨이츠 빙붕의 후퇴속도가 빨라져 붕괴 직전에 직면해 있다. 어느 정도냐 하면 조금만 충격을 주어도 바로 무너질 만큼 금이 간 상태이다. 실제로 2021년 미국지구물리학회(AGU) 추계회의에 참석한 과학자들은 스웨이츠 빙하가 5~10년 내로 극적인 변화를 겪을 것이라고 경고했다. 영국 남극자연환경연구소의 해양 지구 물학자 로버트 라터는 1~2년 안에 큰 변화를 겪게 될 것이라고 경고했다.

다음 도시나 국가는 1m만 상승해도 치명적인 재앙으로 이어질 수 있다. 대서양(베네치아, 네덜란드), 인도양(몰디브, 방글라데시, 자카르타), 태평양(나우루, 투발루, 피지, 키리바시, 사모아, 통가, 마셜 제도, 미크로네시아 연방, 팔라우) 등이다.

수면 1m 상승은 21세기 중에 상당한 가능성이 있는 편이다. 위에 나열된 도시나 국가 이외에 육지에서 상대적으로 낮은 큰 강의 하구에 있는 도시들이 큰 타격을 받는다. 특히 해발고도가 0m에 가까운 삼각주에 있는 곡창지대나 거주지역이 수몰될 가능성이 매우 높다. 다만, 이미 바다보다 국토가 낮지만, 제방을 쌓아 바닷물을 막은 네덜란드의 사례처럼 국가적 토목공사로 영향을 최소화하는 것이 가능하므로 1m 미만 상승 시에는 자본과 노동력을 집약할 수 있는 강대국들이나 선진국들보다는 개발도상국들의 피해가 예상된다. 특히 세계적 토목 강국인 한국은 해수면이 몇 미터 서서히 올라가는 것은 항구도시를 포기하고 이주시키기보다는 공사해서 바닷물을 막아 해결할 가능성이 높다.

한국의 경우 상대적으로 지대가 높은 한강 하구보다는 낙동강 하구와 영산강 하구가 큰 영향을 입는다. 전라남도 영암군, 무안군, 고흥군 일대 및 경상남도 김해시, 대부도, 부산광역시 강서구의 낙동강에 인접한 평야 지대가 해수 유입으로 불모화되는 등의 영향을 받을 수 있다.

특히 목포 등은 지대가 낮아서 지금도 만조가 극대화되는 대조기에는 바닷물이 하수도로 역류해 해안 저지대의 도심의 도로나 집이 바닷물이 침수하는 재난을 매년 겪고 있고 그때 태풍이나 호우가 겹치면 큰 재난이 되고 있어서 조금만 해수면 상승이 본격화되어도 큰 문제가 될 수 있다. 적절한 대비책을 세우지 않을 경우 단 1m 상승만으로 김해국제공항이 영향을 받을 가능성도 있다.

북한 지역도 대동강 하구나 압록강 하구, 함흥만 일대에 피해가 예상된다. 물론 위의 얘기는 아무것도 하지 않았을 때 저렇게 된다는 것이고, 대한민국은 충분히 토목으로 극복할 능력과 자본이 있는 선진국이기 때문에 위 단락에서 언급한 것처럼, 네덜란드처럼 제방을 쌓아 막을 수 있을 것이다. 즉, 단지 해수면이 1m 상승해서 부산시가 사라진다거나 할 일은 없다.

국제 지속 가능성 자문기관 '에이아르이'(Asia Research and Engagement, ARE)가 아시아 · 태평양 지역 53개 주요 항구가 해수면이 0.3~0.8m 상승할 때 해수면 상승으로 인한 피해를 막기 위해 투입되어야 하는 자본을 분석한 결과, 아시아의 10대 항구 중에서는 광양항이 1위(16억 1400만~35억 6400만 달러, 최대 3조 8000억 원), 톈진항이 2위, 부산항이 3위를 차지했다. 광양항이 큰 피해를 보는 이유는 고도를 높여야 할 창고와 야적장 부지가 다른 항구보다 넓었기 때문이었다. 전체 53개 항구 중에서는 인건비 문제로 인해 모두 일본의 항구들이 차지했다. 1위는 치바 항, 2위는 가와사키-요코하마항, 3위는 기타큐슈 항이다.

한국뿐만 아니라 중국과 일본 역시 국가적으로 영향을 받을 수 있다. 일본은 도쿄를 위시해서 나고야, 오사카, 니가타, 오카야마시 등의 대도시들이 직접적인 영향을 받을 것이라고 예상된다. 일본이 국토가 한국과 비슷하게 전반적으로 산이 많지만 부산, 인천, 울산만 걱정하면 되는 한국과 달리 주요 대도시들이 교토 정도만 빼고는 모조리 해안가 저지대에 있기 때문. 특히 규슈 서부의 사가현 및 구마모토현의 해안지대가 단 1m 상승만으로 수몰될 가능성이 높아서 대단위 토목공사를 통해 향후 전 국토가 네덜란드화가 될 가능성이 크다.

중국은 황하 하구와 장강 하구가 있어 피해가 예상되는 스케일부터 다른데 톈진시, 얀청시, 쑤저우시, 난통시, 상하이시, 광저우시, 홍콩 및 마카오 특별행정구역 등 중국 경제를 좌지우지하는 곳이 영향을 받을 수 있다. 중국과 일본 두 나라의 기나긴 해안선에 거의 만리장성을 새로 쌓는 수준의 대공사를 해야 이 해수면 상승을 막을 수 있을 것이다. 대만의 경우도 타이난시와 가오슝시의 해안선이 영향을 받을 수 있다.

동아시아 이외의 지역에서는 메콩강 하구 삼각주와 나일강 하구 삼각주 또한 수몰로 사라져 버릴 수 있다. 이렇게 되면 베트남과 이집트 또한 무시 못 할 피해를 보게 되는데, 특히 메콩강 유역이 심각하여 호찌민(사이공)시 인접 지역까지 바다가 확장되면 베트남은 국토의 한 자릿수 퍼센트가 바닷속으로 들어갈 수 있다. 한 · 중 · 일은 수십 년이라는 시간 동안 충분히 제방 만리장성을 쌓을 능력이 있지만 이런 개발도상국들은 부담도 더 크다.

유럽도 베네치아뿐만 아니라 아드리아해에 인접한 이탈리아 해안지역 전체, 북해에 인접한 네덜란드, 독일, 덴마크가 위기에 처할 수 있다. 네덜란드는 이미 암스테르담, 헤이그, 로테르담 등 주요 도시가 이미 해수면 수준이고 세계에서 가장 치열한 전쟁을 현재진행형으로 수행하는 중이다.

남북아메리카도 문제가 심각한데, 브라질의 아마존 및 오리노코 강 일대는 해수 유입으로 인해서 상당한 광범위하고 불가역적인 생태계 변화가 예상된다. 미국도 예외는 아니어서, 멕시코 만에 인접한 남부의 뉴올리언스와 플로리다 해안지역 일대가 수몰될 수 있다. 동부지역도 많은 영향을 받는데, 보스턴, 뉴욕, 필라델피아, 그리고 워싱턴 DC가 대비를 해야 할 필요가 있다. 서부지역에서는 샌프란시스코 및 산호세 일대 베이에어리어(Bay Area)가 큰 변화를 겪을 것으로 예상된다. 특히 지대가 낮은 샌프란시스코 북부 산 파블로만(San Pablo Bay) 인접 지역은 약간의 해수면 상승만으로 해안선에 변화가 있을 수 있다.

"몰디브 침몰, 남 일이라 생각했는데 한국도"…해수면 10㎝나 상승했다.

매일경제 이희조 기자(love@mk.co.kr) 입력 2023. 12. 19. 15:39

▶ 한국 연안 해수면이 지난 34년간 10㎝ 넘게 상승한 것으로 나타났다. 해수면이 높아지는 속도는 빨라지는 추세인데, 이는 온난화를 비롯한 기후변화의 영향으로 분석된다.

▶ 해양수산부 국립해양조사원은 21개 연안 조위 관측소의 해수면 높이 자료를 분석한 결과 한국 연안 해수면이 1989년부터 지난해까지 10.3㎝가량 상승했다고 19일 밝혔다. 이 기간 동안 평균 해수면 상승률은 동해안이 연 3.44㎜로 가장 높았다. 서해안(3.15㎜), 남해안(2.71㎜)이 뒤를 이었다.

▶ 관측 지점별로 보면 울릉도가 연 5.31㎜로 가장 높았다. 이후는 군산(3.41㎜), 포항(3.34㎜), 보령(3.33㎜), 속초(3.23㎜) 순이었다.

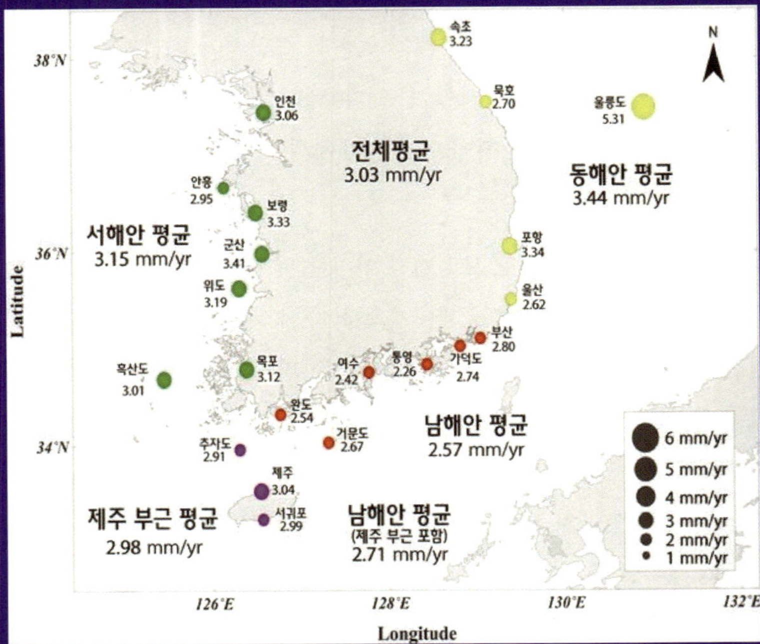

최근 34년간 해수면 상승 분포도. [사진 출처=국립해양조사원]

- ▶ 기후변화 등으로 인해 최근 해수면 상승 속도는 빨라지고 있다. 최근 10년(2013~2022년)간 평균 해수면 상승률(연 4.51㎜)은 지난 30년(1993~2022년)간 평균 해수면 상승률(연 3.41㎜)보다 1.3배 높았다.
- ▶ 연평균 해수면 높이 자료는 내년 상반기 중 국립해양조사원 누리집에 공지될 예정이다.
- ▶ 국립해양조사원은 기후변화 영향을 확인하는 주요 지표 중 하나인 해수면 장기 변동 여부를 분석하기 위해 2009년부터 매년 연안 조위관측소 수집자료를 통계화해 해수면 상승률을 발표하고 있다.

대책으로는 근본 원인인 지구 온난화 자체의 해결책은 탄소 포집 등 여러 가지 대책들이 있다.

첫 번째로는 고지대로 이주하는 방법이다. 해수면 상승 폭이 크지 않고 국토의 일부만 물에 잠기는 경우라면 고지대로 이주하는 방법이 가장 쉬운 방법이다. 한국의 경우 인프라를 포기하기 힘든 부산, 인천, 울산 같은 항구 대도시를 제외한 여타 전국 어촌지역은 굳이 바닷물을 공사해서 틀어막기보단 이렇게 해결할 가능성이 높다. 댐을 만들고 수몰 지역주민들을 인근에 이주시키는 것과 비슷한 방식으로 진행하면 된다.

두 번째로는 방파제와 방조제 건설 방법이다. 가장 비싸지만, 이것이 가장 유력한 대책이다. 새만금이나 서산 A · B 방조제와 같은 제방과 방조제를 높게 지어서 해수면 상승에 대비하는 것이다. 이 경우 바닷물을 계속 빼낼 배수시설이 필요하다. 한반도의 서해안은 원래부터 육지였다가 기후변화로 인한 해수면 상승으로 바다가 된 지역이다 보니 깊이가 평균 46미터, 깊어도 100미터 내외라 비용은 그리 많이 들지 않는다. 문제는 깊이가 상당히 깊은 동해안과 남해안이다. 사실상 수몰 위기인 섬나라나 저지대 지역은 네덜란드식 제방이 유일한 대비책이기 때문이다. 물론 환경단체의 비난이 있겠지만 환경보호고 뭐고, 일단 살고 나서기에 현재로서는 이 방법뿐이고 일본 도쿄의 경우는 지구 온난화를 의식해 더 높이는 방조제 공사를 진행 중이다.

세 번째로는 원자력발전소나 핵융합 발전으로 바닷물을 전기 분해하자는 아이디어. 산소, 수소, 염소, 그리고 오존도 나올 것인데, 오존은 촉매분해로 산소로 다시 만들자는 것이다. 수소는 연료로 충분히 가치 있고, 산소도 공업 및 우주 개척 분야에 수요가 많다.

다만 1mm를 낮추는데 3350억t의 물이나 전기 분해해야 한다. 1kg의 물 분해 당 약 50kWh의 전기가 들어가므로, 3350억t의 물 분해에 16,750Twh의 전기가 필요하고, 이는 대한민국의 2020년 연간 전기 사용량 520TWh의 32배에 달한다.

그리고 수소와 산소를 반응시켜서 사용하면 다시 물로 돌아가 버린다. 만약 우주로 반출해서 지구 내 물 순환에서 배제한다고 해도 지구 단위로 대규모의 물을 전기 분해하면 지구 전체 물의 순환에 어떤 영향을 줄지, 기후에 어떤 부작용이 생길지 모른다. 해수면 상승을 억제해서 평야 지대가 침수되는 것을 막았더니 강수량이 줄어 지켜낸 평야 지대가 거대한 사막으로 변해버리는 황당한 결말이 될 수도 있다.

(다) 물 부족

1990년대 국제인구행동연구소(PAI; Population Action International)에서 전 세계 국가들을 대상으로 조사하여 물이 부족하다고 분류한 나라들이다. 하지만 국제인구행동연구소는 UN, 혹은 국제기구와 아무런 관련이 없는 민간단체에 불과하다. 사설 단체가 발표한 물 부족 국가에 한국이 포함되자 정부, 언론, 환경단체까지 제대로 낚여 '우리나라는 UN이 정한 물 부족 국가입니다'라며 대대적인 캠페인을 벌였다.

그러니까 한국은 세계적으로도 깨끗한 물이 매우 풍부한 국가다. 한국 같은 경우 겨울 · 봄에 가뭄으로 인해 물 부족이 심하고 여름 · 가을은 장마철 및 태풍으로 인해 여유가 있는 편이다. 전반적인 수치는 나쁜 편은 아니나 계절 차이가 심한 게 문제다.

국제연합 환경계획(UNEP)의 보고서에 따르면 기후변화로 2025년경에는 지구상의 국가 중 2/3 가까이 물 부족에 시달리게 된다고 한다. 만약 예측대로라면 아시아, 유럽 국가들의 물 부족이 심각해지고, 남아공이나 미국도 물 부족 국가가 된다.

2006년 세계물포럼에서 발표한 '물 빈곤지수(Water Poverty Index)'에서는 대한민국이 전 세계 147개국 가운데 43위로 물 자원에 대한 위험도가 낮은 것으로 나타났다. 참고로 북한은 144위이다. 주변을 조금만 살펴보아도 물이 부족한 모습은 전혀 보이지 않는다. 모든 도시를 흐르는 하천은 대부분 사철 물이 흐르고 있으며, 지역별로 오염도 차이는 좀씩 있기도 하지만 이것도 그렇게 심하지는 않다.

또한 옛날에는 인간이 추가로 오염시킨 경우가 아니라면 기본적으로는 바로 마셔도 되는 깨끗한 물이 흐르는 환경이었다. 물을 많이 쓰는 벼농사 비율도 높다. 물 없이는 불가능한 낚시의 높은 인기만 봐도 알 수 있는데, 절반쯤인 바다낚시를 제외해도 낚시는 레저스포츠 순위 3위 안에 들어간다. 바위산 몇 군데를 제외한 보이는 모든 산에는 나무가 항상 자라고 있다. 수상 레저스포츠 또한 성행하고 있으며, 물이 없으면 못 만드는 스키장이 이십여 곳이고, 동계 올림픽까지 치른 나라다. 상수도고 하수도고, 없는 데가 없고, 물값 또한 비싸지 않으며, 땅을 파서 지하수가 안 나오는 지역도 없다. 결국 아무리 봐도 물이 모자란 나라가 전혀 아니다.

무엇보다 대한민국은 수돗물을 식수로 사용할 수 있는 얼마 안 되는 국가이다. 북유럽을 제외한 대부분의 유럽 국가는 지질학적 요인으로 인해 수돗물에 석회가 포함되어 있어서 함부로 수돗물을 마실 수 없다. 이러한 지역에서는 빗물이 아니면 평범한 물을 마실 수 없었다. 반면 한반도는 수질을 정화하는 기능이 있는 화강암이 전국 어디에나 매우 흔한 곳이다.

수돗물을 마셔도 아무런 문제가 없는 국가도 대한민국, 노르웨이, 스웨덴, 핀란드 일부 주, 아이슬란드, 덴마크 그린란드, 중국 일부 성, 캐나다의 도시화 지역, 호주의 일부 지역, 뉴질랜드, 일본 등 극히 일부에 불과하며, 중부 유럽 국가뿐 아니라 많은 다른 지방에서도 경제적 상황 이외의 요건을 이유로 수돗물을 음용할 수 없는 경우가 많다.

미국과 캐나다는 영토에 비해 기저 수자원(호수나 강의 담수 등 수돗물과 식수의 기반이 되는 물)이 많고 이러한 수자원의 수질도 좋지만, 반대로 중국은 영토에 비해 수자원이 적고 수질도 안 좋다. 중국 요리에 유독 기름이 많이 쓰이고, 차 문화와 술 문화가 발달한 데도 이것이 큰 영향을 미쳤다. 싱가포르처럼 담수가 아예 부족해서 이웃 국가 말레이시아에서 물을 구매하느라 엄청난 예산을 써야 하는 나라도 있고 이란, 이스라엘처럼 수원을 차지하기 위해 정치적 · 군사적 분쟁이 일어나는 곳도 있다.

물을 아끼는 것은 좋은 것이고, 아무리 물 부족 국가가 아니라고 해 봤자 물을 펑펑 쓰면 여러 가지 불이익을 받는 것은 누구나 다 똑같다. 그러나 통계 의도 자체가 절약 캠페인 성격이 강하고, 적용 단계에서 강우가 여름에 집중된 한국의 특수성을 고려하지 않는, 융통성이 없는 통계라 실질적인 의미에 대해서는 다시 생각해 볼 필요가 있다.

실제로 한국이나 벨기에같이 인구 밀도가 높다는 이유 하나만으로 물 부족 국가로 분류된 사례가 있으며, 특히 한국은 여름에 강우가 집중되는 상황으로 인해 지역과 계절에 따라서는 일시적인 물 부족 현상이 일어나는 경우도 있다. 실제로 과거 수도 시설이 발달하기 전에는 북한과 상황이 비슷해서 겨울과 봄에 물을 못 구하는 경우도 많았고, 지금도 상대적으로 수원 확보나 수도 정비가 제대로 이뤄지지 않은 시골이나 지방 소도시들에서는 아예 단수나 제한 급수 사태가 벌어지는 경우도 잦다.

더군다나 2019년과 2020년 겨울을 제외하고 겨울 가뭄이 과거보다 연례행사로 심하게 일어나는 현상 탓에 겨울철 물 부족은 해가 갈수록 심각해지고 있다. 물 부족 국가는 아니지만, 지역적, 시기적으로 물 부족 현상이 나타나는 국가라는 점은 부정할 수 없는 사실이기는 하다.

이와 대비되는 예시 중 하나로, 대한민국과는 정반대의 처지인 사하라 사막의 국가들이 그저 국토가 넓고 인구 밀도가 낮다는 이유만으로 물 풍요 국가로 분류되기도 한다. 실제로 차드, 말리 같은 나라들이 물 풍요 국가군에 속해 있는데, 오히려 실제 저 나라들을 가보면 물이 매우 많이 부족하다.

특히 시골 지역 사람들이 특히 물이 많이 부족해서 고생이 많다고 한다. 당장 TV를 틀면 나오는 후원 문의 광고를 보면 위생상 마셔서도 안 되고 어떠한 용도로도 사용이 불가능한 저런 비위생적인 물을 그나마 살기 위해서 한 바가지나마 뜨고자 학교도 못 가고 하루 종일 걸어가는 게 사하라 인근 국가들의 현실이다.

또한 설사 물의 양 자체가 풍요롭다 해도 물의 위생에 문제가 많은 경우도 상당히 많다. 특히 수도 관리가 제대로 되지 않는 국가나 개발도상국의 시골 마을 등에서 물의 위생 문제가 심한 편이다. 새천년개발목표에서 개량된 수원 접근성을 강조하는 것도 바로 이 때문이다.

물 풍요 국가들로 분류된 중국과 북한은 두 국가가 실제로는 극심한 물 부족을 겪고 있는 것에 반해 한국인들은 물 부족에 대해 그다지 체감하지 못하는데, 여기에 관해 한국건설기술연구원 수자원환경연구본부의 김모 박사는 "실제 국민이 체감하는 물 부족은 각 나라의 문화와 물을 관리하는 기술의 발달 정도에 따라서 다르다. 각종 보고서에서 언급하는 수치를 있는 그대로 받아들여서는 안 된다."라고 하였다. 이러한 판정은 말 그대로 그냥 인구수나 강수량 등을 고려한 결과일 뿐, 물을 관리할 능력 등의 현실을 전혀 반영하지 못하고 있다. 통계를 적당히 하고 왜곡해서 해석하면 결과물이 얼마나 막장이 되는지 아주 제대로 보여주는 사례라 할 수 있다.

일각에서는 한국이 물 부족 국가라는 사실을 UN이 직접 공인했다거나, 수자원 절약 실행을 권고했다고 오해하는 경우도 많다. 그러나 실상은 그냥 다른 기관에서 나온 통계를 이런 것도 있다고 인용했을 뿐이다. 문제는 이 오해가 그저 몇몇의 착각이 아니라, 전 국민 단위로 착각하게 했었다는 데 있다는 것이. 공익광고협의회가 사실 관계도 제대로 확인도 안 하고 UN이 지정한 물 부족 국가라면서 대대적으로 광고를 잘못해 버린 것이다.

취수할 만한 큰 하천이 없는 강원 산간과 영동 지방의 경우 지하수가 고갈되면서 물 부족 현상이 고착될 정도로 심각해지고 있다. 2020년에는 비가 길게 많이 이어졌지만, 2010년대 들어서 꾸준히 마른장마가 이어졌다. 한두 번도 아니고 사실상 2019년까지 거의 6여 년 동안이나 제대로 된 장마가 나타나지 않았다. 이는, 일단 2020년의 사례가 있으니 이후 동향을 살펴봐야 알겠지만, 장기적으로 봤을 때 한반도의 기후에서 장마가 사라져 버릴지도 모른다는 뜻이다.

한반도가 물 부족 현상을 겪지 않는 가장 큰 이유가 바로 이 장마의 존재로, 장마가 없는 가을부터 봄까지는 사실상 건조기후의 특성이 나타난다. 이미 여름철을 제외하면 알로에 등 건조 기후대에서 재배할 수 있는 작물을 충분히 야외에서 길러낼 수 있다는 점은 한반도의 기후가 여름을 빼면 건조기후라는 점을 증명한다.

따라서 한반도에서 만약 장마가 사라져 버리면 한반도는 정말로 건조기후에 가깝게, 심하면 정말로 건조기후가 될 수 있고, 그러면 정말로 물 부족 국가가 될 수 있다.

요컨대, 아직 한반도가 물 부족 국가가 될 기후적 여건은 마련되지 않았다. 하지만 장기적으로 마른장마 현상이 고착되면서 이것이 한반도의 새로운 기후 패턴이 된다면, 비록 현대 문물의 힘으로 물 부족 현상을 이겨내기는 하겠지만, 최소한 가용 수자원 관리에 드는 노력과 비용은 훨씬 올라갈 가능성이 높다.

대한민국의 물 소비량을 다른 나라 평균과 비교해 봐도 별로 많이 쓰는 편이 아니다. 1인당으로 비교해 보면 프랑스는 우리의 2배, 이탈리아는 5배, 호주는 우리의 15배를 쓴다. 무리해서 아끼지는 않더라도 굳이 자원을 낭비해서 좋을 게 없다는 건 지극히 당연한 소리인데, 평범하게 물을 아끼자고 해도 될 것을 굳이 UN을 들먹여서 욕만 있는 대로 먹은 셈이다. 덕분에 물 낭비에 대한 환기는커녕, 결과적으로 물을 아끼자고 하면 종종 "물 부족 국가 같은 개소리를 아직도 믿냐?" 같은 냉소적인 반응을 보이는 등 오히려 광고가 역효과를 내는 어처구니없는 상황에 이르렀다.

위의 사례로 한국 사회에는 물 사용량에 대해 그리 문제를 갖지 않는다. 그러나 몇 차례의 가뭄을 겪으며 한국도 물을 절약할 필요는 있다. 특히 2022년 11월 이후부터는 가뭄이 직격한 전라남도 지역들과 광주의 인근에서 인근의 댐은 물 부족 위기까지 겪게 되고 말았고 물 부족 문제가 심각해지며, 물 절약을 하지 않을 경우 23년 2월 중 제한 급수를 시행해야만 하는 형편이다. 2곳의 댐 저수율이 심각한데, 2022년 11월 기준으로 100일 만에 수돗물이 고갈될 위기에 처했다. 서울과 포항과 부산지역들은 물난리가 나는 동안 호남 지방은 해를 넘기도록 염발이 돌았다.

이는 날이 갈수록 더 심각해져서, 2022년 11월 말 무렵에는 제한 급수 지역이 점점 늘어나는 상황을 초래했다. 다행히 이 사태는 2023년 4월 5일, 5월 4~6일 두 차례에 걸쳐 많은 비가 내리면서 6월 말 장마까지 버틸 수 있었는데, 막상 장마철에 다다르자, 비가 너무 많이 오면서 홍수가 벌어지기도 하였다.

케이웨더 반기성 센터장은 유엔은 물 관리를 "기후변화 시대에서 거의 모든 완화와 적응 전략의 필수적인 요소"라고 부른다. 그런데 기후변화로 인해 많은 지역에서 가뭄이 점점 더 잦아지고 극심해지고 있으며, 장기적으로 지속되고 있는데, 현재도 아르헨티나가 2년 이상 오래 가뭄이 지속되고 있고요. 미국이나 중남미, 유럽 남부, 북아프리카 지역에서 극심한 가뭄이 발생하고 있다.

당장 물 부족이 발생하면 공중보건이 심각한 위협을 받고, 식량 불안에서 국가 간 갈등까지 나타납니다. 또 물에 대한 수요가 공급을 초과할 때 발생하는 물 스트레스가 증가하는, 유엔의 물 보고서는 "물 스트레스를 안고 사는 것은 사람들의 삶, 일자리, 식량 및 에너지 안보를 위태롭게 한다. 물은 농작물 재배와 가축 사육, 전기 생산, 인간 건강 유지, 공평한 사회 조성, 세계 기후 목표 달성의 핵심이다. 따라서 물 관리가 개선되지 않으면 인구 증가, 경제 발전, 기후변화로 인해 물 스트레스가 더욱 악화할 것이다."라고 우려하고 있다.

첫 번째로는 인류의 건강에 가장 큰 영향을 줄 것으로 보입니다. 현재 전 세계적으로 20억 명 이상의 사람들이 안전한 식수에 접근하지 못하고 있으며, 약 20억 명이 적절한 위생 서비스를 받지 못하고 있습니다. 또 건강한 물 부족은 콜레라, 장티푸스, 소아마비, A형 간염, 설사와 같은 질병의 전염을 가져옵니다. 물 부족으로 인한 국가 간 분쟁 가능성도 높아진다.

둘째로 물 부족은 식량 생산을 줄입니다. 이에 따라 식량 확보가 어려운 나라는 영양실조와 급성 및 만성 기아에 직면하게 된다.

셋째, 물 부족으로 인해 사람들이 식수를 얻기 위해 먼 길을 가야 하거나 줄을 서서 기다리게 되는 경제적인 시간 손실이 발생한다.

넷째, 에너지 위기가 가속될 수 있는데요. 세계기상기구의 보고서에 따르면 전 세계 원자력 발전소의 15%가 물 부족 지역에 자리 잡고 있는데, 향후 20년간 물 부족을 겪는 원전은 15%에서 25%까지 증가할 것으로 전망했습니다. 물 부족으로 인해 원전 가동이 어려워지고 물 부족은 물을 직접 발전에 이용하는 수력 발전소와 화력 발전소에도 악영향을 준다.

다섯째, 첨단산업인 반도체 제조 시설은 칩 세척, 데이터센터는 시설의 온도 · 습도를 유지하기 위해 많은 양의 물이 필요하고요. 수소 전기 분해, 탄소 포집 등 청정에너지 발전에서도 많은 물이 필요하므로 물 부족은 큰 영향을 준다.

세계자원연구소(WRI)가 23년 8월 16일에 발간한 보고서에 따르면, 1960년 이후 전 세계 물 수요는 2배 이상 증가했고, 앞으로도 계속 증가할 전망이라고 밝혔다. 유럽과 미국에서는 물 수요가 정체된 반면 아프리카에서는 물 수요가 급증하고 있다면서 2050년까지 전 세계 물 수요가 현재보다 20~25% 증가할 것으로 예상했다.

한국의 물 스트레스 지수는 20~40%로 웬만한 아프리카 국가보다 높다. 물 스트레스 지수가 높은 국가의 특징은 국토 면적이 좁고 인구 밀도가 높은 나라인데, 우리나라의 경우 강수량이 여름철에 집중되어 실제 이용이 가능한 수자원이 부족한 나라다.

우리나라의 1인당 총 가용 수자원량은 2017년 기준 1인당 1,367m3로 세계 평균(1만 8,651m3/인)의 13분의 1 수준이며, OECD 회원국 중 4번째로 적은 나라로 가용 수자원량이 절대적으로 부족하다. 또 정부에서는 가뭄이 들면 환경유지 용수부터 공급을 줄이고 그다음 농업용수, 그리고 세 번째가 생활용수를 줄이다 보니 도시에 사는 우리나라 사람은 물 부족을 체감하지 못하고 있다. 그리고 물 사용량이 많은 과일이나 채소를 수입함으로 농업용수를 절약할 수 있기 때문이다.

미래에 물 부족의 대응 방안은 첫째, 국가가 적절한 개입을 해서 물 효율성을 높여야 한다. 예를 들어 싱가포르와 라스베이거스는 물이 가장 부족한 상황에서도 번영할 수 있는 것은 당국의 적절한 개입 때문이다. 특히 싱가포르는 담수화 및 폐수 처리 및 재사용과 같은 기술을 이용해 물을 절약하고 있고, 나미비아는 하수를 식수로 재활용하는 것처럼 정부가 물 스트레스를 줄이려고 하는 의지가 필요하다.

둘째, 이런 물 효율성을 위해서는 댐이나 저수지 등 물 저장시설을 만들어야 하고요. 많은 물이 필요한 농업에서 스마트 팜으로 가야 한다.

셋째, 새로운 물 자원확보가 필요하다. 대체 자원으로는 해수 담수화나 지하수 활용 등이 있다.

넷째, 정부는 국민에게 물 부족의 심각성과 물 절약 방법 등을 교육하고 홍보해야 한다.

다섯째, 기업들도 물 부족 문제를 해결하기 위해 물 사용량 감소나 재활용 등을 해야 하고 국민들은 일상생활에서 물을 절약하는 생활 습관이 필요하다.

2.2 기후변화에 대한 부정론 등

(1) 논쟁 및 부정론 등

기후변화와 관련된 대중의 논쟁은 기후변화 부정자와 오보에 큰 영향을 받아왔는데 이는 미국에서 발흥하여 이후 다른 국가, 특히 캐나다와 오스트레일리아로 크게 확산하였다. 기후변화 부정의 배후에 있는 지지자들은 화석 연료 회사, 산업 단체 모임, 보수주의 싱크 탱크, 역행주의적 과학자들의 지원을 받아 자금 지원을 많이 받으며 조직 연합도 강대하다. 담배 산업처럼 이런 부정론자들의 주요 전술은 과학적인 데이터와 그 도출 결과에 의심을 품어내게 만드는 방향이었다. 인위적인 기후변화라는 과학적 합의에 대해 부정하거나 무시, 또는 부당한 의심을 하는 자들을 보통 "기후변화 회의론자"라고 부르긴 하지만 일부 과학자들은 이를 부적절한 명칭이라고 지적한다.

기후변화 부정에는 여러 종류가 존재한다. 어떤 이들은 온난화가 일어난다는 사실 자체를 부정하며 어떤 이들은 온난화의 발생 자체는 인정하지만, 이는 자연적인 요인 때문이라고 주장하며 또 어떤 이들은 기후변화가 가져올 영향에는 부정적인 면이 거의 없다고 주장한다. 과학에 대한 '만들어진 불확실성'은 나중에 만들어진 논쟁(Manufactured controversy)으로도 이어졌다. 정책 변화를 막기 위해 과학계 내에서 기후변화에 대해서 상당한 불확실함과 논쟁이 있다는 잘못된 믿음이 만들어졌다. 이런 발상을 촉진하기 위해 과학 기관과 학계를 비판, 공격하고 개별 과학자들의 동기에 대해 음흉한 목적을 가지고 있다는 등, 의문을 제기하는 전략을 사용한다. 기후변화를 부정하는 블로그와 미디어의 에코 챔버[72]는 기후변화에 대

72 반향실 효과(反響室 效果, 영어: echo chamber)는 뉴스 미디어가 전하는 정보를 이용하는 이용자가 갖고 있던 기존의 신념이 닫힌 체계로 구성된 커뮤니케이션에 따라 증폭, 강화되고 같은 입장을 지닌 정보만 지속해서 되풀이 수용하는 현상을 비유적으로 나타낸 말이다. "반향실"에 들어선 사람들은 자신이 지닌 기존의 관점을 강화하는 정보를 반복하여 습득할 수 있고 이에 따라 부지불식간에 확증 편향을 지니게 될 수 있다. 반향실 효과는 사회적이나 정치적인 의견이 극단화되는 현상을 증가시키며 극단주의의 배경이 되기도 한다. 반향실은 원래 소리의 잔향 효과를 위해 설치된 공간을 뜻하는 것으로 미디어 비평에 비유적으로 도입되었다. 소셜 커뮤니티를 비롯한 인터넷상에서 이러한 메아리 현상에 따른 집단의 동질화를 지적하는 다른 용어

한 오해를 더욱 부추겼다.

(2) 국민의 인식과 여론

기후변화는 1980년대 후반부터 국제적으로 대중의 관심을 받기 시작했다. 1990년대 초 언론보도 때문에 사람들은 종종 기후변화를 오존층 파괴와 같은 다른 환경문제와 혼동하기도 했다. 대중문화에서는 기후물 영화인《투모로우》(2004년)는 미국의 SF 재난영화이다. 지구온난화로 인해 지구에 닥치는 기후재앙을 다루고 있으며 앨 고어의《불편한 진실 : An Inconvenient Truth》(2006년)이 데이비스 구겐하임 감독의 작품이며 엘 고어 부통령이 기후변화의 배후에 있는 과학과 긴급한 행동의 필요성에 관해 이야기하는 다큐멘터리이다. 이 영화는 기

로는 부족주의가 있다.

인터넷은 다양한 정치적 정보에 접속이 가능하게 한다. 이는 공적 논쟁을 더욱 다원적인 형태로 만드는 긍정적인 측면이 있지만, 더욱 극단적인 이념을 옹호하는 채널로 이끌리게 하는 부정적인 측면도 있다. 반향실 효과는 극단적인 경우 오직 한 사람의 공급자가 만든 정보가 다른 모든 사람에게 끊임없이 되풀이하며 공유되는 것도 가능하다. 그 결과 대다수의 사람이 극단적 주장을 사실로 받아들일 수도 있다.

필터 버블이 알고리즘에 의해 미디어 이용자의 관심사만을 편집하여 제공하여 수용하는 정보에 편향을 일으킨다면, 반향실 효과는 이용자 개개인의 정보 선택이 중첩되어 편향을 확산시킨다는 점에서 차이가 있다. 온라인 쇼핑에 비유하자면 필터 버블은 비슷한 제품을 계속해서 보여주는 것이고, 반향실 효과는 구매 순위나 구매 평가를 공유하는 것에 해당한다.

반향실 효과는 온라인에서 미디어 이용자들을 비슷한 성향의 그룹으로 뭉치게 만들고 그 결과 시야를 좁게 만든다. 반향실에 처음 들어선 사람이 자신의 신념에 그다지 확신이 있지 않다고 하여도 비슷한 성향의 사람들이 하는 행동을 보고 점점 더 자신감을 품고 과감한 행동을 하게 된다. [7] 인터넷의 정보는 접근성 높아 쉽게 이용할 수 있지만, 그중에 상당수는 페이스북, 트위터, 구글과 같이 그리 길지 않은 역사를 가진 매체들로서, 이러한 비전통적 매체가 제공하는 정보는 알고리즘에 의해 개개인의 취향에 따라 편집되어 전통적인 뉴스의 편집자가 하는 정보 선별을 대체한다. [8] 이렇게 형성된 필터 버블은 반향실 효과를 더욱 크게 만든다. 반향실 효과는 주로 인터넷 커뮤니티를 통해 이루어지지만, 오프라인 커뮤니티에서도 동일한 현상이 일어날 수 있다. 사례로는 맥마틴 보육원 사건으로 1983년 한 여성이 세 살 된 아들을 병원에 데려갔다가 의사로부터 아들의 항문 주위에 보육원에 보내기 전에는 보지 못했던 붉은 반점이 보인다는 소견을 들었다. 부모와 의사는 아동 성 학대를 의심했고 지역의 당국에 신고하였다. 이후 언론이 이 소식을 대서특필하면서 지역사회에서는 마녀사냥과 같은 분위기가 형성되었다. 결과적으로 아무도 성 학대를 저지르지 않았지만 단지 의심만으로 보육원에 관계된 모든 사람이 심각한 정신적 피해를 보았다. 이 과정에서 반증은 무시되었고, 사람들은 결과를 단정하고 관련자들을 비난했다. [9] 1990년 로스앤젤레스 타임스의 데이비드 쇼는 맥마틴 보육원 사건의 진실을 폭로하면서 "그 누구도 확정적인 증거가 없었지만, 대다수 언론은 범죄를 예단하고 보도하였다. 큰 사건이 일어나면 종종 그렇듯 언론 기자가 스토리를 만들면 신문과 방송은 이를 다른 사람들에게 널리 전파하고 결국 공포의 반향실을 만든다"라고 평가하였다. 데이비드 쇼는 1991년 이 기사로 퓰리처상 비평 부문을 수상하였다.

언론들이 경쟁적으로 하나의 사건을 부각하여 보도하면 보도되었다는 사실이 반향실 효과를 더욱 키운다. 2010년 타블로의 스탠퍼드 대학교 학력 위조 논란은 결국 단 한 명의 주장이 반향실 효과를 일으켜 타블로를 괴롭힌 사건으로 그의 주장이 모두 허위라는 점이 밝혀진 뒤로도 많은 사람에게 편견을 심어준 사건이었다. [11] 피해자인 타블로가 심한 정신적 피해를 보는 사이 언론들은 "타진요"의 주장을 확인 없이 보도하며 진실 공방으로 보도하였다.

후변화가 지구와 그 주민들에게 미치는 영향을 설명하기 위해 데이터와 비주얼을 사용했다.

또한 Jeff Orlowski가 감독한 Chasing Ice(2012)는 사진작가 James Balog가 전 세계의 빙하에 미치는 기후변화의 영향을 기록한 다큐멘터리이다. 이 영화는 빙하가 녹고 물러가는 놀라운 시간 경과 장면을 담고 있어 기후변화의 영향을 극명하게 시각적으로 표현하고 있다.

그리고 피셔 스티븐스 감독의 '홍수 전' Before the Flood(2016)는 은 배우이자 환경운동가인 레오나르도 디카프리오가 기후변화의 영향을 탐구하기 위해 전 세계를 여행하면서 겪는 이야기를 담은 다큐멘터리다. 이 영화는 과학자, 정치인, 운동가들과의 인터뷰와 기후변화가 지구에 미치는 영향에 대한 영상을 담고 있다.

아울러 크리스토퍼 놀란 감독의 "인터스텔라"는 전 세계적으로 환경 파괴의 결과를 탐구하는 공상과학 영화이다. 이 영화는 지구가 더 이상 거주할 수 없어서 인류를 위한 새로운 집을 찾기 위해 웜홀을 통과하는 우주 비행사 그룹을 따른다.

기후변화에 대한 대중의 관심과 이해도는 지역, 성별, 나이, 정치 성향에 따라 차이가 존재한다. 더 고수준의 교육을 받은 사람들일수록, 또한 일부 국가에서 여성이거나 청년층일수록 기후변화를 심각한 위협으로 바라보는 정도가 더 컸다. 정치 성향에 따른 인식 격차는 수많은 국가에서 찾아볼 수 있었으며, 또한 이산화탄소 배출량이 많은 국가일수록 기후변화에 대한 우려도가 더 낮은 경향도 있다. 기후변화의 원인에 대한 견해는 국가마다 매우 다르다. 하지만 시간이 지나면서 문제 인식도가 점점 늘어나 2021년 기준으로 대다수 국가의 대다수 시민이 기후변화에 대해 강한 수준의 걱정을 표하거나 세계적인 비상사태 상황으로 인식하고 있다. 기후변화에 대한 우려가 클수록 기후변화를 다루는 정책에 대한 대중의 지지도도 더욱 강력해진다.

〈부록 그림 1.5〉 기후변화에 대한 대중의 이해

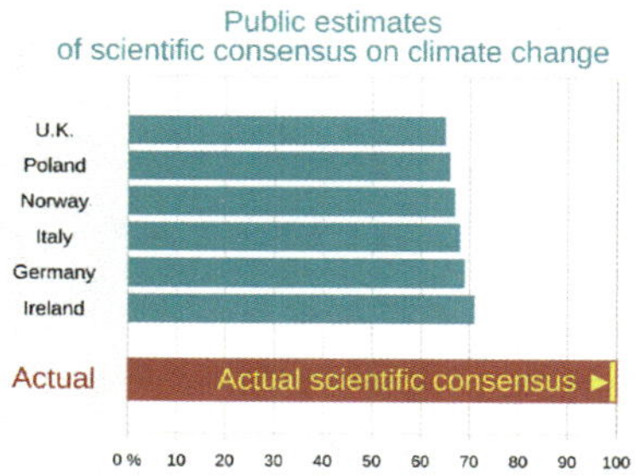

대중은 인간이 기후변화를 일으켰다는 논지에 대해 과학계에서 어느 정도로 합의되었는지에 대한 생각을 과소평가한다.

실제로는 2019년부터 2021년까지 연구에 따르면 학계의 합의 정도는 98.7%에서 많게는 100%까지 도 이르는 것으로 나타났다.

(3) 기후변화 운동 및 소송

정치 지도자에게 기후변화를 막기 위해 조치를 하길 요구하는 기후 시위가 진행되고 있다. 시위자들은 공개적인 시위, 화석 연료 폐기, 소송 및 기타 형태로 다양한 활동을 하고 있다. 대표적인 기후 시위로는 동맹휴학의 일종인 청소년 기후 행동 시위가 있다. 이 시위에서 전 세계의 청소년들이 스웨덴의 10대 소녀 그레타 툰베리의 영감을 받아 2018년부터 특정 금요일마다 학교를 나오지 않는 동맹휴학 시위를 열고 있다. 멸종에의 반란과 같은 단체들은 도로와 대중교통 수단을 점거하는 대규모 시민 불복종 행동을 벌이기도 한다.

공공기관과 기업에 기후 행동을 강화하기 위한 도구로 소송이라는 수단도 점점 많이 사용하고 있다. 활동가들은 정부를 향한 소송도 제기하면서 정부에게 온실 가체 배출 감축 목표를 취하거나 기후변화에 관한 기존법을 시행할 것을 요구하고 있다. 또한 화석 연료 회사를 상대로도 손망실에 대한 보상을 요구하며 소송을 제기하는 경우도 있다.

2.3. 기후변화 정책 방향 등

기후변화에 가장 취약한 국가들은 대부분 전 세계 온실 기체 배출량에서 극히 미미한 비율만을 차지하고 있다. 이 때문에 기후 정의와 공공성에 관한 문제가 계속 제기된다. 기후변화는 지속 가능한 개발과도 같이 엮여있다. 기후변화를 제한하면 빈곤 퇴치나 불평등 감소 같은 지속 가능 개발 목표 달성이 훨씬 쉬워진다. 이 연관성은 지속 가능 개발 목표 제13호의 "기후변화와 그 영향을 방지하기 위한 긴급한 조치 실시"라는 항목으로도 분리되어 있다. 식량, 깨끗한 물, 생태계 보호에 관련된 목표도 기후변화 완화와 큰 조화를 이룬다.

기후변화의 지정학적 문제는 매우 복잡하다. 모든 국가는 한 국가의 기후변화 완화 정책으로 이익을 얻긴 하지만 개별 국가는 저탄소 경제로 전환하는 그 자체로 손해를 본다며 이는 종종 "무임승차 문제"라는 프레임으로 도식화되기도 한다. 하지만 이 프레임에는 문제가 있다. 예를 들어 석탄의 단계적 사용 중단을 통해 얻는 공중보건 및 지역 환경에서 얻는 이점은 거의 모든 국가에서 그 이득이 비용을 초과한다. 게다가 화석 연료 순 수입국은 친환경 에너지로 전환하면 경제적으로 이득을 얻기 때문에 순 수출국의 경우에는 화석 연료를 더 이상 팔 수 없게 된다.

〈부록 그림 1.6〉 기후변화대응 지수

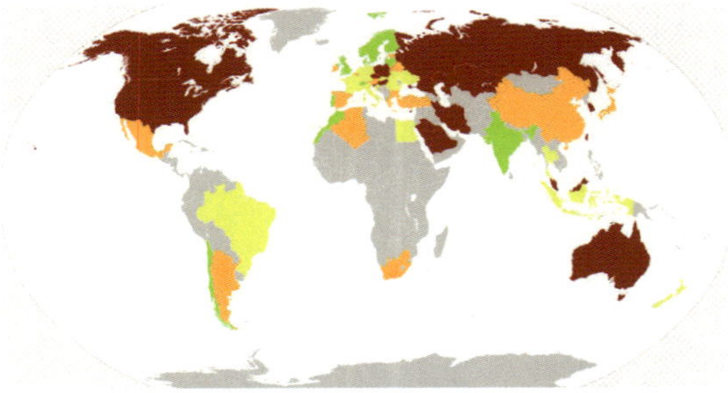

기후변화대응 지수는 온실 기체 배출량(총 40%), 재생 에너지 사용도(20%), 에너지사용량(20%), 기후 정책(20%) 기준에 따라 얼마나 기후변화에 대응하는 정책을 시행하는지 국가별로 순위를 매긴다.
높음(연두색) / 중간(노란색) / 낮음(황토색) / 매우 낮음(갈색)

(1) 정책 방향

배출량 절감을 위해 다양한 정책, 규제, 법을 사용하고 있다. 2019년 기준 탄소 가격제가 전 세계 온실 기체 배출량의 20%를 차지하고 있다. 탄소는 탄소세와 탄소 배출 거래를 통해 가격을 책정할 수 있다. 전 세계의 화석 연료 보조금은 2017년 기준 약 3,190억 달러이며 대기오염과 같은 화석 연료로 동반된 간접적 비용은 약 5조 2천억 달러로 책정되었다.

이를 전부 철폐하면 전 세계 탄소 배출량이 28% 감소하며 대기 오염 사망자는 46% 줄일 수 있다. 화석 연료 보조금에서 절약된 비용은 친환경 에너지로 전환하는 데 사용할 수 있다. 온실 기체 배출량을 줄이기 위한 더욱 직접적인 방법으로는 차량의 환경 기준이나 재생 가능 연료 기준 제정, 중공업의 대기 오염 규제 등이 있다. 일부 국가는 전력 생산에서 전력 회사들에 재생 에너지의 비중 증가를 요구하기도 한다.

기후 정의의 관점에서는 인권 문제와 사회적 불평등 해결을 위한 정책을 고안한다. 예를 들어 가장 큰 배출량을 차지하는 부유국들이 기후변화 적응을 위해 가난한 국가들에 돈을 지불해야 한다는 정책도 고안되고 있다. 또한 화석 연료의 사용이 감소하면서 해당 분야의 일자리도 덩달아 줄어드는데 공정한 에너지 전환 달성을 위해 기존 분야에 고용되었던 사람들에게 다른 직업 전환을 위한 재교육 투자가 필요하다. 화석 연료 분야 노동자가 많은 지역에서는 더 많은 투자가 필요하다.

(2) 기후변화에 관한 국제협약

국제적인 협약을 제정함으로써 기상이변의 주요한 원인으로 제기되는 기후변화 가속화를 막으려는 노력이 있다. 이 중 전 세계 거의 모든 국가가 비준한 협정으로 1994년 제정된 기후변화에 관한 유엔 기본 협약(UNFCCC)이 있다. 유엔 기본 협약은 기후계에 대한 인간의 위험한 간섭을 미리 방지한다는 목표를 담고 있다. 협약에서는 생태계가 기후변화에 자연적으로 적응할 수 있고 식량 생산이 위협받지 않으며 안정적인 경제 발전이 가능한 수준으로 대기 중 온실 기체 농도가 안정화되어야 한다고 명시하고 있다. 기본 협약에서는 자체적으로 배출량을 규제하진 않았고 단지 협약을 위한 기초 토대만을 제시한다. 실제로 협약 체결 이후 전 세계의 온실 기체 배출량은 증가했다. 이후 세계적인 연례 협상 총회가 열리고 있다.

1997년 제정된 교토 의정서에서는 위의 유엔 기본 협약을 확대해 대부분의 선진국의 온실 기체 배출량을 제한하는 법적 구속력을 가진 약속이 포함되었다. 협상 기간 개발도상국을 대표하는 집단인 77그룹은 선진국이 대기 중 온실 기체 축적에 가장 큰 기여를 차지했으므로 선진국이 "주도적으로" 온실 기체 배출량을 줄여야 한다고 주장했다. 당시 1인당 온실 기체 배출량은 개발도상국에서 상대적으로 매우 낮았고 개발도상국이 자국 내 개발 요구를 맞추기 위해서는 더 많은 온실 기체를 배출해야 했다.

2009년 제정된 코펜하겐 협정은 그 목표치가 너무 낮아 대체로 실망스러운 결과라는 의견이 많으며, 77그룹의 개발도상국은 코펜하겐 협정을 거부했다. 코펜하겐 협정의 당사국들은 지구의 추가 온도상승을 2°C 이내로 제한하기로 합의했다. 또한 협정에서는 2020년까지 기후변화의 완화와 적응을 위해 개발도상국에 매년 1천억 달러 원조를 목표로 하는 녹색기후기금 설립에도 합의했다. 하지만 2020년 기준 녹색기후기금은 예상 목표 금액에 미치지 못했고 자금 조달도 축소될 위협에 처해 있다.

2015년에는 모든 유엔 국가가 지구 온난화를 2.0°C 이하로 유지하고 추가적인 온난화 폭을 1.5°C로 이내로 유지하겠다는 내용을 담은 파리 협정에 합의했다. 파리 협정은 교토 의정서를 대체했다. 교토 의정서와는 달리 파리 협정에는 구속력 있는 구체적인 배출량 제한 목표치가 정해지지 않았다. 대신 일련의 제한 절차가 구속력을 가지게 되었다. 각국은 5년마다 정기적으로 더 진보적인 배출량 제한 목표를 세우고 목표 달성 정도를 평가해야 한다. 또한 파리 협정에서는 개발도상국을 재정적으로 지원해야 한다고 재차 언급했다. 2022년 기준 194개국과 유럽 연합이 파리 협정에 서명했으며 191개국과 유럽 연합이 파리 조약을 비준하거나 당사국으로 가담했다.

〈부록 그림 1.7〉 국가별 탄소 배출량

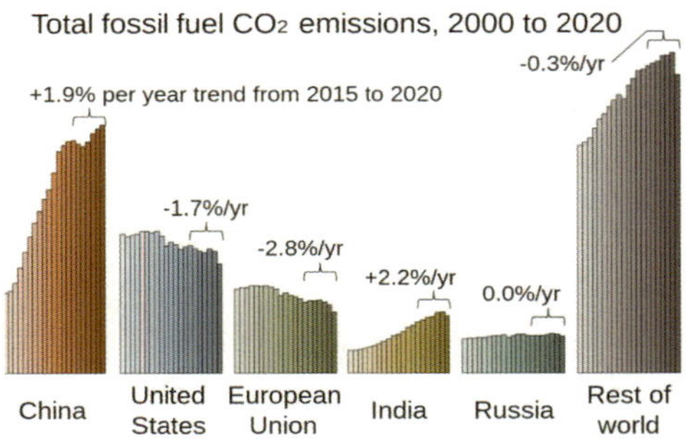

2000년 이후 중국과 기타 전 세계의 이산화탄소 배출량의 증가분은 미국과 유럽의 방출량을 넘어섰다.

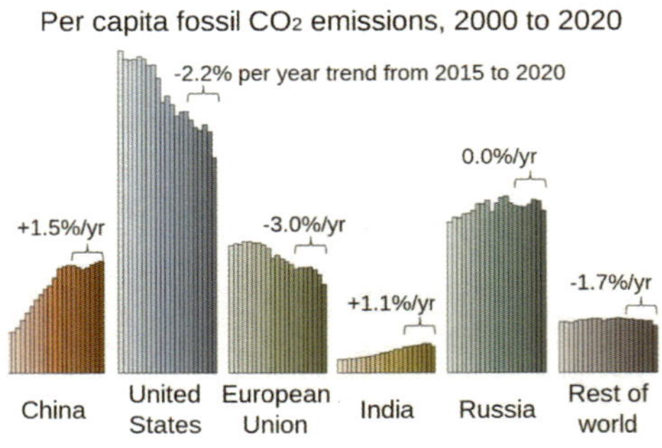

1인당 이산화탄소 배출량을 따지면 미국은 전 세계 다른 지역보다 훨씬 더 많은 양을 배출하고 있다.

오존층을 파괴하는 기체 배출량을 금지하는 국제협약인 1987년 몬트리올 의정서는 온실 기체 배출량을 억제하는 데 있어서 교토 의정서가 설계했던 내용보다 더욱 효과적이었다는 분석도 있다. 몬트리올 의정서를 수정한 2016년 키갈리 개정안은 오존층을 파괴하는 기체를 대체하는 역할을 했던 강력한 효과를 내는 온실 기체인 수소불화탄소의 배출량을 억제한다는 목표를 제시했다. 이는 몬트리올 의정서를 기후변화 대처에 더욱 강력하게 대응하는 협정을 바꿨다.

하지만 지구 온난화를 막기 위한 국제협약 참여에 미진한 일부 국가들을 지적하기도 한다. 미국이 대표적인 예이다. 중국의 경우에도 석탄 탄광 개발과 급속한 산림 파괴, 산업 개발로 이산화탄소 방출량 증가율이 세계 최고에 이르고 있지만 교토 의정서 기후변화협약에 서명하지 않고 있다. 전문가들은 이들 국가의 입장 표명이 앞으로 열릴 유엔환경장관회의를 앞두고 대부분 전문가는 이들 국가의 참여가 '온난화를 극복하는 열쇠'가 될 것이라고 예상한다. 2007년에는 반기문 국제연합사무총장이 미국과 중국에 직접적으로 환경문제에 대해 적극적인 참여를 요구했다.

(3) 각국 내 대응

2019년 영국 의회가 기후 비상사태를 선포하면서 사상 처음으로 정부가 기후 비상사태를 선포하였다. 뒤이어 다른 국가와 관할지도 차례로 기후 비상사태를 선포하였다. 같은 해 유럽 의회는 "기후 및 환경 비상사태"를 선포했다. 또한 유럽 연합 집행위원회는 2050년까지 유럽 연합을 탄소중립으로 만든다는 목표인 유럽 그린 딜을 발표했다. 아시아 지역 국가도 비슷한 목표를 공약하였다. 예를 들어 대한민국과 일본은 2050년까지, 중화인민공화국은 2060년까지 탄소중립을 달성하겠다고 공약했다. 2021년 유럽 연합 집행위원회는 자동차 산업에 대한 강력한 규제를 포함한 'Fit for 55'[73] 입법 패키지 안을 가결했다. 이 법안은 유럽 연합 시장에

73 유럽연합집행위원회가 2021년 7월14일 발표한 탄소 배출 감축 계획안. 유럽 외 지역에서 수입되는 철강재 등의 제품에도 탄소 배출 비용을 부과하는 내용을 토대로 한다. 2030년 EU의 평균 탄소 배출량을 1990년의 55% 수준까지 줄이기 위해서다. 핵심은 탄소국경세로 불리는 탄소국경조정제도(CBAM)다. 이를 통해 EU 역내로 수입되는 제품 중 역내 생산 제품보다 탄소 배출량이 많은 제품에 대해 비용을 부담시킬 예정이다. EU는 탄소 배출량 감축을 위해 역내 기업에 탄소세를 부과하고 있는데, 동일한 탄소 배출에도 비용을 부담하지 않는 해외 경쟁사들로부터 역내 기업들을 보호하려는 조치다.

출시되는 모든 신차는 2035년부터 반드시 제로 배출 차량(ZEV:zero-emission vehicle.)이어야 한다는 내용을 담고 있다. 인도 또한 재생 가능 에너지를 향해 강력한 인센티브를 주고 있긴 하지만 인도에서는 여전히 석탄 산업이 계속 확장되고 있다.

2021년 기준 파리 협정 가맹국의 40%를 차지하는 48개국의 국가기후계획 정보를 토대로 보면 추정된 총 온실 기체 배출량은 2010년과 비교해서 0.5% 감소하며 이는 지구 온난화 수준을 1.5°C나 2°C로 제한하는 데 필요한 감소 목표의 45% 혹은 25%에 해당한다.

(4) IPCC 보고서 : 기후변화에 대한 10가지 사실들

기후변화는 지구와 우리, 미래에 어떤 영향을 끼칠까? 세계에서 가장 저명한 기후변화 연구자들이 모인 기후변화에 관한 정부 간 협의체(Intergovernmental Pannel on Climate Change, IPCC)는 최근 2천 페이지가 넘는 보고서에서 커피 원두, 여행부터 내전 가능성에 이르기까지 그 영향을 다양하고 상세하게 언급하고 있다. 중요한 내용은 아래와 같다.

(가) 기후변화는 지금 모든 곳에서 일어나고 있다.

"최근 수십 년간 일어난 기후변화는 모든 대륙과 해양에 걸쳐 자연 및 인간의 시스템에 영향을 끼치고 있다."

"기후변화로 관측된 영향들은 광범위하며 심각하다."

EU는 2025년까지 과도기를 둔 뒤 2026년부터 세금을 단계적으로 확대해 최종적으로는 매년 100억 유로를 거둬들일 계획이다. 추가 수입의 상당액은 7500억 유로에 이르는 코로나19 경제회복 기금 부채 상환에 사용한다. 첫 부과 대상은 철강 시멘트 알루미늄 비료 전기 제품 등 탄소 배출 위험이 큰 품목들이다. 유로뉴스는 "현재 해당 품목을 주로 수출하고 있는 터키, 우크라이나, 이집트, 러시아, 중국 기업의 타격이 클 것"이라며 "탄소국경세 부과 항목은 나중에 다른 분야로 확장된다"라고 보도했다. EU 집행위는 "비유럽연합 국가들과 광범위한 양자 간 논의를 진행하고 있으며, 부담금이 해당 국가와 기업들에 탄소 배출량을 줄이고 더 나은 기후변화 정책을 채택하도록 장려할 것"이라고 강조했다. 그러나 이번 조치가 세계무역기구(WTO) 규정에 위배될 수 있다며 반대하는 각국 정부의 목소리는 더욱 커질 전망이다. 유로뉴스는 "이 조치가 글로벌 무역에 대해 부당하고 차별적인 장벽으로 비친다면 WTO 내 분쟁을 촉발시킬 수 있다"라고 내다봤다. 재닛 옐런 미국 재무장관은 지난 9일 주요 20개국(G20) 재무장관 회의에서 무역 마찰을 피하기 위한 국제 조정을 촉구했다.

EU 집행위는 탄소국경세 외에도 2035년부터 EU 내 신규 휘발유 · 디젤 차량 판매를 사실상 금지하는 방안을 제안했다. 앞서 집행위는 2050년까지 EU를 최초의 '탄소중립' 대륙으로 만든다는 목표를 제시하고, 기후변화 · 환경 분야 청사진을 담은 '유럽 그린 딜'을 제안한 바 있다. 또 2021년 6월에는 이 같은 목표가 법적 구속력을 갖도록 유럽기후법을 채택했다.

"계속되는 기후변화는 육지, 담수, 해양에 사는 많은 생물종들의 서식지, 계절 활동, 이동 패턴, 번식, 종 상호작용을 변화시켰다."

"광범위한 지역과 농작물을 다룬 많은 연구자료에서 기후변화가 일반적으로 곡물 수확에 긍정적인 영향보다는 부정적인 영향을 미치는 것으로 나타났다."

(나) 그리고 빠르게 악화해 가고 있다.

"나무의 고사와 숲의 잎마름병 증가 추세로, 21세기 기온 상승과 가뭄으로 인해 더욱 많은 지역에서 일어날 것으로 예상된다. 삼림의 잎마름병은 탄소 저장, 생물 다양성, 목재생산, 수질, 쾌적성, 경제활동에 잠재적 리스크가 될 것이다."

"기후변화가 담수에 가져올 수 있는 위험성은 온실가스 농도 증가로 인해 눈에 띄게 증가하고 있다."

"21세기 중반 이후의 기후변화로 인해 세계 해양 생물종의 분포 이동과 민감 지역 내 해양생물 다양성 감소는 어업 생산성과 다른 생태계 서비스의 지속 가능한 공급에 차질이 생길 것이다."

"온난화의 정도가 심해지면서 그 영향력 또한 심각해지고, 만연하며, 복구가 힘들어지고 있다."

(다) 위험에 처한 건 단지 북극곰, 산호초, 열대 우림만은 아니다. 우리 자신이다.

"부유하건 가난하건 전 세계 모든 국가의 사람들, 지역, 생태계는 이미 각기 다른 식으로 기후변화에 노출되어 있으며, 이 변화에 취약하다."

"일부 생태계 및 인류 시스템이 기후변화에 취약함은 최근의 혹서, 가뭄, 홍수, 태풍, 산불과 같은 단적인 기후 현상들을 통해 극명히 드러났다."

"기후변화로 인해 많은 지역에서 점점 더 연간 곡물 수확량에 변동이 있을 것으로 예측된다. 이러한 영향은 곡물 수요량의 급격한 상승과 맞물려 일어날 것이다."

IPCC는 기후변화가 인류에 가져올 주요 리스크를 8가지로 분류했는데, 이는 해수면 상승, 해안가 홍수 및 폭풍해일, 가뭄 및 강수 가변성, 내륙 홍수 및 물 부족, 해양 및 육지 생태계 손실, 생태계 서비스 및 다양한 상호적 위험들을 포함하며, 이들은 차례로 식량과 물 공급에 차질을 빚을 것이며 집, 터전, 문화의 손실 및 부상과 사망을 가져올 것이다.

(라) 기후변화는 우리가 이미 유발하고 이겨내려 애쓰는 다른 문제들과 얽혀 있다.

" 육상 및 민물에 서식하는 많은 생물종은 21세기 동안과 그 이후에 예상되는 기후변화로 인해 멸종위기에 처할 위험이 더욱 커진다. 특히 기후변화가 서식지 변경, 남획, 오염 및 침해종 등과 같은 다른 요인들과 상호 작용할 경우 그러하다."

"산소 극소 구역(Oxygen Minimum Zones)과 무산소 "데드 존"의 점진적인 확대로 물고기의 서식지가 더욱 줄어들 것으로 예상된다. 기후변화는 남획의 위협과 기타 비(非) 기후적 요소들, 기존의 복잡한 해양 관리 체제에 복합적인 영향을 가중시킨다."

"기후와 관련된 위협 요소들은 다른 요소들을 악화시키는데 특히 빈곤 지역 사람들의 생계에 종종 부정적인 결과를 가져온다."

(마) 얼마나 더 악화할 것인가는 우리가 얼마나 더 오염시키느냐에 달려있다.

"중위에서 상위 배출량 시나리오(RCP 4.5, 6.0, 8.5)[74] 규모와 수준의 기후변화는 금세기

74 주석 RCP(Representative Concentration Pathways 온실가스 농도값을 설정 후 기후변화 시나리오를 산출하여 그 결과의 대책으로 사회 · 경제 분야별 온실가스를 배출 저감 정책 결정
RCP 시나리오는 아래 표와 같이 총 4종으로 구성된다.

구분	특징	특징
RCP 2.6	인간 활동에 의한 영향을 지구 스스로가 회복 가능한 경우(실현불가)	420ppm 이산화탄소 농도
RCP 4.5	온실가스 저감 정책이 상당히(RCP 4.5) 실행되는 경우	540ppm
RCP 6.0	온실가스 저감 정책이 어느 정도(RCP 6.0) 실현되는 경우	670ppm
RCP 8.5	현재 추세(저감 없이)로 온실가스가 배출되는 경우(BAU 시나리오)	940ppm

새로운 온실가스 시나리오(RCP) 전망

안에 일부 지역의 육상 및 담수 생태계(습지 포함)의 소비, 체제, 기능에 갑작스럽고 돌이킬 수 없는 변화를 불러올 위험이 크다. 기후에 상당한 영향을 끼칠 예시로는 아한대 툰드라 북극, 아마존 삼림이 있다. 이런 지역적 규모의 변화는 상당한 규모의 추가적 기후변화를 가져올 것이다."

"중위에서 상위 배출량 시나리오(RCP4.5, 6.0, 8.5)에서 해양 산성화는 해양 생태계, 특히 극지 해양의 생태계 및 산호초에 지대한 위협을 내재하고 있다. 이는 식물성 플랑크톤에서 동물에 이르기까지 모든 개별 생물종의 생리, 행동, 개체군 역학에 영향을 미칠 것이다."

"21세기에 걸친 기후변화는 가장 건조한 아열대 지역의 재생 가능한 지표수와 지하수 자원을 상당히 감소시키며, 부문 간 물에 대한 경쟁을 심화시킬 것으로 예상된다."

"티핑 포인트(갑작스럽고 돌이킬 수 없는 변화에 대한 임계치)를 촉발하기에 충분한 기후변화의 정확한 정도는 명확하지 않으나 지구 시스템 내 교차하는 티핑 포인트나 인류 및 자연 시스템 간 연결성과 관련된 위협의 정도는 상승하는 기온으로 인해 증가한다."

(바) 우리 사회의 안보를 위협하고 분쟁을 조장할 정도로 충분히 악화할 수 있다.

"21세기에 걸친 기후변화는 인구 이동을 증가시킬 것으로 보인다."

"기후변화는 간접적으로 내전과 집단 간 폭력이라는 형태의 무력 분쟁 가능성을 높이는데, 이는 빈곤과 경제적 쇼크에 대해 잘 만들어진 자료들로 증폭될 것이다. 여러 증거가 기후 가

▷ 전지구 전망

기후변화를 완화하기 위한 노력 없이 현재 추세대로 온실가스를 배출하여 21세기말 이산화탄소 농도가 940ppm에 도달한다면(RCP 8.5), 21세기말(2070~2099년)에 전 지구 평균기온이 4.8℃ 상승되고 강수량은 6.0% 증가 전망 예상된다. 그러나 어느 정도 저감 노력이 실현된다면(RCP 4.5), 2.8℃ 기온 상승과 4.5% 강수량 증가가 전망되어, 저감 노력에 따라 전 지구 기온 상승률은 더 낮아질 수 있다.

▷ 한반도 전망

- 기후변화를 완화하기 위한 노력 없이 현재 추세대로 온실가스를 계속 배출한다면(RCP 8.5), 21세기말(2070~2099년)에 한반도 평균기온은 6.0℃ 상승, 강수량은 20.4% 증가가 예상되고, 어느 정도 저감 노력이 실현된다면(RCP 4.5) 3.4℃ 기온 상승과 17.3% 강수량 증가 전망 예상된다.
- 이와 같이 기온과 강수량은 감축정책 수행 시와 온실가스 배출 현재수준 유지 시 모두 증가 추세를 보이고 있으나, 감축정책 수행으로 그 속도를 조절 할 수 있을 것 이라 생각된다.

변성과 이러한 형태의 분쟁을 연관 짓고 있다."

"많은 국가에서 필수 사회기반시설 및 영토보전에 대한 기후변화의 영향이 국가안보정책에 영향을 미칠 것으로 예상된다. 예를 들면, 해수면 상승으로 인한 토지의 침수는 작은 도서국가나 해안 위주 국가의 영토보전에 위협이 된다. 해빙의 변화, 공공 수자원, 원양 어자원과 같은 부문에의 초국경적인 기후변화의 영향으로 국가 간 경쟁을 부추길 가능성이 있다. 그러나 강력한 국가 및 정부 간 제도들이 이러한 경쟁에 협력과 관리를 강화할 수 있다."

(사) 기후 오염을 보다 신속히 줄일 수 있다면 위험은 상당히 줄어들 수 있다.

RCP 2.6 시나리오는 우리가 지구 온도상승을 2도 내로 제한할 수 있을 정도로 온실가스 배출량을 줄일 것이라 가정한다. 이는 유엔 기후변화협약에서도 각국의 정부가 동의한 목표이기도 하다.

"기후변화 영향의 전반적인 위험성은 기후변화의 속도와 규모를 제한함으로써 줄일 수 있다. 평가된 시나리오에 따르면, 이러한 위협들은 가장 낮은 기온 예측(RCP 2.6) 시나리오대로 진행될 경우 가장 높은 기온 예측(RCP 8.5) 대비 상당히 낮아질 수 있다. 특히 21세기 하반기에 그러하다."

"온실가스가 지속해서 대량 배출될 경우, 기후 관련 위협들은 야심 찬 완화 정책(Mitigation)을 추진할 때보다 더 커질 것이다. 확인되지 않은 배출량은 되돌리기 힘들거나 예측하기 어려운, 심각하고 만연한 기후변화 영향 빈도를 높일 것이다."

"기후 완화와 적응책(Adaptation)들은 조만간 21세기 전반의 기후변화 위협에 영향을 미칠 것이다."

(아) 우리 역시 적응할 수밖에 없을 것이다.

"열대 및 온대지역의 주요 작물들(밀, 쌀, 옥수수)은 완화방안이 없을 경우, 20세기 말 수준의 2도 이상 기온 상승으로 인해 생산량에 부정적인 영향을 받을 것으로 예상된다. 비록 일부 개별 지역은 혜택을 입을지라도 말이다."

"효과적이고 포괄적인 기후변화 적응은 이른 시일 내에 더 풍성하고, 회복이 쉬운 세계를 구축할 수 있도록 도울 것이다."

"미래 기후변화 적응을 위한 첫걸음은 현재의 기후 가변성에 대한 노출과 취약성을 줄이는 데에서 시작할 것이다."

(자) 그러나 적응에만 의존할 수는 없다.

"기후변화 완화를 위해 세계가 무엇을 수행하느냐에 따라 지속 가능한 개발을 위한, 기후에 탄력적인 우리의 경로가 달라질 것이다."

"더 급속도이며 방대한 기후변화는 적응 한계치를 넘어설 가능성이 높다. 이는 적응행동을 하려는 인자가 세운 목표를 위해, 혹은 시스템의 요구에 따라 견딜 수 없는 위험성을 피하려고 취한 적응행동이 불가능하거나 실행 당시 유효하지 않을 경우에 일어난다."

(차) 기후변화의 비용을 제대로 파악할 수 없는 단순한 경제모델에 의존해서도 안 된다.

"기후변화로 인한 전 세계의 경제적 여파는 추정하기 어렵다. 지난 20년에 걸쳐 완성된 경제 영향 평가는 어떤 요소를 포함하느냐에 따라 달라지며, 논란의 여지가 있는 많은 가정에 의지했고, 많은 추정이 재난적 변화, 티핑 포인트, 기타 다른 요소들은 고려하지 않았다."

"기후변화 영향으로 지난 한 세기 동안 경제성장은 둔화하였고, 빈곤을 해결하기에는 더욱 어려워졌으며, 식량안보는 약화하였다. 기존의 빈곤 문제를 지지부진하게 하는 것으로도 모자라 새로운 빈곤의 덫이 생겨났다. 특히 후자는 도시와 신규 빈곤 밀집 지역에서 늘어났다."

"일부 개발도상국과 작은 도서 국가들은 일부의 경우, GDP의 몇 퍼센트에 달하는 피해 및 적응 비용을 감당해야 할 처지에 놓일 것으로 보인다."

2.4. 다가올 미래 기후 위기관리 방향과 전략

한국의 기후 위기는 현재 우리의 주요 이슈 중 하나이다. 기후변화로 인해 온실가스 배출량이 증가하고 지구 온난화가 가속화되고 있으며, 이에 따라 한국은 기후 위기에 대응하기 위한 전략을 마련해야 한다.

우리는 지속 가능한 에너지 시스템을 구축해야 한다. 석탄과 같은 화석 연료 대신 재생 에너지를 적극적으로 도입해야 한다. 태양광, 풍력 등의 재생 에너지 개발을 촉진하고, 에너지 효율을 향상하는 노력을 해야 하며, 에너지 절약을 위한 인식 개선과 정책 지원을 통해 에너지 소비를 줄여야 한다.

농업과 축산업 분야에서도 지속 가능한 방식으로 생산해야 한다. 화학 비료와 농약의 남용을 최소화하고, 유기농 농업과 친환경적인 방식을 적극적으로 도입해야 하며, 축산업에서는 가축의 배출가스를 관리하고, 가축 사육 방식을 개선하는 등의 노력이 필요하다.

도시계획과 건축 분야에서도 환경친화적인 방향으로 전환해야 한다. 대중 교통체계를 강화하고, 자전거 도로망을 확대하는 등의 노력을 해야 하고 또한, 친환경적인 건물 설계와 재활용 건축 재료의 적극적인 사용을 통해 건축물의 친환경성을 높여야 한다.

기후 위기에 대응하기 위해서는 국제 협력도 필수적이다. 기후변화는 국경을 넘어서는 문제이기 때문에, 다른 국가들과의 협력을 통해 해결책을 모색해야 한다. 국제기구 및 협약에 적극적으로 참여하고, 기후변화에 대한 정보와 기술을 교류하는 등의 노력이 필요하다.

마지막으로, 기후 위기 대응은 우리 모두의 참여가 필요하다. 개인은 에너지 절약과 재활용 등의 실천으로 환경보호에 기여해야 하고, 기업은 친환경적인 생산과 사회적 책임을 다해야 한다. 정부는 관련 정책의 수립과 실행을 통해 국가적 차원에서의 대응을 주도해야 한다.

한국의 미래는 기후 위기에 대한 대응 전략의 성공에 달려있다. 우리는 기후 위기를 극복하기 위해 적극적인 노력과 협력이 필요하며, 지속 가능한 사회를 구축하기 위해 힘을 합쳐야 한다.

(1) 온실 기체 배출량 감소와 포집

기후변화 위기 대한 미래 대응 전략 중 온실 기체 배출량 감소와 포집이 우선이다. 기후변화는 온실 기체 배출량을 줄이고 대기 중의 온실 기체를 흡수하는 탄소 흡수원을 늘려 완화할 수 있다. 1.5°C 이하로 온난화를 제한한다는 목표가 성공하기 위해서는 2050년까지, 2°C 이하로 온난화를 제한하기 위해서는 2070년까지 전 세계 온실기체 배출량을 탄소 넷제로로 만들어야 한다. 이를 위해서는 에너지, 토지, 도시, 교통, 건물, 산업 등지에서 전례 없는 규모의 광범위하고 체계적인 변화가 필요하다. 유엔 환경 계획(UNEP)은 각국이 온난화 정도를 2°C 이하로 제한하기 위해 향후 10년 이내에 파리 협정에서 제시한 각국 온실기체 감축 목표(NDC)를 3배로 늘려야 한다고 추정한다. 1.5°C 제한 목표를 달성하기 위해서는 훨씬 더 강한 수준의 온실 기체 배출 감축이 필요하다. 2021년 10월 기준 체결된 파리 협정의 공약을 따른다고 해도 금세기 말까지 지구 온난화 수준이 약 2.7°C(2.2~3.2°C 범위)에 도달할 확률이 66%에 달한다.

지구의 온난화 수준을 1.5에서 2°C로 제한할 수 있는 단 하나의 방법은 없으며 대부분의 시나리오와 전략에서는 필요한 만큼의 온실 기체 감축량을 발생하기 위해서 다양한 재생 에너지의 사용 증가와 함께 에너지 효율도 높여야 한다고 보고 있다. 생태계의 압력을 줄이고 탄소 흡수 능력을 높이기 위해서는 산림 벌채를 막고 산림 재조림을 통해 자연 생태계를 복원하는 등 농업과 임업 분야에서도 변화가 필요하다.

기후변화를 완화하기 위한 다른 방식들은 높은 위험성을 가지고 있다. 지구의 온난화 수준을 1.5°C 이하로 제한하는 시나리오에서는 보통 21세기 전반에 이산화탄소 제거 기술을 대규모로 사용하게 된다고 예측한다. 하지만 이러한 이산화탄소 포집[75] 및 제거 기술과 같은 기술의 과도 의존이나 환경에 끼치는 영향에 대한 부정적인 우려도 존재한다. 태양 지구공학 혹

75 탄소 포집 및 저장(Carbon Capture and Storage; CCS)은 일반적으로 시멘트 공장 또는 바이오 개스 발전소와 같은 폐기물 배출량이 큰 곳에서 발생하는 이산화탄소(CO2)를 포집하여 운송하는 과정이다. 포집한 이산화탄소는 보통 지하 지질 구조에 주입하여 오랫동안 암석화 과정을 거쳐 퇴적시킨다. CCS의 목표는 중공업에서 배출되는 대량의 이산화탄소가 대기로 방출되는 것을 방지하는 것이다. CCS는 산업과 난방으로부터 배출되는 이산화탄소가 지구 온난화와 해양 산성화에 미치는 영향을 완화할 수 있는 잠재적 수단이다. 향상된 오일 회수(enhanced oil recovery)를 포함하여 다양한 목적으로 수십 년 동안 이산화탄소가 지질 구조에 주입되었지만, 이 기체의 장기 저장은 비교적 새로운 개념이다. 직접 공기 포집(direct air capture)은 점원(point source)이 아닌 주변 공기에서 이산화탄소를 제거한다.

은 "일조량 관리"(SRM)라는 지구로부터 들어오는 태양 빛을 막는 기술도 온실 기체 배출량을 크게 줄일 수 있는 하나의 보완책이다. 하지만 일조량 관리 기술 또한 중요한 윤리적, 법적 문제를 안고 있으며 지구에 끼칠 위협이나 영향은 제대로 이해되지 않았다.

〈부록 그림 1.8〉 온실 기체 배출 시나리오

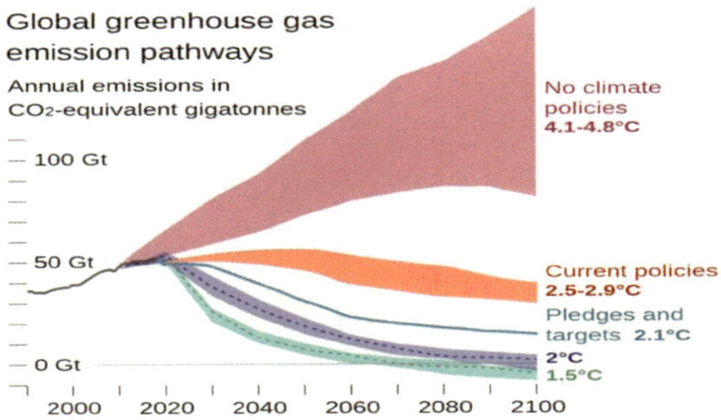

2021년 11월 기준 각종 정책과 공약에 기반한 전 세계의 온실 기체 배출 시나리오.

(2) 친환경 에너지

기후변화에 위기 대한 미래 대응 전략으로 첫 번째는 기후변화를 제한하는 핵심적인 요소는 재생 가능 에너지이다. 2018년 기준 전 세계 에너지 생산의 80%를 화석 연료가 차지했다. 나머지 20%는 원자력 에너지와 수력, 바이오매스, 풍력 발전, 태양 에너지, 지열 에너지 등을 포함한 재생 가능 에너지가 양분했다. 이 비율은 향후 30년 이내에 크게 바뀔 것으로 전망된다. 새로운 발전소를 건설할 때 가장 저렴한 형태로 태양광 패널과 육지 풍력 발전소를 사용하고 있다. 2019년 새로 설치된 신규 전력 발전소의 75%가 재생 가능 에너지였고 이 중 대부분이 태양광 발전과 풍력 발전이다. 원자력이나 수력 같은 다른 형태의 에너지가 절대 발전 용량 측면에서는 큰 비율을 차지하고 있다. 하지만 이 두 에너지의 성장 전망은 태양광이나 풍력에 비해 매우 제한적인 수치로 분석된다.

2050년까지 탄소중립을 달성하기 위해 재생 가능 에너지가 발전의 다수를 차지할 것이며, 일부 시나리오에서는 2050년까지 85% 이상이 재생 가능 에너지가 차지할 것으로 전망한다.

석탄 투자는 없어질 예정이며 석탄 사용도 2050년까지 단계적으로 사라질 것이다.

또한 난방과 수송 분야에서 사용되는 중요 에너지원도 점점 전기로 대체돼야 한다. 교통 분야에서 배출되는 온실 기체는 기존의 차량을 전기 차량으로 교체해 빠르게 줄일 수 있다. 대중교통과 액티브 모빌리티(자전거 및 보행)의 적극적 활용도 이산화탄소 배출 감소에 큰 기여를 한다. 해운과 항공 분야에서는 온실 기체 배출량 저감을 위해 저탄소 연료를 사용할 수 있다. 난방의 경우에도 열펌프의 적극적 사용을 통해 점점 탈탄소화로 향할 수 있다.

재생 가능 에너지를 비롯한 친환경 에너지가 지속해서 빠르게 성장하기 위해서는 넘어야 할 몇 가지 장애물이 있다. 풍력과 태양 에너지의 경우 새 건설 부지에 대한 환경 및 토지 사용 문제가 존재한다.

또한 풍력이나 태양 에너지를 사용한 발전의 경우 계절에 따라 혹은 여러 사정에 따라 발전량이 변화한다. 이렇게 가변적인 발전량을 가진 발전소의 발전량이 적을 땐 보통 양수 발전이나 재래식 발전소를 통해 안정화했다. 하지만 앞으로 배터리 저장 발전소가 확대되면 에너지의 수요와 공급을 맞출 수 있으며 장거리 송전으로 가변 재생 에너지의 출력에 유연하게 대처할 수 있다.

〈부록 그림 1.9〉 재생 에너지 및 환경 에너지

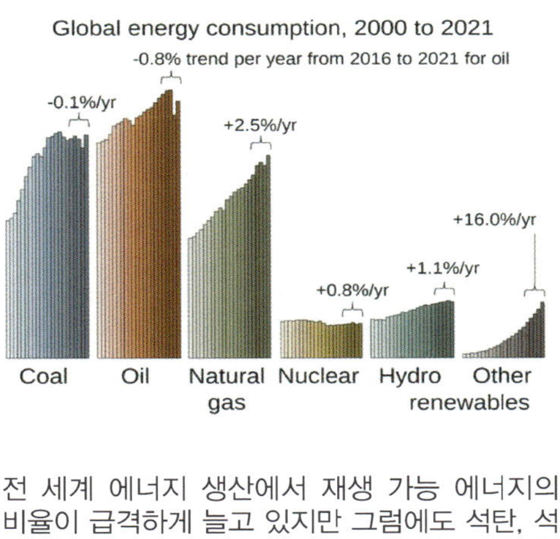

전 세계 에너지 생산에서 재생 가능 에너지의 비율이 급격하게 늘고 있지만 그럼에도 석탄, 석유, 천연가스가 주요 에너지원을 차지하고 있다.

독일의 태양광 발전소와 풍력 발전소의 모습.

바이오에너지의 경우 탄소중립이 아닌 경우도 있으며, 식량안보에 부정적인 영향을 줄 수 있다는 문제점이 있다. 원자력 에너지의 확대는 방사성폐기물 문제와 핵확산 저지 문제, 원자력사고 가능성 문제 때문에 큰 제한을 받는다. 수력 발전의 경우 최상의 입지를 갖춘 지역에서만 개발 가능하다는 큰 단점이 있으며 또한 새 수력 발전소는 사회적, 환경적 우려의 목소리가 커지고 있다.

저탄소 에너지는 기후변화를 최소화해 인류 보건에 도움을 줄 수 있다. 또한 2016년 기준 연간 700만 명으로 추산되었던 대기 오염 사망자를 줄여주는 단기적인 이점도 존재한다. 온난화 정도를 2°C로 제한하는 파리 협정의 목표를 달성할 경우 2050년까지 매년 약 백만 명의 사망자가 줄어들며, 저탄소 에너지로 온난화 정도를 1.5°C로 제한하는 데 성공할 경우 수백만 명의 목숨을 살릴 수 있고 동시에 에너지 안보를 지키며 빈곤율도 줄일 수 있다.

(3) 효율적인 신재생 에너지 사용 및 에너지 절약

(가) 신재생 에너지 사용

오염과 기후변화 등 환경 위기에 대한 인식이 늘어나며 전 세계가 신재생 에너지의 중요성에 주목하고 있다. 파리기후변화협약 등 탄소 배출, 기후변화에 대한 국제적 합의를 준수하고자 노력 중인 우리나라 역시 마찬가지다. 무궁무진한 가능성을 지닌 신재생 에너지가 환경 위기의 해법을 찾아야 한다.

신재생 에너지는 재생 에너지와 신에너지를 아우르는 용어다. 우리나라에서는 기존의 화석 연료를 변환시켜 이용하거나 햇빛 · 물 · 지열 · 강수 · 생물유기체 등을 포함해 재생이 가능한 에너지를 변환해 이용하는 에너지를 신재생 에너지로 정의하고 있다. 태양열 · 태양광 발전 · 바이오매스 · 풍력 · 소수력 · 지열 · 해양 에너지 · 폐기물 에너지 등 재생 에너지 8개 분야와 연료전지 · 석탄액화가스 · 수소 에너지 등 신에너지 3개 분야를 통칭한다. 신재생 에너지야말로 지속 가능한 미래를 위한 필수 요건이다.

“신재생 에너지는 화석 연료와 달리 탄소 배출이 적거나 없는 에너지로 기후변화에 대한 영향이 적고, 자연에서 계속해 생성되는 자원을 이용하는 것이 특징이다. 신재생 에너지를 설명하다 보면, 석탄액화가스가 포함되는 것에 의아함을 느끼는 사람이 많다. 석탄을 가스화하는 것은 불순물을 거르고 일산화탄소와 수소가 주성분인 합성가스를 만드는 일인데, 대기 오염을 발생시키는 황산화물과 질소산화물을 90% 이상 저감할 수 있다. 그래서 신재생 에너지에 포함되는 것이다."

기후 위기를 논할 때 빼놓지 않는 것이 바로 이산화탄소 문제다. 하지만 이산화탄소 입장에서 본다면 억울한 면이 많다. 사실 모든 유기물은 반드시 이산화탄소로 돌아간다. 꽃과 나무, 곤충과 동물, 그리고 우리 인간까지도. 이것은 지구 위 모든 유기물에 해당하는 자연계의 흐름이자 법칙이다. 다만 그 시점에 차이가 있을 뿐. 현재 문제가 되는 것은, 인류문명이 지각에 묻혀있던 화석 연료를 채굴해 태우는 과정에서 대기 중 탄소 총량이 급격히 늘어났다는 점이다. 화석 연료 기반 발전을 재생이 가능한 대안으로 개발함으로써 탄소 집약적 에너지원에 대한 의존도를 줄여야 한다.

"태양열, 풍력, 수력, 지열과 같은 재생 가능한 에너지원은 화석 연료와 달리 온실가스를 거의 배출하지 않는다. 신재생 에너지로의 전환은 우리 생태계를 보전하고 생물 다양성을 보호하며 인류의 지속 가능한 미래를 보장하는 데 매우 중요하다. 에너지 생산을 위해 넓은 공간을 확보해야 하고 초기 인프라 투자 비용이 큰 단점이 있지만, 신재생 에너지는 환경, 사회, 경제적 측면에서 미래지향적인 장점을 두루 갖췄어요. 에너지 고갈 문제를 해결하고 에너지 수입 의존도를 줄일 수 있어 에너지 안보 위협도 감소시킬 수 있다."

다가올 미래 위기관리 전략 중 특히 중요한 부분이다. 전 세계가 신재생 에너지 산업에 관심을 기울이며 정치 · 정책적 지원에 나서고 있다. 현재 신재생 에너지 분야를 선도하는 국가는 독일이다. 독일은 에너지 발전의 약 50%를 재생 에너지로 채우고 있으며 바이오가스 생산 기술도 상당히 발전했다. 유럽의 여러 국가도 재생 에너지 기술 우위를 점하고 있다. 사실 재생 에너지 산업은 해당 국가 및 지역의 특이성을 살리는 방향으로 추진된다. 바람이 많이 부는 오스트리아는 풍력 에너지, 온천이 많은 헝가리는 지열 에너지, 커다란 산맥에 있는 노르웨이는 수력 에너지에 주력하는 식이다.

지구 온난화와 에너지 안보 문제로 더욱 강화될 것이고 특히 풍력은 신재생에너지원 중 가장 성공적이라고 평가되는데, 풍력 발전비용은 1980년에 1kWh당 80센트 수준이었으나 현재는 3~4센트 수준으로 화석 연료와의 경쟁 단계에 들어섰다.

또한 바이오 연료 중 바이오에탄올은 수송 부분에서 중요한 에너지원으로 부각되고 있으며 이에 따라, 신재생 에너지를 위한 노력이 스페이스 점프 정부, 기업 등에서 다양한 방법으로 추진되고 있다. 한편, 국제에너지기구(IEA)는 총에너지 소비 중 석유의 비중이 현재의 31.5%에서 2035년에는 27%로 줄어들 것으로 전망한다. 이는 화석 연료에 의한 환경 파괴 우려와 함께 에너지 공급 및 수요 판세의 세계적인 변화를 의미한다.

미국, 중남미 등 비석유수출국기구 국가들의 석유 생산은 증가하는 데도, 전 세계의 석유 수요 증가세는 둔화하고 있다. 유럽연합(EU)은 집행위원회를 통해 온실가스 배출 및 신재생 에너지 사용을 장려하는 'Energy Package Energy for a changing World'를 발표하며 에너지 산업 구조 자체를 개선한 새로운 산업경쟁력 확보의 필요성을 제시한 바 있다.

따라서 2020년까지 역내 전체 에너지사용량의 20% 이상을 친환경적인 신재생 에너지로 충당하고 향후 7년간 친환경 에너지 개발 부문에 재정지출을 50% 이상 늘린다는 야심 찬 전망을 내놨다. 특히 수송 부분의 바이오 연료 사용 비중을 10%까지 끌어올린다는 계획이다. 미국은 이미 2003년 대통령 연두교서에서 '수소 · 연료전지 강국건설'을 선언한 바 있으며, 수소 제조 · 인프라 구축(Hydrogen Fuel Initiative)에 12억 달러(2003~2007년), 연료전지차(FreedomCAR)에 5억 달러(2002~2006년) 등 총 17억 달러를 투자했다.

또한 수소경제국제파트너쉽(IPHE) 프로그램을 만들어 현재 한국, 일본, 캐나다 등 17개국이 참여하는 최대 국제 협력 채널을 운영하고 있으며, 수소 스테이션과 연계한 수소 고속도로 건설, 수소 관련 법규 및 표준화 작업, 경제성 분석 등을 추진함으로써 세계 수소 경제의 주도권을 선점하고자 적극적으로 움직이고 있다.

기업에서 사용하는 전력의 100%를 재생 에너지로 대체하는 것을 골자로 하는 'RE100(Renewable Energy 100) 협약'에 참여하는 등 우리나라도 신재생 에너지 활성화에 박차를 가하고 있다. 우리나라에서는 수력, 풍력, 태양광이 상용화돼 있고 그 밖에 폐기물 에너지, 바이오에너지, 연료전지, 수소 에너지 개발이 추진 중이다.

우리나라는 신재생 에너지 중 수력, 풍력, 태양광이 상용화돼 있으며, 수력 에너지 기술이 뛰어난 편이다. "우리나라는 댐 사업을 많이 해 수력 에너지 기술이 뛰어난 편입니다. 풍력은 해상 풍력 에너지 분야가 빠르게 성장하고 있지만, 아직은 해상 석유 개발을 진행했던 국가들에 비해 기술이 뒤떨어지는 상황입니다. 태양광은 기술 자체로는 우수하지만, 지리적 특성상 일조 시간이 짧은 게 걸림돌이죠. 또 중국의 기술 단가가 매우 낮아 태양광 기술 수출에도 어려움이 있어요. 바이오에너지 기술은 유럽의 80% 수준으로 볼 수 있습니다. 연료전지 기술은 선진국과 5~10% 격차가 나지만, 특정 부문에서는 오히려 우리나라가 더 우수한 것도 있다."

우리나라가 폐기물 에너지, 수소 에너지 기술 발전에 많은 투자를 하고 있다. 더불어 미래 경쟁력을 갖추기 위해서는 정부의 대규모 투자와 함께 적극적으로 사람들의 인식 변화를 이끌어야 한다.

인류문명이 발전할수록 에너지 의존적인 삶을 살아갈 수밖에 없다. 오늘날 에너지는 공기나 물만큼이나 중요한 요소다. 모든 일상생활과 산업이 에너지로 움직이기 때문이다. 에너지 없이는 살 수 없는 세상에 탄소중립이라는 제약이 걸렸다. 우리에게는 새로운 형태의 에너지 소스가 필요하다.

"2030년까지 바이오디젤을 의무적으로 8% 이상 혼합해야 하는 제도가 추진되고, 정부는 로컬 그리드 전력 사업이라 해서 지역마다 특색에 맞는 에너지원을 개발할 계획이다. 탄소중립을 위해 다양한 형태의 에너지가 개발되면 산업 구조가 바뀌고 일자리도 새롭게 생길 겁니다. 지금 당장은 이미 시스템화돼 있는 석유나 화석 연료를 활용하는 게 가성비가 좋을 수밖에 없어요. 하지만 초기의 어려움을 이기고 인프라를 조성한다면, 신재생 에너지를 통해 더욱 생산적인 친환경 산업 구조를 만들 수 있다."

추가로 미세조류는 우리가 흔히 알고 있는 녹조현상을 유발하는 미생물인데, 광합성을 통해 무기물인 이산화탄소를 흡수하며 유기물을 생산한다. 그 유기물에는 바이오 오일로 사용할 수 있는 지질이 포함돼 있다. 환경문제를 해결하고 친환경 연료도 얻을 수 있어 가능성이 큰 연구다.

"환경 위기 시대를 살아가는 우리는 시야를 넓혀야 합니다. 환경문제의 원인인 미세조류도 친환경 바이오에너지로 탈바꿈되고 탄소 저감의 열쇠가 됩니다. 이처럼 친환경 에너지, 신재생 에너지 연구에서도 새로운 길을 개척해 나가야 합니다. 그 길이 인류 발전의 열쇠가 될 것이라 믿습니다."

특이한 사례를 보면 첫 번째로는 전기차를 충전하는 '솔라 패널 도로'가 있다. 우리가 흔히 보는 솔라 패널들(Solar Panel)은 아직 특정 위치에서만 발견할 수 있다. 태양광 발전소에서는 흔히 볼 수 있지만, 일반적으로는 친환경 하우스의 지붕이나 벽면에서나 볼 수 있었다. 그러나 현재 이러한 솔라 패널들이 다양한 장소에 적용되고 있다. 전자 기기를 충전하는 친환경 충전기 제품에도 적용되고 있고, 최근에는 반투명 솔라 패널도 개발되어 앞으로 건물의 유리창에도 적용될 수 있을 것으로 보인다. 솔라 패널 도로는 단순히 솔라 패널을 바닥에 깔아놓아 전기를 생산하는 수준에서 그치지 않는다. 자체 생산한 전기를 이용하여 도로 바닥에 있는 LED 전구들의 불빛을 밝혀 라인을 그려주고, 횡단 보도, 정지선, 속도 지시 등 각종 사인까지 표시해 줄 수 있다. 무엇보다 놀라운 것은 태양 에너지를 통해 생산된 전기에 무선 충전 방식을 이용하면, 전기자동차 충전도 가능하다.

현재의 기술 수준으로 볼 때 주차 공간 내에 전기차를 주차하기만 하면 자동으로 배터리가 충전되는 시스템 구축이 충분히 가능하다. 또한 추운 겨울에 도로의 특정 영역에 열선을 제공하여 눈이 쌓이지 않도록 실시간으로 녹여줄 수도 있다.

인도에 설치된 타일처럼 강화 유리섬유로 제작된 6각형의 솔라 패널을 서로 조립하면 되기 때문에 신개념 도로 구축 사업은 현재 큰 문제가 없는 것으로 전문가들은 평가하고 있다. 한편, 솔라 로드웨이의 솔라 패널 도로 구축 프로젝트는 미국 연방고속도로운영청의 기술개발 자금을 지원받아 추진 중이고, 이미 2011년 GE가 개최한 'Ecomagination Challenge' 대회에서도 우승을 차지한 바 있다.

영국, 프랑스, 중국에서도 솔라 패널 도로를 도입하고 있다. 솔라 패널에 코팅 처리를 해 내구성과 마찰력을 증가시켜 도로 바닥에 깔아 전기차 전용도로를 구축한다. 앞으로 솔라 패널 도로가 새로운 에너지 발전소로 각광받을 수 있을지 기대되는 대목이다.

두 번째로는 배설물로 만든 에너지로 달리는 '바이오 버스' 최근 영국에서는 새로운 연료를 사용하여 운행하는 버스도 등장했다. 웨섹스워터의 자회사 젠에코(GENeco)사가 개발한 바이오 버스(Bio-Bus)가 그 주인공이다. 바이오 버스는 일반 버스와 달리 경유나 전기를 사용하지 않고, 사람의 배설물과 음식 쓰레기에서 나오는 바이오 메탄가스만을 연료로 사용한다.

바이오 버스는 바이오 메탄가스를 연료로 이용했음에도 불구하고 최대 속도가 무려 300㎞에 달한다. 사람 5명 정도가 약 1년 동안 배출하는 배설물이면 가스탱크 하나를 채울 수 있을 정도의 가스를 만들 수 있다. 실제로 이 버스에 사용되는 가스는 이 지역주민들의 배설물로 만든 것이다. 바이오 버스 엔진은 기존 버스의 디젤 엔진과 유사하며 압축 메탄가스는 버스 지붕 위에 설치된 탱크에 저장된다. 40인승으로 제작된 이 버스는 최근 브리스톨 공항과 배스 시내 중심가 구간에서 운행하기 시작했다.

바이오 버스는 기존 디젤 엔진의 버스보다 이산화탄소를 30%나 적게 배출하며, 재생 가능하고 지속적인 에너지를 사용하고 있다는 점에서 큰 의미가 있다. 현재 매월 1만여 명의 승객이 바이오 버스를 이용하고 있으며, 바이오 메탄가스에 대한 사람들의 관심도 크게 증가하고 있다.

세 번째로는 에너지를 만드는 '솔라 페인트' 호주 멜버른에 있는 RMIT 대학교[76]의 연구진이 좀 색다른 페인트를 개발했다. 벽에 바르면 에너지가 만들어지는 솔라 페인트(Solar Paint)이다. 놀랍게도 솔라 페인트는 공기 중의 수증기로부터 무제한으로 에너지를 생산한다. 그 핵심 비밀은 바로 페인트에 함유된 '실리카 겔(Silica Gel)'에 있다. 실리카 겔은 일반적으로 공기 중의 수분을 흡수하는 용도로 많이 사용되는 화합물이다. 솔라 페인트는 합성 몰리브덴 황화물과 산화 티타늄 입자를 포함하고 있으며, 화합물의 혼합과 태양열의 작용으로 인해 실리카 겔이 흡수한 수분이 산소와 수소로 분리된다. 그런 다음 수소는 재생이 가능한 수소 연료로 수집되는 원리이다.

---

76 로열 멜버른 공과대학(Royal Melbourne Institute of Technology, 약칭 RMIT 대학)은 오스트레일리아 빅토리아주 멜버른 도심에 인접한 공립대학이다. RMIT는 스페인 바르셀로나, 베트남 RMIT 국제 대학 2개의 글로벌 캠퍼스가 있으며, 주요 캠퍼스는 멜버른 City 캠퍼스(CBD) 및 근교의 번두라, 브룬스윅에 위치한 캠퍼스이다. 스페인의 바르셀로나캠퍼스, 싱가포르 캠퍼스, 베트남의 하노이와 호치민 캠퍼스에서는 설립된 일부 전공을 공부할 수 있다. 오스트레일리아 내에선, en:Australian Technology Network 대학 연합 및 GU8(국제대학콘소)에 가맹하고 있으며, 1887년부터 120년 이상의 전통을 자랑 멜버른 대학과 모나쉬 대학, 시드니 대학과 함께 오스트레일리아를 대표하는 World University 상위1%의 대학이다.
2025년 QS World Ranking 123위 (출처 Qs Ranking 2025), 2025년 세계 대학교 영향력 순위 5위 (THE TIMES 2025), 2025년 기준 전세계 대학교 순위123위 (Qs Ranking 2025), 타임스(TIMES)가 발행하는 세계대학순위(The Times Higher Education Supplement, 2004)의 세계 상위 200대 대학에서 55위를 차지했고,
QS World University Ranking Top 100에서 또한 상위권 대학으로 꾸준히 이름을 올린다. 특히, 금융/회계학, 공학, 교육학, 인문학 전공은 50위권에, 건축학은 10위권에 랭크된다. 이 중에서도 디자인학(School of art)은 세계10대 대학으로 특히 명성이 두드러진다.

일반 태양 전지로 불리는 솔라 패널은 빛에 민감한 실리콘으로 만들어진 웨이퍼(wafer)를 사용해 만든다. 그런데 웨이퍼는 실리콘을 정제하는 과정에서 너무나 많은 비용과 인력이 필요하고, 유해한 화학물질까지 사용된다. 이에 비해 솔라 페인트는 기존 솔라 패널보다 생산하기가 훨씬 간편하다. 또한 유해한 화학물질이 전혀 필요 없으며, 정제 과정이 간단해 많은 인력도 필요하지 않아 매우 경제적이다.

RMIT의 선임연구원 Torben Daeneke 박사[77]는 솔라 페인트는 별도의 연료가 필요하지 않고 공기 중의 수증기와 태양열만을 이용해 수소 연료를 생산하므로 매우 친환경적이라고 말했다. 솔라 페인트가 기존 솔라 패널과 비교해서 에너지 효율성이 다소 떨어진다는 단점만 보완한다면, 또 다른 대체 에너지가 될 수 있을 것으로 예상된다.

네 번째로는 캘리포니아 쿠퍼티노-Apple은 오늘 기후변화에 대응하고 더욱 건강한 환경을 만들기 위한 신념의 일환으로 전 세계에 있는 시설들이 100% 청정에너지에 의해 가동된다고 발표했다. 이러한 성과물에는 미국, 영국, 중국, 인도를 포함한 43개 국가에 있는 리테일 매장, 사무실, 데이터센터 및 공동으로 위치한 시설들이 포함된다. 또한 추가로 9개의 협력업체가 100% 청정에너지로 모든 Apple 제품을 생산하기로 함으로써 참여를 선언한 협력업체들도 총 23개가 되었다고 발표했다.

Apple의 CEO인 팀 쿡(Tim Cook)은 "우리는 지금보다 더 나은 세상을 물려주기 위해 책임을 다하고 있으며, 수년간 힘든 노력을 기울인 끝에 자랑스럽게도 지금 중요한 순간에 이르렀다"라며 "우리는 미래가 여기에 달려있다는 것을 알기 때문에 새로운 창조적, 그리고 미래지향적 재생 에너지원들을 세워나가기 위해 우리 제품의 소재들, 이들을 재활용하는 방식,

---

77 토르벤 다네케 교수 : Torben Daeneke는 에너지, 오염 및 CO2 배출과 같은 중요한 사회적 문제에 대한 물질적 솔루션을 제공하기 위해 노력하는 연구 활동 중인 학자이다.
교수는 2013년 Monash University에서 박사 학위를 받은 무기 화학자이며 현재 RMIT의 다학제적 액체 금속 연구 그룹을 이끌고 있다. 지난 몇 년 동안 Daeneke 박사는 광화학 에너지 변환, 저차원 물질의 합성 및 응용, 저온 액체 금속의 화학을 연구해 왔습니다. 액체 금속 용매, 용융 금속 촉매 및 그 응용에 대한 그의 연구는 업계 및 자금 지원 기관으로부터 상당한 자금을 유치했다.
또한 Daeneke 교수는 차세대 전자 제품뿐만 아니라 유연한 인쇄 장치, 센서 및 회로에 응용되는 원자적으로 얇은 반도체 합성을 위한 새로운 기술을 개발했다.
교수는 화학 및 환경 공학 분야의 HDR 관리자이기도 합니다. 이 역할의 일환으로 그는 연구 프로그램을 통해 박사 및 석사 과정을 촉진하고 최첨단 연구 교육을 참여하고 있다.

우리의 시설, 그리고 협력업체와의 작업을 통해 가능한 일들의 한계를 지속해서 넓혀 나갈 것이다"라고 말했다.

Apple 및 Apple의 협력업체들은 전 세계에서 새로운 재생 가능 에너지 프로젝트를 수립하면서, 지역사회, 주, 심지어는 전 국가를 위한 에너지 계획안을 개선시키고 있다. Apple은 이런 프로젝트가 없었더라면 존재하지 않았을 새로운 지역의 재생 가능 에너지 프로젝트를 기관들과 함께 수립하거나 개발한다. 본 프로젝트는 바이오가스 연료전지, 초소수력 발전 시스템 및 에너지 저장 기술과 같은 새로운 기술들뿐 아니라 태양열 어레이, 풍력 발전 등의 다양한 범위의 에너지원들을 포함한다.

Apple은 전 세계에 걸쳐 현재 25개의 재생 가능 에너지 프로젝트를 운영하고 있는데, 이는 총 626MW의 발전 규모로 단일 연도 역대 최대 규모였던 2017년의 286MW의 태양열 PV 발전을 포함한다. 또한 15개 추가 프로젝트가 건설 중이며, 완공 후에 1.4 GW의 청정 재생 가능 에너지 발전이 11개 국가에 걸쳐 확산할 것이다.

쿠퍼티노에 있는 Apple의 새로운 본사는 100% 재생 가능 에너지에 의해 전력을 공급받고 있으며, 그중 일부는 17MW의 옥상 태양열 설비로부터 제공받고 있다. 2014년 이래, 모든 Apple의 데이터센터는 100% 재생 가능 에너지에 의해 가동되었다. 2011년 이후, Apple의 재생 가능 에너지 프로젝트 전체는 전 세계 Apple 시설에서 탄소 배출량을 54% 감축시켰고, 거의 210만 톤의 이산화탄소가 대기 중으로 배출되는 것을 막았다.

(나) 에너지 절약

온실 기체 배출 절감을 위해선 에너지 수요를 줄이는 방향도 하나의 방법이다. 에너지 사용을 줄이면 친환경 에너지 개발을 위한 유연성이 더 높아진다. 또한 전력망 관리도 더 용이해지고 탄소 집약적인 인프라 개발도 최소화된다. 기후 목표를 달성하기 위해선 재생이 가능한 에너지를 향한 투자에 비견되는 수준의 에너지 효율 향상 투자도 대폭 늘어나야 한다. 에너지 사용 패턴, 에너지 효율 향상 투자 및 자금 조달 부분은 코로나19와 관련된 몇 가지 변화로 향후 10여 년의 예측을 더 어렵고 불확실하게 만들었다.

에너지 수요를 줄이려는 방법은 분야별로 다르다. 교통 분야의 경우 승객과 화물 운송을 버스나 기차같이 에너지 효율이 더 높은 교통수단으로 전환하거나 전기 차량 사용으로 전환할 수 있다. 산업 분야에서는 난방 체계와 모터를 에너지 효율이 높은 것으로 전환하고 에너지 집약도가 낮은 제품을 설계하고 제품 수명도 길게 이어지도록 제조하는 방안 등이 있다. 건축 분야에서는 신축 건물의 설계를 더 에너지 효율적으로 계획하고 개축 시에도 더 높은 에너지 효율을 추구하는 방향으로 설계하는 방안이 있다. 히트펌프와 같은 난방 기술 사용도 건축물의 에너지 효율을 높일 수 있다.

(4) 지속 가능한 농업 및 녹색 산업

농업과 임업의 경우 온실 기체 배출량을 제한하고 추가적인 숲의 농경지화를 막으며 이 가운데에서도 증가하는 세계 식량 수요를 맞춰주어야 하는 세 가지 도전을 맞이하고 있다. 다양한 조치를 통해 농업과 임업의 온실 기체 배출량을 2010년 수준에서 2/3로 감소할 수 있다. 그 조치에는 식량 및 기타 농산물 수요를 감소시키고 토지 생산성을 향상시키며 산림을 보호하고 복원하며 농업 생산에서 나오는 온실 기체 배출량을 감소하는 방법 등이 있다.

식량 수요 관리 관점에서 온실 기체 배출량을 줄일 수 있는 가장 핵심적인 요소는 사람들이 채식 기반 식단으로 식사하는 것이다. 육류와 유제품류를 위한 가축 생산을 없애면 농지와 기타 토지이용으로 배출하는 전체 온실 기체 배출의 약 3/4을 없앨 수 있다. 가축은 지구의 전체 무빙 지대 면적의 37%를 차지하고 있으며 재배된 농작물의 12%를 가축 사료에 쓰고 있어 삼림 벌채와 토지 황폐화를 가속하고 있다.

철강과 시멘트 생산이 산업 분야 이산화탄소 배출의 13%를 차지하고 있다. 두 산업에서는 코크스와 석회와 같은 탄소 집약적인 물질이 생산에 필수적인 역할을 하므로 이산화탄소 배출량을 줄이기 위해서는 대체적인 화학 연구가 필요하다.

(5) 이산화탄소 감소와 격리

(가) 탄소 감소

며칠 전 뉴스에서 지리산에 터를 잡고 있던 우리나라의 고유종 구상나무를 포함한 아고산대 상록침엽수종 5만 4천여 그루가 지구 온난화로 인해 말라서 비틀려 죽는 현상이 생겼다는 소식이 전해졌다. 기후 위기가 먼 미래의 이야기가 아니며, 지금 행동하지 않으면 나무뿐만이 아니라 우리의 생존을 위협하게 될 것이다.

또, 다른 사례도 있다. 탄소 배출이 증가해 기후변화가 일어나 식량 생산의 형태가 변화하고 빙하가 녹아 해수면이 상승과 생태계에는 혼란이 일어났고, 건조해진 곳에는 동식물이 살기 어려워지고, 사막이 늘어나 여기저기서 산불이 일어나기도 하고 감염병이 증가할 것이다.

우리의 삶의 터전인 보금자리와 일터가 송두리째 없어지는 상황이 발생할 수 있다. 기후변화를 막기 위해 2050년까지 이산화탄소를 배출한 만큼 흡수하여 탄소중립으로 전환해야 할 때가 왔다. 그렇다면, 지구의 표면의 온도를 높이는 주범은 대표적으로 이산화탄소, 메탄, 아산화질소, 오존 등이 있다. 이 중 가장 큰 문제는 바로 '이산화탄소'다.

기후변화는 한 국가만 노력한다고 해서 해결되는 문제가 아니기에 국제적으로 해결 방안을 마련해야 할 필요가 대두됨에 따라 세계기상기구(WMO)와 유엔환경계획(UNEP)이 유엔 산하 국제 협의체인 IPCC를 설립하였다.

탄소중립이란 인간의 활동에 의한 온실가스 배출량을 최대한 줄이고, 남은 온실가스는 흡수(산림 등), 제거(CCUS, Carbon Capture, Utilization and Storage 이산화탄소 포집 · 저장 · 활용 기술)해서 실질적인 배출량이 Zero가 되는 개념이다. 즉 배출되는 탄소와 흡수되는 탄소량을 같게 해 '순 배출이 0'이 되게 하는 것으로, 이에 탄소중립을 '넷-제로(Net-Zero)'라 부른다.

탄소 배출이 증가하면 생기는 문제점

① 사막화, 건조, 가뭄

▶ 지구의 기온이 올라가면 나무가 말라 죽어 산림이 황폐해진다. 나무가 없는 땅은 사막화가 되고 산사태가 일어나며 가뭄이 생기는 등 자연재해가 발생한다.

② 기아

▶ 가뭄이 일어나면 농사를 짓기가 어려워져 식량을 구할 수 없어 굶는 사람이 늘어나 기후로 인한 난민이 발생한다.

③ 해수면의 상승

▶ 북극의 빙하가 녹아 바다의 높이가 올라가게 되면 우리나라의 낮은 지역의 땅은 물에 잠기게 된다. 해수면 높이가 1m 상승할 경우 부산의 해수욕장, 주요 항만, 산업공단이 침수되고, 해수면이 2m 높아지면 해운대 마린시티 일부, 센텀시티 신세계·롯데백화점, 용호동 등의 주거 단지가 물에 잠기게 된다.

④ 생태계의 변화

▶ 국립생태원에 따르면, 이대로 과도하게 탄소를 내뿜으며 생활할 경우, 지구의 온도가 상승하게 되고 탄소를 가두는 기능을 하는 우리나라의 습지가 26%가량 사라진다. 이렇게 되면 서식지 이동이 힘든 구슬다슬기, 참재첩 등은 큰 피해를 보게 되고, 유해 조수로 알려진 뉴트리아 큰입배스 등은 개체수가 늘어날 것으로 예측하고 있다.

⑤ 감염병

▶ 지구 온난화는 감염 매개체가 활발하게 활동하는 환경을 만들기도 하는데, 이에 토착성 질환이 늘어날 수밖에 없다.

우리나라 탄소중립 계획 2050년도까지 탄소 배출량을 0으로 만드는 것이 목표

1) 신재생 에너지 활용

▶ 온실가스를 배출하는 화석 연료를 신재생 에너지로 바꾸면 지구 온도가 올라가는 것을 막을 수 있습니다.

2) 디지털 기술을 연계한 에너지 효율 향상

▶ 그린 에너지, 제로 에너지빌딩 디지털 기술과 연계해 에너지 효율을 향상합니다.

3) 탈탄소 미래기술개발

▶ 이산화탄소 포집 저장 활용 등 탈탄소 미래 기술을 개발합니다.

4) 자연의 탄소 흡수 기능 강화

▶ 산림, 갯벌, 습지 자연의 탄소 흡수 기능을 강화합니다.

5) 재활용, 재사용 최대화

▶ 재활용, 재사용을 많이 실천하여 지속 가능한 순환 경제 체계를 만듭니다.

(나) 탄소 격리

세계 공학계는 현재, 지구 온난화는 저지하기 위하여 지구 온난화의 주범인 이산화탄소를 포획, 저장하는 방안들을 연구하고 있다. 이산화탄소의 배출 증가는 지구 온난화의 주범으로 여겨지는데, 이 문제는 이산화탄소를 빗자루로 쓸어내듯 간단히 해결할 수 있는 문제가 아니다. 지하 깊숙이나 해저 깊숙이 어디나 숨어 들어가 쌓일 수 있기 때문이다.

인류에게 산업 시대가 도래하기 전, 지구의 대기에는 일백만 개의 분자당 280개의 이산화탄소가 존재하였다. 그러나 오늘날, 이 비율이 깨져서 일백만 개의 분자당 380개 이상의 이산화탄소가 존재하며, 계속 증가 추세에 있다. 이 이산화탄소가 열이 날아가지 못하게 붙잡아두는 통에 지구의 평균 온도가 올라간다는 증거는 무수히 많다. 만일 이산화탄소가 이런 식으로 계속 증가하게 되면, 지구 온난화를 더욱 부채질하여 해수면 상승과 농사 파탄, 큰 태풍(예컨대, 허리케인)의 잦은 출현 등과 같은 일을 겪게 된다.

하지만 이산화탄소의 대기 유입을 막을 별 뚜렷한 방법이 없다. 현재 인류가 사용하는 에너지의 85%가 화석 연료인데, 화석 연료의 성분은 탄화수소이다. 그러므로 화석 연료가 연소하면 이산화탄소가 다량 발생하는 것이다. 요즘에는 재생 에너지원도 등장하지만, 앞으로도 인류는 화석 연료를 많이 사용할 것으로 보인다. 화석 연료는 매장량도 풍부한 편이다. 화석 연료 가운데 석탄은 생산하는 단위 에너지 당 이산화탄소를 가장 많이 배출하는 연료이다. 21세기를 맞이하여 공학계가 풀어야 할 숙제는 바로 화석 연료의 연소로 발생하는 이산화탄소를 포획해 지구 대기 밖으로 내보내는 방법을 개발하는 것이 될 터이다.

탄소 격리란, 화석 연료가 연소할 때 발생하는 이산화탄소를 포획하여 지구 대기 밖으로 내보내는 기술을 말한다. 이미 이산화탄소 격리 기술의 핵심은 개발되었다. 이산화탄소 포획 체계는 일부 화학 체계에서 이미 상용화된 상태다. 탄산음료와 드라이아이스의 제조 공정에서 찾아볼 수 있다. 그런데 바로 이 방법을, 석탄을 연소시켜 전기를 생산하는 공장에 적용할 수 있다. 대신, 공장 굴뚝을 흡수 타월로 대체한다. 타월 한 장은 화학물질을 함유하여 다른 가스(질소와 수증기 등)에서 이산화탄소를 격리하여 날려 보낸 후 흡수한다. 다른 타월 한 장은 위의 흡수 화학물질에 흡수된 이산화탄소를 분리해 처음 타월에 다시 보내 재활용한다.

이와 같은 접근 방법을 응용하면 이렇다. 제일 처음의 연소 공정을 바꾸어서 석탄 연소 시 일반 공기가 아니라 순수한 산소를 사용하는 것이다. 이러면 배출되는 가스에서 이산화탄소를 훨씬 쉽게 분리할 수가 있다. 이산화탄소가 수증기하고만 섞이고 질소와 섞이지 않기 때문이다. 수증기를 응축하여 빼내는 일은 손쉬우므로 순수하게 이산화탄소만 격리해 저장할 수 있는 것이다.

그러나 이때에도 다른 문제가 발생한다. 최초의 공정에서 순수한 산소가 필요하다는 사실이다. 순수한 산소는 질소 등 공기 중의 여러 가스에서 분리 과정을 거쳐야 얻을 수 있다. 만약 이 공정에 경제적 가치가 있을 경우, 기존 발전소들을 개량해서 순수 산소의 연소 체계를 부착해서 이산화탄소의 포획 비용을 줄이고 공정을 보다 단순화할 수 있게 된다.

석탄으로 전기를 생산할 때 첨단기술을 활용하여도 이산화탄소를 포획할 수 있다. 석탄을 가스로 만드는 새로운 기술을 활용하면 석탄이 연소된 후 합성가스가 발생한다. 이 합성가스에는 대개 수소와 일산화탄소가 포함되는데, 이 합성가스에 촉매와 더불어 증기를 가하면 일산화탄소가 수소와 이산화탄소로 바뀌게 된다. 그리고 이를 필터로 걸러 밖으로 빼내는 것이다. 수소를 가스 터빈에[78] 주입하면 전기 생산이 가능하다.

현재 여러 가지 실험을 하며 가능성을 모색하는 중이다. 합당하다고 여겨지는 장소로는 폐

---

78 수소터빈은 석탄 대비 약 45%정도 온실가스 배출량이 낮은 가스터빈은 '탄소중립'의 중요한 기술로 자리매김하고 있다. 특히 무탄소 연료인 수소를 사용하는 수소터빈 분야는 '탄소중립' 달성을 위한 필수적인 기술로 새롭게 주목받으며 빠르게 성장할 것으로 전망된다.
수소터빈은 가스터빈을 사용해 기존 LNG와 수소를 섞은 연료를 연소(수소 혼소)하는 과정에서 생성되는 고온 · 고압의 가스를 팽창시켜 발전기를 구동해 전기를 생산하는 장치다.
수소터빈은 현재 국내 전력 생산량의 약 26%를 차지하는 기존 LNG 복합발전 가스터빈의 일부만을 개조 또는 새로 제작해 사용할 수 있다. 재생에너지의 확대 속도에 맞춰 LNG와 수소를 탄력적으로 혼합해 발전할 수도 있다.
이 기술은 재생에너지의 문제점으로 지목되고 있는 간헐성에 대응하고 탄소중립으로 가는 과정에서 발생할 사회 · 경제적 비용을 획기적으로 줄이면서 탄소 및 질소산화물 배출을 감축할 수 있는 기술로 이미 상용화 단계에 있다. 태양광과 풍력 등 재생에너지가 안정적으로 전력을 생산하지 못하는 한계를 수소터빈 발전이 극복할 수 있다는 의미다.
기존 석탄발전소 폐쇄에 따른 일자리 감소와 지역경제 침체, 신규 발전소 건설에 따른 민원 등을 고려할 때 기존 LNG 발전소의 가스터빈을 개조 또는 교체해서 탄소 배출을 줄이는 수소터빈기술은 에너지전환 과정에서 사회 · 경제적 충격을 완화해 줄 것이다.
가스터빈은 1500~1700도의 열을 견디는 초내열 합금 소재 및 정밀 주조 기술, 축류형 압축기 및 배출가스 최소화 연소기, 압축기 · 연소기 · 터빈 핵심 구성품을 조합시키는 시스템 통합 등 최고난도 기술을 망라한다.
가스터빈은 복합발전이나 열병합발전소의 심장이다. 4만여개 부품에 가스터빈 내부 블레이드는 450개를 넘는다.
발전용 가스터빈은 한 번 설치하면 수명이 20~30년에 달한다. 게다가 원천기술 확보도 어려워 진입 장벽이 매우 높은 시장으로 꼽힌다. 가스터빈 시장은 제너럴일렉트릭(GE), 지멘스, 미쓰비시파워(MPW) 등 3대 기업이 세계 시장 점유율 80% 이상을 과점해 오고 있다.

가스전과 폐유전 등을 꼽을 수 있는데, 특히 폐유전에 이산화탄소를 저장할 경우 경제적으로 상당히 유리할 수가 있다. 이산화탄소가 폐유전 지대에 남아있는 오일과 상호작용을 하여 쉽게 제거할 수 있다는 장점이 있다. 이미 일부 폐유전에서는 이산화탄소를 사용해 없애기 힘든 오일을 제거하고 있다. 폐유전에 이산화탄소를 주입할 경우, 땅속 바위틈 새에 낀 오일마저 제거할 수 있다는 장점이 있다. 또한 이산화탄소가 마찰을 감소시켜 바위틈에 낀 오일이 샘에 유입되는 걸 막아 준다.

그러나 폐유전과 폐 가스전은 이산화탄소를 다량 저장할 수 없다는 단점이 있다. 일각의 추정에 의하면, 이 지구에는 금세기 말까지 이산화탄소 약 1조 톤을 저장할 부지가 필요하다고 한다. 이를 위해 염수(해수)가 함유된 퇴적 바위 형성물을 활용할 수 있다. 가장 이상적인 해수 퇴적 형성물은 해저 800미터 이상에 존재하는 형성물이다(식수원에서 멀리 떨어져 있다). 이곳은 수압도 높아, 고밀도의 이산화탄소를 누출 없이 잘 붙잡아둘 수 있다.

해수가 함유된 퇴적 바위 지대는 널려 있다. 그러나 이곳들이 과연 이산화탄소를 수백 년, 수만 년간 저장해도 좋으리만치 안전한지가 의문이다. 이산화탄소를 묻고 그 위에 덮어놓은 바위에 균열이나 흠집이 생기면 이산화탄소가 조금씩이나마 누출될 여지가 있는 것이다. 따라서 저장 장소를 세심히 선정하고 설계하며 모니터링하는 공학적 체계를 개발할 필요가 있다.

이와 같은 우려에 대해 일부 전문가들은 이산화탄소를 해저 깊숙이 묻어버리는 것이 상책이라고 말한다. 이산화탄소를 대양저의 퇴적물에 주입하는 것을 가리킨다. 그곳은 위에서 강한 수압이 내리누르므로, 퇴적층에 주입한 이산화탄소가 바다 밖으로 새 나갈 염려가 없는 것이다. 그러나 이렇게 하자면 많은 비용이 소요될 수 있다. 대신 누출에 대한 걱정은 일체 할 필요가 없다. 그러므로 만약 해안가에서 이산화탄소를 발생시키는 작업이 진행되는 경우, 위에서 언급한 바와 같이 대양저에 파묻는 것이야말로 이산화탄소를 멀리까지 운반하여 처리하는 것보다 더 경제적일 수 있다.

이 외에, 공학계는 자연적 처리 방법에 기초하여 이산화탄소 격리 기술을 새로 개발할 수도 있다. 예컨대, 대기 중 이산화탄소의 농도가 지질 시대의 어느 특정한 임계치에 이를 만큼 증가하였다면, 이산화탄소를 바닷속에 주입하여 양의 전하를 띤 칼슘 이온과 결합하여, 탄산칼슘(calcium carbonate), 즉 석회암을 만들게 하면 된다. 이와 유사하게, 이산화탄소를 바닷속에 주입해서 바위 속에 영원히 가두는 방법을 고안할 수도 있다.

위와 같이 하려면 다양한 전략을 짜내고 저장 장소들을 두루 살펴봐야 할 것이다. 하지만 성공할 가능성이 크다. 일례로, 하버드 대학의 지구과학과 교수인 대니얼 슈래그는 이렇게 말했다. "과학적, 경제적 난관은 아직도 남아있다. 그러나 이 모든 난관에도 불구하고 다음 세기에는 수조 톤에 이르는 이산화탄소 배출량을 모두 상쇄할 수 있는 탄소 포획 및 저장 기술이 실현되리라는 데에 토를 달 사람은 없다."

천연 탄소 흡수원을 강화하여 자연적으로 발생하는 수준을 넘는 훨씬 많은 이산화탄소를 격리하게 만들 수 있다. 산림 재조림과 비림 지역의 수목 심기 활동이 가장 효율 높고 검증된 이산화탄소 격리 기술이지만 후자의 경우 농경지를 숲으로 다시 바꾸면서 발생하는 식량안보에 대한 우려를 제기하는 목소리도 있다.

농업 분야의 경우 겨울철 피복작물 재배, 경작의 강도와 그 빈도의 감축, 퇴비와 거름을 사용해 토양 질을 바꾸는 등 여러 관습으로 토양에다가 탄소를 격리하는 과정을 촉진할 수 있다. 해안 습지와 해초 서식지를 복원하거나 재생하여 유기물을 통한 탄소 흡수량을 늘릴 수 있다. 하지만 탄소가 토양과 나무와 같은 유기물을 통해 격리될 경우 토지이용의 변화, 산불 혹은 생태계의 기타 여러 변화를 통해 격리되었던 탄소가 대기 중으로 다시 방출될 위험성도 존재한다.

에너지 생산이나 이산화탄소 집약적인 중공업의 경우 산업 생산 과정에서 발생한 불필요한 이산화탄소를 모아다가 포집하여 대기 중으로 방출하지 않고 따로 저장할 수 있다. 이런 이산화탄소 포집 기술은 규모 면에서도 매우 제한적이고 비용도 매우 비싸지만, 탄소 포집 및 저장(CCS) 기술은 21세기 중반까지 이산화탄소 배출량을 제한하는 데 중요한 역할을 할 것이다.

탄소 포집과 저장 기술은 바이오 기술과 융합하여(BECCS) 이산화탄소 순 배출량을 음의 값으로 만들어 역으로 대기 중의 이산화탄소를 뽑아다가 저장할 수도 있다. 하지만 BECCS와 같은 기술이 온난화 수준을 1.5°C 이내로 제한하는 데 큰 역할을 할 수 있을진 불분명하다.

(6) 기후변화 적응

“기후변화 적응”이란 기후변화가 현재, 미래에 줄 영향과 그 변화에 적응하는 과정을 뜻한다. 하지만 추가적인 완화 없는 단순한 적응 시도는 “심각하고 광범위하며 돌이킬 수 없는” 영향의 위협을 피할 수 없다. 더욱 심각해지는 기후변화는 더 격심한 변화와 적응이 필요한데 이를 위해 필요한 비용이 매우 비쌀 수 있다. 인간이 가진 적응 능력과 잠재력은 지역과 사람에 따라 매우 다르며 개발도상국의 경우 평균적인 적응 능력이 매우 낮다. 21세기 첫 20년의 경우 기본적인 위생시설과 전기 접근성이 향상되어 대부분의 저소득, 중소득 국가의 적응 능력이 급격하게 높아졌지만, 발전 과정이 아직 더디다. 대부분의 국가가 적응 정책을 실시하고 있다. 하지만 이를 위해 필요한 비용과 실제 가용 비용에는 큰 차이가 있다.

해수면 상승에 대한 적응으로는 위험 지역을 피하고 점점 증가하는 홍수와 함께 사는 법을 익히는 방안으로 구성된다. 만약 이런 조치도 실패한다면 물에 가라앉는 지역을 포기하는 관리된 후퇴 정책도 필요하다. 위험한 수준의 더위를 다루기 위해서는 큰 경제적 장벽이 존재한다. 여름철에 육체노동을 피하거나 에어컨을 설치하는 일이 모든 사람에게 가능한 것은 아니다. 농업에서는 지속 가능한 식단으로 전환하고 작물을 다양화하고 침식을 통제하며 변화하는 기후에 대한 내성을 높이기 위해 농작물의 유전자를 개선하는 방안 등이 존재한다. 보험은 기후변화가 가져올 위험을 헤징할 수 있지만 저소득층에게는 접근하기 매우 어렵다. 교육, 이민, 조기경보체계 도입은 기후 취약성을 줄일 수 있다.

생태계가 기후변화에 적응하는 과정은 인간의 개입으로 도움을 받을 수 있다. 생태계 간의 연결성을 높여 생물종들이 더 유리한 기후 조건으로 쉽게 이주할 수 있다. 특정 종들을 기후가 서식에 좋은 지역으로 이주시킬 수 있다. 자연과 반자연 지대를 보호하고 복원하면 회복력을 기르는 데 도움을 줘 생태계의 적응을 더 쉽게 만들어준다. 생태계의 적응을 촉진하는 개입은 생태계 기반 적응을 통해 인간의 기후변화 적응에도 큰 도움을 준다. 예를 들어 자연적인 화재 복구는 재앙적인 화재의 가능성도 줄이고 인간의 노출도도 감소시킬 수 있다. 하천에 더 많은 여유 공간이 생기면 자연계에 더 많은 물을 저장할 수 있어 홍수 위험을 줄일 수 있다. 복원된 숲은 탄소 흡수원의 역할을 할 수 있지만 부적합한 곳에 나무를 심으면 기후변화의 영향을 더 악화시킬 수 있다.

기후변화의 적응과 완화 사이에는 시너지와 트레이드 오프가 존재한다. 적응은 단기적인 이익을 주로 제공하는 반면 완화는 장기적인 이익을 가져다준다. 에어컨 사용이 증가하면 사람들이 더위에 더 잘 대처할 수 있게 만들지만 역으로 에너지 수요가 증가한다. 집약적인 도시계획은 교통과 건설 분야에서 온실 기체 배출량을 줄이지만 그와 동시에 도시의 열섬 효과를 늘려 더 많은 사람이 고온에 노출되는 피해를 가져온다. 식품 생산성의 증가는 적응과 완화에 큰 이점이 있다.

(7) 친환경적인 도시계획과 도시개발

기후변화 관련 도시개념들은 최근에 생겨난 도시개념들로서 기존의 환경, 경제, 사회 등 지속 가능한 개발을 위한 도시개념들의 기본원리를 바탕으로 하고 있다. 관련 도시들을 살펴보면 탄소제로 도시, 탄소중립도시, 저탄소 도시, 태양 도시, 생태도시 등이 있다.

주로 에너지 사용과 관련하여 이산화탄소의 배출량을 최대한 줄일 수 있는 개념을 가지고 있는 첫 번째로는 탄소제로 도시(Zero Emission City)로 에너지 효율 극대화를 위해 자원 재생은 물론 신재생 에너지를 적극 활용하고 도시구조의 분산 집중형 보행 중심의 커뮤니티로 개선하여 쾌적한 도시환경 조성하면서 에너지 자립, 보행 중심, 청정 · 인간 자연 공생 도시 등을 통한 온실가스 배출 제로를 지향하는 이상향 도시(Zero Carbon City, Carbon Free City)이다.

두 번째로는 탄소중립 도시(Carbon Neutral City)로 지구 온난화의 주범인 CO2 배출량을 원천적으로 차단하도록 노력하되 방출된 CO2는 나무를 심거나, 감축하지 못하는 탄소 배출에 대해 비용을 지불해 실질적 배출량을 '0'으로 상쇄(Off-set)하는 개념의 도시를 수립하여야 한다.

세 번째로는 저탄소 도시(Low Carbon City)로 기후변화 원인 물질인 온실가스 배출감축을 위해 전력을 다하는 도시를 만들어야 한다. 사생활이나 산업 · 업무 활동 등에 의해 배출되는 탄소량의 대폭적인 감축을 목표로 하는 저탄소 도시를 말한다.

네 번째로는 태양 도시(Solar City)로 태양을 이용한 재생 에너지 및 다른 재생 에너지 기술을 도입하여 운송 및 토지이용 체계, 도시설계 원칙 등의 측면에서 도시를 재편하고 화석 연료 감소와 화석 연료의 공급에 대하여 환경 면으로 지속할 수 있을 뿐만 아니라 경제적으로 성장할 수 있는 재생가능 에너지 기술의 역할 증대할 수 있는 도시를 말한다.

다섯 번째로는 생태도시(Ecological City)로 '환경 면으로 건전하고 지속 가능한 개발'이라는 전제 아래 도시 지역의 환경문제를 해결하고 환경보전과 개발을 조화시키려는 방안의 하나로서 도시개발 · 도시계획 · 환경계획 분야에서 새로이 대두된 개념의 도시를 말한다.

(가) 도시계획 측면에서 기후변화에 대한 반영

피할 수 없는 기후변화에 적응하기 위한 도시계획 대응 방안 마련이 필요하고 CO2 배출량을 산업혁명 이전의 수준으로 감축한다고 하여도, 대기 중에 탄소가 머무는 시간은 30~100년이 소요되기 때문에 향후 수십 년간의 온실가스 배출로 인한 기후변화를 막을 수 없다.

이에 따라 피할 수 없는 기후변화에 대비하여 재난 예방 차원의 도시계획을 위해 다양한 도시정책이 필요하지만, 기후 이상에 따른 대형 참사에 대비한 구체적인 도시 계획적 방안에 대한 제시는 전 세계적으로도 미흡한 실정이다.

도시 자연재해는 토지이용, 도시 구성, 도시설계, 공공 기반 시설과 자연재해에 취약한 시설물 등과 연계성이 깊으며 안전하게 건축물을 축조하는 방법을 연구하는 것이 중요하여 UN에서 설립한 The International Decade for Nature Disaster Reduction에서는 1990~2000까지 10년간 재해로부터 안전한 커뮤니티 조성 연구 이행하고 있으며 미국의 Federal Emergency Management Agency(FEMA)에서 1996~1997년에 걸쳐 진행한 연구에서는 토지이용계획을 통해 자연재해로부터 충분히 보호할 수 있는 시설과 수로의 변경, 홍수의 수위 조절, 지진대 지역, 언덕의 습지대 등의 건설에 관하여 연구를 지속해서 추진하고 있다.

기후변화로 인한 자연재해로부터 더욱 안전한 커뮤니티를 조성하기 위해서 자연재해 요소를 면밀히 조사하여 안전한 도시계획을 수립할 수 있는 토대의 마련이 필요하다고 전문가들은 역설하고 있다.

첫 번째로는 고온 현상에 대한 관리로 ① 도시 광역적 차원(Conurbation scale)에서 고온 현상을 관리하는 핵심은 대규모의 기반 시설을 통해 열섬 효과(UHI, Urban Heat Island)를 감소시키는 것으로 관개시설이 잘 갖추어진 오픈 스페이스 네트워크 설계로 양질의 녹지공간 확보와 강 · 하천 · 수로(운하) 등을 통해 수공간을 풍부하게 확보하고 과다한 복사 광선을 줄이기 위한 그늘과 향(도로 폭과 가로수의 캐노피를 통한)을 반영하고 건물과 가로의 향과 유형 관리를 통한 수동적 환기가 가능하게끔 하여야 한다.

도시열섬에 의한 대기 정체는 기상 상태와 사회경제적인 측면에 여러 가지 영향을 미치는데, 그중에는 유익한 것도 있고, 해로운 것도 있다. 한랭한 지역과 온대의 겨울철에 나타나는 열섬은 난방 수요를 감소시킬 수 있으나, 인천지역을 포함한 우리나라에서는 난방보다는 냉방에 필요한 에너지양이 많으므로 실제로 도시민들에게 부정적인 요인이 더 크다. 냉방설비는 건물 내부의 열을 옥외로 방출하여 이미 따뜻해진 공기와, 방출된 열이 섞여 도시열섬의 강도를 더욱 가중된다.

로스앤젤레스에서는 하루 최고 기온이 0.5℃ 올라갈 때마다 전력수요는 약 2%씩 증가하는데, 바꾸어 말하면 도시열섬의 영향을 완화하기 위해 약 1~1.5GW의 전력을 추가로 사용된다. 이러한 추가 전력은 LA 주민들로 하여금 시간당 약 10만 달러, 연간 1억 달러의 비용을 추가로 지불하게끔 하는 것이다.

도시열섬으로 인한 에너지 소비 증대는 폐열 증대를 초래하며 이에 따른 고온화와 저온화가 동시에 진행되고 1995년 시카고에서는 도시열섬 효과(폭염)로 인한 실내 공기 온도의 상승으로 인한 739명 정도의 노약자 인명피해 원인은 적절한 냉방 시설의 결여와 높은 요금으로 접근성 부재, 범죄에 대한 노출의 공포에서 비롯한 환기나 외출 불가능성 때문으로 분석되었다. 이와 같이 위험 요인에 불평등하게 노출되었던 사회경제적 약자들에게 피해가 집중되었다는 진단에 근거하여, 기후변화의 피해를 단순히 자연과학적 사태가 아닌 사회적 문제로 접근해야 한다는 논의가 시작되었다.

② 근린 차원(Neighborhood scale)의 핵심은 시원하고 매력적인 외부공간을 공급해 주는 것으로 녹도, 소규모의 오픈 스페이스, 가로수, 옥상과 벽면 녹화 등을 통한 기화 냉각(evaporative cooling) 효과를 살리고 연못, 가로변 습지, 범람원, 수영장과 분수를 충분히 확보하여 과다한 복사에너지를 감소시키고 바람을 확보하기 위한 건물과 가로의 배치토록 하고 도로와

주차장의 열섬 완화 포장 기술과 밝은 색상의 열섬 완화 지붕 포장 적용하도록 하여야 한다.

③ 건축물 차원(Building scale)의 핵심은 온실 효과를 줄이면서도 건축물의 고온 현상을 해결하는 것(에어컨을 활용하는 것은 건축물의 온도는 관리되나 온실 효과를 더욱 증가시킴)으로 태양열 흡수를 줄일 수 있는 식재, 차양, 창문을 적극 반영하고 태양열 투과를 방지할 수 있는 자재 활용과 냉각을 위한 물의 활용(대수층이나 지표수를 활용)하거나 기계적인 냉각 시스템(냉각 빔이나 에어컨을 활용)과 신선한 공기를 활용하여 환기 또는 열을 제거할 수 있도록 반영하여야 한다.

두 번째로는 홍수 위험에 대한 관리로 ①도시 광역적 차원(Conurbation scale)에서 홍수 위험관리 핵심은 홍수관리 전략을 통해 건축공간과 자연공간을 통합하는 것 전략적 홍수관리 평가와 범람원에 대한 검토와 반영하는 것이 중요하다. 홍수의 감소, 홍수기의 순간 물 저장량 확보 등에 대한 검토와 댐이나 저장을 통한 고지대 관리, 범람을 방지할 수 있는 식수(planting), 방조제 등을 통한 강한 해안 방어로 파도를 분산과 도시환경 내 홍수의 주요 경로를 파악하여 반영하는 것이 중요하다.

②근린 차원(Neighborhood scale)의 핵심은 홍수 위험 관리는 홍수의 진로를 제어하고 위험으로부터 보호하는 것으로, 도시 광역적 차원과 유사하지만, 전략적 홍수관리 평가와 범람원에 대한 검토 반영, 불투수성 포장의 투수성으로의 대체(SUDS, Sustainable Urban Drainage Systems)하고 홍수관리를 위한 소규모 장벽의 설치와 이중 장벽(Second layer) 설치 및 녹지공간과 옥상녹화를 통한 범람을 완화하여야 한다.

③건축물 차원(Building scale)의 핵심은 홍수에 취약한 부분을 감소시키기 위한 구조적 안정성을 확보하거나 홍수에 노출되지 않도록 하는 것과 옥상녹화와 효과적인 배수시스템 구축하고 홍수의 경로를 관리하고, 홍수 위기점(Pinch point)을 제거하는 것이 중요하며 또한 배수와 하수 파이프가 역류하지 않도록 영구적인 일방향 밸브 검토를 반영하여야 한다.

세 번째로는 수자원과 수질 관리로 ①도시 광역적 차원(Conurbation scale)에서 수자원과 수질 관리의 핵심은 깨끗한 강과 호수를 보호하는 것으로, 이는 다양하고 건강한 생태계와 여가 공간을 공급하는 고지대와 저지대의 댐 건설을 통해 충분한 물 공급을 이루고 홍수를 제어하고 오 · 폐수를 잘 관리하여 화학적으로나 물리적으로 양호한 수질을 유지하여야 하고, 지하수 재활용을 위한 SUDS 이용을 활성화하고 더 나은 처리기법과 여과 기법을 활용하여 재생 또는 재활용수를 더 많이 이용토록 반영하여야 한다.

②근린 차원(Neighborhood scale)의 핵심은 수자원 및 수질 관리는 신개발 또는 재생 지역의 기후변화에 적응하기 위한 전략으로 열섬 효과의 감소를 할 수 있도록 반영하여야 하고 지붕 또는 다른 표면을 활용하여 우수를 저장하고 보관하고 SUDS(Sustainable Urban Drainage Systems)를 활용한 물 수집 및 저장과 화장실 및 관개 시스템을 통한 하수(grey water: 비산업 폐수) 재활용과 표층수 오염방지를 위한 태풍 범람 검토와 건식 조경(Xeriscaping)[79]을 통한 수자원 수요 감축할 방안을 검토하여 반영하여야 한다.

③건축물 차원(Building scale)의 핵심은 수자원 관리와 홍수 위험, 에너지 보존의 시너지 효과를 위한 전략(옥상녹화를 통해 실내 온도를 유지하고, 홍수도 방지하고, 물을 저장하여 쓰는 방식) 물 사용을 줄일 수 있는 정착물이나 구조물을 설치, 우수를 수집하고 저장하며, 하수를 재활용하는 시스템을 반영하고 건축물 단위의 SUDS를 통한 누수 방지를 반영하는 것이 중요하다.

네 번째로는 토양에 대한 관리로 ①도시 광역적 차원(Conurbation scale)에서 토질관리의 핵심은 해안, 산사태, 절벽 등의 관리와 모니터링을 하고 토지 비옥도를 관리하는 것에 중요하다. 위험평가(risk assessment) 방법론의 발전을 통해 장기간의 해안침식 위험을 인식 대처하고 더욱 상세한 산사태 위험에 대한 지도와 해안 위험에 대한 지도에 대한 검토 반영하고 토질과 해안변화에 대한 추이를 평가할 수 있는 전략적인 모니터링과 경작지와 재배지의 시

79 제리스케이핑(Xeriscaping)은 관개의 필요성을 줄이거나 없애는 조경 또는 원예 과정입니다. 이는 접근 가능하거나 풍부하거나 신뢰할 수 있는 담수 공급이 없는 지역에서 장려되며, 관개용수에 대한 접근이 제한되어 있으므로 다른 지역에서도 허용되고 있지만 이러한 기후에 국한되지는 않습니다. Xeriscaping은 다양한 유형의 전통적인 원예에 대한 대안이 될 수 있습니다. Xeriscaping은 물 사용량과 유지 관리를 줄이고 생물다양성을 개선하며 오염을 낮추고 도시지역의 열을 완화할 수 있는 잠재력을 가지고 있습니다. 그러나 이 지속 가능한 프로세스의 효율성은 장기적으로 대규모로 평가되지 않았습니다. 애리조나와 네바다와 같은 미국의 건조한 주에서는 가구의 식수 중 75%가 주거용 및 도시 잔디밭에 물을 공급하는 데 사용되는 것으로 나타났습니다. Xeriscaping은 기후변화로 인한 가뭄이 증가하는 가운데 사람과 동물을 위해 물을 보존하는 것을 목표로 합니다. 제리스케이프는 일반 잔디 조경에 비해 물 소비량을 60% 이상 줄일 수 있습니다. 터키에서는 최초의 대규모 xeriscaping 평가 중 하나가 수행되었다. 평균적인 도시 공원을 해당 지역의 토종 식물로 전환하면 관개 사용량을 30~50%까지 줄일 수 있는 것으로 나타났다. 물 사용량을 30% 줄인다고 가정하면 도시는 연간 약 200만 달러를 절약할 수 있는 것으로 나타났다(그러나 이 정확한 값은 위치에 따라 다릅니다)

스템 관리를 포함하는 토지이용 관리 및 위험성이 높은 지역의 개발을 회피하고 재조정하는 관리하는 것을 반영하여야 한다.

②근린 차원(Neighborhood scale)의 핵심은 현존하는 근린과 신개발 지역 내(토지이용에 대한) 적응이 통합될 수 있는 것이 중요하며 외부 표면 보호를 위한 구조적 변화 또는 개선(표면에 식물을 재배)과 지반 침하로 인한 건물의 함몰이나 경작지의 사구화(dunes)를 방지할 수 있는 초지(vegetation) 관리와 산사태로 인한 유실을 방지할 수 있는 사면 보강과 벽이나 펜스를 통한 표면 침식 방지 등 SUDS의 반영하는 것이 중요하다.

③건축물 차원(Building scale)의 핵심은 침하 또는 산사태에 대한 취약함을 감소시키기 위함 지반 침하를 방지하기 위한 식재와 수종 관리 등을 포함하는 초지 등을 검토 반영하고 계절에 따른 습도의 차이를 고려하여 기초(foundation)를 더욱 강화하고 더 안정된 토양에 콘크리트가 보강된 기초를 형성하도록 반영하는 것이 중요하다.

끝으로 최근 기후 이상으로 인한 다가올 위기는 100여 년으로 예측했던 것보다 빠르게 다가오고 있어 계획에 대한 정보와 과학적 지식의 구축을 통해 도시계획 및 설계에 반영하는 것이 매우 시급하고 온도상승과 열섬 효과, 공기오염, 해수면 상승, 폭풍, 홍수, 대형 화재에 대한 계획을 충분히 검토하여 반영하여야 한다.

(나) 신재생 에너지 반영

신 · 재생 에너지는 신에너지 및 재생 에너지 이용 · 개발 · 보급 촉진법 제2조에 의해 기존의 화석 연료를 변환시켜 이용하거나 햇빛, 물, 지열, 강수, 생물유기체 등을 포함하는 재생 가능한 에너지를 변환시켜 이용하는 에너지로 11개 분야로 구분하고 있다.

신에너지 : 석탄가스화·액화, 연료전지, 수소 에너지 (3개 분야)

▶ 석탄가스화·액화 : 석탄, 중질잔사유 등의 저급원료를 고온, 고압하에서 불완전연소 및 가스화 반응시켜 일산화탄소와 수소가 주성분인 가스를 제조하여 정제한 후 가스 터빈 및 증기터빈을 구동하여 전기를 생산하는 신발전 기술

▶ 연료전지 : 수소, 메탄 및 메탄올 등의 연료를 산화(酸化)시켜서 생기는 화학에너지를 직접 전기에너지로 변환시키는 기술

▶ 수소에너지 : 수소를 기체 상태에서 연소 시 발생하는 폭발력을 이용하여 기계적 운동에너지로 변환하여 활용하거나 수소를 다시 분해하여 에너지원으로 활용하는 기술

재생 에너지 : 태양광 발전, 태양열, 풍력, 지열, 폐기물 에너지, 바이오매스, 소수력, 해양 에너지 (8개 분야)

▶ 태양광 : 태양광발전시스템(태양 전지, 모듈, 축전지 및 전력변환장치로 구성)을 이용하여 태양광을 직접 전기에너지로 변환시키는 기술

▶ 태양열 : 태양열이용시스템(집열부, 축열부 및 이용부로 구성)을 이용하여 태양광선의 파동 성질과 광열학적 성질을 이용 분야로 한 태양열 흡수·저장·열 변환을 통하여 건물의 냉난방 및 급탕 등에 활용하는 기술

▶ 풍력 : 풍력발전시스템(운동량변환 장치, 동력전달장치, 동력변환 장치 및 제어 장치로 구성)을 이용하여 바람의 힘을 회전력으로 전환하여 발생하는 유도전기를 전력 계통이나 수요자에게 공급하는 기술

▶ 지열 : 지표면으로부터 지하로 수m에서 수km 깊이에 존재하는 뜨거운 물(온천)과 돌(마그마) 등을 포함하여 땅이 가지고 있는 에너지와 지표면과의 온도 차이를 이용하는 기술

▶ 폐기물 에너지 : 사업장 또는 가정에서 발생하는 가연성 폐기물 중 에너지 함량이 높은 폐기물을 열분해에 의한 오일화 기술, 성형 고체연료의 제조 기술, 가스화에 의한 가연성 가스 제조 기술 및 소각에 의한 열 회수 기술 등의 가공·처리 방법을 통해 연료를 생산

▶ 바이오에너지 : 태양광을 이용하여 광합성 하는 유기물(주로 식물체) 및 동 유기물을 소비하여 생성되는 모든 생물 유기체(바이오매스)의 에너지

▶ 소수력 : 개천, 강이나 호수 등의 물의 흐름으로 얻은 운동에너지를 전기에너지로 변환하여 전기를 발생시키는 시설용량 10,000㎾ 이하의 소규모 수력 발전

▶ 해양 에너지 : 해수면의 상승 하강 운동을 이용한 조력발전과 해안으로 입사하는 파랑에너지를 회전력으로 변환하는 파력발전, 해저층과 해수 표면층의 온도 차를 이용, 열에너지를 기계적 에너지로 변환 발전하는 온도 차 발전

이러한 신 · 재생 에너지의 가장 큰 특성은 지속 가능한 에너지 공급 체계를 위한 미래 에너지원으로서 의의가 있으며, 공공 미래 에너지, 환경 친화형 청정에너지, 비고갈성 에너지, 기술 에너지로서 신 · 재생 에너지 산업 육성을 통해 지속 가능한 경제 발전 에너지 시스템 구축이 가능하다.

신 · 재생 에너지는 과다한 초기 투자가 장애요인에도 불구하고 화석에너지의 고갈과 지구 환경문제에 대한 최후의 해결 방안이라는 점에서 해외 선진국에서는 과감한 연구개발과 보급 정책 등을 추진해 오고 있다. 최근 유가의 불안정, 기후변화 협약의 규제에 대응하여 신 · 재생 에너지의 중요성이 재인식되면서 에너지 공급 방식이 중앙공급식에서 지방 분산정책으로 전환하는 시점과 맞물려 환경, 교통, 안보 등을 고려한 지역자원의 활용 측면에서도 적극적인 추진이 요망되고 있다.

신 · 재생 에너지 시설의 경우 공해 배출, 위험성이 매우 낮아 환경보존의 효과가 매우 크므로, 관련 기술을 도시 및 지역에 적용하여 운영할 수 있도록 신 · 재생 에너지와 미활용에너지의 활용 가능한 입지 분석과 도시계획시설 측면의 반영하는 것이 반드시 필요하고 기존 에너지원 대비 가격경쟁력 확보 시 신 · 재생 에너지 산업은 IT, BT, NT 산업과 더불어 미래산업, 차세대산업으로 급성장할 것이다.

(8) 생태계 복원

기후변화의 중요성은 이제 온 국민이 알 수 있을 정도의 상식이 되었다. 올해만 보더라도 봄은 거의 상실된 느낌이고, 추운 겨울이었다가 잠깐의 봄과 초여름이지만 한여름 같은 무더위와 빗소리로 요란하다. 기상청에서 예측한 바에 따르면 2050년이 되면 현재보다 겨울철은 평균 27일이 줄고 봄과 여름은 각각 10일과 19일이 늘어날 것이라고 했지만, 지금으로선 봄철은 줄고 겨울과 여름이 늘어나는 형국이다. 북극의 빙하가 급속히 녹으면서 해수면 온도는 낮아지고, 그로 인해 겨울도 매섭고 길어진 탓이라 여겨지고 있다. 이러한 현상은 즉각 생태계에도 영향을 주기 마련이다.

국립산림과학원에서 홍릉 숲을 대상으로 한 연구 결과에 따르면, 박새의 산란과 부화가 지속해서 늦어지고 있으며, 이는 박새의 새끼가 먹어야 하는 먹이와 관련된다. 잡식성인 박새가 봄철에 산란하면 어린 새끼에게 먹여야 하는 주된 먹이가 나방 애벌레들이다. 이 나방 애벌레들은 봄철의 연한 잎을 먹고 자란다. 그런데 기온이 낮아져 잎이 나오는 시기도 늦어지니 박새가 이를 알고서 늦은 산란을 한 것으로 추측된다. 하여 본래 박새는 봄철에 두 차례 정도의 산란을 해야 하는데, 너무 늦은 산란은 2차 산란을 포기하게끔 할 수도 있으리라고 조심스레 예측한다.

이처럼 해마다 변덕스러운 날씨가 계속되면 생물종들도 산란과 부화 시기가 일정치 않게 되고, 그 결과 먹이를 구할 수 없게 되는 생태학적 불일치(ecological mismatch)가 발생할 가능성도 높다. 박새가 산란한 후 먹이가 되어야 하는 나방 애벌레와 나방 애벌레가 먹어야 하는 연한 새잎들이 풍성해질 시기들이 서로 엇박자를 내게 된다. 이렇게 변화하는 환경에 적응하지 못하는 생물종들은 갈수록 개체수가 줄어들게 되고, 그에 따라 멸종으로 연결될 가능성도 있을 것이다. 급격하게 변하는 환경 속에서 생물종들의 적응과 진화에 대한 지혜가 발현되지 못한다면 생존할 수 없음을 말한다.

이러한 기후변화 현상은 생태복원 분야에서도 많은 시사점을 주고 있다. 생태복원은 그 개념에서도 알 수 있듯이 훼손된 생태계를 훼손되기 이전의 상태 즉, 과거로 되돌리기 위한 것이다. 그러다 보면, 과거의 식생대나 환경조건을 파악해야 하고, 그 환경에 적합한 식물종을 선정해서 도입해야 한다. 즉, 과거로의 회귀라 할 수 있다. 하지만 기후변화가 심각해지고, 생태적 엇박자가 늘어나는 환경 속에서 과거로의 복원만을 강조할 수는 없는 노릇이다. 근본적인 취지가 훼손된 생태계를 "건전한 생태계"로 되돌리는 것이라고 한다면 생태복원은 기후변화 등 변해가는 환경에 맞추어 진행시킬 필요가 있다는 것이다. 달리 말하면, 생태복원은 미래지향적이기도 해야 한다.

미국 퍼듀대학교의 최영동 교수가 진행시킨 한 연구는 미래지향적인 복원의 필요성을 절실히 보여준다. 그의 논문에 따르면, 네덜란드의 한 해안 하구에서는 지난 1954년에 생태복원을 통해서 습지를 성공적으로 복원한 바 있다. 하지만, 시간이 흐르면서 다시 생태계가 훼손되어 1980~90년에 들어서 훼손된 생태계를 재복원하기로 계획하였다.

당연히 과거에 성공적으로 실시했던 자료에 기초하여 동일한 복원 기법과 수종들을 활용하여 재복원 사업을 추진하였다. 물론 목표로 하는 생물종들도 마찬가지로 동일하게 설정하였다. 하지만, 뜻하지 않은 결과를 얻게 된 것이다. 과거와 같은 방법, 같은 수종들을 활용하여 복원했음에도 불구하고 이번에는 목표를 달성하지 못하고, 예상치 못한 식생이 나타나게 된 것이다.

연구자들은 실패의 주된 원인을 기후변화에 따라 늘어난 강수량 때문으로 파악하였다. 지표수에 의해서 유지되는 습지의 주요 기작은 강수량에 의존하게 되는데, 수년 동안, 이 지역에서의 많은 강우 때문에 수심의 변화가 생긴 것이다. 그에 따라 목표르 삼았던 식물이 나타나지 않고, 변화된 환경조건에 적합한, 전혀 다른 식물이 나타났다고 분석한 것이다.

네덜란드의 복원 사례에서 알 수 있듯이 환경조건은 예측할 수 없는 형태로 변화하고 있는데, 복원이라는 원칙 때문에 과거로만 돌아갈 수는 없는 것이다. 과거의 기록에 충실해야 한다는 복원의 원칙을 존중함과 동시에 변화하고 있는 환경에 대응 · 적응하며, 미래 환경 변화를 예측하면서 복원의 목표와 기본 방향을 설정해 나가야 할 것이다.

지구상의 숲을 온전히 복원할 경우 1년간 전 세계가 배출하는 탄소의 22배를 흡수할 수 있다는 연구 결과가 나왔다. 로이터통신의 23년 11월 13일 보도에 따르면 스위스 취리히 연방공과대학의 생태학자 토마스 크라우더(Thomas Crowther) 박사와 200명 이상의 연구원은 국제 과학 종합 저널 네이처(Nature)에 이 같은 내용의 연구 논문을 발표했다. 논문은 인간이 건드리지 않았다면 황폐화되지 않았을 지역에 다시 숲을 복원한다면 연간 226Gt(기가톤)의 탄소를 흡수할 수 있다고 밝혔다. 226Gt은 산업혁명 이후 대기에 방출된 탄소의 3분의 1에 해당하는 양이다. 농업에 꼭 필요한 지역이나, 이미 도시화가 충분히 진행된 지역은 숲 복원 대상 지역에서 제외됐다.

크라우더 박사는 "탈탄소화와 자연을 지키는 일은 반드시 동시에 이루어져야 한다"라며 "숲이 기후변화에 대응하는 데 도움을 줄 수는 있다"라고 말했다. 하지만 그는 "숲이 미래에 배출될 온실가스를 완전히 상쇄해 주지는 않을 것"이라고 덧붙였다. 탄소 저감에 실패해 지속해서 탄소를 배출하면 기후변화를 불러와 재조성된 숲을 다시 손상시키고 숲이 가진 탄소 흡수 능력을 해치게 된다는 뜻이다.

크라우더 박사는 "보편적으로 생각하는 것과는 반대로 단순히 나무를 심는 것만으로는 미래의 탄소 배출량을 상쇄할 수 없다"라며 "반드시 자연 복원과 탄소 저감이 함께 이루어져야 할 것"이라고 강조했다.

숲을 최대한 복원해 제거할 수 있는 탄소의 양이 226Gt이라는 연구 결과에 대한 비판적인 시각도 있다. 텍사스 A&M 대학의 생태학자 조셉 벨드먼은 이번 연구 결과가 숲 복원의 탄소 흡수 잠재력을 과대평가하고 있다고 지적했다. 그는 226Gt이라는 수치에는 고지대 지역처럼 나무를 심는 데 적절하지 않은 장소까지 포함하고 있다며 "현실적으로 실행 불가능한 이야기"라고 비판했다. 크라우더 박사는 "연구에서는 나무를 심을 수 있는 장소와 숲의 탄소 흡수 역량을 보여주고 있기는 하지만 연구에 나온 모든 곳에 나무를 반드시 심어야 한다는 말은 아니다"라고 말했다.

2021.6.14. 세계자연보전연맹(IUCN)은 다양한 지역의 다양한 생태계 복원 전문가들을 한자리에 모아 양질의 생태계 복원을 보장하는 데 필요한 필수 요소에 합의하고 공유했다.

생태계는 황무지, 농지 및 도시의 자연환경 같은 다양한 형태로 나타난다. 이러한 다양한 형태의 생태계는 풍경과 조화를 이루는 모자이크를 형성하며, 물, 퇴적물, 오염 물질, 야생동물이 이러한 풍경을 이루듯이, 생태계 간의 연관성을 이해하는 것은 매우 중요하다. 지역 생태계를 복원하는 일은 강 유역이나 경관과 같이 큰 흐름과 어우러져야 하며, 이것은 특정 지역에서 실행하더라도 전지구적 관점에서 생각해야 한다(Think Globally, Act Locally).

IUCN은 다양한 분야의 생태계 복원 전문가들을 모아 높은 수준의 생태계 복원을 보장하는 데 필수적인 요소에 관해 토론하였으며, 모든 것은 각자의 역할이 있다는 핵심적인 결론에 다가갔다. 모니터링과 적응 관리(Adaptive management)는 효과적이고 장기적인 환경 복원의 핵심이다.

생태계 복원이 주는 혜택은 지역에 공급되는 물, 식량 및 의약품에서부터 국제적인 차원에서의 기후 규제에 이르기까지 다양한 곳에서 발생하는 가시성이 있어야 한다. 토양 복원이 지속가능발전목표 달성에 영향을 미치는 것과 같다. 이러한 혜택은 오래 지속되어야 하고, 미래 세대가 활용할 수 있도록 해야 한다. 생태계 복원의 긍정적인 영향을 장기적으로 보장하기 위해서는, 어디에서 무엇을 어떻게 복원할지 결정할 때 탄탄한 기획력과 의사결정과정이 동반되어야 한다.

하지만 현실적으로 생태계 복원이 주는 모든 혜택이 동시에 극대화될 수는 없다. 사회와 생태계적 이득 사이에는 상충관계가 있어서 둘 중 하나를 취하면 하나를 잃는 결과가 나타날 수도 있다. 따라서 이해관계자가 앞으로 직면할 혜택과 비용뿐만 아니라, 모두가 복원 필요성에 공감하도록 만드는 것 역시 중요하다. 이는 사람들이 생태계 복원에 더 관심을 가지도록 동기를 부여해 시너지 효과를 극대화하고 피해를 최소화한다. 공간계획(Spatial planning)은 균형적이고 효과적인 복원이 될 수 있도록 도와준다.

공간계획은 지역사회와 주민의 니즈를 충족하고 참여도를 높이며, 포용성과 균형을 통해 효과적인 복원을 도와준다. 생태계 복원은 비용 효율적이고 최적화되어야 하며, 공정하고 지속 가능해야 한다.

무엇보다 생태계 복원을 성공적으로 유치하기 위해서 가장 중요하게 고려되어야 할 사항은 지역사회와 거주민(IPLCs, Indigenous peoples and local communities)의 역할이다. 그들은 자신들의 터전에 대한 애착이 있으며, 복원 작업에 도움이 될 귀중한 생태학적 지식을 보유하고 있다. IPLCs은 생태계 복원의 필요성이 어디에서 오는지 알고 있고, 실행에 필요한 지역적 지식, 동기, 그리고 능력에 의지하고 있다. 그들의 역할과 기여를 극대화하기 위해서는, 지역사회와 마을의 토지 관리인, 재산 소유자, 권리 보유자들에게 권한을 부여해 주고, 지역 의사 결정자들이 정당한 인정을 받도록 해야 한다.

지역단위의 수혜자로서 다양한 IPLC의 요구를 충족시켜 주는 복원 노력과 메커니즘은, 차례로 전 지구적 성과와 관련 있는 지역사회의 성과를 촉진할 것이다. 생태계 복원은 더 이상 환경문제가 될 수 없다. 전체적인 변화를 위해서는, 생태계 복원이 국민의 행동을 요구하는 사회과제로서 채택되고 있다.

행동을 위한 서약은 정치와 법규가 포함된 국가 전체적인 제도적 변화를 요구하며, 이를 통해 복원 사업이 사회적 변화를 지원하는 것이 국가의 목표다. 이것은 변화를 주도하는 현재와 미래의 지도자들과 관련이 있다. 이들은 지역사회와 좋은 관계를 유지하고 자연에 대한 애착이 있으며, 건강한 생태계가 인간 삶, 현재, 미래의 항구가 될 가능성을 볼 수 있다. 또한 이러한 인식이 높아진 사람들은 리더와 소통해야 하며, 의사 결정권자들은 인간과 자연이 서로 조화를 이루며 산다는 비전을 통해 사람들이 관련성을 인식하고 행동할 수 있도록 변환해야 한다.

이를 위해서는, 충분한 자금과 투자가 필요하다. 현재, 생태계를 복원하는 데 필요한 투자액은 이미 사용이 가능한 공적 자원을 넘어섰습니다. 실재 생태계 복원에 필요한 투자액은 투자 가능 금액보다 연간 약 8,240억 달러 부족하며, 그만큼 자연을 위한 국제적인 지원금이 필요한 상황이다. 따라서, 생태계 복원을 위해서는 공공 및 민간 자본의 참여가 필요하다. 자본(녹색 채권을 포함한 주식 및 부채 상품)을 제공하는 금융 상품과 위험 저감 상품(예: 보험) 등 생태계 복원을 지원할 수 있는 다양한 지속 가능한 공공 및 민간 금융 상품이 있다. 그러나, 지속 가능 금융(Sustainable finance)은 수많은 금융 상품 중 극히 일부인 만큼, 이러한 유형의 금융 상품 사용 규모가 커질 필요가 있다. 이를 위해 기업이 투자를 결정할 때 환경 및 사회 위험 관리(ESRM, Environment and Social risk management)를 충분히 고려되도록 해야 하며, 이를 산업계 전체로 확대해야 한다. 또한, 생태계 복원을 위해서는 민간 부문 투자 장려책 간의 협력이 필요하다. 여기에는 스마트 정부 장려책(Smart government incentives) 창출뿐만 아니라 기업 활동에 영향을 미치는 소비자 결정도 포함되어 있다.

지역 차원에서는, 일자리, 비즈니스 기회, 그리고 지속 가능한 공급망을 통해 이해관계자들이 복원 사업에 동원될 수 있다. 현재 재생 에너지 발전을 통해 알 수 있듯이 복원 경제로부터 일자리는 창출되지만, 현재 우리에게 가장 필요한 것은 기술 역량과 새로운 비즈니스 모델이다. 생태계 복원이 지역 비즈니스뿐만 아니라 지속 가능한 공급망과도 연관된 만큼, 더 큰 시장이 활용되어야 한다. 천연자원을 사용하는 전통적 경영 활동을 수행하는 기업은 공급망 운영 방식을 생태계 복원 및 자연 기반 해법으로 바꾸어 장기적인 지속 가능성을 추구해야 한다. 또한, 정부는 환경 파괴와 기후변화(홍수, 화재 등)로부터 발생하는 공공 위기를 해결하기 위해 복원 사업과 관련된 일자리 창출에 투자해야 한다.

마지막으로, 생태계를 복원할 때는 복원 진행 상황을 비교할 수 있는 기준을 설정하고, 모니터링 시스템을 통해 정보를 제공하여, 이해관계자들과 생태계의 새로운 변화를 위한 복원 계획에 맞춰 관련 생태계 투자, 행동, 그리고 능력을 제고해야 한다.

(9) 대기 오염 및 물질 제거

지난 100년 동안 지표면의 온도는 평균 0.74±0.18℃ 증가하였다. 또한 지표면의 온도는 21세기에 1.1℃에서 6.4℃로 올라갈 것으로 예측되었다. 이러한 지표면의 온도상승은 해수면을 올리고 강수량의 양과 패턴 변화, 빙하 감소, 사막의 증가와 기후의 극단적인 변화를 초래하게 될 것이다.

기후변화의 주요 요인으로 화석 연료 사용 증가에 의한 온실가스가 언급되는 가운데 대기오염은 장기적으로 대기와 기후 간 상호작용에 문제를 일으켜 기온 상승과 강수량 증가 등 기후변화에 영향을 줄 수 있는 것으로 알려져 있다. 기후변화 완화 정책으로 온실가스가 감소하면 대기오염물질이 감소하고 이는 잠재적으로 건강에 긍정적인 영향을 줄 수 있다.

개발도상국에서는 저렴한 연료 공급원인 바이오매스가 유발하는 대기오염물질이 건강에 위협이 되고 있으며 청정 연료로 대체되면 온실가스와 대기오염물질 배출이 동시에 줄어 건강 문제가 개선되는 결과를 가져올 것으로 예상된다.

최근('21.10.7)에 열린 제4차 아시아 · 태평양 환경 장관 포럼에서 '자연을 위한 행동 강화로 지속가능 발전 목표 달성'을 위해 기후변화와 미세먼지 문제가 동시에 해결되어야 함을 강조했다. 2015년 193개 유엔 회원국은 지속 가능한 발전을 위한 17개의 목표를 설정하였고 '건강한 삶'과 '기후변화와 그로 인한 영향에 맞서기 위한 긴급 대응'이라는 목표를 포함하고 있다. 전자는 대기오염물질 배출량을 줄여 건강에 미치는 영향을 최소화하는 것을, 후자는 온실가스 배출량 저감 및 적응 방안을 도모하도록 하고 있다. 또한, 기후변화는 초국경적인 세계적 도전 과제이므로 개발도상국들이 저탄소 경제로 나아가는 것을 돕기 위해 국제적 수준의 개선안이 필요함을 강조했다.

기후변화 및 대기질 관리 정책이 발표 · 시행되고 있는 상황에서 온실가스와 대기오염물질을 동시에 저감하기 위한 정책이 필요하다. 특히 우리나라에서 최근 미세먼지 저감과 탄소중립의 달성을 위해 추진하고 있는 다양한 정책의 효과를 면밀하게 분석하여 시너지를 최대화하고 발생이 가능한 트레이드 오프(trade off : 시스템 또는 시스템의 어떤 특성을 최적화하기 위한 개념이나 구성요소의 파라메트릭한 분석)를 최소화하기 위한 노력을 하고 있다.

기후변화의 주요 원인은 모두 알고 있지만 메탄 배출과 화석 연료 연소, 가스상 대기 오염으로 인한 대기 오염이다. 대기 오염과 기후변화 사이의 연관성은 이미 잘 알려져 있으므로 오염 물질과 환경 사이의 복잡한 상호작용, 이것이 어떻게 기후변화로 이어지는지, 그리고 이에 대해 무엇을 할 수 있는지를 이해해야 한다.

열악한 대기질과 기후변화에 영향을 미치는 주요 오염 물질 온실가스(GHG)와 같은 기체상 오염 물질은 메탄으로 구성된다, 아산화질소 및 이산화탄소. 이러한 오염 물질은 전례 없는 농도로 지구 대기에 유입되어 지구의 기후시스템을 변화시키고 있다. 온실가스가 복사열을 흡수하면 태양열을 가두어 우주로 나가는 것을 막기도 한다. 이에 따라 온실 효과가 발생하여 지구의 온도가 서서히 상승한다.

특히, PM2.5(단위 : $\mu g/m3$)와 같은 주요 대기 오염 물질이 많이 배출된다. PM2.5를 둘러싼 화학물질은 기체 상태의 오염 물질만큼 역동적이고 휘발성이 강하지 않다. 그럼에도 불구하고 미세먼지 오염은 인간의 건강에 심각한 해를 끼칠 수 있다. 실제로 매년 700만 명 이상의 사람들이 주로 미세먼지와 대기 오염으로 사망하고 있으며, 이는 심장 및 폐 질환의 증가와 기타 심각한 건강 영향과 관련이 있다. 2018년 영국의 로스 박사는 장기적인 영향을 알아보기 위해, 학생들의 8~10년 후를 추적했다. 가장 오염이 심한 날 최악의 성적을 낸 학생들은 나쁜 성적으로 대학을 졸업하고 급여가 적은 일을 하는 경우가 많았다.

당시의 시험이 이후 교육에서 꽤 중요했기 때문이다. 로스 박사는 "대기 오염이 삶에서 중요한 순간에 영향을 미친다면, 그 영향은 장기적인 결과로 이어질 수도 있다"라고 말했다. 2016년에는 대기 오염이 생산성을 하락시킬 수 있다는 또 다른 연구가 나와 로스 박사팀의 초기 연구를 뒷받침했다. 2018년 로스 박사팀은 600여 개의 런던 선거구에서 나온 2년간의 범죄 데이터를 분석했다. 그 결과 부유한 지역이나 가난한 지역 모두 대기 오염이 심한 날에는 경범죄가 더 많이 일어난다는 것을 발견했다.

물론 대기 오염과 범죄 사이에 상관관계를 성급하게 결론지어서는 안 된다. 하지만 로스 박사팀은 인과적인 연결의 몇 가지 증거를 확인했다. 연구팀은 특정 지역 중심으로 장기 데이터를 비교했다. 로스 박사는 "하루 단위로 대기를 추적하며 대기가 이동한 곳의 범죄 상황을 살펴봤다"라며 "오염된 대기가 도착한 곳의 범죄율도 올라가는 걸 알 수 있었다"라고 말했다.

중요한 것은 범죄율의 차이를 가져오는 오염의 수준이 그렇게 심한 것을 말하는 게 아니라는 점이다. 로스 박사는 "우리는 현재 규제 대상이 되는 기준보다 약한 수준의 대기 오염이 범죄에 영향을 미치는 것을 발견했다"라고 말했다. 다시 말해 미국 환경보호국이 "좋음"으로 분류한 대기 상태도 높은 범죄율과 관련될 수 있다는 것이다. 로스 박사의 연구에서는 대기 오염이 살인이나 강간 같은 중범죄에 미치는 영향은 발견되지 않았다. 이는 2018년 다른 연구에서 약간의 실마리가 나왔다. MIT의 잭슨 루 박사 연구팀이 미국 전역의 9,000여 개 도시를 대상으로 9년간의 자료를 조사했다. 그리고 "대기 오염이 살인, 강간, 강도, 차량 절도, 폭행을 포함한 6개 중범죄를 예측했다"라는 주장을 내놓았다. 대기 오염이 심각한 도시는 범죄율 또한 높았다.

이 연구 역시 상관관계를 증명해야 하는 연구이지만, 인구, 고용률, 연령, 성별 등을 고려했다는 점에서 나름의 의의가 있다. 또한 오염 역시 범죄 수준의 증가에 대한 주 예측 요인으로 활용됐다. 682명 청소년의 "비행(부정행위, 무단결석, 도둑질, 기물 파손 및 약물 사용 등)"에 대한 연구도 또 다른 자료가 된다.

남가주대학교의 다이애나 유난 박사 연구팀은 PM2.5의 미세먼지에 초점을 맞췄다. 이것에 12년 이상 노출되었을 때 생기는 영향을 살펴보았는데, 오염이 더 심각한 지역에서 비행이 현저하게 늘어나는 경향을 발견했다. 유난 박사팀은 단지 사회경제적 지위만으로 설명되지 않는 연관성을 알아보려고 했다. 그리고 부모의 교육 수준, 빈곤, 이웃의 상황 등 여러 요인을 확인해 미세먼지의 영향을 가려내려 했다. 유난 박사는 자신의 연구 결과에 담긴 함의가 우려스럽다고 말했다. 청소년기에 어떻게 행동하는지를 통해서 향후 성인기 행동을 예측할 수 있기 때문이다. 비행을 저지르는 이들은 학교에서 성적이 부진할 수 있고, 이후에 직장을 구하는 데 어려움을 겪거나 약물 오남용에 빠질 가능성이 크다. 어린 나이에 비행을 저지르는 이들을 누군가가 도와줘야 한다는 의미다. 대기 오염이 어떻게 도덕성에 영향을 주는지를 설명할 잠재적 메커니즘은 많다.

예컨대 루 박사는 오염과 관련된 부정적인 이미지 때문에 오염에 관한 생각만으로도 심리적인 영향이 생길 수 있다고 말한다. 당연히 연구자들은 연구에 참여하는 이들을 물리적으로 오염에 노출할 수는 없다. 미국과 인도의 연구 참여자에게 극도로 오염된 도시 사진을 보여준

이유다. 연구팀은 사진을 보여주고 그곳에서 사는 것을 상상해 달라고 요구했다.

루 박사는 "우리는 그들에게 오염의 효과를 심리적으로 경험하게 했다"라며 "오염된 도시에서 살면 어떤 느낌일지 이러한 곳에선 삶이 어떨지 등을 물었다"라고 했다. 루 박사팀은 참여자들의 두려움이 증가하고, 더 자신에게만 초점을 두는 것을 발견했다. 공격적이고 무책임한 행동을 증가시킬 수 있는 반응이었다. 루 박사는 "우리는 평온할 때보다 두려움을 느낄 때 눈앞에 있는 사람을 때리기가 더 쉽다"라며 "대기 오염은 사람들의 두려움을 끌어올림으로써 사람들의 행동에 해로운 영향을 줄 수 있다"라고 말했다. 연구팀은 추가 실험을 통해서, 오염된 조건 속에서는 부정행위를 하거나 보상을 위해 자신의 실적을 과장하기 쉽다는 것을 보여줬다. 대기 오염과 두뇌를 다루는 이러한 연구는 아직 초기 단계다. 루 박사가 말한 두려움과 자기 초점의 증가 외에도 다른 원인이 있을 수 있다.

예를 들면 오염된 공기를 마시면 몸속의 산소량이 달라진다. 오염된 공기는 또 코나 목을 자극하고 두통을 유발할 수도 있다. 이들 모두 집중력을 떨어뜨릴 수 있다. 분명 여러 가지 오염 물질에 노출되면 두뇌에 염증이 생기고 두뇌 구조와 신경 연결이 손상될 수 있다. 유난 박사는 "오염 물질은 전두엽을 손상시킬 수 있다"라고 말했다. 전두엽은 충동 조절, 관리기능, 자기 통제와 관련해 중요한 부분이다.

대기 오염으로 범죄가 증가하는 것뿐만 아니라, 정신 건강도 심각하게 악화할지도 모른다. 2019년 3월 발표된 연구는 오염된 공기에 노출된 10대들에게서 환청이나 편집증 같은 심리적 이상이 나타날 가능성이 크다는 주장을 했다. 이 연구책임자인 킹스 칼리지 런던의 조앤 뉴버리 박사는 "아직은 인과관계를 충분히 확인했다고 말하기는 이르다"라면서도, 대기 오염과 정신 건강 사이의 관련성을 보여주는 여타의 연구들과 맥을 같이 한다고 설명했다. 그는 "대기 오염과 정신 건강 혹은 치매의 연관을 보여주는 또 하나의 자료"라며 "몸에 해롭다면 두뇌에도 해로울 것이라고 예상할 수 있지 않겠는가?"라고 말했다.

이 분야 연구자들은 대기 오염이 건강 문제를 포함해 어떤 충격을 줄 수 있다는 인식이 확산해야 한다고 말한다. 유난 박사는 "다른 지역이나 세대에서도 동일한 상황을 보여주는 연구가 필요하다"라고 말했다. 다행스럽게도 우리는 오염된 대기에 대한 노출을 조금이나 조절할 수 있다. 사전에 오염도를 예측하고, 공기의 질을 향상하기 위한 노력을 할 수 있는 것이다. 아직 많은 국가가 대기 오염 억제할 강력한 입법 활동이나 정부의 개입을 기다리고 있다.

일부 지역에서는 긍정적인 움직임이 나타났다. 캘리포니아에서는 규제가 생기자, 오염이 줄었고 흥미롭게도 범죄도 줄어들었다. 희망적인 이야기지만, 유난 박사는 아직은 대기 오염과 범죄가 완전히 일치하는지 아닌지는 알 수 없다고 강조한다.

런던은 2019년 4월 8일부터 초저공해구역을 만들었다. 배기가스 배출이 많은 차에 11.5파운드의 혼잡 통행세 외에 12.5파운드의 일일 부과금을 추가로 물리는 정책이다. 이와 함께 "런던 공기를 더 깨끗하게 만들자"라는 이니셔티브에 따라 친환경 버스도 늘어나고 있다. 로스 박사는 "많은 국가에서 오염을 줄이기 위해 열심히 노력하고 있지만, 더 많은 노력이 필요하다"라고 말했다.

꼭 국가 정부만의 일이 아니고, 우리가 모두 참여해야 한다. 뭔가를 사고 싶거나 어딘가를 가려고 할 때, 우리의 행동이 환경에 영향을 미친다는 것을 분명히 자각하고 더 책임 있게 행동해야 한다.

로스 박사는 "대기 오염이 아직은 해결할 수 있는 범위 내에 있다는 희망이 있다. 우리는 해법을 찾아낼 때까지 이 문제를 더 많은 사람에게 알려야 한다"라고 주장했다.

이러한 차이점 때문에 대부분의 정부는 온실가스 배출과 미세먼지 대기 오염을 분리하여 법을 만들고 새로운 정책을 개발하고 있다. 더운 기온 폭염의 길이와 강도에 미치는 영향, 산불 발생 빈도에 영향을 미치고 대기 오염을 증가시킨다. 열과 햇빛이 증가하면 다음과 같은 물질의 농도가 높아진다. 오존의 농도를 높인다. 휘발성 유기 화합물(VOCs)과 질소산화물이 햇빛과 화학적으로 상호 작용하여 형성되는 가스입니다. 지상 오존은 스모그라고도 불린다. 이는 태양 방사선으로부터 우리를 보호하는 지구 성층권의 보호막인 '오존층'과 혼동해서는 안 된다.

지상 오존은 그 자체로도 오염 물질이지만, 열은 입자 오염 물질을 증가시키는 추가적인 영향을 미친다. 높은 열은 식물과 토양을 건조하게 만들어 먼지 순환을 증가시키고 산불 발생에 유리한 조건을 만든다. 오지의 숲에서 부주의하게 캠핑하거나 낙뢰를 맞으면 거대한 화마가 발생하여 수백, 수천 마일까지 연기를 퍼뜨릴 수 있다. 대기 오염이 날씨에 직접적인 영향을 미치는 방법은 여러 가지가 있다. 입자 오염의 농도가 높으면 구름 형성에 영향을 줄 수 있다. 입자 오염 물질의 농도가 중간 정도이면 물이 입자 위로 응결된다. 구름이 더 커져 더 강한 강우, 뇌우, 번개를 일으킬 수 있습니다. 이는 또한 기존의 강우 패턴을 변화시켜 심각한 잠재적 결과를 초래한다.

예를 들어, 한 지역에 오랜 기간 가뭄이 지속되어 초목이 건조해지면 폭풍우로 인해 덤불에 불이 붙을 수 있고 낙뢰로 인해 산불이 발생하는 경우가 많으며, 이에 따라 유해한 산불 연기와 미세먼지가 발생한다. 연기에서 볼 수 있는 것처럼 입자 오염이 극도로 심할 경우, 이러한 농도는 햇빛을 차단하고 지표면을 냉각시킬 수 있고 이는 구름의 형성과 성장을 억제하여 강우를 방해한다.

미세먼지 자체도 그 구성 성분에 따라 다양한 방식으로 지구 온난화에 영향을 미칠 수 있으며 일반적으로 밝은색의 입자는 햇빛을 반사하여 지구를 냉각시킨다. 어두운 입자는 열을 흡수하여 온난화 효과를 가져오고 황산염과 질산염은 지구를 식히는 밝은 입자다. 블랙 카본은 열을 흡수하고 블랙 카본은 북극의 얼음에 침전되어 녹는 속도를 가속할 때 특히 부정적인 영향을 미칠 수 있다.

비슷한 방식으로 북극의 얼음이 더 많이 녹을수록 햇빛과 열을 지구에서 반사할 수 있는 공간이 줄어들기 때문에 지구 온난화에 두 배로 늘어난다. 블랙 카본과 오존은 모두 대기 중 열을 가둬 지구 온도를 더 따뜻하게 만든다.

대기 오염을 줄이고 기후변화를 완화하는 데는 많은 어려움이 많다. 대기 오염은 우리의 호흡 능력과 건강한 삶에 직접적인 영향을 미치고 기후변화의 심각성을 줄이는 것은 미래 세대를 위해 지속 가능한 지구를 유지하기 위한 열쇠이다. 이러한 환경문제를 연결하는 과학은 두 가지 문제를 동시에 해결할 수 있는 접근방식을 요구한다.

대기 오염과 온실가스 배출은 종종 동일한 원인에서 비롯되는 경우가 많고 대기 오염과 온실가스 배출의 주요 원인으로는 탄소 기반 연료 연소, 차량 및 산업 배출량을 초래하는 연소 등이 있다. 유해한 배출량을 줄이고 탄소 발자국을 줄임으로써 두 가지 문제를 동시에 해결할 수 있는 경우가 많을 것으로 예상된다.

우리는 개인적 차원에서 탄소 발자국을 줄일 수 있고, 탄소 배출량을 줄이기 위한 국가 및 국제적 협력을 지지함으로써 탄소를 줄이기 위해 많은 국가가 2015년 파리협정과 같은 국제 조약을 통해 배출량 감축 목표를 달성하겠다고 약속했다. 하지만 전 세계 어느 나라도 연평균 PM 2.5 농도를 5μg/m3 이하로 낮추라는 세계보건기구의 최근 업데이트된 지침을 충족하지 못하고 있다는 사실도 잘 알고 있다. 각국이 이 목표를 염두에 두고 국가정책을 수립할 때까지 입자상 오염 물질 수치는 인체 건강에 안전한 수준 이상으로 유지될 것이며, 기후변화에도 계속 영향을 미칠 것이다.

대기 오염에 대한 인식을 높이고 저렴한 공기질 모니터. 대기질 모니터는 대기질이 안전기준 이하로 떨어지면 창문을 닫거나 마스크를 착용하는 등의 즉각적인 조치를 할 수 있도록 각자가 노력해야 한다.

(10) 기타 방사능 배출 등

방사능(放射能, Radioactivity)은 라듐, 우라늄, 토륨, 폴로늄 등 방사성 원소의 원자핵이 붕괴하면서 방사선을 방출하는 일, 또는 그런 성질, 또는 그런 물질의 양(단위 : Bq)을 통칭하는 용어이다. 방사선이란 말을 써야 할 곳에 이 용어를 쓰는 경우가 많다. 흔히 '방사능에 피폭되었다'라고 잘못 오용되는데, 방사능이라는 용어는 매우 포괄적인 용어이므로 '방사선에 피폭되었다'가 맞는 표현이다. 그러한 대중성만큼이나 일상생활이나 뉴스에서도 매우 많이 오용되는 단어다. 쉽게 생각해서 방사능(Radioactivity)은 성질, 특성, 성질을 내는 물질의 양 등을 뜻하는 것이고 방사선(Radiation)이 생물에게 위험한 것 그 자체를 뜻한다고 보면 된다.

발생 원리는 안정한 원자는 원자핵과 그 전자가 균형을 이루고 있다. 일반적으로 방사성 물질은 외부에서 원자핵에 에너지를 가하거나, 혹은 생성될 때부터 불안정한 상태를 지님으로써 발생한다. 고등학교에서 전자(electron)가 여기(勵起)된 상태로 갈 수 있음을 배웠듯이, 원자핵도 여기된 상태가 될 수 있다. 이렇게 여기된 원자핵이 핵종이 바뀌지 않고 낮은 에너지 상태로 변환되면 방출되는 것이 감마선이다.

그리고 알파 붕괴라고 하는 알파 입자(헬륨-4 원자핵)를 방출하며 다른 핵종으로 변할 수 있는데 이때 방출되는 것이 알파선이다. 그리고 원자핵에서 중성자가 양성자로 또는 양성자가 중성자로 변하면서 즉, 전자나 양전자를 방출하며 다른 핵종으로 바뀌는 베타 붕괴가 있는데 여기서 나오는 것이 베타선이다. 이렇게 방사성 물질이 붕괴하며 안정한 물질로 변화, 양이 반으로 줄어드는 기간을 반감기라고 한다.

방사능의 위험성은 방사능은 일반적으로 전리 방사선을 방출하며 직접 에너지를, 신체를 구성하는 세포, DNA 등에 전달하여 파괴하는 물리적 작용을 하거나, 물질을 이온화시켜 강제로 화학반응을 일으킨다. 이온화를 통해 화학반응을 일으키는 것은 산(Acid)의 반응 메커니즘과 유사하다. 이는 생물의 몸을 방사선이라는 나노 염산이 구석구석 화학적으로 볶아버리는 것으로 표현할 수 있다.

구체적으로는 전리 방사선이 물 분자를 전리시켜 활성기와 생물 분자의 화학작용을 유도하거나 생물학적 분자를 여기 또는 직접 분자 변화를 유도하여 생물 분자를 손상시킨다. 이에 따라 생물 분자가 손상되면 화학적 복구가 이뤄질 수도 있고, 또는 효소의 복구 작용이 이뤄질 수도 있고, 손상이 복구되지 못하고 유지될 수도 있다.

마지막에 언급된 손상이 복구되지 못하고 유지되는 경우가 바로 방사선으로 인해 세포의 변화가 일어나는 단계이다. 이런 세포 변화가 많이 일어날 경우 우리가 아는 방사선 피폭의 증상이 발생하는 것이다. 일상적으로 인간과 여러 동식물은 자연에 존재하는 방사능을 섭취하고, 자연 방사선에 노출되어 피폭된다. 바나나를 비롯한 여러 음식물에 들어있는 칼륨-40, 지각에 존재하는 라돈 등이 주 피폭 요인이다. 이런 섭취 방사능으로 인한 방사선 피폭은 세계 평균적으로 1년간 0.2~0.5mSv이며 라돈으로 인한 피폭은 1.5mSv 정도이다.

이런 자연적인 방사능 외에도 의료기관 및 비파괴검사 등 방사능물질을 사용하는 곳에서 의료나 검사 외의 의도치 않은 방사선으로 인한 피폭이 종종 발생한다. 이런 사용이 끝난 기기의 방사능물질 제대로 처리하지 않으면 고이아니아 방사능 유출 사고와 같은 사건이 발생하기도 한다.

국내 유출 사건, 사고는 피폭의 사례가 극히 드물 정도로 아직 사례가 법적 일탈 정도에 그치고 있다. 2016년 10월 27일 울산시에서 태광산업 방폐물 불법 보관 사건으로 경찰의 압수수색이 이뤄졌다. 태광산업 석유화학 3공장은 지난 1997년부터 2004년까지 7년간 섬유 원료인 아크릴섬유와 합성고무 원료(아크릴로니트릴)를 제조하는 과정에서 촉매제로 방사성 물질인 우라늄을 사용하면서 방폐물이 대거 발생했으며 이 과정에서 발생한 중 · 저준위 방폐물을 보관했다. 애초 원자력안전위로부터 1,140톤의 방폐물 저장시설을 허가받았지만 320톤을 허가받지 않은 장소에 불법 보관했던 사실이 적발된 것. 태광산업은 경찰이 수사에 나선 2016년 8월에야 원안위에 자진 신고했고, 당시 압수수색에서 추가로 액체 상태의 폐기물이 적발되기도 했다. 결국 태광산업은 원안위 등으로부터 3억 원 규모의 과징금을 부과받았다. 원안위는 이때 안전에 문제가 없고, 매해 방문 관리를 하겠다고 했지만 2020년 동 공장에서 재차 방폐물 유출 사고가 발생했고, 이때 사업관리자인 태광산업뿐 아니라 원자력안전위원회조차 액체, 고체의 형질마저 파악하지 못했다는 비판이 일었다.

2018년 5월 18일 SBS의 단독보도로 대진침대 라돈 기준치 초과 검출 사건이 시작됐다. 대진침대의 매트리스에서 620베크렐 정도의 라돈이 검출되었으며, 이는 건강에 좋다고 알려진 음이온 파우더를 매트리스에 코팅하는 과정에서 발생하였다. 최초 발견자의 측정 수치에 따르면 2천 베크렐인데, 이는 담배 250개비를 매일 피운 것과 같다고 한다. 원안위는 "0.5mSv의 추가적 내부 피폭은 있다. 이를 의미 있게 보고 어떻게 반응하냐를 결정하는 것은 원안위의 소관은 아니며 명확하게 말할 수 없는 부분이다. 토론(Thoron)의 경우 방사선이 알파선으로 시트 2장을 까는 정도로도 70% 이상 차폐가 가능하다."라고 브리핑한 이후, 대진침대가 판매한 침대 매트리스 모델 중 7종이 생활주변방사선 안전관리법(이하 생활방사선법)의 가공제품 안전기준에 부적합한 결함제품으로 확인되었다면서 수거 명령 등 행정조치를 하였다.

2020년 1월 22일 원자력연구원 내 일부 시설에서 소량의 방사성 물질인 세슘-137, 세슘-134, 코발트-60이 누출되어 원자력연구원 부근의 덕진천 일대 토양시료에서 검출된 것이 확인되었다. 이는 정기 검사를 위해 2019년 12월 30일에 토양시료를 채취하였고 그 과정에서 방사성 물질이 검출된 것이 확인된 것. 이에 원자력안전위원회에서 사건 조사에 착수했고, 한국원자력안전기술원이 사고조사팀을 급파하여 조사에 들어가 원자력연구원이 년마다 30년 동안 약 1만 4000리터의 방사성폐기물, 즉 약 1440만ml를 하천으로 누출했다는 사실이 밝혀졌다.

해외에는 북극항로 비행에, 방사선에 노출된다는 많은 연구가 있었다. 원자력안전재단에서도 조사한 2016년 데이터에 따르면, 항공 승무원은 원자력발전소에서 근무한 직원보다 연평균 피폭방사선량이 많았다. 실제로 2021년 5월, 2009년 입사해 6년여간 근무한 승무원이 북극항로 방사선으로 인해 산재를 인정받은 사례가 있다. 다만 해당 승무원은 전년도 5월에 이미 사망하였다.

지난 2011년 3월 진도 9.0의 강진이 일본 동북 지역에서 발생했다. 이는 후쿠시마 원전 폭발 사고로 이어졌고, 방사능 유출로 인한 오염의 위험성은 꾸준히 거론되고 있었다.

본 후쿠시마 원전 사고로 유출된 방사능 오염을 제거하는 비용이 후쿠시마현에 한 해 57조 원이 든다는 전망이 나왔다. 일본 산업기술종합연구소는 지난 24일 후쿠시마 제1원자력 발전소 사고로 인한 방사성 물질 제거 비용이 최대 5조 1300억 엔(한화 약 57조 원)에 달할 것이라고 밝혔다. 이는 일본 전체가 아닌 후쿠시마현만 따졌을 때의 비용이다.

이 규모의 금액은 일본 정부가 추정한 오염 제거 비용의 4배가 넘는 금액이다. 일본 산업기술종합연구소는 "오염 물질의 최종처분에 드는 비용은 계산에서 제외했기 때문에 전체 비용은 더 늘어날 수 있다"라고 덧붙였다.

도쿄전력은 방사능 오염수 1톤과 바닷물 1200톤을 혼합한 뒤 대형 수조에 담아 혼합한다. 한마디로 희석하여 방류기준인 1500Bq/L 이하로 확인되어 24일 오후 1시 방류를 시작하였다. 방류 직후 표본 측정 결과는 27일 공개될 예정이다. 이를 30년간 방류한다고 밝혔다.

방사능 오염수가 끼칠 영향과 위험성에 관해 관심을 가지고, 귀를 기울일 필요가 있다. 일본 후쿠시마의 도쿄전력은 앞으로 17일간 매일 460t의 오염수를 바닷물로 희석해 방류하는 작업을 진행한다. 첫날인 24일 방류량은 200~210t 수준일 것으로 예상된다.

일본 후쿠시마 원전 사고 이후 식품의약품안전처의 수입식품 방사능 안전 정보 사이트를 운영하고 일본 후쿠시마현과 그 주변 8개 현의 모든 수산물의 수입을 금지하고 있다. 그 외 인근 15개 현의 농산물 27개도 수입 금지하고 그 밖의 지역에서 나왔거나 수입이 허용된 경우라도 일본산 수산물은 수입 시에 매번, 매 건 방사능을 검사하고 있다. 미량이라도 방사능이 검출되면 즉시 중단, 추가 핵종 증명서를 요구했다.

우리나라는 미국이나 유럽연합, 국제식품규격위원회의 기준(1,000Bq/kg)보다 10배 이상 강화된 세슘 기준(100Bq/kg)을 적용하고 수입식품은 국내 도착하면 신고하고 식약처의 검사기관에서 정밀검사를 한다. 여기서 시료를 채취해서 일본산 수입식품에 세슘과 요오드를 검사하고 분석 결과, 기준치(세슘 100Bq/kg) 이하의 미량(0.5Bq/kg 이상)이라도 방사능물질이 검출되면 CODEX(국제식품규격위원회)에서 권고하는 17종의 추가 핵종 증명서를 수입자에게 요구하고 있어 사실상 국내에 반입되지 않습니다.

또한 방사능의 기준치 이하로 미량 검출된 제품은 추가로 스트론튬과 플루토늄을 추가로 검사를 하게 되어 있다. 1일 1회 식약처의 식품방사능안전정보에서 국내 유통 식품의 방사능 검사를 진행한다.

그리고 도카이 촌 방사능 누출 사고는 1999년 9월 30일 오전 10시 35분에 일본 이바라키현 나카군 도카이 촌에서 발생한 레벨 4 원자력사고다. 핵연료 재처리 회사 JCO의 안전불감증과 기업 범죄로 인해 일어난 산업재해이다. 사망자를 포함한 총피폭자 수는 667명에 달한다. 사망자가 2명에 그친 것이 그나마 다행이었다.

예전에도 단시간에 치사량의 방사능에 피폭되어 죽은 사람들이 있었지만, 대중적으로 피폭된 사람들의 사진이 돌아다니는 건 이 사고가 제일 유명하다. 일단 당시 이슈화가 빠르게 됐고 한국에도 여러 언론보도와 관련 논문이 나왔을 정도였다. 그리고 핵연료 재처리 회사 JCO 임계사고 때는 인터넷이 있었으므로 사건 이후 여러 경로로 유출된 사진들이 일본 웹을 통해 유통되었다.

또한, 데몬 코어 사고, 체르노빌 원자력발전소 폭발 사고, 마야크 재처리 공장이나 고이아니아 방사능 유출 사고도 유명하기는 하지만 고이아니아 사건과 데몬 코어 사고들은 피부질환이 심하지 않은 상태에서 피해자들이 사망해 남은 사진이 충격적이지는 않고 체르노빌과 마야크 재처리 공장은 실제 피해자들의 급성 방사선 피폭의 시각적 자료가 제대로 남아있지 않다.

3. 국가 핵심 기반 위기

3.1. 2021년 KT의 통신 장애

2021년 11월 25일 KT의 통신 장애로 국가적 마비 사태가 발생하더니, 이후 지하철과 여객기까지 지연되면서 시민들 발이 묶이는 등 불편이 잇따랐다. 통신과 교통 등은 국가기능을 유지하기 위한 핵심 기반 시설인데도 위기 상황에 대한 대비가 부족한 것 아니냐는 질타를 받았다.

25일 오전 11시 20분쯤, 기업이나 관공서가 가장 바쁠 월요일 오전에 유무선 인터넷이 전국적으로 먹통이 됐다. 주식 거래, 학교 온라인 수업, 병원 진찰까지 멈췄다는 민원도 쏟아져 나왔다. 인터넷 대란 사태는 점심까지 이어져 식당의 결제는 물론 배달 플랫폼 주문 · 결제까지 할 수가 없었다.

코로나 사태를 거치면서 비대면 거래가 폭발적으로 늘어나는 바람에 피해는 곳곳에서 터져 나왔다. 서울 광화문의 한 식당 주인은 "카드 단말기가 작동을 하지 않는다고 신고하려는데, 휴대전화와 인터넷 전화가 걸리지 않아 결국 손을 놓고 있었다"라고 했다. 오전 11시 16분부터 낮 12시 45분까지, 약 한 시간 반 동안 KT의 유무선 인터넷 장애로 전국이 마비됐다.

사태의 원인은 'Exit'라는 단어 하나에서 비롯됐다. 지난 29일 오후 과학기술정보통신부가 정보보호 · 네트워크 전문가로 구성된 사고조사반과 함께 조사한 사고 발생 경위를 발표했다. KT 부산지사에서 시설 교체를 하면서 설정 명령어를 입력하면서 작업자가 'Exit'이란 단어 하나를 누락해 전국 인터넷망이 다운됐다는, 믿기 어려운 황당한 결과가 나왔다. 'Exit'이란 단어 하나가 어떻게 전국의 유무선 인터넷을 마비시킬 수 있는지 과기정통부의 발표에 근거해 정리해 봤다.

2021년 11월 25일, 국민 대부분의 일상을 한순간에 멈춰버리게 한 'KT 통신 먹통' 사태. 장애는 80여 분 남짓 이어졌지만, 소상공인부터 은행, 공공기관 할 것 없이 전방위적으로 피해를 보았다.

〈부록 그림 1.10〉 KT 네트워크 장애 원인분석 결과 브리핑

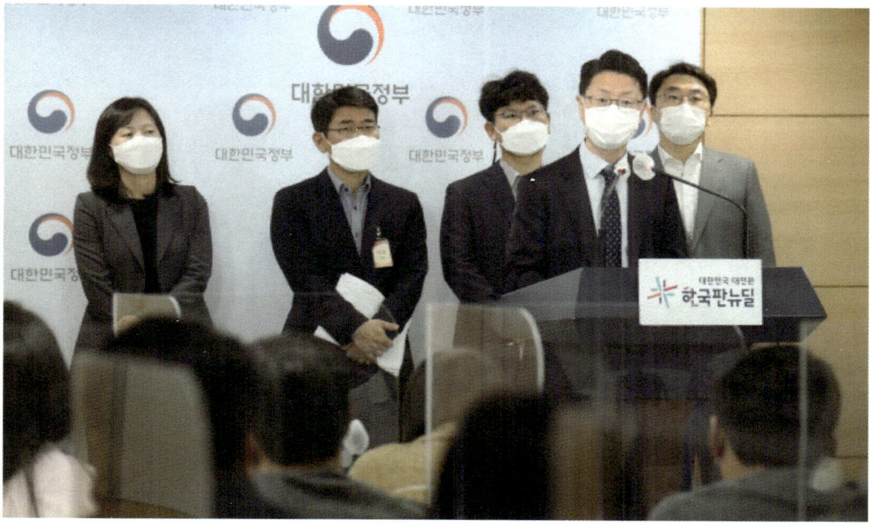

2021년 11월 29일 홍진배 과학기술정보통신부 정보보호 네트워크 정책관이 정부서울청사 브리핑실에서 25일 발생한 KT 네트워크 장애 원인분석 결과를 발표하고 있다(연합뉴스).

원인은 KT 내부의 작은 실수 때문이었다.

○ 어느 식당 사장은 너무 정신이 없어요. 갑자기 이렇게, 한가할 때 이러면 괜찮은데 가장 몰릴 시간에 인터넷이 먹통 되니까 카드 결제도 안 되고 당황스럽네요……
○ 어느 죽집 사장님은 배달이 들어올 수가 없으니까. 인터넷 다 죽었고, 전기 자체가 안 들어오니까 배달을 받을 수가 없죠. 배달이 들어올 수도 없고, 우리가 배달을 부를 수도 없고….

KT 사태 이후 사흘 만에 이번엔 교통에까지 문제가 발생했다. 진에어의 탑승 수속 시스템 이상으로 전국 12개 공항에서 여객기 백여 편의 운항이 줄줄이 지연되었으며, 장시간 발이 묶인 탑승객들로 공항은 인산인해를 이뤘고, 곳곳에서 항의하는 목소리가 터져 나왔다.

○ 어느 탑승객은 미리 문자라도 차라리 줬으면 조금 더 여유 있게 나오던지, 공항에서 이렇게 기다릴 일이 없을 텐데 바로 들어가려고 했는데 못 들어가서 불편한 상황이다.

같은 날 서울 도심에서도 출근 시간대 지하철 2호선이 한 시간 넘게 신호기 이상으로 지연 운행되면서 시민 불편이 잇따랐다.

○ 양방향으로 다 지연이 됐던 것 같아요. 대림쯤 가니까 갑자기 수십 명이 타더라고요. 평소에도 인원이 많은 역이긴 한데…. 중간중간에 1~2분씩은 더 섰던 거 같아요…

전문가들은 이러한 기반 시설 사고를 사회적 재난으로 봐야 한다며 정부가 기반 시설들에 대한 관리 능력을 높여야 한다고 지적한다. 연쇄적으로 일어나는 2차 피해가 크게 나타나는 유행이 기반 시설 사고이다. 기능 연속성을 가질 수 있게끔 관리하는 것이 중요한데 개인이나 기업 차원에서 하기보다는 기간시설을 관리하는 기관에서 조금 더 미래를 내다볼 필요가 있다. 특히 기반 시설 사고는 불편함을 넘어 대규모 인명피해로 이어질 수도 있는 만큼 예방을 위한 주기적인 점검과 투자가 반드시 선행돼야 한다.

3.2. 국가 기반 시설 점검 결과

2021년 소방청에서는 2월 16일부터 3월 5일까지 국가 핵심 기반 시설[80]로 지정된 정보통신시설 25개소에 대해 중앙소방 특별조사를 시행하고 그 결과를 발표했으며, 정보통신시설 25개소에 대해 불량사항 561건을 개선할 것을 요구하였다.

중앙소방 특별조사는 중요 정보시스템과 정보통신망에 대한 전문적이고 종합적인 화재 안전 컨설팅으로 국가 핵심 기반 시설 화재 사고의 근원적인 문제점과 개선책을 발굴하기 위해 실시하였는데 소방, 건축, 전기, 가스 분야에 대해 실시했으며 그 결과 전국 정보통신시설 25개소 모든 대상에서 총 561건의 불량사항이 지적되었다.

불량사항 중 위법 사항에 대해 조치명령 95건, 기관통보 76건 등의 행정조치하고 개선이 필요한 사항 390건에 대해서는 현지 시정하거나 개선을 권고했다. 분야별 세부 지적 사항 중 소방 분야는 스프링클러 설비 헤드 파손, 화재감지기 미설치 및 장소별 적응성 불량, 옥내소화전 수관 적재 불량 등이었다.

건축 분야는 방화문 자동 폐쇄 장치 미설치 또는 관리 불량, 방화문 개방 상태 고정, 방화문 및 방화셔터 노후화로 인한 방화성능 저하 등이었다.

전기분야는 안전관리 규정 및 연간계획 미작성, 각종 점검 서류 작성 또는 비치 태만, 정격차단기 미설치 또는 고감도 누전차단기 미사용 등이었다.

소방청은 국가 핵심 기반 시설에서 재난이 발생하면 사회 · 경제적 피해 규모가 막대하므로 지적된 사항에 대해서는 신속한 시정조치와 함께 사후 안전관리도 철저히 하도록 지도하겠다고 말했지만, 국가 기반 시설을 책임지고 있는 기관장이 안일한 행정을 추진하고 있다는 것을 단편적으로 보여주고 있다.

80 에너지, 정보통신, 교통 수송, 보건의료 등 국가 경제, 국민의 안전 · 건강 및 정부의 핵심 기능에 중대한 영향을 미칠 수 있는 시설, 정보기술시스템 및 자산 등을 말함

3.3. 1991년 낙동강 페놀 오염 사건

낙동강 페놀 오염 사건은 구미 공업단지 안의 두산전자에서 1991년 3월 14일과 4월 22일 두 차례에 걸쳐 각각 페놀 30여 톤과 1.3 톤이 낙동강으로 유입된 사건이다. 페놀은 대구 지역의 상수원으로 사용되는 다사 취수장으로 유입되었으며, 염소를 이용한 정수처리 과정에서 클로로 페놀로 변하면서 악취를 유발하였다.

당시 대구시민들이 수돗물에서 냄새가 난다고 신고했으나, 취수장에서는 원인 규명을 제대로 하지 않은 채 다량의 염소 소독제를 투입해 사태를 더욱 악화시켰다. 페놀은 낙동강을 타고 밀양과 함양, 부산까지 피해를 주었다. 이 과정에서 낙동강 수계에 있는 1천만 명가량 되는 영남지역 주민들이 페놀 오염 수돗물로 극심한 고통을 겪어야 했던 전대미문의 수질오염 사건이었다.

당초 이 사건은 단순 수돗물 악취소동으로 넘어갈 뻔했으나 당시 KBS 대구방송총국 류희림 기자의 현장취재로 페놀 오염이 확인되면서 페놀 유출 사흘이 지난 1991년 3월 17일 낮 뉴스부터 KBS TV와 라디오를 통해 특종 보도되면서 전국에 알려지기 시작했다. '낙동강 페놀 오염 사건'을 최초 보도한 KBS 류희림 기자는 이 사건 특종 보도로 한국기자협회가 수여하는 특종 상과 KBS 보도 금상을 수상했다.

이 사건은 발생 초기에 낙동강 물을 원수로 하는 수돗물이 페놀에 오염됐다는 의미에서 '낙동강 페놀 오염 사건'으로 불렸지만, 사건의 실체가 두산전자의 페놀수지 저장탱크 고장으로 인한 것으로 드러난 만큼 '낙동강 두산전자 페놀 유출 오염 사건'으로 불려야 한다는 것이 환경단체의 의견이다.

영화 '삼진 그룹 영어 토익 반' 약자들의 연대와 투쟁에 마음이 닿다.

▶ 1991년 실제 일어난 낙동강 페놀 유출 사건을 모티브로 삼아 대기업의 비리를 파헤친다. 차별과 구조적 모순에 대항하면서도 연대와 공감을 잊지 않는 여성들의 이야기를 경쾌하게 담았다. 각자의 이야기가 단단하게 자리 잡은 캐릭터의 균형감이 돋보이고, 90년대를 그대로 옮겨 놓은 듯한 디테일이 눈에 띈다.

▶ 여성 노동의 가치를 가벼이 여기던 시대에 놀라면서도 현재 우리 사회 일면에 여전한 부조리에 대해 진지한 고민을 내놓았다. 조금이라도 나아질 세상을 위한 약자들의 투쟁에 마음이 닿는다.

(1) 1차 유출

1차 유출은 3월 14일 밤 10시부터 3월 15일 새벽 6시까지 이루어졌다. 30t의 누출로 말미암아, 수돗물의 페놀 수치가 0.11ppm까지 올라간 지역도 있었는데, 이는 당시 대한민국의 허용치인 0.005 ppm의 22배, 세계보건기구의 허용치인 0.001 ppm의 110배에 달하는 수치였음에도 불구하고, 30t의 페놀 원액이 옥계천을 거쳐 대구 상수원인 다사 취수장으로 흘러들어 수돗물을 오염시켰다.

두산전자 구미공장에서 1990.10.20. 폐수 소각로 2기 중 1기가 고장이 나 나머지 소각로 1기를 24시간 완전가동 해도 8.4 톤의 폐수밖에는 소각할 수 없게 되자(1일 배출 폐수량 약 9.5t), 1990.10.21.~1991.3.20.경 지하 배출구를 통하여 낙동강 지류인 옥계천으로 1리터당 페놀 44,882mg(허용 기준의 8,976배)이 함유된 폐수 총 369.5t을 무단 방류한 사실이 검찰에서 수질환경보전법 위반으로 공소한 내용이다(대구지방법원 91고합300 · 464, 대구고등법원 91노769, 대법원 92도407).

또한 신성기업(주)에도 배출시설 설치 허가 없이 1990.5.20.경부터 1991.3.23.경까지 공장 내에 페놀폐수 배출시설인 속칭 "페놀 드럼 용해조"를 설치하여 배출 허용 기준치를 65배 초과한 페놀이 함유된 폐수를 1일 평균 833톤씩 무단 방류하여 수질환경보전법 위반 검찰에 기소하였다(대구 김천지원 91고단244).

또한, 수돗물에서 악취가 난다는 대구시민들의 민원 신고에도 불구하고, 다사 취수장은 원인을 규명하지 못한 채 페놀 소독에 사용해서는 안 되는 염소를 다량 투입하여, 사태를 더욱더 악화시켰다.

KBS 특종 보도로 페놀 오염 사실이 알려지자, 대구시에는 수많은 항의 전화가 빗발쳤지만, 대구시 당국은 인체에 유해할 정도가 아니라는 말만 되풀이해서 더욱더 많은 공분을 샀다. 그러나 수돗물 오염에 따른 급수 중지 및 이에 대한 비상 급수 대책은 전혀 없었다.

이에 따라 대구 인근 약수터에는 식수를 구하려는 수많은 시민으로 인산인해를 이루는 등 시민들은 식수 부족으로 큰 불편을 겪었다. 오염된 수돗물로 만든 음식들과 음료수 등도 모두 폐기하는 사태가 벌어지기도 했다.

언론보도 이후 환경 당국과 함께 수사에 나선 대구지방검찰청은 대구 환경처 직원 7명과 두산전자 관계자 6명 등 13명이 구속되고 관계 공무원 11명이 징계 및 구속 처리되었다. 두산전자에 대해서는 30일 영업정지 처분을 하였으나, 고의성이 없었다는 이유로 20일 만인 4월 9일 조업 재개가 허용되었다.

(2) 2차 유출

2차 유출은 4월 22일 밤 12시 5분에 발생하였다. 위 사건으로 조업정지 후 재개한 지 13일 만인 1991.4.22.경 파이프 이음새 패킹이 파손되어 페놀 원액 2t(공장 측 주장 1.497t)이 유출되어 배수로를 따라 옥계천에 유입되는 2차 사고가 발생하였다.

조업 재개 시 파이프라인에 스팀을 공급하여 페놀 원액을 녹이는 과정에서 급랭 시 수축하였던 파이프가 팽창하면서 노후화된 패킹이 파손된 것으로 밝혀졌다. 법원은 산업안전보건법 제23조 제1항(설비 위험방지 조치 의무)으로 의율[81] 검토하였으나, 무리한 법률적용이라는 의견이 지배적이어서 불입건한 바 있다.

(3) 사건의 결과

이 사건의 결과로 박용곤 두산그룹 회장 등이 물러났다. 두산전자에 대해서는 64일의 영업정지 처분이 내려졌다. 그러나 이미 임신한 부인이 유산하고 대구 지역주민들은 엄청난 악취와 환경오염 공포에 시달리는 등 피해를 당한 뒤였다.

또한 사건 이전에도 정화 비용 500여만 원을 아끼기 위해서 페놀을 정화하지 않고 버린 일이 여러 차례 있다는 게 조사 결과 밝혀졌다. 특히 이 사건은 환경오염 등 사회적으로 물의를 일으킨 기업이 시민들의 불매운동으로 파산할 수도 있다는 경각심을 일깨워준 우리나라 최초의 자발적인 시민 불매운동의 계기가 된 사건으로 기록되기도 한다.

녹색연합에서는 1999년 “50년대 이후 발생한 대한민국 환경 10대 사건” 중 낙동강 페놀

81 의율은 법률적용, 법원이 법규를 구체적인 사건에 적용하는 일.

오염 사건을 1위로 선정하였다. 검찰수사 결과 두산전자는 페놀폐수를 전량 소각 처리해야 하는데도 1990년 10월부터 소각로 2기 중 1기가 고장 나자, 폐드럼통에 넣어 보관하다가 하루에 2.5톤가량을 무단으로 방류하는 수법으로 1991년 3월 20일까지 5개월여 동안 무려 370여 톤의 페놀폐수를 무단으로 방류한 것으로 나타났다.

그런데도 이를 단속하는 환경청 직원들은 현장 단속을 제대로 하지 않고 허위 단속 서류를 작성한 것으로 조사됐다. 또한 대구시 상수도 당국은 이 사건이 발생하기 2년 전부터 페놀로 인한 수돗물 악취 신고를 여러 건을 접수하고 실제로 수돗물에서 페놀이 검출됐는데도 단순한 여름철 악취라며 제대로 원인조사를 하지 않은 것으로 드러났다.

그 이후 이어진 페놀 수돗물 피해 접수에서 1만 3천 건이 넘는 170억 원가량 의질적(疑疾的) · 정신적 신고가 접수됐으나 실제로 피해보상은 제대로 이뤄지지 않았다. 두산전자는 상수도 요금감면에 따른 피해와 내버린 수돗물 값, 수도관 등의 청소비 명목으로 대구시에 13억 5,190만 원을 배상했고 시민 1만 1,000여 명에게도 11억 원만을 배상했을 뿐이다.

특히 오염된 수돗물을 마시는 바람에 유산한 임산부들의 신고 건수도 수백 건을 넘었는데 이에 대한 피해는 인과관계가 인정되지 않는다며 배상이 거의 이뤄지지 않았다.

이 사건 이후 전국적인 단위의 환경보호단체들이 결성되고 대검찰청에 환경과가 신설되는 등 이 사건은 우리나라 환경보호 운동의 전기가 된 중요한 계기가 됐다. 아울러, 페놀폐수를 불법 방류하고 허술한 탱크 관리로 엄청난 양의 페놀 원액을 유출한 두산전자의 소행에 대해 시민들의 분노는 모그룹인 두산그룹 제품 불매운동으로 이어져 두산그룹은 그해 한해 주력 상품인 OB맥주 등 상품 매출액이 1천억 이상 감소하기도 했다.

이 사건은 70~80년대 고도성장 당시 환경오염방지에는 전혀 무관심했던 기업들의 환경오염 불감증을 여실히 드러낸 사건이었으며 아울러 형식적인 오염단속에 그친 행정당국의 안이함, 그리고 유독성 물질의 상수원수 유입을 방지할 수 있는 정수장치 등 근본 대책을 세우지 못한 보건당국의 무능함 등이 결합한 인재였다.

또한 이 사건은 그동안 무분별한 개발 중심의 정부 정책이 환경문제를 중요하게 고려하기 시작하게 된 기점이 됐다는 점에서도 그 의미가 크다고 할 수 있다. 특히 환경 범죄의 처벌에 관한 특별조치법이 처음으로 제정됐으며 공장설립 시의 환경 기준이 강화되는 등 건강권과 환경권에 대한 전 국민적 관심을 불러일으킨 계기가 됐다.

또한, 검찰에서는 공장에서 수원지까지의 거리는 70km로 기화, 용해 등의 사정을 고려하면 소량의 간헐적 방류로는 악취가 발생하지 않았을 것으로 추정되고 두산전자 간부가 선처를 호소하며 방문하여 몇 일전 지하 페놀 원액 공급 파이프라인의 이음새가 터져 페놀 약 30톤이 들러 나간 사실 뒤늦게 알게 되었다고 실토(간부 5~6명만이 알고 보안 유지)한 두산 간부들에게는 과실로 인한 것으로 판단되어 미입건(처벌 규정 없음)하였다.

그러나, 폐수 무단 방류의 고의 여부는 소각로 추가 설치 경위(기존 소각로만으로는 전량 소각 안 됨), 추가 설치 시 설계도, 설명서 등을 받은 점, 소각로 상 눈금이 기재된 점, 1호 소각로의 고장으로 전량 소각이 되지 않아 가압펌프를 이용하여 폐수를 일부 드럼통에 받아두었던 점, 폐수가 넘쳐 흘렀고 이에 대해서 시정 건의를 하였으며 보안 유지를 하였다는 일부 직원들의 진술 등에 비추어 고의가 인정되었다.

그리고 해당 공무원에게는 1990.10.22.경 두산전자 구미공장에 대한 공해방지시설 점검 시 폐수 소각로 1기가 고장 난 사실을 인지하고도 "방지시설 정상 가동"이라는 내용의 허위출장 복명서를 작성하여 허위공문서작성 및 동 행사하고, 1990.11.8.경 두산전자 구미공장의 배출시설에 대한 현장점검을 하지 아니하고 현장점검을 한 것처럼 위반 내용란에 "없음"이라는 내용의 허위 보고서를 작성하여 허위공문서작성 및 동 행사하였다.

또한, 1991.3.16.경 악취 사건이 발생 후 대구시 상수도 사업본부가 비상근무를 지시한 사실이 없음에도 불구하고 "16:00경 시험 직원 비상근무 지시"라고 숙직일지를 작성하여 허위공문서작성 및 동 행사하였다.

이에 따라 해당 공무원들은 징역 1년에서 집행유예 2년부터 벌금형 20만 원까지 처벌받았다(대구지방법원 91고단1548, 대구지방법원 91노1653, 대법원 91도3352, 대구지방법원 91고단1549, 대구지방법원 91노1515, 대법원 92도609, 대구지방법원 91고단1550).

3.4. 2003년 대구 지하철 방화 사건

대구 지하철 화재 참사는 2003년 2월 18일 09:53경 대구 도시철도 1호선 중앙로역에서 김대한의 방화로 일어난 화재 참사이자 대한민국에서 가장 인명피해가 큰 철도 사고이다. 1995년 아제르바이잔 지하철 화재 참사, 1995년 대구 상인동 가스 폭발 사고와 함께 세계 3대 최악의 지하철 사고로 꼽히며, 전 세계 철도 화재 사고로는 인명피해 수 2위를 기록하고 있다.

이에 따라 2개 편성 12량(대구 도시철도 1000호대 전동차, 118편성 1079 열차, 130편성 1080 열차)의 전동차가 모두 불타고 뼈대만 남았으며, 사상자는 349명(사망 192명, 부상 151명, 실종 6명), 대구 상인동 가스 폭발 사고[82]와 삼풍백화점 붕괴 사고[83] 이후 최대 규모의 사상자가 발생했다. 중앙로역도 전소되어 2003년 12월 30일까지 복구를 위해 영업을 중지했다.

(1) 사건의 개요

방화범 김대한(당시 56세)은 개인택시 운전을 하다가 우울증세를 보여 대구 시내 한 병원에서 정신과 치료를 받았던 것으로 알려졌다. 2001년 4월에는 뇌졸중이 겹쳐 상 · 하반신 마비증세로 11월 지체 장애 2급 판정으로 거동이 불편한 상태였다. 생계를 이어 왔던 개인택시를 무작정 세워둔 채 증세가 호전될 가망이 없자 김대한은 세상을 비관하게 되었다.

---

82 1995년 4월 28일 오전 7시 52분경 대구광역시 달서구 상인1동 상인네거리 지하철 1호선 2공구 건설공사 남쪽 지점에 있는 롯데백화점 상인점(당시 대구백화점 상인점 예정 부지) 신축 공사장에서 그라우팅을 위한 천공 작업을 위해 75mm 구멍 31개를 굴착 중 실수로 천공기로 도시가스 배관을 관통시켜 구멍이 뚫림으로써 가스가 누출, 인근 하수구를 통해 지하철 공사장으로 유입돼 원인 미상의 불씨에 의해 폭발한 사고다. 폭발음과 함께 50m의 불기둥이 치솟았으며, 이 사고로 등굣길 학생 42명을 포함해 101명 사망, 202명이 부상했으며, 차량 통행을 위해 공사장 위에 임시 설치한 복공판 400m가 무너졌고, 건물 346채, 자동차 152대가 파손되어 피해액은 540억 원에 다다른다.

83 삼풍백화점 붕괴 사고(三豊百貨店 崩壞 事故, 영어: Sampoong Department Store Collapse)는 1995년 6월 29일 오후 5시 57분경 대한민국 서울특별시 서초구 서초동에 있던 삼풍백화점이 붕괴한 사건으로, 건물이 무너지면서 1,445명의 종업원과 고객들이 다치거나, 사망했으며, 인근 삼풍아파트, 서울고등법원, 우면로 등으로 파편이 튀어 주변을 지나던 행인 중에 부상자가 속출해 수많은 재산상, 인명 상 손해를 끼쳤다. 그 후 119구조대, 경찰, 서울특별시, 대한민국 국군, 정부, 국회까지 나서 범국민적인 구호 및 사후 처리가 이어졌다.[
사망자는 502명, 부상자는 937명이며 6명은 실종되었다. 피해액은 약 2700억 원으로 추정된다. 생존자 중 최명석(崔明錫[3], 1975~)은 사고 11일째 구조, 유지환(柳智丸, 1977~)은 13일 만에 구조, 박승현(朴勝賢[3], 1976~)은 17일 만에 구조, 그동안 갇혀 있다가 구조되었다. 삼풍백화점이 있던 자리에는 현재 주상복합 아파트인 아크로비스타가 2001년 착공되어 2004년 완공되었다.

그는 방화를 일으키기 열흘 전 자신이 다니던 정신병원을 찾아가 "죽여달라"라고 소리치며 난동을 부릴 정도로 심리상태가 매우 불안정하였다. 2003년 2월 18일 오전 9시경 안방에서 1회용 라이터 2개와 자동차 세척 샴푸 통(용량 4리터의 흰색 플라스틱 통)을 꺼내 검은색 가방에 넣고 집을 나와 택시를 타고 가다가 대구 도시철도 1호선 송현역 부근에서 내린 다음 인근 주유소에서 휘발유 7,500원어치 상당을 구입하여 샴푸 통에 담았다. 그리고 1호선 송현역으로 들어가 안심 방향 승강장에서 9시 30분경 안심역 방면으로 운행되는 1079 열차의 1호차에 탑승하였다.

9시 53분경, 1079 열차가 반월당역을 출발해 중앙로역에 도착할 무렵 2호차와 가까운 1호차 노약자석 옆 일반석에 앉아 있던 김대한은 1회용 가스라이터를 꺼내 불을 켜려고 망설이던 중 맞은편에 앉은 승객으로부터 "왜 자꾸 불을 켜려고 하느냐"라는 나무라는 말을 듣자, 순간적으로 불을 붙이기로 결심하고, 1회용 가스라이터를 켠 다음 샴푸 통에 들어 있는 휘발유에 불을 붙였다. 당시 주변 승객들이 김대한을 말리려 달려들었으나 불이 빠른 속도로 번져 제지하는 데 실패하였다. 불행 중 다행으로 불이 붙는 순간 중앙로역에 열차가 정차, 출입문이 열리면서 많은 승객이 대피할 수 있었다.

방화범 김대한은 자기 옷에 순식간에 불이 붙자 황급하게 가방을 객실 바닥에 던졌고 불길은 더욱 순식간에 객실 내로 번지면서 화재가 확산하였다. 불길이 번지자, 승객들은 우왕좌왕하며 황급히 대피하는 등 혼란이 일어났다. 김대한은 다른 승객들과 함께 역사 밖으로 대피한 뒤 구급차에 실려 인근 병원으로 이송되었다. 1079 열차 기관사 최정환은 중앙로역에 도착해 출입문을 연 뒤 "불이야!"하는 소리를 듣고, 운전실 앞에 있는 CCTV 화면에 객차 쪽에서 승객들이 서둘러 빠져나오는 모습을 보고 운전실 옆에 있는 소화기를 들고나와 불을 끄려 했지만, 가연성 소재로 가득한 전동차 객실 내부의 불을 감당할 수 없게 되어 승객들에게 대피하라고 소리쳤다.

그러나 이때 최정환 기관사는 화재 진화를 포기하고 대피할 때 중앙사령실에 제대로 신고를 하지 않고 대피하는 치명적인 실수를 하였고, 이 때문에 중앙사령실에 화재 사실이 제대로 전달되지 못해 후속 열차인 1080 열차의 피해로 이어지게 된다.

결국 9시 55분 30초경 1079 열차와 반대 방향 대곡 방면으로 운행하는 1080 열차가 대구역을 출발하여, 9시 56분 45초경 현장 상황을 알지 못한 채 상행선 승강장에 진입하여 정차함으로써 1079 열차에서 발생한 불길이 순식간에 1080 열차로 옮겨붙으면서 화재가 더욱 확산하였다. 이미 1080 열차가 대구역을 출발했을 당시 중앙로역은 유독가스로 인한 연기로, 대피가 불가능할 정도로 시야 확보가 안 되었고 대현프리몰 지하상가로 향하는 방화셔터가 차단되어 탈출 경로도 한정적이었던 상황이었다.

화재 발생 20여 초 만에 대구지하철공사 종합사령실에 설치되어 있던 승강장 감시용 CCTV의 화면에 아무것도 보이지 않을 정도로 검은 연기와 유독가스 분출량이 많았던 것으로 판단되며, 화재가 진행되면서 지하 3층 승강장과 1079, 1080의 두 열차 내부는 유독가스와 화재로 인한 열기로, 많은 사람이 대피하거나 우왕좌왕하는 등 아수라장이 되었다.

1079 열차의 승객 거의 대부분은 정차 중으로 문이 열려 있었고 기관사가 승객들에게 대피를 지시하여 대피한 반면, 반대 방향으로 운행 중이던 1080 열차는 화재 상황을 잘 알지 못하는 상황에서 역에 진입, 정차함에 따라 화재가 확산하여 많은 사상자가 발생하였다. 1080 열차의 경우 중앙로역에 진입할 때 이미 승강장의 연기로 인해 전동차 외부의 시야가 전혀 확보되지 않았으며, 1079 열차 1호차와 인접한 1080 열차 5~6호차의 승객들은 전동차가 중앙로역에 정차 후 전동차 외부 상황에 대해 알 수 없을 만큼 이미 화재로 인한 연기가 지하 3층 승강장에 꽉 차 있는 상태였다.

중앙로역에 열차가 정차한 뒤 곧바로 출입문이 자동으로 열렸으나 연기가 밀려 들어오자, 기관사가 수동으로 닫았고, 승객들에게 "곧 출발하겠다"라는 안내방송을 반복하는 동안 대피가 지연되면서 골든 타임을 놓치고 만 것이다. 기관사는 급전을 받아 출발을 시도하였으나 이미 1080 열차가 도착하기 몇 분 전 역사 두꺼비집에 스파크가 발생, 모든 전기 공급이 끊기면서 전동차는 잠깐 급전이 됐다가도 바로 전기가 나가는 상황이 반복되었다.

결국 1080 열차 내부는 연기로 가득 차게 되었으며 대피하지 못한 승객들은 유독가스로 인한 연기로 질식하면서 실신, 사망했다. 당시 기관차 바로 앞 객차인 1, 2호차에 타고 있던 승객 몇 명은 기관실로 진입, 기관사와 함께 역 밖으로 탈출하는 데 성공하였으나 뒷 객차에 타고 있던 승객들은 화재 사실이 전혀 전달되지 않아 많은 희생자를 냈다. 겨우 문을 열고 빠져나온 사람들도 이미 암전되어 버린 중앙로역 내부에서 헤매다가 빠져나오지 못하고 연기에 질식, 승강장이나 지하상가인 대현 프리몰 셔터 입구에서 쓰러져 사망하는 경우도 많았다. 1080 열차의 기관사 최 모 씨는 승객들에게 "대피하라"라는 지시를 내린 뒤 마스터키를 뽑고 탈출했는데, 열차 전체의 전기 공급을 담당하는 마스터키를 뽑음으로써 전 열차의 출입문이 닫혀, 결과적으로 승객들이 빠져나오지 못하고 고립되는 결과를 낳았다.

다만 불행 중 다행으로 1080 열차에 타고 있던 대구선의 권춘섭 금호역장이 비상 개방 장치를 취급하여 문을 열고 주위 승객들을 대피시켜 피해를 다소나마 줄일 수 있었다. 훗날 권 씨는 이 활동을 인정받아 2013년 6월 7일 개설된 철도 안전 명예의 전당에 헌액되었다. 또한 일부 역무원이나 승객들은 선로로 대피, 700m 떨어져 있는 대구역까지 걸어와서 대피하기도 하였다.

일부 승객들은 시야가 차단되자 가지고 있던 휴대전화 불빛으로 시야를 확보하여 탈출하려 하였으나, 당시 피처폰의 저열한 밝기로는 시야 확보에 전혀 도움이 되지 않았으며 당시는 불빛 없는 흑백폰이 여전히 사용되던 시절이라 전혀 탈출 도구로 쓰지 못하기도 하였다. 이후 2010년대부터 대중화된 스마트폰에는 탈출용 목적으로 휴대전화 불빛이 탑재되어 있다.

결국 사망자 192명, 부상자 151명이라는 대형 참사가 발생하게 되었다. 사고 당시 화재가 처음 발생한 안심행 1079 열차에는 방화범을 포함한 250여 명이, 대곡행 1080 열차에는 180여 명의 승객이 탑승했는데, 이 중 1080 열차에서만 142명의 사망자가 나온 반면, 1079 열차에서는 단 1명의 사망자도 없었다.

실제로 나머지 사망자 50명은 중앙로역과 연결돈 대현프리몰 상가의 방화 셔터 앞과 중앙로역 곳곳에서 발견되었고 지하철에서 불이 나자 중앙로역 일대는 환풍구와 출입구 등에서 나온 시커먼 연기로 인해 유독가스가 시내 전체를 뒤덮어 앞을 제대로 분간할 수 없는 정도였으며, 사고 소식을 접한 뒤 가족들의 생사를 확인하려는 사람들과 지켜보는 시민들로 아수라장을 이뤘다.

또한, 지하철에 탔을 것으로 추정되는 승객 가족들은 현장에 나와 오열하였고, 일부 가족들은 경북대학교병원과 동산병원 등을 뛰어다니다 눈물을 흘리며 현장으로 되돌아오기도 하였으며, 사고수습대책본부와 언론사에는 사고 경위와 사상자 명단을 알 수 없겠냐는 문의 전화가 쇄도하였다.

사고가 나자 경찰관과 소방관이 긴급 출동하여 현장지휘소를 설치함과 동시에 중앙로 일대 차량 출입을 전면 통제하고, 소방 인력과 장비를 동원하여 화재진화와 구조작업을 펼쳤으나, 화염과 유독가스로 현장 접근이 힘들어 구조가 지연되자 지켜보던 많은 시민은 안타까움을 감추지 못했다.

(2) 사건의 시간대별 상황

(가) 9시 30분 정각

방화범 김대한이 방화를 목적으로 주유소에 방문하여 휘발유 7500원어치 상당을 구입한 뒤 1호선 송현역 안심 방면 승강장에서 안심행 1079 열차 1호차에 탑승하였다.

(나) 9시 52분 32초 – 1079 열차 중앙로역 도착

안심행 1079 열차가 중앙로역에 도착하였다.

(다) 9시 53분 정각 – 화재 발생

안심행 1079 열차가 중앙로역에 진입하는 순간 전동차에 타고 있던 방화범 김대한이 휘발유에 라이터를 켜 불을 붙이고 불이 방화범의 옷으로 옮겨붙자, 방화범이 휘발유 통이 든 가방을 전동차 바닥에 던져 불이 전동차 벽면과 천장 등에 옮겨붙고 전동차 내부가 급속히 타들어 갔고, 많은 양의 검은 연기와 유독성 가스가 분출되어 승강장과 지하 1~2층의 대합실 등에 급속히 확산하여 승객들은 주 출입구 쪽의 계단을 통해 대피하기 시작하였다.

그 후, 1079 열차 기관사는 소화기로 불을 끄려고 시도하였으나 실패하였으며, 화재 발생 사실을 종합사령실에 보고하지 않은 채 역사 밖으로 대피하였다. 종합사령실 기계설비사령주 컴퓨터에 중앙로역 화재경보 문구가 뜨고 경보음이 울렸으나, 종합사령실에서는 확인을 하지 않았다.

(라) 9시 53분 35초 ~ 9시 54분 40초

1079 열차의 40대 남자 승객이 중앙로역 전동차 안에서 화재가 발생하였다는 내용을 소방본부 종합사령실에 최초 신고, 이후 역시 밖으로 탈출한 승객들과 전동차 안에 갇힌 승객들과 휴대전화 통화를 한 가족 등이 현장의 상황을 소방본부 종합상황실에 신고하여 소방본부 종합상황실에서는 삼덕파출소 등 8개 출동대에 출동 명령을 하달하였다.

(마) 9시 55분 정각

중앙로역 역무원이 종합사령실에 "중앙로역 실제 화재입니다. 전혀 앞이 분간이 안 됩니다. 신고 좀 부탁드립니다."라며 중앙로역 화재 사실을 신고하였으나, 종합사령실에서는 사태의 심각성을 깨닫지 못하고 119 신고를 하지 않았다. 종합상황실 근무자는 업무상과실치사와 업무상 과실치상에 해당하는 사유다.

(바) 9시 55분 30초

1080 열차가 대구역에서 중앙로역으로 출발하였고, 중앙로역 역무원이 초기 소화를 시도하였으나 실패하고 일부 직원이 승객 대피를 유도하였다.

(사) 9시 55분 36초

종합사령실 운전 사령이 전체 열차에 "중앙로역 진입 시 조심하여 운전하여 들어가시기 바랍니다. 지금 화재가 발생했습니다."라고 열차 무선 전체 호출을 통하여 통보하였다.

(아) 9시 56분 45초 – 1080 열차 중앙로역 도착

대곡행 1080 열차가 이미 검은 연기가 가득 차 있던 중앙로역 승강장에 도착하여 출입문이 자동으로 열렸으며, 승강장에 있던 연기가 전동차 안으로 밀려들자, 기관사가 즉시 출입문을 닫았다.

(자) 9시 57분 07초

전동차 전원이 끊어짐에 따라 전동차가 움직일 수 없게 되었다.

(차) 9시 57분 32초

1080 열차 기관사가 운전 사령에게 열차 무선으로 "엉망입니다. 빠른 조치 바랍니다."라며 적정한 지시를 내려주도록 요구하였으나, 운전 사령은 상황판단을 하지 못한 채 "대기하고 승객들에게 안내 방송하라"라고 지시하여 1080 열차 기관사는 "잠시 후 출발할 것이니 기다려 달라"라고 안내 방송을 하였으며, 중부소방서 서문로 파출소 소방대원이 현장에 도착하여 인명구조를 시작하였다.

(카) 9시 57분 40초

중앙로역 역무원이 화재 사실을 119에 신고하였다.

(타) 9시 58분 28초

1080 열차 기관사가 종합사령실에 연락하여 승객 대피 여부를 결정해달라고 요구하던 중 전동차에 잠시 전력이 공급되어 출발을 시도하였으나, 1080 열차에 전력이 공급되어 기관사가 출발을 시도하면 전력이 다시 끊기는 일이 수차례 반복되면서 승객 대피 여부를 결정하기 어려운 상황이 계속되었고, 1080 열차 기관사는 전동차가 곧 출발할 예정이므로 전동차 안에 대기하도록 승객들에게 방송하였다. 이 때 1079 열차에서 1080 열차로 불이 옮겨붙기 시작했을 것으로 추정되며, 종합사령실과 1080 열차 간 열차 무선 통화가 두절되었다.

(파) 10시 2분 48초

종합사령실에서 1080 열차에 전력이 공급되지 않고 중앙로역에 머물러 있다는 사실을 알고 1080 열차 기관사에게 "승객들을 승강장 위로 대피시키라"라고 지시하였다. 이에 따라

1080 열차 기관사는 출입문을 개방하고 승객 대피 안내방송을 하였으나, 일부 차량에서는 문이 열리지 않았고 승객들이 수동으로 출입문을 여는 방법을 몰라 전동차 안에 갇혀 있게 되었으며, 소방파출소 및 구조대가 현장에 도착하여 본격적인 구조활동이 시작되었다.

(하) 10시 4분 정각

소방본부 종합상황실에서 복현파출소 등 16개 파출소 달서구조대, 동부 구급구조대 등에 구급차와 물탱크차 출동 요청하고 지하 1층과 지하 2층에서 인명구조를 계속 실시하였다.

(거) 10시 10분 정각

1080 열차 기관사는 운전 사령의 "전동차 판(팬터그래프의 줄임말) 내리고 차 죽이고 가라"라는 지시를 받고 승객들의 안전과 대피를 확인하지 않은 채 전동차의 마스터키(주간제어기 키, 즉 마스터키)를 뽑아 역사 출입구를 통해 탈출(원칙상 타인이 운전실에 들어가 운전하는 것을 막기 위하여 기관사는 비상 상황 발생 시 마스터키와 제동핸들을 가지고 나가게 되어 있음)하였고, 그런데 마스터키를 빼면서 문이 안 열리게 되었다.

(너) 10시 12분 정각

소방본부 종합사령실에서 대구 시내 병원에 구급차 동원을 요청하였다.

(더) 10시 17분 정각

종합사령실에서는 다른 전동차의 운행을 통제하면서 모든 전동차의 운행을 정지시켰고 중앙로역 역무원들은 탈출 후 모두 병원으로 이송되고, 중부소방서장이 자체 비상소집을 명령하였다.

(러) 10시 25분 정각

소방본부장이 경북소방본부에 구조대 및 구급대 지원을 요청하였다.

(머) 10시 28분 정각

종합사령실에서 전 전동차 운행 중지 및 승객 하차를 지시하였다.

(버) 10시 52분 정각

소방본부장이 소방본부 전 직원 비상소집 명령하였다.

(서) 11시 11분 정각

경북소방본부 6개 지역대의 구급차 12대가 지원 출동하였다.

(어) 13시 38분 정각

화재를 완전히 진압하였다.

사고 당시의 열차 무선 교신 내용(교신 시각. 통화자. 통화 내용 순)

▶ 9시 55분

운전 사령: 전 열차에 알립니다. 중앙로역에 진입 시 조심해서 운전하여 들어가시기 바랍니다. 지금 화재가 발생했습니다.

▶ 9시 57분

운전 사령: 예. 사령 이상. 사령 이상.
1080 열차: 예. 1080입니다. 지금 단전입니까?
운전 사령: 단전이니까 방송좀 하시고.
1080 열차: 예.
운전 사령: 계세요.
1080 열차: 아……. 연기 나고, 엉망입니다.

▶ 9시 58분

운전 사령: 79 열차 지금 화재가 났으니까, 79 열차 지금 화재가 났으니까.
1080 열차: 예.
운전 사령: 거저 뭐야, 안내 방송하시고.
1080 열차: 엉망입니다. 답답하니까 빨리 조치 바랍니다.
운전 사령: 예. 예.
운전 사령: 1080 열차 이상, 1080 열차 사령 이상.
운전 사령: 예. 사령 이상.
1080 열차: 예. 중앙로역입니다. 대피시킵니까? 어떡합니까?
운전 사령: 단전돼서 차가 못 움직이잖아, 지금!
1080 열차: 예.
운전 사령: 그럼, 일단 방송하시고.
1080 열차: 예, 지금 바로 출발합니다. 급전되었습니다.
운전 사령: 급전됐어?
1080 열차: 예.

▶ 9시 59분

운전 사령: 그럼. 발차.
1080 열차: 예.
운전 사령: 조심히 나가세요.
1080 열차: 아……. 미치겠네.
운전 사령: 예. 사령 이상.
1080 열차: 지금 급전됐다 왔다 갔다 하는데. 차 죽여서 다시 살릴게요. 지금 급전됐다 살았다가 죽었다 엉망입니다.
운전 사령: 침착하게. 침착하게 하세요. 아 여보세요. (이후 운전 사령이 다른 열차 기관사들과 통화함)

▶ 10시 정각

운전 사령: 예, 1082 열차.
1082 열차: 예, 수고하십니다. 1082 열차 14편성. 지금 단전되어 가지고 차가 칠성역(현재 칠성시장역)에 서 있어 못 가고 있습니다.
운전 사령: 예, 지금 단전상태이니깐요. 안내 방송하세요……. 여보세요.

▶ 10시 2분

운전 사령: 1077 열차. 사령 이상.
1077 열차: 예.

운전 사령: 예, 방촌역에서 1분. 용계역에서 1분 해갖고 2분 연발해 가시고 사유는 반월당에서 신천 하선 단전되어 가지고, 뒤차가 못 오니까 간격 조정입니다. 아니. 중앙로 상선 열차는 지금 1080 열차는 지금 급전 안 돼 있어요. 지금 1080 열차예요. 지금 보조 계기가 제로예요. 아 그럼, 일단 판 내려갔고, 대기하고 있으세요. 아니 연기가 많이 찼어요? 연기가 찼으면 승객들 승강장 우로 대피시키세요. 대피시키고 방송하세요. 문 열어 놓고 안내방송 잘하고 승강장 위로 대피시키세요.

▶ 10시 4분

운전 사령: 1079사령 이상. 1070사령 이상.

운전 사령: 1081. 1080. 1080. 1082. 1082 나오세요. 1079 나오세요. 1080.

▶ 10시 6분

운전 사령: 운전 사령에서 본선 운행 중인 전 열차에 알립니다. 현재 반월당역에서 신천역 간 하선 단전으로 하선 열차 정상 운행이 안 되고 있으니까. 상선 열차는 정상 운행을 하시고, 상선 열차 중에서 보조 계기 제로인 열차 및 큰고개. 중앙로. 교대 간. 신호 안 뜨는 열차는 속히 운전 사령데 속히 연락 부탁합니다.

▶ 10시 9분

운전 사령: 1082 열차 나오세요. 사령 이상.

▶ 10시 10분

운전 사령: 1082 열차 나오세요. 사령 이상 1079 나오세요. 사령 이상. 1080 나오세요. 사령 이상.

▶ 10시 17분

운전 사령: 전 열차에 알립니다. 역에 도착한 열차는 사령 지시 받고 발차하시기 바랍니다.

(3) 인명피해

대구 지하철 중앙로역 화재 사고로 인한 인명피해는 사망자 192명, 부상자 151명으로 총 343명에 달한다. 사망자 192명 중 신원이 확인된 사망자가 185명, 신원 미확인 사망자 6명, 인정사망 1명이었다. 신원 미확인 사망자 6명 중에서 DNA가 확인된 사망자가 3명, DNA 확인이 불가능한 사망자가 3명이었다.

실종자로 접수된 사람은 총 619명이었고 이 가운데 생존 380명, 지하철 화재 사고와 무관한 사망 60명 지하철 사고 부상자 4명 기타 54명을 제외하고 121명으 인정사망 심사를 하였고 인정사망 심사에서 확정 사망 99명, 인정사망 1명, 불인정 20명, 판단유보 1명으로 결정하였다.

▶ 성별
사망자 - 186명(신원 미확인 사망자 6명 제외) - 남자: 61, 여자: 125
부상자 - 151명(법적 보상 제외자 포함) - 남자: 80, 여자: 71

▶ 연령별
사망자 186명(0~9세: 4, 10~19세: 30, 20~29세: 52, 30~39세: 28, 40~49세: 15, 50~59세: 28, 60세 이상: 29)
부상자 151명(0~9세: 3, 10~19세: 18, 20~29세: 38, 30~39세: 39, 40~49세: 30, 50~59세: 12, 60세 이상: 11)

▶ 직업별
사망자 186명(무직: 29, 학생: 47, 가사: 26, 자영업: 11, 일용직: 2, 회사원: 15, 공무원·교사: 5, 기타: 51)
부상자 151명(무직: 5, 학생: 29, 가사: 37, 자영업: 10, 일용직: 17, 회사원: 32, 공무원·교사: 14, 기타: 7)

지하철이 대중교통수단이기 때문에 많은 사람들이 이용하고 있었을 뿐만 아니라, 사고 발생시간이 9시 53분경으로 비교적 많은 사람이 이용하는 바쁜 시간이었기 때문에 인명피해의 규모가 컸다.

사상자 가운데 동구 주민이 가장 많았던 것은 안심역에서 출발한 1080 열차에 탑승한 승객들의 인명피해가 컸고, 달서구 대곡역에서 동구 안심역으로 가던 1079 열차에 동구 지역주민들이 많이 탑승했기 때문으로 풀이된다.

사고가 발생한 뒤 중앙로역 일대는 실종된 가족을 찾으려는 사람들이 몰려들어 플래카드를 붙이기도 하였으며, KTF와 LG텔레콤, SK텔레콤 등 통신사들은 중앙로역 기지국 데이터를 조회, 탑승객들의 마지막 휴대전화 신호 위치를 조회해 발표하기도 하였다.

또한, 청 · 장년층에서 사상자가 많이 발생한 것은 시기적으로 봄방학 기간이었던 점과 사고 당일 계명대학교 졸업식에 참석하기 위해 일가족이 함께 탑승하였다가 사고를 당한 사례가 18가족이나 되어서 안타까움을 더하게 하였다.

지하철 사고에서는 부 · 모, 모 · 자, 처 · 자 등 1가구에 2명 이상의 가족이 동시에 참변을 당한 유가족이 12가구나 되었다.

특히 두 딸을 동시에 잃었던 모친 김○○의 경우 보상 합의 후 두 딸의 극락왕생을 기원하는 천도재를 지내기 위해 경남에 있는 한 사찰을 찾았다가 9월 한반도 남부를 강타한 태풍 "매미"로 인해 사찰 내 요사채가 붕괴하면서 모친도 두 딸의 뒤를 따라갔다.

(4) 사건의 문제점

(가) 낙후된 소방 기술

초기 신고자로부터 현장 상황에 대한 정보 파악 시도가 전혀 없이 무작정 현장으로 출동하였다. 절박한 신고자에게 '출동했다.', '예, 갑니다.'라는 말만 되풀이하였다(녹음자료로 확인된 사실).

또한 지하철 화재진압 기술 및 대비가 거의 없는 형편이었다. 분진 마스크, 방독면, 산소통, 방열복, 연기 강제 배출 장비 등이 절대 부족하여 사고 발생 후 3시간 이상이나 구조대의 현장 진입이 불가능한 상태였다. 소방차 84대, 소방관 · 경찰 등 3,200명이 출동했지만, 실속 있는 초동 조치는 전무하였다.

(나) 사고 관리시스템 부재

사고발생의 원인을 구조적 문제와 같은 근본 원인보다는 하위직의 개인 실수에서 찾아 처벌하려고 하였다. 또한 사망자, 실종자 파악, 현장 수습, 유가족 대책수립, 행정 처리 절차가 미흡하였다. 결정적으로 현장 보존에 실패하였다.

소방관의 진화, 구조활동에 의한 훼손, 취재 기자들에 의한 훼손 방치, 고위 정치인의 이튿날 현장 방문에 대비한 현장 훼손 군 병력 투입, 물청소 실시, 뚫린 창문에 대한 응급조치도 없이 소실된 전철 차량의 이동 등 사고 관리에 있어서 많은 문제점이 있었다.

(다) 부실한 사회 안전망과 저급 전동차

대중교통수단인 전철의 객차가 화재에 매우 취약한 가연성 재질인 폴리우레탄 폼 재질의 시트, FRP 소재로 구성된 내장재, 폴리염화비닐 재질로 된 내부 통로 자바레 및 바닥재로 구성되었다는 점이 문제였다. 특히 시트가 빠른 속도로 불에 타면서 치명적인 유독가스를 발생시켰다.

당시 열차 차량에 대한 소방안전대책은 전무한 실정이었다. 고작 소화기 비치가 전부였고 객차의 경우 건축법, 소방법 및 전기사업법의 적용을 받지 않고 있었다. 결과적으로 기관사와 종합사령실 관계자 몇 명 정도만 과실과 직무 유기로 처벌되는 수준으로 사건은 마무리되었다.

또한 1993년 대구광역시 지하철공사(현 대구도시철도공사)에서 매입한 전동차량의 단가는 1량 당 5억 원 수준이었다. 그나마도 낙찰 이후 예산 부족을 이유로 대금을 더 삭감하였다. 이는 전동차를 부실한 재질로 제작하게 만드는 원인이 되었다. 선진국에 수출하는 전동차의 단가는 약 17억, 서울 및 부산, 인천 도시철도의 단가는 약 8억이었던 것에 비해 무척 싼 가격이었다.

(라) 사고 후 전동차 훼손

참사 이후 화재 전동차를 바로 월배 차량사업소로 이송하여, 물청소하여 그을음을 씻어냈다. 그런데 그 과정에서 전동차의 화재 흔적이 심하게 훼손되었기에, 따라서 방화 범인은 알 수 있었지만, 전동차의 화재 상황, 흔적에 대한 경위를 자세히 알 수 없었다.

(마) 휘발유를 함부로 판매하는 안전불감증

사건이 발생하기 전, 김대한은 방화를 목적으로 주유소를 방문하여 자동차 세척용 샴푸 통 용량 4리터의 흰색 플라스틱 통에 휘발유를 구입해 갔다. 한편, 주유소 측에서는 정확한 확인을 하지 않은 채 인화성과 폭발 위험이 큰 휘발유를 용기에 담아 판매함으로써 사건이 일어나는 데 한몫을 한 셈이었다.

석유 관계법에 따르면 자동차용 휘발유는 절대로 변형된 방법으로 임의의 용기에 판매하지 못하도록 규정되어 있으며, 적발될 경우 해당 주유소에 강력한 행정 처분이 내려지게 된다. 그렇지만 기름보관용 플라스틱 통에는 휘발유는 20리터까지, 경유는 30리터까지 구매 및 운반이 가능하다.

(5) 관련자 처벌(대구지방법원2003고합141, 대구고등법원2003노465, 대법원2003도8073)

2003년 2월 18일 참사 당일 전동차 안 최초 목격자인 전융남 씨의 증언을 비롯해서, 사고 발생 2시간 뒤, 북구 노원동 3가 조광병원에서 치료하고 있는 50대 남자(김대한)를 유력한 용의자를 지목하였다.

4월 23일에는 대검찰청 특별 수사본부를 해체하고, 방화범 김대한을 현존 전차 방화 치사상죄로, 기관사, 관제사, 역무원, 시설 책임자 등 지하철 직원 8명을 업무상 중과실 치사상죄로 각각 구속 기소하고, 2명을 업무상 과실죄로 불구속 기소했다.

같은 해 8월 6일 열린 선고 공판에서 방화범 김 씨에 대해 검찰은 사형을 구형하였으나, 김 씨는 심신 장애는 없었으나 범행 당시의 정신 상태 등을 고려하면 온전한 정신 상태에서 일으킨 범행이라 보기 어려운 점과, 직접 방화한 1079호 열차에서는 인명피해가 그다지 없었던 점(1080 열차의 진입으로 사고가 크게 확산) 등이 고려되어 2004년 1월 7일에 대구고등법원에서 무기 징역이 선고되었다. 형이 확정되어 복역하던 김대한은 2004년 3월 8일 진주교도소로 이감되었다가, 같은 해 8월 30일에 지병으로 사망했다.

한편, 검찰이 일괄하여 법정 최고형인 금고 5년을 구형했던 사고 대처를 미흡하게 했던 지하철 직원들에 대해서는 금고형이 다음과 같이 선고되었다. 1080 열차의 기관사 최상열은 열차의 출입문을 닫아 버려 승객들의 탈출을 막아 많은 사상자를 내게 한 점에서 구형대로 5년 금고형이 선고되었고, 2008년에 집행 기간이 끝나 출소했다.

1079 열차 기관사 최정환과 가장 먼저 화재 사실을 연락받은 관제사 방정민에 대해서는 초동 조치를 제대로 하지 않았다는 이유로 각각 금고 4년, 홍순대, 손영일 등 나머지 관제사들에 대해서는 각각 금고 3년이 선고되었으며, 나머지 세 피고인(시설 사령 2명 및 중앙로역 역무원)에 대해서는 직접 책임이 없음을 이유로 집행유예가 선고되었다. 그러나 선고 공판 직후 재판부의 양형에 불만을 품은 유족들이 격렬히 항의하며 법정을 점거하기도 하였다(대구지방법원 2003고합141, 대구고등법원 2003노465, 대법원 2003도8073).

(6) 사건 이후

(가) 중앙로역 통제 및 복구, 완전 밀폐형 스크린도어 설치

사고가 난 중앙로역을 전후한 교대~중앙로~동대구역 구간이 불통되어 양쪽 구간만이 운행되었고, 동대구역은 큰고개역에 설치된 회차선을 통해 단선으로 운행했다. 교대역에서 동대구역까지는 시내버스 중 일부 차량을 가져와서 셔틀버스로 수송하는 파행 운행이 이어졌다. 중앙로역이 운전취급 및 관리역인 관계로, 중앙로역 반복 운전을 하지 못해 상당한 구간이 불통될 수밖에 없었다.

게다가 중앙로역의 구조물이 손상되어 2월 25일에 반월당네거리와 중앙네거리 사이가 전면 통제되어 시내버스들이 반월당역에서 우회 운행했다. 차량 통행금지는 같은 해 4월 10일에 전면 해제되었다.

운행 재개는 가복구가 이루어진 2003년 10월 21일에 이르러 중앙로역을 무정차 통과하는 형태로 교대~동대구역 구간의 운행을 참사 8개월 만에 재개하였고, 12월 31일이 되어서야 비로소 중앙로역에 정차가 가능해져 완전히 정상화가 이루어졌다.

화재 참사 후 대구 도시철도의 모든 역에는 안전시설이 촘촘하게 갖춰졌고, 2009년 5월 29일에 중앙로역 승강장에는 완전 밀폐형 스크린도어가 설치되었다.

(나) 희생자 유족 및 생존자들의 후유증

희생자들과 관계된 유족들은 참사 이후 오랜 시간이 지났는데 현재도 사고를 잊지 못하고 있으며, 생존자들의 상당수가 정신적 트라우마 등 심각한 후유증에 시달리고 있다. 2005년 참사 2주기를 맞아 MBC에서 생존자들을 취재할 결과, 절대다수가 PTSD에 시달리고 있었으며 사고 당시 유독가스를 과다 흡입한 영향으로 기도 화상을 입어 호흡기 질환을 앓고 있는 생존자도 많았다.

대구 지하철 참사는 한국 사회에서 PTSD가 처음 소개되고 대중적인 관심을 받게 된 계기가 되었으며, 이후 청해진 해운 세월호 침몰 사고 등 각종 대형 참사가 발생했을 때 PTSD에 대한 의학적이고 효율적인 접근과 연구가 가능하게 되었다.

한편 사고 발생한 날 2월 18일에는 매년 추모식이 열리고 있으며, 중앙로역에는 2.18 대구 지하철 화재 참사를 기억하는 공간이 조성되었다.

(다) 정부의 대처 : 내장 불연재 교체

사고 이후 정부는 전국 대도시의 각 지하철 운영 주체와 광역철도 운영 주체인 한국철도공사에 2006년까지 전 차량에 대한 내장재 교체를 완료하라고 지시하였다. 기존 차량은 좌석, 벽 내부 단열재 등에 가연성 소재인 천이나 면 따위를 사용하고 있었기 때문이었다.

개조의 시작은 승객들이 직접 사용하게 되는 좌석이었다. 수도권 전철 운영기관 중에 서울메트로, 서울특별시 도시철도공사(현재 서울교통공사로 통합)를 비롯한 부산교통공사, 인천교통공사의 경우, 견고하고 불에 전혀 타지 않는 스테인리스 재질의 금속으로 교체하였고 한국철도공사는 불연재 모켓시트로 교체하였다. 다만, 서울특별시 도시철도공사는 이후 전동차 의자에 모켓시트를 덧씌웠다.

그 후 시공사와 예산을 확보하여 2003년 하반기부터 2006년까지 로윈, SLS중공업, 홍일기업에서는 해당 차량기지에 출장 나오는 방식으로 실시하였고, 1999년부터 2002년까지 한국철도차량과 현대로템에서 제조된 전동열차는 당시의 로템 의왕공장, 창원공장으로 회송되어 내장재를 교체하기에 이르렀다. 대구도시철도공사도 이후에 모두 불연재 시트로 교체하였다.

한편, 지하철 승강장에 인공암벽을 사용하는 모든 지하철역(충무로역, 마천역, 가산디지털단지역 등)에 대해 철거 및 리모델링하는 데 간접적인 영향을 많이 받았는데, 인공암반이 FRP(유리섬유 강화 플라스틱)라는 마감재를 사용하여 화재 시 유독가스를 발생하고 많은 인명피해를 야기한다는 지적을 받게 되어 인공암반을 사용하는 모든 역사에 대해 불연 소재로 교체하게 되었다.

사고가 났던 대구 지하철은 2005년 4월 1일 전량 불연재 개조를 완료하였으며, 서울지하철의 경우 퇴역 예정이었던 차량은 2009년까지 가연재 시트를 달고 운행하였다.

(라) 사고 전동차 고철 매각

대구도시철도공사는 총 12량의 사고 전동차 중 대구시민안전테마파크에 보존될 1량을 제외한 11량을 안심 차량기지 보관 공간 부족과 재원 마련을 이유로 들어 2008년 6월 26일 경기도 고철처리업체에 매각했다. 하지만 유족들의 반발이 커지자 사고 전동차 반출을 중단하고 6량을 남겨 두었다. 이후 추모사업추진위와 협의 끝에 2008년 7월 25일 3량을 더 반출하여 사고 전동차는 118편성 1량, 130편성 2량이 남게 되었다(1818호는 시민안전테마파크에, 1130호, 1730호는 안심 차량기지에 사실상 방치).

4. 감염병 위기

4.1. 인플루엔자 검체 채취 및 의뢰 방법

(1) 대상 및 방법

검체 채취 대상은 당일 내원한 인플루엔자 의사환자 및 호흡기환자 중 발병 후 3일 이내의 전형적인 증상을 나타내는 환자의 검체를 채취하고 채취 방법은 인후 및 비인두 도찰물 채취 방법으로 채취하여 검체 용기에 환장의 성병, 성별, 연령, 채취일 등을 정확히 기재하여야 한다.

검체 용기 보관 방법은 수송배지가 담긴 병에 도말한 봉을 담그고 병마개 부위에서 봉을 부러뜨린 후 뚜껑을 꼭 잠그도록 한다. 부러뜨릴 때 안쪽에 곤이 닿아 오염되지 않게 주의하여야 한다. 검체가 담긴 병은 즉시 냉장고 4℃ 정도로 내부가 유지되도록 보관한다.

구인두 및 비인두 도찰물 채취 방법은 바이러스 수송배지(Virus Transport Medium, VTM) 키트 안에 동봉된 면봉을 이용, 환자 인후 또는 비인두 부위를 도찰한다.

〈부록 그림 1.11〉 구인두 및 비인두 도말물 채취 방법

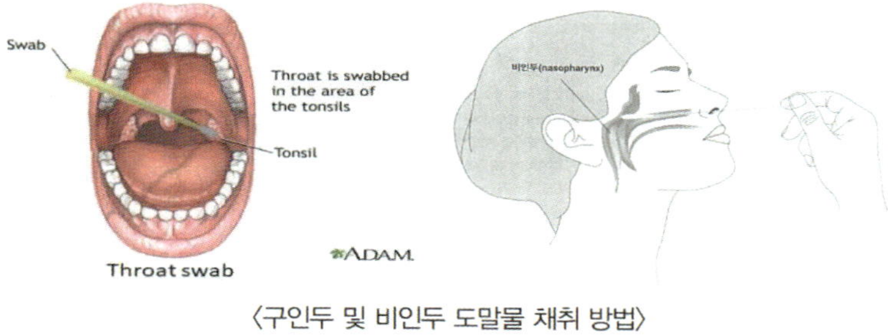

〈구인두 및 비인두 도말물 채취 방법〉
출처: A.D.A.M. Suite of Healthcare Product, 신종인플루엔자 범 부처 사업단(TEPIK)

검체채취 후 반드시 채취 용기에 환자의 인적 사항 및 채취일을 기입한다.

또한 검체의 보관 및 수송 시 유의 사항으로는

가. 검체 수송 시에는 질병관리청에서 제정한 "감염성 물질 안전 수송 지침"을 반드시 준하여야 한다.

나. 아이스박스에 얼음 또는 냉매를 넣어 4℃ 정도로 내부가 유지되도록 한다.

다. 반드시 실험실 검사의뢰서 및 동의서를 같이 송부 하여야 한다.

라. 검체를 채취한 후 4℃ 냉장고에 보관하였다가 가능한 48~72시간 이내에 보건환경연구원으로 바로 송부하도록 한다(주의: 72시간 내 송부가 어려운 경우는 영하 70℃에서 보관하도록 하여야 한다).

(2) 감염병 진단 기준(질병청 고시)

가. "감염병 환자"란 감염병의 병원체가 인체에 침입하여 증상을 나타내는 사람으로서 제11조 제6항의 진단 기준에 따른 의사, 치과의사 또는 한의사의 진단이나 제16조의2에 따른 감염병 병원체 확인기관의 실험실 검사를 통하여 확인된 사람을 말한다.

나. "감염병의사환자"란 감염병 병원체가 인체에 침입한 것으로 의심이 되나 감염병 환자로 확인되기 전 단계에 있는 사람을 말한다.

다. "병원체보유자"란 임상적인 증상은 없으나 감염병 병원체를 보유하고 있는 사람을 말한다.

라. "감염병 의심자"란 다음 각 목의 어느 하나에 해당하는 사람을 말한다.

- 감염병 환자, 감염병의사환자 및 병원체보유자와 접촉하거나 접촉이 의심되는 사람
- 검역법 제2조 제7호 및 제8호에 따른 검역 관리지역 또는 중점검역 관리지역에 체류하거나 그 지역을 경유한 사람으로서 감염이 우려되는 사람
- 감염병 병원체 등 위험 요인에 노출되어 감염이 우려되는 사람

(3) 마스크 기준

공기상의 물질 흡입을 차단하기 위한 보호장비로써 호흡용 보호구, 가스 마스크, 보건용 마스크, 수술용 마스크, 천 마스크, 방진 마스크로 구분된다.

보건용 마스크(保健用 mask)는 미세먼지 입자나 공기 전파 세균 · 바이러스 등으로부터 착용자를 보호하기 위한 호흡용 보호구이다. 보통 면이나 부직포 성상의 TPE 재질 등으로 입과 코를 가리고 귀를 걸쳐 머리에 부착하여 착용하는 행태이다. 기술의 발달로 천 대신 공기 중의 필터링 대상을 효과적으로 제어하기 위해 직물 이외에도 다양한 재질이 사용되고 있다.

수술용 마스크나 방한용 마스크와는 그 기능과 쓰임이 다르다. 다시 갈해 일반적인 방한용 마스크와 수술용 마스크는 미세먼지나 바이러스를 막아주는 기능이 떨어진다.

마스크의 역사를 보면 독을 막기 위해 마스크로 얼굴을 가리는 습관은 고대 로마 시대에도 기록되어 있다. 17세기에는 흑사병이 미아즈마 때문이라고 믿은 의사들이 이로부터 자신을 보호하기 위해 흑사병 의사 복장을 하였다.

19세기 말부터 유럽 의사들이 수술할 때 마스크를 쓰기 시작했다. 1910년 만주 페스트 때 의사 오진덕(말레이시아 중국 의사)은 서양의 면 마스크를 개량하여 보급하였는데, 이때 의사와 군인뿐만이 아니라 일반 시민들도 마스크를 쓰기 시작했다. 이후 1918년 스페인 독감이 전 세계적으로 유행했을 때 방역을 위해 마스크를 쓰는 것이 세계적인 기준이 되었다.

코로나19 유행으로 인해 수요가 증가하면서 일부 국가는 자국에서 생산한 마스크를 다른 나라로 수출하는 것을 제한하였다.

대한민국의 경우 보건복지부와 식품의약품안전처는 국민 보건 및 안전 그리고 건강을 위해 2009년 7월 전후해서 '보건용 마스크의 기준 규격에 대한 가이드라인 제정'을 시행하고 있다. 포장지에 '의약 약품'이라는 문자가 있으며 KF80, KF94, KF99 세 종류가 있다.

2020년 6월에 여름철 더워진 날씨로 인해 수술용 마스크 수요가 증가함에 따라 비말 차단용 마스크로 KF-AD 등급이 신설되었으며, 한국의 보건용 마스크는 식품의약품안전처의 KF(Korea Filter, 한국형 필터) 등급으로 나뉜다.

분진포집효율은 공기를 들이마실 때 마스크가 먼지를 걸러주는 비율을 말하며, 필터링의 주요 성능 중 하나이다. 한편 필터링의 효율은 안면부 흡기저항과 적절한 상관관계를 고려해서 착용 시 주의를 기울여야 한다.

안면부 흡기저항은 공기를 들이마실 때 마스크 내부가 받는 저항을 말하며, 호흡 시 흡입력에 대한 호흡의 난이도와도 관련되지만 동시에 마스크와 안면부 접합의 밀폐 용이성과도 관계있다는 점에서도 중요하다.

KF99 마스크를 사용한다고 모두에게 다 좋은 게 아니라, 연령대와 자신의 건강, 호흡기관의 상태에 따라 자신에게 잘 맞는 마스크를 사용하여야 한다.

누설률(漏泄率/漏洩率)은 마스크와 얼굴 사이의 틈새로 공기가 새는 비율을 말한다.

〈부록 표 1.5〉 국내 마스크 규정

등급 및 기준	분진포집효율(μm)	안면부 흡기저항	누설률	적용 예
KFAD	50 % 이상(0.6)			비말(침방울) 차단용
KF80	80 % 이상(0.6)	60 Pa 이하	25.0 % 이하	황사 방지용
KF94	94 % 이상(0.4)	70 Pa 이하	11.0 % 이하	방역용
KF99	99 % 이상(0.4)	100 Pa 이하	5.0 % 이하	

출처 : 마스크 규정 (2016. 식품안전처 제1급 감염병 바이러스성 출혈열 대응 지침)

4.2. 2019년 코로나-19 발생

(1) 개요

2019년 11월 17일 중국에서 최초 보고 된 범유행전염병이자 사람과 동물 모두 감염되는 인수공통전염병이다. 또한 제1급 감염병 신종감염병 증후군의 법정 감염병이었다. 대한민국을 포함한 세계 각국에서는 중국의 우한에서 최초로 시작된, 폐렴 증상이 나타나는 질병이라 하여 초기에 이 질병은 우한 폐렴(Wuhan pneumonia)이라 불렸었다.

2020년 1월부터 본격적으로 중국을 넘어 아시아권부터 퍼지기 시작해 발생 2개월부터 전 세계로 퍼지기 시작했다. 결국 발생 3개월만에 전 세계의 모든 국가, 발생 4개월 만에 모든 대륙을 집어삼켰으며 수많은 확진자와 사망자를 기록했다. 세계보건기구(WHO)는 2020년 1월 31일, 국제적 공중보건 비상사태를 선포했고, 2월 28일부로 코로나바이러스감염증-19의 전 세계 위험도를 '매우 높음'으로 격상했으며, 3월 11일 코로나바이러스감염증-19가 범유행전염병임을 선언했다. 2020년 10월 6일, WHO는 무증상 확진자 같은 곳곳에 숨은 전파자를 고려하여 실제 통계치보다 20배 이상 많은 전 세계 인구의 약 10%(약 7억 6,000만 명)가 코로나바이러스감염증-19에 걸린 것으로 추정된다고 밝혔다. 물론 추정치기는 하나 감염자 수가 5억 명이던 스페인 독감보다 많고, 신종플루 추정치와 비슷한 수치인 것 만으로 엄청나다고 할 수 있다.

2020년 4월부터 코로나19가 장기화되자 온라인 사회 등으로 일상이 많이 변화되며 코로나 종식 이후의 삶은 2020년 1월부터 2월 중순까지의 삶과 달라진다는 예측이 많이 나오고 있었다. 그로 인해서 포스트 코로나라는 말이 생겨났다.

(2) 국외 발생 현황

2021. 1 ~ 25. 4.13일까지 전 세계에서 코로나19 누적 사례수는 777,720,205명, 누적 사망수는 7,094,447명으로 보고되고 있으나 각 국가별로 보고 시기의 차이와 보고 종료된 경우가 있으므로 통계는 약간 유동적일 수 있다

발병 초창기엔 "우한 폐렴"이나 "신종 코로나 (바이러스)"를 썼으나 WHO에서 제네바 현지 시각으로 2020년 2월 11일 공식 명칭을 COVID-19로 확정했으며, 한국에서는 코로나바이러스감염증-19(줄여서 코로나19)로 번역했다. 원인 바이러스에 대해서는 국제 바이러스 분류 체계 위원회에서 해당 바이러스를 SARS-CoV의 변종으로 보고 SARS-CoV-2로 명명했다.

대한민국에서 쓰는 명칭인 '코로나19'는 '코로나십구'가 아닌 '코로나일구'로 읽어야 한다. 하지만 영문 정식 명칭은 '코비드 원나인'이 아닌 '코비드 나인틴' 이며. 독일어 정식 명칭도 '코비드 노인첸(COVID-Neunzehn)'이다. 북한에서는 신종코로나비루스감염증이라고 한다.

혹은 이따금씩 COVID-19라는 영문 명칭을 그대로 쓰기도 한다. 다만 한국과는 달리 '코비드일구'가 아닌 '코비드십구'로 읽는다.

일본에서도 언론등지에서 신형코로나바이러스(新型コロナウイルス) 또는 축약해서 신형코로나 라는 표현이 주로 등장한다. 중화권의 경우 대륙의 표준 중국어(보통화)에서는 2019冠狀病毒病(èrlíngyìjiǔ guānzhuàng bìngdú)으로 표기한다. 코로나의 어원인 왕관(冠) 형태(狀)에 충실한 번역이다. 한편 대만어에서는 嚴重特殊傳染性肺炎(엄중 특수 전염성 폐렴)을 공식적으로 사용한다. 이는 SARS-CoV-2/2019-ncov 에 충실한 번역이다. 줄여서는 영문인 Covid-19로 부르거나 '우한폐렴'의 명칭도 정부기관에서 사용한다. 이는 반드시 중국 대륙 정권이나 우한시에 책임을 지우려는 의도라기보다는 스페인 독감 처럼 단순히 지명을 붙여서 명명하는 관행에 따른 것이다.

확산 초기에는 WHO에서 임시로 Novel Coronavirus(2019-nCoV)라고 부르며 발병 의심 지역명이 들어간 우한 폐렴(武漢 肺炎)이라고 부르는 것을 자제하라고 권고했다. 이는 특정 지역에 대한 차별을 우려해 2015년부터 중동호흡기증후군이나 스페인 독감 등 병명에 지역명을 넣는 것을 자제하도록 권고해 온 것의 연장선이다.

한편 중국 책임론 측에서는, COVID-19라는 명칭이 중국의 책임을 가리려는 친중 WHO의 수작으로 취급하며 우한 코로나, 우한 바이러스, 중국 바이러스 등으로 부르며 현재까지도 "우한 폐렴"을 쓰기도 한다. 해외에서도 도널드 트럼프 대통령은 중국의 지원을 받아 당선된 WHO 사무총장의 지속적이고 노골적인 친중행보 불만을 드러내며 중국 바이러스라는 표현을 사용하는 등 중국의 압력에 대한 반감을 드러내기도 하였으며, 결국 이러한 불만은 1기 행정부에서 WHO 지원금을 중단하려 한 시도, 2기 행정부에서는 WHO 탈퇴 행정명령으로 현실화되었다. 한편 한국 언론은 WHO의 권고를 수용하여 COVID-19 혹은 Coronavirus라는 명칭으로 부르며 2020년 3월부터는 코로나19라고만 한다.

사실 이 명명법은 문제가 있는 명명법이긴 하다. 코로나 바이러스는 그리 드문 바이러스가 아니다. 이러한 명칭 변경이 이상하게 중국발 바이러스에 자주 생기는데 예를 들어 중국 광동성에서 발병한 사스(SARS) 바이러스도 그러하다. 2015년부터 권고했다는 말이 무색하게 이건 2002년에 발병했음에도 충칭이나 광동 중국이라는 말이 들어가지 않았다. 사스도 SARS-

COV로 코로나 바이러스에 의해 생기는 증후군이다. 이후에도 중국만 빼면 메르스처럼 지역명을 꾸준히 붙여왔다. 중국의 이러한 압력은 보건학적으로 해롭다. 새로운 바이러스가 지속적으로 등장할 것인데 그 바이러스가 어느 정도로 대규모 팬더믹을 일으킨 전적이 있는지에 대해 대중적 기억을 되살릴 도리가 없으며, 특히 풍토병적 성향이 있을 경우 짚어주지 않으면 백신 및 예방에도 도움이 되지 않는다.

예를들어 한타바이러스는 한탄강의 이름에서 따온 것에서 알 수 있듯 한국의 풍토 바이러스인데, 한국에 방문한 적이 있는 외국인이 지역 병원에 방문했을 때 무슨 바이러스에 감염되었는지 현지 의료인이 바이러스를 추정해보는데 매우 도움이 되는 명명법이다.

이게 얼마나 급조된 것이냐 하면 WHO가 영국, 남아공발 변이 등에는 지역명을 그대로 썼다는 점이다. 그러다 2021년 6월 1일, WHO는 변이 바이러스 명칭을 그리스 문자로 바꿔 부르기로 결정했다. 이것 역시 문제가 있는데, 지역에 따라 치사율과 처치법, 백신이 다르기 때문에 변이에도 보통의 경우 지역명을 붙인다. 이걸 알파벳형으로 바꾸면 일반인들이 무슨 백신을 맞아야할지, 감염시 얼마나 빨리 어떻게 대처해야 할지, 어디가 바이러스 감염 위험지역인지 혼동스러워질 가능성이 매우 높으므로 많은 비판을 받고 있다. 예를 들어 에볼라의 변이들은 자이르형, 수단형, 분디부교형, 타이 숲형, 레스턴형 등으로 국가 이름이나 주(州), 도시의 이름을 딴 덕에 어떤 지역에 가면 어떠한 대처를 준비해야할 지 쉽게 알 수 있다.

(2) 우리나라 발생 현황

2020년 1월 20일부터 2023년 8월 31일 기준 대한민국의 누적 코로나19 확진자는 34,572,554명으로, 전체 인구의 약 66.8%가 감염되었다. 3명 중 2명 이상이 병에 걸려본 셈인 것이다. 누적 감염자 수는 세계 6위, 누적 사망자 수는 35,605명으로 세계 32위다.

한편 세계보건기구(WHO)는 제15차 코로나19 긴급위원회의 권고를 수용해 약 3년 4개월간 유지된 국제 공중보건 비상사태 종료를 의미하는 코로나19 국제공중보건위기상황(PHEIC) 해제를 2023년 5월 5일자로 발표하였다. 이에 따라 국내에서도 방역당국 및 중앙방역대책본부가 2023년 5월 11일 코로나19 위기평가회의를 통해서 2023년 6월 1일을 기점으로 3년 3개월만에 코로나19 위기 경보 수준을 심각에서 경계로 하향 조정했다. 그 후 2024년 5월 1일부터 코로나19 위기 경보는 주의 단계 없이 바로 관심 단계로 격하되었다.

4.3. 2014년 美 에볼라 바이러스 유입(2014. 9. 20)

출처 : USA Today('14.10), CNN('14.10), WP('14.10), Reuters('14.10), AP('14.10), White House Homepage 등

(1) 사건의 개관

증상은 에볼라 바이러스에 감염되면, 약 8~10일(짧게는 2일, 최장 21일) 간의 잠복기 후, 갑자기 심한 두통, 발열, 근육통, 오심, 구토가 나타난다. 발열이 지속되면서 심한 설사가 발생하고, 대개는 기침을 동반한 가슴 통증도 발생한다. 전신에 기운이 없어지고, 혈압과 의식이 떨어지게 된다. 발병하고 5~7일째에 대개 구진 같은 피부발진이 나타나고, 이후에 피부가 벗겨진다.

〈부록 그림 1.12〉 에볼라 발생분포도

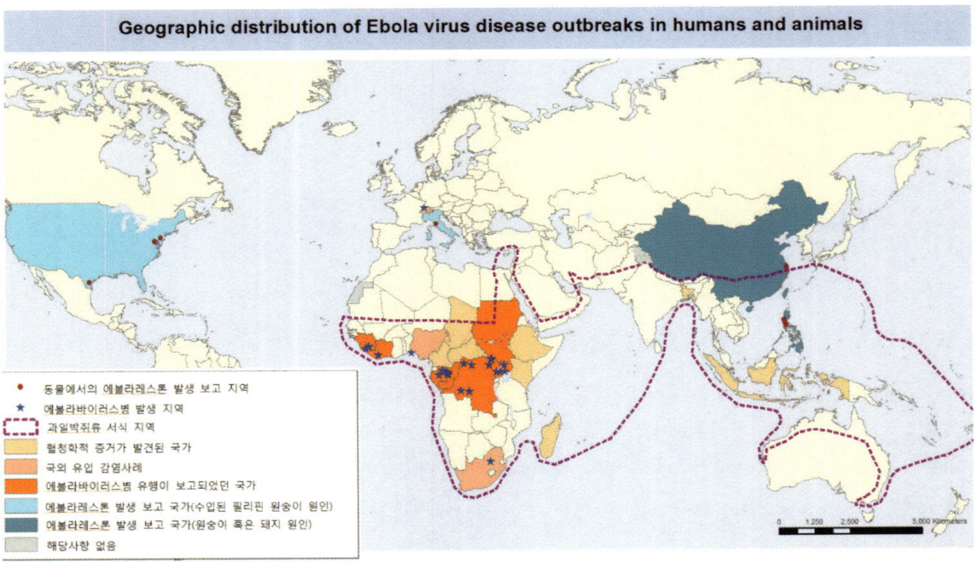

출처 : 발생분포도(2016. 식품안전처 에볼라 바이러스병 대응 지침)

이 시기쯤부터 피부와 점막에서 출혈경향을 확인할 수 있다. 이외에 얼굴과 목, 고환의 부종, 간종대, 안구충혈, 인후통 등도 나타날 수 있다. 회복하는 경우에는 발병 10~12일 후부터 열이 내리고 증상이 호전을 보일 수 있으나, 해열되었다가도 다시 발열이 재발하는 경우가 있다

2015.05.03일 기준으로 사망자가 11,020명, 감염자는 26,628명으로 집계되었다. 사망자 중 11,005명이 기니, 라이베리아, 시에라리온 등 서아프리카 3개국에서 숨졌고, 15명은 나이지리아, 세네갈, 말리, 스페인, 미국 등에서 사망하였다.

제1급 감염병 정의[84]는 "생물테러감염병 또는 치명률이 높거나 집단 발생의 우려가 커서 발생 또는 유행 즉시 신고하여야 하고, 음압 격리와 같은 높은 수준의 격리가 필요한 감염병" 감염병의 예방 및 관리에 관한 법률('20.1.1. 시행)로 운영관리하고 있다.

에볼라강은 콩고 민주 공화국 북부의 강으로 콩고강 지류인 몽갈라강의 상류에 해당한다. 1976년 에볼라 출혈열의 첫 환자가 에볼라강 인근 마을에서 발생해서 이 병에 에볼라라는 이름이 붙여졌다.

〈부록 표 1.6〉 에볼라 바이러스병 연도별 발생 현황(1976~2019.12.22. 기준)

발생 시기	발생 국가	유형	발생(명)	사망(명)	치명율 (%)	비고
2018. 5월 ~ 진행 중	콩고민주공화국	자이레	3,362	2,226	66.0	동북부 Noth Kibu · Ituri 주 중심
2018. 4월 ~ 6월	콩고민주공화국	자이레	54	33	61.1	서북부 Equateur 주
2017	콩고민주공화국	자이레	8	4	50.0	
2015	이탈리아	자이레	1	0	0.0	
2014	콩고민주공화국	자이레	66	49	74.2	
2014	스페인	자이레	1	0	0.0	
2014	영국	자이레	1	0	0.0	

84 「감염병의 예방 및 관리에 관한 법률」 제2조 2항에 따른 제1급 감염병 중, 에볼라 바이러스병, 마버그열, 라싸열, 크리미안콩고출혈열, 남아메리카출혈열, 리프트밸 리열, 두창, 페스트, 탄저, 보툴리눔독소증, 야토병, 중증급성호흡기증후군(SARS), 중동호흡기증후군(MERS), 동물 인플루엔자 인체감염증 * 제1급 감염병 중 신종감염병증후군, 신종인플루엔자, 디프테리아 제외

발생 시기	발생 국가	유형	발생(명)	사망(명)	치명율 (%)	비고
2014	미국	자이레	4	1	25.0	
2014	세네갈	자이레	1	0	0.0	
2014	말리	자이레	8	6	75.0	
2014	나이지리아	자이레	20	8	40.0	
2014 ~ 2016	시에라리온	자이레	14,124	3,956	28.0	
2014 ~ 2016	라이베리아	자이레	10,675	4,809	45.0	
2014 ~ 2016	기니	자이레	3,811	2,543	66.7	
2012	콩고민주공화국	분디부교	57	29	50.9	
2012	우간다	수단	31	21	67.7	
2011	우간다	수단	1	1	100.0	
2008	콩고민주공화국	자이레	32	14	43.8	
2007	우간다	분디부교	149	37	24.8	
2007	콩고민주공화국	자이레	264	187	70.8	
2005	콩고	자이레	12	10	83.3	
2004	수단	수단	17	7	41.2	
2003	콩고	자이레	178	157	88.2	
2001 ~ 2002	콩고	자이레	59	44	74.6	
2001 ~ 2002	가봉	자이레	65	53	81.5	
2000	우간다	수단	425	224	52.7	
1996	남아프리카	자이레	1	1	100.0	
1996	가봉	자이레	91	66	72.5	
1995	콩고민주공화국	자이레	315	254	80.6	
1994	코르티부아르	타이포레스트	1	0	0.0	
1994	가봉	자이레	52	31	59.6	
1979	수단	수단	34	22	64.7	

(가) 사건발생

라이베리아에서 에볼라 환자 이송을 도운 던컨이 감염 사실을 모른 채 워싱턴으로 입국(9.20)하였다. 질병통제예방센터(CDC)의 감염 확진 판정(9.30)으로 감염 우려가 확산하였다.

(나) 사태 초기

CDC는 자체 전문가를 파견하지 않고 州 보건당국에만 의존하는 등 안이하게 대응하였으며, 텍사스州 보건부도 감염 고위험군을 동거인(4명)과 의료진(10명)으로 한정하여 조사하였다.

(다) 사고 발생 8일~15일

던컨이 사망(10.8)함에 따라 오진 · 초동대처에 실패한 병원과 CDC에 비난이 쇄도하였으며, 간호사 팸(10.12) · 빈슨(10.15)의 연이은 확진 판정으로 여론이 더욱더 악화하였다.

(라) 사고발생 47일 후

뒤늦은 입국심사 강화와 의무 격리 관련 연방 · 정부 간 충돌로 신종 전염병에 대한 국민들의 경각심 제고와 CDC의 발 빠른 피해확산 우려 대응으로 피해를 최소화하기 위하여 노력하였다.

(2) 사건의 개요

'14. 9. 20. 에볼라 바이러스 창궐지역인 아프리카 라이베리아에서 에볼라 환자 이송을 도운 던컨(구호활동가)이 감염 사실을 모른 채 워싱턴 덜레스 공항으로 입국 일상생활을 하던 중 9. 30. 질병통제예방센터(CDC)에서 확진 판정이 되었다.

던컨에 의해 에볼라 바이러스에 감염된 환자가 11명 중 2명이 사망하고 9명이 완치되는 선에서 피해 규모를 최소화하려 하였다.

사건 의미는 세계 최고의 의료 수준에도 불구, 신종 전염병에 대한 의료진들의 지식 부족으로 誤診 · 사망자 발생은 물론 간호사로서 美 보건당국의 전염병 대응 시스템 점검 계기로 작용하였다.

〈부록 그림 1.13〉 에볼라 바이러스 증상

(3) 초동대처

최초 사망자인 던컨이 확진 판정 전인 9.26 텍사스 건강 장로병원에서 감염 증상을 호소했음에도, 의료진의 오진으로 인해 귀가 조처를 하였으며, 던컨이 9.28 증세 악화로 다시 입원 후 9.30 에볼라 확진 판정을 받았는데도, CDC는 전문가를 파견치 않은 채 州 보건당국의 조치에만 의존하였다.

덜레스 카운티 보건국과 CDC 의료진은 던컨의 입원 전 접촉 인물을 최대 20명으로 파악하고, 이들의 감염 여부를 집중적으로 관찰하고, 연방정부 차원의 컨트롤 타워는 구성되지 않았고, 텍사스州 보건부가 간여 고위험군을 동거인(4명)과 의료진(10명)으로 한정, 전염 여부 조사를 하였다.

텍사스 州지사와 州보건장관, 의료 관계자들은 '선진 의료체계 및 체액, 피부를 통해서만 감염' 등을 강조하면서 국민 불안감 불식에 주력하였다.

(4) 사건의 전개

10. 8 던컨이 사망함에 따라 誤診과 초동대처에 실패한 병원에 대해 비난이 확산하자, 백악관 대변인은 全 공항 입국자 검역 실시를 발표하였다.

CDC는 10. 11부터 에볼라 창궐 서아프리카 3개국으로부터의 입국자 전담공항을 5개로 제한하고, 체온 측정 등 입국 검사를 시작하였으며, 던컨과 접촉했던 간호사 팸이 10.12 확진 판정을 받자, 병원에 대한 비난이 쇄도하고, 병원 수뇌부는 응급실 폐쇄 발표 내용을 수시 번복하였다.

간호사 빈슨도 10.15 확진 판정을 받자, 항공기 동승 교직원 · 학생 소속 학교(5개) 휴교 · 승무원 전원 휴가 등 후속 조치를 시행하였다.

(5) 대응 수습

텍사스州 보건부와 텍사스 건강 장로병원은 기자회견(10.1)에서 던컨의 초기 오진 논란에 대해 실수를 인정하고 대국민 사과하였고, 한편, 거센 '여행금지 촉구' 여론에도 불구하고, CDC 프리던 소장은 여행금지 조치는 사태 해결에 도움이 되지 않는다며 설득하였다.

CDC(질병통제예방센터) 소장은 해당 지역 여행금지 시 "은밀히 미국으로 입국하는 사람들의 추적이 어렵고, 지역 고립이 에볼라 퇴치에 결코 도움이 되지 않는다"라고 설명하였으며, 또한, 에볼라 확진자 발생(9.30) 이후 거의 매일 애틀랜타 CDC 본부에서 기자회견을 개최, 대국민 혼란을 막기 위하여 관련 정보를 실시간 공개하였다.

오바마 대통령도 간호사 2명이 추가 감염(10.15)되면서 전국으로 공포감이 확산하자, 공식 일정을 모두 취소하고, 백악관에서 긴급대책회의를 개최하였으며, 대책회의 종료 후 TV로 중계된 대국민 연설을 통해 "에볼라 확산을 막을 수 있다"라는 자신감을 피력하며 불안심리 해소에 주력하였다.

오바마는 에볼라가 추가로 확산하는 것을 막기 위해 예비군 동의 권한을 국방 장관에게 위임하는 행정 명령에 서명(10.16)하였으며, 10.17 연방정부의 에볼라 위기 대응을 감독하는 '에볼라 총괄 대책(Ebola czar)'에 감염병 전문가인 론 클라인을 임명하였다.

10.29 서아프리카에서 귀국한 모든 의료진 격리를 요구하는 언론과, 일부 州들의 '21일간 의무 격리'를 공개 비판하며 과잉 대응 자제를 호소하였고, 이와 별개로 뉴욕州 등 4개 州 정부는 10.23 서아프리카에서 감염자 · 의심자 접촉 후 귀국한 모든 의료진과 여행객에 대한 '21

일간 의무 격리' 방침을 발표하였다.

CDC도 10.27 서아프리카에서 귀국하는 의료진 중 감염 고위험군으로 분류된 사람들에 대한 '자가 격리' 권유 지침을 신규 발표하고, 상황이 차츰 진정국면에 접어드는 가운데 11.17 시에라리온에서 감염돼 치료 중인 미 영주권자 살라아의 사망을 마지막으로 사태가 마무리 되었다.

(6) 성공 요인

두 번째 여성 간호사 감염 사실이 알려지면서 항공기에 동승했던 교직원 · 학생들의 소속 학교 휴교 조치 등 발 빠른 대처로 국민 경각심을 제고하였으며, 최초 사망자 발생 이후 감염자 추적 · 환자 치료에 연방정부(CDC)가 적극 개입하여 세계 최고 수준 의료 환경에서 환자들을 집중적으로 관리함으로써 피해를 최소화하였다.

오바마 대통령이 신종 전염병에 대한 국민 불안감을 즉각 인지하였고, 극복 자신감을 피력하며 분위기를 주도했던 점도 사태 조기 마무리에 기여한 것이 성공 사례로 볼 수 있다.

(7) 미흡 요인

CDC는 7.31 서아프리카 3개국에 대한 최고단계 여행경보를 발령했으나, 10.11에야 5개 공항에서 전담 입국 검사를 시작하는 등 사전예방 소홀히 하였으며, 최초 사망자가 입원 전 병원에 증상을 호소했지만, 의료진의 오진 등 관련 지식 부족과 간호사 감염 노출 등 안이한 대응도 사태악화를 부채질하였다.

사태 초기 CDC의 에볼라 유입 차단 예방 대책 소홀과 병원의 오진 · 간호사 감염 및 연방정부와 주정부 간 정책 갈등 등으로 전염확산이 우려되었으나, 초동대처 실패 이후 오히려 국민들의 경각심이 높아진 데다, 연방기관인 CDC가 적극 개입해 환자들을 집중적으로 관리하면서 피해를 최소화한 사례로 평가하고 있다.

(8) 에볼라 바이러스병의 유행과 교훈

2014년 12월, 미국의 한 시사주간지에서 올해의 인물로 '에볼라와 싸우는 의료진'을 선정했다. 2014년 한 해 동안 벌어진 다양한 국제적 이슈와 사건 중에서 에볼라 바이러스병 유행이 차지하는 비중과 관심을 보여준다.

세계보건기구(WHO)가 밝힌 에볼라 바이러스병 환자 수는 2014년 12월 10일 기준으로 17,942명이고 사망자는 6,388명이다. 주요 감염국인 서부 아프리카 기니, 라이베리아 시에라리온에서 모두 계속 환자가 발생하고 있고, 기대와 달리 라이베리아를 제외한 2개국에서는 아직 보고 환자가 계속 증가추세이다.

WHO의 통계를 들여다보면, 기니에서는 확진 환자가 의심 환자보다 훨씬 많고, 시에라리온은 의심 환자로 사망한 환자 수가 그동안 의심 환자로 진단받은 누적 환자 수보다 2배 이상 많다. 또 라이베리아는 사망자가 확진 상태인지 의심 상태인지 구분 없이 총수만 있는데 이는 사망 시 원인이 충분히 확인되지 않았음을 의미한다.

즉, 이들 3개국의 '통계는 역학적 상식과는 잘 맞지 않는데, 이는 이들 국가의 에볼라 감염자 및 사망자에 대한 감시체계와 대응체계가 제대로 갖추어지지 않아, 실제 감염자나 사망자 수가 제대로 파악이 안 되는 상황임을 알 수 있게 해준다.

현재의 에볼라 바이러스병 유행은 2013년 12월 초 기니의 귀케도우(Gueckedou) 지역의 작은 마을에서 처음 시작한 것으로 알려져 있다. 당시 역학조사 결과에 따르면 처음 증상을 보인 2세 소아에서 시작해서 그 가족들과 이들을 치료한 의료진, 그리고 이들과 접촉한 사람들을 중심으로 인근 지역으로 점차 증상자가 늘어났고 마침내 2014년 3월 초 큰 도로를 따라 수도인 코나크리까지 환자가 발생했다.

기니 당국에서 이 질병이 에볼라라고 공식 확인한 것은 3월 22일이었고 WHO에 공식 신고되었다. 공교롭게도 귀케도우 지역은 기니, 시에라리온, 라이베리아 3개국이 국경을 맞대고 있는 지역이고, 이곳에서 시에라리온과 라이베리아 지역으로 지역적 확산이 이루어졌다. 3월 말과 5월 초에 라이베리아와 시에라리온에서 에볼라 환자가 각각 확인되었고 이후 양국에서도 불같이 환자 수가 증가했다. WHO에서 에볼라 유행 관련해서 공중보건응급상황을 선언한 것은 이미 환자 수가 3개국에서 1,700명이 넘고, 사망자만 1,000명에 이른 8월 8일이었다.

이는 에볼라 바이러스병이 유례없이 3개국으로 확산한 지 3개월 만이고, 현지의 국경 없는 의사회에서 이번 유행이 전례 없는 규모라고 선언하고 국제사회에 호소한 지 4개월이 지나서이다. 또 10월에 들어서야 WHO에서 감염 환자의 격리 비율이나 안전한 사체 처리 비율 등 구체적인 대응목표가 나왔으니, 너무 대응이 늦었다는 비난을 피하기 어렵게 됐다.

에볼라 바이러스는 1976년 자이레에서 첫 유행 이후 중앙아프리카 지역에서 간헐적인 유행을 일으켜왔다. 그러나 서부 아프리카 지역은 이번 유행 전에는 보고된 유행이 없었다. 과일박쥐가 에볼라 바이러스의 자연 숙주이기 때문에 과일박쥐는 바이러스에 감염되어도 어떤 증상도 없이 잘 살아간다. 문제는 이 바이러스가 어떤 경로를 통해서든 과일박쥐를 떠나 침팬지 등 유인원에 감염을 일으키면 치명적인 질병을 일으킨다는 것이다, 이렇게 숲속에서 감염된 유인원이나 그 사체와 접촉한 사람을 통해서 인간사회에 에볼라 바이러스가 유입되면, 환자 가족이나 접촉한 이웃, 병원에서 환자를 돌보던 의료진, 또 그 의료진의 가족과 접촉자 등을 통해서 쉽게 전파가 된다.

특히 1976년 첫 번째 유행이나 1995년 키퀴트 지역의 에볼라 유행은 병원감염이 중요한 역할을 했다. 비록 동물에서 실험적으로 공기 매개 전파를 시킨 적은 있지만, 미국의 질병관리본부에서 그간 유행했던 사례를 면밀히 검토한 결과 사람에서 공기 매개 전파는 없다는 결론을 내렸다.

또 다행히 무증상기에는 전파가 잘 이루어지지 않아서 증상이 나타난 환자를 잘 격리하면 전파확산을 막을 수 있다는 증거도 있다. 그러나 그간 유행에서 치명률이 60%~90%에 달했고, 일부 백신과 치료제가 임상시험 중이기는 하지만 아직 현장에서 사용이 가능한 치료제가 없으므로 2014년은 전세계적으로 에볼라 공포에 시달린 해가 되었다.

이미 지구촌으로 세계가 좁아진 상황에서 우리나라라고 예외가 될 수는 없다. 에볼라 바이러스는 처음 발생한 국가와 이웃한 나이지리아, 세네갈, 말리 등에서 환자를 발생시켰고, 미국과 스페인에서도 감염 사례가 보고되었다. 현재와 같은 유행 상황에서는 우리나라에도 예기치 않게 에볼라 바이러스 감염자가 나타날 수 있는 시나리오는 많다. 실제 간간이 에볼라 의심 환자로 신고되어 격리 치료 받은 환자는 있으나 다행히 에볼라 바이러스병으로 밝혀진 경우는 현재까지는 없다.

만에 하나 에볼라 바이러스 감염자가 우리나라에 들어오면 어떻게 될까? 우리나라의 경우는 병원감염 관리 수준이 그래도 높은 편이고 감시체계가 비교적 잘되어 있으므로 미국이나 스페인의 사례처럼 한두 명의 환자나 국소적인 유행으로 그칠 것으로 전망할 수 있다. 그러나 이것은 얼마나 빨리 환자를 발견하고 올바르게 대응하느냐에 달린 문제인데 실상을 들여다보면 아직 개선의 여지가 많다.

현재 우리나라의 단계는 검역 강화와 함께 혹시라도 나타날 에볼라 바이러스병 환자에 대하여 감시체계를 강화하고, 의심 환자에 대한 신고에서 안전한 이송, 병원에서의 격리와 감염관리, 역학조사 및 접촉자 추적관리 준비 등에 총력을 기울여야 하는 단계다. 혹시라도 당국이 아직도, 우리나라에 환자가 나타난 것도 아닌데, 병의원에, 신고에 관한 홍보를 강화하는 것은 사회의 불안감만 조성한다는 생각을 하고 있다면 상황을 잘못 이해하고 있는 것이다. 에볼라와 접촉했을 확률이 있는 환자가 스스로 이를 밝히고 격리병상이 있는 병원을 찾아서 올 가능성도 있겠지만, 나이지리아나 미국의 환자 사례처럼 그렇지 않을 가능성도 크다. 감시체계의 강화가 중요한 이유다.

격리병상이 있는 병원은 에볼라 의심 환자를 선뜻 입원시킬 수 있을까? 과거 사스(SARS)가 세계적으로 유행할 때, 우리나라는 사스가 의심되는 환자를 보낼 곳이 없어서 앰뷸런스에 싣고 길거리에서 헤매게 했던 적이 있었다. 사스의 유행 이후 질병관리본부가 생기면서 음압이 지원되는 격리병실을 주요 거점병원에 짓는 것을 지원하였다. 그러나 일본은 이때 단순한 음압 병상이 아니라 에볼라와 같은 고위험병원체 환자를 위한 병동을 지었다. 여기서는 환자의 격리는 물론, 환자 치료에 필요한 각종 임상병리 검사를 위한 시설, 환자 체액을 처리하는 시설, 의료진의 보호시설, 비디오 면회시설 등을 갖추어 환자의 체액이 격리병동 밖으로 나오는 것을 원천 차단한 시설이었다.

또 이런 격리병동을 갖춘 병원을 동경시뿐 아니라 주요 공항 근처에 마련해서 공항에서 의심되는 환자를 바로 이들 병원으로 후송할 수 있는 시스템도 마련했다. 우리는 이런 시설이 아직 없다. 에볼라로 의심되는 환자 몇 명을 실제 병상에 격리해 놓고 보니, 환자의 혈액검사나 방사선 촬영도 제때 할 수 없는 것을 알고서야 부랴부랴 국립의료원 격리병동에 간이 검사시설을 갖다 놓았다. 제대로 된 개인보호구 공급이나 의료인을 위한 사용 교육, 병원의 가상훈련도 이제야 이루어졌다. 다행인 것은, 이런 준비가 갖추어지지 않았던 올 11월까지 에볼라 환자가 입원하지 않은 것이다. 생각하면 아찔한 일이나, 아직도 해결해야 할 과제가 많다.

2014년 12월 13일 한국해외긴급구호대 10명이 1차로 시에라리온에서 의료 활동을 하기 위해 출국했다. 당장 현지 의료인력이 크게 부족한 상황이기에 인도주의적 활동을 지원하는 것은 필요하다.

공중보건 위기나 국가재난에 대한 지식과 경험이 많지 않은 우리나라로서는 의료진 파견과 함께 공중보건 위기나 재난 관련 담당자나 전문가도 같이 가서 공중 보건학적으로 도움도 주고 배울 것은 배우는 것도 필요하다. 이는 에볼라뿐 아니라 다른 재난도 마찬가지이다. 의료진 파견은 해외 지진이나 쓰나미 때도 종종 이루어졌고 중요한 활동을 했지만, 위기 상황을 다룰 공중보건학이나 역학 전문가의 파견과 활동은 거의 없었고, 여전히 제자리이다.

서부 아프리카의 가난과 내전으로 악화한 경제상황은 밀림 속으로 사람들을 이동시켰고, 에볼라 바이러스와 접촉하는 기회를 늘렸다. 여기에 빈약한 공중보건 인프라와 감시체계의 미비, 격리병상과 의료인의 부족, 국제사회의 늦은 대응이 현재의 에볼라 유행을 만들었다. 현재 진행하는 프로그램들이 성공적으로 진행되어 서부 아프리카의 유행이 더 빨리 종식되었으면 하고, 에볼라 백신과 치료약제의 임상시험 결과에 대한 좋은 뉴스도 기대해 본다.

무엇보다 시에라리온으로 파견되는 의료진의 건강한 귀국, 그리고 국내에서는 더욱 철저한 방역으로 한 명의 발병자도 없이 이번 유행이 지나가기를 기원해 본다(천병철 교수, 고려의대 예방의학교실, 2015.04.10. 공공보건포털).

(9) 에볼라 예방 방법

여행 전 에볼라 바이러스병 위험 지역을 확인하고 해당 지역 방문은 자제하고, 여행 중일 때는 박쥐, 원숭이, 오랑우탄, 침팬지, 고릴라 등 야생동물 및 동물 사체 · 접촉 · 섭취 · 취급을 삼가야 한다. 또한 불필요한 의료기관 방문을 자제하여 주시고 에볼라 바이러스병 환자 및 의심 환자는 직 · 간접적으로 접촉을 삼가야 한다.

환자의 경우에는 의사환자 확인 시부터 전염기 동안 국가 지정 입원 치료 병상 등 음압 격리 병상에서 격리 입원하여 검사받고 치료 및 관리를 하여야 한다. 접촉자 경우에는 확진자 접촉 후 21일 동안 모니터링, 발열 등 에볼라 바이러스병 의심 증상 시 사례 검토 · 분류 후 분류 결과에 따른 관리를 받아야 한다.

여행 후, 주의 사항으로는 위험 지역 방문 후 귀국 시 건강상태 질문서(방문지역, 증상 등)를 작성하여 검역관에게 제출하여야 하며, 위험 지역 방문 후 귀국 시 검역관에게 발열 등 증상을 알리고, 위험 지역 방문 후 21일 동안 발열 등 감염 의심 증상을 확인(감염 의심 증상이 있을 경우 ☎ 1339 또는 관할 보건소에 상담)해야 한다.

병원, 보건소 등 의료 환경에서 감염 예방 관리는 일상적으로 모든 환자의 혈액, 체액, 분비물, 배설물, 손상된 피부와 점막을 접촉하거나 다룰 때 표준주의(개인보호구 사용, 접촉 후 손위생 실시 등) 및 에볼라 바이러스병(의사) 환자에 대해 접촉 주의 및 공기 주의(특히, 혈액, 체액, 검체 및 사체 취급 시 주의)하여야 한다.

예방백신으로는 콩고민주공화국 에볼라 바이러스병 유행 발생 지역에서 시험적 사용 후 유럽 · 미국에서 1개 제품을 승인('19년)하였으며, 접종 대상으로는 에볼라 바이러스병 환자 접촉자, 접촉자의 접촉자 및 대응 요원이다.

4.4. 2009년 美 신종플루 확산(2009. 4. 24)

출처 : CBS('09.4), Reuters('09.5), Bloomberg('09.8), US White House & CDS Homepage, WHO Homepages

(1) 사건의 개관

신종인플루엔자 A(H1N1) pdm09는 A형[85] 인플루엔자 바이러스가 변이를 일으켜 생긴 새

85 독감은 인플루엔자 바이러스에 의한 급성 호흡기 질환이다. 독감은 상부 호흡기계(코, 목)나 하부 호흡기계(폐)를 침범하며 갑작스러운 고열, 두통, 근육통, 전신 쇠약감과 같은 전반적인 신체 증상을 동반한다. 독감은 우리나라를 비롯한 전 세계에서 발생하며, 계절 구분이 있는 지역에서는 매년 겨울에 소규모로 유행되고 있다. 독감은 전염성이 강하고, 노인, 소아, 및 기저질환이 있는 사람이 이환되면 사망률이 증가하고 합병증이 발생할 수 있다. 또한 일부 지역에 한정된 발병이 아닌, 새로운 종류의 독감 바이러스에 의해 짧은 시간에 넓은 지역에 유행하게 되면 젊은 사람도 사망할 수 있다. 독감은 일반 감기와는 원인균과 병의 경과가 다르므로 감기와는 구별하고 있다.

로운 바이러스로, 2009년 전 세계적으로 유행하였다. 신종인플루엔자 A(H1N1) pdm09는 2009년 3월 말 미국 캘리포니아주 샌디에이고에서 발열, 기침 및 구토로 내원한 10세 소아의 비인두흡입 검체에서 처음으로 검출되었다.

인플루엔자 바이러스 A는 바이러스의 표면 항원인 헤마글루티닌(hemagglutinin, HA) 18가지 아형과 뉴라민분해효소(neuraminidase, NA) 11가지 아형이 결정된다. A형 인플루엔자 바이러스에는 다양한 아형이 있으며 헤마글루티닌(H), 뉴라민분해 효소(N)의 종류에 따라 H1N1, H3N2 등으로 표기한다.

인플루엔자 바이러스는 항원 변이라는 독특한 특징을 가지고 있는데, 크고 작은 항원 변이는 거의 매년 일어나며 이러한 항원 변이를 통하여 계속해서 인플루엔자의 유행이 초래된다. 항원 대변이는 A형 인플루엔자에서만 가능하며, 기존 유행 중인 인플루엔자 바이러스의 유전자 중 헤마글루티닌 또는 뉴라민 분해효소가 전혀 새로운 아형으로 바뀌는 것이다. 인플루엔자 바이러스는 몇 개의 유전자 조합으로 이루어져 있으므로 서로 다른 바이러스가 한 세포를 감염시키면 증식 과정 중 유전자 재조합이 일어나 기존의 것과 다른 신형 바이러스가 생길 수 있다. 이렇게 만들어진 신형 바이러스는 면역력이 없는 사람들에서 인플루엔자의 대유행을 일으키게 되고 이러한 대유행은 수많은 사망자를 발생시키게 된다.

2009년에 새로이 발생한 신종인플루엔자는 214개국 이상에서 확진이 되었고 전 세계적으로 18,500명의 사망자를 발생시켰다. 원인은 돼지독감 바이러스의 유전자가 재조합된 인플루엔자 A 바이러스에 의한다. 인플루엔자 바이러스는 감염된 환자의 호흡기로부터 기침, 재채기 등에 의해 외부로 방출된 바이러스 입자가 분무 또는 도말 형태로 다른 사람의 호흡기를 통해 전파된다.

(가) 사건 발생

美 질병관리본부(WHO)에 신종인플루엔자 A(H1N1) 대규모 감염 사례가 보고(4.24)되었다. 대인 접촉을 통해 감염이 지속해서 확산하면서 大유행에 대한 우려감이 고조되었다.

(나) 사태 초기(~ D+2)

질병통제예방센터(CDC)는 모든 州와 지역 보건부에 인플루엔자 바이러스의 감시 강화를 요청하였으며, 국토안보부 장관은 사전예방 차원에서 '공중보건 비상사태'를 긴급 선포(4.26)하였다.

(다) 사건 발생 D+9 ~ 6개월(5.3~10.24)

환자 226명 발생, 20여 개 州 430개 학교 휴교 조치(5.3) 전국에서 아동 100여 명을 포함하여 사망자가 1,000여 명을 넘는 등 급속 확산하였다.

(라) 사건 발생 D+1년(10年末)

연방정부는 사태발생 초기부터 관련 백신 개발과 적정 필요량 확보 · 보급에 총력 경주하였으며, 신종 전염병임에도 불구, 통상 매년 계절성 독감 사망자 절반 수준으로 피해 최소화에 노력하였다.

(2) 사건의 개요

'09.04.24. 미국 질병관리본부는 기존 독감과 다른 신종인플루엔자 A(HIN1) 바이러스에 의한 대규모 감염자 발생 사례를 WHO에 보고하였다.

〈부록 표 1.7〉 '신종플루' 발병 일지

2009.2	멕시코 라 글로리아에서 집단 감기 발열 증상 발생
3.23	멕시코 베라크루스주, 라 글로리아 주민 대상 검사
3.28~30	미국 샌디에이고 9세 소녀와 10세 소년 (환자 A) 기침과 발열
4.13	첫 사망자 발생 (멕시코인 아델라 마리아 구티에레스 · 38)

4.15	미 질병예방통제센터(CDC), 환자 A 첫 신종인플루엔자 A(HINI) 감염 확인
4.22	미 CDC, 두 어린이 신종플루 감염 확인 발표
4.27	멕시코 베라크루스주, 세계 첫 감염자 선포 (에드가르 에르난데스-5)
4.29	미국에서 첫 사망자 발생 (멕시코 국적 유아)
5.2	캐나다에서 첫 사람 돼지 감염 발표

피해 규모는 미국에서만 '09年간 6,000萬 명이 확진 판정을 받았으며, 1,000여 명이 사망하는 등 많은 희생자가 발생하였다.

사건 의미는 멕시코에서 최초 발생 후 全 세계로 확산하면서 변종 바이러스 위험성에 대한 경각심을 일깨운 계기로 작용하였다.

(3) 초동대처

질병통제예방센터(CDC)는 감염 사례 확인 후 전국 보건부에 감시 강화 요청 및 소장 직속 신종플루 대응단을 설치(4.26), 24시간 대응 체제에 돌입하였으며, 나폴리타노 국토안보부 장관은 백악관 긴급브리핑에서 감염 확산 사전 예방을 위해 '공중보건 비상사태'를 선포하였다.

정부가 비축 중인 인플루엔자 항바이러스제 '오셀타미비르'(타미플루) · '자나미비르'(리렌자) 25%를 각 지역에 방출한다고 발표하였다. 또한, 슈워제네거 캘리포니아 州지사는 4.28 州 정부 차원의 인력과 장비 지원을 원활하게 하려고 州 전역에 비상사태를 선포(캘리포니아 · 텍사스州 및 뉴욕市는 감염 학생 소속학교 휴교 조치)하여 휴교 조치 등을 취하였다.

연방 상원은 4.29 사태를 진두지휘하도록 시벨리우스 보건부 장관 인준안을 통과시키고 청문회를 개최, 대응 태세 등을 점검하였으며, 나폴리타노 국토안보부 장관은 국경 폐쇄 필요성 지적에 대해 효과가 미약하다며 과도한 조치에 반대 견해를 표명하기도 하였다.

시벨리우스 보건부 장관은 연방정부가 보유 중인 타미플루 · 리렌자 등의 약품 · 구호물자를 감염자 발생 州에 보급 중임을 설명하였고, 오바마 대통령은 4.30 최초 사망자 발생 후 보건 관계자들의 신속한 보고를 받았으며, 감염자 발생 학교 휴교 촉구 및 긴급 지출 예산안(15億 弗)을 제출하였다.

(4) 사건의 전개

5.3 기준으로 30개 州에서 환자 226명 발생, 20여 개 州 430개 학교 휴교 조치 시행하였으며, WHO는 6.11 최고단계인 6단계를 발령, 신종인플루엔자 A형(H1N1) 바이러스가 全 세계적인 大유행 수준에 도달했음을 선언하였다.

멕시코 · 미국 등 北美 지역에서 시작된 후 항공 여행객을 통해 유럽 · 아시아 · 오세아니아 대륙으로 빠르게 확산하였다. 10.24까지 미국 전역에서 어린이 100여 명을 포함해 사망자가 1,000여 명을 넘어서는 등 희생자 수가 급격히 증가하였다.

(5) 대응 수습

CDC는 유행성 인플루엔자 예방을 위해서는 對 국민 홍보가 무엇보다 중요하다고 판단, 매주 정례브리핑 및 기자회견 개최하였으며, 나폴리타노 국토안보부 장관은 4.28 "더 많은

〈부록 그림 1.14〉 신종플루 사망자 현황

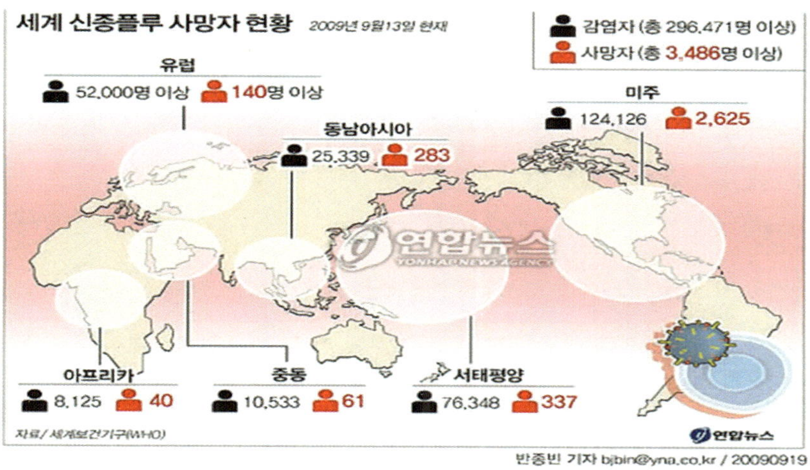

감염 사례가 예상되나 공포에 휩싸일 필요는 없다"라며 국민들이 냉정하게 대처할 것을 호소하였다.

"국경을 지나는 항공기 · 트럭이 하루에 수 천대에 달하는데, 검역 비용에 비해 효과는 미미할 것"이라며 국경 폐쇄에는 반대하였으며, 베서 CDC 소장 대행과 시벨리우스 보건부 장관, 나폴리타노 국토안보부 장관은 5.3 5개 방송 합동 인터뷰에서 신종플루가 감소 단계임을 발표하였다.

CDC 소장 대행은 "매년 3萬 6,000명이 사망하는 계절 독감보다 더 심각한 것으로 보이지는 않지만, 아직 완전히 숲을 빠져나온 단계는 아니다"라며 낙관론을 제기하기도 하였다. 美 국민 1,442명 대상 여론조사(5.13)에서 18%만이 신종플루를 '심각한 위협'으로 응답하는 등 전반적인 여론도 안정세를 유지하였다.

특히, 오바마 대통령은 6月에 76億 5,000萬 弗의 예산을 긴급 배정한 데 이어, 7.16에도 18億 2,500萬 弗의 긴급예산을 추가 배정하였으며, 10.24 사망자가 1,000명을 넘어서고 수백萬 명의 환자가 잇따라 발생하자, 국가비상사태를 선포하는 등 적극 대처하였다.

CDC는 10.23까지 1,610萬 명분의 신종플루 백신 생산을 완료하고, 이 중 1,130萬 명분의 백신을 전국에 신속 보급하기로 하고, FDA는 10.24 중증 신종플루 환자용 치료제로 사용할 수 있도록 신약 '페라미비르' 비상 사용 허가를 승인하였다.

(6) 성공 요인

감염 속도와 백신 개발 및 확보 상황 등을 고려해 초반부터 총력 대처, 연방정부는 對 국민 홍보 등을 통해 인플루엔자 확산 방지에 주력하였으며, 美 전역에서 어린이 · 노약자 · 임산부 등에 대한 무료 예방접종을 실시하였다.

보건당국은 신종플루의 확산에 맞춰 FDA 최종 승인이 나지 않았음에도 신약 '페라미비르'를 중증 환자에게 긴급히 사용할 수 있도록 허가하였으며, 오바마 대통령은 6월 말 과학기술자문위원회 (PCAST)에 신종플루 유행 · 재발 관련 국가적 대응에 대한 평가를 수행할 것을 지시하였고, 同 위원회는 신종플루 大유행과 재발에 대응한 정부 대책을 평가하고 추가적인 대처 방안을 제시한 보고서를 작성, 보고하였다.

멕시코에서 최초 발생한 신종플루가 유입되어 초반에 급속히 확산함으로써 심각한 사회 혼란과 對 정부 비판 여론 등이 우려되었으나, 연방정부 주도 아래 州 정부와 보건당국 등이 신속하고 유기적인 대응으로 민심 수습 및 희생자 피해를 최소화한 모범사례로 평가하고 있다.

4.5. 2002년 中 사스 바이러스 발생(2002. 11. 16)

출처 : WHO Homepage, 中 신화통신('03.4), 홍콩 SCMP('03.4), CNN('03.4), NYT('03.5). 加 CBC News('04.4) 등

(1) 사건의 개관

사스 유행 또는 중증급성 호흡기증후군 유행은 2002년 11월 16일 중국 광둥성 포산시 순더구에서 시작된 중증급성 호흡기증후군 코로나바이러스(SARS(사스)-CoV)의 감염증인 중증급성호흡기증후군(사스, SARS)으로 인해 2003년까지 아시아, 북미, 남미, 유럽 및 호주에서 발생한 바이러스 감염증 유행이다. 중국에서 베트남으로 이동한 여행객으로 인해 본격적으로 세계로 확산하였으며, 이를 치료하던 카를로 우르바니에 의해 위험성이 경고되어 세계보건기구의 본격적인 대응이 이루어졌다.

이 바이러스는 박쥐에서 사향 고양이로 옮겨 갔고, 요리사에게 옮겨 가, 많은 과정을 거쳐 전 세계적으로 퍼졌다. 이 질환으로 의심되는 경우는 다음과 같다.

가. 38도 이상의 발열 증상이 있는 경우

나. 최근 10일 이내에 사스로 진단받은 사람과 접촉한 적이 있는 경우

다. 세계보건기구(WHO)에서 지정한 사스가 발생한 국가로 여행을 다녀온 경우 등 이러한 조건을 만족하는 환자 중에서 흉부 방사선 사진상 이상 증상이 보이면 중증 급성 호흡 증후군의 가능성이 높은 사례로 분류할 수 있다.

확실한 진단을 위해서는 사스-코로나바이러스를 배양해서 분리해 내거나 역전사 중합효소 연쇄 반응(RT-PCR)법을 이용하여 바이러스의 핵산을 검출해야 한다.

또한, 중증급성 호흡기증후군 처지는 바이러스성 질병이기 때문에 항생제는 무용하다. 중증급성 호흡기증후군의 처치는 해열제와 산소 보충 및 기계적 환기에 크게 의존하고 있다. 치료법이랄 게 마땅히 없어 치명적인 질병이다. 중증급성 호흡기증후군 의심 환자는 격리되어야 하며, 공기 전염을 막기 위해 음압실에 격리하는 것이 좋다.

중증급성 호흡기증후군 자체보다 증후군 바이러스에 대한 신체 면역체계의 자가반응인 사이토카인 스톰이 더 위험할 수 있다. 2021년 기준으로, 인간에게 사용이 가능한 중증급성 호흡기증후군 치료제 또는 백신은 존재하지 않는다.

백신이 존재하지 않아 매우 치명적인 질병이다. 중증급성 호흡기증후군 예방이 가능한 신약의 개발은 전 세계 정부기관 및 보건기관들의 최우선 과제 중 하나이다.

사스 유행이 아시아에서 세계로 확산한 이후, 2003년 4월 16일 세계보건기구(WHO)는 수많은 연구소에서 분리된 이 코로나바이러스가 SARS의 원인이라는 내용이 실린 유인물을 발간했다. 같은 4월에 미국 질병통제예방센터(CDC)와 캐나다의 국립미생물연구소(NML)는 해당 바이러스의 유전체 염기서열 분석을 완료했다. 에라스무스 대학교의 과학자들은 마카크가 이 바이러스에 감염되었을 때 인간과 동일한 증상을 나타냄을 관찰함으로써 SARS-CoV가 코흐의 가설을 충족시킴을 보였고, 이에 따라 이 바이러스가 SARS의 원인임이 입증되었다.

코로나19 범유행은 SARS 유행과 상당히 유사한 모습을 보여주며, 분리된 바이러스 역시 SARS 연관 코로나바이러스로 분류되어 SARS-CoV-2라 명명되었으며, 초기 증상으로는 근육통, 두통, 열이 나타나고, 2일에서 14일이 지난 후에는 기침, 호흡곤란, 폐렴이 심하게 나타나 생명에 큰 지장을 준다. 혈액에서 림프구 수치가 감소하는 현상 역시 보고되었다. 2003년의 SARS 유행에서 이 바이러스의 사망률은 9%였으며, 60세 이상 노인의 경우는 50%에 달했다.

〈부록 표 1.8〉 사스 발생 현황

국가 및 지역	감염자(명)	사망자(명)	치사율(%)
중국	5,327	349	6.6
홍콩	1,755	299	17
타이완	346	81	21.1
캐나다	251	43	17.1
싱가포르	238	33	13.9
베트남	63	5	7.9
미국	27	0	0
필리핀	14	2	14.3
태국	9	2	22.2
독일	9	0	0
몽골	9	0	0
프랑스	7	1	14.3
오스트레일리아	6	0	0
말레이시아	5	2	40
스웨덴	5	0	0
영국	4	0	0
이탈리아	4	0	0
인도	3	0	0
대한민국	3	0	0

출처 : 사스 발생 현황(2002년 11월 1일 ~ 2003년 7월 31일) 세계보건기구

(가) 사건 발생

'02.11.16 中 광동성 포산에서 '중증급성 호흡기증후군'(SARS)인 고위험 전염병 발생 사스는 2002년 중국 남부 광동 지방에서 처음 생겨난 것으로 조니 첸이라는 중국계 미국인 사업가가 이곳을 다녀간 뒤 사스에 감염되었고, 베트남에 머무는 동안 증상이 발생하여 홍콩의 병원으로 옮겨졌다.

그와 함께 비행기에 탔던 사람들, 같은 호텔에 묵었던 사람들, 또 그를 치료했던 의료진들이 감염되었으며, 사스는 전 세계적으로 퍼지게 되었다.

(나) 사건 발생 D+48 ~ 79('03.02.03)

광둥성 위생청은 '03.01.02 괴질 관련 최초 보고를 받았으며 '03.02.03 괴질을 을종 전염병으로 확정했으나, 전문가를 파견, 역학조사를 실시, 관련 사실을 외부에 비공개하기로 하였다.

(다) 사건 발생 D+87 ~ 140('03.02.11~04.05)

광둥성 당국은 '03.02.11 당시까지 환자 305명이 발생한 사실을 최초 공개하고, WHO에 뒤늦게 보고하였으며, 中 국무원은 自國 '사스통제본부' · WHO 간 협력 강화를 의결, 사스를 공공 문제로 인식하기로 하고 보건당국은 사스 정보를 비공개한 것에 대해 공식적으로 사과(04.05.)하였다.

(라) 사건 발생 D+5개월 ~ 종결

4.23 사스 대책 지휘부를 설치, 감염자에 대한 신속한 격리 등으로 환자 수가 급감하였고, 당 간부 · 정부 고위 관리 120명을 문책하며 불만 여론을 무마하고 마무리하였다.

(2) 사건 개요

'02.11.16 中 광둥성에서 최초 발생 후 홍콩을 거쳐 각국으로 확산한 전염병으로, WHO가 '중증급성호흡기증후군'(SARS)로 명명하고 세계에 경보발령을 하였다.

사고 원인으로는 中 정부가 사스 최초 발생 시 사태의 심각성을 인지하지 못하고 관련 정보를 장기간 은폐하면서 全 세계로 급속 확산하였다. 5개월 만에 全 세계 32개 국가로 확산, 국제 문제로 비화하였으며, 중국에서만 감염자 5,328명, 사망자 349명 발생('03.07.31 기준)하였다.

中 정부가 발생 사실을 장기간 은폐하는 동안 홍콩을 통해 32개국으로 확산, 국제 문제로 비화(中 감염자 5,328명 · 사망자 349명 발생)하였다.

사건 의미로는 교통수단의 발달로 한 지역에서 발생한 전염병이 과거와 달리 짧은 시간 동안 全 세계로 확산할 수 있음을 보여준 사례이다.

(3) 초동대처

최초환자는 '02.11.16 광둥성 포산에서 발생했으나, 광둥성 위생청은 2개월 정도 지난 '03.01.02 최초 보고를 받고 전문가를 파견하여 역학조사를 하였으며, '03.02.03 同 기관은 괴질을 을종 전염병으로 확정하고, 정식 명칭을 '비전형성감염(非典型性感染)'으로 규정한 통지문을 각 위생부처 · 상급 부처에 보고하였다. 그러나, 同 통지문 내용을 대외에 공표하지 않고 보안을 유지해 시민들은 未인지 하였다.

'03.02.11 광둥성 당국은 뒤늦게 305건의 사스 환자('02.11.16~'03.02.09 간)가 중국 남부 6개 도시에서 발생했다고 최초 공개하고 WHO에 보고한 사실이 있다. WHO는 '03.2월 말 베이징으로 전문가들을 파견, 상황을 조사하기 시작했고 中 당국은 3.10이 되어서야 WHO와 협조 아래 사스 환자 통계를 본격 작성하였다.

하지만 中 정부는 3월 초 베이징에서 개막되는 '정치협상회의'와 '전인대'를 의식, 사스에 대해 큰 문제가 없다고 대외적으로 관련 내용 축소 발표한 사실이 밝혀졌다.

(4) 사건의 전개

최대 명절인 춘절(2.12)을 전후로 광둥성 內에 괴질에 관한 악성 소문이 확산하면서 시민들이 관련 의약품과 식료품 등을 사재기하기 시작하였다.

'03.2월 중국 · 홍콩을 여행했던 베트남 남성(47세)이 2.26 사스 관련 증상을 보이면서 병원에 입원한 후, 곧이어 의료진들이 비슷한 증상을 호소하였으며, 또한, 同 질환으로 인해 중국이 아닌 국가로는 최초로 베트남에서 환자와 의료진이 사망하는 사례 발생하였으며 홍콩 병원에서도 2月 末 호흡기 질환 유행 사례가 보고되고 이들의 中 남부여행 관련성이 알려지면서, WHO는 3.13 全 세계에 괴질 경고 및 감시체계 가동하였다.

中 위생부는 4.1이 되어서야 이 문제에 대한 심각성을 인식하고, 정식 대응을 시작하였으

며, 4.9 사스를 전염병으로 규정하였다.

(5) 대응 · 수습

4.2 국무원은 위생부장을 조장으로 '사스 통제본부'를 구성하고 WHO와 협력 강화를 의결, 사스를 공공 문제로 인식하고 대책 마련에 착수하였으며, 4.5 보건당국이 사스 정보 非 공개에 대해 공식적으로 사과하고, 중앙정부 차원에서 대처하면서 국민 불안을 해소하는 데 주력하였다.

4.6 원자바오 총리가 질병예방통제센터를 방문, 당정이 사태를 중시하고 있음을 피력하였으며, 4.13에는 사스 심각성을 경고하고 감염자 격리를 지시하였다. 4.14 국무원 상무회의는 사스 관련 행정 법규 제정 · 응급지휘시스템 구축 · 정보 네트워크 구축 · 지방 확산 방지 기구 설치 및 의료인력 확대 등 대책을 마련하였으며, 4.18 후진타오 주석이 사스에 대한 정보 공개를 지시함에 따라, 정부는 4.20 사스 환자 수를 최초 공개 발표(감염자 1,482명, 사망자 66명)하였다.

사스 확산 책임을 물어 위생부장 · 베이징 시장을 해임(4.20)하고, 최대 휴가 시즌인 노동절 휴일(5.1) 축소 · 베이징 학교 폐쇄를 단행하였다.

4.23 국무원 상무회의는 우이 부총리를 총지휘관으로 하는 사스 대책 지휘부를 설치하고,

〈부록 그림 1.15〉 사스 확산

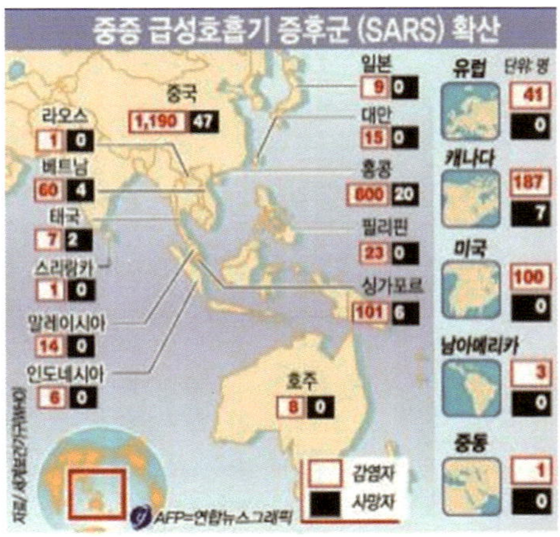

5.9 黨政 간부 120명을 관리 소홀로 문책하고, 5.15 사법당국은 사스 격리수용 위반자는 최고 7년형, 고의 전파자는 최고 사형으로 처벌할 것을 발표하는 등 강력 대응책을 뒤늦게 발표하였다.

(6) 성공과 실패 요인

성공 요인은 중국 정부는 초기의 대응 실패를 인정한 후부터는 사스 확산 방지를 위해 국가의 모든 역량을 집중하였으며, △ 사스 환자 발생정보 공개 △ 당정 고위 관리 120명 엄중 문책 △ 신속한 감염자 격리 조치 등 총력 대응으로 환자 수 감소에 성공하였다.

그런데 실패 요인으로는 위기관리 제도 · 법규 미비, 모호한 행정 명령과 전염병 대응조직 설치 근거 부족으로 지방정부의 전염병 통제 권한이 부재하였으며, 초동대응에 한계점이 노출되었다.

또 하나는 정부의 미온적 대응으로 '02.11~'03.3은 中 최고위층 교체기로 정부가 정치 · 경제 · 사회 안정에 치중하면서 사스를 단순 전염병 정도로 치부하였으며 특히 언론 통제가 큰 이유다. 중국은 주요 이슈 발생 시 보도 통제를 통한 상황관리를 제도화하고 있어, 정부가 발병 사실을 감출 경우 사실상 언론보도는 부재하였다.

그리고 부실한 지방 공공의료 시스템이 사태를 악화시킨 핵심 요인 중 하나는 정부의 보건비 지출이 중앙에 집중되어 있으며, 의료보험의 부실과 병원들의 민영화에 따른 부실 운영 등 지방 의료 시스템이 낙후되었으며, 덩샤오핑 집권 후 지방분권 강화로 도시 · 지방병원, 공립 · 개인 병원 간 협력체제가 취약해진 것도 초기 대응 실패 원인으로 작용하였다.

결과적으로 중국 정부는 사스가 최초 발생한 '02.11부터 '03.3까지 단순 전염병 정도로 치부, 관련 정보를 장기간 은폐 · 부정하며 全 세계 32개국으로 확산하는 것을 방조하였으며, 초기 대응 실패를 인정한 후부터는 사스 확산 방지를 위해 국가 역량을 모두 투입하며 전염병을 수습하는 데 전력투구하였다. 또한 전염병 등 위기 발생 시 정부의 미숙한 초동대응과 고의적인 정보축소 · 은폐 등이 겹칠 경우 엄청난 사회적 후폭풍을 유발할 수 있다는 교훈을 남긴 사례로 기록되었다.

(7) 사스 예방과 우리나라 피해

대한민국에서는 총 3명의 감염자에 그쳤고, 그 3명도 완치되었다. 즉, 다른 나라에서 사망자를 낸 것과는 큰 차이가 나는 셈이다.

대한민국에서 발생한 사스 감염자 수는 중국과 교류가 많음에도 불구하고 매우 적었기 때문에 국내 한 토양학자가 김치 덕에 그럴지도 모른다고 추측했고, 그것이 각 언론사를 통해 기사로 나오면서 중국에서 김치의 판매량이 크게 올랐으나, 김치가 인간의 사스 감염 예방에 효과가 있다는 주장에 관한 의료계의 입장은 과학적 근거가 없다는 것이다.

세계보건기구 주한연락사무소 대표인 조지 슬라마는 마늘에는 몸에 좋은 물질이 많이 함유되어 있지만 사스와의 연계를 입증하는 것은 불가능하다면서 사스 예방을 위해 김치에 의존해서는 안 된다고 말했고, 김우주 고려대 구로병원 감염내과 교수는 김치가 바이러스를 예방해 준다는 과학적인 근거가 전혀 없다고 한다.

다만, 김치의 유산균이 식중독균에 효과가 있고 가축에 항바이러스 단백질 운반용으로도 효과가 있다고는 한다. 사스에 대한 김치의 효능이 연구된 논문이 학술지에 등록되어 있는지 찾기 위해 RISS에서 '사스'와 '김치' 키워드 동시에 포함하게 검색해 봤을 때 나오는 논문 중에 사스에 대한 김치의 효능에 관한 것은 없다.

또한 Lancet에서도 2020년 3월 현재 'sars' 검색 시 896개 결과가 나오고 'kimchi' 검색 시 16개의 결과가 나오는 데 반해, 'sars'와 'kimchi' 동시 검색 시 나오는 단 한 건의 논문도 없다.

대한민국이 사스의 확산을 막을 수 있었던 것은 격리병원에 격리진료실과 격리병실도 없었고, 자가격리자가 사업손해를 보기 싫다는 이유로 탈주했는데도 슈퍼전파자가 되지 않았고, 초기부터 아예 중국에까지 열감지기를 보내 비행기 탑승 전부터 철저히 체온을 측정하고 격리 대상자에 대해서는 공권력을 동원해서 확실하게 틀어막았기 때문이다.

사스 바이러스 사태 때는 제대로 된 방역 시스템이 마련되지 않아 사전에 감염자를 체크해 격리하는 것이 최선이었고 그로 인해 생긴 문제점도 있었다. 이 당시의 경험으로 보건당국은 체계적인 방역 시스템을 갖출 것을 요구했으나 어느 정부에서도 뒷전으로 밀렸고 그 결과 메르스와 코로나바이러스 19에 이르기까지 방역체계를 갖추지 않는 것에 대한 혹독한 대가를 치르게 되었다.

5. 국민 생활안전 위기

5.1. 2011년 가습기 살균제 사건

생활 안전용품의 안전 위기 중 가습기 살균제 사건이 대표적인 예이다 가습기 살균제 사건(Humidifier Disinfectant Case)은 대한민국에서 가습기의 분무액에 포함된 가습기 살균제로 인하여 사람들이 사망하거나 폐 질환과 폐 이외 질환과 전신질환에 걸린 사건이다. 1995년 최초 사망자가 발생했다. 최초 사망자는 1995년 8월 사망한 54세 성인이었고, 두 번째는 같은 해 11월 사망한 1개월 된 영아였다. 사망한 영아의 어머니는 "아기가 태어나자마자 감기에 걸려 가습기를 밤낮으로 틀면서 가습기메이트를 썼다"며 "아기가 코가 누렇게 나와 소아아동병원에 입원시켰는데 하루 만에 사망했다"고 증언했다. 2020년 7월 17일 기준 사회적참사 특별조사위원회 집계에 의하면, 환경부에 피해를 신고한 자는 6,817명이며, 그중 사망자가 1,553명이다. 파악되지 않은 사망피해자는 1.4만 명으로 추산되며, 건강피해경험자는 67만 명에 달할 것으로 알려졌다.

2011년도에 피해가 대거 발생하였다. 애초 원인을 정확히 알 수 없는 폐 질환으로 알려져 임산부나 영아의 폐에 문제가 생겨 폐를 이식받았다. 역학조사 결과 가습기 살균제에 의한 것으로 밝혀져 2011년 11월 11일 가습기 살균제 6종이 회수되었다.

이 사건은 대한민국 역사상 최악의 화학 참사이다. 또한 '살생물제(Biocide)'로 인해 심각한 피해가 발생한 세계 최초 사례이기도 한데, 살생물제란 "화학물질 또는 생물학적 수단에 의해 유해한 유기체를 파괴, 저지, 무해화 또는 제어 효과를 발휘하도록 의도된 화학물질 또는 미생물"이라고 유럽 법에서 정의된다. 문제는 유기체라는 단어에 세균만이 속하는 것이 아니고 모든 생물의 세포 또는 조직, 즉 사람의 세포도 포함된다는 것이다.

(1) 사건의 배경

SK케미칼은 1991년 유공이었을 당시 가습기 살균제의 원료 물질인 PHMG[86]와 CMIT/MIT[87] 제조 방법을 개발해 1998년부터 2011년까지 주요 제조사 및 유통사인 옥시레킷벤키

86 원료 물질을 폴리헥사메틸렌 구아니딘의 인산염(Polyhexamethyleneguanidine–phosphate, 이하 'PHMG'라 한다) PHMG나 PGH는 모두 다른 살균제에 비해 피부 · 경구(섭취 시 영향)에 대한 독성이 1/10~1/5 정도로 적은 데다, 살균력이 뛰어나고 물에 잘 녹는다. 그렇기 때문에 가습기 살균제뿐 아니라 물티슈, 부직포 등의 사람과 직접 접촉하는 물건의 살균제나 부패방지제 등으로 널리 사용되는 구아니딘(guanidine) 계열의 고분자 화학물질이다.
PHMG는 국내에서 유해화학물질관리법에 따라 국립환경연구원에 유독물이 아닌 물질(고유번호 97–3–867)로 등록돼 있고, 일본 · 호주 · 중국 등에서도 살균제로 등록돼 판매되고 있다. 미국 역시 식품의약국(FDA)에 의료 기기용 살균제로 인증(등록번호 3008931275)된 상태다. PGH 역시 피부와 눈에 접촉해도 영향이 크지 않은 살균제로 물리화학적 특성이 알려져 있고, 실제로 다른 살균제나 부패방지제에 비해서 먹었을 경우나 환경에 노출되었을 때의 위험성이 적은 편이라 비교적 안전한 살균제로 알려져 있었고, 그렇게 사용되었다.
하지만 이 두 물질 모두 가습기 살균제로 사용하기 이전에는 흡입독성에 대한 자료나 중장기적으로 인체에 노출되었을 경우의 유해성을 평가할 자료가 없었다. 가습기 살균제 사고 이후 2012년 2월에 시행된 질병관리본부 호흡 노출 동물실험에서 PHMG와 PGH는 폐 섬유화 관련 인과관계가 확인되었다.
이들 물질이 고농도로 폐에 노출되면 감기나 폐렴 증상이 발생하고 간질성 폐렴으로 진전돼 폐가 딱딱해져 호흡곤란이 발생하기도 한다. 폐 손상은 회복되지 못하고 고착성 폐 기능 저하로 폐를 이식하지 않으면 사망에 이르게 된다. 폐 세포는 수축과 팽창을 하면서 공기를 혈관에 전달하는데 폐 손상으로 섬유화가 발생하면 딱딱해져서 공기를 혈관에 전달하지 못하고 숨을 쉬지 못하게 된다.
우리나라에서 쓰이는 가습기는 대부분 초음파 가습기였다. 초음파 가습기는 초음파를 발생시켜 물 분자 사이의 수소 결합을 끊어서 물 분자들을 효과적으로 기화시키는 원리로 만들어진다. 외국에서 주로 사용하는 가열식 가습기에 비해서 전기 사용량이 적은 장점도 가지고 있다. 이러한 초음파 가습기에 균을 죽이는(인체 세포를 죽일 수 있는) 살균제가 들어가서 초음파에 의해 작은 입자로 쪼개지고, 이 미세한 입자가 폐를 통해 혈관으로 들어가 퍼진 것이다

87 CMIT/MIT 계열 살균제를 사용한 피해자는 전체의 10% 정도였다. CMIT/MIT는 혼합물 형태로 함께 사용되는데, 샴푸나 물티슈, 화장품 보존제의 성분으로 광범위하게 사용되는 항균 효과가 뛰어난 구아니딘 계열의 화학물질이다.
CMIT과 MIT는 1960년대 말 미국의 한 화학회사에서 개발한 화학물질이다. 물에 쉽게 녹고 휘발성이 높으며, 자극성과 부식성이 커 일정 농도 이상 노출 시 피부, 호흡기, 눈에 강한 자극을 줄 수 있다. 동물 흡입 실험에서 비염을 유발하는 것으로 보고되어 미국 환경청(EPA)에서 산업용 살충제로 등록하고 2등급 흡입독성 물질로 지정하였다. 우리나라에서는 일반 화학물질로 분류되다가 가습기 살균제 사건 발생 후인 2012년 환경부가 유독물질로 지정했지만, 사용이 전면 금지되지는 않았다.
우리나라와 유럽에서는 의약외품 및 화장품 중 씻어내는 제품에 한하여 15ppm 이하로 희석하여 사용할 수 있고(한국의 경우 치약은 제외), 일본에서는 구강에 사용하는 제품을 제외한 씻어내는 제품에 0.1%로 희석하여 사용 가능하다. 미국에서는 업계에서 자율적으로 사용을 관리하고 있으며, 특히 미국과 유럽 등에서는 치약 보존제로 사용할 수 있지만, 국내에서는 치약 보존제로서의 사용이 금지된 물질이다. 휘발성이 좋은 물질에 초음파까지 계속 더해졌으니 휘발되는 양이 더욱 많아졌음은 당연한 결과였다.
CMIT/MIT의 경우 치약(미국과 유럽)과 샴푸, 바디 워시, 세제 등 대부분의 생활용품에 사용된다. 아주 저농도로 첨가되어도 뛰어난 항균 효과를 나타내기 때문인데, 우리가 성분이 안전하다고 소문나서 일부러 해외 직구를 통해 구입해서 사용하는 세제 및 생활용품에도 이 성분이 들어있는 경우가 많다. 우리나라에서는 가습기 살균제의 원료 물질이라고 잘 알려져서 이 물질이 들어있다는 것만으로도 기피하는 사람들이 많지만, 사실 직접 흡입하거나 오랜 시간 접촉하는 경우가 아닌 씻어내는 생활용품에 사용되는 건 다른 독성이 더 큰 항균제를 사용하는 것보다 안전하다.
하지만 최근 어린 학생들 사이에서 엄청나게 유행하고 있는 슬라임(slime), 대부분 학생들은 액체 괴물(줄여서 액괴)이라고 부

저, 홈플러스, 롯데마트 등에 공급했다.

1994년 유공(현 SK케미칼) 바이오텍 사업팀은 18억 원을 투자해 물에 첨가하면 각종 질병을 일으키는 세균을 완전히 살균해 주는 '가습기메이트'를 개발했다고 발표했다. 당시 SK케미칼은 국내 최초일 뿐 아니라 세계 최초로 가습기 살균제를 개발했다고 대대적으로 홍보했다.

총 27개의 판매업체와 20개 원료 공급 및 제조업체가 연루된 사태로, 2011년 8월 31일, 질병관리본부가 역학조사 결과를 최초 공표하고 원인불명 폐 손상의 원인을 가습기 살균제로 추정, 제품 사용 및 판매 중지를 권고했다.

환경부가 2014년부터 2018년까지 진행 중인 가습기 살균제 피해조사에 의하면 2018년 6월 기준, 총 4,748명의 피해자 중 431명이 1, 2단계 피해 판정을 받았다. 정부 지원금 대상인 1, 2단계 피해자는 1차 조사에서 172명, 2차 조사에서 51명, 3차 조사에서 80명, 4차 조사에서 128명으로 판명됐다.

1991년 동양화학그룹(현 OCI)의 계열사로 설립된 옥시의 생활용품 사업은 2001년 4월 영국계 다국적기업인 레킷벤키저에 매각됐다. 1994년 출시된 것으로 알려진 가습기 살균제는 2011년까지 연간 60만 개가량 판매됐다. 공정위는 연간 시장 규모를 10억~20억 원으로 추정하였다.

르는 장난감에도 기준치 이상의 CMIT/MIT가 포함되어 있어서 문제가 되었다. 주로 해외에서 수입한 제품에서 농도가 높았는데 CMIT는 오랜 시간 접촉할 경우 피부 발진과 알레르기, 안구 부식과 체중 감소 등의 부작용을, MIT는 피부 자극과 피부 부식성 증세를 일으킬 수 있는 부작용을 가지고 있다.

아이들을 키우는 엄마들은 모두 공감하겠지만, 아이들이 일단 액체 괴물을 가지고 놀기 시작하면 오랜 시간 동안 손으로 계속 주무르면서 얼굴을 바싹 대고 열중해서 논다. 안 그래도 휘발성이 크고 피부에 접촉하면 좋지 않다서 씻어내는 제품이나 일회용 물티슈 등의 단발성 제품의 항균제로 쓰이는 물질을 아이들의 손으로 계속 만지면서 노는 장난감에 허용하는 것은 다시 한 번 생각해 볼 일이 아닌가 싶다.

물론 항균제를 사용하지 않는다면 수입되는 과정에서 대부분이 부패할 수 있고, 상한 장난감을 가지고 노는 것 또한 위험한 일이 될 것이다. 사용하지 않는 것보다 사용하는 편이 더 나으니까 현재 사용되는 것이겠지만, 최소한의 허용 농도를 맞추고 장시간 사용은 금지한다는 등의 지침 등 개선이 필요하다.

(2) 원인

가습기 살균제의 살균제 성분은 주로 폴리헥사메틸렌 구아니딘(PHMG, Polyhexamethylene guanidine)과 염화 올리고-(혹은 2-)에톡시에틸 구아니딘(PGH, Oligo-(2-)ethoxyethyl guanidine chloride)이고, 메틸클로로아이소싸이아졸리논(MCI, Methylchloroisothiazolinone)을 이용하는 예도 있다. 이들 물질은 피부 독성이 다른 살균제에 비해 5~10분의 1도 에 불과해서 가습기 살균제뿐만 아니라, 샴푸, 물티슈 등 여러 가지 제품에 이용된다.

하지만 이들 성분이 호흡기로 흡입될 때 발생하는 독성에 관해서는 연구가 되지 않았기 때문에, 피해자가 발생할 때까지 아무런 제재가 이루어지지 않았다. 특히, 가습기 살균제는 공산품으로 분류되었기 때문에 식품위생법이나 약사법이 아닌 "품질경영 및 공산품 안전관리법"에 따른 일반적인 안전기준만이 적용되어 피해를 예방하지 못했다.

인체에 해로운 가습기 살균제에는 PHMG 계열에 옥시 싹싹(옥시레킷벤키저), 와이즐렉(롯데마트), 홈플러스(홈플러스)가 있고, PGH 계열에는 세퓨 (버터플라이이펙트), 그리고 MCIT 계열에는 애경 가습기메이트(애경), 이플러스(이마트) 등이 있다.

(3) 사건의 결과

2011년 4월 급성 호흡기능상실(호흡부전) 임산부 환자 잇따라 입원, 2011년 5월 10일 입원환자 중 34세 여성 사망, 2011년 6월 여성 3명 사망 2011년 8월 31일 질병관리본부 가습기 살균제를 폐 질환 원인으로 추정 2011년 9월 30일 한국소비자원 가습기 살균제 사용자제 권고 2011년 11월 11일 질병관리본부 가습기 살균제 수거 명령 2012년 1월 17일 피해자 4명 가습기 살균제 업체와 국가 상대 손해배상소송 제기 2012년 2월 3일 질병관리본부, 가습기 살균제를 폐 손상 원인으로 최종 확인 2012년 7월 23일 공정거래위원회, 가습기 살균제 판매 업체 4곳 검찰 고발 및 과징금을 부과하였다.

2011년 11월 11일 질병관리본부 수거 명령받은 가습기 살균제 즉, 리콜 명령받은 제품은 옥시 싹싹 가습기 당번〈액체〉(한빛화학), 세퓨 가습기 살균제(㈜버터플라이이펙트), 와이즐렉 가습기 살균제(롯데마트 자체상표(PB) 상품/용마 산업사), 홈플러스 가습기 청정제(홈플러스 자체상표(PB) 상품/용마 산업사), 아토오가닉 가습기 살균제(아토오가닉), 가습기 클린업(코스트코 자체상표 상품/글로엔엠)이다.

2012년 7월 22일 가습기 살균제 6종 중 "인체에 안전하다."라는 내용으로 광고한 한빛화학, 홈플러스, 버터플라이이펙트, 아토오가닉 등 4개 업체는 공정거래위원회에 의해 고발되었고, 광고에 안전하다는 표현을 하지 않은 롯데마트와 코스트코는 고발되지 않았다.

한편 옥시싹싹을 제조한 옥시레킷벤키저는 대형 로펌(법률사무소) 김앤장을 통해 정부가 실시한 동물실험 및 피해자들의 손해배상 소송에 대해 타당성에 문제를 제기하고, 사건 당시 법률에 따르면 자사의 행위에 위법성이 없다고 주장했다.

2016년 4월 28일 서울중앙지검 특별수사팀은 국내 가습기 제조업체 세퓨의 대표 오모 씨를 소환 조사했다. 2009년 세퓨는 자사 가습기 살균제를 판매하면서 제품 하단에 '인체에 해가 없으며, 흡입 시에도 안전'이라고 표기했다. 그러나 살균제의 주원료로 사용된 PGH(살균제 용도의 화학물질)는 폐 손상을 일으키는 독성을 함유하는 것으로 조사 결과 밝혀졌다.

그리고 옥시가 유해성 실험보고서를 조작하고 대학교수들에게 뒷돈을 줬다는 의혹이 발생하자 서울대학교와 호서대학교에 대한 압수수색을 하게 되었고 그중 서울대학교 수의과대학 교수가 뇌물 혐의로 긴급 체포되었다.

이와 같은 사실이 밝혀지자, 시민단체와 소비자들의 자발적인 불매운동이 일어났다. 한 온라인 설문조사에 따르면, 응답자의 95.8%가 비도덕적인 옥시의 제품을 구매하지 않겠다고 답변했다. 이 결과, 옥시의 매출은 정상 영업을 하던 때에 비해 약 90% 감소했고 직원도 70% 이상 감소한 것으로 전해졌다.

또한 이 사건으로 인해 가장 많은 사상자를 낸 옥시의 전 대표 신현우와 세퓨의 대표이사였던 오 모 씨가 구속되었으며 홈플러스와 롯데마트 등 자체적으로 가습기 살균제를 생산한 대형마트로도 수사가 확대하였다.

세퓨는 2011년 가습기살균제 사건이 불거지자 폐업했는데, 이에 옥시레킷벤키저를 비롯한 다른 업체들도 사업을 철수하는 게 아니냐는 의혹이 불거졌다. 옥시레킷벤키저의 경우 사업 철수설을 부인하며 "가습기 살균제 피해보상에 집중하고 있고, 해당 문제를 전사적으로 해결하고 있을 뿐 철수 계획은 없다."라고 밝혔다.

5월 20일에는 서울중앙지검 특별수사팀 측에서 롯데마트의 관계자와 미국계 다국적기업인 D사의 관계자를 소환했다. D사는 롯데마트가 2006년쯤에 가습기 살균제 PB (자체상품, Private Brand) 제품을 출시할 당시 제품 기획 단계에 참여한 업체이다.

서울중앙지검 특별수사팀 측에서는 5월 23일 태아 상태에서 가습기 살균제로 인해 피해를 당한 사람들도 피해자에 포함하기로 했다. 그리고 피해자들은 PHMG(광범위 살균제, Polyhexamethylene guanidine)의 국내 반입 허락과 유해성 검사 실시 생략에 책임을 물어 환경부 장관이었던 강현욱, 김명자를 고발하기도 했다.

5월 20일부터 6월 26일 약 한 달간 옥시레킷벤키저는 옥시 가습기 살균제 피해자와 세 차례에 걸쳐 만남의 자리를 마련해 사과 및 배상안을 논의했다. 이를 토대로 7월 31일, 옥시 가습기 살균제 피해자 배상안이 발표됐다.

6월 7일에는 서울중앙지검 특별수사팀은 옥시레킷벤키저의 대표였던 존 리를 재소환해서 조사했다. 검찰은 이 재조사를 마치고 나서 업무상 과실치사 및 과실치상, 표시 · 광고의 공정화에 관한 법률 위반 등으로 그의 구속영장을 청구하는 방안을 검토하고 있다고 했다.

단, 2017년 1월 16일에서 2018년 1월 25일까지 총 3차례에 걸쳐 진행된 재판에서 가습기 살균제 제조 · 판매 과정에 관여했다고 보기 어렵다는 이유로 무죄를 선고받았다. 옥시 신현우 전 대표는 가습기 살균제의 흡입독성이 존재할 것이라는 사실을 알면서도 확인하지 않았다는 이유로 징역 7년을 선고받았다.

6월 15일엔 서울중앙지검 특별수사팀이 옥시의 연구소장인 조 모 씨를 업무상과실치사 및 과실치상 등의 혐의로 구속기소를 했다. 검찰에 따르면 조 씨는 2003년 말부터 2011년 8월까지 가습기 살균제의 유해성을 알고도 제조, 판매하도록 해 70명이 사망하고 105명에게 폐질환을 초래한 혐의를 받고 있다고 하며, 과학적 근거도 없이 '인체에 안전한 성분 사용', '어린이에게도 안심' 등의 문구를 옥시레킷벤키저의 마케팅 부서에 사용하도록 승인한 혐의도 받는다고 한다.

한편 옥시는 2007년과 2010년에 가습기 살균제 사용자들의 피해 사례를 접수했지만 조 씨는 묵살한 것으로 조사되었다. 조모 씨는 2017년 4월 28일 항소심에서 징역 1년, 집행유예 2년을 선고받았다.

6월 24일엔 롯데마트, 홈플러스 임직원 등 9인에 대한 형사 재판이 이루어졌으며, 2018년 1월 25일 대법원 선고가 내려졌다. 홈플러스 주식회사는 벌금 1억 5천만 원을 선고받았으며, 홈플러스 식료 잡화점(그로서리) 매입 부장과 법규관리팀장은 각각 징역 4년, 나머지 피고인은 금고 2년에서 4년을 선고를 받았다. 9월 21일, 라케시 카푸어 레킷벤키저 그룹 회장은 영국 본사에서 국회 특위와 피해자 가족들을 만나 피해자들에게 공식적으로 사과했다.

9월 29일에 연구 보고서 조작 혐의로 재판에 넘겨진 서울대 수의과대학 교수가 1심에서 징역 2년을 선고받았다. 이는 가습기 살균제 사건과 관련되어 실형 선고가 내려진 첫 번째 사례이다. 그는 2011년 10월에서 12개월 동안 연구용역비 외에 1,200만 원을 따로 챙긴 혐의와 서울대 산학협력단으로부터 물품 대금 5,600여만 원을 빼돌린 혐의도 받고 있다.

2017년 1월 6일, 법원은 가습기 살균제 제조업체 전, 현 임직원 19명 중 17명에게 유죄 판결을 내리고, 옥시 법인, 롯데, 홈플러스엔 표시 · 광고의 공정화에 관한 법률 위반 혐의로 벌금 1억 5천만 원을 선고했다. 2017년 1월 20일, 국회는 가습기 살균제 피해구제법을 통과시키고, 가습기 살균제 제조업체와 원료 공급사가 특별구제 계정에 총 1,250억 원을 납부할 것을 명령했다.

2017년 8월 8일, 문재인 대통령은 가습기 살균제 피해자들과의 면담에서 첫 공식 사과 및 피해구제 재원 확대를 약속했다. 2017년 8월 9일, 가습기 살균제 피해구제를 위한 특별법을 시행했다. 2017년 9월 8일, 옥시레킷벤키저는 특별구제 기금 분담금 674억을 일시금으로 납부하였다.

2017년 12월 19일, 공정위 김상조 위원장, 가습기 살균제 문제 처리 과정에서 SK케미칼과 애경에 면죄부를 준 잘못을 인정, 사과문을 발표하고, 2018년 2월 12일, 공정위는 SK케미칼과 애경, 이마트에 시정명령과 과징금 1억 3,400만 원 부과하고, SK케미칼과 애경을 검찰에 고발하였다.

2018년 3월 29일, 사회적 참사 특별조사위원회 출범, 가습기 살균제 소위원회 구성하고,

2018년 8월 9일, 가습기 살균제 피해구제를 위한 특별법 개정안 의결됨에 따라 2019년 2월 15일부터 시행하고 있다.

5.2. 식품 안전

식품안전(食品安全, Food safety) 또는 식품위생(食品衛生, Food hygiene)은 식품, 식품첨가물, 기구 또는 용기, 포장을 대상으로 하는 음식에 관한 위생을 말한다. 식품의 안전성이 고려되어야 하는 구체적인 단계는 원료의 재배 · 채취 및 수확 단계, 식품의 제조 및 가공 단계, 식품의 기구 · 용기 및 포장 단계, 수송 · 저장 및 판매 단계, 그리고 섭취의 단계로 나눌 수 있다.

식품위생에서 중점적으로 다루는 범위는 대체로 세균성 식중독 및 화학적 식중독의 예방이며, 이외에도 식품의 자연 독으로 인한 식중독 예방, 식품을 통한 전염병 전파의 예방 및 기생충증의 예방 등을 다룬다.

(1) 식중독 등 생활안전사고

식중독(食中毒, Foodborne illness)은 병원성 세균, 독소, 바이러스, 프리온, 기생충, 화학물질, 자연 독 등에 오염된 음식물 섭취의 결과로 발생하는 모든 종류의 질병을 말한다. 이 같은 오염은 대부분 음식물의 부적절한 취급, 준비, 저장으로 인해 발생한다.

일부 질병은 종종 물을 매개로 음식에 옮겨간다. 이 같은 전염은 시겔라,[88] A형 간염 바이

---

88 이질 Shigellosis (bacillary dysentery, dysentery, 痢疾, 細菌性 痢疾, 赤痢) 증상은 피, 고름, 점액 성분이 포함된 설사 증상을 말하며, 콜레라와 장 독소 대장균에 의해 발생하는 수양성 설사와 대비된다. 이질 증상은 대표적으로 세균성 이질균(Shigella spp.)이 원인이 되지만, 장침투성이 대장균(Enteroinvasive E. coli) 등의 다른 종의 세균이나 원충인 아메바, 혹은 바이러스가 원인이 될 수 있다.
세균성 이질균(이하 시겔라) 속에는 4개의 종이 포함되며(Shigella dysenterae, S. flexneri, S. boydii, S. Sonnei), 시겔라라는 이름은 이질균을 처음 발견한 일본의 키요시 시가(Kiyoshi Shiga, 志賀 潔)의 이름에서 온 것이다. S. flexneri는 미국의 Simon Flexner의 이름에서 온 것이며, S. sonnei는 덴마크의 세균학자인 Carl Sonne의 이름에서 온 것이고, S. boydii는 미국 세균학자인 Mark Boyd의 이름에서 온 것이다. Kiyoshi Shiga는 1929년부터 1931년까지 일본이 서울에 설립한 경성제국대학의 총장을 지냈다.

러스, 기생충인 람블편모충,[89] Cryptosporidium Parvum(작은와포자충, 사람 와포자충)[90] 등에 의해 일어나며, 파리 · 설치류 · 바퀴벌레 같은 유해 동물이 음식물에 접촉하는 것도 전염의 다른 요인이 될 수 있다.

식중독은 농약이나 약물이 음식에 들어가거나, 독버섯이나 독어와 같이 자연적인 독성 물질을 우연히 섭취하는 경우에도 발생할 수 있다.

식중독의 증상은 구토형과 설사형으로 나뉘며, 구토형은 보통 섭취 후 몇 시간(2~12시간) 후에 구토 등 증세가 나타나지만, 설사형은 잠복기(24~72시간) 이후에 발생한다. 식중독균 등 그 원인에 따라 복통, 구역질, 구토, 설사, 발열, 두통, 피로감 등을 포함한다. 식중독은 대부분은 발병 후 단기간에 완치가 되지만, 어떤 경우, 특히 유아나 임산부와 그의 태아, 노인, 환자에게는 탈수로 인한 영구적인 건강 장애나 심지어 죽음을 초래할 수 있다(예: 2011년 유럽의 장 출혈성 대장균으로 인한 식중독으로 사망자 및 영구 신장 장애를 겪는 환자가 속출한 사례가 있음).

2017년 8월 19일부터 8월 30일까지 타이완 타이베이에서 열린 제29회 하계 유니버시아드 대회에서, 타이베이 테니스 센터에서 수십 명의 선수와 운영 요원들이 도시락을 먹고 난 뒤 식중독 증상을 나타냈다. 대회 식품 안전팀은 주최 측이 준비한 도시락 300여 개를 먹은 사람

---

89 람블편모충은 헥사미티데과(Hexamitidae) 지아르디아속(Giardia)에 속하는 원생동물로, 1681년 안톤 판 레이우엔훅이 자신의 대변에서 최초로 발견하였다. 길이는 9.5～21㎛ 정도이고 8개의 편모를 가지고 있으며 이분법으로 증식한다. 람블편모충의 핵은 두 개인데, 여기에 1200만 bp 정도 크기의 DNA를 유전체로 가지고 있으며 GC%는 46%이다. 세포 안에 미토콘드리아를 가지고 있지 않은 것도 특이한 점이다. 람블편모충은 영양 활동을 하지 않을 때는 포낭(cyst) 상태로 존재한다.
람블편모충은 사람과 개, 고양이, 소 등의 포유류와 조류의 십이지장과 소장에서 기생하며, 산소가 없는 상태에서 포도당을 주에너지원으로 사용한다. 이때 람블편모충을 가진 포유류와 조류 등의 숙주는 람블편모충증(giardiasis)을 일으키는데, 설사와 지방변이 람블편모충증의 주 증상이다. 이 밖에 위경련, 복부 팽만감, 구토, 피로감 등의 증상이 나타난다. 람블편모충증은 메트로니다졸(metronidazole), 티니다졸(tinidazole) 등의 약물로 치료할 수 있다. 람블편모충은 람블편모충에 감염된 사람이나 동물의 대변을 통해 전파된다. 또 대변에 오염된 물이나 음식을 통해서도 람블편모충이 전염될 수 있다. 따라서 손을 잘 씻고, 물을 끓여 먹는 등의 생활 습관을 통해 람블편모충의 감염을 예방할 수 있다.

90 1912년 Tyzzer에 의해 마우스의 소장에서 발견, 기록된 원충으로서 1976년 인체감염이 처음 확인되었다. 충체 크기가 매우 작아 전자현미경이 등장하기 전까지는 종 동정을 살피기가 곤란하였다. 그러나 최근에는 장점막조직에 대한 생검과 전자현미경의 관찰로 진단이 가능하게 되었으며 분변 내 난포낭에 대한 특수염색법도 개발되어 대변검사에 의한 진단도 가능하게 되었다. 정상인이 감염될 경우 1–2주 계속되는 설사를 일으키나, 특히 면역기능이 저하된 환자(AIDS, 백혈병, 골수암, 림프선암 등)에게서는 극심한 설사와 탈수로 사망에 이를 수 있는 무서운 기회 감염성 원충의 하나이다. 우리나라의 농촌지역 주민 중에서도 감염자가 많으며 가축, 특히 소의 감염률이 높다.

중 22명이 설사 등 식중독 증상을 나타냈다고 밝혔다.

식품 안전팀이 즉각 이들 도시락을 공급한 타이베이 쑹산 구(松山)의 식당에 대해 조사를 벌인 결과 종업원들이 위생 모자를 착용하지 않고 쓰레기통 덮개가 없는 등 5개 항목이 위생 기준에 부합지 않은 것으로 나타났다.

하프마라톤에서는 한국 선수 등 11명이 일사병으로 탈진해 시합을 중도 포기했다. 롤러스케이트 경기에서도 멕시코, 슬로바키아 등 선수들이 더위로 탈진해 쓰러졌고 일부는 구토 증세를 보이기도 했다. 대회 지원차 투입된 경찰 1명도 더위를 이기지 못하고 쓰러져 뇌혈관 질환 초기 증상 진단을 받았다.

크라운제과는 대한민국의 제빵과 제과 업체다. 크라운제과 자체 검사 결과, '13.11.28. 이후 충북 진천군에 있는 공장에서 제조한 유기농 웨하스 일부에서 식중독을 일으킬 수 있는 살모넬라균,[91] 장염 비브리오균[92]과 함께 3대 식중독균으로 꼽히는 '황색포도상구균[93]'이 기준치

---

91 salmonella 주로 사람이나 동물의 장(腸)내에 기생하는 병원성 세균 사람에게 티푸스성 질환을 일으키는 장티푸스균과 파라티푸스균을 비롯하여, 동물에 감염되어 그 배설물에 의한 오염으로 식중독이나 위장염을 일으키는 게르트너균 등을 일컫는다. 익히지 않은 육류나 계란을 먹었을 때 감염될 수 있는데, 음식물 섭취 후 8~24시간이 지난 뒤 급성장염을 일으켜 발열, 복통, 설사 등의 증상이 나타난다. 발병한 환자는 3일 이내에 증세가 가벼워진 뒤 대부분 회복되어 치사율은 낮은 것으로 알려져 있다.
살모넬라에 속하는 균들은 수많은 종류가 있는데 종류에 따라 생기는 질병이 다르다. 살모넬라균이 일으키는 대표적인 질병이 장티푸스다. 식중독을 일으키는 살모넬라균은 균만 인체에 들어갔을 경우는 수천 마리라도 특별한 해를 일으키지 않는다. 그러나 인간이 식품과 함께 살모넬라균을 먹는다면 수백 마리라도 식중독을 일으킨다. 고기와 같은 단백질이 위에 들어가면 산성 성분이 약해져서 pH가 6 정도 되는데, 이 속에서는 살모넬라균이 살아남을 수 있기 때문이다. 세균이 산성에 대한 저항성을 유지하기 위해서는 소량의 아미노산이 필요한 데 단백질이 아미노산을 제공해 주는 것이다. 살모넬라균을 방지하기 위해서는 섭씨 60도에서는 10분 이상, 70도 이상에서는 1~2분 정도 가열해야 한다.

92 장염 비브리오균은 식중독을 일으키는 주요 원인균이다. 염분이 높은 환경에서도 잘 자라 해수에서 살며, 겨울에는 해수 바닥에 있다가 여름에 위로 떠올라서 어패류를 오염시키고 이를 날로 먹은 사람에게 감염된다. 또는 어패류에 부착된 장염 비브리오균이 냉장고, 도마, 행주, 칼 및 조리자의 손을 통하여 다른 식품을 오염시키고 증식된 이들 식품을 섭취한 사람이 식중독을 일으킬 수 있다.
장염 비브리오균은 주로 6~10월에 발생하며 흔히 오염되는 어패류로는 꼬막, 바지락, 물미역, 피조개, 새우, 낙지, 물치, 망둥이 등이 있다. 따라서 여름철에는 이들 어패류의 생식을 삼가는 것이 좋다. 장염 비브리오균에 감염된 증세는 어패류를 먹은 지 10~18시간 이내에 나타나며 복통과 함께 하루 5차례 이상의 설사와 구토를 한다. 대개 2~3일 지나면 회복되지만, 설사가 심하면 위험할 수 있으므로 의사의 상담을 받아야 한다.

93 '포도상구균'은 자연계에 널리 분포되어 있는 세균의 하나로서 식중독뿐 아니라 피부의 화농 · 중이염 · 방광염 등 화농성질환을 일으키는 원인균이다. 특히 우리나라에서는 황색포도상구균이 살모넬라균, 장염 비브리오균 다음으로 식중독을 많이 일으키는 세균이다. 포도상구균은 수십 종에 이르지만 그중에서도 황색의 색소를 생산하는 황색포도상구균이 식중독을 일으키는 원인 세균으로, 기타 포도상구균에 의한 식중독 발생 사례는 현재까지 없다.
황색포도상구균은 비교적 열에 강한 세균이지만 80℃에서 30분간 가열하면 죽는다. 그러나 황색포도상구균이 생산한 장독소

를 초과한 균이 검출되어 유통 중인 해당 제품 2만 227상자를 자진 회수하기로 식품의약품 안전처는 '14.9.26. 밝혔다.

이와 관련하여 서울서부지방검찰청 부정식품 사범 합동수사단은 12년 1월부터 최근까지 충북 진천의 제조 공장에서 만든 유기농 웨하스에서 기준치 이상의 미생물과 식중독균을 검출했지만 폐기하지 않고 시가 23억 원 상당의 제품을 파는 등 2009년부터 5년간 31억 원 상당의 유기농 웨하스를 유통한 혐의를 위반한 사건이다. "크라운제과 생산 담당 이사 신모(52) 씨 등 3명을 식품위생법 위반 혐의로 구속기소를 하고 공장장 김모(52) 씨 등 5명을 불구속 기소를 했다"라고 2014년 10월 9일 밝혔다.

2020년 글로벌 식품안전 동향 보고서(2021.6월)에 따르면, 최근 20여 년간 월별 식중독 수 건수를 보면 5,362건에 136,379명으로 나타났으며, 그중 8월에 652건에 17,929건으로 발생 빈도가 가장 높았다.

지역별로 보면 경기도가 1,231건 중 33,744명으로 가장 많고, 다음은 인천이 367건에 9,606명이며, 그다음은 전남으로 332건에 6,621명으로, 지역별로 분포를 보면 주로 서해안 쪽으로 많이 나타났다.

(Enterotoxin)는 100℃에서 30분간 가열해도 파괴되지 않는다. 이 독소는 열에 매우 강해 감염형 식중독과 달리 열처리한 식품을 섭취할 경우에도 식중독을 일으킬 수 있다.

6. 안보 위기

6.1. 2010. 11월 연평도 포격전

연평도 포격전은 2010년 11월 23일 오후 2시 30분경, 조선민주주의인민공화국이 아무런 선전포고도 없이 대한민국 인천광역시 옹진군 연평면의 대연평도를 향해 포격하자 대한민국 해병대가 피격 직후 조선민주주의인민공화국 영토를 향해 대응 사격을 가한 사건이다.

대한민국 국군은 서해 5도에 진돗개 하나를 발령한 뒤, 곧 전군으로 진돗개 하나를 확대 발령하였다. 이 사건으로 인해 대한민국에는 해병대원 전사자 2명, 군인 부상자 16명, 민간인 사망자 2명, 민간인 부상자 3명, 합계 사망자 4명과 부상자 19명의 사상자가 발생했고 연평도의 각종 시설 및 가옥이 파괴되어 재산 피해를 보았다.

한국 전쟁의 휴전 협정 이후 조선인민군이 대한민국의 영토를 직접 타격하여 민간인이 사망한 최초의 사건으로 국제사회의 큰 관심을 끌었고, 국제사회는 조선민주주의인민공화국을 규탄했으나 조선민주주의인민공화국은 정당한 군사적 대응이었으며 전적인 책임은 대한민국에 있다고 주장했다. 천안함 피격 사건에 이어 8개월 만에 벌어진 이 사건으로 인해 양측의 갈등은 더욱 심화하였다.

2021년 3월 31일, 대한민국 국방부는 해병대와 전사자 유족의 요구를 받아들여 사건의 공식 명칭을 연평도 포격 도발에서 연평도 포격전으로 변경했다. 앞서 해병대사령부는 2012년과 2015년 등 '연평도 포격 도발' 명칭을 '포격전'으로 바꿔줄 것을 국방부에 건의했지만 변경되지 않았으며, 전사자 유족들로부터도 변경 요청이 있었다. 변경되기 전에도 해병대는 자체적으로 '연평도 포격전'이라는 용어를 계속 써왔다.

〈부록 그림 1.17〉 평도 해전

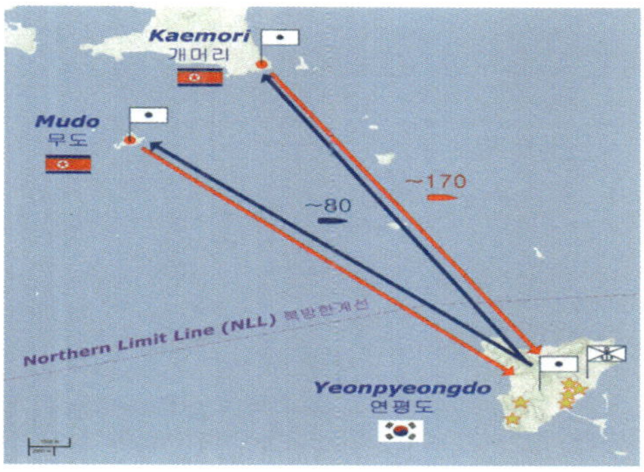

6.2. 2010. 3월 천안함 피격 사건

천안함 피격 사건은 2010년 3월 26일에 백령도 근처 해상에서 대한민국 해군의 초계함인 PCC 772 천안이 조선인민군 해군 잠수함의 어뢰에 의해서 격침된 사건이다.

대한민국 정부는 천안함의 침몰 원인을 규명할 민간 · 군인 합동조사단을 구성하였고, 대한민국을 포함한 오스트레일리아, 미국, 스웨덴, 영국 등 5개국에서 전문가 24여 명으로 구성된 합동조사단은 미국과 대한민국이 조사하여 2010년 5월 20일에 "천안함이 조선민주주의인민공화국의 어뢰 공격으로 침몰한 것"이라고 발표했으며 기자가 스웨덴 관계자에게 질의하자 자신들은 "조사에 관여하지 않았다"라고 밝혔다.

이러한 조사 결과 발표는 유럽연합, 일본 외에 인도 등 비동맹국들의 지지를 얻어 유엔 안전보장이사회의 안건으로 회부되었으나, "자신들과 관련이 전혀 없다"라고 주장하는 조선민주주의인민공화국의 입장을 반영한 중국과 러시아가 반대하면서 공격 주체를 특정하지 않은 채 "조사 결과에 비추어 우려를 표명한다"라는 내용과 함께 "공격을 규탄한다"라는 내용의 의장성명을 채택하였다.

합동조사단의 조사 결과에 "특대형 모략극"이라며 반발했던 조선민주주의인민공화국은 안보리 성명을 사실상 수용하는 모습을 보였다. 천안함의 침몰에서 인양, 조사 발표까지 대한민국 사회와 주변국의 관심을 끌었으며, 침몰 원인에 여러 주장이 제기되었고 규명 과정에서 언론과 각계 인사들은 다수의 문제를 제기하였다. 이 사건으로 인해 남북 간의 긴장이 고조되었으며, 대한민국에서는 침몰 원인에 대해 각기 다른 해석으로 갈등을 빚었다.

사건 발생 직후 출동한 인천해양경찰서 소속 해안 경비정에 의해 천안함에 탑승하고 있던 승조원 104명 중 58명이 구조되었으며 나머지 46명은 실종되었다. 이후 실종자 수색과 선체 인양이 진행되면서 2010년 4월 24일 17시 기준으로 실종자 46명 중 40명이 사망자로 확인되었으며 6명이 실종자로 남아있다.

사고 원인은 초기에는 어뢰 설, 기뢰설, 내부 폭발설, 피로 파괴설, 좌초설 등 다양했으나 조사가 진행되면서 북한의 뇌격으로 좁혀졌다. 애초 정부와 민군 합동조사단은 뇌격설과 좌초설의 가능성을 조사했었다. 대한민국 해군은 27일 오전 수상함 10여 척과 해난구조함 평택함을 포함한 대부분 병력을 사건 지점에 배치했다. 사건 지점에 배치된 100여 명의 해군 해난구조대(SSU) 잠수 요원들은 선체의 구멍을 조사했다.

28일에는 실종자 수색을 위해 광양함을 추가로 배치했다. 수색 과정에서 대한민국 해군은 침몰 지점으로부터 서남방 16마일 부근에서 구명복 상의 22개와 안전모 15개를 발견했다. 해군 SSU, UDT 대원들과 육군 특전사의 잠수 요원들이 수색, 구조작업에 투입되었다.

29일 밤, 아시아 최대의 수송함인 독도함을 침몰한 천안함의 탐색 및 구조 활동을 지휘하기 위해 현장 해역에 긴급 투입했다. 31일 함수 쪽을 수색한 잠수사는, 격실 안에 물이 가득 차 있다고 증언했다. 4월 2일 수색작업을 돕던 쌍끌이 어선 금양98호가 22시 30분쯤 조난신호를 보낸 뒤 실종됐다. 이 배는 캄보디아 화물선과 충돌하여 침몰해 탑승 선원 전원이 숨졌다.

4월 3일 천안함에서 시신 2구를 발견했는데, 그중 한 명은 남기훈 상사로 확인됐다. 4월 3일 실종자 가족 측이 실종자 수색작업을 중단해달라는 요청을 했으며, 해군은 실종자 가족 측의 요청을 받아들였다. 그리고 4월 7일 함미 절단면에서 김태석 상사가 발견되었다.

한편 일반에 공개되지 않은 수색 과정에서 3월 30일에는 UDT 대원인 한주호 해군 준위가 작업 중 실신하여 병원으로 후송되었으나 순직하였다. 김현진 상사, 김정호 상사는 실신해 치료받았다. 4월 2일에는 저인망어선 금양98호가 천안함 실종자 수색을 마치고 조업 구역으로 복귀하던 중 서해 대청도 서쪽 55km 해상에서 침몰해 탑승 선원 9명 중 2명이 숨지고 7명이 실종됐다.

결과적으로 천안함 사건은 군사적 도발에 대해 얼마나 큰 피해를 입을 수 있는지를 상징적으로 보여준 사건입니다. 군사적 대비 태세는 물론, 진실을 공유하고 국민적 통합을 이루는 것이 중요합니다. 그리고 무엇보다도 도발에는 반드시 대가가 따른다는 억지력을 확실하게 보여주는 태도가 필요하다.

6.3. 2001년 美 9 · 11 테러(September 11 attacks, 9/11 attacks)

(1) 테러의 현황

9 · 11 테러(September 11 attacks, 9/11 attacks) 또는 약칭인 9/11는 2001년 9월 11일 화요일 아침 미국에 대항하는 이슬람 과격 테러단체인 알카에다가 일으킨 네 차례의 연쇄 테러 공격을 의미한다.

9월 11일 아침 미국 북동부에서 캘리포니아주로 향하는 민항 여객기 4기가 알카에다 테러범들에 의해 비행 중 연쇄적으로 납치당했다. 납치범 무리는 5명으로 이루어진 3개 무리와 4명으로 이루어진 4개 무리 총 19명이었다. 납치범의 각 무리 내에 비행 훈련을 받고 항공기를 장악해 조종한 납치범이 1명씩 있었다. 납치범들은 미국의 유명한 건물에 비행기를 부딪쳐 대규모 인명피해를 일으키고 테러 대상 건물을 부분적으로 파괴하거나 완전히 붕괴하게 만들 목표를 가지고 있었다.

처음으로 납치당한 항공기는 아메리칸 항공 11편이었다. 이 비행기는 현지 시각 8시 46분 미국 뉴욕에 있는 세계 무역 센터 북쪽 타워(1WTC)에 충돌하였다. 17분 뒤인 9시 3분에는 유나이티드 항공 175편이 세계 무역 센터 남쪽 타워(2 WTC)에 충돌하였다. 110층짜리 쌍둥이 빌딩은 모두 화재 발생 1시간 42분 만에 붕괴하여 이 여파로 세계 무역 센터(7 WTC) 등 다른 세계 무역 센터 건물도 붕괴하고 주변 건물도 심각한 피해를 보았다.

세 번째로 납치된 항공기는 워싱턴 덜레스 국제공항에서 이륙한 아메리칸 항공 77편으로 오하이오주 상공에서 납치되었다. 9시 37분 미국 버지니아주 알링턴시에 있는 미 국방성 본부인 펜타곤의 서쪽 면에 충돌하여 건물 일부가 붕괴하였다. 네 번째이자 마지막으로 납치당한 항공기인 유나이티드 항공 93편은 워싱턴 D.C.를 향해 비행했다. 유나이티드 항공 93편 항공기는 목표물에 타격하지 않은 유일한 항공기로 10시 3분쯤 미국 펜실베이니아주 섕크스빌 인근 들판에 추락하였다. 비행기에 탑승했던 승객들은 납치범들이 장악한 항공기 조종석 통제권을 되찾으려 시도했고, 결국에는 테러범들이 의도한 목표물을 타격하는 데 실패하게 했다. 수사관들은 유나이티드 항공 93편의 원래 목표물은 백악관이나 미국 국회의사당이었을 그것으로 추정하였다.

테러 발생 직후 곧바로 알카에다가 테러를 일으켰다는 의심을 받기 시작했다. 뒤이어 미국은 테러와의 전쟁을 선포하고 아프가니스탄 내 알카에다 세력을 축출하고 알카에다의 지도자인 오사마 빈 라덴을 인도하라는 미국의 요구를 거부한 탈레반을 몰아내기 위해 아프가니스탄을 침공하였다.

처음에는 빈 라덴이 자신이 테러를 일으킨 것이 아니라고 부인했으나 2004년 빈 라덴은 비디오테이프를 통해 공식적으로 자신이 테러를 기획한 것이라고 밝혔다. 알카에다와 빈 라덴은 테러를 일으킨 동기로 미국의 이스라엘 지원, 미군의 사우디아라비아 주둔, 이라크에 대한 제재 등을 꼽았다. 빈 라덴은 테러 후 10년간 은신하였으나 2011년 파키스탄 아보타바드에 있는 자신의 은거지에서 미군의 넵튠 스피어 작전[94]으로 사살되었다.

---

94 Killing of Osama bin Laden Operation Neptune Spear For God and country, I pass Geronimo, Geronimo E.K.I.A. 신과 국가를 위하여, 작전 코드 제로니모를 전송한다. 작전 코드 제로니모, 적을 사살했다. 특수부대 DEVGRU(미합중국 해군 특수전개발단 Naval Special Warfare Development Group)가 오사마 빈 라덴의 사망을 확인한 후 임무 성공 사실을 알리기 위해 보낸 암호 무전

미국은 오사마 빈 라덴을 잡으려고 아프가니스탄까지 쳐들어가서 전쟁을 일으켰으나 정작 작전의 목표물인 빈 라덴은 잡지 못했다. 탈레반의 패배로 끝날 것처럼 보였던 전쟁은 핵심 목표인 오사마가 도주하면서 점차 늘어지기 시작했다. 탈레반은 이라크전으로 주춤해진 미군의 감시를 틈타 다시 세력을 키워나갔고 오사마는 간간이 자신의 성명을 담은 비디오를 세상 밖으로 내보내며 건재를 과시했다. 미국은 빈 라덴을 잡기 위해 온갖 첨단장비와 5,000만 달러의 현상금까지 내걸었지만 오사마 빈 라덴을 잡는 데는 실패했다.

미국은 장기간의 첩보로 오사마 빈 라덴의 위치를 확보했다. 이에 버락 오바마 대통령이 결단을 내려 DEVGRU가 아보타바드로 침투해 암호명 '잭팟'으로 명명된 오사마 빈 라덴을 제거하는 넵튠 스피어 작전(Operation Neptune Spear)이 결정되었다. 오사마 빈 라덴이 숨어있던 곳은 파키스탄의 수도인 이슬라마바드의 북동쪽 50km 지점에 있는 아보타바드의 호화 주택가 속 안전 가옥이었다. 오사마 빈 라덴의 침실. 더군다나 지역 경찰서와는 불과 250m 거리인 데다 인근에는 파키스탄 육군사관학교까지 있었다. 아프가니스탄의 산골에 은둔하고 있을 것이라는 추측과는 영 동떨어진 곳이었다.

당시 CIA와 대테러 전문가들은 오사마가 노출되기 쉬운 마을이나 문명 지대가 아닌 산속의 동굴과 같은 외진 지역에 은둔해 있을 것이라 믿고 있었다. 현상금이 걸린 거물이 대놓고 '나 오사마요'라고 하고 다니진 않을 것이었기 때문이다. 물론, 오사마

9·11 테러로 세계 무역 센터와 인근 인프라가 크게 파괴되었고 이는 뉴욕의 경제에 큰 타격을 입혔으며 세계적인 경제 불황도 초래하였다. 이후 전 세계의 많은 국가가 테러방지법을 강화하였으며 테러 공격을 막기 위해 법집행기관과 정보기관의 권한을 확대하였다. 미국과 캐나다의 민항 항공편은 9월 13일까지 폐쇄되었으며 월가의 금융 거래는 9월 17일에야 재개되었다. 그 외에도 추가적인 테러 우려로 수많은 폐쇄 조치, 대피, 행사 취소가 잇따랐다. 붕괴한 세계 무역 센터 부지는 2002년 5월 정리가 끝났으며 펜타곤은 테러 1년 만에 재정비를 완료하였다. 구 세계 무역 센터를 대체할 새 건물의 건설 공사는 2006년 11월 시작하여 2014년 11월 완공해 개방하였다.

테러로 2,977명이 사망하고 25,000명 이상이 부상했으며 그 외에도 상당한 보건 문제를 일으켰고 인프라 파괴로 최소 100억 달러의 재산 피해가 발생하였다. 또한 이 테러는 역사상

빈 라덴도 초기에는 동굴의 입구 앞에서 '대미국 성전'을 촉구하는 방송을 일부러 흘려보내는 식으로 미국 첩보기관을 나름대로 농락하는 등 성과를 내기도 했다. 그러나 그 역시 미국의 첩보기관이 집요하게 자신을 추적하고 있음을 잘 알고 있었을 테고 자신의 측근들이 미국의 공격으로 하나둘씩 죽어가고 있다는 보고도 받았을 것이니 언제까지 도망만 다닐 수는 없는 노릇이었다. 그 때문에 오사마 빈 라덴에게 있어서는 전혀 의심을 받지 않을 장소가 필요했고 그렇기에 아보타바드의 은신처가 최적이었을 것임은 두말할 나위가 없다.

처음에는 지상군 투입 없이 폭격으로 사살하는 것도 고려되었지만 오사마가 은거한 아보타바드의 안전 가옥이 이슬라마바드에서 불과 56 km 떨어진 곳이라 수도 방공권 내에 들어있어 무인기를 이용한 공습은 어려웠다. 사실 무인기의 월경 작전은 종전부터 파키스탄 정부의 불만에도 불구하고 지속해서 있었으나 사전에 허가받지 않은 수도 이슬라마바드 방공권 내의 접근은 제아무리 미국이라도 무리였다. 물론, 사전 통지 또는 허가를 받는다는 선택지 또한 고려하기가 어려웠다. ISI 내부에 탈레반 세력이 침투해 있다는 것은 이미 공공연한 비밀이었기 때문이다. 설령 무인기가 파키스탄군 방공망에 격추되지 않고 공습에 성공한다고 하더라도 무인기의 제한적인 폭장량으로는 안전 가옥에 대한 확실한 파괴를 장담하기 어려웠다.

그런 이유로 2011년 3월에는 B-2 폭격기 2대를 이용해 2,000파운드 폭탄 수십 발을 투하한다는 계획안까지 나오기에 이르렀다. 하지만 주변에 은퇴한 파키스탄군 장성이나 정치인, 기업가 등 엘리트들이 사는 호화주택이 많이 있어 민간인 피해가 우려되었고 오사마 빈 라덴의 사망을 확인할 증거를 확보하기 어렵다는 이유로 반려되었다.

파키스탄 현지 시각으로 2011년 5월 1일 새벽 1시, 대원 25명[6] MH-60 페이브 호크 헬기 2대와 CH-47 치누크 헬기 2대에 분승하고 오사마 빈 라덴의 안전 가옥을 기습공격했다. 이 중 CH-47 치누크 2대는 예비대 및 중간 급유용이었다. 이 헬리콥터들에 타고 있던 예비 병력은 안전 가옥에 직접 진입하지 않고 만일의 사태를 대비하여 아보타바드 외곽에 대기하고 있었다. 작전 종료 후 퇴출 시 추락한 MH-60 페이브 호크 승무원들과 대원들 및 현장에서 노획한 각종 자료로 늘어난 짐을 실었고 중간에 착륙해 연료가 바닥난 페이브 호크에 급유작업도 수행했다.

오사마 빈 라덴이 은신하고 있던 저택은 주위의 저택보다 거의 6배가량 큰 데다가 반 요새화되었지만, 치명적인 약점이 하나 있었는데, 헬리콥터가 착륙할 수 있을 정도로 큰 쓰레기 소각장이 앞마당에 있었던 것이다. 그러면서 당연히 이 지점이 착륙 지점으로 선정되었고, 덕분에 DEVGRU 대원들을 태운 헬리콥터가 순식간에 착륙해 내부의 알카에다 조직원들이 미처 대응하지 못했다. 다만, 벽을 교도소 수준의 높이로 세워놔서 헬리콥터가 오래 체공하기에는 위험한 곳이었다.

오사마 빈 라덴의 조직원들은 소총을 난사하며 저항했으나 모두 사살되었다. 빈 라덴은 자신의 침실에서 HK416으로 눈과 심장이 총탄에 뚫리며 사살당하였고[8] 함께 있던 여성이 총격전 중 총상을 입고 사망했다고 한다. 작전 당시 같은 건물에 있던 빈 라덴의 27세 연하 아내는 DEVGRU 대원들에게 덤벼들었으나 다리에 총상을 입고 제압되었다.

가장 사망자가 많은 테러이자 미국의 역사상 단일 사건으로는 가장 많은 소방관과 법 집행관이 사망한 사건으로 소방관 340명과 법 집행관 72명이 순직하였다. 테러 이후에는 사망자를 추모하는 뉴욕의 내셔널 셉템버 11 메모리얼 & 뮤지엄, 버지니아 앨링턴군의 펜타곤 메모리얼, 펜실베이니아주 추락 현장의 93편 국립 추모관 등 수많은 추모 및 기념관이 건립되었다.

(2) 오사마 빈 라덴

2001년 11월 미군은 아프가니스탄 잘랄라바드의 파괴된 건물에서 수집한 비디오테이프를 복원하였다. 2001년 12월 7일 복원된 영상이 공개되었고 여기서 빈 라덴은 알카에다 활동을 같이한 사우디아라비아의 칼레드 알 하르비에게 다음과 같이 말하고 있다.

사건 직후 오사마 빈 라덴은 자신의 개입을 부정했지만, 2004년 미국 대통령 선거에서 조지 W. 부시가 당선되자 비디오 영상물을 통해 알카에다가 9 · 11 테러를 주도했다는 것을 공인하였다. 그는 "우리는 자유인이다 … 우리나라의 자유를 되찾고자 한다. 당신들이 우리의 안전을 훼손하는 것만큼, 우리도 당신들을 훼손시킬 것"이라고 말했다. 이 비디오에서 빈 라덴은 자신과 동료들이 직접 세계 무역 센터와 펜타곤을 공격하였다고 말하였다.

2006년 9월 알자지라가 입수한 또 다른 비디오에서 빈 라덴은 알카에다가 비행기 납치와 테러를 계획하였다고 밝힌다.

미국은 9 · 11 테러 이전에 단 한 번도 오사마 빈 라덴을 공식적으로 비난한 바 없지만, 탄자니아의 다레스살람과 케냐 나이로비의 미국 대사관 폭탄 테러 이후 FBI의 최우선 수배 목록에 올라가 있었다. 9 · 11 테러 이후 10년에 걸친 추적 끝에 2011년 5월 1일 버락 오바마가 지켜보는 가운데 파키스탄의 아보타바드에서 오사마 빈 라덴 사살 작전이 진행되었고, 빈 라덴은 사망하였다.

(3) 테러의 전개

테러는 4대의 민간 항공기를 납치한 이슬람 테러단체에 의해 동시다발적으로 이루어졌으며, 사건 개요는 다음과 같다.

(07:59) 아메리칸 항공 11편(AA11)의 보잉 767기가 81명의 승객과 11명의 승무원을 태우고 보스턴의 로건국제공항으로부터 이륙하여 로스앤젤레스 국제공항을 향해 비행을 시작했다. 이 항공편의 승객 중에는 5명의 테러범이 포함되어 있었다.

(08:14) 유나이티드 항공 175편(UA175)의 보잉 767기가 56명의 승객과 9명의 승무원을 태우고 AA11편처럼 로건국제공항으로부터 이륙하고 로스앤젤레스 국제공항을 향해 비행을 시작했다. 이 항공편의 승객 중에도 5명의 테러범이 포함되어 있었다. 한편, AA11편 항공기는 매사추세츠주 중부 상공에서 테러범들에 의해 납치되어 남서쪽으로 항로를 돌렸다.

(08:20) 아메리칸 항공 77편(AA77)의 보잉 757기가 5명의 테러범을 포함하여 58명의 승객과 6명의 승무원을 태우고 워싱턴 덜레스 국제공항으로부터 이륙하여 로스앤젤레스 국제공항을 향해 비행하기 시작했다.

(08:42) 유나이티드 항공 93편(UA93)의 보잉 757기가 4명의 테러범을 포함하여 37명의 승객과 7명의 승무원을 태우고 뉴어크 국제공항에서 이륙하여 샌프란시스코 국제공항을 향하여 비행을 시작했다.

(08:42~08:46) UA175편이 뉴욕시로부터 230km가량 떨어진 뉴욕주 올버니 상공에서 납치되어 남쪽으로 항로를 선회했다.

(08:46) AA11편이 시속 790km의 속도로 세계 무역 센터 북쪽 건물(제1 세계무역센터)의 북쪽 면에서 93층과 99층 사이에 충돌했다. 항공기는 크게 파괴되지 않은 채 건물에 박혔다.

(08:50~08:54) AA77편이 오하이오주 남부 상공에서 납치되어 남동쪽으로 항로를 선회했다.

(09:03) UA175편이 시속 950km의 속도로 세계무역센터 남쪽 건물(제2 세계무역센터)의 남쪽 면에서 77층과 85층 사이에 충돌하였다. 비행기의 우측 엔진을 포함한 잔해들이 빌딩의 동쪽과 북쪽 측에서 떨어져 나가 6블록 떨어진 땅에까지 낙하하였다.

(09:28) UA93편이 오하이오주 북부 상공에서 납치되어 남동쪽으로 항로를 바꾸었다.

(09:37) AA77편이 시속 853km의 속도로 워싱턴의 국방부 건물인 펜타곤의 서쪽 면에 충돌하여 들어가 큰 화재를 일으켰다.

(09:59) 세계무역센터 남쪽 건물이 UA175편과의 충돌 후 약 56분 만에 완전히 붕괴하였다.

(10:03) UA93편이 시속 926km의 속도로 펜실베이니아주 피츠버그시에서 동남쪽으로 약 129km 떨어진 곳에 추락하였는데, 이는 조종석에서 납치범들과 승객들이 싸우고 있었기 때문에 발생한 일이었다. 이후 발표된 바에 따르면, 승객들은 세계 무역 센터와 펜타곤에서 일어난 충돌에 대해 알게 되었으며, 납치범들에게 저항하고 있었다. 이후 9/11 위원회는 납치범들이 이 항공기를 워싱턴 D.C.에 있는 미국 의회 의사당 또는 백악관에 충돌시키려 했었다고 추측하였다.

(10:28) 세계무역센터 북쪽 건물이 충돌 후 1시간 42분 만에 완전히 붕괴하였고, 부속건물이던 메리어트 호텔이 함께 무너져 내렸다.

(10:59) 화재로 인해 펜타곤 건물 일부의 5층이 무너져 내렸다.

(17:20) 47층짜리 제7 세계무역센터 건물이 무너졌다. 제1 · 2 세계무역센터의 붕괴 때 철골들의 잔해들이 튕겨 나와 제7 세계무역센터 건물을 타격한 것이 붕괴의 가장 큰 원인으로 추측된다.

(17:42) 대한항공 085편이 강제로 착륙한다.

(4) 테러와 그 여파

이 테러로 테러범을 포함하여 2,996명의 사망자와 최소 6,000명 이상의 부상자가 발생했다. 4대의 항공기에 탑승한 승객은 전원 사망하였고, 워싱턴 국방부 청사에서 사망하거나 실종된 사람이 125명, 세계무역센터에서는 약 2,500명의 사람이 사망하였다.

미국 전역은 하루 만에 일어난 큰 테러 사건으로 인해 비상사태에 빠지게 되었고, 뉴욕은 공포에 휩싸이게 되었다. 테러 발생 직후 CNN 방송망을 시작으로 사건의 상황이 전 세계에 생중계되었고, 9 · 11 테러는 순식간에 세계의 주목을 받았다.

경제적인 피해는 세계무역센터 건물 가치 11억 달러(1조 4,300억 원), 테러 응징을 위한 긴급 지출안 400억 달러(약 52조 원), 재난극복 연방 원조액 111억 달러(약 12조 원), 이외에도 각종 경제활동이나 재산상 피해를 더하면 화폐가치로 환산하기 어려울 정도의 큰 피해가 발생하였다고 할 수 있다.

테러에 이용된 각 항공기마다 4~5명의 납치범이 탔을 것으로 추정되는데, 미국연방수사국(FBI)의 조사 결과 범인들은 모하메드 아타 등 19명의 알카에다 조직원으로 알려졌다. 테러범들은 비행기 충돌과 동시에 전원 사망했다.

미국은 사우디아라비아 출신의 국제 테러리스트인 오사마 빈 라덴과 그의 추종 조직인 알카에다를 주요 용의자로 지적했으며, 그 밖에 팔레스타인 해방 기구(PLO) 산하의 무장 조직인 하마스(HAMAS), 이슬람 원리주의 기구인 지하드, 레바논의 헤즈볼라 등 다른 이슬람 테러 조직들도 관여했을 것으로 보았다.

항공기가 세계무역센터 남쪽 건물과 충돌한 직후인 09시 29분, 부시 미국 대통령은 이 테러 사건을 '미국에 대한 명백한 테러 공격'으로 규정하고, 이어 전국의 정부 건물에 대피령을 내리는 한편, 국제연합(UN), 시어스 타워(현 윌리스 타워), 디즈니랜드 등 주요 건물을 폐쇄하였다. 같은 날 금융시장 폐장 결정을 내린 뒤, 뉴욕과 워싱턴에 해군의 구축함 등 장비를 파견하였다.

(5) 테러와의 전쟁

미국의 조지 W. 부시 대통령은 테러 이후 "테러와의 전쟁"이라는 표현을 사용하며 테러단체, 국가에 맞서 군사적, 정치적으로 싸울 것이라고 발표하였다. 2001년 10월 7일, 미국 · 영국 연합군은 아프가니스탄 주변에 350여 기의 항공 전력을 배치하고, 아프가니스탄 영토에서 자유로운 전투 · 폭격기를 이용한 공습과 아프가니스탄 북부 동맹군을 앞세워 아프가니스탄 전쟁을 일으켰으며, 같은 해 11월 20일에는 아프가니스탄 전역을 함락하였다.

이어 다음 달 22일 연합군은 반 탈레반 정권인 과도정부를 수립함으로써 탈레반과의 전쟁을 종결하였다. 그러나 미국이 이 전쟁의 목표로 삼았던 오사마 빈 라덴과 그의 조직 알카에다를 뿌리 뽑는 데는 실패하였다. 이후 미국은 2003년 3월 20일에는 이라크 전쟁을 일으켜 알카에다와 동맹한 이라크 정부를 20일 만에 함락시키고 새로운 과도정부를 출범시키는 등 대테러 전쟁을 계속하고 있다. 이후 2011년 5월 제로니모 작전의 일환으로 오사마 빈 라덴을 사살 후 수장하였다.

사건이 발생한 지 3개월 만인 2000년 12월 11일 존 애슈크로프트 미국 법무부 장관은 로버트 멀러 연방수사국(FBI) 국장과 함께 기자회견을 하고 "모로코계 프랑스인인 자카리아스 무사위를 6가지의 혐의로 기소했다"라고 발표하고 "알카에다는 이제 매우 싫어하는 재판과 두려워하는 판결과 맞닥뜨릴 것"이라고 했다.

독일 검찰은 9 · 11테러 비행기 납치범 가운데 한 명인 모하메드 아타가 이끄는 함부르크의 알-카에다 세포조직 창설 멤버로 조직의 자금거래를 지원하고 조직원들에게 은신처를 제공했다며 모로콜 출신의 독일 유학생 압델가니 음주 디(32)에 대해 법정 최고형인 징역 15년을 구형했으나 변호인들은 음주 디가 9 · 11테러의 주범들과 친분은 있지만 테러 공격 계획을 사전에 알지는 못했다면서 혐의를 부인했다.

함부르크 고등법원이 구속된 음주 디에 대해 2003년 12월 "독일 연방 범죄수사국(BKA)이 최근 법원에 출처를 밝히지 않고 제출한 자료에 음주 디가 9 · 11테러 계획을 몰랐음을 시사하는 내용이 들어 있다"라면서 "이 정보의 신빙성에 의심스러운 점이 있으나 허위임을 입증할 수도 없다"라고 밝히며 석방을 명령하고 재판을 진행하여 2004년 2월 무죄를 선고했다.

독일 연방 재판소도 2005년 6월 9일 검찰의 상고를 기각했다. 전 세계에서 911테러로 기소된 첫 번째 무죄 확정이나 오토 쉴리 독일 내무부 장관은 "국제테러리즘을 지지하는 위험인물"이라고 하면서 추방을 명령했다. 군사법원은 이들이 지난 2012년 5월 정식 기소됐으며, 30차례 넘는 재판 전 심리를 거쳐 공식 재판 일정이 확정됐다고 밝혔다.

테러 주범으로 알려진 알카에다의 전 작전사령관, 칼리드 셰이크 모하메드를 비롯해 피고인 5명은 2002년과 2003년 파키스탄에서 체포된 뒤 미국 해군기지인 쿠바 관타나모 수용소에 수감되었다가 관타나모 수용소 폐쇄를 약속한 오바마 대통령의 지시에 따라 뉴욕연방법원에서 재판이 추진됐으나 정치적 논란 속에 군사법원이 2012년 5월 기소하여 관타나모 특별 군사 법정에서 30차례의 재판 전 심리를 거쳐 정식재판에 회부되어 2021년 1월 재판을 시작한다.

'9 · 11 테러의 설계자(The principal architect of the 9 · 11)'로 불리는 칼리드 셰이크 모하메드는 미국 중앙정보국(CIA)의 추격을 피해 도피 생활을 하다 2003년 3월 1일 파키스탄 라왈핀디에서 체포되어 911테러를 포함해 전쟁범죄 및 살인 등의 혐의로 기소됐고, 관타나모에 수감 중이다. 2008년 관타나모 군사위원회에서 사형을 선고받자 "이것은 내가 원했던 것이다. 오랫동안 나는 순교를 기다려왔다"라고 말했으나 9 · 11 테러 피해자들이 사우디아라비아 정부를 상대로 벌이고 있는 소송에서 변호인을 통해 법원에 보낸 편지에서 "현재는 모하메드가 법정 진술에 동의하지 않지만, 마음이 바뀔 수 있다"라며 "미국 정부가 사형집행을 면하게 해줄 경우 테러 피해자들을 위해 알카에다의 조직 및 명령 체계 등에 대해 진술할 수 있음을 암시했다"라고 말했다.

(6) 테러의 음모론

9 · 11 테러 자작극 음모론이란 부시 정권이 유대 세력과 공동으로 9 · 11 테러를 했다는 자작극 혐의를 말한다. '진보 연구학회'를 이끄는 데이비드 레이 그리핀 박사는 9 · 11 사건의 '진상규명'을 주장하는 그룹이 초기에 크게 두 갈래로 나뉘었다고 말한다.

LIHOP(Let it happen on purpose)는 정부가 테러에 대한 정보를 사전에 알았음에도 일부러 무시하거나 테러리스트들을 방관했다고 주장하고 MIHOP(made it happen on purpose)는 정부의 핵심 인사들이 테러를 계획했고, 알카에다와 협조 관계를 맺고 있다는 주장으로, 다큐멘터리 영화 '루스 체인지'가 대표적이다.

그러나 케네디 대통령 암살 의혹을 다룬 영화 'JFK'를 감독한 올리버 스톤은 9 · 11 사건을 다룬 영화 '월드 트레이드 센터'를 개봉하면서 "음모론이 자꾸 나오는 이유는 미국 정부가 제대로 조사하지 않았기 때문이며, 9 · 11이 미국 정부의 자작극이라고 생각하지는 않는다"라고 밝혔다.

(7) 윙딩스 음모론

알카에다가 컴퓨터로 테러 정보를 서로 교환했다는 음모론이다. 당시 쌍둥이 빌딩에 충돌한 비행기 편명인 'Q33 NY'를 워드에 입력한 후, 이를 윙딩스(Wingdings) 글씨체로 바꾸어서 보면 테러를 암시하는 문양이 나온다는 것이다. 그러나 당시 테러에 이용된 비행기 4대 중 'Q33 NY'라는 편명의 비행기는 없으며, 전문가들은 조작되었을 가능성이 큰 이야기라고 지적하였다.

6.4. 영토분쟁 위기

영토분쟁(領土紛爭, Territorial Dispute)은 일정한 영토의 주권을 두고 벌어지는 국가 사이의 국제 분쟁이다. 영토분쟁은 일반적으로 땅과 하늘이 대상이 되지만, 강과 바다 등도 분쟁의 대상이 될 수 있다. 영토 갈등(領土 葛藤) 또는 영토 문제(領土問題)라고 일컫기도 한다.

오늘날 중요한 군사적 위기관리 과제 중 영토분쟁은 국가 총력전 개념의 통합 방위 태세를 구축하는 것이 필요하고 이를 통해 적의 침투 · 도발이나 그 위협에 직면하여 국가 위기관리 체계를 구축함으로써 국가 안전보장을 이루는 것이 가능 군과 경찰, 국가기관 및 지방자치단체, 민방위대 등 제반 국가방위요소를 통합하는 일은 최고 통수권 차원의 결정 및 지침과 유관 정부 부처 및 기관들의 협조가 위기관리가 필수적이다.

(1) 영토분쟁의 원인

인접한 국가 사이에 영유권을 주장하는 영토가 서로 중첩될 경우 영토분쟁이 발생한다. 현대에는 천연자원을 둘러싸고 영토분쟁이 일어나는 경우가 많다. 대표적으로 스프래틀리 군도, 포클랜드 제도 등의 분쟁이 있다.

그러나 일본에서 소위 '영토분쟁'이라 주장하는 독도는 6세기 이전부터 한국이 실효 지배를 하고 있었으며 현재에도 거리적, 지질학적, 역사적, 외교적 논거들을 종합적으로 따져 보았을 때 한국의 영토임을 확인할 수 있다. 또한 1952년 체결된 샌프란시스코 조약은 당사국인 한국과 러시아, 중국 등의 여러 나라들이 서명하지 못했으므로 유효하지 못하다.

(2) 영토분쟁의 종류

가. 국경 분쟁은 국가 사이에 국경을 어떻게 정할 것인지를 두고 발생하는 분쟁으로, 가장 일반적인 분쟁의 형태이며, 카슈미르 분쟁, 러시아와 우크라이나의 크림반도 영유권 분쟁이 있다.

나. 존재 분쟁은 서로가 상대방을 자신 또는 제3국의 속국이라 주장해서 발생하는 분쟁. 당연히 상대 국가의 주권을 괴뢰정부로 간주한다. 몽골과 중화민국[대만]이 있다.

다. 분단은 상대방 국가의 존재를 인정하지 않고 분쟁 당사국들이 거의 동일한 영역에 대한 주권을 주장하는 분쟁의 형태이다. 대한민국과 조선민주주의인민공화국, 중화민국과 중화인민공화국, 키프로스와 북키프로스가 있다.

라. 강제 점령은 타국의 영토 일부 혹은 전부를 무력으로 점령하여 발생하는 분쟁의 형태이다. 팔레스타인 분쟁, 서사하라 분쟁, 티베트 분쟁, 동튀르키스탄 분쟁이 있다.

마. 분리 독립은 사실상 분리 독립했으나, 독립국이 과거에 속했던 국가가 독립을 인정하지 않아 발생하는 분쟁이다. 코소보, 압하지야, 남오세티야, 소말릴란드, 아르차흐 공화국 분쟁이 있다.

(3) 영토분쟁의 사례(러시아 · 우크라이나 전쟁)

〈부록 그림 1.19〉 각 지역의 영토분쟁 사례

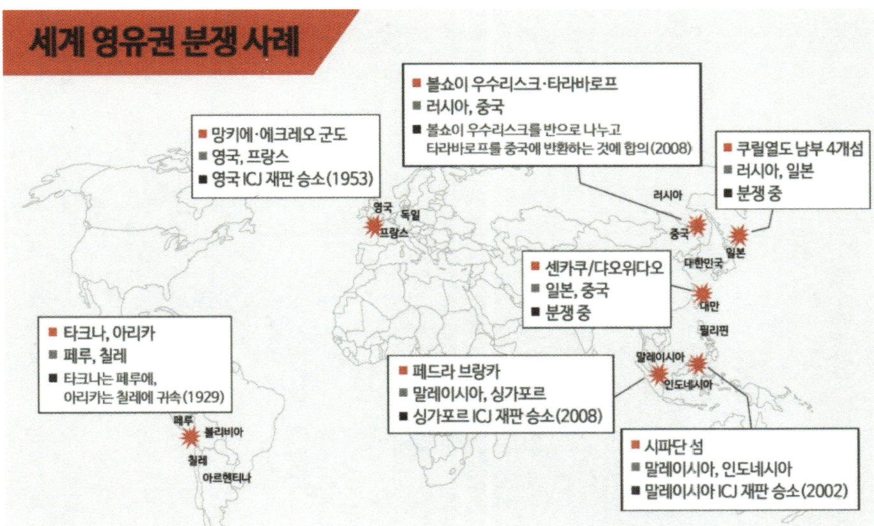

(가) 러시아 · 우크라이나 전쟁

러시아가 2022년 2월 24일 우크라이나 수도 키이우를 미사일로 공습하고 지상군을 투입하는 등 전면 침공을 감행한 사태를 말한다. 러시아의 우크라이나 침공은 블라디미르 푸틴 러시아 대통령이 이날 우크라이나 내에서 특별 군사작전을 수행할 것이라는 긴급 연설과 함께 단행됐다.

푸틴은 이날 연설을 통해 러시아는 우크라이나의 비무장화를 추구할 것이라면서, 이러한 러시아의 움직임에 외국이 간섭할 경우 즉각 보복할 것이라고도 경고했다. 특히 북대서양조약기구(나토, NATO)의 확장과 우크라이나 영토 활용은 용납할 수 없다고 밝혔다. 이로써 2021년 10월 러시아가 우크라이나 국경에 대규모 병력을 집중시키면서 고조됐던 양국의 위기는 전면전으로 이어지게 됐다.

러시아는 우크라이나 전격 침공 첫날인 2월 24일 우크라이나 동부와 북부, 남부 등에서 동시다발 공격을 펼치며 진격했고 이 과정에서 우크라이나 내 다수의 군사시설이 파괴됐다. 이날 우크라이나 동부 돈바스 지역에서는 러시아군의 지원을 받는 친러 분리주의 반군이 진군을 펼쳤고, 수도 키이우 인근 비행장 등 군사시설은 러시아군의 공습을 받아 파괴됐다.

한편, 러시아와 우크라이나는 세계 4대 곡물 수출국인 데다 러시아가 유럽으로 향하는 천

〈부록 그림 1.18〉 넵튠 스피어 작전 모니터링 사진.

연가스 대부분을 공급한다는 점에서 양측의 군사 충돌이 전 세계적으로 에너지, 곡물 등 원자재 가격의 가파른 상승을 일으킬 것이라는 전망이 높다. 더욱이 러시아와 우크라이나의 군사 충돌은 미국을 중심으로 한 서방과 러시아 · 중국 등 비서방 간의 신냉전이 본격적으로 도래하는 계기는 물론, 지정학적 갈등을 연쇄적으로 일으킬 수 있다는 우려도 나오고 있다.

러시아의 우크라이나 침공에 이르기까지

1. 러시아, 우크라이나 국경에 대규모 병력 배치로 위기 조성

러시아는 2021년 10월 우크라이나 국경에 대규모 병력을 집중시키면서 양국 간 전운을 고조시켰고 이에 전 세계의 우려를 일으켜 왔다. 이에 미 정보당국은 2022년 1월 초 러시아가 17만 5,000명의 대규모 병력을 투입해 우크라이나를 침공할 가능성이 있다는 경고를 내놓기도 했다. 하지만 러시아는 이를 부인하며, 오히려 미국과 '북대서양조약기구(나토, NATO)'가 우크라이나를 군사 지원하며 러시아를 위협한다고 주장해 왔다.

2. 미국·나토 vs 러시아, 연이은 협상 실패로 해결 난항

우크라이나를 둘러싼 군사 충돌 가능성이 고조되는 상황에서 조 바이든 미국 대통령과 러시아 대통령은 2021년 12월 7일 정상회담을 갖고 해결 방안을 논의했지만, 구체적인 성과를 도출해 내는 데는 실패했다. 그리고 그해 12월 중순 러시아는 미국과 나토에 동진을 중단하고 핵무기 배치를 미국 내에 한정한다는 내용의 협정문 초안을 전달했고, 이후 해당 요구를 둘러싼 러시아-서방 간의 연쇄 회담이 이어졌다. 협상은 2022년 1월 10일 미국·러시아 양자 회담을 시작으로 ▷러시아-나토 간 회담(1월 12일) ▷러시아-유럽안보협력기구(OSCE) 간 협상(1월 13일) 등으로 이어졌다.

▶ 미국-러시아 양자 회담 (2022. 1. 10.)

미국과 러시아가 1월 10일 스위스 제네바에서 양자 회담을 진행했다. 이날 미국 측에서는 웬디 셔먼 국무부 부 장관이, 러시아 측에서는 세르게이 랴브코프 외무부 차관이 각각 수석대표로 참석했다. 회담에서는 러시아의 병력 증강으로 촉발된 우크라이나 사태의 긴장 완화 및 나토의 동진 금지를 포함한 러시아의 안전보장안 확약 요구가 주된 의제로 다뤄졌으나, 가시적인 합의는 이뤄지지 않았다.

▶ 러시아-나토 회담 (2022. 1. 12.)

러시아와 나토가 1월 12일 벨기에 브뤼셀에 있는 나토 본부에서 나토·러시아위원회(NRC) 회의를 열고, 우크라이나 군사위기 해소 방안과 유럽 안보 문제 등에 대한 협상을 진행했다. 그러나 이날 협상에서도 양측의 첨예한 입장 차만이 확인됐는데, 나토는 러시아가 우크라이나를 침공할 경우 비싼 대가를 치를 것이라고 거듭 경고하고 우크라이나를 포함한 모든 유럽 국가의 안보 자주권 등 핵심 원칙에는 타협이 있을 수 없다는 기존 입장을 강조했다. 러시아 역시 우크라이나의 나토 가입 등 추가 확장은 유럽 안보에 심각한 위협을 초래할 것이라고 경고하며, 나토가 우크라이나에 대한 군사적 지원과 무기 공급을 중단해야 한다는 기존 입장을 고수했다.

▶ 러시아-유럽안보협력기구(OSCE) 회담 (2022. 1. 13.)

러시아와 유럽안보협력기구(OSCE)가 1월 13일 우크라이나 군사위기를 둘러싼 회담을 진행했으나, 이 역시 도 앞서 회담들과 마찬가지로 별다른 합의를 이뤄내지 못했다. 특히 이날 회담은 미국-러시아 양자 회담, 러시아-나토 회담에서 이어진 러시아와 서방 간 연쇄 안보 협상의 마지막 일정이었다는 점에서 우크라이나 사태 해결은 더욱 요원해지게 됐다.

3. 러시아-우크라이나 전운 점차 고조

서방과 러시아가 우크라이나 위기 해결을 위해 3차례에 걸쳐 진행한 협상이 성과 없이 끝난 가운데, 우크라이나에서는 2022년 1월 13일 밤부터 14일 새벽 사이 내각과 외교부·에너지부·재무부 등 7개 부처와 국가 응급서비스 등의 웹사이트가 사이버 공격을 받고 다운되는 일이 벌어졌다. 우크라이나는 1월 16일 성명을 통해 사이버 공격의 배후로 러시아를 지목했으며, 그 근거로 해킹에 쓰인 악성 소프트웨어가 러시아 정보부와 연계된 해커 조직 'APT-29'의 것과 매우 유사한 특징을 보였다는 점을 들었다. 여기에 우크라이나는 러시아가 사이버 공격을 포함한 '하이브리드(복합) 전쟁'을 지속해서 수행해 오고 있다고 비난했는데, 하이브리드 전쟁은 군사적 수단과 비(非)군사적 수단을 혼합해 전쟁 상대국의 혼란과 불안을 야기하는 것을 말한다.

▶ 러시아, 벨라루스에 병력 파견

영국 〈가디언〉 등 외신들이 1월 17일 러시아군의 병력과 장비가 연합 군사훈련을 실시하기 위해 벨라루스로 이동했다고 보도했다. 벨라루스는 우크라이나 북쪽에 1,130km에 이르는 긴 국경을 접하고 있는데, 이 때문에 군사 전문가들은 러시아가 우크라이나를 침공할 경우 정면뿐 아니라 벨라루스를 통한 우회 공격도 가능하다는 분석을 내놓았다. 여기에 러시아군은 1월 25일 우크라이나 남부와 국경을 맞댄 크림반도에서 육군 주력 전차부대의 실탄 사격훈련을 시작했는데, 이 훈련에는 6,000명 이상의 병력과 60대 이상의 항공 장비가 투입된 것으로 알려졌다.

▶ 우크라이나, 서방에 무기 지원 요청

러시아의 군사위기 고조 움직임에 맞서 서방의 우크라이나 지원도 이어졌는데, 7명의 상원의원으로 구성된 미국 의원단이 1월 17일 우크라이나를 방문해 무기 지원 등 전폭적 지지를 약속했다. 또 영국 정부도 이날 우크라이나에 경량 대전차 무기를 지원하기 시작했다고 밝혔으며, 캐나다도 러시아의 우크라이나 침공 시 나토 작전을 수행할 특수부대를 우크라이나에 파견한 것으로 알려졌다.

한편, 미국 국무부는 1월 23일 '러시아의 군사행동 위협 지속'을 이유로 우크라이나 수도 키이우에 있는 미국 대사관 직원 가족들의 철수를 명령했다. 이와 함께 우크라이나에 있는 모든 미국인에게 우크라이나를 떠나라고 권고했으며, 기존에 '여행 재고' 대상이었던 우크라이나를 여행경보에게 우크라이나를 떠나라고 권고했으며, 기존에 '여행 재고' 대상이었던 우크라이나를 여행경보 최고단계인 4단계(여행금지)로 격상시켰다.

▶ 미국, 최정예 병력 3,000명 동유럽 급파

조 바이든 미국 대통령이 2월 2일 러시아의 우크라이나 침공에 대비해 처음으로 동유럽에 미군을 추가 배치하는 안을 공식 승인했다. 존 커비 미 국방성 대변인은 이날 브리핑에서 미군 병력 3,000명이 나토 회원국인 폴란드와 루마니아에 추가 배치된다고 공식 발표했다. 이는 지난 1월 24일 로이드 오스틴 미 국방부 장관이

유럽 파병 비상대기 명령을 내린 8,500명과는 별개로, 3,000명의 미군 병력은 미군의 지휘를 받다가 나토가 신속대응군을 가동하면 지원에 나서게 된다. 한편, 미국의 해당 방침에 러시아가 파괴적 조치라며 강력하게 반발하면서 우크라이나를 둘러싼 갈등이 미국과 러시아 간 무력 대결로 비화할 수 있다는 우려가 커졌다.

▶ 열강 정상회담, 구체적 합의 도출은 실패

우크라이나 사태 해결을 위한 미국과 독일, 러시아와 프랑스의 정상회담이 2022년 2월 7일 미국 워싱턴 DC 백악관과 러시아 모스크바 크렘린에서 각각 열렸다. 이날 미국과 독일은 전쟁이 현실이 될 경우 러시아를 제재할 방안을 협의했고, 러시아와 프랑스는 위기 완화를 위한 선결 조건을 논의했다.

▶ 미국·독일 정상회담, 노르트스트림2 경고

조 바이든 대통령과 올라프 숄츠 독일 총리가 2월 7일 백악관에서 첫 정상회담을 갖고 러시아의 우크라이나 침공 시 강력한 경제제재를 부과한다는 데 뜻을 모았다. 특히 이번 회담에서는 러시아에서 천연가스를 독일로 직접 수송하는 '노르트스트림2' 가스관을 중단할 수 있다는 구체적인 제재 내용이 논의됐다. 노르트스트림2는 가스공급의 40%가량을 러시아에 의존하는 독일의 숙원 사업으로, 지난해 9월 완공됐으나 독일 정부가 가스관 운영 허가를 보류하고 있는 상황이다.

▶ 러시아·프랑스 정상회담, '핀란드화' 해법 제시

블라디미르 푸틴 러시아 대통령과 에마뉘엘 마크롱 프랑스 대통령이 2월 7일 러시아 모스크바에서 정상회담을 가진 가운데, 마크롱 대통령이 우크라이나 사태 해결책으로 '핀란드화(Finlandization)'를 제안한 것으로 알려졌다. 핀란드와는 1960년대 냉전 시기 핀란드가 소련을 상대로 취했던 외교적 중립을 뜻하는 말로, 핀란드는 제2차 세계대전 뒤인 1948년 소련과 우호협력상호원조조약을 맺어 중립국이 되고 나토에 가입하지 않았다. 우크라이나에 이를 적용하면 우크라이나가 나토에 가입하지 않는 대신 러시아는 우크라이나가 서방과 교류할 수 있는 독립적 지위를 보장해 최악의 군사 충돌을 방지하자는 것이다.

하지만 이 방안은 나토 가입을 적극적으로 추진해 온 우크라이나의 동의를 얻기 쉽지 않다는 문제가 있다. 더욱이 마크롱 대통령은 푸틴 대통령과 회동 직후인 2월 8일 볼로디미르 젤렌스키 우크라이나 대통령을 만난 뒤 해당 발언을 한 사실이 없다고 부인, '핀란드화'는 하루 만에 철회됐다.

4. 전쟁 임박설과 각국의 철수 권고

러시아와 벨라루스가 2월 10일부터 우크라이나 접경 지역에서 열흘 일정의 합동 군사훈련을 개시했다. 해당 훈련에는 러시아군 약 3만 명과 벨라루스군 대부분의 부대가 참여했는데, 우크라이나도 해당 훈련에 대응해 이날부터 열흘간의 맞불 훈련에 돌입하면서 전쟁 임박설까지 일었다. 이처럼 양국 간 전운이 고조되면서 우리나라 외교부는 한국시간으로 2월 13일 오전 0시(우크라이나 현지 시각 12일 오후 5시)부터 우크라이나 전 지역에 대해 여행경보 4단계(여행금지)를 긴급 발령한다고 11일 밝혔다. 여행금지는 정부가 운영하는 여행경보 제도 중 최고 단계로, 현지에서 철수하지 않으면 여권법 등에 따라 처벌을 받을 수 있다. 또 앞서 우크라이나 주재 미국 대사관 직원들의 철수를 명령한 미국을 비롯해 일본과 네덜란드 등도 이날 우크라이나에 있는 자국민들에 즉각 떠날 것을 권고하는 등 각국의 철수 권고가 이어졌다.

5. 러시아, 일부 병력 철수 주장

전쟁 임박설이 고조되고 미국이 러시아의 우크라이나 침공 일을 2월 16일로 주장하는 가운데, 러시아가 우크라이나 접경 지역에서 증강해온 병력 중 일부를 2월 15일 철수하기 시작했다고 밝혔다. 이는 우크라이나 위기 조성 이후 첫 병력 철수 조처여서, 사태가 한고비를 넘겼다는 분석이 나오기도 했다. 다만 조 바이든 미국 대통령은 2월 15일 백악관 생중계 연설을 통해 러시아의 해당 조치에 긍정적인 반응을 보이면서도, 확실한 검증이 필요하다는 입장을 밝혔다. 또 러시아군이 아직도 15만 명 이상의 병력으로 우크라이나와 벨라루스를 에워싸고 있다며, 러시아의 우크라이나 기습 침공은 여전히 가능하다고 덧붙였다. 그러나 러시아는 2월 16일 우크라이나 접경에서 훈련을 마친 병력이 원래 기지로 복귀 중이라며 철군 장면을 사진과 영상으로 잇따라 공개했다.

6. 러시아, 돈바스 독립 승인 칙령 서명(위기 다시 고조)

블라디미르 푸틴 러시아 대통령이 2022년 2월 21일 돈바스 지역의 도네츠크 인민공화국(DPR)과 루간스크 인민공화국(LPR)의 독립을 승인하는 내용의 칙령에 서명한 뒤 이 지역에 평화유지군 파견을 명령했다. 이에 미국 등 서방은 러시아의 이번 행동을 '침공'으로 규정하고 본격적인 제재에 착수했다.

▶ 미국은 2월 22일 러시아 국책은행인 대외경제은행(VEB)과 방위산업 지원 특수은행인 PSB 및 42개 자회사가 서방 금융기관과 거래하지 못하도록 막고 이들에 대한 해외 자산도 동결하기로 했다. 또 영국과 유럽연합(EU)도 이날 로시야 은행,
프롬스뱌지 은행, 크림반도 흑해 은행 등 주요 은행과 신흥재벌 등의 역내 자산동결과 거래금지 등 제재 방안을 발표했다. 독일은 러시아와 독일을 잇는 가스관 '노르트스트림-2' 사업을 중단하기로 했는데, 이 가스관은 2021년 9월 완공됐으나 독일 정부가 가스관 운영 허가를 보류하고 있는 상황이다. 이 밖에 캐나다도 돈바스 독립 결정에 투표한 러시아 의회 의원과 국영은행 등에 대한 은행 거래를 막겠다고 밝히며 미국과 유럽의 제재 행렬에 동참했다.

▶ 러시아의 우크라이나 위기 조성 및 침공, 그 이유는?
러시아가 2021년 10월 하순부터 우크라이나와의 국경에 병력을 증강하며 군사 충돌 위기를 고조시키고 결국 침공한 것에는 '북대서양조약기구(나토, NATO)'의 세력 확장이 있다. 나토의 동진은 1990년 구소련 붕괴 이후 30년간 꾸준히 진행되었는데, 결국 우크라이나에서 나토와 러시아가 정면으로 마주하는 상황까지 이른 것이다. 여기에 러시아의 영향력을 냉전 시대 수준으로 회복하려는 푸틴의 열망도 작용했다는 분석도 높다.

▶ 나토의 동진 지속과 러시아의 위기감
나토(NATO)는 제2차 세계대전 후 구소련 등 동유럽 공산주의 진영과 군사적 균형을 맞추기 위해 미국·캐나다와 유럽 10개국 등 12개국이 참여해 발족시킨 집단방위기구(2022년 현재 30개 회원국)이다. 특히 1955년 서독이 나토에 가입하자 소련 등의 공산권 국가들은 이에 대한 대항 조치로 '바르샤바조약기구'를 창설했고, 이 두 기구는 냉전 시기 치열히 대항했다. 그러나 바르샤바조약기구는 구소련의 해체와 동유럽의 자유화로 1991년 해체되었고, 나토는 이후 미국 주도로 지역 분쟁에 대처하는 유럽 안보 기구로서의 신전략을 채택하고 존속해 왔다.

한편, 나토와 러시아는 1990년대 구소련 붕괴 이후 동유럽 지역의 안전과 평화를 위해 동유럽의 러시아 접경 지역에 병력을 배치하지 않기로 상호 약속했으나, 1999년 폴란드·체코·헝가리 등 동구권 국가들의 나토 가입이 시작되면서 러시아와의 갈등이 시작됐다. 이후 2004년에는 바르샤바조약기구 회원국이었던 불가리아·루마니아·슬로바키아 및 과거 소비에트 연방을 구성했던 발트 3국(에스토니아·라트비아·리투아니아)까지 나토에 가입하며 동진이 본격적으로 이뤄졌다. 그러다 2008년 '우크라이나와 조지아의 나토 가입 추진'을 명기한 나토 정상 선언문(루마니아 부쿠레슈티 선언문)이 채택되면서 러시아의 위기감은 극에 달하게 된다.

▶ 우크라이나는 푸틴의 레드 라인, 왜?

나토의 동진이 지속되고 있는 상황에서 러시아는 우크라이나의 나토 가입을 레드 라인으로 설정하고 있다. 이는 우크라이나 동쪽이 러시아 서부와 2,000km에 가까운 국경선을 맞대고 있어, 우크라이나의 나토 가입이 이뤄질 경우 러시아와 곧바로 마주하게 되기 때문이다. 이에 러시아는 우크라이나를 나토의 동진을 저지할 최후의 보루로 여기고 있다. 또 러시아는 키이우 공국을 뿌리로 하는 같은 동슬라브족인 우크라이나와 벨라루스에 정서적·민족적 동질성을 갖고 있다. 우크라이나의 원조인 키이우 공국은 882년 동슬라브족이 세운 첫 나라로, 1204년 몽골족의 침략으로 멸망했다. 이후 18세기 제정 러시아의 영토로 편입된 우크라이나는 1922년 소련을 구성하는 공화국 일원이 됐으나, 1991년 옛 소련의 붕괴 과정에서 독립했다. 그러나 러시아는 우크라이나의 독립 후에도 영향력을 행사하며 서방과의 안보 완충지대로 남기려는 의도를 보였는데, 여기에는 나토 동진을 저지할 최후의 보루, 동슬라브족이라는 민족적 동질성 외에도 우크라이나가 가지는 지정학적 중요성이 큰 이유로 자리하고 있다.

▶ 우크라이나의 지정학적 중요성

우크라이나는 지리적으로 동과 서(러시아와 유럽), 남과 북(발트해와 흑해)으로 이어지는 유라시아 대륙의 교차로에 있다. 특히 우크라이나는 러시아에 있어 석유·가스의 대유럽 수출 경유국으로, 우크라이나의 나토 가입이 이뤄질 경우 유럽 에너지 시장에 대한 러시아의 영향력이 약화할 수 있다. 여기에 우크라이나의 EU 가입까지 이뤄지면 우크라이나를 옛 소련권 국가들과의 경제협력체인 '유라시아경제연합(EAEU)'에 가입시키려는 러시아 측 구상도 실패하게 된다. 또 우크라이나 남쪽은 흑해를 접하고 있는데, 이는 겨울이면 대부분 항구가 얼어버려 부동항 확보가 절실한 러시아에는 매우 중요한 지역이다. 이에 우크라이나는 유럽과 러시아 사이에 끼어 양측 주도권 싸움의 무대가 됐고, 정권도 친서방파와 친러시아파가 번갈아 잡는 상황이 이어져 왔다.

(나)러시아 · 우크라이나 전쟁의 의미

러시아 · 우크라이나 전쟁은 21세기 국제질서의 전환점을 상징하는 사건으로, 단순한 영토 분쟁을 넘어선 지정학적 충돌과 세계적 가치체계의 대립을 드러낸다. 이 전쟁은 특히 무력에 의한 일방적 침공이 국제사회의 규범을 얼마나 위협할 수 있는지를 보여주며, 국제법과 유엔 중심 질서의 한계를 드러냈다. 러시아의 침공은 냉전 이후 약화되어 가던 군사동맹체제의 부활, 특히 북대서양조약기구(NATO)의 결속 강화로 이어졌고, 유럽과 미국을 중심으로 한 서방 진영의 단합을 이끌어냈다.

또한, 이번 전쟁은 에너지와 식량 안보가 안보의 핵심 요소임을 전 세계에 각인시켰다. 러시아는 유럽 주요 가스 공급국이며, 우크라이나는 세계적인 곡물 수출국이기 때문에, 전쟁은 공급망 위기와 물가 상승을 초래하여 전 세계 경제에 파장을 미쳤다. 이와 더불어 드론, 사이버전, SNS를 활용한 정보전이 적극적으로 활용되면서 현대전의 새로운 양상을 보여주었다. 이는 전통적인 무력 충돌뿐 아니라, 디지털 기술과 여론전이 전쟁의 핵심 수단이 되는 시대가 도래했음을 시사한다.

무엇보다 이번 전쟁은 민주주의와 권위주의 간의 대립이라는 이념적 측면에서, 자유와 인권, 자국의 주권을 지키기 위한 투쟁으로 인식되며 국제사회의 여론을 양분시켰다. 이러한 흐름 속에서 세계는 점점 블록화되고 다극화되며, 신냉전적 대립 구도로 재편되고 있다. 대한민국 역시 이 전쟁을 통해 안보태세의 중요성, 에너지 · 식량 자립의 필요성, 외교적 실용주의의 가치 등을 절감하게 되었다.

결국 러시아 · 우크라이나 전쟁은 21세기 글로벌 사회가 직면한 복합위기를 집약적으로 보여주는 사례로서, 국가의 생존과 세계 질서가 단단한 규범 위에 있지 않다는 사실을 경고하고 있다. 이 전쟁은 모든 국가가 스스로를 지킬 수 있는 역량과 국제사회 내에서의 전략적 입지를 끊임없이 점검하고 강화해야 함을 일깨운다.

부록 2

대형재난 사례

1. 화산 분화

1.1. 백두산 화산 활동

백두산은 화산 활동이 활발했던 지역으로, 약 200~300만 년 전 제4기 분출로 백두산의 천지가 형성된 것으로 추정된다.

최근 300여 년 동안 3차례의 분출이 있었으며, 이에 따라 화산암-현무암 대지, 경사진 현무암 고원 등이 형성되었다. 이는 화산분출 전후의 백두산이 빽빽한 삼림이었음을 증명한다. 여러 광물질이 함유된 화산재는 비옥한 토양을 형성하여 동식물 번식에 좋은 환경을 제공한다.

한국에 현존하는 사서(史書)의 기록은 남아있지 않으나, 최근의 지질학적 연구에 의하면 9세기와 10세기에 백두산의 분화가 있었다. 이 가운데 946년 백두산 분화는 발해 멸망의 원인으로 작용했을 것으로 보아왔다. 그러나 발해 멸망은 926년으로 20년이나 차이를 보인다.

백두산은 고려가 삼국을 통일한 후인 10세기 중반에 폭발하여 그 화산재가 멀리 일본의 혼슈와 홋카이도까지 날아갔다. 당시 백두산의 화산 활동으로 분출한 화산재의 양은 100~150km3로 추정되는데, 이는 2010년 유럽의 항공대란을 일으킨 아이슬란드 화산폭발 분출량(0.11km3)의 1천 배나 되는 엄청난 양이다.

사서(史書)의 기록 등에 따르면 1413년, 1420년, 1597년, 1668년, 1702년 등에 백두산이 화산재나 화산 가스를 내뿜었거나 이를 추정할 수 있게 하는 기록들이 있으며, 조선왕조실록에는 다음과 같이 기록하고 있다.

① "세종 2년(1420년) 5월, 천지의 물이 끓더니 붉게 변했다. 소 떼가 크게 울부짖었고 이러한 현상은 열흘 이상 지속됐다. … 검은 공기는 인근 지역으로 가득 퍼졌다."
② "현종 9년(1668년) 4월, 한양과 함경도 등 일대에 동시에 검은 먼지가 하늘에서 쏟아져 내렸다."
③ "숙종 28년(1702년) 6월, 한낮에 함경도 지역 일대가 갑자기 어두워지며 비린내가 나는 황적색 불꽃이 날아왔다. 같은날 인근 지역 현성에서는 연기가 가득한 안개가 갑자기 북서쪽 지역에서 몰려들어 … 사방에 생선 썩는 냄새가 나 사람들을 놀라게 했다. 눈송이 같이 날라 다니던 재는 1촌(약 3cm) 두께로 쌓였고, 재는 마치 나뭇조각 같았다."

이후 백두산은 1925년 마지막으로 분화한 후 현재까지 화산 활동을 멈추었다. 과거 900년도(939년, 946년, 947년) 3회, 1000년대(1014년, 1016년, 1017년, 1018년, 1019년) 5회, 1100년대 (1124년, 1199년) 2회, 1200년대 (1200년, 1201년, 1265년) 3회, 1300년대 (1373년) 1회, 1400년대 (1401년, 1403년, 1405년, 1406년) 3회, 1500년대 (1573년, 1597년) 2회, 1600년대 (1654년, 1668년, 1673년) 3회, 1700년대 (1702년) 1회, 1800년대 (1898년) 1회, 1900년대 (1903년, 1925년) 2회 등에서 화산 활동이 발생하였다.

(1) 백두산 분화 폭발 가능성과 위험성

2005년 이후 천지의 지하 2~5km 하부에 화산지진이 증가하고 있는데, 2003년 이후 활발한 지진 현상과 함께 천지 주변의 외륜산 일부 암벽에서 균열과 붕괴 현상이 나타나고 있다. 그뿐만 아니라 천지 주변 온천수의 수온이 최대 83도까지 높아졌고 화산 활동 직전에 나타나는 헬륨과 수소 등 마그마성 가스 성분이 증가하였으며, 백두산 천지 칼데라 주변의 암석 틈새를 따라 화산 가스가 새어 나와 주변 일부 초목이 고사하기도 했다.

천지의 10~12km 지하에 규장질(알칼리 유문암-조면암) 마그마의 존재가 확인되었는데, 규장질 마그마는 상대적으로 높은 점성으로 인하여 엄청난 양의 용존 고압가스를 붙잡아둘 수 있다. 이 마그마가 지표로 상승하여 임계조건을 넘으면, 일시에 고압의 화산 가스가 팽창해 강렬한 화산쇄설물(화산재 및 부석)의 대폭발을 수반하여 분화할 가능성도 있다.

특히 천지 지하에서 발생하는 잦은 화산성 지진으로 천지에 담겨 있는 20억t의 물이 지하 암반 틈새를 따라 지하 마그마하고 만나는 경우 더 큰 화산폭발로 이어질 가능성이 있다.

다만, 폭발의 규모는 10세기의 대폭발보다는 훨씬 작을 것으로 추정된다. 백두산 대폭발 정도 규모의 분화는 지구 전체 규모에서도 수천 년에 한 번쯤 일어나는 매우 드문 현상이기 때문이다.

규모 7.5 이상의 강진과 함께 천지에서 지진해일이 일어나면, 천지의 물이 한꺼번에 쑹화강, 압록강, 두만강 유역으로 흘러가 대규모 홍수 피해가 예상됨과 동시에, 북한하고 중국 일대에 대규모 산불이 발생하게 될 것이다. 백두산의 화산폭발로 분출되는 화산재는 대한민국과 일본, 러시아, 대만에도 큰 영향을 미칠 것으로 추정된다.

한편, 백두산은 사화산일 가능성도 배제할 수 없다. 왜냐하면 마지막 분화 이후로 폭발이 없었던 사실과 7차례에 걸쳐서 분화했고 마지막 분화 때 대폭발의 영향으로 화산 정상이 사라지고, 대신에 칼데라가 형성되었으므로, 이미 화산 활동을 종료했기 때문이다.

그래서 만약 백두산이 분화한다면 그것은 자연적인 영향이 아니라 북한의 핵실험에 의한 인공적인 영향이며, 영향을 받아도 칼데라 밑에 잔존하는 마그마를 어느 정도 활성화하는 데 그치므로 대규모 폭발은 일어나지 않는다는 예측이 있다.

물론 백두산이 일정 규모로 폭발하면 당연히 칼데라의 천지가 범람하여 그 인접 지역은 홍수를 겪을 확률이 높다.

또한, 행정안전부 국립재난안전연구원에서 백두산 화산 분화에 의한 유출해석을 분석한 결과, 화산폭발로 넘친 천지 칼데라 호수의 물은 분화 1시간 후 천지 인근 압록강과 두만강 유역부터 침수시키고, 1시간 20분 이내에 김정일 출생지(양강도 삼지연군 백두산 밀영)까지 도달하며, 3시간 20분 이내에 홍수가 천지 반경 약 30km 거리까지 도달하여 북한 측의 백두산 주변 호텔 · 병원 · 마을 등을 침수시킬 것으로 나타났다.

이후 홍수는 112시간 만에 두만강을 따라 66.9km까지, 128시간 30분 만에 압록강을 따라 127.5km까지 영향을 끼친다. 또한 100억 m^3에 이르는 용암과 화산재 등이 분출돼 화산재는 25km 상공까지 올라갈 것으로 예상하였다.

그리고, 유황 · 아황산가스 등 유독성 가스도 분출돼 주변 식생을 전멸시킬 것으로 분석되었다. 대규모 화산재해 사례를 총 10개를 통하여 백두산 화산폭발 시 발생이 가능한 피해 상황을 도출한 것이다. 화산재, 화산 가스, 용암 등으로 인한 직접적 피해와 파이프라인 단절과 토양, 식수, 농작물 피해, 가축 폐사 등의 2차 피해 그리고 장기적으로 오존층 파괴 및 전염병 창궐 등으로 이어질 수 있다.

최근 발생한 세월호 참사, 동일본 대지진 등의 재난을 살펴보면 각 대응 기관 간의 협업체계 문제점 등 초기대응 미흡으로 재난이 대형화되는 것을 볼 수 있다.

백두산 화산폭발 또한 폭발로 인한 복합재난의 가능성을 차단하기 위해 초기대응이 무엇보다 중요하다. 이에 화산폭발 시를 대비하여 대응 기관 간의 협업체계 및 대응체계가 구축되어야 할 것이다. 또한 동일본 대지진에서 보았듯이 원전으로 인한 2차 피해를 막기 위해 백두산 부근의 원전 보호도 염두에 두어야 한다.

백두산 부근의 현재 운영 중인 원전은 중국 13기, 일본 54기, 한국 21기이고, 건설 중인 원전과 건설 준비계획 중인 원전을 포함하면 20년 뒤의 원전은 297기로 백두산 화산이 폭발할 경우 원전 안전 문제가 심각하다(The Dong-A Daily News, 2011).

또한, 화산재해 대응 기관을 살펴보면 다음과 같이 여러 부처 간의 협업이 요구된다.

상황관리총괄, 긴급 생활 안정 지원, 재난 수습 및 홍보 등은 행정안전부, 재난 현장 환경정비는 환경부, 에너지 기능 복구는 산업통상부, 의료 · 방역은 보건복지부와 농림축산식품부 등에서 대응하도록 되어있다(Kim, et al., 2013). 이들은 각 기관 간의 실효성 있는 협업체계 구축 및 대응훈련 또한 필요하다. 기존 재해사례로는 전력공급 중, 육상화물 운송 마비, 지진 및 원전 재해, 대규모 환경오염, 전염병 등 유형별로 주요 피해 요인을 분석하였다.

우선, 국내 화산재해 피해영향으로 화산재와 화산 가스에 의한 기후변화와 환경오염을 들 수 있고, 미세한 화산재로 인한 기계 고장과 합선 등의 전력 마비와 도로, 철도, 항공 운송 중단, 그리고 화산재가 쌓임에 따라 농작물의 수확이 어려워지는 1차 산업피해와 제조업과 관광업 등의 2, 3차 산업피해, 마지막으로 많은 양의 화산재가 쌓일 경우, 그로 인한 가건물 또는 비닐하우스 붕괴 등의 시설물 피해를 들 수 있다. 국외 환경으로는 백두산 화산폭발로 인해 급변하게 될 북한과 남한, 북한과 중국의 관계와 재난 난민에 대해 생각해 보지 않을 수 없다.

또한 주요 피해 요인으로 국내 직접 피해와 간접피해, 북한 내부 급변 사태와 중국 원전 사고로 나눌 수 있다. 우선, 백두산 화산재가 국내로 유입되지는 않지만, 국제 항공기 운항에 지장을 주어 경제, 사회적인 영향을 주는 경우와 국내에 화산재가 유입되어 교통, 환경 등 모든 분야에 치명적인 영향을 주는 경우를 들 수 있다.

그리고 국외 요인으로는 백두산 폭발에 직접적인 영향을 받는 북한과 중국을 들 수 있는데, 북한의 화산재해가 클수록 국내에서 북한의 피해지원 상황과 급변 사태 영향을 고려하지 않을 수 없고, 백두산과 100km 정도 떨어져 있는 중국 원전의 연쇄 피해까지 염두에 두어야 한다.

○ 첫 번째 시나리오인 "내 코가 석 자" 시나리오는 유입된 화산재에 의해 발생할 수 있는 도로 및 철도 마비, 전력시설 가동 중단, 비상 긴급 대응 상태 등의 피해확산 문제로, 국내 전력이 마비되는 비상사태가 발생하고 자체적으로 그에 따른 복구 및 지역 재건의 대응 과제를 제시하였다.
○ 두 번째 시나리오인 "3.11 동일본 지진의 악몽" 시나리오는 직접 피해가 가장 많이 발생할 중국과 북한의 핵시설 파괴로 인한 방사능 누출 피해가 주된 내용으로, 방사능 오염으로 인해 국내는 물론 전 세계가 식량 오염으로 인한 기근과 방사능 피폭 발생 등의 대응 과제를 제시하였다.
○ 세 번째 시나리오인 "격동의 아시아" 시나리오는 백두산 화산분화를 계기로 화산재해와 상관없이 한반도를 둘러싸고 자국 이익을 추구하려는 중국, 러시아, 일본 등의 전략적 정치 외교와 주변국의 자국 이익 추구형 피해지원, 북한 내 발생할 수 있는 급변 사태와 전쟁 도발 가능성에 따른 해결 방안을 대응 과제로 제시하였다.
○ 네 번째 시나리오인 "화산재 쇼크" 시나리오는 대규모 화산재 발생으로 항공기의 장기 운항 마비에 따른 경제적 피해 발생과 전 세계적으로 여름이 없어져 농작물의 성장 둔화에 의한 흉작, 기근이 발생하는 등 전 세계적으로 당면한 식량과 환경문제를 대응 과제로 제시하였다.

대규모 복합재난일수록 초기 대응이 중요하며 초기의 선제 대응은 피해를 최소화할 수 있기에 재난의 복합성을 상정한 다양한 관점에서의 재난대비 중요성이 부각되고 있다. (방재학회 2015. 8월 박재은, 김혜원: 백두산 화산폭발시나리오 개발 및 상황별 대응 과제 도출 pp. 97~106)

백두산 화산 분화 가능성도 꾸준히 제기되고 있다. (홍태경 연세대 교수 에너지경제신문 202 .05.09.)

○ 백두산은 기원전 5000년, 4000년경과 기원후 946년, 1668, 1702년 등 수차례 폭발한 전력이 있는 화산이다. 가장 최근에는 1903년에 분화한 바 있다. 이 가운데 서기 946년 분화는 인류 역사 속에서도 가장 큰 화산폭발 중 하나로 남아있다. 당시 분출한 화산재와 화산쇄설물 양은 96~120km3에 이른다. 당시 화산재는 동해를 가로질러 일본 열도 북부 홋카이도 지역에 5cm가 넘는 퇴적층을 만들어 놓기도 했다. 그간의 여러 차례의 폭발로 백두산 정상부에는 지름 5km의 분화구가 형성되었고, 분화구 내에는 최대 수심 370m, 담수량 20억 톤의 거대한 천지가 만들어졌다.

○ 지난 2002년 여름에는 하루에 30회의 지진이 관측되는 등 화산성 지진 발생 빈도가 급격히 증가하였고, 지각 내에 지진파 저속도층이 관측됐다. 백두산 정상부가 매년 평균 3mm(2cm 등 전문가 상 오차가 있음)씩 부풀어 오르는 현상이 관측되기도 하였다. 또한 맨틀에서 기원한 가스가 관측되고, 80°C에 이르는 뜨거운 온천수가 백두산 정상부에서 꾸준히 관측되고 있다. 이런 특징들은 백두산 화산이 활화산이며, 분화 가능성이 여전히 높음을 의미한다. 최근 행정안전부 발표에 따르면 백두산에서 화산폭발 지수(VEI) 7의 분화가 있는 경우, 우리나라가 입게 될 경제적 피해 규모가 11조 원에 이른다는 발표가 있었다.

○ 인근에서 발생하는 큰 지진은 화산 활동을 촉발하기도 한다. 한반도에서 증가하는 지진 활동이 백두산 분화에 영향을 미칠 것을 우려하는 이유이다. 또한 백두산으로부터 120여 킬로미터 떨어진 풍계리에서 행해지고 있는 북한 핵실험도 걱정스러운 대목이다. 핵폭발에서 발생하는 강한 지진파는 백두산 아래 마그마방 내에 큰 응력 변화를 일으킬 수 있다. 이 결과 마그마방 내에 기포가 발생하고, 화산 분화를 가속할 수 있다. 풍계리 핵실험장에서 규모 7가량의 지하 핵실험을 하면 백두산 분화가 촉발될 수 있다는 연구 결과도 있다.

2032년 백두산 화산폭발 가능성 99%
지난해 7월부터 천지 융기 시작…온천수 온도 83도까지 치솟아
출처 : 시사저널(http://www.sisajournal.com) 김형자 | 과학 칼럼니스트 승인 2015.04.23.

○ 1000년을 참아온 백두산이 폭발한다? 그럴 가능성이 커지고 있다는 주장이 제기돼 관심이 뜨겁다. 최근 수년간 백두산 근처에서 일어나는 조짐이 심상치 않다는 것이다. 윤성효 부산대 지구과학교육과 교수에 따르면, 2009년부터 침강하던 백두산 천지 외륜산의 해발이 지난해 7월부터 서서히 높아지고 있다고 한다.

○ 이뿐만이 아니다. 화산지진이 늘어나고 있고, 온천수 온도도 올라갔다. 1990년대에 섭씨 69도이던 온천수가 최근에는 최고 83도까지 뜨거워졌다. 헬륨 농도도 일반 대기에 비해 7배나 증가했다. 해발이나 온천수 온도, 헬륨 농도의 상승은 화산폭발 전의 징후다. 지하에서 뜨거운 마그마 활동이 계속 위로 올라오고 있음을 뜻한다. 이는 중국과학원 지질물리연구소 활화산연구센터와 공동으로 측정한 결과다.

○ 백두산 화산폭발 가능성은 항상 열려 있는 부분이다. 전문가들은 미국의 옐로스톤, 일본의 후지산과 함께 백두산을 세계적으로 가장 위험한 화산으로 꼽고 있다. 땅속에 뜨거운 마그마를 잔뜩 품은 채 가만히 있는 화산이 활화산보다 훨씬 더 위험하다는 것이 그 이유다. 백두산처럼 활성화 조짐이 뚜렷한 화산은 언제든 큰 폭발을 준비하고 있다. 다만 언제가 될지 그 시기를 정확히 모를 뿐이다. 시기적으로 백두산이 분화할 확률은 얼마나 될까. 2012년 일본의 화산전문가 다니구치에 따르면, 2019년까지 68%, 2032년까지는 99%다. 2011년 발생한 일본의 대규모 '동일본 대지진'의 판 운동 영향과 역사상 백두산 분화의 시기적 연관성을 근거로 그는 이같이 주장했다.

○ 보통 화산이 폭발하기 직전에는 화산지진이 빈발하고, 화구가 급격히 부풀어 오르는 등의 전조 현상이 나타난다. 백두산도 10여 년 전 이러한 징조를 보였다. 2002년부터 무려 5년간 화산지진이 빗발쳤다. 심한 경우 한 달에 250회 정도나 일어났다. 이것은 백두산 폭발의 전조 현상으로 의심되었고, 이에 따라 북한과 중국 당국을 긴장시켰다. 북한 당국은 2007년 남한 정부에 백두산 화산 남북 공동 연구를 추진하자고 강력하게 요청하기도 했다.

○ 만약 백두산 화산이 폭발한다면, 가장 크게 피해를 주는 것은 무엇일까. 뜨거운 마그마가 맨 처음 떠오르지만, 그것보다는 '화산 쇄설류(화쇄류)'가 문제다. 화산구름 기둥(분연주)이 1~5㎞ 올라가다가 와르르 무너지면서 산비탈을 타고 주변으로 흩어지는 현상으로, 용암과 기존 암석이 크고 작은 파편으로 부서진 채 화산 가스와 한 덩어리가 된 것이다. 시속 130~180㎞로 빠르게 주변을 덮치기 때문에 화산폭발에서 가장 무서운 현상으로 꼽힌다. 온도도 무려 500~700도에 달해 이들이 닿는 곳에는 화재가 발생하고 백두산의 생물들은 심각한 화상을 입고 만다. 특히 뜨거운 재가 동물이나 사람의 코로 들어가면 호흡기 점막이 손상돼 숨을 쉴 수 없다. 화쇄류는 화산폭발로 인한 인간 사망 원인의 70%를 차지한다.

○ 이는 남한에도 일정 부분 영향을 미치게 된다. 다만 직접적으로 미칠 수 있는 현상은 화산재로 국한된다는 게 국립방재연구원의 설명이다. 미국 연방재난관리청과 국립해양대기청이 유해 물질 확산 대기 모형에 따라 모의실험을 한 결과에 따르면, 만약 겨울철에 백두산이 대규모로 폭발할 경우 화산재는 8시간 만에 울릉도와 독도에 이른다. 또 12시간 후에는 일본에 상륙하며 오사카는 16시간, 도쿄 인근은 18시간 후에 당도한다. 겨울에는 편서풍의 영향으로 백두산 화산재가 동남쪽으로 움직이기 때문이다. 이렇게 화산재가 동북아 일대에 퍼지면서 아시아 지역은 극심한 피해를 볼 수 있다. 특히 항공 운항이 극심한 타격을 입으며 남한은 당분간 섬처럼 지낼 수 있다. 우리나라에서 미주와 일본으로 가는 항공로가 마비될 가능성이 크기 때문이다.

○ 만약 겨울이 아니라 여름에 폭발한다면? 겨울과 반대 방향으로 부는 바람 탓에 화산재는 북한 북동부와 중국 북동부, 러시아 남동부로 확산할 것이다. 특히 폭발 시 20억 톤에 이르는 천지 물이 흘러내리면 북한 양강도와 중국 지린성 일대에 대규모 홍수가 날 것으로 예상된다. 화산 분출물들이 물과 함께 흘러내리는 화산성 홍수인 '라하르' 때문이다. 라하르는 경사면을 따라 시속 100㎞로 흐르기 때문에 주변을 쑥대밭으로 만들어버린다.

1.2. 美 세인트 헬렌스 화산폭발(1980. 5. 18)

출처 : Fire Mountains of the West('88), USGS('01.12), WP('05.2), Science('15.11), Audio Recording of 1980 eruption 등

(1) 사건의 개관

(가) 사건 발생

1980.5.18(오전 8시 32분) 美 워싱턴州 세인트헬렌스 화산이 '화산폭발 지수(VEI) 5 규모로 폭발하면서, 진도 5.1 규모 지진도 동반(화산재량과 상승 높이 등을 기준으로 0~8까지 9단계, 단계별로 폭발력은 10배 증가)하였다

폭발 원인은 미진 40여 회(3.16)와 산사태 · 화산재 분출(3.27) 등의 사전 징조를 보인 후 123년간의 휴화산 상태를 깨고 폭발하였다. 피해 규모는 서울면적과 비슷한 지역이 피해를 보았으며 57명 사망, 총 피해액 규모는 50億 弗(6兆 3,000億 원) 이상으로 추산하였다.

사건 의미는 美 화산폭발 역사상 최대 규모의 인명피해가 발생, 국민들이 미국 內 화산 169개에 대한 위험성을 직접 인식하는 계기가 되었다.

(나) 사건 당일

사건 당일 정부는 워싱턴州를 국가재난지역으로 선포하고『연방재난관리청』에 '컨트롤 타워' 역할 부여하였으며, 폭발 1시간이 지나지 않아 州 방위군이 출동, 생존자 구조 · 시신 수습 등 초동대처에 성공하였다.

(다) 사건 발생 D+4(5.22)

카터 대통령이 피해 지역을 최초 방문, 피해 주민과 복구 요원을 위로 · 격려하였고 고위 관료와 의회 대표단을 대동, 질의 답변 형식의 기자회견을 갖고 복구 의지를 피력하였다.

(라) 사건 발생 D+35(6.23~ 24개월)

카터 대통령이 현장을 再방문, 신속 복구 · 지역경제 재건 등을 약속하였으며, 후임 레이건 대통령은 '국립화산 유적지'로 지정하였으며 지역 활성화 대책을 수립할 것을 지시하고, 화산 재난 예방연구의 場으로 활용하였다.

(2) 초동대처

레이 워싱턴 주지사는 州 비상사태 선포(4.3) 및 화산반경 8km를 '출입 금지구역'으로 지정(4.30)하고 입산 금지 · 반경 12km 내 주민철수 지시하고, 화산폭발로 화산재가 상공 25km까지 치솟았고, 폭발 위력은 日 히로시마 원폭 1,600배 규모, 화쇄류(섭씨 700~800도가량 화산 분출물)가 시속 160km 속도로 흘러가며 주변 초토화했다.

폭발 1시간이 되지 않아 州 방위군이 헬기로 신속 출동, 구조작업을 통해 생존자 130명을 안전지역으로 대피시키고 시신 25구를 수습하고 육군 공병대는 폭발 당일 투들 · 콜롬비아 강의 물류 흐름이 화산재 · 모래 · 진흙 등으로 전면 마비되자 긴급 준설작업을 실시하였다.

〈부록 그림 2.1〉 세인트헬렌스 화산폭발 및 영향 범위

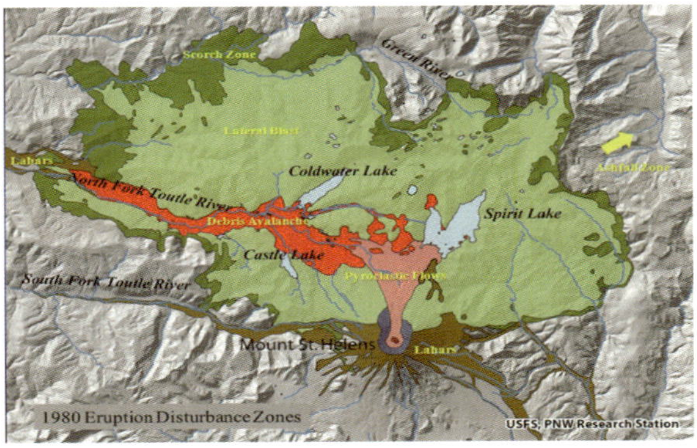

(3) 사건의 전개

화산재 數 意 톤이 주변 27km 지역을 초토화했으며, 인근 벌목장 인부 · 광부 · 신문기자 · 거주자 · 관광객 등 57명이 화산재로 질식사하였고 정부는 워싱턴 州지사 요청에 따라, 워싱턴州와 인근 州지역을 국가 재난지역으로 선포, 연방재난관리청(FEMA)에 컨트롤 타워 역할을 부여하였다.

美國內 언론은 물론 日 · 英 등 주요국 언론들도 일제히 헤드 라인으로 화산폭발 소식과 구조작업 내용 등을 전하며 관심 표명하였으며, 카터 대통령은 5.22 피해 지역을 방문, 1시간 동안 헬기로 현장을 순시하고 적십자사 운영 대피센터에서 복구 요원 · 주민들을 위로 · 격려한 후, 질의응답 형식의 기자회견 실시하였다.

同 기자회견 장소에 정부 고위 관료와 의회 대표단을 함께 대동, 재해 복구에 대한 강력한 의지 표시하였으며, 연방재난관리청장, 농업 · 국방 · 내무장관, 백악관 과학 수석(지진 · 화산 전문가), 재난지역 대통령 특사 · 워싱턴 주지사 등 각 분야별 문제발생 최소화 강조 및 화산 재난 예방을 위한 '특별과학자문위원회' 설립 약속 등 연방정부 차원의 지원책을 발표하였다.

(4) 대응 수습

州 방위군은 폭발 수주 後, 기상 상황이 회복되자 항공기를 동원해 출입이 전면 통제된 폭발 지역 피해 상황을 세밀하게 조사 하였으며, 화산재로 교통 · 상하수도 시스템이 마비되었고 주택 200채 · 교량 47개 파괴, 철도 24km · 고속도로 298km 유실 등 피해 집계되었다.

카터 대통령은 6.23 피해 현장을 再방문, 현장을 둘러본 후 조속한 복구와 지역 경제 활성화 대책 수립을 추가 지시하였으며, 연방의회는 『연방재난관리청』(FEMA) 육군 공병대에 재난 비상 자금 9억 5,000萬 弗을 긴급 승인했으며, 『연방중소기업청』(SBA)도 복구에 동참하였다.

1982년에는 레이건 대통령이 피해 지역을 '국립화산 유적지'로 지정하고, 화산 활동을 상시 관찰 · 연구하도록 조치하는 등 관광 · 교육의 場으로 활용하였다.

(5) 성공 및 미흡 요인

성공 요인으로는『美 연방 지질조사국』(USGS)이 화산을 지속 관찰하며 폭발 위험 사전 경고, 州 정부도 사전 긴급대피령 등을 통해 피해 최소화 노력을 기울였으며, 카터 대통령이 화산폭발 後 나흘 만에 현장을 방문, 기자회견을 통해 초동대처 노력 격려 및 수습 방안 · 복구계획 발표 등 적시 대응한 것이 성공 요인으로 작용하고 있다.

미흡 요인으로는 관광객과 화산에 관심이 많은 일부 시민이 정부의 통제에 따르지 않고, 출입 금지구역에 무단출입하면서 사망자 · 피해자가 발생하였다.

그럼에도 불구하고, 美 화산폭발 역사상 최대 규모의 인명 · 재산피해가 발생한 재난이었으나, 조기경보 시스템을 통해 피해 최소화하였으며, 대통령의 신속한 현장 방문과 기자회견 등을 통한 투명한 정보 공개로 재해 복구 노력을 全 국민들에게 전파하여, 조기 복구 및 동참 분위기 조성에 성공한 사례라고 할 수 있다.

2. 지진

2.1. 2016년 경주지진

(1) 경주지진 개요

2016년 경주지진 또는 9.12 지진은 2016년 9월 12일에 대한민국 경상북도 경주시 남남서쪽 8km 지역에서 발생한 리히터 규모 5.8 지진이다. 본 지진은 1978년 대한민국 지진 관측 이래 역대 가장 강력한 지진이다. 대한민국 내륙 지진으로는 1978년 홍성 지진 이후 38년 만의 대형 지진이며, 한반도 내륙 지진으로는 1980년 평안북도 지진 이후 36년 만의 대형 지진이다.

9월 12일 경주시 내남면에서 19시 44분 32초 규모 5.1의 전진이, 20시 32분 54초 규모 5.8의 본진이 발생하였다. 지진 발생의 원인은 내남단층의 활동이다.

이후 본진 발생 7일 만인 9월 19일 오후 8시 33분 59초 경북 경주 남남서쪽 11km에서 규모 4.6의 여진이 발생하였다. 부산, 울산을 포함한 경상도 지역은 물론이고, 서울 등의 수도권에서도 지진을 감지하였다.

이후 9월 21일 오전 3시 36분 경북 경주 남남서쪽 8km에서 규모 2.9의 여진이 발생하였으며, 이후 오전 11시 36분 경북 경주시 남서쪽 9km에서 규모 2.2의 여진이 발생하였다. 그로부터 불과 20분 정도 후인 오전 11시 53분 54초에 경북 경주시 남남서쪽 10km에서 규모 3.5의 여진이 발생하였다.

(가) 지진의 여진

경주지진의 여진은 2017년 계속 이어지고 있으며 2017년 11월 15일 기준 규모 1.5 이상의 여진은 총 640회에 달한다.

▶ 9월 12일 오후 7:44:32 경주시 남남서쪽 8.2 km 지역 북위 35.77° 동경 129.19° KMA[95] : 15km 5.1 USGS[96] : 10km 4.9 규모이다.

▶ 9월 12일 오후 8:32:54 경주시 남남서쪽 8.7 km 지역 북위 35.76° 동경 129.19° KMA 5.8 USGS 5.4 규모이다.

▶ 9월 19일 오후 8:33:58 경주시 남남서쪽 11km 지역 북위 35.74° 동경 129.18° 17km KMA 4.5 USGS 4.6 규모이다.

(나) 지진의 전개

2016년 9월 12일 리히터 규모 5.8의 경주지진은 TNT 폭탄 50만 톤(500kt)이 한 번에 폭발한 위력인 것으로 알려졌다. 사흘 전 규모 5.0의 인공지진을 낸 북한 5차 핵실험 10kt의 50배 규모이다.

2016년 9월 12일 오후 7시 44분에 리히터 규모 5.1의 강력한 지진이 발생하였다. 이 지진은 한반도에서 발생한 지진 가운데 가장 강력한 규모였다. 경주에서 발생한 2차례의 지진으로 서울, 부산과 같은 전국에서 시민들이 강력한 지진을 느낀 뒤 불안감을 호소하며 119에 신고 전화가 빗발쳤다.

지진의 진앙지는 경주와 울산 중간 지점인 경주시 내남면 내남초등학교 인근으로 밝혀졌다. 경주시 내남면은 울산광역시와도 가까운 거리이며 2번째 발생한 강진 때는 집안의 물건이 넘어지는 현상이 발생했다. 지진의 진동은 전라도, 경상도, 충청도, 제주도, 부산, 강원도, 서울 등 전국 각지에서 감지되었다. 또한 쓰시마 섬에서 일본 기상청 진도 계급 최대 2가 관

---

95 대한민국 기상청(Korea Meteorological Administration)

96 미국 지질조사국[U.S. Geological Survey] 미 국무부 산하의 연구기관으로, 미국 영토 내의 지형이나 천연자원, 자연재해 등을 주로 측정하며, 또한 지형도와 지질도를 제작하기도 한다. 연구 분야는 생물학, 지질학, 지리학, 수문학 쪽이다. 버지니아주의 레스턴에 본부를 두고 있으며, 주 사무실을 덴버와 멘로파크에도 두고 있다. 미국 내외에 400여 개 지부가 있다. 미국의 디지털 지도 데이터의 주요 제공자이다.

측되었다.

그리고 48분 후 오후 8시 32분에 규모 5.8의 지진이 또 발생하였다. 첫 진앙지와 두 번째 진앙지는 직선거리로 1.4km 떨어져 있는 것으로 파악되었다. 이 지진으로 부산에 있는 80층 고층 건물이 흔들렸으며, 서울 종로구에서도 3~5초간 건물이 흔들리는 것을 느꼈다고 한다. 그리고 일본에서도 쓰시마 섬에 일본 기상청 진도 계급 최대 3을, 규슈 북부 및 시마네현 등지에서 진도 1의 유감지진을 느꼈다.

(다) 피해와 영향

지진 여파로 부산국제금융센터에 필수 인력을 제외한 모든 인원에게 대피령이 내려졌다. 또한 부산 도시철도 1~4호선이 5분간 정지되었다. 울산화력발전소의 LNG 복합 화력발전 4호기가 가동을 중지했으며, 월성원자력발전소도 1~4호기에 수동으로 가동 중지 조치가 취해졌다. 또한 카카오톡이 일시적으로 불통 되기도 하였다.

그 외에도 일본에서는 규슈와 쓰시마 섬 등 서부 일부 지역에서도 지진이 감지되었던 것으로 보인다. 불국사 대웅전 지붕이나 오릉 담장 일부 기와가 탈락했고, 석굴암 진입로에 낙석이 발생한 것으로 파악됐다. 그리고 첨성대의 꼭대기 돌이 심하게 기울어진 것으로 파악됐다. 지진의 여파로 김천 KTX 역에서는 작업 인부가 2명이 사망하는 사고가 발생하였다.

또한, 지진 발생 후 재난안전문자가 한때 또 먹통이 됐던 것으로 알려졌다.

국민안전처는 저녁 8시 40분쯤 경북 경주시 인근에서 발생한 규모 5.8의 2차 지진과 관련해 121개 지자체에 재난안전문자를 보냈지만, 이 지역 SKT와 KT 4G 가입자 전체가 문자를 받지 못했다고 밝혀졌다. 이 때문에 2,100만 명 가운데 절반이 넘는 1,200만 명이 재난안전문자를 받지 못한 것으로 보인다고 국민안전처는 설명했다. 국민안전처는 두 이동통신사의 통신망이 폭주하면서 문자 발송이 안 된 것으로 보인다며, 통신망 증설 등 관련 대책을 통신사와 함께 논의할 방침이라고 밝혔다.

지진 발생 이후 한국수력원자력은 12일 두 차례의 지진이 있었으나 전국의 원전 가동에는 이상이 없는 것으로 파악된다고 밝혔으며, 기상청은 "이번 지진은 육지에서 발생해서 해일 가능성은 없다"라고 말했다.

2.2. 네팔 대지진(2015. 4. 25.)

출처 : WP('15.4), NYT('15.4), Bloomberg('15.5), BBC('15.5), The Atlantic('16.4), TIME('16.4), UN Homepage 등

(1) 사건의 개관

(가) 사건 발생

'15.4.25(11:56) 네팔 수도 카트만두 인근에서 강진(규모 7.8)이 발생, 중 · 인도까지 큰 진동이 있었고, 5.12(12:35) 카트만두 북동쪽 76km 지점에 강진(7.3 규모)이 연이어 재발하여 피해가 가중되었다.

〈부록 그림 2.4〉 네팔 대지진 발생

피해 규모로는 네팔의 카트만두 등 상당수 지역 파괴, 사망 8,700여 명, 부상 2만 2,000여 명, 주택손상 50만 채, 이재민 300만 명('15.6.14 기준), 인도 52명, 중국(17명), 방글라데시(2명) 등 사망자('15.4.26 기준)가 속출하였다.

사건 의미로는 1934년 대지진(규모 8.0, 네팔 18,000여 명 사망) 이후 네팔 최악의 참사로, 全 세계에서 구호 모금이 진행되었으며, 일본 · 칠레 등 환태평양 지진대의 위험성을 再환기 시켰다.

(나) 사건 당일~D+3(4.28)

네팔 정부는 국가비상사태 선포 후 구조에 나섰으나 시스템 부재와 도로 · 통신두절로 구조작업과 구호품 전달이 지연되었고 , 더딘 구조활동에 따른 항의 시위와 약탈 등 치안 불안 상황이 지속되었다.

(다) 사건 발생 D+4 ~ D+30(5.25)

코이랄라 총리는 4.27 全 정당 회의에 참석하여 수습 의지를 표명하였으며, 본격적인 복구 작업을 돌입하였고 5.3. 34개국에서 파견된 인명 구조팀의 긴급구조작업이 마무리된 후 이재민 대책 · 재건 작업 등 항구복구로 전환되기 시작하였다.

(라) 사건 발생 D+4개월('15.8월)

네팔 정부가 66億 6,000萬 弗의 재건 비용을 발표하고 세계 각국에서는 절반인 30億 弗 지원을 약속하였으나, 이재민 거처와 식량 공급이 절실한 상황이며, 산사태 · 전염병도 우려되기 시작하였다.

(2) 초동대처

네팔 정부는 4.25 즉각 국가비상사태를 선포하고 육군 10萬여 명 등 軍警을 총동원해 수색 · 구조작업에 돌입하고 카트만두 국제공항을 폐쇄하고, 관공서를 제외한 학교 · 상점 등은 임시 공휴일 선포하였다.

구호단체 특정 지역 쏠림 · 구호품 중복지원 방지를 위해 '활동 허가제'를 시행하고, 민간 헬기 운항권을 제한하여 산악지대 구조에 투입하는 한편 대도시 노동자들의 귀향(歸鄕)을 돕기 위해 통학용 버스 500여 대를 긴급 지원하고, 가족 생사를 확인할 수 있도록 국제 · 국내 통화료를 면제하였다.

인도는 모디 총리 주재로 비상대책회의를 소집하고 공군 비상 대기시키고, 모디 총리는 트위터를 통해 "지진 피해를 본 인도인은 물론 네팔인들도 도울 방법을 모색 중"이라고 언급하기도 하였다.

(3) 사건 전개

재난 대응체계 不在로 구조 · 구호작업이 더딘 가운데, 카트만두 이외 지역은 도로 · 통신 두절로 피해 규모 파악조차 어려운 상황이 지속되었으며 서계 각국이 보낸 구호품이 까다로운 통관 절차로 인해 공항 · 국경에 쌓여 있다는 보도가 나오자, 네팔 정부에 대한 비난 여론이 고조되었다.

급증한 항공 수요를 감당하지 못해 공항이 마비되었고, 구호품에 관세를 부과하거나 일부 물품은 불필요하다며 반송하는 사례도 발생하였으며 트럭 운전사들도 가족들을 찾거나 돕기 위해 귀향하여, 운송 수단 · 인력도 태부족하였다.

5.2 긴급 파병된 美 해병대 100여 명과 헬기 2대 등 군사 장비도 복잡한 통관 절차 때문에 구조활동 투입이 지연되었고 이런 가운데 네팔 경찰은 구호작업 일원화를 이유로 민간 독지가의 구호 트럭이 산간 오지 피해 지역에 접근하는 것도 통제하는 한편, UN 인도적 지원조정실은 구호품에 30%의 세금이 부과되는 것에 대해 면세를 요청했으며, 네팔 당국은 뒤늦게 긍정적 반응을 표명하였다.

정부의 구조 · 구호 활동이 지연되면서 '더 큰 지진이 닥친다.' · '구호품이 정치인 고향에 집중된다'라는 악성 유언비어 유포 및 對 정부 불만 여론 확산하였으며 구호 지연에 분노한 주민들이 곳곳에서 경찰과 충돌 · 항의 시위를 벌이는가 하면, 버려진 집을 약탈하는 등 치안 불안 상황도 연출되었다. 카트만두 동쪽 돌라카 지역주민들이 구호품을 받지 못하자 관공서 창문을 부수고 방화, 상아촉 주민들은 도로 점거 후 식품 구호 차량을 막고 시위 전개하기도 하였다.

몬순철(6~8월 우기) 약해진 지반으로 인한 산사태 · 홍수 및 전염병 우려 등 약해진 지반인 6.11 카트만두 북동쪽 타플레중 지역 마을에서 산사태로 최소 41명이 사망하기도 하였다. 한편, 5.12 美 해병대 구호 헬기 실종에 이어 6.2에는 국경 없는 의사회 의료진 등 4명이 탄 구조 헬기가 추락, 탑승자 전원이 사망하는 사고도 발생하기도 하였다.

(4) 대응 수습

코이랄라 네팔 총리는 4.27 全 정당 회의에 참석, 구조 · 수색작업이 비효율적으로 진행되고 있다며 강력한 수습 의지 표명에 이어, 4.28에는 TV 연설을 통해 3일간의 국가 애도 기간을 선포하고, 부상자 무상 치료를 약속하였으며, 5.25. 11:56 수도 카트만두 다라하라 타워 주위에서 희생자 애도 묵념을 하였다.

파우디알 비서실장은 4.27 구호 · 구조작업 실책을 인정하고 이재민 지원에 최선을 다하겠다는 약속과 함께 "악성 유언비어에 휩쓸리지 말 것"을 당부하는 한편 정부는 "음식과 생필품을 이재민들에게 무료 배분 준비를 하고 있으며, 물품 가격을 올려 폭리를 취하려는 상인들을 엄벌하겠다"라고 경고하였다.

또한, 유통구조가 무너지면 폭동이 일어날 수 있다는 우려에 따라 개점하지 않은 상점에 범칙금을 부과하여 대부분 상점이 영업을 개시하였으며, 네팔 내무부는 5.1 유족들에게 사망위로금 10萬 루피(170萬 원), 장례비 4萬 루피(68萬 원) 지급계획을 발표하고 5.3 생존자 구조를 마무리하고 自國에 있는 34개국 인명 구조팀 철수 요청 및 이재민 대책 · 재건으로 구호 중점 방향 전환을 발표하였다.

5.18 건축 기준 재검토를 위해 정부가 건축물 법규 수정권고안을 내놓는 7월 중순까지 2달간 건물 신축을 금지하고 아동 인신매매가 우려되자 5.26 16세 이하는 부모 · 아동복지위

원회 승인 후 후견인과 동행해 여행하도록 하고, 3개월간 해외 입양 금지와 5.31 임시 교실에서 학교 수업을 재개하였으며, 6.15 카트만두 주변 세계문화유산도 안전요원 배치 등 대비책을 마련하여 재개장하였다.

코이랄라 총리는 5.18 지진 재건에 20億 弗(2兆 1,700億 원)이 필요하다며 국제사회 도움을 호소하였으며, 포커렐 네팔 계획위원회 부위원장은 6.14 농업 · 관광 등 23개 부문 피해조사 결과 재건 비용이 66億 6,000萬 弗(약 7兆 4,412억 원)이라고 발표하였다.

네팔 정부는 6.15 지진피해재건위원회(위원장: 총리)를 구성, 주택 · 학교 · 병원 등을 재건사업 우선 대상으로 지정할 것이라고 발표하고 6.25일 세계 60여 개국 · 국제기구 대표들이 카트만두에서 '네팔 재건 국제회의'를 개최, 재건 비용 중 절반에 가까운 30億 弗 지원을 약속하였다. 네팔 총리는 지원금 사용과 관련하여 "부패는 절대 용서하지 않겠다"라며 총리가 직접 관여하는 기구를 통해 투명하게 집행하겠다는 입장을 표명하였다.

(5) 미흡 요인

세계 최빈국 중 하나인 네팔은 전문가들이 수차례 대규모 지진 가능성을 경고했음에도 사전대책을 마련하지 않은 데다 사후 수습도 미흡해 피해가 가중되었으며, 낙후된 정치 · 경제 시스템으로 인해 재난 대응체계가 미흡하고 국제 지원마저 효율적으로 활용하지 못해 구조 · 구호작업에 심각한 차질을 초래하였다.

네팔 재난관리 당국 · 각국 구호단체 · NGO 등을 통솔할 '컨트롤 타워' 不在로 구호 현황 정보나 현황이 공유되지 않아, 접근이 가능하고 외신에 알려진 곳에만 구호 활동이 집중되는 등 혼선 초래하기도 하였다. 누가 언제 어디서 어떤 구호 활동을 했는지에 대한 정보를 체계적으로 종합하는 시스템이 없어, 구호단체 중복 방문 등 문제점이 노출되었다.

낙후된 국가 경제로 인해 노후 건물이 밀집한 상황에서 지진경보 · 대피시스템 不在 등 사전 대비 미흡과 정부의 미숙한 위기관리가 더해져 대규모 참사 발생하였으며 평소 재난 경보시스템과 대응체계를 구축하고, 재난 발생 시 전문성 있는 컨트롤 타워를 중심으로 한 신속한 피해 수습이 중요함을 보여주는 사례로 남은 사건이다.

다만, 재해 대비 시스템 구축과 사후 수습 능력은 결국 국가의 경제력 규모에 비례할 수밖에 없다는 점을 고려할 때, 세계 최빈국 중 하나인 네팔이 대규모 재난에 효과적으로 대응하는 데는 한계가 있을 수밖에 없었다는 평가도 상존하였다.

2.3. 東일본 대지진(2011. 3. 11.)

출처 : 요미우리('11.3), NHK('11.3), Japan Times('11.3), CNN('11.3), LA Times('13.3), The Atlantic('16.3) 등

(1) 사건의 개관

(가) 사건 발생

日 동북부 해역에서 9.0 규모 지진이 발생한 후 강력한 해일이 태평양 연안 강타(3.11)하였고, 후쿠시마 제1 원전이 원자로 냉각 기능 손상으로 폭발, 방사능 유출 확산 및 초동대처에 선진국인 일본에서 실패한 사례이다.

2011.3.11(오후 2시 46분) 미야기縣 센다이 동쪽 179km 해역에서 초대형 지진(진도 9.0)이 발생, 강력한 해일이 태평양 연안을 강타하여 사망 1萬 5,878명 · 실종 2,713명, 건물 129,225동 붕괴 및 후쿠시마 제1 원전 방사능과 오염수가 대량 유출(경제피해 16~25兆엔 추정)되었다.

사건 의미로는 초대형 지진(진도 9.0) · 해일(최고 높이 40.5m) · 원전 사고(7등급 체르노빌과 동급)가 동시에 발생하여, 역사상 유례없는 복합재난 피해와 복구를 경험하였다.

(나) 사건 당일

지진 발생 직후 쓰나미 경보가 발령, 전파되었으며, 간 총리는 대책실 설치 · 각료회의 소집에 이어 당일 저녁 '원자력 긴급 사태'를 선언하였다. 방위성도 재해대책본부를 설치하고, 자위대 투입 등 즉각적인 대응을 하였다.

(다) 사건 발생 D+4(~3.15)

구호품 보관소 침수 등으로 차량 연료 부족 · 통신두절 등으로 구조 · 구호작업이 지연되었으며 일본 정부는 원전 사고 늑장 대응 · 방사능 정보 未 공개 등으로 국제사회와 국민들의 신뢰를 상실하였다. 그러나, 언론은 차분한 사실 보도로 국민 불안감 차단 등 사회 혼란 방지에 협조하였다.

(라) 사건 발생 D+5년(~'15.7월)

일본 정부는 후쿠시마 원전 사고 조사 · 검증위원회를 구성(5.24), 관련 보고서를 제출('12.7)하였으며, 원자력 규제委를 환경성 산하로 이관, 규제 독립성 · 안전 기준 대폭 강화(12.9)하는 한편, 집중 부흥 기간('11~'15년) · 후기 복구 기간('16~'20년)을 지정 · 추진하였다.

〈부록 그림 2.3〉 동일본 대지진 현장

(2) 초동대처

기상청 긴급 지진속보에 따라 정부가 대형 쓰나미 경보를 발령하고(14:49), NHK방송 · 휴대전화를 통해 일반인들에게 신속 전파하고, 간 총리는 지진 직후 위기관리센터 대책실 설치 · 긴급 각료회의 소집(14:50)에 이어 창구를 관방장관으로 일원화, 정부 역량을 집중하였으며 총리가 방위복 차림으로 '보도를 들으며 침착하게 행동할 것'을 호소(16:55)하였다. 방위성은 재해대책본부 설치(14:50) · 자위대 8,000여 명 구조작전 투입(15:25 미야기 縣 앞바다에 함정 파견), 경찰도 3,000여 명을 이와테 · 미야기 · 후쿠시마 縣에 투입하였다.

후쿠시마 제1 원전 사고 후 '원자력 긴급 사태'를 선언(19:03), 반경 3km 주민 피난, 10km 주민 건물 내 대피를 지시(21:23)하고 관방장관은 귀가가 곤란한 시민들이 역 주변 공공시설을 활용하도록 全 행정기관에 지시(20:10), 동경도는 1,030개 시설에 9萬 4,000여 명을 수용하도록 지시하였다.

자민당 · 공명당 · 공산당 · 민주당 등 정당들도 사건 당일 각각 '지진재해대책본부'를 설치하여 운영하였다.

(3) 사건 전개

먼저, 사회 기반 시설 피해와 연료 부족 등으로 피해 가중되었으며, 동북 · 관동지방 800萬 세대 이상이 정전되고, 철도 마비 · 단수 · 휴대전화 서비스 중지 · 금융기관 점포 폐쇄 등이 이어지면서 시민 생활에 직격탄을 맞았다.

주유 탱크 · 주유소 피해로 수송차량에 쓸 휘발유가 없어 물과 식약품 배급을 못 하고, 난방용 등유가 없어 이재민들이 혹한에 노출되었으며, 관방장관은 '연료부족 상황이 아니다'라며, 정부 비축분을 풀지 않아 비난받았으며. 일본인들은 대지진 초기 침착하게 대응했지만, 시간이 흐를수록 절도 행위 · 식품 사재기 현상이 나타나는 등 자제력을 상실하였다.

두 번째로는 방사능 및 오염수 유출 우려 증폭으로 냉각용 해수 방출구 부근 방사능 검출에다 도쿄전력이 저 레벨 오염수를 사전 통지 없이 바다에 방출, 국제적 비난을 야기하는 등 방사능 피해 우려가 확산하였다. 또한, 문부과학성은 4.19 후쿠시마현 유치원 · 초중학교 야외 활동 제한 방사선량 기준을 통지했는데, 책정 기준을 성인 기준으로 적용하여 거센 비난을 받았다.

셋째로 정부에 대한 국민 불신 확산하였는데, 간 정권은 사고 초기 도쿄전력에 책임을 전가하고, 방사능 유출 정보 공개 미흡 · 지자체에 이재민 구호 일임 등으로 리더십 실종비판을 받았다. 매뉴얼 · 절차에 집착하는 관료문화로 각국으로부터의 구호품 적시 분배에도 차질이 유발되었고, 해운회사인 '닛폰유센'이 구호품 전달을 위해 2萬 톤급 수송선 파견을 제안했으나 거절하였다.

간 총리에 대해서도 미국의 원전 기술지원 거부 · 사고 수일이 지나도록 이재민 방문 未실시 등을 이유로 비난 여론이 가속되었다. 이재민들은 대피시설에서 사투를 벌이는데 총리는 안전한 총리 관저에 머무르고 있다고 분통을 터뜨렸다. 도쿄전력도 늑장 보고 · 관련 정보 未 공개 등 안이한 대응으로 집중 비난을 받았으며, 이를 제대로 관리하지 못한 정부로 국민적 분노가 전이되어 일본인들은 무능한 정부에 대한 신뢰를 상실, 3.17일에는 도쿄시민 시위가 전개되었다.

(4) 대응 수습

간 총리는 3.12일 美 대통령과 전화 통화로 협력을 부탁한 후 후쿠시마 제1 원전 방문 및 피해 지역 상공 시찰, 3.13일 자위대 병력을 10萬 명으로 확대 지시하였으며 일본 정부는 원전 사고 초기 사태 심각성을 간과하고 도쿄전력에 수습을 일임했다가 뒤늦게 전면에 나서 진두지휘를 시작하였다.

관방장관은 방사능 유출 상황을 수시 브리핑하고 불신 해소에 주력하는 한편 도쿄전력과 통합연락본부를 설치(3.15), 원자로 냉각 · 방사능 확산 차단에 총력을 기울였으며, 3.16부터 기자회견 시 영어 동시통역, 총리실 여문 홈페이지에 정보 수시 게재 등 대응 수습을 진행하였다.

원전 사고 직후 美 · IAEA 등 국제사회가 제안한 기술팀 파견 등을 '국가 체면' 등을 고려해 거절했다가 상황이 악화한 후에야 수용하는 등 일본 정부는 국제사회에서 신뢰도가 떨어졌다.

정부의 피난 지시(3.12 원전 반경 20km 주민 피난 등)도 세부적인 상황 파악 없이 단순히 동심원적 거리만을 지정, 지역을 구분했다는 비판을 초래하고 난 후, 4.22에야 20km 권내를 출입 금지, 高방사선량 지역을 '계획적 피난 구역'으로 지정하는 한편, 日王은 3.16 對 국민 메시지 발표에 이어 수차례 피해 지역을 방문했으며, 왕세자 부부도 여러 차례 피난소를 방문 · 격려 활동을 수행하였다.

정부는 피해복구를 위한 '동일본 대지진 부흥 구상 회의'(4.11 각의 결정)를 설치하고, '東일본 대지진 부흥 기본법'을 공포(6.24)하고 우선 피난처 마련을 위해 3.19 이와테縣에 가설주택을 착공하고, 3.25일 전국 공영주택 · 국가공무원 기숙사 약 6萬 호를 확보하였다.

'11~'15年을 집중 부흥 기간'으로 지정, 26兆 3,000億 엔을 투입했으며, '후기 복구 기간'('16~'20年) 중 6兆 엔 추가투입 계획이라고 밝히고 '도쿄전력 후쿠시다 원전 사고 조사 · 검증 위원회'(5.24 각의 결정)도 구성, 정치인 · 도쿄전력 등 772명을 조사 후 '12.7월 최종보고서 제출하는 등 국회와 민간 조사위도 '11.9월부터 조사에 착수, '12.2월 · '12.9월에 보고서를 제출하였다. '12.9월 3개 조사委 지적을 수용, 경제산업성 산하 원자력규제委를 환경성 산하로 옮겨 원자력 규제 독립성 · 안전 기준을 대폭 강화하였다.

(5) 성공 요인

일본 정부는 지진 직후 평상시 구축한 조기경보시스템으로 주민 대피를 유도하고, 대책본부를 신속 가동하는 등 적극적으로 대응하였으며 국민들도 평소 체득한 방재훈련을 바탕으로 침착하게 피난, 침수 구역에 50명이 있었으나 사망 · 행불자가 2萬여 명에 그치는 등 인명피해 축소되었다. 또한 유사 규모였던 '04년 수마트라 앞바다 지진에서는 희생자 23萬 명 발생에 비해 인명피해가 적었다고 발표하였다.

(6) 미흡 요인

원전 사고 초기 사태를 낙관한 것이 '도쿄전력'에 수습을 일임하다 골든 타임을 놓치고 사고 5일 만에 통합연락본부 설치 등 늑장 대응함으로써 초기 수습에 실패한 요인이다.

이후에는 정부 관심이 원전 사고를 수습하는 데 쏠리면서 상대적으로 지진 · 해일 피해를 본 인명구조와 이재민 구호 활동이 지연되는 한편 사태 초반 '국가 체면'을 중시 풍토와 매뉴얼에 집착하는 관료문화 등으로 국제사회의 지원을 거부, 보급품 적시 배급에 차질 초래한 것이 또 다른 실패 요인이다.

방위성 · 자위대 · 경찰청 간 공조 미흡에다 중앙 · 지방 간 역할분담 불명확 · 도쿄전력 보고 지연 등으로 원전 사고 현장 대응에 혼선 유발하는 등 정부의 원전 피해 축소 발표 · 방사능 확산 예측자료 未 공개로 주민들이 高 방사선량 지역으로 피난하는 등 미숙한 대응으로 對 정부 신뢰를 상실한 것도 실패 요인이다

일본은 평소 재난대비책을 철저히 준비, 경보 신속 전파, 정부 비상 체제 가동, 철도 지진감지 시스템 작동 등 초기 대응은 성공적이었다는 평가하였으나 예상을 넘어선 초대형 해일에 기존 구호체계가 무너졌고, 매뉴얼과 절차에만 지나치게 매몰된 관료주의로 인해 분위기 악화를 자초하였다.

특히, 원전 사고 초기 늑장 대응, 부처 간 협조 미흡, 불투명한 정보 공개, 국제사회 지원 거부 등 위기관리 리더십 실종으로 적기 수습에 실패한 사례로 우리나라에서도 관료주의[97]와 매뉴얼 문화에서 벗어나 골든 타임을 놓치지 말아야 한다.

97 관료 정치 아래에 있는 관청이나 사회 집단에서 흔히 나타나는 독특한 행동 양식이나 의식 상태를 비판적으로 이르는 말. 상급자에게는 약하고 하급자에게는 힘을 내세우려 하며, 자기 업무와 직접 관련이 없는 일에는 신경을 쓰지 않고, 자기 책임은 지지 않으려 하면서도 독선적인 행동이나 의식을 보이는 따위의 특성을 이른다. 또한 관료주의는 형식주의 · 번문욕례 · 비밀주의 · 획일주의 · 선례 답습주의 · 법규 만능 · 창의성의 결여 등 비능률 · 보수주의 · 책임 전가 · 파벌주의 등으로 표현된다.

우리에게 동일본 대지진 주는 사례

3·11 동일본 대지진 그들이 도저히 극복할 수 없을 듯하던 대재앙을 딛고 일어서는 데는 마을을 덮치는 지진해일(쓰나미)에 맞서 마지막까지 대피 방송을 멈추지 않았던 엔도 미키(遠藤未希) 씨처럼 고귀한 희생이 밑거름이 되고 있다.

○ 목소리의 주인공은 엔도 미키. 지난해 3·11 동일본 대지진 당시 일본 미야기(宮城)현의 조그만 어촌마을인 미나미산리쿠(南三陸) 조야쿠바(町役場· 한국의 읍사무소 정도에 해당)의 위기관리과 직원이었다. 당시 나이 24세. 결혼 8개월 차 새댁이었다. 리히터 규모 9.0의 지진이 일본 동북부를 강타한 그날 오후 2시 46분. 3층짜리 방재대책청사 2층에 있는 위기관리과 천장과 책상이 요동쳤다. 경험해 보지 못한 강진이었다. 뒤따를 위기를 직감한 미키는 방송실로 뛰어들어 무선 마이크를 잡았다.

○ "높이 6m의 큰 지진해일(쓰나미)이 예상됩니다. 바닷물 빠지는 모양이 심상치 않습니다. 즉시 고지대로 대피해 주세요. 해안 근처에는 절대로 다가가지 마세요." 미키의 다급한 목소리가 마을 전역에 울려 퍼졌다. 미키의 방송이 30분가량 이어졌을까, 멀리서 벌떡 일어선 바다가 눈에 들어왔다. 옥상에 이미 대피해 있던 30여 명의 직원이 날카로운 비명을 질렀다. "쓰나미가 왔다." 일촉즉발의 순간…. 그래도 미키는 마이크를 손에서 놓지 않았다. 목소리는 높아졌고 호흡은 가빠졌다. "높이 10m 이상의 큰 쓰나미가 몰려오고 있습니다. 빨리빨리 고지대로 피하세요. 빨리 피하세요."

○ 방조제를 가볍게 넘은 검은 바다는 굉음을 내며 해안에서 300m가량 떨어진 방재청사를 향해 무서운 속도로 덮쳐왔다. 눈앞에 펼쳐지고 있지만 도저히 믿을 수 없는 광경이었다. 바다가 청사 주차장까지 닥치는 마지막 순간, 미키는 비로소 청사 옥상으로 향하는 외부 계단으로 뛰쳐나갔다. 하지만 이미 늦었다. 바다는 순식간에 12m 높이의 방재청사를 집어삼켰다. 5m 높이의 무선 방송용 옥상 철탑에 매달려 있다 살아난 직원들이 정신을 차렸을 때 미키는 온데간데없었다. 30여 명의 직원도 10명으로 줄어 있었다.

(사진: 실종된 지 52일 만에 죽은 채로 발견된 엔도 미키 그녀의 마지막 방송 이야기가 "천사의 목소리"라는 제목의 교과서에 소개되고 있다. (사진: 일본 방송에서 소개되는 엔도 미키 생전의 모습. 부모는 착하고 마음 여린 딸이었다고 회고하고 있다. 목숨을 걸고 한 방송은 7천 명의 인명을 구했다. [동일본 대지진의 엔도 미키] / © 일본방송 캡처)

2.4. 中 쓰촨성 대지진 [2008. 5. 12.]

출처 : 신화통신('08.5), China Dally('08.5), AFP('08.5), BCC('08.5), The Guardian('08.8), CNN('09.5), NYT('09.5)

(1) 사건의 개관

(가) 사건 발생

2008. 5. 12. 쓰촨성 원촨현에서 中 역사상 최대 규모인 리히터 7.8의 강진이 발생(14:28)하였으며, 중국 전역은 물론 베트남 · 태국 · 대만 · 파키스탄 등에서도 진동이 감지되었다.

피해 규모로는 사망 6만 8,712명, 실종 1만 7,921명 등 인명피해와 함께 지진 피해자 4,480만 명 발생, 재산피해는 140조 원으로 추산하였으며 이 사건은 최악의 대지진으로 기록, 이를 계기로 안전기준 강화를 명시한 '방진감재법'(防震減災法) 제정 등 자연재해 예방 대책 마련의 계기가 되었다.

(나) 사건 당일

후진타오 주석은 중앙정치국 상무委를 긴급 소집하고, 원자바오 총리는 항공편으로 2시간 만에 현장에 도착하여 지진재난구조 총지휘부를 가동하였으며, 인명구조 · 피해복구를 진두지휘하였다.

(다) 사건 발생 D+4 ~ D+7(5.16~5.19)

국무원은 국가 애도 기간(5.19~21)을 지정, 선포하였으며 재건 사업 자문을 위한 30인 전문가위원회를 발족하고 汎국민 복구 동참 · 헌혈 참여 등 화합 분위기를 조성하였다.

(라) 사건 발생 D+9 ~ D+7개월(12월)

원자바오 총리의 3개월 내 재건계획 수립 지시에 따라 방진감재법을 제정하고, 자연재해

예방의 날[98]을 지정하였으며, 백서 발간 등을 시작으로 사후 복구 체제에 돌입하였으며, 이를 바탕으로 재난대응시스템을 마련하였다.

〈부록 그림 2.2〉 스촨성 지진 보도

(2) 초동대처

후진타오 주석은 5.12일 지진발생 직후, 중국군 총참모부에 쓰촨성 대지진 피해 지역 재해 구호작업을 신속히 착수하도록 명령하였으며, 5.12일 저녁 黨 중앙정치국 상무위원회를 긴급 소집하고, 피해 현황을 보고 받고 "시간은 생명"이라면서 全 부서에 구호작업 동참을 지시하였다.

유언비어 확산 방지 등에 주력해 민심을 안정시키고, 구조활동을 방해하는 행동은 법에 따라 엄정히 처리할 것을 주문하였고 또한 지진재난구조 총지휘부를 설치하고, 단장에 원자바오 총리, 부단장에 리커창 · 후이량위 부총리를 각각 지명하여 사건을 지휘하였다.

정부는 즉시 재난 경계경보(4단계 구분) 2급을 발령, 긴급 피해복구 기금 2億 위안(360億원)을 책정하고, 긴급구호팀(184명)을 현지로 급파하였으며, 원자바오 총리도 항공편으로 2시간 만에 진앙지(원촨)에 도착, 현장에서 인명구조 · 피해복구를 진두지휘하였다. 이동 중

98 우리나라 방재의 날은 재난취약시설에 대한 일제 점검, 안전의식 고취 등 안전 관련 행사를 하고, 방재의 날에는 자연재난에 대한 주민의 방재의식을 고취하기 위하여 재난에 대한 교육 · 홍보 등의 관련 행사를 하도록 재난 및 안전관리기본법에 따라 매년 5.25일 운영하고 있으며 세월호 이후 국민의 안전의식 수준을 높이기 위하여 매년 4월 16일을 국민 안전의 날로 정하고, 안전 점검의 날은 매월 4일로 운영하고 있다.

CCTV 방송에 출연, “재난 대처 시 가장 중요한 것은 침착함 · 자신감 · 용기 · 강력한 리더십”이라고 對 국민 호소하고, 수습된 시신 50구 앞에서 머리 숙여 애도를 표했으며, 부상자 · 희생자 유족들의 손을 부여잡고 위로하며 신속한 복구를 약속하였다.

5.12일 자정 임시천막이 설치된 지진재난구조 총지휘부에서 첫 대책 회의를 열고 피해 상황점검과 긴급구호 대책 마련을 지시하였으며 중국군 · 무장 경찰에게 희생자 구조와 함께 교통로 확보, 식수 공급, 전력 · 통신시설 복구, 구호물자 지원 등 병행 독려하였다.

홍십자회는 5.12 지진 피해 성금 모금을 위한 전용 계좌와 전화를 신속하게 개설하고 국민들의 자발적인 기부와 참여를 유도하였다.

(3) 사건 전개

정부 주도 구호작업 총력전을 기울였으며, 원자바오 총리는 5.13 20:30 임시숙소인 열차 안에서 지휘부 회의를 소집하여 “핵심 임무는 생존자 구조”임을 강조하고, 전국에서 의료인력 3,000명을 모집해 피해 현장에 투입할 것을 지시하였다.

“비용이 얼마가 들더라도 산 사람들을 모두 구해야 한다”라면서 중국군 3만 명 · 헬리콥터 90대 추가투입을 명령하였으며, 중국군 · 무장경찰 10만여 명은 군사작전에 버금가는 구조작업을 전개, 5.15 6만여 명의 생존자 구조에 성공하였다.

후진타오 주석은 5.16 피해 지역을 최초 방문, “골든 타임(72시간)은 지났지만, 인명구조에 최대 역점을 두고 구호 · 복구에 최선을 다할 것”을 지시하였으며 이동 시, 기내에서 지도를 펼쳐 놓고 참모진과 피해 및 구조 상황을 점검하였고, 국가관광국은 고립된 외국인 관광객 893명을 국내선 항공편과 우회 도로를 통해 안전한 곳으로 대피시키고 있다고 발표하였다.

재난극복을 위한 全 국민 참여를 확산시켰으며, 홍십자회 · 중화 자선 총회 등 자선단체들의 민간 모금 운동 전개와 연예인 · 운동선수 · 기업인들의 거액 기부 릴레이를 통해 성금 기부를 확산시켰다. 또한 위생부는 쓰촨성 인명 구호에 필수적인 혈액이 부족하다면서, 全 국민들의 헌혈 동참을 호소하였다.

민심 수습 총력을 기울였으며 온라인을 통해 지진으로 큰 피해를 본 소수민족 · 티베트인

자치구에 폭동 발생, 화학물질 방출, 대형 댐 붕괴 가능성 등 각종 유언비어가 유포되면서 민심이 악화하자 정부는 잘못된 정보, 자극적 문구를 퍼뜨린 악성루머 유포자 17명을 처벌하였다.

또한, 채소 · 과일 등 생필품 가격이 최고 200%까지 폭등하자 식품 · 식수 운송료 등에 한시적인 가격상한제를 실시하였고, 리커창 상무부총리는 5.18 지진 피해 지역을 시찰, 전염병 예방 중요성 강조 및 전염병 창궐 가능성에 대한 불안감 해소 노력에 주력하였다.

위생 당국은 광견병 위험경보 발령과 함께, 지진 피해 지역에 의약품 595톤을 공수하고 3,622만m^2 지역 내 방역작업을 실시하였다.

세계 각국 피해구조 동참해 韓(44명) · 日(31명) · 佛 · 러 · 싱가포르 · 홍콩 · 대만 등 각국 구조대가 지진 현장에 속속 도착, 인명구조 작업에 동참하였다.

(4) 대응 수습

국무원은 지진 희생자들을 위한 국가 차원의 애도 기간(5.19~5.21)을 선포하고, 전국 공공기관 건물 · 全 세계 중국공관에 弔旗 게양, 지진 발생시간인 오후 2시 28분부터 3분간 사이렌 소리에 맞춰 추모 묵념을 하도록 하였다. 베이징올림픽 성화 봉송행사를 중단하고, 상하이 · 선전 증권시장 주식 거래 3분간 중지, 유흥업소 영업과 공공장소 오락 활동을 전면 금지하기도 하였다.

원자바오 총리는 5.21 국무원 상무회의를 주재, 재건 사업을 자문할 30인 전문가위원회를 발족하고, 지진 · 지질 · 토목 · 수자원 전문가들을 선발하여 위원회를 운영하였으며, 그 결과를 현장과 정책에 반영하기도 하였다.

쓰촨성 재건 기금으로 '08년도에 700億 위안(12兆 7,000億 원)을 투입하고, 향후 2년간 상응한 규모의 자금을 배정하기로 하였으며, 리커창 부총리는 쓰촨성 베이촨현 시찰 후 가옥 90% 이상이 붕괴한 同 지역 재건은 불가능하다고 판단, 이재민 1,240萬 명의 他 지역 이주를 지시하여 신도시를 개발하여 정주할 수 있도록 하였다.

인민은행은 공식 복구 자금 외에 추가로 15억 위안(2,700억 원)을 편성, 피해 지역 금융기관에 긴급 자금으로 지원하고, 수자원 당국은 5.21일 대지진으로 형성된 자연 호수(언색호) 33개로 인해 홍수 위험이 커지자, 긴급회의를 열어 둑 폭파와 배수처리를 결정하여 위험 요소를 제거하였다.

쓰촨성 당국은 5.22일부터 8월 말까지 지진 피해 주민 수용을 위한 임시가옥 100만 채 건설에 돌입한다고 발표하고, 후진타오 주석은 5.22일 저장(浙江)성에 있는 텐트 제조 공장을 방문, 대지진 피해자들이 사용할 수 있도록 텐트 생산을 서두를 것을 지시하였으며, 원자바오 총리도 5.22일 특별기편으로 쓰촨성 지진 피해 지역을 다시 찾아 병원에 입원한 부상자 · 가족들을 위문하고, 구조 · 복구 활동을 독려하였다. 5.23일 이동 중인 열차 안에서 국무원 '지진 구조 · 복구 총지휘부' 회의를 열고 재건계획을 3개월 내 치밀하게 완성할 것을 지시하였다.

(5) 성공 요인

中 지도부는 신속한 정보 공개와 재난 현장에서의 진두지휘 등 헌신적인 태도로 대규모 재난에 대한 능동적 대처 능력을 각인시켰으며, 방진감재법 제정, 자연재해 예방의 날(5.12일) 지정, 자연재해 예방 · 감소 백서 최초 발간, 원촨 지진박물관 개소 등 재난 대응시스템을 마련하였다.

中 전역에서 지진 고아 입양, 기부문화 확산, 헌혈 동참 등을 통해 국민 단결의식 고취 시킨 것이 성공 요인으로 보고 있다.

(6) 미흡 요인

중국군은 현장 구조작전 시, '공수능력' · '통신' · '부대 간 협조' 등의 측면에서 수많은 약점을 노출하며 초기 구조작업에 실패하였고, 쓰촨성 대지진은 8萬 6,000여 명의 희생자와 140兆 원의 재산피해를 낸 참사로, 사고 초기 中 군부의 구조작업 실패로 민심이 극도로 악화하였다.

그러나 이후 中 지도부가 신속한 정보 공개, 헌신적인 현장 구조활동 등 적극적으로 대처하면서 초대형 재난을 국민 大 통합의 계기로 반전시킨 사례로 보고 있다.

우리에게 쓰촨성 지진이 주는 사례

중국 쓰촨(四川)성 안현(安縣) 쌍짜오(桑棗) 중학교 예즈핑(葉志平·55) 교장이 "역사상 가장 멋진 교장"

중국 언론들이 16일 보도

○ 대지진으로 인근 지역의 학교들이 붕괴하면서 수많은 학생이 희생됐던 것과는 대조적으로 쌍짜오 중학교에서는 예 교장의 헌신과 선견지명으로 단 한 명의 희생자도 나오지 않은 '기적'이 벌어졌기 때문이다.

○ 예즈핑 교장은 학교 건축이 부실한 것을 우려해 3년에 걸쳐 콘크리트 기둥을 넓혔고 철근을 넣어 보강했다. 교실 바닥에도 두툼한 시멘트를 덧씌웠고 낡은 화장실은 철거, 예즈핑 교장은 또 매년 두 차례 긴급대피 훈련을 실시했다.

○ 대지진이 발생한 날에도 학생들은 평소 연습한 대로 책상 밑으로 몸을 피한 뒤 신속하게 교실을 벗어나 농구장으로 대피했다. 덕분에 지진이 발생했을 때 학교 건물은 무너지지 않았고 이들이 일사불란하게 건물을 빠져나오는데 1분 36초밖에 걸리지 않았다.

○ 기적 같은 일이 일어난 후 주민들은 예즈핑 교장을 '천사 교장'으로 부르고 쓰촨성 내의 학부모들은 앞다퉈 쌍짜오 중학교로 아이들을 보내고 있다. 이 마을에 있는 또 다른 중학교는 기숙사가 무너져 내리면서 참사를 겪었지만 쌍짜오 중학교는 여전히 굳건하게 서 있다.

3. 태풍

3.1. 태풍에 의한 피해

태풍에 의한 대부분의 피해는 폭우, 강풍, 염해, 병충해 등이 대표적인 예상되는 피해이다.

태풍은 제2차 세계 대전 때 일본 나가사키에 투하된 원자폭탄보다 만 배 이상의 큰 에너지를 가지고 있는 것으로 추정된다. 폭풍과 호우로 인해 건물이 붕괴하거나 정전, 통신망의 두절이 발생하기도 하며 하천의 범람과, 항 내의 선박들을 육상으로 밀어내는 등의 막대한 힘을 가지고 있다.

우리나라의 태풍 백서에 따르면 1904~2009년까지 태풍에 의한 피해는 사망 · 실종이 6,005여 명 재산 피해액은 14조 232억 원으로 연평균 사망 · 실종이 57명, 재산 피해는 약 1,336억 원이다. 미국에서는 5등급 허리케인의 경우 약 2천 명의 사망자와 2,500만 달러의 재산 피해가 발생할 수 있다고 가정하고 대비한다.

폭우, 강풍에 의한 피해가 대부분인데 태풍이 접근하거나 상륙하게 되면 홍수, 침수 및 철도, 도로, 다리, 등의 유실, 산사태 등 폭우에 의한 피해와 간판이나 표지판, 지붕이 날아가는 등 강풍에 의한 낙하시설물 피해가 발생한다.

염해(鹽害, salt damage)는 해수의 염분이 해안 도시에 입히는 재해를 말한다. 강풍이 싣고 온 해염 입자에 의한 염풍해와 해일 같은 해수의 침입으로 피해를 보는 염수해, 염토해 등이 있다. 육상의 농작물과 같은 식물에 접촉되면 잎이 마르고, 수목이 고사하기도 한다. 송 · 배전선의 부식 등으로 정전 사고가 일어나기도 하며, 건물이나 교각 같은 구조물의 콘크리트 균열 부위로 염분이 침입하여 내부의 철근 콘크리트가 부식되기도 한다.

병충해(病蟲害)는 태풍의 눈 안에 새나 곤충 등이 갇힌 채 이동되어 오는 경우가 있는데,

미조(迷鳥) · 미충(迷蟲)이라고 한다. 해충이나 병균 등이 일시에 많은 개체가 날아와 농작물에 피해를 주기도 한다.

3.2. 2003년 태풍 매미

(1) 태풍 매미 개요

태풍 매미(태풍 번호:0314, JTWC[99] 지정 번호 : 15W, 국제명 : MAEMI, 필리핀 기상청(PAGASA) 지정 이름 : Pogi)는 2003년 9월 12일 한반도에 상륙해 경상도를 중심으로 막대한 피해를 일으킨 태풍이다. "Super Typhoon Maemi" 혹은 "2003년 태풍 제14호"라고도 불리며, 한반도에 영향을 준 태풍 중 상륙 당시 기준으로 가장 강력한 급이고, 2003년 태풍 중에서 가장 강한 태풍으로 발달하였다. '매미'는 조선민주주의인민공화국에서 제출한 이름으로, 곤충 매미에서 온 이름이다. 한편 이 태풍의 막대한 피해로 인해 태풍 이름 목록에서 "매미"라는 이름이 영구 제명되어, 후에 태풍위원회 총회에서 "무지개"로 재명명되었다가 "무지개"도 중국에서 많은 피해를 주어 다시 "수리개"라는 이름으로 바뀌었다.

(가) 태풍의 진행

2003년 9월 4일 괌 부근 해상에서 발생한 열대 저기압은 느리게 발달하면서 북서쪽으로 나아가 약 이틀이 지난 9월 6일 15시 무렵 제14호 태풍 매미가 되었다. 이렇게 열대 저기압에서 태풍으로 인정되기까지 발달 속도가 매우 낮았기 때문에 애초 기상청 등은 이와 같은 느린 발달 경향이 이후에도 계속 이어질 것이라 예상하였지만, 태풍은 9월 9일의 무렵 일본 사키시마 제도 남동쪽 먼바다에 접근하면서부터 급속히 발달하여 9월 10일에는 중심 기압 910hPa, 최대 풍속 55m/s에 달하는 최강급의 태풍으로 성장했다. JTWC의 해석에서는 1분 평균 최대 풍속 75m/s(150kt)의 "카테고리 5급"이며 일본의 기준으로는 "맹렬한 태풍"이고 대한민

99 합동태풍경보센터(Joint Typhoon Warning Center, 약자: JTWC)는 하와이주 진주만의 해군 해양 기상센터(Naval Maritime Forecast Center)에 있는 미국 해군과 미국 공군의 전략 합동 기관이다.

국의 기준으로는 "초강력 태풍"이다.

최성기를 맞이한 태풍은 진로를 서서히 북쪽으로 바꾸기 시작했고 9월 11일 새벽에는 일본 오키나와현 미야코섬(오키나와섬에서 남서쪽으로 약 300㎞ 떨어진 태평양과 동중국해의 사이에 있는 섬)을 통과해 동중국해로 들어갔다. 태풍의 중심이 지나간 미야코섬의 기상관청에서는 최저 해면 기압 912.0hPa, 최대순간풍속 74.1m/s가 관측되었다.

일본에서는 수십 년 만의 기록이 되었다. 동중국해에 들어가서는 북북동 방면으로 전향하여 한반도를 향해 북상, 그러면서 차츰 쇠퇴기에 접어들어 11일 오후에 중심 기압 920hPa, 최대 풍속 50m/s의 강도 "매우 강"으로 조금 약해진 뒤, 9월 12일 15시에는 중심 기압 935hPa, 최대 풍속 45m/s의 세력으로 제주도 남동쪽 해상에 이르렀다.

같은 날 20시 20분경에는 약간 더 쇠약해진 중심 기압 950hPa/최대 풍속 40m/s의 "중형의 강한 태풍"으로서 경상남도 고성군 일대에 상륙하였고 이후 빠른 속도로 한반도 남동부를 관통하여 상륙 후 약 6시간 만인 9월 13일 2시 30분경에 울진 앞 바다로 빠져나와 동해상으로 진출했다.

이어서 일본 홋카이도 부근 해상까지 나아가, 9월 14일 6시경에는 온대저기압으로 변질되었다. 남부 지방과 일본 미야코섬의 큰 피해, 그리고 경로, 위력 등에 있어서 1959년의 제14호 태풍 사라와 여러모로 닮아 있는 태풍이다.

(나) 특징 및 영향

태풍 매미의 최대 세력은 대한민국과 일본 기상청의 해석으로 중심 기압 910hPa, 최대 풍속 55m/s(105kt)이며, 풍속 값을 1분 평균으로 산출하는 JTWC의 해석으로는 중심 기압 885hPa, 최대 풍속 75m/s(150kt)가 된다. 그 위력은 2003년에 발생한 모든 태풍 중에서 으뜸인 것은 물론, 그해의 모든 허리케인과 사이클론을 통틀어도 가장 강하다.

게다가 북위 30도 이북에까지 진행하였음에도 중심 기압 930hPa, 최대 풍속 50m/s(95kt)의 강도 "매우 강"에 해당하는 세력을 유지, 북상하면서도 좀처럼 그 세력이 약해지지 않았기 때문에, 한반도에 상륙한 태풍 중에서 가장 강한, 중심 기압 950hPa, 최대 풍속 40m/s(80kt)

〈부록 그림 1.1〉 매미 태풍의 경로 및 태풍의 눈

의 세력으로 상륙했다. 상륙 시의 중심 기압 950hPa은 이전에 강한 세력으로 상륙했던 2000년 제14호 태풍 사오마이(상륙 시 중심 기압 959hPa), 2002년 제15호 태풍 루사(상륙 시 중심 기압 960hPa)의 기록을 크게 경신하는 것이다.

태풍이 이렇게 강력한 세력으로 한반도에 상륙한 원인을 꼽자면, 당시 한반도 주변 해역의 해수면 온도가 평년보다 높았던 것과 비교적 빨랐던 태풍의 이동속도를 들 수 있는데, 평년보다 2~3도 높았던 해수면 온도는 태풍이 세력을 유지할 수 있는 조건이 되었으며, 다소 빨랐던 태풍의 이동속도는 태풍이 미처 쇠약해지기 전에 한반도에 도달할 수 있게 하였다.

이에 따라, 태풍의 상륙 지점에 가까웠던 여수, 통영, 마산 등의 지역에서는 기록적으로 낮은 기압이 되어, 그중 통영에서는 최저 해면 기압 954.0hPa을 관측했다. 이것은 태풍에 의해 관측된 최저 해면 기압 부문 역대 2위가 되는 기록이다.

특히 일본 기상청의 기록에 의하면 중심 기압 930hPa 이하의 세력을 북위 30도 이상까지 유지한 태풍은 극히 드물어, 이러한 태풍은 1951년부터 2008년까지 발생한 1,450여 개의 태풍 중 매미를 포함하여 11개밖에 없다.

① 매미의 강풍

매우 강한 바람을 동반했던 것이 이 태풍의 두드러진 특징이다. 비록, 상륙 시의 폭풍 역(풍속 25m/s 이상의 폭풍 범위)이 남동쪽으로 반경 150km, 북서쪽으로는 반경 55km 정도로 북서 방향의 폭풍 역이 다소 작았기 때문에, 중심에서 북서쪽으로 멀리 떨어져 있던 경기도와 충청도에서는 최대순간풍속 10~20m/s 내외에 그쳤지만, 태풍의 폭풍 역에 해당했던 제주도와 전라남도, 경상도, 그리고 대마도 등지에서는 기록적인 강풍이 되었다. 그 결과, 해당 지역에 속한 대부분의 관측 지점에서 종전의 풍속 기록이 바뀌었다.

관측된 최대순간풍속은 제주 60.0m/s, 고산 60.0m/s, 여수 49.2m/s, 부산 42.7m/s 등으로, 제주도와 여수 등의 지역은 태풍의 가항반원에 해당했음에도 불구하고 높은 수치를 기록했으며, 상위 기록의 대부분은 태풍의 중심권에 가까웠던 남부 지방에 집중되었다. 고산에서는 최대 풍속 51.1m/s가 함께 관측되어, 기존의 최대순간풍속, 최대 풍속 부문 역대 1위 기록이었던, 2000년 제12호 태풍 프라피룬이 흑산도를 내습하면서 세운 최대순간풍속 58.3m/s, 최대 풍속 47.4m/s를 3년 만에 다시 경신했다. 기존의 최대순간풍속 역대 1위를 바꾼 60.0m/s의 풍속이 제주와 고산 두 지점에서 동시에 관측된 것은 대단히 진기한 기록이기도 하다.

한편, 최대순간풍속은 비공식으로는 공식 기록보다 훨씬 높은 값을 관측한 경우가 있어, 일본 미야코섬 자위대 주둔지에서는 공식 기록(최대순간풍속 74.1m/s, 미야코섬 기상관청 관측)을 훨씬 뛰어넘는 86.6m/s를 기록했는가 하면, 부산에서도 공식 기록인 42.7m/s를 넘는 비공식 기록이 잇달아, 구덕산 레이다 53.4m/s, 광안대교 56.2m/s, 신선대 부두 52.0m/s 등을 기록했다.

이와 같이 기록적인 강풍이 일었던 원인은 물론 강력했던 태풍의 세력이 일차적이지만, 부가적인 요인으로서 두 가지를 더 꼽을 수 있다. 먼저 한반도 상륙 시 45km/h 정도의 상당히 빨랐던 태풍 이동속도를 들 수 있는데, 이 이동속도가 태풍의 풍속(상륙 시 최대 풍속 40m/s)에 더해져 위험반원에서 바람의 힘을 그만큼 더 강하게 했다. 반시계 방향으로 회전하는 태풍의 특성상 진행 방향의 오른쪽, 다시 말해 위험반원에서는 태풍의 회전과 진행 방향이 중첩되어, 태풍의 이동속도가 그대로 풍속에 더해지기 때문이다.

게다가 태풍 상륙 일인 9월 12일 오후의 한반도 주변 기압배치는 남쪽으로부터 북상하는 매우 낮은 중심 기압의 태풍과 북쪽의 고기압이 마주치는 형국이 되어 있어, 이 부근의 기압 경도를 급격하게 만듦에 따라 강풍을 유발하게 시키는 또 하나의 조건을 형성했다. 즉, 이 두 가지 요소가 함께 작용하여 태풍 그 자체만으로도 충분히 강력했던 바람의 힘을 이중 삼중으로 강화한 것이다.

② 매미의 호우

대한민국에서는 일반적으로 바람의 이미지가 크게 각인되어 있으나, 강수에 있어서도 꽤 큰 영향을 끼친 태풍이다. 전체적인 강수량은 큰비를 수반한 대표적인 태풍으로 꼽히는 2002년의 제15호 태풍 루사나 태풍 아그네스 등이 몰고 왔던 호우와 같이 극단적으로 많은 것은 아니었으나 남해 410.0mm, 강릉 307.5mm, 고흥 291.0mm가 기록되는 등, 남해안과 영동 지방을 중심으로 최대 450mm에 달하는 매우 많은 비가 내렸다.

무엇보다 태풍이 다소 빠른 속도로 한반도를 가로질러 나감에 따라 비구름대가 한반도에 머무른 시간이 그렇게 긴 편이 아니었음에도 불구하고 이만한 강수량이 기록된 것으로서, 비교적 단시간에 강수가 집중되는 형태를 보였다. 위에 언급된 강수량 대부분은 태풍이 한반도 가까이에 존재했던 12일 오후 늦게부터 13일 새벽 사이에 기록된 것이다.

또한 지역별로 강수량의 편차가 꽤 크게 나타났는데, 주로 태풍의 중심권이 통과한 제주도, 전남 동부, 경남 서부, 대구 근방 지역에서 총강수량 200mm 이상의 기록적인 호우가 관측된 반면, 그 외의 지역에서는 상대적으로 적은 비가 기록되었다. 그리하여, 남해의 강수량은 약 400mm에 이르렀지만, 동쪽으로 불과 100km 정도 떨어진 부산의 강수량은 60mm 안팎에 지나지 않아 대조적인 모습을 보였으며, 태풍 진행 방향의 서쪽(가항반원[100])으로 꽤 떨

100 可航半圓(한자) Navigable Semicircle(영어) 북반구에서는 진행 방향을 기준으로 태풍의 왼쪽 반원을 말하며 안전반원이라고도 한다. 남반구에서는 태풍의 진행 방향의 오른쪽 반원이다.
가항반원에서는 바람의 방향과 태풍의 방향이 상반되어 상쇄되기 때문에 풍속이 약하고 파도도 적다. 그러나 강한 태풍은 태풍의 눈 주변에도 강한 비바람이 있어 가항반원에 속하더라도 안전하지 않다.
태풍은 지구의 자전 때문에 북반구의 경우 북상하면서 동쪽으로 향하게 되는데 이에 우리나라는 태풍이 남해안을 지나면 가항반원에 속하는 지역이 많아 비교적 피해가 적다. 한편, 바람의 방향과 태풍의 방향이 같아 비바람이 많은 반원은 위험반원이라고 한다.

어진 경기도, 충청도 등지에서는 그보다도 적은 강수를 기록했다.

특히, 대관령과 강릉을 포함한 영동 지방에서는 태풍이 몰고 온 온난 다습한 기류와 북동쪽에서 유입된 비교적 한랭한 기류가 태백산맥에서 부딪혀, 복합적으로 작용하여 강한 비구름이 형성되었다. 이것은 2002년의 제15호 태풍 루사로 인한 집중호우 시 지대한 영향을 미쳤던 지형 효과와 유사한 것으로, 영동 지방에 300mm가 넘는 비가 쏟아진 원인이다.

(다) 매미의 피해

① 매미의 대응

태풍 매미는 발생에서 소멸까지 태풍의 전형적인 패턴이라고 할 수 있는 포물선 형태에 가까운 경로를 밟았기 때문에, 진로를 비교적 정확하게 예측할 수 있었고 한반도 상륙의 가능성도 꽤 일찍부터 예상되었다.

기상청은 9월 10일 오후 5시에 보도자료를 통해 태풍의 한반도 남해안 상륙 가능성을 공식적으로 공표하여 이 소식은 주요 언론기관을 통해 널리 알렸다.

9월 11일 오전 4시에는 태풍이 최대순간풍속 74.1m/s의 맹렬한 강풍과 함께 일본의 오키나와현 미야코섬을 직격하여 태풍에 대한 방재시스템이 잘 갖추어진 이곳에서조차 심대한 피해가 발생, 태풍의 위력이 실상으로 드러나게 되면서 태풍이 곧 당도할 대한민국 역시 큰 피해가 우려되기 시작했다. 이에 기상청은 9월 11일 오후 2시 30분에 2차 보도자료를 발표해 주의를 촉구했으며, 오후 6시에는 본청을 포함한 전국의 기상 관서에서 태풍 비상근무에 들어갔다.

주요 방송사 및 신문에서는 태풍의 북상 소식을 헤드라인으로, "59년의 태풍 사라에 비견되는 태풍 매미가 북상 중" 등으로 연달아 보도함에 따라 긴장감이 고조되었다. 태풍의 영향이 본격화된 9월 12일에는 초특급 태풍의 한반도 내습 소식을 주요 방송사에서 따로 특보를 편성, 실시간으로 전달했다.

그러나 가장 중요한 순간에 정부 당국의 대처는 매우 미흡해 마산 지하상가 참사 등의 결과로 이어졌으며, 또한 전봇대나 송전 철탑 등의 전기 공급 시설을 확실히 정비하지 못한 지역이 대부분으로, 강풍에 의해 정전이 속출하여 이 일대는 뉴스 특보마저 시청할 수 없었다.

또한 이 정도 세력의 태풍은 당시 대한민국에 있어서는 너무나도 생소한 것으로서 안전 수칙을 제대로 지키지 않은 것에 따른 희생자가 매우 많았고, 재산 피해액은 전년의 태풍 루사에 이어 사상 최대급에 이르렀다.

② 피해상황

[인명 및 재산피해]

인명피해로 사망 · 실종 132명(사망117명, 실종15명), 이재민 6만 5천여 명, 주택파손 및 침수는 약 4만 7천 채, 농경지 약9만 ha, 재산피해 4조 7천억여 원(2003년 화폐가치 기준) 태풍으로 인한 피해가 워낙 커, 수도권 일대를 제외한 전국 대부분 지역이 "특별재해 지역(특별재난지역)"으로 선포되었다.

특히, 경남과 부산, 대구, 제주 등지에서는 산사태, 해일, 정전, 침수피해가 컸으며, 전국적으로 전력공급이 마비되고 물류시스템이 큰 타격을 입었다. 당시 매미는 단일 태풍으로서 우리나라에 가장 큰 재산피해를 준 태풍 1위이며, 이후 기상청은 태풍이름 매미를 퇴출시켰다.

〈부록 그림 1.2〉 매미 피해현황

1. 태풍이 지나간 뒤 부산 영도대교 부근에서 침몰한 배

2. 태풍 매미로 인해 난파된 부산의 한 선상 카페

[해일피해]

태풍의 상륙 시각이 남해안의 만조 시각과 겹쳐 가공할 만한 해일이 발생, 마산에서는 지하 노래방에 갇힌 사람들이 그대로 익사하는 등 10명이 넘는 인명피해를 냈다. 당시 마산의 고조(高潮) 높이는 약 180cm로 예측되었으나, 해일은 최대 439cm에 달해 예측치를 훨씬 뛰어넘었다. 해일을 예상하지 못했던 마산 당국은 제대로 된 대피령을 내리지 못했고, 설상가상으로 부두의 원목 수천여 개가 바닷물과 함께 밀려와 지하 건물의 출구를 막으면서 피해를 더욱 키웠다.

부산에서는 해일에 가까운 높은 파도가 해안가를 휩쓸었는데 이에 대한 신속한 대피가 이루어져 인명피해는 최소화할 수 있었지만 해운대에 있는 아쿠아리움이 침수되고 해안가에 자리 잡은 많은 건물이 폐허로 변해 재산 피해가 매우 컸다.

이밖에, 태풍을 피해 남해안에 정박해 있던 선박들의 피해가 상당하여 수천 척의 선박이 해일에 의해 파손되거나 침몰했으며 도심에서는 해일에 밀려온 크고 작은 선박들이 널려 있는 광경을 볼 수 있었다. 피해 지역이 워낙 넓었고, 유입된 물의 양이 많아 복구가 늦어졌기 때문에 함께 밀려왔던 쓰레기 및 폐수의 처리가 늦어져 위생 상태가 나빴던 지역이 많았다.

[바람피해]

태풍에 동반된 최대순간풍속 50m/s가 넘는 강풍으로 광범위한 지역에서 전신주와 철탑이 쓰러져 전국적으로 145만여 가구가 정전되는 초유의 사태가 발생했다. 특히, 거제도 지역에서는 송전 철탑이 강풍에 파괴되어 약 4일 동안이나 전기가 공급되지 않아 주민들이 큰 불편을 겪었다.

고층 건물에서는 유리창이 바람에 의해 파손되는 일이 잇달았고 도심에서는 날린 간판과 뽑힌 가로수, 깨진 유리창 등이 뒤엉켜 굴러다녀, 일부 거리는 마치 폭격을 당한 전쟁터와 같은 모습이 되었다. 날리던 물체 일부는 주차된 차량을 덮쳐 곳곳에서 파손된 차량이 수천 대에 달했으며 부산항에서는 800t이 넘는 컨테이너 크레인 11대가 강풍에 의해 무너지거나 궤도를 이탈하였다.

한편, 해운대에서는 7,000t이 넘는 해상관광호텔이 높은 파도와 강풍으로 전복되어 피해액은 헤아리기 힘든 수준이었다. 여기에, 옥상에서 물건을 줍던 사람이 바람에 떠밀려 추락하여 숨지거나 폭풍 속에서 배를 살피러 나온 노인이 파도에 휩쓸리는 등, 바람에 대한 경계심 부족이 인명피해를 가져오는 사례도 있었다.

이러한 바람 피해는, 태풍의 위험반원에 해당했던 부산 · 경상남도 지역에서 대부분을 차지했다.

[호우피해]

태풍이 통과하던 9월 12일에서 13일 사이에 쏟아진 폭우로 강원도 영동 지방과 경상남도 일부 지역에서는 400mm에 가까운 강수를 관측, 더욱이 이 강수량의 대부분이 태풍이 한반도 내륙에 있던 6시간 동안에 집중되어, 짧은 시간 동안의 강렬한 호우로 산간 지역에서는 산사태가 발생해 주택가를 덮쳐 많은 인명피해가 나왔다.

호우에 따른 산사태의 위험성이 제대로 경고되지 않은 것과 대피 명령이 없었던 것이 주된 원인으로, 지난 2002년의 제15호 태풍 루사[101]의 교훈이 제대로 지켜지지 않은 것이다.

또한 단시간에 쏟아진 많은 양의 비는 곳곳의 하천을 범람시켜, 농경지가 침수되고 주택가에는 물이 들어차 많은 이재민이 발생했다. 강원도 영동 지방에서는 지난 2002년 태풍 루사 때의 복구가 채 끝나기도 전에 태풍 매미에 의한 폭우가 쏟아져 심대한 피해가 되었다.

[일본의 피해]

태풍은 일본에도 영향을 미쳐 사망 3명, 부상자 110명의 인명피해를 초래했고, 그 피해는 주로 미야코섬에 집중되었다. 태풍 매미는 거의 최성기의 세력을 유지한 채 일본 오키나와현 미야코섬의 상공을 통과하여, 미야코섬에 1968년의 제16호 태풍 이래 35년 만의 대재해를 낳았다.

강력한 폭풍으로 1,300여 동의 주택이 파손되거나 침수된 것과 함께 160여억 엔의 재산 피해가 발생했으며, 1명이 사망하고 90여 명이 부상했다. 미야코섬은 태풍에 대한 수준 높은 방재시스템이 있어 웬만한 태풍에는 별다른 피해가 없는 곳인 만큼 태풍 매미에 의한 이 같은 피해는 대단한 것이라고 할 수 있다.

3.3. 美 카트리나 허리케인(2005. 8. 29.)

출처 : US Congress Report('06.7), FOX News('06.8), TIME('10.11), Politico('12.10), USA Today('15.8), History.com 등

(1) 사건의 개관

(가) 사건 발생

'05. 08. 29. 새벽 허리케인 카트리나(시속 233km 강풍 · 6m 파도)가 美 멕시코만을 강타, 해수면보다 3m 낮은 뉴올리언스市 제방 붕괴로 80% 이상 침수되고 루이지애나 등 6개 州 9萬 평방마일 침수, 인명 · 재산 피해(사망 1,836명 · 이재민 120萬 명 · 주택 40萬 채 이상 파

101 2002년 8월 루사는 사망 · 실종 246명, 이재민 6만 3천여 명, 5조 3천억여 원 (2003년 화폐가치 기준)

괴 등 경제손실 1,250億 弗 추정)가 추정할 수 없을 정도로 막대하였다.

사건 의미로는 '자연재해'가 아닌 '사회적 재난'으로 불릴 정도로 재난대응시스템의 총체적 부실이 여실히 드러나, 이를 통해 재난관리 체계 전면 쇄신하는 계기가 되었다.

(나) 카트리나 상륙(D-2 ~ 당일)

카트리나 상륙 2일 전, 뉴올리언스 시장은 비상사태를 선포하였고, 1일 전에는 부시 대통령이 비상사태 선포 및 뉴올리언스市 강제 대피령을 발동하여 주민 사전 대피를 지시하였으며, 상륙 당일에는 부시 대통령이 재난지역을 선포하였다.

(다) 사건 발생 D+7(~ 9.5)

피해 지역에서 사망자가 속출하고 선진국에서 일어날 수 없는 시내에서의 약탈 · 방화 등으로 재난 발생 후 나흘간 무정부 상태가 지속되었으며 연방 · 지방정부 간 미흡한 협조 및 안일한 대처로 구조가 지연되면서 인명피해가 급증, 정부에 대한 비난 여론이 확산하였으며, 9.5일 부시 대통령이 현장을 재차 방문한 이후부터 유관기관의 적극적인 대처가 이루어졌다.

(라) 사건 발생 D+1년 2개월('06.10월)

美 하원은『진상조사위원회』를 출범(9.15)시켜 청문회 등을 거쳐 최종 보고서를 발표('06.2월)하고 '포스트 카트리나 재난관리개혁법'을 제정하여, 재난 발생 시 연방재난관리청의 권한을 강화하고 기관별 역할을 명확히 규정('06.10월)하도록 하였다.

〈부록 그림 2.5〉 카트리나 피해현황

(2) 초동대처

8.27 허리케인 경보가 발동(오전 5:00)되자, 내긴 뉴올리언스 시장이 비상사태 선포 및 저지대 거주자 대피 명령을 발령하였으며, 8.28 내긴 시장은 '강제 대피령' 발동(10:00) 및 대피처 10개소를 마련했고, 부시 대통령도 비상사태 선포 및 긴급 방송 연설을 통해 대피를 촉구(13:00)하였다.

경찰 · 소방 당국은 사이렌 · 확성기로 신속 대피를 유도하고, 지역방송은 긴급 재해 방송을 통해 남은 주민들은 3층 이상으로 피신하라고 경고하였다.

뉴올리언스 등 멕시코만 연안 주민 100만~140만 명이 긴급 대피했고, 차량이 없는 저소득층과 공항 폐쇄로 발이 묶인 관광객 수천 명이 대피시설에 분산 수용되었으며, 고속도로 체증 해소를 위해 시내 방향 차로를 폐쇄하고 외곽을 향해 일방통행 조치하여 대피하기도 하였다.

뉴올리언스市 서쪽의 워터포드 핵발전소도 일시 폐쇄 조치하고 8.29 새벽 카트리나가 루이지애나 · 미시시피주 등 연안 도시를 강타(오전 6:10)한 후 부시 대통령이 同 지역을 재난

지역으로 선포(오후 3:00)하여 초동대처를 하였다.

(3) 사건 전개

정부 구호 지연 및 약탈 등 무정부 상태가 지속되었으며, 8.30 폰차트레인湖 둑이 밤새 60m 가량 무너지는 등 제방 3군데가 붕괴하여 뉴올리언스市 80%가 침수되고 일부 지역은 수위가 6m까지 상승하였다.

빈곤층 등 5萬 5,000여 명이 피난처(슈퍼돔 · 시민센터 등)로 대피했으나, 수용인원 초과, 전기 · 상하수도 중단, 위생 불결, 나흘간 의약 · 구호품 未 전달 등 상황이 더욱 악화하였다.

시내에서는 많은 사람들이 제때 구조되지 못해 사망하는 등 인명피해가 기하급수적으로 증가했고, 고온다습한 날씨로 시신이 부패해 악취가 진동하는 등 식량을 찾아 나선 시민들이 상점을 부수고 생필품 약탈은 물론 폭행 · 방화 · 총격전까지 벌이는 등 폭도로 돌변, 사실상 무정부 상태에 진입하게 되었다.

뉴올리언스 경찰 1/5이 약탈자들의 총격에 좌절해 사직했고, 州 방위군은 컨벤션 센터 건물로 피신하는 등 슈퍼돔 이재민 소개 작전이 총격으로 중단된 것은 물론, 구호 보트 · 헬기도 공격받는 등 시가전 양상 전개되었고 연방군이 9.2 피난처를 접수한 이후에야 비로소 슈퍼돔 · 시민센터에 구호품이 최초로 전달하게 되었다.

정부의 미온적 대처로 인종 갈등이 심화하는 등 흑인 국회의원 · 단체들은 피해자 대부분이 대피 수단이 없고 저지대에 사는 가난한 흑인이기 때문에 정부가 소극 대처한다고 비판, 인종 갈등으로 변질되기도 하였다.

대통령과 참모진의 부적절 처신에 대한 비난이 확산하자, 부시 대통령은 재해 나흘만인 9.2에야 피해 지역을 방문하였으나, 그나마 피난처를 찾지 않은 채 뉴올리언스 市長만 만나고 돌아가 거센 비판을 유발하기도 하였으며, 또한, 뉴올리언스가 혼란에 빠진 9.1 "연방정부가 피해복구에 중요한 역할을 하고 있다"라고 자화자찬한 데다가 이전부터 제방 붕괴 경고가 여러 차례 제기되었음에도 "둑이 무너지리라고는 아무도 예상 못 했다"라고 실언을 한 것은 물론 뉴스위크誌는 9.12 브룩스 前 상원의원이 '04년에 이미 둑 붕괴 가능성을 대통령에게 말해줬다고 보도했고, 연방재난관리청도 허리케인을 발생이 가능한 3大 재앙으로 旣 보고 한 것으로 알려졌다.

늑장 대응 비난을 받고 있던 연방재난관리청(FEMA) 브라운 청장을 "엄청난 일을 하고 있다"라고 격려해 비난 여론을 자초하고, 브라운은 뉴올리언스에서의 총격전에도 불구 "치안은 문제가 없다"라는 안이한 발언을 지속하였다.

딕 체니 부통령 · 앤드루 카드 백악관 비서실장은 카트리나 예보에도 휴가를 갔고, 라이스 국무장관도 뉴욕에서 쇼핑 후 뮤지컬을 관람하다 비난이 쏟아지자, 워싱턴으로 복귀하였으며, 처토프 국토안보부 장관은 "현역 · 주 방위군에 의해 물자 전달 · 주민 통제가 되고 있다"라고 했으나, 현장에서는 "정부 관리도 州 방위군도 볼 수 없다"라고 반박하였다.

또한, "이라크 파병으로 정부 구호 활동이 지연된다", "정부가 루이지애나 州 허리케인 홍수방지 기금을 삭감했다"라는 등의 유언비어마저 유포되어 등 사건의 전개가 복잡하게 돌아갔다.

(4) 대응 수습

부시 대통령은 8.31 휴가지에서 복귀 중 피해 지역 상공을 시찰했으며, 복귀 즉시 '카트리나 특별대책반' 회의를 주재하고 대국민 담화문을 발표하였다. 9.2 피해 지역 방문 시 뉴올리언스 시장만 만나고 돌아간 것에 비난이 일자 이재민 피난처 등을 재차 방문(9.5), 실추된 이미지 회복에 안간힘을 썼다.

2차례 긴급구호자금을 의회에 요청(의회는 105億 弗(9.2) · 518億 弗(9.8) 승인)한 데 이어, 9.7 예정되었던 후진타오 中 주석과 정상회담도 연기하고 부시 대통령은 9.3 인명구조 · 치안유지를 위해 72시간 이내에 정규군 7,000명 · 州 방위군 1萬 명 추가투입 방침을 발표하고 9.8 기준 州 방위군 4萬 8,000명 · 현역군인 1萬 5,000명이 투입돼 수색 · 구조가 본격적으로 실시되었다.

州 방위군 · 경찰 · 해안경비대 등에 의한 구조활동이 본격화되고 피해 지역 주지사들은 州 방위군을 소집, 연료 · 발전기 소지 군용트럭과 보트부대를 급파했으며, 경찰 · 해안경비대도

보트 · 헬기로 구조작전을 전개하기 시작하였다.

美 적십자사는 수천 명의 자원봉사자를 파견, 연방재난관리청(FEMA)과 함께 이재민 임시거처를 마련하고 '재난 구호기금'을 긴급 모금하기 시작하였으며 국방부도 구조지원을 위해 8.30 멕시코만 해안에 해군 선박 · 해양 구조대를 급파, 미시시피주에 '軍 특별지휘부'를 설치하고 지원에 들어갔다.

뉴올리언스의 치안 확보를 위해 9.1 장갑차로 무장한 州 방위군을 투입했으며, 부시 대통령은 "약탈자들에겐 관용이 없다"라며 엄중히 경고하고 뉴올리언스시 침수 수위가 지속 상승하고 제방복구에 실패하자 8.31 시내 5~10萬 명을 포함해 全 주민 소개령을 발령, 택사스州 대피소 등으로 후송 시작하였으며 美 육군은 제방복구용 대형 모래주머니를 투입했으나 급류에 휩쓸려가면서 보수를 포기하기도 했다.

텍사스州가 23萬 명의 이재민을 받아들여 수용 능력이 포화상태에 이르자, 전국 20여 개 州 경기장 · 軍 기지 등에 이재민을 분산 수용하고 연방정부는 전염병을 우려, 멕시코만 일대 위생경보를 발령하고, 9.5부터 시신 수습을 본격화해 안치소 마련 및 신원확인을 위한 법의학팀을 운영하였다.

뉴올리언스市는 재난관리와 지역재건계획이 담긴 '통합 뉴올리언스 지구 계획'을 추진, 지역복구 등에 주민이 참여하는 협력적 거버넌스를 구축하고 정부 지원 아래 민간병원에 생존자의 심리 불안 · 상처 치유 역할을 일임하고, 10여 년간 3만 명 이상에게 트라우마 치료 수혜를 제공하고 재난체계 정비로 허리케인 아일린('11.8월) · 샌디('12.10월) 발생 시 피해 최소화하도록 하였다.

美 의회는 부시 행정부가 진행 중인 재난 대응조치가 미흡하다고 보고, 독자적인 대책 마련에 착수하여 美 下院은 9.15『진상조사위원회』를 출범, 청문회(5개월간 22회) · 증인 인터뷰(325명) 등 실시하였으며, '06. 2월 '지도력의 실패'라는 제목의 최종 보고서를 발표하였다. 또한 조사 결과를 토대로 '06.10월에는 '포스트 카트리나 재난관리개혁법'을 제정하였다.

포스트 카트리나 재난관리개혁법 주요 내용

① 연방재난관리청 독립성 강화 : 청장 부 장관급으로 격상·국토안보부 장관 개입 축소 및 10개 지역 재난본부 기능·책임 강화

② 연방정부·정부·지자체 간 재난 대응 조율을 위해 국가통합센터' (NIC) 신설

③ 대형 재난 시 연방정부가 새정부·지방정부 요청 없이도 지원 가능토록 개입절차 간소화, 연방정부·지방정부·NGO 등 기관별 역할 범위를 명확히 규정, 협력체계 재정비

(5) 미흡 요인

美 재난대응시스템은 州 · 지방정부는 현장 대응, 연방정부는 지원체계로 이루어져 있었으나, 유기적 협력이 이루어지지 않아 현장 혼란을 야기하였으며 연방재난관리청이 9 · 11테러 이후 국토안보부로 편입되면서 재난관리 조정기능이 축소되어, '연방 · 州 정부 · 지방정부 간 협력이 약화하였다.

재해 현장에서는 통신망마저 끊기면서 연방 · 州 · 지방정부 간 정보공유조차 제대로 되지 않아 지휘체계 붕괴 등 혼선이 극심하게 전개되고 수만 명의 시민이 고립되었는데도 사흘이 지나서야 연방군이 투입되었고, 연방재난관리청과 軍이 상호소통 없이 별도 지휘체계를 유지한 것도 실패 사례로 볼 수 있다.

사태 초반의 안일한 상황판단 및 재해 後 72시간 동안 지방정부 기능이 사실상 마비되었고, 연방정부의 늑장 대응이 겹치면서 수많은 인명피해 발생하였으며, 내긴 뉴올리언스 시장은 허리케인 상륙 20시간 前에야 강제 대피령 발동하였으나 버스 동원령 未 발령으로 시민 대피용 버스 수백 대가 침수하는 등 이재민 구호품 준비 부족 등 대응에 한계점을 노출하였다.

블랑코 루이지애나 주지사는 연방정부에 구호 인력 · 물품 지원 요청을 미루고, 재해대책 지휘권을 넘기지 않아 대응체계에 혼선 초래하고 州 방위군도 피해 예상 지역으로 사전 이동하지 않은 채 사태 발생 이후에야 지연 투입되는 실패 사례로 볼 수 있다.

브라운 연방재난관리청장은 카트리나가 상륙한 후에도 구조대 파견을 계속 미뤘고, 외국 구호물자가 도착했음에도 나흘간 지원 결정을 유보하는 등 당시 연방재난관리청은 청장을

비롯한 최고위직 8명 중 5명이 재난 분야 非 전문가 낙하산 인사로 채용된 것이 전문성과 경험이 없는 대표적인 인사 실패 사례이다.

처토프 국토안전부 장관도 재난 非 전문가로서 허리케인 상륙 직후 대통령과 부통령에게 "모든 것이 성공적으로 관리되고 있다"라고 허위 보고하는 등 부시 행정부는 법률상 州 · 지방정부가 초기대책을 책임지며, 연방정부는 요청이 있을 경우 지원 역할만 한다며 관망 자세로 일관하고 뉴올리언스市에서 총격전이 벌어지는 등 사실상 무정부 상태가 지속되고 있었음에도 불구하고, 흑인 탄압이란 정치적 부담을 우려해 군대 투입도 주저한 것이 대응에 실패한 사례이다. 그러나, 이러한 실패에도 누구도 책임을 지지 않은 것이 더 큰 문제이다.

초강대국 미국에서 나흘간 구호 지연, 약탈 · 총격 등 무정부 상태 등이 지속되면서 사망자가 급증하는 '후진국형 재난'이 발생, 미국은 물론 全 세계를 충격에 빠뜨린 대표적인 재난 대응 실패 사례로 볼 수 있다.

리더의 지도력 실종, '컨트롤 타워' 중심의 명확한 지휘체계 不在, 중앙 · 지방정부 간 협조 결여 등 재난관리의 총체적 난국을 보여준 대표적인 실패 사례라는 평가되었으며 이를 계기로 미국은 허리케인 등 기존 대형 재난 대비 시스템의 문제점을 총체적으로 점검, 연방정부 중심의 재난 대응체계를 구축하는 계기로 활용되었다.

허리케인 카트리나 실패나 미흡 사례로 볼 때 우리나라 담당자들도 다시 한번 골든 타임을 생각하고 실천한다면 소중한 인명과 재산 피해를 줄일 수 있을 것이다.

4. 철도

4.1. 1993년 구포역 열차 전복 사고

구포역 무궁화호 열차 전복 사고는 1993년 3월 28일 오후 5시 30분에 부산직할시(現 부산광역시) 내에 있는 경부선 하행선의 구포역 인근 삼성종합건설의 공사 현장에서 무궁화호 열차가 전복되어, 78명의 사망자와 198명의 부상자를 낸 사고이다. 이 사고로 1977년 이리역 폭발 사고 당시 사망자 수를 경신한 대한민국 최악의 철도 사고로 기록되었다.

(1) 사고 개요

사고 발생 5분 전인 오후 5시 24분경 약 94km/h로 사고가 일어난 공사 현장을 앞서 운행한 제175 열차(선행 열차)가 통과한 후 노반이 함몰된 것으로 추정된다. 이후 서울역을 오후 12시 45분에 출발하여 부산으로 가던 무궁화호 제117 열차(후행 열차, 사고 열차)가 물금역을 오후 5시 23분경에 통과하여 약 85km/h로 운행하다가 구포역을 약 1km 남겨 두고 선로 노반이 침하되어 있는 것을 약 50~100m 전방에서 발견하고 비상제동을 체결하였으나 제동거리가 미치지 못하여 기관차 및 발전차, 객차 2량 등 총 4량이 탈선 · 전복되었다.

이 사고로 78명의 사망자와 198명의 부상자가 발생하고, 열차 운행이 1일 13시간 30분 동안 불통되었다. 물적 피해로는 열차가 대파되고 선로가 파손되는 등의 피해를 보아 시설물 피해액 총 30억 6천만 원을 삼성종합건설 측에 구상하였다. 1977년 이리역 폭발 사고를 넘어서서 대한민국에서 가장 심각한 열차 사고로 기록되었음에도 사법부는 사고 책임자에 대한 처벌을 면죄해 주다시피 하는 바람에 이후 성수대교 붕괴 사고(1994.10.21)와 삼풍백화점 붕괴 사고(1995.06.29) 등 수많은 대형 사고가 이어지는 원인이 되었다.

(2) 사고 원인 및 결과

대한민국 철도법 제76조에 의하면 철도 경계선으로부터 약 30m 범위 안에서 열차 운행에 지장을 주는 각종 공사는 할 수 없게끔 되어 있고, 공사 시 행정 관련 기관의 승인을 얻은 뒤 시행하게끔 되어 있었으나 삼성종합건설이 이를 무시하고 열차 운행 선로의 노반 밑을 관통하는 지하 전력구를 설치하기 위한 발파작업을 임의로 시행함으로써 사고를 일으켰다.

이후 삼성종합건설은 해당 법률 위반으로 2,550만 원의 과징금과 함께 당시 최고 수준의 행정처분인 6개월 영업정지와 사장이 구속되었으며, 1996년에 삼성물산(주)에 흡수 · 합병되었다.

부산고등법원 제2형사부(재판장 김인수)는 1994년 1월 24일에 업무상 과실치사, 뇌물공여 등으로 기소된 16명의 피고인 중에서 삼성종합건설 대표이사 남정우와 토목사업본부장 김창경, 토목 담당 이사 이홍재, 한국전력공사 지중선 사업처장 김봉업, 하도급 업체 사주 박영복 등 5명에 대하여 열차 전복과 관련된 부분은 무죄를 선고하면서 동명기술공단 기술사 남기창에게 원심을 깨고 징역 1년 6개월을 선고하는 등 5명에게 실형을 선고하였다(부산고등법원 93노1395).

4.2. 1977년 이리(익산)역 폭발 사고

이리역 폭발 사고는 1977년 11월 11일 오후 9시 15분, 전라북도 이리시(현 익산시)의 이리역(현 익산역)에서 발생한 대형 열차 폭발 사고다. 1993년 3월 28일에 일어난 구포역 열차 전복 사고와 함께 최악의 철도 사고로 손꼽힌다. 또한 전라북도에서도 최악의 사고였다.

(1) 사고 원인

광주로 가던 한국화약(현 한화의 전신) 소속의 화물 열차 제1605 열차는 당시 정식 책임자도 없이 다이너마이트와 전기 뇌관 등 40t의 고성능 폭발물을 싣고 이리역에서 발차 대기 중 폭발 사고를 일으켰다.

당시 수사당국의 발표에 따르면 한국화약 호송 담당 직원 신무일은 정차를 하지 않고 계속 달리려 했다. 하지만 이리역에서 막아섰으며 이리역 직원들이 신무일에게 급행료를 요구했다. 이 당시 열차의 관행은 '급행료'라 하여 열차가 정차하지 않고 바로 통과하려면 역에 돈을 지불해야 했다. 하지만 신무일은 돈이 없었으며 이 때문에 이리역에 발이 묶였다. 그날 밤 신무일이 술을 마시고 잠든 뒤, 추위를 막기 위하여 촛불을 켰다가 촛불이 다이너마이트 쪽으로 넘어진 것이 원인이었다. 원칙적으로 열차의 단선 교행은 폭탄 및 화학 화물 화차가 여객열차(상등 열차인 새마을호 포함)보다 우선 순위로 운행이 되고 있으며, 화약류 등의 위험물은 신호장, 신호소, 간이역은 물론 모든 철도역 내에 대기시키지 않고 바로 통과시키도록 하는 안전 수칙을 무시하였다.

(2) 폭발 규모와 피해 상황

당시 폭발로 인해 엄청난 인명과 재산 피해를 낳았다.

이리역에는 강력한 폭발로 인한 충격파로 인해 폭발 자리 바로 아래에는 지름 30m, 깊이 10m의 거대한 웅덩이가 파였으며 이리 시청 앞까지 파편이 날아갔다. 이리역 주변 반경 500미터 이내의 건물 9,500여 채에 달하는 건물 대부분이 파괴되어 9,973명의 이재민이 발생하였고, 사망자는 59명, 부상자는 1,343명에 달하였다. 이 중 철도인은 16명이 순직하였으며, 1,647세대 7,800여 명의 이재민이 발생하였다.

철도 시설의 피해도 컸다. 이리역사를 비롯하여 구내 객화차 사무소, 보선 사무소 등 건물이 심각한 균열 또는 붕괴의 피해를 보았고, 기관차 5량, 동차 4량, 화차 74량, 객차 21량, 기중기 1량이 대파, 이리역을 통과하는 호남선 구간 130m와 전라선 구간 240m가 파괴되어 총 23억여 원의 재산 피해를 낳았다.

당시 이리시 창인동(현. 익산시 창인동)에 있던 익산 군청 건물이 진동으로 심각한 균열이 발생해 1979년 익산 군청이 익산군 함열읍(현. 익산시 함열읍)으로 이전하게 된다. 또한 이리고등학교 앞에 있던 남성고등학교 건물 일부가 붕괴하여 현재 익산시 신동으로 이전하고 본래 위치한 자리에 남성맨션 아파트를 지었다.

이리시와 인접한 익산군 오산면, 황등면, 삼기면 및 김제군 백구면 등에서도 진동이 느껴졌고 약 30km 떨어진 군산시에서도 폭발음 신고가 들어왔다.

이리역으로 가던 열차가 승객 600명을 싣고 김제역에서 정차했다. 그런데 기관사가 이 구간을 통과하기 위해 지참해야 했던 통표를 분실하는 바람에 열차는 정차 후 움직이지 못하게 되었다. 이때 이리역 역무원이 함열역에 전화를 걸어 절대로 오지 말라고 신신당부했는데 그 덕분에 이 열차 승객 600명은 목숨을 부지하게 되었지만, 그 역무원은 폭발로 사망했다.

(3) 사고 결과

이 사건 당시 무명이었던 희극인 故 이주일이 전남 영암인의 자랑인 가수 하춘화를 구출하여 유명세를 치렀다. 이리역에서 멀지 않은 극장에서 가수 하춘화가 공연하고 있었다가 사고를 당했으며 이 사고로 인해 극장이 무너졌다. 이때 이주일이 하춘화를 업고 병원으로 뛰어갔다. 하춘화는 찰과상에 그친 반면 이주일은 두개골 함몰이라는 중상을 입어 병원에 오래 입원했다.

해당 열차의 화약 호송을 담당했던 당시 36세의 한국화약 직원 신무일은 당일 술을 마시고 잠든 뒤, 추위를 막기 위하여 촛불을 켰다가 촛불이 다이너마이트 쪽으로 넘어진 것을 고려해 법원은 신무일에게 책임이 있다고 판시하였다. 신무일은 1978년 2월에 징역 10년을 선고받고 복역하였다.

4.3. 2014년 서울지하철 2호선 상왕십리역 추돌 사고

서울지하철 2호선 상왕십리역 추돌 사고는 2014년 5월 2일 오후 3시 32분경에 서울지하철 2호선 상왕십리역에서 출발하려던 전동차를 후속 전동차가 추돌하여 388명이 부상한 사고이다.

(1) 사고 개요

사고는 2014년 5월 2일 오후 3시 32분경에 상왕십리역에서 정차하고 있던 서울메트로 제2258호 전동열차(239편성)가 상왕십리역에서 출발하려 하던 중, 신당역을 출발하여 상왕십리역으로 향하던 제2260호 전동열차(212편성)가 제2258호의 후미를 15km/h의 속도로 추돌하면서 일어났다. 2260호는 68km/h로 상왕십리역에 진입하던 중 정차해 있는 2258호 열차를 발견하고 128m를 앞둔 거리에서 비상제동을 체결하였으나, 제동거리가 부족하여 정지에는 이르지 못하였다.

(2) 사고 원인

사고 초기에는 자동 열차 정지 장치(ATS)의 고장이나 오작동이 원인으로 제기되었으나, 이후 조사가 진행되면서 ATS는 정상 작동한 것으로 확인되었다.

추돌 원인은 신호기 고장으로 밝혀졌다. 승강장 진입 전에 설치된 신호기 2개가 고장나 신호를 잘못 표시한 것이다. 원래는 신호기가 '주의 · 정지 · 정지' 순으로 표시되어야 하지만 사고 당일은 '진행 · 진행 · 정지' 순으로 표시되었다고 한다. 이에 따라 ATS(후속 열차의 자동정지장치)가 작동하지 않았고, 기관사가 급히 제동을 걸었으나 제동거리 부족으로 추돌이 일어났다고 한다. 또한 이 신호기의 고장은 3일 전인 4월 29일에 을지로입구역 선로전환기 잠금 조건을 변경하기 위하여 연동장치의 데이터를 수정하면서 처음 발생한 것으로 파악되었으나 사고 발생 전까지 나흘 동안 발견하지 못하였다고 한다.

서울시는 세월호 참사 후 4월 17일부터 30일까지 13일간 지하철 특별 점검을 하였으나, 신호기는 일상 점검 대상이라는 이유로 제외되었다. 그러나 일상적인 매일 점검에서도 신호기 오류는 발견되지 않았던 것으로 드러났다.

(3) 사고 결과

사고 후 파손된 두 편성의 열차를 이동시키고 운행을 재개하는 데까지 9시간가량 걸렸다.

사고 수습에 소방 및 경찰 공무원 및 구청 직원 등 213명이 투입되었으며 구급차와 소방차 58대가 동원되었다. 서울시는 승객 수송을 위하여 개인택시 요일 부제를 해제하고, 역 주변 노선에 버스 71대를 추가로 투입하였다.

사고가 난 212편성과 239편성에서 우선 크게 파손된 객차들이 먼저 폐차되었고, 파손 및 손상되지 않은 두 편성의 일부 객차들을 재조합하여 운행을 재개하였으나, 정밀안전진단 불합격으로 휴차 되었다가 2016년 6월 내구연한의 도래로 폐차되었다.

이 사고로 인한 인명피해는 부상자 388명, 재산 피해는 차량파손 등으로 약 28억 원으로 추정되었다.

4.4. 2022년 영동터널 KTX 탈선 사고

2022.1. 5. 사고 열차는 10시 30분 서울역을 출발해 13시 13분에 부산역에 도착하는 KTX 열차로서 경부고속선 대전역~김천(구미)역 구간을 운행하던 중 충청북도 영동군 영동읍에 있는 영동터널 내부에서 탈락한 철제구조물과 접촉하였다.

당시 속도는 약 250~265km/h로 보이며, 이 과정에서 크게 불꽃이 일며 파편이 튀면서 객실 유리창 및 화장실 내부, 대차, 동력차 후부 등 열차가 크게 파손되었다. 또한 4호차가 궤도를 이탈하였으나 터널 밖으로 빠져나오는 데는 성공하여 부산 방향 터널 입구에서 가까스로 멈춰 서게 되었다.

한국철도는 즉각 비상대기 열차를 투입하여 승객들을 환승시켰고 초기 대응팀, 사고복구팀 등을 편성하여 여객 대피, 사고 현장 복구 및 원인 규명에 나섰다.

이 사고로 승객 7명이 경상을 입었고 이 중 1명은 병원으로 이송되었다.

(1) 사고 원인

철도 사고 조사보고서가 나오기 전까지는 정확한 원인은 알 수 없지만 브도자료 등을 종합해 보면 차륜/차축 파손으로 방향이 굳어지고 있다.

사고 직후에는 최초 보도에 따라 영동터널 공사를 위해 상행선 선로를 옮기는 작업 도중 철제구조물이 열차로 떨어지며 사고가 발생한 것으로 알려졌다. 그러나 한국철도공사 관계자는 "터널 내에 있는 구조물이라고 해야 전차선과 이를 지지해 주는 설비일 텐데, 이런 구조물은 대체로 가벼운 만큼 떨어져도 열차에 손상을 줄 정도는 아니다."라고 밝혔다.

1월 6일, 국토교통부 항공 철도 사고위원회 위원들의 현장 조사에서 탈선한 7번 대차 차륜이 정지 위치로부터 약 3㎞ 전방 지점인 오탄 터널 내에서 발견된 것으로 파악됐다.

이에 따라, 오탄 터널 진입 전후에 4호차 대차의 차륜/차축이 먼저 파손되고 이상이 감지되자 비상제동이 체결되어 영동터널을 지나 정차한 것이라는 추측이 나오기도 하였다. 이 때문에 애초 원인으로 추정된 터널 내 구조물 탈락보다는 차량 결함 또는 정비 결함 등에 초점이 맞춰지고 있다.

(2) 사고 여파

이 사고로 인해 상하선 모두 지장을 받아 KTX, SRT 후속 열차는 대전~동대구 간 일반선로로 우회하였고, 모든 우회 고속열차는 김천역과 구미역에 임시 정차하였다. 일부 열차는 최대 2시간 47분 지연되기도 하였다. 연쇄 지연으로 인해 고속차량 운용에도 차질이 생겨 호남 · 전라선 고속열차 일부도 지연이 발생하였다. 일부 SRT 열차는 합병 운행을 하였으며 시각표가 조정되었다.

한국철도는 열차 지연 운행에 따라 수도권 지역 이용객의 편의를 위해 사고 당일 막차 전동열차 운행을 평소보다 약 1시간 30분 연장 운행한다고 밝혔다.

사고 여파는 다음 날(6일)까지도 이어졌다. 애초 6일 첫차부터 정상 운행하는 것을 목표로 복구작업에 나섰으나 작업이 늦어지면서 경부고속선 하선(동대구 방면) 일부 열차는 대전~동대구 구간을 일반선로로 우회하였고, 상행선은 정상 운행하도록 했다. 하행선 열차는 복구가 끝날 때까지 1시간 내외 지연이 이어졌다.

6일 오전 7시 55분부로 모든 열차가 정상 운행으로 전환되었다. 이미 일반선로로 우회 중이던 열차가 있기에 한동안 지연이 지속되었다. 사고 차량은 사고 당일 밤 기중기로 탈선 차량을 복구하여 영동기지로 회송되었다.

(3) 사고 결과

한국철도공사는 "6일 첫차부터 운행 가능하도록 사고 발생 즉시 사고대책본부를 구성하고 모든 경영진과 관련 직원이 신속한 복구와 운행 재개를 위해 노력하고 있다"라며 "현장에 350여 명의 직원이 복구작업을 진행 중으로, 기중기, 모터카 등 가용할 수 있는 모든 복구 장비를 투입해 작업을 진행하고 있다"라고 설명했다.

한국철도공사에 따르면 6일 오전 5시 5분 서울역 출발 진주행 첫 열차부터 정상 운행을 목표로 전날부터 사고 현장에 350여 명의 직원을 투입해 작업을 벌였으나 복구가 예상보다 늦어졌다. 이에 따라 경부고속철도 하행선(부산 방면) 열차는 대전~동대구 구간을 전날과 같이 일반선로로 우회하도록 하고, 상행선은 정상 운행하도록 했다.

6일 오전 7시 55분부터 경부고속선 상하행선 전 구간 운행이 정상화되었다. 6일 오후, 나희승 한국철도공사 사장은 "추운 날씨에 놀란 마음과 오랜 기다림으로 고생하셨을 고객분들께 진심으로 위로의 말씀을 전한다"라며 사과문을 게시하였다.

한국철도공사는 6일과 7일 연이어 대전 본사 사옥에서 나희승 사장 주재로 KTX 궤도이탈 사고 관련 긴급 안전대책 회의를 하고 차량, 시설 등 철도 전 분야 특별 점검과 함께 안전 강화를 위한 대책을 마련키로 했다.

1월 13일, 한국철도공사는 국토교통부 시정조치에 따라 동일 차종인 KTX-원강 13개 편성의 차륜/차축을 14일부터 전부 교체한다고 밝혔다. 이에 따라 14일부터 24일까지 일부 KTX-산천 운행이 중지되며, 경부 · 호남 · 전라선 등을 운행하는 KTX 중 하루 10~30여 회 열차가 대상이다.

4.5. 2013년 스페인 고속열차 사고(2013. 7. 24.)

출처 : EURO News('13.7), BBC('13.7), Reuters('13.7), CNN('13.7), TIME('13.7), News Daily('13.7) 등

(1) 사건의 개관

(가) 사건 발생

2013년 7월 24일 현지 시각으로 20시 42분, 스페인 북서부 갈리시아 산티아고 데 콤포스텔라에서 발생한 고속철도 탈선 사고이다. 열차는 렌페 소속 Talgo 250으로, 마드리드 차마르틴 역을 출발하여 페롤로 향하던 고속열차였다.

사고 당시 열차는 고속 구간을 지나, 기존 선로 구간으로 진입하였음에도 속도를 줄이지 않고 커브 구간에 과속으로 진입하여 탈선한 사고가 있었다. 여기에 사고 지역의 접근이 용이하지 않은 탓에 구조작업마저 늦어지면서 탑승객 219명 중 79명이 사망하고 147명이 부상한 참사가 발생했다. 사망자들을 제때 이송하지 못해 많은 사진에서 시신들을 모아놓은 것을 볼 수 있을 정도다.

(나) 사건 당일 ~ D+1

라호이 총리는 즉각 긴급 내각회의를 소집(7.24 밤)하였으며, 카를로스 국왕도 공식 일정을 취소하고 소피아 왕비와 현장을 방문, 특별 성명을 발표(7.25)하고 병원을 방문(7.25)하여 피해자를 위로하였다.

(다) 사건 D+5(~ 7.29)

경찰은 기관사를 퇴원 직후 체포(7.27)하고, 수사를 통해 확인한 후 사고 원인을 규명하고 총리 · 왕족과 추모객 수백 명이 산티아고 대성당에서 애도식을 거행(7.29)하여 유가족을 위로하였다.

(라) D+1년('14.6월)

정부는 과속경고 시스템 · 기관사실 녹화 장치 설치 등 철도 안전대책을 시행('14.3월)하였으며, 철도 사고조사위원회는 기관사 실수 · 과속을 사고 원인으로 최종 결론('14.6.4.)내렸다.

(2) 사건의 개요

'13.7.24(20:42) 스페인 '마드리드→페롤' 행 고속열차가 승객 218명 등을 태우고 북서부 콤포스텔라 역으로 진입하던 중 탈선 사고 발생하였으며 사고 원인으로는 기관사가 회사 무선을 받으며 시속 80km 구간에서 192km로 과속 질주, 사고 전 3차례 감속 경고 신호조차 무시하였으며, 이로 인한 피해 규모는 79명 사망, 147명 부상 사고가 발생하였다.

사건 의미를 둔다면 2000년대에 발생한 유럽 최악의 열차 사고로, 프랑스 탈선 사고('13.7.12, 7명 사망) 12일 만에 발생하였고, 유럽철도 안전성 논란으로 확산하기 시작하였다.

〈부록 그림 2.6〉 스페인 열차 탈선 사고

최종적으로 사고 원인은 바로 과속이다. 사고 현장이 코너 구간이라 운행 속도가 80km/h로 제한되어 있는데, 사고 열차는 제한속도의 2배를 웃도는 190km/h로 해당 구간에 진입한

사실이 드러났다.

거기에 차량 앞뒤에 달린 디젤 동력차도 사고를 더 키웠다. 열차가 탈선을 하면서 뒤쪽에 있는 무거운 디젤동차가 무게추 역할을 하면서 앞에 있는 객차들을 끌고 갔는데, 190km/h의 과속과 디젤 동력차의 무게 때문에 강철로 된 연접대차조차도 버티지 못하고 부러져 잭나이프 현상이 일어나 사상자가 많았다. 심지어 이 디젤 동력차의 영향으로 추정되는 화재도 발생하였다.

사고 열차의 기관사인 프란시스코 호세 가르손(52)은 가벼운 상처를 입고 병원에 입원했으며, 경찰의 감시를 받고 있다가 사고 이틀 후 퇴원한 뒤 바로 경찰에 체포, 구속되었다. 그는 입사 30년에 기관사 경력은 10년쯤 되는 꽤 베테랑인데, 페이스북에 열차 속도계를 찍어 올리고 속도에 관련된 글을 올리기도 했다. 스페인 언론은 이를 근거로 그가 속도에 집착하는 인물이라는 의혹을 제기하고 나섰다.

스페인 일간지에서는 기관사 가르손이 안전장치를 끄고 달렸다는 주장을 했다. 교신에 문제가 된다는 이유로 안전장치를 끈다는 것이다. 심지어 휴대전화를 사용한 정황까지 드러났다고 한다.

고속열차의 특성상 기관사의 졸음운전 정도는 잡아내고 이상 징후 정도는 알아서 긴급 정차하게 하므로 이런 사고는 이례적이라 할 수 있다. 실제로 언론에서는 사고 기종과 스페인 철도망은 기본적으로 과속방지장치가 있음을 확인했다. 하지만 독특하게도 사고 지역은 유럽의 ERTMS(열차제어 시스템)와 스페인 자체 신호 및 제어 장치가 바뀌는 구간인 데다 안전장치가 1년 이상 작동하지 않았다는 것이 밝혀졌다.

그 때문에 실제 감속해야 했던 구간보다 4km나 지나서야 안전장치가 작동하지 않음을 뒤늦게 깨달은 기관사가 비상제동을 했으나 이미 늦은 상황이었던 것. 스페인 언론에 따르면 탈선 사고가 발생했던 철로에서는 감속 속결 대처는 기관사 책임으로 보도되었다.

사고 4일 후인 28일 스페인 법원은 기관사 가르손을 미필적 고의로 79명을 살해한 혐의로 불구속 기소하고 그를 석방했다. 담당 판사인 루이스 알레즈가 맡은 비공개 심리에서 기관사 가르손은 부주의로 과속 운행한 사실을 인정했다고 언론에 보도되었다. 알레즈 판사는 가르손이 법원의 조사에 응하고, 여권을 포기하며, 열차 운행을 하지 않는다는 조건으로 석방했다. 스페인 법원은 기관사 가르손에게 과실치사 혐의로 징역 4년을 선고했다.

(3) 초동대처

스페인 라호이 총리가 긴급 내각회의를 소집하고 대책을 논의하였으며(7.24 밤), 7.25 새벽 현장을 방문하여, 유가족 · 부상자들을 위로하고, 공식 애도 기간(3일) 선포와 함께 적극적 수습 의지를 밝힌 對 국민 특별 성명을 발표하였다.

카를로스 국왕은 7.25 공식 일정을 전면 취소, 소피아 왕비와 함께 피해자들이 입원한 병원을 방문하고, 언론 인터뷰를 통해 애도의 뜻을 표명하였으며, 갈리시아州 경찰은 7.25 정식 수사에 착수한 데 이어 국영 철도회사 렌페 · 선로 관리회사 아디프도 공동 조사 개시를 하고, 콤포스텔라 市는 '聖 야고보의 날' 축제를 전격 취소하였다.

(4) 사건 전개

사고 열차인 렌페 S-730은 Renfe S-130의 파생형으로, 제조사 Talgo에서는 Talgo 250 시리즈로 불린다. 탈고(Talgo)는 CAF와 함께 스페인 철도차량 시장을 양분하고 있는 회사로, 봉바르디에와의 기술을 기반으로 고속열차를 만들고 있다.

Renfe S-730은 원래 전기 기관차인 Renfe S-130에 비전철화 구간인 무르시아와 갈리시아 지역으로의 운행을 위해 렌페가 특수 주문한 사양으로, 전, 후 기관차에 별도로 MTU 발전기를 탑재한 발전차를 각 1대씩 달고 운행한다.

따라서 기관차가 디젤 혹은 전기 모드로 전환할 수 있는 하이브리드 기관차이며, 총 15편성이 제작되었다. 전철화 구간에서는 전기 기관차 모드로 고속 주행을 하고, 비전철화 기존 선로 구간에서는 디젤 모드로 전환하여 운행하는 특수 기관차이며 애초의 명칭은 Renfe S130H(H는 하이브리드를 뜻함)이었으나, 후에 S730으로 개명되었다.

전철화 구간에서는 220km/h, 비전철화 구간에서는 180km/h가 최고 속력. 또한 고속선의 표준궤와 기존 선로의 광궤를 모두 운행할 수 있는 열차로, 고속선에서는 최고 속력 250km/h, 기존 선로(광궤)에서는 최고 220km/h로 달릴 수 있다. 사고 당시 기관사가 회사로부터 걸려온 무전을 받고 있었다는 언론보도(7.30)에 따라, 국영 철도회사 렌페 측 사고 원인 제공에 대한 책임론이 제기되기도 하였다.

유럽연합이 사고 수습에 동참 입장을 표명한 데 이어 각국의 애도 전문과 함께 병원은 헌혈지원자로 북새통을 이루는 등 온정의 손길 쇄도하였다.

(5) 대응 수습

라호이 총리는 7.25 성명을 통해 "중앙정부와 갈리시아 州 정부가 함께 모든 수단을 동원해 사고를 수습하겠다"라며 적극적 수습 의지를 피력하였고, 카를로스 국왕은 7.25 언론 인터뷰에서 "우리는 모두 희생자들과 그 가족, 친구들과 함께 할 것"이라며 애도를 표명하는 등 유가족을 위로하였다.

7.28 스페인 전역의 희생자 추모 미사에 이어, 라호이 총리 · 왕족과 추모객 수백 명이 7.29 산티아고 대성당에 모여 애도식을 거행하였으며, 법원은 병원 입원 중인 기관사 가르손(52세)에 대한 조사 명령을 내렸고, 7.27 가르손은 퇴원 직후 경찰에 체포되었고, 과실치사 혐의 기소 후 보석으로 석방됐으나 6개월간 매주 법원 출두 및 허가 없이 출국금지가 조치되었다.

'13.11.5 법원은 선로 관리회사 아디프에 "책임 없다"라고 판결하고 정부는 사고 구간 제한 속도를 시속 30km로 낮추고 경고 신호기를 새로 설치한 데 이어, '14. 3월부터 철도 안전대책을 마련, 시범 시행하였으며, 구간 최고속도 기관사 통보 및 과속경고 시스템 구축, 기관사 녹화 · 녹음장치 설치, 운행 중 휴대전화 금지 등 후속 조치를 확정하였고, '14.6.4 스페인 철도 사고조사위원회(CIAF)는 사고조사 보고서에서 기관사 실수에다 과속이 겹쳐 일어난 것으로 최종 결론내렸다.

(6) 성공 요인

총리의 즉각적 회의 소집과 현장 방문, 국왕의 공식 일정 전면 취소 등 지도층이 수습 의지를 확실히 표명하여, 민심 안정과 국민 신뢰를 제고하였으며, 유사 사고 재발 방지를 위해 사고 구간 속도 감속은 물론 과속 경고시스템 · 기관사실 CCTV 등 후속 안전대책도 충실히 마련, 고속열차에 대한 국민 불안 해소, 총리가 늦은 밤 즉각 비상대책회의 소집, 사고 이틀날 새벽 현장 방문 · 성명 발표 등 초유의 열차 사고에 기민하게 대응함으로써, 국민 신뢰를 확보하였다.

국가 지도자가 적극적인 리더십을 발휘한 데다 체계적 · 신속한 현장 대응과 후속 조치로 큰 잡음 없이 성공적으로 피해를 수습한 것으로 평가하였다.

5. 해양

5.1. 2014년 세월호 사고

(1) 청해진 해운

인천시 중구에 본사를 둔 청해진 해운은 1999년 2월에 창립한 연안 여객선사로, 4척의 여객선으로 인천-제주, 인천-백령, 여수-거문도의 3개 항로를 운항하였었다. 2003년에는 마루에이 페리에서 대형 카페리 오하마나호를 들여와 운용하였고, 2013년 3월에 세월호를 들여왔다. 2009년 대한민국 해운법 시행규칙이 개정되었다. 이때 여객선 운용 시한이 진수일로부터 20년에서 30년으로 늘어났고, 청해진 해운은 일본에서는 운용 시한 약 18년이 된 세월호(1994년 건조)를 사들여와 선령 20년의 오하마나호(1989년 건조)와 함께 운항할 수 있었다. 당시 국토해양부는 "여객선의 선령(船齡) 제한을 완화하면 기업 비용이 연간 200억 원 절감될 것"이라며 규제 완화에 대하여 논평했다.

이후, 청해진 해운은 2012년 10월 세월호를 담보로 산업은행에서 개보수 자금 30억 원 등 100억 원의 차입금을 받았다. 이 중 상당한 돈이 세월호 증축에 사용되었고, 이후 톤수 239톤의 증가 · 탑승 가능 정원 116명이 늘어났다. 선박 설비 안전 검사기관인 한국선급은 세월호의 증축 등에 대하여 2차례에 걸쳐 문제가 없다고 평가하였다. 그러나 구명정이 접근하기 힘들 정도로 빠르게 기울어지며 침몰한 원인 중 하나가 무리한 개조 · 증축 때문이라는 전문가들의 견해가 있다. 청해진 해운은 여객선을 임의대로 노선에 추가 투입해 출항시킨 뒤, 관계당국에 통보하여 과징금 30만 원을 물기도 하였다.

청해진 해운은 세월호의 출항 전 운항관리자에게 차량 150대, 화물 675톤을 실었다고 보고했으나, 사고 이후에 차량 180대, 화물 1157톤이 실린 것으로 밝혀졌다. 인천~제주 항로를 독점해 온 청해진 해운은 대규모 인명피해가 발생한 세월호 사고의 책임을 물어 2014년 5월 인천~제주 운항 면허가 취소되었다.

(2) 선원

대한민국의 내항선 선박직(선장 · 항해사 · 조타수 · 기관사 등) 대부분은 1년 이하 계약직으로 일하는 것이 대부분이며, 사고 당시 세월호 선장도 월 270만 원의 1년 계약직이었다. 이에 직업적 안정성이 떨어지니 소속감이나 사명감을 기대하기가 애초에 어렵다는 지적을 받았고, 실제 선원에 대한 교육 관리도 열악하였다. 청해진 해운은 2013년 선원 교육비용으로 54만 1천 원을 썼다.

(3) 세월호

세월호는 1994년 6월 일본 나가사키의 하야시카네 조선에서 건조한 여객 · 화물 겸용선(RoPax, 로로선)이다. 일본 마루에이 페리 사에서 '페리 나미노우에'라는 이름으로 18년 이상 가고시마~오키나와 나하 간을 운항하다가 2012년 9월 퇴역하였으며 청해진 해운이 2012년 10월에 중고로 도입하여 선미 쪽에 증축 · 개조 작업을 거친 후 2013년 3월부터 인천-제주 항로에 투입하였다. 세월호의 이름은 "세상(世)을 초월(越)한다"라는 뜻을 담고 있다.

세월호는 총배수량 6,835톤에 전장 145m, 선폭 22m이고, 21노트의 속도로 최대 264마일을 운항하는 것으로 알려졌다. 여객 정원 921명에 차량 220대를 실을 수 있으며, 적재 한도는 3,794톤으로 되어 있다. 세월호의 내부는 5층으로, 갑판 아래에 있는 1층과 2층에는 화물칸, 갑판 위의 3층과 4층에는 승객을 위한 객실이 마련되어 있고, 5층에는 조타실과 승무원실, VIP실이 있는 것으로 보도되었다.

(4) 인천-제주 항로

인천-제주 항로는 1995년 5월에 처음으로 개설되었다. 인천~제주 항로를 처음으로 운항한 것은 청해진 해운의 전신 격인 ㈜세모의 '세모 고속페리'호였다. 세모 고속페리호는 최대

500명의 승객과 차량 100여 대를 싣고 편도 16시간으로 인천항과 제주항 사이를 주 3회 왕복하였다. 2001년에는 청해진 해운이 춘양호를 추가로 투입하여 세모 고속페리 1호와 함께 최대 600여 명의 승객을 싣고 편도 13시간으로 1일 1회 운행하였다. 2003년 3월에는 6,322톤급의 대형 카페리 오하마나호가, 2013년 2월에는 6,852톤급의 세월호가 두 선박을 대체하였다.

인천~제주 항로는 세월호 침몰 사고 직후 휴항 되었으며, 2014년 5월 청해진 해운의 인천~제주 항로 면허 취소로 운행이 전면 중단되었다.

(5) 사고 해역

사고가 발생한 해역은 맹골수도가 위치한 곳으로, 전라남도 진도군 조도면 맹골도와 거차도 사이이다. 이곳은 이순신 장군이 명량대첩을 승리로 이끈 울돌목 다음으로 조류가 세다(최대 6노트=1.852km/h). 섬 주변에는 암초가 많지만, 항로로 이용되는 수로 자체는 깊이 30m 이상으로 암초 등 항해 장애물이 없다.

(6) 사고 및 구조

사고는 2014년 4월 16일 오전에 전라남도 진도군 병풍도 부근에서 발생하였다. 이 사고로 탑승자 476명(잠정) 중 172명이 구조되고 304명이 사망 · 실종되었다(생존율 36.1%).

사고 발생 전날(2014년 4월 15일) 안개 때문에 출발이 2시간 30분 지연되는 바람에 원래 승선 예정 배인 세월호의 쌍둥이선 오하마나호를 타지 못하고 세월호를 타게 되었다. 세월호는 원래 예정보다 무게가 더 무거워져 상태가 안 좋았었다고 한다. 세월호는 오후 9시에 476명(잠정)의 인원과 짐을 싣고 인천항을 출발하였다. 세월호에는 단원고등학교 2학년 학생 325명, 교사 14명, 일반인 104명, 선원 33명이 탑승하였다고 알려졌다. 세월호에는 차량 180대, 화물 1157톤이 실렸음이 사고 후에 밝혀졌는데, 이로부터 인천항을 출발할 당시의 차량과 화물, 승객의 체중을 모두 더하면 적재 한도를 초과하는 것으로 계산되기도 한다.

사고 발생일(4월 16일) 선박자동식별장치의 항적 자료와 생존자들의 증언에 따르면 세월호는 오전 8시 30분경 맹골도와 서거차도 사이를 최고속도로 진입하였고, 항로를 바꾼 후 지그재그로 운행하다가 8시 49분경에 병풍도 부근에서 다시 급격히 항로를 바꾸어 급선회하였다. 항로는 'J' 자를 그리며 왔던 길을 되돌아갔다.

오전 8시 52분 32초(KST), 전남소방본부 119상황실에 최초로 신고 전화가 걸려왔다. 최초 신고자인 학생이 던진 첫마디는 "살려주세요"였고, 이후 그는 배가 침몰하고 있음을 알렸다. 당시 신고 전화를 받은 전남소방본부 관계자는 내용을 듣고 목포 해경을 연결했다(54분 07초).

그런데 목포는 최초 신고자에게 제일 먼저 경도와 위도를 말하라며, 배의 위치를 물었다. 당황한 최초 신고자가 '네?'를 연발하자 119 관계자는 그가 탑승객임을 알렸다. 하지만 해경은 반복해서 GPS를 거론하는 등 위치를 물었다.

그로부터 1분 30초 뒤 해경 측은 선박 이름이 무엇인지 물었고, 최초 신고자는 "세월호"라고 답하였다(이러한 시간 지연에 대하여, 후일 박진수 한국해양대 항해학부 교수는 선박 이름부터 묻는 것은 기본임을 지적하고 "구조를 하려면 순서를 누가, 어디서, 무슨 사고를 당했는지…우리는 육하원칙이 있지 않습니까"라고 비판했다).

세월호는 최초 신고보다 3분 후, 사고 해역과 가까운 진도 관제센터(VTS)가 아닌 제주 관제센터(VTS)에 교신하여 배가 침몰 중임을 알렸다(8시 55분). 그리고 다시 이 제주 관제센터(VTS)는 목포 해경이 아닌 제주 해경에 연락하였고(8시 56분), 8시 58분에 비로소 목포 해경이 사고를 접수하였다(이 사고접수도 세월호 승무원들이 아닌 학생의 신고로 이루어진 것이다).

이에 추후 상황을 파악한 진도 관제센터(VTS)가 9시 6분에 세월호와 교신하여, 세월호를 호출하여 직접관제를 시작하였다. 9시 17분의 진도 관제센터와의 교신에서 세월호 선원은 배가 50도 이상 기울어져 있다고 보고하였다.

진도 관제센터와 교신 내용에 따르면, 9시 7분에 2,755톤급의 유조선 둘라에이스호가 진도 관제센터와 교신 후 세월호를 육안으로 확인하였다. 둘라에이스호는 세월호를 구조하기 위하여 접근하였고, 9시 29분에는 세월호 구조를 위해 대기하고 있는 둘라에이스를 확인하였다. 세월호는 좌현에 대기할 것을 요구하였으나 둘라에이스호는 밀물 대여서 계속 밀리고 있었다고 응답하였다.

사고접수 후, 해양경찰은 출동 및 구조에 나섰다. 9시 25분 서해해경청 소속 헬기 511호와 해경 123정이 잇따라 도착했다. 하지만 출동한 해경은 세월호와 교신조차 하지 않았다. 승객들에게 퇴선 명령도 하지 않았다. 123정은 10시 13분 이준석 선장과 선원들을 태운 채 현장을 떠났다.

해경은 헬기 1대와 경비정 20척을 현장에 투입하여 헬기로 승객 6명을 구조하였고, 100여 명은 경비정에 옮겨 태워 인근의 진도 나 목포시 등지로 이송하였다. 대한민국 해군도 구조작업을 위해 사고 해역으로 유도탄고속함 1척과 고속정 6척, 해상초계가 가능한 링스헬기 1대 등을 투입했다. 민간 어선 선장 박영섭(56)은 16일 새벽 조업을 마치고 귀항 준비를 하고 있었다.

박 선장은 오전 9시 3분경 수협목포어업통신국이 송신한 긴급 구조요청 신호를 받고, 병풍도 북쪽 1.5마일 해상에서 여객선 세월호가 침몰 중이라는 사실을 확인. 바로 뱃머리를 병풍도 쪽으로 돌렸다. 오전 10시 30분경 사고 현장에 도착한 박 선장은 해경과 구조작업에 참여해 승객 27명을 구조하였다. 조도면 청년회원 김형오(47) 역시, 이장단장으로부터 메시지를 받고 자신의 1.1t급 소형어선을 몰고 구조작업에 동참하여, 총 25명을 구조하였다.

그 외에도 메시지를 받고 10여 분 만에 출항 준비를 마친 조도면의 어선이 60여 척, 어민은 150여 명에 달했으며 전속력으로 도착까지 20여 분이 소요되었다고 전해져 초동구조에 민간 어선들이 큰 역할을 하였음이 밝혀졌다. 오전 9시 19분부터 YTN을 시작으로 각 언론에서 세월호의 침몰 소식을 긴급 타진하기 시작했고, 오전 10시부터 정부는 여객선 침몰 사고에 대응하는 중앙재난안전대책본부를 구성하여 가동에 들어갔다. 사고 당일 구조된 세월호 탑승자는 승무원 23명, 단원고생 75명, 교사 3명, 일반인 71명으로 모두 172명이었다.

(7) 수색 및 인양

수색작업은 대한민국 정부가 수색 작업 종료를 발표한 2014년 11월 11일까지 총 209일간 계속되었다. 바다 밑 수색은 거센 조류와 탁한 시야, 낮은 수온으로 작업에 큰 어려움을 겪었으며, 작업 일정이 길어지면서 피로의 누적과 그에 따른 사고가 발생하기도 하였다.

(8) 수습 방법

(가) 해상 및 공중

16일 사고 발생 초기에는 침몰한 세월호 부근에서 선박을 통한 해상구조와 헬기를 통한 공중 수색구조가 주를 이루었다. 특히 초동구조에 민간 어선들이 큰 역할을 하였다.

(나) 잠수 요원

잠수 요원들은 우선 수면에서 선체까지 가이드라인(유도선)을 연결한다. 이 선은 빠른 유속과 가시거리가 10~20cm에 불과한 사고 현장에서 잠수 요원들이 안전하게 선체까지 내려갈 수 있도록 해주는 일종의 길이다. 물속이 잘 보이지 않기 때문에, 선을 연결하기 위해서는 손으로 짚어가며 움직여야 한다.

또한, 빠른 유속 때문에 유도선을 연결하더라도 선끼리 꼬일 수 있고(꼬이면 다시 설치하는 작업을 해야 한다) 잠수 요원의 마스크까지 벗겨질 수 있다. 꼬인 선을 정리해 가며 선체로 진입이 가능한 선실과 화물칸 입구, 조타실 등에 도달한다. 그리고 선을 그곳에 매어 놓으면, 그때부터 선체 진입을 본격적으로 시도한다.

진입 입구를 확보하고, 다시 자기 몸의 생명줄을 이은 뒤 선체 내부로 진입을 시도한다. 선체 안은 칠흑 같은 어둠 속이므로 방향을 잃게 되면 선체 내에 고립되어 생명이 위험하기 때문이다. 선체로 진입 후에는 휴대 조명 장비로 매우 혼란스러운 선체 내부를 일일이 눈으로 수색해야 한다. 그러나 수심에서의 작업시간은 최대 30분에 불과하여, 잠수 요원에게 주어진 시간은 짧다. 따라서 고도로 훈련된 일부 잠수 요원만이 작업에 참여할 수 있는 한계가 있다.

또, 잠수 요원들이 산소를 공급받는 방식에는 두 가지가 있다. 하나는 산소통을 통해 산소를 공급받는 스쿠버 다이빙 방식이며, 둘은 공기호스가 연결된 다이빙 헬멧을 통해 산소를 공급받는 머구리 방식이다. 세월호 침몰 사고에서, 16일 대한민국 정부는 머구리 방식은 탁 트인 수중에서 수중 작업을 위한 용도이며, 세월호의 선체를 굽이굽이 들어가서 작업하려면 생명선이 꼬이거나 절단될 위험이 있다며 스쿠버 다이빙 방식을 고수하려 했다. 스쿠버 다이빙 방식은 상대적으로 짧은 시간만 작업할 수 있다.

수심 30미터에서 수면으로 올라오는데, 잠수병의 문제로 천천히 부상해야 하므로 소요되는 시간이 있기 때문이다. 급부상을 브라보라고 하는데, 이 경우 잠수병으로 사망할 수 있다. 실종자 가족들은 지속해서 머구리 방식을 주장했다.

〈부록 그림 2.7〉 본 저자의 국가기술자격증 및 머구리 실기 과정을 준비하는 모습

머구리 방식은 그만큼 잠수병 확률도 높지만, 머구리들이 다이빙 헬멧을 쓰고 서해 40미터 해저 바닥을 3시간 동안이나 걸어다니면서 키조개를 캘 수 있을 정도이기 때문이다. 이들의 작업 한계는 20~30분이 아닌 3시간이다. 결국, 정부는 투입에 반대하다가 투입을 허가했는데, 머구리들이 투입 후 선체 내부 진입에 최초 성공하는 등 상당한 성과를 내기 시작해 22일부터 세월호 침몰 사고의 구조방식이 머구리 방식으로 전환되었다.

범정부사고대책본부는 7월 11일 예정된 미국 수중 재호흡기 잠수팀의 검증 잠수가 작업 현장 조건에 대한 이견으로 실시하지 못하고 미국 잠수팀이 철수하기로 했다고 다음날인 12일에 밝혔다. 수중 재호흡기(Rebreather) 잠수는 잠수사가 내쉰 공기를 배출하지 않고 정화해 재활용, 잠수 시간을 최대 6시간까지 늘리는 잠수방식으로 대책본부는 검증 작업을 거친 후 세월호 수색에 투입할 계획이었다.

사고 해역 검증 잠수 현장에서 미국 잠수팀이 갑자기 "침몰 지점 해상에 정박한 바지 탓에 잠수사 안전 확보에 어려움이 있다"라며 "바지가 없는 상태에서만 잠수할 수 있다"라는 조건을 제시하였다. 이에 사고대책본부는 "나이트록스 잠수방식을 주력 잠수 수단으로 활용하고 수중 재호흡기 잠수를 보조 수단으로 병행할 예정인 현 상황에서 바지를 철수해 달라는 미국 잠수팀의 요구를 받아들일 수 없다"라며 "이견이 좁혀지지 않아 수중 재호흡기 투입이 무산됐다"라고 밝혔다.

나이트록스는 잠수를 오래 할 수 있도록 산소 농도를 높인 기체를 말하며, 이 기체를 쓰는 잠수방식이 나이트록스 잠수다. 잠수사들이 들이마시는 기체만 달라진 거라서 외관상 달라 보이는 건 없다. 하지만 기존의 '표면 공기 공급 방식'이 산소 농도가 21%인 일반 공기를 썼던 반면, 나이트록스 잠수사들은 산소 농도가 28%까지 올라간 기체를 공급받는다.

이 기체를 마시면서 잠수하므로 기존의 2배인 최대 60분까지 잠수 시간을 확보하게 되었다. 수색 시간이 2배 가까이 늘어나면서 그만큼 정밀 수색이 가능해진 것이다. 하지만 구조 당국은 자칫 나이트록스 방식을 잘못 쓰게 되면 산소 중독으로 인한 잠수병 증상을 유발할 수 있다는 우려 때문에 도입 시기를 늦춰 왔었다.

(다) 공기주입 및 리프트백 설치

공기주입은 선체 내에 공기호스를 주입하여, 혹시 모를 선내 생존자들의 생존시간을 늘리는 역할과 부력을 유지하는 역할을 할 수 있다. 물체가 물 위에 뜨기 위해서는 중력에 상응하는 부력이 작용해야 하기 때문이다. 공기는 부력을 증가시켜 줄 수 있다. 따라서 일종의 부력 주머니인 리프트백과 공기주입을 정부는 추진하였다.

그러나 이러한 조치에 대하여, 알파잠수기술공사 이종인 대표는 이해가 잘 안 된다고 논평했다. 공기주입은 사람이 있을 만한 곳에 해야 함에도, 제일 상갑판인 조타실에 공기주입을 했다는 주장이다. 또한, 조타실의 구조적 특성을 근거로 공기가 주입되어 다른 쪽으로 공기가 퍼져 에어포켓을 형성할 가능성에 대해서도 부정했다.

그는 오히려 공기주입은 일단 조사 후, 식당 등 사람이 살아 있을 확률이 있는 곳에 해야 한다고 지적했다. 또, 18일 진행된 정부의 리프트백 설치 양상이 단지 배가 거기 있다고 표시하는 어떤 풍선처럼 돼 있을 뿐, 어떤 부력을 작용하는 효과를 보여주지 못하고 있다고 평가했다.

(라) 선체 절단

5월 10일 범정부사고대책본부에 따르면 붕괴 위험이 확인된 곳은 5층 선수 승무원 객실 통로와 중앙 특실 통로, 4층 선수 좌현 8인실 통로와 선미 30인실 통로 등 4곳이다. 이런 상황으로 잠수 수색이 불가능한 구역이 생기자 선체 외판 일부를 절단하는 방안에 최종 합의했다.

세월호 실종자 가족들의 법률대리인인 배의철 변호사는 27일 오후 진도군청에서 브리핑을 열고 "가족들은 애초 실종자 유실 위험 때문에 주저했으나 정부가 선체 부근과 외곽에 3차에 걸쳐 유실 방지를 위한 에어백과 그물, 안강망 등을 설치하겠다고 약속해 한 명의 유실도 없이 시행될 것임을 믿는다"라고 말했다.

절단은 4층 선미 우현부터 우선 추진하며, 절단 방법은 1차적으로 산소 아크 절단법을 사용하고 2차 대안으로 초고온 절단봉이 제시됐다. 범정부사고대책본부는 30일 오전 진도군청에서 열린 정례 브리핑에서 "전날 오후 2시 10분께 4층 선미 창문 3곳의 절단 작업을 시작, 현재 창문 하단 가로 4.8m를 절개했다"라고 밝혔다. 또한 이날 오후 2시께 예정된 수색구조 지원 장비 기술 연구 전담반(TF) 회의에서는 4층 선미 절단 진행 상황 점검과 전날 오후 가족들이 건의한 4층 선수 구역 절단 여부에 대해 논의했다.

(9) 수습 변수

(가) 조류 및 가시거리

선박을 미처 빠져나오지 못한 승객들을 구조하려는 방법은 잠수 요원 투입이었다. 잠수 요원은 선박 인근 및 선박 내부를 수색했다. 그러나 조류가 빠르고, 가시거리가 10~20cm밖에 되지 않아 잠수 요원들의 안전을 담보할 수 없어 구조에 어려움을 겪었다.

(나) 기상

기상 역시 사고 수습을 더디게 했다. 심지어 17일 오후에는 기상 상황이 나빠져 구조가 중단되기도 하였다.

(다) 저체온증

박준범 순천향대학병원 응급의학과 교수는 "10도~15도 사이의 물에 사람이 한두 시간 정도 있게 되면 이미 의식을 잃어요. 체온이 떨어지면서. 한두 시간이 지난다면 굉장히 위험한 상태에 빠진다고 할 수 있고요"라고 언급하였다. 위급한 상황에는 심장 기능에 이상이 생기면서 맥박이 느려지는 서맥과 심방 및 심실세동, 심하면 심장정지까지 올 수 있다.

체온이 떨어지면 인체는 근육을 통해 열을 내 온도를 유지하려고 하므로, 근육량이 낮은 고령자나 만성질환이 있는 사람은 특히 위험할 수 있다. 저체온증 상태가 되면 구조 과정에서도 작은 충격으로 심한 부정맥이 오거나 출혈이 생기기 쉬워 주의를 요한다.

(라) 에어포켓

사고 초기 일부 전문가들이 희망을 걸어볼 수 있는 것으로 지적했던 것은 에어포켓이다. 정창두 서울대 조선해양공학 명예교수는 배가 완전히 수면 아래로 가라앉지 않고, 떠 있는 이유를 "컵을 물속에 엎어놓는 것과 마찬가지로 공기가 빠져나가지 않았고, 다행히 선수 부분은 손상이 없기 때문에 공기가 갇혀 있는 거죠. 소위 에어포켓이 형성되어 있습니다"라고 설명하였다. 이 에어포켓에 공기가 8m3가량 있다고 가정하면, 마지노선은 최대 72시간으로 계산된다.

한편, 가라앉지 않은 부분에 의해 추산되는 선내 공기량은 500~1,000m3이었다. 대서양에서는 선박전복 사고 후, 선원이 에어포켓에서 60시간을 버티다가 구조된 사례가 있었기에, 에어포켓에 의한 생존자가 있을지도 모른다는 보도가 많았다. 정부는 에어포켓에 희망을 걸고 세월호에 공기를 주입하기도 했다. 그러나 결국 에어포켓에 의한 생존자가 나오지 않았고, 에어포켓 관련 보도와 정부의 대응이 결과론적으로는 유가족들에게 '희망 고문'이었다는 비판이 존재한다.

(마) 격실

격실이란 사고의 파급을 방지하기 위해 격리시켜 만든 공간으로 대부분의 선박은 이 격실들을 갖추고 있다. 한국해양대학교 공길영 교수는 "지금 상황은 천안함 상황과 매우 비슷하다"라며 "실종자들이 생존해 있으려면 수밀 격실이 돼야 하는데, 배에 전원 공급이 중단되고 급격히 뒤집히는 대혼돈 속에서 문을 닫는 조치가 취해져 있을지 비관적이다"라고 말했다. 격실이 제대로 작동하기 위해서는 문을 닫는 조치가 취해져야 하며, 격실에 에어포켓이 있다면 이론적으로 48시간을 버틸 수 있다.

(10) 1 · 2차 수색 관련

사고 발생 3개월이 다 돼가도록 정부가 주먹구구식 수색 계획을 내놓고 있어 실종자 가족들의 불신을 샀다. 실종자 가족의 법률대리인인 배의철 변호사는 6월 30일 오후 진도군청에서 기자회견을 하고 "이날 오전 실종자 가족들을 대상으로 정밀 수색 및 7월 수색 계획 설명회가 예정됐으나 계획이 미흡하고 구체적인 방안이 제시되지 않아 취소됐다"라고 밝혔다.

이어 세부 수색 계획이나 잠수 시간을 늘리려는 방안이 전혀 없는 부실한 발표를 받아들일 수 없다며 설명회를 중단하고 수색 계획 재수립을 요구했으며, "실종자가 남아있을 것으로 추정되는 객실이 어디인지, 무슨 근거로 추정하는지도 없고 2층 화물칸 진입 통로 수색 여부,

잠수 시간을 늘리려는 방안 등도 전혀 없다"라고 말했다.

또한 잠수사 교대 투입, 휴식 보장을 위한 인력 확충이 필요한 상황인데도 현재 이에 대한 논의조차 진행하지 않고 있다고 강조했다. 가족들은 리브리더(수중 재호흡기) 등 시속 1.8노트 이상의 유속에서도 장시간 잠수가 가능한 새로운 잠수기법과 30m 수심에서 25분, 40m 수심에서 10분 정도인 현행 잠수 시간을 늘릴 방안 도입이나 장마 등 기상 여건 대비책 등 가족 및 수색구조 TF 전문가들이 검토를 요청한 사안들이 빠져 있었다며 보완을 요구했다.

한편 대책본부 측은 이에 대해 "실종자 잔류 추정 구역은 예약 현황, 목격자 진술 등을 토대로 선정한 것"이라며 "해당 구역을 수색했음에도 찾지 못한 실종자의 경우 정확한 위치 추정이 어렵다"라고 해명하면서 당장 개선안을 내놓기는 어렵다는 입장을 나타냈다. 이어 "2층 화물칸은 실종자 잔류 가능성이 작은 것으로 보고 있지만 가능성이 있다고 해도 차량과 화물로 인해 잠수사 투입을 통한 수색은 불가능한 상황"이라고 덧붙였다.

구조팀은 지난 6월 6일부터 1차 정밀 수색을 진행하고 6월 20일을 1차 수색 종료 시점으로 발표했으나 두 차례 연기하였고, 6월 30일에 수색과 관련한 설명회를 열기로 했으나 실종자 가족들의 반대로 취소됐다.

(11) 지원 헬기 추락사고

2014년 7월 14일부터 세월호 사고 해역에서 실종자 수색작업을 지원하고 2014년 7월 17일에 춘천으로 복귀하던 강원도 특수구조단 소속 헬기가 추락해 탑승자 5명이 모두 순직하였다.

(12) 사고 원인

(가) 침몰 원인조사

사고 원인에 대하여는 현재 해양경찰청(이하 해경)에서 조사가 진행 중인 부분이다. 해경은 4월 17일 긴급 브리핑에서 세월호 선장 이준석(69) 등 선박직 승무원들을 조사한 결과, 침몰 원인을 무리한 변침으로 잠정 결론 내린 상태임을 알렸다. 이후 4월 19일 검경합동수사본부에서도 무리한 변침을 침몰 원인으로 잠정 결론내렸다.

그러나 다른 여러 원인에 대해서도 가능성을 열어두고 수사를 진행 중이다. 이는 조타기의 결함, 과적 화물의 느슨한 고정, 암초 충돌이다. 이후 5월 13일 검경합동수사본부의 수사를 통해 드러난 세월호의 침몰 원인은 복합적이다.

곧 선박 증축에 따른 복원성 부족 문제, 최대 적재량의 2~3배에 이르는 화물 과적 문제, 화물 고박(고정 결박) 불량, 선박의 균형을 잡아주는 평형수를 덜 채우는 대신 그 무게만큼 화물을 더 실은 문제, 물살이 유난히 빠른 맹골수도에서 급격한 변침(항로 변경)까지 한 상황 문제 등이다.

(나) 암초 충돌설

사고 발생 초기에는 언론이 안개에 의한 암초 미발견으로 인한, 충돌 가능성을 집중 조명하였다. 생존자 중 일부가 들었다는 '쿵' 소리와 당시 기상 상황이 안개가 있었다는 점을 고려한 주장이었다. 백점기 부산대 선박해양플랜트기술연구원장은 배의 좌초로 인한 사고 가능성이 가장 높다고 하였다. 하지만 이 주장은 해당 해역에 암초가 없으며, '쿵' 소리의 원인이 다른 데 있을 수 있다는 전문가들의 공통적인 지적에 따라, 유력한 사고 원인에서 후 순위로 밀려나게 되었다.

(다) 구조 결함설

세월호와 같은 로로선은 구조적 결함으로 인한 사고의 위험성이 국제적으로 자주 지적되던 선박이다. 2009년 11월 일본에서 미쓰비시 중공업에서 건조하여, 마루에이 페리사가 운행하던 아리아케호가 침몰했다. 이 선박은 과거 세월호가 나미노우에호로 활약하던 시절 운행한 해운사가 동일했고 선박 디자인과 배수량이 유사한 로로선이다. 2009년 아리아케호 사고 직후, 마루에이 페리는 동일 선박인 나미노우에호를 2012년 퇴역시켰다.

그것을 청해진 해운에서 싸게 수입하여 1년간 개조하였으며, 2013년 3월 이름을 세월호로 개명하고 운행을 시작하였는데 1년 1개월 만에 좌초된 것이다. 한 해상전문가는 "선체가 그렇게 빨리 기운다는 것은 선박 복원력을 생각하면 쉽게 이해가 가지 않는데, 이는 선박의 구조적 결함이 원인일 가능성이 있다"라고 말했다.

(라) 구조 변경설

한국해양대 해사수송과학부 김길수 교수는 사고의 원인이 구조변경에 있을 수 있다고 지적하였다. 실제로 세월호는 2012년 10월 일본에서 수입된 뒤, 이듬해 3월까지 전남 목포에서 객실을 증설하였다. 3~5층에 객실이 증설되었고 승선정원은 181명 추가된 921명으로 많아졌으며, 선박 무게도 239t 증가했다. 이에 따라 무게중심이 원래보다 높아졌다는 것이다. 김 교수는 "배를 급격히 돌린다고 전복이 되지는 않는다"라며 "구조변경 과정에서 무게중심이 위로 올라갔다면 내 · 외부에서 충격이 가해졌을 때 배가 뒤집힌다"라고 설명했다. 이에 대해 세월호 등록 검사를 맡았던 한국선급 관계자는 "객실 증설은 합법적인 공사, 점검 결과 운항에 문제가 없다는 결론이 나와 등록 검사를 정상 통과했다"라고 밝혔다. 한편, 객실만 증축한 게 아니라, 배 앞쪽 램프웨이도 철거한 것으로 드러났다. 출입구를 줄이면 화물을 더 실을 수 있고, 배 전체 무게가 가벼워져 그만큼 객실 증축에 유리하기 때문이었을 것으로 추정된다. 한쪽에만 있던 램프웨이를 없애면서 오른쪽이 너무 가벼워진 게 아니냐는 의문을 제기하기도 한다.

(마) 변침설(항로 변경설)

변침(變針)이란 여객선이나 항공기 운항 등에서 주로 사용하는 전문용어로, 항로를 변경한다는 뜻이다. 일부 전문가들은 세월호가 급격한 변침으로 무게중심을 잃고 한쪽으로 쏠렸을 수도 있다고 보고 있다. 침몰한 세월호가 좌로 기울었다는 점도 이 같은 분석에 무게를 실어주고 있다.

임긍수 목포해양대 해양운송시스템학부 교수는 "세월호 여객선 참사 원인이 암초가 아닌 급선회에 따른 외방 경사로 추정된다"라고 밝혔다. 그는 유속이 빠른 해역에서 선박이 회전하게 되면 선체가 5~ 10도가량 기울게 되고 그 영향으로 선체에 실려 있던 컨테이너나 화물이 한쪽으로 쏠려 선박과 충돌했을 것으로 추정하였다.

이 설을 지지하는 전문가들은 사고 당시 발생한 '꽝' 소리는 결박된 화물들이 풀리면서 선박에 부딪혀 발생한 소리로 보고 있다. 이 설은 17일 해경이 긴급 브리핑에서 잠정 결론으로 발표한 견해이기도 하다. 그러나 세월호에 실려 있던 차량 블랙박스를 통해, 선체가 10초 만에 52도까지 급격하게 기울고 난 뒤에 차량이 움직이는 장면이 확인되면서, 변침이나 화물 쏠림으로는 물리적으로 불가능한 속도로 선체가 기우는 게 확인되었다.

또한, 2014년 국내 선박해양연구소의 모형항주실험을 통해, 2014년 당시 검찰이 주장했던 세월호 급변침은 일어나지 않는 것으로 연구 결과가 나왔지만, 4년간 은폐되었다가 2018년 3월이 되어서야 연구사실이 밝혀졌으며, 2018년 1월, 네덜란드에서 정부가 발표한 AIS 항적을 수백 번 실행했으나, 어떤 경우의 수를 두더라도 정부가 발표한 항적을 그리지 않았다.

(바) 내부 폭발설

공길영 한국해양대 교수와 임 교수는 이견을 보였다. 그는 "변침은 침몰의 1차적 사고 원인이 아니다. 배가 이미 기운 상태에서 변침을 시도했다면 문제가 된다"라며 "가능성이 작다"라고 했다. 그는 "조타 장치가 제대로 작동되지 않았다는 것은 두 가지 의미가 있다. 이미 기울어진 상황에서 조타 장치를 작동해 봐야 무용지물이다"라면서 "내부에서 폭발했을 가능성이 크다. 컨테이너에도 무엇이 실렸는지 봐야 한다"라고 말했다.

그는 암초설에 대해서는 해양 조사원들이 해도에, 항로에 있는 암초들을 기입해둘 뿐 아니라 승무원들도 그 항로에 익숙할 수밖에 없다며 암초에 의한 좌초 가능성을 일축하였다.

(사) 과적 및 선체 결함설

이 견해는 2014년 4월 19일 자 오전 10시경 부산일보와 그날 오후에 종편 방송사 JTBC에서 제기한 것이다. 부산일보 4월 19일 자 보도 상, 한국해운조합에 따르면 세월호는 4월 15일 출항 전 화물 657t, 차량 150대를 실었다고 조합에 보고서를 제출하였다. 그러나 실제 확인 결과 세월호는 화물 1천157t, 차량 180대를 싣고 있었기에 이는 화물은 무려 500t, 차량은 30대를 초과했다는 의혹을 제기했다. 곧 화물 500t 차량 30대 초과한 상태에서 밧줄로 제대로 묶지도 않았기에 선박 하중 조절 실패도 한 원인으로 작용했다는 견해이다.

한편 세월호에 얼마 전까지 근무했던 기관사는 먼저 선박이 회전할 때 균형을 잡아주는 선박 양 측면의 스태빌라이저가 결함이 있었다고 증언하였다. 스태빌라이저는 선박 측면에 날개 모양의 형태로, 선체의 안과 밖을 반복적으로 왕복한다. 급회전 시 이 스태빌라이저가 작동하지 않으면 배가 기울어져 버린다. 그런데 여기에는 전제조건이 있는데, 화물의 과적재이다.

이에 대해 청해진 해운 측은 과적재가 아니라고 주장했지만, JTBC는 이를 다음과 같이 반박한다. 세월호의 전체 중량은 6,825톤인데, 이것은 선박 자체, 화물, 승객, 연료 등의 무게를 모두 더한 수치다(만재배수톤수). 이 무게를 넘어서게 되면 과적이 돼 출항할 수 없는 것이 원칙이다. 세월호 배 자체의 무게는 3,031톤, 선사 측이 밝힌 화물과 승객 무게는 3,638톤이다. 모두 더하면 6,825톤을 넘지 않아 문제가 되지 않는 것으로 보이지만, 배의 연료와 평형수 등의 무게가 누락돼 있다는 것이다. 세월호 연료로 쓰인 벙커C유와 내부 발전용인 경유를 환산한 무게는 약 160톤으로 이를 더하면, 6,825톤을 넘어선다는 것이다.

윤종희 한국해양대 교수는 "모든 것을 실은 상태에서 거기 화물도 있고, 연료 · 물 · 선용품 음식 등 이런 거 다 있지 않습니까. 그런 종류도 다 포함돼요."라고 밝혔다. 이 부분에 대해서는 청해진 해운 측은 답변을 하지 않았다.

또한, 평형수 문제 역시 선박의 동적안정성을 저해할 수 있는 요인으로 거론된다. 승객들의 증언에 따르면, 세월호는 침몰하기 한 시간 전인 7시 40분경부터 이미 기울어져 가고 있었다고 한다. 이렇게 된 데는 이른 바, 평형수 탱크에 문제가 생겼기 때문이 아니냐는 주장이다. 평형수 탱크는 선박 가장 아랫부분에 위치하는데, 좌우 3개씩 모두 6개의 물탱크로 이루어져 있다. 평형수는 해수를 담아 배의 좌우 균형을 맞춰준다. 그런데, 최근까지 세월호에서 일했던 전직 선원의 진술은 다음과 같다. "물이 한쪽으로 실리는 경향이 있어요. 한 번 물을 딱 맞춰 놓으면 그대로 있어야 하는데…" 즉, 좌우 균형이 맞지 않았다는 것이다.

한편 JTBC는 평형수 시설이 2월에 수리하고, 안전 점검까지 받아 통과했지만, 그 이후에도 선원들은 전혀 고쳐진 바가 없다고 했다고 언급하였다. 또한, 스태빌라이저 역시 부품이 없어 수리받지 못했고. 적재된 컨테이너 역시 쇠줄이 아닌 밧줄로 묶여 있었다는 점도 지적하였다.

그러나 네티즌 '자로'의 다큐멘터리 '세월X'에 의하면 당시 세월호는 과적한 것이 사실이나 참사 당시보다 적게 실은 날이 단 4번뿐이었고, 3배 이상 과적하여 운항한 날도 있어 이 가설에 대해서는 논란이 있다.

(아) 느슨한 결박설

세월호 전 항해사 김모 씨는 4월 21일 자 JTBC 뉴스 9 손석희 앵커와의 대화에서 스태빌라이저나 평형수, 변침 등의 문제는 결정적인 문제가 아니라며, "침몰한 세월호는 결박을 제대로 안 했을 것"이라 했다. 또, 인천항 선박의 화물 결박을 현장에서 직접 담당하는 인천항운노조는 컨테이너 결박에 꼭 필요한 라싱바와 브릿지 피팅 같은 전문 장비가 세월호에는 처음부터 없었다고 밝혔다. 그 외에도 잠수함 충돌설 등이 있다.

(13) 책임론

승객들을 선박에 두고 1차 탈출한 선박직 승무원들에 대하여 사회 윤리적 책임이 거론되었다. 이러한 비판은 세월호 사고의 공학적 · 물리적 분석에 따른 직접 원인보다 근본 원인을 지적한다. 선박이라는 한 집단의 범위 내에서는, 선장 등 선박직 승무원들이 항해와 승객 구조임무 책임을 지닌 리더인데, 그들의 리더십 부재가 세월호의 침몰을 가져왔다는 것이다.

몇 가지 근거로, 충분한 탈출 가능 시간이 있었음에도(약 2시간) 승객들에게 "움직이면 위험하니 가만히 있으라"라는 방송과 해경에 구조요청을 하는 것 외에는 별다른 시기적절한 유효 조치가 없었다는 점, 오히려 구명조끼를 착용한 뒤 탈출을 시도했던 승객들이 생존율이 높았다는 점, 선장 이준석 등 선박직 승무원들이 승객들을 뒤로하고 1차 탈출했다는 점을 든다.

따라서 이 분석은 인명피해를 최소화할 수 있었던 문제가 리더들의 판단 착오와 책임감 부재로 인재(人災)가 되었음을 지적한다. 구원파와 밀접하게 연관되어 있다. 청해진 해운 직원 대부분이 구원파 신도들이다. 한편, 세월호 선원들이 침몰 사고 직전 자신들만 아는 통로를 이용해 배에서 탈출했다는 정황이 드러났다. 2014년 4월 17일 오후 9시에 인천항에서 청해진 해운 대표 김한식 대표가 나와 대국민 사과를 하였다.

세월호와 대한민국 사회를 유비추론한 사회 전반의 책임론이 대두된다. 조선일보 이종현 기자는 "침몰하는 세월호는 한국 사회의 축소판"이라며, 세월호의 핵심 승무원들이 승객들을 남겨 두고 먼저 탈출하는 모습을 위기에 처하면 몰래 빠져나가는 재벌 회장, 국회의원 같은 한국 사회지도층의 모습과 닮은꼴이라고 지적했다. 실종자 가족들이 해경과 해군을 믿지 못하고 민간 잠수부 투입을 강하게 요구했다는 점, 해경이 민간 잠수부 투입을 막고 조롱했다는 근거 없는 이야기가 정부의 공식 발표보다 더 힘을 얻는 상황이 반복된다는 점에서 이는 정부 스스로 권위와 신뢰를 잃은 결과라 지적했다.

(14) 반응 및 여파

(가) 대한민국 내외의 반응 : 외상 후 스트레스 장애(PTSD)

구조된 생존자들 대부분은 병원들로 이송되었다. 생존자를 진찰한 의사는 "이송된 환자들이 심한 외상 후 스트레스 장애, 즉 트라우마로 한동안 멍한 상태가 이어졌다"라면서 "정신 검진과 스트레스 정도를 파악해 치료할 계획"이라고 말했다. 생존자 이외에도 주변인이나 구조인력에서도 나타날 수 있다는 지적이 있으며, 보건복지부는 사고 당일 5명으로 구성된 심리치료팀을 생존자들이 입원한 안산 구로병원에 보내 심리 지원을 시작했으며, 17일에는 여성가족부와 교육부, 소방방재청, 경기도 등과 함께 '중앙재해 심리지원단'을 꾸려 진도 사고 현장에 내려보냈다.

(나) 자살

4월 18일 오후 4시 5분경, 수학여행 인솔자로 갔다가 사고를 당하고 구조된 안산 단원고등학교 강민규 교감이 전남 진도체육관 뒤편 야산에서 목을 매 숨진 채 발견되었다. 교감의 지갑에서는 유서가 발견되었다.

유서에는 "200명의 생사를 알 수 없는데 혼자 살기에는 힘이 벅차다. 나에게 모든 책임을 지워달라. 내가 수학여행을 추진했다"라며 시신은 화장한 뒤 사고 해역에 뿌려 달라는 내용이 담겨 있다. 이어 "시신을 찾지 못하는 녀석들과 함께 저승에서도 선생을 할까"라는 내용도 적혀 있었다.

자살 원인 중 하나로 추정되는 것이 있다. 그는 학생들을 남겨두고 구조된 것에 대해 주위에 "나만 혼자 빠져나온 것 같아 괴롭다"라고 호소했으며, 그런 가운데 여객선 침몰로 사망하거나 실종된 단원고 학생 학부모들로부터 "왜 당신만 살아 돌아왔느냐"라는 등 강한 질타를 받은 것으로 알려졌다.

5월 30일 오전 4시 57분께 화랑유원지 내 주차장에서 A 씨가 나무에 목을 매 숨져 있는 것을 행인이 발견, 경찰에 신고했다. A 씨는 세월호 참사 희생자 유족은 아닌 것으로 확인됐으며 숨진 A 씨의 바지 뒷주머니에서 편지지 1장 분량의 유서가 발견됐다. 경찰은 A 씨가 남긴 유서에 '세월호로 숨진 학생들을 추모한다. 어른이어서 미안하다. 지갑에 든 돈(70여만 원)을 유족들을 위한 성금으로 써달라. 시신은 기증하겠다'라는 등의 내용이 적혀 있었다고 전했다.

7월 5일 전남 진도경찰서에 따르면 이날 오전 9시 58분께 진도군 군내면 신기리 무조리 선착장 앞 해상에서 진도경찰서 소속 김모 경위의 시신이 물에 떠 있는 것을 수색에 나선 어민이 발견해 경찰에 신고했다. 그는 지난 달인 6월 26일 오후 9시 26분께 진도군 진도읍 진도대교에서 투신했다. 김모 경위는 참사 이후 투신 전까지 팽목항과 진도실내체육관에서 지원업무를 해 왔으며 업무 피로와 승진 등의 문제로 극심한 스트레스를 호소한 것으로 알려졌다.

(다) 자살 기도

4월 21일 오전 11시 40분경, 참고인 신분이었던 세월호 기관사 손모(58)가 자살을 기도했으나 동료와 모텔 직원의 신고로 구조되어 생명에는 지장이 없었다. 5월 9일 오후 5시 50분쯤 경기 안산 단원고 학생의 어머니가 집에서 쓰러진 채 발견돼 병원으로 옮겨졌다. 고대 안산병원 관계자는 "A 씨는 약물을 과다복용한 것으로 추정된다"라며 "다행히 환자가 신속히 병원으로 옮겨져 목숨을 건질 수 있었다"라고 말했다.

11일 안산 단원경찰서에 따르면 이날 새벽 1시 40분께 정부 합동분향소 유가족 대기실 인근에서 서모 씨가 자살을 시도하려다 출동한 경찰이 발견해 무사히 가족에게 인계됐다. 경찰은 서 씨가 연락이 안 된다는 신고를 받고 수색을 벌이던 중 유가족 대기실 뒤편에서 허리띠를 풀어 목을 매 자살을 시도하려는 서 씨를 발견했다. 서 씨는 가족과 함께 귀가 조처됐으며, 생명에는 지장이 없는 것으로 알려졌다.

(라) 구조인력 인명피해

범정부사고대책본부는 4월 27일 오전 진도군청에서 정례 브리핑을 열고 수색 지점의 수심이 깊어지면서 잠수병 증상을 호소하는 대원들도 늘고 있어 잠수사 1명당 1일 투입 횟수를 최소화하고 휴식을 안배하며 작업하고 있다고 설명했다.

5월 1일, 오전 1시 15분께 민간 잠수사 김모(40) 씨가 경상남도 사천시의 삼천포서울병원 고압산소치료센터로 긴급 후송돼 치료받고 있다. 김 씨는 전날 오후 전남 진도 해역에서 세월호 수중 수색작업을 마치고 나서 바지선 위 감압 챔버에서 의식을 잃은 것으로 알려졌다. 그는 응급조치를 받고 의식은 회복했지만, 극심한 두통 등 잠수병 증세가 심각해 삼천포서울병원으로 옮겨졌다. 병원 측은 곧바로 고압산소치료센터에서 수심 40~50m 정도의 환경인 6대기압으로 김 씨를 4시간 50분 동안 치료했다. 치료를 받은 김 씨는 두통이 완화되는 등 상태가 호전됐으나 골반 통증 등을 호소해 잠수병 관련 정밀검사를 받을 예정이다. 이 같은 일은 2일, 14일, 17일에도 여러 번 발생하였다.

5월 6일, 사고 현장에서 수색작업 중이던 이 모(잠수사) 씨는 새벽 6시께 유속이 약해지는 정조 시간에 맞춰 사고 해역에서 선체 수색작업을 벌이던 중, 5분 만에 교신이 끊겨 다른 잠수부들에 의해 구조됐으나 의식이 없는 상태에서 헬기로 목포 한국병원으로 이송됐으나 끝내 숨졌다. 병원 측은 7시10분께 환자가 이송되어 왔는데 상태가 워낙 좋지 않아 심폐소생술을 실시했으나 결국 숨을 거뒀다고 전했다. 범정부사고대책본부에 따르면 이날 사망한 민간 잠수사 이 모 씨는 마린 인더스트리 측이 임시로 고용한 잠수사로, 희생자 수습 작업에는 이날 처음 투입됐으며, 호흡곤란 증세를 보였다고 한다.

5월 7일 오후 8시 20분께 세월호 침몰 해역에서 대기 중인 목포해양경찰서 3009함에서 해양경찰청 인천항공대 소속 정 모 경사가 쓰러져 의식 불명에 빠졌다. 정 경사는 지난 6일 오전부터 인천에서 24시간 근무를 한 뒤 휴식을 취하지 못하고 곧바로 세월호 사고 현장에 투입, 수색작업에 나선 것으로 알려졌다. 정 경사는 이날 오후 8시 20분 교대 근무를 마친 뒤 어지럼증을 호소했으며 혈압 수치도 높게 나온 것으로 전해졌다. 그는 뇌출혈 진단을 받고 4시간 동안 응급수술을 받았으며, 수술 후 의식을 회복했지만 2주일 정도 진행 경과를 지켜봐야 하는 것으로 알려졌다.

이처럼 잠수사들의 인명피해가 빈발하자 범정부사고대책본부는 5월 19일 "바지선에 기존 물리치료사 3명 외에 7명을 추가로 배치할 계획"이라며 "의료지원 강화를 위해 침술 치료를 할 수 있도록 한의사를 추가 배치하는 방안도 검토할 계획"이라고 19일 밝혔다.

5월 21일 해경에 따르면 이날 오전 10시 50분께 전남 진도 사고 해역에서 수색작업 중이던 이 모 경장이 허리에 부상을 입어 병원으로 옮겨졌다. 5월 30일 선체 절단 작업에 투입된 민간 잠수사 1명이 숨졌다. 잠수사 이 씨는 4층 선미 외판 절개를 하기 위해 이날 오후 1시 50분께 입수했다. 이어 2시 20분께 이 씨가 작업을 하던 부근에서 충격음이 들렸고 이 씨는 얼굴 등에 피를 흘린 채 다른 잠수사에 의해 20여 분 만인 2시 40분께 구조됐다. 현장에서 응급치료받은 이 씨는 인근에 있던 헬기에 의해 목포의 한 병원으로 옮겨져 심폐소생술 등을 받았지만 숨졌다.

해경은 6월 17일 낮 12시 40분께 사고 해역 인근에서 수색 지원 중이던 해경 대원 진 모 씨가 3000톤급 해경 3011함에서 1512함 소속 단정으로 이동 중, 사다리에서 떨어지며 단정 의자에 옆구리를 부딪쳤다고 밝혔다. 진 씨는 목포 한국병원으로 이송돼 '갈비뼈 3개 골절'이라는 진단을 받고 치료 중이다.

경남 사천시에 있는 삼천포서울병원은 세월호 구조 수색작업에 나섰던 민간 잠수사 13명이 잠수병 증상으로 입원해 치료받고 있다고 7월 13일 밝혔다. 지난 7월 10일과 11일 언딘 소속 김 모(31) 씨 등 11명과 해경 소속 백 모(39) 씨 등 3명이 피로 누적과 두통, 전신 통증을 호소해 이 중 13명이 입원했다. 특히 김 씨는 급성 경추 디스크 증상으로 수술했다.

(마) 구조인력 · 장비 조정

6월 29일 범정부사고대책본부 관계자에 따르면 해경 · 해군 관계자 등이 지난 21일 수중탐색 협조 회의에서 오는 7월 15일까지를 목표로 수중탐색 기간을 연장하고 추가 연장 여부는 유가족 반응과 탐색 결과를 고려해 결정하기로 했다.

또한 장기 수색에 지친 해군 잠수사들의 피로도를 줄이기 위해 투입 잠수사 수를 7월 1일부터 현재의 3분의 2 수준으로 줄이고, 15일 이후에는 현재 기준 2분의 1 수준으로 대폭 줄인다는 내부 방안이 제시됐다. 이 계획대로라면 다음 달 1일부터 해군 SSU 잠수사가 현재 109명에서 70여 명으로, UDT 잠수사가 현재 89명에서 60여 명으로, 총 198명에서 160여 명으로 줄어든다. 7월 15일부터는 현재의 절반가량인 100여 명의 잠수사가 현장을 지킬 것으로 예상된다.

내부 계획에는 또 물살이 거센 대조기, 중조기에는 잠수사들을 전원 철수시켜 휴식을 취하게 하는 방안이 제시됐다. 현재는 대조기, 중조기에도 조류의 흐름을 지켜보며 현장 바지에서 대기하도록 하고 있다. 장비 지원도 줄어들 전망인데, 우선 독도함은 정비와 훈련 참가를 이유로 다음 달 15일께에는 진도 해역을 떠나 진해 지역으로 복귀할 예정이다. 또 실종자 감소로 현장구조지휘본부 역할이 감소했다며 지휘본부 인원도 현재 28명에서 18명으로 줄여 해군 3함대 사령부로 이관할 계획이다. 애초 합동구조팀은 1차 정밀 수색이 끝나는 이달 30일 이후에는 해군, 해경, 민간이 각각 맡았던 수색 구역을 교대해 다시 정밀 수색을 하겠다고 밝혔다.

(바) 스미싱 발생

세월호 침몰 사고 뉴스를 전하는 내용으로 위장한 스미싱이 발생하였다. 미래창조과학부와 한국인터넷진흥원은 18일 세월호 사고를 사칭한 스미싱 문자가 추가로 발송되고 있는 것을 확인하고, 스미싱 문자와 연결된 악성 애플리케이션 유포지를 차단 조치했다고 밝혔다.

(사) 각 교육청 조치

경기도교육청은 2014학년도 1학기에 예정된 소재 각 학교의 현장 체험학습을 보류하였다고 밝혔다. 서울특별시교육청은 시내 모든 초, 중고등학교에 현재 계획 중인 수학여행 등 현장 체험학습의 안전 상황을 재점검하고 안전에 우려가 있으면 즉각 취소하라고 지시했다. 그리고 18일, 공식 보도 자료로 '수학여행 수련 활동 및 청소년 단체 활동 학생 안전사고 예방 안내'(2014.4.16.) 공문에 4월 21일 실시 예정인 관내 학교 6개교(초 5, 고 1)의 제주행 수학여행을 취소 및 보류하였다고 하였다.

대전광역시교육청은 안전이 담보되지 않은 행사는 학교 구성원의 사전협의에 따라 일정을 조정할 것을 권고했다고 밝혔다. 이에 따라 5월 중 수학여행이 예정되어 있던 서대전고등학교와 서일여자고등학교가 일정을 전면 취소했다.

(아) 기름 유출

19일 해양경찰청에 따르면 세월호는 벙커C유 120㎘, 경유 50㎘가 적재된 상태로 침몰하였다. 이에 대한 여파로 기름이 유출된 것으로 보인다. 18일 오전까지는 세월호 주변 100m 반경에 엷은 유막이 형성됐지만 하루 만에 훨씬 짙은 기름띠로 변했다.

(15) 논란

(가) 세월호의 의인들

세월호 승무원 박○○(23)은 학생들에게 구명조끼를 양보하며 탈출을 도우며, 배에 끝까지 남아있다가 결국 사망하였다. 생존자인 학생의 인터뷰에 따르면 "배가 기울면서 3층에서 난간을 붙잡고 있었는데, 승무원 누나가 뛰어내리라고 해 바다로 뛰어내려 목숨을 구했다. 당시 10명이 함께 있었는데 구명조끼가 모자라 승무원 누나가 학생들에게 조끼를 양보했다."라고 전했다. 또 그는 "누나는 왜 조끼를 입지 않느냐."라고 묻자 "너희들 다 구하고 나도 따라가겠다."라고 답하였다고 전했다. 덕분에 그와 함께 있었던 학생들은 모두 구조되었다고 전해진다. 그 외에도 선원으로서 의무를 다 하다가 실종된 선원은 더 있었다.

세월호 사무장 양○○(46)은 아내와 나눈 전화 통화에서 "배가 많이 기울어져 있어. 수협 통장에 돈이 있으니까 아이 등록금으로 써."라고 말했다. 아내가 "지금 상황이 어떠냐."라고 묻자, 양 사무장은 '지금 아이들 구하러 가야 해. 길게 통화 못 해. 끊어.'라는 마지막 말을 남겼다고 한다. 또, 결혼을 앞둔 사이였던 세월호 아르바이트생 김○○(28) 씨와 사무직 승무원 정○○(28) 씨도 사고 당시 학생들의 구조를 돕고 선내에 남아있는 승객들을 구하러 들어갔다가 숨졌다.

단원고등학교 2학년 6반 담임교사 남○○(36)은 16일 오전 10시쯤, 선실 비상구 근처에 있어 탈출이 가능한 위치에 있었음에도 학생들을 찾아다니며 구명조끼를 나누어주는 등 대피를 돕다 사망하였다. 2학년 5반 담임교사 이○○(33)은 난간에 매달려 있는 제자들의 탈출을 돕다가 실종되었고, 체육 교사 고○○(43)도 제자에게 구명조끼를 양보하고 탈출을 돕다가 본인은 나오지 못했다. 최○○ 교사도 사고 상황 속에서 SNS 메시지를 통해 학생들에게 "걱정하지 마, 너희부터 나가고 선생님 나갈게"라고 말하며 학생들을 구출하였다. 이후 그녀는 탈출하지 못하고 사망하였다. 교사 김○○ 역시 탈출하지 못하고 사망하였다.

구조된 후 자살한 교감 강○○(52)은 앞장서 출입구를 열고 올라가 "너희 거기 있으면 다 죽는다. 힘이 들더라도 여기로 올라와야 한다."라고 소리를 지르며 대학생 일행의 탈출을 도왔고, 먼저 구조될 수 있었음에도 "빨리 나와라. 이쪽으로 와라.""라고 외치며 끝까지 학생들을 구하다 나중에야 배에서 빠져나왔다.

단원고등학교 학생 정○○(18)은 아수라장이 된 선실에서 구명조끼를 친구에게 건네주고, 물이 찬 선실에 갇힌 친구들을 구하며 물속으로 뛰어들었고 끝내 사망하였다. 단원고등학교 학생 양○○ 역시 침몰 직후 갑판으로 나와 구조될 수 있었으나 선실에 남아있는 친구들을 구하기 위해 구명조끼를 입지 않은 채 다시 물이 차오르는 선실로 들어갔고 끝내 나오지 못한 채 사망하였다. 단원고등학교 학생 조○○은 배가 기울자, 여학생 방을 찾아 구명조끼를 나눠주며 대피하라고 알리고 여학생을 직접 끌고 올라오는 등 20여 명을 구해냈다. 단원고등학교 학생 박○○ 역시 울고 있던 어린아이를 급히 업고 구명보트에 뛰어올라 둘 다 생환할 수 있었다. 박 군은 "나도 네 살 때 아버지가 돌아가셨다."라며 "부모를 찾으며 울고 있는 아이를 두고 먼저 나올 수는 없었다."라고 말했다.

배관 설비사 김○○(59)은 제주도에 있는 건축회사에 첫 출근을 하던 중 사고를 겪었다. 그는 배가 기울어지던 30여 분 동안 주변 사람들과 함께 소방호스와 커튼을 묶어 선박 1층에 있던 학생 20여 명을 6~7m가량의 위층 난간으로 올려주었고 그 자신을 포함하여 이들은 모두 생환하였다. 그는, 그 사이에 1층에는 물이 가득 차는 바람에 더 많은 학생을 구하지 못해 안타깝다고 밝혔다. 화물 운전기사 김○○(50)은 사고 당시 여객선 3층 화물 운송 기사 전용 객실에서 동료 기사들과 함께 있었다. 그는 배가 기울자, 일반 객실이 몰린 4층으로 이동해 호스와 밧줄을 던져 10여 명의 사람들을 구하고 생환하였다. 특히, 그가 구한 이들 가운데는 가족들과 함께 제주도로 이사를 가다가 사고를 당한 어린이 권○○(6, 여)도 포함되었던 것으로 알려져 있다.

(나) 의사자 지정

보건복지부는 5월 12일 '2014년도 제3차 의사상자심사위원회'를 열어 세월호 사고로 숨진 승무원 박○○(22 · 여), 김○○(28), 정○○(28 · 여) 씨 등 3명을 의사자로 인정하였다.

인천광역시는 5월 23일 세월호 사무장 양○○ 씨를 의사자로 지정해달라며, 유족의 동의를 얻은 뒤 목격자 진술, 필요 서류 등을 갖춰 이날 오후 보건복지부에 신청서를 제출하였다. 시의 한 관계자는 "신청을 위해 필요한 자료를 모두 갖췄다"라며 "복지부에서 결정할 사안이지만 국민적 여론이나 언론보도 내용 등을 고려할 때 의사자 인정이 가능하지 않을까 생각한다"라고 말했다. 양 사무장은 세월호 고위 승무원 가운데 유일하게 탈출하지 않고 마지막까지 승객 구조를 위해 배를 지키다가 끝내 숨져 안타까움을 더했다.

사고 초기부터 이들 '살신성인' 교사들을 의사자로 지정해달라는 누리꾼들의 청원이 이어지고 있지만 '의사자' 신청은 유보된 것으로 확인됐다. 하지만 교사 유가족들은 '순직' 처리를 통해 국가 유공자로 등록되는 것을 우선으로 추진하는 것으로 알려졌다. '타인의 생명을 구하기 위해 애쓰다 숨졌다'라는 점을 입증해 의사자로 등록하기보다는 국가공무원으로서 공무수행 중 희생당했다는 점을 인정받는 것이 용이해 이 같은 방향으로 추진 중으로 전해졌다. 모든 교사가 공무상 사망을 인정받을 수 있는 건 아니다.

그러나 이번 사고로 희생되거나 실종된 교원 12명 중 기간제 교사인 2명은 공무원이 아니며, 이들은 공무원연금관리공단의 '공무상 사망' 인정을 받을 수 있는 자격이 못 된다. 한편 유가족 대책위는 '세월호 특별법'에 단원고 교사와 학생들을 전원 의사자로 지정하는 방안을 추진했던 것으로 알려졌으나 이 또한 의견이 나뉘어 아직 확정되지 않은 것으로 확인됐다.

(다) 세월X

일반인 신분인 네티즌 '자로'는 세월호 참사를 직접 수사하여 세월호에 대한 의문들을 담아낸 다큐멘터리 '세월X'를 유튜브에 업로드하여 공개하였다. 세월X는 8시간 49분짜리 필리버스터 다큐멘터리로, 현재 정부에서 공개한 세월호 참사 원인에 대해 반박하였다. 또한, 자로는 세월X를 통해 모든 과학적 증거를 이용해 세월호는 외력에 의해 침몰하였다고 주장하였다.

5.2. 1987년 도냐 파즈호 침몰 사고

(1) 사건 개요

1987년 12월 20일 밤에 벌어진 필리핀 국적 여객선 '도냐 파즈호'와 같은 필리핀 국적의 유조선인 '벡터호'가 충돌한 해상사고로, 무려 4,375명이 사망한 엄청난 참사라 인류 역사상 최악의 여객선 침몰 사고로 손꼽힌다. 인재로 분류되는 해난사고 중 사망자 숫자 1위이자 비전시 상황에서 일어난 선박사고 사망자 수 1위이다. 사망자 수 2위인 캉야호 침몰 사고의 2,750명(최소 추정치)과 압도적인 차이가 난다.

1963년 일본의 오노미치조선소에서 만들어져 일본의 류큐해운(琉球海運)에서 굴리던 배로, 일본에서 활약할 때 이름은 히메유리마루호였다. 1975년 필리핀에 팔렸으며 처음 만들어질 당시 탑승 가능 인원은 608명이었다.

필리핀에서 처음 지은 이름은 '돈 술리피치오'호였고 개조를 거치며 탑승 가능 인원이 초기 설계의 두 배에 가까운 1,189명이 되었다. 1979년 6월 5일, 돈 술리피치오호는 승객 1,164명을 태우고 가던 길에 화재가 일어나 반파되었으나 기적적으로 승객 및 승무원이 단 1명도 죽지 않고 모두 구조되었다. 이 배를 그대로 건져 올려 고쳐서 '도냐 파즈'호로 개칭, 탑승 인원 1,450명으로 개조하여 1981년부터 재운항했다.

그러나 지옥 같은 사건이 벌어지던 그날은 정원의 3배, 진수 때의 7배가 넘는 4,388명이 승선하였다. 바로 도냐 파즈호의 소유주인 술피치오 선박회사가 불법으로 암암리에 표를 계속 팔았기 때문이었다.

1987년 12월 20일. 도냐 파즈호는 수도 마닐라에서 크리스마스 휴가를 보내려는 승객들을 한 배 가득 싣고 레이테섬을 떠나 마닐라로 향하던 중이었다. 대다수의 승객이 잠을 자고 있던 오후 10시 30분, 약 8,800톤의 가솔린을 적재한 유조선 벡터호가 도냐 파즈호와 충돌하며 폭발했다. 벡터호에 실려 있던 가솔린이 새어 나오며 불이 붙어 화재가 발생했고 벡터호와 도냐 파즈호는 이내 화염에 휩쓸렸다. 근처 바닷물까지 화염 때문에 부글부글 끓어올랐고, 결국 모두가 즐거워야 할 크리스마스 주간 여행은 생지옥이 되고 말았다.

1987년 12월 22일 자 MBC 뉴스 보도에서는 애초 밝힌 1493명의 승선 인원에는 60명의 승무원이 빠져 있었다고 발표함으로써 침몰 당시 사고 선박에는 최소한 1,553명이 타고 있었던 것으로 집계됐습니다. 라고 나온다. KBS 9시 뉴스에도 비슷한 내용이 나왔다. 하지만, 이후에 최대 탑승 인원의 3배에 달하는 4,388명이 탔다는 불편한 진실이 드러났다.

사람이 이리도 많았던 이유는 대충 구석에 틀어박혀 잠을 자는 입석표가 무척 값이 쌌기 때문이었다. 비행기나 안전 운행을 하는 다른 배의 삯과 비교할 수 없었기에 가난한 서민들이 엄청나게 몰렸으므로 사망자 대다수가 필리핀인이었다. 당시 승선객이 하도 많아서 타길 포기해 목숨을 구한 몇몇 관광객도 있었다. 그곳에는 일본인 관광객 5명 등 몇몇 외국인 관광객도 탑승했다.

(2) 사고 원인

불바다에 다이너마이트를 가득 싣고 들어가는 자살행위나 마찬가지였던 운행 정황이 속속히 드러났다. 구명조끼가 들어 있던 사물함에는 자물쇠가 채워져 있었다. 선장은 개인 선실에서 TV로 포르노 영상을 보고 있었다. 다른 승무원들은 맥주를 마시며 TV를 보다가 배가 침몰하자 우왕좌왕하고 아무런 대처를 하지 못해서 사망했다. 배 모니터를 지키던 선원은 수습 선원 한 명뿐이었다.

폭발이 일어나자 놀란 몇몇 선원은 아무런 말도 없이 전원을 내렸다. 그야말로 암흑천지가 되어버리자, 사람들은 도무지 어디로 나갈지 몰라 어둠 속에서 우왕좌왕했다. 폭발과 함께 화재가 발생하자 놀라 마구 나가다가 압사당하는 이들도 속출했다. 겨우 문을 열고 바깥으로 나왔건만 구명정도 제대로 없었다. 승객들 일부가 불타는 바다 위로 뛰어내렸으나 기름이 붙은 바다는 유황불을 방불케 했다. 결국 사람들은 배에서 타죽거나 뜨거운 물에 빠져 즉사했다. 거기다가 당시 바다에 상어가 가득했다. 도냐 파즈호와 충돌한 벡터호는 운항 허가도 받지 않았고 자격을 갖춘 선원조차 없었다.

이러다 보니 당시 외신들은 이런 상황에서도 생존자가 있다는 게 기적이라고 할 정도였다. 사진에서 유가족들의 분노를 느낄 수 있는데, 현수막에 '이런 일은 결코 다시는 일어나선 안 된다'와 '아키노 대통령, 정의를 보여달라'라는 문구가 적혀 있다.

도냐 파즈호에서는 4,388명 중 단 24명(비율상으로 따지면 겨우 0.55%), 벡터호에서는 13명 가운데 2명만 살아남았다. 모두 4,375명 사망. 그리고 생존자 모두 지독한 중화상을 입었다. 20세기, 아니 인류 역사상 벌어진 여객선 침몰 사고에서 사망자가 가장 많은 참극으로 손꼽힌다. 사망자 수가 더 많은 빌헬름 구스틀로프 사건이나 우키시마호 사건 같은 참극도 있지만 전시 상황에서 벌어진 인재였다. 도냐 파즈호 사건은 비전시 상황에서 가장 사상자가 많이 생긴 참극이다.

더 큰 비극은 이 바다에는 상어가 가득하다는 점이었다. 사건 이후 상어들이 몰려와 죽은 시체들을 먹어 치우기 시작하여 수색에 나선 수색대는 총으로 상어를 쏘면서 시체들을 인양해야 했다고 한다. 당시 현장에 있던 이들의 증언에 의하면 시체들은 화상으로 훼손이 심했고, 화상을 입지 않아도 펄펄 끓는 물에 죽은 시체가 가득했다고 한다.

생존자들이 증언하길 당시 어둠 속에 겨우 바깥으로 나와도 구명정도 아무것도 없이 그저 바다에 뛰어들었지만, 유조선이 폭발하면서 가솔린이 근처 바다를 뒤엎어 불바다가 되어버린 불지옥이었다고 치를 떨었다. 생존자 증언을 들어보면 바다에서 사람이 타죽는 걸 봐 가면서 물 속으로 들어가며 그저 무조건 헤엄쳤는데 물속이 펄펄 끓어서 팔이고 얼굴이고 타 들어가는 고통이 가득했다고 한다. 그렇게 헤엄쳐서 겨우 파편이고 뭐고 올라가서 살아남았지만 그대로 기절하여 나중에 병원에서 눈을 뜨니 온몸이 화상투성이였지만 의사들이 그래도 살아남은 게 기적이라는 말부터 했다고 한다.

(3) 사건의 여파

벡터호나 도냐 파즈호나 선장 및 승무원들이 거의 죽은 탓에 두 선박업체와 감사에 소홀히 한 정부 기관에 책임 소재를 묻는 비난이 쏟아졌다. 사건 현장에서 벡터호 승무원 2명은 살아남았지만, 그들도 중화상을 입은 채 사실상 죽었다가 살아난 상태였고, 땜질로 고용된 가난한 임시직 승무원들이라 이들을 탓할 수도 없었다.

그야말로 필리핀 건국 이래 최악의 대참사인지라 당시 코라손 아키노 대통령은 대국민 사과방송을 해야 했고 보상금으로 부랴부랴 2,500만 페소(2010년대 미국 달러로 55만 달러)가 편성되었다. 필리핀에선 큰 액수이지만 보상금이라고 하기에는 턱도 없이 부족한 돈이었으니 불만이 터져 나왔다.

결국 슐피치오와 벡터호 소유주이자 세계 굴지의 정유 회사인 칼텍스 그룹에 소송이 제기되었다. 피해자들은 무려 12년이나 지난 1999년에서야 승소했다. 공교롭게도 2014년 4월 16일 벌어진 한국 청해진 해운 세월호 침몰 사고와 여러모로 비슷하다. 둘 다 일본산 배였고 적어도 대처를 잘했더라면 피해를 줄일 수 있음에도 선장과 선원들의 막가파식 대처로 터무니없이 사망자가 늘어난 인재이다.

그래도 청해진 해운 세월호 침몰 사고는 늦게나마 한 단원고 학생이 해양경찰청에 조난 신고를 한 덕분에 172명을 구조했으니 도냐 파즈호 침몰 사고보다는 사정이 나은 편이다. 또 다른 차이점이라면 도냐 파즈호의 선장과 승무원들은 배와 함께 사망했다는 정도다. 그런데 이걸 반대로 생각해 보면 세월호 주요 승무원들은 다른 승무원들과 승객들을 내팽개치고 자기들끼리만 최우선으로 탈출하여 살아남았다는 점이다.

2009년 내셔널 지오그래픽에서 만든 세계 해난사고를 다룬 다큐멘터리에선 이 사건을 재현했다. 위에 도냐 파즈 닷컴에도 올라왔다. 세계 4번째 인재 해난사고이자 2번째 과적 사망자 해난사고이자 아프리카의 코스타 콩코르디아호 좌초 사고로 일컬어지는 르 줄라호 침몰 사고도 있다. 고장난 배를 대충 고치고 과적했다가 일어난 참사로 도냐 파즈호랑 똑같은 안전불감증 대참사이다.

5.3. 2015년 둥팡즈싱호 침몰 사고

(1) 사건 개요

2015년 6월 1일 저녁 9시 30분경 여객선 둥팡즈싱호가 중국 양쯔강에서 456명의 승객을 태운 채 운항하다 강한 바람을 맞아 침몰한 사건이다. 이 사고로 침몰한 둥팡즈싱호는 난징을 출발해 충칭으로 향하던 도중 양쯔강 중류 후베이성 젠리현 부근에서 침몰했는데, 먼저 탈출한 선장과 1등 기관사의 말로는 강한 바람을 맞아 급속도로 침몰하였다고 진술했다고 한다.

1994년 2월 건조된 이 배의 길이는 76.5m, 폭은 11m 등으로 정원은 534명이다. 이 배는 교통부가 '부급 문명선'으로 평가한 호화유람선이며 1967년 설립된 국유기업으로 창장 일대에서 사고 배를 비롯해 5척의 유람선을 운행하고 있는 충칭동방륜선 공사 소속이다.

사건 당시 회오리바람 등으로 인해 배가 견디지 못하고 침몰한 것으로 알려져 있으며 리커창 총리, 마카이 부총리, 양징 국무위원 등과 함께 사고 현장으로 달려가 구조작업을 지휘하고 있다. 중국 당국은 10여 척의 배를 동원해 사고 수역 주변을 수색하는 동시에 정확한 사고 원인을 조사하고 있으며 사고수역은 젠리현 신저우(新洲)항에서 4km 떨어진 지점으로 해사, 공안, 교통, 무장경찰, 의료인력 등이 신저우항에 연합지휘부를 설치하고 구조작업을 펴고 있다.

6월 2일 16시 기점으로 12명이 구조되었다고 하는데, 현지 기상 사정이 좋지 않은데 더해서 침몰 지점의 물이 탁하고 물살이 거센 탓에 생존자 수색에 난항을 겪고 있다고 한다. 또한 사고가 한밤중에 발생한 데다가 승객 대부분이 단체 관광객이었고, 연령대도 70~80대의 고령자가 많아 피해가 크다고 한다. 6월 3일 사망자 수가 38명으로 늘어났다. 6월 5일 중국 당국은 더 이상의 생존자가 없을 것으로 판단, 선체 인양을 결정했다. 6월 5일 인양을 완료하였으며, 선체 내부를 7시간 동안 최종적으로 수색하고 마무리할 것이라고 밝혔다.

6월 6일 침몰한 선체에 대한 수색작업이 완료되면서 침몰 후 약 5일 만에 탑승객 456명 중 442명이 사망, 실종된 대참사로 결론지어졌다. 희생자들의 넋을 위로하는 추모가 잇따르고 있으며, 양쯔강 일대에서의 실종자 수색작업, 관계자 조사, 희생자에 대한 보상 등이 협의되고 있다.

6월 13일 오후 11시경(중국 현지 시각 기준) 드디어 실종자를 모두 수습했다. 그런데, 탑승 인원수가 456명에서 454명으로 줄었고, 구조자 수도 역시 14명에서 12명으로 줄었다. 3개월 뒤에 필리핀에서 이와 유사한 사건이 발생했다.

(2) 사고 원인 및 문제점

중국 정부는 사고를 아직 조사 중이지만, 선원들의 말에 따르면, 급작스러운 강풍, 사이클론을 만나 배가 전복되었다고 진술하였다고 한다. 둥팡즈싱호는 연안 여객선이기 때문에 블랙박스와 자동경보장치 탑재가 의무였다.

그러나 양쯔강 해사국의 발표에 따르면 해당 여객선은 자동경보장치를 탑재하지 않은 채 운항을 하여 침몰 당시 주변 선박에 경보가 알려지지 않았다. 그 때문에 중국 당국이 사고 사실을 인지한 것은 침몰 당시 탈출한 승객 우젠창 씨가 인근 어선에 구조되고 침몰을 신고한 시점으로, 침몰 후 몇 시간이 지난 상태라 구조가 늦어졌다.

또한, 인양된 선체에 대한 최후 수색에도 불구하고 블랙박스가 발견되지 않았다고 한다. 이에 따라 훼손된 선체 및 선장과 기관장을 포함한 생환자 14명의 증언, 선박회사 및 관계자에 대한 조사 이외에는 사고를 규명할 방법이 없게 되었다. 사고 원인을 객관적이고 공정하게 규명할 수 있을지에 대한 의문의 목소리가 높다.

또한, 6월 6일 침몰선 최종 수색 이후(20:00) 발표에 따라 이번 둥팡즈싱 호의 총탑승객 456명 중 구조자는 14명, 사망자는 406명, 실종자는 36명으로 집계되었다. 아직 양쯔강 하류까지 수색 범위를 확대하여 수색작업 중이므로 사망자의 시신이 더 수습될 가능성이 있으나, 실종자가 너무 많다는 지적이 있다.

실종자는 사실상 전원 사망했을 것으로 보이므로 이번 사고의 희생자는 442명으로 추정되나, 신속한 인양에도 불구하고 8% 이상에 해당하는 36명의 시신을 수습하지 못한 것. 일반적으로 승객들 대부분이 객실에 머무는 밤 시간대에, 그것도 갑판 위로 탈출할 틈도 없이 몇 분 만에 침몰한 배의 경우 탑승객 대부분의 시신을 수습할 수 있다. 6월 11일엔 실종자를 모두 수습하기는 했다.

우리나라에서 1993년 비슷하게 침몰한 서해훼리호 침몰 사고에서는 17일 만에 실종자 전원의 시신을 수습한 바가 있으며, 침몰 전 갑판 위로 탈출한 승객이 많았던 2014년 청해진 해운 세월호 침몰 사고에서 희생자 304명 중 295명의 시신을 수습하여 실종자 비율은 3%에도 미치지 않는다.

지나치게 다급한 선체 절단 및 인양 작업도 많은 비판을 받으며 구설에 오르고 있다. 중국 당국은 침몰 후 72시간도 지나지 않은 6월 3일 오후부터 선체에 구멍을 뚫고 잠수부를 투입하는 작업에 들어갔으며, 72시간이 지난 직후에는 신속히 선체를 바로 세우고 인양 작업에 들어갔다. 6월 5일 선체 인양을 완료하고 6월 6일 선체 수색 작업도 완료함에 따라 침몰한 지 채 5일도 지나지 않아서 대참사로 결론을 내린 뒤 양쯔강 일대의 실종자 수색작업 외에는 사실상 사고의 직접적인 수습을 끝내버린 상황이었다.

특히 중국 당국은 에어포켓의 훼손 가능성을 최소화하여 선체를 절단했다고 하지만, 선체 절단 작업은 에어포켓을 훼손시켜 생존자의 안전을 위협할 수 있는 작업으로, 생존자 존재 가능성이 조금이라도 있을 때는 실행하기 어려운 작업이다. 다만 여객선 사고 대부분에서 에어포켓이 없었음을 고려한다면 중국 당국의 판단이 꼭 틀렸다고 단정하긴 어렵다.

또한 뒤집힌 선체를 바로 세우고 인양하는 작업 역시 마찬가지로 생존자의 안전을 위협하며, 선체가 크게 요동치고 선체 안의 물건들과 뒤섞여 시신이 크게 훼손될 수 있는데도 잠수 수색을 초기에 중단하고 360여 명의 실종자가 남아있는 상태에서 선체 인양으로 시신을 수습한 것도 비판받는다. 그러나 생존자 구조 가능성이 사실상 소멸한 상황임을 고려하면 이해가 가지 않는 것은 아니다. 특히 중국 인민 대학교 마샹우(馬相武) 교수는 "사태를 질질 끌다가는 상황이 더 복잡해질 수 있었다. 그러면 세계적인 관심거리가 된다. 중국으로서는 가능한 한 피하고 싶은 시나리오라고 해야 한다."라면서 중국 당국이 분명 한국의 세월호 사고를 학습했을 것이라는 사실을 강조했다.

게다가 이런 사고는 어차피 유가족들의 의향대로 전부 해줄 수가 없으며, 해도 욕먹는 건 마찬가지이므로 차라리 신속하게 일 처리를 하고 그걸로 며칠에서 몇 주 정도 욕먹은 다음 조용히 정리하는 게 낫다고 판단했을 수도 있다. 나중에 진짜 당연히 해야 할 상식적인 조치나 조사조차 하지 않은 것만 아니면 최소한 정부가 받는 비난과 사회적 혼란은 단기간으로 끝날 것이기 때문이다.

또한, 중국 당국은 사태 수습 작업 내내 실종자 가족의 현장 접근을 차단하고 언론을 통제했다. 이 역시 사고 여파가 장기화하고 여론이 주목하는 것을 막기 위해서로 보인다. 실종자 가족들은 사고 이후 계속해서 현장에 접근하려 했으나 모두 제지당했으며, 당국은 생존자의 안전이 위협될 수 있는 선체 절단 작업이나 인양 작업을 개시할 때도 실종자 가족과는 전혀 협의하지 않았다. 현장은 구조인력조차 접근에 제약이 까다로울 정도로 삼엄한 통제하에 있었으며, 언론사들 역시 접근이 통제된 채 관영 방송인 신화통신의 기사, 중앙방송인 CCTV의 영상만 사용해서 보도할 수 있었다.

외신 취재진에게도 마찬가지 지침으로 접근을 통제하여 언론 통제가 문제시되었고, 비난 여론이 거세지자, 리커창 총리는 6월 4일 외신 기자들의 접근을 허용하라고 지시했으나, 이후에도 외신 기자들이 현장에 직접 접근하지는 못한 것으로 알려졌다. 생존자나 사망자와 실종자 가족들에 접근 및 인터뷰조차 제한되고 있다.

(3) 사고 교훈 및 여파

최초 신고자인 승객 우젠창 씨는 아내 리슈전 씨와 함께 객실에 머물고 있었다고 한다. 배의 요동을 느끼고 우 씨는 아내를 안심시키기 위해 손을 잡았으나, 배가 크게 기울면서 리 씨가 침대에 깔렸고 객실로 급속하게 물이 밀려 들어왔다. 리 씨는 남편에게 손을 놓으라고 소리쳤고 우 씨는 결국 아내의 손을 놓친 채 선실 창 쪽으로 탈출을 할 수 있었다.

천구이샹(57) 씨는 언니 세 명과 형부 두 명 등 무려 다섯 명의 가족을 잃었다. 6자매였던 천 씨 자매 중 첫째 천칭잉 씨, 둘째 천룽잉 씨, 셋째 천구이잉 씨와 형부 두 명이 10박 11일 일정이었던 둥팡즈싱호 크루즈 여행에 동행했다. 사고 당일 오전까지만 하더라도 사진을 보내며 즐겁게 여행을 즐기고 있던 언니들과 형부였으나, 5명 중 아무도 구조되지 못했다. 가족 단위 승객이 많았던 이번 둥팡즈싱호의 특성상 천 씨와 마찬가지로 한 번에 여러 명의 가족을 잃은 안타까운 사연이 많다.

침몰 후 신고나 승객 구호 조치를 하지 않고 탈출해 비난받았던 장순웬 선장도 승무원으로 탑승했던 아내를 구하지 못한 사연이 전해졌다. 장 선장은 전처와 이혼하고 3년 전 같은 회사 직원인 모빙 씨와 재혼하였는데, 사고 당시 모빙 씨는 둥팡즈싱 호의 여객 사무장으로 탑승한 상태였다. 해당 사연이 전해진 이후 장 선장에 대한 책임방기론 주장이 다소 줄어들었다고 한다.

인터넷에 익명으로 사연을 올린 한 여성은 부모님과 딸이 둥팡즈싱호에 탑승했으며, 딸은 탑승자 중 최연소 나이인 3세인 것으로 알려져 안타까움을 자아냈다. 유감스럽게도 선체 인양 후 이루어진 수색에서 이 여성의 딸로 추정되는 여자아이의 시신이 수습되었었다.

5.4. 2007년 미 · 불 도버 해협 화물선 난파(2007. 1. 18.)

출처 : BBC('07.1), Reuters('07.1), UK MAIB Report('08.4), The Telegragh('08.11), Marine Insight('16.7) 등

(1) 사건의 개관

(가) 사건 발생

英(남서 항로) · 佛(북동 항로) 양국이 관리하는 구역에서 독성 물질을 선적한 'MSC 나폴리호'가 도버 해협 佛 해안에서 악천후 속 좌초(2007.1.18)되어 적재된 유독성 물질(2,000톤)과 기름 유출(4,000톤)로 대형 해양오염을 유발한 사건이다.

(나) 사건 당일

英 · 佛 해양 당국은 조난신호 접수 후 즉시 출동하여 선원 전원을 구조하고 본선 상태 점검과 현지인 접근금지 등 신속하게 현장 조치하였다.

(나) 사건 발생 D+1 (1.19)

英 선박구난관리대표부(SOSREP)는 사고 선박을 수습이 용이한 英 포틀랜드로 예인하였는데, 英 언론들은 사고 선박을 英 포틀랜드로 예인한 데 대해 일제히 강력하게 비난하였다.

(다) 사건 발생 D+5개월(5월)

연료 회수와 유독 화물 제거 작업 등 성공적 사태 수습으로 自國으로의 선박 예인 비난 여론에도 불구하고, 적기 대처로 사태를 신속 수습한 모범사례로 회자하고 있다.

(2) 사건의 개요

'07.01.18 연료油 4,000톤을 실은 佛 컨테이너선 MSC 나폴리호가 도버 해협에서 악천후 속에 선체 외판의 균열과 기관실 침수로 좌초되기 시작하였다. 피해 규모로는 컨테이너 2,300여 개, 화물 4萬 1,700톤, 유독성 물질 2,000톤가량이 적재되어 있었으나, 신속 대처로 피해 별무했다.

사건 의미로는 지역과 국가 이기주의를 철저히 배제한 채 유기적이고 기민한 대응으로 대규모 대형 해양오염을 막은 대표 사례로 각 국가의 재난 및 위기관리자는 다시 한번 재검토하여 대응 역량 강화 및 국가 간 협력체계 구축 등 발전을 기약할 수 있도록 노력해야 한다.

〈부록 그림 2.8〉 MSC 나폴리호 난파 현장

(3) 초동대처

비상사태라고 판단한 선장은 긴급 조난신호를 발송하고, 선박 균열이 시작된 후 20분 內에 구명정으로 선원(26명) 퇴선을 완료시키고, 긴급 조난신호를 받은 佛 · 英 해양 당국(해상교통관제센터 · 해양경찰 등)은 즉시 비상근무 체제에 돌입, 헬기를 급파해 선원들을 모두 구조를 완료하였다.

현장에 파견된 英 선박구난관리대표부(SOSREP)와 佛 해양 당국(해군 · CEPPOL)은 本船 상태에 대한 점검을 실시하고 英 SOSREP은 사고 직후 해상오염 방지와 용이한 구조작업을 위해 本船을 해안으로부터 약 500m 정도 떨어진 곳으로 예인한 후 英 · 佛 해양경찰과 해군 등이 나서서 기름 제거 · 방독작업을 전개하는 한편, 경찰은 현지인들의 사고 지역 접근을 금지했다.

(4) 사건 전개

英 · 佛 합동해양조사단 조사 결과, 프랑스 해안보다는 英國 해안으로 끌고 오는 것이 조류상 수습이 용이하고, 환경적으로 안전하다고 평가를 한 후 英 SOSREP 수장 미들턴은 본선을 안전지대로 예인키로 결정하여 오염의 양을 최소화하기 위해 사고 이튿날 英 포틀랜드를 가장 적합한 종착지로 결정하였다.

배가 가라앉을 수도 있는 위험을 무릅쓰고 佛 영역 內에 있던 선박을 英 포틀랜드 항까지 예인한 뒤 임의 좌초 조치하였다.

(5) 대응 수습

임의 좌초 직후 위험화물을 최우선 제거하고 선박에 남아있던 기름 3,500톤을 빼내는 작업에 착수, 5월 중순 관련 작업 마무리하고 위험물질이 담겨 있던 떨어진 컨테이너들을 모두 안전하게 회수하였다. 여타 화물 중 정상 화물은 貨主에게 인도하고 손상 화물은 재활용품 처리장 · 매립지로 이송하고 환경오염원이 될 수 있는 화물들은 특별처리장으로 이송하는 등 환경적 안전조치 완료하였다.

英 정부는 사고처리 후 '당시 긴급조치를 취하지 않았다면, 재앙적 해양오염을 초래할 수 있었기 때문에 불가피한 조치였다'라고 발표하였으며 이와 관련, 각계에서는 관련 조치에 대한 긍정적 여론 확산 · 전파되어 英國의 결정은 찬사를 받아 마땅하며, 객관 · 과학적 분석 아래 큰 재앙을 피하기 위해 이뤄진 것으로 매우 효율적이었음을 인정(유럽의회)하였다.

정치권 개입 없이 협력 · 공조를 통한 최선의 성공작이었다고 결론(사고 수습에 참여했던 구조업체 · 지자체 · 선주 등 관련 당사자 평가)내렸으며, 전 세계에서 선재적 대응 사례(One Step Ahead, Golden time, Prime time, Peak time)로 혹자는 보고 있다.

(6) 성공 요인

英 SOSREP 책임자의 빠른 결정(One Step Ahead, Golden time, Prime time, Peak time.)으로 대형 해양오염 사고 가능성을 예방하고 여론의 비난을 감수하며 포틀랜드로 신속히 예인과 화물 · 유류 제거를 덕분에 油類 4,000톤 중 유출 200톤 · 화물 손실도 2%에 불과하였다.

국가 · 지역이기주의 및 정치색 배제, 전문성 바탕 지휘체계 확립, 최적 피난항 선정, 화물 정보를 미리 인지하여 신속한 사후 조치 등이 성공 요인으로 회자하고 있으며 영국은 해양 사고 발생 시 SOSREP('99년 설립)이 全 상황을 지휘 · 감독 총괄하고 SOSREP는 사고와 관련된 중요 의사 결정권을 갖고 있으며, 구난작업을 독자적으로 지휘 · 감독할 수 있는 '1인 통솔체제'를 갖추고 있다.

정부는 SOSREP에 의한 구조작업 내용 · 의사결정에 개입할 수 없으며, 사고처리 관리 감독 全 과정을 지휘하는 '총괄적 권한' 등 보유하고 책임을 떠넘기다 골든 타임을 놓치거나 초기 대응에 실패하는 것을 방지하고, 정치적 개입을 막기 위한 것으로, 일본 · 호주 등이 벤치마킹하였다. 우리나라 재난 및 위기 대응 담당자들도 벤치마킹 등을 실시하려 실력을 배양해야 할 것이다.

MSC 나폴리호 좌초 사건은 초기에는 적재된 유독성 물질과 기름 유출로 최악의 해양오염 사례의 우려가 상당하였으나, 英國의 '효과적인 전문가 1人 통솔체제'를 바탕으로 지역 · 국가 이기주의에서 벗어나 신속한 초동대처로 피해를 최소화한 대표적 모범사례로 평가되고 있다.

6. 화재

6.1. 1666년 英 런던 대화재(Great Fire of London)

(1) 개요

1666년 9월 2일 새벽 2시경 잉글랜드 왕국 런던에서 발생한 대화재이다. 빵 공장에서 일어난 불로 시작되었으며 당시 소방 담당자의 무책임으로 인해 조기에 진화되지 않아, 큰 피해가 발생했다. 푸딩 레인(Pudding lane)의 빵집에서 시작된 불은 9월 2일부터 5일까지 런던 4/5를 전소시켰다. 이 화재는 자그마치 5일 동안 꺼지지 않았고 87채의 교회, 1만 3천 채의 집이 불타 7만 명이 집을 잃었다.

당시 인구 8만 명 중 7만여 명이 집을 잃고 노숙자가 되었다. 공식 기록에는 단 6명만이 죽었다고 나와 있지만, 불이 너무 뜨거워서 시체가 전부 녹아내려 구분할 수 없었다는 설과 극빈층이 시민으로 등록되지 않았다는 설이 있다. 또한 이 화재로 세인트 폴 대성당이 불타 버렸다. 당시 국왕인 찰스 2세는 이재민들에게 식량 지급을 약속하였다. 한편 이 화재로 쥐들도 불에 타 죽었기 때문에, 그전 해인 1664년 말부터 1666년까지 발생한 흑사병(The Great Plague)이 종료되는 그나마 긍정적인 영향 또한 나타났다.

(2) 화재 이후

이 사건 이후로 런던 중심지는 완전히 새로운 계획도시로 세워졌고 석재 건축법이 생기고 유럽 최초로 화재를 담당하는 소방 조직과 소방차(마차), 화재 보험이 만들어지게 되었다. 당시 런던의 소방 시스템은 국가 소방 체계가 아니라 민간인들이 얼마씩 각출한 자금으로 운영되는 민영 소방 체계였는데 그 빵집이 출자자가 아니었다는 이유로 소방업자들이 출동하지 않아 화재가 크게 번졌다.

화재로 민심이 흉흉해진 가운데 울화의 대상은 외국인과 가톨릭 교도에게로 돌아갔고 분노한 대중은 이게 다 프랑스인, 네덜란드인 가톨릭교도 때문이라면서 거리에서 무차별 폭행했다. 당시 국왕인 찰스 2세는 시민의 분노가 왕실로 향할까 봐 사실상 폭동을 방치했고 화재 범인으로 프랑스인 시계공 로베르 위베르가 잡혀 고문에 의한 거짓 자백 끝에 자기가 범인이라고 실토했으나 사실 그는 화재 발생 이틀 뒤에 런던에 도착했고 이 사실은 그가 사형당하고 나서야 알려졌다.

이 사건이 있고 200년 뒤에도 사건 애도 추모비에 '이게 다 가톨릭 교황 때문이다'라는 문구가 쓰여 있었다고 하고 300년이 지난 1986년에야 실제로 화재 원인을 제공했던 빵집 주인의 후손이 사과하며 사건이 일단락되었다. 그리고 몇 세기가 지난 후, 일본의 관동 대지진에서도 이 누명이 재현되고 만다.

발화지점인 런던 푸딩 레인에는 현재 대화재 기념비가 세워져 있고, 런던 지하철 Monument역에서 내리면 된다. 지하철역 이름인 Monument가 바로 런던 대화재 기념비를 뜻하는 말이다.

6.2. 2015년 UAE 초고층 아파트 화재(2015. 2. 21.)

출처 : Al Jazeera('15.2), The Telegragh('15.2), The Guardian('15.2), USA Today('15.2), Gulf News('15.2) 등

(1) 사건의 개관

(가) 사건 발생

2.21 02:00경 두바이 초고층 아파트 '더 마리나 토치'(79층, 330m)에서 화재가 발생하였다 당시 아파트에는 3,000여 명의 주민이 거주, 화재가 확산할 경우 대형 인명피해가 우려되었다. 아파트 경비원 · 환경 미화 요원들이 집집마다 문을 두드려 화재 사실을 알리고 비상계단으로 대피 유도 시켰으며 소방 당국 · 지역 민방위대원 공조 아래 화재를 초기에 진화하고 인근 주민들을 대피 조치하였다.

(나) 사건 당일

현장 근무자들의 발 빠른 대처로 3시간여 만에 진화 완료되었으며 경찰청장은 희생자가 발생하지 않았고, 당국의 대응도 신속하고 적절했음을 공식 발표하였다.

(다) 사건 발생 D+1 (2.22)

화재 피해 주민들에게 인근 호텔 등 임시숙소 제공으로 불편을 최소화하고, 각국 언론은 신속한 수습과 희생자 未 발생 등 현장 근무자와 소방 당국의 대응 측면에서 긍정 평가를 받았다.

(2) 사건의 개요

2015.2.21(02:00경) UAE 두바이에 있는 초고층 아파트 '더 마리나 토치'(79층 330m, 3,000여 명 거주) 50층에서 화재 발생하여 피해 규모로는, 인명피해는 발생하지 않았으며(일부 주민은 연기를 흡입하여 병원 치료), 아파트 50~70층이 화재로 인한 피해가 발생하였으며, 사건 의미로는 급증하는 초고층 아파트 재난 · 안전 문제가 이슈화되었으며, 대형 참사로 이어질 수 있는 화재에 신속하게 대처 · 수습한 사례로 평가를 받고 있다.

〈부록 그림 2.9〉 UAE 초고층 아파트 화재

(3) 초동대처

화재 발생 직후 아파트 경비원과 환경 미화원들이 집집마다 문을 두드리며, 화재 사실을 알리고 비상계단으로 대피 유도하고 소방 당국은 추가 사고방지를 위해 아파트 주변 도로를 막아 행인과 차량 접근을 차단하고 트램(노면 열차) 운행도 모두 중단 조치하였다.

화재 발생 후에는 아파트 인근 호텔에 임시 피난소를 마련하고, 대피한 주민들에게 식료품 등 구호 물품을 제공하였으며 인근 약국 · 상점들도 대피한 주민들이 불편을 겪지 않도록 24시간 운영하여 주민 불편을 최소화하였다.

(4) 사건 전개

강한 모래바람이 불면서 50층에서 시작한 화재가 1시간 반 만에 60층 부근까지 확대, 유리외벽이 녹아 흘러내리고 돌 조각 등도 떨어져 낙하하였으며, 인근 주민들은 스마트폰 · SNS(트위터 등) 등을 통해 사고 장면 · 주변 상황을 전파했으며, 각국 언론도 실시간으로 관련 소식을 보도하였다.

한편, 현지 언론들은 네티즌들이 당국의 신속한 대응으로 희생자가 발생하지 않은 사실을 긍정적으로 평가하고 있다는 점을 부각하였고 또한, 두바이 고층 건물의 구조 · 재료가 화재에 취약하다는 의견이 제기되면서 구조변경 · 재료보강 · 비용 분담 주체에 대한 논란이 대두되었다.

(5) 대응 수습

소방 당국 · 지역 민방위 대원들이 진화와 대피를 분담해 신속 대응하고 화재가 주변 건물로 확대되는 것을 우려, 인근 아파트(4개 동) 거주자들에 대해서도 긴급대피를 지시하여 30분 만에 대피 · 3시간여 만에 진화를 완료했으며, 인근 건물 거주자들은 진화 후 복귀를 허용했으나, 화재 발생 건물은 승인 前까지 진입을 불허하였다. 또한 두바이 지자체는 화재가 진압된 후 건물 구조에 대한 손상 여부를 조사하고 화재 피해 주민들에게는 복구 기간 동안 호텔 등 임시숙소를 제공, 최대 20일간 무료로 머물 수 있도록 조치하였다.

경찰청장은 사고 당일 기자회견을 통해 화재진압 완료와 희생자가 발생 하지 않았다는 사실을 발표하며, 당국의 신속 · 적절한 대응을 강조하였으며 또한, '원인은 조사 중이나 범죄 의혹은 없다'라며 일부 언론들이 제기한 테러 가능성을 부인, 근거 없는 불안감 확산 차단에 주력하였다.

사고 수습에 참여했던 민방위 담당 이사도 언론 인터뷰를 통해 "이번 사고 대응을 통해 당국의 화재 대응능력을 증명했다"라고 호평하였다.

(6) 성공 요인

전문가 · 언론 등에서는 소방관 민방위대원들이 발 빠른 대처로 사망자 없이 대형 화재로의 확산을 막았다며 당국의 대응을 호평하였으며 일부 주민이 화재경보음을 무시하는 상황에서 경비원들이 직접 돌며 대피를 도운 것도 희생을 막은 주요 원인으로 분석하였으며 주변 건물 거주민들에 대한 대피 명령은 물론 주변 도로 등을 봉쇄, 자칫 발생할 수도 있는 2차 피해를 예방한 것도 조기 수습에 기여하였다. 또한, 임시숙소는 물론 음식 · 생필품 등을 신속하게 제공함으로써 피난민들의 불편을 최소화한 점에 대해서도 긍정적으로 평가하였다.

(7) 미흡 요인

일부 언론은 입주민들과 인터뷰를 통해 '평소 화재경보기 잦은 오작동' 사실을 소개하며 부실한 건물 안전관리 문제를 지적하였고, 주민들은 화재 당시 경보음을 못 들었다고 주장했으며, 아파트 운영자 측은 언급을 회피하였다.

두바이 초고층 아파트 화재는 많은 입주민(3,000여 명)과 심야시간대(02:00경) 발생 등으로, 자칫 대형 재난으로 비화할 가능성이 컸던 사고라고 평가되고 있으나, 화재 직후 아파트 경비원 등 관계자들의 신속 대처와 소방 당국 · 지역 민방위 대원들이 공동으로 진화에 참여, 희생자 없이 수습한 성공 사례로 논하고 있다.

6.3. 2017년 英 런던 고층 아파트 화재(2017. 6. 14.)

출처 : BBC('17.6), CNN('17.6), Sky News('17.6), The Independent('17.6), The Guardian('17.11) 등

(1) 사건의 개관

(가) 사건 발생

2017.6.14 01:00경 영국 런던 주거용 아파트(24층, 그렌펠 타워, 120세대 600명 거주) 4층에서 화재가 시작되었다. 발화 초기 미숙한 대처로 초기 진압에 실패, 불길이 10여 분 만에 건물 전체로 확산하여 소방차 40여 대 · 소방관 200명을 투입했으나 건물 구조가 복잡해 진화에 어려움이 가중되었다.

(나) 사건 당일

3시간가량 지속된 화재로 건물 전체가 전소(05:00경 진화 완료)되었으며 사망 80여 명 · 실종자 80여 명 · 부상자 80여 명 인명피해가 발생, 건물(120여 가구)은 전소되었다.

(다) 사건 발생 D+1 ~ 3(6.15 ~ 6.17)

당국에서는 진상조사위원회 설치 · 피해자들을 위한 75億 원 긴급 기금 지원 약속(6.15)하였으며 생존자들의 임시거처 요구 묵살로 시위가 확대되자 지원이 불충분했음을 인정(6.17)하였다.

(2) 사건의 개요

'17.6.14(01:00경) 영국 런던에 있는 임대아파트 '그렌펠 타워'(24층 64m, 600여 명 거주)에서 화재 발생하였다 사고 원인으로는 아파트 4층에서 냉장고에서 발화된 불이 건물 외장재를 타고 15분 만에 24층 꼭대기까지 번지면서 전체로 확산하였다.

피해 규모로는 120여 가구 전체가 피해(건물 전소)를 보았으며, 최소 80여 명 사망, 실종자 80여 명, 부상자 80여 명(정부 발표 기준) 발생하였으며 사건 의미로는 전형적인 중진국형 人災로, 그간 영국 보수당이 추진했던 규제 완화 정책의 문제점을 모두 보여준 사고라 평가되고 있다.

〈부록 그림 2.10〉 英 런던 고층 아파트 화재

(3) 초동대처

최초 발화지점인 4층 집 주인의 미숙한 대처(초기 진압을 하지 않고 신고만 한 채 도망)로 화재가 15분 만에 건물 전체로 확산하였으며 소방차 40여 대 · 소방관 200여 명을 투입했으나 아파트 진입로가 1개뿐인 데다 건물 구조가 복잡하여 진화에 어려움이 있었다.

3시간가량 지속된 화재로 건물 전체가 전소하였으며, 소방 당국은 05:00경 진화를 완료되었고 화재가 새벽에 발생해 대피가 어려웠던 데다, 스프링클러 不在 · 화재 경보기 未 작동 등으로 피해 규모가 확대되었다. 사디크 칸 런던 시장은 응급기관 1곳 이상이 특별한 조치를 해야 할 필요가 있는 상황에 내려지는 경보단계인 '중대사고'를 발령하여 대처하였다.

(4) 사건 전개

메이 총리가 화재 발생 하루 이상이 지난 6.15에야 현장을 방문한 데다, 주민들도 만나지 않고 떠나 엘리자베스 2세 여왕 · 제러미 코빈 노동당 대표 방문과 대비되며 비난이 확산하였다.

생존자들이 임시거처 마련 요구를 정부가 묵살했다며 구청 진입을 시도하고, 런던 곳곳에서 시위를 벌이는 등 논란이 유발(6.16)되었다. 리모델링한 아파트 외장재가 화재에 취약한 자재였던 것이 알려지면서 정부의 규제 완화로 인한 人災라는 비난 여론도 대두되었다.

〈부록 그림 2.11〉 英 런던 고층 아파트 화재 시위 현장

이 같은 참사는 단지 한 가지 이유로만 발생하지 않는다. 안전보다는 비용을 절감하려는 건물주의 안전불감증도 크게 작용했다. 그렌펠 타워는 1974년에 지워진 24층짜리 임대아파트로 건물 노후화에 따라 냉난방에 문제가 있었다.

새로운 단열 시스템이 필요했는데 외벽에 단열 마감재를 붙이고 이중창을 설치하는 계획안이 마련됐다. 이 과정에서 비용 문제가 발생했는데 돈을 아끼기 위해 단열효과가 뛰어나면서도 값이 싼 가연성 마감재가 선택됐다. 이 가연성 마감재가 화재 당시 불쏘시개로 작용하면서 대형 참사로 이어졌다. 그렌펠 타워의 개보수 작업은 세입자의 삶을 개선하려는 의도였지만 그와는 달리 비극을 초래한 것으로, 이는 곧 '돈'과 '안전'을 맞바꾼 것과 같다.

이와 함께 스프링클러가 설치되지 않은 것도 문제였다. 잉글랜드는 2007년 30미터 이상의

신축 건물에는 스프링클러 설치를 의무화했다. 하지만 소급 적용은 하지 않았다. 따라서 1974년에 지어진 그렌펠 타워 등 기존 고층 아파트에는 스프링클러가 없었다.

그렌펠 타워의 화재진압을 지휘한 런던소방대 데니 코튼 대장은 BBC와의 인터뷰에서 "스프링클러의 설치는 선택사항이 될 수 없다. 그저 있으면 좋은 것일 수 없다. 반드시 있어야 하는 것"이라고 강조했다.

(5) 대응 수습

메이 총리는 화재 현장 방문 후, 진상조사위원회 설치와 피해자들을 의한 500萬 파운드의 긴급기금 지원을 약속(6.15)하였고 또한, 늦은 내각회의 소집으로 비난을 받자, 성명을 통해 "사건 발생 이후 처음 몇 시간 동안의 정부 조치가 충분치 않았다"라고 인정(6.17)하였으며, 정부는 화재로 집을 잃고 이재민이 된 주민들을 위해 켄싱턴 지역 아파트들을 구입, 거주지로 제공하기로 (6.21)한 바 있다.

화재 이후 런던 內 아파트 중 안전기준에 미달하는 건물에서 주민들을 긴급 퇴거시키는 대피령을 하달(6.25)하고 관계 부처는 '17. 8월 '고층건축물 화재 안전대책'과 함께, 관련법률 제 · 개정을 통해 화재 예방 · 안전 기반을 강화하겠다고 발표하였다.

(6) 미흡 요인

'규제 완화'가 능사인가. 그렌펠 타워 참사의 배경에는 무엇보다 '친기업적 규제 완화' 정책이 자리 잡고 있었다. 기업에 부담을 준다는 이유로 시민 안전 분야에까지 규제 완화를 정책적 우선 가치로 내세운 정치권이 뒤에 있었다.

영국 일간지 가디언은 "기업 친화적 정치인들이 내린 결정들로 인해 그렌펠 타워 같은 주거 건물들이 가연성 외장재를 두르게 됐고 시장은 그런 외장재를 공급하기에 바빴다"라고 지적했다. 인디펜던트도 "보건과 안전에 관한 규제가 종종 조롱당하지만, 사실은 필수 불가결한 요소"라고 말했고, 더 컨버세이션은 "더 이상 규제라는 말이 더러운 단어인 것처럼 취급당해서는 안 된다"라고 강조했다.

특히 미국의 뉴욕타임스는 "2014년 멜버른 화재, 2015년 두바이 초고층 건물화재 등을 통해 가연성 외장재의 위험성에 대한 경고가 잇따랐음에도 영국에선 아무런 변화가 없었다"라며 "건설업계의 로비가 안전업계의 로비보다 훨씬 강하고 목소리가 크다"라고 전했다.

화재 안전 전문가들은 저층에서 시작된 화재가 단기간에 건물 전체로 번지게 된 주요 원인으로 화재 안전 시스템이 없는 것을 지적하고 특히, 리모델링 당시 사용된 가연성의 건물 외장재(폴리에틸렌으로 내화성이 떨어지는 것이 특징)를 화재 확산의 원인으로 간주하였다.

이러한 외장재를 사용할 수 있도록 허용한 보수당의 탈(脫)규제 정책 탓이라는 여론이 형성되며, 불평등과 긴축정책에 대한 논란이 유발되었으며, 입주자단체가 구청에 수차례 화재 취약성에 대한 시정을 요구했으나 묵살당하는 한편, 메이 총리의 초기 늑장 대응과 책임 회피 발언으로 정치적 파문이 확산하면서 영국 국민들의 대규모 시위가 촉발되었다.

명성과 평판에 비하여 가연성 자재 · 안전설비 부족 · 대피 지침 오류 · 최초 발견자의 미숙한 대응 등 요인들이 맞물려 걷잡을 수 없는 대형 사고로 비화하였고, 화재 원인과 더불어 정부의 초기 늑장 대응으로 보수당에 대한 국민 비난이 확산하면서 대정부 불신이 증가, 전형적인 중진국형 인재(人災)로 평가된 대표적인 사례이다.

(7) 시사점

그렌펠 타워 화재 사고는 우리나라의 건물 규제 분야에 있어서 몇 가지 중요한 시사점을 제공한다. 첫째, 건물 안전 규제 분야에 영국의 경험에서 시사점을 끌어낼 수 있다. 즉, 개발도상국형 화재라는 그렌펠 타워 참사는 영국의 임대주택 제도에서 일정 부분 기인한 것이다.

영국의 많은 임대아파트들은 ALMO라는 지자체 산하 특수목적회사의 관리를 받고 있는데, 이는 공공임대주택 유지에 있어 재정 부담을 덜기 위해 마련된 것이지만, 비용 절감을 위해 관리책임만을 외부 회사에 맡긴 결과 안전관리를 놓치게 된 것이다. 이를 두고 영국의 가디언지는 '건설업체의 로비가 시민 안전 분야의 규제 완화로까지 이어졌다'라고 지적하였다.

공공임대주택 정책 및 안전 규제 제도 마련에 있어서 영국의 사례는 한국에도 잠재적인 교훈을 제공해 줄 수 있다. 둘째, 예고 없이 난 큰불에 제대로 대처하지 못한 소방 당국의 대처

능력과 그 실상, 이로 인한 유가족들과 여론의 반발, 그리고 향후 이어진 영국 정부의 대응 및 안전기준 강화, 여론 수습 과정에서 시사점을 발견할 수 있다.

우리나라의 경우에도 경남 밀양 세종병원 참사, 2018년 서울 종로 고시원 화재 등 대형 화재로 인한 참사가 반복적으로 발생하는 점을 통해 건물 안전 시스템이 여전히 취약한 것을 알 수 있는데, 영국 정부의 그렌펠 타워 사례는 우리나라의 시스템을 개선하는 데 참고가 될 것이다.

마지막으로 영국 그렌펠 타워의 희생자가 대부분 외국인 이민자 혹은 무슬림 출신이라는 점에서 규제의 사각지대에 놓인 사람들 대부분이 사회적 약자라는 점을 알 수 있다. 이에 따라 한국의 경우에도 임대주택이나 산업단지 등의 비주택(非住宅)에 거주하는 사람들 가운데 외국인 등의 비율이 늘어나고 있는 상황에서 안전 규제의 사각지대에 놓인 취약계층에 대한 실태조사 등도 충분히 선행되어야 할 것이다.

7. 원전

7.1. 1979년 美 스리마일섬 원전 사고(1979. 3. 28.)

출처 : PBS('96.6), WP('99), The Nation('11.3), LA Times('11.9), TMI Web page, IAEA Homepage, Science Daily 등

(1) 사건의 개관

(가) 사건의 발생

79.3.28. 04:00~04:39분 美 펜실베이니아州 스리마일섬 원전 2호기 내부 밸브 장치 이상으로 냉각수 공급이 중단되고 연료봉 노출 · 노심 융해로 방사능물질이 외부에 유출되었으며, 대규모 인명피해가 발생하였다.

(나) 사건 당일

발전소 측이 비상사태를 선포(07:00), 직원 대피를 시작(07:15)하였으며, 원자력규제위에서는 비상 대응팀을 급파(08:00)하고 모든 직원 대피 명령을 하달(11:00)하였다.

(다) 사건 발생 D+2(3.30)

방사성 물질의 대기 유출과 예상보다 큰 원자로 내부 피해 발표에 여론이 급속히 악화하고 사고 이틀 후 州지사는 주민 긴급대피 명령을 발동, 10萬여 명을 5마일 밖으로 대피시켰다.

(라) 사건 발생 D+8개월(12.7)

대통령 직속 사고조사특위가 보고한 권고 내용을 적극 수용하여, 관련 기관의 대대적 개혁이 이루어졌으며, 미국에서 발생한 최악의 원전 사고로 안전 · 규제 중요성에 대한 경각심을 제고하는 계기로 작용하였다.

(2) 사건의 개요

'79.3.28 펜실베이니아 스리마일섬(TMI) 원전 2호기 내부 밸브 장치 이상으로 냉각수 공급이 중단, 연료봉 노출 · 노심 융해로 방사능물질이 외부로 유출로, 피해 규모는 사상자 미발생 등 인명피해는 없었지만, 인근 주민 10만여 명이 대피, 사고 원전 폐쇄 · 오염 건물 처리비용으로 10년간 100億 弗이 소요되었다.

사건 의미로는 미국에서 발생한 최악의 원전 사고로 비상 상황 대비계획 수립 · 조사자 교육기관 설립 등 원전에 대한 안전 · 규제 중요성 및 경각심을 제고시킨 사건이다.

〈부록 그림 2.12〉 스리마일섬 원전 2호기

(3) 초동대처

사고 당일 06:30분 보조 건물 방사선 수치가 치솟자, 발전소 측이 비상사태를 선포(07:00)

하고, 직원 대피 시작(07:15), 08:00 원자력규제위원회(NRC) 본부가 비상 대응팀을 투입하고, 카터 대통령은 원전 전문가 덴튼을 급파해 사고 수습을 위임하였다.

08:25분 라디오를 통해 사고 사실이 알려지자, 전력회사(Metropolitan Edison)는 '비상 대응팀이 모든 상황을 통제하고 있다'라며 주민 불안감 확산 차단에 주력하였으며, 비상 대응팀은 11:00 필수 인원을 제외한 모든 직원 대피 명령을 하달하였다.

(4) 사건 전개

사고 초기 원전 제어실 · 전력회사 · 지자체 · 州 정부와 원자력규제위 · 에너지부 · 백악관 등 여러 기관이 개입했으나, 단일 지휘체계를 이루지 못했다. 특히, 언론들이 원자로 상태와 피해 상황 · 방사능물질 유출 실태 등 일부 잘못된 내용들을 집중적으로 보도하면서 국민들의 혼란이 한층 가중되었다.

사고 이틀 후인 3.30일에서야 '방사성 물질이 대기로 유출되었고 원자로 내부 피해가 예상보다 크다'라는 분석 결과 발표에 따라 여론이 악화하면서 주민 대피 계획이 수립되었지만, 대피 필요 여부 · 대피 시기 · 대피반경 등에 대해 관련 기관들의 의견이 상이하여 혼선이 유발되었고, 손버그 州 지사는 3.30일 원자력규제위(NRC)와 협의, 임산부 · 미취학 아동 반경 5마일(8km) 밖 대피 권고에 이어, 주민 긴급대피 명령 발동하였다. 하지만, 州 정부의 대피 명령 발동이 원자력규제위의 계산 착오에 따른 과잉 대응이었다는 비판이 일면서 안전 규제 당국에 대한 불신감이 팽배하였다.

원전 전문가들이 돔에서 솟아오르는 수소 거품에 불이 붙거나 폭발하지 않는다고 발표한 이후, 주민 대피 소동이 진정되었다.

(5) 대응 수습

카터 대통령이 4.1일 사고 원전을 직접 방문, 안전하게 처리할 것을 지시하고 주민들의 냉정한 대처를 주문하는 등 불안감 달래기 행보 본격화하여 4.11일에는 대통령 직속 사고조사 특별위원회(케메니위원회)를 발족시켜 사고 원인에 대한 철저한 조사를 지시하였다.

10.30일 TF팀을 편성, 특별위원회 권고 내용을 검토한 후 12.7일 원자력규제위 개혁 및 州 정부 · 원전업계의 관리 · 감독 권한 개선 방안 등을 발표하였다. 사고 당시 신규 원전 건설 포기를 선언했으나 이를 번복, 원자력 이용 불가피성 · 신규 인허가 재개 조치 등도 함께 설명하였다.

사태 마무리 후 사고 원전인 TMI 2호기를 영구 폐쇄하는 한편, 손상되지 않은 TMI 1호기도 6년간 가동 중지 후 1985년에야 再가동되었다.

(6) 성공 요인

카터 대통령이 사고 현장을 직접 방문해 여론을 달래고, 후속대책을 진두지휘, 사태 초기 지휘체계 혼선과 국민들의 불안감 해소에 일조하였으며, 사고조사특위가 사고 원인 · 연방정부와 州 정부의 역할 · 비상 대응 체제와 실제 조치 · 정보 공개 상황 등을 면밀히 분석하여 근본적인 개선 방안을 마련하였고, 원자력규제위(NRC) 개편 · 州 정부 긴급 피난계획 再검토 · 전력업계 개혁 등 핵심 사항을 신속 추진함으로써 원전 운영 시스템을 한층 업그레이드 시켰다.

(7) 미흡 요인

자동 감압밸브 고장 · 정비원 실수 · 운전원 계량 오판 등이 겹친 전형적인 人災로 전력회사의 원자로 운영 전문성과 사전 훈련 미흡 등 허점이 노출되었으며, 원자력규제위(NRC) 조직이 지나치게 비대, 지부 · 사무소 간 의사소통이 원활치 못하였고, 비상 상황 대처나 안전 조치 감독 · 기술 조언도 부족하였다.

사태 초기 여러 관계기관이 개입했으나, 지휘체계가 불분명해 주민 대피 · 관련 정보 공개 등에 혼선을 빚으면서 여론을 악화시킨 요인으로 작용 사례가 발생하였으며, 심각한 원자로 내부손상에도 불구하고 압력용기 · 격납 건물이 파손되지 않아 방사능 대량 유출 사태는 막았으나, 제어실과 계기판 설계 하자 · 운전원의 미숙한 운영 · 관련 기관 간의 소통 부족 등 원전 운영에 심각한 허점을 드러낸 사례이다. 또한, 지휘체계 혼선으로 주민 대피 · 관련 정보 분석 등 사고 수습에 차질을 빚었으며, 대통령이 나선 후에야 대응이 본격화되는 등 후속 대처에도 문제점이 노출되었다.

7.2. 1986년 우크라이나(舊소련) 체르노빌 원전 사고(1986. 4. 26.)

출처 : The Atlantic('11.3), BBC('11.8), The Telegragh('16.4), UN Chernobyl site, IAEA Homepage, WHO Homepage 등

(1) 사건의 개관

(가) 사건 발생

舊소련 우크라이나 공화국 체르노빌 원전 4호기가 비상용 발전기 가동실험 도중 폭발(4.26, 01:23)로 피폭 인원 및 민간인 · 재산 피해 집계가 불가하였다(직접 사망자 최소 1萬 5,000여 명, 900萬 명 피폭 추산). 사고 직후 소련 정부의 사고 은폐와 대응 지연 등으로 피해가 확산하여 막대한 인적 · 물적 피해를 기록한 역사상 최악의 원자력사고로 기록되었으며, 현재까지도 방사능 유출로 인한 직 · 간접 피해가 계속되고 있다.

(나) 사건 당일

체르노빌 소방대원들이 진화 작업을 시도하던 도중 2차 폭발 발생(21:41) 헬기 등을 동원해 진화를 시도하는 가운데 정부는 사고 발생 사실을 은폐하였다.

(다) 사건 발생 D+1 ~ D+13(4.27~5.9)

4.27 14:00부터 주민들에 대한 소개(공습이나 화재 따위에 대비하여 한곳에 집중되어 있는 주민이나 시설물을 분산)를 시작, 4.30부터는 원전 반경 30km 이내 주민 전부가 대피하였으며, 4.28 스웨덴이 방사능 징후를 포착해 해명을 요구하자 뒤늦게 사고 발생 사실을 시인하고, 5.9 노심의 흑연 화재진압에 성공하였다.

(라) 사건 발생 D+7개월(~ 현재)

우크라이나 정부는 콘크리트 차폐막으로 폭발 원자로를 봉인하였고, 11.29 폭발 원자로 再봉인을 위해 금속으로 된 추가 차폐막을 설치하였으며, 2065년까지 발전소를 해체하고 정화 작업을 완료할 계획이다.

〈부록 그림 2.13〉 소방방재청 국제업무 담당 시절 원전 사고 현장 방문(2006.9.)

(2) 사건의 개요

'86.4.26(01:23) 舊소련 우크라이나 공화국 체르노빌 원전에서 비상용 디젤 발전기의 전력공급 時差 확인을 위한 실험을 진행하던 중 4호기가 폭발하여 피해 규모는 역사상 최악의 수준으로, 국제원자력사고척도(INES)에 의해 분류된 등급 중 가장 심각한 사고를 의미하는 7등급으로 분류되었다.

피폭 인원만 최소 900萬 명으로 추산(UN 추정)되고, 주변 100여 개 마을이 거주 불능의 폐허 상태로 출입 통제되었고 누출 방사능물질 총량은 히로시마에 떨어졌던 원자폭탄의 400~500배 규모로 추정하고 있다.

핵심적인 사고 원인은 소련이 국제원자력기구(IAEA)에 제출한 보고서('86.8.16)에서는 '안전 수칙을 무시한 실험을 실시한 작동자의 실수'라고 적시하였는데 비상용 디젤발전기가 원자로 가동 중단 시 충분한 전력을 생산하기까지 냉각 펌프가 작동하는지를 확인하기 위해 안전장치까지 끄고 무리하게 실험을 실시한 결과이다.

〈부록 그림 2.14〉 체르노빌 원자력 발전소 참사

IAEA '국제 · 안전 자문그룹'은 2회('86년 · '92년)의 조사 결과, 조작 미숙도 있었지만, 발전소의 구조적 설계결함을 결정적 원인으로 지적하였다.

사건 의미로는 원자력 위험성에 대한 인류의 경각심을 제고시켰으며, 사고 수습에 수십조원이 투입되면서 결과적으로 소련 붕괴 원인 중 하나로 작용하였다.

(3) 초동대처

화재진압을 위해 4.26 사고 직후 14명의 소방대원이 1차 진화 작업을 실시했고, 체르노빌 소방대가 추가 투입되어 05:00경 대부분의 화재를 진압하였으나 그런데 이 과정에서 사용된 물이 가연성 물질로 변해 4.26 21:41 再폭발(당시 불기둥이 500m까지 솟았음)하면서 원자로의 콘크리트 천장이 파괴되었다.

5.5까지 헬기 30대 이상을 동원, 납(2,400톤) · 모래 · 붕소(1,800톤) 등을 뿌려 화재진압을 시도했으나, 이는 오히려 원자로 내부 온도를 높여 방사능 추가누출을 야기했다. 이에 따라 원자로 3호기에 있던 액체질소를 추가로 원자로 내부에 계속 투입하여 5.9 마침내 반응로의 화재를 진압하는 데 성공하였다. 당시 체르노빌은 발전소 직원 · 연구원과 그들의 가족, 일반 주민 등 5萬 명이 거주하고 있었는데, 소련 정부 대응은 사고 발생 후 관련 사실을 공표하지 않아 인근 주민들은 무방비로 발전소에서 분출된 막대한 양의 방사선에 그대로 노출될 수밖에 없었다.

사고 당일 아침 북서쪽으로 약 1,200km 떨어진 스웨덴 포스막 원전의 과학자 의복에서 방사능이 검출, 조사 결과 소련에서 날아온 것으로 판명되어 스웨덴 정부의 해명 요구와 미국이 군사위성을 통해 불타는 원자로 사진을 확보하는 등 더 이상 은폐가 불가능해지자 마지못해 사실을 인정하였다.

소련은 4.28 관영 타스통신을 통해 정확한 사고 발생 시각 · 피해자 수 등은 언급하지 않은 채 사고 발생 사실만 시인하였으며 소련은 5월에 이르러서야 사태가 '심각한 상황'이라고 밝혔으나, 서방 언론의 취재 요청에는 위험하다는 이유로 거부하였다.

주민 대피를 사고 이후 200여 개 마을주민 11萬 6,000여 명 · 6萬여 마리 가축이 소개당하고, 사고 발생 후 38시간이 지난 4.27 14:00가 되어서야 발전소에서 4km 떨어진 도시 피리피야트 주민(4萬 5,000여 명)의 1차 疏開가 시작, 4.30 사고 지역 반경 10km 주민(1萬여 명), 5.3~5.7간 30km 이내 지역 주민(3萬여 명), 5.14~9월간 100여 개 마을주민 이주 작업 순차 진행하였다.

1990~1995년 사이에 인근 지역 21萬여 명의 주민들이 추가로 키이우 서쪽 마카로프 지구 등으로 이주하였다.

(4) 대응 수습

5.9 도심 흑연화재 진압 후 방사능 추가누출 방지 및 제거 조치가 본격화하면서 4호기 지하 바닥에 액체질소 냉각기를 설치하려던 시도는 실패했으나, '86.11월 '석관 (sarcophagus)'이라 불리는 콘크리트 봉인시설의 건설을 완료하였다. '86.9월 사고지점 근처 댐 · 호수들을 시작으로 '87년까지 여타 원자로 시설과 발전소 진입로, 주변 지역에 대한 방사능 오염 제거 작업 실시하고 방사능 오염이 심각한 사고지점 반경 30km 지역과 그 외부 지역의 누출 방사능 제거 작업은 '92년까지 계속 진행하였다.

소련 정부는 '92년까지 年 인원 60萬 명에 이르는 인원을 '해체 작업자'라는 명칭으로 방사성 물질 제거 및 봉인 작업을 수행하면서 타라카노프 장군 지휘 아래 모든 공화국에서 인구 비례로 인원을 할당 · 동원한 바도 있다. 정화 작업으로 인해 발생한 엄청난 양의 방사능폐기물은 사고지점으로부터 30km 이내 출입 금지구역 내 800개 지점에 분산 매립하였고 시간이 지나면서 원자로 봉인 석관이 빗물 유입 등으로 붕괴 조짐을 보이자, 방사능물질 누출 우려가 제기, 체르노빌 사고 부지 안전 문제가 再부상되었다.

최소 4톤의 방사성 물질이 석관 내에 남아있으며 완전히 밀폐된 것이 아니기 때문에 핵물질 대부분이 계속 외부로 유출되고 있는 것으로 추정하고 국제사회 기금 모금 등을 통해 추가 금속방호벽(가로 257m, 세로 150m, 약 2萬 톤 철강 소요) 설치 작업을 시작('12.4월)해 '16.11.29 완공하였다.

'14.12월 유럽개발부흥은행(EBRD)이 3億, 5,000萬 유로, 주요 7개국(G7)과 EU 집행위가

〈부록 그림 2.15〉 체르노빌 원자력발전소 복구

1億 6,500萬 유로를 각각 지원하였으며 발전소장 브류하노프 · 사고 당시 실험 책임자(발전소 정전 시 비상전력 공급 체계 확인) 다틀로프는 업무상 과실치사 혐의로 징역 10년형 선고하였으나 다틀로프는 건강 악화를 이유로 병보석으로 5년 후 석방되었다.

'89.2월에서야 타스통신은 "체르노빌 폭발 사고 낙진으로 러시아 공화국 20%가 오염, 인근 주민 30萬여 명이 방사능 위험에 노출돼 있다"라고 보도하였다. 소련은 물론 뒤를 이은 러시아 정부의 소극적 태도로 체르노빌 사건 관련 자료는 발표되지 않고 묻혀있다가 2000년대 들어서야 조금씩 공개되기 시작하였다.

(5) 미흡 요인

소련은 사고 원자로가 '80~'86년간 총 71건의 사고가 발생했음에도 구조적 결함 시정 노력을 등한시했고, 사고 원인을 개인의 조작 미숙이라고 알리고 싶지 않아 지속해서 감추었다.

체르노빌 원전은 흑연을 감속재로 사용하는 RBMK형 원자로[102]인데, 물을 감속재로 사용하는 서구형 PWR형[103]에 비해 조작이 복잡하고 안정성이 결여되었다. 사고 초기 사태 수습보다 사고 은폐 · 축소에만 급급함으로써 주민 피폭 · 오염 확산 등 최악의 피해를 유발한 것으로 평가되었다.

---

102 RBMK 또는 흑연감속 비등 경수 압력관형 원자로는 소비에트 연방이 개발한 원자로 형식으로, Reactor Bolshoy Moshchnosti Kanalniy (채널형 고출력 원자로)의 첫 글자를 따서 RBMK라고 부르며, 현재는 소비에트 연방이 만든 흑연감속 원자로의 뜻으로만 사용된다. RBMK는 체르노빌 사고를 일으킨 원자로 유형이며, 2017년 기준 러시아에선 총 11개의 RBMK 원자로가 구동중이다. RBMK는 소련의 플루토늄 생산용 원자로를 기반으로 한 원자로를 만드는 소련의 프로젝트 중 최고의 작품이었다. 세계 최초 원자력발전소(최초로 원자로에서 전력 생산)에 쓰인 첫 번째 RBMK인 AM-1는 5MW의 전력(열출력 30MW)을 오브닌스크에 1954년부터 59년까지 공급했다.
RBMK는 경수를 냉각재와 감속재로 흑연을 사용하며, 연료로는 천연우라늄을 사용할 수 있으며(일반적으로 2.4%의 농축우라늄을 사용한다), 압력관 개수만 늘리면 원자로를 크게 만들 수 있고, 또한 운전 중 연료 교체가 가능하므로 운전성이 높다는 장점이 있다. 그 대신, 다른 원자로 유형에 비해 불안정하다는 단점이 있다.

103 경수로(輕水爐)의 하나. 저농축 우라늄을 사용하며 감속재(減速材)와 냉각재(冷却材)인 경수(輕水)데 높은 압력을 가하여 증기를 만들어 터빈을 회전하게 하는 방식의 발전용 원자로이다. 원래 미국의 웨스팅하우스 회사에서 원자력 잠수함용으로 개발하였고, 뒤에 발전용으로 개량하였다. 가압수형 원자로: Pressurized Water Reactor, PWR. 원자로와 발전 계통이 서로 분리되어 있으며, 원자로 계통(1차 계통이라고도 한다.) 내에서 냉각재로 순환하는 물에 120기압가량의 압력을 가해 끓지 않도록 만들고 터빈 발전용 증기 발생기를 원자로 외부에 설치하는 방식이다. 방사선 차폐 면에선 격납용기 안에서만 방사능이 유지되기에 격납용기를 나가는 비등수형 원자로보다 훨씬 우월하며 압력 덕에 물의 끓는점이 높아 냉각재가 더 많은 열을 수용할 수 있으므로 비등수형에 비해 출력도 더 높일 수 있으나 원자로의 열을 간접적으로 받는 형태라 열효율은 떨어진다.

8. 산불

8.1. 2000년 동해안 산불

(1) 개요

2000년 4월 7일 강원도 고성군 토성면 학야리에서 최초 발화한 초대형 산불이자 대한민국 건국 이래 2022년 3월 울진-삼척 산불이 발생하기 전까지 약 22년간 가장 큰 규모였던 산불화재이며, 단일 화재론 역대 최대 규모인 산불화재 사건이다. 산불의 원인은 밭두렁을 태우다가 발화된 것으로 기록되어 있다. (국가기록원, 동해안 산불 백서)

산불은 8일간 지속되었으며 삼척시, 강릉시, 동해시를 거쳐 도 경계를 넘어 경상북도 울진군까지 번져 이 일대에 엄청난 피해를 주었다. 울진 경계를 넘어 원자력발전소 방향으로 지속해서 번져 사고 우려를 빚었으나, 당국의 필사적인 진화 작업에 힘입어 원전까지 번지는 상황은 막아냈다. 19년 후, 20년 후, 22년 후에 일어난 산불 발생 시에 이 화재를 떠올린다는 의견이 있었다.

'당시 지역별 산불 발생 시기와 원인'은 다음과 같다.

▶ 1. 고성 : 2000년 4월 7일 토성면 학야리 군부대 소각장 인근에서 발화. 4월 8일 진화하였는데. 비슷한 시일에 북한에서 넘어온 산불이 현내면 일원까지 확산. 4월 8일 진화 후 11일 재발화하였다가 14일 다시 진화하였는데 4월 11일 거진읍 시가지 인근 야산에서 등산객 담뱃불로 인한 실화가 발생하여 당일 진화 완료하였다.

▸ 2. 강릉 : 2000년 4월 7일 사천면 석교리에서 보험금 수령 목적으로 공장을 태우다가 발화하여 4월 8일 진화하였는데 4월 12일 대전동, 홍제동에서 발화하여 당일 진화 완료하였다.

▸ 3. 동해 : 2000년 4월 12일 달방댐 하부 인근에서 차량에서 던진 담뱃불로 인해 발화하여 4월 15일 진화하였다.

▸ 4. 삼척 : 2000년 4월 7일 근덕면 궁촌리에서 한 주민이 편지를 태우다가 발화, 4월 8일 최초 진화 완료하였으나 그러나 10일 재발화하여 4월 15일 최종 진화 완료하였다. 4월 12일 미로면 내미로리에서 무속인 실화로 추정되는 불이 발생. 4월 15일 진화 완료하였다. 4월 12일에 건지동, 13일에 도계읍에서 각각 발화. 발화 당일 진화 완료.

▸ 5. 울진 : 4월 12일에 삼척에서 발생한 불이 넘어와 확산하여 진화되었다.

(2) 피해

이 산불로 인해 입은 피해는 엄청났다. 총 2명의 사망자와 15명의 부상자가 발생했고, 수백여 채의 가구가 소실되었으며 1천 명에 가까운 이재민이 발생하였다. 총 2만 3천여 헥타르의 임야가 잿더미로 변했고 주변의 도로가 통제되었으며 10만 명이 넘는 주민들이 대피하는 일이 벌어졌다. 동해시의 경우 도심 바로 앞까지 산불이 번져 초비상 상황이 벌어졌고, 울진으로 번진 이후 원전 주변 확산을 막기 위해 진화 당국이 사투를 벌이기도 했다. 당시 울진 원전은 적색 비상근무에 돌입했다. 산불 중에 총선 투표(4월 13일)가 있었는데 피해 지역에 한정하여, 투표 연기를 하자는 의견이 제기되었으나 투표는 원래대로 실시되었다.

총면적은 237.94km2로 거의 경상남도 통영시 전체 면적에 맞먹는 수준이며, 서울시 종로구 10배에 상당한 수준이다.

지역별로 고성 2,696ha, 강릉 1,447ha, 동해 2,244ha, 삼척 170.97km2, 울진 310ha가 피해를 보았다. 삼척의 경우 미로면 일원에서 4,054ha가 피해를 보았고 근덕 ~ 원덕읍 일원에서 13,000여ha가 피해를 보았다. 각 지역별로 보아도 고성, 강릉, 동해 쪽은 서울 웬만한 구 크기만 한 면적이 피해를 보았고, 삼척 근덕면, 원덕읍 일원은 거의 인천 중구 면적 수준에 육박하는 수준으로 피해를 보았다. 피해 면적은 2001~2018년간 발생한 산불로 인한 피해 면적보다 더 크며, 어지간한 시/군의 절반가량에 해당하는 정도이다. 이렇게 산불 피해가 컸던 이유는 이 당시 일대에 25m/s의 폭풍이 몰아쳐 강원도 삼척에서 난 산불이 약 500m 정도 떨어진 가곡천을 뛰어넘어 울진까지 번지고 말았다.

고성은 1996년에 이어 토성면 일원이 또다시 피해를 보았고, 강릉은 사천면 야산 일원 상당수, 동해는 달방댐 ~ 초록봉 ~ 동해고속도로 서쪽 일대 산림 대다수, 삼척은 근덕면 소재지 남쪽부터 원덕읍 도 경계까지 해안 주변 산림 전체가 모두 탔다. 실제로 7번 국도를 타고 고성 토성면 일원을 지나거나, 동해고속도로를 타고 강릉 분기점에서 주문진 가는 길을 지나거나, 삼척에서 국도 7호선 옛길, 4차선 새길을 타고 근덕-원덕 일원을 지나다 보면 산불 피해지를 볼 수 있다. 지금은 22년이나 지나서 나름 나무가 좀 자랐지만 자연스럽고 울창한 산림의 모습과는 거리가 있는 민둥산 같은 모습들을 볼 수 있다. 삼척의 경우 장호항이나 삼척해상케이블카, 해신당공원, 수로부인테마공원을 가면 바로 앞 내지 건너편 먼 산들이 전부 산불 피해지다.

피해액은 1,072억 원, 건축물 808동(주택 390, 부속사 283, 축사 128, 공장 7), 가축 6,068마리(소 30, 닭 1,469, 꿀벌 3,538, 기타 1,031), 농기계 1,328대, 송이 31톤, 장뇌 13만 4천 본 등의 피해를 보았다.

인명피해는 강릉과 삼척에서 각각 1명이 사망했고, 부상자는 강릉 4명, 동해 2명, 삼척 8명, 고성 1명이었다. 이재민은 299세대 900여 명으로 고성 70세대 206명, 강릉 159세대 465명, 동해 16세대 47명, 삼척 54세대 132명이다.

8.2. 2019년 고성-속초 산불

(1) 개요

2019년 4월 4일, 저녁 7시쯤 강원도 고성군 토성면 원암리의 한 야산에서 발생한 불(현대오일뱅크 주유소 서울 방향 전봇대에서 발생)이 바람을 타고 속초 시내 방향으로 번진 대형 산불이며 익일 8시 산불 관계 장관 회의에서 이낙연 국무총리가 문재인 대통령에게 국가재난사태 선포를 건의했으며, 9시를 기해 국가재난 사태가 선포되었다.

이어 4월 6일 오후 12시 25분에 강원도 고성군 · 속초시 · 강릉시 · 동해시 · 인제군이 특별재난지역으로 선포되었다. 1년 뒤, 고성에서는 비슷한 시기에 또 산불이 발생했다.

(2) 상세

2019년 4월 4일 오후 9시 30분 기준으로 민가 및 시내까지 화재가 번지는 중이다. 또한 속초 시내로 불이 번져 속초시 주민 1만여 명에게 긴급재난문자와 함께 대피령이 하달된 상태이다.

2019년 4월 4일 오후 11시 50분 기준으로 엄청난 강풍으로 인해 속초 바닷가 부근으로 순식간(순간최대풍속 26.1m/s까지 기록)에 불이 번졌다. 이에 따라 이례적으로 대형 산불이 강한 바람을 만나면서 규모가 매우 커지게 되었다. 지역에 따라선 소방차가 분사한 물대포 물줄기를 꺾어버리거나 새마저도 날려버릴 수준의 바람이 불고 있어 소방 작업을 제대로 할 수 없는 상황이었다. 화재를 볼 수 있는 CCTV들도 일부 흔들림이 심한 것들도 많다. 4월 5일 2시 16분 기준 불이 계속 번지고 있지만 속초시의 경우 교동-동명동까진 불이 번지지 않도록 막아내어 시내로의 확산을 막아냈으며 3시에 들어선 바람이 잦아들면서 본격적으로 불을 꺼나가게 되었다.

4월 5일 2시 30분 기준 속초만이 아니라, 30km 이남 강릉과 동해시에서도 산불이 확인되고 있다. 바람 방향이 남풍이기 때문에, 발화점이 동시다발적으로 발생한 것으로 추정된다. 4월 5일 8시 38분 기준 주불 진화율 100%를 달성하고 잔불 진화를 진행하였으며, 4월 6일 오후 4시를 기해 1단계로 유지해 온 고성 · 속초와 강릉 · 동해 산불의 대응 단계를 해제했다.

(3) 화재 원인

2019년 4월 4일 오후 7시 17분, 강원도 고성군 토성면 원암리 국가지원지방도 56호선 미시령터널 부근의 일성콘도 부근 개폐기 폭발로 화재가 발생했다는 신고가 접수되었다. 정확한 원인이 나오진 않았지만, 개폐기 전주에서 외물 1차 접촉으로 스파크가 한번 튀었고, 그 스파크가 전주 아래로 떨어져서 불이 붙은 것으로 추측된다.

외물 제거가 안 된 상태에서 리클로저[104]가 동작해 2차로 스파크가 튄 것으로 보인다. 고압

104 계전기 용어. 자동 탈착 후 서단 장치를 자동 재폐로 시키는 것을 말함. 리클로저는 나뭇가지가 송전선에 닿거나 낙뢰로 인한 교란 등 일시적인 장애가 발생하면 수동 개입 없이 자동으로 전력을 복구하여 배전의 신뢰성을 높이도록 설계된다.

선 외물 접촉 혹은 애자류 불량일 가능성이 있다. 자세히 보면 뒤에 전주에서도 동시에 강력하게 스파크가 튄 것을 확인할 수 있다.

발화 순간을 목격한 초기 신고자는 즉시 신고하고 차량 소화기로 진화를 시도했으며, 매우 가까운 거리에 있던 소방서에서도 3분 만에 출동해 진화를 시작했다. 화재가 나면 소방차는 5분 이내로 현장에 도착해야 하며 5분이 지나면 사망자가 2배 이상 증가한다는 점을 고려하면, 3분이면 충분히 빠르게 대처한 것이었다. 하지만 해당 지방에 건조 경보와 강풍 특보가 동시에 내려진 가운데 일어났기에 화재는 강풍을 타고 빠르게 확산해 버렸다. 엄청난 수압을 자랑하는 소방차의 물줄기가 역행할 정도의 강풍이 불고 있는 날씨에, 소방헬기를 쉽게 띄울 수 없는 밤 시간대, 나무가 둘러싸인 환경까지 겹치면서 결국 조기 진화에 실패한 것이다.

고성 화재 원인은 舊 전신주 4월 18일, 산불 원인이 특고압 전선이 떨어져 나가면서 발생한 '아크 불티'라는 감정 결과가 나왔다. 한전에서 화재가 난 후 전봇대를 새롭게 교체하면서 새로운 에코 가스 개폐기로 교체하였다.

검찰은 한전 관련자들을 기소하면서 배전 선로에 장력이 가해질 때 전선을 단단히 붙들어 놓기 위해 사용되는 금속 장치인 "데드엔드클램프" 하자 방치를 화재의 직접적인 원인으로 지목했다. 화재 발생 후 확인 결과 데드엔드클램프 6곳 중 3곳 내부에 조류 둥지가 있었고, 화재 전신주의 데드엔드클램프에는 볼트와 너트 사이에 필수적으로 체결돼 있어야 할 기계 부품이 전혀 체결돼 있지 않은 것으로 드러났다. 검찰은 부실한 관리로 인해 전선이 끊어진 후 전신주와 접촉하면서 아크가 발생했고, 낙엽과 풀 등으로 옮겨붙어 산불로 번졌다고 설명했다.

오류 감지 : 리클로저는 전력선을 통한 전류 흐름을 지속해서 모니터링한다. 순간적인 단락과 같은 일시적인 결함이 선로에 발생하면 리클로저의 보호 계전기가 비정상적인 전류 상태를 감지한다.

트립 동작(Trip Operation) : 고장을 감지하면 리클로저가 동작하여 회로를 개방하고 전류의 흐름을 차단한다. 이 조치는 결함이 있는 부분을 배전 시스템의 나머지 부분과 격리하여 추가 손상을 방지한다.

자동 재폐로 : 짧은 지연(일반적으로 몇 초) 후에 재폐로 장치는 회로를 다시 닫아 자동으로 전원 복원을 시도하며, 중단을 초래한 결함이 본질적으로 일시적(예: 선로에 나뭇가지가 떨어지는 경우)이었고 해결되었다는 가정을 기반으로 한다.

다중 재폐쇄 시도: 리클로저는 짧은 시간 내에(보통 3회 시도) 여러 번 재폐쇄를 시도하도록 설계된다. 여러 번의 재폐로 시도 후에도 결함이 지속되면 리클로저는 잠기고 유틸리티 기술자가 수동으로 재설정할 때까지 열린 상태를 유지하게 된다.

(4) 피해 상황

행정안전부 중앙재난안전대책본부는 이 산불로 주택 401채가 불에 탄 것이 확인됐다고 4월 7일 밝혔다. 이외에 임야 530*ha*, 창고 77채, 관광세트장 158동, 축산시설 925개, 농업시설 34개, 건물 100동, 공공시설 68곳, 농업기계 241대, 차량 15대 등이 소실됐다. 인명피해는 사망과 부상 각 1명 외에 더 늘어나지 않았다.

4월 10일 발표에서 산불의 피해 면적이 크게 늘어나 1,757ha로 집계되었다. 강원 산불 피해, 530*ha*에서 1,757*ha*로 3배 넘게 늘어 이에 대해 김재현 산림청장은 "초기에 지자체를 통해 피해면적을 발표하다 보니 경황이 없어서 추가적인 피해면적을 산정하지 못하고 발표했다"라며 "인공위성 아리랑 3호를 통해 전문가들이 분석한 결과 1,757*ha*로 집계됐다"라고 밝혔다.

김 청장은 "19일까지 정밀 분석하고, 현장에 가서 맨눈으로 검증하면 1,757*ha*보다 줄어들 가능성도 있다"라고 덧붙였다. 그는 "도면상으로 추정하다 보니 피해면적이 530*ha*가 나왔고, 당시에는 불 끄는 데 집중하다 보니 면적은 우선순위가 뒤로 밀려났다"라고 설명했다.

(가) 고성군

2019년 4월 5일 2시 30분을 기점으로 고성군 내 105채가 전소되었다. 경동대학교 고성캠퍼스 외국인 기숙사에도 불이 번졌다. 간성읍 내에 정전이 발생했다. 인명피해도 일어나 1명이 사망했으며, 11여 명이 중경상을 입었다. 북동쪽으로 확산하기 시작했다.

금강고속 속초발 노선들의 차고지가 있는 용촌리 저수지 부근으로 불이 옮겨붙었다. 금강고속 차량들은 속초의 다른 곳으로 차를 이동한 상태이다. 22사단 보급수송대대, 정비대대, 의무근무대 주둔지가 전소되었다. 해당 부대원 총합 2,500여 명이 긴급하게 대피했다. 308 경비연대 속초예비군 훈련장 주둔지가 전소되었다. 해당 부대원 총합 25여 명이 긴급하게 대피했다.

(나) 속초시

속초로 수학여행을 간 경기 현화중학교 학생들이 이용한 전세버스 7대 중 1대가 영랑교 부근에서 불에 전소되었다. 다행히 인명피해는 없는 것으로 알려졌다. 속초고등학교 기숙사가 그을렸다. 그런데 기숙사까지 불이 번져 전소되었다는 오보가 나오기도 했다. 속초고 인근에 차고지를 둔 강원여객, 동해상사 시내버스가 각각 양양(강원여객)과 대포동(동해상사)으로 대피했다.

MBC 강원 영동 속초지사 인근 산까지 불길이 번져와 취재를 위해 남아있던 직원들은 대피했으며 위성중계차도 포기하고 그 뒤로는 LTE로 현장 중계를 했다. 대피소로 지정되었던 속초중앙초등학교가 화재 위험으로 대피를 포기했다. 속초 시내 SK텔레콤 통신 기지국이 화재에 피해를 보아 통신망 오류가 발생했다.

속초 한화리조트 본관 쪽으로 화재가 번졌으나 본관은 무사하고 대신 별관에 있는 음식점 하나가 전소했다. 속초 한화리조트 앞 영화 세트장인 설악씨네라마가 전소되었다. 속초영랑초등학교 대피소에 연기가 유입돼 시민들이 다른 곳으로 피신했다. 속초소방서 앞은 산불에 휩싸였다.

속초 교동 지역의 도시가스가 차단됐다. 속초 교동 지역의 아파트 단지에서 강풍에 날아온 불똥으로 화재가 발생했다. 속초 지역의 기지국들이 전소해 통신에 장애가 생겼다. 속초의료원에 연기가 유입되어 환자들이 긴급 대피했다. 속초 하이디밸리 및 허니 서프, 속초불가마오션스파에서 피난객들에게 무료로 숙박을 제공하겠다고 선언했다.

속초 시내 일부가 정전되었다. 배전 선로 약 300m가 불타 166가구가 한때 정전되었으며, 4월 5일 오전 8시 50분 기준 복구작업을 거쳐 48가구가 정전 중이다. 속초 폭발 사고를 대비하기 위해 아파트 도시가스가 차단되었다. 4월 5일 오전 중으로 지역 내 도시가스 공급은 재개되었다. 다만 지역 내 9개 LPG 충전소와 17개 LPG 판매소의 운영은 중단한 상태이다. 영랑동, 장사동에 일부 불이 번졌다.

새벽 3시쯤에 바람이 멎고 일부 화재가 잡히면서 중앙 시내 쪽에 있는 사람들이 거주지로 돌아오고 있단 소식이 있다. 영랑호 너머로 불이 넘어왔으며, 영랑호리조트 구내 별장형 펜션과 보광사 구내 부속건물 2채가 전소되었다. 영랑호 리조트 별장형 펜션은 신세계그룹과 한

국전력공사, 개별 소유자들 간의 이해관계가 복잡해 2022.06.19. 23:45:29+0900까지 철거가 진행되지 않고 있었다.

춘천지방법원 속초지원과 춘천지방검찰청 속초지청 앞까지 불길이 번져 기록물들을 옮기는 작업을 했다. 또한, 모든 재판(공판) 일정을 중단하기로 했다. 영동극동방송 사옥에도 불이 옮겨붙으면서 1, 2층이 전소, 방송국이 입주한 3, 4층에도 연기와 분진으로 인해 정규방송이 중단, 괘방산 송신소에서 임시로 비상 방송을 진행하였다. 자체 생방송은 클래식/CCM으로 대체했으며, 그 외 전국 릴레이 프로그램, 설교 실황과 논스톱 CCM 방송은 정상적으로 송출할 수 있었다. 단, 정시 시보 멘트 후에 시보 음이 들리지 않고 있다.

고려노벨화약의 화약저장소에도 불이 옮겨붙어서 건물이 전소되었다. 다행히 그곳에 있던 화약 4,884kg과 뇌관 2,990개를 경찰이 미리 이송하여서 유폭 등의 2차 피해는 없었다. 참고로 화약을 이송하는 데 도움을 준 숨은 민간인 영웅들도 있었다.

(5) 대응

최초 발견자는 즉각 신고 후 가지고 있던 차량 소화기로 진화를 시도했고, 신고접수 후 3분 만에 도착한 소방대원들도 초동 진압에 나섰지만, 그 수압 강력하기로 유명한 소방차의 물줄기가 꺾일 정도로 강풍이 불던 날이었고 야밤인 데다 앞서 서술한 강풍까지 악성 시너지를 일으켜 추락 위험성 때문에 소방헬기도 못 띄우고 주변이 산림지대라 초동 진압에 실패했다. 화재 초동 진압이 실패하자 오후 8시 14분 전후로 긴급재난문자가 발송되었다.

소방청에서는 오후 8시 31분에 산불 진화를 위해 인근 소방차의 전원 출동을 지시한 데 이어, 오후 9시 44분엔 최고 수준 3단계를 발령하고 전국의 모든 소방차에 출동 지시를 내렸다. 구체적으로 소방청은 중부지방의 서울, 경기, 인천, 충남, 충북, 경북, 세종, 대전의 가용 소방차량 및 인원의 2분의 1과, 남부 지방인 전북, 전남, 경남, 울산, 부산, 창원, 대구의 가용 소방차량 및 인원의 3분의 1을 동원키로 했다. 제주, 울릉도 등의 도서(島嶼) 지역을 제외한 전국의 모든 소방차에 출동 지시가 떨어지는 것은 극히 이례적인 일로 사태의 심각성을 잘 나타내고 있으며 정문호 소방청장 또한 현장으로 출발했고 도착하자마자 진화 현장을 지휘했다.

공항 화재 및 원전 화재 등 특수 화재에 사용되는, 전국에 단 6대 있는 초대형 소방차 로젠바우어 판터 특수소방차가 투입된 사실이 JTBC 특보에 지나가는 모습이 잡히면서 알려졌다. 이에 따라 다시 한번 주목을 받았는데, 이날 출동한 판터는 중앙119구조본부 지휘 하의 시흥119 화학구조센터 소속 차량인 것으로 알려졌다. 중앙119구조본부가 투입되면서 화재진화 차량으로 가져온 것으로 추정된다.

문재인 대통령은 오후 11시 15분에 "산불진화 가용 자원을 모두 동원하라"라는 긴급 지시를 내렸다. 아울러 산불 발생 및 진화, 피해 상황 등을 적극적으로 언론에 공개하고 산불 발생 시 행동 요령을 구체적으로 알릴 것도 지시했다. 기사 또한 2019년 4월 5일로 예정된 식목일 일정을 전격 취소했다. 이 취소된 일정은 경북의 한 초등학교를 방문하는 것이었는데, 1달 뒤 어린이날에 해당 학교 학생들을(산불을 진압한 소방관들의 자녀들과 피해 지역 초등학교 학생들과 함께) 청와대로 초대하여 아쉬움을 달래주었다고 한다.

2019년 4월 5일 0시부터 중앙재난안전대책본부를 가동했다. 강원도교육청은 5일 속초 초 · 중 · 고 25개 학교 전체, 고성 24개교 전체, 강릉은 옥계초 · 중 2개교, 동해 망상초교 등 52개교에 휴업령을 내렸다. 야간에는 소방헬기를 투입하기가 어려워, 5일(금) 일출과 동시에 소방헬기를 투입하기로 산림청은 결정했다.

화재가 진행되던 밤 동안엔 강풍이 불어 소방헬기 투입이 어려울 것으로 보였지만 다행히도 2시부터 점차 바람이 잦아들어 일출 시각에 소방헬기 투입이 진행되었다. 이번 산불에서 소방헬기는 영랑호, 청초호가 주변에 있었기에 물 수급이 용이해져 빠른 진압에 도움이 되었다.

속초시 교동 SK 엔크린 장원주유소 앞까지 불이 번졌었다. 해당 주유소는 7번 국도 및 미시령터널에서 속초 시내로 들어가는 길목으로, 해당 주유소에 불이 붙으면 불길이 속초로 진입한다는 의미이기 때문에, 소방 인력이 맞불 작전까지 동원해 필사적으로 화재를 막아냈다.

(6) 이재민

강원 고성 · 속초 · 강릉 · 동해경찰서는 관내 모든 경찰력을 총동원시켜 주민 대피, 도로 통제 등 비상 대응에 나섰고, 강원경찰청 또한 경비부대 3개 중대를 투입하여 현장 통제에 나섰다. 경찰청에서도 지시를 내려 고속도로순찰대 7지구대가 산불 인접 지역 고속도로를 통제하였으며, 경기 남부 · 경기 북부 · 충북지방경찰청 소속 10개 기동 중대를 투입하였다. 이번 화재에는 총 1천7백 명의 경찰력이 현장에 투입되어 주민 대피, 교통 정리, 잔불 정리 등을 도왔다.

정부가 범정부적 대응에 나선 가운데 군도 총력 지원하기로 했다. 국방부 트윗에 따르면 군 헬기, 소방차, 장병을 동원할 것이며 피난 중인 국민에게 전투식량을 지원하겠다고 밝혔다.

국방부는 5일 일출과 동시에 군 헬기 32대, 군 보유 소방차 26대, 군 장병 16,500여 명을 투입해 진화 작업을 실시했다. 육군 8군단은 이날 오전 7시부터 예하 부대 장병 3,500여 명을 산불 진화에 투입했다. 또 군용 헬기 10여 대도 산불이 난 곳에 투입해 조기 진화를 지원했다. 육군 3군단 예하 공병여단 소속 장병도 인제군 남면 남전약수터 일대에 투입, 진화 작업을 했다.

해군 1함대가 화재진화에 투입됐다. 양양, 고성에 있는 예하부대의 지휘차 1대, 소방차 3대, 구급차 1대와 지원 인력을 현장으로 투입했다고 밝혔다. 공군은 소방헬기 4대를 현장에 투입하고 화물과 환자 수송을 위한 C-130 수송기 2대, CN-235 수송기 2대, HH-47 헬기 2대를 투입한다. 헬기 유류 지원을 위한 급유차 10대도 현장 투입했다.

속초 가스충전소 부근에서 맞불을 놓으며 방화선을 구축했다. 한때 이 갖불을 가지고 가스충전소가 폭발했다는 오보가 나기도 했다.

발화지점 7km 근처에는 화약전문업체인 고려노벨화약의 화약 저장고가 있었는데 안에는 뇌관 2,990발, 폭약 4,984kg, 도폭선 299m가 보관 중이었고 산불 발생 50분 만에 화약 저장고의 400m 지점까지 확산해서 자칫 대형 폭발 사고가 일어날 뻔했지만, 이를 알아챈 경찰은 4월 4일 20시 30분부터 인력을 투입해 화약 창고에 보관 중이던 화약류를 1시간 동안 전부 수거해 안전한 곳으로 수송했으며 화약류들이 모두 수송되고 경찰인력이 떠난 후 결국 산불은 화약 창고를 덮쳤지만, 경찰의 신속한 대처로 화약을 전부 옮겨놔서 폭발 사고는 일어나지 않았다.

새벽 2시에 위기관리센터에서 긴급회의가 진행되었다. 3시에 진행된 회의에선 바람이 잦아들어 드론을 이용할 수 있는 상황이 되었기에 이를 이용해 화재 현황 파악에 나선다는 입장을 보였다.

2019년 4월 6일 오전 0시(진영 행정안전부 장관 임기 개시 시점)부로 중앙재난안전대책본부 본부장이 김부겸에서 진영으로 교체되었다. 이는 지난 4월 4일에 있었던 행정안전부 장관 교체에 따른 것으로, 진영은 이번 사고로 인해 이례적으로 취임식 전부터 업무를 수행한 장관이다.

따라서 진영은 현장지휘소가 설치된 강원도 강릉시 옥계면사무소에서 전임자 김부겸으로부터 4월 5일 오후 11시부터 상황 설명과 함께 업무 인수인계를 받고 해당 시간부로 임무를 교대했다. 한편 김부겸은 4월 5일 오전 10시에 이임식을 가질 예정이었으나 재난 상황에서 이임식을 갖는 게 적절치 않다는 판단에 따라 취소하고 추후 이임사로 대체했다. 행안부의 수장이 바뀌는 상황이라 큰 혼란이 발생할 수도 있었지만, 이낙연 국무총리가 급히 현장으로 가서 대처했다. 또한 화재진압의 효율화를 위해 수행 인력도 최소화하고 의례적인 보고는 아예 금지했다.

전국에서 소방차 872대, 소방공무원 3,251명을 동원하여 산불을 진화했다. 이는 단일 화재 역사상 가장 큰 규모이다. 일부 소방차는 진압을 끝내고 복귀 중인 걸로 보인다. 4월 5일 오전 11시 기준 서울 양양 강촌~설악 부근에서 의왕, 김포, 부천 소속 소방차들이 서울 방향으로 이동 중인 것이 목격되었다.

문화재청도 화재에 대응해 안전상황실을 가동했다. 그 때문에 문화재청 트위터에 따르면 문화재 피해는 전혀 없다고 한다. 보광사가 일부 피해를 보았지만, 그곳에서 보관하던 현왕도(강원 문화재자료 173호)는 화재 즉시 이전을 마쳐 안전하게 보관되었다고 한다. 그리고 소방 대응으로 보광사 본 건물들은 모두 무사하다고 한다.

국가보훈처 역시 화재 이후 피해지원에 발 빠르게 대응했다. 국가보훈처는 이번 화재로 집이 전소되거나 반파된 국가유공자 가정을 신속하게 파악하여 재해 위로금을 지급했다고 한다.

시민 일부는 화재진압을 돕기 위해 직접 물을 나르거나 불을 끄는 등의 행동을 하기도 했으며, 배달부들이 각지에서 대피를 도왔다.

강원도 산불 피해 이재민의 생활 지원을 위해 정부가 기존 거주지 인근의 민간 주택을 직접 물색해 전세로 제공하기로 했다. 문재인 대통령은 "이재민들을 체육관 등 대형 실내 공간에 한꺼번에 수용하는 것을 가급적 지양하고 거주지에서 가까운 공공기관 연수시설 활용 등을 적극 검토하라"라고 지시했으며, 6일 저녁부터 이재민들이 연수시설로 거처를 옮겼다.

홍남기 경제부총리 겸 기획재정부 장관은 5일 산불 피해와 관련하여 "재난안전특별교부세, 재난구호비 등 42억 5,000만 원을 응급 복구비로 우선 집행하겠다"라고 말했다. 산불 피해조사 및 복구계획이 확정되는 대로 부처별 기편성돼 있는 재난대책비를 신속히 집행할 수 있도록 했다. 2019년 재난대책비는 행정안전부 360억 원, 산림청 333억 원, 농림축산식품부 558억 원, 교육부 재난안전관리 특별교부금 1,567억 원 등이다. 필요하면 1조 8,000억 원 규모의 목적예비비도 활용해 최대한 지원하겠다는 입장이다.

(7) 2019.4.5.일의 기적을 만든 9가지 사실들

이와 같은 신속한 대응 덕분에 고성-속초 산불은 불길이 도시까지 덮친 이례적인 상황임에도 불구하고 문화재 피해 0건, 소방 인명피해 0건, 군 장병 피해 0건, 발화 21시간에 진화율 100%를 달성했다. 1996년 산불은 3일, 2005년 산불은 32시간 동안 지속됐다는 걸 생각하면, 화재진압 기술 발전 등 덕택에 상당히 빠른 대응이 이루어진 셈이다.

이뿐만이 아니라 전국에서 800여 대의 소방차와 3,000여 명의 소방공무원이 강원도에 투입되는 등 반나절 만에 사상 최대의 소방력을 동원하기도 했는데, 2017년 국민안전처 산하의 소방본부에서 소방청으로의 독립, 개정된 출동지침과 각 정부 부처에서의 신속한 대응이 빛났다는 평가도 있다.

(8) 반응

〈대통령 지시 사항〉

▶ 강원 고성산불 관련해서 인명피해가 있었음. 강풍으로 연소 확대되어 진화가 어려움으로 관련 각 부처는 조기 산불진화와 가용 자원을 모두 동원하여 총력 대응해 주길 바라며 특히, 진화 과정에서 진화 작업에 동원되는 소방관 안전사고가 발생하지 않도록 유의해 주기 바람

▶ 각 지자체가 중심이 되어서 인명피해 발생하지 않도록 주민 대피를 선제적으로 조치하기 바라며 인근 지역 항구 내 정박한 선박도 필요시 대피 조치하기 바람

▶ 피해 지역 학교 휴교령 및 학생들에 대한 보호 방안까지 마련하기 바라며 주민 대피 지시에도 불구하고 따르지 않는 분들에 대해 강제적 조치를 해서라도 안전을 확보하는 조치를 해주길 바라고 피해자는 신원이 확인되면 신속히 유가족에게 알려주고 긴급 생활대책도 마련하기 바람

▶ 총리가 후속 대응 상황 마련 및 관계기관 지원 대책도 마련하기 바람

▶ 접경지역 산불 확산 우려 시 북한과의 협의 여부도 검토

▶ 산불 상황에 대한 언론홍보 및 행동 요령에 대한 홍보를 하기 바라며 지자체와 군 병력 등 동원이 가능한 인력을 모두 투입해 꺼진 불도 다시 확인하라. 또한 산간 외딴 지역 피해자 확인, 수색 작업도 소홀함이 없도록 하라. 집을 잃고 놀란 가슴을 쓸어내리고 있을 이재민을 각별히 보살펴주시길 바란다.

▶ 이재민들을 체육관 등 대형 실내 공간에 한꺼번에 수용하는 것을 가급적 지양하고, 거주지에서 가까운 공공기관 연수시설 활용 등을 적극 검토하라. 생필품에 대한 충분한 공급, 의료와 심리 치료 지원 등의 보호 대책도 적극적으로 해주시길 바란다.

▶ 현장에 간 총리와 행안부 장관이 상황을 점검해 '특별재난지역' 지정을 검토하는 것도 서두르며 산불 등 자연재난을 막을 수는 없지만, 피해를 최소화할 수 있다. 산불이 자주 발생하는 지역의 주민 대피요령 홍보를 강화하고 재난방송 시스템이 잘 작동하는지에 대해서도 점검해 주시길 바란다.

▶ 강원도 지역에 소방력이 집중되어 있는 상황에서, 다른 지역에서 소방 공백이 발생하지 않도록 지자체와 잘 협조하여 대책을 마련해 주시길 바라며 밤새 진화 작업에 나선 소방관, 산림청, 경찰, 강원도를 비롯한 관계기관 공무원과 군, 민간 참여에 깊이 감사드린다.

〈국무총리 지시 사항〉

▶ 산불진화 산림청·소방청 진화 인력과 장비 최대한 동원, 조속한 진화에 최선을 다하고 인명피해가 없도록 주민피해에 만전을 기하며 일출과 동시 진화 헬기 투입 등 사전 준비 철저하고 야간 진화 활동 소방 인력 안전에 만전을 기할 것

청와대 트위터에는 밤 10시 산불 관련 첫 트윗이 올라왔다. 화재 발생 이후부터 국가안보실 국가위기관리센터를 중심으로 대응했다. 산불이 걷잡을 수 없이 퍼지던 4일 밤 11시 무렵 청와대 인스타그램에는 김정숙 여사가 청운초등학교 3학년 학생들을 초청한 사진들이 게시

되어 항의 댓글이 폭주하였다.

문재인 대통령이 "필요할 경우 북한과 협의하라"라는 언급을 한 것을 가지고 일부 누리꾼이나 민경욱 등이 이 북한이란 단어를 부각시켜 "이 상황에서도 북한부터 챙긴다"라고 매도하였는데, 강원도 산림은 남북이 공유하며 휴전선 근처에서 소방 활동과 군부대 대피를 하려면 북한에 통보하고 협의하는 과정이 필요하므로 한 말이다. 산불이 DMZ 근처까지 번졌으니, DMZ를 넘어 북한으로 번질 가능성이 있고, 우리나라에서 산불을 잡아도 북한으로 번지면 진화 장비, 기술력이 열악한 북한 쪽이 끄지 못한 불이 다시 바람 타고 내려올 수 있으므로 남쪽에 있을 때 불길을 못 잡으면 더더욱 꼬인다.

애초에 문재인 대통령의 지시 영상을 보면, 북한과 협의하라는 지시는 주된 지시가 아니라 거의 마지막에 언급한다는 것을 알 수 있다. 그리고 만에 하나 산불이 북한으로 넘어가지 않더라도 군사분계선 근처까지 번져 군사적으로 손실을 입힐 가능성이 있으므로, 대통령이 이 점까지 고려했을 수도 있다.

문 대통령이나 청와대가 직접 설명하지 않는 이상 추측에 불과하지만, 여기서 말하는 협의는 2018년 평양 남북군사합의서에서 합의한 비행금지구역일 가능성이 있다. 즉 남북군사합의에 따라 군용기를 환자호송이나 산불진화 목적으로 투입하기 위해 북한 측에 사전 통보해야 한다는 것이다. 북한 측의 가시적인 반응은 없었고, 조선중앙통신에서 '남조선 동해안 지역에서 산불이 발생했다'라는 보도를 짧게 하였다.

이낙연 국무총리는 4월 5일 이재민들을 만나 위로하고 구체적인 지원방안(생필품, 의약품, 임시거처 등)을 약속했다. 문재인 대통령도 4월 5일 현장을 방문하여 현장 상황을 직접 점검하고 후속대책을 지시했으며, 이재민들에게 위로의 뜻을 전했다.

9. 폭발

9.1. 2015년 中 텐진항 폭발 사고(2015. 8. 12.)

출처 : NYT('15.8), BBC('15.8), The Guardian('15.9), 中 신화통신('16.2), The Independent('16.3), 홍콩 SCMP('16.8) 등

(1) 사건의 개관

(가) 사건 발생

텐진항 위험물질 보관창고에서 원인 미상의 연쇄 폭발이 발생(8.12, 23:30)하여 사망 165명 · 실종 8명, 자동차 1萬여 대 전소 등 13兆 원의 피해가 발생했다.

〈부록 그림 2.16〉 텐진항 폭발 사고

(나) 사건 당일

텐진소방서, 화재 사고 신고접수(8.12 22:50) 진화 작업 실시 중 연쇄 폭발이 발생했다. 사고 직후 시진핑 주석은 상황통제 및 구조작업을 지시했으며, 中 당국은 추가폭발을 우려해 구

조작업을 일시 중단하고 사고 현장을 봉쇄하였다.

(다) 사건 발생 D+1 ~ D+13(8.13~8.16)

중국 정부는 언론취재 제한 및 폭발 지점 3km 내 주민들에 대한 긴급 소개령을 발동하고, 시진핑 주석은 안전 체계 전면 再점검을 지시했으며, 리커창 총리는 사고 현장을 직접 방문하였다.

(라) 사건 발생 ~ D+30(~9.12)

사고 지역 오염수 · 오염 토양 처리와 현장 정리 완료 등 수습 작업 마무리 국면으로 진입 사망 소방관들을 열사로 추인하고, 1인당 230萬 위안(4億 3,000원)의 보상금 지급 희생자 최종 발표 및 수색작업 종료를 선언하였다.

(2) 사건의 개요

2015.8.12.(23:30) 中 텐진항 루이하이 위험물질 보관창고에서 화재가 발생한 후 뒤이어 원인 미상의 연쇄 대규모 폭발이 발생하였으며 사고 원인으로는 정확한 원인은 미상이나, 1차 폭발 후 화재진압 소방 용수가 탄화칼슘 등과 화학반응을 일으켜 연쇄 폭발했을 가능성 제기되었다.

사건 의미로는 소방관 104명이 희생된 사상 최대의 산업재해로 도심지역 화학 공장 이전과 위험물질 관련 업체 관리 감독 강화 등 안전대책 강화 계기가 되었다.

(3) 초동대처

텐진시 소방대는 8.12(22:50) 텐진항 소재 물류회사 '루이하이'(瑞海) 위험물 적재 창고(야적 컨테이너) 화재 사고 발생 신고를 접수한 뒤 현장 출동하여 9개 소방 중대와 소방차 35대가 현장에 도착(23:06), 진화 작업을 실시하는 중 두 차례에 걸친 강력한 폭발이 발생

(23:30)하여 中 당국은 추가폭발 가능성을 우려해 구조작업을 일시 중단하고 사고 현장에 대한 봉쇄 조치를 하였다. 주민 수천 명이 긴급히 대피하고 인근 도시로의 유독물질 확산 불안감이 증폭되고 당국이 위험물 적재 여부를 즉각 확인하지 않아 SNS 등에 각종 괴담이 유포됨에 따라, 시진핑 주석은 사고 직후 상황통제 · 구조작업에 전력을 기울일 것과 사고 원인을 철저히 규명해 책임자를 엄벌할 것을 지시하였다.

(4) 사건 전개

中 언론들은 사고를 낸 물류회사가 평소 폭발성 화학물질을 보관해 왔다면서 다량의 인화물이 한꺼번에 폭발한 것으로 추정 보도하였다.

일부 언론들이 맹독성 물질인 '시안화나트륨' 700톤이 사라진 것으로 보도하자 주민 간 2차 오염 등 공포감이 확산하면서 8.16 텐진시 환경보호국은 17개 지점 확인 결과 '시안화나트륨'이 검출되었으며 격리구역 오염물 처리에 전력을 기울이는 중이라고 공식 발표하였다.

톈웨이융 중국 환경보호부 응급센터 주임은 20일 기자회견에서 "지난 15일 이후 폭발 사고 주변 42곳에 수질오염 검측소를 설치하고 오염도를 검측한 결과 25개 지역에서 시안화나트륨이 검출됐다"라며 "이 가운데 8곳에서는 국가허용 기준치의 356배가 넘는 양이 검출되기도 했다"라고 말했다. 그는 "폭발 사고 지역 안의 수질은 시안화나트륨 오염이 심각하다"라고 말했다.

전날 허수산 텐진시 부시장은 "사고 현장에서 시안화나트륨 150톤은 회수했으나 나머지는 폭발 과정에서 사라진 것 같다"라고 말한 바 있다. 애초 현장엔 700톤의 시안화나트륨이 적재됐던 것으로 알려졌다. 〈중국중앙텔레비전〉(CCTV)과 〈중국신문망〉 등은 "텐진 시내 하천에서 물고기가 떼죽음을 당했다"라고 보도하기도 했다.

시진핑 주석은 '피의 교훈'을 깊이 새겨야 한다며 안전 체계에 대한 전면 再점검을 지시했으며, 리커창 총리도 위험 화학품 · 폭발 물질에 대한 일제 점검을 명령하였고 정부는 8.15 물류창고 지역 '긴급 소개령'을 발령, 반경 3km 내 작업인력 · 차량 철수를 지시하고 현장 내 '시안화나트륨' 유출 사실도 확인하였다.

리커창 총리는 사고 현장을 방문(8.16), 관계 대책회의를 열고 신속 · 투명한 정보 공개를 강조한 후, 희생된 소방관들의 빈소를 찾아 조문하였다.

(5) 대응 수습

中 최고인민검찰원은 8.16 사고조사에 착수, 직권남용 · 직무 유기 · 법규 위반 등의 혐의를 철저히 조사해 형사책임을 묻겠다고 경고하였으며, 공안이 폭발 사고 회사 책임자 10여 명을 체포한 가운데, 국무원은 유관 부처가 참여하는 '특별사고조사단'을 출범시켜 사고조사에 공식 착수하였다.

당국은 사고창고에 산화물 · 인화물질 등 폭발 위험 화학물질 2천 500톤가량이 보관돼 있었다는 점도 공식 확인하였다. 스루쩌 베이징군구 참모장은 기자회견을 통해 시안화나트륨의 소재를 파악, 발견 시 안전하게 처리하겠다고 발표(8.16)하고, 허수산 톈진시 부시장도 "8.16부터 반경 3km 이내에서 시안화나트륨 회수를 시작해 150톤을 공장으로 운반하는 데 성공했다"라고 발표(8.19)하였다.

사망 · 실종 소방관 가족들은 투명한 정보 공개 요구 · 폭발 사고 피해 주민들도 손상 주택을 정부가 매입하라고 주장하며 가두 시위를 전개(8.17)하고, 정부는 희생자 추모행사(8.18)와 함께, 폭발 사고지점에 24萬m^2 규모 생태공원 조성과 희생자 추모 기념비 건립계획을 발표(8.22)하였다. 이와 함께, 희생된 소방관들을 열사로 추인해 1인당 230萬 위안(4億 3,000萬 원)의 보상금을 지급하고 유족들을 위로하고 또한, 폭발 지점 반경 500m 이내 주택들을 사고 前 시장가격으로 매입하겠다는 방침도 전달(8.22)하였다.

시진핑 주석은 中 공산당 중앙정치국 상무회의를 주재하고, 사고 수습에 총력을 기울일 것을 지시(8.20)하였으며, 이와 동시에 사고책임조사, 수색구조작업, 부상자 치료, 현장정비, 환경감시, 희생자 사후 처리, 정보 공개 및 여론관리를 주문하였다.

정부는 8.20 폭발로 훼손된 컨테이너 · 차량 · 건축물 정리작업을 본격화한 가운데, 국가개발은행도 10億 위안(1,800억 원) 긴급대출을 시행(8.29)하고 사고 발생 20여 일 만인 9.5 폭발 사고 핵심지역에 있던 오염수 · 오염 토양을 외부로 운반해 처리하는 작업을 완료하였다.

톈진시는 9.12 사망 165명(화재 사고 55명, 구조과정 110명) · 실종 8명 등 희생자를 최종 발표하며 수색작업 종료하고 黨 중앙선전부는 폭발 사고와 관련, 중앙 매체(신화통신 · 인민일보 · 천진북방망) 기사만 게재할 것을 지시하고 기타 매체는 취재 제한을 하는 등 언론 통제를 강화하였다. 온라인 검열기관인 국가인터넷정보 판공실도 관련 괴담이 급속하게 확산하자 8.16 인터넷 계정 360개를 폐쇄 · 정지 조치하였다.

당국은 8.24에야 희생자 명단(165명 중 101명의 소속과 성명)과 이재민(6,000여 명)을 최초 공개하는 등 여론에 둔감한 행태로 거센 비판이 유발되었으며 톈진시도 사고발생 이후 총 6회의 기자회견을 가졌지만, 책임자 불참에다 브리핑 내용도 부실해 여론의 질타를 자초하였다.

(6) 미흡 요인, 잘못한 점

국가 주요 지도자들이 사고의 심각성에도 불구 초반 미적지근한 대응 국민들의 분노가 폭발하면서 리더십이 심각하게 손상되었으며, 리커창 총리가 사고 나흘째인 8.16 현장을 방문했으며, 시진핑 주석은 9.3 전승 행사 차질을 우려해 현장 방문조차 未 실시하였다.

정부가 사고처리 과정에서 위험폐기물 관리 · 보관에 대한 정보를 통제하는 등 불투명한 행보로 對 정부 불신을 자초하였으며, 대형 사건 · 사고가 발생할 때마다 반복되던 취재제한과 보도 통제 등 지나친 여론 관리가 오히려 괴담 확산 등 부작용을 유발, 여론 악화 요인으로 작용하였다.

결과론적으로는 톈진항 폭발 사고는 사망 165명 · 실종 8명이 발생한 대형 산업재해로, 관계 당국의 초기 대응 미숙과 국가 지도자들의 미온적 태도 · 정보은폐 의혹이 겹치면서 원만한 조기 수습에 실패한 사례이며, 유해 물질인 '시안화나트륨' 유출 관련 지나친 언론 통제가 오히려 유언비어 · 괴담을 확산시키는 요인이 되면서 여론이 급속히 악화, 對 정부 불신을 자초한 사례이다.

9.2. 2018년 고양 저유소 폭발사고

(1) 사고 개요

2018년 10월 7일 경기도 고양시 덕양구에 위치한 대한송유관공사 고양 저유소에서 발생한 폭발사고는 단일 원인에 의해 대규모 재산 피해가 발생사고이다 오전 10시 56분경, 잔디 작업 중 발생한 풍등의 낙하로 인한 폭발로, 1,400만 리터의 휘발유 중 약 440만 리터가 소실, 인근 공장과 주택이 피해를 입었다. 재산피해는 43억 원 이상으로 추정되며, 인명 피해는 다행히 중상 2명으로 제한되었다. 하지만 대도시 인근 대형 화재 가능성, 방재 인프라의 취약성이 사회적 충격을 불러일으켰다.

(2) 사고 원인 분석

주요 원인은 풍등[105]낙하로 인한 유증기 폭발이었다. 이는 유증기 환기구와 방폭설비 등 기본 안전시설의 부실과 방재 사각지대가 겹친 결과다.

(3) 대응 및 수습 과정

초기 대응은 다소 지체되었으며, 소방차 40여 대, 소방인력 200여 명이 투입되어 약 17시간 만에 완전히 진화되었다. 이후 대한송유관공사와 고양시는 책임소재 규명 및 배상 절차에 착수했으며, 방재 인프라에 대한 전수조사가 이어졌다.

105 풍등 (豊登)
풍등(風燈,중국어: 天灯, 영어: Chinese lantern)은 중국에서 처음 만들어진 의식 · 축제 용구이자, 열기구의 시초 중 하나로 꼽히는 초롱이다.

(4) 유사사례 비교 분석

1995년 4월 28일 금요일 오전 7시 52분경 대구광역시 달서구 상인1동 상인네거리 지하철 1호선 2공구 건설공사 남쪽 지점에 있는 롯데백화점 상인점(당시 대구백화점 상인점 예정부지) 신축 공사장에서 그라우팅 및 보링 작업 중 75mm 구멍 31개를 굴착하다가 천공기로 도시가스 배관을 잘못 건드려 배관에 구멍이 뚫림으로써 가스가 누출되면서 발생한 사고다. 이후 가스가 인근 하수구를 통해 지하철 공사장으로 유입돼 원인미상의 불씨에 의해 폭발했고, 폭발음과 함께 50m의 불기둥이 치솟으면서 등굣길 학생 43명을 포함해 101명이 사망하고 202명이 부상을 입었으며 차량 통행을 위해 공사장 위에 임시 설치한 복공판 400m가 무너진 것은 물론 건물 346채, 자동차 152대가 파손되어 피해액은 540억원에 달했다. 이 사고는 도시 가스와 지하공간 개발, 안전관리 미흡의 복합적 실패로 평가된다.

또한 고양 저유소 폭발사고는 인명 피해는 적지만, 도시 내 위험시설 존재의 위험성을 경고했다.

(5) 결론

고양 저유소 폭발사고는 단순한 인재로 보일 수 있으나, 사소한 외부 요인이 복합 재난으로 이어질 수 있음을 명확히 보여준다. 이 사고는 도시 인프라 내 위험시설 통제와 안전관리 체계의 구조적 한계를 드러낸 사례로, 향후 보다 정교한 재난 예방 및 대응 체계 구축이 시급하다.

¤ 참고문헌

1. 국가위기관리지침(2013) / 대통령 훈령
2. 재난 및 안전관리 기본법 / 법률 제20376호, 2024. 3. 19., 일부개정
3. 국가 위기 대응 매뉴얼 / 행정안전부/ 2020.10월
4. 감염병의 예방 및 관리에 관한 법률 / 법률 제19715호, 2023. 9. 14., 일부개정
5. 감염병 재난 위기 대응 매뉴얼 / 식품의약품안전처
6. 최원상(2021) / 인공지능 기반의 국가위기관리정책 발전 방향에 관한 연구
7. 이재은(2012) / 위기관리론/ 충북대학교 사회과학/ 행정학
8. 이재은(2005) / 통합 위기관리시스템의 효율화 방안/ 한국위기관리논집
9. 이재은(2012) / 위기관리학/ 대영문화사
10. 이재은 외(2006) / 재난관리론/ 대영문화사
11. 이재은(2005) / 국가위기관리의 학문적 체계화의 의의와 필요성
12. 임현우(2019) / 재난관리론/ 박영사
13. 오건영(2023) / 위기의 역사/ 한영문화사
14. 김민주(2014) / 하인리히 법칙/ 미래의 창
15. 정지범(2009) / 국가종합 위기관리/ 법문사
16. 정지범(2009) /광의와 협의의 위험, 위기, 재난관리의 범위
17. 정지범(2009) / 자연재해 및 국가 위기 발생 시 국가적 종합위기관리방안 연구(II) 제1편
18. 신용식(2010) / 단국대학교 대학원/ 재난관리 제도변화와 성과에 관한 비교 연구
19. 이종록(2009) / 세상을 움직이는 100가지 법칙들/ 스마트 비즈니스
20. 채진(2015) / 재난관리론 / 교육개발연구원
21. 이연(2016) / 국가 위기관리와 재난정보/ ㈜박영사
22. 홍성태(2006) / 위험사회-새로운 근대(성)를 향하여 / 새물결 출판사
23. 강현수(2022) / 관광 분야 위기 대응을 위한 재원확보 방안
24. 양기근(2004) / 경희대학교 대학원 / 위기관리 조직학습 체제에 관한 연구
25. 김종환(2005) / 조선대학교 대학원 / 한국 재난관리 행정기구의 조직학습에 관한 연구
26. 박기환(2019) / 위생용품의 기준 및 규격 선진화 연구
27. 김규한, 신성원, 이광호, 신범식 그 외 다수 / Ocean Radar를 이용한 장주기 파랑관측 및 예측시스템 구축
28. 박천일(2021) / 국가기반체계의 기능 연속성 강화 및 행정안전부의 역할 정립

29. 박재은, 김혜원(2015) / 백두산 화산폭발 시나리오 개발 및 상황별 대응과제 도출
30. 강희조(2019) / 재난 안전 위기관리 매뉴얼 개선 방향에 관한 연구
31. 화상(2013) / 가습기 살균제 사건
32. 위키백과 https://ko.wikipedia.org
33. 두산백과 https://namu.wiki
34. 네이버 지식백과 https://terms.naver.com/자연재해 [natural disaster,]
35. 나무위키 https://namu.moe/w/ 에볼라 바이러스병의 유행과 교훈
36. e-보건소/ https://www.e-health.go.kr/
37. 한국군사문제연구원 KIMA 정책연구(2022)
38. 질병관리청 / 감염병의 예방 및 관리에 관한 법률 체계 정비 연구
39. Kenneth N. Waltz(1993)
40. Richard N. Ha然(1995)
41. 이재수(2008) / 자연재해의 이해 / 구미서관
42. 소방방재청(2002) / 재해 백서
43. 『재해극복 30년사』(중앙재해대책본부, 1995)
44. 김연옥(1985)/ 『한국의 기후와 문화』/ 이화여자대학교 출판부
45. 『한국지지-총론-』(건설부 국립지리원, 1980)
46. 『한국의 기후』(김광식 외, 일지사, 1973)
47. 김종환/ 광주/ 조선대학교 대학원, 2005.8/ 한국 재난관리 행정기구의 조직학습에 관한 연구
48. 이상대/ 국가재난안전관리의 시스템 혁신 방안 연구
49. Digital Typhoon : Typhoon 200314 (MAEMI) - 국립 정보학 연구소
50. 김귀근 (2003.9.12.) "태풍 이름 '매미' 북한 제안"./ 한국경제.
51. 유용하 (2018.7.14.) "느리고 커지는 태풍 '쁘라삐룬' 다음은 '마리아'"./ 서울신문
52. 태풍 매미, 발생에서 소멸까지 - YTN
53. 《태풍 매미 백서》 89쪽, 114쪽 〈유사사례 분석〉 - 기상청
54. 제14호 태풍 ""매미(MAEMI)"" 종합 상황 (HWP) - 기상청
55. 〈세계 3위 부산항 경보시스템 전무〉 - 연합뉴스
56. 강원도 재해 특성과 방재대책 - 강원도청
57. 정규득 (2011.9.2.). "〈9 · 11테러 10년〉⑦ 한인 유족들의 아픔 '진행형'". 연합뉴스.
58. 비즈워치(2023.05.04.) : 검단 · 광주 붕괴 사고에 등장한 '무량판 구조' 어떻기에?
59. Photographer(2020. 1. 10. 09:29)/ [SBS] 세상에 이런 일이 655회 (20110811) 명장면 "성벽 쌓는 사람"
60. 박종천(2023.9.21.)/ 현행 대통령 후보자에 대한 경호 실태 및 개선 방안 연구
61. 최진봉(2015. 5. 20.)/ [네이버 지식백과]/ 위기를 기회로 바꾸는 커뮤니케이션 전략
62. 전규찬(2014. 5. 9.)/ 동아일보 / 전규찬 교수가 보내온 글 '시스템 안전과 세월호'

63. 유재용/ 커뮤니케이션북스/ 위기관리의 이해/ 위기관리, '기본'에서 출발하자
64. 박희제(2014.12)/ 위험사회에서 세계시민주의로/ 울리히 벡의 (기술) 위험 거버넌스 전망과 한국의 사회학
65. 네이버 지식백과/ 위기를 기회로 바꾸는 커뮤니케이션 전략/ https://terms.naver.com/ entry.naver?docId=3330890&cid=42251&categoryId=56831
66. skhdesign3.tistory.com/ '자료실' 카테고리의 글 목록 PR 연구소_원본
67. ww.mk.co.kr/ 유재웅 교수의 위기관리 특강/ 11강 메르스와 구제역 - 매일경제
68. [blog.naver.com] 당신이 상상하는 신은 없다 There is no God you can imagine
69. https://brunch.co.kr/ 울리히 벡 '위험사회'를 다시 읽는다.
70. blogspot/ [designandsystemsthinker.blogspot.com] 시스템 안전 - 세월호 사고 관련
71. "Accused 9/11 mastermind open to role in victims' lawsuit if not executed". 《Reuters》. 2019년 7월 29일
72. "Bin Laden claims responsibility for 9/11". CBC News. 2004.10.29. "Al-Qaeda leader Osama bin Laden appeared in a new message aired on an Arabic TV station Friday night, for the first time claiming direct responsibility for the 2001 attacks against the United States."
73. Moghadam, Assaf (2008). 《The Globalization of Martyrdom: Al Qaeda, Salafi Jihad, and the Diffusion of Suicide Attacks》. Johns Hopkins University Press. 48쪽. ISBN 978-0-8018-9055-0.
74. Livesey, Bruce (2005.1.25.). "Special Reports - The Salafist Movement: Al Qaeda's New Front". 《PBS Frontline》. WGBH educational foundation. Geltzer, Joshua A. (2011). 《US Counter-Terrorism Strategy and al-Qaeda: Signalling and the Terrorist World-View》 reprint판. Routledge. 83쪽. ISBN 978-0415664523.
75. Moore, Jack (2014.11.3.) "World Trade Center Re-opens as Tallest Building in America". 《onewtc.com》.
76. Smith, Aaron (2014.11.3.) "One World Trade Center opens today". CNN.
77. Morgan, Matthew J. (2009.8.4.) 《The Impact of 9/11 on Politics and War: The Day that Changed Everything?》. Palgrave Macmillan. 222쪽. ISBN 978-0-230-60763-7.
78. "Deadliest incidents resulting in the deaths of 8 or more firefighters". National Fire Protection Association.
79. "Al-Qaeda's origins and links".(2004.7.20.) BBC News.
80. Gunaratna, Ronan(2002) / Inside Al Qaeda: global network of terror. Columbia University Press. ISBN 978-0-231-12692-2.
81. 9/11 Commission Report (2004), p. 147.
82. Plotz, David (2001) What Does Osama Bin Laden Want? Slate
83. Pape, Robert A. (2005). 《Dying to Win: The Strategic Logic of Suicide Terrorism》. New York: Random House. ISBN 978-0-8129-7338-9.
84. Summers and Swan (2011), pp. 211, 506n.

85. Lawrence (2005), p. 239.
86. "〈북 연평도 도발〉 북한 내 도발 주도한 인물은 천안함 배후 동일 인물". 헤럴드경제. 2010.11.24.
87. "국방부 "북한 170여 발 포격… 80여 발 연평도 떨어져"". 조선일보. 2010.11.24.
88. 국방부, 연평도 포격전으로 명칭 변경… 유족 요구 수용
89. 해병대 1명 사망 · 13명 부상…전군 경계 태세, YTN, 2010.11.23.
90. 北 연평도 도발…NLL 무력화 의도 '확연' 연합뉴스 2010.11.24.
91. 글로벌 호크 도입 등 北核 대비 '우선순위' 한국경제 2009.6.26.
92. 북, '천안함 · 연평도 의제' 군사 회담 제의 YTN
93. 남북 군사실무회담 성과 없이 종료 YTN 2011.2.9.
94. 천안함 장병은 영웅이었는데 연평도 해병들은…" 헤럴드경제 2011.5.20.
95. https://chatgpt.com/
96. https://gemini.google.com/app
97. https://www.daum.net/
98. https://www.naver.com/
99. https://www.google.com/?zx=1757079571490&no_sw_cr=1

행정 · 위기 · 안전 · 재난관리 필독서

각종 대형 재난사례로 본

위기관리론

초판인쇄 2025년 11월 28일
초판발행 2025년 11월 28일

지은이 오현문
펴낸이 채종준
펴낸곳 한국학술정보(주)
주 소 경기도 파주시 회동길 230(문발동)
전 화 031-908-3181(대표)
팩 스 031-908-3189
홈페이지 http://ebook.kstudy.com
E-mail 출판사업부 publish@kstudy.com
등 록 제일산-115호(2000. 6. 19)

ISBN 979-11-7457-298-1 93350

책에 대한 더 나은 생각, 끊임없는 고민, 독자를 생각하는 마음으로 보다 좋은 책을 만들어갑니다.